"十二五"国家重点图书出版规划项目

新编农药手册

第2版

农业部种植业管理司
农业部农药检定所
主编

中国农业出版社

编 辑 委 员 会

第1版编写人员

主　　编　王焕民　张子明

副 主 编　卢建玲　刘乃炽　吴世雄　余昌申

编　　委　马光明　王少成　刘光学　吴新平　陈景芬
张文君　杨永珍　袁正容　贾富琴　魏福香

编写人员　马光明　王少成　王焕民　卢建玲　刘乃炽
刘光学　朱庆华　吴世雄　吴新平　余昌申
陈景芬　张子明　张文君　杨永珍　姜　辉
袁正容　顾宝根　贾富琴　魏福香

王正存　王学文　王金友　王国英　王险峰
王桂云　王　熹　邓平华　尹奉谆　卢盛林
卢植新　宁克诚　宁振东　白文星　冯志新
朱文达　朱树勋　朱畅功　孙耘芹　孙源正
孙　遐　刘志新　刘国镕　刘朝祯　关赤波
江荣昌　许恩光　任翠珠　宋国仁　李元和
李孙荣　李希平　李作周　李丽丽　李　勇
李　璞　陈日中　陈虎保　陈铁保　陈道茂
陈雪芬　吴世昌　吴桂本　吴新兰　辛明远
汪文娟　邱同铎　张石新　张应阔　张志诚
张治体　张恒才　张淑媛　林佩力　林荣寿
罗立安　罗　英　周修文　周裕芳　卓克锟
赵国锦　赵焕香　姜元振　胡发清　洪锡午
涂鹤龄　郭振业　高与柽　高传勋　梁　权
莫禹诗　唐洪元　韩逢春　韩厚安　黄次伟
黄良炉　屠乐平　曹赤阳　谢双大　谢志澄
蒋仁棠　董维惠　雷慧智　谭象生　檀先昌

审　校　刘仲端　经致远

序

我国是农作物病、虫、草、鼠等生物灾害频发的国家，常年发生面积约4亿 hm^2 次，严重威胁着农业生产和粮食、蔬菜、果品等农产品的安全。农药是用于防治农林业病、虫、草、鼠害以及调节农作物生长不可或缺的重要生产资料和救灾物资，农药的应用对保证粮食和农业生产安全至关重要。粗略估计，由于使用农药，我国每年可挽回粮食损失480亿kg以上、棉花6亿kg、蔬菜4 800万t、水果600万t。但与此同时，随着人们质量安全意识的不断增强，安全合理使用农药的问题也越来越为全社会所关注。

面向农药使用的需要，农业部农药检定所曾在1989年、1997年分别编著出版了《新编农药手册》及《新编农药手册》（续集），受到农业、化工、卫生、环保、商业等广大领域读者的欢迎，并被中国出版工作者协会科技出版委员会选入“全国‘星火计划’丛书”。随着我国农药工业的快速发展，新型农药不断涌现，品种结构不断优化，对农药的管理要求不断加强，原《新编农药手册》已不能满足实际需要，《新编农药手册》（第2版）应运而生。第2版《新编农药手册》，涉及农药基本知识、药效与药害、毒性与中毒、农药选购、农药品种的使用方法，以及我国关于高毒农药禁用、限用产品的相关规定，涵盖了技术、管理等多方面内容，方便查询，可使读者全面了解国内外农药发展情况。

此书具有较强的普及性和实用性，对植保技术推广人员、农药经营人员、农药科研人员以及农业生产专业合作组织等都将有很好的指导作用和参考价值。相信本书能够在农林作物病、虫、草、鼠害的防治以及农药的研发、经营中发挥良好的作用。

农业部农药检定所所长 

2014年10月

第2版前言

近年来，随着我国农药工业的快速发展，尤其是随着人们质量安全意识的不断增强，农药安全合理使用越来越被全社会关注，国家出台一系列禁用、限用高毒农药管理规定，有力地促进了新的安全环保型农药品种的迅速发展，农药产品不断丰富，品种结构不断优化，产品质量不断提高。为了全面了解国内外农药发展情况，促进我国农药生产、销售、使用的规范化，更好地为农业生产、科研和教学服务，农业部农药检定所生测室对《新编农药手册》进行了全面修订。

第2版《新编农药手册》共介绍了404个农药品种，575个制剂产品，包括1982—2012年已在我国批准登记的农药产品。与原《新编农药手册》相比，增加了农药的基本知识、农药的药效与药害、农药毒性与农药中毒等基础知识的简要介绍，以及农药选购、农药配制、农药施用、施药安全防护、剩余农药与农药废弃物处置等农药安全合理使用知识。为方便使用者了解和掌握科学、合理选择使用农药品种的方法，修订本还增加了附录：我国关于高毒农药禁用、限用产品的相关规定，杀虫剂、杀菌剂、除草剂作用机理分类及编码和按音序排列的农药名称索引、农药防治对象索引。

农药品种应用部分在编写上力求详细、完整和实用，内容包括：农药名称（中英文通用名称、其他名称、化学名称）、化学结构、理化性质、毒性、作用特点、剂型、使用方法及注意事项，还尽可能在使用方法里特别增加了药剂在每种作物上的安全间隔期。

第2版《新编农药手册》主要面向植保技术推广人员、农药经营及技术人员，也可供大专院校师生及农药科研单位人员参考，希望此书的问世能够在农业生产、农作物病虫害防治以及农药研发、教学中发挥其应有的作用。

由于第2版《新编农药手册》收录的农药品种较多，受篇幅所限不可能将所有相应的制剂产品全部编入，仅从登记的相应含量和剂型产品中选取了一部分，广大读者可登录中国农药信息网（www. chinapesticide. gov. cn），查询所有农药登记情况和相关生产企业。

第2版《新编农药手册》的编写得到了农业部种植业管理司及农业部农药检定所各位领导的重视和支持，种植业管理司农药处给予许多具体指导；编写过程中还得到了南京农业大学周明国教授、中国农业大学高希武教授、中国农业科学院植物保护研究所李香菊研究员的支持，在农药品种的分类、作用特点的准确性等方面提出了很多具体的指导意见；本手册的编写也得到了农业部农药检定所季颖、吴志凤、李富根等同志的大力支持，赵月荣同志帮助做了大量具体工作，在此一并表示衷心感谢。

第2版《新编农药手册》的编写工作以农业部农药检定所生测室人员为主，农业部农药检定所其他处室、中国农业大学农学与生物技术学院、中国农业科学院植物保护研究所的部分技术人员参与了编写工作。

本书在编写过程中参阅了原《新编农药手册》《农药安全使用知识》《农药应用指南》《农药标签管理与安全技术指南》等专业书籍。在此，向以上图书的编写人员和出版单位表示感谢。

由于水平、时间和资料所限，书中难免存在错误和缺点，恳请广大读者及农药界、植保界的同行批评指正。

编　者

2014年10月于北京

第1版前言

近十年来，我国的农药工业发展迅速，农药品种结构发生了很大的变化。尤其是一些比常规农药药效高数十倍甚至上百倍的超高效农药的试验和使用，使我国的农药生产和使用技术进入了一个发展的新境界。农药对环境的影响，人们对农药的认识也将会发生新的变化。为了使这些新品种、新进展及时介绍给读者，更好地为农业生产服务；为了使广大的农业、卫生、环保、教育、农药销售和植保工作者便于查阅，达到安全、合理使用农药的目的，我们编写了这本《新编农药手册》。

本手册共介绍248个农药品种，435个产品，包括自1982年10月至1988年2月已在我国批准登记的农药产品和一部分正在我国进行试验的农药新产品。手册汇集和总结了我国对这些常用农药品种全面系统的评价；并在编写中邀请了各地有实践经验的植保专家参加，因此也反映了近年来我国的农药应用技术水平、科学使用农药的经验和一些农药应用的技术关键。

在编写内容上力求详细、完整和实用。其中包括农药名称（通用名、商品名、化学名）、化学结构、理化性质、毒性、作用特点、剂型、使用方法、注意事项及登记情况。

本手册编写过程中得到了国内69家农药生产厂和24家国外农药公司的赞助，在此谨表谢意。

本手册是由100多位编写人员共同完成的，在编写过程中，卞燕、李斌、余涛、陈毅秦、林艳、张立岩、祝东星、陆玫、谢谦、瞿唯刚等同志也作了大量的工作。

由于水平和时间所限，错误和缺点难免，恳请读者批评指正。

1989年3月

目　　录

序
第2版前言
第1版前言

第一篇　农药基础知识

第一章　农药基本知识……………………… 1
第一节　农药的含义……………………… 1
一、农药的定义和范围……………………… 1
二、农药的类型……………………… 1
三、农药的名称……………………… 2
四、农药标签……………………… 2
第二节　农药剂型与应用……………………… 3
一、农药的主要剂型……………………… 3
二、农药剂型的使用方法……………………… 4
第二章　农药的药效与药害……………………… 5
第一节　农药的毒力和药效……………………… 5
一、农药的毒力……………………… 5
二、农药的药效……………………… 5
第二节　农药药害……………………… 5
一、农药药害症状……………………… 5
二、药害产生的原因……………………… 6
三、控制药害的措施……………………… 6
第三章　农药的毒性与农药中毒……………………… 7
第一节　农药毒性……………………… 7
第二节　农药中毒……………………… 7
一、农药中毒症状……………………… 8
二、农药中毒救治……………………… 8

第二篇　农药安全合理使用

第四章　安全合理使用农药……………………… 9
第一节　农药的选购与识别……………………… 9
一、科学对症选购农药……………………… 9
二、认真识别假劣农药……………………… 9
三、妥善保管农药　……………………… 10
第二节　正确选择施药器械　……………………… 10
第三节　农药的配制　……………………… 10
一、安全准确的称量农药　……………………… 10
二、用药量及稀释剂用量的计算　…… 11
第四节　农药的安全施用　……………………… 11
一、把握好用药时期　……………………… 11
二、把握好用药量　……………………… 12
三、把握好施药次数和施药间隔时间　……………………… 12
四、把握好施药质量　……………………… 12
五、注意和控制好影响农药效果的因素　……………………… 13

第五章　安全防护与农药剩余物的处置 …… 14

第一节　施药安全防护及注意事项 …… 14

第二节　剩余农药和农药包装物的处置 …… 14

第三篇　农药品种应用

第六章　杀虫剂 …… 15

一、新烟碱类 …… 15

吡虫啉 …… 15

噻虫啉 …… 17

噻虫胺 …… 19

噻虫嗪 …… 20

氯噻啉 …… 21

烯啶虫胺 …… 22

啶虫脒 …… 24

哌虫啶 …… 26

二、苯基吡唑类 …… 27

氟虫腈 …… 27

乙虫腈 …… 28

三、季酮酸类 …… 30

螺虫乙酯 …… 30

螺螨酯 …… 31

四、酰胺类 …… 32

氯虫苯甲酰胺 …… 32

氟虫双酰胺 …… 34

五、有机磷酸酯类 …… 35

稻丰散 …… 35

敌百虫 …… 37

敌敌畏 …… 38

地虫硫磷 …… 40

毒死蜱 …… 40

甲基毒死蜱 …… 44

马拉硫磷 …… 45

杀螟硫磷 …… 47

杀扑磷 …… 49

水胺硫磷 …… 49

辛硫磷 …… 50

乙酰甲胺磷 …… 52

蝇毒磷 …… 54

哒嗪硫磷 …… 55

噻唑膦 …… 56

丙溴磷 …… 57

二嗪磷 …… 58

乐果 …… 59

氧乐果 …… 61

喹硫磷 …… 62

三唑磷 …… 63

治螟磷 …… 65

六、拟除虫菊酯类 …… 65

S-氰戊菊酯 …… 65

zeta-氯氰菊酯 …… 67

氟氯氰菊酯 …… 68

高效反式氯氰菊酯 …… 69

高效氟氯氰菊酯 …… 71

高效氯氰菊酯 …… 73

高效氯氟氰菊酯 …… 76

联苯菊酯 …… 81

氯氟氰菊酯 …… 83

氯菊酯 …… 84

氯氰菊酯 …… 86

醚菊酯 …… 88

氰戊菊酯 …… 89

顺式氯氰菊酯 …… 91

溴氰菊酯 …… 92

甲氰菊酯 …… 95

七、氨基甲酸酯类 …… 96

丙硫克百威 …… 96

残杀威 …… 97

丁硫克百威 …… 98

混灭威 …… 100

甲萘威 …… 101

抗蚜威 …… 102
克百威 …… 104
硫双威 …… 105
灭多威 …… 106
速灭威 …… 107
异丙威 …… 108
仲丁威 …… 110
涕灭威 …… 111
八、昆虫生长调节剂类 …… 113
噻嗪酮 …… 113
虫酰肼 …… 114
杀铃脲 …… 115
虱螨脲 …… 116
除虫脲 …… 117
氟铃脲 …… 119
氟啶脲 …… 121
甲氧虫酰肼 …… 122
灭蝇胺 …… 123
灭幼脲 …… 124
抑食肼 …… 126
氟虫脲 …… 126
氟啶虫酰胺 …… 128
九、沙蚕毒素类 …… 129
杀虫单 …… 129
杀虫环 …… 130
杀虫双 …… 131
杀螟丹 …… 133
十、植物源类 …… 134
除虫菊素 …… 134
苦参碱 …… 135
烟碱 …… 136
印楝素 …… 137
藜芦碱 …… 138
桉油精 …… 140
苦皮藤素 …… 140
鱼藤酮 …… 141
十一、微生物源类 …… 142
球孢白僵菌 …… 142
金龟子绿僵菌 …… 144
苏云金杆菌 …… 145
阿维菌素 …… 147
甲氨基阿维菌素苯甲酸盐 …… 150
伊维菌素 …… 151
乙基多杀菌素 …… 152
多杀霉素 …… 154
十二、其他化学合成杀虫剂 …… 155
吡蚜酮 …… 155
氰氟虫腙 …… 156
虫螨腈 …… 158
唑虫酰胺 …… 159
茚虫威 …… 160
丁醚脲 …… 162
十三、杀螺剂 …… 163
杀螺胺 …… 163
杀螺胺乙醇胺盐 …… 164
四聚乙醛 …… 165
螺威 …… 166
十四、杀螨剂 …… 167
单甲脒 …… 167
双甲脒 …… 168
溴螨酯 …… 170
噻螨酮 …… 171
喹螨醚 …… 172
唑螨酯 …… 174
哒螨灵 …… 175
乙螨唑 …… 177
四螨嗪 …… 178
三唑锡 …… 179
三氯杀螨砜 …… 180
三氯杀螨醇 …… 181
三磷锡 …… 182
炔螨特 …… 183
联苯肼酯 …… 184
苯丁锡 …… 185
十五、杀鼠剂 …… 187
杀鼠灵 …… 187
C型肉毒梭菌毒素 …… 189
D型肉毒梭菌毒素 …… 190

溴敌隆 …… 191
溴鼠灵 …… 192
敌鼠钠 …… 193
杀鼠醚 …… 194
氟鼠灵 …… 196
磷化锌 …… 197
莪术醇 …… 198
α-氯代醇 …… 199

第七章 杀菌剂 …… 200

一、无机硫和有机硫类 …… 200
硫磺 …… 200
代森胺 …… 202
代森锌 …… 203
代森锰锌 …… 205
福美双 …… 207
丙森锌 …… 209
乙蒜素 …… 211
石硫合剂 …… 212
二氰蒽醌 …… 214
克菌丹 …… 215
二、无机铜和有机铜类 …… 217
王铜 …… 217
氢氧化铜 …… 218
氧化亚铜 …… 219
碱式硫酸铜 …… 221
硫酸铜钙 …… 222
络氨铜 …… 223
喹啉铜 …… 224
三、取代苯类 …… 226
百菌清 …… 226
四氯苯酞 …… 229
五氯硝基苯 …… 230
敌磺钠 …… 231
四、苯并咪唑类 …… 233
多菌灵 …… 233
甲基硫菌灵 …… 235
苯菌灵 …… 239
噻菌灵 …… 240
五、苯胺嘧啶和吡啶类 …… 242
嘧霉胺 …… 242
嘧菌环胺 …… 243
氟啶胺 …… 245
六、嘧啶和吗啉类 …… 246
氯苯嘧啶醇 …… 246
十三吗啉 …… 247
七、咪唑类 …… 248
氟菌唑 …… 248
咪鲜胺 …… 250
咪鲜胺锰盐 …… 253
抑霉唑 …… 255
八、三唑类 …… 256
苯醚甲环唑 …… 256
丙环唑 …… 260
粉唑醇 …… 261
氟硅唑 …… 263
氟环唑 …… 264
己唑醇 …… 266
腈苯唑 …… 268
灭菌唑 …… 269
三唑醇 …… 270
联苯三唑醇 …… 272
三唑酮 …… 273
戊唑醇 …… 274
烯唑醇 …… 279
腈菌唑 …… 281
啶菌噁唑 …… 283
四氟醚唑 …… 284
种菌唑 …… 285
亚胺唑 …… 286
戊菌唑 …… 288
九、苯基酰胺及脲类 …… 289
甲霜灵 …… 289
精甲霜灵 …… 291
霜脲氰 …… 292
十、酰胺类 …… 293
稻瘟酰胺 …… 293
十一、羧酸酰胺类 …… 295

烯酰吗啉 …………………………… 295
氟吗啉 ……………………………… 297
双炔酰菌胺 ………………………… 299
十二、氨基甲酸酯类 ……………… 300
霜霉威 ……………………………… 300
霜霉威盐酸盐……………………… 302
十三、噁唑类 ……………………… 303
噁唑菌酮 …………………………… 303
噁霉灵 ……………………………… 304
十四、羧酰替苯胺类 ……………… 306
萎锈灵 ……………………………… 306
氟吡菌胺 …………………………… 307
氟吡菌酰胺 ………………………… 308
啶酰菌胺 …………………………… 309
氟酰胺 ……………………………… 310
噻呋酰胺 …………………………… 311
十五、甲氧基丙烯酸酯类 ………… 312
吡唑醚菌酯 ………………………… 312
醚菌酯 ……………………………… 314
嘧菌酯 ……………………………… 316
肟菌酯 ……………………………… 319
烯肟菌酯 …………………………… 320
唑菌酯 ……………………………… 321
苯醚菌酯 …………………………… 322
啶氧菌酯 …………………………… 323
丁香菌酯 …………………………… 325
烯肟菌胺 …………………………… 326
十六、二甲酰亚胺类 ……………… 327
腐霉利 ……………………………… 327
乙烯菌核利 ………………………… 329
菌核净 ……………………………… 330
异菌脲 ……………………………… 331
十七、吡咯及氰基丙烯酸酯类 …… 332
咯菌腈 ……………………………… 332
氰烯菌酯 …………………………… 334
十八、噻唑类 ……………………… 335
三环唑 ……………………………… 335
噻唑锌 ……………………………… 337
叶枯唑 ……………………………… 338
硅噻菌胺 …………………………… 339
烯丙苯噻唑 ………………………… 340
噻菌铜 ……………………………… 341
噻霉酮 ……………………………… 342
十九、有机砷及有机锡类 ………… 344
田安 ………………………………… 344
三苯基乙酸锡……………………… 344
二十、卤化物 ……………………… 346
二氯异氰尿酸钠…………………… 346
三氯异氰尿酸……………………… 347
氯溴异氰尿酸……………………… 348
溴菌腈 ……………………………… 349
二十一、有机磷类 ………………… 351
甲基立枯磷 ………………………… 351
敌瘟磷 ……………………………… 352
异稻瘟净 …………………………… 353
三乙膦酸铝 ………………………… 354
二十二、生防微生物及抗生素类 …… 356
春雷霉素 …………………………… 356
多抗霉素 …………………………… 358
井冈霉素 …………………………… 360
宁南霉素 …………………………… 361
申嗪霉素 …………………………… 363
嘧啶核苷类抗菌素 ………………… 364
中生菌素 …………………………… 365
淡紫拟青霉 ………………………… 366
枯草芽孢杆菌……………………… 366
多黏类芽孢杆菌 …………………… 367
木霉菌 ……………………………… 369
厚孢轮枝菌 ………………………… 370
寡雄腐霉菌 ………………………… 370
氨基寡糖素 ………………………… 371
香菇多糖 …………………………… 373
二十三、其他 ……………………… 374
盐酸吗啉胍 ………………………… 374
辛菌胺醋酸盐……………………… 376
稻瘟灵 ……………………………… 377
氰霜唑 ……………………………… 378

二十四、杀线虫剂 …… 380
棉隆 …… 380
溴甲烷 …… 381
氯化苦 …… 383
硫线磷 …… 385
灭线磷 …… 386
苯线磷 …… 387
威百亩 …… 389

第八章　除草剂 …… 391

一、芳氧苯氧丙酸类 …… 391
精噁唑禾草灵 …… 391
精吡氟禾草灵 …… 392
高效氟吡甲禾灵 …… 394
喹禾灵 …… 396
精喹禾灵 …… 397
喹禾糠酯 …… 399
禾草灵 …… 400
噁唑酰草胺 …… 401
氰氟草酯 …… 403
炔草酯 …… 404
二、环己烯酮类 …… 405
烯草酮 …… 405
烯禾啶 …… 406
三、苯基吡唑啉类 …… 407
唑啉草酯 …… 407
四、磺酰脲类 …… 409
苄嘧磺隆 …… 409
吡嘧磺隆 …… 410
乙氧磺隆 …… 412
氟吡磺隆 …… 413
醚磺隆 …… 414
苯磺隆 …… 416
甲基二磺隆 …… 417
氟唑磺隆 …… 419
单嘧磺隆 …… 420
甲磺隆 …… 421
氯磺隆 …… 422
烟嘧磺隆 …… 424
噻吩磺隆 …… 425
砜嘧磺隆 …… 427
胺苯磺隆 …… 428
啶嘧磺隆 …… 430
三氟啶磺隆钠盐 …… 431
甲嘧磺隆 …… 432
五、咪唑啉酮类 …… 434
咪唑乙烟酸 …… 434
咪唑喹啉酸 …… 435
甲咪唑烟酸 …… 436
甲氧咪草烟 …… 437
六、三唑嘧啶类 …… 438
双氟磺草胺 …… 438
唑嘧磺草胺 …… 439
五氟磺草胺 …… 440
啶磺草胺 …… 441
七、嘧啶水杨酸类 …… 443
双草醚 …… 443
嘧啶肟草醚 …… 444
环酯草醚 …… 445
嘧草醚 …… 446
八、三嗪类 …… 447
莠去津 …… 447
莠灭净 …… 449
扑草净 …… 450
西草净 …… 451
西玛津 …… 452
九、三嗪酮类 …… 454
嗪草酮 …… 454
环嗪酮 …… 455
十、嘧啶二酮类 …… 457
苯嘧磺草胺 …… 457
十一、尿嘧啶类 …… 458
除草定 …… 458
十二、氨基甲酸酯类 …… 459
甜菜安 …… 459
甜菜宁 …… 460
十三、脲类 …… 461
异丙隆 …… 461

敌草隆 …………………………… 462
绿麦隆 …………………………… 463
十四、苯腈类 …………………… 465
溴苯腈 …………………………… 465
辛酰溴苯腈 ……………………… 466
十五、联吡啶类 ………………… 467
百草枯 …………………………… 467
敌草快 …………………………… 469
十六、二苯醚类 ………………… 470
氟磺胺草醚 ……………………… 470
乙羧氟草醚 ……………………… 471
乳氟禾草灵 ……………………… 472
三氟羧草醚 ……………………… 474
乙氧氟草醚 ……………………… 475
十七、吡唑类 …………………… 476
吡草醚 …………………………… 476
十八、酰亚胺类 ………………… 478
丙炔氟草胺 ……………………… 478
十九、噁二唑类 ………………… 479
噁草酮 …………………………… 479
丙炔噁草酮 ……………………… 481
二十、三唑啉酮类 ……………… 482
唑草酮 …………………………… 482
二十一、三酮类 ………………… 483
磺草酮 …………………………… 483
硝磺草酮 ………………………… 484
二十二、异噁唑酮类 …………… 485
异噁草松 ………………………… 485
二十三、有机磷类 ……………… 486
草甘膦 …………………………… 486
草铵膦 …………………………… 489
莎稗磷 …………………………… 490
二十四、二硝基苯胺类 ………… 491
二甲戊灵 ………………………… 491
氟乐灵 …………………………… 493
仲丁灵 …………………………… 495
二十五、吡啶类 ………………… 496
氟硫草定 ………………………… 496
二十六、苯甲酰胺类 …………… 497
炔苯酰草胺 ……………………… 497
二十七、酰胺类 ………………… 498
乙草胺 …………………………… 498
丁草胺 …………………………… 500
丙草胺 …………………………… 502
异丙草胺 ………………………… 503
甲草胺 …………………………… 505
异丙甲草胺 ……………………… 506
精异丙甲草胺 …………………… 508
苯噻酰草胺 ……………………… 510
敌草胺 …………………………… 511
敌稗 ……………………………… 512
二十八、硫代氨基甲酸酯类 …… 514
禾草丹 …………………………… 514
禾草敌 …………………………… 515
野麦畏 …………………………… 516
二十九、苯氧羧酸类 …………… 517
2，4-滴丁酯 ……………………… 517
2，4-滴异辛酯 …………………… 519
2，4-滴二甲胺盐 ………………… 520
2甲4氯 …………………………… 521
三十、芳基羧酸类 ……………… 522
二氯喹啉酸 ……………………… 522
二氯吡啶酸 ……………………… 523
氯氟吡氧乙酸 …………………… 524
氯氟吡氧乙酸异辛酯 …………… 526
氨氯吡啶酸 ……………………… 526
三氯吡氧乙酸 …………………… 527
麦草畏 …………………………… 528
草除灵 …………………………… 530
三十一、其他杂环类 …………… 531
灭草松 …………………………… 531
噁嗪草酮 ………………………… 532
野燕枯 …………………………… 533
嗪草酸甲酯 ……………………… 534

第九章　植物生长调节剂 ……… 536

萘乙酸 …………………………… 536
复硝酚钠 ………………………… 537

赤霉酸 …… 538
赤霉酸 A4＋A7 …… 540
乙烯利 …… 541
1-甲基环丙烯 …… 542
芸苔素内酯 …… 544
丙酰芸苔素内酯 …… 545
甲哌鎓 …… 546
矮壮素 …… 547
抗倒酯 …… 548
多效唑 …… 549
烯效唑 …… 551
氯吡脲 …… 552
苄氨基嘌呤 …… 553
羟烯腺嘌呤·烯腺嘌呤 …… 555
2-（乙酰氧基）苯甲酸 …… 556
三十烷醇 …… 557
胺鲜酯 …… 558
核苷酸 …… 559
单氰胺 …… 560
硅丰环 …… 561
丁酰肼 …… 562
氯苯胺灵 …… 563
S-诱抗素 …… 564
抑芽丹 …… 565
氟节胺 …… 566
二甲戊灵 …… 567
仲丁灵 …… 568
噻苯隆 …… 569

重印增加的农药品种 …… 571

吡丙醚 …… 571
溴氰虫酰胺 …… 571
呋虫胺 …… 572
氟啶虫胺腈 …… 573
毒氟磷 …… 573
代森联 …… 574
氟吡菌酰胺 …… 575
乙嘧酚 …… 575

附　录

一、我国关于高毒农药禁用、限用产品的相关规定 …… 577
二、我国禁止生产销售和使用的农药名单（42 种） …… 596
三、杀虫剂作用机理分类及编码 …… 597
四、杀菌剂作用机理分类及编码 …… 601
五、除草剂作用机理分类及编码 …… 609

农药名称索引（按音序排列） …… 613
农药防治对象索引（按音序排列） …… 619

第一篇

农药基础知识

第一章 农药基本知识

第一节 农药的含义

一、农药的定义和范围

农药是指用于预防、控制危害农业、林业的病、虫、草和其他有害生物，以及有目的地调节植物、昆虫生长的化学合成或者来源于生物、其他天然物质的一种物质或者几种物质的混合物及其制剂。具有这种性质的物质不全是农药，其中用于以下使用范围和场所的是农药。

①预防、控制危害农业、林业的病、虫（包括昆虫、蜱、螨）、草和鼠、软体动物和其他有害生物的；

②预防、控制仓储及加工场所的病、虫、鼠和其他有害生物的；

③用于调节植物、昆虫生长的；

④用于农业、林业产品防腐或者保鲜的；

⑤预防、控制蚊、蝇、蜚蠊、鼠和其他有害生物的；

⑥预防、控制危害河流堤坝、铁路、码头、机场、建筑物和其他场所的有害生物的。

二、农药的类型

我国现有农药600多种，常用的就有300多种。这些农药来源、使用目的、作用方式都不同，可以说农药品种类型繁多。因此，对农药有各种形式的分类，如果按来源划分，即可分为矿物源农药、化学合成农药、生物源农药；如果按主要防治对象划分，可分为杀虫剂（包括杀螨剂、杀软体动物剂）、杀菌剂（包括杀线虫剂）、除草剂、植物生长调节剂、杀鼠剂等大类；如果按作用方式划分，可分为胃毒性农药、触杀性农药、内吸性农药、保护性农药、熏蒸性农药、特异性农药（驱避、引诱、拒食、生长调节等）；如果按其化合物类型划分，可分为有机磷类、拟除虫菊酯类、氨基甲酸酯类、有机硫类、酰胺类、甲氧基丙烯酸酯类、三唑类、杂环类、苯氧羧酸类、酚类、脲类、醚类、酮类、三氮苯类、苯甲酸类、香豆素类化合物等多种类型。

为了让使用者便于区分农药的类别，《农药标签和说明书管理办法》中针对农药按其防治对象划分类型方法作出了相应规定：农药类别采用相应的文字和特征颜色标志带表示，不同类别的农药采用在标签底部加一条与底边平行的、不褪色的特征颜色标志带表示。杀虫（螨、软体动物）剂用“杀虫剂”或“杀螨剂”、“杀软体动物剂”字样和红色带表示；杀菌（线虫）剂用“杀菌剂”或“杀线虫剂”字样和黑色带表示；除草剂用“除草剂”字样和绿色带表示；植物生长调节剂用“植物生长调节剂”字样和深黄色带表示；杀鼠剂用“杀鼠剂”字样和蓝色带表示；杀虫/杀菌剂的混剂用“杀虫/杀菌剂”字样、红色和黑色带表示。

三、农药的名称

农药的名称是农药的生物活性也就是农药有效成分的称谓。包括通用名称、化学名称、代号、商品名称等，自 2008 年 7 月 1 日起我国农药产品已不再使用商品名，农药标签或说明书上体现的类似商品名的为商标名称。因为我国农药产品较多，各种各样的农药商品名让农药使用者、销售者及管理者难以分清，为解决一药多名的问题，农业部于 2007 年 12 月发布第 944 号公告，规定取消使用农药商品名。为规范农药名称，维护农药消费者权益，农业部和国家发展和改革委员会又联合发布了第 945 号公告，规定采用农药有效成分通用名称或简化通用名称，简化通用名称长度一般不超过 5 个汉字。

含有单一有效成分的农药产品直接用农药有效成分通用名称。如溴氰菊酯、啶虫脒、多菌灵、二氯喹啉酸等。

含有两种或两种以上有效成分的农药混配制剂则用简化通用名，如多菌灵和福美双混配的制剂称为多·福，毒死蜱和高效氯氟氰菊酯混配的制剂称为氯氟·毒死蜱，苯磺隆、苄嘧磺隆和乙草胺混配的制剂称为苯·苄·乙草胺等。

直接使用的卫生用农药以功能描述词语和剂型作为产品名称，如蚊香、杀蟑胶饵、杀虫气雾剂等。

农药有效成分通用名称由全国农药标准化技术委员会命名，以国家标准发布。简化通用名称由首次申请该混配制剂的企业拟定、提出申请，经农药登记管理机构审查后，由农业部批准、公布。

四、农药标签

农药标签是指农药包装物上或附于农药包装物的，以文字、图形、符号说明农药内容的一切说明物。根据《农药管理条例》和《农药标签及说明书管理办法》规定，农药产品应当在其包装物表面印制或贴有标签。农药标签是向广大农药使用者说明农药产品性能、用途、使用技术和方法、毒性、注意事项等内容，是指导使用者正确选购农药和安全合理使用农药的重要依据。农药标签标注的主要内容包括：农药产品名称、有效成分及含量、剂型；农药登记证号、农药生产许可证号及产品标准号；生产企业名称及联系方式；生产日期、批号、有效期及重量；产品性能、用途、使用技术和方法；毒性及标识、中毒急救措施、储存和运输方法、农药类别、象形图及其他农业部要求标注的内容。农药标签标注的内容是通过各种试验验证总结得出并经过农药登记部门审查批准的，农药使用者为维护自身利益一定要严格按照农药标签规定内容使用农药。

农药象形图是以图示的形式向农药使用者展示告知：如何存放农药、如何配制农药、如何喷洒农药等一系列相关要求及安全防护等注意事项，广大农药使用者除要养成仔细阅读农药产品标签的习惯之外，也应习惯识别农药象形图。

储存象形图：

：放在儿童接触不到的地方，并加锁

操作象形图：

配制液体农药：；配制固体农药：；喷药：

忠告象形图：

戴手套：；戴防护罩：；戴防毒面具：；

用药后需清洗：；戴口罩：；穿胶靴：

警告象形图：

危险/对家畜有害：

危险/对鱼有害，不要污染湖泊、河流、池塘和小溪：

第二节　农药剂型与应用

农药是指农药有效成分即原药和农药制剂，农药原药一般不能直接使用，须根据其特性和使用要求与一种或多种农药助剂配合加工或制备成某种特定的形式，这种加工后的农药形式就是农药剂型。

一、农药的主要剂型

农药的主要剂型有：可湿性粉剂、可溶粉剂、水分散粒剂、乳油、悬浮剂、微乳剂、水乳剂、颗粒剂、大粒剂、细粒剂、种衣剂、拌种剂、熏蒸剂和烟剂等。相关的国家标准和行业标准对各种剂型都给出了明确规范的中文名称、英文名称、代码和说明。在此仅就主要剂型列举如下：

剂型名称	剂型英文名称	代码	说　明
可湿性粉剂	Wettable powder	WP	
可溶粉剂	Water soluble powder	SP	
水分散粒剂	Water dispersible granule	WG	

（续）

剂型名称	剂型英文名称	代码	说　明
乳油	Emulsifiable concentrate	EC	用水稀释后形成乳状液的均一液体制剂
悬浮剂	Aqueous suspension concentrate	SC	非水溶性的固体有效成分与相关助剂，在水中形成高分散度的黏稠悬浮液制剂，用水稀释后使用
微乳剂	Micro-emulsion	ME	透明或半透明的均一液体，用水稀释后形成微乳状液体的制剂
水乳剂	Emulsion，oil in water	EW	有效成分溶于有机溶剂中，并以微小的液珠分散在连续相水中，呈非均相乳状液制剂
颗粒剂			
大粒剂			
细粒剂			
悬浮种衣剂	Flowable concentrate for seed coating	FSC	含有成膜剂，以水为介质，直接或稀释后用于种子包衣（95%粒径≤2μm，98%粒径≤4μm）的稳定悬浮液种子处理制剂
拌种剂			
熏蒸剂			
烟剂			
微囊悬浮剂	Aqueous capsule suspension	CS	微胶囊稳定的悬浮剂，用水稀释后形成悬浮液使用

二、农药剂型的使用方法

最常用的农药剂型有：可湿性粉剂、乳油、悬浮剂、微乳剂、水乳剂、水分散粒剂等，一般采用喷雾方法使用；而颗粒剂、细粒剂、大粒剂多采用撒粒方法使用；种衣剂和拌种剂则采用种子处理方法（包衣、拌种）使用；熏蒸剂和烟剂采用熏蒸处理方法使用；另外，有些剂型如可湿性粉剂、乳油、悬浮剂等也可用于灌根、浸种、浸果等。

第二章　农药的药效与药害

第一节　农药的毒力和药效

使用农药的目的是控制农林作物病、虫、草、鼠害等有害生物，农药的毒力和药效是比较和评估农药应用的最基本最重要的指标。

一、农药的毒力

农药的毒力就是农药对有害生物毒杀致死能力的大小，也就是药剂本身对病、虫、草、鼠等有害生物发生毒害作用的性质和程度。农药毒力大小需在实验室可控条件下测定。

二、农药的药效

农药的药效是指药剂对有害生物的作用效果，多在室外自然条件下测定，即在田间生产条件下对农林作物的病、虫、草、鼠害产生的实际防治效果。因其在田间生产条件下或接近田间生产条件下实测所得，因此，对农业生产中防治有害生物更具有指导意义。农药毒力和药效的概念虽然有不同，但在大多数情况下是一致的，也就是说毒力大的药剂，药效也比较高。

第二节　农药药害

农药是一把“双刃剑”，既可以保护农作物免受病、虫、草、鼠害的危害，使用不当也可能对农作物及有益生物产生药害，对人类及其生存环境造成危害。

农药药害就是指农药使用不当，而引起植物发生的各种病态反应。包括由农药引起的植物组织损伤，生长受阻，植株变态，减产、绝产，甚至死亡等一系列的非正常生理变化。

一、农药药害症状

农药药害症状一般表现为：斑点、失绿、黄化、畸形、枯萎、生长停滞、脱落、裂果等。

各类农药都可能存在对作物及有益生物的安全性问题，也就是药害问题。由于杂草和农作物同属绿色植物，除草剂药害较为常见。因此，在使用除草剂时稍不注意就会造成药害，除草剂药害主要有直接药害、飘移药害和残留药害。直接药害主要由错用除草剂品种或有的除草剂品种本身安全性较差而引起，飘移药害主要是喷洒除草剂时药剂雾滴随风飘移到邻近敏感作物上造成的药害，残留药害主要是由使用长残效除草剂而导致的后茬敏感作物药害。

如：烟嘧磺隆对甜玉米或糯玉米、胺苯磺隆对白菜型或芥菜型油菜敏感，易产生药害，2，4-滴飘移会对邻近作物造成药害、长残效药剂易造成后茬作物药害。

杀菌剂如使用时期、使用剂量不当或使用在敏感作物上也容易产生药害。如某些双子叶作物和葡萄对丙环唑敏感，易产生药害；桃、李、柿、杏等落叶果树对含铜杀菌剂敏感，施用作物有露水或沿海地区遇有海雾施用含铜杀菌剂都易产生药害；百菌清在梨、桃、梅、苹果树花期和幼果期敏感，落花后20d内不能使用；三唑类杀菌剂使用剂量不当易造成影响出苗、抑制生长等作物药害；30℃以上高温使用硫黄杀菌剂易产生药害。

杀虫剂使用不当也易产生药害，如高粱、桃、十字花科蔬菜对有机磷类杀虫剂比较敏感使用不当易产生药害，西瓜对甲萘威、白菜和萝卜对噻嗪酮比较敏感，易造成药害，高粱和玉米对敌百虫、敌敌畏敏感，多种作物在花期对杀扑磷敏感，果树嫩梢期对三唑锡敏感等，如果使用不当这些都极易造成药害。

二、药害产生的原因

产生农药药害有多种原因，但主要有以下三方面的原因。

一是药剂方面。也就是农药的特性，有的农药品种本身就容易产生药害，当然更重要的是使用技术问题，施药浓度过高、剂量过大，或施药时间、方法、次数不对就很容易产生药害；也有农药质量问题，质量不合格的农药产品也容易引发药害；另外，施药器械清洗不干净或喷出的雾滴大小不均匀等都能引起药害。

二是作物方面。有些敏感的作物品系、有些作物的某一生育阶段或某一生长部位敏感、作物长势弱等都能引起药害。

三是环境方面。因为温度、湿度、风向、土壤类型等的差异，而不适于施用农药也会产生药害。

三、控制药害的措施

一是应坚持先试验后推广的原则，在当地没有用过的新农药，先不要贸然大面积推广；二是严格掌握施药技术，科学对症选药、适时正确施药，以减少和避免发生药害；如果产生了药害，要通过施肥、灌溉洗田，或施用生长调节剂等措施缓解药害。

第三章　农药的毒性与农药中毒

第一节　农药毒性

农药属于特殊的有毒物质，它既可以防治农林作物的病、虫、草、鼠害，同时也对人、畜有一定的毒性。农药毒性越大越容易引起中毒事故。农药可以通过人、畜的口、皮肤或呼吸道进入人、畜体内，造成器官或生理功能损伤，或者使人或动物中毒以致死亡。农药以接触、食入、吸入动物体内引起危害的性质及可能性即为农药的毒性。农药毒性分急性毒性和慢性毒性两种。

急性毒性：是指药剂经皮肤或经口、经呼吸道一次性进入动物体内较大剂量，在短时间内引起急性中毒。

慢性毒性：是指供试动物在长期反复多次小剂量口服或接触一种农药后，经过一段时间累积到一定量所表现出的毒性。

根据动物半数致死剂量或浓度（LD_{50}或LC_{50}）大小，农药毒性分为剧毒、高毒、中等毒、低毒。农药的LD_{50}或LC_{50}值越小，毒性越大。

毒性指标	剧毒	高毒	中等毒	低毒	微毒
经口 LD_{50}（mg/kg）	<5	5～50	50～500	500～5 000	>5 000
经皮 LD_{50}（mg/kg）	<20	20～200	200～2 000	2 000～5 000	>5 000
吸入 LC_{50}（mg/m^3）	<20	20～200	200～2 000	2 000～5 000	>5 000

农药毒性不同毒性级别的农药在农药产品标签上分别以下列标志表示：

剧毒：以图表示，并用红字注明“剧毒”。

高毒：以图表示，并用红字注明“高毒”。

中等毒：以图表示，并用红字注明“中等毒”。

低毒：以图表示，并用红字注明“低毒”。

第二节　农药中毒

农药可通过呼吸道、皮肤和消化道引起中毒。人畜农药中毒有急性中毒、亚急性中毒和慢性中毒。急性中毒是指人、畜误服或皮肤接触及呼吸道吸入体内一定量的药剂后在短时间内表现中毒或死亡；亚急性中毒是指在一段时间内（30～90d）连续接触一定剂量（较低剂量）的农药后出现与急性中毒类似的中毒症状；慢性中毒是指长期接触农药引起的中毒现象，或指由于长期（6个月以上甚至终生）接触低微剂量农药后逐渐引起内脏机能受损，阻碍正常生理代谢过程而表现出的慢性病理反应。中毒事故还可以分为生产性中毒和生活性中毒。生产性中毒是指农药生产当中和农民使用农药时发生的中毒。生活性中毒主要指口服农药或是人为的投毒。

一、农药中毒症状

因农药品种的类别不同，农药中毒会有各种各样的症状，根据经过时间的长短和症状发作的缓急，急性中毒症状表现为：头昏、恶心、呕吐、抽搐、痉挛、惊厥、昏迷、哮喘、急性呼吸衰竭、大小便失禁、肺水肿、休克、心律不齐、心脏骤停、急性肾功能衰退等。亚急性中毒症状与急性中毒症状类似。慢性中毒可引起头痛、头晕、咳嗽、食欲减退、恶心、呕吐等症状。

二、农药中毒救治

（1）农药溅到皮肤上，应立即脱去被污染衣裤，迅速用温水冲洗干净，如果溅到眼睛里，立即至少用清水冲洗 10min，然后滴入 2%可的松和 0.25%氯霉素眼药水。

（2）吸入引起的头痛、恶心、呕吐等中毒症状，应立即停止施药，离开现场转移到通风良好的地方，脱掉防护用品，用肥皂水清洗污染部位，必要时携带农药标签就医。

（3）如果当事人已经昏迷，在场人员要协助急救，解开衣领、腰带，保持呼吸道畅通，将病人侧卧，头向后仰，拉直舌头，使呕吐物能顺利排出，保存农药标签并及时呼叫医生。当事人恢复后数周内不能使用农药，以防发生更严重的症状。

第二篇 农药安全合理使用

第四章 安全合理使用农药

第一节 农药的选购与识别

一、科学对症选购农药

合理使用农药首先从选购农药开始。一是根据需要防治的作物病、虫、草种类对症选购合适的农药产品，如果选购的药剂不对症，不但达不到防治目的，还会造成浪费，甚至会造成其他危害。如果购买者自己搞不清楚到底该买什么农药，可以咨询当地的植保技术人员、农药经销商或者查阅技术资料。二是选择到正规农药销售门店购买农药，购买时要查验需要购买的农药产品三证号是否齐全（农药登记证、生产许可证和产品质量标准证）、产品是否在有效期内 、产品外观质量有没有分层沉淀或结块、包装有没有破损、标签内容是否齐全等，购买后要向销售者索取发票，以备出现效果不好或药害问题时核查。

二、认真识别假劣农药

假劣农药是农药市场混乱的根源。那么如何识别？简单归纳起来可以叫做“一看、二摸、三化验”。

一看，就是看农药的包装有没有破损，有没有产品标签，标签有没有残缺不全，标签上是不是有登记证号且登记证在有效期内、有没有农药生产许可证书号和产品质量标准证号；看液体产品的外观是不是有分层，是不是上面有漂浮物，下面有没有沉淀，如果有，说明农药产品可能有质量问题；如果是固体产品，看它的颜色是不是均匀。如果是熏蒸剂的片剂看是不是已经成了粉末状，如果已经成了粉末状，农药产品可能已经失效了。不要购买那些包装破损、没有产品标签，或者标签残缺不全的农药产品，标签上没有登记证号或没有有效期的产品不要购买。

二摸，主要是针对可湿性粉剂、可溶粉剂等剂型产品，就是隔着农药包装用手摸，如果有结块的感觉，说明这个产品已经受潮失效了。如果有一些颗粒的感觉，那可能是它的细度达不到，防治效果也会受影响，甚至还可能出现药害。

三化验，如果对产品质量有怀疑，最准确、最可靠的办法是送样品到法定的农药质量检验机构进行检验，通过检验数据证明其是否合格。

三、妥善保管农药

购买农药后如何正确保管农药也是安全使用农药很重要的一个环节，保管不当就会使农药变质失效，造成经济损失。一些易燃易爆的农药还可能引起火灾和爆炸事故。保管混乱也会给农药的取用带来不便，甚至会错用而引起药害和其他问题。一般根据实际需要尽量缩短和减少自己保管农药的时间和数量，以免积压和变质；购买的农药如不能及时使用，应储藏在儿童和动物接触不到、远离火源、阴凉、干燥、通风、专用的橱柜当中，并且要关严上锁，不要与食品、饲料靠近或者混放。

第二节　正确选择施药器械

喷雾器是使用最广泛的施药器械，有手动的、机动的、背负式的、担架式的等多种类型。喷雾器械不仅与农药的效果有关，也与使用者的人身安全、环境质量等密切相关，因此，国家要求喷雾器械要通过中国强制性认证。只有通过强制性认证的喷雾器械才可以在市场上销售。使用者在购买喷雾器时一定要注意喷雾器上是否有强制性认证（CCC）标志。

在使用喷雾器前要进行检查清洗，检查使用的喷头是否正确，一般喷施杀虫剂和杀菌剂使用锥形雾喷头，喷施除草剂使用扇形雾喷头，另外要对行走速度、流量、压力等进行校准，以免松动、滴漏等。注意喷施杀虫剂和杀菌剂的喷雾器械不能用于喷施除草剂，以免清洗不干净发生药害事故。

第三节　农药的配制

一、安全准确的称量农药

除少数可以直接使用的农药外，一般农药在使用前都需要经过配制才能使用。农药的配制就是把商品农药配制成可以施用的状态。例如：乳油、可湿（溶）性粉剂、悬浮（悬乳）剂、水剂、水乳剂、微乳剂、水分散粒剂等剂型农药产品，必须对水或拌土（沙）稀释成所规定浓度的药液或药土才能施用。除草剂及部分高活性的杀虫、杀菌剂需二次稀释后才能施用。使用者可按照农药标签上的规定，或请教农业植保技术人员，根据单位面积农药制剂用量、需要防治的面积计算用药量和用水量或用土量。注意要使用称量器具（感量 0.1g 的台秤或带刻度的量器）准确称量农药制剂，不要用无刻度的瓶盖量，也不要凭经验估计用量用勺子大概量取，不可随意超量称取。称量农药时要穿戴防护用品，如手套、口罩、帽子等。戴手套前保持双手清洁干燥，不要用手直接接触农药，要准确、小心，不可粗放乱洒。不要用手搅拌药液，也不要用牙咬撕农药包装，不要用污水配制农药，因为污水中杂质多，用其配药易堵塞喷雾器的喷头，同时还会破坏药液的均匀性和稳定性，甚至产生沉淀。

二、用药量及稀释剂用量的计算

1. 用药量计算公式

（1）根据用药面积求用药量（mL 或 g）

制剂用量［mL（g）］＝单位面积农药制剂用量［mL（g）/m^2］×施药面积（m^2）

例如：防治小麦蚜虫每平方米用 10％吡虫啉可湿性粉剂制剂量 0.03g，现有 534m^2 小麦需要进行防治，求需要 10％吡虫啉可湿性粉剂制剂多少克？

解：$0.03g/m^2 \times 534m^2 = 16.02g$

即：534m^2 小麦需用 10％吡虫啉可湿性粉剂制剂量 16.02g。

（2）根据已定浓度计算所需药剂制剂用量（mL 或 g）

$$原药剂用量=\frac{所配药剂重量}{稀释倍数}$$

例如：要配制 25％多菌灵可湿性粉剂 500 倍稀释液 100kg 防治苹果树轮纹病，求需要用 25％多菌灵可湿性粉剂制剂量为多少？

解：$\frac{100kg}{500}=0.2kg$

$0.2kg \times 1\,000 = 200g$

即：需称 25％多菌灵可湿性粉剂 200g。

（3）稀释剂（水或土）用量计算公式

稀释剂用量（L 或 kg）＝原药剂重量×稀释倍数

例如：用 40％稻瘟灵乳油 100mL 加水稀释成 600 倍液防治稻瘟病，求需加多少千克水？

解：$100mL \times 600 = 60\,000mL$

$60\,000mL \div 1\,000 = 60L = 60kg$

即：需加水 60kg。

第四节　农药的安全施用

安全、正确地施用农药是保证农产品质量安全、达到防治农林作物病、虫、草、鼠害理想效果的关键，重点应该把握好以下几个环节。

一、把握好用药时期

用药时期是安全合理使用农药的关键，如果使用时期不对，既达不到防治病、虫、草、鼠害的目的，还会造成药剂、人力的浪费，甚至出现药害、农药残留超标等问题。要注意按照农药标签规定的用药时期，结合自己要防治病、虫、草、鼠的生育期和作物的生育期，选择合适的时期用药。施药时期要避开作物的敏感期和天气的敏感时段，以避免发生药害。防治害虫施用杀虫剂，一般掌握在害虫卵孵盛期，或低龄幼虫期施药。具有杀卵作用的农药不可等卵孵化成幼虫再打药，几乎所有杀虫剂都不能等到害虫发育为高龄成虫再施药；防治作物病害施用杀菌剂，一般在发病前或始见病斑的发病初期施药，因绝大部分杀菌剂为保护性药剂，一旦施药晚了则不能有效防治作物病害；防治杂草施用除草剂，多数是在作物播后苗前，或杂草3～5叶期施药；施用植物生长调节剂则需根据药剂的特性和使用目的，按照标签规定的施药方法和施用时期施药，切不可随意乱用。另外，还要注意施药时的天气条件，应避开刮风、下雨和高温时段施药，一般施药后6h内遇雨会降低药效。

二、把握好用药量

合适的用药量是保证防治病、虫、草、鼠害效果的基本条件，农药产品标签上明确规定了农药使用量。标签规定的用药剂量是经过农药登记前在不同年份不同地点进行田间药效试验验证得出的，是经过效果及安全性评价的，一般是能收到防治效果的安全使用剂量。因此，在确定农药使用量时应严格按照标签规定的用药量施用，当然根据用药时作物生育期的不同可以在标签规定的用药剂量范围内选择低量、高量或中量，切忌随意超出标签规定范围加大用量，因超量使用易导致作物药害、农产品农药残留超标、浪费药剂、危害人体健康、影响外贸出口等一系列问题。因此，广大农药使用者不必在此基础上再加大用量，要克服打放心药的不良习惯。

三、把握好施药次数和施药间隔时间

施药次数和每次间隔时间是根据药剂的持效期和病、虫、草、鼠害的发生危害规律而定的，是经过科学试验验证确定的，因此，要严格按标签规定施用，切不可违背规定，不等药剂的作用充分发挥，增加施药次数。另外，要切实执行农药使用安全间隔期（农药使用安全间隔期：是指最后一次施用农药的时间到农产品收获时相隔的天数）。还要注意不能单一多次使用一种农药，即便是再好的药剂也不要连续使用，要合理轮换使用不同类型的农药，随意增加施药次数、不遵守农药使用安全间隔期及单一多次使用同一种农药，都容易导致病、虫、草、鼠抗药性的产生和农产品农药残留量超标，同时也会缩短好药剂的使用寿命。

四、把握好施药质量

施药质量也是有效防治病、虫、草、鼠害的关键，茎叶喷雾施药时，只有让所有叶片都均匀着药，不留死角才能达到较好的防治效果，一般喷至所有叶片均匀着药而不往下滴水为宜；种子处理及撒施等施药方法也必须做到施药均匀，否则，粗放的不均匀施药方式，很容易形成新的虫源和菌源，引起病虫害再次暴发，还会导致产生药害和浪费药剂，高质量的施药才能收到理想的防治效果。

施药时还应特别注意药剂对作物的安全性，也就是不要使药剂对作物造成药害。不管是产生哪种药害都会影响作物的安全性和产量。因此，农药使用者一定要严格按照标签使用说明用药，严格掌握农药使用技术，最大限度地避免由于农药使用不当而造成的药害损失。

五、注意和控制好影响农药效果的因素

首先，要确认所防治的对象种类是否与所用药剂对症。也就是要知道自己种植的作物到底是发生了哪一种虫或哪一种病，再看所用的药剂标签上是否有要防治的病或虫，切不可盲目用药，以免影响防治效果。例如：某温室黄瓜发生了茶黄螨，黄瓜叶片皱缩、秃尖等，该农户误以为发生了病毒病，结果打了好几遍防治病毒病的药剂却不见效，误认为药的效果太差了。这种没弄清防治对象就盲目用药，防治效果是不可能好的。如果不能准确识别所发生的病、虫种类，可咨询当地植保技术人员。

其次，是注意和控制环境因素的影响。环境条件不同，植物和有害生物对所用药剂的反应也不同。在使用同一种药剂防治同一种病、虫、草害时，由于环境条件不同，药效差别很大。主要原因是温度、湿度、雨水、光照、风力及土壤性质等环境条件不同。

温度可以影响农药药效的发挥，有的药剂高温条件下效果好，如溴甲烷、吡虫啉等，这类药剂应在夏季或一天中温度高一些的时段使用；有的药剂低温条件下效果好，如菊酯类杀虫剂，这类药剂应在春季、秋季或一天中的傍晚使用。

光照易造成对光敏感的农药分解，致使药效降低，如在光照下，辛硫磷易降解失效；氟乐灵等二硝基苯胺类除草剂容易分解，影响药效。使用这类药剂时从使用方法和使用时间上应尽量避免光照所致的影响。

刮风下雨更是影响农药效果的重要因素，因此，雨天不可以喷洒农药，喷洒农药后短时间降雨需要重新喷施。人脸上感觉有一点轻风和微风可以喷施农药，风大不能喷施。

在使用农药时一定要注意充分利用一切有利因素，控制不利因素，以使农药在防治病、虫、草、鼠等有害生物时更大限度地发挥作用。

第五章　安全防护与农药剩余物的处置

第一节　施药安全防护及注意事项

由于农药属于特殊的有毒物质，因此，使用者在使用农药时一定要特别注意安全防护，注意避免由于不规范、粗放的操作而带来的农药中毒、污染环境及农产品农药残留超标等事故的发生。具体要做好和注意以下几点。

1. 一般要求老、弱、病、残、孕、儿童和哺乳期妇女不能接触和施用农药；

2. 施药人员应穿戴防护服、胶鞋、手套、口罩或穿长衣裤、戴帽子和手套等；施药期间应禁止吃东西、喝水、吸烟，不得用嘴吹堵塞的喷头等；

3. 施药前应告知当地蜂农、蚕农，施药后做好警示，熏蒸和放烟施药现场应醒目警示，严禁无关人员进入现场；

4. 施用颗粒剂或种子处理剂，要严格覆土，以免鸟类取食；

5. 施药应严格执行安全间隔期，不可违反安全间隔期规定施药和采收农产品；

6. 不可在河流、小溪、池塘、井边施药，以免污染水源；

7. 刮风、下雨、高温、作物上有露水、沿海地区遇海雾不可施药，不要逆风施药，尤其不能施用高毒农药，以防药雾飘洒中毒；

8. 不可在河流、小溪、池塘、井边冲洗施药器械及其他施药用物品，以免污染水源；

9. 脱除的防护用品装入事先准备好的塑料袋，并与其他衣物及生活用品分开存放；

10. 发生中毒时要立即送医院，并携带所使用的农药产品标签。

第二节　剩余农药和农药包装物的处置

使用农药将会有一些用完的包装物，如包装袋、包装瓶等，这些物品如果在田里乱扔则会对环境造成不良影响，也会引发其他有益生物中毒等问题。因此，必须妥善处理。另外，喷剩的药液和未用完的农药也不可随意乱喷和乱放，以免引发作物药害，人、畜中毒等问题。为了保护人、畜和环境安全，农药使用者要注意以下几点。

1. 未用完的剩余农药严密包封后带回家中，存放在专用的儿童、家畜触及不到的安全地方；

2. 不可将剩余农药倒入河流、沟渠、池塘，不可自行掩埋、焚烧、倾倒，以免污染环境；

3. 不可将剩余的农药药液喷洒到某一点农作物上，以免产生药害和造成农药残留超标；

4. 施药后的空包装袋或包装瓶应妥善放入事先准备好的塑料袋中带回处理，不可作为他用，也不可乱丢、掩埋、焚烧，应送农药废弃物回收站或环保部门处理。

第三篇

农药品种应用

第六章　杀虫剂

一、新烟碱类

吡　虫　啉

中文通用名称： 吡虫啉

英文通用名称： imidacloprid

化学名称： 1-（6-氯吡啶-3-吡啶基甲基）-N-硝基亚咪唑烷-2-基胺

化学结构式：

$$\text{(6-chloropyridin-3-yl)}-CH_2-N\text{(imidazolidine)}\,C{=}N-NO_2,\ NH$$

理化性质： 无色晶体，有微弱气味，熔点 143.8℃（晶体形式 1）、136.4℃（晶体形式 2），蒸气压 0.2 μPa（20℃），密度 1.543g/cm^3，水中溶解度 0.51g/L（20℃）。

毒性： 按照我国农药毒性分级标准，吡虫啉属中等毒。对鼠急性经口 LD_{50}>5 000mg/kg，急性经皮 LD_{50} 约为 450mg/kg，对眼睛有轻微的刺激作用，但对皮肤无刺激作用。

作用特点： 本品属硝基亚甲基类内吸杀虫剂，选择性抑制昆虫神经系统中的烟酸乙酰胆碱受体，与其极高的竞争性结合，从而破坏昆虫中枢神经的正常传导，使之神经麻痹后死亡。具有触杀、胃毒作用，有内吸性，尤其具有优异的根部内吸传导作用。主要用于防治刺吸式口器害虫，如飞虱、叶蝉、蚜虫和蓟马等；也可用来防治白蚁和土壤害虫、一些咀嚼式口器害虫，如稻水象甲和马铃薯叶甲等；对线虫和红蜘蛛无活性。

制剂： 5%、10%、20%吡虫啉乳油，10%、20%、25%、50%和 70%吡虫啉可湿性粉剂，350g/L、480g/L、600g/L 吡虫啉悬浮剂，40%、65%、70%吡虫啉水分散粒剂。

5%吡虫啉乳油

理化性质及规格： 外观为浅黄色均相液体，无刺激性气味，20℃条件下密度为 0.952

g/mL，黏度为 1.19 mPa·s，属易燃液体，但不具爆炸性和腐蚀性。

毒性： 按照我国农药毒性分级标准，5%吡虫啉乳油属低毒。雌、雄大鼠急性经口 LD_{50} 为 3 160mg/kg，急性经皮 LD_{50}>2 150mg/kg。对白兔眼睛具有轻度至中度刺激性，对白兔皮肤无刺激性。

使用方法：

1. 防治柑橘蚜虫、潜叶蛾，苹果蚜虫等果树害虫　在蚜虫盛发期或潜叶蛾幼虫盛发初期施药，用 5%吡虫啉乳油 1 000～2 000 倍液（有效成分浓度 25～50mg/kg）整株喷雾。在苹果、柑橘上的安全间隔期均为 14d，每季最多使用 2 次。

2. 防治十字花科蔬菜蚜虫，节瓜蓟马　蚜虫盛发期或蓟马若虫盛发期施药，每次每 667m^2 用 5%吡虫啉乳油 20～60mL（有效成分 1～3 g）对水喷雾。

3. 防治小麦蚜虫，棉花蚜虫　蚜虫盛发期施药，每次每 667m^2 用 5%吡虫啉乳油 20～60mL（有效成分 1～3g）对水喷雾。在小麦上的安全间隔期为 21d，棉花上为 14d，每季最多使用 3 次。

4. 防治水稻飞虱　在稻飞虱若虫盛发初期施药，每次每 667m^2 用 5%吡虫啉乳油 20～30mL（有效成分 1～1.5g）对水喷雾。安全间隔期为 14d，每季最多使用 3 次。

5. 防治水稻稻瘿蚊　在水稻播种时采取拌种方式，按照药种比（质量比）1∶100 拌种使用。

10%吡虫啉可湿性粉剂

理化性质及规格： 外观为暗灰黄色粉末状固体，润湿时间≤90 s，pH 7～8，水分含量≤3%，常温储存质量保质期为 2 年。

毒性： 按照我国农药毒性分级标准，10%吡虫啉可湿性粉剂属低毒。大鼠急性经口 LD_{50}>5 000mg/kg，小鼠急性经口 LD_{50} 为 681mg/kg。

使用方法：

1. 防治茶小绿叶蝉　小绿叶蝉若虫盛发初期施药，每次每 667m^2 用 10%吡虫啉可湿性粉剂 20～30g（有效成分 2～3g）对水喷雾，安全间隔期为 7d，每季最多使用 2 次。

2. 防治黄瓜（保护地）白粉虱　在白粉虱若虫盛发期施药，每次每 667m^2 用 10%吡虫啉可湿性粉剂 20～30g（有效成分 2～3g）对水喷雾，安全间隔期为 7d，每季最多使用 2 次。

3. 防治梨树梨木虱　在梨木虱若虫盛发初期施药，10%吡虫啉可湿性粉剂 2 000～5 000 倍液（有效成分浓度 20～50mg/kg）整株喷雾，安全间隔期为 14d，每季最多使用 2 次。

4. 防治烟草蚜虫　在蚜虫盛发期施药，每次每 667m^2 用 10%吡虫啉可湿性粉剂 20～40g（有效成分 1～2.33g）对水喷雾，安全间隔期为 15d，每季最多使用 2 次。

600g/L 吡虫啉悬浮剂

理化性质及规格： 外观为白色可流动、易测量体积的悬浮液体，无结块，无刺激性气味。密度为 1.261 9g/mL，不具可燃性、爆炸性和腐蚀性。不可与碱性农药混用。

毒性： 按照我国农药毒性分级标准，600g/L 吡虫啉悬浮剂属低毒。大鼠急性经口 LD_{50} 为 1 994.6mg/kg，急性经皮 LD_{50}>2 000mg/kg，急性吸入 LC_{50}>2 000 mg/m^3。产品对大白兔、豚鼠皮肤均无刺激性，属弱致敏物。

使用方法：

1. 防治水稻飞虱　在稻飞虱若虫盛发初期施药，每次每 667m^2 用 600g/L 吡虫啉悬浮剂 3～5mL（有效成分 1.8～3g）对水喷雾，安全间隔期为 21d，每季最多使用 2 次。

2. 防治甘蓝蚜虫　在蚜虫盛发期施药，每次每 667m^2 用 600g/L 吡虫啉悬浮剂 2～3mL（有效成分 1.2～1.8g）对水喷雾，安全间隔期为 7d，每季最多使用 2 次。

70%吡虫啉水分散粒剂

理化性质及规格：外观为棕黄色不规则颗粒，无可见的外来杂质和硬团块。密度为 0.59g/mL，熔点为 164 ℃，不具有爆炸性。

毒性：按照我国农药毒性分级标准，70%吡虫啉水分散粒剂属低毒。雌、雄大鼠急性经口 LD_{50} 分别为 1 260mg/kg 和 681mg/kg，急性经皮 LD_{50}＞2 000mg/kg，急性吸入 LC_{50}＞2 000mg/m^3。产品对家兔眼睛和皮肤无刺激性，属弱致敏物。

使用方法：

防治十字花科蔬菜蚜虫、棉花蚜虫　在蚜虫盛发期施药，每次每 667m^2 用 70%吡虫啉水分散粒剂 2～3g（有效成分 1.4～2.1g）对水喷雾，在十字花科蔬菜、棉花上的安全间隔期分别为 7d、14d，每季最多使用 2 次。

注意事项：

1. 本品对蜜蜂、家蚕有毒，花期蜜源作物周围禁用，施药期间应密切注意对附近蜂群的影响，蚕室及桑园附近禁用；对鱼类等水生生物有毒，养鱼稻田禁用，施药后的田水不得直接排入河塘等水域；远离水产养殖区施药，禁止在河塘等水域内清洗施药器具。

2. 不能用于防治线虫和螨。

3. 不得与碱性农药等物质混用。

4. 建议与其他作用机制的杀虫剂交替使用。

噻　虫　啉

中文通用名称：噻虫啉

英文通用名称：thiacloprid

化学名称：(3－（（6－氯－3－吡啶基）甲基）－1，3－噻唑啉－2－亚基）氰胺

化学结构式：

理化性质：原药为淡黄色结晶粉末，熔点 136℃，密度 1.46g/cm^3（20℃），蒸气压 23×10^{-10} Pa（20℃）、8×10^{-10} Pa（25℃），log P_{ow}＝18.0（正辛醇/水，20℃），水中溶解度（20℃）为 185 μg/L。在 50℃时可稳定储存 2 周。

毒性：按照我国农药毒性分级标准，噻虫啉属中等毒。雄、雌大鼠急性经口 LD_{50} 分别为 621mg/kg 和 396mg/kg，急性经皮 LD_{50}≥2 000mg/kg，急性吸入 LC_{50}＞0.481 mg /L。

作用特点：本品属新型氯代烟碱类杀虫剂，主要作用于昆虫神经突触后膜，通过与烟碱

乙酰胆碱受体结合，干扰昆虫神经系统正常传导，引起神经通道的阻塞，使昆虫异常兴奋，全身痉挛，麻痹而死。具有较强的内吸、触杀和胃毒作用，与常规杀虫剂如拟除虫菊酯类、有机磷类和氨基甲酸酯类没有交互抗性，因而可用于抗性治理。主要用于防治刺吸式口器害虫，如飞虱、叶蝉、蚜虫和蓟马等。

制剂：40%、48%噻虫啉悬浮剂，30%、36%、50%噻虫啉水分散粒剂，2%、3%噻虫啉微囊悬浮剂。

40%噻虫啉悬浮剂

理化性质及规格：外观为白色液体，不具可燃性、爆炸性和腐蚀性。

毒性：按照我国农药毒性分级标准，40%噻虫啉悬浮剂属低毒。雄、雌大鼠急性经口 LD_{50} 分别为 825mg/kg 和 562mg/kg，急性经皮 LD_{50} 为 2 150mg/kg，急性吸入 LC_{50} 为2 163g/m^3。

使用方法：

防治水稻飞虱　在稻飞虱低龄若虫盛发期施药，每次每 667m^2 用 40%噻虫啉悬浮剂 10～16mL（有效成分 4～6.4g）对水喷雾，施药时田间须保留一定深度的水层。安全间隔期为 14d，每季最多施药 2 次。

50%噻虫啉水分散粒剂

理化性质及规格：外观为土黄色颗粒，粒径范围在 225～800μm（≥98%），不具腐蚀性，不属于可燃性固体，低爆炸性。pH 为 6.0～9.0，悬浮率≥85%，分散性≥85%，润湿时间≤90 s，持久起泡性（1 min 后）≤25mL。

毒性：按照我国农药毒性分级标准，50%噻虫啉水分散粒剂属低毒。雄、雌大鼠急性经口 LD_{50} 分别为 681mg/kg 和 794mg/kg，急性经皮 LD_{50} 均>2 000mg/kg，对大耳白兔眼睛具有弱刺激性，对豚鼠皮肤无刺激性，属弱致敏物。

使用方法：

防治甘蓝蚜虫　蚜虫盛发初期施药，每次每 667m^2 用 50%噻虫啉水分散粒剂 6～14g（有效成分 3～7g）对水喷雾，安全间隔期为 10d，每季作物最多施药 2 次。

2%噻虫啉微囊悬浮剂

理化性质及规格：外观为白色悬浮液体，无特殊气味，密度为 1.066 4g/mL，闪点>100℃，不可燃，也不具备腐蚀性。

毒性：按照我国农药毒性分级标准，2%噻虫啉微囊悬浮剂属低毒。雄大鼠急性经口 LD_{50}>5 000mg/kg，雌大鼠急性经口 LD_{50} 为 3 160mg/kg；雌、雄大鼠急性经皮 LD_{50}>2 000mg/kg；急性吸入 LC_{50}>5 000mg/m^3。

使用方法：

防治林木天牛　在天牛羽化盛期施药，用3%噻虫啉微囊悬浮剂 900～2 500 倍液（有效成分浓度 12～33.33mg/kg）喷雾。

注意事项：

1. 水产养殖区、河塘等水域附近禁用，禁止在河塘等水域中清洗施药器具。
2. 赤眼蜂等天敌放飞区域、蚕室和桑园附近禁用。

3. 不可与呈碱性的农药等物质混合使用。

4. 建议与其他作用机制不同的杀虫剂轮换使用，以延缓抗性产生。

噻　虫　胺

中文通用名称：噻虫胺

英文通用名称：clothianidin

化学名称：（E）-1-（2-氯-1，3-噻唑-5-基甲基）-3-甲基-2-2-硝基胍

化学结构式：

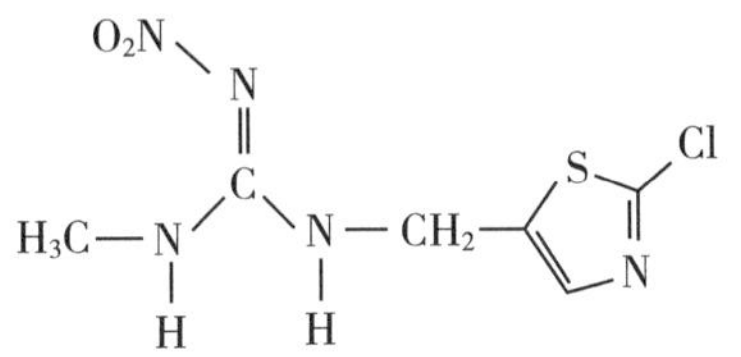

理化性质：原药外观为黄色结晶固体，密度 1.61g/mL，蒸气压 1.3×10^{-10}Pa，熔点 176.8℃，在水中的溶解度为 0.327g/L。

毒性：按照我国农药毒性分级标准，噻虫胺属低毒。雌、雄大鼠急性经口 $LD_{50}>5\ 000$ mg/kg，急性经皮 $LD_{50}>2\ 000$mg/kg。

作用特点：噻虫胺是新烟碱类杀虫剂中的一种，是一类高效、安全、高选择性的新型杀虫剂。作用于烟碱乙酰胆碱受体，具有触杀、胃毒和内吸活性。主要用于水稻、蔬菜、果树及其他作物上防治蚜虫、叶蝉、蓟马、飞虱等半翅目、鞘翅目、双翅目和某些鳞翅目害虫，具有高效、广谱、用量少、毒性低、持效期长、对作物无药害、使用安全、与常规农药无交互抗性等优点，有卓越的内吸和渗透作用，是替代高毒有机磷农药的又一品种。其结构新颖、特殊，性能与传统烟碱类杀虫剂相比更为优异，有可能成为世界性的大型杀虫剂品种。

制剂：50%噻虫胺水分散粒剂。

50%噻虫胺水分散粒剂

理化性质及规格：外观为无味浅褐色沙粒状固体小颗粒，水分含量≤2%，pH6.5～8.5，悬浮率 99.5%，湿筛试验：通过 75μm 试验筛≥98%，湿润时间≤2min，粒度范围 500～1 700μm≥94%，常温储存 2 年稳定。

毒性：按照我国农药毒性分级标准，50%噻虫胺水分散粒剂属低毒。雌、雄大鼠急性经口 LD_{50} 为 1 628mg/kg、1 710mg/kg，急性经皮 $LD_{50}>2\ 000$mg/kg，急性吸入 LC_{50} 为 5.66mg/L。对家兔皮肤无刺激，对眼睛有轻度刺激。对豚鼠皮肤属弱致敏物。

使用方法：

防治番茄烟粉虱　在低龄若虫盛发期施药，每次每 667m^2 用 50%噻虫胺水分散粒剂 6～8g（有效成分 3～4g），均匀喷雾。喷雾时务必将药液喷到稻丛中下部，以保证药效。在番茄上使用的安全间隔期为 7d，每季最多施药 3 次。

注意事项：

1. 对蚕有影响，因此不得在桑树种植地区及蚕室附近使用，以免对蚕造成影响。

2. 对蜜蜂有影响，不要在养蜂场所使用。

噻　虫　嗪

中文通用名称： 噻虫嗪

英文通用名称： thiamethoxam

化学名称： 3-（2-氯-1，3-噻唑-5-基甲基）-5-甲基-1，3，5-恶二嗪-4-基叉（硝基）胺

化学结构式：

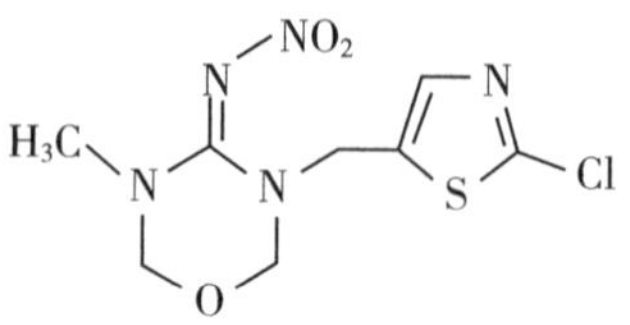

理化性质： 外观为白色结晶粉末。熔点为139.1℃，蒸气压为6.6×10^{-9}Pa（25℃）。

毒性： 按照我国农药毒性分级标准，噻虫嗪属低毒。大鼠急性经口LD_{50}为1 563 mg/kg，本品对眼睛和皮肤无刺激作用。

作用特点： 噻虫嗪是一种全新结构的第二代烟碱类高效低毒杀虫剂，对害虫具有胃毒、触杀和内吸活性，用于叶面喷雾及土壤灌根处理。施药后迅速被内吸，并传导到植株各部位，对刺吸式害虫如蚜虫、飞虱、叶蝉、粉虱等有良好的防效。

制剂： 21%噻虫嗪悬浮剂，25%噻虫嗪水分散粒剂。

21%噻虫嗪悬浮剂

理化性质及规格： 外观为浅褐色至褐色液体，密度为1.11～1.15g/cm^3，对锡盘和镀锌钢板有轻微腐蚀性，对铁板有腐蚀性，但对不锈钢板不具腐蚀性。

毒性： 按照我国农药毒性分级标准，21%噻虫嗪悬浮剂属低毒。雌、雄大鼠急性经口$LD_{50}>5\ 000$mg/kg，急性经皮$LD_{50}>2\ 150$mg/kg，急性吸入$LC_{50}>267$g/L。对家兔眼睛无刺激，对豚鼠的皮肤无致敏性，但对家兔皮肤有轻微刺激性。

使用方法：

1. 防治观赏菊花蚜虫　于蚜虫发生初期施药，每株用21%噻虫嗪悬浮剂2 000～4 000倍液（有效成分浓度52.5～105mg/kg）20～50mL灌根。

2. 防治观赏玫瑰蓟马　于蓟马发生初期施药，每次每667m^2用21%噻虫嗪悬浮剂15～20mL（有效成分3.2～4.2g）叶面喷雾，可视虫害发生情况间隔7～10 d再施用一次。

25%噻虫嗪水分散粒剂

理化性质及规格： 外观为浅褐色至褐色颗粒，水分含量<2.5%，pH 7～11，不具可燃性、爆炸性和腐蚀性。

毒性： 按照我国农药毒性分级标准，25%噻虫嗪水分散粒剂属低毒。雌、雄大鼠急性经口$LD_{50}>5\ 000$mg/kg，急性经皮$LD_{50}>5\ 000$mg/kg，急性吸入$LC_{50}>5\ 290mg/m^3$。制剂对家兔眼睛和皮肤无刺激性，对豚鼠皮肤无致敏性。

使用方法：

1. 防治观赏菊花蚜虫　于蚜虫发生初期灌根，每株施用25%噻虫嗪水分散粒剂2 000～

4 000 倍液（有效成分浓度 62.5～125mg/kg）20～50mL。

2. 防治观赏玫瑰蓟马　于蓟马发生初期施药，每次每 667m^2 用 25%噻虫嗪水分散粒剂 15～20g（有效成分 3.75～5g）对水喷雾，可视虫害发生情况间隔 7～10 d 再施用一次。

注意事项：

1. 无专用解毒剂，对昏迷病人，切勿经口喂入任何东西或引吐。
2. 蚕室及桑园附近、作物花期及天敌放飞区禁用。
3. 应储藏在常温、避光、干燥、通风、防雨处。

氯　噻　啉

中文通用名称：氯噻啉

英文通用名称：imidaclothiz

化学名称：1-（5-氯-噻唑基甲基）-N-硝基亚咪唑-2-基胺

化学结构式：

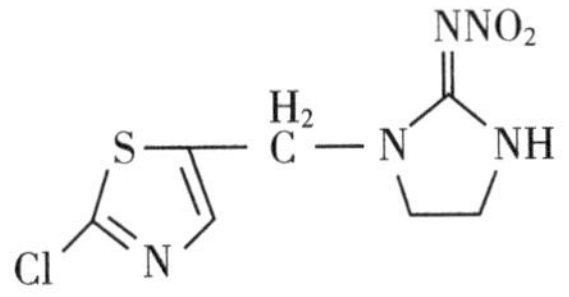

理化性质：原药（含量≥95%），外观为黄褐色粉状固体。熔点 146.8～147.8℃；溶解度（25℃）：水 5g/L，乙腈 50g/L，二氯甲烷 20～30g/L，甲苯 0.6～1.5g/L，二甲基亚砜 260g/L。常温下储存稳定。

毒性：按照我国农药毒性分级标准，氯噻啉属低毒。原药对雌、雄大鼠急性经口 LD_{50} 分别为 1 470mg/kg 和 1 620mg/kg，急性经皮 LD_{50}>2 000mg/kg，对皮肤、眼睛无刺激性，无致敏性。

作用特点：属我国拥有自主知识产权的新烟碱类杀虫剂，具强内吸性，杀虫谱广，可用在小麦、水稻、棉花、蔬菜、果树、烟叶等多种作物上防治蚜虫、叶蝉、飞虱、蓟马、粉虱，同时对鞘翅目、双翅目和鳞翅目害虫也有效，尤其对水稻二化螟、三化螟毒力很高。在使用中防治效果一般不受温度影响。在常规用药剂量范围内对作物安全，对有益生物如瓢虫等天敌杀伤力较小。

制剂：10%氯噻啉可湿性粉剂，40%氯噻啉水分散粒剂。

10%氯噻啉可湿性粉剂

理化性质及规格：外观为黄棕色粉末，含水量小于 2%，悬浮率>70%。

毒性：按照我国农药毒性分级标准，10%氯噻啉可湿性粉剂属低毒。雌、雄大鼠急性经口 LD_{50} 分别为 3 690mg/kg 和 2 710mg/kg，急性经皮 LD_{50}>2 000mg/kg。对皮肤和眼睛无刺激性，无致敏性。

使用方法：

1. 防治茶树茶小绿叶蝉　于茶小绿叶蝉低龄若虫盛发期施药，每次每 667m^2 用 10%氯噻啉可湿性粉剂 20～30g（有效成分 2～3g）。安全间隔期为 5d，每季最多使用 2 次。

2. 防治番茄白粉虱　于白粉虱低龄若虫盛发期施药，每次每 667m^2 用 10%氯噻啉可湿性粉剂 15～30g（有效成分 1.5～3g）对水喷雾。安全间隔期为 7d，每季最多使用 2 次。

3. 防治甘蓝蚜虫　于蚜虫低龄若虫盛发期施药，每次每 $667m^2$ 用 10%氯噻啉可湿性粉剂 10～15g（有效成分 1～1.5g）对水喷雾。安全间隔期为 7d，每季最多使用 4 次。

4. 防治柑橘树蚜虫　于蚜虫低龄若虫盛发期施药，用 10%氯噻啉可湿性粉剂 4 000～5 000倍液（有效成分浓度 20～25mg/kg）整株喷雾，安全间隔期为 14d，每季最多使用 3 次。

5. 防治小麦蚜虫　于蚜虫低龄若虫盛发期施药，每次每 $667m^2$ 用 10%氯噻啉可湿性粉剂 15～20g（有效成分 1.5～2g）对水喷雾。安全间隔期为 14d，每季最多使用 2 次。

6. 防治水稻飞虱　于稻飞虱低龄若虫盛发期施药，每次每 $667m^2$ 用 10%氯噻啉可湿性粉剂 10～20g（有效成分 1～2g）对水喷雾。安全间隔期为 30d，每季最多使用 2 次。

40%氯噻啉水分散粒剂

理化性质及规格：外观为米黄色至红棕色疏松颗粒，含水量小于 3%，悬浮率和分散率均>80%，pH 5～9。

毒性：按照我国农药毒性分级标准，40%氯噻啉水分散粒剂属低毒。雄、雌大鼠急性经口 LD_{50}分别为 3 690mg/kg 和 3 160mg/kg，急性经皮 LD_{50}为 2 150mg/kg。对家兔眼睛和皮肤无刺激性，属弱致敏物。

使用方法：

1. 防治水稻飞虱　于稻飞虱低龄若虫盛发期施药，每次每 $667m^2$ 用 40%氯噻啉水分散粒剂 4～5g（有效成分 1.6～2g）对水喷雾。安全间隔期为 45d，每季施药次数不超过 1 次。

2. 防治烟草蚜虫　于蚜虫低龄若虫盛发期施药，每次每 $667m^2$ 用 40%氯噻啉水分散粒剂 4～5g（有效成分 1.6～2g）对水喷雾，安全间隔期为 14d，每季最多使用 3 次。

注意事项：

1. 本品应储藏在常温、避光、干燥、通风、防雨处。

2. 在蚕室及桑园附近、作物花期及天敌放飞区禁用。

烯　啶　虫　胺

中文通用名称：烯啶虫胺

英文通用名称：nitenpyram

化学名称：（E）-N-（6-氯-3-吡啶甲基）-N-乙基-N′-甲基-2-硝基亚乙基二胺

化学结构式：

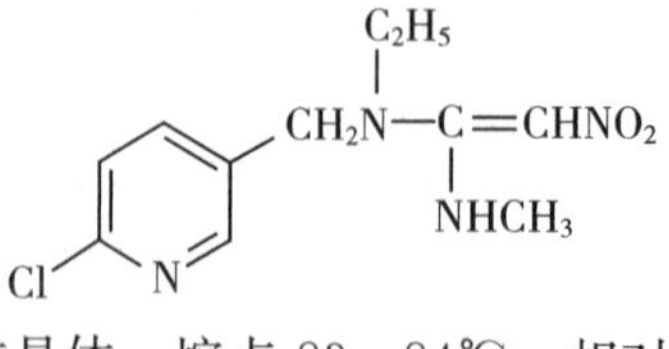

理化性质：纯品为浅黄色结晶体，熔点 83～84℃，相对密度为 1.40（26℃）。蒸气压为 1.1×10^{-9} Pa（25℃）。溶解度（20℃）：水中（pH 7）840g/L，氯仿中 700g/L、丙酮中 290g/L、二甲苯中 4.5g/L。

毒性：按照我国农药毒性分级标准，烯啶虫胺属低毒。雄、雌大鼠急性经口 LD_{50}分别为 1 680mg/kg 和 1 575mg/kg；雄、雌小鼠急性经口 LD_{50} 分别为 867mg/kg 和 1 281mg/kg；大鼠急性经皮 LD_{50} ＞2 000mg/kg；大鼠急性吸入 LC_{50}（4h）5.8g/L；对兔眼睛有轻微刺激，对兔皮肤无刺激。无致畸、致突变、致癌作用。

作用特点： 烯啶虫胺是一种高效、广谱、新型烟碱类杀虫剂，作用于昆虫神经系统的乙酰胆碱受体。具有内吸性和渗透作用，用量少，毒性低，持效期长，对作物安全无药害，广泛应用于园艺和农业上防治同翅目和半翅目害虫，持效期可达 14d 左右。烯啶虫胺具有高效、低毒、内吸、无交互抗性等特点，是优良的同翅目害虫防治药剂。

制剂： 10％、20％烯啶虫胺水剂，20％烯啶虫胺水分散粒剂，10％烯啶虫胺可溶液剂，50％烯啶虫胺可溶粒剂。

10％烯啶虫胺水剂

理化性质及规格： 外观为红棕色均相液体，稍有气味，密度（20℃）为 1.030～1.038g/mL，动力黏度（20℃）为 2.36～2.42 mPa·s，产品不具可燃性和爆炸性，闪点＞95℃。

毒性： 按照我国农药毒性分级标准，10％烯啶虫胺水剂属低毒。雌、雄大鼠急性经口、经皮 LD_{50} 均＞5 000mg/kg，对家兔眼睛有轻度刺激，对家兔皮肤无刺激性，但对豚鼠皮肤具弱致敏性。

使用方法：

1. 防治柑橘树蚜虫　于蚜虫低龄若虫盛发期施药，用 10％烯啶虫胺水剂 4 000～5 000 倍液（有效成分浓度 20～25mg/kg）整株喷雾，每季最多使用 2 次。

2. 防治棉花蚜虫　于蚜虫低龄若虫盛发期施药，每次每 667m^2 用 10％烯啶虫胺水剂 10～20mL（有效成分 1～2g）对水喷雾。安全间隔期为 7d，每季最多使用 2 次。

20％烯啶虫胺水分散粒剂

理化性质及规格： 外观为均匀颗粒，密度为 0.41g/cm^3，不具可燃性、爆炸性和腐蚀性。

毒性： 按照我国农药毒性分级标准，20％烯啶虫胺水分散粒剂属低毒。雌、雄大鼠急性经口 LD_{50} ＞5 000mg/kg，急性经皮 LD_{50} ＞5 000mg/kg，急性吸入 LC_{50} ＞5 000g/m^3，对家兔眼睛和皮肤无刺激性，属弱致敏物。

使用方法：

1. 防治棉花蚜虫　于蚜虫低龄若虫盛发期施药，每次每 667m^2 用 20％烯啶虫胺水分散粒剂 5～10g（有效成分 1～2g）对水喷雾。安全间隔期为 7d，每季最多使用 2 次。

2. 防治甘蓝蚜虫　于蚜虫低龄若虫盛发期施药，每次每 667m^2 用 20％烯啶虫胺水分散粒剂 7～10g（有效成分 1.4～2g）对水喷雾。安全间隔期为 7d，每季最多使用 2 次。

10％烯啶虫胺可溶液剂

理化性质及规格： 外观为黄色至红棕色稳定的均相液体，pH 5～9，水分含量≤0.5％，与水有良好的互溶性，热储和常温条件下储存稳定。

毒性： 按照我国农药毒性分级标准，10％烯啶虫胺可溶液剂属低毒。大鼠急性经口

LD_{50}为4 640mg/kg，急性经皮LD_{50}为2 150mg/kg。对家兔皮肤和眼睛无刺激性，属弱致敏物质。

使用方法：

防治柑橘树蚜虫　于蚜虫低龄若虫盛发期施药，每次用10%烯啶虫胺可溶液剂4 000～5 000倍液（有效成分浓度20～25mg/kg）整株喷雾，安全间隔期为7d，每季最多使用2次。

50%烯啶虫胺可溶粒剂

理化性质及规格：外观为米黄色至红棕色疏松颗粒，水分含量≤3.0%，产品pH5～9，持久起泡性（1 min后）≤25mL。

毒性：按照我国农药毒性分级标准，50%烯啶虫胺可溶粒剂属低毒。大鼠急性经口LD_{50}为4 640mg/kg，急性经皮LD_{50}为2 150mg/kg。对家兔眼睛和皮肤无刺激性，属弱致敏物。

使用方法：

1. 防治柑橘树蚜虫　于蚜虫低龄若虫盛发期施药，用10%烯啶虫胺可溶粒剂20 000～25 000倍液（有效成分浓度4～5mg/kg）整株喷雾，安全间隔期为14d，每季最多使用1次。

2. 防治水稻飞虱　于稻飞虱低龄若虫盛发期施药，每次每667m^2用10%烯啶虫胺可溶粒剂2～4g（有效成分0.2～0.4g）对水喷雾。每季最多使用2次。

注意事项：

1. 开花植物花期、桑园及蚕室附近禁止使用。
2. 远离水产养殖区施药，禁止在河塘等水体中清洗施药器具，避免污染水源。

啶　虫　脒

中文通用名称：啶虫脒

英文通用名称：acetamiprid

化学名称：(E)-N1-[(6-氯吡啶-3-基)甲基]-N2-腈基-N′-甲基乙酰胺

化学结构式：

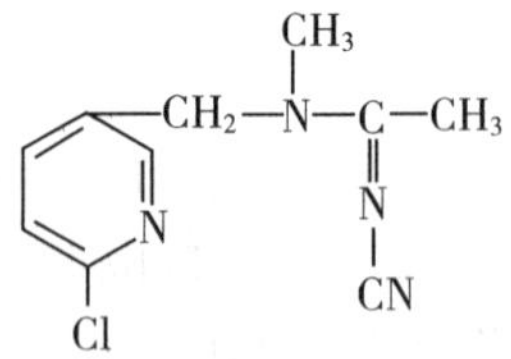

理化性质：外观为白色晶体，熔点为101.0～103.3℃，蒸气压>1.33×10^{-6} Pa（25℃）。25℃时在水中的溶解度4 200mg/L，能溶于丙酮、甲醇、乙醇、二氯甲烷、氯仿、乙腈、四氢呋喃等。在pH7的水中稳定，pH9时于45℃逐渐水解，在日光下稳定。

毒性：按照我国农药毒性分级标准，啶虫脒属中毒。雄、雌大鼠急性经口LD_{50}为217mg/kg和146mg/kg；急性经皮LD_{50}>2 000mg/kg。

作用机制：为内吸性杀虫剂，可用做土壤处理和叶面喷雾，具有触杀和胃毒作用。作用于神经突触后膜的乙酰胆碱受体，引起异常兴奋，从而导致受体机能的停止和神经传输的阻断，害虫全身痉挛、麻痹而死。可有效控制作物尤其是蔬菜、果树和茶树上的是半翅目、缨翅目和鳞翅目害虫，对蚜虫有特效。

制剂： 3%、5%、10%、25%啶虫脒乳油，3%、5%、10%、20%、70%啶虫脒可湿性粉剂，20%啶虫脒可溶粉剂，3%、5%、10%啶虫脒微乳剂。

3%啶虫脒乳油

理化性质及规格： 外观为淡黄色液体，密度为 0.88～0.92g/cm^3，pH 4.5～6.5，水分含量＜ 0.2%，冷热条件下储存稳定。

毒性： 按照我国农药毒性分级标准，3%啶虫脒乳油属低毒。大鼠急性经口 LD_{50}＞2 000mg/kg，急性经皮 LD_{50}＞2 000mg/kg，急性吸入 LC_{50}＞2 000mg/m^3。

使用方法：

1. 防治柑橘蚜虫　于蚜虫低龄若虫盛发期施药，用 3%啶虫脒乳油 2 000～2 500 倍液（有效成分浓度 12～15mg/kg）整株喷雾，安全间隔期为 14d，每季最多使用 1 次。

2. 防治柑橘潜叶蛾　于幼虫盛发期施药，用 3%啶虫脒乳油 1 000～2 000 倍液（有效成分浓度 15～30mg/kg）整株喷雾，安全间隔期为 14d，每季最多使用 1 次。

3. 防治苹果蚜虫　于蚜虫低龄若虫盛发期施药，用 3%啶虫脒乳油 1 500～2 000 倍液（有效成分浓度 15～20mg/kg）整株喷雾，安全间隔期为 14d，每季最多使用 1 次。

4. 防治黄瓜蚜虫、白粉虱　于蚜虫、白粉虱低龄若虫盛发期施药，每次每 667m^2 用 3%啶虫脒乳油 40～80g（有效成分 1.2～2.4g）对水喷雾，安全间隔期为 2d，每季最多使用 3 次。

5. 防治烟草蚜虫　于蚜虫低龄若虫盛发期施药，每次每 667m^2 用 3%啶虫脒乳油 30～40g（有效成分 0.9～1.2g），安全间隔期为 10d，每季最多使用 2 次。

20%啶虫脒可湿性粉剂

理化性质及规格： 外观为均匀疏松粉末，堆积密度为 0.712g/mL，不具可燃性、腐蚀性和爆炸性。

毒性： 按照我国农药毒性分级标准，20%啶虫脒可湿性粉剂属低毒。雌、雄大鼠急性经口 LD_{50} 为 924.2mg/kg，急性经皮 LD_{50}＞924.2mg/kg，急性吸入 LC_{50}＞2 000mg/m^3。对兔眼睛和皮肤无刺激性，为弱致敏物。

使用方法：

1. 防治柑橘蚜虫　于蚜虫低龄若虫盛发期施药，用 20%啶虫脒可湿性粉剂 13 000～20 000倍液（有效成分浓度 10～15.38mg/kg）整株喷雾，安全间隔期为 14d，每季最多使用 1 次。

2. 防治苹果黄蚜　于蚜虫低龄若虫盛发期施药，用 20%啶虫脒可湿性粉剂 6 000～8 000倍液（有效成分浓度 25～33.3mg/kg）整株喷雾，安全间隔期为 14d，每季最多使用 1 次。

3. 防治小麦蚜虫　于蚜虫低龄若虫盛发期施药，每次每 667m^2 使用 20%啶虫脒可湿性粉剂 5～1.2g（有效成分 1～2.4g）对水喷雾，安全间隔期为 14d，每季最多使用 2 次。

20%啶虫脒可溶粉剂

理化性质及规格：外观为粉末状固体，pH 5～7，润湿时间≤90 s，水分含量≤ 3%，常温条件下储存稳定。

毒性：按照我国农药毒性分级标准，20%啶虫脒可溶粉剂属低毒。雌、雄大鼠急性经口 LD_{50}为 3 120mg/kg，急性经皮 LD_{50}>2 000mg/kg，对皮肤和眼睛中度刺激，具中度致敏性。

使用方法：

1. 防治黄瓜蚜虫　于蚜虫低龄若虫盛发期施药，每次每 667m^2 用 20%啶虫脒可溶粉剂 6～7.5g（有效成分 1.2～1.5g）对水喷雾，安全间隔期为 7d，每季最多使用 1 次。

2. 防治棉花蚜虫　于蚜虫低龄若虫盛发期施药，每次每 667m^2 用 20%啶虫脒可溶粉剂 3～6g（有效成分 0.6～1.2g）对水喷雾，安全间隔期为 14d，每季最多使用 2 次。

3%啶虫脒微乳剂

理化性质及规格：外观为浅黄色透明液体，无刺激性异味，密度为 1.01g/mL（20℃），属非易燃液体，不具腐蚀性和爆炸性。另外，产品与矿物油不混溶。

毒性：根据我国农药毒性分级标准，3%啶虫脒微乳剂属低毒。雌、雄大鼠急性经口 LD_{50}为 4 300mg/kg，急性经皮 LD_{50}>2 000mg/kg。对兔眼睛和皮肤无刺激性，属弱致敏物。

使用方法：

1. 防治小麦蚜虫　于蚜虫低龄若虫盛发期施药，每次每 667m^2 用 3%啶虫脒微乳剂 25～40g（有效成分 0.75～1.2g）对水喷雾，安全间隔期为 14d，每季最多使用 2 次。

2. 防治十字花科蔬菜、黄瓜蚜虫　于蚜虫低龄若虫盛发期施药，每次每 667m^2 用 3%啶虫脒微乳剂 30～50g（有效成分 0.9～1.5g）对水喷雾，在甘蓝上的安全间隔期为 5d，每季最多使用 2 次；在黄瓜上的安全间隔期为 4d，每季最多使用 3 次。

注意事项：

1. 不可与碱性物质如波尔多液、石硫合剂等混用。

2. 对蜜蜂、鱼等高毒，使用时应注意保护；对桑蚕有毒，应远离桑蚕养殖区和桑树种植区。

哌　虫　啶

中文通用名称：哌虫啶

英文通用名称：待定

化学名称：1-（（6-氯吡啶-3-基）甲基）-5-丙氧基-7-甲基-8-硝基-1，2，3，5，6，7-六氢咪唑［1，2-a］吡啶

化学结构式：

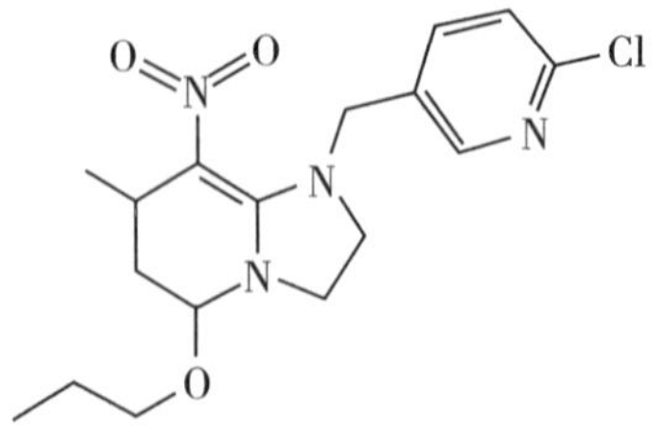

理化性质：纯品为淡黄色粉末。熔点130.2～131.9℃。溶解度：水中0.61g/L、乙腈中50g/L、二氯甲烷中55g/L，还溶于丙酮、氯仿等溶剂。蒸气压200 mPa（20℃）。

毒性：按照我国农药毒性分级标准，该药属低毒。原药对雌、雄大鼠急性经口LD_{50}＞5 000mg/kg，急性经皮LD_{50}＞5 150mg/kg。对家兔眼睛、皮肤均无刺激性，对豚鼠皮肤有弱致敏性。

作用特点：哌虫啶是新型高效、低毒、广谱新烟碱类杀虫剂，主要用于防治同翅目害虫，对稻飞虱具有良好的防治效果，防效达90％以上，对蔬菜蚜虫的防效达94％以上，明显优于已产生抗性的吡虫啉。

制剂：10％哌虫啶悬浮剂。

10％哌虫啶悬浮剂

理化性质及规格：外观为淡黄色黏稠液体，无刺激性气味。熔点130.2～131.9℃，蒸气压200mPa（20℃），微溶于水，易溶于二氯甲烷、氯仿、丙酮等大多数有机溶剂。在正常储存条件下及中性和微酸性介质中稳定，碱性水介质中缓慢水解。

毒性：按照我国农药毒性分级标准，10％哌虫啶悬浮剂属低毒。雌、雄大鼠急性经口LD_{50}＞5 000mg/kg，急性经皮LD_{50}＞2 000mg/kg；对家兔皮肤无刺激，对家兔眼睛无刺激。对豚鼠皮肤属弱致敏物。

使用方法：

防治水稻飞虱　在低龄若虫盛发期喷雾，每次每667m^2使用10％哌虫啶悬浮剂25～35g（有效成分2.5～3.5g），均匀喷雾。安全间隔期为20d，每季最多使用1次。

注意事项：

1. 远离水产养殖区施药，禁止在河塘等水体中清洗施药器具。
2. 建议与其他不同作用机制的杀虫剂轮换使用。

二、苯基吡唑类

氟　虫　腈

中文通用名称：氟虫腈

英文通用名称：fipronil

化学名称：（RS）-5-氨基-1-（2，6-二氯-4-三氟甲基苯基）-4-三氟甲基亚磺酰基吡唑-3-腈

化学结构式：

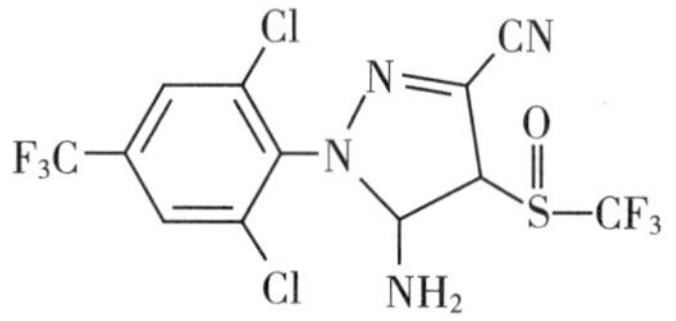

Cl　CN　N　O　F_3C　N　S—CF_3　Cl　NH_2

理化性质：纯品为白色固体，熔点200～201℃，相对密度1.477～1.626（20℃）。蒸气压3.7×10^{-7}Pa（20℃）；$\log P_{ow}=4.0$（25℃）。20℃下溶解度蒸馏水中1.9mg/L，pH5的

水中 1.9mg/L，pH9 的水中 2.4mg/L，丙酮中 545.9g/L，二氯甲烷中 22.3g/L，甲苯中 3.0g/L，已烷中<0.028g/L。在 pH5、pH7 的水中稳定，在 pH9 时缓慢水解，DT_{50} 约为 28d，在太阳光照下缓慢降解，但在水溶液中经光照可快速分解。

毒性：按照我国农药毒性分级标准，氟虫腈属中等毒。大鼠急性经口 LD_{50} 为 97mg/kg，急性经皮 LD_{50}＞2 000mg/kg，急性吸入 LC_{50}（4h）为 0.682mg/L，小鼠急性经口 LD_{50} 为 95mg/kg；对兔眼睛和皮肤无刺激，无“三致”。野鸭 LD_{50}＞2 000mg/kg，鹌鹑 LD_{50} 为 11.3mg/kg，鹌鹑 LC_{50} 为 49mg/kg，野鸭 LC_{50} 为 5 000mg/kg，虹鳟、鲤鱼 LC_{50}（96h）248mg/kg，水蚤 LC_{50}（48h）0.19mg/L，对蜜蜂安全。

作用特点：氟虫腈是一种苯基吡唑类杀虫剂，杀虫谱广，对害虫以胃毒作用为主，兼有触杀和一定的内吸作用。作用于昆虫 γ-氨基丁酸氯离子通道，因此对蚜虫、叶蝉、飞虱、鳞翅目幼虫、蝇类和鞘翅目等重要害虫有很高的杀虫活性，同时对卫生害虫蟑螂也有较好的防治效果。与现有杀虫剂无交互抗性。

制剂：5%氟虫腈种子处理悬浮剂。

5%氟虫腈种子处理悬浮剂

理化性质及规格：制剂为红色悬浮液，pH 6.5～8.6，悬浮率≥80%，湿筛试验≥95%通过 44μm 试验筛，成膜性合格。

毒性：按照我国农药毒性分级标准，5%氟虫腈种子处理悬浮剂属低毒。雌、雄大鼠急性经口 LD_{50}＞2 000mg/kg，急性经皮 LD_{50}＞2 000mg/kg，对兔眼睛无刺激性，对兔皮肤无刺激性，对豚鼠皮肤无致敏性。

使用方法：

防治玉米蛴螬和金针虫　在玉米播种前拌种处理，每 100kg 种子用 5%氟虫腈种子处理悬浮剂 1 000～1 200g（有效成分 50～60g），选用合适容器，先加适量清水将药剂稀释均匀后与玉米种子混合，轻轻翻拌 3～5min，使种子均匀着药；之后摊开置于通风阴凉处晾干后播种。

注意事项：

1. 鉴于氟虫腈对甲壳类水生生物和蜜蜂具有高风险，根据农业部第 1157 号公告，自 2009 年 10 月 1 日起，除卫生用、玉米等部分旱田种子包衣剂和专供出口外，我国停止生产、销售和使用含有氟虫腈成分的农药制剂。
2. 对虾、蟹和部分鱼类高毒，故严禁在养虾、蟹和鱼的稻田及养虾、蟹邻近的稻田使用，并严禁将施用过氟虫腈的水直接排入养虾、蟹、鱼的稻田及池塘。
3. 严禁在池塘、水渠、河流和湖泊中洗涤施用氟虫腈所用的药械，以避免对水生生物造成伤害。
4. 对蜜蜂高毒，严禁在非登记的蜜源植物上使用。
5. 不要超剂量使用。
6. 拌种和播种时应戴口罩、手套，穿保护性作业服，严禁吸烟和进食。
7. 处理后的种子禁止供人、畜食用，也不要与未处理的种子混合或一起存放。

乙　虫　腈

中文通用名称：乙虫腈

英文通用名称： ethiprole

化学名称： 1-（2，6-二氯-4-三氟甲基苯基）-3-氰基-4-乙基亚磺酰基-5-氨基吡唑

化学结构式：

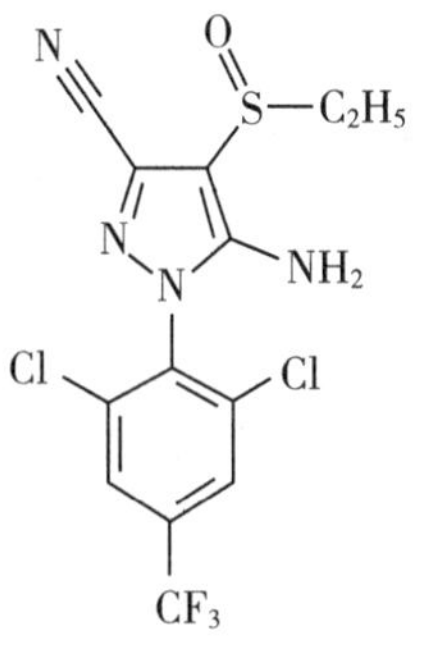

理化性质： 原药纯品为浅黄色晶体粉末，无特别气味。制剂为具有芳香味的浅褐色液体。密度（20℃）为 1.57g/mL。

毒性： 按照我国农药毒性分级标准，乙虫腈属低毒。大鼠急性经口 LD_{50}>5 000mg/kg，急性经皮 LD_{50}>5 000mg/kg，每日每千克体重允许摄入量 0.008 5mg。

作用特点： 乙虫腈是新型吡唑类杀虫剂，作用于 γ-氨基丁酸（GABA）氯离子通道，从而破坏中枢神经系统的正常活动，导致害虫死亡。该药剂对昆虫 γ-氨基丁酸（GABA）氯离子通道的束缚比对脊椎动物更加紧密，因而提供了很高的选择毒性。对多种咀嚼式和刺吸式口器害虫有效，持效期较长。

制剂： 9.7%（100g/L）乙虫腈悬浮剂。

9.7%（100g/L）乙虫腈悬浮剂

理化性质及规格： 制剂外观为浅米色悬浮液，pH 6～9，悬浮率≥90%，湿筛试验≥98%通过 75μm 试验筛，倾倒后残余物≤5.0%，洗涤后残余物≤0.5%。

毒性： 按照我国农药毒性分级标准，9.7%乙虫腈悬浮剂属低毒。雌、雄大鼠急性经口 LD_{50}>5 000mg/kg，急性经皮 LD_{50}>5 000mg/kg，对兔眼睛无刺激性，对兔皮肤无刺激性，对豚鼠无致敏性。

使用方法：

防治水稻飞虱 在水稻灌浆期或稻飞虱卵孵高峰期施药，每 667m^2 使用 9.7%乙虫腈悬浮剂 30～40mL（有效成分 2.91～3.88g）对水喷雾，喷药时应注意重点喷水稻植株中下部。安全间隔期 21d，每季最多使用 1 次。

注意事项：

1. 对蜜蜂高毒，严禁在非登记植物上使用，也不要在邻近蜜源植物、开花植物或附近有蜂箱的田块使用。如确需施用，应通知养蜂户对蜜蜂采取保护措施，或将蜂箱移出施药区。

2. 对罗氏沼虾高毒，严禁在养鱼、虾和蟹的稻田以及邻近池塘的稻田使用。严禁将施用过乙虫腈的稻田水直接排入养鱼、虾和蟹的池塘。稻田施药后 7d 内，不得把田水排入河、湖、水渠和池塘等水源。

3. 稻田施药时，应特别注意避免药滴飘移到开花植物和养殖鱼及虾、蟹的池塘。

4. 不推荐用于防治白背飞虱。

三、季酮酸类

螺 虫 乙 酯

中文通用名称： 螺虫乙酯

英文通用名称： spirotetramat

化学名称： 4-（乙氧基羰基氧基）-8-甲氧基-3-（2，5-二甲苯基）-1-氮杂螺［4，5］-癸-3-烯-2-酮

化学结构式：

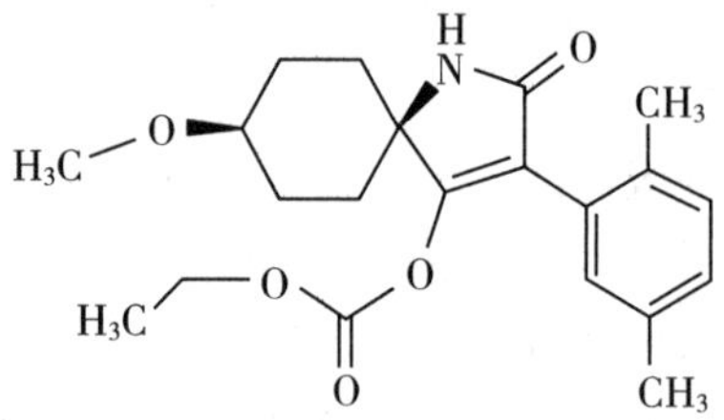

理化性质： 原药外观为白色粉末，无特别气味。熔点142℃，20℃下溶解度：水33.4mg/L，乙醇44.0mg/L，正己烷0.055mg/L，甲苯60mg/L，二氯甲烷＞600mg/L，丙酮100～200mg/L，乙酸乙酯67mg/L，二甲基亚砜200～300mg/L。分解温度235℃，稳定性好。

毒性： 按照我国农药毒性分级标准，螺虫乙酯属低毒。雌、雄大鼠急性经口LD_{50}＞2 000mg/kg，急性经皮LD_{50}＞2 000mg/kg。每日每千克体重允许摄入量0.132mg。

作用特点： 螺虫乙酯是一种新型季酮酸类杀虫剂，杀虫谱广，持效期长。通过干扰昆虫的脂肪生物合成导致害虫死亡，是具有双向内吸传导性能的现代杀虫剂。该化合物可以在植物体内上下移动，抵达叶面和树皮，从而防治如生菜和白菜内叶上及果树皮上的害虫。这种独特的内吸性能可以保护新生茎、叶和根部，防止害虫的卵和幼虫生长。其另一个特点是持效期长，可提供长达8周的有效防治。螺虫乙酯高效广谱，可有效防治各种刺吸式口器害虫。

制剂： 22.4%（240g/L）螺虫乙酯悬浮剂。

22.4%（240g/L）螺虫乙酯悬浮剂

理化性质及规格： 制剂为芳香味白色悬浮液，pH 4～5，悬浮率≥95%，湿筛试验≥98%通过75μm试验筛。倾倒后残余物≤3.0 %，洗涤后残余物≤0.3 %。

毒性： 按照我国农药毒性分级标准，22.4%（240g/L）螺虫乙酯悬浮剂属低毒。雌、雄大鼠急性经口LD_{50}＞5 000mg/kg，急性经皮LD_{50}＞4 000mg/kg，对兔眼睛无刺激性，对兔皮肤无刺激性，对豚鼠皮肤具中度致敏性。

使用方法：

1. 防治番茄烟粉虱　于烟粉虱若虫发生始盛期施药，每667m^2用22.4%（240g/L）螺

虫乙酯悬浮剂 20～30mL（有效成分 4.48～6.72g）对水喷雾，安全间隔期为 5d，每季最多使用 1 次。

2. 防治柑橘树介壳虫　于介壳虫孵化初期施药，用 22.4%（240g/L）螺虫乙酯悬浮剂 4 000～5 000 倍液（有效成分浓度 48～60mg/kg）整株喷雾。安全间隔期为 40d，每季最多使用 1 次。

注意事项：

1. 远离水产养殖区、河塘等水体施药，禁止在河塘等水域中清洗施药器具。

2. 开花植物花期禁用，桑园、蚕室禁用。

螺　螨　酯

中文通用名：螺螨酯

英文通用名：spirodiclofen

其他名称：螨威多

化学名称：3 -（2，4 -二氯苯基）- 2 -氧代- 1 -氧杂螺［4，5］-癸- 3 -烯- 4 -基- 2，2 -二甲基丁酸酯

化学结构式：

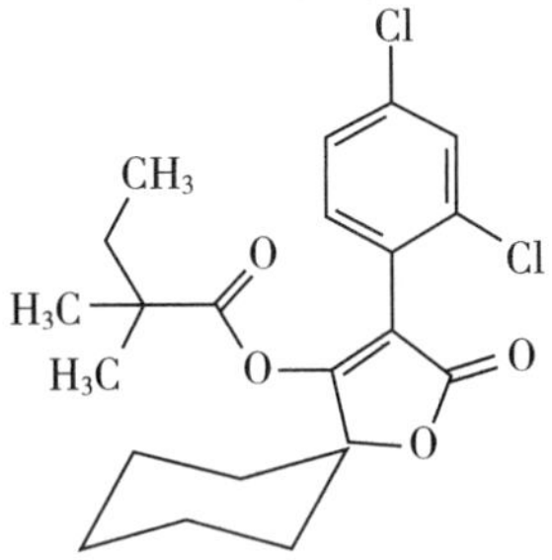

Cl
CH$_3$
O
Cl
H$_3$C
H$_3$C
O
O
O

理化性质：原药外观为白色固体。熔点为 94.8℃。蒸气压为 3×10^{-7} Pa（20℃）。pH4.2，20℃条件下溶解度：水 50μg/L，丙酮＞50g/L，乙酸乙酯＞250g/L，二甲苯＞250g/L，二甲基甲酰胺 75g/L。

毒性：按照我国农药毒性分级标准，螺螨酯原药属低毒。大鼠急性经口 LD_{50}＞2 500 mg/kg，急性经皮 LD_{50}＞4 000mg/kg；翻车鱼 LC_{50}＞0.045 5mg/L，虹鳟鱼 LC_{50}＞0.035 1mg/L，水蚤 LC_{50}＞100mg/L，蜜蜂 LD_{50}＞100μg/只，北美鹌鹑 LD_{50}＞2 000mg/kg。

作用特点：具有全新的作用机理，主要抑制螨的脂肪合成，阻断螨的能量代谢。具触杀作用，无内吸性。对螨的各个发育阶段都有效，包括卵。杀螨谱广，适应性强，对红蜘蛛、黄蜘蛛、锈壁虱、茶黄螨、朱砂叶螨和二斑叶螨等均有很好的防效，可用于柑橘、葡萄等果树和茄子、辣椒、番茄等茄科作物的螨害治理。此外，对梨木虱、榆蛎盾蚧以及叶蝉类等害虫有很好的兼治效果。

制剂：240g/L 螺螨酯悬浮剂。

240g/L 螺螨酯悬浮剂

理化性质及规格：外观为白色至浅褐色悬浮体，有轻微气味。密度 1.088g/cm^3（20℃），黏度 28mPa·s，熔点 94.8 ℃，pH4～5.5。

毒性：按照我国农药毒性分级标准，240g/L 螺螨酯悬浮剂属低毒。雌、雄大鼠急性经口 LD_{50}＞5 000mg/kg，急性经皮 LD_{50}＞2 000mg/kg，急性吸入 LC_{50} 为 2 000mg/m^3（2h）。对家兔皮肤无刺激，对家兔眼睛无刺激。对豚鼠皮肤属弱致敏物。

使用方法：

防治柑橘红蜘蛛　春季，当红蜘蛛、黄蜘蛛每叶卵数达到 10 粒或每叶若螨 3～4 头时施药，用 240g/L 螺螨酯悬浮剂 4 000～6 000 倍液（有效成分浓度 40～60mg/kg）整株喷雾，可控制红蜘蛛、黄蜘蛛 50d 左右。或以上述用药剂量在 9、10 月红蜘蛛、黄蜘蛛数量上升达到每叶卵数达到 10 粒或每叶若螨 3～4 头时施药，安全间隔期为 30d，每季最多使用 1 次。

注意事项：

1. 避免在作物花期施药，以免对蜂群产生影响。
2. 对鱼类等水生生物有毒，远离水产养殖区施药。

四、酰胺类

氯虫苯甲酰胺

中文通用名称：氯虫苯甲酰胺

英文通用名称：chlorantraniliprole

化学名称：3-溴-N-［4-氯-2-甲基-6-［（甲氨基甲酰基）苯］-1-（3-氯吡啶-2-基）-1-氢-吡唑-5-甲酰胺

化学结构式：

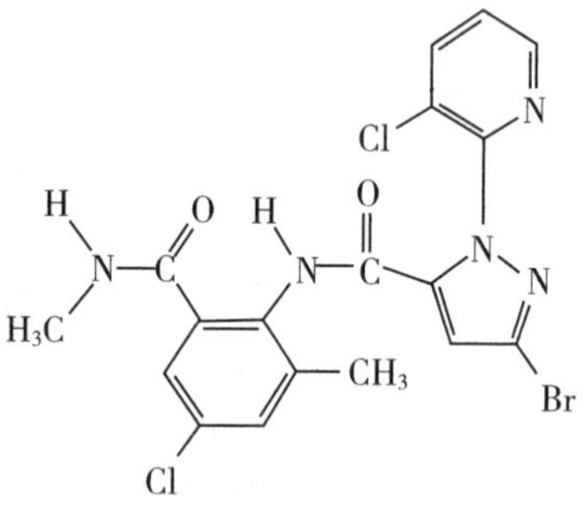

理化性质：纯品外观为白色结晶，密度 1.507g/mL，熔点 208～210℃，分解温度 330℃。蒸气压（20～25℃）6.3×10^{12} Pa，20～25℃下溶解度：水中 1.023mg/L，丙酮中 3.446mg/L，甲醇中 1.714mg/L，乙腈中 0.711mg/L，乙酸乙酯中 1.144mg/L。

毒性：按照我国农药毒性分级标准，氯虫苯甲酰胺属低毒。原药雌、雄大鼠急性经口 LD_{50}＞5 000mg/kg，急性经皮 LD_{50}＞5 000mg/kg。

作用特点：氯虫苯甲酰胺属邻甲酰氨基苯甲酰胺类杀虫剂，作用于鱼尼丁受体，释放平滑肌和横纹肌细胞内的钙离子，引起肌肉调节衰弱、麻痹，直至害虫瘫痪死亡。对鳞翅目害虫幼虫活性高，杀虫谱广，持效性好，耐雨水冲刷。

制剂：5％、200g/L 氯虫苯甲酰胺悬浮剂，35％氯虫苯甲酰胺水分散粒剂。

200g/L 氯虫苯甲酰胺悬浮剂

理化性质及规格：外观为白色液体，pH5～9；悬浮率>90%。不具燃烧性，不具氧化腐蚀性，遇热、摩擦、挤压刺激下没有爆炸性，闪点>100℃，常温储存稳定。

毒性：按照我国农药毒性分级标准，200g/L 氯虫苯甲酰胺悬浮剂属低毒。大鼠急性经口 LD_{50}>5 000mg/kg，急性经皮 LD_{50}>5 000mg/kg，对皮肤和眼睛无刺激性，无致敏性。

使用方法：

1. *防治水稻二化螟、三化螟和稻纵卷叶螟*　在卵孵高峰期开始施药，每 667m² 用 200g/L 氯虫苯甲酰胺悬浮剂 5～10mL（有效成分 1～2g）对水喷雾。稻纵卷叶螟严重发生时，可于 14d 后（按当地实际情况可适当缩短）再喷药一次。

2. *防治水稻大螟*　在卵孵高峰期开始施药，每 667m² 用 200g/L 氯虫苯甲酰胺悬浮剂 8～10mL（有效成分 1.6～2g）对水喷雾。

3. *防治水稻稻水象甲*　在稻水象甲成虫初现时（通常在移栽后 1～2d）开始施药，每 667m² 用 200g/L 氯虫苯甲酰胺悬浮剂 7～13mL（有效成分 1.4～2.6g）对水喷雾。安全间隔期为 7d，每季最多使用 2 次。

4. *防治甘蔗蔗螟和小地老虎*　在卵孵高峰期开始施药，防治甘蔗蔗螟，重点喷甘蔗叶部和茎基部，每 667m² 用 200g/L 氯虫苯甲酰胺悬浮剂 15～20mL（有效成分 3～4g）对水喷雾；防治甘蔗小地老虎，于甘蔗出苗后，把药剂均匀喷在甘蔗茎叶和蔗苗基部，然后覆盖薄土，每 667m² 用 200g/L 氯虫苯甲酰胺悬浮剂 7～10mL（有效成分 1.4～2g）。

5. *防治玉米小地老虎和玉米螟*　防治小地老虎在害虫发生初期（玉米 2～3 叶期）施药，每 667m² 用 200g/L 氯虫苯甲酰胺悬浮剂 3～6mL（有效成分 0.6～1.2g）对水喷雾，重点喷茎基部；防治玉米螟在卵孵高峰期施药，每 667m² 用 200g/L 氯虫苯甲酰胺悬浮剂 4～5mL（有效成分 0.8～1g）对水整株喷雾。安全间隔期为 14d，每季最多使用 3 次。

35%氯虫苯甲酰胺水分散粒剂

理化性质及规格：湿筛试验（通过 75μm 试验筛）>98%；悬浮率≥60%；润湿时间≤1s。

毒性：按照我国农药毒性分级标准，35%氯虫苯甲酰胺水分散粒剂属低毒。大鼠急性经口、急性经皮 LD_{50}>5 000mg/kg；对兔皮肤、眼睛无刺激性；豚鼠皮肤变态反应（致敏性）试验结果为无致敏性。

使用方法：

1. *防治苹果树金纹细蛾*　在卵孵高峰期蛾量急剧上升时施药，用 35%氯虫苯甲酰胺水分散粒剂 17 500～25 000 倍液（有效成分浓度 14～20mg/kg）整株喷雾，安全间隔期 14d，最多使用 2 次。

2. *防治苹果树桃小食心虫*　在卵孵高峰期施药，用 35%氯虫苯甲酰胺水分散粒剂 7 000～10 000倍液（有效浓度 35～50mg/kg）整株喷雾。安全间隔期 14d，每季最多使用 2 次。

注意事项：

1. 由于氯虫苯甲酰胺具有较强的渗透性，药剂能穿过茎部表皮细胞层进入木质部，从而沿木质部传导至未施药的部位。因此，在田间作业中，采用弥雾或细喷雾效果更好。但当气温高、田间蒸发量大时，应选择早上 10 点以前和下午 4 点以后用药，以减少用药液量，增加作物的受药液量和渗透性。

2. 产品耐雨水冲刷，喷药 2h 后下雨，无须再补喷。

3. 对家蚕剧毒，有高风险性，采桑期间避免在桑园及蚕室附近使用。

氟虫双酰胺

中文通用名称：氟虫双酰胺

英文通用名称：flubendiamide

化学名称：3-碘-N′-（2-甲磺酰基-1，1-二甲基乙烷基）-N-{4-[1，2，2，2-四氟-1-（三氟甲基）乙基]-0-甲苯基}邻苯二酰胺

化学结构式：

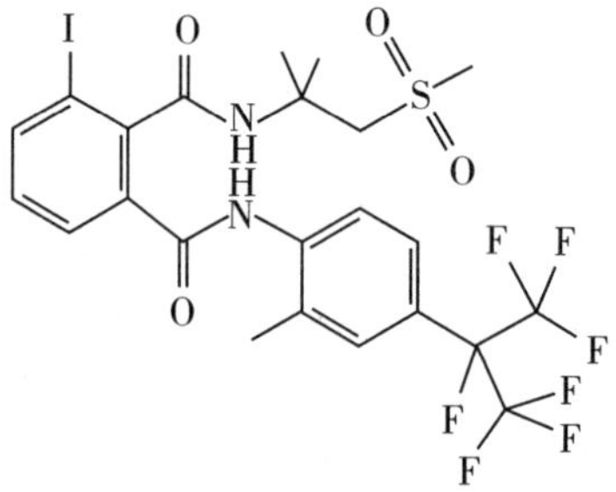

理化性质：原药外观为白色结晶粉末，无特殊气味。熔化的纯品热分解温度为 255～260℃，无爆炸危险，不具自燃性，不具氧化性。密度为 1.659g/m³，在 pH4～9 范围内及相应的环境温度下几乎无水解。

毒性：按照我国农药毒性分级标准，氟虫双酰胺属低毒。雌、雄大鼠急性经口 LD_{50}>5 000mg/kg，急性经皮 LD_{50}>2 000mg/kg；每日每千克体重允许摄入量 0.0195mg。

作用特点：属新型邻苯二甲酰胺类杀虫剂，激活鱼尼丁受体细胞内钙离子释放通道，导致储存的钙离子失控性释放。是目前为数不多的作用于昆虫细胞鱼尼丁受体的化合物。对鳞翅目害虫有广谱防效，与现有杀虫剂无交互抗性，非常适宜于对现有杀虫剂产生抗性的害虫的防治。对幼虫防效非常突出，对成虫防效有限，无杀卵作用。渗透进入植株体内后通过木质部略有传导。耐雨水冲刷。

制剂：20%氟虫双酰胺水分散粒剂。

20%氟虫双酰胺水分散粒剂

理化性质及规格：外观为褐色水分散颗粒。无爆炸危险，不具自燃性，不具氧化性。粒径范围 500～850μm 占 86.8%；润湿时间<5s；水分<1.5%；悬浮率 100%。常温储存稳定。

毒性：按照我国农药毒性分级标准，20%氟虫双酰胺水分散粒剂属低毒。大鼠急性经口 LD_{50}>5 000mg/kg，急性经皮 LD_{50}>2 000mg/kg，急性吸入 LC_{50}>1.16mg/L（4h）；对白兔眼睛有轻度刺激性，对皮肤无刺激性；豚鼠皮肤致敏试验结果为无致敏性。对蜜蜂急性接触 LD_{50}>有效成分 100μg /只（48h）；鹌鹑急性经口 LD_{50}>5 000mg/kg（>有效成分

1 000mg/kg)；斑马鱼急性 LC_{50}（96h）＞有效成分 100mg /L；家蚕食下毒叶法 LC_{50}（96h）为 0.37mg/kg。对蜜蜂（接触）、鸟、鱼均低毒，低风险性；对家蚕剧毒，具极高风险性。

使用方法：

防治白菜甜菜夜蛾和小菜蛾　在害虫卵孵盛期至低龄幼虫期施药，每 667m^2 每次用 20％氟虫双酰胺水分散粒剂 15～17g（有效成分 3～3.4g）对水喷雾。安全间隔期为 3d，每季使用 2～3 次。

注意事项：

1. 氟虫双酰胺用量低，在配制药液时需采用二次稀释法，稀释前应先将药剂配制成母液；先在喷雾器中加水至 1/4～1/2，再将该药倒入已盛有少量水的另一容器中，并冲洗药袋，然后搅拌均匀制成母液。将母液倒入喷雾器中，加够水量并搅拌均匀即可使用。

2. 植物花期、蚕室及桑园附近禁用。

五、有机磷酸酯类

稻　丰　散

中文通用名称：稻丰散

英文通用名称：phenthoate

其他名称：爱乐散，益尔散

化学名称：O，O-二甲基-S-（α-乙氧基甲酰苄基）二硫代磷酸酯

化学结构式：

$$(CH_3O)_2\overset{S}{\overset{\|}{P}}S\underset{C_6H_5}{CH}\overset{O}{\overset{\|}{C}}OCH_2CH_3$$

理化性质：纯品为无色晶体，熔点 17～18℃，蒸气压 5.3Pa（40℃），密度 1.226g/cm^3（20℃），在水中的溶解度 11mg/L（工业品 200mg/L，20℃），溶于甲醇、乙醇、丙酮、己烷、二甲苯、环己烷、苯、四氯化碳、二硫化碳、二恶烷等，己烷 120g/L（2℃），汽油 100～170g/L（2℃），pH3.9、5.8、7.8 时保存 20d 略有分解，pH9.7 保存 20d 有 25％分解，闪点 165～170℃。

毒性：按照我国农药毒性分级标准，稻丰散属中等毒。原药大鼠急性经口 LD_{50} 为 410mg/kg，急性经皮 LD_{50}＞5 000mg/kg，吸入 LC_{50}＞0.8mg/kg。每日每千克体重允许摄入量 0.003mg。对眼睛和皮肤无刺激作用。在试验剂量下对动物无致畸、致癌、致突变作用。两年喂养试验无作用剂量大鼠为 1.72mg/（kg・d），狗为 0.31mg（kg・d）。金鱼 LC_{50} 为 2.4mg/kg（48h）。鹌鹑、鸡、野鸭的急性经口 LD_{50} 分别为 300mg/kg、296mg/kg、218mg/kg。对蜜蜂有毒，有时可引起蜘蛛等捕食性天敌密度下降。

作用特点：具有触杀、胃毒作用。其作用机制为抑制昆虫体内的乙酰胆碱酯酶，适用于水稻、果树等作物。

制剂：60%、50%稻丰散乳油，40%稻丰散水乳剂。

50%稻丰散乳油

理化性质及规格：由有效成分和二甲苯、乳化剂组成。外观为浅黄色可乳化油状液体，具芳香气味。在通常条件下可保存3年。对酸稳定，遇碱性物质易分解。

毒性：按照我国农药毒性分级标准，50%稻丰散乳油属中等毒。雄、雌大鼠急性经口LD_{50}分别为348mg/kg和325mg/kg，急性经皮LD_{50}分别为1 715mg/kg和1 900 mg/kg。

使用方法：

1. 防治柑橘树介壳虫　柑橘介壳虫以幼蚧期，即未形成的“爬虫期”（多数在4～5月）为施药适期，用50%稻丰散乳油500～1 500倍液（有效成分浓度333～1 000mg/kg）整株喷雾，一般喷1～2次，间隔10～15d喷一次。安全间隔期为30d，每个作物周期最多使用3次。

2. 防治水稻稻纵卷叶螟和二化螟　于害虫初发盛期或卵孵高峰期施药，每667m^{2}用50%稻丰散乳油100～200mL（有效成分50～100g）对水喷雾，视虫害发生情况，每10d左右施药1次，可连续用药3～4次。安全间隔期为7d，每季最多使用4次。

40%稻丰散水乳剂

理化性质及规格：外观呈白色液体，黏度1.107g/mL，可燃性50Pa·s，非易燃、非腐蚀性物质，闪点86℃，与矿物油不混溶。

毒性：按照我国农药毒性分级标准，40%稻丰散水乳剂属中等毒。雌、雄大鼠急性经口LD_{50}为430mg/kg、316mg/kg，急性经皮LD_{50}＞2 000mg/kg，吸入毒性为2 000mg/kg。对豚鼠皮肤无刺激，对眼睛有轻度刺激。

使用方法：

1. 防治水稻稻纵卷叶螟和二化螟　防治水稻二化螟，早、晚稻分蘖期或晚稻孕穗、抽穗期螟卵孵化高峰后5～7d，枯鞘丛率5%～8%或早稻每667m^{2}有中心被害株100株，或丛害率1%～1.5%，或晚稻被害团高于100个时施药，第一次施药后间隔10d后再施一次。防治三、四代三化螟白穗要在卵孵盛期内，于水稻破口5%～10%时用1次药，以后每隔5～6d施药一次，连续施药2～3次。防治稻纵卷叶螟，在幼虫二、三龄盛期或百丛有新束叶苞15个以上时施药，每次每667m^{2}用40%稻丰散水乳剂150～175L（有效成分60～70g）。安全间隔期为21d，每季作物周期最多使用3次。

2. 防治水稻褐飞虱　在初发期，均匀喷雾，每次每667m^{2}使用40%稻丰散水乳剂150～175mL（有效成分60～70g）。安全间隔期为21d，每季最多使用3次。

注意事项：

1. 稻丰散不能与碱性农药混用。

2. 稻丰散对葡萄、桃、无花果和苹果的某些品种有药害。

3. 一般使用量对鱼类影响小，但对鲻鱼、鳟鱼影响大。

4. 中毒症状：急性中毒多在12h内发病，口服立即发病。轻度中毒表现为头痛、头昏、恶心、呕吐、多汗、无力、胸闷、视力模糊、胃口不佳等，全血胆碱酯酶活力一般降至正常值的 70%～50%。中度中毒表现为：除上述症状外还出现轻度呼吸困难、肌肉震颤、瞳孔缩小、精神恍惚、行走不稳、大汗、流涎、腹疼、腹泻。重者还会出现昏迷、抽搐、呼吸困难、口吐白沫、大小便失禁、惊厥、呼吸麻痹。

5. 中毒后解毒药剂为硫酸阿托品或解磷定。用阿托品 1～5mg 皮下或静脉注射（按中毒轻重而定）；用解磷定 0.4～1.2g 静脉注射（依中毒轻重而定）；禁用吗啡、茶碱、吩噻嗪、利血平。误服立即引吐、洗胃、导泻（清醒时才能引吐）。

敌百虫

中文通用名称： 敌百虫

英文通用名称： trichlorfon

化学名称： O，O-二甲基-（2，2，2-三氯-1-羟基乙基）膦酸酯

化学结构式：

$$(CH_3O)_2\overset{\overset{\displaystyle O}{\|}}{P}\underset{\underset{\displaystyle OH}{|}}{C}HCCl_3$$

理化性质： 无色晶体，略有特殊气味，熔点为 78.5 ℃，蒸气压 20℃下为 0.21mPa，25℃下为 0.5mPa，相对密度 1.73（20℃），$logP_{ow}$＝0.43，20℃下水中溶解度为 120g/L，己烷中 0.1～1g/L，二氯甲烷、异丙醇＞200g/L，甲苯 20～50g/L，溶于大多数有机溶剂，但不溶于脂肪烃和石油，易水解和脱氯化氢反应，加热后 pH＞6 时分解迅速，光解缓慢。遇碱很快转化为敌敌畏，22℃水解时，半衰期随 pH 增加而缩短。

毒性： 按照我国农药毒性分级标准，敌百虫属低毒。大鼠急性经口 LD_{50}＞5 000mg/kg，急性经皮 LD_{50}＞560mg/kg，每日每千克体重允许摄入量为 0.01mg。

作用特点： 敌百虫是一种毒性低、杀虫谱广的有机磷杀虫剂。在弱碱中可转变成敌敌畏，但不稳定，很快分解失效。对害虫有较强的胃毒作用，兼有触杀作用，对植物具有渗透性，但无内吸传导作用。适用于防治水稻、麦类、蔬菜、茶树、果树、桑树、棉花、绿萍等作物上的咀嚼式口器害虫，及家畜寄生虫、卫生害虫。

制剂： 30%、40%敌百虫乳油，80%、90%敌百虫可溶粉剂。

30%敌百虫乳油

理化性质及规格： 敌百虫质量分数＞30%，持久起泡性（1min 后）≤25mL，pH 5.0～8.0。

毒性： 按照我国农药毒性分级标准，30%敌百虫乳油属低毒。雌、雄大鼠急性经口 LD_{50}为 1 260mg/kg 和 1 080mg/kg，急性经皮 LD_{50}＞2 150mg/kg。对家兔皮肤无刺激，对眼睛有中度刺激。

使用方法：

防治十字花科蔬菜菜青虫　幼虫三龄以前施药，每次每 667m^2 用 30%敌百虫乳油 100～200mL（有效成分 30～60g）对水喷雾。安全间隔期为 14d，每个作物周期最多使用 2 次。

80%敌百虫可溶粉剂

理化性质及规格：敌百虫有效成分含量≥80%，填料≤10%，水分≤2%。外观为白色或灰白色粉末，有效成分溶于水，填料悬浮，加助剂可乳化，不可燃，不爆炸，180℃时开始分解。

毒性：按照我国农药毒性分级标准，80%敌百虫可溶粉剂属低毒。

使用方法：

1. *防治茶尺蠖* 第一、二代幼虫一至二龄占80%，第三代以后占50%为防治适期，用80%敌百虫可溶粉剂700～1 400倍液（有效成分浓度571～1 143mg/kg）均匀喷雾。

2. *防治水稻二化螟* 防治二化螟，在水稻分蘖期可防枯梢，在孕穗期可防虫伤株。每次每667m^2用80%敌百虫可溶粉剂150～200g（有效成分120～160g）对水喷雾。安全间隔期为15d，每季最多使用2次。

3. *防治小麦黏虫* 在三龄高峰期前施药，每次每667m^2用80%敌百虫可溶粉剂150g（有效成分120g）对水喷雾。

4. *防治荔枝树椿象* 于3月中旬至5月下旬，成虫交尾产卵前和若虫盛发期各施药一次，每667m^2用80%敌百虫可溶粉剂700倍液（有效成分浓度1 143mg/kg），均匀喷雾。

5. *防治林木松毛虫* 在越冬前后，用80%敌百虫可溶粉剂1 000～1 500倍液（有效成分浓度533～800mg/kg）整株喷雾。

6. *防治枣树黏虫* 在黏虫三龄高峰期前施药，用80%敌百虫可溶粉剂700倍液（有效成分浓度1 143mg/kg）整株喷雾。

注意事项：

1. 不可与碱性农药或其他碱性物质混合使用。药剂稀释液不宜放置过久，应现配现用。

2. 玉米、苹果（曙光、元帅品种）在生长早期对敌百虫较敏感，施药时应注意。高粱、豆类特别敏感，容易产生药害，不能使用。

3. 对蜜蜂、鱼类等水生生物、家蚕有毒，施药期间应避免对周围蜂群的影响，蜜源作物花期、蚕室和桑园附近禁用。远离水产养殖区施药，禁止在河塘等水体中清洗施药器具。

4. 中毒症状为典型有机磷中毒症状，误服则应立即携标签将病人送医院诊治。立即引吐、洗胃、导泻（清醒时才能引吐），可以使用阿托品或解磷定皮下或静脉注射（依中毒轻重而定）。禁用吗啡、茶碱、吩噻嗪、利血平。

敌 敌 畏

中文通用名称：敌敌畏

英文通用名称：dichlorvos

化学名称：O，O-二甲基-O-（2，2-二氯乙烯基）磷酸酯

化学结构式：

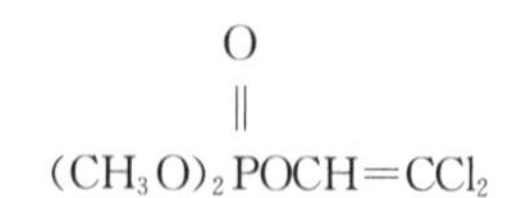

理化性质：无色液体，沸点234.1℃，蒸气压2.1Pa（25℃），相对密度1.425（20℃），

水中溶解度约8g/L（25℃），能溶于苯、二甲苯等大多数有机溶剂，与芳香烃类、醇类、氯化烃完全混溶，中度溶于柴油、煤油、异链烷烃类和矿物油中，对热稳定，易水解，在碱性条件下，水解加速。

毒性：按照我国农药毒性分级标准，敌敌畏属中等毒。原药雄、雌大鼠急性经口LD_{50}分别为80mg/kg和56mg/kg，急性经皮LD_{50}分别为107mg/kg和75mg/kg；对瓢虫等天敌和蜜蜂有杀伤性，每日每千克体重允许摄入量0.004mg。

作用特点：对害虫具有触杀、熏蒸和胃毒作用，为胆碱酯酶抑制剂。对咀嚼式和刺吸式口器害虫防效好。其蒸气压高，对同翅目、鳞翅目昆虫有极强的击倒力。施药后易分解，残效短，无残留，适于茶、桑、烟草、蔬菜、收获前的果树、仓库、卫生害虫防治。

制剂：48%、77.5%敌敌畏乳油，15%、22%、30%敌敌畏烟剂。

77.5%敌敌畏乳油

理化性质及规格：外观为浅黄色至黄棕色油状液体，酸度≤0.2%（以H_2SO_4计），水分含量≤0.1%。

毒性：按照我国农药毒性分级标准，77.5%敌敌畏乳油属低毒。雄小鼠急性经口LD_{50}为227mg/kg。

使用方法：

1. 防治十字花科蔬菜菜青虫　低龄幼虫发生初期施药，每次每667m^2用77.5%敌敌畏乳油50～80mL（有效成分40～64g），在甘蓝上安全间隔期为7d，每季最多使用2次。

2. 防治粮仓多种储藏害虫　在害虫发生期施药，用77.5%敌敌畏乳油400～500倍液（0.4～0.5g/cm^3）熏蒸，熏蒸后密闭时间为2～5d。温度高时，挥发快，药效迅速，反之应适当延长密闭时间。

3. 防治棉花蚜虫　在蚜虫盛发期施药，每次每667m^2用77.5%敌敌畏乳油50～100mL（有效成分38.75～77.5g）对水喷雾，安全间隔期为7d。

4. 防治棉花造桥虫　在二至三龄期施药，每次每667m^2用77.5%敌敌畏乳油50～100mL（有效成分38.75～77.5g）对水喷雾，安全间隔期为7d。

5. 防治苹果树苹小卷叶蛾　各代幼虫发生初期施药，每次用77.5%敌敌畏乳油1 500～2 000倍液（有效成分浓度387.5～516.67mg/kg）整株喷雾，安全间隔期为7d。

6. 防治苹果树蚜虫　在若虫盛发期，均匀喷雾，每次用77.5%敌敌畏乳油1 500～2 000倍液（有效成分浓度387.5～516.67mg/kg）整株喷雾，安全间隔期为7d。

7. 防治桑树桑尺蠖　在二至三龄期施药，每次每667m^2用77.5%敌敌畏乳油50mL（有效成分38.8g），整株喷雾，安全间隔期为7d。

8. 防治小麦蚜虫　在若虫盛发期施药，每次每667m^2用77.5%敌敌畏乳油50～60mL（有效成分38.8～46.5g）对水喷雾，安全间隔期为7d。

15%敌敌畏烟剂

理化性质及规格：pH6～7，细度或颗粒度>95%。

毒性：按照我国农药毒性分级标准，15%敌敌畏烟剂属低毒。

使用方法：

防治保护地黄瓜蚜虫　在若虫盛发期施药，每次每667m² 用15%敌敌畏烟剂500～600g（有效成分75～90g）点燃放烟，安全间隔期为3d，每季最多使用2次。

注意事项：

1. 不能与碱性农药等物质混合使用。

2. 对蜜蜂、家蚕、鱼有毒，蜜源作物花期禁用。

3. 中毒症状为典型有机磷中毒症状，急救可用阿托品1～5mg皮下或静脉注射（依中毒轻重而定）；用解磷定0.4～1.2g静脉注射（依中毒轻重而定）；禁用吗啡、茶碱、吩噻嗪、利血平；误服时应立即引吐、洗胃、导泻（清醒时才能引吐）。

地　虫　硫　磷

中文通用名称：地虫硫磷

英文通用名称：fonofos

其他名称：大风雷，地虫磷

化学名称：（R，S）-O-乙基-S-苯基-二硫代膦酸酯

化学结构式：

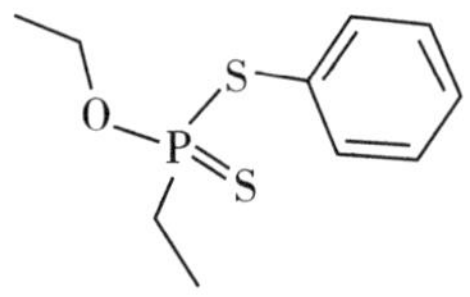

理化性质：纯度99.5%，透明无色液体，有芳香味，沸点约130℃（25℃），蒸气压28mPa（25℃），相对密度1.16（25℃），$logP_{ow}$=3.94，22℃下水中溶解度13mg/L，可与有机溶剂混溶，如丙酮、乙醇、甲基异丁酮、煤油、二甲苯等，100℃以下稳定，酸性和碱性介质中水解。

毒性：按照我国农药毒性分级标准，地虫硫磷属高毒。大鼠急性经口LD_{50}为147mg/kg，急性经皮LD_{50}约8mg/kg。

作用特点：触杀性二硫代磷酸酯类杀虫剂，是胆碱酯酶的抑制剂。该药毒性较大，主要用于防治多种作物的地下害虫。由于硫代磷酸酯类比磷酸酯类容易穿透昆虫的角质层，因此防除害虫效果较佳。

使用：根据农业部、工业和信息化部、环境保护部、国家工商行政管理总局、国家质量监督检验检疫总局等五部委第1586号公告有关内容规定，自2011年6月15日起，不再批准地虫硫磷登记和生产许可。自2013年10月31日起，停止销售和使用。

毒　死　蜱

中文通用名称：毒死蜱

英文通用名称：chlorpyrifos

其他名称：乐斯本

化学名称：O，O-二乙基-O-（3，5，6-三氯-2-吡啶基）硫代磷酸酯

化学结构式：

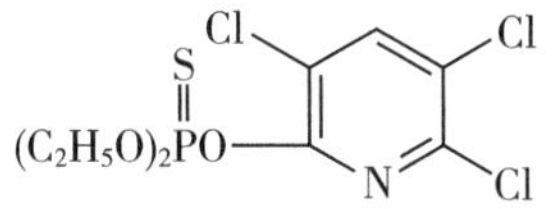

Cl　Cl
S
$(C_2H_5O)_2PO$　N　Cl

理化性质：无色结晶，稍有硫醇气味，熔点 42.5～43.5℃，蒸气压 2.7mPa（25℃），25℃条件下水中溶解度约 1.4mg/L、苯 7 900g/kg、丙酮 6 500g/kg、氯仿 6 300g/kg、二硫化碳 5 900g/kg、乙醚 5 100g/kg、二甲苯 5 000g/kg、异辛醇 790g/kg、甲醇中为 450g/kg，随 pH 增加水解速度加快，与铜和其他金属可能形成螯合物。

毒性：按照我国农药毒性分级标准，毒死蜱属中等毒。原药大鼠急性经口 LD_{50} 为 163mg/kg，急性经皮 LD_{50} ＞2 000mg/kg。对试验动物眼睛有轻度刺激，对皮肤有明显刺激，大鼠亚急性经口无作用剂量为 0.03mg/kg。在试验剂量下，未见“三致”作用。每日每千克体重允许摄入量 0.001mg。

作用特点：毒死蜱是硫代磷酸酯类杀虫剂，胆碱酯酶抑制剂，具有触杀、胃毒和熏蒸作用。在叶片上残留期不长，但在土壤中残留期较长，因此对地下害虫防治效果较好，对烟草有药害。

制剂：40％毒死蜱乳油，20％、40％、30％毒死蜱水乳剂，30％、20％、36％毒死蜱微囊悬浮剂，15％、25％、30％、400g/L 毒死蜱微乳剂，0.5％、3％、5％、10％、15％、20％毒死蜱颗粒剂，15％毒死蜱烟雾剂，30％毒死蜱可湿性粉剂。

40％毒死蜱乳油

理化性质及规格：由有效成分毒死蜱和溶剂、乳化剂组成。外观为草黄色液体，室温下稳定，有硫醇臭味。

毒性：按照我国农药毒性分级标准，40％毒死蜱乳油属中等毒。大鼠急性经口 LD_{50} ≥590mg/kg，兔急性经皮 LD_{50} 为 2 330mg/kg，对皮肤、眼睛有刺激性。

使用方法：

1. 防治甘蔗蔗龟　每次每 667m^2 用 40％毒死蜱乳油 300～500mL（有效成分 120～200g）喷淋甘蔗根部，安全间隔期为 42d，每季最多使用 2 次。

2. 防治柑橘树红蜘蛛　在成、若螨发生期施药，用 40％毒死蜱乳油 800～1 000 倍液（有效成分浓度 400～500mg/kg）整株喷雾。安全间隔期为 28d，每季最多使用 1 次。

3. 防治柑橘树柑橘锈壁虱　在产卵期至低龄幼螨期施药，用 40％毒死蜱乳油 800～1 500 倍液（有效成分浓度 267～500mg/kg）整株喷雾。安全间隔期为 28d，每季最多使用 1 次。

4. 防治柑橘树介壳虫　在一至二龄若蚧发生期施药，用 40％毒死蜱乳油 800～1 500 倍液（有效成分浓度 267～500mg/kg）整株喷雾。安全间隔期为 28d，每季最多使用 1 次。

5. 防治荔枝蒂蛀虫　于幼虫初孵到盛孵期施药，每次用 40％毒死蜱乳油 800～1 000 倍液（有效成分浓度 400～500mg/kg）整株喷雾。安全间隔期为 21d，每季最多使用 3 次。

6. 防治棉花棉蚜　在若虫盛发期施药，每次每 667m^2 用 40％毒死蜱乳油 75～150mL（有效成分 30～60g）对水喷雾。安全间隔期为 21d，每季最多使用 4 次。

7. 防治棉花棉铃虫　在卵孵化盛期到幼虫二龄前施药，每次每 667m^2 用 40％毒死蜱乳油 110～150g（有效成分 44～60g）。安全间隔期为 21d，每个作物周期最多使用 4 次，均匀喷雾。

8. 防治苹果树苹果绵蚜　在若虫盛发期施药，每次使用40%毒死蜱乳油1 250～2 000倍液（有效成分浓度200～320mg/kg），均匀喷雾。苹果树上每季作物最多使用2次，安全间隔期为30d。

9. 防治苹果树桃小食心虫　在越冬代幼虫出土盛期施药，每次用40%毒死蜱乳油1 600～2 000倍液（有效成分浓度200～250mg/kg）整株喷雾。安全间隔期为30d，每季最多使用2次。

10. 防治桑树桑尺蠖　在二至三龄高峰期施药，每次用40%毒死蜱乳油1 500～2 000倍液（有效成分浓度200～267mg/kg）均匀喷雾。安全间隔期为22d，每季最多使用1次。

11. 防治水稻稻纵卷叶螟　在孵化高峰后1～3d施药，每次每667m²用40%毒死蜱乳油80～100mL（有效成分32～40g）对水喷雾。安全间隔期为7d，每季最多使用2次。

12. 防治水稻飞虱　在若虫盛发期施药，每次每667m²用40%毒死蜱乳油80～100mL（有效成分32～40g）对水喷雾。安全间隔期为7d，每季最多使用2次。

13. 防治水稻稻瘿蚊　在稻瘿蚊盛发期施药，每次每667m²用40%毒死蜱乳油150～200mL（有效成分60～80g）对水喷雾。安全间隔期为7d，每季最多使用2次。

14. 防治水稻二化螟、三化螟　在卵孵高峰前1～3d施药，每次每667m²用40%毒死蜱乳油78～144mL（有效成分31.2～57.6g）对水喷雾。安全间隔期为7d，每季最多使用2次。

15. 防治大豆食心虫　在卵孵化盛期施药，每次每667m²用40%毒死蜱乳油80～100mL（有效成分32～40g）对水喷雾。安全间隔期为24d，每季最多使用2次。

16. 防治小麦蚜虫　在若虫盛发期施药，每次每667m²用40%毒死蜱乳油18～30mL（有效成分7.2～12g）对水喷雾。

30%毒死蜱水乳剂

理化性质及规格：乳白色乳状液体，密度为1.084 2g/cm³（20℃），黏度21.704 8 mPa·s（20℃），闪点34.2℃。

毒性：按照我国农药毒性分级标准，30%毒死蜱水乳剂属中等毒。雌、雄大鼠急性经口LD_{50}为316mg/kg和464mg/kg，急性经皮LD_{50}>2 000mg/kg，吸入毒性LD_{50}为2 000mg/kg。对家兔皮肤无刺激，对眼睛有轻度刺激。对豚鼠皮肤属弱致敏物。

使用方法：

1. 防治苹果树苹果绵蚜　在若虫盛发期施药，每次用30%毒死蜱水乳剂2 000～2 500倍液（有效成分浓度120～150mg/kg）整株喷雾。安全间隔期为7d，每季最多使用1次。

2. 防治十字花科蔬菜菜青虫　在幼虫三龄之前施药，每次每667m²用30%毒死蜱水乳剂100～150mL（有效成分30～45g）对水喷雾。安全间隔期为7d，每季最多使用1次。

3. 防治水稻稻纵卷叶螟　在孵化高峰后1～3d施药，每次每667m²用30%毒死蜱水乳剂80～120mL（有效成分24～36g）对水喷雾。安全间隔期为7d，每季最多使用2次。

4. 防治柑橘树介壳虫　在一、二龄若蚧发生期施药，每次用30%毒死蜱水乳剂500～1 000倍液（有效成分浓度300～600mg/kg）整株喷雾。

30%毒死蜱微囊悬浮剂

理化性质及规格：外观为乳白色均相液体，无刺激性气味。密度为1.04g/mL，闪点

237.4℃，对包装物无腐蚀性，黏度为353.4mPa·s（20℃），25℃下溶解度：水1.4mg/L，苯7.9kg/L，丙酮6.5kg/L，氯仿6.3kg/L，乙醚5.1kg/L，二甲苯5.0kg/L，异辛醇0.79kg/L，甲醇0.45kg/L。

毒性：按照我国农药毒性分级标准，30%毒死蜱微囊悬浮剂属低毒。雌、雄大鼠急性经口 LD_{50} 为2 000mg/kg，急性经皮 LD_{50} >2 000mg/kg；对家兔皮肤无刺激，对眼睛无刺激，属弱致敏物。

使用方法：

1. 防治花生蛴螬　在花生播种前喷雾于播种穴内，或在出苗后灌根，每667m² 用30%毒死蜱微囊悬浮剂350～500g（有效成分105～150g）。安全间隔期为90d，每季最多使用1次。

2. 防治水稻稻纵卷叶螟和二化螟　在卵孵化高峰后1～3d施药，每次每667m² 用30%毒死蜱微囊悬浮剂100～140g（有效成分30～42g）对水喷雾。

3. 防治水稻飞虱　在成、若虫发生盛期施药，每次每667m² 用30%毒死蜱微囊悬浮剂100～140g（有效成分30～42g）对水喷雾。

30%毒死蜱微乳剂

理化性质及规格：外观为淡黄色透明液体，煤油气味。密度1.069 2g/mL（20℃），闪点27.4℃。

毒性：按照我国农药毒性分级标准，30%毒死蜱微乳剂属中等毒。雌、雄大鼠急性经口 LD_{50} 为147mg/kg，急性经皮 LD_{50} >2 000mg/kg，急性吸入 LD_{50} >2 170mg/kg。对家兔皮肤无刺激，对眼睛有轻度刺激。对豚鼠皮肤属弱致敏物。

使用方法：

1. 防治水稻稻纵卷叶螟　在水稻分蘖期到孕穗期、卵孵化高峰期或幼虫三龄期前施药，每次每667m² 用30%毒死蜱微乳剂100～150mL（有效成分30～45g）对水喷雾。安全间隔期为30d，每季最多使用3次，用药间隔期5～7d。

2. 防治棉花蚜虫　在若虫盛发期施药，每次每667m² 用30%毒死蜱微乳剂100～150mL（有效成分30～45g）对水喷雾。安全间隔期为21d，每季最多使用2次。

3. 防治苹果树苹果绵蚜　在若虫盛发期施药，用30%毒死蜱微乳剂1 200～2 000倍液（有效成分浓度150～250mg/kg）整株喷雾。安全间隔期为8d，每季最多使用4次。

3%毒死蜱颗粒剂

理化性质及规格：外观为干燥、自由流动的灰白色松散颗粒。熔点41.5～43.5℃，蒸气压 2.5×10^{-3} Pa（25℃），pH5～8，密度1.013 5g/mL（20℃），在强碱性介质中易分解。

毒性：按照我国农药毒性分级标准，3%毒死蜱颗粒剂属中等毒。雌、雄大鼠急性经口 LD_{50} 为1 710mg/kg和2 710mg/kg，急性经皮 LD_{50} >2 000mg/kg。对家兔皮肤无刺激，对眼睛有轻度刺激。对豚鼠皮肤属弱致敏物。

使用方法：

防治花生地下害虫　防治蛴螬在幼虫孵化盛期，即花生的开花下针期施药，采用穴施或撒施，每667m² 用3%毒死蜱颗粒剂2 000～3 000g（有效成分60～90g）；其他地下害虫，在播种期沟施，每667m² 用3%毒死蜱颗粒剂4 000～5 000g（有效成分120～150g）。

15%毒死蜱烟雾剂

理化性质及规格：产品中有效成分含量≥15%，水分≤0.5%。

毒性：按照我国农药毒性分级标准，15%毒死蜱烟雾剂属低毒。雌、雄大鼠急性经口 LD_{50} 为 1 470mg/kg 和 1 210mg/kg，急性经皮 LD_{50}>2 000mg/kg，吸入毒性 LC_{50} 为2 000 mg/kg。对皮肤、眼睛无刺激。为弱致敏物。

使用方法：

防治甘蔗绵蚜　在 6～7 月害虫大量发生时，用烟雾机喷施，选择 1～1.5mm 烟雾机喷嘴，每次每 667m^2 用 15%毒死蜱烟雾剂 100～150g（有效成分 15～22.5g）。早晨或傍晚静风条件下施用。安全间隔期为 35d，每季最多使用 2 次。

30%毒死蜱可湿性粉剂

理化性质及规格：外观为白色粉末，无特殊气味，pH5.0～7.0，非易燃物，无爆炸性，与非极性溶剂不混溶。

毒性：按照我国农药毒性分级标准，30%毒死蜱可湿性粉剂属低毒。雌、雄大鼠急性经口 LD_{50} 为 171mg/kg 和 233mg/kg，急性经皮 LD_{50}>2 150mg/kg，吸入毒性>2 000mg/kg。对皮肤和眼睛无刺激。为弱致敏物。

使用方法：

1. *防治棉花棉铃虫*　在二、三代卵孵盛期施药，每次每 667m^2 用 30%毒死蜱可湿性粉剂 120～180g（有效成分 36～54g）对水喷雾。安全间隔期为 21d，每季最多使用 4 次。

2. *防治水稻稻纵卷叶螟*　在卵孵化高峰后 1～3d 施药，每次每 667m^2 用 30%毒死蜱可湿性粉剂 100～140g（有效成分 30～42g）对水喷雾。

注意事项：

1. 对蜜蜂、鱼类等水生生物及家蚕有毒，施药期间应避免对周围蜂群的影响，植物花期、蚕室和桑园附近禁用。

2. 对烟草及瓜类苗期较敏感，喷药时应避免药液飘移其上。

3. 中毒症状表现为抽搐、痉挛、恶心、呕吐等。如有中毒，应立即携标签送医院，用阿托品 1～5mg 皮下或静脉注射或用解磷定 0.4～1.2g 静脉注射（依中毒轻重而定）治疗，禁止用吗啡、茶碱、吩噻嗪、利血平。

甲 基 毒 死 蜱

中文通用名称：甲基毒死蜱

英文通用名称：chloropyrifos-methyl

其他名称：甲基氯蜱硫磷

化学名称：O，O-二甲基-O-（3，5，6-三氯-2-吡啶基）硫代磷酸酯

化学结构式：

$(CH_3O)_2P(=S)O$–（3，5，6-三氯-2-吡啶基）：S, Cl, Cl, N, Cl

理化性质：纯品为无色结晶，略有硫醇味。熔点45.5～46.5℃，蒸气压5.6 mPa（25℃）。24℃下溶解度：水4mg/L，丙酮6 400g/kg，苯5 200g/kg，乙醚4 800g/kg，氯仿3 500g/kg，甲醇300g/kg，乙烷230g/kg；在中性介质中相对稳定，在pH4～6和pH8～10条件下迅速水解。

毒性：按照我国农药毒性分级标准，甲基毒死蜱属中等毒。大鼠急性经口 LD_{50}＞3 700 mg/kg，急性经皮 LD_{50}＞3 000mg/kg，每日每千克体重允许摄入量0.01mg。

作用特点：非内吸性杀虫、杀螨剂，用于防治禾谷类（包括储粮）上的鞘翅目、双翅目、同翅目和鳞翅目害虫，果树、蔬菜、棉花、甘蔗等作物上的叶面害虫，也可作为工业、卫生用药防治苍蝇、爬虫。

制剂：400g/L甲基毒死蜱乳油。

400g/L甲基毒死蜱乳油

理化性质：外观为浅黄色透明液体，pH5.98，不可与碱性农药混用，常温下储存两年稳定。

毒性：按照我国农药毒性分级标准，400g/L甲基毒死蜱乳油属低毒。雌、雄大鼠急性经口 LD_{50}分别为2 710mg/kg和3 160mg/kg，急性经皮 LD_{50}＞2 150mg/kg。对家兔皮肤中度刺激，对眼睛有轻度刺激。

使用方法：

1. *防治棉花棉铃虫*　在低龄幼虫钻蛀前施药1～2次，施药间隔5～7d，每次每667m^{2}用400g/L甲基毒死蜱乳油100～175mL（有效成分40～70g）对水喷雾。安全间隔期为30d，每季最多使用3次。

2. *防治十字花科蔬菜菜青虫*　在低龄幼虫钻蛀前施药1～2次，施药间隔5～7d，每次每667m^{2}用400g/L甲基毒死蜱乳油60～80mL（有效成分24～32g）对水喷雾。安全间隔期为7d，每季最多使用3次。

注意事项：

1. 对鱼和蜜蜂高毒，严禁药液倒入河塘，施药器械不得在河塘中洗涤，蜜源植物花期禁止使用。

2. 中毒症状表现为头痛、无力、呕吐、呼吸困难等。不慎吸入，应将病人移至空气流通处。不慎接触皮肤或溅入眼睛，应用大量清水冲洗至少15min。误服可用阿托品或解磷定解毒，禁用吗啡、茶碱、吩噻嗪、利血平，并立即携标签将病人送医院诊治。

马 拉 硫 磷

中文通用名称：马拉硫磷

英文通用名称：malathion

其他名称：马拉松、防虫磷、粮泰安

化学名称：O，O-二甲基-S-［1，2-双（乙氧基甲酰）乙基］二硫代磷酸酯

化学结构式：

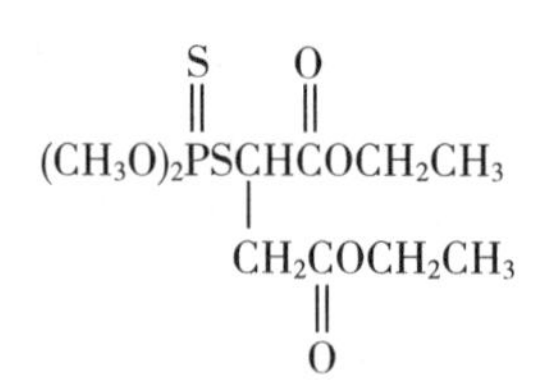

理化性质： 原药为琥珀色液体，熔点 2.85℃，沸点 156～157℃（93.3Pa），蒸气压 5.3mPa（30℃），相对密度 1.23（25℃），水中溶解度 145mg/L（25℃），溶于大多数有机溶剂，如醇类、酯类、酮类、醚类、芳香烃类，微溶于石油醚和某些矿物油，在中性介质中、水溶液中稳定，遇酸、碱分解。

毒性： 按照我国农药毒性分级标准，马拉硫磷属低毒。原药对雌、雄大鼠急性经口 LD_{50} 为 1 751.5mg/kg 和 1 634mg/kg，急性经皮 LD_{50} >4 000mg/kg；对眼睛、皮肤有刺激。对蜜蜂有杀伤性；每日每千克体重允许摄入量 0.02mg。

作用特点： 非内吸性广谱杀虫剂，具有良好的触杀和一定的熏蒸作用，进入虫体后氧化成马拉氧磷，从而更能发挥毒杀作用，而进入温血动物体内时，则被羧酸酯酶水解，因而失去毒性。马拉硫磷毒性低，残效期短，对刺吸式口器和咀嚼式口器的害虫都有效，适用于防治烟草、茶树和桑树等上的害虫，也可用于防治仓库害虫。

制剂： 45%、70%、84%马拉硫磷乳油，25%马拉硫磷油剂。

45%马拉硫磷乳油

理化性质及规格： 外观为淡黄色至棕黄色油状透明液体，水分含量≤0.3%，酸度（以 H_2SO_4 计）≤0.3%，稳定性较好。

毒性： 按照我国农药毒性分级标准，45%马拉硫磷乳油属低毒。雄、雌大鼠急性经口 LD_{50} 为 1 260mg/kg 和 794mg/kg。

使用方法：

1. 防治茶树长白蚧　在一、二龄若蚧发生期施药，用 45%马拉硫磷乳油 450～720 倍液（有效成分浓度 625～1 000mg/kg）整株喷雾。安全间隔期为 10d，每季最多使用 1 次。

2. 防治茶树象甲　在成虫发生盛期施药，用 45%马拉硫磷乳油 450～720 倍液（有效成分浓度 625～1 000mg/L）整株喷雾。安全间隔期为 10d，每季最多使用 1 次。

3. 防治大豆食心虫　在卵孵化盛期施药，每次每 667m^2 用 45%马拉硫磷乳油 80～110mL（有效成分 36～49.5g）对水喷雾。安全间隔期为 7d，每季最多使用 2 次。

4. 防治苹果树椿象　在越冬第一代若虫羽化盛期（5 月中、下旬）施药，每次用 45%马拉硫磷乳油 1 000～1 500 倍液（有效成分浓度 300～450mg/kg）整株喷雾。安全间隔期为 3d，一季最多使用 2 次。

5. 防治梨树椿象　在越冬第一代若虫羽化盛期（5 月中、下旬）施药，每次用 45%马拉硫磷乳油 1 500～1 800 倍液（有效成分浓度 250～300mg/kg）整株喷雾。安全间隔期为 3d，一季最多使用 2 次。

6. 防治枣树盲蝽　在害虫发生盛期施药，用 45%马拉硫磷乳油 1 000～1 800 倍液（有效成分浓度 250～450mg/L）整株喷雾。

7. 防治柑橘树蚜虫　在蚜虫盛发期施药，每次用 45%马拉硫磷乳油 1 500～2 000 倍液

（有效成分浓度 225～300mg/kg）整株喷雾。安全间隔期 10d，一季最多使用 3 次。

8. 防治十字花科蔬菜蚜虫　在若蚜盛发期施药，每次每 $667m^2$ 用 45%马拉硫磷乳油 80～121mL（有效成分 36～54.5g）对水喷雾。安全间隔期为 7d，一季最多使用 2 次。

9. 防治十字花科蔬菜黄条跳甲　在成虫开始活动而尚未产卵时施药，每次每 $667m^2$ 用 45%马拉硫磷乳油 80～120mL（有效成分 36～54g）对水喷雾。安全间隔期为 7d，一季最多使用 2 次。

10. 防治牧草蝗虫　在三、四龄蝗蝻期施药，每 $667m^2$ 用 45%马拉硫磷乳油 66.7～88.9mL（有效成分 30～40g）对水喷雾。

11. 防治棉花叶跳虫　每次每 $667m^2$ 用 45%马拉硫磷乳油 55.6～83.3mL（有效成分 25～37.58g）对水喷雾，安全间隔期为 14d，一季最多使用 2 次。

12. 防治棉花蚜虫　在若蚜盛发期施药，每次每 $667m^2$ 用 45%马拉硫磷乳油 55.6～83.3mL（有效成分 25～37.58g）对水喷雾，安全间隔期为 14d，一季最多使用 2 次。

13. 防治小麦蚜虫　在若蚜盛发期施药，每次每 $667m^2$ 用 45%马拉硫磷乳油 55.6～111mL（有效成分 25～50g）对水喷雾，安全间隔期为 7d。

14. 防治小麦黏虫　在黏虫盛发期施药，每次每 $667m^2$ 用 45%马拉硫磷乳油 83～111mL（有效成分 37.4～50g）对水喷雾，安全间隔期为 7d。

15. 防治水稻叶蝉　在若虫和成虫盛发期施药，每次每 $667m^2$ 用 45%马拉硫磷乳油 90.4～100mL（有效成分 40.7～45g）对水喷雾，安全间隔期为 14d，一季最多使用 3 次。

16. 防治林木蝗虫　在卵期或蝗蝻始发期施药，每 $667m^2$ 用 45%马拉硫磷乳油 67～89mL（有效成分 30.2～40.1g）对水喷雾。

注意事项：

1. 黄瓜、菜豆、甜菜、高粱、玉米对马拉硫磷比较敏感，使用时应防止飘移其上。

2. 对鱼类有毒，远离水产养殖区施药。

3. 中毒症状表现为头痛、无力、呕吐、呼吸困难等。不慎吸入，应将病人移至空气流通处。不慎接触皮肤或溅入眼睛，应用大量清水冲洗至少 15min。误服可用阿托品或解磷定解毒，禁用吗啡、茶碱、吩噻嗪、利血平，并立即携标签将病人送医院诊治。

杀 螟 硫 磷

中文通用名称：杀螟硫磷

英文通用名称：fenitrothion

其他名称：杀螟松，速灭松，灭蟑百特，杀虫松

化学名称：O，O-二甲基-O-（4-硝基-3-甲基苯基）硫代磷酸酯

化学结构式：

$$(CH_3O)_2\overset{\overset{S}{\|}}{P}-O-C_6H_3(NO_2)(CH_3)$$

理化性质：浅棕至红棕色油状液体，微有特殊气味，熔点 3.4℃，沸点 140～145℃，13.33Pa（分解），蒸气压 18mPa（20℃），相对密度 1.328（20℃），20℃下溶解度：水

21mg/L，己烷 24g/L，异丙醇 138g/L，易溶于醇类、酯类、酮类、芳香烃类和氯代烃类，一般条件下相当稳定。

毒性：按照我国农药毒性分级标准，杀螟硫磷属中等毒。原药大鼠急性经口 LD_{50} 为 400～800mg/kg，急性经皮 LD_{50}＞1 200mg/kg；在试验剂量下，未见致畸、致癌作用，有较弱的致突变作用。

作用特点：具触杀和胃毒作用，无内吸和熏蒸作用，残效期中等，杀虫谱广，对三化螟等鳞翅目害虫有特效，但杀卵活性低。

制剂：45％、50％杀螟硫磷乳油。

50％杀螟硫磷乳油

理化性质及规格：为黑褐色油状液体，具特殊臭味。可溶于甲醇、乙醇、苯、二甲苯等有机溶剂。对光稳定，遇高温易分解失效，在碱性介质中水解。铁、锡、铅、铜等会引起该药分解。玻璃瓶中可存储较长时间。

毒性：按照我国农药毒性分级标准，50％杀螟硫磷乳油属低毒。

使用方法：

1. 防治苹果树食心虫　在幼虫蛀果始期施药，每次用 50％杀螟硫磷乳油 1 000～2 000 倍液（有效成分浓度 250～500mg/kg）整株喷雾，安全间隔期为 15d，每季最多使用 3 次。

2. 防治茶小绿叶蝉　在春茶采摘后若虫高峰期前施药，用 50％杀螟硫磷乳油 1 000～2 000倍液（有效成分浓度 250～500mg/kg）整株喷雾。相同制剂量可兼治茶尺蠖、毛虫。安全间隔期为 10d，一季最多使用 1 次。

3. 防治棉花红铃虫、棉铃虫　在产卵盛期至卵孵盛期施药，每次每 667m^2 用 50％杀螟硫磷乳油 50～100mL（有效成分 25～50g）对水喷雾。相同制剂量可兼治造桥虫。安全间隔期为 14d，一季最多使用 5 次。

4. 防治棉花叶蝉　在若虫和成虫盛发期施药，每次每 667m^2 用 50％杀螟硫磷乳油 50～75mL（有效成分 25～37.5g）对水喷雾，安全间隔期为 14d，一季最多使用 5 次。

5. 防治棉花蚜虫　在若虫发生期施药，每次每 667m^2 用 50％杀螟硫磷乳油 50～75mL（有效成分 25～37.5g）对水喷雾，安全间隔期为 14d，一季最多使用 5 次。

6. 防治水稻螟虫　在幼虫初孵期施药，每次每 667m^2 用 50％杀螟硫磷乳油 50～75mL（有效成分 25～37.5g）对水喷雾，安全间隔期为 21d，一季最多使用 3 次。

7. 防治水稻飞虱　在成、若虫发生期施药，每次每 667m^2 用 50％杀螟硫磷乳油 50～75mL（有效成分 25～37.5g）对水喷雾，安全间隔期为 21d，一季最多使用 3 次。

8. 防治水稻叶蝉　在若虫和成虫盛发期施药，每次每 667m^2 用 50％杀螟硫磷乳油 50～75mL（有效成分 25～37.5g）对水喷雾，安全间隔期为 21d，一季最多使用 3 次。

9. 防治甘薯小象甲　在成虫发生期施药，每次每 667m^2 用 50％杀螟硫磷乳油 70～120mL（有效成分 35～60g）对水喷雾。

注意事项：

1. 对十字花科蔬菜和高粱较敏感，施药时药液不要飘移到其上。

2. 不慎吸入，立即将吸入者转移到空气新鲜及安静处，病情严重者请医生对症治疗。误服中毒，立即携标签送医院，可用阿托品 1～5mg 皮下或静脉注射（按中毒轻重而定）或解磷定 0.4～1.2g 静脉注射（依中毒轻重而定）。禁用吗啡、茶碱、吩噻嗪、利血平。可引吐、洗胃、导泻（清醒时才能引吐）。

杀 扑 磷

中文通用名称：杀扑磷

英文通用名称：methidathion

其他名称：速扑杀

化学名称：O，O－二甲基－S－（2，3－二氢－5－甲氧基－2－氧代－1，3，4－噻二唑－3－基甲基）二硫代磷酸酯

化学结构式：

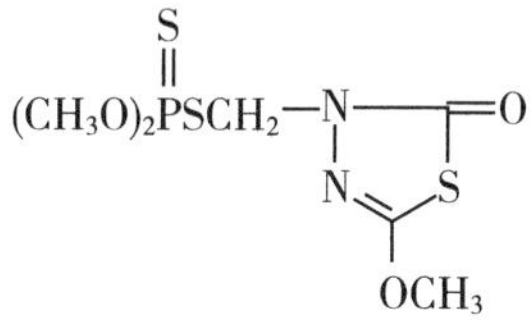

$(CH_3O)_2P(=S)SCH_2-N$（1,3,4-噻二唑环：N－C(=O)－S－C(OCH_3)=N）

理化性质：无色晶体，熔点 39～40℃，蒸气压 2.5×10^{-4} Pa（20℃），相对密度 1.51（20℃），$\log P_{ow}=2.2$，25℃下溶解度：水 200mg/L，乙醇 150g/L，丙酮 670g/L，甲苯 720g/L，己烷 11g/L，正辛醇 14g/L，强酸和碱中水解，中性和微酸条件下稳定。

毒性：按照我国农药毒性分级标准，杀扑磷属高毒。原药对雌、雄大鼠急性经口 LD_{50} 分别为 43.8mg/kg 和 26mg/kg，急性经皮 LD_{50}>1 546mg/kg；对皮肤有轻度刺激。在试验剂量下，未见"三致"作用；每日每千克体重允许摄入量 0.004mg。

作用特点：杀扑磷是广谱有机磷杀虫剂，具有触杀、胃毒和渗透作用，能渗入植物组织内，对咀嚼式和刺吸式口器害虫均有杀灭效力，尤其对介壳虫有特效，对螨类有一定的控制作用。适用于果树、棉花、茶树、蔬菜等作物上防治多种害虫，残效期 10～20d。

使用：根据农业部、工业和信息化部、环境保护部、国家工商行政管理总局、国家质量监督检验检疫总局等五部委第 1586 号公告有关内容规定，自 2011 年 6 月 15 日起，不再批准杀扑磷登记和生产许可。

水 胺 硫 磷

中文通用名称：水胺硫磷

英文通用名称：isocarbophos

其他名称：羧胺磷

化学名称：O－甲基－O－（2－异丙氧基甲酰基苯基）硫代磷酰胺

化学结构式：

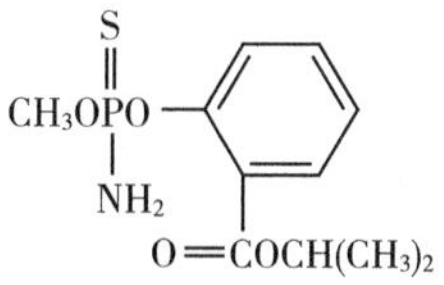

$CH_3OP(=S)(NH_2)O-C_6H_4-C(=O)OCH(CH_3)_2$

理化性质：纯品为无色鳞片状结晶，能溶于乙醚、苯、丙酮和乙酸乙酯，不溶于水，难溶于石油醚，工业品为茶褐色黏稠的油状液体，放置过程中不断析出结晶，有效成分含量

85%～90%，常温下储存稳定。

毒性：按照我国农药毒性分级标准，水胺硫磷属高毒。雌、雄大鼠急性经口 LD_{50} 为 27mg/kg 和 24mg/kg，急性经皮 LD_{50} 为 1 425mg/kg。

作用特点：水胺硫磷是具有触杀、胃毒和杀卵作用的广谱杀虫、杀螨剂。

使用：根据农业部、工业和信息化部、环境保护部、国家工商行政管理总局、国家质量监督检验检疫总局等五部委第 1586 号公告有关内容规定，自 2011 年 6 月 15 日起，不再批准水胺硫磷登记和生产许可。

辛　硫　磷

中文通用名称：辛硫磷

英文通用名称：phoxim

其他名称：肟硫磷，腈肟磷，倍腈松

化学名称：O，O-二乙基-O-［（α-氰基亚苄氨基）氧］硫代磷酸酯

化学结构式：

$$(C_2H_5O)_2\overset{\overset{\large S}{\|}}{P}-O-N=\overset{\overset{\large CN}{|}}{C}-C_6H_5$$

理化性质：黄色液体（原药为红棕色油），熔点 6.1℃，蒸气压 2.1mPa（20℃）。相对密度 1.178（20℃），$\log P_{ow}$=2 400，20℃下水中溶解度 1.5mg/L，甲苯、正己烷、二氯甲烷、异丙醇溶解度大于 200g/L，稍溶于脂肪烃，在植物油及矿物油中缓慢水解，紫外线下逐渐分解。

毒性：按照我国农药毒性分级标准，辛硫磷属低毒。雄、雌大鼠急性经口 LD_{50} 为2 170 mg/kg 和 1 976mg/kg，急性经皮 LD_{50} 为 1 000mg/kg 和 2 340mg/kg；对瓢虫等天敌和蜜蜂有杀伤性；每日每千克体重允许摄入量 0.001mg。

作用特点：属高效低毒有机磷杀虫剂，具有胃毒和触杀作用，无内吸作用，杀虫谱广，击倒力强，对鳞翅目幼虫有较好效果。在田间使用，因对光不稳定，很快分解失效，所以残效期很短，残留危险性极小，叶面喷雾残效期一般为 2～3d。

制剂：0.3%、1.5%、3%、5%辛硫磷颗粒剂，20%、40%、56%、70%、600g/L 辛硫磷乳油，30%、35%辛硫磷微囊悬浮剂。

3%辛硫磷颗粒剂

理化性质及规格：pH5～7，颗粒度 800～1 500μm。

毒性：按照我国农药毒性分级标准，3%辛硫磷颗粒剂属低毒。雄、雌大鼠急性经口 LD_{50} >4 640mg/kg，急性经皮 LD_{50} >2 150mg/kg。

使用方法：

1. *防治玉米蛴螬*　在卵孵化期至一龄期施药，混细土撒施，随播种撒入，每 667m^2 用 3%辛硫磷颗粒剂 4 000～5 000g（有效成分 120～150g），每季使用 1 次。

2. *防治玉米地老虎*　在一至三龄幼虫期施药，混细土撒施，随播种撒入，每 667m^2 用 3%辛硫磷颗粒剂 4 000～5 000g（有效成分 120～150g），同样剂量可防治金针虫，每季使用 1 次。

3. 防治根菜类蛴螬等地下害虫 在害虫发生期施药，混细土撒施，随播种撒入，每 $667m^2$ 用3%辛硫磷颗粒剂4 000～8 333g（有效成分120～250g），每季使用1次。

4. 防治油菜蛴螬等地下害虫 在害虫发生期施药，混细土撒施，每 $667m^2$ 用3%辛硫磷颗粒剂6 000～8 000g（有效成分180～240g），每季使用1次。

5. 防治小麦地下害虫 在害虫发生期施药，混细土撒施，每 $667m^2$ 用3%辛硫磷颗粒剂3 000～4 000g（有效成分90～120g），每季使用1次。

6. 防治花生地下害虫 在害虫发生期施药，混细土撒施，每 $667m^2$ 用3%辛硫磷颗粒剂4 000～8 000g（有效成分120～240g），每季使用1次。

40%辛硫磷乳油

理化性质及规格： 蒸气压 6.7×10^{-3}Pa（25℃），20℃下水中溶解度7mg/L，溶于醇类、酮类、芳香烃，较少溶于石油醚。

毒性： 按照我国农药毒性分级标准，40%辛硫磷乳油属低毒。雌、雄大鼠急性经口 LD_{50} 为4 300mg/kg和5 840mg/kg，急性经皮 LD_{50} >2 150mg/kg。

使用方法：

1. 防治十字花科蔬菜菜青虫 在幼虫发生盛期施药，每次每 $667m^2$ 用40%辛硫磷乳油30～75g（有效成分12～30g）对水喷雾，安全间隔期为7d，一季最多使用3次。

2. 防治棉花棉铃虫 在卵孵化期至低龄幼虫钻蛀期施药，每次每 $667m^2$ 用40%辛硫磷乳油37.5～120g（有效成分15～48g）对水喷雾，安全间隔期为7d。

3. 防治棉花蚜虫 在蚜虫盛发期施药，每次每 $667m^2$ 用40%辛硫磷乳油20～40g（有效成分8～16g）对水喷雾，安全间隔期为7d。

4. 防治水稻稻纵卷叶螟 在大田蛾峰后7d左右即卵孵化期至低龄幼虫钻蛀期施药，每次每 $667m^2$ 用40%辛硫磷乳油100～150g（有效成分40～60g）对水喷雾，间隔7～10d后进行第二次施药，安全间隔期为15d，一季最多使用2次。

5. 防治水稻三化螟 在害虫初发期或幼虫盛发期施药，每次每 $667m^2$ 用40%辛硫磷乳油100～125g（有效成分40～50g）对水喷雾。安全间隔期为15d，一季最多使用2次。

6. 防治小麦地下害虫 播前拌种，先将40%辛硫磷乳油180～240mL（有效成分72～96g）对水10kg，稀释均匀后，用喷雾器均匀喷到小麦种子上，拌匀后避光堆闷2～3h即可播种。

7. 防治烟草烟青虫 在幼虫发生盛期施药，每次每 $667m^2$ 用40%辛硫磷乳油50～100mL（有效成分20～40g）对水喷雾，安全间隔期为5d，一季最多使用3次。

8. 防治玉米上的玉米螟 每 $667m^2$ 用40%辛硫磷乳油75～100mL（有效成分30～40g）拌入直径2mm左右的炉渣土250g，于玉米心叶末期，施入喇叭口。一季最多使用1次。

9. 防治苹果树桃小食心虫 于害虫卵孵盛期施药，用40%辛硫磷乳油1 000～2 000倍液（有效成分浓度200～400mg/kg）整株喷雾，视害虫发生情况间隔7d再喷一次，连续使用3～4次。安全间隔期为7d，一季最多使用4次。

30%辛硫磷微囊悬浮剂

理化性质及规格： 灰白色可流动易测量体积黏稠液体，存放过程中稍有分层，经摇动可恢复原状，不应有絮凝或结块。黏度 30mPa·s，堆密度 1.070g/mL，无腐蚀性，无爆炸性，不得与碱性农药混配混用，pH5～7，热稳定性合格。

毒性：按照我国农药毒性分级标准，30%辛硫磷微囊悬浮剂属低毒。雌、雄大鼠急性经口 LD_{50} 为 5 000mg/kg，急性经皮 LD_{50} >5 000mg/kg；对皮肤、眼睛无刺激，为弱致敏物。

使用方法：

1. 防治十字花科蔬菜菜青虫　在幼虫发生盛期施药，每次每 667m^2 用 30%辛硫磷微囊悬浮剂 270～360g（有效成分 81～108g）对水喷雾，甘蓝、萝卜的安全间隔期为 7d，油菜的安全间隔期为 14d，每季最多使用 3 次。

2. 防治花生蛴螬　播种前用 30%辛硫磷微囊悬浮剂拌种，药种比为 1∶50～60，每季最多使用 1 次。

注意事项：

1. 遇光易分解，不宜在烈日下使用，不能与碱性物质混用，药液随配随用。

2. 对蜜蜂、家蚕有毒，施药期间应避免对周围蜂群的影响，蜜源作物花期、蚕室和桑园附近禁用。

3. 高粱、黄瓜、菜豆、甜菜等对辛硫磷敏感，施药时避免药液飘移到上述作物上。

4. 中毒后会出现胸闷、呕吐、恶心、头晕等症状。如中毒，应立即催吐、洗胃并及时送医院按有机磷中毒急救进行治疗。解毒剂为阿托品，0.5～1mg 皮下注射，重者 2～5mg 皮下注射。

乙酰甲胺磷

中文通用名称：乙酰甲胺磷

英文通用名称：acephate

其他名称：高灭磷，盖土磷

化学名称：O-甲基-S-甲基-N-乙酰基-硫代磷酰胺

化学结构式：

$$CH_3O(CH_3S)P(=O)-NHCOCH_3$$

理化性质：纯品为白色结晶，熔点 88～90℃。工业品为 82～89℃，相对密度 1.35，蒸气压 0.226 mPa（24℃），20℃下溶解度：水 790g/L、乙醇>100g/L、丙酮 151g/L、苯 16g/L、乙烷 0.1，比较稳定。

毒性：按照我国农药毒性分级标准，乙酰甲胺磷属低毒。原药大鼠急性经口 LD_{50} 823mg/kg，兔经皮 LD_{50} 为 2 000mg/kg；每日每千克体重允许摄入量 0.03mg。

作用特点：乙酰甲胺磷是一种有内吸作用、胃毒和触杀作用的低毒有机磷杀虫剂，并可杀卵，有一定熏蒸作用，是缓效型杀虫剂。在施药后初效作用缓慢，2～3d 效果显著，后效作用强。

制剂：20%、25%、30%、40%乙酰甲胺磷乳油，75%乙酰甲胺磷可溶粉剂。

30%乙酰甲胺磷乳油

理化性质及规格：外观为黄色透明液体，水分含量≤0.5%，酸度（以 H_2SO_4 计）≤

2.5%，乳化稳定性合格。

毒性：按照我国农药毒性分级标准，30%乙酰甲胺磷乳油属低毒。雄、雌大鼠急性经口 LD_{50}分别为 1 710mg/kg 和 6 640mg/kg；急性经皮 LD_{50}＞3 400mg/kg；对皮肤和眼睛无刺激作用，弱致敏性。

使用方法：

1. 防治棉花棉铃虫　在卵孵盛期施药，每次每 667m^2 用 30%乙酰甲胺磷乳油 150～200mL（有效成分 45～60g）对水喷雾。安全间隔期为 21d，每季最多使用 2 次。

2. 防治棉花棉蚜　在若虫盛发期施药，每次每 667m^2 用 30%乙酰甲胺磷乳油 150～200mL（有效成分 45～60g）对水喷雾。安全间隔期为 21d，每季最多使用 2 次。

3. 防治茶树茶尺蠖　在二、三龄期施药，每次用 30%乙酰甲胺磷乳油 500～1 000 倍液（有效成分浓度 300～600mg/kg）整株喷雾。

4. 防治十字花科蔬菜菜青虫　在幼虫三龄之前施药，每次每 667m^2 用 30%乙酰甲胺磷乳油 75～120mL（有效成分 22.5～36g）对水喷雾。安全间隔期为 7d，每季最多使用 1 次。

5. 防治十字花科蔬菜蚜虫　在蚜虫初发期施药，每次每 667m^2 用 30%乙酰甲胺磷乳油 75～120mL（有效成分 22.5～36g）对水喷雾。安全间隔期为 7d，每季最多使用 1 次。

6. 防治水稻二化螟　于孵化盛期或低龄若虫期施药，每 667m^2 用 30%乙酰甲胺磷乳油 175～225mL（有效成分 52.5～67.5g）对水喷雾。安全间隔期为一般 14d，秋冬季节为 9d，每季最多使用 1 次。

7. 防治水稻三化螟　在孵化高峰后 1～3d 施药，每 667m^2 用 30%乙酰甲胺磷乳油 150～200mL（有效成分 45～60g）对水喷雾。安全间隔期为 14d，每季最多使用 1 次。

8. 防治水稻稻纵卷叶螟　在孵化高峰后 1～3d 施药，每 667m^2 用 30%乙酰甲胺磷乳油 150～220mL（有效成分 45～66g）对水喷雾。安全间隔期为 14d，每季最多使用 1 次。

9. 防治水稻飞虱　在成、若虫发生期施药，每 667m^2 用 30%乙酰甲胺磷乳油 150～225mL（有效成分 45～67.5g）对水喷雾。安全间隔期为 14d，每季最多使用 1 次。

10. 防治水稻叶蝉　在若虫和成虫盛发期施药，每 667m^2 用 30%乙酰甲胺磷乳油 125～225mL（有效成分 37.5～67.5g）对水喷雾。安全间隔期为 14d，每季最多使用 1 次。

11. 防治柑橘树介壳虫　在介壳虫发生初期施药，每次用 30%乙酰甲胺磷乳油 500～750 倍液（有效成分浓度 400～600mg/kg）整株喷雾，安全间隔期为 21d，每季最多使用 3 次。

12. 防治柑橘树害螨　在害螨发生初期施药，每次用 30%乙酰甲胺磷乳油 300～600 倍液（有效成分浓度 500～1 000mg/kg）整株喷雾。安全间隔期为 21d，每季最多使用 3 次。

13. 防治苹果树桃小食心虫　在成虫产卵高峰期、卵果率达 0.5%～1%时施药，用 30%乙酰甲胺磷乳油 300～600 倍液（有效成分浓度 500～1 000mg/kg）整株喷雾。

14. 防治小麦黏虫　低龄幼虫期施药，每 667m^2 用 30%乙酰甲胺磷乳油 120～240mL（有效成分 36～72g）对水喷雾。安全间隔期为 14d，每季最多使用 1 次。

15. 防治小麦玉米螟　在幼虫二、三龄期施药，每 667m^2 用 30%乙酰甲胺磷乳油 120～240mL（有效成分 36～72g）对水喷雾。安全间隔期为 14d，每季最多使用 1 次。

16. 防治玉米玉米螟　在幼虫二、三龄期施药，每次每 667m^2 用 30%乙酰甲胺磷乳油 180～240mL（有效成分 54～72g）对水喷雾。安全间隔期为 21d，每季最多使用 2 次。

17. 防治烟草烟青虫　在三龄期前施药，每 667m² 用 30%乙酰甲胺磷乳油 100～200mL（有效成分为 30～60g）对水喷雾。安全间隔期为 14d，每季最多使用 1 次。

75%乙酰甲胺磷可溶粉剂

理化性质及规格：有效成分含量≥75%，细度或颗粒度≥95%，水不溶物≤10%，pH 4～7，水分含量≤2%。

毒性：按照我国农药毒性分级标准，75%乙酰甲胺磷可溶粉剂属低毒。雌、雄大鼠急性经口 LD_{50} 为 681mg/kg 和 1 080mg/kg，急性经皮 LD_{50}＞5 000mg/kg；对家兔皮肤、眼睛均无刺激。

使用方法：

防治水稻稻纵卷叶螟　在孵化高峰后 1～3d，即一龄幼虫高峰期，水稻第一叶叶尖大量出现时施药。每次每 667m² 用 75%乙酰甲胺磷可溶粉剂 70～100g（有效成分 52.5～75g）对水喷雾，当虫量发生较大，或世代重叠较严重时，过 5～7d 再用药一次。安全间隔期为 45d，每季最多使用 2 次。

注意事项：

1. 不宜在桑树、茶树上使用，蚕室及桑园附近禁用，蜜源作物花期禁用。

2. 如发现有结晶析出，应摇匀将瓶浸入热水中，待溶解后再使用。

3. 如误服，发生中毒症状，立即引吐、洗胃、导泻（清醒时才能引吐）。也可采用阿托品 1～5mg 皮下或静脉注射（用量依中毒轻重而定），或用解磷定 0.4～1.2g 静脉注射（用量依中毒轻重而定）。禁用吗啡、茶碱、吩噻嗪、利血平。

蝇　毒　磷

中文通用名称：蝇毒磷

英文通用名称：coumaphos

其他名称：蝇毒硫磷

化学名称：O，O-二乙基-O-（3-氯-4-甲基香豆素-7-基）硫代磷酸酯

化学结构式：

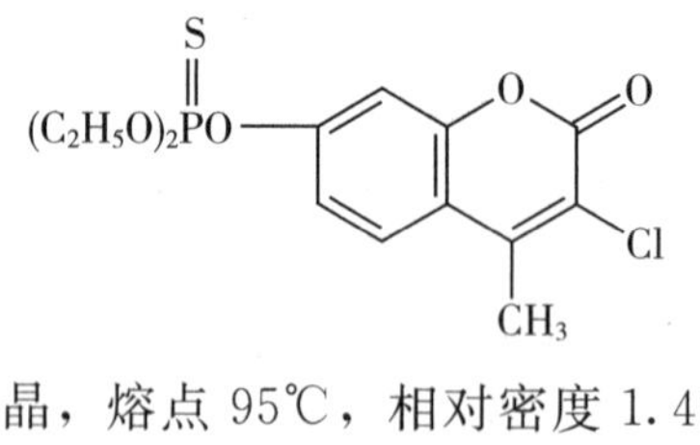

理化性质：纯品为无色结晶，熔点 95℃，相对密度 1.471（20℃），蒸气压 0.013mPa（20℃），水中溶解度 1.5mg/L（温室），略溶于有机溶剂，水溶液中水解，稀碱中吡喃酮环被打开。

毒性：按照我国农药毒性分级标准，蝇毒磷属高毒。大鼠急性经口 LD_{50} 为 41mg/kg，急性经皮 LD_{50} 为 860mg/kg。

作用特点：具有触杀和胃毒作用，对双翅目害虫有显著的毒杀作用。可用于防治家畜体外寄生虫。可抑制乙酰胆碱酯酶。残效期较长，但用药后在高等动物体内残留量均低于世界

卫生组织的规定标准。

使用：根据农业部、工业和信息化部、环境保护部、国家工商行政管理总局、国家质量监督检验检疫总局等五部委第1586号公告有关内容规定，自2011年10月31起，撤销（撤回）蝇毒磷的登记证、生产许可证（生产批准文件），停止生产；自2013年10月31起，停止蝇毒磷销售和使用。

哒 嗪 硫 磷

中文通用名称：哒嗪硫磷

英文通用名称：pyridaphenthione

其他名称：哒净松，打杀磷，苯哒嗪硫磷

化学名称：O，O-二乙基-O-（2，3-二氢-3-氧代-2-苯基-6-哒嗪基）硫代磷酸酯

化学结构式：

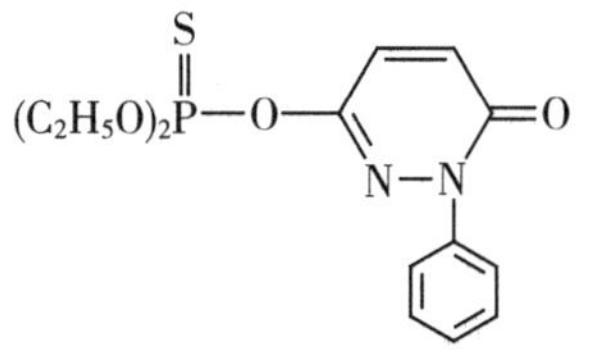

S
‖
$(C_2H_5O)_2$P—O—(哒嗪环)=O
N—N—苯基

理化性质：原药为浅黄色固体，熔点53.5～54.5℃，蒸气压25.3mPa（20℃），密度1.325g/cm^3（20℃）。难溶于水可溶于大多数有机溶剂。对酸、热较稳定。对强碱不稳定。

毒性：按照我国农药毒性分级标准，哒嗪硫磷属低毒。原药雄、雌大鼠急性经口LD_{50}为769.4mg/kg和850mg/kg，急性经皮LD_{50}为2 100mg/kg和2 300mg/kg。对皮肤有明显刺激，在试验剂量下，未见“三致”作用。

作用特点：高效、低毒、低残留、广谱性的有机磷杀虫剂，纯品为白色结晶，有触杀和胃毒作用，无内吸作用。对多种刺吸式和咀嚼式口器害虫有较好的防治效果。用于防治水稻、棉花、小麦、果树、蔬菜等作物上的多种害虫，特别是对水稻二化螟、棉叶螨防效突出。

制剂：20％哒嗪硫磷乳油。

20％哒嗪硫磷乳油

理化性质及规格：外观为棕红色至棕褐色均相透明油状液体，水分含量≤0.5％，pH6.0～8.5，哒嗪硫磷含量≥20％。

毒性：按照我国农药毒性分级标准，20％哒嗪硫磷乳油属低毒。20％哒嗪硫磷乳油对雄小鼠急性经口LD_{50}为655.8mg/kg，雌小鼠急性经皮LD_{50}为525.5mg/kg。

使用方法：

1. 防治水稻二化螟　在二化螟孵化盛期或低龄若虫期施药，用20％哒嗪硫磷乳油800～1 000倍液（有效成分浓度200～250mg/kg）对水喷雾。

2. 防治水稻叶蝉　在若虫和成虫盛发期施药，用20％哒嗪硫磷乳油800～1 000倍液（有效成分浓度200～250mg/kg）对水喷雾。

3. 防治棉花蚜虫　在蚜虫盛发期施药，用20％哒嗪硫磷乳油800～1 000倍液（有效成

分浓度 200～250mg/kg）对水喷雾。

4. 防治棉花红蜘蛛　在成、若螨发生期施药，用 20%哒嗪硫磷乳油 800～1 000 倍液（有效成分浓度 200～250mg/kg）对水喷雾。

5. 防治棉花棉铃虫　在产卵盛期至卵孵盛期施药，用 20%哒嗪硫磷乳油 800～1 000 倍液（有效成分浓度 200～250mg/kg）对水喷雾。

6. 防治小麦黏虫　在幼虫低龄期施药，用 20%哒嗪硫磷乳油 800～1 000 倍液（有效成分浓度 200～250mg/kg）对水喷雾。

7. 防治小麦玉米螟　在幼虫初孵期施药，用 20%哒嗪硫磷乳油 800～1 000 倍液（有效成分浓度 200～250mg/kg）对水喷雾。

8. 防治大豆蚜虫　在若虫盛发期施药，用 20%哒嗪硫磷乳油 800 倍液（有效成分浓度 250mg/kg）对水喷雾。

9. 防治林木松毛虫　在幼虫二、三龄期施药，用 20%哒嗪硫磷乳油 500 倍液（有效成分浓度 400mg/kg）整株喷雾。

10. 防治林木竹青虫　各代幼虫大量发生时施药，用 20%哒嗪硫磷乳油 500 倍液（有效成分浓度 400mg/kg）整株喷雾。

注意事项：中毒表现为典型有机磷中毒症状，误服则应立即携标签将病人送医院救治，可用阿托品解毒，洗胃时应注意保护气管和食管。

噻　唑　膦

中文通用名称：噻唑膦

英文通用名称：fosthiazate

其他名称：地威刚

化学名称：O-乙基-S-仲丁基-2-氧代-1，3-噻唑烷-3-基硫代膦酸酯

化学结构式：

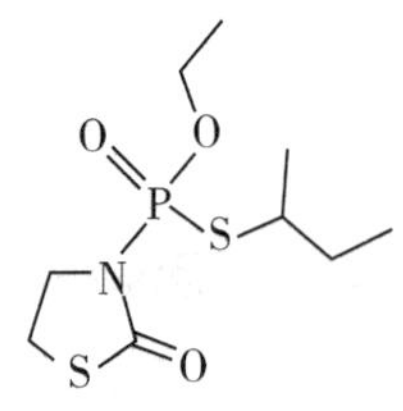

理化性质：有效成分含量≥96%，pH 3～6，水分含量≤0.2%，丙酮不容物≤0.5%。

毒性：按照我国农药毒性分级标准，噻唑膦属中等毒。每日每千克体重允许摄入量 0.001mg。

制剂：10%噻唑膦颗粒剂。

10%噻唑膦颗粒剂

理化性质及规格：外观为干燥、自由流动的颗粒。松密度 1.027 0g/mL（20℃），堆密度 1.150 0g/mL（20℃）。不易燃，无腐蚀性。pH3～7。

毒性：按照我国农药毒性分级标准，10%噻唑膦颗粒剂属中等毒。雌、雄大鼠急性经口

LD_{50}为 215mg/kg，急性经皮 LD_{50}＞2 150mg/kg，急性吸入 LD_{50}＞5 000mg/kg；对家兔皮肤无刺激，对眼睛有中度刺激；对豚鼠皮肤属弱致敏物。

使用方法：

防治番茄、黄瓜和西瓜上的根结线虫　在定植前使用，每 667m² 用 10％噻唑膦颗粒剂 1 500～2 000g（有效成分 150～200g），拌细土后沟施或条施，施药后需盖土，在施药当天进行移栽。

注意事项：接触该药剂时要穿作业服，施药后要立即清洗手、足、脸，并换下工作服。如误服引起中毒，饮水催吐后，立即送医院就诊，解毒剂为阿托品。

丙　溴　磷

中文通用名称：丙溴磷

英文通用名称：profenofos

其他名称：溴氯磷

化学名称：O-乙基-O-（4-溴-2-氯苯基）-S-丙基硫代磷酸酯

化学结构式：

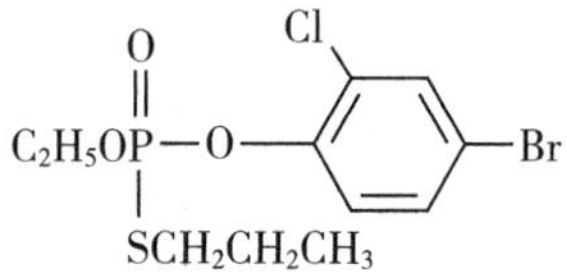

O　　Cl

C_2H_5OP—O—（2-氯-4-溴苯基）—Br

$SCH_2CH_2CH_3$

理化性质：浅黄色液体，具蒜味，沸点 100℃（1.80Pa），蒸气压 1.24×10^{-4} Pa（25℃），相对密度 1.455（20℃），水中溶解度 28mg/L（25℃），与多数有机溶剂混溶，在中性和微酸条件下比较稳定，碱性条件下不稳定。

毒性：按照我国农药毒性分级标准，丙溴磷属低毒。大鼠急性经口 LD_{50} 约为33 000 mg/kg，急性经皮 LD_{50}＞358mg/kg，每日每千克体重允许摄入量 0.01mg。

作用特点：具有触杀、胃毒和内吸作用，为广谱、速效，在植物叶片上有较好的渗透性。其作用机制是抑制昆虫胆碱酯酶。

制剂：40％、50％、500g/L 丙溴磷乳油，10％丙溴磷颗粒剂。

40％丙溴磷乳油

理化性质及规格：外观为均相液体，无可见悬浮物和沉淀。有效成分含量≥20％，pH 4～7，水分含量≤0.5％。

毒性：按照我国农药毒性分级标准，40％丙溴磷乳油属中等毒。雌、雄大鼠急性经口 LD_{50}为 430mg/kg，急性经皮 LD_{50}＞2 150mg/kg；对家兔皮肤、眼睛均无刺激；为弱致敏物。

使用方法：

1. 防治十字花科蔬菜小菜蛾　在低龄幼虫发生初期施药，每次每 667m² 用 40％丙溴磷乳油 60～75mL（有效成分 24～30g）对水喷雾。安全间隔期为 21d，每季最多使用 2 次。

2. 防治棉花棉铃虫　在产卵盛期至卵孵盛期施药，每次每 667m² 用 40％丙溴磷乳油

80～100mL（有效成分 32～40g）对水喷雾。安全间隔期为 21d，每季最多使用 2 次。

3. 防治水稻稻纵卷叶螟　孵化高峰前 1～3d 施药，每次每 667m^2 用 40%丙溴磷乳油 80～100mL（有效成分 32～40g）对水喷雾。安全间隔期为 21d，每季最多使用 3 次。

10%丙溴磷颗粒剂

理化性质及规格： 产品中有效成分含量≥10%、粒度范围 297～1 680μm，水分≤3%，松紧度 1.0～1.4g/mL，堆密度 1.2～1.6g/mL，脱落率≤3.5%。pH 5～8。热稳定性合格。

毒性： 按照我国农药毒性分级标准，10%丙溴磷颗粒剂为中等毒。雌、雄大鼠急性经口 LD_{50} 为 3 160mg/kg，急性经皮 LD_{50} >2 150mg/kg，对家兔皮肤、眼睛均无刺激，为弱致敏物。

使用方法：

防治甘薯茎线虫　在甘薯移栽时用药，每 667m^2 用 10%丙溴磷颗粒剂 2 000～3 000g（有效成分 200～300g）拌细沙沟施或穴施。安全间隔期为 120d，每季最多使用 1 次。

注意事项： 误服立即引吐、洗胃、导泻（清醒时才能引吐），用阿托品 1～5mg 皮下或静脉注射（用量依中毒轻重而定）。用解磷定 0.4～1.2g 静脉注射（用量依中毒轻重而定）。禁用吗啡、茶碱、吩噻嗪、利血平。

二　嗪　磷

中文通用名称： 二嗪磷

英文通用名称： diazinon

其他名称： 二嗪农，地亚农，大亚仙农

化学名称： O，O-二乙基-O-（2-异丙基-6-甲基嘧啶-4-基）硫代磷酸酯

化学结构式：

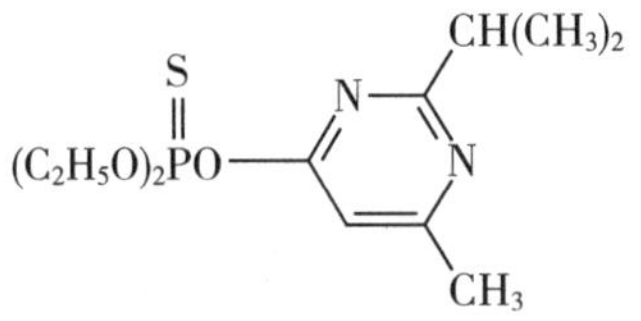

$CH(CH_3)_2$
S
N
$(C_2H_5O)_2PO$
N
CH_3

理化性质： 纯品为无色油状液体，沸点为 83～84℃（0.0267pa），相对密度 1.116～1.118（20℃），蒸气压 12mPa（25℃）。水中溶解度 60mg/L（20℃），与一般有机溶剂如乙醚、乙醇、苯、甲苯、环己烷、己烷、二氯甲烷、丙酮、矿物油混溶。100℃以上易氧化，中性介质中稳定，碱性介质中缓慢水解，酸性介质中水解迅速。120℃以上分解。

毒性： 按照我国农药毒性分级标准，二嗪磷属中等毒。大鼠急性经口 LD_{50} >2 150mg/kg，急性经皮 LD_{50} 为 300～400mg/kg，每日每千克体重允许摄入量 0.002mg。

作用特点： 具有触杀、胃毒、熏蒸和一定的内吸作用，对鳞翅目、同翅目等多种害虫有较好防效，也可拌种防治多种作物的地下害虫。

制剂： 25%、30%、40%、50%、60%、250g/L 二嗪磷乳油，0.1%、4%、5%、10%二嗪磷颗粒剂。

50%二嗪磷乳油

理化性质及规格： 外观为黄色液体。沸点83～84℃，蒸气压1.86×10^{-3}Pa（25℃），水中溶解度60mg/L，混溶于大多数有机溶剂，如乙醚、甲苯、乙醇、苯、环己烷、己烷、二氯甲烷、丙酮、矿物油。在碱和浓酸介质中不稳定，受热易分解。

毒性： 按照我国农药毒性分级标准，50%二嗪磷乳油属中等毒。雌、雄大鼠急性经口LD_{50}为1 000mg/kg，急性经皮LD_{50}>2 000mg/kg，急性吸入LD_{50}>2 000mg/kg；对家兔皮肤有轻度刺激，对眼睛有轻度至中度刺激；对豚鼠皮肤属弱致敏物。

使用方法：

1. 防治棉花蚜虫　在若虫盛发期施药，每次每667m^2用50%二嗪磷乳油80～160mL（有效成分40～80g）对水喷雾。安全间隔期为42d，每季最多使用4次。

2. 防治水稻二化螟、三化螟　在卵孵高峰前1～3d施药，每次每667m^2用50%二嗪磷乳油80～160mL（有效成分40～80g）对水喷雾。安全间隔期为30d，每季最多使用2次。

3. 防治小麦蝼蛄等地下害虫　在害虫发生期施药，每100kg小麦种子用50%二嗪磷乳油200～300mL（有效成分100～150g），加水稀释后均匀拌种小麦，待种子吸入药液后，晾干即可播种。

5%二嗪磷颗粒剂

理化性质及规格： 大红色颗粒状固体，具有机磷臭味，无刺激性气味。非易燃固体。

毒性： 按照我国农药毒性分级标准，5%二嗪磷颗粒剂属低毒。雌、雄大鼠急性经口LD_{50}为2 710mg/kg，急性经皮LD_{50}>2 150mg/kg；对皮肤有轻度刺激性，为弱致敏性。

使用方法：

防治花生蛴螬等地下害虫　在卵孵化期至幼虫一龄期施药，混细土撒施，每667m^2用5%二嗪磷颗粒剂800～1 200g（有效成分40～60g），安全间隔期为75d，每季最多使用1次。

注意事项：

1. 不能与碱性农药等物质和敌稗混合使用，在使用敌稗前后2周内不得使用本剂。

2. 不能用铜、铜合金罐及塑料瓶装，储存在阴凉干燥处。

3. 不慎接触皮肤或溅入眼睛，应用大量清水冲洗至少15min。误服应引吐、洗胃、导泻（清醒时才可引吐），可用阿托品或解磷定解毒，禁用吗啡、茶碱、吩噻嗪、利血平，并立即携标签将病人送医院诊治。洗胃时，应注意保护气管和食管。

乐　果

中文通用名称： 乐果

英文通用名称： dimethoate

化学名称： O，O-二甲基-S-（甲基氨基甲酰甲基）二硫代磷酸酯

化学结构式：

$$(CH_3O)_2\overset{S}{\overset{\|}{P}}SCH_2\overset{O}{\overset{\|}{C}}NHCH_3$$

理化性质：纯品为白色结晶，熔点49.0℃，蒸气压1.1mPa（25℃），（20℃）水中溶解度为23.3g/L（pH5）、23.8g/L（pH7）、25.0g/L（pH9），溶于大多数有机溶剂，如：乙醇、酮类、苯、甲苯、氯仿、二氯甲烷中＞300g/kg（20℃），四氯化碳、饱和脂肪烃、正辛醇中＞50g/kg（20℃）；水溶液中pH2～7相当稳定，碱液中水解，遇热分解。

毒性：按照我国农药毒性分级标准，乐果属中等毒。大鼠急性经口LD_{50}＞800mg/kg，急性经皮LD_{50} 290～325mg/kg，每日每千克体重允许摄入量0.01mg。

作用特点：广谱、内吸性杀虫、杀螨剂，具有触杀和一定的胃毒作用，无熏蒸作用，是乙酰胆碱酯酶抑制剂，阻碍神经传导而导致昆虫死亡。

制剂：40%、50%乐果乳油。

40%乐果乳油

理化性质及规格：外观为黄棕色透明液体，相对密度1.12，易燃。水分含量≤0.5%，酸度（以H_2SO_4计）≤0.3%，乳油稳定性合格。

毒性：按照我国农药毒性分级标准，40%乐果乳油属中等毒。雌、雄大鼠急性经口LD_{50}为500～600mg/kg。

使用方法：

1. 防治棉花蚜虫　在若虫盛发期施药，每667m^2用40%乐果乳油75～100mL（有效成分30～40g）对水喷雾。安全间隔期为14d，每季最多使用1次。

2. 防治棉花害螨　在害螨盛发期施药，每667m^2用40%乐果乳油75～100mL（有效成分30～40g）对水喷雾。安全间隔期为14d，每季最多使用1次。

3. 防治棉花棉铃虫　在幼虫二、三龄时施药，每次每667m^2用40%乐果乳油40～110mL（有效成分16～44g）对水喷雾。安全间隔期为14d，每季最多使用2次。

4. 防治十字花科蔬菜蚜虫　在若虫盛发期施药，每次每667m^2用40%乐果乳油60～100mL（有效成分24～40g）对水喷雾。安全间隔期为10d，每季最多使用4次。

5. 防治茶树蚜虫、叶蝉、害螨　在害虫或害螨盛发初期施药，用40%乐果乳油1 000～2 000倍液（有效成分浓度200～400mg/kg）整株喷雾。安全间隔期为7d，每季最多使用1次。

6. 防治甘薯小象甲　在害虫发生期施药，用40%乐果乳油2000倍液（有效成分浓度200mg/kg）浸鲜薯片，诱杀成虫。

7. 防治烟草烟青虫　在幼虫一至三龄期施药，每次每667m^2用40%乐果乳油50～100mL（有效成分20～40g）对水喷雾。安全间隔期为5d，每季最多使用5次。

8. 防治烟草蚜虫　在若虫盛发期施药，每次每667m^2用40%乐果乳油50～100mL（有效成分20～40g）对水喷雾。安全间隔期为5d，每季最多使用5次。

9. 防治苹果树蚜虫、害螨　在若虫或害螨卵孵盛期和幼若螨盛发期施药，每次每667m^2用40%乐果乳油800～1 600倍液（有效成分浓度250～500mg/kg）整株喷雾。安全间隔期为7d，每季最多使用2次。

10. 防治小麦蚜虫　在若虫发生高峰期施药，每次每 667m^2 用 40％乐果乳油 22.5～45mL（有效成分 9～18g）对水喷雾。安全间隔期为 14d，每季最多使用 3 次。

11. 防治柑橘树蚜虫、害螨　在若虫盛发期或螨卵孵盛期及幼、若螨盛发期施药，每次用 40％乐果乳油 800～1 600 倍液（有效成分浓度 250～500mg/kg）整株喷雾。安全间隔期为 15d，每季最多使用 3 次。

注意事项：

1. 对家禽毒性高，注意避开；对鱼、蜜蜂有毒，开花植物花期禁用。不能与碱性农药等物质混合，其水溶液易分解，应随用随配。最好不要长时间使用金属容器混配或盛放。使用前药液需要摇匀，若有结晶需全部溶解后使用。

2. 中毒症状表现为头痛、头晕、无力、恶心、呕吐。误服中毒可用生理盐水反复洗胃，若不慎进入眼睛或接触皮肤，应用清水冲洗至少 15min。并立即携带包装袋送患者就医。若不慎吸入，应将病人移至空气清新处。解毒剂为阿托品。

氧　乐　果

中文通用名称： 氧乐果

英文通用名称： omethoate

其他名称： 氧化乐果，华果

化学名称： O，O-二甲基-S-（N-甲基氨基甲酰甲基）硫代磷酸酯

化学结构式：

$$(CH_3O)_2\overset{\overset{\large O}{\|}}{P}SCH_2\overset{\overset{\large O}{\|}}{C}NHCH_3$$

理化性质： 纯品为无色至黄色油状液体，有葱味，密度 1.32g/cm^3（20℃），沸点约 135℃，迅速溶于水、醇类、丙酮和许多烃类，微溶于乙醚，几乎不溶于石油醚。碱性介质中水解，酸性介质中缓慢水解。

毒性： 按照我国农药毒性分级标准，氧乐果属高毒。大鼠急性经口 LD_{50} 为 200mg/kg，急性经皮 LD_{50} 约为 25mg/kg，每日每千克体重允许摄入量 0.000 3mg。

作用特点： 高效、谱广杀虫剂，具有较高的内吸、触杀和一定的胃毒作用，作用机制为抑制昆虫胆碱酯酶。对抗性蚜虫有很强毒效，对飞虱、叶蝉、介壳虫及其他刺吸式口器害虫都有较好的防治效果，在低温下仍能保持较强毒性，特别适于防治越冬蚜虫、螨类、木虱和蚧类等。

制剂： 10％、18％、20％、40％氧乐果乳油。

40％氧乐果乳油

理化性质及规格： 40％氧乐果乳油由有效成分、乳化剂和溶剂等组成，外观为淡黄色油状液体，乳液稳定性（25～30℃，1h），在标准硬水（342mg/L）中测定无浮油和沉油，水分含量≤0.5％，酸度（以 H_2SO_4 计）≤0.5％，在（50±1）℃下储存 2 周相对分解率≤5％。

毒性： 按照我国农药毒性分级标准，40％氧乐果乳油属中等毒。雌、雄大鼠急性经口

LD_{50}为464mg/kg和383mg/kg，急性经皮LD_{50}＞2 000mg/kg；对家兔皮肤有轻度刺激，对眼睛有中度刺激；对豚鼠皮肤属弱致敏物。

使用方法：

1. 防治棉花蚜虫　在若虫盛发期施药，每次每667m^2用40％氧乐果乳油13.5～50mL（有效成分5.4～2.0g）对水喷雾。安全间隔期为14d，每季最多使用2次。

2. 防治棉花害螨　在害螨盛发初期施药，每次每667m^2用40％氧乐果乳油62.5～100mL（有效成分25～40g）对水喷雾。安全间隔期为14d，每季最多使用2次。

3. 防治小麦蚜虫　在若虫盛发期施药，每次每667m^2用40％氧乐果乳油13.5～27mL（有效成分5.4～10.8g）对水喷雾。安全间隔期为21d，每季最多使用2次。

4. 防治森林松干蚧和松毛虫　在害虫发生初期施药，用40％氧乐果乳油500倍液（有效成分浓度800mg/kg）均匀喷雾或直接涂树干。

5. 防治水稻飞虱　在成、若虫发生期施药，每次每667m^2用40％氧乐果乳油62.5～100g（有效成分25～40g）对水喷雾。安全间隔期为21d，每季最多使用2次。

6. 防治水稻稻纵卷叶螟　在卵孵高峰前1～3d施药，每次每667m^2用40％氧乐果乳油62.5～100mL（有效成分25～40g）对水喷雾。安全间隔期为21d，每季最多使用2次。

注意事项：

1. 对蜜蜂、鱼类等水生生物、家蚕有毒，施药期间应避免对周围蜂群的影响，蜜源作物花期、蚕室和桑园附近禁用，远离水产养殖区施药，禁止在河塘等水体中清洗施药器具。

2. 如误服应立即携标签将病人送医院诊治，治疗可用阿托品、解磷定等药品，还应对症处理，及时控制肺水肿和脑水肿，注意纠正酸中毒，保护心肌。

喹　硫　磷

中文通用名称：喹硫磷

英文通用名称：quinalphos

其他名称：爱卡士，喹恶磷，克铃死

化学名称：O，O-二乙基-O-喹恶啉-2-基硫代磷酸酯

化学结构式：

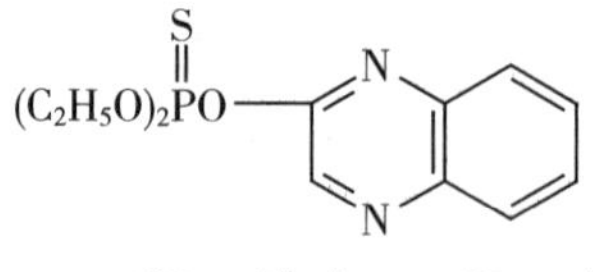

S
$(C_2H_5O)_2PO$
N
N

理化性质：无色结晶，熔点31～32℃，沸点142℃，密度1.235g/cm^3（20℃），蒸气压0.35mPa（20℃），溶解度：水17.8g/L（22～23℃），己烷250g/L（23℃），易溶于苯、甲苯、二甲苯、乙醇、乙醚、丙酮、乙腈、乙酸乙酯等多种有机溶剂，微溶于石油醚，室温下有效成分可保持14d，液体原药稳定度偏低，但在自然保存条件下被非极性有机溶剂稀释和存在稳定剂时稳定。

毒性：按照我国农药毒性分级标准，喹硫磷属中等毒。大鼠急性经口LD_{50}为200mg/kg，急性经皮LD_{50}约为25mg/kg，每日每千克体重允许摄入量0.000 3mg。

作用特点：广谱性杀虫、杀螨剂，具胃毒和触杀作用，无内吸和熏蒸作用，在植物上有

良好的渗透性。有一定的杀卵作用。在植物上降解速度快，残效期短。

制剂： 10%、25%喹硫磷乳油。

25%喹硫磷乳油

理化性质及规格： 25%喹硫磷乳油含稳定剂约4%。外观为棕色油状液体，相对密度0.98（20℃），水分<0.5%，pH5～8，常温储存稳定2年。

毒性： 按照我国农药毒性分级标准，25%喹硫磷乳油属中等毒。原药大鼠和小鼠急性经口 LD_{50} 为300mg/kg和108mg/kg，大鼠急性经皮 LD_{50} 为4 000mg/kg，急性吸入 LD_{50} 为20mg/kg；对试验动物眼睛有刺激，对皮肤无刺激。

使用方法：

1. 防治水稻二化螟　在卵孵高峰前1～3d施药，每次每667m^2 用25%喹硫磷乳油100～160mL（有效成分25～40g）对水喷雾。安全间隔期为14d，每季最多使用3次。

2. 防治水稻稻纵卷叶螟　在卵孵盛期到幼虫低龄期施药，每次每667m^2 用25%喹硫磷乳油100～132mL（有效成分25～33g）对水喷雾。安全间隔期为14d，每季最多使用3次。

3. 防治棉花棉铃虫　在卵孵盛期至低龄幼虫钻蛀期施药，每次每667m^2 用25%喹硫磷乳油80～160mL（有效成分20～40g）对水喷雾。安全间隔期为25d，每季最多使用3次。

4. 防治柑橘树介壳虫　在介壳虫一至二龄若蚧盛发初期施药，每次用25%喹硫磷乳油800～1 364倍液（有效成分浓度183.3～312.5mg/kg）整株喷雾。安全间隔期为28d，每季最多使用3次。

注意事项：

1. 不能与碱性物质混用，以免分解失效。

2. 对鱼等水生生物和蜜蜂高毒，不要在鱼塘、河流、养蜂场等处及其周围使用。

3. 对许多害虫的天敌毒力较大，施药期应避开天敌大发生期。

4. 解毒药品可用阿托品和解磷定。禁用吗啡、茶碱、吩噻嗪、利血平。误服，立即带标签就医，引吐、洗胃、导泻（清醒时才能引吐）。

三　唑　磷

中文通用名称： 三唑磷

英文通用名称： triazophos

其他名称： 三唑硫磷

化学名称： O，O-二乙基-O-（1-苯基-1，2，4-三唑-3-基）硫代磷酸酯

化学结构式：

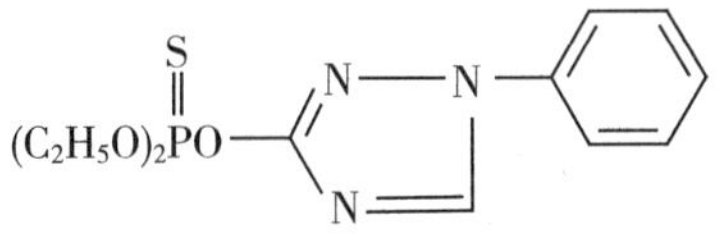

S
N—N
$(C_2H_5O)_2PO$
N

理化性质： 浅黄色油状物，熔点2～5℃，沸点蒸馏时分解，蒸气压0.39mPa（30℃）、13mPa（55℃），相对密度1.247（20℃），20℃下溶解度：水30～40mg/L，丙酮、乙酸乙酯>1 000g/L，乙醇、甲苯>330，已烷9g/L，对光稳定，在酸、碱介质中水解。

毒性：按照我国农药毒性分级标准，三唑磷属中等毒。大鼠急性经口 LD_{50} 为 82mg/kg，急性经皮 LD_{50} 为 1 100mg/kg，每日每千克体重允许摄入量 0.000 2mg。

作用特点：广谱有机磷杀虫剂，具有强烈的触杀和胃毒作用，杀虫效果好，杀卵作用明显，渗透性较强，无内吸作用。用于水稻等多种作物防治多种害虫。

制剂：20％、30％、40％三唑磷乳油，30％三唑磷水乳剂，15％、20％三唑磷微乳剂。

20％三唑磷乳油

理化性质及规格：外观为白色液体，无刺激性气味。熔点 2～5℃，蒸气压 1×10^{-4} Pa（25℃），水中溶解度 30mg/L（20℃），密度 1.247g/mL（20℃），在微酸性介质中稳定，在碱性条件下不稳定。

毒性：按照我国农药毒性分级标准，20％三唑磷乳油属中等毒。雌、雄大鼠急性经口 LD_{50} 为 147 和 121mg/kg，急性经皮 LD_{50}＞2 000mg/kg；对家兔皮肤无刺激，对眼睛有轻度刺激；对豚鼠皮肤属弱致敏物。

使用方法：

1. *防治十字花科蔬菜菜青虫*　在低龄幼虫发生盛期施药，每次每 667m² 用 20％三唑磷乳油 40～60mL（有效成分 8～12g）对水喷雾。安全间隔期为 14d，每季最多使用 2 次。

2. *防治水稻二化螟、三化螟*　在卵孵高峰前 1～3d 施药，每次每 667m² 用 20％三唑磷乳油 67.5～125mL（有效成分 13.5～25g）对水喷雾。安全间隔期为 30d，每季最多使用 2 次。

3. *防治水稻稻水象甲*　成虫发生盛期施药，每次每 667m² 用 20％三唑磷乳油 120～160mL（有效成分 24～32g）对水喷雾。安全间隔期为 30d，每季最多使用 2 次。

4. *防治棉花棉铃虫*　在二至三龄幼虫期施药，每次每 667m² 用 20％三唑磷乳油 125～160mL（有效成分 25～32g）对水喷雾。安全间隔期为 40d，每季最多使用 3 次。

5. *防治棉花红铃虫*　在二至三龄幼虫期施药，每次每 667m² 用 20％三唑磷乳油 200～300mL（有效成分 40～60g）对水喷雾。安全间隔期为 40d，每季最多使用 3 次。

6. *防治草地草地螟*　在孵化高峰前 1～2d 施药，每次每 667m² 用 20％三唑磷乳油 100～125mL（有效成分 20～25g）对水喷雾。

30％三唑磷水乳剂

理化性质及规格：外观为类白色液体，稍有气味。密度 1.112g/mL（20℃），闪点＞85℃，易燃液体，pH4.5～7.5。

毒性：按照我国农药毒性分级标准，30％三唑磷水乳剂属中等毒。雌、雄大鼠急性经口 LD_{50} 为 271mg/kg 和 369mg/kg，急性经皮 LD_{50}＞2 150mg/kg；对家兔皮肤无刺激，对眼睛有轻度刺激。

使用方法：

防治水稻二化螟　在孵化高峰前后 3d 内施药，每次每 667m² 用 30％三唑磷水乳剂 66.7～100mL（有效成分 20～30g）对水喷雾。安全间隔期为 30d，每季最多使用 2 次。

20％三唑磷微乳剂

理化性质及规格：外观为稳定均相液体，无可见悬浮物和沉淀。pH5～7。

毒性： 按照我国农药毒性分级标准，20%三唑磷微乳剂属中等毒。雌、雄大鼠急性经口 LD_{50} 为 271mg/kg，急性经皮 LD_{50} >2 150mg/kg。对家兔皮肤、眼睛均无刺激性，对皮肤属弱致敏物。

使用方法：

防治水稻二化螟　在孵化高峰前后 3d 内施药，每次每 667m² 用 20%三唑磷微乳剂 100～150mL（有效成分 20～30g）对水喷雾。安全间隔期为 35d，每季最多使用 2 次。

注意事项： 如药液溅于皮肤上，立即用碱性肥皂洗涤。如药液溅于眼内或喷药过程中感到不适（如发涩、流泪），立即用大量清水冲洗 10～15min。如意外摄入，携标签送医院对症治疗。急救措施用阿托品 1～5mg 皮下或静脉注射，用量依中毒轻重而定；用解磷定 0.4～1.2g 静脉注射，用量依中毒轻重而定。禁用吗啡、茶碱、吩噻嗪、利血平。

治　螟　磷

中文通用名称： 治螟磷

英文通用名称： sulfotep

其他名称： 硫特普，苏化 203

化学名称： O，O，O'，O'-四乙基二硫代焦磷酸酯

化学结构式：

$$(C_2H_5O)_2\overset{\overset{\displaystyle S}{\|}}{P}—O—\overset{\overset{\displaystyle S}{\|}}{P}(OC_2H_5)_2$$

理化性质： 浅黄色液体，沸点 136～139℃（266.6Pa），92℃（13.3Pa），蒸气压 14mPa（20℃），水中溶解度 19mg/L（20℃），与大多数有机溶剂混溶，微溶于石油和石油醚，水解相当缓慢。

毒性： 按照我国农药毒性分级标准，治螟磷属高毒。大鼠急性经口 LD_{50} 为 65mg/kg，急性经皮 LD_{50} 为 7～10mg/kg，每日每千克体重允许摄入量 0.001mg。

作用特点： 具触杀作用，杀虫谱较广，在叶面持效期短，因此多用来混制毒土撒施。主要用于防治多种水稻害虫，也可杀灭蚂蟥以及传播血吸虫的钉螺。

使用： 根据农业部、工业和信息化部、环境保护部、国家工商行政管理总局、国家质量监督检验检疫总局等五部委第 1586 号公告有关内容规定，自 2011 年 10 月 31 日起，撤销治螟磷的登记证、生产许可证（生产批准文件），停止生产；自 2013 年 10 月 31 日起，停止治螟磷销售和使用。

六、拟除虫菊酯类

S-氰戊菊酯

中文通用名称： S-氰戊菊酯

英文通用名称： esfenvalerate

其他名称： 来福灵，顺式氰戊菊酯，高效氰戊菊酯，强力农，白蚁灵

化学名称：S－α－氰基－3－苯氧基苄基（S）－2（4－氯苯基）－3－甲基丁酸酯

化学结构式：

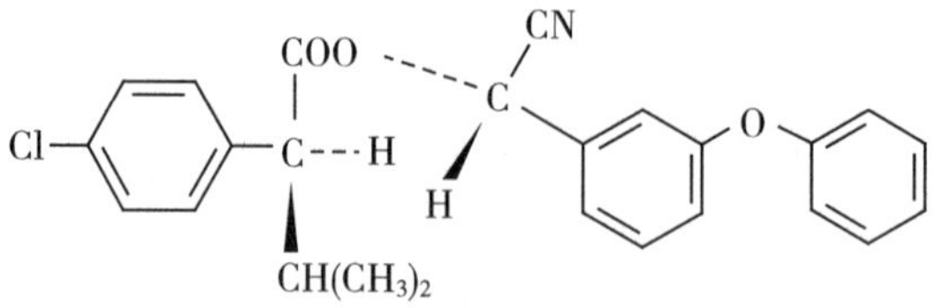

理化性质：原药为棕黄色黏稠液体或固体（23℃），熔点 59～60.2℃，沸点 151～167℃；蒸气压 2×10^{-7} Pa（25℃），密度 1.26g/cm^3（4～26℃），25℃下溶解度：水中 0.002mg/L，二甲苯、丙酮、氯仿、乙酸乙酯、二甲基甲酰胺、二甲基亚砜中＞600g/L，甲醇 70～1 000g/L，乙烷 10～50g/L；对日光、热稳定。

毒性：按照我国农药毒性分级标准，S－氰戊菊酯属中等毒。大鼠急性经口 LD_{50} 为 87～325mg/kg，急性经皮 LD_{50}＞5 000mg/kg。

作用特点：是一种活性较高的拟除虫菊酯杀虫剂，与氰戊菊酯不同的是它仅含顺式异构体，杀虫活性要比氰戊菊酯高出 4 倍，因而使用剂量要低。

制剂：5％、22％、50g/L S－氰戊菊酯乳油，50g/L S－氰戊菊酯水乳剂。

50g/L S－氰戊菊酯乳油

理化性质及规格：外观为稳定均相液体，无可见悬浮物和沉淀。

毒性：按照我国农药毒性分级标准，50g/L S－氰戊菊酯乳油属中等毒。雄、雌性大鼠急性经口 LD_{50} 为 369mg/kg，雌性大鼠急性经皮 LD_{50}＞2 150mg/kg；对试验动物眼睛有轻度刺激。

使用方法：

1. 防治十字花科蔬菜菜青虫　在幼虫三龄之前施药，每次每 667m^2 用 50g/L S－氰戊菊酯乳油 10～30mL（有效成分 0.5～1.5g）对水喷雾。安全间隔期为 3d，每季最多使用 3 次。

2. 防治棉花棉铃虫　在卵孵盛期至幼虫钻蛀期施药，每次每 667m^2 用 50g/L S－氰戊菊酯乳油 25～35mL（有效成分 1.25～1.75g）对水喷雾。安全间隔期为 14d，每季最多使用 3 次。

3. 防治苹果树桃小食心虫　在害虫卵盛期施药，每次用 50g/L S－氰戊菊酯乳油 2 000～3 125倍液（有效成分浓度 16～25mg/kg）整株喷雾。安全间隔期为 14d，每季最多使用 3 次。

4. 防治小麦蚜虫　在若虫盛发期施药，每次每 667m^2 用 50g/L S－氰戊菊酯乳油 12～15mL（有效成分 0.6～0.75g）对水喷雾。安全间隔期为 21d，每季最多使用 2 次。

50g/L S－氰戊菊酯水乳剂

理化性质及规格：外观为白色乳状液体。pH5～7。

毒性：按照我国农药毒性分级标准，50g/L S－氰戊菊酯水乳剂属中等毒。雌、雄大鼠急性经口 LD_{50} 为 383mg/kg 和 316mg/kg，急性经皮 LD_{50}＞2 150mg/kg，急性吸入 LD_{50}＞

2 469mg/kg（2h）；对家兔皮肤、眼睛均有轻度刺激；对豚鼠皮肤属弱致敏物。

使用方法：

1. 防治甘蓝菜青虫　在幼虫低龄盛发期前施药，每次每 667m^2 用 50g/L S-氰戊菊酯水乳剂 18～30mL（有效成分 0.9～1.5g）对水喷雾。安全间隔期为 3d，每季最多使用 3 次。

2. 防治苹果树桃小食心虫　在害虫卵孵盛期至幼虫钻蛀期施药，每次用 50g/L S-氰戊菊酯水乳剂 2 000～4 000 倍液（有效成分浓度 12.5～25mg/kg）整株喷雾。安全间隔期为 14d，每季最多使用 3 次。

3. 防治烟草烟青虫　在第一代害虫发生时、卵孵高峰初期施药，每次每 667m^2 用 50g/L S-氰戊菊酯水乳剂 12～24mL（有效成分 0.6～1.2g）对水喷雾。安全间隔期为 21d，每季最多使用 3 次。

4. 防治烟草蚜虫　在若虫发生盛期施药，每次每 667m^2 用 50g/L S-氰戊菊酯水乳剂 12～24mL（有效成分 0.6～1.2g）对水喷雾。安全间隔期为 21d，每季最多使用 3 次。

注意事项：

1. 不可与碱性农药等物质混用。

2. 对蚕有长时间的毒性，桑园附近禁止使用。对鱼类毒性也很强，严禁将洗容器的水以及剩余药液倒入河川和鱼塘中。

3. 不要在养蜂处进行喷药作业，蜜源作物花期禁用。

zeta-氯氰菊酯

中文通用名称： zeta-氯氰菊酯

英文通用名称： zeta-cypermethrin

化学名称：（S）-氰基-3-苯氧苄基-顺反-3-（2，2-二氯乙烯基）-2，2-二甲基环丙烷羧酸酯

化学结构式：

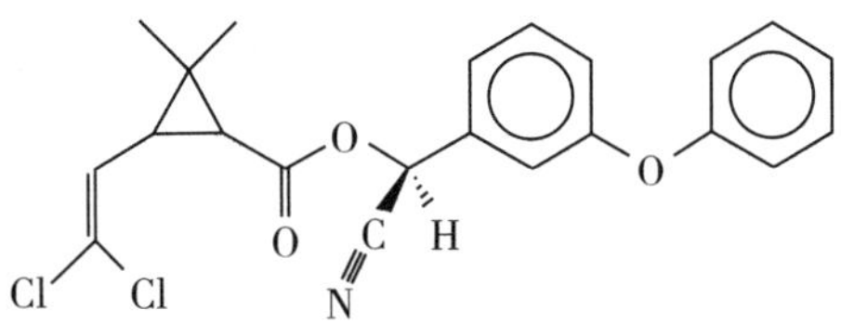

理化性质： 原药深棕色黏稠液体，熔点 72～75℃，沸点 231℃（0.7kPa），密度 1.219g/cm^3（25℃），水中溶解度 0.045mg/L（25℃），微溶于有机溶剂，闪点>300℃，不易燃，无氧化性，无腐蚀性。

毒性： 按照我国农药毒性分级标准，zeta-氯氰菊酯属中等毒。急性经口 LD_{50}>2 000mg/kg，急性经皮为 LD_{50} 为 105.8mg/kg。

作用特点： zeta-氯氰菊酯是由氯氰菊酯的高效异构体组成，其杀虫活性约为氯氰菊酯的 1～3 倍，与氯氰菊酯的作用机理相同，具有触杀和胃毒作用。用于防治棉花、果树、蔬菜、大田、园林的鞘翅目害虫、蚜虫和小菜蛾等，也可用于防治森林害虫。

制剂： 181g/L zeta-氯氰菊酯乳油。

181g/L zeta-氯氰菊酯乳油

理化性质及规格：外观为白色液体，无刺激性气味。密度 1.021g/mL（20℃），黏度 1 500～2 500mPa·s。pH5～8（20℃）。非易燃液体，不具腐蚀性。

毒性：按照我国农药毒性分级标准，181g/L zeta-氯氰菊酯乳油属中等毒。雌、雄大鼠急性经口 LD_{50} 为 794mg/kg 和 369mg/kg，急性经皮 LD_{50} >2 000mg/kg。

使用方法：

防治十字花科蔬菜蚜虫 在若虫盛发期施药，每次每 667m² 用 181g/L zeta-氯氰菊酯乳油 16.6～22.1mL（有效成分 3～4g）对水喷雾。安全间隔期为 7d，每季最多使用 3 次。

注意事项：

1. 对蜜蜂、鱼类等水生生物及家蚕有毒，施药期间应避免对周围蜂群的影响，蜜源作物花期、蚕室和桑园附近禁用。远离水产养殖区施药，禁止在河塘等水体中清洗施药器具。

2. 属神经毒剂，中毒现象为接触部位皮肤感到刺痛，接触量大时也会引起头痛、头昏、恶心、呕吐、双手颤抖，重者抽搐或惊厥、昏迷、休克发生中毒应立即携标签就医，无特殊解毒剂，对症治疗。

医生须知：如出现呕吐症状，切勿使用具有芳香烃结构的药物，否则会导致严重肺炎。必要时可采用导管洗胃法，不要进食牛奶、奶油等含有动、植物脂肪的食品，避免促进胃的吸收。皮肤过敏是可逆的，常用的皮肤药膏对减轻不适症状有一定效果。

氟氯氰菊酯

中文通用名称：氟氯氰菊酯

英文通用名称：cyfluthrin

其他名称：百树菊酯，百树得，氟氯氰醚菊酯，百治菊酯

化学名称：（RS）-α-氰基-4-氟-3-苯氧基苄基（1RS，3RS；1RS，3SR）-3-（2，2-二氯乙烯基）-2，2-二甲基环丙烷羧酸酯

化学结构式：

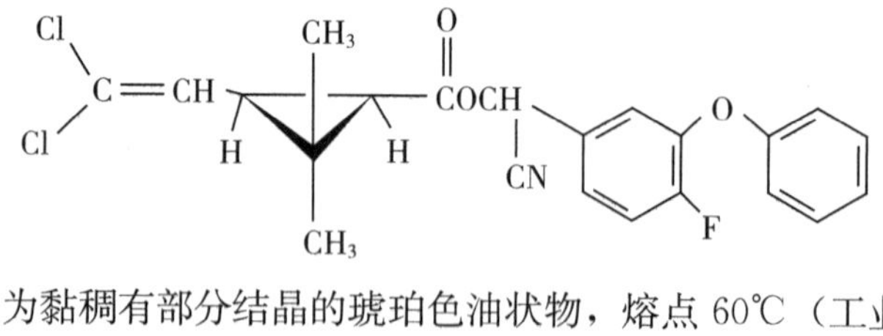

理化性质：纯品为黏稠有部分结晶的琥珀色油状物，熔点 60℃（工业品），20℃时蒸气压 960nPa（Ⅰ）、10nPa（Ⅱ），20nPa（Ⅲ），90nPa（Ⅳ），密度 1.27～1.28g/cm³，20℃时溶解度异构体（Ⅰ）：水 2.5μg/L（pH3）、2.2μg/L（pH7），二氯甲烷、甲苯>200g/L，正己烷 10～20，异丙醇 20～50（g/L）；异构体（Ⅱ）：水 2.1μg/L（pH3）、1.9μg/L（pH7），二氯甲烷、甲苯>200g/L、正己烷 10～20g/L，异丙醇 5～10.1g/L；异构体（Ⅲ）：水 3.2μg/L（pH3）、2.2μg/L（pH7），二氯甲烷、甲苯>200g/L，正己烷、异丙醇 10～20 g/L；异构

体（Ⅳ）：水 4.3g/L（pH3）、2.9g/L（pH7），二氯甲烷>200g/L，正己烷 1～2g/L，甲苯 100～200g/L，异丙醇 2～5g/L，室温稳定。

毒性：按照我国农药毒性分级标准，氟氯氰菊酯属低毒。大鼠急性经口 LD_{50}>5 000 mg/kg，急性经皮 LD_{50}>500mg/kg，每日每千克体重允许摄入量 0.02mg。

作用特点：具有触杀、胃毒作用。作用于昆虫的神经系统，可快速击倒，残效期长。对多种鳞翅目幼虫有良好效果，也可有效防治某些地下害虫，杀虫谱广。对哺乳动物低毒，对作物安全，适用于棉花、果树、蔬菜、茶树、烟草和大豆等。

制剂：5.7%、50g/L 氟氯氰菊酯乳油。

50g/L 氟氯氰菊酯乳油

理化性质及规格：纯品外观为黏稠有部分结晶的琥珀色油状物。熔点 60℃。

毒性：按照我国农药毒性分级标准，50g/L 氟氯氰菊酯乳油属低毒。雌大鼠急性经口 LD_{50}>1 780mg/kg，雌大鼠急性经皮 LD_{50}>2 000mg/kg，属弱致敏物。

使用方法：

1. 防治十字花科蔬菜菜青虫　在低龄幼虫期施药，每次每 667m^2 用 50g/L 氟氯氰菊酯乳油 20～40mL（有效成分 1～2g）对水喷雾。安全间隔期为 7d，每季最多使用 2 次。

2. 防治十字花科蔬菜蚜虫　在若虫盛发期施药，每次每 667m^2 用 50g/L 氟氯氰菊酯乳油 27～40mL（有效成分 1.35～2g）对水喷雾。安全间隔期为 7d，每季最多使用 2 次。

3. 防治棉花棉铃虫　在产卵盛期至卵孵盛期施药，每次每 667m^2 用 50g/L 氟氯氰菊酯乳油 32～70mL（有效成分 1.6～3.5g）对水喷雾。安全间隔期为 21d，每季最多使用 2 次。

注意事项：

1. 不能在桑园、鱼塘及河流、养蜂场及其周边使用，施药期间应远离水源，禁止在河塘内洗涤器械，避免污染而发生中毒。

2. 属神经毒剂，接触部位皮肤感到刺痛，但无红斑，尤其在口、鼻周围。很少引起全身性中毒。接触量大时也会引起头痛、头昏、恶心呕吐、双手颤抖，重者抽搐或惊厥、昏迷、休克。大量吞服时可洗胃，不能催吐。

高效反式氯氰菊酯

中文通用名称：高效反式氯氰菊酯

英文通用名称：theta-cypermethrin

化学名称：（S）-α-氰基-3-苯氧基苄基（1R，3S）-3-（2，2-二氯乙烯基）-2，2-二甲基环丙烷羧酸酯和（R）-α-氰基-3-苯氧基苄基（1S，3R）-3-（2，2-二氯乙烯基）-2，2-二甲基环丙烷羧酸酯

理化性质：原药外观为白色至淡黄色结晶，无可见外来杂质。密度 1.219g/m^3（25℃）；熔点 78～81℃；蒸气压 2.3×10^{-7}Pa（20℃）；常温下在水中溶解度极低，可溶于酮类、醇类及芳香烃类溶剂。

化学结构式：

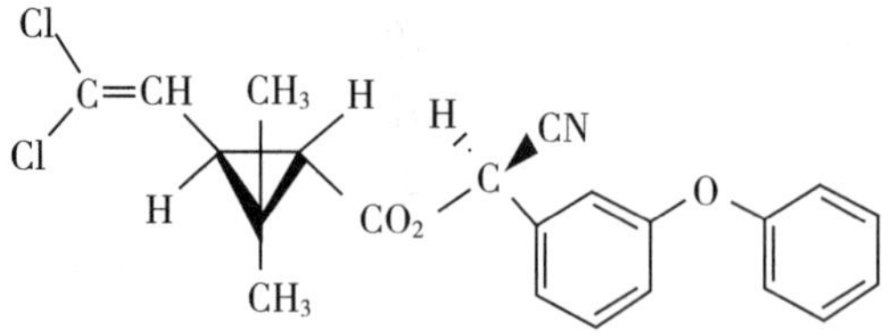

(R)(1S)-trans

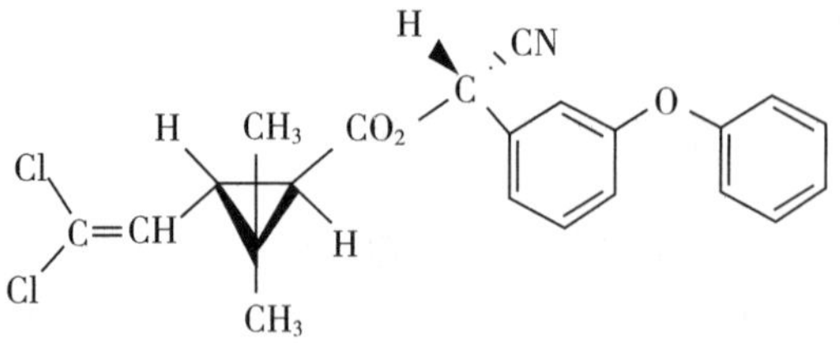

(S)(1R)-trans

毒性：按照我国农药毒性分级标准，高效反式氯氰菊酯属低毒。大鼠急性经口 $LD_{50}>$ 5 000mg/kg，急性经皮 $LD_{50}>$1 470mg/kg。

作用特点：反式氯氰菊酯是第三代拟除虫菊酯类杀虫剂，主要用于对大田作物、经济作物、蔬菜、果树等农林害虫和蚊类、臭虫等家庭卫生害虫的防治，且有高效、广谱、对人畜低毒、作用迅速、持效长等特点，有触杀和胃毒、杀卵作用，对害虫有拒食活性等，对光、热稳定，耐雨水冲刷，特别对有机磷农药已达抗性的害虫有特效。

制剂：5%、20%高效反式氯氰菊酯乳油。

20%高效反式氯氰菊酯乳油

理化性质及规格：产品由有效成分、增效剂、安全剂、助剂、杂质和填料等组成。外观为均相液体，无可见沉淀物。

毒性：按照我国农药毒性分级标准，20%高效反式氯氰菊酯乳油属低毒。雌、雄大鼠急性经口 LD_{50} 为 1 260mg/kg 和 1 470mg/kg，急性经皮 $LD_{50}>$5 000mg/kg；对家兔皮肤无刺激，对眼睛有轻度刺激；对豚鼠皮肤属弱致敏物。

使用方法：

1. 防治棉花棉铃虫　在卵孵盛期至幼虫钻蛀期施药，每次每 667m^2 用 20%高效反式氯氰菊酯乳油 15～30mL（有效成分 3～6g）对水喷雾。安全间隔期为 7d，每季最多使用 2 次。

2. 防治十字花科蔬菜蚜虫　在若虫盛发期施药，每次每 667m^2 用 20%高效反式氯氰菊酯乳油制剂量 25～40mL（有效成分 5～8g）对水喷雾。安全间隔期为 14d，每季最多使用 2 次。

注意事项：

1. 对蜜蜂、鱼类等水生生物、家蚕有毒，施药期间应避免对周围蜂群的影响，蜜源作物花期、蚕室和桑园附近禁用。

2. 泄漏处理：用两倍于泄漏的农药的吸收性物料如沙子、土或锯木屑盖住泄漏物，用扫帚清除。

3. 对眼睛和皮肤有刺激作用。接触本品后立即用肥皂洗手。如药液溅到皮肤上，应立即用滑石粉吸干，再用肥皂清洗。如药液溅入眼中，立即用清水冲洗。无特殊解毒剂，中毒时立即送医院对症治疗。

高效氟氯氰菊酯

中文通用名称：高效氟氯氰菊酯

英文通用名称：beta-cyfluthrin

其他名称：保得，乙体氟氯氰菊酯

化学名称：本品是含两对对映异构体的混合物。

(S) -α-氰基-4-氟-3-苯氧基苄基 (1R，3R) -3-(2，2-二氯乙烯基) -2，2-二甲基环丙烷羧酸酯

(R) -α-氰基-4-氟-3-苯氧基苄基 (1S，3S) -3-(2，2-二氯乙烯基) -2，2-二甲基环丙烷羧酸酯

(S) -α-氰基-4-氟-3-苯氧基苄基 (1R，3S) -3-(2，2-二氯乙烯基) -2，2-二甲基环丙烷羧酸酯

(R) -α-氰基-4-氟-3-苯氧基苄基 (1S，3R) -3-(2，2-二氯乙烯基) -2，2-二甲基环丙烷羧酸酯

化学结构式：

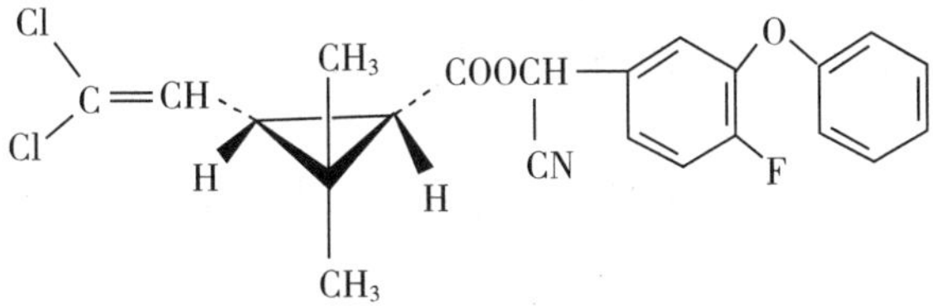

(S)(1R，3R)-异构体

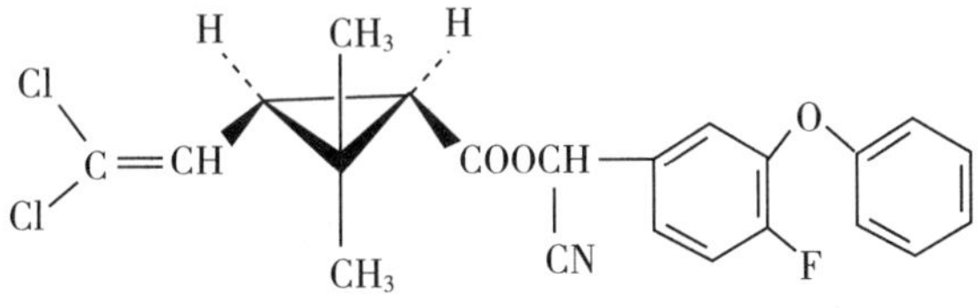

(R)(1S，3S)-异构体

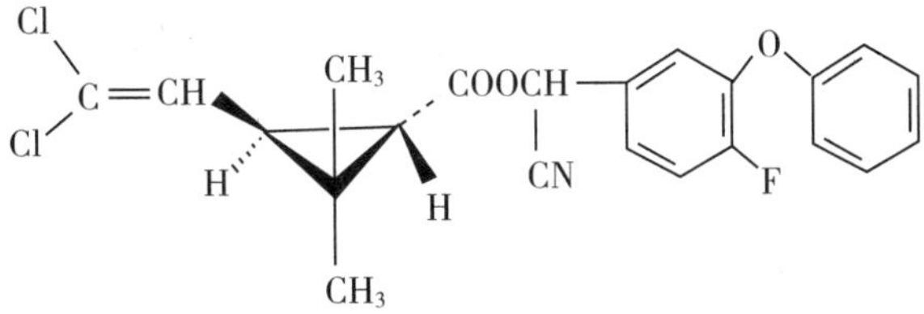

(S)(1R，3S)-异构体

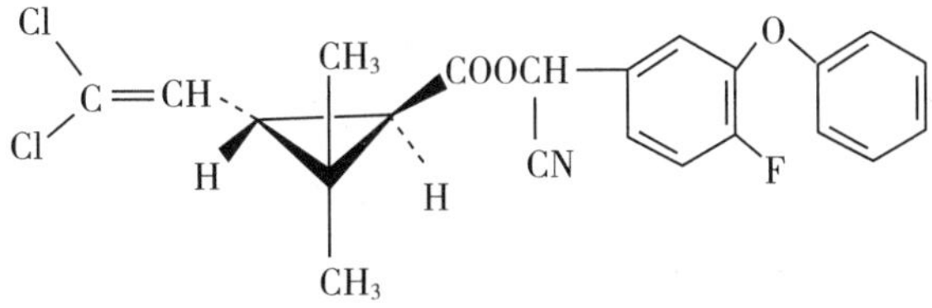

(R)(1S，3R)-异构体

理化性质：纯品外观为无色无嗅结晶体，熔点：对映体Ⅱ为81℃，对映体Ⅳ为106℃。蒸气压：对映体Ⅱ为100×10^{-10}Pa，对映体Ⅳ为900×10^{-8}Pa（20℃）。20℃时溶解度：水中为2×10^{-6}g/L，二氯甲烷中＞200g/L，异丙醇中对映体Ⅱ为5～10g/mL，对映体Ⅳ为2～5g/L，甲苯中为200g/L。在正辛醇/水中的分配比为6.18。

毒性：按照我国农药毒性分级标准，高效氟氯氰菊酯属低毒。大鼠急性经口LD_{50}＞5 000mg/kg，急性经皮LD_{50}为580mg/kg，每日每千克体重允许摄入量0.02mg。

作用特点：无内吸作用和渗透性。杀虫谱广，击倒迅速，持效期长，对作物安全。

制剂：25g/L、2.8%高效氟氯氰菊酯乳油。

25g/L高效氟氯氰菊酯乳油

理化性质及规格：外观为黄色透明液体，有芳香气味，pH 4.5～7.0，密度0.915 g/mL，黏度18.8Pa·s，自燃温度455℃，闪点64.5℃。

毒性：按照我国农药毒性分级标准，25g/L高效氟氯氰菊酯乳油属低毒。雌、雄大鼠急性经口LD_{50}为1 470mg/kg和1 080mg/kg，急性经皮LD_{50}＞5 000mg/kg；对家兔皮肤有中度刺激，对眼睛有重度刺激；对豚鼠皮肤属弱致敏物。

使用方法：

1. 防治棉花棉铃虫和红铃虫　在卵孵盛期至低龄幼虫期施药，每次每667m^2用25g/L高效氟氯氰菊酯乳油40～80mL（有效成分1～2g）对水喷雾。安全间隔期为15d，每季最多使用3次。

2. 防治十字花科蔬菜菜青虫　在幼虫三龄之前施药，每次每667m^2用25g/L高效氟氯氰菊酯乳油20～33.6mL（有效成分0.5～0.84g）对水喷雾。安全间隔期为7d，每季最多使用2次。

3. 防治苹果树桃小食心虫　在卵果率达到1%时施药，用25g/L高效氟氯氰菊酯乳油2 000～3 000倍液（有效成分浓度8.3～12.5mg/kg）整株喷雾。安全间隔期为15d，每季最多使用3次。

4. 防治苹果树金纹细蛾　在叶片刚出现虫斑时施药，使用25g/L高效氟氯氰菊酯乳油1 500～2 000倍液（有效成分浓度12.5～16.7mg/kg）整株喷雾。安全间隔期为15d，每季最多使用3次。

注意事项：

1. 不能与碱性农药等物质混用。

2. 对高粱、瓜类和梨、葡萄、樱桃等一些品种敏感，施药时注意避免飘移至上述作物。

3. 对蜜蜂、鱼类等水生生物、家蚕有毒，施药期间应避免对周围蜂群的影响，蜜源作物花期、蚕室和桑园附近禁用。远离水产养殖区施药，禁止在河塘等水体中清洗施药器具。

4. 属神经毒剂，接触部位皮肤感到刺痛，尤其在口、鼻周围，但无红斑。很少引起全身性中毒。接触量大时会引起头痛、头昏、恶心、呕吐、双手颤抖、全身抽搐或惊厥、昏迷、休克。无特殊解毒剂，可对症治疗。大量吞服时可洗胃。不能催吐。应携标签送医院就医。

高效氯氰菊酯

中文通用名称：高效氯氰菊酯

英文通用名称：beta-cypermethrin

其他名称：高保，虫必除，百虫宁，保绿康，克多邦等

化学名称：本品是含两对对映异构体的混合物

(S)-α-氰基-3-苯氧基苄基(1R，3R)-3-(2，2-二氯乙烯基)-2，2-二甲基环丙烷羧酸酯

(R)-α-氰基-3-苯氧基苄基(1S，3S)-3-(2，2-二氯乙烯基)-2，2-二甲基环丙烷羧酸酯

(S)-α-氰基-3-苯氧基苄基(1R，3S)-3-(2，2-二氯乙烯基)-2，2-二甲基环丙烷羧酸酯

(R)-α-氰基-3-苯氧基苄基(1S，3R)-3-(2，2-二氯乙烯基)-2，2-二甲基环丙烷羧酸酯

化学结构式：

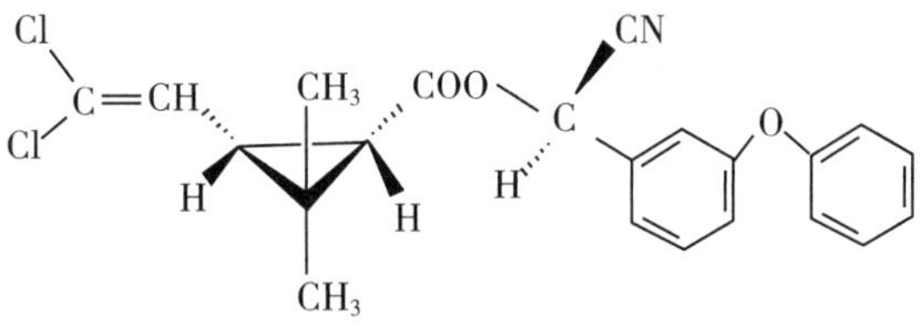

(S)(1R，3R)-异构体 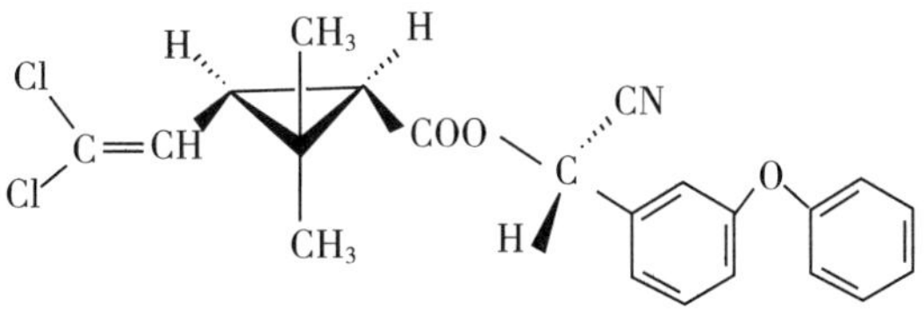　　(R)(1S，3S)-异构体

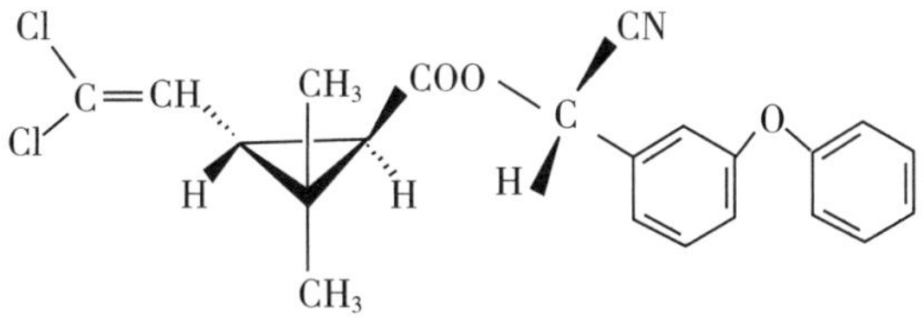

(R)(1S，3R)-异构体 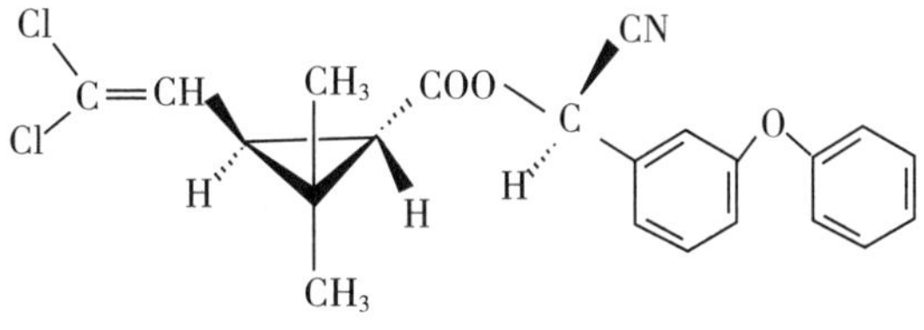　　(S)(1R，3S)-异构体

理化性质：原药为无色或淡黄色结晶，熔点64～71℃，蒸气压180mPa(20℃)，密度1.32g/mL，难溶于水，易溶于酮类(如丙酮)及芳香烃类(如苯、二甲苯)中，醇类、中性或弱酸性条件下稳定，遇碱易分解，室温下储存2年不分解。

毒性：按照我国农药毒性分级标准，高效氯氰菊酯属中等毒。大鼠急性经口LD_{50}>1 830mg/kg，急性经皮LD_{50}为649mg/kg。

作用特点：高效氯氰菊酯是氯氰菊酯的高效异构体，具有触杀、胃毒作用，生物活性较高，杀虫谱广，击倒速度快。

制剂：2.5%、4.5%、10%、25g/L、100g/L高效氯氰菊酯乳油，3%、4.5%、10%高效氯氰菊酯水乳剂，4.5%、5%、10%高效氯氰菊酯微乳剂。

4.5%高效氯氰菊酯乳油

理化性质及规格：外观为无可见杂质的均相液体，密度 0.902g/mL（20℃）燃点 45℃，闪点 25℃。

毒性：按照我国农药毒性分级标准，4.5%高效氯氰菊酯乳油属中等毒。雌、雄大鼠急性经口 LD_{50} 为 3 160mg/kg，急性经皮 LD_{50} >2 000mg/kg，急性吸入 LD_{50} >5 000mg/kg；对家兔皮肤无刺激，对眼睛有中度刺激，对豚鼠皮肤属弱致敏物。

使用方法：

1. 防治十字花科蔬菜菜青虫　在幼虫低龄盛发期前施药，每次每 667m² 用 4.5%高效氯氰菊酯乳油 13.3～40mL（有效成分 0.6～1.8g）对水喷雾。安全间隔期为 7d，每季最多使用 3 次。

2. 防治十字花科蔬菜小菜蛾　在低龄幼虫盛发初期施药，每次每 667m² 用 4.5%高效氯氰菊酯乳油 13.3～40mL（有效成分 0.6～1.8g）对水喷雾。安全间隔期为 7d，每季最多使用 3 次。

3. 防治十字花科蔬菜蚜虫　在若虫盛发期施药，每次每 667m² 用 4.5%高效氯氰菊酯乳油 20～40ml（有效成分 0.9～1.8g）对水喷雾。安全间隔期为 7d，每季最多使用 3 次。

4. 防治十字花科蔬菜美洲斑潜蝇　在成虫卵盛期或幼虫初孵期施药，每次每 667m² 用 4.5%高效氯氰菊酯乳油 40～50mL（有效成分 1.8～2.25g）对水喷雾。安全间隔期为 7d，每季最多使用 3 次。

5. 防治番茄美洲斑潜蝇　在成虫卵盛期或幼虫初孵期施药，每次每 667m² 用 4.5%高效氯氰菊酯乳油 27.8～33.3mL（有效成分 1.25～1.5g）对水喷雾。安全间隔期为 3d，每季最多使用 2 次。

6. 防治茶树茶尺蠖　在低龄幼虫盛发初期施药，用 4.5%高效氯氰菊酯乳油 4 000～5 000倍液（有效成分浓度 9～11.25mg/kg）对水喷雾。安全间隔期为 10d，每季最多使用 1 次。

7. 防治柑橘树红蜡蚧　在若虫发生期施药，用 4.5%高效氯氰菊酯乳油 900 倍液（有效成分浓度 50mg/kg）整株喷雾。安全间隔期为 40d，每季最多使用 3 次。

8. 防治柑橘树潜叶蛾　在卵孵化盛期至低龄幼虫盛发期施药，用 4.5%高效氯氰菊酯乳油 2 250～3 000 倍液（有效成分浓度 15～20mg/kg）整株喷雾。安全间隔期为 40d，每季最多使用 3 次。

9. 防治苹果树桃小食心虫　在卵孵化盛期施药，用 4.5%高效氯氰菊酯乳油 1 000～2 250倍液（有效成分浓度 20～45mg/kg）整株喷雾。安全间隔期为 21d，每季最多使用 3 次。

10. 防治荔枝树蒂蛀虫　在幼虫初孵至盛孵期和成虫羽化高峰期施药，用 4.5%高效氯氰菊酯乳油 800～1 000 倍液（有效成分浓度 45～56.3mg/kg）整株喷雾。安全间隔期为 14d，每季最多使用 3 次。

11. 防治梨树梨木虱　在卵孵盛期至低龄幼虫期施药，用 4.5%高效氯氰菊酯乳油 1 440～2 695倍液（有效成分浓度 16.7～31.3mg/kg）整株喷雾。安全间隔期为 21d，每季最多使用 3 次。

12. 防治棉花棉铃虫和红铃虫　在二、三代卵盛孵期施药，每次每 667m² 用 4.5%高效氯氰菊酯乳油 22～44mL（有效成分 1～2g）对水喷雾。安全间隔期为 3d，每季最多使用 3 次。

13. 防治棉花蚜虫　在若虫盛发期施药，每次每 667m² 用 4.5%高效氯氰菊酯乳油 22～44mL（有效成分 1～2g）对水喷雾。安全间隔期为 3d，每季最多使用 3 次。

14. 防治棉花红蜘蛛　在害螨盛发初期施药，每次每 667m² 用 4.5%高效氯氰菊酯乳油 22～44mL（有效成分 1～2g）对水喷雾。安全间隔期为 3d，每季最多使用 3 次。

15. 防治烟草蚜虫　在若虫盛发期施药，每次每 667m² 用 4.5%高效氯氰菊酯乳油 22～38mL（有效成分 1～1.71g）对水喷雾。安全间隔期为 15d，每季最多使用 2 次。

16. 防治小麦蚜虫　在若虫盛发期施药，每次每 667m² 用 4.5%高效氯氰菊酯乳油 11～33mL（有效成分 0.5～1.5g）对水喷雾。安全间隔期为 31d，每季最多使用 2 次。

17. 防治马铃薯二十八星瓢虫　在低龄幼虫盛发期施药，每次每 667m² 用 4.5%高效氯氰菊酯乳油 22～44mL（有效成分 1～2g）对水喷雾。

4.5%高效氯氰菊酯水乳剂

理化性质及规格：外观为乳白色黏稠液体。密度 1.000 8g/mL，黏度 4.336 5mPa・s，闪点 31.8℃，pH5～7，熔点 60～65℃，蒸气压 2.3×10^{-6} Pa（20℃）。在水中溶解度很低，易溶于酮类、醇类及芳香烃类。

毒性：按照我国农药毒性分级标准，4.5%高效氯氰菊酯水乳剂属低毒。雌、雄大鼠急性经口 LD_{50} 为 681mg/kg 和 584mg/kg，急性经皮 LD_{50} ＞2 000mg/kg；对皮肤有轻度刺激，对眼睛无刺激，属弱致敏物。

使用方法：

1. 防治十字花科蔬菜菜青虫　在幼虫低龄盛发期前施药，每次每 667m² 用 4.5%高效氯氰菊酯水乳剂 40～60mL（有效成分 1.8～2.7g）对水喷雾。安全间隔期为 7d，每季最多使用 4 次。

2. 防治十字花科蔬菜小菜蛾　在低龄幼虫发生初期施药，每次每 667m² 用 4.5%高效氯氰菊酯水乳剂 30～70mL（有效成分 1.35～3.15g）对水喷雾。安全间隔期为 7d，每季最多使用 4 次。

3. 防治十字花科蔬菜蚜虫　在蚜虫盛发期施药，每次每 667m² 用 4.5%高效氯氰菊酯水乳剂 33～50mL（有效成分 1.5～2.3g）对水喷雾。安全间隔期为 7d，每季最多使用 4 次。

4. 防治棉花棉铃虫　在二、三代卵盛孵期施药，每次每 667m² 用 4.5%高效氯氰菊酯水乳剂 50～80mL（有效成分 2.3～3.6g）对水喷雾。安全间隔期为 21d，每季最多使用 2 次。

4.5%高效氯氰菊酯微乳剂

理化性质及规格：外观为淡黄色透明液体，无刺激性气味。密度 0.964g/mL，闪点 19℃，pH（以 H_2SO_4 或 NaOH 计）4～7。

毒性：按照我国农药毒性分级标准，4.5%高效氯氰菊酯微乳剂为中等毒。雌、雄大鼠

急性经口 LD_{50} 为 147mg/kg，急性经皮 LD_{50} ＞2 150mg/kg；对家兔皮肤无刺激，对眼睛有轻度刺激；对豚鼠皮肤属弱致敏物。

使用方法：

1. 防治十字花科蔬菜害虫　在幼虫三龄之前施药，每次每 667m^2 用 4.5%高效氯氰菊酯微乳剂 20～40mL（有效成分 0.9～1.8g）对水喷雾。安全间隔期为 7d，每季最多使用 2 次。

2. 防治苹果树桃小食心虫　在卵孵化盛期至幼虫低龄期，用 4.5%高效氯氰菊酯微乳剂 1 000～2 000 倍液（有效成分浓度 22.5～45mg/kg）整株喷雾。安全间隔期为 21d，每季最多使用 4 次。

3. 防治茶树茶尺蠖　在低龄幼虫盛发期施药，用 4.5%高效氯氰菊酯微乳剂 1 500～2 000倍液（有效成分浓度 22.5～30mg/kg）对水喷雾。安全间隔期为 10d，每季最多使用 1 次。

注意事项：

1. 对水生动物、蜜蜂、蚕有毒，使用时注意不可污染水域及养蜂、养蚕场地。

2. 中毒症状表现为头晕、头痛、恶心、呕吐等。目前无解毒剂，大量吞服时应立即送往医院对症治疗。可以洗胃但是不能催吐。

高效氯氟氰菊酯

中文通用名称： 高效氯氟氰菊酯

英文通用名称： lambda-cyhalothrin

其他名称： 爱克宁，λ-三氟氯氰菊酯

化学名称： 本品是一个混合物，含等量的异构体。

(S)-α-氰基-3-苯氧基苄基(Z)-(1R，3R)-3-(2-氯-3，3，3-三氟丙烯基)-2，2-二甲基环丙烷羧酸酯

(R)-α-氰基-3-苯氧基苄基(Z)-(1S，3S)-3-(2-氯-3，3，3-三氟丙烯基)-2，2-二甲基环丙烷羧酸酯

化学结构式：

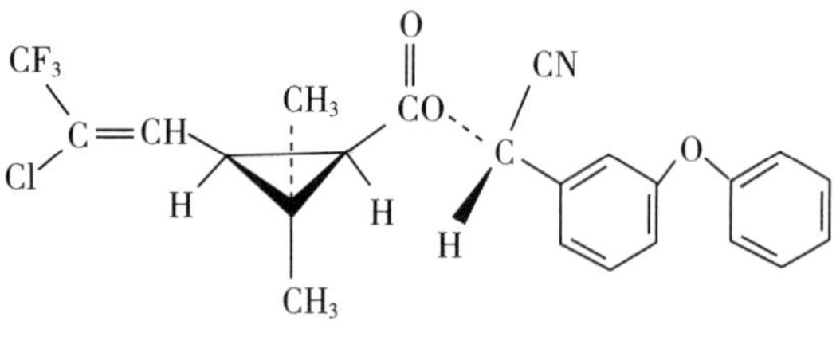

(S)(Z)-(1R，3R)-异构体 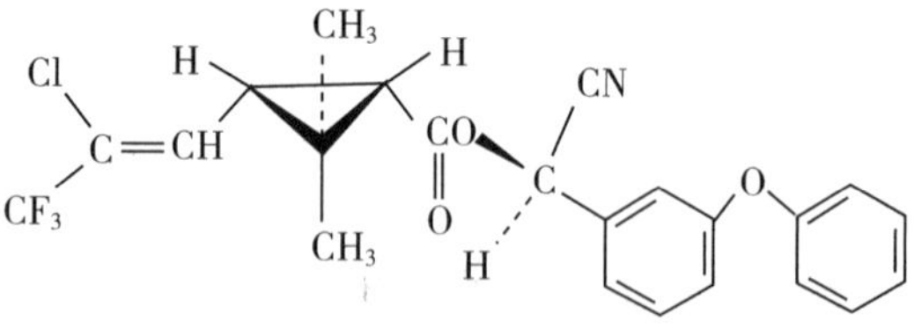　　(R)(Z)-(1S，3S)-异构体

理化性质： 外观为白色结晶。熔点 49.2℃；难溶于水，21℃时溶解度水中 5×10^{-3} mg/L，在丙酮、乙酸乙酯、1，2-二氯乙烷、对二甲苯中＞500g/kg，庚烷 0.030 7g/mL，甲醇 0.138g/mL，正辛醇 0.036 6g/mL；50℃时，在黑暗条件下，至少 4 年保持稳定。本品不易燃烧，无爆炸性。

毒性：按照我国农药毒性分级标准，高效氯氟氰菊酯属中等毒。原药对雄、雌大鼠急性经口 LD_{50} 为 79mg/kg 和 56mg/kg，急性经皮 LD_{50} 为 632mg/kg 和 696mg/kg，兔急性经皮 LD_{50} ＞2 000mg/kg；对鱼和水生生物剧毒，对蜜蜂和蚕剧毒。

作用特点：属高效、广谱、快速杀虫剂，对害虫有强烈的胃毒和触杀作用，也有驱避作用，对螨类也很有效。耐雨水冲刷。可防治鳞翅目、鞘翅目、同翅目、双翅目等多种农业和卫生害虫。

制剂：2.5％、10％、15％、25％高效氯氟氰菊酯可湿性粉剂，25g/L、50g/L 高效氯氟氰菊酯乳油，10％高效氯氟氰菊酯水分散粒剂，2.5％、5％、10％高效氯氟氰菊酯水乳剂，2.5％、23％高效氯氟氰菊酯微囊悬浮剂，2.5％、5％、8％、25g/L 高效氯氟氰菊酯微乳剂，2％、2.5％高效氯氟氰菊酯悬浮剂。

10％高效氯氟氰菊酯可湿性粉剂

理化性质及规格：外观为疏松粉末。pH6～8。

毒性：按照我国农药毒性分级标准，10％高效氯氟氰菊酯可湿性粉剂属中等毒。雌、雄大鼠急性经口 LD_{50} 为 316mg/kg，急性经皮 LD_{50} ＞2 000mg/kg；对家兔皮肤、眼睛均有轻度刺激，对豚鼠皮肤属弱致敏物。

使用方法：

1. 防治十字花科蔬菜菜青虫　在低龄幼虫盛发期施药，每次每 $667m^2$ 用 10％高效氯氟氰菊酯可湿性粉剂 7.5～10g（有效成分 0.75～1g）对水喷雾，间隔 5～7d 施药一次，连续施药 2～3 次，安全间隔期为 7d，每季最多使用 3 次。

2. 防治十字花科蔬菜蚜虫　在蚜虫盛发初期施药，每次每 $667m^2$ 使用 10％高效氯氟氰菊酯可湿性粉剂 7.5～10g（有效成分 0.75～1g）对水喷雾。安全间隔期为 7d，每季最多使用 3 次。

3. 防治苹果树桃小食心虫　在低龄幼虫盛发期施药，用 10％高效氯氟氰菊酯可湿性粉剂 8 000～16 000 倍液（有效成分浓度 6.25～12.5mg/kg）整株喷雾。安全间隔期 21d，每季最多使用 2 次。

25g/L 高效氯氟氰菊酯乳油

理化性质及规格：纯品为无色固体，熔点 49.2℃，蒸气压 2×10^{-7} Pa（20℃），密度 $0.88g/cm^3$（20℃），黏度 2mPa·s（20℃），闪点 15℃，pH4～7。易燃，不易爆，非腐蚀性。

毒性：按照我国农药毒性分级标准，25g/L 高效氯氟氰菊酯乳油属低毒。雌、雄大鼠急性经口 LD_{50} 为 681mg/kg，急性经皮 LD_{50} ＞2 000mg/kg；对家兔皮肤、眼睛均有中度刺激，对豚鼠皮肤属弱致敏物。

使用方法：

1. 防治茶树茶小绿叶蝉　在害虫发生高峰期施药，每次每 $667m^2$ 使用 25g/L 高效氯氟氰菊酯乳油 60～80mL（有效成分 1.5～2g）对水喷雾。安全间隔期为 5d，每季最多使用 1 次。

2. 防治茶树茶尺蠖　在低龄幼虫盛发期施药，每次每 $667m^2$ 使用 25g/L 高效氯氟氰菊酯乳油 10～20mL（有效成分 0.25～0.5g）对水喷雾。安全间隔期为 5d，每季最多使用 1 次。

3. **防治大豆食心虫**　在卵孵盛期趁幼虫未钻进作物之前施药，每次每 667m^2 用 25g/L 高效氯氟氰菊酯乳油 15～20mL（有效成分 0.38～0.5g）对水喷雾。安全间隔期为 20d，每季最多使用 2 次。

4. **防治十字花科蔬菜菜青虫**　在低龄幼虫盛发期施药，每次每 667m^2 用 25g/L 高效氯氟氰菊酯乳油 20～50mL（有效成分 0.5～1.25g）对水喷雾。安全间隔期为 7d，每季最多使用 3 次。

5. **防治十字花科蔬菜蚜虫**　在低龄幼虫盛发期施药，每次每 667m^2 用 25g/L 高效氯氟氰菊酯乳油 15～40mL（有效成分 0.38～1g）对水喷雾。安全间隔期为 7d，每季最多使用 3 次。

6. **防治十字花科蔬菜小菜蛾**　在若虫盛发初期施药，每次每 667m^2 用 25g/L 高效氯氟氰菊酯乳油 40～80mL（有效成分 1～2g）对水喷雾。安全间隔期为 7d，每季最多使用 3 次。

7. **防治柑橘树潜叶蛾**　在卵孵盛期趁幼虫未钻进作物之前施药，在发生程度比较轻的区域每次每 667m^2 用 25g/L 高效氯氟氰菊酯乳油 4 000～6 000 倍液（有效成分浓度 4.2～6.3mg/kg）整株喷雾。在发生较重，且有抗性历史的区域可用 800～1 200 倍液（有效成分浓度 20.8～31.3mg/kg）整株喷雾。安全间隔期为 21d，每季最多使用 3 次。

8. **防治梨树梨小食心虫、红蜘蛛**　在低龄幼虫盛发期或害虫盛发初期施药，每次用 25g/L 高效氯氟氰菊酯乳油 3 000～5 000 倍液（有效成分浓度 5～8.3mg/kg）整株喷雾。安全间隔期为 21d，每季最多使用 3 次。

9. **防治荔枝树椿象**　在害虫发生期施药，每次用 25g/L 高效氯氟氰菊酯乳油 2 000～4 000倍液（有效成分浓度 6.3～12.5mg/kg）整株喷雾。安全间隔期为 14d，每季最多使用 2 次。

10. **防治棉花棉铃虫、红铃虫**　在低龄幼虫盛发期施药，每次每 667m^2 用 25g/L 高效氯氟氰菊酯乳油 40～70mL（有效成分 1～1.75g）对水喷雾。安全间隔期为 21d，每季最多使用 3 次。

11. **防治棉花蚜虫**　在若虫盛发期施药，每次每 667m^2 用 25g/L 高效氯氟氰菊酯乳油 40～70mL（有效成分 1～1.75g）对水喷雾。安全间隔期为 21d，每季最多使用 3 次。

12. **防治苹果树桃小食心虫**　在低龄幼虫盛发期施药，每次用 25g/L 高效氯氟氰菊酯乳油 3 000～5 000 倍液（有效成分浓度 5～8.3mg/kg）整株喷雾。安全间隔期为 21d，每季最多使用 2 次。

13. **防治小麦蚜虫**　在若虫盛发期施药，每次每 667m^2 用 25g/L 高效氯氟氰菊酯乳油 12～24mL（有效成分 0.3～0.6g）对水喷雾。安全间隔期为 15d，每季最多使用 2 次。

14. **防治烟草蚜虫**　在若虫盛发期施药，每次每 667m^2 用 25g/L 高效氯氟氰菊酯乳油 30～40mL（有效成分 0.75～1g）对水喷雾。安全间隔期为 7d，每季最多使用 2 次。

15. **防治烟草烟青虫**　在低龄幼虫盛发期施药，每次每 667m^2 用 25g/L 高效氯氟氰菊酯乳油 20～30mL（有效成分 0.5～0.75g）对水喷雾。安全间隔期为 7d，每季最多使用 2 次。

10%高效氯氟氰菊酯水分散粒剂

理化性质及规格：外观为灰白色、颗粒状、无味固体。密度 0.46g/mL（20℃），pH 6～8。

毒性：按照我国农药毒性分级标准，10%高效氯氟氰菊酯水分散粒剂属低毒。雌、雄大鼠急性经口 LD_{50} 为 584mg/kg，急性经皮 LD_{50} ＞2 000mg/kg；对家兔皮肤无刺激，对眼睛有轻度刺激；对豚鼠皮肤属弱致敏物。

使用方法：

防治十字花科蔬菜蚜虫　在蚜虫盛发初期施药，每次每 667m^2 用 10%高效氯氟氰菊酯水分散粒剂 7.5～10g（有效成分 0.75～1g）对水喷雾，安全间隔期 7d，每季最多使用 3 次。

2.5%高效氯氟氰菊酯水乳剂

理化性质及规格：外观为白色液体，无刺激性气味。pH5～8，密度 1.014g/mL（20℃），黏度 3mPa·s（20℃），沸点 100℃。非易燃液体。

毒性：按照我国农药毒性分级标准，2.5%高效氯氟氰菊酯水乳剂属低毒。雌、雄大鼠急性经口 LD_{50} 为 584mg/kg，急性经皮 LD_{50} ＞2 000mg/kg；对家兔皮肤无刺激，对眼睛有轻度刺激；对豚鼠皮肤属弱致敏物。

使用方法：

1. 防治十字花科蔬菜蚜虫　在蚜虫盛发初期施药，每次每 667m^2 用 2.5%高效氯指氟氰菊酯水乳剂 15～40mL（有效成分 0.38～1g）对水喷雾。安全间隔期为 7d，每季最多使用 3 次。

2. 防治茶树茶尺蠖　在低龄幼虫盛发期施药，每次每 667m^2 用 2.5%高效氯氟氰菊酯水乳剂 40～80mL（有效成分 1～2g）对水喷雾，安全间隔期 5d，每季最多使用 1 次。

3. 防治茶树茶小绿叶蝉　在害虫盛发初期施药，每次每 667m^2 用 2.5%高效氯氟氰菊酯水乳剂 60～100mL（有效成分 1.5～2.5g）对水喷雾，安全间隔期 5d，每季最多使用 1 次。

4. 防治柑橘树潜叶蛾　在低龄幼虫盛发期施药，用 2.5%高效氯氟氰菊酯水乳剂 1 000～2 000倍液（有效成分浓度 12.5～25mg/kg）整株喷雾，安全间隔期 21d，每季最多使用 3 次。

5. 防治林木美国白蛾　在低龄幼虫盛发期施药，用 2.5%高效氯氟氰菊酯水乳剂 3 000～5 000倍液（有效成分浓度 5～8.3mg/kg）整株喷雾。

6. 防治棉花棉铃虫　在低龄幼虫盛发期施药，每次每 667m^2 用 2.5%高效氯氟氰菊酯水乳剂 50～70mL（有效成分 1.25～1.75g）对水喷雾。安全间隔期为 21d，每季最多使用 3 次。

7. 防治苹果树桃小食心虫　在低龄幼虫盛发期施药，用 2.5%高效氯氟氰菊酯水乳剂 2 000～3 000 倍液（有效成分浓度 8.3～12.5mg/kg）整株喷雾，安全间隔期 21d，每季最多使用 3 次。

8. 防治烟草烟青虫　在低龄幼虫盛发期施药，每次每 667m^2 用 2.5%高效氯氟氰菊酯水乳剂 20～30mL（有效成分 0.5～0.75g）对水喷雾，安全间隔期 7d，每季最多使用 2 次。

2.5%高效氯氟氰菊酯微囊悬浮剂

理化性质及规格： 2.5%高效氯氟氰菊酯微囊悬浮剂外观为乳白色悬浮液体。pH5～7。

毒性： 按照我国农药毒性分级标准，2.5%高效氯氟氰菊酯微囊悬浮剂属低毒。雌、雄大鼠急性经口 LD_{50} 为 794mg/kg 和 681mg/kg，急性经皮 LD_{50}＞5 000mg/kg，吸入毒性 LD_{50}＞5 000mg/kg（4h）；对家兔皮肤、眼睛均无刺激；对豚鼠皮肤属弱致敏物。

使用方法：

防治十字花科蔬菜菜青虫　在低龄幼虫盛发期施药，每次每 667m^2 用 2.5%高效氯氟氰菊酯微囊悬浮剂 20～50mL（有效成分为 0.5～1.25g）对水喷雾。安全间隔期为 7d，每季最多使用 3 次。

2.5%高效氯氟氰菊酯微乳剂

理化性质及规格： 外观为浅黄色透明液体，稍有汽油味。密度 1.001～1.006g/mL（20℃），闪点 36℃，pH3.5～6.5。水中溶解度为 0.005（pH6.5）。碱性介质中易水解，酸性介质中稳定，对光稳定。

毒性： 按照我国农药毒性分级标准，2.5%高效氯氟氰菊酯微乳剂属中等毒。雌、雄大鼠急性经口 LD_{50} 为 316mg/kg，急性经皮 LD_{50}＞2 150mg/kg；对家兔皮肤无刺激，对眼睛有轻度刺激；对豚鼠皮肤属弱致敏物。

使用方法：

1. 防治茶树茶尺蠖　在二、三龄幼虫盛发期施药，每次每 667m^2 用 2.5%高效氯氟氰菊酯微乳剂 10～30mL（有效成分 0.25～0.75g）对水喷雾。安全间隔期为 5d，每季最多使用 1 次。

2. 防治茶树茶小绿叶蝉　在害虫盛发初期施药，每次每 667m^2 用 2.5%高效氯氟氰菊酯微乳剂 60～100mL（有效成分 1.5～2.5g）对水喷雾。安全间隔期为 5d，每季最多使用 1 次。

3. 防治十字花科蔬菜菜青虫　在二、三龄幼虫盛发期施药，每次每 667m^2 用 2.5%高效氯氟氰菊酯微乳剂 20～48mL（有效成分 0.5～1.2g）对水喷雾。安全间隔期为 7d，每季最多使用 3 次。

4. 防治十字花科蔬菜甜菜夜蛾、小菜蛾　在二、三龄幼虫盛发期施药，每次每 667m^2 用 2.5%高效氯氟氰菊酯微乳剂 40～60mL（有效成分 1～1.5g）对水喷雾。安全间隔期为 7d，每季最多使用 3 次。

5. 防治十字花科蔬菜蚜虫　在害虫盛发初期施药，每次每 667m^2 用 2.5%高效氯氟氰菊酯微乳剂 30～50mL（有效成分 0.75～1.25g）对水喷雾。安全间隔期为 7d，每季最多使用 3 次。

6. 防治柑橘树潜叶蛾　于卵孵化盛期施药，每次每 667m^2 用 2.5%高效氯氟氰菊酯微乳剂 1 000～2 000 倍液（有效成分浓度 12.5～25mg/kg）整株喷雾。安全间隔期为 21d，每季最多使用 3 次。

7. 防治棉花棉铃虫　在低龄幼虫盛发期施药，每次每 667m^2 用 2.5%高效氯氟氰菊酯微乳剂 40～60mL（有效成分 1～1.5g）对水喷雾。安全间隔期为 21d，每季最多使用 3 次。

8. 防治苹果树桃小食心虫　于成虫盛发期和卵孵化期施药，每次每 667m² 用 2.5%高效氯氟氰菊酯微乳剂 2 000～4 000 倍液（有效成分浓度 6.25～12.5mg/kg）整株喷雾。安全间隔期为 21d，每个作物周期最多使用 2 次。

2.5%高效氯氟氰菊酯悬浮剂

理化性质及规格： 外观为可流动悬浮液体，无刺激性气味。相对密度 1.038（20℃），黏度 68mPa・s（20℃）。

毒性： 按照我国农药毒性分级标准，2.5%高效氯氟氰菊酯悬浮剂属中等毒。雌、雄大鼠急性经口 LD_{50} 为 718mg/kg 和 215mg/kg，急性经皮 LD_{50} ＞2 000mg/kg，急性吸入 LD_{50} ＞2 000mg/kg；对家兔皮肤、眼睛均无刺激，对豚鼠皮肤属弱致敏物。

使用方法：

防治十字花科蔬菜菜青虫　在低龄幼虫盛发期施药，每次每 667m² 用 2.5%高效氯氟氰菊酯悬浮剂 20～30mL（有效成分 0.5～0.75g）对水喷雾。安全间隔期 7d，每季最多使用 2 次。

注意事项：

1. 宜傍晚施药，注意对叶背面的喷雾。

2. 对蜜蜂和家蚕有极高的风险。在鸟类保护期、栽桑养蚕区、养蜂区及蜜源作物花期禁止使用。

3. 属神经毒剂，接触部位皮肤感到刺痛，但无红斑，尤其在口、鼻周围。很少引起全身性中毒。接触量大时也会引起头痛、头昏、恶心、呕吐、双手颤抖，重者抽搐或惊厥、昏迷、休克。无特殊解毒剂，可对症治疗。大量吞服时可洗胃，不能催吐。

联 苯 菊 酯

中文通用名称： 联苯菊酯

英文通用名称： bifenthrin

其他名称： 天王星，虫螨灵，氟氯菊酯，毕芳宁

化学名称： 2-甲基联苯基-3-基甲基（Z）-（1R，3R；1S，3S）-3-（2-氯-3，3，3-三氟丙-1-烯基）-2，2-二甲基环丙烷羧酸酯

化学结构式：

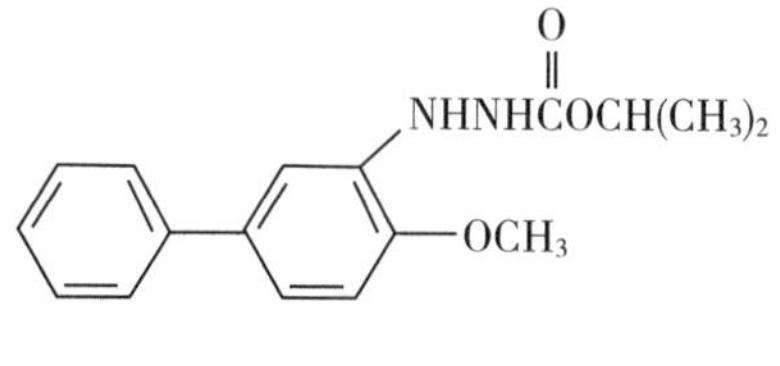

O
‖
NHNHCOCH(CH₃)₂
—OCH₃

理化性质： 黏稠液体、晶体或蜡状固体，熔点 51～66℃，相对密度 1.21（25℃），蒸气压 0.024mPa（25℃），溶于二氯甲烷、甲苯、氯仿、丙酮、乙醚，微溶于庚烷和甲醇，几乎不溶于水，在 20～25℃时稳定 2 年。

毒性： 按照我国农药毒性分级标准，联苯菊酯属中等毒。兔急性经口 LD_{50}＞2 000mg/kg，急性经皮 LD_{50} 为 54.5mg/kg，每日每千克体重允许摄入量 0.02mg。

作用特点： 拟除虫菊酯类杀虫、杀螨剂。具有触杀、胃毒作用，无内吸、熏蒸作用，杀虫谱广、作用迅速。在土壤中不移动，对环境较安全，残效期较长。

制剂： 100g/L、25g/L 联苯菊酯乳油，2.5%、4.5%、10%联苯菊酯水乳剂，4%联苯菊酯微乳剂。

100g/L 联苯菊酯乳油

理化性质及规格： 由有效成分联苯菊酯和乳化剂及有机溶剂组成。外观为浅褐色透明液体，沸点 135℃，闪点 47～48℃（闭式），在 342mg/kg WHO 标准硬水中稀释成 5%的乳剂，其乳化性能均良好，2h 后乳油分离，24h 后油状物消失。

毒性： 按照我国农药毒性分级标准，100g/L 联苯菊酯乳油属中等毒。大鼠急性经口 LD_{50} 为 531mg/kg，兔急性经皮 LD_{50}＞2 000mg/kg。大鼠急性吸入 LD_{50} 为 4.94mg/kg。

使用方法：

1. 防治茶树茶尺蠖　在幼虫二、三龄期施药，用 100g/L 联苯菊酯乳油 6 000～10 000 倍液（有效成分浓度 10～16.7mg/kg）整株喷雾。安全间隔期为 7d，每季最多使用 1 次。

2. 防治茶树茶小绿叶蝉　在若虫和成虫盛发期施药，用 100g/L 联苯菊酯乳油 2 667～5 000倍液（有效成分浓度 20～37.5mg/kg）整株喷雾。安全间隔期为 7d，每季最多使用 1 次。

3. 防治茶树茶毛虫　在幼虫二、三龄期施药，每 667m² 用 100g/L 联苯菊酯乳油 5～10mL（有效成分 0.5～1g）对水喷雾。安全间隔期为 7d，每季最多使用 1 次。

4. 防治茶树粉虱　在害虫盛发初期施药，每 667m² 用 100g/L 联苯菊酯乳油 20～25mL（有效成分 2～2.5g）对水喷雾。安全间隔期为 7d，每季最多使用 1 次。

5. 防治茶树象甲　成虫出土盛末期施药，每 667m² 用 100g/L 联苯菊酯乳油 30～35mL（有效成分 3～3.5g）对水喷雾。安全间隔期为 7d，每季最多使用 1 次。

6. 防治番茄白粉虱　在害虫盛发初期，每 667m² 用 100g/L 联苯菊酯乳油 5～10g（有效成分 0.5～1g），均匀喷雾。安全间隔期为 4d，每个作物周期最多使用 3 次。

7. 防治柑橘树潜叶蛾　在卵孵盛期至低龄幼虫期，用 100g/L 联苯菊酯乳油 10 000～13 300倍液（有效成分浓度 7.5～10mg/kg），均匀喷雾。安全间隔期为 21d，每个作物周期最多使用 1 次。

8. 防治柑橘树红蜘蛛　在成、若螨发生期施药，用 100g/L 联苯菊酯乳油 3 000～5 000倍液（有效成分浓度 20～33.3mg/kg）整株喷雾。安全间隔期为 21d，每季最多使用 1 次。

9. 防治苹果树桃小食心虫　在卵孵化盛期至低龄幼虫期施药，每次用 100g/L 联苯菊酯乳油 3 000～5 000 倍液（有效成分浓度 20～33.3mg/kg）整株喷雾。安全间隔期为 10d，每季最多使用 3 次。

10. 防治苹果树叶螨　在害螨盛发初期施药，用 100g/L 联苯菊酯乳油 3 000～5 000 倍液（有效浓度 20～33.3mg/kg）整株喷雾。安全间隔期为 10d，每季最多使用 3 次。

11. 防治棉花棉铃虫和红铃虫　在二、三代卵孵盛期施药，每次每 667m² 用 100g/L 联苯菊酯乳油 20～40mL（有效成分 2～4g）对水喷雾。安全间隔期为 14d，每季最多使用 3 次。

12. 防治棉花红蜘蛛　在成、若螨发生期施药，每次每 667m^2 用 100g/L 联苯菊酯乳油 30～40mL（有效成分 3～4g）对水喷雾。安全间隔期为 14d，每季最多使用 3 次。

2.5%联苯菊酯水乳剂

理化性质及规格： 外观为白色乳状液体，久置后允许有少量分层。密度 1.011g/mL（20℃），黏度 7mPa・s（20℃），闪点 36℃。为易燃液体。

毒性： 按照我国农药毒性分级标准，2.5%联苯菊酯水乳剂属低毒。雌、雄大鼠急性经口 LD_{50} 为 681mg/kg，急性经皮 LD_{50} >2 150mg/kg，急性吸入 LD_{50} >3 210mg/kg；对家兔皮肤、眼睛均有轻度刺激，对豚鼠皮肤属弱致敏物。

使用方法：

1. 防治茶树茶小绿叶蝉　在害虫盛发初期施药，每 667m^2 用 2.5%联苯菊酯水乳剂 80～120mL（有效成分 2～3g）对水喷雾。安全间隔期为 7d，每季最多使用 1 次。

2. 防治番茄白粉虱　在害虫发生初期，虫口密度低时（约 2 头/株）施药，每次每 667m^2 用 2.5%联苯菊酯水乳剂 20～40mL（有效成分 0.5～1g）对水喷雾。安全间隔期为 5d，每季最多使用 3 次。

4%联苯菊酯微乳剂

理化性质及规格： 外观为淡黄色均相液体，密度 1.035g/mL（20℃），闪点 28.6℃，pH4.5～7。

毒性： 按照我国农药毒性分级标准，4%联苯菊酯微乳剂属低毒。雌、雄大鼠急性经口 LD_{50} 为 825mg/kg 和 1 210mg/kg，急性经皮 LD_{50} >2 000mg/kg，急性吸入 LD_{50} >2 000 mg/kg；对家兔皮肤无刺激，对眼睛有中度刺激，对豚鼠皮肤属弱致敏物。

使用方法：

防治茶树茶小绿叶蝉　在若虫和成虫盛发期施药，每 667m^2 用 4%联苯菊酯微乳剂 50～60mL（有效成分 2～2.4g）对水喷雾。安全间隔期为 7d，每季最多使用 1 次。

注意事项：

1. 对蜜蜂、家蚕、天敌、水生生物毒性高，勿在养蜂区及桑园附近喷雾作业，不要污染鱼塘、河流等水体。

2. 无特殊解毒剂，发现中毒可对症治疗。大量吞服时可洗胃，不能催吐。

氯 氟 氰 菊 酯

中文通用名称： 氯氟氰菊酯

英文通用名称： cyhalothrin

化学名称：（RS）-α-氰基-3-苯氧基苄基（Z）-（1RS，3RS）-（2-氯-3，3，3-三氟丙烯基）-2，2-二甲基环丙烷羧酸酯

化学结构式：

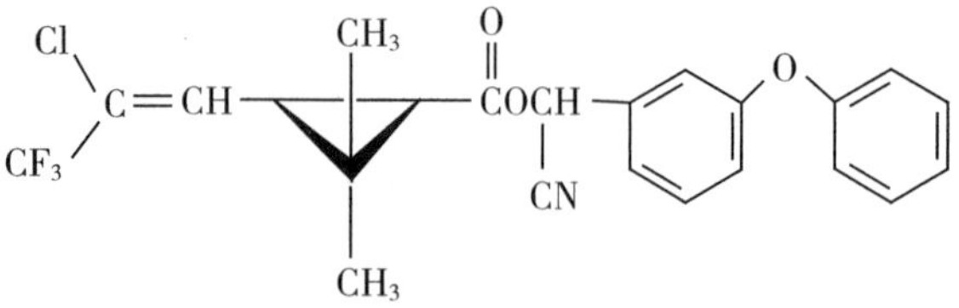

理化性质： 黄色至棕色黏稠油状液体（工业品），沸点 187～190℃（26.66Pa），蒸气压约 0.001mPa（20℃），相对密度 1.25（25℃），水中溶解度 0.004μg/kg（20℃），在丙酮、二氯甲烷、甲醇、乙醚、乙酸乙酯、己烷、甲苯中均＞500g/L（20℃），50℃黑暗处存放 2 年不分解，光下分解，275℃分解，光下 pH7～9 缓慢分解，pH＞9 加快分解。

毒性： 按照我国农药毒性分级标准，氯氟氰菊酯属中等毒。大鼠急性经口 LD_{50} 为 1 000～2 500mg/kg，急性经皮 LD_{50} 为 166mg/kg，每日每千克体重允许摄入量 0.02mg。

作用特点： 杀虫谱广，活性较高，药效迅速，喷洒后耐雨水冲刷，但长期使用易产生抗性，对刺吸式口器害虫及害螨有一定防效，但对害螨使用的剂量要比常规用量增加 1～2 倍。

制剂： 25g/L 氯氟氰菊酯乳油。

25g/L 氯氟氰菊酯乳油

理化性质及规格： 外观为微黄色液体，无刺激性气味。密度 0.938 2g/mL（20℃），黏度 0.58mPa·s（20℃），闪点 20℃，燃点 40.5℃。

毒性： 按照我国农药毒性分级标准，25g/L 氯氟氰菊酯乳油属中等毒。雌、雄大鼠急性经口 LD_{50} 为 464mg/kg，急性经皮 LD_{50}＞2 150mg/kg，急性吸入 LD_{50} 为 2 744mg/kg；对家兔皮肤、眼睛均有中度刺激，对豚鼠皮肤属弱致敏物。

使用方法：

防治烟草烟青虫 在第一代幼虫发生时，卵孵高峰初期用药，每次用 25g/L 氯氟氰菊酯乳油 3 000～4 000 倍液（有效成分浓度 6.25～8.3mg/kg）喷雾，安全间隔期为 7d，每季最多使用 2 次。

注意事项： 对蜜蜂、鱼类等水生生物、家蚕有毒，施药期间应避免对周围蜂群的影响，蜜源作物花期、蚕室和桑园附近禁用。远离水产养殖区施药，禁止在河塘等水体中清洗施药器具。

中毒症状表现为：头昏、抽搐、双手颤抖、恶心、呕吐等。不慎吸入，应将病人移至空气流通处。无特殊解毒剂，误服应立即携标签将病人送医院对症治疗，不可催吐。

氯　菊　酯

中文通用名称： 氯菊酯

英文通用名称： permethrin

化学名称：（3-苯氧苄基）甲基顺式，反式（±）-3-（2，2-二氯乙烯基）-2，2-二甲基环丙烷羧酸酯

化学结构式：

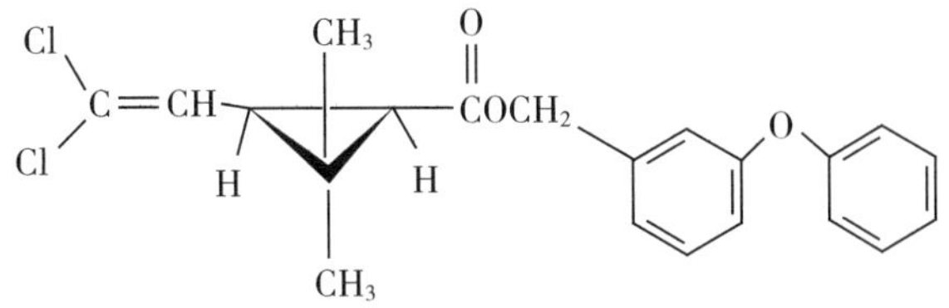

理化性质：原药为黄到棕色液体，室温下有时部分趋向结晶，熔点 34～35℃，顺式异构体 63～65℃，反式异构体 44～47℃，沸点 200℃（13.33Pa），＞290℃（101.08kPa），蒸气压 0.045mPa（25℃），顺式 0.002 5mPa，反式 0.001 5mPa（20℃）；相对密度 1.19～1.27（20℃），$logP_{ow}$＝6.1（20℃），水中溶解度约 0.2mg/L（20℃），25℃下二甲苯、己烷＞1 000g/kg，甲醇 258g/kg；遇热稳定（50℃下保存 2 年），酸性介质中比碱性介质中稳定，最适宜稳定条件约 pH4。

毒性：按照我国农药毒性分级标准，氯菊酯属低毒。大鼠急性经口 LD_{50}＞4 000mg/kg，急性经皮 LD_{50}为 430～4 000mg/kg，每日每千克体重允许摄入量 0.05mg。

作用特点：是一种不含氰基结构的拟除虫菊酯类杀虫剂，具有拟除虫菊酯类农药的一般特性，如触杀和胃毒作用，无内吸、熏蒸作用，杀虫谱广，在碱性介质及土壤中易分解失效，此外，与含氰基结构的菊酯相比，对高等动物毒性更低，刺激性相对较小，击倒速度更快，同等使用条件下害虫抗性发展相对较慢。氯菊酯杀虫活性相对较低，单位面积使用剂量相对较高，而且在阳光照射下易分解。

制剂：10％氯菊酯乳油。

10％氯菊酯乳油

理化性质及规格：外观为棕色液体，相对密度 0.95～1.05，乳液中水分含量≤2.5％，酸度（以 H_2SO_4 计）≤0.3％。

毒性：按照我国农药毒性分级标准，10％氯菊酯乳油属低毒。雌、雄大鼠急性经口 LD_{50}为 4 640mg/kg，急性经皮 LD_{50}＞2 000mg/kg；对家兔皮肤无刺激，对眼睛有刺激，对豚鼠皮肤属弱致敏物。

使用方法：

1. 防治茶树茶毛虫　在幼虫二、三龄期施药，每次用 10％氯菊酯乳油 2 000～5 000 倍液（有效成分浓度 20～50mg/kg）整株喷雾。安全间隔期为 3d，每季最多使用 2 次。

2. 防治茶树茶尺蠖　在幼虫二、三龄期施药，每次用 10％氯菊酯乳油 2 000～5 000 倍液（有效成分浓度 20～50mg/kg）均匀喷雾。安全间隔期为 3d，每季最多使用 2 次。

3. 防治茶树蚜虫　在蚜虫盛发初期施药，用 10％氯菊酯乳油 2 000～5 000 倍液（有效成分浓度 20～50mg/kg）整株喷雾。安全间隔期为 3d，每季最多使用 2 次。

4. 防治棉花红铃虫、棉铃虫　在二、三代卵盛孵期施药，用 10％氯菊酯乳油 1 000～4 000倍液（有效成分浓度 25～100mg/kg）均为喷雾。安全间隔期为 10d，每季最多使用 2 次。

5. 防治棉花蚜虫　在害虫盛发初期施药，每次用 10％氯菊酯乳油 1 000～4 000 倍液（有效成分浓度 25～100mg/kg）喷雾。安全间隔期为 10d，每季最多使用 2 次。

6. 防治十字花科蔬菜菜青虫　在低龄幼虫盛发初期施药，每次用 10％氯菊酯乳油

4 000～10 000倍液（有效成分浓度为10～25mg/kg）喷雾。安全间隔期为2d，每季最多使用3次。

7. 防治十字花科蔬菜小菜蛾　在低龄幼虫盛发初期施药，用10%氯菊酯乳油4 000～10 000倍液（有效成分浓度10～25mg/kg）喷雾。安全间隔期为2d，每季最多使用3次。

8. 防治十字花科蔬菜蚜虫　在蚜虫盛发期施药，每次用10%氯菊酯乳油4 000～10 000倍液（有效成分浓度10～25mg/kg）喷雾。安全间隔期为2d，每季最多使用3次。

9. 防治小麦黏虫　三龄幼虫高峰期前施药，每次用10%氯菊酯乳油5 000倍液（有效成分浓度20mg/kg）喷雾。安全间隔期为2d，每季最多使用3次。

10. 防治烟草烟青虫　在三龄幼虫高峰前施药，每次用10%氯菊酯乳油5 000～10 000倍液（有效成分浓度10～20mg/kg）喷雾。安全间隔期为7d，每季最多使用2次。

注意事项：

1. 对鱼、虾、蜜蜂、家蚕等高毒，使用时勿接近鱼塘、蜂场、桑园，注意保护环境。禁止在河塘等水域内清洗施药器具。

2. 属神经毒剂，接触部位皮肤感到刺痛。如有药液溅到皮肤或眼睛上，应立即用大量清水冲洗至少15min。若误服中毒，不能催吐。如在喷雾中有不适或中毒者，应立即离开现场，同时勿使病人散热，将病人放在温暖的环境中。无特殊解毒剂，可对症治疗。

氯氰菊酯

中文通用名称：氯氰菊酯

英文通用名称：cypermethrin

化学名称：(RS)-α-氰基-3-苯氧基苄基(SR)-3-(2，2-二氯乙烯基)-2，2-二甲基环丙烷羧酸酯

化学结构式：

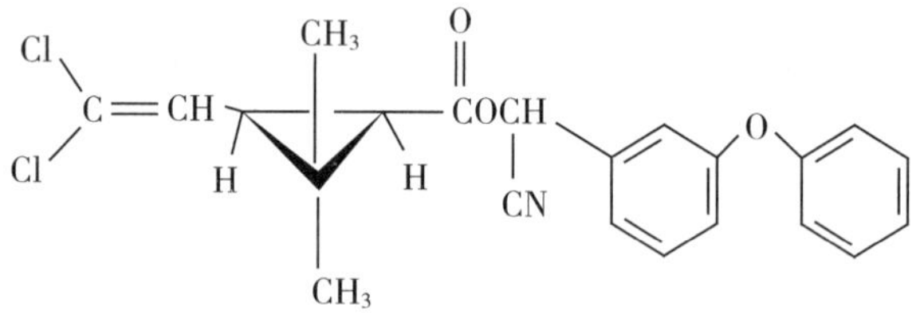

Cl, Cl, C=CH, CH_3, H, H, CH_3, O, COCH, CN, O

理化性质：棕黄色至深红色半黏稠半固体（温室），相对密度1.23，熔点60～80℃（工业品），蒸气压2.3×10^{-7}Pa（20℃），闪点80℃，水中溶解度极低，易溶于酮类、醇类及芳香烃类溶剂，在中性、酸性条件下稳定，强碱条件下水解，热稳定性良好（220℃以内），常温储存2年以上。

毒性：按照我国农药毒性分级标准，氯氰菊酯属中等毒。大鼠急性经口LD_{50}＞5 000mg/kg，急性经皮LD_{50}约为500mg/kg，每日每千克体重允许摄入量0.02mg。

作用特点：杀虫谱广，药效迅速，对光、热稳定，对某些害虫的卵具有杀伤作用，可防治对有机磷产生抗性的害虫，但对螨类和盲蝽防效差，该药残效期长，正确使用时对作物安全。

制剂：5%、10%、20%氯氰菊酯乳油，5%、10%氯氰菊酯微乳剂，10%氯氰菊酯可湿性粉剂、300g/L氯氰菊酯悬浮种衣剂。

10%氯氰菊酯乳油

理化性质及规格：黄色至黄褐色液体，闪点依溶剂不同变化较大，乳化性能较好，常温储存稳定性2年以上。

毒性：按照我国农药毒性分级标准，10%氯氰菊酯乳油属中等毒。大鼠急性经皮 LD_{50} ≥2 000～3 000mg/kg。

使用方法：

1. 防治十字花科蔬菜菜青虫　在卵孵化高峰期施药，每次每667m² 用10%氯氰菊酯乳油20～40mL（有效成分2～4g）对水喷雾。每隔7d施药一次，可连续施药3次，安全间隔期为5d，每季最多使用3次。

2. 防治十字花科蔬菜小菜蛾　在初龄幼虫期施药，每次每667m² 用10%氯氰菊酯乳油25～40mL（有效成分2.5～4g）对水喷雾。安全间隔期为5d，每季最多使用3次。

3. 防治十字花科蔬菜蚜虫　在害虫盛发期施药，每次每667m² 用10%氯氰菊酯乳油10～20mL（有效成分1～2g）对水喷雾。安全间隔期为5d，每季最多使用3次。

4. 防治茶树茶尺蠖　在幼虫二、三龄期施药，用10%氯氰菊酯乳油1 500～3 000倍液（有效成分浓度33～67mg/kg）喷雾。安全间隔期为7d，每个作物周期的最多使用次数为1次。

5. 防治茶树茶小绿叶蝉　在若虫盛发期施药，用10%氯氰菊酯乳油2 000～3 000倍液（有效成分浓度33.3～50mg/kg）喷雾。安全间隔期为7d，每季最多使用1次。

6. 防治茶树茶毛虫　在幼虫二、三龄期施药，用10%氯氰菊酯乳油1 500～3 000倍液（有效成分浓度33～67mg/kg）喷雾。安全间隔期为7d，每季最多使用1次。

7. 防治柑橘树潜叶蛾　在抽新梢初期施药，用10%氯氰菊酯乳油1 000～2 000倍液（有效成分浓度50～100mg/kg）整株喷雾。安全间隔期为7d，每季最多使用1次。

8. 防治棉花蚜虫　在害虫盛发期施药，每次每667m² 用10%氯氰菊酯乳油30～60mL（有效成分3～6g）对水喷雾。安全间隔期为7d，每季最多使用3次。

9. 防治苹果树桃小食心虫　在卵孵化盛期施药，每次用10%氯氰菊酯乳油1 000～3 000倍液（有效成分浓度33～100mg/kg）整株喷雾。安全间隔期为21d，每季最多使用3次。

5%氯氰菊酯微乳剂

理化性质及规格：外观为黄色透明液体，无可见悬浮物和沉淀物。密度1.011g/mL（20℃），黏度96.70mm²·s（20℃），闪点32℃。易燃液体。

毒性：按照我国农药毒性分级标准，5%氯氰菊酯微乳剂属中等毒。雌、雄大鼠急性经口 LD_{50} 为794mg/kg和584mg/kg，急性经皮 LD_{50} >2 150mg/kg；对家兔皮肤有轻度刺激，对眼睛有中度刺激，对豚鼠皮肤属弱致敏物。

使用方法：

防治十字花科蔬菜菜青虫　在幼虫低龄盛发期前施药，每次每667m² 用5%氯氰菊酯微乳剂40～60mL（有效成分2～3g）对水喷雾。安全间隔期为5d，每季最多使用3次。

注意事项：

1. 对鱼、蚕高毒，对蜜蜂、蚯蚓有毒，禁止在桑园、鱼塘、河流、养蜂场等处及其周围使用，勿在花期及地下使用。

2. 属神经毒剂，接触部位皮肤感到刺痛，但无红斑，尤其在口、鼻周围。很少引起全身性中毒。接触量大时也会引起头痛、头昏、恶心、呕吐、双手颤抖，重者抽搐或惊厥、昏迷、休克。无特殊解毒剂，如误食不要催吐，大量吞服可洗胃，并应及时送医院进行对症治疗。

醚　菊　酯

中文通用名称： 醚菊酯

英文通用名称： etofenprox

其他名称： 利来多，多来宝

化学名称： 2-（4-乙氧基苯基）-2-甲基丙基-3-苯氧苄基醚

化学结构式：

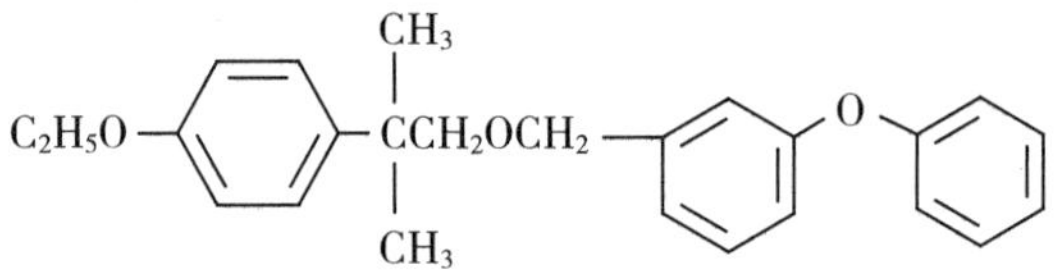

CH_3

C_2H_5O — ⬡ — CCH_2OCH_2 — ⬡ —O— ⬡

CH_3

理化性质： 无色结晶，熔点 36.4～38℃，沸点 200℃（24Pa），蒸气压 32mPa（100℃），密度 1.157g/cm^3（23℃，固体）、1.067g/cm^3（40.1℃，液体），25℃时溶解度：水 1μg/L，氯仿 9kg/L，丙酮 7.8kg/L，乙酸乙酯 6kg/L，二甲苯 4.8kg/L，甲醇 0.066kg/L，酸碱介质中稳定，对光稳定。

毒性： 按照我国农药毒性分级标准，醚菊酯属低毒。大鼠急性经口 LD_{50}＞2 000mg/kg，急性经皮 LD_{50}＞5 000mg/kg，每日每千克体重允许摄入量 0.07mg。

作用特点： 结构中无菊酯但因空间结构和拟除虫菊酯有相似之处，所以仍称为拟除虫菊酯类杀虫剂，具有杀虫谱广、杀虫活性高、击倒速度快、持效期较长、对稻田蜘蛛等天敌杀伤力较小、对作物安全等优点。对害虫无内吸传导作用，对害螨无效。

制剂： 10％醚菊酯悬浮剂。

10％醚菊酯悬浮剂

理化性质及规格： 外观为乳白色均匀液体，无可见悬浮物和沉淀。不可爆炸，不可与碱性物质混溶。pH5～8。

毒性： 按照我国农药毒性分级标准，10％醚菊酯悬浮剂属低毒。雌、雄大鼠急性经口 LD_{50}为 4 640mg/kg，急性经皮 LD_{50}＞2 150mg/kg；对家兔皮肤、眼睛有轻度刺激，对豚鼠皮肤属弱致敏物。

使用方法：

1. 防治十字花科蔬菜菜青虫　在低龄幼虫盛发初期施药，每次每 667m^2 用 10％醚菊酯悬浮剂 30～40mL（有效成分 3～4g）对水喷雾。安全间隔期为 7d，每季最多使用 2 次。

2. 防治十字花科蔬菜甜菜夜蛾　在低龄幼虫盛发初期施药，每次每 667m^2 用 10％醚菊酯悬浮剂 80～100mL（有效成分 8～10g）对水喷雾。相同剂量可防治小菜蛾。安全间隔期为 7d，每季最多使用 2 次。

3. 防治林木松毛虫　在幼虫二、三龄期施药，用 10%醚菊酯悬浮剂 2 000～3 000 倍液（有效成分浓度 33.3～50mg/kg）均匀喷雾。

4. 防治水稻飞虱　在害虫盛发初期施药，每次每 667m^2 用 10%醚菊酯悬浮剂 40～100mL（有效成分 4～10g）对水喷雾。安全间隔期为 14d，每季最多使用 3 次。

5. 防治水稻象甲　在害虫盛发期施药，每次每 667m^2 用 10%醚菊酯悬浮剂 80～100mL（有效成分 8～10g）对水喷雾。安全间隔期为 14d，每季最多使用 3 次。

注意事项：

1. 对鱼类影响虽小，但在广大范围内同时使用时应加以注意。

2. 对家蚕有长时间的毒性，在桑园附近施药时需注意不要喷洒到桑叶上。

氰戊菊酯

中文通用名称：氰戊菊酯

英文通用名称：fenvalerate

其他名称：保好鸿，氟氰菊酯

化学名称：（RS）-α-氰基-3-苯氧基苄基（RS）-2-（4-氯苯基）-3-甲基丁酸酯

化学结构式：

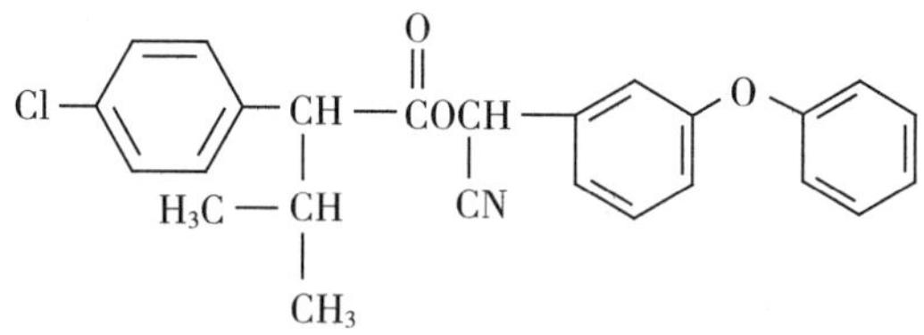

理化性质：原药为黄色至褐色黏稠状液体，室温下有部分结晶析出，蒸馏时分解，相对密度 1.175（25℃），蒸气压 19.2μPa（20℃），溶解度：水＜10μg/L（25℃），20℃下正己烷 53g/L、二甲苯≥200g/L，甲醇 84g/L，对热、潮湿稳定，酸性介质中相对稳定，碱性介质中迅速水解。

毒性：按照我国农药毒性分级标准，氰戊菊酯属中等毒。大鼠急性经口 LD_{50}＞5 000mg/kg，急性经皮 LD_{50}＞451mg/kg，每日每千克体重允许摄入量 0.02mg。

作用特点：拟除虫菊酯类，杀虫谱广，对天敌无选择性，无内吸传导和熏蒸作用。对鳞翅目幼虫效果好，对同翅目、直翅目、半翅目等害虫也有较好效果，但对害螨无效。

制剂：20%、25%、40%氰戊菊酯乳油。

20%氰戊菊酯乳油

理化性质及规格：外观为黄褐色透明液体。二甲苯为溶剂时，密度 0.94～0.95g/mL（20℃），沸点 137～140℃，闪点 27℃，蒸气压 5 332.8～6 666Pa（20℃）。水分≤0.5%，酸度≤0.3（以 H_2SO_4 计）。

毒性：按照我国农药毒性分级标准，20%氰戊菊酯乳油属中等毒杀虫剂。大鼠急性经口 LD_{50} 310～400mg/kg，急性经皮 LD_{50}＞500mg/kg。

使用方法：

1. 防治十字花科蔬菜菜青虫　在卵孵化盛期至低龄幼虫期施药，每次每 667m² 用 20% 氰戊菊酯乳油 20～40mL（有效成分 4～8g）对水喷雾。安全间隔期夏季青菜为 5d，秋冬季青菜、大白菜为 12d，每季最多使用 3 次。

2. 防治十字花科蔬菜蚜虫　在害虫盛发期施药，每次每 667m² 用 20%氰戊菊酯乳油 30～40mL（有效成分 6～8g）对水喷雾。安全间隔期夏季青菜为 5d，秋冬季青菜、大白菜为 12d，每季最多使用 3 次。

3. 防治棉花棉铃虫和红铃虫　在二、三代卵盛孵期施药，每次每 667m² 用 20%氰戊菊酯乳油 25～50mL（有效成分 5～10g）对水喷雾。安全间隔期为 7d，每季最多使用 3 次。

4. 防治棉花蚜虫　在害虫盛发初期施药，每次每 667m² 用 20%氰戊菊酯乳油 25～50mL（有效成分 5～10g）对水喷雾。安全间隔期为 7d，每季最多使用 3 次。

5. 防治大豆豆荚螟　化蛾盛期和卵孵盛期施药，每 667m² 用 20%氰戊菊酯乳油 20～40mL（有效成分 4～8g）对水喷雾。安全间隔期为 10d，每季最多使用 1 次。

6. 防治大豆食心虫　在卵孵化盛期至低龄幼虫期施药，每 667m² 用 20%氰戊菊酯乳油 20～30mL（有效成分 4～6g）对水喷雾。安全间隔期为 10d，每季最多使用 1 次。

7. 防治大豆蚜虫　在若虫盛发期施药，每 667m² 用 20%氰戊菊酯乳油 10～20mL（有效成分 2～4g）对水喷雾。安全间隔期为 10d，每季最多使用 1 次。

8. 防治柑橘树潜叶蛾　在卵孵化盛期至低龄幼虫期施药，用 20% 氰戊菊酯乳油 10 000～20 000倍液（有效成分浓度 10～20mg/kg）整株喷雾。安全间隔期为 10d，每季最多使用 1 次。

9. 防治苹果树桃小食心虫　在卵孵化盛期至低龄幼虫期施药，每次用 20%氰戊菊酯乳油 2 000～3 000 倍液（有效成分浓度 66.7～100mg/kg）整株喷雾。安全间隔期为 14d，每季最多使用 3 次。

10. 防治苹果树苹果黄蚜　在若虫盛发期施药，每次用 20%氰戊菊酯乳油 3 200～4 000 倍液（有效成分浓度 50～62.5mg/kg）整株喷雾。安全间隔期为 14d，每季最多使用 3 次。

11. 防治烟草烟青虫　在幼虫三龄前施药，每次每 667m² 用 20%氰戊菊酯乳油 4～5mL（有效成分 0.8～1g）对水喷雾。安全间隔期为 21d，每季最多使用 3 次。

12. 防治烟草小地老虎　在一至三龄幼虫期施药，每次每 667m² 用 20%氰戊菊酯乳油 4～5g（有效成分 0.8～1g）对水喷雾。白天若地下害虫钻入地下可用药液直接浇灌，每株用药液 100mL。安全间隔期为 21d，每季最多使用 3 次。

注意事项：

1. 对鱼类等水生生物毒性高，应远离水产养殖区施药，防止污染水井、池塘和水源。禁止在河塘等水体中清洗施药器具。对蜜蜂、家蚕有毒，施药期间应避免对周围蜂群的影响，蜜源作物花期、蚕室和桑园附近禁用。

2. 禁止在茶树上施用，茶园附近慎用。

3. 属神经毒剂，接触量大时会引起头痛、头昏、恶心、呕吐、双手颤抖、全身抽搐、昏迷、休克。不慎吸入，应将病人移至空气流通处。不慎接触皮肤或溅入眼内，应用大量清水冲洗至少 15min，严重时须请眼科医生治疗。中毒或误服应立即携带标签将病人送医院治疗。无特别解毒剂，误服可洗胃，但勿催吐，可对症治疗。

顺式氯氰菊酯

中文通用名称：顺式氯氰菊酯

英文通用名称：alpha-cypermethrin

其他名称：高效灭百可，高效安绿宝

化学名称：是一个外消旋体，含（RS）-α-氰基-3-苯氧基苄基（1S，3S，1R，3R）-3-（2，2-二氯乙烯基）-2，2-二甲基环丙烷羧酸酯和（R，S）-α-氰基-3-苯氧基苄基（1S，1R）-顺-3-（2，2-二氯乙烯基）-2，2-二甲基环丙烷羧酸酯

化学结构式：

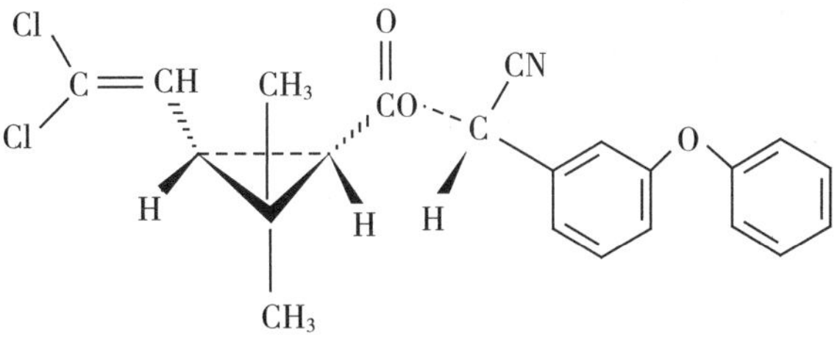

理化性质：原药为白色或奶油色结晶或粉末，熔点78～81℃，沸点200℃（9.3Pa），蒸气压23Pa（20℃），常温下在水中溶解度极低，易溶于酮类、醇类及芳香烃类溶剂，在中性、酸性条件下稳定，在强碱条件下水解，热（至200℃）稳定性良好。

毒性：按照我国农药毒性分级标准，顺式氯氰菊酯属中等毒。原药大鼠急性经口 LD_{50} 为60～80mg/kg，急性经皮 LD_{50} ＞500mg/kg，兔急性经皮 LD_{50} ＞2 000mg/kg；大鼠亚急性经口无作用剂量为60mg/kg（13周）；在试验条件下，大鼠未见慢性蓄积及致畸、致突变、致癌作用。

作用特点：为一种生物活性较高的拟除虫菊酯类杀虫剂，由氯氰菊酯的高效异构体组成。其杀虫活性约为氯氰菊酯的1～3倍，因此单位面积用量更少，效果更高，其应用范围、防治对象、使用特点、作用机理与氯氰菊酯相同。

制剂：50g/L、100g/L顺式氯氰菊酯乳油。

100g/L顺式氯氰菊酯乳油

理化性质及规格：外观为黄褐色油状液体，闪点40℃左右，乳化性能良好，常温储存稳定2年以上，在25℃条件下1年后无明显变化。在0℃时储存7d无结晶析出。

毒性：按照我国农药毒性分级标准，顺式氯氰菊酯属中等毒。大鼠急性经口 LD_{50} ＞800mg/kg，兔急性经皮 LD_{50} ＞2 000mg/kg。

使用方法：

1. 防治十字花科蔬菜菜青虫　在幼虫低龄盛发期前施药，每次每667m² 用100g/L顺式氯氰菊酯乳油5～10mL（有效成分0.5～1g）对水喷雾。安全间隔期为3d，每季最多使用3次。

2. 防治十字花科蔬菜小菜蛾　在低龄幼虫盛发初期施药，每次每667m² 用100g/L顺式氯氰菊酯乳油5～10mL（有效成分0.5～1g）对水喷雾。安全间隔期为3d，每季最多使用3次。

3. **防治柑橘树潜叶蛾**　在卵孵或卵盛期施药，每次用100g/L顺式氯氰菊酯乳油10 000～20 000倍液（有效成分浓度5～10mg/kg）整株喷雾，间隔5～7d喷一次，安全间隔期为3d，每季最多使用3次。

4. **防治棉花棉铃虫**　在二、三代卵盛孵期施药，每次每667m^2用100g/L顺式氯氰菊酯乳油15～40mL（有效成分1.5～4g）对水喷雾。安全间隔期为14d，每季最多使用3次，用药间隔期为7d。

5. **防治棉花红铃虫**　在二、三代卵盛孵期施药，每次每667m^2用100g/L顺式氯氰菊酯乳油6.7～13mL（有效成分0.67～1.3g）对水喷雾。安全间隔期为14d，每季最多使用3次，用药间隔期为7d。

6. **防治黄瓜蚜虫**　在若虫盛发期施药，每次每667m^2用100g/L顺式氯氰菊酯乳油5～10mL（有效成分0.5～1g）对水喷雾。安全间隔期为3d，每季最多使用2次。

7. **防治豇豆、大豆卷叶螟**　化蛾盛期和卵孵盛期施药，每次每667m^2用100g/L顺式氯氰菊酯乳油10～13mL（有效成分1～1.3g）对水喷雾。安全间隔期为5d，每季最多使用2次。

注意事项：

1. 不能与碱性农药混用。

2. 对蜜蜂、家蚕和鱼类毒性较大，施药时应避免对周围蜂群的影响，蜜源植物花期、家蚕和桑园附近禁用。远离水产养殖区施药，禁止在河塘等处清洗施药器具。

3. 属神经毒剂，接触部位皮肤感到刺痛，但无红斑，尤其在口、鼻周围。很少引起全身中毒。接触量大时也会引起头痛、头昏、恶心、呕吐、双手颤抖，重者抽搐或惊厥、昏迷、休克。无特殊解毒剂，按菊酯类解毒方法进行解毒。大量吞服时可洗胃，不能催吐。

溴 氰 菊 酯

中文通用名称：溴氰菊酯

英文通用名称：deltamethrin

其他名称：敌杀死，凯安保，凯素灵

化学名称：(S)-α-氰基-3-苯氧基苄基（1R，3R）-3-（2，2-二溴乙烯基）-2，2-二甲基环丙烷羧酸酯

化学结构式：

理化性质：无色晶体，熔点100～102℃，蒸气压＜1.33×10^{-5} Pa（25℃），密度0.55g/cm^3（25℃），溶解度：水＜0.2μg/L（25℃），20℃条件下二恶烷900g/L、环己酮750g/L、二氯甲烷700g/L、丙酮500g/L、苯450g/L、二甲亚砜450g/L、二甲苯250g/L、乙醇15g/L、异丙醇6g/L，暴露于空气中非常稳定，在酸性条件下比碱性条件下更稳定，

紫外光下脱溴。顺式异构体化酯链打开。

毒性：按照我国农药毒性分级标准，溴氰菊酯属中等毒。大鼠急性经口 LD_{50}＞2 000mg/kg，急性经皮 LD_{50} 为 135～5 000mg/kg，每日每千克体重允许摄入量 0.01mg。

作用特点：以触杀、胃毒作用为主，对害虫有一定趋避与拒食作用，无内吸熏蒸作用。杀虫谱广，击倒速度快，尤其对鳞翅目幼虫及蚜虫杀伤力大，但对螨类无效，作用部位在昆虫的神经系统，是神经性毒剂，使昆虫过度兴奋、麻痹而死亡。

制剂：2.5%、5%溴氰菊酯可湿性粉剂，25g/L、50g/L 溴氰菊酯乳油，2.5%溴氰菊酯水乳剂。

2.5%溴氰菊酯可湿性粉剂

理化性质及规格：由有效成分和抗氧化剂、乳化剂、分散剂、纯化剂及填料组成。外观为白色粉末，湿润时间＜2min，悬浮率（硬水）＞80%（WHO 法），细度＜20μm，pH＜7，常温储存稳定期在 2 年以上。

毒性：按照我国农药毒性分级标准，2.5%溴氰菊酯可湿性粉剂属低毒。大鼠急性经口 LD_{50}＞1 500mg/kg，兔急性经皮 LD_{50}＞1 782mg/kg，大鼠急性吸入 LC_{50}＞2 800mg/kg。

使用方法：

防治十字花科蔬菜菜青虫　在二、三代卵盛孵期施药，每次每 667m^2 用 2.5%溴氰菊酯可湿性粉剂 20～60g（有效成分 0.5～1.5g）对水喷雾。安全间隔期为甘蓝、油菜 5d，萝卜 7d；每季最多使用 2 次。

25g/L 溴氰菊酯乳油

理化性质及规格：由有效成分和抗氧化剂、乳化剂、酸度润剂及溶剂组成。外观为透明状浅黄色液体，pH4～5，常温储存稳定期在 2 年以上。

毒性：按照我国农药毒性分级标准，25g/L 溴氰菊酯乳油属低毒。大鼠急性经口 LD_{50} 为 535mg/kg，兔急性经皮 LD_{50}＞1 782mg/kg，大鼠急性吸入 LC_{50}＞4 900mg/kg。

使用方法：

1. 防治十字花科蔬菜菜青虫　在低龄幼虫盛发初期施药，每次每 667m^2 用 25g/L 溴氰菊酯乳油 20～40mL（有效成分 0.5～1g）对水喷雾。安全间隔期为 2d，每季最多使用 3 次。

2. 防治十字花科蔬菜小菜蛾　在低龄幼虫盛发初期施药，每次每 667m^2 用 25g/L 溴氰菊酯乳油 20～40mL（有效成分 0.5～1g）对水喷雾。安全间隔期为 2d，每季最多使用 3 次。

3. 防治十字花科蔬菜蚜虫　在若虫盛发期施药，每次每 667m^2 用 25g/L 溴氰菊酯乳油 20～40g（有效成分 0.5～1g）对水喷雾。安全间隔期为 2d，每季最多使用 3 次。

4. 防治茶树茶尺蠖　在幼虫二、三龄期施药，每 667m^2 用 25g/L 溴氰菊酯乳油 10～20mL（有效成分 0.25～0.5g）对水喷雾。安全间隔期为 5d，每季最多使用 1 次。

5. 防治茶树茶小绿叶蝉　在害虫盛发初期施药，每 667m^2 用 25g/L 溴氰菊酯乳油 20～30mL（有效成分 0.5～0.75g）对水喷雾。安全间隔期为 5d，每季最多使用 1 次。

6. 防治大豆食心虫　在卵高峰后3～5d施药，每次每667m^{2}用25g/L溴氰菊酯乳油16～25mL（有效成分0.4～0.63g）对水喷雾。安全间隔期为7d，每季最多使用2次。

7. 防治柑橘树潜叶蛾　在抽新梢初期施药，用25g/L溴氰菊酯乳油1 500～5 000倍液（有效成分浓度5～16.7mg/kg）整株喷雾。安全间隔期为28d，每季最多使用3次。

8. 防治柑橘树蚜虫　在若虫盛发期施药，用25g/L溴氰菊酯乳油1 500～3 000倍液（有效成分浓度8.3～16.7mg/kg）整株喷雾。安全间隔期为28d，每季最多使用3次。

9. 防治花生棉铃虫　在二、三代卵盛孵期施药，每次每667m^{2}用25g/L溴氰菊酯乳油25～30mL（有效成分0.63～0.75g）对水喷雾。安全间隔期为14d，每季最多使用3次。

10. 防治花生蚜虫　在若虫盛发期施药，每次每667m^{2}用25g/L溴氰菊酯乳油20～25mL（有效成分0.5～0.625g）对水喷雾。安全间隔期为14d，每季最多使用3次。

11. 防治荒地飞蝗　在三、四龄蝗蝻期施药，每次每667m^{2}用25g/L溴氰菊酯乳油30～50mL（有效成分0.75～1.25g）对水喷雾。

12. 防治梨树梨小食心虫　在卵果率达到1%时施药，用25g/L溴氰菊酯乳油2 500～3 000倍液（有效成分浓度8.3～10mg/kg）整株喷雾。安全间隔期为7d，每季最多使用3次。

13. 防治荔枝树椿象　在成虫交尾产卵前和若虫发生期各施1次药，每次用25g/L溴氰菊酯乳油3 000～5 000倍液（有效成分浓度5～8.3mg/kg）整株喷雾。安全间隔期为28d，每季最多使用3次。

14. 防治棉花棉铃虫和红铃虫　在二、三代卵盛孵期施药，每次每667m^{2}用25g/L溴氰菊酯乳油30～50mL（有效成分0.75～1.25g）对水喷雾。安全间隔期为14d，每季最多使用3次。

15. 防治棉花蚜虫　在若虫盛发初期施药，每次每667m^{2}用25g/L溴氰菊酯乳油30～50mL（有效成分0.75～1.25g）对水喷雾。安全间隔期14d，每季最多使用3次。

16. 防治苹果树桃小食心虫　在卵孵化盛期施药，每次用25g/L溴氰菊酯乳油1 515.1～2 500倍液（有效成分浓度10～16.5mg/kg）整株喷雾。安全间隔期为5d，每季最多使用3次。

17. 防治苹果树蚜虫　在若虫盛发期施药，每次用25g/L溴氰菊酯乳油1 500～3 000倍液（有效成分浓度8.3～16.7mg/kg）整株喷雾。安全间隔期为5d，每季最多使用3次。

18. 防治小麦蚜虫　在若虫盛发初期施药，每次每667m^{2}用25g/L溴氰菊酯乳油15～25mL（有效成分0.38～0.63g）对水喷雾。安全间隔期为15d，每季最多使用2次。

19. 防治小麦黏虫　在二、三龄幼虫盛发期施药，每次每667m^{2}用25g/L溴氰菊酯乳油10～25mL（有效成分0.25～0.63g）对水喷雾。安全间隔期15d，每季最多使用2次。

20. 防治烟草烟青虫　在低龄幼虫期施药，每次每667m^{2}用25g/L溴氰菊酯乳油20～30mL（有效成分0.5～0.75g）对水喷雾。安全间隔期为15d，每季最多使用2次。

21. 防治玉米玉米螟　初龄幼虫盛发期施药，每次每667m^{2}用25g/L溴氰菊酯乳油20～30mL（有效成分0.5～0.75g）对水喷雾。安全间隔期为20d，每季最多使用2次。

2.5%溴氰菊酯水乳剂

理化性质及规格：外观为乳白色乳状液体，久置后允许少量分层。密度1.006g/mL

(20℃)，黏度 6mPa • s（20℃），非易燃液体。

毒性： 按照我国农药毒性分级标准，2.5%溴氰菊酯水乳剂属低毒。雌、雄大鼠急性经口 LD_{50} 为 178mg/kg 和 215mg/kg，急性经皮 LD_{50} >2 150mg/kg，急性吸入 LD_{50} >2 465 mg/kg（4h）；对家兔皮肤无刺激，对眼睛有中度刺激；对豚鼠皮肤属弱致敏物。

使用方法：

1. 防治十字花科蔬菜菜青虫　在幼虫低龄盛发期前施药，每次每 667m^2 用 2.5%溴氰菊酯水乳剂 30～40mL（有效成分 0.75～1g）对水喷雾。安全间隔期萝卜为 7d，其他十字花科蔬菜为 5d，每季最多使用 2 次。

2. 防治苹果树桃小食心虫　在卵孵化盛期施药，每次用 2.5%溴氰菊酯水乳剂 1 500～2 000倍液（有效浓度 12.5～16.7mg/kg）整株喷雾。安全间隔期为 5d，每季最多使用 3 次。

注意事项：

1. 不能在桑园、鱼塘、河流、蜜源作物花期、养蜂场等处及其周围使用，以免对蚕、蜂、水生生物等有益生物产生毒害。

2. 属神经毒剂，接触部位皮肤感到刺痛，但无红斑，尤其在口、鼻周围。很少引起全身性中毒。接触量大时也会引起头痛、头昏、恶心、呕吐、双手颤抖，重者抽搐或惊厥、昏迷、休克。无特殊解毒剂，可对症治疗。大量吞服时可洗胃，不能催吐。

甲 氰 菊 酯

中文通用名称： 甲氰菊酯

英文通用名称： fenpropathrin

其他名称： 灭扫利

化学名称：（RS）-α-氰基-3-苯氧基苄基 2，2，3，3-四甲基环丙烷羧酸酯

化学结构式：

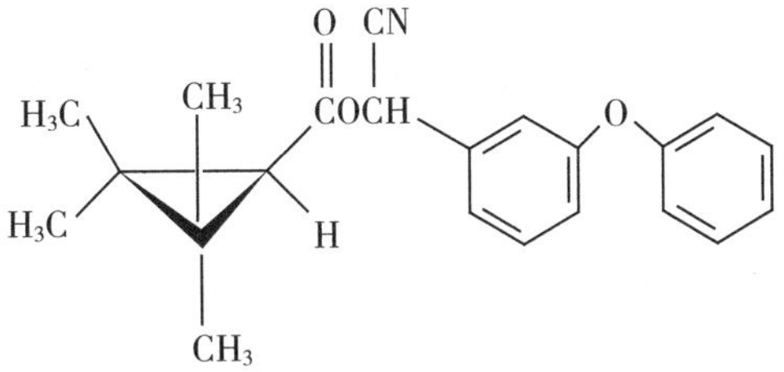

理化性质： 棕黄色固体（原药），熔点 45～50℃，蒸气压 0.73mPa（20℃），密度 1.15g/cm^3（25℃），25℃条件下溶解度：水 14.1μg/L，二甲苯、环己酮 1 000g/kg，甲醇 337g/kg，碱液中分解，暴露于日光、空气中氧化，失去活性。

毒性： 按照我国农药毒性分级标准，甲氰菊酯属中等毒。大鼠急性经口 LD_{50} >1 000 mg/kg，急性经皮 LD_{50} 为 70.6mg/kg，每日每千克体重允许摄入量 0～0.03mg。

作用特点： 是一种拟除虫菊酯类杀虫、杀螨剂，杀虫谱广，残效期长，对多种叶螨有良好效果是最大特点，但无内吸、熏蒸作用。

制剂： 10%、20%甲氰菊酯乳油。

20%甲氰菊酯乳油

理化性质及规格： 外观为黄棕色透明油状液体，pH4～6，乳液稳定性（稀释 20 倍，30℃，1h）在标准硬水中测定无浮游和沉淀，常温下储存有效成分含量变化不大。

毒性： 按照我国农药毒性分级标准，20%甲氰菊酯乳油属中等毒。

使用方法：

1. 防治茶树茶尺蠖 在幼虫二、三龄期施药，每次每 667m² 用 20%甲氰菊酯乳油 20～30mL（有效成分 4～6g）对水喷雾。安全间隔期为 7d，每季最多使用 1 次。

2. 防治十字花科蔬菜菜青虫 在幼虫三龄之前施药，每次每 667m² 用 20%甲氰菊酯乳油 25～40mL（有效成分 5～8g）对水喷雾。安全间隔期为 3d，每季最多使用 3 次。

3. 防治十字花科蔬菜小菜蛾 在初龄幼虫期施药，每次每 667m² 用 20%甲氰菊酯乳油 24～30g（有效成分 4.8～6g）对水喷雾。安全间隔期为 3d，每季最多使用 3 次。

4. 防治柑橘树红蜘蛛 在害螨盛发初期施药，每次用 20%甲氰菊酯乳油 1 000～3 000 倍液（有效成分浓度 67～200mg/kg）整株喷雾。安全间隔期为 30d，每季最多使用 3 次。

5. 防治柑橘树潜叶蛾 在卵孵或盛卵期施药，每次每 667m² 用 20%甲氰菊酯乳油 1 000～1 500倍液（有效成分浓度 133～200mg/kg）整株喷雾。安全间隔期为 30d，每季最多使用 3 次。

6. 防治棉花棉铃虫和红铃虫 在二、三代卵盛孵期施药，每次每 667m² 用 20%甲氰菊酯乳油 30～50mL（有效成分 6～10g）对水喷雾。安全间隔期为 14d，每季最多使用 3 次。

7. 防治棉花红蜘蛛 在害螨盛发初期施药，每次用 20%甲氰菊酯乳油 30～50mL（有效成分 6～10g）喷雾。安全间隔期为 14d，每季最多使用 3 次。

8. 防治苹果树红蜘蛛 在害螨盛发初期施药，每次用 20%甲氰菊酯乳油 1 500～2 000 倍液（有效成分浓度 100～133.3mg/kg）整株喷雾。安全间隔期为 30d，每季最多使用 3 次。

9. 防治苹果树桃小食心虫 在卵孵化盛期施药，每次用 20%甲氰菊酯乳油 2 000～3 000倍液（有效成分浓度 67～100mg/kg）整株喷雾。安全间隔期为 30d，每季最多使用 3 次。

注意事项：

1. 对鱼、蜜蜂、家蚕毒性较高，对鸟类毒性较低。蜜源作物花期和栽桑养蚕区禁止用药，禁止在河塘等水体中清洗施药器具。

2. 如发生中毒，不要催吐，否则病情加重，让病人静卧，可采用巴比妥盐解毒。严重者携带标签送医院对症治疗。

七、氨基甲酸酯类

丙硫克百威

中文通用名称： 丙硫克百威

英文通用名称： benfuracarb

化学名称：2，3-二氢-2，2-二甲基苯并呋喃-7-基［（N-乙氧基甲酰乙基N-异丙基）氨基硫］N-甲基氨基甲酸酯

化学结构式：

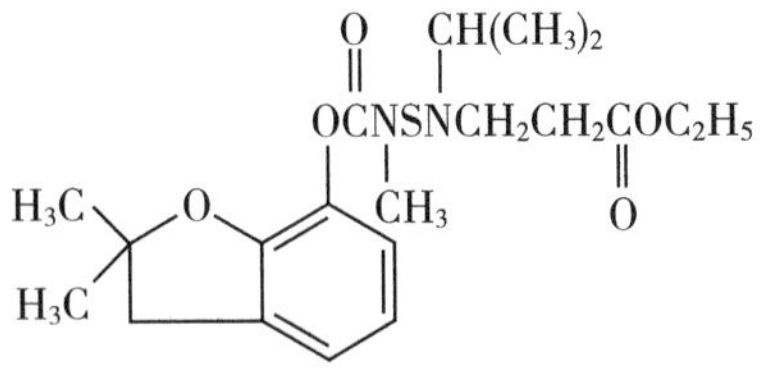

理化性质：原药为红棕色黏稠液体，沸点110℃（3.07Pa），蒸气压26.6μPa（20℃），密度1.142g/cm^3（20℃），水中溶解度为8mg/L（20℃），中性或弱碱性介质中稳定，在酸或强碱性介质中不稳定，分解温度225℃，在苯、二甲苯、丙酮、二氯甲烷、甲醇、己烷、乙酸乙酯等有机溶剂中溶解度＞50％。

毒性：按照我国农药毒性分级标准，丙硫克百威为中等毒。大鼠急性经口LD_{50}＞2 000 mg/kg，急性经皮LD_{50}为138mg/kg，每日每千克体重允许摄入量0.01mg。

作用特点：是一种具有广谱、内吸作用的氨基甲酸酯类杀虫剂，对害虫以胃毒作用为主。

制剂：丙硫克百威无制剂登记在有效期内。

残 杀 威

中文通用名称：残杀威

英文通用名称：propoxur

其他名称：残杀畏，拜高（混剂）

化学名称：2-异丙氧基苯基N-甲基氨基甲酸酯

化学结构式：

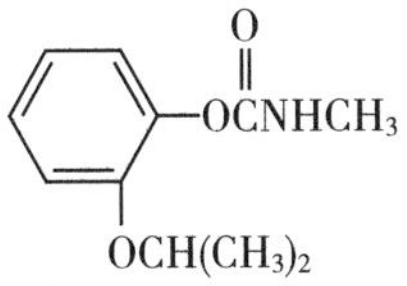

理化性质：纯品为无色晶体，原药为白色到奶油色晶体，熔点90℃（晶状结构1）、87.5℃（晶状结构2，不稳定），蒸馏时分解，蒸气压1.3Pa（20℃）、2.8mPa（25℃），密度1.18g/cm^3（20℃），$logP_{ow}$＝1.56，20℃条件下溶解度：水1.9g/L，异丙醇＞200g/L，甲苯50～100g/L，己烷1～2g/L，水中稳定（pH7），遇强碱水解。

毒性：按照我国农药毒性分级标准，残杀威属中等毒。雌、雄大鼠急性经口LD_{50}为104mg/kg和90～128mg/kg，雄小鼠急性经口LD_{50}为100～109mg/kg，雄豚鼠急性经口LD_{50}为40mg/kg；雄大鼠急性经皮LD_{50}为800～1 000mg/kg。

作用特点：残杀威为非内吸性氨基甲酸酯类杀虫剂，具有触杀、胃毒和熏蒸作用，击倒快，速度接近敌敌畏，持效期长。能用于防治家庭卫生害虫（蚊、蝇、蟑螂等）。

制剂：在登记有效期内已无残杀威制剂用于农业害虫防治。

丁硫克百威

中文通用名称： 丁硫克百威

英文通用名称： carbosulfan

其他名称： 好年冬，丁硫威

化学名称： 2，3-二氢-2，2-二甲基苯并呋喃-7-基（二丁基氨基硫）N-甲基氨基甲酸酯

化学结构式：

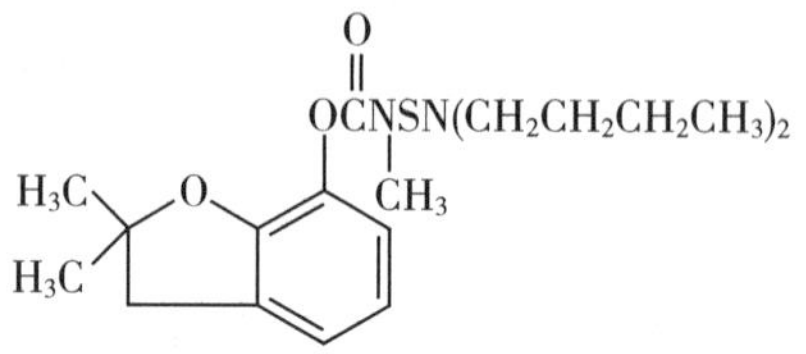

O
‖
$OCNSN(CH_2CH_2CH_2CH_3)_2$
CH_3
H_3C　O
H_3C

理化性质： 橘黄色至棕色透明黏稠液体，沸点 124～128℃，蒸气压 0.04mPa（25℃），相对密度 1.056（20℃），几乎不溶于水，溶于大多数有机溶剂，如二甲苯、己烷、氯仿、二氯甲烷、甲醇、乙醇、丙酮等，水溶液中水解。

毒性： 按照我国农药毒性分级标准，丁硫克百威属中等毒。急性经口 LD_{50}＞2 000mg/kg，急性经皮 LD_{50}为 250mg/kg，每日每千克体重允许摄入量 0.01mg。

作用特点： 在昆虫体内代谢为有毒的呋喃丹起杀虫作用，其杀虫机制是干扰昆虫神经系统，抑制乙酰胆碱酯酶，使昆虫的肌肉及腺体持续兴奋，而导致昆虫死亡。该药具内吸性，对昆虫具有触杀及胃毒作用，持效期长，杀虫谱广。

制剂： 5%丁硫克百威颗粒剂，5%、20%、200g/L 丁硫克百威乳油，35%丁硫克百威种子处理干粉剂。

5%丁硫克百威颗粒剂

理化性质及规格： 外观为砖红色颗粒状固体，基本无粉尘。松密度 1.026～1.031g/mL，堆密度 1.165～1.180g/mL（20℃）。非易燃固体。

毒性： 按照我国农药毒性分级标准，5%丁硫克百威颗粒剂属中等毒。雌、雄大鼠急性经口 LD_{50}为 501mg/kg 和 316mg/kg，急性经皮 LD_{50}＞2 150mg/kg；对家兔皮肤、眼睛均有轻度刺激，对豚鼠皮肤属弱致敏物。

使用方法：

1. 防治番茄和黄瓜根结线虫　在移栽前或移栽时使用。每 667m^2 用 5%丁硫克百威颗粒剂 5 000～7 000g（有效成分 250～350g）沟施或撒施。每季最多使用 1 次。

2. 防治十字花科蔬菜蚜虫　每 667m^2 用 5%丁硫克百威颗粒剂 2 000～4 000g（有效成分 100～200g）移栽后在根基部穴施或沟施。每季最多使用 1 次。

3. 防治甘薯线虫　甘薯播种或移栽时施药，每 667m^2 用 5%丁硫克百威颗粒剂 3 600～5 400g（有效成分 180～270g）。安全间隔期为 80d，每季最多使用 1 次。

4. 防治甘蔗蔗龟和蔗螟　新植蔗在开沟、下种后带状施于种植沟中，然后盖土；宿根蔗在收获后 5～15d 带状施药，然后盖土，每 667m^2 用 5%丁硫克百威颗粒剂 2 700～5 000g

（有效成分 135～250g）。安全间隔期为 192d，每季最多使用 1 次。

5. 防治水稻稻水象甲　在成虫发生盛期施药，每 667m^2 用 5%丁硫克百威颗粒剂 2 000～3 000g（有效成分 100～150g），在水稻移栽或抛秧后 5～7d 拌适量干细土撒施。每季最多使用 1 次。

200g/L 丁硫克百威乳油

理化性质及规格：外观为淡黄色油状液体，能溶于二甲苯、甲苯等有机溶剂，水中溶解度 0.3mg/L（25℃），在中性条件下稳定，沸点 124～128℃，蒸气压 0.041mPa（25℃），对光、强酸、强碱不稳定，pH7～9。

毒性：按照我国农药毒性分级标准，200g/L 丁硫克百威乳油属中等毒。雌、雄大鼠急性经口 LD_{50} 为 126mg/kg 和 108mg/kg，急性经皮 LD_{50}＞2 000mg/kg；对家兔皮肤无刺激，对眼睛有轻度刺激，属弱致敏物。

使用方法：

1. 防治十字花科蔬菜蚜虫　在若虫盛发期施药，每次每 667m^2 用 200g/L 丁硫克百威乳油 25～35mL（有效成分 5～7g）对水喷雾。安全间隔期为 7d，每季最多使用 2 次。

2. 防治柑橘树潜叶蛾　在抽新梢初期施药，每次用 200g/L 丁硫克百威乳油 1 000～1 500倍液（有效浓度 133.3～200mg/kg）整株喷雾。安全间隔期为 15d，每季最多使用 2 次。

3. 防治柑橘树蚜虫　在卷叶之前施药，每次用 200g/L 丁硫克百威乳油 1 500～2 000 倍液（有效成分浓度 100～133.3mg/kg）整株喷雾。安全间隔期为 15d，每季最多使用 2 次。

4. 防治柑橘树柑橘锈壁虱　在害虫低龄期施药，每次用 200g/L 丁硫克百威乳油 1 500～2 000倍液（有效成分浓度 100～133.3mg/kg）整株喷雾。安全间隔期为 15d，每季最多使用 2 次。

5. 防治节瓜蓟马　抓住初孵若虫聚集为害期用药，每次每 667m^2 用 200g/L 丁硫克百威乳油 63～125mL（有效成分 12.5～25g）对水喷雾。安全间隔期为 7d，每季最多使用 2 次。

6. 防治棉花蚜虫　在若虫盛发期施药，每次每 667m^2 用 200g/L 丁硫克百威乳油 30～60mL（有效成分 6～12g）对水喷雾。安全间隔期为 30d，每季最多使用 2 次。

7. 防治苹果树蚜虫　在卷叶之前施药，每次用 200g/L 丁硫克百威乳油 3 000～4 000 倍液（有效成分浓度 50～66.67mg/kg）整株喷雾。安全间隔期为 30d，每季最多使用 3 次。

8. 防治水稻飞虱　在低龄若虫高峰期施药，每 667m^2 用 200g/L 丁硫克百威乳油 200～250mL（有效成分 40～50g）对水喷雾。安全间隔期为 30d，每季最多使用 1 次。

9. 防治水稻三化螟　在卵孵高峰前 1～3d 施药，每 667m^2 用 200g/L 丁硫克百威乳油 200～300mL（有效成分 40～60g）对水喷雾。安全间隔期为 30d，每季最多使用 1 次。

35%丁硫克百威种子处理干粉剂

理化性质及规格：外观为红色粉末。密度 0.7～0.8g/cm^3（20℃），非易燃液体。

毒性： 按照我国农药毒性分级标准，35%丁硫克百威种子处理干粉剂属中等毒。雌、雄大鼠急性经口 LD_{50} 为 316mg/kg，急性经皮 LD_{50} ＞2 000mg/kg，急性吸入 LD_{50} ＞2 000 mg/kg（4h）；对家兔皮肤、眼睛均无刺激，对豚鼠皮肤属弱致敏物。

使用方法：

1. 防治水稻蓟马　水稻浸种、催芽至露白，沥干水分后，放在塑料袋内，每 100kg 种子用 35%丁硫克百威种子处理干粉剂 40～70g（有效成分 14～24.5g）加入袋内，将袋口扎紧后摇动至种子处理剂完全覆盖种子表面为止，摊晾 30min 后播种。

2. 防治水稻稻瘿蚊　每 100kg 种子用 35%丁硫克百威种子处理干粉剂 114～152（有效成分 40～53.2g）均匀拌种。

注意事项：

1. 不可直接撒施在水塘、湖泊、河流等水体中或沼泽湿地。

2. 对蜜蜂、鱼类等水生生物、家蚕有毒，施药期间应避免对周围蜂群的影响，蜜源作物花期、蚕室和桑园附近禁用。远离水产养殖区施药，禁止在河塘等水体中清洗施药器具。

3. 勿与酸性农药等物质混合使用。

4. 中毒症状为头昏、头痛、乏力、面色苍白、呕吐、多汗、流涎、瞳孔缩小、视力模糊。严重者出现血压下降、意识不清，皮肤出现接触性皮炎如风疹，局部红肿痛痒，眼结膜充血、流泪、胸闷、呼吸困难等，请立即携标签就医。医生须知：口服毒性为中等毒，皮肤及吸入毒性为低等毒，对眼睛及皮肤为轻微刺激性。

混　灭　威

中文通用名称： 混灭威

英文通用名称： dimethacarb

化学名称： 混二甲基-N-甲基氨基甲酸酯

化学结构式：

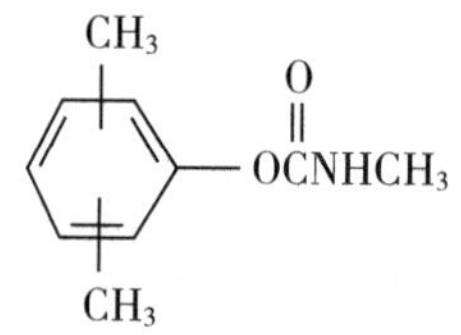

CH_3 / CH_3 —(苯环)— $OC(=O)NHCH_3$

理化性质： 原药为淡黄色至棕红色油状液体，密度约 1.088 5g/cm^3，微臭，当温度低于 10℃时有结晶析出，不溶于水，微溶于石油醚、汽油，易溶于甲醇、乙醇、丙酮、苯和甲苯等有机溶剂，遇碱易分解。

毒性： 按照我国农药毒性分级标准，混灭威属中等毒。小鼠急性经口 LD_{50} ＞400mg/kg，急性经皮 LD_{50} 为 441～1 050mg/kg。

作用特点： 由两种同分异构体混合而成的氨基甲酸酯类杀虫剂，对飞虱、叶蝉有强烈的触杀作用。击倒速度快，一般施药后 1h 左右，大部分害虫即跌入水中，但残效期只有 2～3d。药效不受温度影响，在低温下仍有很好的防效。对鳞翅目和同翅目等害虫均有效，主要用于防治叶蝉、飞虱等。

制剂： 50%混灭威乳油。

50%混灭威乳油

理化性质及规格：外观为淡黄色至棕色单相透明液体，相对密度约为 1.000 3，pH6～7，在 25～30℃条件下 1h 乳液，在标准硬水（342mg/kg）中测定无浮油和沉油，水分含量≤0.1%，常温下储存 2 年，有效成分含量比较稳定。

毒性：按照我国农药毒性分级标准，50%混灭威乳油属中等毒。雌、雄大鼠急性经口 LD_{50} 为 1 000mg/kg 和 825mg/kg，急性经皮 LD_{50}>2 150mg/kg。

使用方法：

1. 防治水稻飞虱　在低龄若虫发生初期至高峰期施药，每次每 667m^2 用 50%混灭威乳油 50～100mL（有效成分 25～50g）对水喷雾。安全间隔期为 14d，每季最多使用 2 次。

2. 防治水稻叶蝉　在若虫发生期，每次每 667m^2 用 50%混灭威乳油 50～100g（有效成分 25～50g），均匀喷雾。安全间隔期为 14d，每个作物周期最多使用 2 次。

注意事项：

1. 混灭威不得与碱性农药等物质混用。

2. 对蜜蜂、家蚕及鱼等水生生物有毒，严禁在花期蜜源地和蚕室、桑园附近使用，应远离水产养殖区使用。

3. 切勿吞服，如误服，应引吐，并携标签尽快就医对症治疗。用阿托品 0.5～2mg 口服或肌肉注射，重者加用肾上腺素。禁用解磷定、氯磷定、双复磷、吗啡。

甲　萘　威

中文通用名称：甲萘威

英文通用名称：carbaryl

其他名称：西维因，胺甲萘

化学名称：1-萘基-N-甲基氨基甲酸酯

化学结构式：

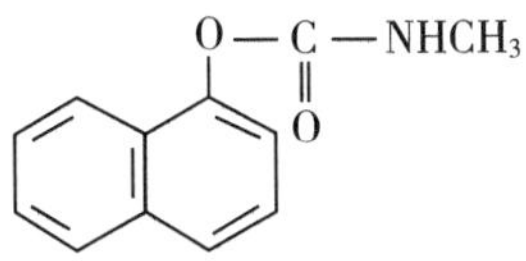

O—C—$NHCH_3$（C=O，萘环 1 位取代）

理化性质：外观为无色至浅褐色晶体，熔点 142℃，蒸气压 4.1×10^{-5}Pa（23.5℃），密度 1.232g/cm^3（20℃），水中溶解度 120mg/L（20℃），易溶于极性有机溶剂，25℃条件下溶解度：二甲基甲酰胺、二甲基亚砜中 400～450g/kg，丙酮中 200～300g/kg，环己酮中 200～250g/kg，异丙醇中 100g/kg，二甲苯中 100g/kg，在中性和弱酸性条件下稳定，在碱性介质中水解形成 1-萘酚，光和热条件下稳定。

毒性：按照我国农药毒性分级标准，甲萘威属中等毒。每日每千克体重允许摄入量 0.01mg，急性经皮 LD_{50} 为 850mg/kg，急性经口 LD_{50}>4 000mg/kg。

作用特点：具广谱性，抑制害虫体内的乙酰胆碱酯酶，对叶蝉、飞虱及一些不易防治的咀嚼式口器害虫如红铃虫有较好的防效，对六六六、滴滴涕、对硫磷等已产生抗性的害虫防效良好。该药毒杀作用慢，可与一些有机磷农药混用，低温时防效差。

制剂：25%、85%甲萘威可湿性粉剂。

25%甲萘威可湿性粉剂

理化性质及规格：外观为疏松粉末，细度为95%通过300目筛，水分含量≤3.0%，pH5～8。

毒性：按照我国农药毒性分级标准，25%甲萘威可湿性粉剂属中等毒。

使用方法：

1. 防治豆类造桥虫　在二、三龄期施药，每次每667m² 用25%甲萘威可湿性粉剂200～260g（有效成分50～65g）对水喷雾。

2. 防治棉花红铃虫　在卵孵盛期施药，每次每667m² 用25%甲萘威可湿性粉剂100～260g（有效成分25～65g）对水喷雾。视虫害情况，每隔7～10d施药一次，安全间隔期为7d，每季最多使用3次。

3. 防治棉花地老虎　在二、三龄幼虫期施药，每次每667m² 用25%甲萘威可湿性粉剂100～260g（有效成分25～65g）对水喷雾。视虫害情况，每隔7～10d施药一次，安全间隔期为7d，每季最多使用3次。

4. 防治棉花蚜虫　在若虫盛发期施药，每次每667m² 用25%甲萘威可湿性粉剂100～260g（有效成分25～65g）对水喷雾。安全间隔期为7d，每季最多使用3次。

5. 防治水稻飞虱　在低龄若虫高峰期施药，每次每667m² 使用25%甲萘威可湿性粉剂200～260g（有效成分50～65g）对水喷雾。安全间隔期为10d。每季最多使用次数：华北地区为2次；华东地区早稻、晚稻为4次。

6. 防治水稻叶蝉　在若虫和成虫盛发期施药，每次每667m² 用25%甲萘威可湿性粉剂200～260g（有效成分50～65g）对水喷雾。安全间隔期为10d。在水稻上每季最多使用次数：华北地区为2次；华东地区早稻、晚稻为4次。

7. 防治烟草烟青虫　在幼虫三龄之前施药，每次每667m² 用25%甲萘威可湿性粉剂100～260g（有效成分25～65g）对水喷雾。

注意事项：

1. 不能防治螨类，使用不当会因杀伤天敌过多而促使螨类盛发。瓜类对本品敏感，易发生药害。使用时注意防止飘移至瓜田。

2. 不能与碱性农药混合，并且不宜与有机磷农药混配。最好不要长时间使用金属容器混配或盛放。

3. 对蜜蜂有毒，使用时应注意蜜蜂的安全防护，避开开花植物花期用药。

4. 中毒症状表现为头痛、恶心、呕吐、出汗、腹痛。如误服，应立即催吐、洗胃，解毒药物为阿托品，但不要使用解磷定等肟类药物，对症治疗，及时控制肺水肿。

抗　蚜　威

中文通用名称：抗蚜威

英文通用名称：pirimicarb

其他名称：辟蚜雾

化学名称：2-N，N-二甲基氨基-5，6-二甲基嘧啶-4-基N，N-二甲基氨基甲酸酯

化学结构式：

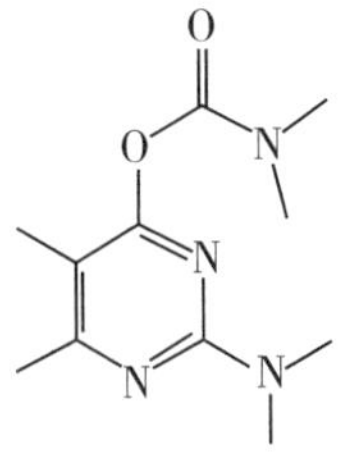

理化性质：无色固体，熔点 90.5℃（原药 87.3～90.7℃），蒸气压 0.97mPa（25℃），密度 1.21g/mL（25℃），溶解度：水中 3g/L（pH7.4，20℃），25℃条件下丙酮 4.0g/L，乙醇 2.5g/L、二甲苯 2.9g/L、氯仿 3.3g/L，常温储存 2 年以上稳定，强酸、强碱条件下煮沸水解，其水溶液在紫外光下不稳定。

毒性：按照我国农药毒性分级标准，抗蚜威属中等毒。大鼠急性经口 LD_{50}＞500mg/kg，急性经皮 LD_{50} 为 147mg/kg，每日每千克体重允许摄入量 0.02mg。

作用特点：具触杀、熏蒸和渗透叶面作用，能防治对有机磷杀虫剂产生交互抗性的，除棉蚜外的所有蚜虫。该药剂杀虫迅速，施药后数分钟即可杀死蚜虫，因而对预防蚜虫传播的病毒病有较好的作用。残效期短，对作物安全，不伤天敌，是害虫综合治理的理想药剂。抗蚜威对瓢虫、食蚜蝇、蚜茧蜂等蚜虫天敌没有不良影响，因保护了天敌，而可有效地延长对蚜虫的控制期，对蜜蜂安全。

制剂：25％、50％抗蚜威可湿性粉剂，25％、50％抗蚜威水分散粒剂。

50％抗蚜威可湿性粉剂

理化性质及规格：由有效成分抗蚜威和湿润剂、色料组成，外观为蓝色粉末，在 50℃以下稳定，密封储存稳定性可达 2 年以上。稀释水溶液见紫外光则分解。

毒性：按照我国农药毒性分级标准，50％抗蚜威可湿性粉剂属中等毒。大鼠急性经口 LD_{50} 为 200mg/kg，急性经皮 LD_{50}＞100mg/kg。

使用方法：

1. 防治小麦蚜虫　在若虫盛发期施药，每次每 667m^2 用 50％抗蚜威可湿性粉剂 10～20g（有效成分 5～10g）对水喷雾。安全间隔期为 14d，每季最多使用 2 次。

2. 防治甘蓝蚜虫　在若虫盛发期施药，每次每 667m^2 用 50％抗蚜威可湿性粉剂 10～18g（有效成分 5～9g）对水喷雾。安全间隔期为 11d，每季最多使用 3 次。

3. 防治大豆蚜虫　在若虫盛发期施药，每次每 667m^2 用 50％抗蚜威可湿性粉剂 10～16g（有效成分 5～8g）对水喷雾。安全间隔期为 10d，每季最多使用 3 次。

4. 防治烟草蚜虫　在若虫盛发期施药，每次每 667m^2 使用 50％抗蚜威可湿性粉剂 16～22g（有效成分 8～11g）对水喷雾。安全间隔期为 7d，每季最多使用 3 次。

50％抗蚜威水分散粒剂

理化性质及规格：由有效成分抗蚜威和湿润剂、色料、碳酸氢三钠组成，外观为蓝色颗粒，容重 60～65g/mL，熔点＞150℃，在水中摇动 1min 后，所有的颗粒全部溶解。常温下储存有效期为 2 年。

毒性：按照我国农药毒性分级标准，50％抗蚜威水分散粒剂属中等毒。大鼠急性经口

LD_{50}为200mg/kg，急性经皮LD_{50}＞100mg/kg。

使用方法：

1. **防治大豆蚜虫** 在若虫盛发期施药，每次每667m^2用50％抗蚜威水分散粒剂10～16g（有效成分5～8g）对水喷雾。安全间隔期为10d，每季最多使用3次。

2. **防治十字花科蔬菜蚜虫和小麦蚜虫** 在若虫盛发期施药，每次每667m^2用50％抗蚜威水分散粒剂10～20g（有效成分5～10g）对水喷雾。安全间隔期为11d，每季最多使用3次。

3. **防治烟草蚜虫** 在若虫盛发期施药，每次每667m^2用50％抗蚜威水分散粒剂16～22g（有效成分8～11g）对水喷雾。安全间隔期为7d，每季最多使用3次。

注意事项：

1. 不能用于防治棉蚜。

2. 施药后24h内，禁止家畜进入施药区。

3. 中毒症状表现为头昏、头痛、乏力、面色苍白、呕吐、多汗、流涎、瞳孔缩小、视力模糊，严重者出现血压下降、意识不清，皮肤出现接触性皮炎如风疹，局部红肿奇痒，眼结膜充血、流泪、胸闷、呼吸困难等。中毒症状出现快，一般几分钟至1h即表现出来。如误服：携标签迅速送医院诊治。解毒药剂可用阿托品0.5～2mg口服或肌肉注射，重者加用肾上腺素；禁用解磷定、氯磷定、双复磷、吗啡。

克 百 威

中文通用名称：克百威

英文通用名称：carbofuran

其他名称：呋喃丹，大扶农

化学名称：2，3-二氢-2，2-二甲基苯并呋喃-7-基-N-甲基氨基甲酸酯

化学结构式：

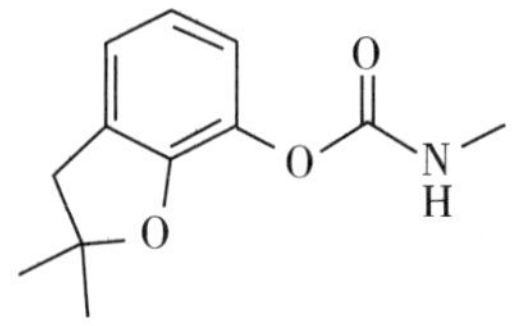

理化性质：无色晶体，无臭味，熔点153～154℃（纯品），蒸气压0.031mPa（20℃），密度1.180g/cm^3（20℃），20℃条件下溶解度：水320mg/L，二氯甲烷＞200g/L，异丙醇20～50g/L，甲苯10～20g/L，在碱性介质中不稳定，在酸性、中性介质中稳定。

毒性：按照我国农药毒性分级标准，克百威属高毒。大鼠急性经口LD_{50}＞3 000mg/kg，急性经皮LD_{50} 8mg/kg，每日每千克体重允许摄入量0.01 mg。

作用特点：为广谱性、内吸杀虫、杀线虫剂。胆碱酯酶抑制剂，与胆碱酯酶的结合不可逆，因而毒性高。该药被植物根系吸收，传送到各器官，以叶部积累较多。

使用：根据农业部、工业和信息化部、环境保护部、国家工商行政管理总局、国家质量监督检验检疫总局等五部委第1586号公告有关内容规定，自2011年6月15日起，不再批准克百威登记和生产许可。

硫 双 威

中文通用名称：硫双威

英文通用名称：thiodicarb

其他名称：拉维因，硫双灭多威，双灭多威

化学名称：3，7，9，13-四甲基-5，11-二氧-2，8，14-三硫-4，7，9，12-四-氮杂十五烷-3，12-二烯-6，10-二酮

化学结构式：

$$
\begin{array}{l}
CH_3NCO_2N=C\diagup^{CH_3}_{\diagdown SCH_3} \\
\quad | \\
\quad S \\
\quad | \\
CH_3NCO_2N=C\diagup^{SCH_3}_{\diagdown CH_3}
\end{array}
$$

理化性质：无色晶体，原药为浅棕褐色晶体，熔点 173～174℃，蒸气压 5.7mPa（20℃），密度 1.44g/mL（20℃），溶解度（g/kg，25℃）二氯甲烷 150，丙酮 8，二甲苯 3，pH6 稳定，pH9 很快水解，pH3 缓慢水解（DT_{50} 约 9d），水悬液在日光下分解。60℃以下稳定。

毒性：按照我国农药毒性分级标准，硫双威属中等毒。兔急性经口 LD_{50}＞2 000mg/kg，急性经皮 LD_{50} 为 66mg/kg，每日每千克体重允许摄入量 0.03mg。

作用特点：抑制昆虫体内的胆碱酯酶，使昆虫致死。但这是一种可逆性抑制，如果昆虫不中毒死亡，酶可以脱氨基甲酰化而恢复。

制剂：25％、75％、80％、350g/L、375g/L 硫双威可湿性粉剂，80％硫双威水分散粒剂，350g/L、375g/L 硫双威悬浮剂。

75％硫双威可湿性粉剂

理化性质及规格：外观为灰白色均匀粉末，无结块。松密度 0.29g/mL（20℃），堆密度 0.35g/mL（20℃）。非易燃液体。

毒性：按照我国农药毒性分级标准，75％硫双威可湿性粉剂属中等毒。雌、雄大鼠急性经口 LD_{50} 为 271mg/kg，急性经皮 LD_{50}＞2 150mg/kg。

使用方法：

防治棉花棉铃虫　在卵孵盛期施药，每次每 667m^2 用 75％硫双威可湿性粉剂 30～55g（有效成分 22.5～41.3g）对水喷雾。安全间隔期为 21d，每季最多使用 3 次。

80％硫双威水分散粒剂

理化性质及规格：外观为浅棕色条状颗粒，无刺激性气味。密度 0.668g/mL（20℃）。非易燃。pH4～7。

毒性：按照我国农药毒性分级标准，80％硫双威水分散粒剂属中等毒。雌、雄大鼠急性经口 LD_{50} 为 68.1mg/kg，急性经皮 LD_{50}＞2 000mg/kg。

使用方法：

1. 防治十字花科蔬菜甜菜夜蛾　在幼虫低龄期施药，每次每 667m^2 用 80％硫双威水分散粒剂 65～75g（有效成分 52～60g）对水喷雾。每隔 7d 左右施药一次，安全间隔期为 7d。每季最多使用 2 次。

2. 防治棉花棉铃虫　在二、三代卵盛孵期施药，每次每 667m^2 用 80％硫双威水分散粒剂 35～45g（有效成分 28～36g）对水喷雾。安全间隔期为 7d，每季最多使用 3 次。

375g/L 硫双威悬浮剂

理化性质及规格：外观为可流动、易测量液体，存放过程中可能出现沉淀。pH6～9，蒸气压 6.65mPa（25℃）。

毒性：按照我国农药毒性分级标准，80％硫双威悬浮剂属中等毒。雌、雄大鼠急性经口 LD_{50} 为 271mg/kg 和 171mg/kg，急性经皮 LD_{50}＞2 000mg/kg。

使用方法：

防治棉花棉铃虫　在二、三代卵盛孵期施药，每次每 667m^2 用 375g/L 硫双威悬浮剂 60～100g（有效成分 22.5～37.5g）对水喷雾。安全间隔期为 21d，每季最多使用 3 次。

注意事项：

1. 对蚜虫、螨类、蓟马等刺吸式口器害虫几乎没有杀虫效果，在防除刺吸式口器害虫的同时应与其他农药交替使用。

2. 硫双威不能与碱性和强酸性（pH＞7.5 或 pH＜3.07）农药混用，也不能与代森锰、代森锰锌混用。

3. 对蜜蜂高毒，应避免在养蜂场所周围使用。

4. 急性中毒常表现为头昏、头痛、呕吐、多汗、视力模糊，严重者出现血压下降、意识不清，皮肤出现接触性皮炎，局部红肿奇痒，眼结膜充血、流泪、胸闷、呼吸困难等，中毒症状出现快。眼睛和皮肤污染立即用清水冲洗。吸入立即移离现场。用阿托品 0.5～2mg 口服或肌肉注射，重者加用肾上腺素。禁用解磷定、氯磷定、双复磷、吗啡。

灭　多　威

中文通用名称：灭多威

英文通用名称：methomyl

其他名称：灭多虫，万灵，乙肟威，灭索威

化学名称：O-甲基氨基甲酰基-2-N-甲硫基乙醛肟

化学结构式：

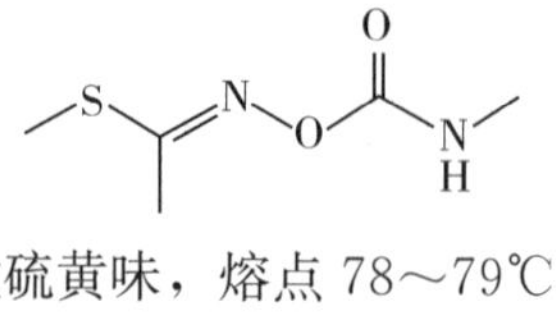

理化性质：无色晶体。有轻微硫黄味，熔点 78～79℃，蒸气压 6.65mPa（25℃），密度 1.294 6g/cm^3（25℃），溶解度：水 57.9g/L（25℃），25℃甲醇 1 000g/kg，丙酮 730g/kg，乙醇 420g/kg，异丙醇 220g/kg，甲苯 30g/kg，极少量溶于烃类。室温下，水溶液中缓慢水解，碱性介质参与条件下，随温度升高分解率提高。

毒性： 按照我国农药毒性分级标准，灭多威属高毒。大鼠急性经口 LD_{50}＞5 000mg/kg，急性经皮 LD_{50} 为 17～24mg/kg，每日每千克体重允许摄入量 0.03mg。

作用特点： 是一种内吸性杀虫剂，可以有效杀死多种害虫的卵、幼虫和成虫。具有触杀和胃毒双重作用，进入虫体后，抑制乙酰胆碱酯酶，使昆虫无法在作物上取食，导致害虫最终死亡。

使用： 根据农业部、工业和信息化部、环境保护部、国家工商行政管理总局、国家质量监督检验检疫总局等五部委第 1586 号公告有关内容规定，自 2011 年 6 月 15 日起，不再批准灭多威登记和生产许可。

速　灭　威

中文通用名称： 速灭威

英文通用名称： metolcarb

化学名称： 3-甲基苯基 N-甲基氨基甲酸酯

化学结构式：

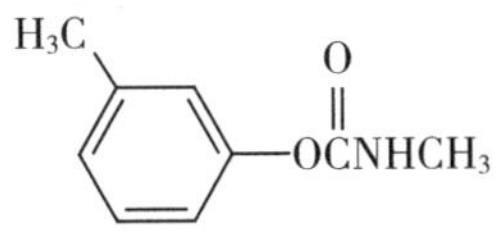

H_3C　　O ‖ $-OCNHCH_3$

理化性质： 原药为无色固体。熔点 76～77℃，蒸气压 145mPa（20℃），溶解度（30℃）：水 2.6g/L，环己酮 790g/kg，二甲苯 100g/kg，甲醇 880g/kg（室温），极少溶于非极性溶剂。

毒性： 按照我国农药毒性分级标准，速灭威属中等毒。大鼠急性经口 LD_{50}＞2 000mg/kg，急性经皮 LD_{50} 580mg/kg。

作用特点： 具有触杀和熏蒸作用，击倒力强，残效期短，一般只有 3～4d，对稻田飞虱、叶蝉和蓟马，以及茶小绿叶蝉等有特效。对稻田蚂蟥有良好的杀伤作用。

制剂： 25%、70%速灭威可湿性粉剂，20%速灭威乳油。

25%速灭威可湿性粉剂

理化性质及规格： 外观为疏松粉末，速灭威含量≥25.0%，水分含量≤3.5%，pH6～8，细度（通过 300 目筛）≥90%。

毒性： 按照我国农药毒性分级标准，25%速灭威可湿性粉剂属中等毒。大鼠急性经口 LD_{50} 为 1 470mg/kg。

使用方法：

防治水稻飞虱和叶蝉　在水稻飞虱、叶蝉成、若虫发生期施药，每次每 667m^2 用 25%速灭威可湿性粉剂 100～200g（有效成分 25～50g）对水喷雾。相同剂量可防治茶小绿叶蝉。安全间隔期为南方不少于 14d，北方不少于 25d。每季最多使用 3 次。

20%速灭威乳油

理化性质及规格： 外观为淡黄色均相液体，无可见悬浮物和沉淀。酸度（以 H_2SO_4 计）≤0.2%。

毒性： 按照我国农药毒性分级标准，20%速灭威乳油属低毒。雌、雄大鼠急性经口

LD_{50}>1 470mg/kg，急性经皮 LD_{50}>2 000mg/kg。

使用方法：

防治水稻飞虱和叶蝉 在飞虱、叶蝉成、若虫发生期施药，每次每 667m² 用 20%速灭威乳油 150～200mL（有效成分 30～40g）对水喷雾。相同剂量可防治茶小绿叶蝉。安全间隔期为南方 14d，北方 25d，每季最多使用 3 次。

注意事项：

1. 不得与碱性物质混用或混放。

2. 由于对蜜蜂的毒性高，蜜源植物花期禁用。

3. 某些水稻品种如农 173、农虎 3 号等对速灭威敏感，应在分蘖末期使用，浓度不宜高。

4. 中毒后一般会出现头痛、恶心、呕吐等症。药液若溅至皮肤，请用肥皂和水清洗，若溅入眼睛，用清水冲洗至少 15min。若中毒，请携标签到医院对症治疗，可用阿托品 0.5～2mg 口服或肌肉注射，重者加用肾上腺素。禁用解磷定、氯磷定、双复磷、吗啡。

异 丙 威

中文通用名称：异丙威

英文通用名称：isoprocarb

其他名称：灭扑散，叶蝉散，异灭威

化学名称：2-异丙基苯基 N-甲基氨基甲酸酯

化学结构式：

$$\text{2-}(CH(CH_3)_2)C_6H_4\text{-}O\overset{O}{\overset{\|}{C}}NHCH_3$$

理化性质：无色晶体。熔点 93～96℃，沸点 128～129℃（2 666.44Pa），蒸气压 2.8mPa（20℃），密度 0.62g/cm³（25℃），溶解度（25℃）水 0.265g/L、丙酮 400g/L、甲醇 125g/L。钚介质中水解。

毒性：按照我国农药毒性分级标准，异丙威属中等毒。大鼠急性经口 LD_{50} 为 500mg/kg，急性经皮 LD_{50} 为 450mg/kg，每日每千克体重允许摄入量 0.002mg。

作用特点：氨基甲酸酯类杀虫剂，主要是抑制昆虫乙酰胆碱酯酶，致使昆虫麻痹而死。

制剂：2%、4%、10%异丙威粉剂，20%异丙威乳油，20%异丙威悬浮剂，10%、20%异丙威烟剂。

4%异丙威粉剂

理化性质及规格：外观为浅黄色疏松粉末，95%通过 200 目筛，水分≤1.5%，pH 5～8。

毒性：按照我国农药毒性分级标准，4%异丙威粉剂属中等毒。

使用方法：

防治水稻飞虱和叶蝉 在若虫和成虫盛发期施药，每次每 667m² 用 4%异丙威粉剂 1 000g（有效成分 40g）喷粉。安全间隔期为 14d，每季最多使用 3 次。

20%异丙威乳油

理化性质及规格： 外观为微黄色透明液体，水分含量为0.2%～0.5%，pH4～7（或酸度以HCl计为0.2%），在（50±1）℃储存2周分解率小于5%。

毒性： 按照我国农药毒性分级标准，20%异丙威乳油属中等毒。

使用方法：

防治水稻飞虱和叶蝉　在若虫和成虫盛发期施药，每次每667m^2用20%异丙威乳油150～200mL（有效成分30～40g）对水喷雾。安全间隔期为14d，每季最多使用3次。

20%异丙威悬浮剂

理化性质及规格： 外观为白色液体。密度1.056g/mL（20℃），pH5～8。

毒性： 按照我国农药毒性分级标准，20%异丙威悬浮剂属低毒。雌、雄大鼠急性经口LD_{50}为1470mg/kg，急性经皮LD_{50}＞2 000mg/kg；对家兔皮肤、眼睛均无刺激，对豚鼠皮肤属弱致敏物。

使用方法：

防治水稻飞虱和叶蝉　在若虫和成虫盛发期施药，每次每667m^2用20%异丙威悬浮剂150～200mL（有效成分30～40g），对水喷雾。安全间隔期30d，每季最多使用1次。

10%异丙威烟剂

理化性质及规格： 熔点96～97℃，闪点156℃，沸点128～129℃（25℃），不溶于卤代烷烃和水，难溶于芳香烃，溶于丙醇、甲醇、乙醇、二甲亚砜、乙酸乙酯等有机溶剂。在碱性和强酸性介质中易分解，但在弱酸中稳定。对阳光和热稳定。

毒性： 按照我国农药毒性分级标准，10%异丙威烟剂属中等毒。雌、雄大鼠急性经口LD_{50}为5 000mg/kg，急性经皮LD_{50}＞2 000mg/kg，急性吸入LD_{50}＞2 136mg/kg；对家兔皮肤无刺激、对眼睛有轻度刺激，对豚鼠皮肤属弱致敏物。

使用方法：

防治保护地黄瓜蚜虫　在若虫盛发期施药，每次每667m^2用10%异丙威烟剂300～400g或500～600g（有效成分30～40g或50～60g），于傍晚点燃后密闭棚室至少4h，视害虫发生情况，每隔7～10d施药一次，连施2次。安全间隔期为5d，每季最多使用2次。

注意事项：

1. 使用前、后10d不可使用敌稗。

2. 对薯类作物有药害，不宜在薯类作物上使用。

3. 对蜜蜂、鱼类等水生生物、家蚕有毒，施药期间应避免对周围蜂群的影响，蜜源作物花期、蚕室和桑园附近禁用。

4. 中毒时轻度症状为头痛、恶心、呕吐、流涎、大量流汗、瞳孔缩小、腹痛。中度症状为肌肉纤维性痉挛、步行困难、语言障碍。重症为昏迷、对反射消失、全身痉挛。接触中毒时，用肥皂水清洗。溅入眼中时，要用大量清水（最好是食盐水）冲洗15min以上。如误服中毒，喝温食盐水（一杯水加入一汤匙食盐）催吐，并反复灌食盐水，直到吐出的液体变为透明为止。中毒者呼吸困难时，要立即进行人工呼吸。解毒药剂为阿托品。绝对不可让中毒者服用吗啡或解磷定。

仲　丁　威

中文通用名称：仲丁威

英文通用名称：fenobucarb

其他名称：巴沙，扑杀威，丁苯威

化学名称：2-仲丁基苯基 N-甲基氨基甲酸酯

化学结构式：

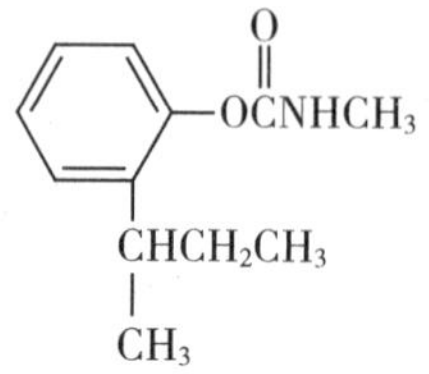

O
‖
—$OCNHCH_3$
$CHCH_2CH_3$
|
CH_3

理化性质：原药为无色晶体，液态为淡蓝色或浅粉色。有芳香味，熔点 26.5～31℃，沸点 115～116℃，蒸气压 1.6mPa（20℃），密度 1.035g/cm^3（30℃），水中溶解度 610mg/L（30℃），易溶于一般有机溶剂，如丙酮、三氯甲烷、苯、甲苯、二甲苯等，在碱和强酸介质中不稳定。常温下储存稳定，光照条件下稳定。

毒性：按照我国农药毒性分级标准，仲丁威属低毒。大鼠急性经口 LD_{50}＞5 000mg/kg，急性经皮 LD_{50}为 524mg/kg，每日每千克体重允许摄入量 0.06mg。

作用特点：氨基甲酸酯类杀虫剂，主要通过抑制害虫体内的乙酰胆碱酯酶使害虫中毒死亡。对飞虱、叶蝉类有特效，杀虫迅速，只能维持 4～5d。

制剂：20％、25％、50％、80％仲丁威乳油，20％仲丁威微乳剂。

20％仲丁威乳油

理化性质及规格：外观为淡黄色稳定均相液体，无可见沉淀或悬浮物，略有刺激性气味。密度 0.898 8g/mL（20℃），闪点 23.2℃。

毒性：按照我国农药毒性分级标准，20％仲丁威乳油属低毒。雌、雄大鼠急性经口 LD_{50}为 1 470mg/kg 和 2 000mg/kg，急性经皮 LD_{50}＞2 000mg/kg；对家兔皮肤、眼睛均有轻度刺激，对豚鼠皮肤属弱致敏物。

使用方法：

防治水稻飞虱和叶蝉　在若虫和成虫盛发期施药，每次每 667m^2 用 20％仲丁威乳油 125～187.5mL（有效成分 25～37.5g）对水喷雾。安全间隔期为 21d，每季最多使用 4 次。

20％仲丁威微乳剂

理化性质及规格：外观为均匀透明液体，无可见悬浮物和沉淀。pH4.5～7，密度 1.090g/mL（20℃），黏度 125.57mm^2·s（20℃）。非易燃液体。

毒性：按照我国农药毒性分级标准，20％仲丁威微乳剂属低毒。雌、雄大鼠急性经口 LD_{50}为 2 000mg/kg 和 1 470mg/kg；对家兔皮肤无刺激，对眼睛有轻度至中度刺激；对豚鼠皮肤属弱致敏物。

使用方法：

防治水稻飞虱　在若虫和成虫盛发期施药，每次每 667m^2 用 20%仲丁威微乳剂 150～180g（有效成分 30～36g）对水喷雾。安全间隔期为 21d，每季最多使用 4 次。

注意事项：

1. 不能与碱性农药等物质混用。
2. 在稻田施药的前后 10d 避免使用敌稗，以免发生药害。
3. 不能在鱼塘附近使用，避免药液污染水源。桑园、蚕室附近以及蜜源植物花期禁用。
4. 中毒后解毒药为阿托品，严禁使用解磷定和吗啡。

涕　灭　威

中文通用名称：涕灭威

英文通用名称：aldicarb

其他名称：铁灭克

化学名称：O-甲基氨基甲酰基-2-甲基-2-（甲硫基）丙醛肟

化学结构式：

$$CH_3SC(CH_3)_2CH{=}N{-}OC({=}O)NHCH3$$

理化性质：纯品为无色晶体，熔点 98～100℃，蒸气压 13mPa（25℃），密度 1.195g/cm^3，水中溶解度 4.93g/L（pH7，20℃），可溶于丙酮、苯、四氯化碳等大多数有机溶剂，不溶于庚烷和矿物油中，在中性、酸性和微碱介质中稳定。100℃以上分解。

毒性：按照我国农药毒性分级标准，涕灭威属低毒。兔急性经口 LD_{50}＞20mg/kg，急性经皮 LD_{50}为 0.93mg/kg，每日每千克体重允许摄入量 0.003mg。

作用特点：氨基甲酸酯类杀虫、杀螨、杀线虫剂，具有触杀、胃毒、内吸作用，能被植物根系吸收，传导到地上部各组织器官。可防治蚜虫、螨类、蓟马等刺吸式口器害虫和食叶性害虫，对作物各个生长期的线虫均有良好的防效，同时可防治媒介昆虫传播的多种病害。速效性好，一般在施药后数小时即能发挥作用，药效可持续 6～8 周。撒药量过多或集中分布在种子及根部附近时，易出现药害。在土壤中易被代谢水解，但在黑暗条件下难认分解，在碱性条件下易被分解，在有机质中半衰期为 55d，在无机质中为 17d。

制剂：5%、15%涕灭威颗粒剂。

15%涕灭威颗粒剂

理化性质及规格：有效成分含量为 15%，呈煤焦状黑色颗粒，水分含量＜0.5%，25℃储存稳定性不少于 1 年。

毒性：按照我国农药毒性分级标准，15%涕灭威颗粒剂属剧毒。大鼠急性经口 LD_{50}为 10.6mg/kg，兔急性经皮 LD_{50}＞4 800mg/kg。

使用方法：

1. 防治花卉蚜虫和害螨　每 667m^2 用 15%涕灭威颗粒剂 800～1 300g（有效成分 120～195g），混土 10～15kg。移栽前条施或穴施：将药土均匀施入移栽垄背上或移栽沟（穴）内，混土均匀后再移栽花卉苗；移栽后侧施：在植株一侧 20～40cm 处挖沟或穴，均匀撒施药土后盖土。每季作物使用不超过 1 次，安全间隔期为 90d。

2. 防治棉花红蜘蛛和蚜虫　沟施，在棉株一侧 20～40cm 处挖沟或穴，每次每 667m^2 用 15%涕灭威颗粒剂 200～400g（有效成分 30～60g）混土 10～15kg 均匀条施或穴后盖土。若土壤干旱，施药后应浇水促进药剂吸收和发挥药效。安全间隔期为 90d，每季最多使用 1 次。

3. 防治花生线虫　沟施，每 667m^2 用 15%涕灭威颗粒剂 1 000～1 300g（有效成分 150～195g）。安全间隔期为 90 天，每季最多使用 1 次。

4. 防治烟草蚜虫　每 667m^2 使用 15%涕灭威颗粒剂 200g（有效成分 30g），混土 10～15kg。移栽前条施或穴施：将药土均匀施入移栽垄背上或移栽沟（穴）内，混土均匀后再栽入烟苗并浇水覆土；移栽后侧施：在烟草植株一侧 20～40cm 处挖沟或穴，均匀撒施药土后盖土。

注意事项：

1. 销售与使用应在有经验的农药技术人员或专业技术人员指导下进行。

2. 机械施药时，应避免涕灭威颗粒剂被破碎，施药后勿将涕灭威颗粒遗留在机械上。在清洗时，如果从机械中清洗出涕灭威颗粒，一定要全部收回，在离食物、植物和水源较远的土中深埋。

3. 在强碱性条件下非常不稳定。因此勿与 pH9 以上的农药、肥料等物质混合使用。

4. 本剂禁止在以下地区使用：①地下水位深不足 1.0m 的地区。②地下水位深不足 1.5m，且月降雨量＞150mm 的沙性土（沙粒含量 85%）地区。③地下水位深不足 1.5m，且月降雨量＞200mm 的沙壤土（沙粒含量 70%～85%）地区。④地下水位深不足 3.0m，且降雨量＞200mm 的沙土（沙粒含量＞90%）地区。施药区距离饮用水源必须在 30m 以外。本规定只适用于棉田或与棉田用药量相当的作物区。花卉上：仅限于园林使用，一般家庭不得使用。

5. 本剂只限于河北、河南、山东、新疆、山西等省（自治区）内使用。

6. 本剂对蜜蜂、鱼类等水生生物、家蚕有毒，施药期间应避免对周围蜂群的影响，蜜源作物花期、蚕室和桑园附近禁用。远离水产养殖区施药，禁止在河塘等水体中清洗施药器具。

7. 如误食本剂或与皮肤、眼睛接触，或吸入粉末时有致命性的危险。

8. 中毒症状：头痛、头晕、恶心、视觉昏花、衰弱、腹部痉挛、胸郁烦闷、呕吐、发汗、瞳孔缩小、流泪、唾液分泌过多、异状呼吸、全身痉挛等。

救治方法：①应由医生诊断治疗，同时尽快洗净全身，除去在皮肤上附着的药剂。②解毒品为硫酸阿托品。大人按症状每 10min 一次肌肉注射，中等程度症状时 1～2mg，重症时 2～4mg。儿童按症状，适当减少药量。③出现硫酸阿托品药效后，还可适当延长注射时间，继续硫酸阿托品的通常药量的肌肉注射，直到医生认为不必要继续注射时为止。④症状严重时须作人工呼吸或吸入氧气。⑤绝不允许使用吗啡或其他镇静剂。

八、昆虫生长调节剂类

噻　嗪　酮

中文通用名称： 噻嗪酮

英文通用名称： buprofezin

化学名称： 2-特丁亚氨基-3-异丙基-5-苯基-3，4，5，6-四氢-2H-1，3，5-噻二嗪-4-酮

化学结构式：

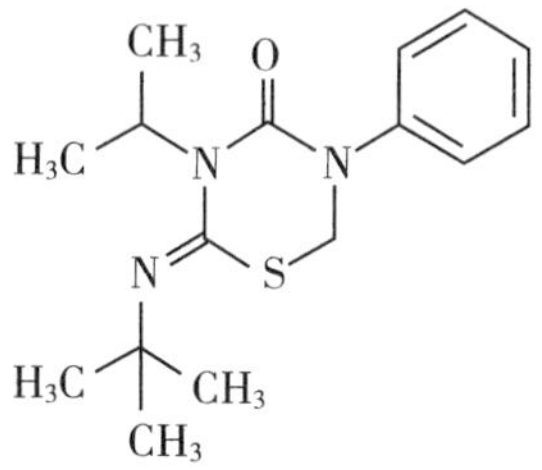

理化性质及规格： 外观为白色晶体（工业品为白色至浅黄色晶状粉末）。熔点104.5～105.5℃。蒸气压1.25mPa（25℃）。密度1.18g/cm^3（20℃）。水中溶解度9mg/L（20℃），有机溶剂中溶解度（25℃）：氯仿520g/L，苯370g/L，甲苯320g/L，丙酮240g/L，乙醇80g/L，己烷20g/L。对酸和碱稳定，对光和热稳定。

毒性： 按照我国农药急性毒性分级标准，噻嗪酮属于低毒。大鼠急性经口LD_{50}＞5 000mg/kg，急性经皮LD_{50}为2 198mg/kg 。

作用特点： 是一种杂环类昆虫几丁质合成抑制剂，破坏昆虫的新生表皮形成，干扰昆虫的正常生长发育，引起害虫死亡。触杀、胃毒作用强，具渗透性。不杀成虫，但可减少产卵并阻碍卵孵化。药效慢，药后3～7d才能充分发挥药效。

制剂： 20％、25％、65％、75％ 、80％噻嗪酮可湿性粉剂，25％、37％、40％、50％噻嗪酮悬浮剂。

65％噻嗪酮可湿性粉剂

理化性质及规格： 外观为均匀灰白色的疏松粉末，无团块，有刺激性气味。松密度0.363 7g/cm^3，堆密度0.459 1g/cm^3，产品不具可燃性和爆炸性，对金属和包装物无腐蚀性。

毒性： 按照我国农药急性毒性分级标准，65％噻嗪酮可湿性粉剂属低毒。大鼠急性经口LD_{50}＞5 000mg/kg，急性经皮LD_{50}＞2 000mg/kg。

使用方法：

1. 防治水稻飞虱　在稻飞虱若虫盛发初期施药，每次每667m^2用65％噻嗪酮可湿性粉剂8～15g（有效成分5.2～9.75）对水喷雾，安全间隔期为14d，每季最多使用2次。

2. 防治柑橘树矢尖蚧　在介壳虫若虫盛发期施药，每次每667m^2用65％噻嗪酮可湿性粉剂2 000～3 000倍液（有效成分浓度216.7～325mg/kg）整株喷雾。安全间隔期为35d，

每季最多使用 2 次。

37%噻嗪酮悬浮剂

理化性质及规格： 外观为液体，存放过程中可能会出现沉淀，但摇动后可恢复原状。密度 1.04g/mL，不具可燃性、爆炸性和腐蚀性。

毒性： 按照我国农药急性毒性分级标准，37%噻嗪酮悬浮剂属低毒。雌、雄大鼠急性经口 LD_{50}>5 000mg/kg，急性经皮 LD_{50}>5 000mg/kg，急性吸入 LC_{50}>5 000mg/m^3。

使用方法：

防治水稻飞虱　在稻飞虱若虫盛发初期施药，每次每 667m^2 用 37%噻嗪酮悬浮剂 20～30mL（有效成分 7.4～11.1g）对水喷雾。安全间隔期为 21d，每季最多使用 2 次。

注意事项：

1. 药液不应直接接触白菜、萝卜，否则将会出现褐斑及绿叶白化等药害，使用时应先对水稀释后均匀喷雾，不宜用毒土法。

2. 应与不同作用机制的药剂交替使用。

3. 没有专门的解毒药，一旦发生中毒事故，立即催吐，并送医院对症治疗。

虫　酰　肼

中文通用名称： 虫酰肼

英文通用名称： tebufenozide

其他名称： 米满

化学名称： N-特丁基-N′-（4-乙基苯甲酰基）-3，5-二甲基苯酰肼

化学结构式：

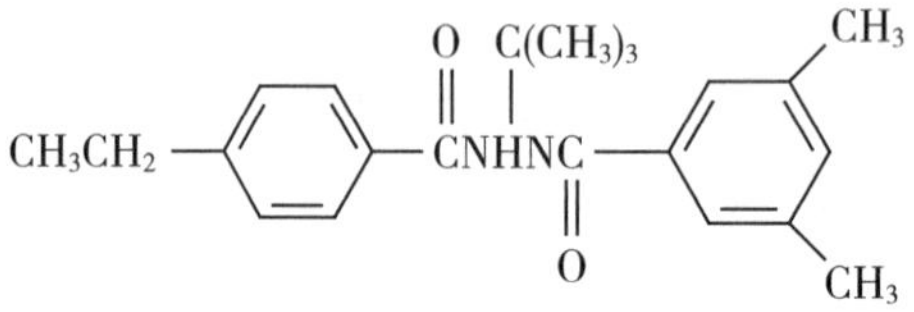

CH_3CH_2—C₆H₄—C(=O)—N(C(CH_3)$_3$)—NH—C(=O)—C₆H₃(CH_3)$_2$

理化性质： 灰白色粉末。熔点 191℃，蒸气压 3.0×10^{-6}Pa（25℃，气化状态），密度 1.03g/cm^3（30℃，pH7），水中溶解度<1mg/L（25℃），微溶于有机溶剂，94℃稳定 7d，对光稳定（pH7，25℃），黑暗中无菌水里 25℃条件下稳定 30d。

毒性： 按照我国农药毒性分级标准，虫酰肼属低毒。大鼠急性经口 LD_{50}>5 000mg/kg，急性经皮 LD_{50}>5 000mg/kg，每日每千克体重允许摄入量 0.019mg。

作用特点： 为非甾族新型昆虫生长调节剂，对鳞翅目幼虫有极高的选择性和药效。

制剂： 10%、20%、30%虫酰肼悬浮剂，10%虫酰肼乳油。

20%虫酰肼悬浮剂

理化性质及规格： 外观为黏稠可流动悬浮液。密度 1.077 3g/mL，pH5.5～8。水中溶解度 0.83mg/kg（25℃），微溶于有机溶剂。

毒性： 按照我国农药急性毒性分级标准，20%虫酰肼乳油属低毒。雌、雄大鼠急性经口 LD_{50}>5 000mg/kg，急性经皮 LD_{50}>5 000mg/kg；对皮肤、眼睛均无刺激。属弱致敏物。

使用方法：

1. 防治十字花科蔬菜甜菜夜蛾　在低龄幼虫期施药，每次每 667m^2 用 20%虫酰肼乳油 70～100mL（有效成分 14～20g）对水喷雾。安全间隔期为 7d，每季最多使用 2 次。

2. 防治苹果树卷叶蛾　在低龄幼虫期施药，每次用 20%虫酰肼乳油 1 500～2 000 倍液（有效成分浓度 100～133.3mg/kg）整株喷雾。安全间隔期为 21d，每季最多使用 3 次。

注意事项：

1. 不可与碱性农药等物质混合使用。

2. 对蜜蜂、鱼类等水生生物、家蚕有毒，施药期间应避免对周围蜂群的影响、蜜源作物花期、蚕室和桑园附近禁用。远离水产养殖区施药，禁止在河塘等水体中清洗施药器具。

杀 铃 脲

中文通用名称： 杀铃脲

英文通用名称： triflumuron

其他名称： 杀虫脲，氟幼灵

化学名称： 1-（4-三氟甲氧基苯基）-3-（2-氯苯甲酰基）脲

化学结构式：

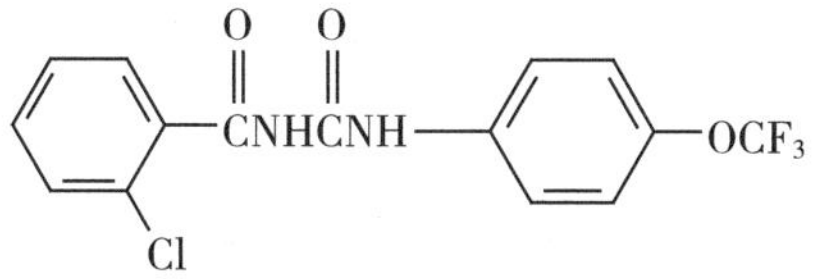

理化性质： 无味无色粉末。熔点 195℃，蒸气压 40nPa（20℃），密度 1.445g/cm^3（20℃），20℃条件下溶解度：水中 0.025g/L、二氯甲烷 20～50g/L、异丙醇 1～2g/L、甲苯 2～5g/L、己烷<0.1g/L，中性或酸性介质中稳定，在碱性介质中水解。

毒性： 按照我国农药毒性分级标准，杀铃脲属低毒。大鼠急性经口 LD_{50}>5 000mg/kg，急性经皮 LD_{50}>5 000mg/kg，每日每千克体重允许摄入量 0.072mg。

作用特点： 具有胃毒、触杀作用，抑制几丁质的合成。

制剂： 5%杀铃脲乳油，5%、20%、40%杀铃脲悬浮剂。

5%杀铃脲乳油

理化性质及规格： 外观为灰白色或蓝灰色可流动的悬浮液体。

毒性： 按照我国农药毒性分级标准，5%杀铃脲乳油属低毒。雌、雄大鼠急性经口 LD_{50} 为 4 640mg/kg，急性经皮 LD_{50}>1 250mg/kg，急性吸入 LD_{50}>2 150mg/kg（4h）；对家兔皮肤、眼睛均无刺激，对豚鼠皮肤属弱致敏物。

使用方法：

1. 防治十字花科蔬菜菜青虫　在低龄幼虫盛发期施药，每次每 667m^2 用 5%杀铃脲乳油 30～50mL（有效成分 1.5～2.5g）对水喷雾。安全间隔期为 7d，每季最多使用 3 次。

2. 防治十字花科蔬菜小菜蛾　在初龄幼虫期施药，每次每 667m^2 用 5%杀铃脲乳油 50～70mL（有效成分 2.5～3.5g）对水喷雾。安全间隔期为 7d，每季最多使用 3 次。

3. 防治苹果树金纹细蛾　在一、二龄幼虫期施药，每次用 5%杀铃脲乳油 1 000～1 500

倍液（有效成分浓度 33.3～50mg/kg）整株喷雾。安全间隔期为 21d，每季最多使用 2 次。

40%杀铃脲悬浮剂

理化性质及规格： 外观为灰白色可流动液体。pH6～8，悬浮率≥90%。

毒性： 按照我国农药毒性分级标准，40%杀铃脲悬浮剂属微毒。

使用方法：

1. 防治柑橘树潜叶蛾　在抽新梢初期施药，每次用 40%杀铃脲悬浮剂 5 000～7 000 倍液（有效成分浓度 57～80mg/kg）整株喷雾，间隔 15 d 后再喷一次。安全间隔期为 45d，每季最多使用 2 次。

2. 防治十字花科蔬菜小菜蛾　在幼虫初龄期施药，每次每 667m^2 用 40%杀铃脲悬浮剂 14.4～18mL（有效成分 5.76～7.2g）对水喷雾，视害虫发生情况，间隔 5～7d 后再喷一次。安全间隔期为 7d，每季最多使用 3 次。

注意事项：

1. 为迟效性农药，施药后 3～4d 药效明显增大。

2. 如发现沉淀，摇匀后可继续使用，一般不影响药效。

3. 对蚕高毒，蚕区和桑园附近禁用。对蟹、虾生长发育有害，避免污染水源和池塘等水体。远离水产养殖区施药，禁止在河塘等水域内清洗施药器具。

4. 不能与碱性农药等物质混用。

虱　螨　脲

中文通用名称： 虱螨脲

英文通用名称： lufenuron

其他名称： 美除

化学名称：（RS）-1-[2，5-二氯-4-（1，1，2，3，3，3-六氟丙氧基）苯基]-3-（2，6-二氟苯甲酰基）脲

化学结构式：

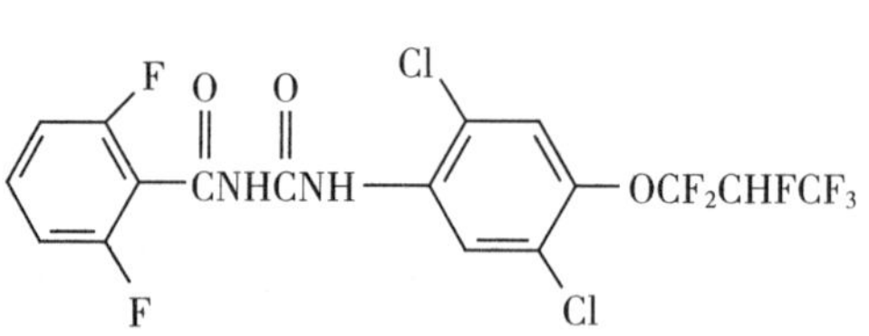

F　O　O　Cl

CNHCNH—　—OCF_2CHFCF_3

F　Cl

理化性质： 外观为白色细幼自由游动粉末。密度（20℃，纯品）1.66g/cm^3，沸点 24℃左右开始热解，熔点 164.7～167.7℃，25℃条件下溶解度：水<0.06mg/L、丙酮 460g/L、乙酸乙酯 330g/L、正己烷 100g/L、甲醇 52g/L、辛醇 8.2g/L、甲苯 66g/L。

毒性： 按照我国农药毒性分级标准，虱螨脲属低毒。雌、雄大鼠急性经口 LD_{50}>4 640 mg/kg，雌、雄大鼠急性经皮 LD_{50}>2 150mg/kg，吸入毒性 LD_{50}>5 000mg/m^3。对兔眼睛无刺激性。

作用特点： 属苯甲酰脲类昆虫生长调节剂。对昆虫主要是胃毒作用，有一定的触杀作用，无内吸作用，有良好的杀卵作用。能抑制昆虫几丁质合成酶的形成，干扰几丁质在表皮的沉积，导致昆虫不能正常蜕皮变态而死亡。

制剂： 50g/L 虱螨脲乳油。

50g/L 虱螨脲乳油

理化性质及规格： 外观为浅棕色透明液体，无刺激性气味。密度（20℃）0.928g/mL，闪点 32℃。pH7.5～10.5。易燃液体。

毒性： 按照我国农药毒性分级标准，50g/L 虱螨脲乳油属低毒。雌、雄大鼠急性经口 LD_{50} 为 3 690mg/kg 和 5 840mg/kg，急性经皮 LD_{50}＞2 000mg/kg，急性吸入 LD_{50}＞5 000 mg/kg（4h）；对家兔皮肤无刺激，对眼睛有中度刺激；对豚鼠皮肤属弱致敏物。

使用方法：

1. 防治菜豆豆荚螟　化蛾盛期和卵孵盛期施药，每次每 667m² 用 50g/L 虱螨脲乳油 40～50mL（有效成分 2～2.5g）对水喷雾。安全间隔期为 7d，每季最多使用 3 次。

2. 防治番茄棉铃虫　在二、三代卵盛孵期施药，每次每 667m² 用 50g/L 虱螨脲乳油 50～60mL（有效成分 2.5～3g）对水喷雾。安全间隔期为 7d，每季最多使用 2 次。

3. 防治棉花棉铃虫　在二、三代卵盛孵期施药，每次每 667m² 用 50g/L 虱螨脲乳油 50～60mL（有效成分 2.5～3g）对水喷雾。安全间隔期为 28d，每季最多使用 2 次。

4. 防治十字花科蔬菜甜菜夜蛾　在低龄幼虫期施药，每次每 667m² 用 50g/L 虱螨脲乳油 30～40mL（有效成分 1.5～2g）对水喷雾。安全间隔期为 14d，每季最多使用 2 次。

5. 防治柑橘树潜叶蛾　在抽新梢初期施药，每次用 50g/L 虱螨脲乳油 1 500～2 500 倍液（有效成分浓度 20～33.3mg/kg）整株喷雾。安全间隔期为 28d，每季最多使用 2 次。

6. 防治柑橘树柑橘锈壁虱　在产卵期至幼螨低龄期施药，每次用 50g/L 虱螨脲乳油 1 500～2 500 倍液（有效成分浓度 20～33.3mg/kg）整株喷雾。安全间隔期为 28d，每季最多使用 2 次。

7. 防治马铃薯块茎蛾　低龄幼虫发生高峰期施药，每次每 667m² 用 50g/L 虱螨脲乳油 40～60mL（有效成分 2～3g）对水喷雾。安全间隔期为 14d，每季最多使用 3 次。

8. 防治苹果树苹小卷叶蛾　低龄幼虫发生高峰期施药，每次用 50g/L 虱螨脲乳油 1 000～2 000倍液（有效成分浓度 25～50mg/kg）整株喷雾。安全间隔期为 14d，每季最多使用 3 次。

注意事项：

1. 对甲壳类动物高毒，对蜜蜂微毒。勿将清洗喷药器具的废水弃于水塘中，以免污染水源。

2. 用药时如果感觉不适，立即停止工作，采取急救措施。误服请勿引吐，立即携带标签，送医院就诊。紧急救治措施：使用医用活性炭洗胃，洗胃时应防止胃容物进入呼吸道。注意：对昏迷病人，切勿经口喂入任何东西或引吐。无专用解毒剂，可对症治疗。

除　虫　脲

中文通用名称： 除虫脲

英文通用名称： diflubenzuron

其他名称： 敌灭灵，伏虫脲，氟脲杀，灭幼脲

化学名称： 1－（4－氯苯基）－3－（2，6－二氟苯甲酰基）脲

化学结构式：

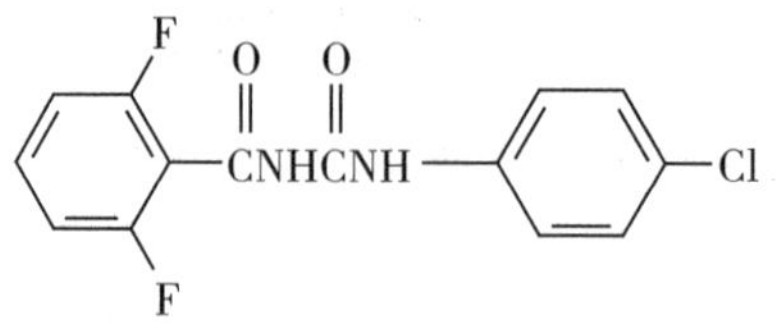

F O O

CNHCNH — Cl

F

理化性质：无色晶体。熔点 230～232℃，蒸气压（25℃）1.2×10^{-7}Pa，20℃条件下溶解度：水 0.08mg/L（pH5.5）、丙酮 5.6g/L、二甲基甲酰胺 104g/L、二恶烷 20g/L，中度溶于极性有机溶剂，微溶于非极性有机溶剂（$<$10g/L），在溶液中对光敏感，以固体存在时对光稳定。

毒性：按照我国农药毒性分级标准，除虫脲属低毒。兔急性经口 $LD_{50}>$2 000mg/kg，急性经皮 $LD_{50}>$4 640mg/kg，每日每千克体重允许摄入量 0.02mg。

作用特点：对鳞翅目、鞘翅目、双翅目多种害虫有效。在有效用量下对作物无药害，对有益生物如鸟、鱼、虾、青蛙、蜜蜂、瓢虫、步甲、蜘蛛、草蛉、赤眼蜂、蚂蚁、寄生蜂等无不良影响，对害虫药效缓慢。

制剂：5%、25%、75%除虫脲可湿性粉剂，5%除虫脲乳油，20%除虫脲悬浮剂。

25%除虫脲可湿性粉剂

理化性质及规格：由 25%除虫脲及湿润剂、分散剂、惰性填料组成。外观为白色至浅黄色粉末，悬浮率不低于 60%，常温储存稳定性至少 2 年。

毒性：按照我国农药毒性分级标准，25%除虫脲可湿性粉剂属低毒。大鼠和小鼠急性经口 $LD_{50}>$4 640mg/kg，兔急性经皮 $LD_{50}>$2 000mg/kg。对兔眼睛和皮肤无刺激作用。

使用方法：

1. 防治十字花科蔬菜菜青虫　在低龄幼虫盛发初期施药，每次每 667m^2 用 25%除虫脲可湿性粉剂 50～70g（有效成分 12.5～17.5g）对水喷雾。安全间隔期为 7d，每季最多使用 3 次。

2. 防治十字花科蔬菜小菜蛾　在幼虫初龄期施药，每次每 667^2 用 25%除虫脲可湿性粉剂 32～40g（有效成分 8～10g）对水喷雾。安全间隔期为 7d，每季最多使用 3 次。

3. 防治柑橘树潜叶蛾　在抽新梢初期施药，每次用 25%除虫脲可湿性粉剂 2 000～4 000倍液（有效成分浓度 62.5～125mg/kg）整株喷雾。安全间隔期为 28d，每季最多使用 3 次。

4. 防治柑橘树柑橘锈壁虱　在产卵期至幼虫低龄期施药，每次用 25%除虫脲可湿性粉剂3 000～4 000 倍液（有效成分浓度 62.5～83.3mg/kg）整株喷雾。安全间隔期为 28d，每季最多使用 3 次。

5. 防治苹果树金纹细蛾　在一、二龄幼虫期施药，每次用 25%除虫脲可湿性粉剂 1 000～2 000 倍液（有效成分浓度 125～250mg/kg）整株喷雾。安全间隔期为 21d，每季最多使用 2 次。

6. 防治森林松毛虫　在幼虫二、三龄期施药，使用 25%除虫脲可湿性粉剂 4 000～

6 000倍液（有效成分浓度41.7～62.5mg/kg）均匀喷雾。

7. 防治小麦黏虫　在幼虫三龄高峰期前施药，每次每667m^2用25%除虫脲可湿性粉剂6～20g（有效成分1.5～5g）对水喷雾。安全间隔期为21d，每季最多使用2次。

5%除虫脲乳油

理化性质及规格：外观为均相透明液体。熔点230～232℃。蒸气压（25℃）1.2×10^{-7} Pa，溶解度：水0.08mg/L（pH5.5，20℃）、丙酮6.5g/L（20℃）、二甲基甲酰胺104g/L（25℃），二恶烷20g/L（25℃）。中度溶于极性有机溶剂，微溶于非极性溶剂（<10g/L）。

毒性：按照我国农药毒性分级标准，5%除虫脲乳油属低毒。雌、雄大鼠急性经口LD_{50}>4 640mg/kg，急性经皮LD_{50}>2 150mg/kg。

使用方法：

1. 防治茶树茶尺蠖　在幼虫二、三龄期施药，用5%除虫脲乳油1 000～1 250倍液（有效成分浓度40～50mg/kg）喷雾。安全间隔期为7d，每季最多使用1次。

2. 防治苹果树金纹细蛾　在幼虫一、二龄期施药，每次用5%除虫脲乳油1 000～2 000倍液（有效成分浓度25～50mg/kg）整株喷雾。安全间隔期为21d，每季最多使用3次。

20%除虫脲悬浮剂

理化性质及规格：外观为灰白色可流动悬浮液体。pH6～8。悬浮率≥90%，平均粒径≤3.0μm。

毒性：按照我国农药毒性分级标准，20%除虫脲悬浮剂属低毒。雌、雄大鼠急性经口LD_{50}为4 640mg/kg，急性经皮LD_{50}>2 000mg/kg；对家兔皮肤、眼睛均有轻度刺激。

使用方法：

1. 防治茶树茶尺蠖　在幼虫二、三龄期施药，用20%除虫脲悬浮剂1 000～2 000倍液（有效成分浓度100～200mg/kg）喷雾。安全间隔期为5d，每季最多使用1次。

2. 防治十字花科蔬菜菜青虫　在幼虫低龄盛发期前施药，每次每667m^2用20%除虫脲悬浮剂20～30mL（有效成分4～6g）对水喷雾。安全间隔期为14d，每季最多使用2次。

3. 防治松树松毛虫　在幼虫二、三龄期施药，每次每667m^2用20%除虫脲悬浮剂37.5～50mL（有效成分7.5～10g）喷雾。

注意事项：对眼和皮肤有刺激作用，无人体中毒报道。无特殊解毒剂，中毒后对症治疗。

氟　铃　脲

中文通用名称：氟铃脲

英文通用名称：hexaflumuron

其他名称：盖虫散

化学名称：1－[3，5－二氯－4－(1，1，2，2－四氟乙氧基)苯基]－3－(2，6－二氟苯甲酰基)脲

化学结构式：

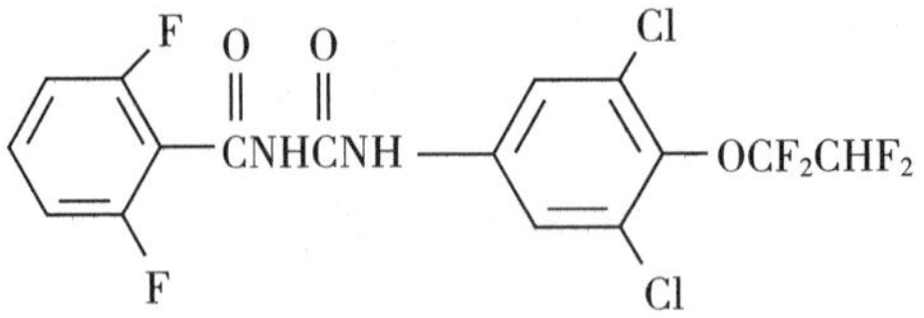

理化性质：无色固体。熔点 202～205℃，蒸气压（25℃）0.059mPa，溶解度水（18℃）0.027mg/L、甲醇（20℃）11.3g/L、二甲苯（20℃）5.2g/L，35d 内（pH9）60%发生水解。

毒性：按照我国农药毒性分级标准，氟铃脲属低毒。大鼠急性经口 LD_{50}>5 000mg/kg，急性经皮 LD_{50}>5 000mg/kg，每日每千克体重允许摄入量 0.03mg。

作用特点：苯甲酰脲类杀虫剂，是几丁质合成抑制剂。具有很高的杀虫、杀卵活性，而且速效，尤其对棉铃虫。

制剂：5%氟铃脲乳油，15%、20%氟铃脲水分散粒剂。

5%氟铃脲乳油

理化性质及规格：外观为淡黄色液体，汽油味。密度（20℃）0.977g/mL，闪点 28.7℃，熔点 202～205℃，蒸气压（25℃）0.059mPa。

毒性：按照我国农药毒性分级标准，5%氟铃脲乳油属低毒。雌、雄大鼠急性经口 LD_{50} 为 4 300mg/kg，急性经皮 LD_{50}>2 000mg/kg；对家兔皮肤、眼睛均有轻度刺激性，对豚鼠皮肤属弱致敏物。

使用方法：

1. 防治十字花科蔬菜小菜蛾　在幼虫低龄高峰期施药，每次每 667m^2 用 5%氟铃脲乳油 40～75mL（有效成分 2～3.75g）对水喷雾。安全间隔期：甘蓝、萝卜 7d，小白菜（大田）15d。每季最多使用次数：甘蓝 4 次，萝卜 3 次，小白菜 3 次。

2. 防治十字花科蔬菜甜菜夜蛾　在幼虫低龄高峰期施药，每次每 667m^2 用 5%氟铃脲乳油 26.7～40mL（有效成分 1.34～2g）对水喷雾。安全间隔期：甘蓝、萝卜 7d，小白菜（大田）15d。每季最多使用次数：甘蓝 4 次，萝卜 3 次，小白菜 3 次。

3. 防治棉花棉铃虫　在二、三代卵盛孵期施药，每次每 667m^2 用 5%氟铃脲乳油 100～160mL（有效成分 5～8g）对水喷雾。安全间隔期为 20d，每季最多使用 7 次。

15%氟铃脲水分散粒剂

理化性质及规格：外观干燥，能自由流动，基本无粉尘，无可见外来杂质和硬结块。熔点 202～205℃，溶解度（20℃）：甲醇 11.3g/L、二甲苯 5.2g/L，能溶于丙酮、二氯甲烷，不溶于水。

毒性：按照我国农药毒性分级标准，15%氟铃脲水分散粒剂属低毒。雌、雄大鼠急性经口 LD_{50}>5 000mg/kg，急性经皮 LD_{50}>5 000mg/kg，急性吸入 LD_{50}>5 000mg/kg；对家兔皮肤无刺激；对眼睛有轻度刺激；对豚鼠皮肤属弱致敏物。

使用方法：

防治棉花棉铃虫　在二、三代卵盛孵期施药，每次每 667m^2 用 15%氟铃脲水分散粒剂 50～60g（有效成分 7.5～9g）对水喷雾。安全间隔期为 28d，每季最多使用 3 次。

注意事项：

1. 对甲壳类动物高毒，对蜜蜂微毒。勿将剩余药液及清洗器具的废水弃于水中，以免污染水源。

2. 用药时如果感觉不适，立即停止工作，采取急救措施，并携标签送医院就诊。紧急救治措施：使用医用活性炭洗胃，洗胃时应防止胃容物进入呼吸道。注意：对昏迷病人，切勿经口喂入任何东西或引吐。无专用解毒剂，可对症治疗。

氟　啶　脲

中文通用名称：氟啶脲

英文通用名称：chlorfluazuron

其他名称：抑太保，定虫脲，氟伏虫脲，吡虫隆

化学名称：1－［3，5－二氯－4－（3－氯－5－三氟甲基－2－吡啶氧基）苯基］－3－（2，6－二氟苯甲酰基）脲

化学结构式：

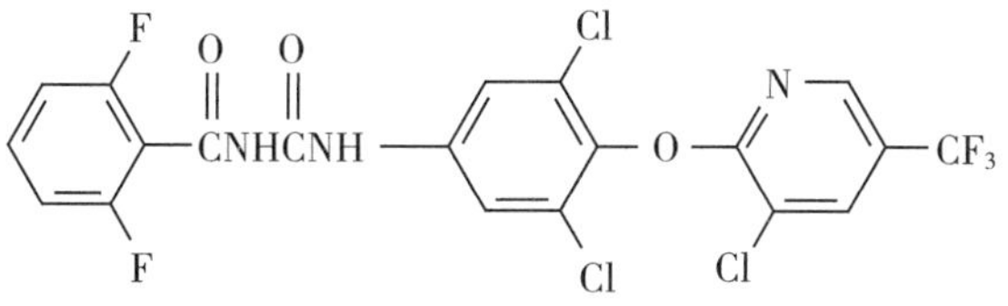

理化性质：外观为白色结晶。熔点 226.5℃，蒸气压（20℃）＜10nPa，溶解度（20℃）：水＜0.01mg/L、己烷＜0.01g/L、正辛醇 1g/L、二甲苯 2.5g/L、甲醇 52g/L、二氯甲烷 g/L、新醇 2.5g/L、甲苯 6.6g/L、异丙醇 7g/L、二氯甲烷 22g/L、丙酮 55g/L、环己酮 110g/L，在光和热下易分解。

毒性：按照我国农药毒性分级标准，氟啶脲属低毒。大鼠急性经口 LD_{50}＞1 000mg/kg，急性经皮 LD_{50}＞8 500mg/kg。

作用特点：作用机理为抑制几丁质合成，阻碍昆虫正常蜕皮，使卵孵化、幼虫蜕皮以及蛹发育畸形，成虫羽化受阻。对蚜虫、叶蝉、飞虱无效。

制剂：5％、50g/L 氟啶脲乳油，10％氟啶脲水分散粒剂。

5％氟啶脲乳油

理化性质及规格：外观为稳定棕色均相透明油状液体，无可见悬浮物和沉淀。pH 5.5～7.5。

毒性：按照我国农药毒性分级标准，5％氟啶脲乳油属低毒。雌、雄大鼠急性经口 LD_{50} 为 4 640mg/kg，急性经皮 LD_{50} 为 2 150mg/kg。

使用方法：

1. 防治十字花科蔬菜菜青虫　在幼虫三龄之前施药，每次每 $667m^2$ 用 5％氟啶脲乳油 40～100mL（有效成分 2～5g）对水喷雾。安全间隔期为 15d，每季最多使用 3 次。

2. 防治十字花科蔬菜小菜蛾　在初龄幼虫期施药，每次每 $667m^2$ 用 5％氟啶脲乳油 40～80mL（有效成分 2～4g）对水喷雾。安全间隔期为 15d，每季最多使用 3 次。

3. 防治十字花科蔬菜甜菜夜蛾　在低龄幼虫期施药，每次每 $667m^2$ 用 5％氟啶脲乳油

60～80mL（有效成分3～4g）对水喷雾。安全间隔期为15d，每季最多使用3次。

4. 防治棉花棉铃虫　在二、三代卵盛孵期施药，每次每667m^{2}用5%氟啶脲乳油100～150mL（有效成分5～7.5g）对水喷雾。安全间隔期为21d，每季最多使用3次。

10%氟啶脲水分散粒剂

理化性质及规格：外观为白色可流动液体。密度（20℃）0.780g/mL。

毒性：按照我国农药毒性分级标准，10%氟啶脲水分散粒剂属低毒。雌、雄大鼠急性经口LD_{50}为2 170mg/kg，急性经皮LD_{50}>2 150mg/kg。

使用方法：

防治十字花科蔬菜小菜蛾　在初龄幼虫期施药，每次每667m^{2}用10%氟啶脲水分散粒剂20～40g（有效成分2～4g）对水喷雾。安全间隔期为7d，每季最多使用3次。

注意事项：

1. 对水生甲壳类生物毒性高，旱田使用时须注意避免药液进入水体，应远离虾、蟹养殖塘等水体用药，防止药液飘移污染邻近水域。

2. 对家蚕有危害，在采桑期间应避免在桑园和蚕室附近使用。附近农田使用时，避免飘移至桑叶上。

3. 无特殊解毒药，如发生中毒现象可对症治疗。如误食不要引吐，立即饮1～2杯水，并送医院洗胃治疗。

甲氧虫酰肼

中文通用名称：甲氧虫酰肼

英文通用名称：methoxyfenozide

化学名称：N-叔丁基-N′-（3-甲基-2-甲苯甲酰基）-3，5-二甲基苯甲酰肼

化学结构式：

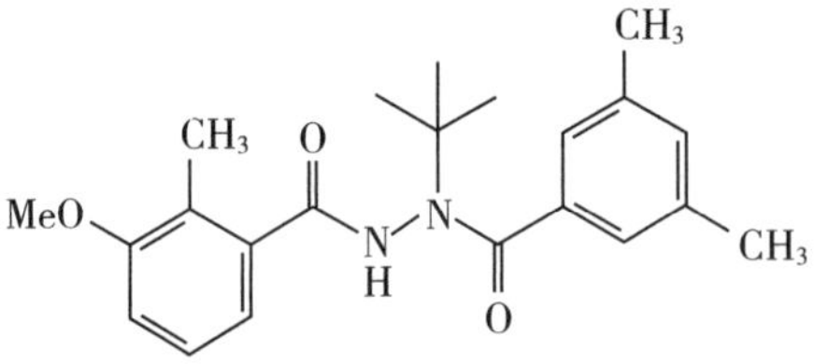

毒性：按照我国农药毒性分级标准，甲氧虫酰肼属低毒。

作用特点：属二酰肼类昆虫生长调节剂，无内吸作用。能够模拟鳞翅目幼虫蜕皮激素功能，促进其提前蜕皮、成熟，发育不完全，数日后死亡。是害虫综合治理比较理想的市场价。

制剂：240g/L甲氧虫酰肼悬浮剂。

240g/L甲氧虫酰肼悬浮剂

理化性质及规格：外观为白色至褐色悬浮液体。pH6.6。热稳定，常温储存稳定。

毒性：按照我国农药毒性分级标准，240g/L甲氧虫酰肼悬浮剂属低毒。雌、雄大鼠急性经口LD_{50}>5 000mg/kg，急性经皮LD_{50}>2 000mg/kg。对家兔皮肤、眼睛均无刺激，对

豚鼠皮肤属弱致敏物。

使用方法：

1. 防治十字花科蔬菜甜菜夜蛾 在低龄幼虫期施药，每次每667m^2 用240g/L用甲氧虫酰肼悬浮剂10～20mL（有效成分2.4～4.8g）对水喷雾。间隔5～7d喷一次，安全间隔期为7d，每季最多使用4次。

2. 防治苹果树苹小卷叶蛾 在新梢抽发时、低龄幼虫期施药，使用240g/L用甲氧虫酰肼悬浮剂3 000～5 000倍液（有效成分浓度48～80mg/kg）整株喷雾。间隔7d喷一次，安全间隔期为70d，每季最多使用2次。

3. 防治水稻二化螟 在幼虫一、二龄高峰期施药，每次每667m^2 用240g/L甲氧虫酰肼悬浮剂20～28mL（有效成分4.7～6.7g）对水喷雾。安全间隔期为60d，每季最多使用2次。

注意事项：

1. 对家蚕有毒，蚕室和桑园附近禁用。避免污染水塘等水体，不要在水体中清洗施药器具。

2. 误食不要自行引吐，携标签送医院诊治。如神志清醒，可服用少量清水。皮肤黏附，立即用肥皂及大量清水冲洗皮肤。误吸时请转移至空气清新处。如症状持续，请就医。

3. 给医护人员的提示：吸氧治疗头疼和虚弱症状。头24h中每3～6h检测血液中的正铁血红蛋白浓度，此值应该在24h内恢复正常。对毒性正铁血红蛋白血症的治疗，可静脉注射亚甲蓝。

灭 蝇 胺

中文通用名称：灭蝇胺

英文通用名称：cyromazine

化学名称：N-环丙基-2，4，6-三氨基-1，3，5-三嗪

化学结构式：

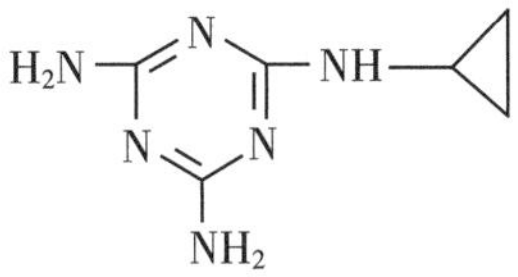

理化性质：纯品为无色晶体。熔点220～222℃，蒸气压（20℃）＜0.13mPa，密度1.35g/cm^3，溶解度（20℃，pH7.5）：水中为11g/L，稍溶于甲醇。在pH5～9时水解不明显，310℃以下稳定。

毒性：按照我国农药毒性分级标准，灭蝇胺属低毒。大鼠急性经口LD_{50}＞3 100mg/kg，急性经皮LD_{50}为3 387mg/kg。

作用特点：有强内吸传导作用，可使双翅目幼虫和蛹形态上发生畸变，成虫羽化不全或受抑制。

制剂：20%、50%灭蝇胺可溶粉剂，30%、50%、70%、75%灭蝇胺可湿性粉剂，10%灭蝇胺悬浮剂。

50%灭蝇胺可溶粉剂

理化性质及规格：外观为白色疏松粉末，无结块。松密度（20℃）0.353～0.358g/mL，堆密度（20℃）0.423～0.429g/mL，非易燃固体。

毒性：按照我国农药毒性分级标准，50%灭蝇胺可溶粉剂属低毒。雌、雄大鼠急性经口 LD_{50}为5 000mg/kg，急性经皮 LD_{50}>2 000mg/kg，急性吸入 LD_{50}>2 000mg/kg；对家兔皮肤有轻度刺激，对眼睛有中度刺激；对豚鼠皮肤属弱致敏物。

使用方法：

防治菜豆美洲斑潜蝇　在幼虫二龄前施药，每次每667m^{2}用50%灭蝇胺可溶粉剂15～30g（有效成分7.5～15g）对水喷雾。安全间隔期为7d，每季最多使用2次。

50%灭蝇胺可湿性粉剂

理化性质及规格：疏松粉末，无团块。pH6～10.5，密度（20℃）0.521 6g/mL。非易燃固体。

毒性：按照我国农药毒性分级标准，50%灭蝇胺可湿性粉剂属低毒。雌、雄大鼠急性经口 LD_{50}>5 000mg/kg，急性经皮 LD_{50}>2 000mg/kg，急性吸入 LC_{50}>2 000mg/kg；对家兔皮肤无刺激，对眼睛有中度刺激；对豚鼠皮肤属弱致敏物。

使用方法：

1. 防治菜豆美洲斑潜蝇　在幼虫二龄前施药，每次每667m^{2}用50%灭蝇胺可湿性粉剂18～25g（有效成分9～12.5g）对水喷雾。安全间隔期为7d，每季最多使用2次。

2. 防治黄瓜美洲斑潜蝇　在幼虫二龄前施药，每次每667m^{2}用50%灭蝇胺可湿性粉剂15～30g（有效成分7.5～15g）对水喷雾，视虫害发生情况，间隔5d后再施一次。安全间隔期为2d，每季最多使用2次。

10%灭蝇胺悬浮剂

理化性质及规格：外观为白色液体，无刺激性气味。密度（20℃）1.105g/mL，黏度（20℃）283.7mPa·s。非易燃液体。

毒性：按照我国农药毒性分级标准，10%灭蝇胺悬浮剂属低毒。雌、雄大鼠急性经口 LD_{50}>5 000mg/kg，急性经皮 LD_{50}>2 000mg/kg；对家兔皮肤无刺激，对眼睛无刺激；对豚鼠皮肤属弱致敏物。

使用方法：

防治黄瓜美洲斑潜蝇　在幼虫二龄前施药，每次每667m^{2}用10%灭蝇胺悬浮剂100～150mL（有效成分10～15g）对水喷雾。安全间隔期为7d，每季最多使用2次。

注意事项：

1. 不可与强酸性农药等物质混用。

2. 对蜜蜂、鱼类等水生生物、家蚕有毒，施药期间应避免对周围蜂群的影响，开花植物花期、蚕室和桑园附近慎用。远离水产养殖区施药，禁止在河塘等水体中清洗施药器具。

灭　幼　脲

中文通用名称：灭幼脲

英文通用名称： chlorbenzuron

其他名称： 灭幼脲三号，苏脲一号，一氯苯隆

化学名称： 1-（4-氯苯基）-3-（2-氯苯甲酰基）脲

化学结构式：

O　O
CNHCNH　Cl
Cl

理化性质： 纯品为无色结晶。熔点 199～201℃，不溶于水，在 100mL 丙酮中能溶解 1g，易溶于 N，N-二甲基甲酰胺和吡啶等有机溶剂，遇碱和较强的酸易分解，常温下储存稳定，对光、热较稳定。

毒性： 按照我国农药毒性分级标准，灭幼脲属微毒。大鼠急性经皮 LD_{50}＞20 000 mg/kg。

作用特点： 是苯甲酰基类杀虫剂，主要是胃毒作用，触杀其次，残效期达 15～20d，耐雨水冲刷，在田间降解速度慢，对有益动物安全。

制剂： 20％、25％灭幼脲可湿性粉剂。

25％灭幼脲可湿性粉剂

理化性质及规格： 由有效成分、助剂和水等组成。外观为白色乳状悬浮液，密度约 1.1g/mL，平均粒径≤3μm，绝对黏度 200～300cPa，pH6～8，悬浮率在标准硬水（342mg/kg）中测定≥90％，（50±1）℃储存 4 周，有效成分相对分解率为 5％～6％。

毒性： 按照我国农药毒性分级标准，25％灭幼脲可湿性粉剂属微毒。小鼠急性经口 LD_{50}＞40 000mg/kg。

使用方法：

1. 防治十字花科蔬菜菜青虫　在幼虫三龄之前施药，每次每 667m^2 用 25％灭幼脲可湿性粉剂 10～20g（有效成分 2.5～5g）对水喷雾。安全间隔期为 2d，每季最多使用 2 次。

2. 防治苹果树金纹细蛾　在幼虫二龄前施药，每次用 25％灭幼脲可湿性粉剂 1 500～2 500倍液（有效成分浓度 100～167mg/kg）整株喷雾。安全间隔期为 21d，每季最多使用 2 次。

3. 防治松树松毛虫　在幼虫二、三龄期施药，每次每 667m^2 用 25％灭幼脲可湿性粉剂 30～40g（有效成分 7.5～10g）喷雾。

注意事项：

1. 为迟效性农药，施药后 3～4d 药效明显增大。

2. 如发现沉淀，摇匀后可继续使用，不影响药效。

3. 对蜜蜂、家蚕及鱼等水生生物有毒，施药期间应避免对周围蜂群的影响，蜜源作物花期、蚕室和桑园附近禁用。远离水产养殖区施药，禁止在河塘等水体中清洗施药器具。

4. 不能与碱性农药等物质混用。

抑 食 肼

中文通用名称：抑食肼

英文通用名称：yishijing

其他名称：虫死净

化学名称：N-苯甲酰基-N′-特丁基苯甲酰肼

化学结构式：

O　$C(CH_3)_3$

CNHNC

O

理化性质：纯品外观为白色结晶，熔点168～174℃，蒸气压（25℃）0.24mPa，溶解度（25℃）：水中50mg/L、环己酮50g/L、异亚丙基丙酮150g/L。原药外观为淡黄色和无色粉末。

毒性：按照我国农药毒性分级标准，抑食肼属中等毒。大鼠急性经口LD_{50}>5 000mg/kg，急性经皮LD_{50}>258.3mg/kg。

作用特点：该药是一种新型的昆虫生长调节剂，主要通过降低或抑制幼虫和成虫取食能力，促使昆虫加速蜕皮，减少产卵，而阻碍昆虫繁殖达到杀虫目的。对害虫以胃毒作用为主，也有强内吸性，杀虫谱广，对鳞翅目、鞘翅目、双翅目等害虫具有良好的防治效果。速效性较差，施药后48h见效，持效期较长。

制剂：20%抑食肼可湿性粉剂。

20%抑食肼可湿性粉剂

理化性质及规格：外观为黄灰色疏松细粉。由有效成分、增效剂、高渗剂、安全剂、助剂、杂质、填料等组成。pH6.8。

毒性：按照我国农药毒性分级标准，20%抑食肼可湿性粉剂属低毒。雌、雄大鼠急性经口LD_{50}为2 610mg/kg，急性经皮LD_{50}>5 000mg/kg。对家兔皮肤、眼睛均无刺激；对豚鼠皮肤属弱致敏物。

使用方法：

1. 防治水稻稻纵卷叶螟　在卵孵高峰前1～3d施药，每次每667m^2用20%抑食肼可湿性粉剂50～100g（有效成分10～20g）对水喷雾。安全间隔期为30d，每季最多使用2次。

2. 防治水稻黏虫　在幼虫三龄高峰期前施药，每次每667m^2用20%抑食肼可湿性粉剂50～100g（有效成分10～20g）对水喷雾。安全间隔期为30d，每季最多使用2次。

注意事项：

1. 不可与碱性农药等物质混合使用。

2. 对蜜蜂、鱼类等水生生物、家蚕有毒，施药期间应避免对周围蜂群的影响，蜜源作物花期、蚕室和桑园附近禁用。远离水产养殖区施药，禁止在河塘等水体中清洗施药器具。

氟虫脲

中文通用名称： 氟虫脲

英文通用名称： flufenoxuron

其他名称： 卡死克

化学名称： 1-［2-氟-4-（2-氯-4-三氟甲基苯氧基）苯基］-3-（2，6-二氟苯甲酰基）脲

化学结构式：

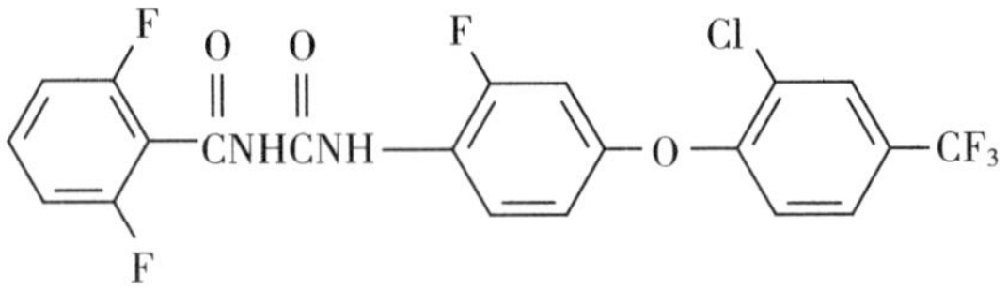

理化性质： 工业品为白色晶状固体，熔点 169～172℃，蒸气压（20℃）6.52×10^{-12} Pa，密度（20℃）1.57kg/L，溶解度：水 7.0×10^{-12} g/L（pH7，15℃）、4μg/L（25℃），丙酮（25℃）82g/L，二甲苯（25℃）6g/L，二氯甲烷（25℃）24（g/L），190℃以下稳定，自然光照下稳定。模拟光照下稳定期＞100h。

毒性： 按照我国农药毒性分级标准，氟虫脲属低毒。大鼠急性经口 LD_{50}＞2 000mg/kg，急性经皮 LD_{50}＞3 000mg/kg。

作用特点： 酰基脲类杀虫剂。该药主要抑制昆虫表皮几丁质合成，使之不能正常蜕皮或变态而死。成虫接触药后，产的卵即使孵化幼虫也会很快死亡。

制剂： 50g/L 氟虫脲可分散液剂。

50g/L 氟虫脲可分散液剂

理化性质及规格： 外观为茶色均相透明液体，无可见杂质和沉淀物。pH5～7.5。

毒性： 按照我国农药毒性分级标准，50g/L 氟虫脲可分散液剂属低毒。雌、雄大鼠急性经口 LD_{50} 为 5 000mg/kg，急性经皮 LD_{50}＞2 000mg/kg。

使用方法：

1. 防治草地蝗虫　在三、四龄蝗蝻期施药，每次每 667m^2 用 50g/L 氟虫脲可分散液剂 8～10mL（有效成分 0.4～0.5g）对水喷雾。

2. 防治柑橘树红蜘蛛　在成、若螨发生期施药，每次用 50g/L 氟虫脲可分散液剂 600～1 000倍液（有效成分浓度 50～83.3mg/kg）整株喷雾。安全间隔期为 30d，每季最多使用 2 次。

3. 防治柑橘树潜叶蛾　在卵孵期或盛卵期施药，每次用 50g/L 氟虫脲可分散液剂 1 000～2 000倍液（有效成分浓度 25～50mg/kg）整株喷雾。安全间隔期为 30d，每季最多使用 2 次。

4. 防治柑橘树柑橘锈壁虱　在产卵期至幼虫低龄期施药，每次用 50g/L 氟虫脲可分散液剂 625～1 000 倍液（有效成分浓度 50～80mg/kg）整株喷雾。安全间隔期为 30d，每季最多使用 2 次。在成、若螨发生期施药，每次用 50g/L 氟虫脲 667～1 000 倍液（有效成分浓度 50～75mg/kg）整株喷雾。安全间隔期为 30d，每季最多使用 2 次。

5. 防治苹果树红蜘蛛　在成、若螨发生期施药，每次用 50g/L 氟虫脲可分散液剂667～1 000

倍液（有效成分浓度50～75mg/kg）整株喷雾。安全间隔期为30d，每季最多使用2次。

注意事项：

1. 对鱼类等水生生物、家蚕、鸟类有毒，蚕室和桑园附近禁用，远离水产养殖区施药，禁止在河塘等水体中清洗施药器具。

2. 不可与碱性农药等物质混合使用。

3. 不慎吸入，应将病人移至空气流通处。误服应立即携标签将病人送医院诊治。可洗胃，不能催吐，无特殊解毒剂。

氟啶虫酰胺

中文通用名称：氟啶虫酰胺

英文通用名称：flonicamid

化学名称：N-氰甲基-4-（三氟甲基）烟酰胺

化学结构式：

CF_3　O　$NHCH_3CN$　N

理化性质：外观为灰白色无味粉末，pH4.5，密度1.53g/cm^3，熔点157.5℃，蒸气压（20℃）2.55×10^{-6}Pa，25～150℃稳定，pH4～9稳定，对光稳定；溶解度（20℃）g/L：水5.2g/L、丙酮157.1g/L、乙酸乙酯34.9g/L，甲醇89.0g/L，正己烷0.000 3g/L，正辛醇2.6g/L，乙腈111.4g/L，异丙酮14.7g/L。

毒性：按照我国农药毒性分级标准，氟啶虫酰胺属低毒。原药雄、雌大鼠急性经口LD_{50}为884mg/kg和1 768mg/kg，急性经皮LD_{50}＞5 000mg/kg，急性吸入LC_{50}＞4.90mg/L；对兔皮肤、眼睛无刺激性，无致敏性。对鲤鱼LC_{50}（96 h）＞100mg/L；水蚤EC_{50}（48 h）＞100mg/L；藻类EC_{50}（96 h）＞119mg/L；蜜蜂经口LD_{50}＞60.5μg/只；家蚕LC_{50}（96 h）＞2 000mg/L，雌、雄野鸭急性经口LD_{50}为2 621 mg/kg和1 591mg/kg。

作用特点：对各种刺吸式口器害虫有效，并具有良好的渗透作用。可从根部向茎部、叶部渗透，但由叶部向茎、根部渗透作用相对较弱。该药剂通过阻碍害虫吮吸作用而生效。害虫摄入药剂后很快停止吮吸，最后饥饿而死。据电子的昆虫吮吸行为解析，本剂可使蚜虫等刺吸式口器害虫的口针组织无法插入植物组织而生效。

制剂：10%氟啶虫酰胺水分散粒剂。

10%氟啶虫酰胺水分散粒剂

理化性质及规格：外观为浅褐色细粒状固体，具轻微香气。pH6.0～9.0，密度0.5～0.8g/cm^3，粒度1 000～300μm＞92%，悬浮率＞90%，润湿时间＜120s，水分＜1.5%，常温可储存33个月，通过75μm试验筛≥99%。

毒性：按照我国农药毒性分级标准，10%氟啶虫酰胺水分散粒剂属低毒。雌、雄大鼠急性经口LD_{50}＞2 000mg/kg，急性经皮LD_{50}＞2 000mg/kg，急性吸入LC_{50}＞2 547mg/m^3；对兔皮肤、眼睛均无刺激性，无致敏性。

使用方法：

1. 防治黄瓜蚜虫　在若虫盛发期施药，每次每 667m^2 用 10%氟啶虫酰胺水分散粒剂 30～50g（有效成分 3～5g）对水喷雾。安全间隔期为 3d，每季最多使用 3 次。

2. 防治马铃薯蚜虫　在若虫盛发期施药，每次每 667m^2 用 10%氟啶虫酰胺水分散粒剂 35～50g（有效成分 3.5～5g）对水喷雾。安全间隔期为 7d，每季最多使用 2 次。

3. 防治苹果树蚜虫　在若虫盛发期施药，每次用 10%氟啶虫酰胺水分散粒剂 2 500～5 000倍液（有效成分浓度 20～40mg/kg）整株喷雾。安全间隔期为 21d，每季最多使用 2 次。

注意事项：

1. 由于该药剂为昆虫拒食剂，因此施药后 2～3d 才能见到蚜虫死亡。注意不要重复施药。

2. 无特殊解毒剂，如误服立即携标签将病人送医院就诊，对症治疗。

九、沙蚕毒素类

杀　虫　单

中文通用名称： 杀虫单

英文通用名称： monosultap

其他名称： 杀螟克

化学名称： 1-硫代磺酸钠基-2-二甲氨基-3-硫代磺酸基丙烷

化学结构式：

$$(H_3C)_2N-CH(CH_2SSO_3Na)(CH_2SSO_3H)\cdot H_2O$$

理化性质： 纯品为白色结晶，熔点 142～143℃。原药含量 90%～98%，外观为白色至微黄色粉状固体，pH4～6，易吸湿，易溶于水，25℃时在水中溶解度 1 300g/L，易溶于工业乙醇及无水乙醇，微溶于甲醇、二甲基甲酰胺等有机溶剂，不溶于丙酮、乙醚、氯仿、醋酸乙酯、苯等溶剂。在 pH5～9 的条件下稳定，遇铁降解。在强酸、强碱条件下能水解为沙蚕毒素。

毒性： 按照我国农药毒性分级标准，杀虫单属于中等毒。原药对雄、雌大鼠急性经口 LD_{50} 为 142mg/kg 和 137mg/kg，雄、雌小鼠急性经口 LD_{50} 为 83mg/kg 和 86mg/kg，大鼠急性经皮 LD_{50} >10 000mg/kg；对家兔皮肤和眼黏膜无刺激作用；在试验条件下，无致突变、致畸、致癌作用。

作用特点： 是人工合成的沙蚕毒素类似物，进入昆虫体内迅速转化为沙蚕毒素或二氢沙蚕毒素。为乙酰胆碱竞争性抑制剂，对害虫有胃毒、触杀、熏蒸作用，并具有内吸活性。被植物叶片和根部迅速吸收传导到植物各部位，对鳞翅目等咀嚼式口器害虫具有较好的防治效果，杀虫谱广。

制剂： 50%、80%、90%、95%杀虫单可溶粉剂。

90%杀虫单可溶粉剂

理化性质及规格： 外观为针状结晶，易溶于水，20℃下水中溶解度1.335g/mL，微溶于甲醇、二甲基甲酰胺、二甲基亚砜，不溶于丙酮、乙醚、氯仿、苯等。pH6～9下稳定。

毒性： 按照我国农药毒性分级标准，90%杀虫单可溶粉剂属中等毒。雄、雌大鼠急性经口 LD_{50} 为316mg/kg和233mg/kg，大鼠急性经皮 LD_{50} >2 000mg/kg。

使用方法：

防治水稻二化螟、三化螟、稻纵卷叶螟　防治枯心，可在卵孵化高峰后6～9d时用药；防治白穗，在卵孵化盛期内水稻破口时用药。防治稻纵卷叶螟可在螟卵孵化高峰期用药，每次每667m² 用90%可溶粉剂50～60g（有效成分45～54g）对水喷雾；安全间隔期不少于30d，每季最多使用2次。

注意事项：

1. 对家蚕有毒，蚕室和桑园附近禁用。

2. 不能与强酸、强碱物质混用。

3. 对棉花、烟草和某些豆类易产生药害，马铃薯也较敏感，施药时应避免药液飘移到上述作物上。

杀　虫　环

中文通用名称： 杀虫环

英文通用名称： thiocyclam

其他名称： 易卫杀，硫环杀，杀螟环，甲硫环，虫噻烷

化学名称： N，N-二甲基-1，2，3-三硫杂环已-5-胺草酸盐

化学结构式：

理化性质： 杀虫环草酸盐外观为无色结晶，熔点125～128℃，蒸气压（20℃）0.532×10^{-6}kPa。溶解度（23℃）：水84g/L，丙酮500mg/L，乙醚、乙醇中1.9g/L，二甲苯10g/L，甲醇17g/L，不溶于煤油，能溶于苯、甲苯和松节油等溶剂。在22～24℃时缓冲溶液中分解50%的时间：pH5时为42d，pH7～9为11d，在54℃下8周后分解率为5%。在常温避光条件下保存稳定。

毒性： 按照我国农药毒性分级标准，杀虫环属中等毒。原药对雄大鼠急性经口 LD_{50} 为310mg/kg，雄、雌小鼠急性经口 LD_{50} 为273mg/kg和198mg/kg，雄、雌大鼠急性经皮 LD_{50} 为1 000mg/kg和880mg/kg，雄大鼠急性吸入 LC_{50} >4.5mg/L（1h）；对兔皮肤和眼睛有轻度刺激作用。在动物体内代谢和排出较快，无明显蓄积作用。在试验条件下未见致突变、致畸和致癌作用。对鱼类毒性大，鲤鱼（96h）LC_{50} 为1.03mg/L，鳟鱼 LC_{50} 为0.04mg/L。对蜜蜂有驱避作用，影响较小，对蚕毒性大，持效期长，且有一定的熏杀能力。

作用特点：杀虫环为选择性，具有胃毒、触杀、内吸和熏蒸作用，能向顶传导，且能杀卵。对害虫的毒效较迟缓，中毒轻者有时能复活。对鳞翅目、鞘翅目、同翅目害虫效果好，但对蚕的毒性大。在植物体中消失较快，残效期较短，收获时作物中的残留量很少。

制剂：50%杀虫环可溶粉剂。

50%杀虫环可溶粉剂

理化性质及规格：50%杀虫环可溶粉剂含杀虫环草酸盐50%，还含有表面活性剂、稀释剂和无机填料。外观为白色或微黄色粉末，pH1.5～3.5，水分<5%。常温下储存稳定性在2年以上。

毒性：按照我国农药毒性分级标准，50%杀虫环可溶粉剂属中等毒。大鼠急性经口LD_{50}为（540±36）mg/kg，急性经皮LD_{50}>2 000mg/kg。

使用方法：

1. 防治水稻二化螟、三化螟　防治一代二化螟和三化螟在卵孵化盛期后7d施药。大发生或发生期长的年份可施药2次，第一次在卵孵化盛期后5d，第二次在第一次施药后10～15d，防治二代二化螟和二、三代三化螟，可于卵孵化盛期后3～5d施药，大发生时隔10d后再施一次。每次每667m^2用50%可溶粉剂50～100g（有效成分25～50g），对水泼浇、喷粗雾或撒毒土均可。

2. 防治水稻稻纵卷叶螟　在幼虫三龄期、田间出现零星白叶时施药。每次每667m^2用50%可溶粉剂50～100g（有效成分25～50g），对水泼浇，喷粗雾或撒毒土均可，用撒毒土或泼浇法时，田间也应保持3cm左右的水层。安全间隔期为15d，每季最多使用3次。

注意事项：

1. 对蚕毒性大，残效期长，且有一定的熏杀能力，在栽桑养蚕地区应注意施药方法，慎重使用。

2. 豆类、棉花对杀虫环敏感，不宜使用。

3. 毒效较迟缓，可与速效农药混合使用，认提高击倒力。

4. 早期中毒症状表现为恶心、四肢发抖、全身发抖、流涎、痉挛、呼吸困难和瞳孔放大。若误服中毒，应催吐（患者神志不清时，绝不能催吐），可让患者饮一杯食盐水（一杯水中约放一匙盐），或用手指触咽喉使其呕吐。解毒药物为1-半胱氨酸，静脉注射剂量为每千克体重12.5～25mg。

杀　虫　双

中文通用名称：杀虫双

英文通用名称：bisultap

化学名称：2-N，N-二甲氨基-1，3-双（硫代磺酸钠基）丙烷

化学结构式：

$$
\begin{array}{c}
CH_2SSO_3Na \\
CHN(CH_3)_2 \cdot 2H_2O \\
CH_2SSO_3Na
\end{array}
$$

理化性质：纯品为白色固体，含结晶水，工业品为茶褐色或棕红色单相水溶液，含量

35%～40%，有特殊臭味，易吸潮。相对密度 1.30～1.35，熔点 169～171℃（纯品），142～143℃（工业品）。易溶于水，可溶于 95%热乙醇和无水乙醇，以及甲醇、二甲基甲酰胺、二甲基亚砜等有机溶剂，微溶于丙酮，不溶于乙醇乙酯及乙醚。在中性及偏碱条件下稳定，在酸性条件下会分解，在常温下亦稳定，储存 2 年相对分解率≤7%～8%。

毒性： 按照我国农药毒性分级标准，杀虫双属中等毒。纯品对雄性大鼠急性经口 LD_{50} 为 451mg/kg，雌性小鼠急性经口 LD_{50} 为 234mg/kg，雌性小鼠急性经皮 LD_{50} 为2 062mg/kg；对大鼠皮肤和眼黏膜无刺激作用；在试验条件下，未见致突变、致癌、致畸作用；大鼠慢性经口无作用剂量为 50μg/（mL·d），对白鲢鱼（48h）LD_{50} 为 8.7μg/mL，红鲤鱼（48h）LD_{50} 为 9.2μg/mL。

作用特点： 对害虫具有较强的触杀和胃毒作用，并兼有内吸传导和一定的杀卵、熏蒸作用。是一种神经毒剂，能使昆虫的神经对于外来的刺激不产生反应。因而昆虫中毒后不表现兴奋，只表现瘫痪麻痹。据观察，昆虫接触和取食药剂后，最初并无任何反应，但表现出迟钝、行动缓慢、失去侵害作物的能力、停止发育、虫体软化、瘫痪，直至死亡。

制剂： 18%、22%、25%、29%杀虫双水剂，3%、3.6%杀虫双颗粒剂。

18%杀虫双水剂

理化性质及规格： 18%杀虫双水剂由有效成分和水等组成，外观为茶褐色或棕红色单相液体，常温储存 2 年相对分解率≤7%～8%。

毒性： 按照我国农药毒性分级标准，18%杀虫双水剂属中等毒。雄、雌大鼠急性经口 LD_{50} 为 680mg/kg 和 520mg/kg，雄、雌小鼠急性经口 LD_{50} 为 200mg/kg 和 235mg/kg，对家兔急性经口 LD_{50} 为 205～488mg/kg；对大鼠皮肤和眼黏膜无刺激作用，对鱼类毒性较低。

使用方法：

1. *防治水稻稻纵卷叶螟*　在幼虫三龄期、田间出现零星白叶时施药，每 667m² 用 18%杀虫双水剂 220～250mL（有效成分 40～45g）对水喷雾。安全间隔期 14d，每季最多使用 1 次。

2. *防治水稻二化螟、三化螟和大螟*　防治一代二化螟和三化螟在卵孵化盛期后 7d 施药。大发生或发生期长的年份可施药 2 次，第一次在卵孵化盛期后 5d，第二次在第一次施药后 10～15d，防治二代二化螟和二、三代三化螟，可于卵孵化盛期后 3～5d 施药，每 667m² 用 18%杀虫双水剂 200～250mL（有效成分 36～45g）。安全间隔期为 14d，每季最多使用 1 次。

3. *防治十字花科蔬菜小菜蛾和菜青虫*　在幼虫三龄前施药，每 667m² 用 18%杀虫双水剂 200～250mL（有效成分 36～45g）对水喷雾。

4. *防治甘蔗条螟*　在甘蔗苗期条螟卵盛孵时施药，每次每 667m² 用 18%杀虫双水剂 200～250mL（有效成分 36～45g）对水喷雾，间隔 7d 再施一次，同时可兼治甘蔗蓟马。

3.6%杀虫双颗粒剂

理化性质及规格： 杀虫双颗粒剂由有效成分和载体等原料经捏合挤出造粒制备而成，外观为褐色圆柱状松散颗粒，粒径 1.5mm，粒长 2～3mm，水分含量≤2.0%，水中崩解性能合格。

毒性：按照我国农药毒性分级标准，3.6%杀虫单颗粒剂属于中等毒。小鼠急性经口 LD_{50} 为 2 118mg/kg，对兔皮肤和眼睛黏膜无刺激性。

使用方法：

防治水稻二化螟、三化螟、大螟和稻纵卷叶螟　每 667m^2 用 3.6%杀虫单颗粒剂 100～125g（有效成分 3.6～4.5g）直接撒施。安全间隔期为 14d，每季最多使用 1 次。

注意事项：

1. 对家蚕高毒，有很强的触杀、胃毒作用，药效期可达 2 个月，也具有一定熏蒸毒力，蚕室和桑园附近禁（慎）用；对鱼中毒，应远离河塘等水域施药，禁止在河塘等水体中清洗施药器具，施药后的田水不得直接排入河塘等水域。

2. 使用颗粒剂的水田水深要保持 4～6cm，施药后要保持水田 10d 左右，漏水田和无水田不宜使用，也不宜使用毒土和泼浇法施药。

3. 白菜、甘蓝等十字花科蔬菜幼苗在夏季高温下对杀虫双反应敏感，易产生药害，慎用。

4. 杀虫双能通过食道等引起中毒，中毒症状有头痛、头晕、乏力、恶心、呕吐、腹痛、流涎、多汗、瞳孔缩小、肌束震颤，重者出现肺水肿，与有机磷农药中毒症状相似，但胆碱酯酶活性不降低，应注意区分，蕈毒碱样症状明显者可用阿托品类药物对抗，但需注意防止过量。忌用胆碱酯酶复能剂。如误服应立即送医院治疗，催吐，并以 1%～2%苏打水洗胃。

杀 螟 丹

中文通用名称：杀螟丹

英文通用名称：cartap

其他名称：巴丹，派丹，卡塔普，沙蚕

化学名称：1，3-二-（氨基甲酰硫）-2-二甲基氨基丙烷

化学结构式：

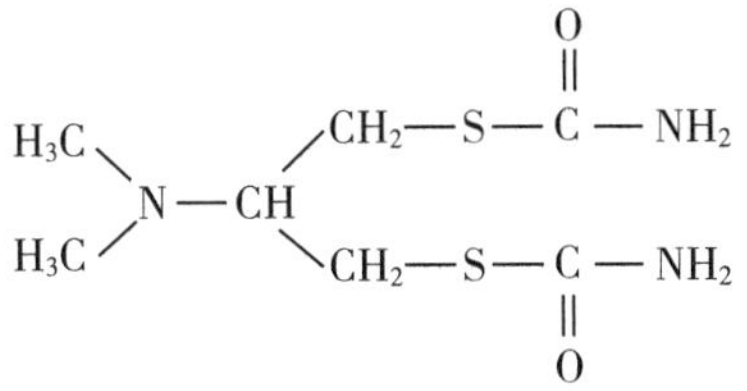

$$
\begin{array}{l}
H_3C \diagdown \qquad\qquad\quad \diagup CH_2-S-\overset{\overset{\displaystyle O}{\|}}{C}-NH_2 \\
\qquad\quad N-CH \\
H_3C \diagup \qquad\qquad\quad \diagdown CH_2-S-\underset{\underset{\displaystyle O}{\|}}{C}-NH_2
\end{array}
$$

理化性质：纯品是白色晶体，原药为白色结晶粉末，纯度 95%～97%（极谱法），有轻微特殊臭味。熔点 183～183.5℃（分解）。25℃时，在水中的溶解度约为 200g/L，微溶于甲醇和乙醇，不溶于丙酮、丙醇、乙醚、乙酸乙酯、氯仿、苯和正己烷等。工业品稍有吸湿性。在中性及偏碱性条件下水解，在酸性介质中稳定。在 40℃和 60℃下储存 3 个月无变化，常温常压下密封保存稳定，对铁等金属有腐蚀性。

毒性：按照我国农药毒性分级标准，杀螟丹属中等毒。原药对大鼠急性经口 LD_{50} 为 325～345mg/kg，小鼠急性经皮 LD_{50} ＞1 000mg/kg；正常试验条件下无皮肤和眼睛过敏反应，未见致突变、致畸和致癌现象；对鸟低毒，对蜘蛛等天敌无不良影响，对蜜蜂和家蚕有毒。

作用特点：杀螟丹是沙蚕毒素的衍生物，其毒理机制是作用于昆虫中枢神经系统突触后膜上的乙酰胆碱受体，与受体结合后，抑制和阻滞神经细胞接点在中枢神经系统中的正常的

神经冲动传递，使昆虫麻痹致死，这与一般有机氯、有机磷、拟除虫菊酯和氨基甲酸酯类杀虫剂的作用机制不同，因而不易产生交互抗性。胃毒作用强，同时具有触杀和一定的拒食和杀卵等作用，对害虫击倒较快，但常有复苏现象，使用时应注意，有较长的残效期。杀虫谱广。对捕食性螨类影响小。

制剂：50%、95%、98%杀螟丹可溶粉剂。

50%杀螟丹可溶粉剂

理化性质及规格：由有效成分和表面活性剂、染料及稀释剂组成。外观为淡蓝绿色细粉末。常温储存稳定性在 3 年以上。

毒性：按照我国农药毒性分级标准，50%杀螟丹可溶粉剂属低毒。大鼠急性经口 LD_{50} 为 819mg/kg。

使用方法：

防治水稻二化螟、三化螟和稻纵卷叶螟　在二化螟和三化螟卵孵化高峰前 1～2d 施药，每 $667m^2$ 用 50%杀螟丹可溶粉剂 75～150g（有效成分 37.5～75g）对水喷雾。防治稻纵卷叶螟重点在水稻穗期，在幼虫一、二龄高峰期施药，一般年份用药 1 次，大发生年份可用药 2 次，每次每 $667m^2$ 用 50%杀螟丹可溶粉剂 80～100g（有效成分 40～50g）对水喷雾。安全间隔期为 21d，每季最多使用 3 次。

注意事项：

1. 对鱼、蜜蜂和家蚕有毒，用药时应远离饲养场所，并避免污染水源。
2. 水稻扬花期或作物被雨露淋湿时不宜施药，若喷药浓度高对水稻也会有药害。

十、植 物 源 类

除 虫 菊 素

中文通用名称：除虫菊素

英文通用名称：pyrethrin

化学结构式：

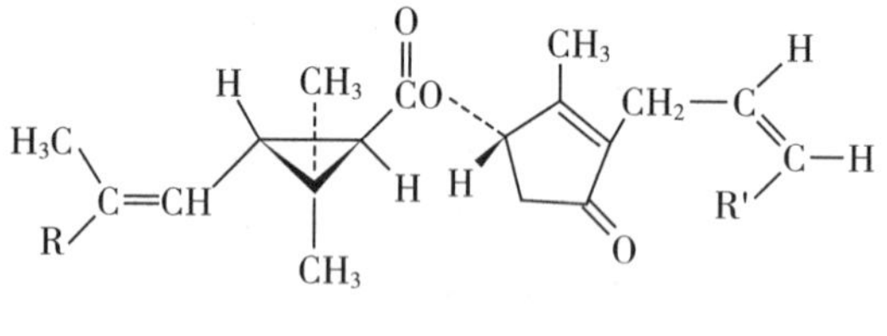

R: $—CH_3$，$—COOCH_3$

R': $—CH=CH_2$，$—CH_3$，$—CH_2CH_3$

理化性质：除虫菊素是从天然除虫菊花中分离萃取的具有杀虫效果的活性成分，内含除虫菊素Ⅰ（pyrethrin Ⅰ）、除虫菊素Ⅱ（pyrethrin Ⅱ）、瓜菊素Ⅰ（cinerin Ⅰ）、瓜菊素Ⅱ（cinerin Ⅱ）、茉莉菊素Ⅰ（jasmolin Ⅰ）和茉莉菊素Ⅱ（jasmolin Ⅱ）。外观为浅黄色油状黏稠物，蒸气压极低。水中几乎不溶，易溶于有机溶剂，如醇类、氯化烃类、硝基甲烷等，在碱液中迅速水解，并随之失去杀虫活性。

毒性： 按照我国农药毒性分级标准，除虫菊素属低毒。属于神经毒剂，接触部位皮肤感到刺痛，尤其在口、鼻周围，但无红斑。每日每千克体重允许摄入量 0.04mg。对鱼高毒，96h 静态试验，银大马哈鱼 LC_{50} 为 39mg/L，水渠鲇鱼 LC_{50} 为 114mg/L，蓝鳃太阳鱼 LC_{50} 为 50μg/L，虹鳟鱼 LC_{50} 为 5.2μg/L。对蜜蜂高毒，经口 LD_{50} 为 22ng/只，接触 130～290 ng/只。对野鸭急性经口 LD_{50}>10 000mg/kg。太阳光和紫外光可加速分解。

作用特点： 除虫菊素具有触杀、胃毒和驱避作用，能对周围神经系统、中枢神经系统及其他器官组织同时起作用，延长钠离子通道的开放，致使昆虫击倒而后死亡。兼具杀螨活性。

制剂： 1.5%除虫菊素水乳剂，5%除虫菊素乳油。

1.5%除虫菊素水乳剂

理化性质及规格： 外观为黄色均匀液体，无可见悬浮物和沉淀。pH5～7。密度 0.965 3g/mL，闪点 42℃，黏度 2.83Pa·s。

毒性： 按照我国农药毒性分级标准，1.5%除虫菊素水乳剂属低毒。雄、雌大鼠急性经口 LD_{50}>4 640mg/kg，大鼠急性经皮 LD_{50}>2 150mg/kg。对兔皮肤无刺激性，对眼睛有轻度刺激；对豚鼠皮肤有弱致敏性。

使用方法：

防治十字花科蔬菜蚜虫　在蚜虫始盛期施药，每 667m^2 用 1.5%除虫菊素水乳剂 120～180mL（有效成分 1.8～2.7g）对水喷雾。安全间隔期为 2d，每季最多使用 3 次。

注意事项：

1. 紫外线照射会加速该药分解。为延长药剂作用时间，避免在烈日下施药，日落后施药效果最佳。

2. 对蜜蜂、鱼类等水生生物、家蚕有毒，施药期间应避免对周围蜂群的影响，开花植物花期、蚕室和桑园附近禁用。

3. 除虫菊素不能与石硫合剂、波尔多液、松脂合剂等碱性农药混用。

4. 属神经毒剂，口、鼻周围皮肤接触可能感到刺痛；接触量大时可能引起头痛、头昏、恶心等症状。中毒急救方法同一般农药。

苦　参　碱

中文通用名称： 苦参碱

英文通用名称： matrine

其他名称： 苦参素

化学名称： 苦参碱

化学结构式：

O

N

N

理化性质： 纯品外观为白色粉末，在乙醇、氯仿、甲苯、苯中极易溶解，在丙酮中易溶，在水中溶解，在石油醚、热水中略溶。酸碱度≤1.0（以 H_2SO_4 计）。热储存在（54±2)℃条件下，14d 分解率≤5.0%，(0±1)℃冰水溶液中放置 1h 无结晶，无分层，不可与碱性物质混用。

毒性： 按照我国农药毒性分级标准，苦参碱属于低毒。原药大鼠急性经口、经皮 LD_{50} 均>5 000mg/kg，小鼠腹腔注射 LD_{50} 为 150mg/kg，大鼠腹腔注射 LD_{50} 为 125mg/kg；无致突变、致畸作用，无胚胎毒性，有弱蓄积性。

作用特点： 属广谱性植物杀虫剂，是由中草药植物苦参的根、茎、叶、果实经乙醇等有机溶剂提取制成的一种生物碱。苦参碱是天然植物农药，害虫一旦触及本药，即麻痹神经中枢，继而使虫体蛋白质凝固，堵死虫体气孔，使害虫窒息而死。对人、畜低毒，具触杀和胃毒作用。

制剂： 0.3%、0.5%、0.6%、1.3%、2%苦参碱水剂。

0.3%苦参碱水剂

理化性质及规格： 由有效成分苦参碱、助剂、水等组成，外观为深褐色液体。酸度为 1.0%。

毒性： 按照我国农药毒性分级标准，0.3%苦参碱水剂属低毒。大鼠急性经口 LD_{50}>10 000mg/kg，急性经皮 LD_{50}>5 000mg/kg；对兔眼睛有轻度刺激，对皮肤无刺激。

使用方法：

1. *防治十字花科蔬菜菜青虫和蚜虫*　防治菜青虫在成虫产卵高峰后 7d 左右、幼虫处于三龄以前施药，每次每 667m^2 用 0.3%苦参碱水剂 80～120mL（有效成分 0.24～0.36g）对水喷雾；防治蚜虫在始盛期施药，每次每 667m^2 用 0.3%苦参碱水剂 140～160mL（有效成分 0.42～0.48g）对水喷雾。安全间隔期为 2d，每季最多使用 5 次。

2. *防治苹果树红蜘蛛*　在苹果开花后、红蜘蛛越冬卵开始孵化至孵化结束期施药，用 0.3%苦参碱水剂 500～1 500 倍液（有效成分浓度 2～6mg/kg）整株喷雾。

注意事项：

1. 不能与强酸、强碱性农药等物质混用。
2. 喷药后不久降雨需再补喷一次。

烟　碱

中文通用名称： 烟碱

英文通用名称： nicotine

化学名称： (S) -3-（1-甲基-2-吡咯烷基）吡啶

化学结构式：

N　CH₃ — N　H

理化性质：外观为无色至淡黄色透明油状液体，有臭味，见光和暴露在空气中颜色很快变深发黏，熔点－80℃，沸点 246～247℃，蒸气压 5.65Pa（25℃），密度 1.009 7g/cm^3（20℃/4℃），60℃以下与水混溶，形成水合物。易溶于水、乙醇、乙醚、氯仿和石油醚等有机溶剂。

毒性：按照我国农药毒性分级标准，烟碱属高毒。大鼠急性经口 LD_{50} 为 50mg/kg，小鼠急性经口 LD_{50} 为 3mg/kg，兔急性经皮 LD_{50} 为 50mg/kg。

作用特点：烟碱是一种吡啶型生物碱，俗称尼古丁。对害虫有胃毒、触杀、熏蒸作用，并有杀卵作用。作用机理是麻痹神经，烟碱的蒸气可从虫体任何部分侵入体内而发挥毒杀作用。烟碱易挥发，故残效期短。

10%烟碱乳油

理化性质及规格：外观为红褐色液体。pH5～7。密度 0.970 4g/mL，闪点 24.8℃，无腐蚀性，不易爆炸。pH9.0～10.0。

毒性：按照我国农药毒性分级标准，10%烟碱乳油属中等毒。雌、雄大鼠急性经口 LD_{50} 分别为 681mg/kg 和 316mg/kg，急性经皮 LD_{50}＞2 000mg/kg，急性吸入 LC_{50}＞2 000 mg/kg（4h）；对家兔皮肤、眼睛均有轻度刺激，对豚鼠皮肤属弱致敏物。

使用方法：

防治烟草烟青虫　在低龄幼虫期施药，每 667m^2 用 10%烟碱乳油制剂量 50～75mL（有效成分 5～7.5g）对水喷雾。

注意事项：

1. 不可与碱性物质混合使用。

2. 早期中毒为流涎、恶心、呕吐和腹泻，剂量高时迅速出现循环衰竭、呼吸困难、意识丧失。无解毒剂，如误服，应携标签将病人送到医院进行救治，用清水或盐水彻底洗胃；如丧失意识，开始时可吞服活性炭，清洗肠胃。禁服吐根糖浆。可对症治疗。

印　楝　素

中文通用名称：印楝素

英文通用名称：azadirachtin

化学结构式：

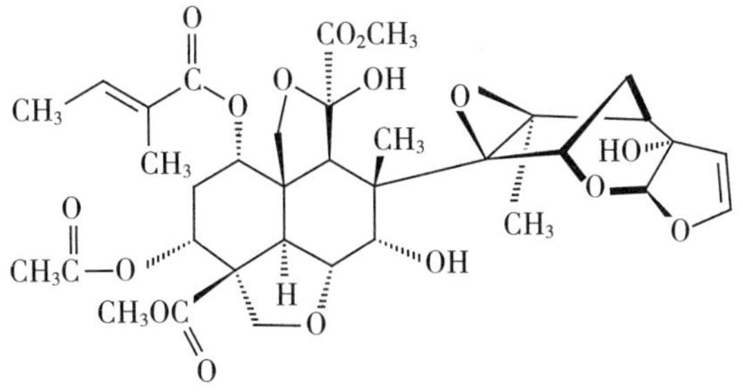

理化性质：原药外观为深棕色半固体，相对密度 1.1～1.3，熔点 154～158℃。易溶于甲醇、乙醇、乙醚、丙酮，微溶于水、乙酸乙酯。对光、热不稳定。

毒性：按照我国农药毒性分级标准，印楝素属于低毒。大鼠急性经口 LD_{50}＞5 000mg/kg，急性吸入 LC_{50} 为 0.72mg/L，对兔急性经皮 LD_{50}＞2 000mg/kg；对兔皮肤无刺激，对兔眼睛有轻微刺激性，对人、畜、鸟和蜜蜂安全，不影响捕食性及寄生性天敌，在环境中很容易降解。

作用特点：印楝素是从印楝树中提取的植物性，主要分布在种核中，其次在叶中，属于四环三萜类。主要作用表现在降低蜕皮激素的释放量，其结构类似昆虫的蜕皮激素，是昆虫蜕皮激素的抑制剂，阻止若虫或幼虫的蜕皮。也可以直接破坏表皮结构或阻止表皮几丁质的形成。直接或间接通过破坏昆虫口器的化学感应器官而产生拒食作用，降低昆虫的取食率和对食物的转化利用率。对雄虫生殖系统有影响，改变昆虫的交尾及性行为。最终表现为对昆虫有拒食、干扰产卵、干扰昆虫变态，使其无法蜕变为成虫、驱避幼虫及抑制其生长发育，而达到杀虫目的。对环境、人、畜、天敌比较安全，对害虫不易产生抗药性。

制剂：0.3%、0.5%、0.6%、0.7%、0.8%印楝素乳油。

0.3%印楝素乳油

理化性质及规格：外观为深棕色均相液体，密度 0.9～0.98g/cm^3，pH4.5～7.5。在中性和微酸、微碱性条件下稳定，强酸条件下分解。

毒性：按照我国农药毒性分级标准，0.3%印楝素乳油属低毒。雌大鼠急性经口 LD_{50} 为 1 960mg/kg，雌、雄大鼠急性经皮 LD_{50}＞2 000mg/kg；对家兔皮肤无刺激，对家兔眼睛有轻度刺激。

使用方法：防治十字花科蔬菜小菜蛾在一、二龄幼虫盛发期施药，每 667m^2 用 0.3%印楝素乳油 60～90mL（有效成分 0.18～0.27g）对水喷雾。视虫害发生情况，每隔 7～10d 左右施药一次，可连续用药 3 次，安全间隔期为 5d。

注意事项：

1. 不可与碱性农药、碱性肥料和碱性水混合使用。
2. 该药作用速度较慢，要掌握施药适期，不要随意加大用药量。
3. 不慎接触皮肤或溅入眼睛，立即用大量流动清水冲洗至少 15min，仍有不适时，就医。如发生中毒携标签送医院就诊，对症治疗。无特效解毒剂。

藜　芦　碱

中文通用名称：藜芦碱

英文通用名称：vertrine

其他名称：虫敌，西伐丁，cevadine，sabadilla

化学名称：3，4，12，14，16，17，20-七羟基-4，9-环氧-3-（2-甲基-2-丁烯酸酯），[3β（Z），4α，16β]-沙巴达碱

化学结构式：

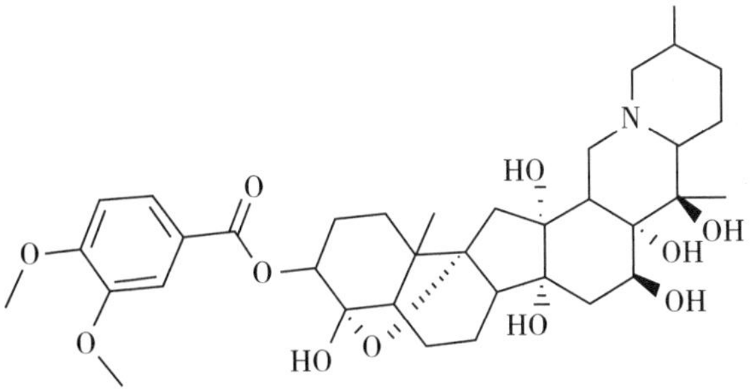

理化性质：纯品为扁平针状结晶，熔点 213～214.5℃。1g 溶于约 15mL 乙醇或乙醚，溶于大多数有机溶剂，微溶于水，水中的溶解度为 555mL/L。

毒性：按照我国农药毒性分级标准，藜芦碱属低毒。对人、畜低毒，对环境安全。原药对眼睛有轻微刺激作用，无致突变、致畸和致癌作用。

作用特点：藜芦碱是以中药材为原料经乙醇萃取而成，具有触杀和胃毒作用。药剂经虫体表皮或吸食进入消化系统后，造成局部刺激，引起反射性虫体兴奋，继之抑制虫体感觉神经末梢，进而抑制中枢神经而致害虫死亡，药效可持续 10d 以上。

制剂：0.5%藜芦碱可溶液剂。

0.5%藜芦碱可溶液剂

理化性质及规格：由主要活性成分藜芦碱≥0.5%、其他中草药提取物、乙醇等组成。外观为草绿色或棕色透明液体，密度 0.8～0.9g/cm^3，酸度（以 H_2SO_4 计）≤0.1%，储存时有少量沉淀物质属正常。稀释稳定性、热储稳定性合格。

毒性：按照我国农药毒性分级标准，0.5%藜芦碱可溶液剂属低毒。对小鼠急性经口 LD_{50} 为 20 000mg/kg，家兔急性经皮 LD_{50} 为 5 000mg/kg，家兔急性吸入 LC_{50} 为7 000mg/kg。

使用方法：

1. 防治甘蓝菜青虫　于菜青虫卵孵盛期至低龄幼虫期施药，每 667m^2 使用 0.5%藜芦碱可溶液剂 75～100mL（有效成分 0.38～0.5g）对水喷雾。安全间隔期为 3d，最多使用 3 次。

2. 防治棉花棉铃虫和棉蚜　于棉铃虫低龄幼虫高峰期和棉蚜发生始盛期施药，每 667m^2 用 0.5%藜芦碱可溶液剂 75～100mL（有效成分 0.38～0.5g）对水喷雾。安全间隔期为 7d，每季最多使用 3 次。

注意事项：

1. 不可与强酸、碱性制剂混用。

2. 易光解，应在避光、干燥、通风、低温条件下储存。

3. 对蜜蜂、鱼类等水生生物、家蚕有毒，施药期间应避免对周围蜂群的影响，开花植物花期、蚕室和桑园附近禁用，鸟类保护区域禁用，赤眼蜂等天敌放飞区域禁用。

4. 中毒症状：结膜和黏膜有轻度充血，严重时伴有恶心、呕吐。如误服，应及时携标签将病人送至医院，用鞣酸或活性洗胃液洗胃，静脉滴注葡萄液，肌肉注射阿托品等对症治疗。

桉　油　精

中文通用名称： 桉油精

英文通用名称： eucalyptol

其他名称： 桉树脑，桉叶素，桉树醇，蚊菌清

化学名称： 1，3，3-三甲基-2-氧双环［2，2，2］辛烷

化学结构式：

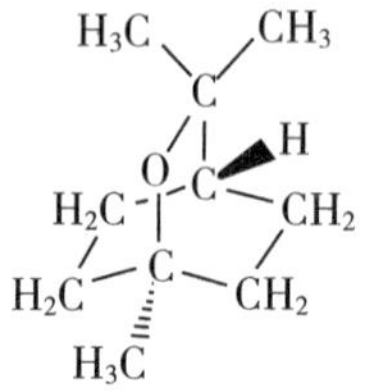

H_3C　CH_3
C
O　C　H
H_2C　CH_2
H_2C　C　CH_2
H_3C

理化性质： 桉油精属单萜类化合物，无色液体，味辛冷，有与樟脑相似的气味。熔点1.5℃，沸点176～178℃，密度（25℃）0.921～0.930g/cm^3。折射率1.454～1.461，与乙醇、氯仿、冰醋酸、乙醚及油可混溶，几乎不溶于水。

毒性： 按照我国农药毒性分级标准，桉油精属低毒。大鼠急性经口 LD_{50} 为2 480mg/kg，小鼠急性经皮 LD_{50} 为1 070mg/kg。

作用特点： 桉油精是一种新型植物源。以触杀作用为主，具有高效、低毒等特点。

制剂： 5%桉油精可溶液剂。

5%桉油精可溶液剂

理化性质及规格： 外观为稳定均相液体，无可见的悬浮物或沉淀。pH4～6。

毒性： 按照我国农药毒性分级标准，5%桉油精可溶液剂属低毒。雌、雄大鼠急性经口 LD_{50} 为3 160mg/kg，急性经皮 LD_{50} ＞2 000mg/kg；对家兔皮肤、眼睛均无刺激，对豚鼠皮肤属弱致敏物。

使用方法：

防治十字花科蔬菜蚜虫　在蚜虫始盛期施药，每次每667m^2用5%桉油精可溶液剂70～100mL（有效成分3.5～5g）对水喷雾。安全间隔期为7d，每季最多使用2次。

注意事项：

1. 不能与波尔多液等碱性农药等物质混用。

2. 对蜜蜂、鱼类、鸟类有毒。施药时避免对周围蜂群产生影响，蜜源植物花期、桑园和蚕室附近禁用，远离水产养殖区施药，不要让药剂污染河流、水塘和鸟类聚居地。

苦　皮　藤　素

中文通用名称： 苦皮藤素

英文通用名称： celastrus angulatus

化学名称： β-二氢沉香呋喃多元酯

理化性质： 原药外观为深褐色均质液体，熔点214～216℃。不溶于水，易溶于芳香烃、

乙酸乙酯等中等极性溶剂，能溶于甲醇等极性溶剂，在非极性溶剂中溶解度较小。在中性或酸性介质中稳定，强碱性条件下易分解。

毒性： 按照我国农药毒性分级标准，苦皮藤素属低毒。对高等动物安全，对鸟类、水生动物、蜜蜂及主要天敌安全。

作用特点： 目前已从苦皮藤根皮或种子中分离鉴定出数十个新化合物，特别是从种油中获得4个结晶，即苦皮藤酯Ⅰ～Ⅳ，从根皮中获得5个纯天然产物，即苦皮藤素Ⅰ～Ⅴ，这些苦皮藤中的杀虫活性成分均简称为苦皮藤素。苦皮藤素Ⅰ对害虫具有拒食作用，苦皮藤素Ⅱ、Ⅲ对小地虎、甘蓝夜蛾、棉小造桥虫等昆虫有胃毒作用，苦皮藤素Ⅳ对昆虫具有选择麻醉作用。其活性成分系倍半萜多醇酯类化合物，主要作用于昆虫消化道组织，破坏其消化系统正常功能，导致昆虫进食困难，饥饿而死。具有麻痹、拒食、驱避、胃毒和触杀作用，不易产生抗性和交互抗性，不伤害天敌，且理化性能稳定，无公害。

制剂： 1%苦皮藤素乳油。

1%苦皮藤素乳油

理化性质及规格： 1%苦皮藤素乳油是以卫矛科野生灌木植物苦皮藤根皮为原料，经有机溶剂（苯）提取后，将提取物、助剂和溶剂以适当比例混合而成的杀虫剂。外观为棕红色澄明液体，无可见悬浮物和沉淀。密度0.904～0.907g/cm^3。闪点＞150℃。具有耐光、热、弱酸、弱碱等性能。

毒性： 按照我国农药毒性分级标准，1%苦皮藤素乳油属低毒。雌、雄大鼠急性经口LD_{50}为1 756.9mg/kg，急性经皮LD_{50}＞10 000mg/kg；对家兔皮肤、眼睛均有轻度刺激，对豚鼠皮肤属弱致敏物。

使用方法：

防治十字花科蔬菜菜青虫　在幼虫三龄前施药，每667m^{2}用1%苦皮藤素乳油50～70mL（有效成分0.5～0.7g）对水喷雾。

注意事项：

1. 苦皮藤素为低毒农药，对人、畜安全。接触后，请用肥皂水清洗手等接触部位，如发生误食，请持标签送医院对症治疗。

2. 勿与其他碱性农药混用。

鱼　藤　酮

中文通用名称： 鱼藤酮

英文通用名称： rotenone

化学名称： [2R-(6aS，12aS)]-1，2，6，6a-六氢-2-异丙烯基-8，9-二甲氧基苯并吡喃[3，4-b]呋喃并[2，3-h]吡喃-6-酮

化学结构式：

理化性质： 纯品为无色六角板状晶体，熔点163℃（同质二晶型的熔点181℃）。几乎不溶于水（100℃水中溶解度15mg/L），微溶于矿物油和四氯化碳，易溶于极性有机溶剂，在氯仿中溶解度最大（427g/L）。遇碱消旋，易氧化，尤其在光或碱存在下氧化快，而失去杀虫活性。在干燥情况下比较稳定。

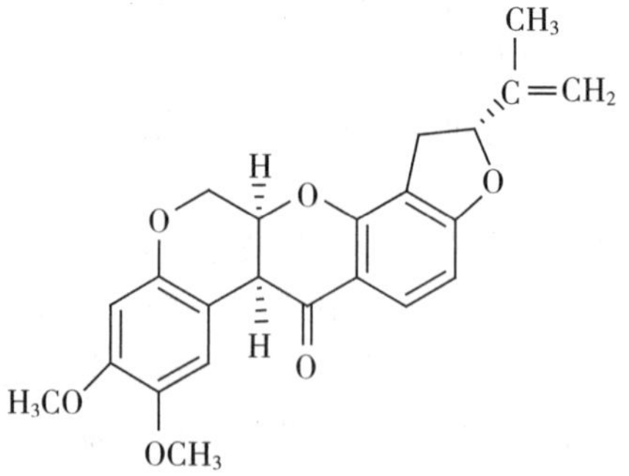

毒性： 按照我国农药毒性分级标准，鱼藤酮属高毒。原药对大鼠急性经口 LD_{50} 为 124.4mg/kg，急性经皮 LD_{50}≥2 050mg/kg。

作用特点： 鱼藤酮可从鱼藤根的萃取液中结晶得到。是一种历史比较久的植物源杀虫剂，具选择性，无内吸性，见光易分解，在空气中易氧化，在作物上残留时间短，对环境无污染，对天敌安全。该药剂杀虫谱广，对害虫有触杀和胃毒作用，能抑制 C-谷氨酸脱氢酶的活性，而使害虫死亡。

制剂： 2.5%、4%、7.5%鱼藤酮乳油。

2.5%鱼藤酮乳油

理化性质及规格： 外观为浅黄至棕黄色液体，密度 0.91mg/L，pH≤8.5，闪点 29℃，低温易析出结晶，高于 80℃易变质。

毒性： 按照我国农药毒性分级标准，2.5%鱼藤酮乳油属中等毒。对大鼠急性经口 LD_{50} 为 176.6mg/kg，急性经皮 LD_{50}≥2 086mg/kg。

使用方法：

防治十字花科蔬菜蚜虫　在蚜虫发生始盛期施药，每 667m^2 用 2.5%鱼藤酮乳油 100～150mL（有效成分 2.5～3.75g）对水喷雾，安全间隔期为 3d，每季最多使用 1 次。

注意事项：

1. 不能与碱性农药混用。
2. 鱼类对鱼藤酮极为敏感，使用时不要污染鱼塘。
3. 应储存于阴凉、黑暗处。避免高温或曝光，远离火源。
4. 水溶液易分解，应随配随用。

十一、微生物源

球 孢 白 僵 菌

中文通用名称： 球孢白僵菌（*Beauveria bassiana*）

理化性质： 球孢白僵菌属半知菌亚门、链孢霉科、白僵菌属，是一种昆虫病原真菌。菌落绒毛状、丛卷毛状至粉状，白色至浅黄色，偶成淡粉色；产孢细胞单生或簇生于菌丝或分生孢子梗上，基部柱状或膨大呈烧瓶形，顶部变细；分生孢子球形或近球形。产品的有效成分为分生孢子。原药为乳白色粉末。杀虫有效成分为活孢子，菌体遇到较高的温度自然死亡而失效。

毒性：按照我国农药毒性分级标准，球孢白僵菌属低毒。雌、雄大鼠急性经口 LD_{50}＞5 000mg/kg，急性经皮 LD_{50}（4h）＞2 000mg/kg；对兔眼睛无刺激性；致敏实验结论为Ⅱ级轻度致敏物，对人、畜无致病作用，对蚕毒性高。

作用特点：白僵菌是一种真菌类杀虫剂，分生孢子存活于寄主表皮或气孔、消化道上，遇适宜条件开始萌发，产出芽管，同时产生脂肪酶、蛋白酶、几丁质酶溶解昆虫表皮，由芽管入侵虫体，在虫体内生长繁殖，消耗寄主体内养分，产生大量菌丝和分泌物，害虫感病后 4～5d 死亡，虫尸变白色并僵硬，体表长满白色粉状孢子，可随风扩散，被其他活虫接触继续感染其他害虫个体。侵染途径因昆虫的种类、虫态、环境条件等的不同而异。侵染同时产生各种毒素，如白僵菌素、卵孢白僵菌素和卵孢子素等。白僵菌需要有适宜的温湿度（温度 24～28℃，相对湿度 90%左右，土壤含水量 5%以上）才能使害虫致病。

制剂：150 亿个孢子/g、400 亿个孢子/g、500 亿个孢子/g 可湿性粉剂；400 亿个孢子/g水分散粒剂；300 亿个孢子/g 可分散油悬浮剂；2 亿个孢子/cm^2 挂条。

400 亿个孢子/g 球孢白僵菌可湿性粉剂

理化性质及规格：外观为可流动、易测量体积的悬浮液体，密度 0.968 2g/mL，黏度 120.4 mPa·s，不可燃，基本无腐蚀性和爆炸性。pH4～7（25℃）。

毒性：按照我国农药毒性分级标准，400 亿个孢子/g 球孢白僵菌可湿性粉剂属低毒。雌、雄大鼠急性经口 LD_{50}＞5 000mg/kg，急性经皮 LD_{50}＞2 000mg/kg，急性吸入 LD_{50}＞2 000mg/kg（4h）；对家兔皮肤无刺激，对家兔眼睛有中度刺激，对豚鼠皮肤属弱致敏物。

使用方法：

1. 防治林木松毛虫　在松毛虫卵孵盛期至低龄幼虫期开始施药，每公顷用 400 亿个孢子/g 球孢白僵菌可湿性粉剂 1 200～1 500g，对水 750～1 125kg 均匀喷雾，温度为 25～28℃，相对湿度为 70%～100%及阴天为最佳施药期。

2. 防治棉花斜纹夜蛾　在幼虫三龄前施药，每 667m^2 用 400 亿个孢子/g 球孢白僵菌可湿性粉剂 25～30g，对水喷雾。

3. 防治林木美国白蛾、光肩星天牛、杨树杨小舟蛾和竹子竹蝗　在低龄幼虫期，用 400 亿个孢子/g 球孢白僵菌可湿性粉剂 1 500～2 500 倍液喷雾。在光肩星天牛的产卵孔（排泄孔）进行枝干注射，可防治天牛幼虫。

4. 防治茶树茶小绿叶蝉　在低龄幼虫盛期施药，每 667m^2 用 400 亿个孢子/g 球孢白僵菌可湿性粉剂 25～30g，对水喷雾。

注意事项：

1. 对家蚕毒性高，应避免在蚕区及附近使用。

2. 不能与化学杀真菌剂混用，菌液配好后应于 2h 内用完，以免过早萌发而失去侵染能力。

3. 药剂储存在阴凉干燥处，包装一旦开启，应尽快用完，以免影响孢子活力。

4. 人体接触过多，有时会产生过敏性反应，出现低烧、皮肤刺痒等症，施用时注意皮肤的防护。

5. 误食请喝 2 杯水后用手指压喉催吐并及时携带标签就医。无特殊解毒剂，可对症治疗。如不慎接触眼睛立即用大量清水冲洗至少 15min，仍有不适时，就医。

金龟子绿僵菌

中文通用名称： 金龟子绿僵菌（*Metarhizium anisopliae*）

其他名称： 绿僵菌、杀蝗绿僵菌

理化性质： 母药外观为浅绿色至橄榄绿色粉末，疏水、油分散性，不应有结块。其活孢率≥90%，有效成分（绿僵菌孢子）≥5×10^{10}孢子/g，含水量≤5.0%，孢子粒径≤60μm，感杂率≤0.01%。

毒性： 按照我国农药毒性分级标准，金龟子绿僵菌属低毒。大鼠急性经口和急性经皮 LD_{50}均>5 000mg/kg，对兔眼睛、皮肤均无刺激；弱致敏物；对小鼠急性致病性实验结果为无致病性。金龟子绿僵菌的寄主范围广，致病力强，对人、畜、农作物无毒，对天敌无影响。

作用特点： 金龟子绿僵菌隶属于半知菌亚门绿僵菌属，是一种昆虫内寄生菌物。金龟子绿僵菌的侵染过程主要分为 4 个阶段，即绿僵菌对寄主的识别与黏附，附着胞形成，分泌水解酶类穿透寄主表皮，适应寄主血淋巴环境并在多重机制下致死昆虫。绿僵菌的分生孢子黏附在寄主体壁表面后，在适宜的条件下开始萌发，形成特殊的侵染结构——附着胞，其内含有大量的线粒体、高尔基体、内质网和核糖体，代谢活动旺盛。附着胞上产生穿透钉，可合成和分泌水解酶类，将虫体局部体壁溶解，穿透钉依靠机械压力穿透昆虫表皮，深入体腔内。进入寄主体内的绿僵菌分泌大量的次生代谢产物，干扰、抑制或对抗寄主免疫系统。绿僵菌与化学农药相比，作用时间持久、无环境污染、对非靶标生物安全，但存在致死时间长、杀虫效率低、受环境影响较大、防效不稳定等缺点。

制剂： 25 亿孢子/g100 亿孢子/g 金龟子绿僵菌可湿性粉剂；100 亿孢子/mL 金龟子绿僵菌油悬浮剂。

100 亿孢子/g 金龟子绿僵菌可湿性粉剂

理化性质及规格： 外观为浅黄白色或类白色粉末，无团块，产品不易燃，基本无腐蚀性。松密度 0.595g/mL、堆密度 0.761g/mL，pH5～7。

毒性： 按照我国农药毒性分级标准，100 亿孢子/g 金龟子绿僵菌可湿性粉剂属低毒。雌、雄大鼠急性经口 LD_{50}>5 000mg/kg，急性经皮 LD_{50}>2 000mg/kg，急性吸入 LC_{50}>5 000mg/kg（2h）；对家兔皮肤无刺激，对家兔眼睛有轻度刺激，对豚鼠皮肤属弱致敏物。

使用方法：

防治草地蝗虫　蝗虫发生盛期及阴天为最佳施药期，每 667m^2 使用 100 亿孢子/g 金龟子绿僵菌可湿性粉剂 20～30g，对水喷雾。

100亿孢子/mL金龟子绿僵菌油悬浮剂

理化性质及规格： 外观为浅黄白色粉末，无团块，无气味，产品不可燃，无腐蚀性。pH5～7。松密度0.3g/cm^3、堆密度0.4g/cm^3。

毒性： 按照我国农药毒性分级标准，100亿孢子/mL金龟子绿僵菌油悬浮剂属低毒。雌、雄大鼠急性经口LD_{50}＞5 000mg/kg，急性经皮LD_{50}＞2 000mg/kg，急性吸入LD_{50}＞2 060mg/kg（4h）；对家兔皮肤有轻度刺激，对家兔眼睛有中度刺激，对豚鼠皮肤属弱致敏物。

使用方法：

防治滩涂飞蝗　于蝗蝻三龄以前，采用超低容量喷雾的方法进行防治，每公顷用100亿孢子/mL金龟子绿僵菌油悬浮剂250～500mL。

注意事项：

1. 如果误食，请喝2杯水后用手指压喉催吐，并及时就医。
2. 包装一旦开启，应尽快用完，以免影响孢子活力。
3. 不可与杀菌剂混用。

苏云金杆菌

中文通用名称： 苏云金杆菌［*Bacillus thuringiensis*（Bt）］

其他名称： BT，Bt

理化性质： 原药为黄色固体，是一种细菌杀虫剂，属好气性蜡状芽孢杆菌群，在芽孢囊内产生杀虫蛋白晶体，已报道有34个血清型，50多个变种。

毒性： 按照我国农药毒性分级标准，苏云金杆菌属于低毒。鼠经口按每千克体重给予2×10^{22}活芽孢无死亡，也无中毒症状。对豚鼠皮肤局部给药无副作用，鼠吸入苏云金杆菌粉尘肉眼病理检查无阳性反应，体重无变化，无反常症状。对鸡、猪、鱼类和蜜蜂的急性和慢性饲料试验也未见异常。

作用特点： 苏云金杆菌是一类革兰氏阳性土壤芽孢杆菌，在形成芽孢的同时，产生伴孢晶体，这种晶体蛋白能进入昆虫中肠，在中肠碱性条件下降解为具有杀虫活性的毒素，使肠道在几分钟内麻痹，破坏肠道内膜，造成细菌的营养细胞易于侵袭和穿透肠道底膜进入血淋巴，使昆虫停止取食，最后因饥饿和败血症而死亡。苏云金杆菌可产生两大类毒素：内毒素（即伴孢晶体）和外毒素（α、β和γ外毒素）。伴孢晶体是主要毒素，外毒素作用缓慢，在蜕皮和变态时作用明显。据统计，目前在各种苏云金杆菌变种中已发现130多种可编码杀虫蛋白的基因，由于不同变种中所含编码基因的种类及表达效率的差异，使不同变种在杀虫谱上存在较大差异，现已开发出可有效防治直翅目、鞘翅目、双翅目、膜翅目，特别是鳞翅目的苏云金杆菌生物农药制剂。阴天、雨后或傍晚施药效果好，防止阳光中紫外线杀菌。

制剂： 8 000IU/mg、16 000IU/mg、32 000IU/mg苏云金杆菌可湿性粉剂；2 000IU/μL、4 000IU/μL、6 000IU/μL、8 000IU/μL苏云金杆菌悬浮剂；15 000IU/mg、16 000 IU/mg苏云金杆菌水分散粒剂。

8 000IU/mg 苏云金杆菌可湿性粉剂

理化性质及规格： 苏云金杆菌可湿性粉剂由苏云金杆菌活芽孢和填料等组成，外观为浅灰色粉剂，含水量≤0.3%，细度（通过 0.15mm 筛孔）≥90%，在低于 25℃干燥通风的情况下可储存 2 年。

毒性： 按照我国农药毒性分级标准，8 000IU/mg 苏云金杆菌可湿性粉剂属低毒。雄、雌大鼠急性经口 LD_{50}≥5 000mg/kg；急性经皮 LD_{50}＞2 000mg/kg。

使用方法：

1. 防治白菜、青菜、萝卜小菜蛾和菜青虫　在卵孵盛期至低龄幼虫期施药，采用喷雾方法用药，每 667m^2 用 8 000IU/mg 苏云金杆菌可湿性粉剂 100～300g。

2. 防治茶树茶毛虫　在低龄幼虫期施药，采用喷雾方法用药，每 667m^2 用 8 000IU/mg 苏云金杆菌可湿性粉剂 100～500g。

3. 防治大豆和甘薯天蛾　在低龄幼虫期施药，每 667m^2 用 8 000IU/mg 苏云金杆菌可湿性粉剂 100～150g，对水喷雾。

4. 防治柑橘树柑橘凤蝶　在低龄幼虫期施药，每 667m^2 用 8 000IU/mg 苏云金杆菌可湿性粉剂 150～250g，对水喷雾。

5. 防治高粱、玉米玉米螟　在喇叭口期施药，采用毒土法。每 667m^2 用 8 000IU/mg 苏云金杆菌可湿性粉剂 250～300g，加草木灰或细沙土 5kg 搅拌成毒土，灌入心叶每株用毒土 2g 左右。

6. 防治梨树天幕毛虫和苹果树苹果巢蛾　在低龄幼虫期施药，每 667m^2 用 8 000IU/mg 苏云金杆菌可湿性粉剂 150～250g，整株喷雾。

7. 防治林木柳毒蛾、尺蠖和松毛虫　在低龄幼虫期施药，每 667m^2 用 8 000IU/mg 苏云金杆菌可湿性粉剂 150～500g，对水喷雾。

8. 防治棉花棉铃虫和造桥虫　在低龄幼虫期施药，每 667m^2 用 8 000IU/mg 苏云金杆菌可湿性粉剂 100～500g，对水喷雾。

9. 防治水稻稻纵卷叶螟和稻苞虫　在低龄幼虫期施药，每 667m^2 用 8 000IU/mg 苏云金杆菌可湿性粉剂 100～400g，对水喷雾。

10. 防治烟草烟青虫　在低龄幼虫期施药，每 667m^2 用 8 000IU/mg 苏云金杆菌可湿性粉剂 250～500g，对水喷雾。

11. 防治枣树枣尺蠖　在低龄幼虫期施药，每 667m^2 用 8 000IU/mg 苏云金杆菌可湿性粉剂 250～300g，对水喷雾。

8 000IU/μL 苏云金杆菌悬浮剂

理化性质及规格： 苏云金杆菌悬浮剂外观为棕黄色至褐色悬浮液体，毒素蛋白含量≥0.8%，pH4.5～6.5，细度（150μm 下）≥98%，悬浮率≥80%。

毒性： 按照我国农药毒性分级标准，8 000IU/μL 苏云金杆菌悬浮剂属低毒。雄、雌大鼠急性经口 LD_{50}≥4 640mg/kg，急性经皮 LD_{50}＞2 150mg/kg。

使用方法：

1. 防治茶树茶毛虫和森林松毛虫　在低龄幼虫期，用 8 000IU/μL 苏云金杆菌悬浮剂

200～400 倍液，均匀喷雾。

2. 防治棉花棉铃虫　在低龄幼虫期，每 $667m^2$ 用 8 000IU/μL 苏云金杆菌悬浮剂 200～250mL，对水喷雾。

3. 防治十字花科蔬菜小菜蛾和菜青虫　防治菜青虫在低龄幼虫盛发期施药；防治小菜蛾在卵孵化盛期至幼虫二龄以前施药，每 $667m^2$ 用 8 000IU/μL 苏云金杆菌悬浮剂 100～150mL，对水喷雾。

4. 防治水稻稻纵卷叶螟和烟草烟青虫　在卵孵化盛期施药，每 $667m^2$ 用 8 000IU/μL 苏云金杆菌悬浮剂 200～250mL，对水喷雾。

5. 防治玉米玉米螟　在卵孵化盛期至一、二龄幼虫期施药，每 $667m^2$ 用 8 000IU/μL 苏云金杆菌悬浮剂 150～200mL，拌细沙后灌心叶处理。

6. 防治枣树枣尺蠖　在幼虫三龄前施药，用 8 000IU/μL 苏云金杆菌悬浮剂 200～400 倍液整株喷雾。

16 000IU/mg 苏云金杆菌水分散粒剂

理化性质及规格：外观为干燥的灰白色或浅黄褐色颗粒，可自由流动，无可见外来杂质或硬团块。pH 5.0～7.0，悬浮率≥70%，对紫外光敏感，遇碱不稳定。

毒性：按照我国农药毒性分级标准，16 000IU/mg 苏云金杆菌水分散粒剂属低毒。雄、雌大鼠急性经口 LD_{50}>5 000mg/kg，急性经皮 LD_{50}>2 000mg/kg。对眼睛、皮肤无刺激作用，弱致敏物。

使用方法：

防治甘蓝甜菜叶蛾、小菜蛾和菜青虫　在菜青虫、小菜蛾卵孵盛期至 2～3 龄幼虫期施药，甜菜夜蛾卵孵盛期施药，每 $667m^2$ 用 16 000IU/mg 苏云金杆菌水分散粒剂 50～75g，对水喷雾至甘蓝菜叶正反两面，害虫取食药剂 1h 后即会中毒而停止取食，不再为害作物，但 1～2d 后才死亡。

注意事项：

1. 该药剂对蜜蜂、家蚕有毒，施药期间应避免对周围蜂群的影响，应避开蜜源作物花期，蚕室和桑园附近禁用。

2. 该药剂对鱼类等水生生物有毒，应远离水产养殖区施药，禁止在河塘等水体中清洗施药器具。

3. 该药剂不可与呈碱性的物质混合使用，不能与内吸性有机磷杀虫剂或杀菌剂混合使用。

4. 该药剂对瓜类、莴苣苗期及烟草敏感，施药时应避免药液飘移到上述作物上，以防产生药害。

阿 维 菌 素

中文通用名称：阿维菌素

英文通用名称：abamectin

其他名称：螨虫素，齐螨素，害极灭，杀虫丁

化学结构式：

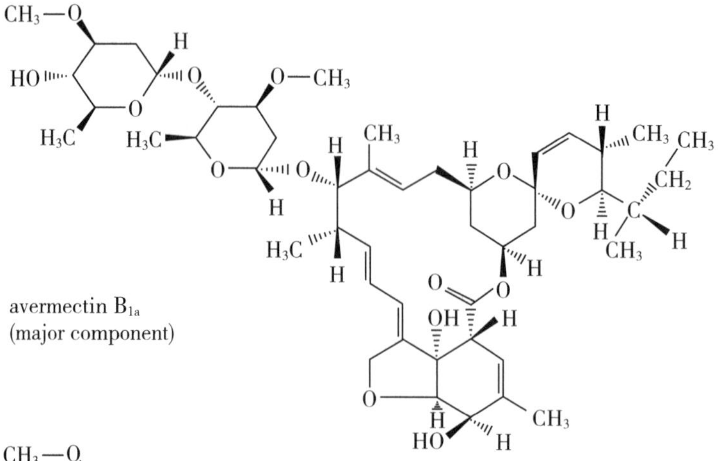

avermectin B_{1a}
(major component)

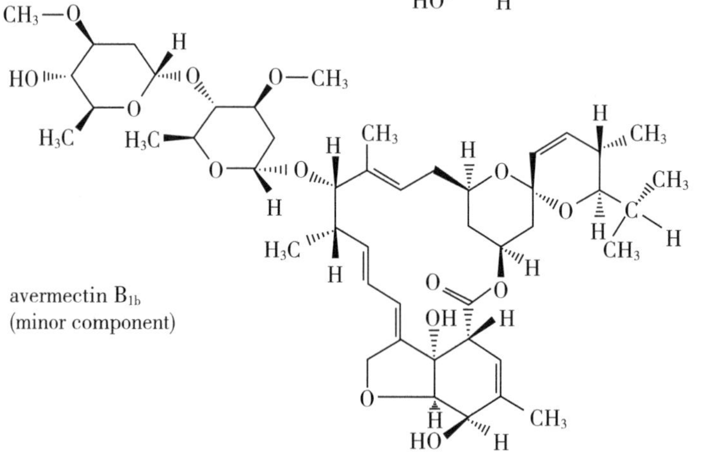

avermectin B_{1b}
(minor component)

理化性质：原药为白色或黄色结晶（含 B1a≥90%，B1b＜20%），无味。蒸气压 2×10^{-7}Pa，熔点 150～155℃。21℃时水中溶解度 7.8μg/L，有机溶剂则分别为：丙酮 100g/L、甲苯 350g/L、异丙醇 70g/L、氯仿 25g/L、乙醇 20g/L、甲醇 19.5g/L、正丁醇 10g/L、环己烷 6g/L。常温下不易分解；在 25℃时，在 pH5～9 的溶液中无分解现象。常温储存稳定，对热稳定，对光、强酸、强碱不稳定。

毒性：按照我国农药毒性分级标准，阿维菌素属高毒。该药剂是一种大环内酯双糖类化合物，大鼠急性经口 LD_{50} 为 10mg/kg，急性经皮 LD_{50}＞380mg/kg；小鼠急性经口 LD_{50} 为 13.6mg/kg；对兔急性经皮 LD_{50}＞2 000mg/kg。每日每千克体重允许摄入量 0～0.000 1mg。对皮肤无刺激，对眼睛有轻度刺激。早期中毒症状为瞳孔放大，行动失调，肌肉颤抖，严重时导致呕吐。

作用特点：阿维菌素作用机制与一般杀虫剂不同的是阿维菌素是干扰神经生理活动。阿维菌素通过作用于昆虫神经元突触或神经肌肉突触的 GABA 受体，干扰昆虫体内神经末梢的信息传递，即激发神经末梢放出神经传递抑制剂 γ-氨基丁酸（GABA），促使 GABA 门控的氯离子通道延长开放，大量氯离子涌入造成神经膜电位超级化，致使神经膜处于抑制状态，从而阻断神经末梢与肌肉的联系。成虫（成螨）、幼虫（若螨）与药剂接触后即出现麻痹症状，不活动不取食，2～4d 后死亡。因不引起昆虫迅速脱水，所以该药剂的致死作用较慢。阿维菌素对捕食性和寄生性天敌虽有直接杀伤作用，但因植物表面残留少，因此对益虫的损伤小；但对根节线虫作用明显。阿维菌素对昆虫和螨类具有触杀、胃毒和微弱的熏蒸作用，无内吸活性；对叶片有很强的渗透性，可杀死表皮下的害虫，且残效期长，不杀卵。因其作用机制独特，所以与常用的药剂无交互抗性。

制剂：0.5%、1%、1.8%、3.2%、5%阿维菌素乳油，1.8%、3%、5%阿维菌素微乳剂，0.5%、1%、1.8%阿维菌素可湿性粉剂。

1.8%阿维菌素乳油

理化性质及规格：外观为稳定的均相液体，无可见悬浮物或沉淀，pH4.5～7.0，对强酸、强碱敏感。

毒性：按照我国农药毒性分级标准，1.8%阿维菌素乳油属低毒。雄、雌大鼠急性经口 LD_{50} 为 2 122.8mg/kg，急性经皮 LD_{50}＞2 000mg/kg。对眼睛、皮肤有中度刺激作用，弱致敏物。

使用方法：

1. 防治十字花科蔬菜小菜蛾和菜青虫　在低龄幼虫期，每 667m^2 用 1.8%阿维菌素乳油 30～40mL（有效成分 0.54～0.72g）对水喷雾。在甘蓝、萝卜、小油菜上安全间隔期分别为 3d、7d、5d，每季最多使用均为 2 次。

2. 防治苹果红蜘蛛、蚜虫，梨树梨木虱，柑橘锈壁虱　在卵孵化盛期和低龄幼虫发生期施药，用 1.8%阿维菌素乳油 3 000～4 000 倍液（有效浓度 2.5～6mg/kg）喷雾，在苹果、梨和柑橘上使用的安全间隔期为 14d，每季最多使用 2 次。

3. 防治菜豆美洲斑潜蝇　在低龄幼虫期，每 667m^2 用 1.8%阿维菌素乳油 60～80mL（有效成分 0.72～1.44g），对水喷雾，安全间隔期为 3d，每季最多使用 2 次。

4. 防治棉铃虫、棉蚜　在低龄幼虫期施药，每 667m^2 用 1.8%阿维菌素乳油 80～120mL（有效成分 1.44～2.16g），对水喷雾，安全间隔期为 21d，每季最多使用 2 次。

3%阿维菌素微乳剂

理化性质及规格：外观为浅黄色均相液体，略有芳香气味。密度 1.051 6g/cm^3，闪点 93℃。

毒性：按照我国农药毒性分级标准，3%阿维菌素微乳剂属中等毒。雌、雄大鼠急性经口 LD_{50} 为 681mg/kg，急性经皮 LD_{50}＞2 000mg/kg，急性吸入 LC_{50}＞2 000mg/L。对家兔皮肤无刺激，对家兔眼睛有轻度刺激。对豚鼠皮肤属弱致敏物。

使用方法：

1. 防治甘蓝小菜蛾和菜青虫　在低龄幼虫期施药，每 667m^2 用 3%阿维菌素微乳剂 18～36mL（有效成分 0.5～1g）对水喷雾。安全间隔期为 2d，每季最多使用 3 次。

2. 防治黄瓜美洲斑潜蝇　在害虫发生初、中期施药，每 667m^2 用 3%阿维菌素微乳剂 24～48mL（有效成分 0.72～1.44g）对水喷雾。安全间隔期为 7d，每季最多使用 3 次。

0.5%阿维菌素可湿性粉剂

理化性质及规格：外观为白色细微粉末。pH5.5～8.0，悬浮率≥70%。

毒性：按照我国农药毒性分级标准，0.5%阿维菌素可湿性粉剂属低毒。雄、雌大鼠急性经口 LD_{50} 分别为 3 690mg/kg 和 4 300mg/kg，急性经皮 LD_{50}≥2 150mg/kg。对眼睛、皮肤无刺激作用，弱致敏物。

使用方法：

1. 防治十字花科蔬菜菜青虫和小菜蛾　在低龄幼虫期施药，每 667m² 用 0.5%阿维菌素可湿性粉剂 108～144g（有效成分 0.54～0.72g）对水喷雾，安全间隔期为 7d，每季最多使用 1 次。

2. 防治棉花红蜘蛛　在低龄幼虫发生高峰期施药，每 667m² 用 0.5%阿维菌素可湿性粉剂 144～288g（有效成分 0.72～1.44g）对水喷雾。安全间隔期为 21d，每季最多使用 2 次。

3. 防治苹果红蜘蛛　在低龄幼虫发生高峰期施药，用 0.5%阿维菌素可湿性粉剂800～1 600倍液（有效成分浓度 3～6mg/kg）整株喷雾，安全间隔期为 14d，每季最多使用 3 次。

4. 防治柑橘红蜘蛛和柑橘锈壁虱　在低龄幼虫发生高峰期施药，用 0.5%阿维菌素可湿性粉剂 500～1 000 倍液（有效成分浓度 4.5～9mg/kg）整株喷雾，安全间隔期为 14d，每季最多使用 2 次。

注意事项：

1. 该药剂对蜜蜂、鱼类等水生生物、家蚕有毒，施药期间应避免对周围蜂群的影响，蜜源作物花期、蚕室和桑园附近禁用。

2. 该药剂不可与碱性物质混用。

甲氨基阿维菌素苯甲酸盐

中文通用名称：甲氨基阿维菌素苯甲酸盐

英文通用名称：Emamectin benzoate

化学名称：4′-表-甲胺基-4′-脱氧阿维菌素苯甲酸盐

化学结构式：

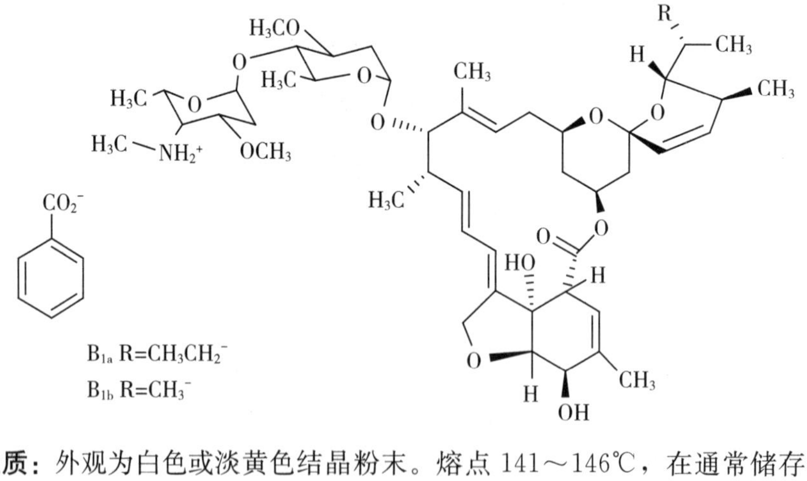

B_{1a} $R=CH_3CH_2^-$

B_{1b} $R=CH_3^-$

理化性质：外观为白色或淡黄色结晶粉末。熔点 141～146℃，在通常储存条件下该药剂稳定，对紫外光不稳定。溶于丙酮、甲苯、微溶于水，不溶于己烷。

毒性：按照我国农药毒性分级标准，甲氨基阿维菌素苯甲酸盐属中高毒。原药对大鼠急性经口 LD_{50} 为 76～89mg/kg，急性吸入（4h）LC_{50} 2.12～4.44mg/m³。野鸭急性经口 LD_{50} 46mg/kg，鹌鹑急性经口 LD_{50} 264mg/kg。虹鳟鱼（96h）LC_{50} 为 174μg/L，水蚤 LC_{50} 0.99μg/L。对兔皮肤和眼睛急性接触 LD_{50}＞2 000mg/kg，对皮肤无刺激。对大部分有益生物安全，无致突变性。

作用特点： 甲氨基阿维菌素苯甲酸盐的作用机理是通过刺激 γ-氨基丁酸的释放，阻碍害虫运动神经信息传递，而使虫体麻痹死亡。作用方式以胃毒为主，无内吸性，但能有效地渗入施用作物表皮组织，因而具有较长残效期。甲氨基阿维菌素苯甲酸盐对防治鳞翅目、螨类、鞘翅目及同翅目害虫有极高活性，且不与其他农作物产生交叉，在土壤中易降解，无残留，在常规剂量范围对有益昆虫及天敌、人、畜安全。

制剂： 0.2%、0.5%、1%、1.5%甲氨基阿维菌素苯甲酸盐乳油。

1%甲氨基阿维菌素苯甲酸盐乳油

理化性质及规格： 外观为白色或淡黄色结晶粉末，常温储存条件下稳定，对紫外光不稳定。

毒性： 按照我国农药毒性分级标准，1%甲氨基阿维菌素苯甲酸盐乳油属低毒。雄、雌大鼠急性经口 LD_{50} 为 2 000mg/kg，急性经皮 $LD_{50} \geqslant 2\ 150$mg/kg。对眼睛中度刺激，对皮肤无刺激作用，弱致敏物。

使用方法：

防治十字花科蔬菜菜青虫、小菜蛾和甜菜夜蛾　低龄幼虫盛发期施药，每次每 667m^2 用 1%甲氨基阿维菌素苯甲酸盐乳油 15～20mL（有效成分 0.15～0.2g）对水喷雾，安全间隔期 3d，每季最多使用 2 次。

注意事项：

1. 不要与碱性农药混用。

2. 该药剂对蜜蜂、家蚕、鸟、鱼类等水生生物有毒，施药期间应避开蜜源作物花期、有授粉蜂群采粉区。避免该药剂在桑园使用和飘移至桑叶上。避免在珍贵鸟类保护区及其觅食区使用。远离水产养殖区施药，药液及其施药用水避免进入鱼类养殖区、产卵区、越冬场、洄游通道的索饵场等敏感水区及保护区，禁止在河塘等水体中清洗施药器具。

伊 维 菌 素

中文通用名称： 伊维菌素

英文通用名称： ivermectin

化学名称： 5-O-去甲基-22，23-双氢阿维菌素 A1

化学结构式：

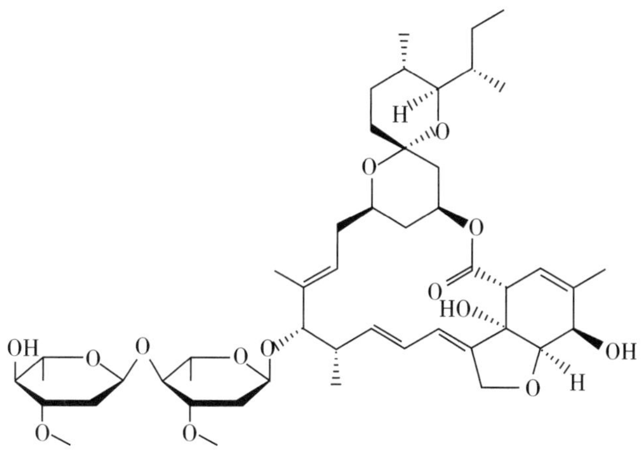

理化性质：外观为白色固体。熔点 145～150℃，难溶于水，易溶于甲醇、乙醇、丙酮、甲苯、二氯甲烷、乙酸乙酯、苯等有机溶剂。对热比较稳定，对紫外光敏感。

毒性：按照我国农药毒性分级标准，伊维菌素属中等毒。雄、雌大鼠急性经口 LD_{50} 分别为 464mg/kg 和 562mg/kg，急性经皮 LD_{50} 分别为 82.5mg/kg 和 68.1mg/kg。

作用特点：伊维菌素是以阿维菌素为先导化合物，通过双键氢化，结构优化而开发成功的新型合成农药。其作用机制是通过与线虫及节肢动物神经细胞或肌肉细胞中以谷氨酸为阀门的氯离子通道的高亲和力结合，打开谷氨酸控制的氯离子通道，导致细胞膜对氯离子通透性增加，从而阻断神经信号传递，使肌细胞失去收缩能力，进而导致虫体神经系统麻痹而死亡。

制剂：0.5%伊维菌素乳油。

0.5%伊维菌素乳油

理化性质及规格：外观为微黄色透明液体，无机械杂质，无刺激性气味。密度 0.872g/mL（20℃），黏度 3mPa·s（20℃），燃点 28℃，闪点 18℃，pH4.0～7.0，熔点 145～150℃。难溶于水，易溶于甲苯、二氯甲烷、乙酸乙酯、苯等有机溶剂。

毒性：按照我国农药毒性分级标准，0.5%伊维菌素乳油属低毒。雌、雄大鼠急性经口 LD_{50} 分别为 1 470mg/kg 和 3 160mg/kg，急性经皮 LD_{50}＞2000mg/kg，急性吸入 LC_{50}＞2 000mg/m^3。对家兔皮肤无刺激，对家兔眼睛有轻度刺激，对豚鼠皮肤属弱致敏物。

使用方法：

防治甘蓝小菜蛾　在低龄幼虫期施药，每 667m^2 用 0.5%伊维菌素乳油 40～60mL（有效成分 0.2～0.3g），对水喷雾。

注意事项：

1. 该药剂对鱼虾蚕有毒，使用时避免污染鱼塘、河流和湖泊。蚕室内及其附近禁用。
2. 过敏者禁用。使用中有任何不良反应请及时就医。

乙基多杀菌素

中文通用名称：乙基多杀菌素

英文通用名称：spinetoram

其他名称：艾绿士

化学结构式：

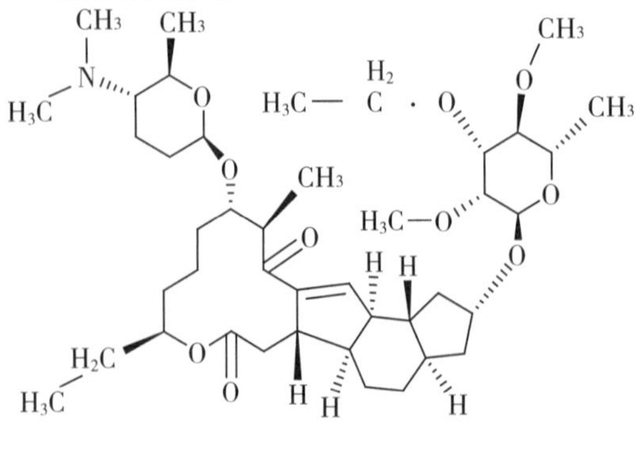

XDE-175-J 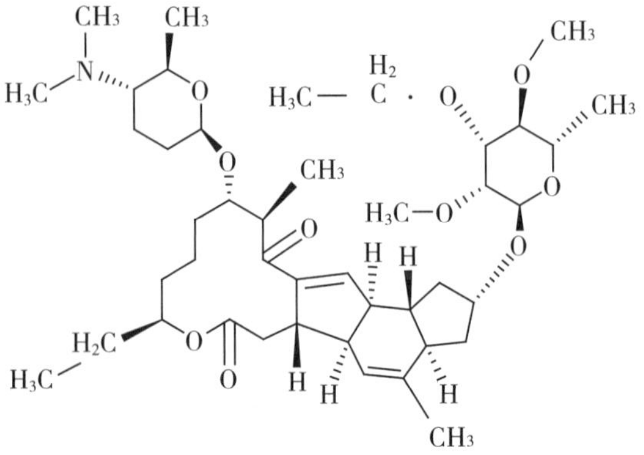　　XDE-175-L

理化性质：乙基多杀菌素原药中有效成分的质量分数为81.2%，有效成分是乙基多杀菌素-J（XDE-175-J）和乙基多杀菌素-L（XDE-175-J）的混合物（比值为3∶1）。外观为灰白色固体，有霉味；溶点：XDE-175-J 143.4℃，XDE-175-L 70.8℃；沸点：XDE-175-J 297.8℃，XDE-175-L 290.7℃；密度1.148 5g/cm³（20℃），pH6.46；溶解度：水中纯口溶解度XDE-175-J 10.0mg/L，XDE-175-L 31.9mg/L，有机溶剂中原药溶解度（g/L）甲醇>250，丙酮>250，n-辛醇132，乙酸乙酯>250，1，2-二氯乙烷>250，二甲苯>250，庚烷61.0；不易燃，不易爆，在（54±2）℃条件下稳定14d。

毒性：按照我国农药毒性分级标准，乙基多杀菌素属低毒。原药对雌、雄大鼠急性经口LD_{50}>5 000mg/kg，急性经皮LD_{50}>5 000mg/kg，急性吸入LC_{50}>5 500mg/m³。每日每千克体重允许摄入量为0.008～0.06mg。Ames试验、小鼠骨髓细胞微核试验、体外哺乳动物细胞基因突变试验、体外哺乳动物细胞染色体畸变试验这三种致突变试验均为阴性，未见致突变性。对兔眼睛有刺激性，皮肤无刺激性，无致敏性。

作用特点：乙基多杀菌素是由放线菌刺糖多孢菌发酵产生的，作用于昆虫神经中烟碱型乙酰胆碱受体和γ-氨基丁酸受体，致使虫体对兴奋性或抑制性的信号传递反应不敏感，影响正常的神经活动，直至虫体死亡。乙基多杀菌素具有胃毒和触杀作用，主要用于防治鳞翅目害虫（小菜蛾、甜菜夜蛾）及缨翅目害虫（蓟马）等。

制剂：60g/L乙基多杀菌素悬浮剂。

60g/L乙基多杀菌素悬浮剂

理化性质及规格：乙基多杀菌素是多杀菌素的换代产品。外观为带霉味的棕褐色液体。pH6～8，细度（通过45μm试验筛）≥98%，悬浮率100%，倾斜性≤5%，冷、热、常温2年储存稳定。

毒性：按照我国农药毒性分级标准，60g/L乙基多杀菌素悬浮剂属低毒。大鼠急性经口、经皮LD_{50}>5 000mg/kg，急性吸入LC_{50}>4 520mg/m³。对兔眼睛有轻度刺激性，对皮肤有刺激性，无致敏性。蓝鳃太阳鱼（96h）LC_{50}≥94.8mg/L，水蚤（48h）EC_{50} 5.41mg/L。鹌鹑LD_{50}>2 250mg/kg，蜜蜂接触毒性（72h）LD_{50} 0.7μg/只，经口毒性（72h）LD_{50} 1.0μg/只，家蚕（2龄）LC_{50} 0.16mg/kg。

使用方法：

1. *防治甘蓝小菜蛾和甜菜夜蛾*　在低龄幼虫期，每667m²用60g/L乙基多杀菌素悬浮剂20～40mL（有效成分1.2～2.4g）对水喷雾，由于该药剂无内吸性，喷药时叶面、叶背、心叶等部位均需着药，安全间隔期为7d，每季最多使用3次，施药间隔时间为7d。

2. *防治茄子蓟马*　在蓟马发生高峰前施药，每667m²用60g/L乙基多杀菌素悬浮剂10～20mL（有效成分0.6～1.2g）对水喷雾，由于该药剂无内吸性，喷药时叶面、叶背、心叶及茄子花等部位均需着药，安全间隔期为5d，每季最多使用3次，施药间隔时间为7d。

注意事项：该药剂对蜜蜂、家蚕等有毒。施药期间应避免影响周围蜂群，禁止在开花植物花期、蚕室和桑园附近使用，施药期间应密切关注对附近蜂群的影响。禁止在河塘等水域内清洗施药器具，不可污染水体，远离河塘等水体施药。

多 杀 霉 素

中文通用名称：多杀霉素

英文通用名称：spinosad

其他名称：菜喜

化学结构式：

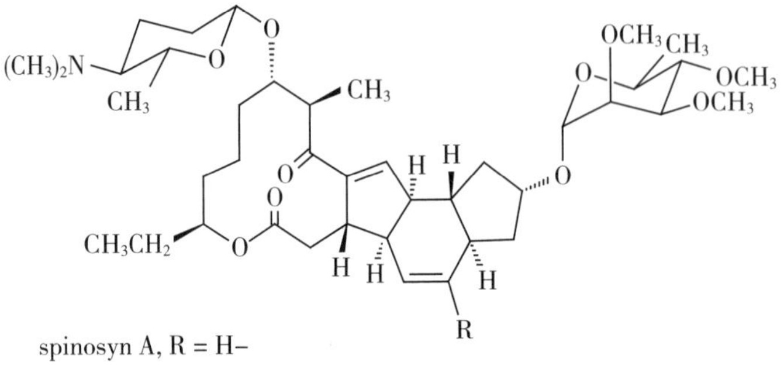

spinosyn A, R = H–

spinosyn D, R = CH_3–

理化性质：原药为白色结晶固体。熔点 Spinosyn A 为 84.0～99.5℃、Spinosyn D 为 161.5～170℃。蒸气压（20℃）为 1.3×10^{-10}Pa。在水中溶解度为 235mg/L（pH7），能以任意比例与醇类、脂肪烃、芳香烃、卤代烃、酯类、醚类和酮类混溶。多杀菌素对金属和金属离子在 28d 内相对稳定；在环境中通过多种途径降解，主要是光降解和微生物降解，最终变为碳、氢、氧、氮等自然成分；见光易分解，水解较快，水中半衰期为 1d，在土壤中半衰期 9～10d。

毒性：按照我国农药毒性分级标准，多杀霉素属低毒。原药对雌大鼠急性经口 LD_{50} ＞5 000mg/kg，雄大鼠急性经口 LD_{50} 为 3 738mg/kg，小鼠急性经口 LD_{50}＞5 000mg/kg，兔急性经皮 LD_{50}＞5 000mg/kg。对皮肤无刺激，对眼睛有轻微刺激，2d 内可消失。对哺乳动物和水生生物的毒性相当低。多杀菌素在环境中可降解，无富集作用，不污染环境。

作用特点：多杀霉素是在刺糖多胞菌发酵液中提取的一种大环内酯类无公害高效生物杀虫剂。其作用机理被认为是作为一种烟酸乙酰胆碱受体的作用体，可以持续激活靶标昆虫烟碱型乙酰胆碱受体（nAChR），但是其结合位点不同于烟碱和吡虫啉；多杀霉素也可以通过抑制 γ-氨基丁酸受体（GABAR）使神经细胞超极化，但具体作用机制不明。多杀菌素对害虫具有触杀和胃毒作用，可使其迅速麻痹、瘫痪，最后导致死亡；且对叶片有较强的渗透作用，可杀死表皮下的害虫，残效期较长；此外对一些害虫具有一定的杀卵作用，但无内吸作用。多杀菌素能有效防治鳞翅目、双翅目和缨翅目害虫、鞘翅目和直翅目中某些大量取食叶片的害虫种类，对刺吸式害虫和螨类的防治效果较差，对捕食性天敌昆虫比较安全。因杀虫作用机制独特，目前尚未发现其与其他杀虫剂存在交互抗药性。杀虫效果受下雨影响较小。

制剂：5%、25g/L、480g/L 多杀霉素悬浮剂，20%多杀霉素水分散粒剂。

25g/L 多杀霉素悬浮剂

理化性质及规格：外观为可流动、易测量体积的稳定悬浮液体。密度 1.056 6g/cm^3（20℃），无腐蚀性。

毒性：按照我国农药毒性分级标准，25g/L 多杀霉素悬浮剂属低毒。雌、雄大鼠急性经口 LD_{50}>5 000mg/kg，急性经皮 LD_{50}>2 000mg/kg，急性吸入 LC_{50}>2 000mg/m^3；对家兔皮肤无刺激，对家兔眼睛无刺激，对豚鼠皮肤属弱致敏物。

使用方法：

1. 防治甘蓝小菜蛾　在低龄幼虫盛发期施药，每次每 667m^2 用 25g/L 多杀霉素悬浮剂 30～60mL（有效成分 0.8～1.6g）对水喷雾，或稀释 1 000～1 500 倍液喷雾。安全间隔期为 1d，每季最多使用 4 次，每次间隔 5～7d。

2. 防治茄子蓟马　在发生初期开始施药，每 667m^2 用 25g/L 多杀霉素悬浮剂 60～100mL（有效成分 1.6～2.5g）对水喷雾，重点喷施幼嫩组织如花、幼果、顶尖及嫩梢等部位。安全间隔期为 3d，每季最多使用 1 次。

注意事项：该药剂直接喷射对蜜蜂高毒，蜜源作物花期禁用并注意对周围蜂群的影响，蚕室和桑园附近禁用。不要在水体中清洗施药器具，避免污染水塘等水体。

十二、其他化学合成杀虫剂

吡　蚜　酮

中文通用名称：吡蚜酮

英文通用名称：pymetrozine

化学名称：（E）-4，5-二氢-6-甲基-4-（3-吡啶亚甲基氨基）-1，2，4-三嗪-3（2H）-酮

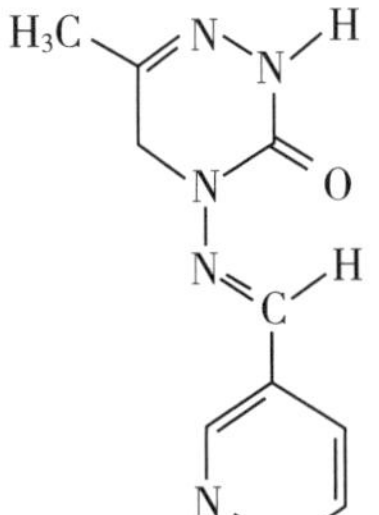

理化性质：外观为白色或浅色粉末。有效成分含量≥95.0%，丙酮不溶物含量≤1.0%，水份≤1.0%。pH 6～9。

毒性：按照我国农药急性毒性分级标准，吡蚜酮属低毒。大鼠急性经口 LD_{50} 1 710mg/kg，急性经皮 LD_{50}>2 000mg/kg。

作用特点：吡蚜酮属于吡啶类或三嗪酮类杀虫剂，是全新的非杀生性杀虫剂。该药剂对多种作物上具刺吸式口器的害虫表现出优异的防治效果。吡蚜酮具有优异的阻断昆虫传毒

功能，蚜虫或飞虱一接触到吡蚜酮几乎立即产生口针阻塞效应，立刻停止取食，最终饥饿致死，而且此过程是不可逆转的。经吡蚜酮处理后的昆虫最初死亡率是很低的，昆虫饥饿致死前仍可存活数日，且死亡率高低与气候条件有关。吡蚜酮对害虫具有触杀作用，同时还有内吸活性，在植物体内既能在木质部输导也能在韧皮部输导。因此既可用作叶面喷雾，也可用于土壤处理。由于其良好的输导特性，在茎叶喷雾后新长出的枝叶也可以得到有效保护。

制剂：50％吡蚜酮水分散粒剂，25％吡蚜酮可湿性粉剂。

50％吡蚜酮水分散粒剂

理化性质及规格：外观为灰色颗粒状固体。密度 0.576g/mL，不具可燃性、爆炸性、腐蚀性。

毒性：按照我国农药急性毒性分级标准，50％吡蚜酮水分散粒剂属微毒。雌、雄大鼠急性经口 LD_{50}＞5 000mg/kg，急性经皮 LD_{50}＞5 000mg/kg，急性吸入 LC_{50}＞5 000mg/m^3。

使用方法：

1. 防治水稻飞虱　在稻飞虱若虫盛发初期施药，每次每 667m^2 用 50％吡蚜酮水分散粒剂 10～20g（有效成分 5～10g）对水喷雾，安全间隔期为 14d，每季最多使用 2 次。

2. 防治观赏菊花蚜虫　在蚜虫盛发期施药，每次每 667m^2 用 50％吡蚜酮水分散粒剂 20～30g（有效成分 10～15g），每季最多使用 3 次。

25％吡蚜酮可湿性粉剂

理化性质及规格：外观为灰白色均匀的疏松粉末，无可燃性、爆炸性和腐蚀性。

毒性：按照我国农药急性毒性分级标准，25％吡蚜酮可湿性粉剂属低毒。雌、雄大鼠急性经口 LD_{50}＞5 000mg/kg，急性经皮 LD_{50}＞5 000mg/kg，急性吸入 LC_{50}＞10 000mg/m^3。对眼睛有轻度刺激性，对皮肤无刺激性，属弱致敏物。

使用方法：

1. 防治水稻飞虱　在稻飞虱若虫盛发初期施药，每次每 667m^2 用 25％吡蚜酮可湿性粉剂 16～24g（有效成分 4～6g）对水喷雾，安全间隔期为 14d，每季最多使用 2 次。

2. 防治观赏菊花蚜虫　在蚜虫盛发期施药，用 25％吡蚜酮可湿性粉剂 1 000～1 500 倍液（有效成分 160～250mg/kg），喷雾。

注意事项：应与不同作用机制的药剂交替使用。

氰 氟 虫 腙

中文通用名称：氰氟虫腙

英文通用名称：metaflumizone

其他名称：艾法迪

化学名称：(E+Z) 2-[2-(4-氰基苯)-1-[(3-三氟甲基) 苯] 亚乙基]-N-[4-(三氟甲氧基苯)]-联氨羰草酰胺

化学结构式：

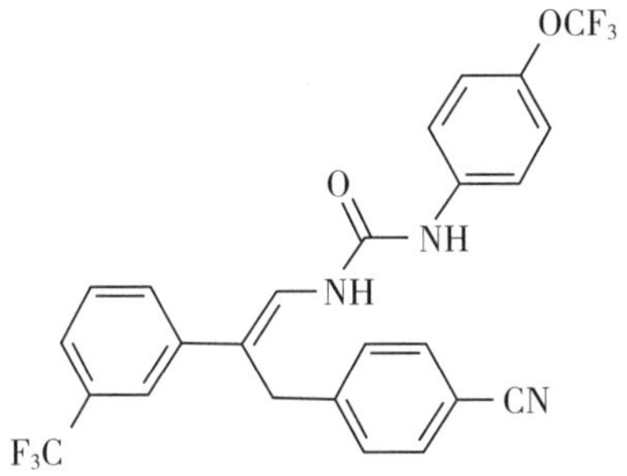

理化性质： 氰氟虫腙原药呈白色晶体粉末状。有效成分含量为 96.13%，熔点为 190℃，蒸气压为 1.33×10^{-9} Pa（25℃，不挥发），水中溶解度为 0.5mg/L，$logP_{ow}$=4.7～5.4（亲脂的）。水解 DT_{50}为 10d（pH7）；在水中的光解迅速，DT_{50}大约为 2～3d；在土壤中光解 DT_{50}为 19～21d；在有空气时光解迅速，DT_{50}＜1d；在有光照时水中沉淀物的 DT_{50}为 3～7d。

毒性： 按照我国农药毒性分级标准，氰氟虫腙属微毒，大鼠急性经口 LD_{50}＞5 000 mg/kg、急性经皮 LD_{50}＞5 000mg/kg、急性吸入 LC_{50}＞5 200mg/m^3。对兔眼睛、皮肤无刺激性。对哺乳动物无神经毒性、Ames 试验呈阴性。鹌鹑经口 LD_{50}＞2 000mg/kg、蜜蜂（48h）经口 LD_{50}＞106mg/只、鲑鱼（96h）LC_{50}＞343ng/g，氰氟虫腙对鸟类的急性毒性低，对蜜蜂低危险。由于在水中能迅速地水解和光解，对水生生物无实际危害。

作用特点： 氰氟虫腙是一种具有全新作用机制的杀虫剂，主要是通过害虫取食进入其体内发挥胃毒作用杀死害虫，触杀作用较小，无内吸作用。该药剂对于各龄期的靶标害虫、幼虫都有较好的防治效果，昆虫取食后进入虫体，附着在钠离子通道的受体上，阻断害虫神经元轴突膜上的钠离子通道，使钠离子不能通过轴突膜，进而抑制神经冲动使虫体过度地放松、麻痹，几个小时后，害虫即停止取食，1～3d 内死亡。与菊酯类或其他种类的化合物无交互抗性。

制剂： 22%氰氟虫腙悬浮剂。

22%氰氟虫腙悬浮剂

理化性质： 外观为灰白色悬浮液体，带芳香味。粒度为 3.0μm 微粒 90%、0.5μm 微粒 10%，平均 1.2μm 微粒 50%。密度分别为 1.08g/cm^3（20℃）或 1.094 5g/cm^3（25℃），pH 6～8（25℃），倾倒性 5%，悬浮稳定性 100%，闪点＞100℃。储存稳定性为 54℃时 14d 后分解率 0.53%，0℃时 7d 均匀液体没有分离（层），5℃条件下储存 3、6、12、18 个月化学性质稳定。常温下（20℃、30℃）储存 24 个月稳定。

毒性： 按照我国农药毒性分级标准，22%氰氟虫腙悬浮剂属低毒。雌、雄大鼠急性经口 LD_{50}＞2 000mg/kg，急性经皮 LD_{50}＞4 000mg/kg，急性吸入 LC_{50}＞5 200mg/m^3。对兔眼睛有轻微刺激。豚鼠试验表明无致敏性。

使用方法：

1. 防治甘蓝小菜蛾　在低龄幼虫高发期喷雾施药，每次每 667m^2 用 22%氰氟虫腙悬浮剂 70～80mL（有效成分 15.4～17.6g）对水喷雾。安全间隔期为 5d，每季最多使用 2 次，每次间隔 7～10d。

2. 防治甘蓝甜菜夜蛾　在低龄幼虫高发期喷雾施药，每次每 667m^2 用 22%氰氟虫腙悬浮剂制 60～80mL（有效成分 13.2～17.6g）对水喷雾。安全间隔期为 5d，每季最多使用 2 次，每次间隔 7～10d。

3. 防治水稻稻纵卷叶螟　在低龄幼虫期喷雾施药，每 667m^2 用 22%氰氟虫腙悬浮剂 30～50mL（有效成分 6.6～11g）对水喷雾。安全间隔期为 21d，每季最多使用 1 次。

注意事项：

1. 该制剂无内吸作用，喷药时应使用足够的喷液量，以确保作物叶片的正反面能被均匀喷施。

2. 该药剂对鱼类等水生生物、蚕、蜂高毒，施药时避免对周围蜂群产生影响，开花植物花期、桑园、蚕室附近禁用，赤眼蜂等天敌放飞区域禁用。

虫　螨　腈

中文通用名称：虫螨腈

英文通用名称：chlorfenapyr

化学名称：4-溴-2-（4-氯苯基）-1-乙氧基甲基-5-三氟甲基吡咯-3-腈

化学结构式：

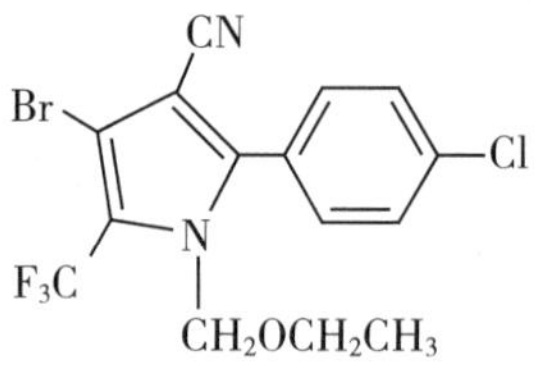

理化性质：原药外观为白色至淡黄色固体。熔点 100～101℃，蒸气压 10×10^{-7} Pa（25℃）。可溶于丙酮，在无离子水中溶解度为 0.13～0.14（pH7）。

毒性：按照我国农药毒性分级标准，虫螨腈属低毒。大鼠急性经口 LD_{50} 为 626mg/kg，兔急性经皮 LD_{50}＞2 000mg/kg。

作用特点：该药剂是新型吡咯类化合物，作用于昆虫体内细胞的线粒体上，通过昆虫体内的多功能氧化酶起作用，主要抑制二磷酸腺苷（ADP）向三磷酸腺苷（ATP）的转化。而三磷酸腺苷储存着细胞维持其生命机能所必须的能量。该药剂具有胃毒及触杀作用。在叶面渗透性强，有一定的内吸作用，且具有杀虫谱广、防效高、持效长、安全的特点。

制剂：10%、100g/L 虫螨腈悬浮剂。

10%虫螨腈悬浮剂

理化性质及规格：pH5.5～8.5，倾倒性＜5%，悬浮性≥80%［（30±2)℃，30min］，湿筛试验结果为 75μm 测试筛上≤0.5%。持久起泡性≤40%（1 min）。低温稳定性为（0 ± 2)℃下储存 7d 稳定，热储稳定性为（54 ± 2)℃ 下储存 14d 稳定率≥95%。无爆炸性、无氧化性、无腐蚀性。

毒性：按照我国农药毒性分级标准，10%虫螨腈悬浮剂属低毒。大鼠急性经口 LD_{50} 500～2 000mg/kg，急性经皮 LD_{50}＞5 000mg/kg，急性吸入LC_{50}＞1.9mg/L。对眼睛、皮肤无刺激，豚鼠试验表明无致敏性。

使用方法：

防治甘蓝小菜蛾和甜菜夜蛾 在卵孵盛期或低龄幼虫期施药，每 667m² 用 10％虫螨腈悬浮剂 33～50mL（有效成分 3.3～5g）对水喷雾，安全间隔期为 14d，每季最多使用 2 次，间隔 7～10d 施药一次。

注意事项：

1. 不可能与呈碱性的农药等物质混合使用。

2. 该药剂对蜜蜂、鱼类等水生生物、家蚕有毒，施药期间应避免对周围蜂群的影响，蜜源作物花期、蚕室和桑园附近禁用。远离水产养殖区施药、禁止在荷塘等水体中清洗施药器具。

3. 避免冻结。

唑 虫 酰 胺

中文通用名称：唑虫酰胺

英文通用名称：tolfenpyrad

化学名称：4－氯－3－乙基－1－甲基－N－｛［4－（4－甲基苯氧基）苯基］－甲基｝－1H 吡唑－5－羧酰胺

化学结构式：

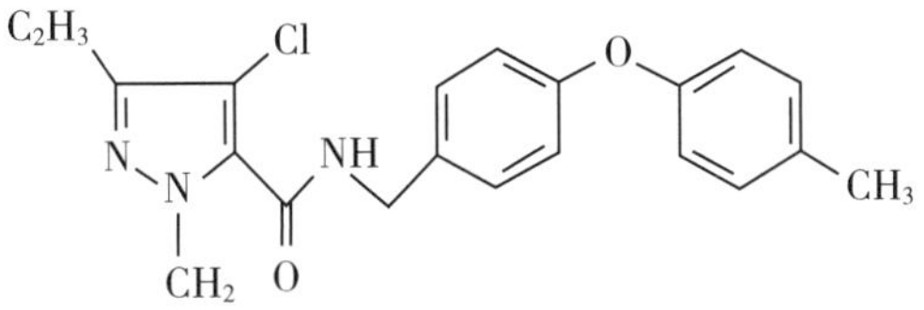

理化性质：纯品外观为白色结晶。密度（25℃）1.18g/cm³，熔点 88.7～88.2℃，蒸气压（25℃）＜5.6×10^{-7}Pa。溶解度（25℃）分别为水 0.037mg/L、正己烷 7.41g/L、甲苯 366g/L、甲醇 59.6g/L。log P_{ow}＝5.61（25℃）。分解温度 252℃（TG－DTA 法）。

毒性：按照我国农药毒性分级标准，唑虫酰胺属中等毒。大鼠急性经口 LD_{50} 为 386mg/kg，急性经皮 LD_{50}＞2 000mg/kg。对兔眼睛和皮肤有中等程度刺激作用，每日每千克体重允许摄入量 0.005 6mg。

作用特点：唑虫酰胺是新型吡唑杂环类杀虫杀螨剂，其主要作用机制是阻止昆虫的氧化磷酸化作用，该药剂还具有杀卵、抑食、抑制产卵及杀菌作用。

制剂：15％唑虫酰胺乳油。

15％唑虫酰胺乳油

理化性质及规格：外观为黄色油状液体。pH5.9，闪点 121℃，乳液稳定性合格。热、冷、常温储存均稳定。

毒性：按照我国农药毒性分级标准，15％唑虫酰胺乳油属中等毒。雄、雌大鼠急性经口 LD_{50} 分别为 102mg/kg 和 83mg/kg，急性经皮 LD_{50}＞2 000mg/kg，急性吸入 LC_{50} 542mg/m³。对兔皮肤、眼睛均有中度刺激性。对豚鼠皮肤为弱致敏性。

使用方法：

1. 防治茄子蓟马　在害虫卵孵盛期至低龄幼虫期施药，每次每 667m^2 用 15%唑虫酰胺乳油 50～80mL（有效成分 7.5～12g）对水喷雾。安全间隔期为 3d，每季最多使用 2 次，每次间隔 7～15d。

2. 防治十字花科蔬菜小菜蛾　在害虫卵孵盛期至低龄幼虫期施药，每次每 667m^2 用 15%唑虫酰胺乳油 30～50mL（有效成分 4.5～7.5g/hm^2）对水喷雾。甘蓝和白菜的安全间隔期为 14d，每季最多使用 2 次。

注意事项：

1. 对蜜蜂高毒，蜜源作物花期禁用。
2. 对家蚕高毒，桑园附近禁用。

茚　虫　威

中文通用名称：茚虫威

英文通用名称：indoxacarb

化学名称：7-氯-2，3，4a，5-四氢-2-[甲氧基羰基（4-三氟甲氧基苯基）氨基甲酰基]茚并[1，2-e][1，3，4-]恶二嗪-4a-羧酸甲酯

化学结构式：

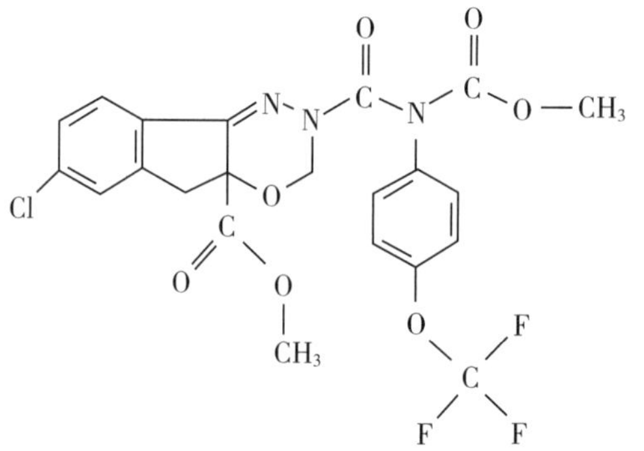

理化性质：熔点 140～140℃，蒸气压<1.0×10^{-5}Pa（20～25℃），相对密度 1.03（20℃）。水中溶解度（20℃）<0.5mg/L，其他溶剂中溶解度分别为甲醇 0.39g/L、乙腈 76g/L、丙酮 140g/L。水溶液稳定性 DT_{50}>30d（pH5）或=30d（pH7）或约 2d（pH9）。

毒性：按照我国农药毒性分级标准，茚虫威属中等毒。雄、雌大鼠急性经口 LD_{50} 分别为 1 730mg/kg 和 268mg/kg，兔急性经皮 LD_{50}>5 000mg/kg，对兔眼睛和皮肤无刺激。

作用特点：茚虫威具有触杀和胃毒作用，主要抑制昆虫的乙酰胆碱酯酶，致使昆虫麻痹至死亡，对各龄期幼虫都有效。该药剂适用于防治十字花科蔬菜的菜青虫、小菜蛾、甜菜夜蛾，棉花棉铃虫等。

制剂：30%茚虫威水分散粒剂，150g/L 茚虫威悬浮剂。

30%茚虫威水分散粒剂

理化性质及规格：该制剂由有效成分、增效剂、高渗剂、安全剂、助剂、杂质、填料等

组成。外观为茶色固体颗粒。pH5.7。

毒性： 按照我国农药毒性分级标准，30%茚虫威水分散粒剂属低毒。雌、雄大鼠急性经口 LD_{50}分别为 687mg/kg 和 1 867mg/kg，急性经皮 LD_{50}>5 000mg/kg，急性吸入 LC_{50}>5 600mg/m^3。对家兔皮肤无刺激，对眼睛有中度刺激，对豚鼠皮肤属弱致敏物。

使用方法：

1. 防治十字花科蔬菜菜青虫　在幼虫三龄之前施药，每次每 667m^2 用 30%茚虫威水分散粒剂 2.5～4.5g（有效成分 0.75～1.35g）对水喷雾，间隔 5～7d 喷一次。安全间隔期为 3d，每季最多使用 3 次。

2. 防治十字花科蔬菜甜菜夜蛾　在低龄幼虫盛发期施药，每次每 667m^2 用 30%茚虫威水分散粒剂 5～9g（有效成分 1.5～2.7g）对水喷雾，间隔 5～7d 喷一次。安全间隔期为 3d，每季最多使用 3 次。

3. 防治十字花科蔬菜小菜蛾　在低龄幼虫发生初期施药，每次每 667m^2 用 30%茚虫威水分散粒剂 5～9g（有效成分 1.5～2.7g）对水喷雾，间隔 5～7d 喷一次。安全间隔期为 3d，每季最多使用 3 次。

150g/L 茚虫威悬浮剂

理化性质及规格： 外观为白色固体。熔点 88.1℃±0.4℃，蒸气压 2.5×10^{-4} Pa（25℃），溶解度水 0.2mg/kg（25℃）。

毒性： 按照我国农药毒性分级标准，150g/L 茚虫威悬浮剂属低毒。雌雄大鼠急性经口 LD_{50}分别为 268mg/kg 和 1 730mg/kg，急性经皮 LD_{50}>2 150mg/kg，急性吸入LC_{50}>5 500 mg/m^3。对家兔皮肤无刺激，对眼睛无刺激，对豚鼠皮肤属弱致敏物。

使用方法：

1. 防治棉花棉铃虫　在卵孵盛期施药，每次每 667m^2 用 150g/L 茚虫威悬浮剂 10～18mL（有效成分 1.5～2.7g）对水喷雾，间隔 5～7d 喷一次。安全间隔期为 14d，每季最多使用 3 次。

2. 防治十字花科蔬菜菜青虫　在幼虫低龄盛发期前施药，每次每 667m^2 用 150g/L 茚虫威悬浮剂 2.5～5mL（有效成分 0.75～1.5g）对水喷雾，间隔 5～7d 喷一次。安全间隔期为 3d，每季最多使用 3 次。

3. 防治十字花科蔬菜甜菜夜蛾　在幼虫低龄盛发期前施药，每次每 667m^2 用 150g/L 茚虫威悬浮剂 5～9mL（有效成分 1.5～2.7g）对水喷雾，间隔 5～7d 喷一次。安全间隔期为 3d，每季最多使用 3 次。

4. 防治十字花科蔬菜小菜蛾　在低龄幼虫发生初期施药，根据小菜蛾的活动习性，宜选择早晚风小、气温较低时用药，每次每 667^2 用 150g/L 茚虫威悬浮剂 5～9mL（有效成分 1.5～2.7g）对水喷雾，间隔 5～7d 喷一次。安全间隔期为 3d，每季最多使用 3 次。

注意事项：

1. 采桑期间，蚕室、桑园附近禁用。水产养殖区附近禁用。开花植物花期禁用。

2. 鱼或虾蟹套养稻田禁用，施药后的田水不得直接排入水体。赤眼蜂等天敌放飞区域禁用。若误服，没有医生的建议，不要催吐，应立即携标签就医。如果受伤者是清醒的，喝 1 或 2 杯水。无特效解毒剂，对症治疗。

丁　醚　脲

中文通用名称： 丁醚脲

英文通用名称： diafenthiuron

化学名称： 1-特丁基-3-（2，6-二异丙基-4-苯氧基苯基）硫脲

其他名称： 宝路，杀螨脲

化学结构式：

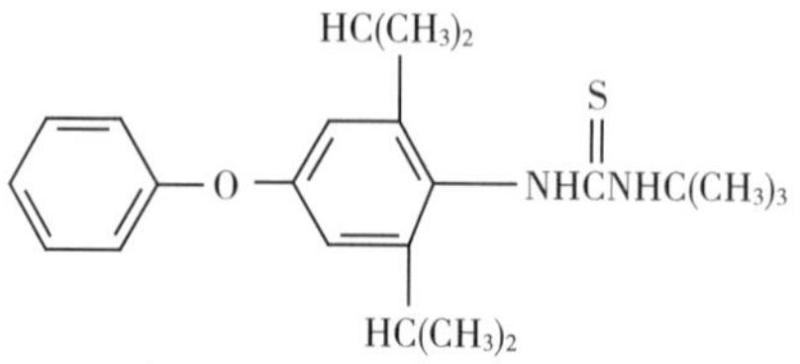

理化性质： 外观为无色粉末，熔点 144.6～147.7℃，蒸气压<2×10^{-6} Pa（25℃），密度 1.09g/cm^3（20℃），水中溶解度为 0.06mg/L（25℃），有机溶剂（25℃）则分别为丙酮 320g/L，乙醇 43g/L，正己烷 9.6g/L，甲苯 330g/L，正辛醇 26g/L。光、空气、水中稳定。

毒性： 按照我国农药毒性分级标准，丁醚脲属中等毒。大鼠急性经皮 LD_{50} 2 068mg/kg，急性经口 LD_{50}>2 000mg/kg。

作用特点： 丁醚脲是一种新型杀虫、杀螨剂，广泛用于棉花、水果、蔬菜和茶叶上。该药剂是一种选择性杀虫剂，具有内吸和熏蒸作用，可以控制蚜虫的敏感品系及对氨基甲酸酯、有机磷和拟除虫菊酯类产生抗性的蚜虫，大叶蝉和烟粉虱等，还可以控制小菜蛾、菜粉蝶和夜蛾为害。该药剂可以和大多数杀虫剂和杀虫剂混用。

制剂： 50%丁醚脲可湿性粉剂，15%、25%、30%丁醚脲乳油，25%、43.5%、50%、500g/L 丁醚脲悬浮剂。

50%丁醚脲可湿性粉剂

理化性质及规格： 该制剂由有效成分、高渗剂、安全剂、助剂、杂质、填料等组成。外观为均相疏松粉末。pH5～8。易燃液体。

毒性： 按照我国农药毒性分级标准，50%丁醚脲可湿性粉剂属低毒。雌、雄大鼠急性经口 LD_{50} 为 2 330mg/kg，急性经皮 LD_{50}>2 150mg/kg。对家兔皮肤无刺激，对眼睛有中度刺激，属弱致敏物。

使用方法：

1. 防治十字花科蔬菜小菜蛾　在初龄幼虫期施药，每次每 667m^2 用 50%丁醚脲可湿性粉剂 40～60g（有效成分 20～30g）对水喷雾。安全间隔期为 7d，每季最多使用 1 次。

2. 防治苹果红蜘蛛　在成、若螨发生期施药，用 50%丁醚脲可湿性粉剂 1 000～2 000 倍液（有效成分浓度 250～500mg/kg）整株喷雾。

25%丁醚脲乳油

理化性质及规格： 外观为稳定均相液体，无可见悬浮物和沉淀。pH5～8。

毒性： 按照我国农药毒性分级标准，25%丁醚脲乳油属低毒。雌、雄大鼠急性经口

LD_{50}分别为926mg/kg和681mg/kg，急性经皮LD_{50}>2 150mg/kg。对家兔皮肤无刺激，对眼睛有轻度刺激，对豚鼠皮肤属弱致敏物。

使用方法：

1. 防治十字花科蔬菜小菜蛾　在低龄幼虫期施药，每667m^2用25%丁醚脲乳油80～120mL（有效成分20～30g）对水喷雾。安全间隔期为7d，每季最多使用1次。

2. 防治十字花科蔬菜菜青虫　在幼虫三龄之前施药，每667m^2用25%丁醚脲乳油60～100mL（有效成分15～25g）对水喷雾。安全间隔期为7d，每季最多使用1次。

25%丁醚脲悬浮剂

理化性质及规格：外观为悬浮液体，无刺激性气味。黏度230.5mPa·s（20℃）。非易燃液体。

毒性：按照我国农药毒性分级标准，25%丁醚脲悬浮剂属低毒。雌、雄大鼠急性经口LD_{50}为4 300mg/kg，急性经皮LD_{50}>2 150mg/kg，急性吸入LD_{50}>5 000mg/kg（4h）。对家兔皮肤无刺激，对眼睛无刺激，对豚鼠皮肤属弱致敏物。

使用方法：

1. 防治十字花科蔬菜小菜蛾　在低龄幼虫期施药，每667m^2用25%丁醚脲悬浮剂80～120mL（有效成分20～30g）对水喷雾。安全间隔期为7d，每季最多使用1次。

2. 防治十字花科蔬菜菜青虫　在幼虫三龄之前施药，每667m^2用25%丁醚脲悬浮剂60～80mL（有效成分15～20g）对水喷雾。安全间隔期为7d，每季最多使用1次。

注意事项：

1. 不可与呈强碱性的农药等物质混合使用。

2. 对蜜蜂、鱼类等水生生物及家蚕有毒，施药期间应避免对周围蜂群的影响，蜜源作物花期、蚕室和桑园附近禁用。远离水产养殖区施药，禁止在河塘等水体中清洗施药器具。

3. 无特效解毒药，如误服则应立即携标签将病人送医院对症治疗。

十三、杀螺剂

杀螺胺

中文通用名称：杀螺胺

英文通用名称：niclosamide

其他名称：百螺杀，氯螺消，贝螺杀，Bayluscide，Bayluscid，clomazone

化学名称：N-（2-氯-4-硝基苯基）-2-羟基-5-氯苯甲酰胺

化学结构式：

OH H N Cl Cl O N O⁻ O

理化性质：纯品为无色固体，熔点为 230℃，蒸气压＜1mPa（20℃）。20℃时，在 pH6.4 的水中溶解度 1.6mg/L，在 pH9.1 的水中溶解度 110mg/L。溶于一般有机溶剂，如乙醇、乙醚。热稳定，紫外光下分解，遇强酸和碱分解。

毒性：按照我国农药毒性分级标准，杀螺胺属于低毒。大鼠急性经口 LD_{50}＞5 000mg/kg。对金雅罗鱼（96h）LC_{50} 0.1mg/L，对野鸭 LD_{50}＞500mg/kg，人体每日每千克体重允许摄入量 3mg。在土中半衰期 1.1～2.9d，对鱼类、蛙、贝类有毒。

作用特点：杀螺胺为一种酚类有机杀软体动物剂，该药剂通过阻止水中害螺对氧的摄入而降低呼吸作用，最终使其窒息死亡。该药剂可在流动水和不流动水中使用，具有胃毒、触杀作用，既杀成螺也杀灭螺卵。如果水中盐的含量过高，会削弱杀螺效果。田间使用浓度下对植物无药害，杀螺速度快；按正常剂量使用，对塘鸭安全，对益虫无害，但对鱼和浮游生物有毒。

制剂：70％杀螺胺可湿性粉剂。

70％杀螺胺可湿性粉剂

理化性质及规格：外观为黄色粉末状。pH5.0～7.0。密度 0.480 7g/mL。

毒性：按照我国农药毒性分级标准，70％杀螺胺可湿性粉剂属低毒。雌、雄大鼠急性经口 LD_{50}＞5 000mg/kg，急性经皮 LD_{50}＞2 000mg/kg，急性吸入 LD_{50}＞2 210mg/kg。对家兔皮肤无刺激，对家兔眼睛有中度刺激，对豚鼠皮肤属弱致敏物。对浮游动物和浮游植物有害，两栖类、原尾目和鱼类对该药剂较敏感。

使用方法：

防治水稻福寿螺 直播稻和移栽稻第一次降雨或灌溉后、田间福寿螺盛发期施药，每次每 667m^2 用 70％杀螺胺可湿性粉剂 30～40g（有效成分 21～28 g）对水喷雾，或与沙土拌匀后均匀撒施。施药时保持田间水深度 3cm，但不淹没稻苗。施药后 2d 不再灌水，含盐量高的水体会影响药效。安全间隔期为 52d，每季最多使用 2 次，间隔 10d 左右施药一次。

注意事项：

1. 该药剂只宜在水体中使用，不宜在干旱的环境下使用。

2. 该药剂对鱼类、蛙、贝类有毒，使用时要多加注意，施药时避开水域，施药后禁止在河塘等水体中清洗施药用具，避免污染水源。

杀螺胺乙醇胺盐

中文通用名称：杀螺胺乙醇胺盐

英文通用名称：niclosamide ethanolamine

其他名称：螺灭杀，氯硝柳胺乙醇胺盐

化学名称：N－（2－氯－4－硝基苯基）－2－羟基－5－氯－苯甲酰胺·2－氨基乙醇盐

化学结构式：

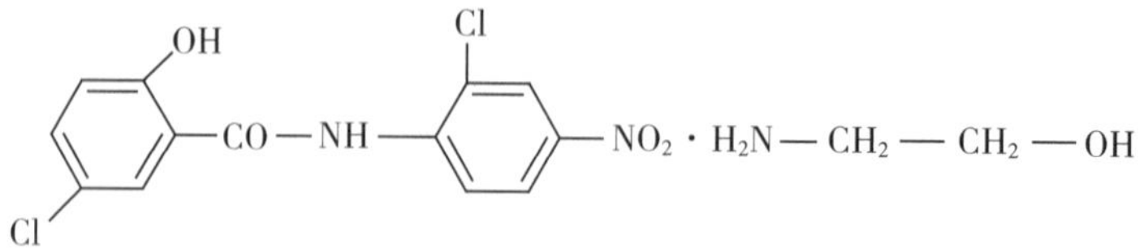

OH　　Cl

（Cl-苯环）—CO—NH—（苯环）—NO_2 · H_2N—CH_2—CH_2—OH

Cl

理化性质： 原药外观为黄色均匀疏松粉末，熔点208℃。能溶于二甲基酰胺、乙醇等有机溶剂中。常温下稳定，分解温度216℃，遇强酸或强碱易分解。

毒性： 按照我国农药毒性分级标准，杀螺胺乙醇胺盐属低毒。大鼠急性经口 LD_{50}＞5 000mg/kg。对鱼和浮游动物有毒，不宜施用于鱼塘等水生动物养殖场内。

作用特点： 杀螺胺乙醇胺盐是一种具有胃毒作用的杀软体动物剂，对螺卵、血吸虫尾蚴等，有较强的杀灭作用，对人畜毒性低，对作物安全。药物通过阻止水中害螺对氧的摄入而降低呼吸作用，最终使其窒息死亡。该药剂可在流动水和不流动水中使用，既杀成螺也杀灭螺卵，如果水中盐的含量过高，会削弱杀螺效果。

制剂： 25％、50％、70％、80％杀螺胺乙醇胺盐可湿性粉剂。

50％杀螺胺乙醇胺盐可湿性粉剂

理化性质及规格： 外观为黄色粉末状固体，有刺激性气味，密度0.514g/cm^3，pH6～9。

毒性： 按照我国农药毒性分级标准，50％杀螺胺乙醇胺盐可湿性粉剂属低毒。雌、雄大鼠急性经口 LD_{50} 为 4 640mg/kg，急性经皮 LD_{50}＞2 000mg/kg，急性吸入 LD_{50}＞2 000 mg/kg。对家兔皮肤无刺激，对家兔眼睛有中度刺激，对豚鼠皮肤属弱致敏物。

使用方法：

防治水稻田福寿螺　直播稻和移栽稻在第一次降雨或灌溉后施药，每667m^2 用50％杀螺胺乙醇胺盐可湿性粉剂60～80g（有效成分30～40g）对水喷雾，或与沙土拌匀后，毒土撒施。施药时保持田间深度3cm，但不淹没稻苗。施药后2d不再灌水。安全间隔期为52d，每季最多使用2次。

注意事项：

1. 该药剂对鱼类、蛙、贝类毒性高，不可污染水井、池塘和水源，远离水产养殖区。
2. 该药剂不能与石硫合剂和波尔多液等碱性物质混用。
3. 该药剂只宜在水体中使用，不宜在干旱的环境下使用。

四 聚 乙 醛

中文通用名称： 四聚乙醛

英文通用名称： metaldehyde

其他名称： 密达，多聚乙醛，蜗牛敌，蜗火星，梅塔，灭蜗灵，Meta

化学名称： 2，4，6，8-四甲基-1，3，5，7-四氧杂环辛烷

化学结构式：

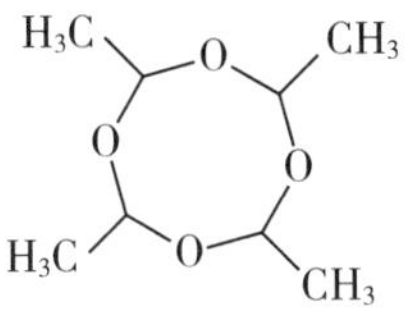

理化性质： 原药为无色晶体（有效成分含量＞98％），相对密度0.65（20℃），熔点246℃，蒸气压6.6Pa（25℃）。在水中的溶解度200g/L（17℃）或260g/L（30℃），可溶于苯和氯仿，少量溶于乙醇和乙醚。加热缓慢解聚，不光解，不水解。

毒性： 按照我国农药毒性分级标准，四聚乙醛属中等毒。大鼠急性经口 LD_{50} 为

283mg/kg，急性经皮 LD_{50} >5 000mg/kg，急性吸入 LC_{50} >15 000mg/m³，小鼠急性经口 LD_{50} 为 425mg/kg。虹鳟鱼 LC_{50}（96h）75mg/L，水蚤 LC_{50}（48h）>90mg/L，绿藻 EC_{50}（96h）73.5 mg/L。鸭经口 LD_{50} 为 1 030mg/kg，鹌鹑 LD_{50} 为 181mg/kg。对蜜蜂微毒，每公顷用 300g 蜜蜂无死亡。对兔皮肤无刺激，对眼睛有轻微刺激性，对豚鼠无致敏作用。在试验剂量下，无致畸、致突变和致癌作用，大鼠两年喂养试验无作用剂量 2.5mg/kg。在土壤中的半衰期 1.4～6.6d。

作用特点：四聚乙醛是一种选择性强的杀螺剂，具有胃毒和触杀作用，对福寿螺、蜗牛和蛞蝓有一定的引诱作用。当螺受到引诱剂的吸引而取食或接触到药剂后，四聚乙醛会使螺体内乙酰胆碱酯酶大量释放，破坏螺体内特殊的黏液，使螺体迅速脱水、神经麻痹，导致大量体液的流失和细胞的破坏、致使螺体、蛞蝓等在短时间内中毒死亡。该药剂不在植物体内积累，对人畜中等毒性，主要用于防治稻田福寿螺和蛞蝓。

制剂：5%、6%、10%四聚乙醛颗粒剂。

6%四聚乙醛颗粒剂

理化性质及规格：外观为干燥、自由流动的蓝色或灰蓝色圆柱形颗粒。松密度<3.0g/cm³，堆密度<0.87g/cm³，pH5.5～7.5。熔点 246.2℃。蒸气压 6.6Pa（25℃）。溶解度（22℃）分别为水 0.22g/L、己烷 0.052 1g/L、甲苯 1.73g/L、四氢呋喃 1.56g/L。不光解，如受潮、易解聚。

毒性：按照我国农药毒性分级标准，6%四聚乙醛颗粒剂属低毒。雌、雄大鼠急性经口 LD_{50} >5 000mg/kg，急性经皮 LD_{50} >2 000mg/kg。对家兔皮肤无刺激，对家兔眼睛有轻度刺激，对豚鼠皮肤属弱致敏物。

使用方法：

1. *防治水稻福寿螺*　在水稻插秧、抛秧 1d 后、移植田在移栽后施药。每次每 667m² 用 6%四聚乙醛颗粒剂 400～540g（有效成分 24～32.4g），均匀撒施于稻田中，保持 2～5cm 水位 3～7d。作物收获前 7d 停止用药，一季最多使用 2 次。

2. *防治蔬菜、棉花及烟草蜗牛、蛞蝓*　播种后，种子发芽时施药，每 667m² 用 6%四聚乙醛颗粒剂 400～540g（有效成分 24～32.4g），混合沙土 10～15kg 均匀撒施于裸地表面或作物根系周围。在害虫繁殖旺季，第一次用药两周后再追加施药一次。安全间隔期 7d，每季最多使用 2 次。蜗牛多日伏暗出，于黄昏或雨后施药，效果最佳。如遇大雨，药粒易被冲散至土壤中，导致药效减低，需重复施药；但小雨对药效影响不大。遇低温（<15℃）或高温（>35℃），害虫的活动能力减弱，药效会受影响。

注意事项：

1. 使用该药剂后，不可在田中践踏，以免影响药效。
2. 限旱田用，禁止在河塘等水域中清洗施药器具。
3. 如发生中毒，应立即灌洗清胃和导泻，用抗痉挛作用的镇静药。输葡萄糖液保护肝脏，帮助解毒和促进排泄。如伴随发生肾衰竭，应仔细检测液体平衡状态和电解质，以免发生液体超负荷，现在无专用解毒剂。

螺　威

中文通用名称：螺威

英文通用名称：TDS

化学名称：（3β，16α）-28-氧代-D-吡喃（木）糖基-（1→3）-O-β-D-吡喃(木)-(1→4)-O-6-脱氧-α-L-吡喃甘露糖基-（1→2）-β-D-吡喃（木）糖-17-甲羟基-16，21，22-三羟基齐墩果-12-烯

理化性质：原药外观为黄色粉末。熔点为233～236℃，密度530g/L，pH5.0～9.5。在水中溶解度为每100L水能溶解20g原药，可溶于甲醇、乙醇、乙腈等极性大的溶剂，不溶于石油醚等大多数极性小的有机溶剂。在通常储存条件下稳定。

毒性：按照我国农药毒性分级标准，螺威属低毒。大鼠急性经口 LD_{50} >4 640mg/kg，急性经皮 LD_{50} >2 150mg/kg。对家兔皮肤无刺激，眼睛轻度至中度刺激性，对豚鼠皮肤为弱致敏物。大鼠3个月亚慢性喂养毒性试验最大无作用剂量为30mg/（kg·d）。Ames试验、小鼠骨髓细胞微核试验、小鼠睾丸细胞染色体畸变试验这三项致突变试验均为阴性，未见致突变作用。

作用特点：螺威是从油茶科植物的种子中提取的五环三萜类物质，系植物源农药。螺威易于与红细胞壁上的胆甾醇结合，生成不溶于水的复合物沉淀，破坏血红细胞的正常渗透性，使细胞内渗透压增加而发生崩解，导致溶血现象，从而杀死软体动物钉螺。

制剂：4%螺威粉剂。

4%螺威粉剂

理化性质及规格：制剂外观为黄色粉末，无可见外来杂质，不应有结块。细度（通过75μm试验筛）≥95%，pH7.0～10.0。常温下储存质量保证期为2年。

毒性：按照我国农药毒性分级标准，4%螺威粉剂属低毒。大鼠急性经口 LD_{50} >4 300 mg/kg，急性经皮 LD_{50} >2 000mg/kg。斑马鱼（96h）LC_{50} 0.15mg/L，青蛙（96h）LC_{50} 6.28mg/L。鹌鹑经口染毒（灌胃法）LD_{50}（7d）> 60mg/kg；对鸟中毒或以下，对鱼高毒，虾中毒。螺威属天然提取物，在自然环境中易于降解为糖和皂元。

使用方法：

防治滩涂钉螺　每平方米用4%螺威粉剂5～7.5g（有效成分0.2～0.3g）加细土拌匀后均匀撒施。当环境温度较低（<15℃）时，应使用高剂量。

注意事项：

1. 该制剂只被批准用于滩涂，不能用于沟渠。
2. 使用该药剂后，不可在田中践踏，以免影响药效。
3. 使用时注意不要直接将药撒入水体，不可用于鱼塘，注意对周边鱼塘、虾池的影响，不得污染水源。

十四、杀 螨 剂

单 甲 脒

中文通用名称：单甲脒

英文通用名称：semiamitraz

其他名称：杀螨脒

化学名称： N-（2，4-二甲苯基）-N′-甲基甲脒盐酸盐

化学结构式：

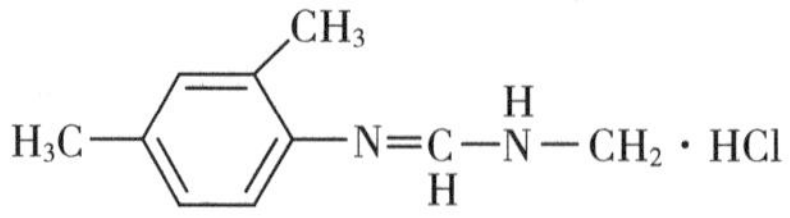

理化性质： 纯品为白色针状结晶。熔点为163～165℃，易溶于水，微溶于低分子量的醇，难溶于苯和石油醚等有机溶剂。对金属有腐蚀性。

毒性： 按照我国农药毒性分级标准，单甲脒属中等毒。原药对雌、雄大鼠急性经皮 LD_{50} 分别为108mg/kg和147mg/kg，雌、雄小鼠急性经皮 LD_{50} 分别为1 960mg/kg和1 330 mg/kg。对蜜蜂、鱼类高毒。

作用特点： 单甲脒可抑制单胺氧化酶的活性，对昆虫中枢神经系统的非胆碱能突触会诱发直接兴奋作用。该药剂具有触杀作用，对螨卵、若螨均有杀伤力。为感温型杀螨剂，气温22℃以上防效好。

制剂： 25%单甲脒水剂。

25%单甲脒水剂

理化性质及规格： 外观为无色液体，pH6.0～9.0，易溶于水，稳定性较差，对金属有腐蚀性。

毒性： 按照我国农药毒性分级标准，25%单甲脒盐酸盐水剂属低毒。雄、雌大鼠急性经口 LD_{50} 分别为501mg/kg和926mg/kg，急性经皮 LD_{50} >2 150mg/kg。对眼睛、皮肤无刺激作用，弱致敏物。

使用方法：

防治柑橘红蜘蛛　在柑橘红蜘蛛发生初期施药，用25%单甲脒水剂1 000倍液（有效成分浓度250mg/kg），整株喷雾，该药剂为感温型杀螨剂，建议气温在22℃以上使用。安全间隔期为30d，每季最多使用1次。

注意事项：

1. 该药剂不可与呈碱性的农药等物质混合使用。
2. 该药剂对鱼有害，远离水产养殖区施药，禁止在河塘等水体中清洗施药器具。

双　甲　脒

中文通用名称： 双甲脒

英文通用名称： amitraz

其他名称： 螨克，胺三氮螨，阿米德拉兹，果螨杀，杀伐螨

化学名称： N，N-双（2，4-二甲基苯基亚氨基甲基）甲胺

化学结构式：

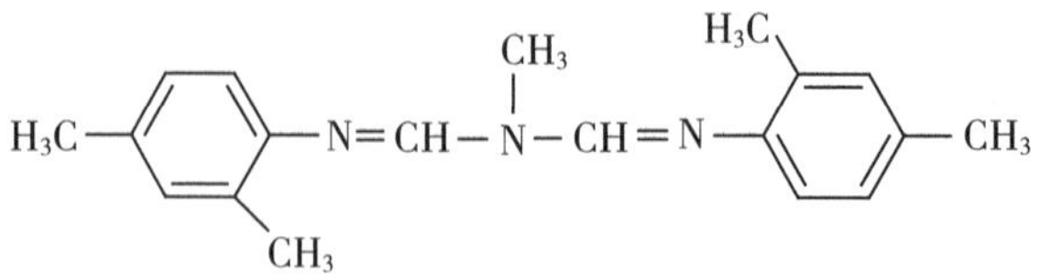

理化性质： 原药为无味白色至黄色固体，相对密度0.3，熔点86～87℃，25℃时蒸气压为0.34mPa。常温下在水中溶解度很低，可溶于二甲苯、丙酮和甲醇等多种有机溶剂。不易燃、不易爆，通常条件下储存至少两年不变。

毒性： 按照我国农药毒性分级标准，双甲脒属中等毒。原药大鼠急性经口 LD_{50} 500～600mg/kg；大鼠急性经皮 LD_{50}＞1 600mg/kg，兔急性经皮 LD_{50}＞200mg/kg；大鼠急性吸入 LC_{50} 为65mg/L（6h）。对试验动物眼睛、皮肤无刺激作用。在试验条件下未见致畸、致癌和致突变作用，在200mg/L剂量下三代繁殖也未见异常。双甲脒对鱼类有毒，原药鲤鱼 LC_{50}（48h）为1.17mg/L，虹鳟鱼为2.7～4.0 mg/L。对蜜蜂、鸟及天敌低毒。

作用特点： 双甲脒系广谱杀螨剂，具有多种毒杀机制，其中主要是抑制单胺氧化酶的活性，对昆虫中枢神经系统的非胆碱能突触会诱发直接兴奋作用。双甲脒具有触杀、拒食、驱避作用，也有一定的胃毒、熏蒸和内吸作用。该药剂对叶螨科各个发育阶段的虫态都有效，但对越冬的卵效果较差，用于防治对其他杀螨剂有抗药性的螨也有效，药后能较长期的控制害螨数量的回升。

制剂： 10％、12.5％、20％双甲脒乳油。

20％双甲脒乳油

理化性质及规格： 20％双甲脒乳油由有效成分双甲脒、乳化剂和表氯醇、二甲苯等溶剂组成。外观为黄色液体，密度0.92g/mL（20℃），闪点28℃，易燃、易爆。

毒性： 按照我国农药毒性分级标准，20％双甲脒乳油属中等毒。大鼠急性经口 LD_{50} 为200～400mg/kg，急性经皮 LD_{50}＞250mg/kg；对试验动物眼睛、皮肤无刺激作用。

使用方法：

1. 防治苹果树叶螨和山楂红蜘蛛　在苹果花前或者花后、每叶有螨2～3头时施药，用20％双甲脒乳油1 000～1 500倍液（有效成分浓度133～200mg/L）整株喷雾，安全间隔期为20d，每季最多使用3次。

2. 防治柑橘树红蜘蛛和介壳虫　每叶有螨、介壳虫2～3头时施药，用20％双甲脒乳油1 000～1 500倍液（有效成分浓度133～200mg/L）整株喷雾，安全间隔期为21d，每季最多使用5次，春梢最多3次，秋稍最多2次，每次间隔20d。

3. 防治梨树梨木虱　在越冬代卵盛孵期和第一代若虫期施药，每次用20％双甲脒乳油800～1 200倍液（有效成分浓度166～250mg/kg）整株喷雾，安全间隔期为20d，每季最多使用3次，每次间隔20d。

4. 防治棉花红蜘蛛　在红蜘蛛始盛期开始施药，每次每667m^2用20％双甲脒乳油20～40mL（有效成分4～8g）对水喷雾。安全间隔期为7d，每季最多使用2次。

注意事项：

1. 在气温低于25℃以下使用，药效发挥作用较慢，药效较低，高温晴天使用时药效高。

2. 不要和碱性农药混用，不要与波尔多液或对硫磷混合使用于苹果或梨，以免产生药害。

3. 该药剂易燃。吸入、接触皮肤或吞食均有毒，对鱼有毒，远离水产养殖区用药，禁止在河塘等水体中清洗施药器具，避免药液污染水源地。

溴　螨　酯

中文通用名称：溴螨酯

英文通用名称：bromopropylate

其他名称：螨代治，新灵，溴杀螨醇，溴杀螨，Neoron

化学名称：2，2-双（4-溴苯基）-2-羟基乙酸异丙酯

化学结构式：

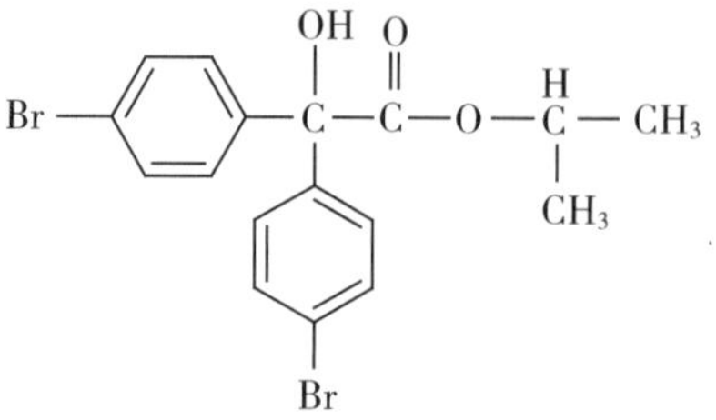

理化性质：纯品为无色或白色结晶。密度 1.59g/cm^3，熔点 77℃，蒸气压 0.680×10^{-5} Pa（20℃）或 0.690Pa（100℃）。溶于有机溶剂，在水中溶解度<0.5×10^{-6}（20℃）。在微酸和中性介质中稳定，不易燃。储存稳定性约 3 年。

毒性：按照我国农药毒性分级标准，溴螨酯属低毒。原药大鼠急性经口 LD_{50}>5 000 mg/kg，兔急性经皮 LD_{50}>4 000mg/kg。对兔眼睛无刺激作用，对兔皮肤有轻微刺激作用。在试验条件下未见致畸、致癌、致突变作用。对虹鳟鱼和蓝鳃鱼高毒，虹鳟鱼 LC_{50} 为 0.35mg/L。对鸟类及蜜蜂低毒，日本鹌鹑 LD_{50}>2 000mg/kg，北京鸭（8d）喂养LD_{50}> 600 mg/L。

作用特点：溴螨酯是一种杀螨谱广，持效期长，毒性低，对天敌、蜜蜂及作物比较安全的杀螨剂。触杀性较强，无内吸性，对成、若螨和卵均有一定的杀伤作用。温度变化对药效影响不大。害螨对该药和三氯杀螨醇有交互抗性，使用时要注意。

制剂：500g/L 溴螨酯乳油。

500g/L 溴螨酯乳油

理化性质及规格：外观为棕色透明液体，有效成分含量为 500g/L，密度 1.11～1.14g/mL，闪点 24～34℃（闭式），能与大多数杀虫剂混用，储存稳定性在两年以上。

毒性：按照我国农药毒性分级标准，500g/L 溴螨酯乳油属低毒。大鼠急性经口 LD_{50} 为 7 264mg/kg，兔急性经皮 LD_{50}>3 170mg/kg；对兔眼睛有轻微的刺激作用，对兔皮肤有中度刺激作用。

使用方法：

1. 防治苹果树红蜘蛛　在苹果开花前后、成若螨盛发期、平均每叶螨数 4 头以下时施药，每次用 500g/L 溴螨酯乳油 1 000～2 000 倍液（有效成分浓度 250～500mg/L）整株喷雾。安全间隔期为 21d，每季最多使用 2 次。

2. 防治柑橘树红蜘蛛　在春梢大量抽发期、第一个螨高峰前即平均每叶螨数 2～3 头时开始施药，每次用 500g/L 溴螨酯乳油 1 000～1 500 倍液（有效成分浓度 333～500mg/L）

整株喷雾。间隔 20d 左右再喷一次。安全间隔期为 14d，每季最多使用 3 次。

注意事项：

1. 该药剂无专用解毒剂，应对症治疗。
2. 储存于通风阴凉干燥处，温度不超过 35℃。

噻　螨　酮

中文通用名称：噻螨酮

英文通用名称：hexythiazox

其他名称：尼索朗，Nissorun

化学名称：（4RS，5RS）－5－（4－氯苯基）－N－环己基－4－甲基－2－氧代－1，3－噻唑烷－3 羧酰胺

化学结构式：

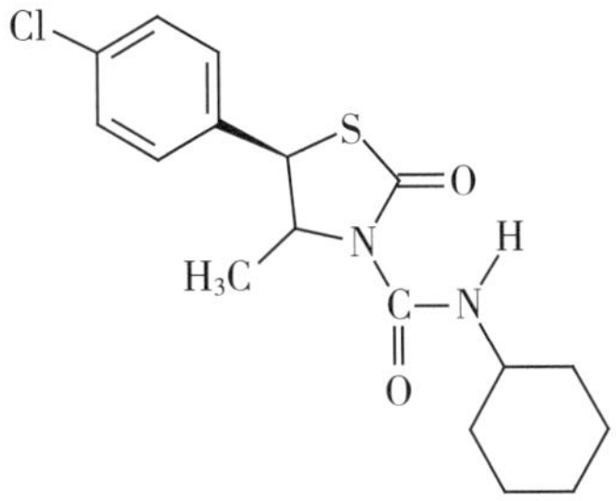

理化性质：原药为无色晶体，熔点 108.0～108.5℃，蒸气压 0.003 4mPa（20℃），溶解度（20℃）分别为水 0.5mg/L、氯仿 1 379g/L、二甲苯 362g/L、甲醇 206g/L、丙酮 160g/L、乙腈 28.6g/L、己烷 4g/L。对光稳定，热空气中稳定，酸碱介质中稳定，小于 300℃稳定。50℃下保存 3 个月不分解。

毒性：按照我国农药毒性分级标准，噻螨酮属低毒。原药大鼠急性经口、经皮均 LD_{50} ＞5 000mg/kg，急性吸入 LC_{50}＞2.0mg/m^3（4h）。对家兔眼睛有轻微刺激，对皮肤无刺激作用。大鼠亚慢性经口无作用剂量为 5.4mg/kg，大鼠慢性经口无作用剂量为 23.1mg/kg，对试验动物无“三致”现象。对鱼中低毒，虹鳟鱼 LC_{50}（96h）＞300mg/L，翻车鱼 LC_{50}（96h）11.6mg/L，鲤鱼 LC_{50}（48h）3.7mg/L。对蜂为低毒，LD_{50}＞200μg/只（接触）。对禽类低毒，急性经口 LD_{50}野鸭＞2 510mg/kg，日本鹑＞5 000mg/kg。半衰期 8d（15℃，黏壤土），Koc6200。该药剂属非感温型杀螨剂，在高温或低温时使用的效果无显著差异，残效期长，可保持在 50d 左右，常量下对蜜蜂无毒性反应。

作用特点：噻螨酮是一种噻唑烷酮类新型杀螨剂，对植物表皮表层具有较好的穿透性，但无内吸传导作用。该药剂对多种植物害螨具有强烈的杀卵、杀若螨的特性，对成螨无效，但对接触到药液的雌成虫所产的卵具有抑制其孵化的作用。该药剂属于非感温型杀螨剂，在高温或低温时使用的效果无显著差异，残效期长，药效可保持 50d 左右。由于没有杀成螨活性，故药效发挥较迟缓。该药剂对叶螨防效好，对锈螨、瘿螨防效较差；在常用浓度下使用对作物安全；对天敌、蜜蜂及捕食螨影响很小。可与波尔多液、石硫合剂等多种农药混用。

制剂：3％噻螨酮水乳剂，5％噻螨酮乳油，5％噻螨酮可湿性粉剂。

5%噻螨酮乳油

理化性质及规格：制剂由有效成分噻螨酮和乳化剂、溶剂组成。外观为淡黄色或浅棕色液体，密度（0.918±0.025）g/mL（20℃），沸点180℃，闪点62.5℃。在阴暗、干燥条件下储藏两年无变质现象。

毒性：按照我国农药毒性分级标准，5%噻螨酮乳油属低毒。大鼠急性经口LD_{50}为4 250mg/kg，对家兔皮肤、眼睛无明显刺激作用。

使用方法：

1. 防治苹果红蜘蛛和山楂叶螨　在若螨大量爆发前施药，每次用5%噻螨酮乳油1 650～2 000倍液（有效成分25～30mg/kg）整株喷雾。安全间隔期均为30d，每季最多使用2次，每次施药间隔为14d，在害虫密度比较大的情况下，间隔为7d。

2. 防治柑橘红蜘蛛　在若螨大量爆发前施药，用5%噻螨酮乳油2 000倍液（有效成分25mg/kg）整株喷雾。安全间隔期为30d，每季最多使用2次，每次施药间隔为14d，但在害虫密度比较大的情况下为7d。

3. 防治棉花红蜘蛛　在若螨大量爆发前施药，每次每667m^2用5%噻螨酮乳油50～66mL（有效成分2.5～3.3g）对水喷雾。安全间隔期均为30d，每季最多使用2次。

5%噻螨酮可湿性粉剂

理化性质及规格：制剂由有效成分噻螨酮和湿润剂、载体组成，外观为灰白色粉剂，堆密度0.2～0.3g/mL，在阴冷、干燥条件下保存两年不变质。

毒性：按照我国农药毒性分级标准，5%噻螨酮可湿性粉剂属微毒。大鼠急性经口LD_{50}>5 000mg/kg，对家兔皮肤和眼睛无明显刺激作用。

使用方法：

1. 防治柑橘红蜘蛛　在春季螨害始盛发期、平均每叶有螨2～3头时施药，用5%噻螨酮可湿性粉剂1 500～2 500倍液（有效成分浓度20～33mg/L）整株喷雾。安全间隔期30d，每季最多使用2次。

2. 防治苹果红蜘蛛和山楂红蜘蛛　在苹果开花前后、平均每叶有螨3～4头时开始施药，用5%噻螨酮可湿性粉剂1 500～2 500倍液（有效成分浓度25～33mg/L）整株喷雾。安全间隔期30d，每季最多使用2次。

3. 防治棉花红蜘蛛　6月底前、在叶螨点片发生及扩散初期用药，每667m^2用5%噻螨酮可湿性粉剂60～100g（有效成分3～5g）对水喷雾。安全间隔期30d，每季最多使用2次。

注意事项：

1. 噻螨酮对成螨无杀伤作用，要掌握好防治适期，应比其他杀螨剂要稍早些使用。
2. 噻螨酮无内吸性，喷药要均匀周到。
3. 如误服，应让中毒者大量饮水，催吐，保持安静，并立即送医院治疗。

喹　螨　醚

中文通用名称：喹螨醚

英文通用名称： fenazaquin

化学名称： 4-特丁基苯乙基-喹唑啉-4-基醚

化学结构式：

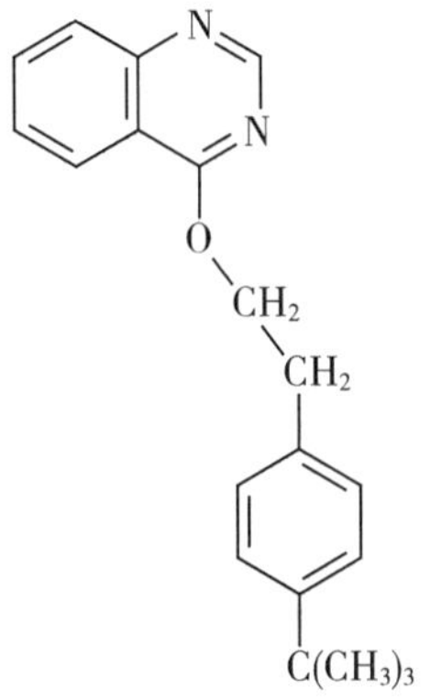

理化性质： 纯品为晶体。熔点 70～71℃，蒸气压 0.013mPa（25℃）。溶解度分别为水 0.22mg/L、丙酮 400g/L、乙腈 33g/L、氯仿＞500g/L、己烷 33g/L、甲醇 50g/L、异丙醇 50g/L、甲苯 50g/L。

毒性： 按照我国农药毒性分级标准，喹螨醚属中等毒，雄大鼠急性经口 LD_{50} 为 50～500mg/kg，小鼠＞500mg/kg，鹌鹑＞2 000mg/kg（用管饲法）。对家兔眼睛和皮肤有刺激感。

作用特点： 喹螨醚为喹啉类杀螨剂，通过触杀作用于昆虫细胞的线粒体和染色体组 I，占据了辅酶 Q 的结合点。对柑橘、苹果红蜘蛛有较好的防治效果，持效期长，对天敌安全。

制剂： 95g/L 喹螨醚乳油。

95g/L 喹螨醚乳油

理化性质及规格： 外观为琥珀色澄清液体，具有芳香族碳氢化合物的气味。pH6.57，不易燃，不易爆，常温储存有效期为 2 年。

毒性： 按照我国农药毒性分级标准，喹螨醚属中等毒。雄、雌大鼠急性经口 LD_{50} 分别为 511mg/kg 和 410mg/kg，急性经皮 LD_{50}＞5 000mg/kg，急性吸入 LC_{50} 为 2 700mg/m^3。对眼睛、皮肤有轻度至中度刺激作用，无致敏性。

使用方法：

1. 防治柑橘红蜘蛛　在若螨开始发生时施药，用 95g/L 喹螨醚乳油 2 000～4 000 倍液（有效成分浓度 23.75～47.5mg/kg）整株喷雾，间隔 20～30d 左右喷一次，安全间隔期 15d，每季最多使用 3 次。

2. 防治苹果红蜘蛛　在若螨开始发生时，用 95g/L 喹螨醚乳油 3 800～4 500 倍液（有效成分浓度 21～25mg/kg）整株喷雾，间隔 20～30d 喷一次。安全间隔期 15d，每季最多使用 3 次。

注意事项：

1. 施药应选在早晚气温较低，风小时进行。喷药要均匀，在干旱条件下适当提高喷液量，有利于药效发挥。晴天上午 8 时至下午 5 时，空气相对湿度低于 65%，气温高于 28℃

时应停止施药。

2. 该药剂对蜜蜂和水生生物低毒，应避免在植物花期和蜜蜂活动场所施药。

唑　螨　酯

中文通用名称：唑螨酯

英文通用名称：fenpyroximate

其他名称：霸螨灵，杀螨王，NNI—850，Danitron。

化学名称：（E）－α－（1，3－二甲基－5－苯氧基吡唑－4－基亚甲基氨基氧）－4－甲基苯甲酸特丁酯

化学结构式：

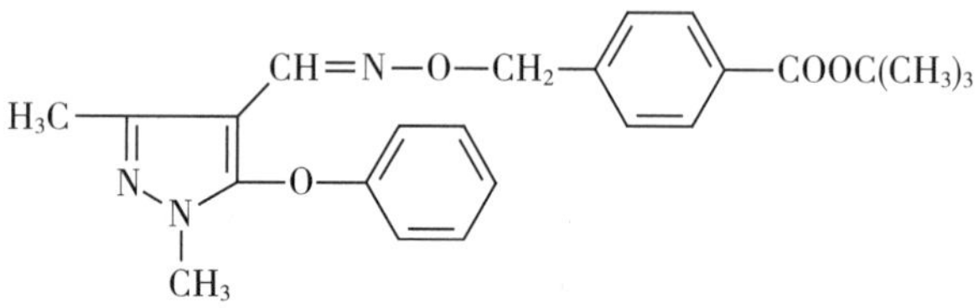

理化性质：原药为白色或黄色结晶。密度 1.25g/cm^3，熔点 101.5～102.4℃，蒸气压 0.007 5mPa（25℃）。25℃时的溶解度，正己烷中 4.0g/L，甲苯中 0.61g/L，丙酮中 154g/L，甲醇中 15.1g/L；20℃时水中的溶解度 0.015mg/L。在土壤中半衰期为 42d。光解半衰期 2.8～3.1h。在水中半衰期为 65.7d（25℃）。

毒性：按照我国农药毒性分级标准，唑螨酯属中等毒。原药对雄、雌大鼠急性经口 LD_{50} 分别为 480mg/kg 和 240mg/kg，急性经皮 LD_{50}＞2 000mg/kg，雄大鼠急性吸入 LC_{50} 为 330mg/m^3。对兔皮肤及眼睛有轻微刺激作用。无致畸、致癌、致突变作用，无蓄积毒性。对鱼、虾、贝类等毒性较高，鱼毒 LC_{50}（96h）分别为虹鳟 0.079mg/L、鲤鱼 0.29mg/L。水虱 EC_{50}（24h）0.204mg/L。鹌鹑和野鸭＞2 000mg/kg，对鸟类和家蚕毒性低。对蜜蜂、蜘蛛及寄生蜂无不良影响，在 250mg/L（5 倍于推荐剂量）下对蜜蜂无害。对作物安全。

作用特点：唑螨酯为苯氧基吡唑类杀螨剂，对人、畜为中等毒性，对鱼、虾、贝类等毒性较高。该药剂对多种剂害螨有强烈的触杀作用，速效性好，持效期较长，对害螨的各个生育期均有良好地防治效果，但与其他药剂无交互抗性。该药能与波尔多液等多种农药混用，但不能与石硫合剂等强碱性农药混用。

制剂：5%唑螨酯乳油，5%、20%、28%唑螨酯悬浮剂。

5%唑螨酯悬浮剂

理化性质及规格：外观为淡黄色黏稠液体，相对密度 1.05±0.01（25℃），pH7～10，悬浮率≥85%（采用 CIPAC MT15.1 方法）。冷、热稳定性和常温储存稳定性合格。

毒性：按照我国农药毒性分级标准，5%唑螨酯悬浮剂属低毒。雄大鼠急性经口 LD_{50} 为 9 000mg/kg，急性经皮＞2 000mg/kg，急性吸入 LC_{50} 为 4.8mg/L。对眼和皮肤有轻微的刺激性。

使用方法：

1. 防治苹果红蜘蛛、山楂红蜘蛛　防治苹果红蜘蛛在苹果开花前后，越冬卵孵化高峰

期施药；防治山楂红蜘蛛，于苹果开花初期，越冬成虫出蛰始盛期施药。用5%唑螨酯悬浮剂2 000～3 000倍液（有效成分浓度16～25mg/kg）整株喷雾，安全间隔期为14d，每季最多使用1次。

2. 防治柑橘害螨、全爪螨　于卵孵盛期或幼若螨发生期施药，用5%悬浮剂1 000～2 000倍液（有效成分浓度25～50mg/kg）整株喷雾，安全间隔期为14d，每季最多使用1次。

5%唑螨酯乳油

理化性质及规格：外观为稳定的均相液体，无可见悬浮物或沉淀，pH4～7。

毒性：按照我国农药毒性分级标准，5%唑螨酯乳油属中等毒。雄、雌大鼠急性经口LD_{50}分别为2 610mg/kg和2 150mg/kg，急性经皮LD_{50}>2 000mg/kg。对眼睛中度刺激、对皮肤有轻度刺激，弱致敏性。

使用方法：

防治柑橘红蜘蛛　于红蜘蛛为害初期施药，每次用5%唑螨酯乳油1 000～2 000倍液（有效成分浓度25～50mg/kg）整株喷雾，安全间隔期为15d，每季最多使用2次。

注意事项：

1. 该药剂不可与石硫合剂等物质混合使用。

2. 该药剂对鱼类等水生生物、家蚕有毒，蚕室和桑园附近禁用，远离水产养殖区施药，禁止在河塘等水体中清洗施药器具。

哒　螨　灵

中文通用名称：哒螨灵

英文通用名称：pyridaben

其他名称：哒螨酮，速螨酮，哒螨净，灭螨灵等

化学名称：2-特丁基-5-（4-特丁基苄硫基）-4-氯-2H-哒嗪-3-酮

化学结构式：

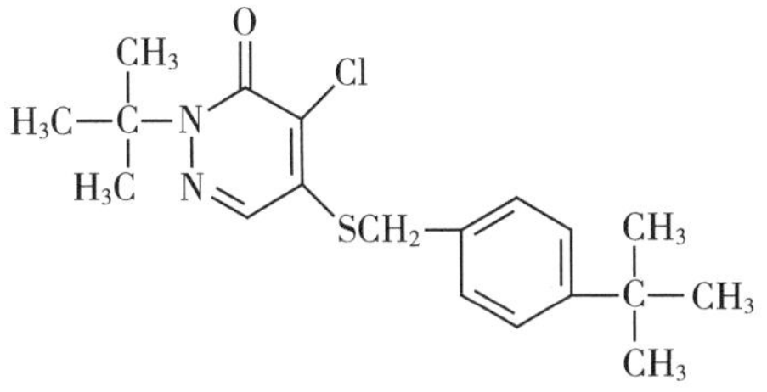

理化性质：原药为无色晶体。熔点111～112℃，蒸气压0.25mPa（20℃），相对密度1.2（20℃），溶解度（20℃）分别为水0.012mg/L、丙酮460mg/L、苯110g/L、二甲苯390g/L、乙醇57g/L、环己烷320g/L、正辛醇63g/L、正己烷10g/L，见光不稳定。在pH4、7、9和有机溶剂中时（50℃），90d稳定性不变。

毒性：按照我国农药毒性分级标准，哒螨灵属低毒。原药雄大鼠急性经口LD_{50}为1 350mg/kg，急性经皮LD_{50}>2 000mg/kg，急性吸入LC_{50}为620mg/m^3。对兔的皮肤无刺激性，对兔的眼睛有轻微的刺激作用。在试验剂量内，对试验动物无致突变、致畸、致癌作用。对

虹鳟鱼 LC_{50}（96h）2.9μg/L，对水藻 LC_{50}（48h）0.59μg/L，对翻车鱼 LC_{50}（96h）3.7μg/L。蜜蜂急性经口（24h）LD_{50} 0.55μg/只。鹌鹑急性经口 LD_{50}＞2 250mg/kg，野鸭急性经口 LD_{50}＞2 500mg/kg。蚯蚓急性经口 LD_{50}（14d）38mg/kg；在土壤中的半衰期为12～19d；土壤中光解半衰期4～6d；在水中光解半衰期为30min以内。

作用特点：哒螨灵是一种新型速效、属哒嗪类广谱杀虫杀螨剂。对哺乳动物毒性中等，对鸟类低毒，对鱼、虾和蜜蜂毒性较高。该药剂触杀性强，无内吸传导和熏蒸作用。该药剂不受温度变化的影响，无论早春或秋季使用，均可达到满意效果；对叶螨、全爪螨、跗线螨、锈螨和瘿螨的各个生育期（卵、若螨和成螨）均有较好效果。对活动期螨作用迅速，持效期长，一般可达1～2月。药效受温度影响小，与苯丁锡、噻螨酮等常用杀螨剂无交互抗性。对瓢虫、草蛉和寄生蜂等天敌较安全。

制剂：15%、20%、40%哒螨灵可湿性粉剂，6%、10%、15%哒螨灵乳油，10%、15%哒螨灵微乳剂，20%、30%哒螨灵悬浮剂，20%哒螨灵粉剂。

20%哒螨灵可湿性粉剂

理化性质及规格：外观为灰白色粉末，淡芳香气味。密度0.1～0.4g/cm^3，pH4～9（配制10%悬浮液，采用CIPACMT—75.1方法）。粒度＜10μm。悬浮率＞70%（15min以内），湿润时间≤2min，水分含量≤3.0%。

毒性：按照我国农药毒性分级标准，20%哒螨灵可湿性粉剂属低毒。雌、雄大鼠急性经口 LD_{50} 分别为3 350mg/kg和 LD_{50} 3 020mg/kg，急性经皮 LD_{50} 为2 000mg/L，急性吸入 LC_{50} 分别为1 680mg/m^3 和1 440mg/m^3。对眼睛有轻微的刺激作用，对皮肤无刺激作用。

使用方法：

1. 防治苹果红蜘蛛、山楂红蜘蛛　于苹果开花初期、平均每叶有螨2～4头时施药，用20%哒螨灵可湿性粉剂3 000～4 000倍液（有效成分浓度50～67mg/kg）整株喷雾，安全间隔期为14d，每季最多使用2次。

2. 防治柑橘叶螨、全爪螨　柑橘开花前每叶有螨2头、开花后和秋季每叶有螨6头时开始施药，用20%速螨酮可湿性粉剂3 000～4 000倍液（有效成分浓度50～67mg/kg）整株喷雾。安全间隔期为20d，每季最多使用2次。

15%哒螨灵乳油

理化性质及规格：外观为红棕色透明液体，酸度＜0.5%，乳液稳定性合格，水分＜1.0%，产品易燃。在54℃14d储存后，有效成分分解率＜5%，冷稳定性合格，常温储存稳定性合格，可与常规杀虫、杀菌剂混用。

毒性：按照我国农药毒性分级标准，15%哒螨灵乳油属低毒。大鼠急性经口 LD_{50} 为825mg/kg，急性经皮 LD_{50}≥2 150mg/kg。

使用方法：

防治柑橘红蜘蛛　在柑橘红蜘蛛发生初期施药，用15%哒螨灵乳油2 500～3 000倍液（有效成分浓度50～60mg/kg）整株喷雾，安全间隔期为14d，每季最多使用2次。

注意事项：

1. 对鱼类毒性高，不可污染河流、池塘和水源。

2. 对蚕和蜜蜂有毒，请不要在花期使用和喷洒在桑树上，蜂场、蚕室附近禁用。

3. 不能与石硫合剂和波尔多液等强碱性药剂等物质混用。

乙　螨　唑

中文通用名称： 乙螨唑

英文通用名称： etoxazole

化学名称：（RS）-5-叔-丁基-2-［2-（2，6-二氟苯基）-4，5-二氢-1，3-噁唑-4-基］丁苯乙醚

化学结构式：

理化性质： 原药外观为白色无味晶体粉末，熔点 101.5～102.5℃，密度 $1.15g/cm^3$，蒸气压（25℃）$7.0\times10^{-6}Pa$，溶解度（20℃）分别为水 $7.04\times10^{-5}g/L$、丙酮 309g/L、乙酸乙酯 249g/L、正庚烷 18.7g/L、甲醇 104g/L、二甲苯 252g/L。

毒性： 按照我国农药毒性分级标准，乙螨唑属低毒。雄、雌大鼠急性经口 LD_{50}＞5 000 mg/kg，急性经皮 LD_{50}＞2 000mg/kg，急性吸入 LC_{50}＞1 090mg/m^3，对兔眼睛和皮肤无刺激作用。野鸭急性经口 LD_{50}＞2 000mg/kg，美洲鹑亚急性经口（5d）＞5 200mg/L。日本鲤鱼（96h）LC_{50} 0.89mg/L，日本鲤鱼（48h）＞20mg/L，虹鳟鱼＞40mg/L。

作用特点： 乙螨唑属于 2，4 二苯基噁唑衍生物类化合物，是一种选择性杀螨剂。属于非内吸性杀螨剂，主要通过触杀和胃毒作用防治卵和若螨危害。其作用机理主要是抑制螨类的脱皮过程，从而对螨从卵、若虫到蛹不同阶段都有优异的触杀性。但对成虫的防治效果不是很好。对噻螨酮已产生抗性的螨类有很好的防治效果。

制剂： 110g/L 乙螨唑悬浮剂。

110g/L 乙螨唑悬浮剂

理化性质及规格： 外观为白色不透明液体，无味。密度 1.05～$1.09g/cm^3$，自燃温度 540℃，pH 6～8。

毒性： 按照我国农药毒性分级标准，110g/L 乙螨唑悬浮剂属低毒。雌、雄大鼠急性经口 LD_{50}＞5 000mg/kg，急性经皮 LD_{50}＞2 000mg/kg，急性吸入 LC_{50}＞1.09mg/L；对家兔皮肤无刺激，对家兔眼睛有轻度刺激，对豚鼠皮肤属弱致敏物。

使用方法：

防治柑橘红蜘蛛　在红蜘蛛低龄幼若螨始盛期开始用药，用 110g/L 乙螨唑悬浮剂 5 000～7 500倍液（有效成分浓度 14.7～22mg/kg）整株喷雾。安全间隔期为 30d，每季最多使用 1 次。

注意事项： 该药剂不可与波尔多液混用。

四　螨　嗪

中文通用名称：四螨嗪

英文通用名称：clofentezine

其他名称：阿波罗，克芬螨，螨死净等

化学名称：3，6-双（2-氯苯基）-1，2，4，5-四嗪

化学结构式：

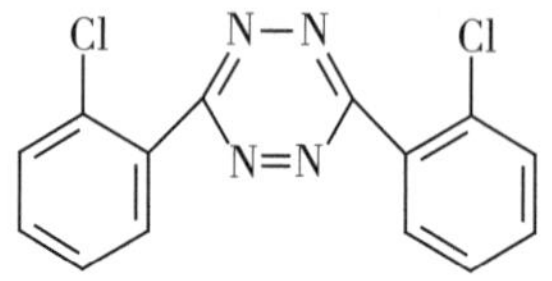

理化性质：纯品为洋红色结晶，无味。纯度>99%，熔点182.3℃，蒸气压1.3×10^{-7}Pa（25℃）。溶解度在水中<1mg/L，在丙酮中9.3g/L，乙醇中0.5g/L，二甲苯中5g/L。相对密度约1.5。原药有效成分含量至少96%，为洋红色晶体，无味，溶解度基本与纯品相同。相对密度1.51，水分<1%，熔点182～186℃。

毒性：按照我国农药毒性分级标准，四螨嗪属低毒。原药大鼠急性经口LD_{50}>5 200mg/kg，急性经皮LD_{50}>2 100mg/kg，急性吸入LC_{50}>9 100mg/m^3。对皮肤和眼睛均无刺激。在试验剂量内对动物无致畸、致突变及致癌作用，三代繁殖试验未见异常。虹鳟鱼（96h）LC_{50} 10mg/L，蓝鳃翻车鱼LC_{50}>0.25mg/L。蜜蜂经口LD_{50}>20μg/只，接触LD_{50}>1 500mg/kg。野鸭LD_{50}>3 000mg/kg，鹌鹑LD_{50}>7 500mg/kg。

作用特点：四螨嗪为触杀型有机氮杂环类杀螨剂，对人、畜低毒，对鸟类、鱼虾、蜜蜂及捕食性天敌较为安全。该药剂对螨卵有较好的防效，对幼螨也有一定活性，对成螨效果差，持效期长，一般可达50～60d，但该药作用较慢，一般用药后2周才能达到最高杀螨活性，因此使用该药时应做好螨害的预测预报。

制剂：20%、500g/L四螨嗪悬浮剂，75%、80%四螨嗪水分散粒剂，10%、20%四螨嗪可湿性粉剂。

20%四螨嗪悬浮剂

理化性质及规格：20%四螨嗪悬浮剂由有效成分、助剂及水组成。外观为深粉色悬浮液，密度（20℃）1.08～1.19g/mL，pH6～7.5，悬浮率分别在95%和90%以上，黏度分别为$11\ 000\times10^{-3}$～$13\ 000\times10^{-3}$Pa·s和$26\ 000\times10^{-3}$～$48\ 000\times10^{-3}$Pa·s，稳定性好，常温储存稳定性原包装2年。

毒性：按照我国农药毒性分级标准，20%四螨嗪悬浮剂属低毒。大鼠急性经口LD_{50}>5 000mg/kg，大鼠急性经皮LD_{50}>2 400mg/kg。对试验动物皮肤有轻度刺激，对眼睛无刺激。

使用方法：

1. 防治苹果红蜘蛛　应掌握在苹果开花前、越冬卵初孵期施药，用20%四螨嗪悬浮剂2 000～2 500倍液（有效成分浓度80～100mg/kg）整株喷雾，安全间隔期为30d，每季最多使用2次。

2. 防治柑橘全爪螨　在早春柑橘发芽后，春梢长至2～3cm、越冬卵孵化初期施药，用

20%四螨嗪悬浮剂 1 600～2 000 倍液（有效成分浓度 100～125mg/kg）整株喷雾，柑橘的安全间隔期为 21d，每季最多使用 2 次。

10%四螨嗪可湿性粉剂

理化性质及规格： 外观为红色粉末，pH5.0～8.0，悬浮率≥70%。

毒性： 按照我国农药毒性分级标准，10%四螨嗪可湿性粉剂属低毒。雄、雌大鼠急性经口 LD_{50}分别为 2 710mg/kg 和 3 690mg/kg，急性经皮 LD_{50} ≥5 000mg/kg。对眼睛中毒刺激，对皮肤无刺激作用，弱致敏物。

使用方法：

防治柑橘红蜘蛛　于柑橘红蜘蛛卵孵化盛期和幼螨、若螨发生为害期施药，每次用 10%四螨嗪可湿性粉剂 800～1 000 倍液（有效成分浓度 100～125mg/kg）整株喷雾，安全间隔期为 14d，每季最多使用 2 次。

注意事项：

1. 在螨的密度大或温度较高时施用，最好与其他杀成螨药剂混用，在气温低（15℃左右）和虫口密度小时施用效果好，持效期长。

2. 该药剂对蜜蜂、鱼类等水生生物、家蚕有毒，施药期间应避免对周围蜂群影响，应避开蜜源作物花期施药，蚕室和桑园附近禁用，远离水产养殖区施药禁止在河塘等水体中清洗施药器具。

三　唑　锡

中文通用名称： 三唑锡

英文通用名称： azocyclotin

其他名称： 倍乐霸，三唑环锡，灭螨锡，Peropal

化学名称： 三（环己基-1，2，4-三唑-1-基）锡

化学结构式：

理化性质： 原药有效成分含量不低于 90%，外观为无色粉末，熔点 218.8℃，蒸气压 0.06nPa（25℃）。20℃时水中溶解度小于 1mg/L，在其他有机溶剂如二氯甲烷中溶解度为 0～1g/kg。在稀酸中不稳定，若储存适当则可保存两年以上。

毒性： 按照我国农药毒性分级标准，三唑锡属中等毒。原药大鼠急性经口 LD_{50} 为 76～180mg/kg，急性经皮 LD_{50} 为 1 000mg/kg，小鼠急性经口 LD_{50} 为 417～980mg/kg。在试验剂量内无“三致”作用，对大鼠慢性毒性最大无作用剂量为 5mg/L，在三代繁殖试验中未见异常。对鱼毒性高，对蜜蜂毒性极低，鸟类口服 LD_{50} 为 175～375mg/kg。

作用特点：三唑锡为触杀作用较强的光谱性杀螨剂。可杀灭若螨、成螨和夏卵，对冬卵无效。对光和雨水有较好的稳定性，残效期较长。在常用浓度下对作物安全。

制剂：20%、25%、70%三唑锡可湿性粉剂，50%、80%三唑锡水分散粒剂，20%、40%三唑锡悬浮剂，8%、10%三唑锡乳油。

25%三唑锡可湿性粉剂

理化性质及规格：制剂由有效成分三唑锡和湿润剂、钝化剂及填料组成。外观为淡黄色或白色粉末，不溶于水，但易在水中扩散。在世界卫生组织（WTO）标准硬水中，30min后的悬浮率>60%。在正常储存条件下，可保存两年以上。

毒性：按照我国农药毒性分级标准，25%三唑锡可湿性粉剂属低毒。大鼠急性经口 LD_{50} 为611～631mg/kg，急性经皮 LD_{50} >1 000mg/kg，急性吸入 LC_{50} 为17.4～29mg/m^3（4h）；对鲤鱼 LC_{50}（96h）为0.05～0.1mg/L，虹鳟鱼 LC_{50}（96h）为0.005～0.01mg/L。

使用方法：

1. 防治柑橘红蜘蛛　春梢大量抽发期或成橘园采果后，平均每叶有螨2～3头时施药，用25%三唑锡可湿性粉剂1 000～2 000倍液（有效成分浓度125～250mg/L）整株喷雾。安全间隔期为30d，每季最多使用2次。

2. 防治苹果叶螨（山楂红蜘蛛、苹果红蜘蛛）　于苹果开花前后、害螨盛发期施药，用25%三唑锡可湿性粉剂1 500～2 000倍液（有效成分浓度125～250mg/L）整株喷雾。安全间隔期为14d，每季最多使用3次。

注意事项：

1. 该药剂可与有机磷杀虫剂和代森锰锌、克菌丹等杀菌剂混用，不能与石硫合剂等碱性农药混用，使用前三周或后一周不能使用波尔多液。

2. 该药剂对蜜蜂、鱼类等水生生物有毒，施药期间应避免对周围蜂群的影响，蜜源作物花期禁用。远离水产养殖区施药，禁止在河塘等水体中清洗施药器具。

3. 三唑锡属剧烈神经毒物。中毒症状表现为头痛、头晕、多汗；重者恶心呕吐，大汗淋漓，排尿困难，抽搐、神经错乱，昏迷、呼吸困难等。若不慎吸入，应立即将吸入者转移到空气新鲜及安静处，病情严重者就医对症治疗。无特殊解毒剂，如误服中毒，立即携药剂标签送医院，可催吐、洗胃、导泻。预防治疗，防止脑水肿 发生。严禁大量输液。

三氯杀螨砜

中文通用名称：三氯杀螨砜

英文通用名称：tetradifon

其他名称：涕滴恩，天地红，太地安，退得完，得螨脱

化学名称：2，4，4′，5-四氯二苯砜

化学结构式：

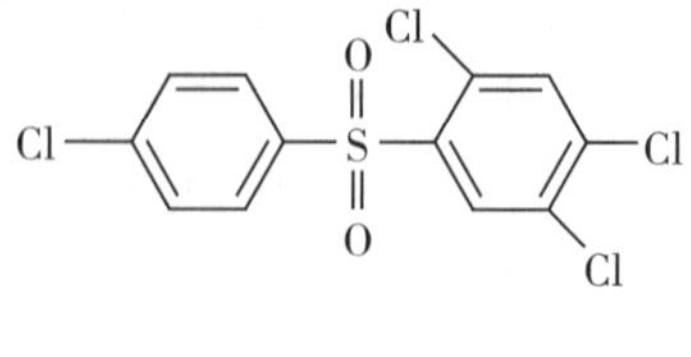

理化性质： 纯品外观为无色晶体（原药微黄），熔点 148～149℃（纯品）、≥144℃（原药），蒸气压 3.2×10^{-8} Pa（20℃），密度 1.515g/cm^3（20℃）。水中溶解度为 0.05mg/L（10℃）、0.08（20℃）mg/L，有机溶剂则丙酮 82g/L、苯 148g/L，氯仿 255g/L、环己酮 200g/L，其中 10℃时，甲苯 135g/L、二甲苯 115g/L、二噁烷 223g/L、甲醇 10g/L，非常稳定，甚至在强酸、碱环境中仍然稳定。对光、热稳定，抗强氧化剂。

毒性： 按照我国农药毒性分级标准，三氯杀螨砜属低毒。原药大鼠急性口服 LD_{50}>14 700mg/kg，兔急性经皮 LD_{50}>1 000mg/kg，大鼠急性吸入 LC_{50}>3 000mg/m^3。对兔的眼睛有轻微的刺激，对皮肤没有刺激作用。在两年的饲养试验中，对大鼠的无作用剂量为 300mg/kg，对大鼠和兔无致畸、致突变作用。

作用特点： 三氯杀螨砜为非内吸药剂，具长效、渗透植物组织的作用，除对成螨无效外，对卵及其他生长阶段均有抑制及触杀作用，也能直接使雌螨不育或导致卵不孵化。

制剂： 10%三氯杀螨砜乳油。

10%三氯杀螨砜乳油

理化性质及规格： 制剂由有效成分和湿润剂、填料等组成。含水量≤10%。

毒性： 按照我国农药毒性分级标准，10%三氯杀螨砜乳油属低毒。雄、雌大鼠急性经口 LD_{50}≥4 640mg/kg；急性经皮 LD_{50}≥2 150mg/kg。对眼睛、皮肤无刺激。

使用方法：

防治苹果红蜘蛛　于苹果开花前后、害螨盛发期施药，用 10%三氯杀螨砜乳油 500～800 倍液（有效成分浓度 125～200mg/kg），整株喷雾。安全间隔期 7d，每季最多使用 1 次。

注意事项：

1. 该药剂不可与呈碱性的农药等物质混合使用。

2. 不能用三氯杀螨砜杀冬卵。当红蜘蛛为害重，成螨数量多时，必须与其他对成螨效果较好的杀螨剂配合使用，效果才好。该药剂对柑橘锈螨无效。

3. 该药剂对鱼、蜜蜂有毒，使用时应远离蜂房，避开蜜源作物的盛花期，应注意不要污染水源。

三 氯 杀 螨 醇

中文通用名称： 三氯杀螨醇

英文通用名称： dicofol

其他名称： 开乐散，凯尔生，Kelthane

化学名称： 2，2，2-三氯-1，1-双（4-氯苯基）乙醇

化学结构式：

OH
Cl—C₆H₄—C—C₆H₄—Cl
CCl_3

理化性质： 纯品为白色固体，熔点 78.5～79.5℃，工业品为褐色透明油状液体，密度 1.45g/cm^3（25℃），在 1.33Pa 时沸点为 180℃。微溶于水，能溶于多种有机溶剂，遇碱水

解成二氯二苯甲酮和氯仿。

毒性：按照我国农药毒性分级标准，三氯杀螨醇属低毒。原药雄、雌大鼠急性经口 LD_{50}分别为（809±33）mg/kg 和（684±16）mg/kg，兔急性经皮 LD_{50}为 1 870mg/kg。以 300mg/L 三氯杀螨醇饲料喂狗一年，没有中毒现象。

作用特点：三氯杀螨醇是一种杀螨谱广、杀螨活性较高、对天敌和作物表现安全的有机氯杀螨剂。该药剂为神经毒剂，对害螨具有较强的触杀作用，无内吸性，对成、若螨和卵均有效，是我国目前常用的杀螨剂品种。该药剂分解较慢，作物中施药一年后仍有少量残留。

制剂：20%三氯杀螨醇乳油。

20%三氯杀螨醇乳油

理化性质及规格：外观为淡黄色至红棕色单相透明油状液体。有效成分含量≥20.0%，pH2～5，乳液稳定性合格。

毒性：按照我国农药毒性分级标准，20%三氯杀螨醇乳油属低毒。大鼠急性经口 LD_{50}为 8 377mg/kg，小鼠急性经口 LD_{50}为 3 332mg/kg。

使用方法：

1. 防治棉花红蜘蛛　6 月底前，在害螨扩散初期或成若螨盛发期施药，每 667m^2 用 20%三氯杀螨醇乳油 75～100mL（有效成分 15～20g）对水喷雾。

2. 防治苹果红蜘蛛、山楂红蜘蛛　在苹果开花前后、幼若螨盛发期、平均每叶有螨 3～4 头、7 月份以后每叶有螨 6～7 头时施药，用 20%三氯杀螨醇乳油 800～1 000 倍液（有效成分浓度 200～250mg/L）整株喷雾。安全间隔期为不少于 45d，每季最多使用 4 次。

注意事项：

1. 三氯杀螨醇不易分解，残留量高，应避免药液飘移到茶叶、食用菌及蔬菜等作物。

2. 苹果的红玉、旭等品种易产生药害，使用时要注意。

3. 中毒症状为头痛、头晕、多汗、心悸、胸闷、瞳孔散大、视物不清，以及恶心、呕吐、腹泻等。严重者出现抽搐、意识障碍，局部接触可引起接触性皮炎。无特效解毒剂，可采用一般急救措施和对症处理，注意保护肝、肾脏，忌用油类泻剂。

三　磷　锡

中文通用名称：三磷锡

英文通用名称：phostin

其他名称：清螨特、富事定、福赛定

化学名称：O，O-二乙基-S-（4-氯苯硫基甲基）二硫代磷酸酯

化学结构式：

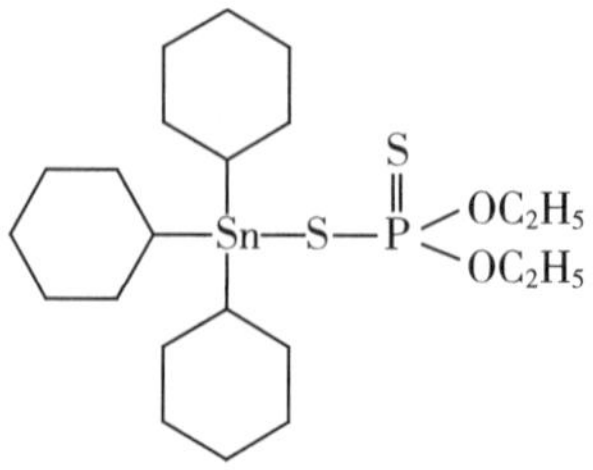

理化性质：原药为淡黄色或红棕色透明液体，较黏稠，有特殊的有机磷农药气味。易溶于苯、甲苯、氯仿、醚、酯等非极性溶剂；在甲醇、乙醇中溶解度不大，不溶于水。在酸性介质中较稳定，在碱性溶液中易碱解。

毒性：按照我国农药毒性分级标准，三磷锡属低毒。大鼠急性经口 LD_{50} 为2 285mg/kg，急性经皮 LD_{50} 为 2 000.5mg/kg。

作用特点：三磷锡属有机锡类新型高效、广谱、低毒杀螨剂，是新开发的有机锡单剂杀螨剂，其优点在于解决了有机锡类杀螨剂和其他杀螨剂的抗性问题，大大提高了高温季节杀螨剂的使用效果。该药剂具有触杀、胃毒作用。对锈壁虱、二斑叶螨以及红蜘蛛具有优良的防治效果，对成螨、若螨、幼螨和螨卵有较好的杀灭效果。作用迅速，持效期可达 50d 以上。

制剂：30%三磷锡乳油。

30%三磷锡乳油

理化性质及规格：外观为淡黄色至棕黄色均相液体。pH5～7，熔点为 101.5～102.4℃，在酸碱条件下稳定。

毒性：按照我国农药毒性分级标准，30%三磷锡乳油属低毒。雄、雌大鼠急性经口 LD_{50} 为 584mg/kg，急性经皮 LD_{50} >2 000mg/kg。对眼睛、皮肤无刺激作用，弱致敏性。

使用方法：

1. 防治柑橘红蜘蛛　在开花前、每叶有螨 2 头，开花后和秋季每叶有螨 6 头时施药，用 30%三磷锡乳油 2 500～3 000 倍液（有效成分浓度 100～120mg/kg）整株喷雾，安全间隔期 30d，每季最多使用 2 次。

2. 防治苹果红蜘蛛、山楂红蜘蛛　在害螨发生初期和盛末期施药，每次用 30%三磷锡乳油 2 500～3 000 倍液（有效成分浓度 100～120mg/kg）整株喷雾。安全间隔期为 30d，每季最多使用 2 次。

注意事项：使用该药剂前 1 周和后 1 周，不可使用波尔多液等碱性农药。

炔　螨　特

中文通用名称：炔螨特

英文通用名称：propargite

其他名称：奥美特，克螨特，除螨净

化学名称：2-（4-特丁基苯氧基）环己基丙炔-2-基亚硫酸酯

化学结构式：

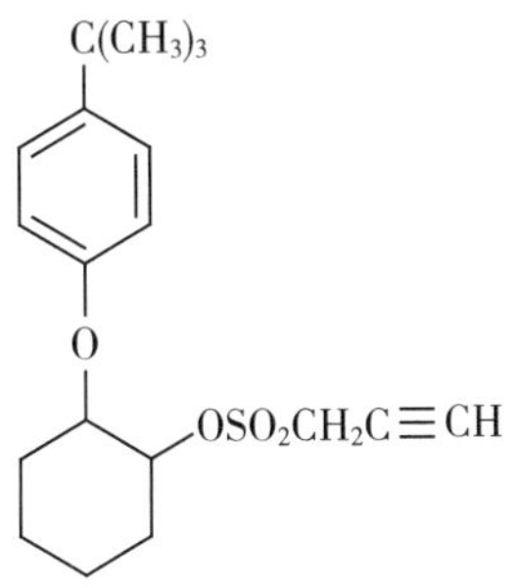

$C(CH_3)_3$

O

$OSO_2CH_2C \equiv CH$

理化性质： 原药为黑色黏性液体。密度 1.085～1.115g/cm^3，闪点 28℃，蒸气压 0.006mPa（25℃），25℃时在水中溶解度为 0.5mg/L，易燃、易溶于有机溶剂，不能与强酸、强碱混用。通常条件下储藏至少两年不变质。

毒性： 按照我国农药毒性分级标准，炔螨特属低毒。原药大鼠急性经口 LD_{50} 为2 200 mg/kg，家兔急性经皮 LD_{50} 为 3 476mg/kg，大鼠急性吸入 LC_{50} 为 2 500mg/m^3。对家兔眼睛、皮肤有严重刺激作用。在试验条件下，对动物未见致畸、致突变和致癌作用。原药对蓝鳃翻车鱼 TLm 为 0.167mg/kg（96h），虹鳟鱼为 0.118mg/kg（96h）。对蜜蜂低毒，急性经口 LD_{50} 为 18.13mg/只。

作用特点： 炔螨特是一种低毒广谱性有机硫杀螨剂，具有触杀和胃毒作用，无内吸和渗透传导作用。该药剂对成螨、若螨有效，杀卵的效果差。该药剂在温度 20℃ 以上条件下药效可提高，但在 20℃ 以下随温度降低而递降。炔螨特对多数天敌较安全，但在嫩小作物上使用时要严格控制浓度，过高易发生药害。

制剂： 40%炔螨特微乳剂，25%、40%、57%、70%、73%炔螨特乳油，30%炔螨特可湿性粉剂，20%、40%炔螨特水乳剂。

73%炔螨特乳油

理化性质及规格： 制剂由有效成分炔螨特、乳化剂和低脂肪醇组成。外观为浅至黑棕色黏性液体，密度 1.080g/mL，沸点 99℃，闪点 28℃（C 闭式），易燃，乳化性能良好，不宜与强酸、强碱类物质混合，通常条件下储存两年不变质。

毒性： 按照我国农药毒性分级标准，73%炔螨特乳油属低毒。大鼠急性经口 LD_{50} 为 1 760mg/kg，家兔急性经皮 LD_{50} 为 4～8mg/kg，大鼠急性吸入 LC_{50} 为 2 000mg/kg。该制剂对家兔眼睛刺激严重，对皮肤有中度刺激。

使用方法：

1. 防治棉花红蜘蛛　6 月底前，在害螨扩散初期施药，每 667m^2 用 73%炔螨特乳油 40～80mL（有效成分 29～58g）对水喷雾。安全间隔期为 21d，每季最多使用 2 次。

2. 防治柑橘红蜘蛛　于春季始盛发期、平均每叶有螨约 2～4 头时施药，用 73%炔螨特乳油 2 000～3 000 倍液（有效成分浓度 243～365mg/L）整株喷雾。安全间隔期为 30d，每季最多使用 3 次。

3. 防治苹果红蜘蛛、山楂红蜘蛛　在苹果开花前后、幼若螨盛发期、平均每叶螨数 3～4 头或 7 月份以后平均每叶螨数 6～7 头时施药，用 73%炔螨特乳油 2 000～3 000 倍液（有效成分浓度 243～365mg/L）整株喷雾。安全间隔期 30d，每季最多使用 3 次。

注意事项： 在高温、高湿条件下喷洒高浓度的炔螨特对某些作物的幼苗和新梢嫩叶有药害，为了作物安全，对 25cm 以下的瓜、豆、棉苗等，稀释倍数不宜低于 3 000 倍，对柑橘新梢嫩叶不宜低于 2 000 倍。

联 苯 肼 酯

中文通用名称： 联苯肼酯

英文通用名称： bifenazate

其他名称： D2341

化学名称：3-（4-甲氧基联苯基-3-基）肼基甲酸异丙酯

化学结构式：

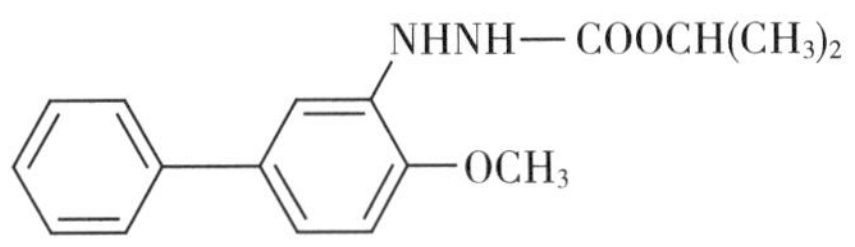

$NHNH—COOCH(CH_3)_2$

OCH_3

理化性质：外观为白色、无味的晶体，熔点123～125℃。在水中的溶解度为2.06mg/L（20℃），乙腈中95.6mg/L，乙酸乙酯中102mg/L，甲醇中44.7mg/L。

毒性：按照我国农药毒性分级标准，联苯肼酯属低毒。大鼠急性经口LD_{50}>5 000mg/kg，急性经皮LD_{50}>2 000mg/kg，急性吸入LC_{50}>4 400mg/m^3。对兔的皮肤及眼睛有轻微的刺激。北美鹑急性经口LD_{50}为1 142mg/kg。蓝鳃太阳鱼（96h）LC_{50}为0.58 mg/L，虹鳟鱼0.76mg/L。蜜蜂的经口（48h）LD_{50}>100μg/只。

作用特点：联苯肼酯是一种新型选择性叶面喷雾用杀螨剂，对螨的各个生活阶段有效。具有杀卵活性及对成螨的迅速击倒活性，对捕食性螨影响极小，非常适合于害虫的综合治理。对植物没有毒害。

制剂：43%联苯肼酯悬浮剂。

43%联苯肼酯悬浮剂

理化性质及规格：外观为浅褐色悬浮液。pH6～9，低温、常温2年储存稳定。

毒性：按照我国农药毒性分级标准，43%联苯肼酯悬浮剂属低毒。大鼠急性经口LD_{50}>5 000mg/kg，急性经皮LD_{50}>2 000mg/kg。对兔皮肤无刺激性，兔眼睛有刺激性，但无腐蚀作用。对豚鼠皮肤无致敏性。

使用方法：

防治苹果红蜘蛛　在害螨发生始盛期施药，用43%联苯肼酯悬浮剂1 800～2 600倍液（有效成分浓度165～240mg/kg）整株喷雾。该药剂没有内吸性，为保证药效，喷药时应保证叶片两面及果实表面都均匀喷到。安全间隔期为7d，每季最多使用2次。

注意事项：

1. 蜜源作物花期、蚕室及桑园附近禁用。
2. 该药剂对鱼高毒，避免药液流入河流水体，不要在鱼塘清洗沾有药液的器具。

苯　丁　锡

中文通用名称：苯丁锡

英文通用名称：fenbutatin oxide

其他名称：托尔克，克螨锡

化学名称：双［三（2-甲基-2-苯基丙基）锡］氧化物

化学结构式：

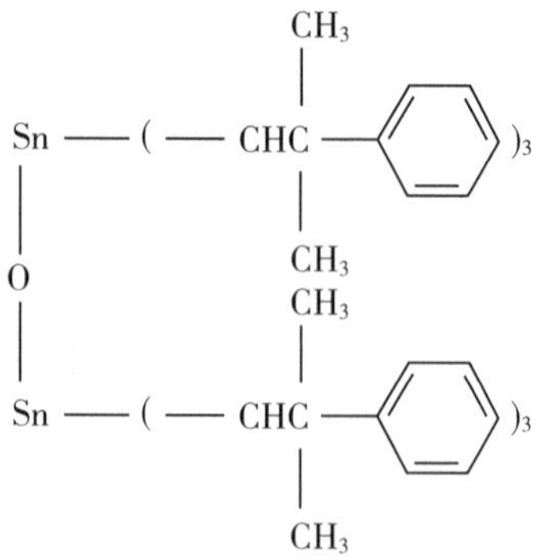

$$
\begin{array}{l}
\mathrm{Sn}-(-\overset{\displaystyle CH_3}{\underset{\displaystyle CH_3}{\overset{|}{\underset{|}{C}}}}-C_6H_5)_3 \\
\quad | \\
\quad \mathrm{O} \\
\quad | \\
\mathrm{Sn}-(-\overset{\displaystyle CH_3}{\underset{\displaystyle CH_3}{\overset{|}{\underset{|}{C}}}}-C_6H_5)_3
\end{array}
$$

理化性质：原药无色晶体，熔点 138～139℃（原药），蒸气压 85nPa（20℃），密度 1 290～1 330kg/m³（20℃），Kow＝5.2，水中溶解度（23℃）0.005mg/L、丙酮 6g/L（23℃），苯 140g/L（23℃）、二氯甲烷 380g/L（23℃），微溶于脂肪烃和矿物油中，对光、热稳定，抗氧化。

毒性：按照我国农药毒分级标准，苯丁锡属低毒。原药大鼠急性经口 LD_{50} 为 2 631mg/kg，急性经皮 LD_{50}＞1 000mg/kg，急性吸入 LC_{50} 为 1 830mg/m³。对眼睛黏膜、皮肤和呼吸道刺激性较大。在试验剂量范围内对动物未见蓄积毒性及致畸、致突变、致癌作用。在三代繁殖试验和神经试验中未见异常。苯丁锡对鱼类高毒，大多数鱼类 LC_{50} 为 2～540μg/L。对蜜蜂和鸟低毒，蜜蜂经口 LD_{50}＞40μg/只，接触 LD_{50}＞3 982μg/只。野鸭急性经口 LD_{50}＞2 000mg/kg。

作用特点：苯丁锡是一种长效专性杀螨剂，对有机磷和有机氯有抗性的害螨对其不产生交互抗性。对害螨以触杀为主，喷药后起始毒力缓慢，3d 以后活性开始增强，到 14d 达到高峰。该药剂残效期是杀螨剂中较长的一种，可达 2～5 个月。对幼螨和成、若螨的杀伤力比较强，但对卵的杀伤力不大。在作物各生长期使用都很安全，使用超过有效杀螨浓度一倍均未见有药害发生。对害螨天敌如捕食螨、瓢虫和草蛉等影响甚小。苯丁锡为感温型杀螨剂，当气温在 22℃以上时药效提高。22℃以下活性降低，低于 15℃药效较差，在冬季不宜使用。

制剂：80％苯丁锡水分散粒剂，20％、50％苯丁锡悬浮剂，20％、25％、50％苯丁锡可湿性粉剂，10％苯丁锡乳油。

50％苯丁锡可湿性粉剂

理化性质及规格：50％苯丁锡可湿性粉剂由有效成分和分散剂以及高岭土组成。外观为浅红色粉末，在水中的分散性很好，在喷雾器中不沉淀。常温储存稳定性在两年以上。

毒性：按照我国农药毒分级标准，50％苯丁锡可湿性粉剂属低毒。大鼠急性经口 LD_{50} 为 2 000mg/kg，急性经皮 LD_{50}＞2 000mg/kg，急性吸入 LC_{50} 为 300mg/m³。

使用方法：

1. 防治柑橘红蜘蛛和柑橘锈壁虱　防治红蜘蛛在红蜘蛛发生初期、平均每叶 2～3 头害螨时施药，用 50％苯丁锡可湿性粉剂 2 000～3 000 倍液（有效成分浓度 167～250mg/L）整株喷雾。防治柑橘锈壁虱在柑橘上果期和果实上虫口增长期施药，用 50％苯丁锡可湿性粉剂2 000～3 000倍液（有效成分浓度 167～250mg/L）整株喷雾。安全间隔期为 21d，每季最多使用2次。

2. 防治苹果红蜘蛛、山楂红蜘蛛　在夏季害螨盛发期开始施药，用50%苯丁锡可湿性粉剂2 000倍液（有效成分浓度250mg/L）整株喷雾。安全间隔期为21d，每季最多使用2次。

注意事项：

1. 该药剂对鱼类及水生生物高毒，剩余药剂不要倒入鱼塘或水源；也不要在鱼塘或水源中清洗施药器械。

2. 不能与石硫合剂和波尔多液等强碱性物质混用。

3. 中毒症状表现为恶心呕吐，大汗淋漓，排尿困难，抽搐、神经错乱，昏迷、呼吸困难等。该药剂粉末进入眼睛、鼻子或留在皮肤上都会引起强烈刺激，无特殊解毒剂，如误食，不得促使呕吐，应立即送医治疗救治，进行洗胃，导泻，对症处理。预防治疗，防止脑水肿发生。严禁大量输液。

十五、杀鼠剂

杀　鼠　灵

中文通用名称：杀鼠灵

英文通用名称：warfarin

其他名称：华法令，灭鼠灵，Warfarine，Coumafene，zoocoumarin

化学名称：3-（α-乙酰甲基苄基）-4-羟基香豆素

化学结构式：

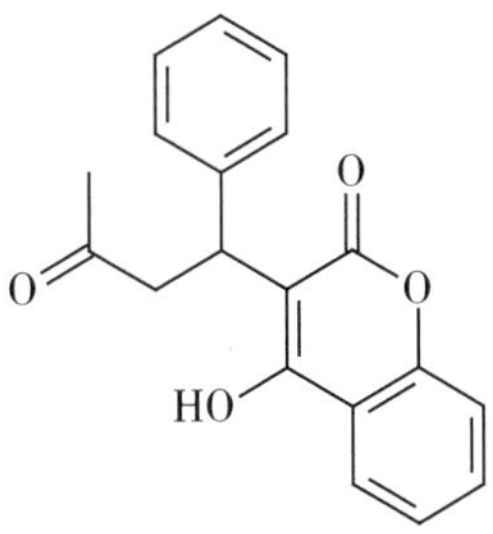

理化性质：纯品为糅白色、无臭、无味结晶粉末。熔点159～161℃，蒸气压（20℃）1.33×10^{-14}MPa。20℃时，不溶于水、苯和环已烷，易溶于丙酮、二噁烷和碱溶液（生成钠盐），中度溶于甲醇、乙醇、异丙醇等醇类。无腐蚀性，性质稳定。

毒性：按照我国农药毒性分级标准，杀鼠灵属高毒。大鼠急性经口LD_{50}为3mg/kg，小鼠LD_{50}为1.25mg/kg。对猫、狗敏感，狗LD_{100}为20～50mg/kg，猫LD_{100}为5mg/kg。对牛、羊、鸡、鸭毒性较低。

作用特点：杀鼠灵属于4-羟基香豆素类的抗凝血杀鼠剂，是第一个用于灭鼠的慢性药物。其作用与抗凝血药剂的机理基本相同，主要包括两个方面：一是破坏正常的凝血功能，降低血液的凝固能力。药剂进入机体后首先作用于肝脏，对抗维生素K_1，阻碍凝血酶原的生成。二是损害毛细血管，使血管变脆，渗透性增强，所以鼠服药后体虚弱，怕冷，行动缓慢，鼻、爪、肛门、阴道出血，并有内出血发生，最后由于慢性出血不止而死亡。

制剂： 2.5%杀鼠灵母药，0.05%、0.025%杀鼠灵毒饵。

2.5%杀鼠灵母药

理化性质及规格： 外观为白色粉末，粒度为95%通过80目*筛。杀鼠灵原药外观为白色或略带粉红色粉末，有效成分含量≥96%，熔点156～161℃。不溶于水，易溶于丙酮。杀鼠灵原药2.5%加上淀粉97.5%混合搅拌均匀即成杀鼠灵母粉。

毒性： 按照我国农药毒性分级标准，杀鼠灵属高毒。雄、雌大鼠急性经口LD_{50}≤0.02mg/kg；急性经皮LD_{50}为0.99mg/kg。

使用方法： 杀鼠灵的急性毒力低于慢性毒力，多次服药后毒力增强。所以灭鼠时常用低浓度毒饵连续多次投饵的方法。杀鼠灵适口性很好，一般不产生拒食，中毒鼠虽已出血，行动艰难，但仍会取食毒饵。所以只要选好诱饵，保证足够的投饵量，就能达到满意的效果。

1. 毒饵的配制　市场上出售的多是含量为2.5%的母粉，常用的毒饵浓度为0.025%消灭家鼠，0.05%消灭野鼠。用1份2.5%的杀鼠灵母粉加99份饵料（先将饵料与3%的植物油混合），拌匀，配成0.025%的毒饵。如果2.5%杀鼠灵母粉一次配成0.025%的毒饵不易拌匀，可以先配成0.5%的母粉，即1份2.5%杀鼠灵母粉加4份稀释剂，然后再用1份0.5%的杀鼠灵母粉加上19份饵料（先与3%的植物油混合），即配成0.025%的杀鼠灵毒饵。

2. 毒饵的投放　杀鼠灵毒饵适于使用饱和投饵法灭家栖鼠，把毒饵放在鼠经常活动的地方，一般15m^2的房间内沿墙根放3～4堆，每堆10～15g。第一天投饵，第二天检查鼠取毒饵的情况，毒饵全被消耗的，则投饵量需加倍；部分被消耗的，补充至原投饵量。这样连续投放直至不再被鼠取食为止（一般5～7d，有的可达10～15d），说明投饵量达到了饱和。防治褐家鼠宜用0.025%浓度，防治黄胸鼠和小家鼠宜用0.025～0.05%浓度。在以小家鼠为主的场所，根据小家鼠活动范围较小而且少量多次取食的特点，应适当增加投饵点，减少每个投饵点的投饵量，每堆5～10g为宜。

0.025%杀鼠灵毒饵

理化性质及规格： 外观为粉红色短棒状，宽3～4mm，长5～7mm，含水量≤5%。

毒性： 按照我国农药毒性分级标准，0.025%杀鼠灵毒饵属低毒。雄、雌大鼠急性经口LD_{50}≥4 640mg/kg，急性经皮LD_{50}≥2 150mg/kg。对眼睛、皮肤无刺激作用，弱致敏物。

使用方法： 该药剂直接使用，堆施或穴施，采用一次性饱和投饵法，防治家鼠，每15m^2房间投放0.025%杀鼠灵毒饵20～50g，每堆10g；防治田鼠，每公顷投0.025%杀鼠灵毒饵500～1 000g，每堆50～100g，也可根据鼠密度不同增减毒饵用量。

注意事项：

1. 使用杀鼠灵毒饵应注意充分发挥其慢性毒力强的特点，必须多次投饵，使鼠每天都

---

* 目为非法定计量单位，换算公式为 $\{孔径\}_{mm}=[\frac{25.4mm}{目数}-\{网材直径\}_{mm}]K$，式中：$K$为修正系数。

能吃到毒饵，间隔时间最多不要超过 48h，以免产生耐药性。

2. 杀鼠灵对禽类比较安全，适宜在养禽场和动物园防治褐家鼠。

3. 该药剂应储存在阴凉、干燥的场所，注意防潮。

4. 配制毒饵时应加入容易辨认的燃料，即警戒色，以防人、畜误食中毒，一般选用红色或蓝色的食品色素。

5. 收集的鼠尸应予以深埋，防治污染。

6. 中毒症状为腹痛、背痛、恶心、呕吐、鼻衄、齿龈出血、皮下出血、关节周围出血、尿血、便血等全身广泛性出血，持续出血可引起贫血，导致休克。在急救过程中要注意保持病人安静，用抗菌素预防合并感染，且需对症治疗。维生素 K_1 是有效的解毒剂。

C 型肉毒梭菌毒素

中文通用名称： C 型肉毒梭菌毒素

英文通用名称： clostridiu

其他名称： C 型肉毒杀鼠素

理化性质： C 型肉毒素是一种大分子蛋白质（分为两个蛋白质成分；一个是具有活性的神经毒素，一个是无活性的血凝素）。原药（高纯度）为淡黄色液体，可溶于水，怕热，怕光。在 5℃下 24h 后毒力开始下降，在 100℃2min、80℃20 min、60℃30 min 条件下其毒力即可被破坏；在 pH 3.5～6.8 时比较稳定，pH 10～11 时失活较快；在－15℃以下低温条件下可保存 1 年以上。

毒性： 按照我国农药毒性分级标准，C 型肉毒梭菌毒素属剧毒。原药（高纯度液体）高原鼠兔急性经口 LD_{50} 为 0.05～0.034 2mg/kg，对眼睛及皮肤无刺激性。狗喂食 500～840mg/kg 不致死。绵羊经皮无作用剂量 30～60mg/（kg・d）。无致突变作用（Ames 试验、微核试验均为阴性），未见致畸作用。小鼠蓄积性毒性试验系数为 2.83，属中度蓄积性。

作用特点： C 型肉毒梭菌毒素是生物毒素杀鼠剂，为一种 C 型肉毒梭菌外毒素，是一种大分子蛋白质物质。杀鼠机理为该毒素中有一种蛋白质神经毒素，被害鼠机体吸收后，作用于中枢神经的颅神经核、神经肌肉连接处以及植物神经的终端，阻碍神经末梢乙酰胆碱的释放，同时引起胆碱性能神经（脑干）支配区肌肉和骨骼肌的麻痹，使害鼠产生软瘫现象，最后出现呼吸麻痹，导致死亡。该药剂为活性物质，一般在低温高寒地区使用。主要用于防治高原鼠兔及鼢鼠。

制剂： 100 万毒价/mL C 型肉毒梭菌毒素水剂。

100 万毒价/mL C 型肉毒梭菌毒素水剂

理化性质及规格： 100 万毒价/mL C 型肉毒梭菌毒素水剂为 C 型肉毒梭菌毒素加水组成。外观为淡黄色透明液体，相对密度 1.008，沸点 100℃，可按任意比例与水稀释。在－4℃条件下保存稳定在 1 年以上。5℃以上保存 3d 开始失活。

毒性： 按照我国农药毒性分级标准，100 万毒价/mL C 型肉毒梭菌毒素水剂属剧毒。鼠兔急性经口 LD_{50} 为 0.171mg/kg，对皮肤、眼睛无刺激性，属于高毒。

使用方法：

防治草原害鼠　一般采用 0.1%～0.2%的浓度，配制成毒饵灭鼠。每公顷用饵量 1 125g。投放毒饵要均匀，采用洞口投饵或等距离投饵法。

毒饵的配制：C型肉毒梭菌毒素易溶于水，配制毒饵时，先在拌饵容器内倒入适量清水，河水、自来水均可，但不宜使用碱性太大的水，略偏酸性为好，水的温度最好在0～10℃之间，用水量以待拌毒饵数量而定。如配制50kg燕麦毒素毒饵，可放入清水10L，再从毒素瓶中倒入毒素，晃动，使其充分溶解；若配制浓度为0.1%的毒饵，则在水中加入100万毒价/mL C型肉毒素水剂50mL，溶解后将50kg的燕麦饵料倒入毒素释放液中充分搅拌，使每粒饵料都沾有毒素液。

配制毒饵时，注意从保温箱中取出的毒素瓶应放在0℃冰水中，待其慢慢融化，千万不能用热水或者加热溶解，否则会因温度高而毒性降解。配制毒饵的加水量一定要适宜，要求全部药液被饵料吸干并拌匀。配好的饵料应当天用完，超过两天要重新拌药，否则会影响药效。

注意事项：

1. 在用该药剂拌饵、施饵及灭鼠人员工作时应戴口罩、手套及穿防护衣服，严格执行高毒农药操作规程。

2. 在操作时严禁喝水、抽烟、进食，操作完毕后做好自身清毒处理。

3. 该药剂应设专人、专库、专柜保管，包装材料及接触药剂的器具要专人妥善处理，未经消毒决不可做他用。

4. 该药剂应储存在－4℃以下低温冰柜中，切勿在高温和阳光下暴晒。严禁与饲料、食品、瓜果、蔬菜等混放。

5. 万一误食该药剂，应立即送医院，请医务人员对症治疗。

6. 草场投放毒饵后要禁牧5～7d。

D型肉毒梭菌毒素

中文通用名称：D型肉毒梭菌毒素

理化性质：将D型肉毒梭菌接种于适当培养基，培养3～6d后，除菌过滤，即为D型肉毒梭菌毒素。外观为棕黄色透明液体。

毒性：按照我国农药毒性分级标准，D型肉毒梭菌毒素属中等毒。雄、雌大鼠急性经口LD_{50}分别为287mg/kg和237mg/kg。对眼睛、皮肤无刺激作用，弱致敏物。

作用特点：肉毒梭菌毒素由大分子量（150kDa）蛋白质组成，是毒素性食物中毒的病原。D型肉毒梭菌毒素为神经麻痹性毒素，鼠兔中毒潜伏期一般为12～48h，死亡时间一般为2～6d。

制剂：1 000万毒价/mL D型肉毒梭菌毒素水剂。

1 000万毒价/mL D型肉毒梭菌毒素水剂

理化性质及规格：外观为棕黄色透明液体。在－15℃，pH5.5～7.0条件下稳定，在37℃下，不稳定，70℃，10min失活。

毒性：按照我国农药毒性分级标准，1 000万毒价/mL D型肉毒梭菌毒素水剂属中等毒。雄、雌大鼠急性经口LD_{50}分别为215mg/kg和147mg/kg，急性经皮LD_{50}分别为1 000mg/kg和1 210mg/kg。对眼睛、皮肤无刺激作用，弱致敏物。

使用方法：

防治草原害鼠　按1∶500～1 000配制毒饵，采用洞口投饵或等距离投饵法，投放毒饵要均匀。投饵后禁牧 5～7d。

注意事项： D 型肉毒梭菌毒素对牛、羊毒力强，很敏感，使用时应注意。

溴敌隆

中文通用名称： 溴敌隆

英文通用名称： bromadiolone

其他名称： 乐万通，Musal，Mak，Super，Caid

化学名称： 3－［3－（4－溴联苯－4－基）－3－羟基－1－苯丙基］－4－羟基香豆素

化学结构式：

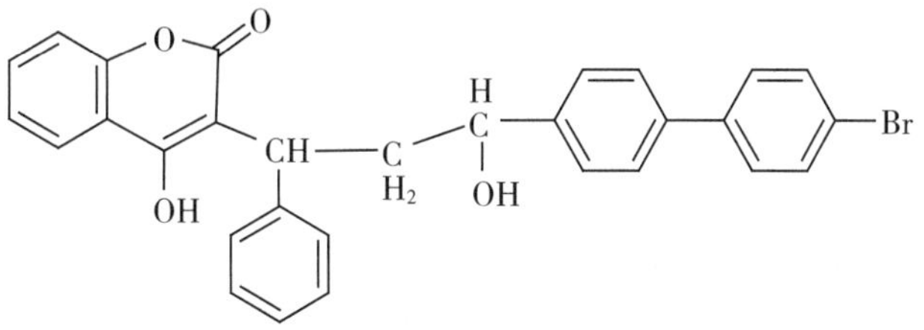

理化性质： 原药为淡黄色粉末，有效成分含量为 98%。熔点 200～210℃，蒸气压（30℃）1.86×10^{-8}mPa。20℃条件下，难溶于水、乙醚、己烷，易溶于丙酮、乙醇、甲醇和丙二醇，中度溶于三氯甲烷，常温下储存稳定在两年以上。

毒性： 按照我国农药毒性分级标准，溴敌隆属高毒。原药对雄、雌大鼠急性经口 LD_{50} 分别为 1.75mg/kg 和 1.125mg/kg，兔急性经皮 LD_{50} 为 9.4mg/kg，大鼠吸入 LC_{50} 为 $200mg/m^3$。对眼睛有中度刺激作用，对皮肤无明显刺激作用。在试验剂量内对动物无致畸、致突变、致癌作用，三代繁殖试验和神经毒性试验中，未见异常。两年喂养试验无作用剂量大鼠为 10μg/（kg・d），狗为 5～10μg/（kg・d）。

溴敌隆对鱼类、水生昆虫等水生生物有中等毒性，如对鲇鱼 LC_{50}（48h）为 3mg/L，水蚤 LC_{50} 为 8.8 mg/L。对鸟类低毒，如对鹌鹑 LD_{50} 为 1 690mg/kg，野鸭 LD_{50} 为 1 000mg/kg。动物取食中毒死亡的老鼠后，会引起二次中毒。

作用特点： 溴敌隆是一种适口性好、毒性大、靶谱广的高效杀鼠剂。它不但具备敌鼠钠盐及杀鼠醚等第一代抗凝血剂作用缓慢、不易引起鼠类惊觉、容易全歼害鼠的特点，而且还具有急性毒性强的突出优点，单剂量使用对各种鼠都能有效地进行防除。同时，它还可以有效地杀灭对第一代抗凝血剂产生抗性的害鼠。由于具备以上特点，溴敌隆与大隆、杀它仗等被称之为第二代抗凝血杀鼠剂。动物取食中毒死亡的老鼠后，会引起二次中毒。对家栖鼠及野栖鼠均有较好的防治效果。该药剂的毒理机制主要是拮抗维生素 K 的活性，阻碍凝血酶原的合成，导致致命的出血。死亡高峰一般在 4～8d，鼠尸解剖可见典型的抗凝血剂中毒症状。

制剂： 0.05%、0.5%溴敌隆母粉，0.5%溴敌隆母液，0.005%、0.02%溴敌隆毒饵，0.01%溴敌隆饵粒，0.005%溴敌隆饵剂。

0.005%溴敌隆毒饵

理化性质及规格： 外观为胭脂红色柱状颗粒，密度 0.83g/mL。具可燃性，pH5.0～7.0，熔点 200～210℃，沸点 350℃。几乎不溶于水，微溶于甲醇、乙醇、乙酸乙酯、丙酮，可溶于二甲基甲酰胺。在酸性和中性介质中稳定。

毒性： 按照我国农药毒性分级标准，0.005%溴敌隆毒饵属低毒。雌、雄大鼠急性经口 LD_{50}>5 000mg/kg，急性经皮 LD_{50}>2 000mg/kg，急性吸入 LC_{50}>2 000mg/m^3。对家兔皮肤无刺激，对家兔眼睛无刺激。对豚鼠皮肤属弱致敏物。

使用方法：

防治家栖鼠　溴敌隆饵剂可直接使用。可采用一次投饵或间隔式投饵。每间房 5～15g 毒饵。如果家栖鼠以小家鼠为主，布放毒饵的堆数应适当多些，每堆 2g 左右即可。间隔式投饵需要进行两次投饵，可在第一次投饵后的 7～10d 检查毒饵取食情况并予以补充。在院落中投放毒饵宜在傍晚进行，可沿院墙四周，每 5m 投放一堆，每堆 3～5g，次日清晨注意回收毒饵，以免家畜、家禽误食。

注意事项：

1. 避免药剂接触眼睛、鼻、口或者皮肤，投放毒饵时不可饮食或抽烟。施药完毕后，施药者应彻底清洗。

2. 溴敌隆轻微中毒症状为眼或鼻分泌物带血、皮下出血或者大小便带血，严重中毒症状包括多处出血、腹背剧痛和神智昏迷等。如发生误服中毒，不要给中毒者服用任何东西，不要使中毒者呕吐，应立即求医治疗。对溴敌隆有效的解毒药是维生素 K_1（phytomenadione），具体用法为：①静脉注射 5mg/kg 维生素 K_1，需要时重复 2～3 次，每次间隔 8～12h。②口服 5mL/kg 维生素 K_1，共 10～15 天。③输 200mL 的柠檬酸化液。

溴 鼠 灵

中文通用名称： 溴鼠灵

英文通用名称： brodifacoum

其他名称： 大隆，溴鼠隆，溴联苯鼠隆，Talon

化学名称： 3-［3-（4′-溴联苯基-4-基）-1，2，3，4-四氢-1-萘基］-4-羟基香豆素

化学结构式：

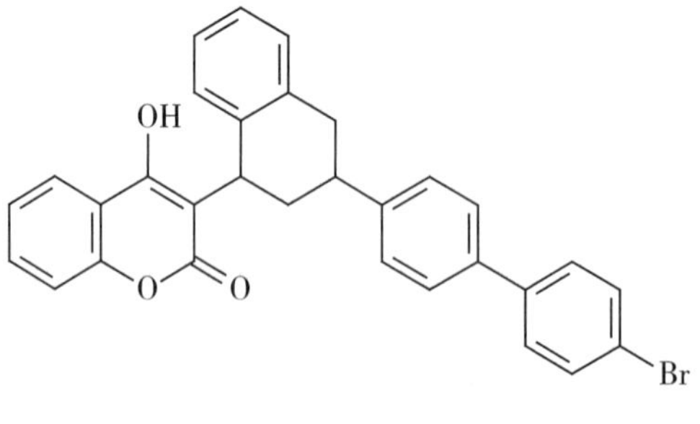

OH O O Br

理化性质： 纯品为白色至浅黄褐色粉末，有效成分含量>98%，熔点 228～232℃，蒸气压<0.13mPa（25℃）。不溶于水（20℃、pH7 的水中溶解度<10mg/L）和石油醚，稍溶于苯（0.6～6.0mg/L）、醇类，易溶于丙酮（6～12g/L）、氯仿和其他氯代烃溶剂。不容易形成可溶性碱金属盐，但易形成在水中溶解度不大的铵盐，对一般金属无腐蚀性。储存稳定

性两年以上。

毒性：按照我国农药毒性分级标准，溴鼠灵属高毒。原药大鼠急性经口 LD_{50} < 0.72mg/kg，兔急性经皮 LD_{50} 为 50mg/kg，大鼠急性吸入 LC_{50} 0.5～5.0mg/m^3。原药大鼠亚急性经口无作用剂量为 0.1mg/L，在试验条件下未见致畸、致突变、致癌作用。对鱼、鸟有毒。

作用特点：溴鼠灵是第二代抗凝血杀鼠剂，靶谱广、毒力强大，具有急性和慢性杀鼠剂的双重优点，既可以做为急性杀鼠剂、单剂量使用防治害鼠，又可以采取小剂量、多次投饵的方式达到较好消灭害鼠的目的。溴鼠灵适口性好，不会产生拒食作用，可以有效地杀死对第一代抗凝血剂产生抗性的鼠类。毒理作用类似于其他抗凝血剂，主要是阻碍凝血酶原的合成，损害微血管，导致大出血而死。中毒潜伏期一般在 3～5d。猪、狗、鸟类对溴鼠灵较敏感，其他动物则比较安全。

制剂：0.5%溴鼠灵母液，0.005%溴鼠灵毒饵，0.005%溴鼠灵饵块，0.005%溴鼠灵饵剂，0.5%溴鼠灵母药，0.005%溴鼠灵饵粒。

0.005%溴鼠灵饵剂

理化性质及规格：该制剂为红色粒状物，密度 1.28g/cm^3（20℃），不易燃、不易爆、不溶于水，常温储存稳定期在两年以上。

毒性：按照我国农药毒性分级标准，0.005%溴鼠灵饵剂属低毒。对鼠类及许多非靶标生物的致死量有很大差异，褐家鼠为 1.3g（饵食），白兔为 5.8g，狗 350g，猪 500～2 000g，鸡 200～2 000g。

使用方法：防治田鼠，应放置在毒饵站内使用，稻田、旱地采用一次性饱和投饵法，遵循少放多堆原则，按每 667m^2 投饵量 150～200g，每 5m 一堆，每堆 3～5g。防治家鼠，采用连续多次投饵法，每房间 15m^2 投饵 2～3 堆，每堆 5～10g，投药后第 2～3d 根据取食情况补充饵料，做到户不漏间，不漏有鼠活动的环境。

注意事项：

1. 储存、运输时不可与食物、食具混放，也不可与带有异味的物品混放，以免影响鼠的适口性。

2. 投药后注意收集鼠尸并深埋，以免二次中毒、污染环境。

3. 误食溴鼠灵对人畜有毒害，轻微中毒症状为眼或鼻分泌物带血，皮下出血或大小便带血；严重中毒症状包括多处出血，腹背剧痛和神志昏迷等。如发现有人误服中毒，应立即送医院治疗。对溴鼠灵有效的解药是维生素 K_1。具体用法：①静脉注射 5mL/kg 维生素 K_1，如需要时重复 2～3 次，每次间隔 8～12h。②口服 5mL/kg 维生素 K_1，共 10～15 d。③输 200mL 的柠檬酸化血液。

敌　鼠　钠

中文通用名称：敌鼠钠

英文通用名称：sodium diphacinone

化学名称：2-（二苯基乙酰基）-2，3-二氢-1，3-茚二酮钠盐

化学结构式：

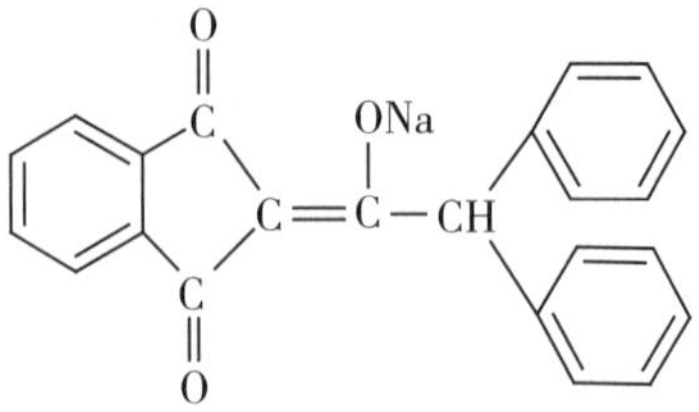

理化性质： 敌鼠钠（有效成分含量为80%）纯品为淡黄色粉末，无臭无味，原药有一点气味。无明显熔点，加热至207～208℃则由黄色变成红色，至325℃分解。在20℃水中溶解度为0.005%，但溶于热水，100℃时溶解度为5%；溶于酒精和丙酮；不溶于苯和甲苯。该药剂稳定性好，可长期保存，不变质。

毒性： 按照我国农药毒性分级标准，敌鼠钠属高毒。对小鼠一次毒力 LD_{50} 为78.52mg/kg，四次毒力 LD_{50} 为3mg/kg，大鼠急性经口 LD_{50} 为15mg/kg。

作用特点： 急性毒力远比慢性毒力低。如对黄胸鼠的毒力，以1mg/kg（体重）的致死中量计算，1次给药为49.33mg/kg，3次给药仅为0.871mg/kg，两者相差约56倍。该药剂没有臭味，通常使用的浓度又很低，适口性很好，害鼠喜欢取食，再遇不拒食，同时中毒是慢性出血过程，鼠类服毒后没有什么不适感反应。敌鼠钠有明显的毒力选择性，对鼠类毒力大，对禽、畜的毒力低，安全性好。

制剂： 0.1%敌鼠钠饵粒，0.1%、0.05%敌鼠钠毒饵，0.05%敌鼠钠饵剂。

0.05%敌鼠钠饵剂

理化性质及规格： 配饵可采用小麦、小米、大米等。将1g敌鼠钠溶于400g左右的开水后倒入2kg谷物中，反复搅拌至药液全部均匀吸收晾干即成毒饵。先用适量酒精溶解敌鼠钠，再用开水稀释后配制毒饵效果更佳。

毒性： 按照我国农药毒性分级标准，0.05%敌鼠钠饵剂属低毒。雌、雄大鼠急性经口 $LD_{50}>2\,000mg/kg$，急性经皮 $LD_{50}>2\,150mg/kg$。对家兔皮肤无刺激，对家兔眼睛有轻度刺激。对豚鼠皮肤属弱致敏物。

使用方法：

1. 将毒饵投放到鼠类经常出没的地方。

2. 农田每 $667m^2$ 施饵30堆左右，每堆制剂10～20g，要连续投、补饵3d左右，吃多少补多少，吃光加倍。也可一次性足量投饵，但毒饵要足够三天食用，以提高灭效。

注意事项：

1. 该药剂有毒，需严格管理，投放药剂后要防止家禽、牲畜进入，避免有益生物误食。

2. 死鼠及剩余的药剂要焚烧或土埋。

3. 该药剂对家禽、牲畜有害，配制的毒饵要加警示颜色，避免与食品、饲料相混。

杀　鼠　醚

中文通用名称： 杀鼠醚

英文通用名称： coumatetralyl

其他名称： 立克命，毒鼠萘，追踪粉、杀鼠萘

化学名称： 3-（1，2，3，4-四氢化-1-萘基）-4-羟基香豆素

化学结构式：

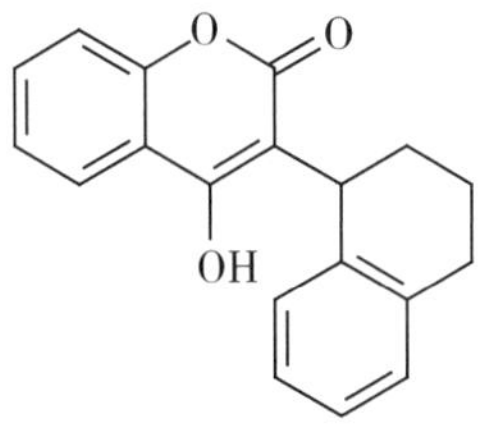

理化性质： 纯品为无色粉末，熔点172～176℃，溶解度（20℃）分别为水中4mg/L、二氯甲烷中50～100g/L、丙二醇中20～50g/L。原药为黄色结晶，无味，熔点166～173℃，蒸气压13.33nPa（20℃）。20℃时每100mL溶剂中的溶解度为1mg，环己酮1～5g，甲苯0～1g。储藏适宜可保存18个月以上不变质。150℃高温下无变化。杀鼠醚在水中不水解，但阳光下有效成分迅速分解。

毒性： 按照我国农药毒性分级标准，杀鼠醚属高毒。原药大鼠急性经口 LD_{50} 为5～25mg/kg，急性经皮 LD_{50} 为25～50mg/kg，大鼠亚急性经口无作用剂量为1.5mg/kg，豚鼠急性经口 LD_{50} 为250mg/kg。虹鳟鱼TLm（96h）约1000mg/L，鲤鱼、水蚤TLm（48h）为40mg/L以上。0.75%追踪粉对大鼠急性经皮 LD_{50} ＞5000mg/kg。该药是一种慢性杀鼠剂，在低剂量下多次用药会使老鼠中毒死亡，对试验动物和皮肤无明显刺激作用，对猫、犬和鸟类无二次中毒危害。对益虫无害。

作用特点： 杀鼠醚属于第一代抗凝血性杀鼠剂，慢性、广谱、高效、适口性好，老鼠中毒后不会引起同伴警觉而诱使其他老鼠继续取食。对黑线姬鼠、褐家鼠、黄胸鼠、黄毛鼠、小家鼠等均有毒杀作用。一般无二次中毒现象，不会产生忌饵现象。可有效杀灭对杀鼠灵有抗性的鼠。

杀鼠醚的有效成分能破坏凝血机能，损害微血管，引起内出血。害鼠服药后出现皮下、内脏出血、毛疏松、肌色苍白、动作迟钝、衰弱无力等症状，3～6d后衰竭死亡。中毒症状与其他抗凝血药剂相似。据报道，杀鼠醚可以有效地灭杀对杀鼠灵产生抗性的鼠。这一点又不同于同类的第一代抗凝血杀鼠剂而类似于第二代抗凝血杀鼠剂，如大隆、溴敌隆等。

制剂： 0.038%杀鼠醚饵剂，7.5%杀鼠醚母液，0.75%、3.75%杀鼠醚母粉，7.5%杀鼠醚母药，0.0375%杀鼠醚毒饵，0.75%杀鼠醚追踪粉剂。

0.75%杀鼠醚追踪粉剂

理化性质及规格： 0.75%杀鼠醚追踪粉剂是由有效成分杀鼠醚和载体组成，外观为浅蓝色粉末，无味。在原包装及正常储存条件下，保存两年以上不变质。

毒性： 按照我国农药毒性分级标准，0.75%杀鼠醚追踪粉剂属低毒。大鼠急性经皮 LD_{50} ＞5 000mg/kg，对试验动物眼睛及皮肤没有明显刺激作用。

使用方法： 0.75%杀鼠醚追踪粉剂的使用以用于配置毒饵为主，亦可直接撒在鼠洞、鼠道，铺成均匀厚度的毒粉，使鼠经过时粘上药粉，当鼠用舌头清除身体上黏附的药粉时引起中毒。毒饵一般采用黏附法或者混合法配制。

1. 黏附法配制毒饵　可取粒状饵料19份，拌入食用油0.5份，使颗粒饵料被一层油膜，最后加入1份0.75%杀鼠醚追踪粉搅拌均匀。也可以将小麦、玉米碎粒、大米等饵料浸湿后，倒入药剂拌匀。

2. 混合法配制毒饵　可取面粉19份、0.75%杀鼠醚追踪剂1份，二者拌匀后用温水和成面团，制成颗粒状或块状，晾干即可。自配毒饵时亦可加入蔗糖、鱼骨粉、食用油等引诱物质、还可以用曙红、红墨水等染色以示其与食物的不同，避免人畜及鸟类误食。

防治家栖鼠请参照敌鼠钠盐的使用方法。

防治野栖鼠可采用一次性投饵，沿地埂、水渠、田间小路等距投饵，每隔5m投一堆，每堆5～10g毒饵，这种方法对黑线姬鼠、褐家鼠、黄毛鼠等杀灭效果好。防治达乌尔黄鼠，可按洞投饵，每个洞口旁投15～20g。防治长爪沙鼠则每个洞口投放5～10g毒饵即可。一次性投饵难以得到最理想的防效，可在第一场投饵后的15d左右补充投饵一次。第二次投饵无须普遍投放，只需在鼠迹明显的洞旁、地角或者第一次投饵时取食率高的饵点处投放，以免造成浪费。

注意事项：

1. 毒饵要现配现用，配制毒饵和投饵时戴防护手套和口罩，不饮食、不饮水、不吸烟。

2. 投放毒饵时应注意药物不可与家禽家畜饲料接触，投放药剂后要防止家禽、牲畜、宠物等进入施药区。

3. 死鼠及剩余毒饵要焚烧或深埋。

4. 若出现中毒现象，用维生素 K_1 能有效的解除杀鼠醚的毒性；严重中毒时，可用维生素 K_{1-2} 剂作静脉注射，必要时每2～3h作重复注射，但总注射量应不超过4针剂（40mL）。

氟鼠灵

中文通用名称：氟鼠灵

英文通用名称：flocoumafen

其他名称：杀它仗，氟鼠酮，氟羟香豆素，Storm，Stratagen

化学名称：3-[4-(4′-三氟甲基苄氧基)苯基-1，2，3，4-四氢-1-萘基]-4-羟基香豆素

化学结构式：

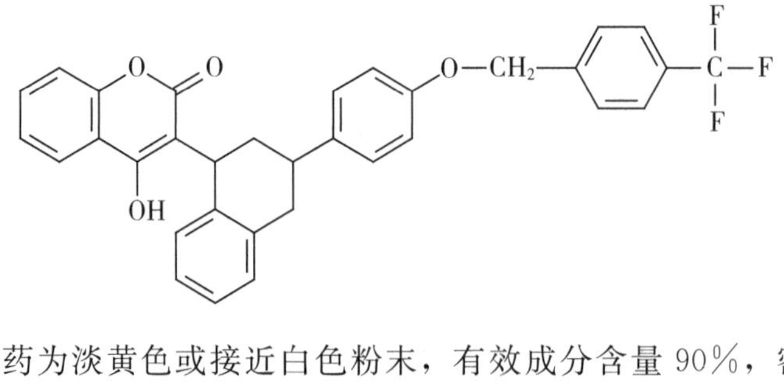

理化性质：原药为淡黄色或接近白色粉末，有效成分含量90%，密度为1.23g/cm^3，熔点163～191℃，闪点200℃。常温下（22℃）微溶于水，水中溶解度为1.1mg/L，溶于大多数有机溶剂。

毒性：按照我国农药毒性分级标准，氟鼠灵属高毒。原药大鼠急性经口 LD_{50} 为

0.25mg/kg，急性经皮 LD_{50} 为 0.54mg/kg，对皮肤和眼睛无刺激作用。在试验剂量内对动物无致突变作用。繁殖试验无作用剂量为 0.01mg/kg，在动物体内主要蓄积在肝脏。

该药剂对鱼类高毒，虹鳟鱼 LC_{50} 为 0.009 1mg/L。对鸟类毒性也很高，5d 饲养试验，野鸭 LC_{50} 1.7mg/L。

作用特点：氟鼠灵属于第二代抗凝血型杀鼠剂，具有适口性好、毒力强、使用安全、灭鼠效果好的特点。对啮齿动物的毒力与大隆相近，并对第一代抗凝血剂产生抗性的鼠有同等的效力。由于急性毒力强，鼠类只需摄食其日食量 10%的毒饵就可以致死，所以适宜一次性投毒防治各种害鼠。氟鼠灵对非靶标动物较安全，但狗对其很敏感。其作用机制与其他抗凝血剂类似，即抑制动物体内凝血酶的生成，使血液不能凝结而死。

制剂种类：0.005%氟鼠灵毒饵。

0.005%氟鼠灵毒饵

理化性质及规格：0.005%氟鼠灵饵料由有效成分和糖浆、蓝色染料、少量有机溶剂以及蜡粉组成。闪点>61℃，常温储存稳定两年。

毒性：按照我国农药毒性分级标准，氟鼠灵 0.005%饵料属低毒。大鼠急性经口 LD_{50} 为 8 960mg/kg，急性经皮 LD_{50} 为 406mg/kg，急性吸入 LC_{50} 为 160～1 400mg/m^3。

使用方法：

1. *防治家栖鼠类*　每间房设 1～3 个饵点，每个饵点放置 3～5g 毒饵，隔 3～6d 后对各饵点被取食情况进行检查，并补充毒饵。

2. *防治野栖鼠类*　可按照 5×10m^2 等距离投饵，每个饵点投放 5～10g 毒饵，在田埂、地角、坟丘等处可适当多放些毒饵。防治长爪沙鼠，可按洞投饵，每洞 1g 毒饵即可。

注意事项：该药剂为一种抗凝血剂，其作用方式是抑制维生素 K 的合成。一般没有中毒症状，除非吞食了大量的毒饵。出血的症状可能要推迟几天后才发作。中毒较轻者症状为尿中带血、鼻出血或眼分泌物带血、皮下出血、大便带血，如出现多处出血，则有生命危险。中毒严重者症状为腹部和背部疼痛、神志昏迷、脑溢血，最后由于内出血造成死亡。如药剂接触皮肤或眼睛，应用清水彻底清洗干净。如是误食中毒，不要引吐，应立即将患者送医院抢救。抢救前应确定前凝血酶的倍数或作凝血酶的试验，应根据这两个化验的结果进行治疗。静脉缓慢滴注维生素 K_1，进药量每分钟不超过 1mg，按照此方法最初的给药量不超过 10mg。肌肉注射 75mg 的苯巴比妥可以增强维生素 K_1 的效果，或者可以考虑静脉滴注药量相当于 500IU 的凝血酶（凝血因子Ⅱ）的前凝血酶复合剂（4 个凝血因子）。通过补充不足的 4 个凝血因子，可以减少维生素 K_1 的用量。维生素 K_1 的给药方法，一般是通过肌肉注射或静脉滴注，在某些情况下也可以口服。

磷　化　锌

中文通用名称：磷化锌

英文通用名称：zinc phosphide

其他名称：耗鼠尽，Kilrat，Phosrin

化学名称：磷化锌

化学分子式：Zn_3P_2

理化性质：原药为灰黑色粉末，有微弱大蒜气味，熔点742℃。缺氧条件下加热可升华，如在100℃氢气中升华。不溶于水和乙醇，可溶于苯和二硫化碳。干燥条件下稳定，潮湿空气中会慢慢分解释放不愉快气味。与酸剧烈反应，释放能自燃的剧毒气体磷化氢。

毒性：按照我国的农药分级标准，磷化锌属高毒。纯品大鼠急性经口LD_{50}为40mg/kg，急性吸入LC_{50}为234mg/m^3。大鼠吸入无作用剂量为7mg/m^3，1.4～4.2mg/m^{3}的浓度即能闻到气味，10mg/m^3（6h）有中毒症状。可造成猫的二次中毒。

作用特点：磷化锌为广谱性杀鼠剂，对各种鼠的毒力差异较小。药剂经口进入动物胃中，与胃酸作用产生剧毒的磷化氢，主要作用于神经系统，破坏代谢机能，中毒动物24h内即可死亡，是急性杀鼠剂品种。初次使用适口性较好，但中毒未死个体再遇该药剂时则明显拒食。对其他哺乳类动物和禽类有较高的毒性，中毒鼠尸体内残留的磷化氢可引起食肉动物二次中毒。

使用：根据中华人民共和国农业部等五部委联合公告第1586号有关内容规定，自2011年10月31日起，撤销磷化锌农药的登记证、生产许可证（生产批准文件），停止生产；自2013年10月31日起，停止销售和使用。

莪术醇

中文通用名称：莪术醇

英文通用名称：curcumol

化学结构式：

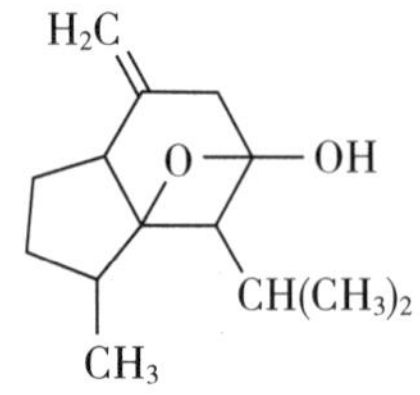

H_2C　OH　O　$CH(CH_3)_2$　CH_3

理化性质：外观为浅黄色针状固体，熔点为142～144℃，不溶于水。

毒性：按照我国农药毒性分级标准，莪术醇属低毒。急性经口$LD_{50}>4\ 640$mg/kg，急性经皮LD_{50}2 150mg/kg。

作用特点：该药剂一种生物源制剂，属于雌性不育灭鼠剂，具有较好的抗早孕、抗着床功效，致使害鼠宫体的黄体萎缩，细胞浆溶解，逐渐为结缔组织取代。通过这种抗生育作用机理，能够控制害鼠种群数量，当年害鼠数量下降。

制剂种类：0.2%莪术醇饵剂。

0.2%莪术醇饵剂

理化性质及规格：外观为浅褐色圆柱条状固体。熔点143.5～144℃。不溶于水。

毒性：按照我国农药毒性分级标准，0.2%莪术醇饵剂属低毒。雌、雄大鼠急性经口$LD_{50}>4\ 640$mg/kg，急性经皮$LD_{50}>2\ 150$mg/kg。对家兔皮肤无刺激，对家兔眼睛有轻度刺激。对豚鼠皮肤属弱致敏物。

使用方法：

防治农田、森林害鼠　采用一次性饱和投药，在鼠类繁殖期前使用，每公顷 5 000g 毒饵，投放点之间相距 10m×10m 并放置毒饵 50g。

注意事项：

1. 该药剂为不孕剂，对哺乳动物具有抗生育作用。
2. 投放该药剂后要防止家禽、牲畜进入，避免有益动物误食。

α-氯 代 醇

中文通用名称：α-氯代醇

英文通用名称：3-chloropropan-1，2-diol

其他名称：3-氯代丙二醇，α-氯代醇，α-氯代甘油，克鼠星

化学结构式：

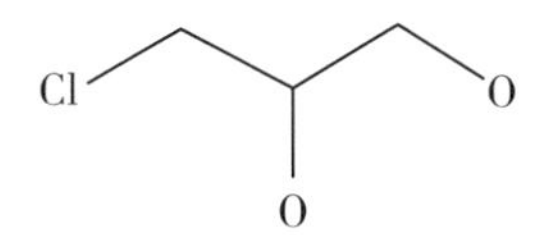

理化性质：原药外观为无色液体，放置一般时间后呈淡黄色。213℃分解，熔点为－40℃，密度 1.317～1.321g/cm^3。易溶于水和乙醇、乙醚、丙酮等大部分有机溶剂，微溶于甲苯，不溶于苯、四氯化碳和石油醚等非极性溶剂。常温下可稳定两年。

毒性：按照我国农药毒性分级标准，α-氯代醇属中等毒。大鼠急性经口 LD_{50} 92.6mg/kg，急性经皮 LD_{50} 1 710mg/kg。

作用特点：该药剂不能直接使用，需配制成 1%饵剂使用。该药剂仅用于加工农药制剂，不可直接用于农作物上或其他场所。该药剂对雄鼠有不育作用，选择性较强，对家畜、家禽、鸟类等不具敏感性，对人类也较安全，不会引起二次中毒，安全、环保，对鼠类适口性好。

制剂：1%α-氯代醇饵剂。

1%α-氯代醇饵剂

理化性质及规格：pH6.5～7.5。熔点－40℃，沸点 213℃，蒸气压 116℃（1.446kPa）。易溶于水和乙醇、乙醚、丙酮等大多有机溶剂，微溶于甲苯，不溶于苯、四氯化碳和石油醚等非极性溶剂。

毒性：按照我国农药毒性分级标准，1% α-氯代醇饵剂属低毒。雌、雄大鼠急性经口 LD_{50} 为 3 160mg/kg，急性经皮 LD_{50} 为 2 000mg/kg。对家兔皮肤无刺激，对其眼睛无刺激。对豚鼠皮肤属弱致敏物。

使用方法：

防治室内家鼠　室内每 15m^2 投放 3～5 堆，每堆 10～20g，施用连续 5d 以上，同时检查饵剂摄食情况并及时补充。

注意事项：

1. 该药剂有毒，需严格管理。投放药剂要防止家禽、牲畜进入，避免有益生物误食。
2. 死鼠及剩余的药剂要焚烧或土埋。

第七章　杀 菌 剂

一、无机硫和有机硫类

硫　　磺

中文通用名称： 硫磺

英文通用名称： sulfur

其他名称： 磺黄粉

化学名称： 硫

化学结构式：

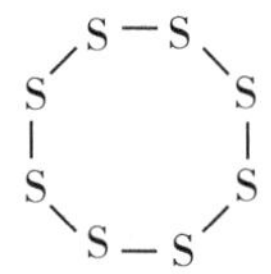

理化性质： 原药为黄色固体粉末。密度 2.07g/m^3，沸点 444.6℃，熔点 115℃，闪点 206℃，蒸气压 5.27mPa（30.4℃）。不溶于水，微溶于乙醇和乙醚，有吸湿性。易燃，自燃温度为 248～266℃，与氧化剂混合能发生爆炸。

毒性： 按照我国农药毒性分级标准，硫磺属低毒。对水生生物低毒，鲤鱼和水蚤的 LC_{50}（48h）均＞1 000mg/L。对蜜蜂几乎无毒。人每日口服 500～750mg/kg 未发生中毒。硫粉尘对眼结膜和皮肤有一定的刺激作用。

作用特点： 硫磺是一种无机硫杀菌剂，其作用于氧化还原体系细胞色素 b 和 c 之间的电子传递过程，夺取电子，以干扰正常的“氧化—还原”反应。可防治小麦、瓜类白粉病，对枸杞锈螨也有较好防效。

制剂： 80％硫磺水分散粒剂，45％、50％硫磺悬浮剂，91％硫磺粉剂。

80％硫磺水分散粒剂

理化性质及规格： 外观为灰褐色细颗粒，有强硫磺气味。

毒性： 按照我国农药毒性分级标准，80％硫磺水分散粒剂属低毒。雌、雄大鼠急性经口 LD_{50}＞2 000mg/kg，急性经皮 LD_{50}＞2 150mg/kg，急性吸入 LC_{50}＞5.4mg/L。无致敏性。

使用方法：

1. 防治苹果白粉病　发病前或发病初期开始施药，用 80％硫磺水分散粒剂 500～1 000 倍液（有效成分浓度 800～1 600mg/kg）整株喷雾，间隔 7～10d 喷一次，连续喷施 2～3 次。

2. 防治小麦白粉病　发病初期开始施药，每 667m^2 每次用 80％硫磺水分散粒剂 250～312.5g（有效成分 200～250g）对水喷雾，间隔 10d 左右再喷一次，重病田可增施一次。

3. 防治黄瓜白粉病　发病初期开始施药，每 667m^2 每次用 80%硫磺水分散粒剂 156～312.5g（有效成分 125～250g）对水喷雾，每隔 7～10d 喷一次，连续喷施 2～3 次。

4. 防治柑橘疮痂病　发病初期开始施药，每次用 80%硫磺水分散粒剂 300～500 倍液（有效成分浓度 1 600～2 667mg/kg）整株喷雾，间隔 7～10d 喷一次，连续喷施 2～3 次。

5. 防治桃褐斑病　谢花后开始施药，每次用 80%硫磺水分散粒剂 500～1 000 倍液（有效成分浓度 800～1 600mg/kg）整株喷雾，间隔 10d 左右喷一次，连续施药 4～5 次。

6. 防治西瓜白粉病　发病初期开始施药，每 667m^2 每次用 80%硫磺水分散粒剂 233～267 g（有效成分 186.7～213.3g）对水喷雾，每隔 7～10d 喷一次，连续喷施 2～3 次。

50%硫磺悬浮剂

理化性质及规格：外观为灰白色黏滞流动液体，pH6～8，悬浮率在标准硬水（342mg/kg）中测定≥90%。常温下储存两年，有效成分含量和悬浮率基本无变化。

毒性：按照我国农药毒性分级标准，50%硫磺悬浮剂属低毒。雌、雄大鼠急性经口 LD_{50}>5 000mg/kg，急性经皮 LD_{50}>2 000mg/kg。对眼睛、皮肤有刺激性。

使用方法：

1. 防治黄瓜白粉病　发病前或发病初期开始施药，每 667m^2 每次用 50%硫磺悬浮剂 150～200mL（有效成分 75～100g）对水喷雾，间隔 7d 左右喷一次。可连续施药 2～3 次。

2. 防治小麦白粉病　发病初期开始施药，每次每 667m^2 用 50%硫磺悬浮剂 400～500mL（有效成分 200～250g）对水喷雾，间隔 7d 左右喷一次，可连续施药 2 次。

3. 防治苹果白粉病　发病初期开始施药，用 50%硫磺悬浮剂 200～400 倍液（有效成分浓度 1 250～2 500mg/kg）整株喷雾。

4. 防治芒果白粉病　发病初期开始施药，用 50%硫磺悬浮剂 200～400 倍液（有效成分浓度 1 250～2 500mg/kg）整株喷雾。

5. 防治哈密瓜白粉病　发病初期开始施药，每次每 667m^2 用 50%硫磺悬浮剂 150～200mL（有效成分 75～100g）对水喷雾。

6. 防治芦笋茎枯病　发病前或发病初期开始施药，每次每 667m^2 用 50%硫磺悬浮剂 116～156mL（有效成分 58～78g）对水喷雾。

7. 防治橡胶白粉病　发病前或发病初期开始施药，用 50%硫磺悬浮剂 200～400 倍液（有效成分浓度 1 250～2 500mg/kg）整株喷雾。

8. 防治花卉白粉病　发病前或发病初期开始施药，每次每 667m^2 用 50%硫磺悬浮剂 100～200mL（有效成分 50～100g）对水喷雾。

91%硫磺粉剂

理化性质及规格：外观为黄色粉末，pH3.5～8，几乎不溶于水。常温下储存两年，有效成分含量和悬浮率基本无变化。

毒性：按照我国农药毒性分级标准，91%硫磺粉剂属低毒。雌、雄大鼠急性经口 LD_{50}>5 000mg/kg，急性经皮 LD_{50}>2 000mg/kg，急性吸入 LC_{50}>5 000mg/m^3。

使用方法：

防治橡胶白粉病　在发病前或发病初期开始施药，每 667m^2 用 91%硫磺粉剂 750～

1 000g（有效成分 682.46～910g）喷粉使用。

注意事项：

1. 长期储存会出现分层现象，需摇匀后使用，不影响药效。

2. 为防止发生药害，气温较高的季节应在早、晚时段施药，避免中午施药。对硫磺敏感的作物如黄瓜、大豆、马铃薯、桃、李、梨、葡萄等，使用时应适当降低施药浓度和减少施药次数。

3. 不可与硫酸铜等金属盐类药剂混用，以防降低药效。

代　森　胺

中文通用名称：代森胺

英文通用名称：amobam

化学名称：1，2-亚乙基双二硫代氨基甲酸铵

化学结构式：

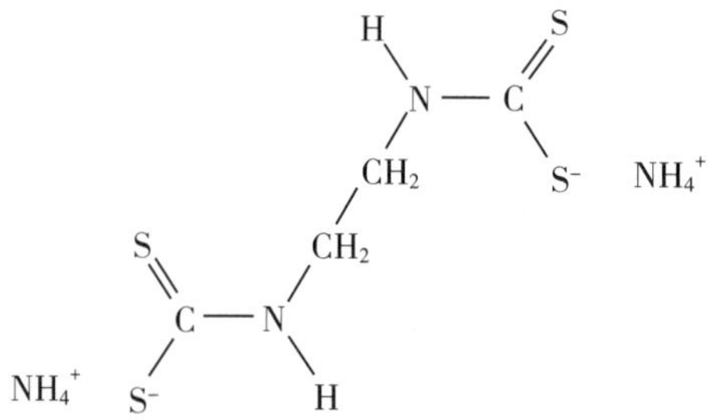

理化性质及规格：纯品为无色结晶，熔点 72.5～72.8℃。原药为橙黄色或淡黄色水溶液，呈弱碱性，有氨和硫化氢臭味。易溶于水，微溶于乙醇和丙酮，不溶于苯等有机溶剂。在空气中不稳定，水溶液化学性质较稳定，但温度高于 40℃时易分解，遇酸性物质也易分解。

毒性：按照我国农药毒性分级标准，代森胺属中等毒。大鼠急性经口 LD_{50} 为 450 mg/kg，对皮肤有刺激作用。对鱼的毒性低。

作用特点：代森胺作用机制主要是药剂与菌体内柠檬酸循环中的乌头酸酶螯合，使酶失去活性，影响病菌的能量代谢。代森铵化学性质稳定，但遇热分解，对植物安全，其水溶液能渗入植物组织，其抗菌谱广，保护作用优异，有治疗作用，杀菌力强，对多种作物病害有防治作用。在植物体内分解后还有肥效作用。可做种子处理、叶面喷雾、土壤消毒及农用器材消毒。

制剂：45%代森胺水剂。

45% 代森胺水剂

理化性质及规格：45%代森胺水剂有由有效成分和水等组成。外观为橙黄色和黄绿色透明液体，pH9～10，水不溶物≤0.1%，该药剂在密封、阴凉、干燥条件下储存较稳定。

毒性：按照我国农药毒性分级标准，45%代森胺水剂属中等毒。

使用方法：

1. 防治白菜、黄瓜霜霉病　发病初期开始施药，每次每 667m² 用 45%代森胺水剂 78g

（有效成分 35g）对水喷雾。

2. 防治甘薯黑斑病　播前用 45%代森胺水剂 200～400 倍液（有效成分浓度 1 125～2 250mg/kg）浸种薯 10min。

3. 防治谷子白发病　播前用 45%代森胺水剂 180～360 倍液（有效成分浓度 1 250～2 500mg/kg）浸种。

4. 防治苹果腐烂病　春季苹果树发芽前用 45%代森胺水剂 100～200 倍液（有效成分浓度 2 250～4 500mg/kg）涂抹病疤。

5. 防治水稻白叶枯病、纹枯病　发病初期开始施药，每次每 667m^2 用 45%代森胺水剂 50mL（有效成分 22.5g）对水喷雾。

6. 防治水稻稻瘟病　发病初期开始施药，每次每 667m^2 用 45%代森胺水剂 79～100mL（有效成分 35.6～45g）对水喷雾。

7. 防治玉米大斑病、小斑病　发病初期开始施药，每次每 667m^2 用 45%代森胺水剂 79～100mL（有效成分 35.6～45g）对水喷雾。

8. 防治香蕉条溃疡病　用 45%代森胺水剂 150 倍液（有效成分浓度 3 000mg/kg）涂抹患处。

注意事项：

1. 该药剂不能与碱性药剂混用，也不能与含铜制剂混用，该药剂为保护性杀菌剂，病害发生初期使用，效果最佳。

2. 使用浓度在 1 000 倍以内，对有些作物可能会出现药害，尤其气温高时使用对豆科作物易产生药害。

3. 代森胺能通过食道等进入体内引起中毒，症状为昏迷、晕厥、瞳孔散大、呼吸急速和心率加快等，呼出气体中有硫磺味。误服者应立即催吐、洗胃，并对症治疗。

代　森　锌

中文通用名称：代森锌

英文通用名称：zineb

化学名称：1，2-亚乙基双二硫代氨基甲酸锌

其他名称：ZEB

化学结构式：

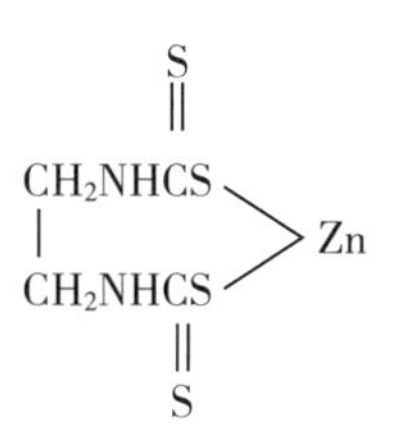

理化性质及规格：原粉为灰白色或淡黄色粉末，有臭鸡蛋味，挥发性小。157℃分解，蒸气压＜0.01mPa（20℃），Kow≤20（20℃）。难溶于水，不溶于大多数有机溶剂，能溶于吡啶。吸湿性强，在潮湿空气中能吸收水分而分解失效；遇光、热和碱性物质也易分解。

毒性：按照我国农药毒性分级标准，代森锌属低毒。原粉雄性大鼠急性经口

LD_{50}>5 200mg/kg，急性经皮 LD_{50}>2 500mg/kg，对皮肤、黏膜有刺激性，狗喂养一年无作用剂量为 2 000mg/kg。

作用特点：代森锌是一种叶面喷洒使用的保护剂，对许多病菌如霜霉病菌、晚疫病菌及炭疽病菌等有较强的触杀作用。该药剂对植物安全，有效成分化学性质较活泼，在水中易被氧化成异硫氰化合物，对病原菌体内含有-SH 基的酶有强烈的抑制作用，并能直接杀死病菌孢子，抑制孢子的萌发，阻止病菌侵入植株体内，但对已侵入植物体内的病原菌菌丝体的杀伤作用很小。因此，使用代森锌防治病害应掌握在病害始现期进行，才能取得较好的效果。代森锌的药效期较短，在日光照射及吸收空气中的水分后分解较快，其残效期约 7d。

制剂：65%、80%代森锌可湿性粉剂。

80% 代森锌可湿性粉剂

理化性质及规格：80%代森锌可湿性粉剂有由有效成分、稳定剂、助剂和载体等组成。外观为灰白色或浅黄色粉末，细度为通过 320 目筛≥96%，水分≤2%，pH6～8。储存期间因吸湿和遇光、热分解。

毒性：按照我国农药毒性分级标准，80%代森锌可湿性粉剂属低毒。雌、雄大鼠急性经口 LD_{50} 为 4 640mg/kg，急性经皮 LD_{50}>2 150mg/kg。

使用方法：

1. 防治茶树炭疽病　发病前或发病初期开始施药，每次用 80%代森锌可湿性粉剂 500～700 倍液（有效成分浓度 1 143～1 600mg/L）整株喷雾，每隔 7～10d 喷一次，连续喷施 3 次。

2. 防治番茄早疫病　发病前或发病初期开始施药，每次每 667m² 用 80%代森锌可湿性粉剂 212.5～300g（有效成分浓度 170～240g）对水喷雾，每隔 7～10d 喷一次，连续喷施 3 次，安全间隔期为 3d。

3. 防治花生叶斑病　发病前或发病初期开始施药，每次每 667m² 用 80%代森锌可湿性粉剂 62.5～100g（有效成分 50～80g）对水喷雾，每隔 10d 喷一次，安全间隔期为 25d，每季最多使用 3 次。

4. 防治马铃薯早疫病和晚疫病　发病前或发病初期开始施药，每次每 667m² 用 80%代森锌可湿性粉剂 80～100g（有效成分 64～80g）对水喷雾，每隔 7～10d 喷一次，连续喷施 3 次，安全间隔期为 25d。

5. 防治苹果斑点落叶病和炭疽病　发病前或发病初期开始施药，每次用 80%代森锌可湿性粉剂 500～700 倍液（有效成分浓度 1 143～1 600mg/L）整株喷雾，每隔 10～15d 喷一次，安全间隔期为 10d，每季最多使用 2 次。

6. 防治烟草立枯病和炭疽病　每次每 667m² 用 80%代森锌可湿性粉剂 80～100g（有效成分 64～80g）对水喷雾，苗期每隔 3～5d 喷一次，定植后每隔 10d 喷一次，安全间隔期为 7d，每季最多使用 3 次。

注意事项：

1. 该药剂不能与碱性药剂混用，也不能与含铜制剂混用。

2. 联合国粮食及农业组织和世界卫生组织建议代森锌在食物中的最高残留限量，菠菜中为 5mg/kg，苹果、梨和番茄中为 3mg/kg，莴苣中为 1mg/kg，豆类、小萝卜和黄瓜中为 0.5mg/kg，马铃薯中为 1mg/kg。

3. 代森锌能通过呼吸和食道等引起中毒。吸入后患者会出现头疼、头晕、血压下降、呼吸抑制，严重者呼吸和循环功能衰竭。中毒症状有恶心、呕吐、腹泻等。代森锌还可引起急性肾功能衰竭。误服者应立即催吐，用清水或 1∶2 000 高锰酸钾溶液洗胃，口服硫酸钠 30g 导泻，并根据临床症状对症治疗。

代 森 锰 锌

中文通用名称：代森锰锌

英文通用名称：mancozeb

化学名称：1，2-亚乙基双二硫代氨基甲酸锰和锌的配位化合物

其他名称：大生，manzeb，Dithane

化学结构式：

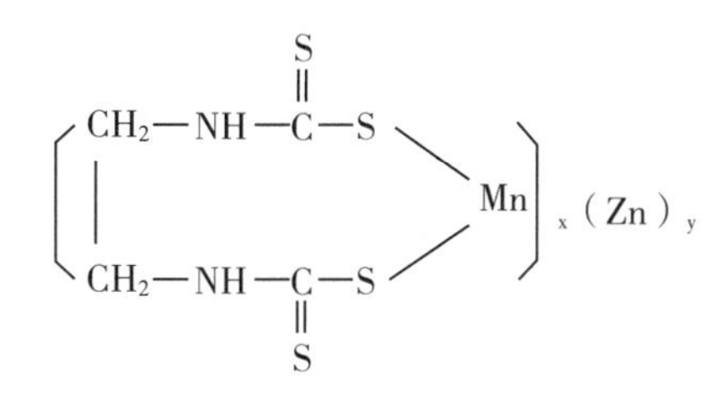

理化性质及规格：代森锰锌为代森锰与代森锌的混合物，锰含 20%，锌含 2.55%。原药为灰黄色粉末，熔点 192～204℃，蒸气压＜1.33×10^{-2} mPa（20℃）。水中溶解度 6～20mg/L，不溶于大多数有机溶剂，溶于强螯合剂溶液中。干燥环境中稳定，加热、潮湿环境中缓慢分解。

毒性：按照我国农药毒性分级标准，代森锰锌属低毒。原药雄性大鼠急性经口 LD_{50} 为 10 000mg/kg，小鼠急性经口 LD_{50}＞7 000mg/kg，兔急性经口 LD_{50}＞10 000mg/kg。对兔皮肤和黏膜有一定的刺激作用。在试验剂量下未发现致突变、致畸作用。大鼠 90d 经口无作用剂量为 16mg/（kg·d）；鲤鱼 LC_{50}（48h）4.0μg/mL，水蚤 LC_{50}（3h）10～40μg/mL。

作用特点：代森锰锌的作用机制主要是药剂与菌体内丙酮酸的氧化，使酶失去活性，影响病菌的能量代谢。其抗菌谱广，保护作用优异，对果树、蔬菜上的炭疽病、早疫病等多种病害有效，该药剂常与内吸性杀菌剂混配，用于延缓抗药性的产生。

制剂：50%、70%、80%代森锰锌可湿性粉剂，75%、80%代森锰锌水分散粒剂。

70%代森锰锌可湿性粉剂

理化性质及规格：70%代森锰锌可湿性粉剂有由有效成分、稳定剂、助剂和载体等组成。外观为灰黄色粉末，水分≤3.0%，悬浮率≥60%，湿润时间≤60s，54℃储存两周相对分解率＜5%。

毒性：按照我国农药毒性分级标准，70%代森锰锌可湿性粉剂属低毒。雄性大鼠急性经口 LD_{50} 为 9 260～1 260mg/kg，家兔急性经口 LD_{50}＞10 000mg/kg。

使用方法：

1. 防治番茄早疫病　发病前或发病初期开始施药，每次每 667m^2 用 70%代森锰锌可湿

性粉剂 175～225g（有效成分 122.5～157.5g）对水喷雾，间隔 7～10d 喷一次，连续喷施 2～3 次。安全间隔期为 15d，每季最多使用 3 次。

2. 防治柑橘疮痂病、炭疽病　发病前或发病初期开始施药，用 70%代森锰锌可湿性粉剂 350～525 倍液（有效成分浓度 1 333～2 000mg/L）整株喷雾，安全间隔期为 21d，每季作物最多使用 2 次。

3. 防治花生叶斑病　发病前或发病初期施药，每次每 667m² 用 70%代森锰锌可湿性粉剂 68～86g（有效成分 47.6～60.2g）对水喷雾，每隔 7d 左右施药一次，可连续用药 2～3 次。安全间隔期为 7d，每季作物最多使用 3 次。

4. 防治黄瓜霜霉病　发病前或发病初期施药，每次每 667m² 用 70%代森锰锌可湿性粉剂 194～286g（有效成分 136～200g）对水喷雾，每隔 7d 喷一次。安全间隔期为 5d，每季最多使用 3 次。

5. 防治辣椒炭疽病、疫病　发病前或发病初期施药，每次每 667m² 用 70%代森锰锌可湿性粉剂 171～240g（有效成分 120～168g）对水喷雾，视病害发生情况，每 7d 左右喷一次，连续用药 2～3 次，安全间隔期为 15d，每季最多使用 3 次。

6. 防治梨黑星病　发病前或发病初期施药，用 70%代森锰锌可湿性粉剂 400～800 倍液（有效成分浓度 875～1 750mg/L）整株喷雾，每隔 7～10d 喷一次，连续使用 2～3 次。安全间隔期为 10d，每季最多使用 3 次。

7. 防治荔枝霜疫霉病　发病前或发病初期施药，每次用 70%代森锰锌可湿性粉剂350～500 倍液（有效成分浓度 1 400～2 000mg/L）整株喷雾，每隔 7～10d 喷一次，连续使用2～3 次。安全间隔期为 10d，每季最多使用 3 次。

8. 防治马铃薯晚疫病　发病前或发病初期施药，每次每 667m² 用 70%代森锰锌可湿性粉剂 137～206g（有效成分 96～144g）对水喷雾，安全间隔期为 3d，每季最多使用 3 次。

9. 防治葡萄白腐病、黑痘病、霜霉病　每次用 70%代森锰锌可湿性粉剂 400～700 倍液（有效成分浓度 1 000～1 750mg/L）整株喷雾，间隔期为 7～10d 喷一次，连续使用 3～4 次。安全间隔期 10d，每季最多使用 4 次。

10. 防治甜椒疫病　发病初期第一次施药，每次每 667m² 用 70%代森锰锌可湿性粉剂 171～240g（有效成分 120～168g）对水喷雾，每隔 7～14d 喷一次，连续喷施 3 次，安全间隔期为 15d，每季最多使用 3 次。

11. 防治西瓜炭疽病　发病初期开始施药，每次每 667m² 用 70%代森锰锌可湿性粉剂 148.6～240g（有效成分 104～168g）对水喷雾，安全间隔期为 21d，每季最多使用 3 次。

12. 防治烟草赤星病　发病初期第一次施药，每次每 667m² 用 70%代森锰锌可湿性粉剂 137～183g（有效成分 96～128g）对水喷雾，安全间隔期为 21d，每季最多使用 3 次。

13. 防治烟草黑胫病　发病初期第一次施药，每次每 667m² 用 70%代森锰锌可湿性粉剂 250～323g（有效成分 175～226g）对水喷雾，安全间隔期为 21d，每季最多使用 3 次。

75%代森锰锌水分散粒剂

理化性质及规格： 外观呈灰黄色，疏松颗粒，无结块。密度 0.523g/cm³，为非易燃、非腐蚀性物质。

毒性： 按照我国农药毒性分级标准，75%代森锰锌水分散粒剂属低毒。雌、雄大鼠急性

经口 LD_{50} >5 000mg/kg，急性经皮 LD_{50} >2 000mg/kg，急性吸入 LC_{50} >2 684mg/m^3。对家兔皮肤无刺激，眼睛无刺激，弱致敏物。

使用方法：

1. *防治番茄早疫病* 发病前或发病初期开始施药，每次每 667m^2 用 75%代森锰锌水分散粒剂 150～220g（有效成分 112.5～165g）对水喷雾，每隔 7d 喷一次，连续使用 2～3 次，安全间隔期为 7d，每季最多使用 3 次。

2. *防治柑橘疮痂病、炭疽病* 发病初期开始施药，每次用 75%代森锰锌水分散粒剂 500～700 倍液（有效成分浓度 1 071.4～1 500mg/kg）整株喷雾。每隔 7d 喷一次，安全间隔期为 5d，每季最多使用 3 次。

3. *防治黄瓜霜霉病* 发病前或发病初期用药，每次每 667m^2 用 75%代森锰锌水分散粒剂 125～150g（有效成分 93.75～112.5g）对水喷雾，每隔 7d 喷一次，安全间隔期为 5d，每季最多使用 3 次。

4. *防治辣椒炭疽病、疫病* 发病前或发病初期用药，每次每 667m^2 用 75%代森锰锌水分散粒剂 160～224g（有效成分 120～168g）对水喷雾，每隔 7d 喷一次，安全间隔期为 5d，每季最多使用 3 次。

5. *防治梨黑星病* 发病前或发病初期用药，每次用 75%代森锰锌水分散粒剂 469～937.5 倍液（有效成分浓度 800～1 600mg/L）整株喷雾。每隔 7d 施药一次，安全间隔期为 10d，每季最多使用 3 次。

6. *防治马铃薯晚疫病* 发病前或发病初期用药，每次每 667m^2 用 75%代森锰锌水分散粒剂 128～192g（有效成分 96～144g）对水喷雾，每隔 7d 喷一次，连续喷施 2～3 次。安全间隔期 3d，每季最多使用 3 次。

7. *防治苹果轮纹病* 发病前或发病初期用药，每次用 75%代森锰锌水分散粒剂 600～1 000倍液（有效成分浓度 750～1 250mg/kg）整株喷雾，每隔 7d 喷一次，安全间隔期为 10d，每季最多使用 3 次。

8. *防治苹果斑点落叶病和炭疽病* 发病前或发病初期用药，每次用 75%代森锰锌水分散粒剂 469～750 倍液（有效成分浓度 1 000～1 600mg/kg）整株喷雾，每隔 7d 施药一次，安全间隔期为 10d，每季最多使用 3 次。

9. *防治西瓜炭疽病* 发病前或发病初期用药，每次每 667m^2 用 75%代森锰锌水分散粒剂 220～240g（有效成分 165～180g）对水喷雾，每隔 7d 施药一次，安全间隔期为 21d，每季最多使用 3 次。

注意事项：

该药剂不能与铜及强碱性农药混用，在喷过铜、汞、碱性药剂后要间隔一周后才能喷此药。

福 美 双

中文通用名称：福美双

英文通用名称：thiram

其他名称：秋兰姆，赛欧散，阿锐生

化学名称：双（N，N-二甲基甲硫酰）二硫化物

化学结构式：

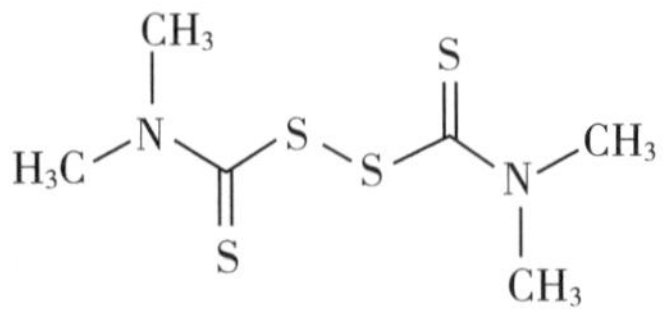

理化性质：纯品为白色无味结晶，相对密度 1.29（20℃），熔点 155～156℃。室温下的溶解度分别为水 18mg/L、氯仿 230g/L、丙酮 80g/L、乙醇＜10g/L。遇酸易分解。长期暴露在空气中，或遇高温、潮湿会渐渐失效。

毒性：按照我国农药毒性分级标准，福美双属中等毒。原粉大鼠急性经口 LD_{50} 为 560mg/kg，小鼠急性经口 LD_{50} 1 500～2 000mg/kg，对人的致死量约为 800mg/kg，对鱼有毒，对皮肤和黏膜有刺激作用。

作用特点：福美双作用机制是抑制病菌的线粒体呼吸作用，作用于呼吸链中的乙酰辅酶A，抑制其活性，影响病菌的能量代谢。抗菌谱广，保护作用优异，主要用于种子处理和土壤消毒，防治禾谷类黑穗病和多种作物的苗期立枯病；也可用于喷洒，防治一些果树、蔬菜病害。

制剂：40%、50%、70%、80%福美双可湿性粉剂，80%福美双水分散粒剂。

50%福美双可湿性粉剂

理化性质及规格：福美双可湿性粉剂由有效成分、湿润剂和载体等组成。外观为灰白色粉末，pH6～7，水分≤3.5%，湿润性≤60s，悬浮率≥60%，常温下储存两年有效成分含量基本不变。

毒性：按照我国农药毒性分级标准，50%福美双可湿性粉剂属中等毒。雌、雄大鼠急性经口 LD_{50} 为 560mg/kg，急性经皮 LD_{50}＞1 000mg/kg。

使用方法：

1. 防治黄瓜白粉病　发病初期开始施药，每次每 667m^2 用 50%福美双可湿性粉剂 70～200g（有效成分 35～100g）对水喷雾，每隔 7～10d 喷一次，连喷 2～3 次，安全间隔期 3d，每季最多使用 3 次。

2. 防治黄瓜霜霉病　发病初期开始施药，每次每 667m^2 用 50%福美双可湿性粉剂 75～150g（有效成分 37.5～75g）对水喷雾，间隔 7d 左右喷一次，连续用药 2～3 次。安全间隔期为 3d，每季最多使用 3 次。

3. 防治葡萄白腐病　在花序展露期、大幼果期（封穗前）各施药一次，每次用 50%福美双可湿性粉剂 500～1 000 倍液（有效成分浓度 500～1 000mg/kg）整株喷雾。安全间隔期为 40d，每季最多使用 2 次。

4. 防治水稻稻瘟病、胡麻叶斑病　水稻播种前用 50%福美双可湿性粉剂和细土混匀，播种时用该药土下垫上覆，每 100kg 种子用 50%可湿性粉剂 400～500g（有效成分 200～250g）拌种。

5. 防治甜菜根腐病　播种前用 50%福美双可湿性粉剂 100g 拌细土 500kg，播种时下垫上覆混和均匀的药土，仅使用一次，做温室苗床处理。

6. 防治小麦白粉病　发病初期开始施药，每次每 667m^2 用 50%福美双可湿性粉剂 90～125g（有效成分 45～62.5g）对水喷雾，安全间隔期为 30d，每季最多使用 1 次。

7. 防治烟草根腐病　播种前用 50%福美双可湿性粉剂 100g 拌细土 500kg，播种时下垫上覆混和均匀的药土，仅使用一次。

80%福美双水分散粒剂

理化性质及规格：外观呈浅棕色固体颗粒，非易燃、非腐蚀性物质，不爆炸。

毒性：按照我国农药毒性分级标准，80%福美双水分散粒剂属低毒。雌、雄大鼠急性经口 LD_{50} 分别为 4 523mg/kg 和 1 407mg/kg，纽西兰白兔急性经皮 LD_{50} 为 2 000mg/kg。对家兔皮肤无刺激，对眼睛轻度刺激。弱致敏物。

使用方法：

1. 防治黄瓜白粉病　发病初期开始施药，每次每 667m^2 用 80%福美双水分散粒剂 50～100g（有效成分 40～80g）对水喷雾，间隔 10～15d 喷一次，连续施药 2 次，安全间隔期为 3d，每季作物最多使用 3 次。

2. 防治苹果炭疽病　发病初期开始施药，每次用 80%福美双水分散粒剂 1 000～1 200 倍液（有效成分浓度 667～800mg/L）整株喷雾。

注意事项：

1. 不能与铜、汞及碱性农药混用或前后紧接使用。

2. 福美双对皮肤和黏膜有刺激作用，喷药时注意防护。

丙　森　锌

中文通用名称：丙森锌

英文通用名称：propineb

其他名称：泰生

化学名称：聚合的 1，2-亚丙基（双二硫代氨基甲酸）锌

化学结构式：

$$\left[\left(\begin{array}{l} \quad\quad\quad\quad\quad\ \ S \\ \quad\quad\quad\quad\quad\ \ \| \\ \quad\quad\ \ CH_2NHCS- \\ \quad\quad\ \ | \\ CH_3-CHNHCS- \\ \quad\quad\quad\quad\quad\ \ \| \\ \quad\quad\quad\quad\quad\ \ S \end{array}\right)Zn\right]_n$$

理化性质：外观为白色或微黄色粉末，160℃以上分解。密度 1.813g/cm^3。溶解度（20℃）分别为水 0.01mg/L、一般溶剂中＜0.1mg/L。在冷、干燥条件下储存时稳定，水解（22℃）DT_{50}（估算值）(pH4)，约 1d（pH7），＞2d（pH9）。

毒性：按照我国农药毒性分级标准，丙森锌属低毒。原药对大、小鼠急性经口 LD_{50}＞5 000mg/kg，大鼠急性经皮 LD_{50}＞5 000mg/kg，大鼠急性吸入 LC_{50}（4h）＞700mg/m^3。两年饲养无作用剂量大鼠为 50mg/kg，虹鳟鱼 LC_{50} 为 1.9mg/L。对蜜蜂无毒。

作用特点：丙森锌作用机制主要是抑制病原菌体内丙酮酸的氧化。其抗菌谱广，保护作用优异。对蔬菜、烟草、啤酒花等作物的霜霉病以及番茄和马铃薯的早、晚疫病均有良好的

保护作用，并且对白粉病、锈病和葡萄孢属病菌引起的病害也有一定的抑制作用。

制剂： 70%、80%丙森锌可湿性粉剂。

70% 丙森锌可湿性粉剂

理化性质及规格： 70%丙森锌可湿性粉剂有由有效成分、稳定剂、助剂和载体等组成。外观为米黄色粉末，密度 0.28g/mL，悬浮性>75%，湿润时间小于 120s，含水量<2.5%，常温储存稳定性 2 年以上。

毒性： 按照我国农药毒性分级标准，70%丙森锌可湿性粉剂属低毒。雌、雄大鼠急性经口 LD_{50} 为 4 640mg/kg，急性经皮 LD_{50}>2 150mg/kg，急性吸入 LC_{50}>2 000mg/m^3。对家兔皮肤无刺激，眼睛有无刺激。对豚鼠皮肤属弱致敏物。

使用方法：

1. 防治大白菜霜霉病　发病前或发病初期开始施药，每次每 667m^2 用 70%丙森锌可湿性粉剂 130～214g（有效成分 91～150g）对水喷雾，每隔 7～10d 喷一次，连喷 3 次。安全间隔期为 21d，每季最多使用 3 次。

2. 防治番茄早疫病和晚疫病　发病前或发现中心病株时施药，每次每 667m^2 用 70%丙森锌可湿性粉剂 125～187.5g（有效成分 87.5～131.25g）对水喷雾，每隔 7～10d 喷一次，连喷 3 次，安全间隔期为 5d，每季最多使用 3 次。

3. 防治柑橘炭疽病　用 70%丙森锌可湿性粉剂 600～800 倍液（有效成分浓度 875～1 167mg/L）整株喷雾，嫩梢期、幼果期各施药 2～3 次，每隔 10～15d 使用 1 次，安全间隔期为 21d。每季最多使用 3 次。

4. 防治黄瓜霜霉病　发病前或发病初期开始施药，每次每 667m^2 用 70%丙森锌可湿性粉剂 150～214g（有效成分 105～150g）对水喷雾，每隔 7～10d 喷一次，连喷 3 次，安全间隔期为 5d，每季最多使用 3 次。

5. 防治马铃薯早疫病　发病前或发病初期开始施药，每次每 667m^2 用 70%丙森锌可湿性粉剂 150～200g（有效成分 105～140g）对水喷雾，每隔 7～10d 施用一次。安全间隔期为 7d，每季最多使用 3 次。

6. 防治苹果斑点落叶病　在春梢或秋梢发病初期开始施药，每次用 70%丙森锌可湿性粉剂 600～700 倍液（有效成分浓度 1 000～1 167mg/L）整株喷雾，每隔 10～14d 喷一次，连喷 3 次。安全间隔期为 14d，每季最多使用 4 次。

7. 防治葡萄霜霉病　发病前或发病初期用药，每次用 70%丙森锌可湿性粉剂 400～600 倍液（有效成分浓度 1 167～1 750mg/L）整株喷雾，每隔 7～10d 施用一次，连续使用 3～4 次，安全间隔期为 14d，每季最多施药次数 4 次。

8. 防治西瓜疫病　发病前或发病初期用药，每次每 667m^2 用 70%丙森锌可湿性粉剂 150～200g（有效成分 105～140g）对水喷雾，每隔 7～10d 喷一次，连喷 2～3 次，安全间隔期为 7d，每季最多施药 3 次。

注意事项：

1. 不能与铜及强碱性农药混用，在喷过铜、汞、碱性药剂后要间隔一周后才能喷此药。

2. 储存时要注意防潮，密封保存在干燥阴冷处，以防分解失效。

乙　蒜　素

中文通用名称：乙蒜素

英文通用名称：ethylicin

其他名称：抗菌剂 402

化学名称：乙烷硫代磺酸乙酯

化学结构式：

$$C_2H_5-\overset{\overset{\displaystyle O}{\|}}{\underset{\underset{\displaystyle O}{\|}}{S}}-S-C_2H_5$$

理化性质：纯品为无色或微黄色油状液体，有大蒜臭味。工业品为微黄色油状液体，有效成分含量 90%～95%，有大蒜和醋酸臭味，挥发性强，有强腐蚀性，可燃。乙蒜素可溶于多种有机溶剂，水中溶解度为 1.2%，140℃分解，沸点 56℃，常温下储存比较稳定。

毒性：按照我国农药毒性分级标准，乙蒜素属中等毒，原油大鼠急性经口 LD_{50} 为 140mg/kg，小鼠急性经口 LD_{50} 为 80mg/kg。对家兔和豚鼠皮肤有刺激作用，无致畸、致癌、致突变作用。

作用特点：乙蒜素是大蒜素的乙基同系物，是一种广谱性杀菌剂。其杀菌机制是其分子结构中的$-\overset{\overset{\displaystyle O}{\|}}{S}-S-$与菌体分子中含有-SH 基的物质反应，从而抑制菌体正常代谢。主要用于种子处理，可防治棉花枯、黄萎病，甘薯黑斑病，水稻烂秧、恶苗病，大麦条纹病等。乙蒜素对植物生长具有刺激作用，处理过的种子出苗快，幼苗生长健壮。

制剂：20%、30%、41%、80%乙蒜素乳油，15%、30%的乙蒜素可湿性粉剂。

80%乙蒜素乳油

理化性质及规格：80%乙蒜素乳油由有效成分、乳化剂和溶剂等组成。外观为浅黄色或黄色单相透明液体，相对密度 1.18，常温下储存比较稳定。

毒性：按照我国农药毒性分级标准，80%乙蒜素乳油属低毒。雄、雌大鼠急性经口 LD_{50}分别为 794mg/kg 和 681mg/kg，急性经皮＞2 000mg/kg，弱致敏物。

使用方法：

1. 防治水稻烂秧病　播前采用浸种方法处理，用 80%乙蒜素乳油 6 000～8 000 倍液（有效成分浓度 100～133.3 mg/L）浸种，籼稻浸 2～3d，粳稻浸 3～4d，捞出催芽播种。

2. 防治大麦条纹病　播前采用浸种方法处理，用 80%乙蒜素乳油 2 000 倍液（有效成分浓度 400mg/L）浸种 24h，然后捞出播种。

3. 防治棉花立枯病、炭疽病、红腐病等苗期病害　播前采用浸种方法处理，用 80%乙蒜素乳油 5 000～6 000 倍液（有效成分浓度 133.3～160 mg/L）浸种 16～24h，捞出催芽播种。

4. 防治棉花枯萎病、黄萎病　采用闷种方法处理，用 80%乙蒜素乳油 1 000 倍液（有效成分浓度 800mg/L）浸闷棉籽 0.5h，药液温度保持在 55～60℃。

5. 防治苹果褐斑病　发病初期开始施药，用80%乙蒜素乳油800～1 000倍液（有效成分浓度800～1 000mg/L）整株喷雾，每隔7～10d喷一次，连续使用3～4次。

6. 防治油菜霜霉病　发病初期开始施药，用80%乙蒜素乳油5 000～6 000倍液（有效成分浓度133.3～160 mg/L）叶面喷雾，每隔7～10d喷一次，连续使用3次。

7. 防治甘薯黑斑病　采用浸种方法处理，用80%乙蒜素乳油2 000倍液（有效成分浓度400mg/L）浸种薯10min。

8. 防治大豆紫斑病　播前采用浸种方法处理，用80%乙蒜素乳油5 000倍液（有效成分浓度160mg/L）浸种1h，捞出晾干后播种。

30%乙蒜素可湿性粉剂

理化性质及规格：外观为浅黄色组成均匀的疏松粉末，不应有结块，pH5.0～8.0。

毒性：按照我国农药毒性分级标准，30%乙蒜素可湿性粉剂属低毒。雌、雄大鼠急性经口 LD_{50} 为1 710mg/kg，急性经皮 LD_{50} >5 000mg/kg。属弱致敏物。

使用方法：

防治水稻稻瘟病　发病初期开始施药，每次每667m² 用30%乙蒜素可湿性粉剂65～80g（有效成分19.5～24g）对水喷雾，防叶瘟在发生初期喷雾一次，间隔7～10d再喷施一次；防穗颈瘟在水稻破口前7d及齐穗期各喷施一次。

注意事项：

1. 乙蒜素不能与碱性农药混用，浸过药液的种子不得与草木灰一起播种，以免影响药效。

2. 乙蒜素属中等毒性杀菌剂，对皮肤和黏膜有强烈的刺激作用。配药和施药人员需注意防护。乙蒜素能通过食道、皮肤等引起中毒，急性中毒损害中枢神经系统，引起呼吸循环衰竭，出现意识障碍和休克。无特效解毒药，一般采取急救措施和对症处理。注意止血和抗休克，维持心、肺功能和防止感染。口服中毒者洗胃要慎重，注意保护消化道黏膜，防止消化道狭窄和闭锁。早期应灌服硫代硫酸钠溶液和活性炭。可试用二巯基丙烷磺酸钠治疗。

3. 经乙蒜素处理过的种子不能使用或作饲料，棉籽不能用于榨油。

石　硫　合　剂

中文通用名称：石硫合剂

英文通用名称：lime sulfur

其他名称：多硫化钙，石灰硫磺合剂，可隆。

化学名称：多硫化钙

化学分子式：CaS_x

理化性质：该药剂为褐色液体，具有强烈的臭蛋味，相对密度1.28（15.5℃）。主要成分为石硫化钙，并含有多种多硫化物和少量硫化钙和亚硫酸钙，呈碱性，遇酸易分解。在空气中易被氧化，而生成游离的硫磺及硫酸钙，特别是在高温及日光照射下，易引起这种变化。故储存时应严加密封。

毒性：按照我国农药毒性分级标准，石硫合剂属低毒。急性经口 LD_{50} 为400～500mg/kg，对人眼睛和皮肤有强烈的腐蚀性。

作用特点： 石硫合剂是用生石灰、硫磺加水煮制而成的，具有杀菌和杀螨作用。石硫合剂稀释后喷于植物上，与空气接触后，受氧气、水、二氧化碳等作用，发生一系列化学变化，形成微细的硫磺沉淀并释放出少量硫化氢发挥杀菌、杀虫作用。同时，石硫合剂具碱性，有侵蚀昆虫表皮蜡质层的作用，对具有较厚蜡质层的介壳虫和一些螨卵有较好的防效。

制剂： 45%石硫合剂结晶粉，45%石硫合剂结晶，45%石硫合剂固体，29%石硫合剂水剂。

45%石硫合剂结晶粉

理化性质及规格： 45%石硫合剂结晶粉外观为黄绿色晶体，相对密度 2.08，pH 13～14。

毒性： 按照我国农药毒性分级标准，45%石硫合剂固体属低毒。雄、雌大鼠急性经口 LD_{50} 分别为 3 160mg/kg 和 2 370mg/kg。对眼睛和皮肤有强刺激性。

使用方法：

1. 防治苹果树红蜘蛛　在苹果树萌芽前用 45%石硫合剂结晶粉，20～30 倍液喷雾。
2. 防治柑橘锈壁虱、介壳虫　在早春用 45%石硫合剂结晶粉，300～500 倍液喷雾。
3. 防治麦类白粉病　发病初期开始施药，用 45%石硫合剂结晶粉 150 倍液喷雾。
4. 防治柑橘树红蜘蛛　在红蜘蛛发生期，用 45%石硫合剂结晶粉 200～3 00 倍液喷雾。
5. 防治茶树红蜘蛛　在红蜘蛛发生期，用 45%石硫合剂结晶粉 150 倍液喷雾。

29%石硫合剂水剂

理化性质及规格： 29%石硫合剂水剂为橙红色水溶液，相对密度 1.27～1.295。多硫化钙量 29%～32%，硫代硫酸态硫≤2.5% pH10～12，(54±1)℃热储 14d 分解率<10%。

毒性： 按照我国农药毒性分级标准，25%石硫合剂水剂属中等毒。大鼠急性经口 LD_{50} 为 1 210mg/kg，急性经皮 LD_{50} 为 4 000mg/kg。对眼睛和皮肤有一定刺激作用。

使用方法：

1. 防治麦类白粉病　发病初期开始施药，用 1 波美度 29%石硫合剂水剂喷雾。
2. 防治柑橘白粉病　发病初期开始施药，用 29%石硫合剂水剂 1 波美度液喷雾。
3. 防治柑橘树红蜘蛛　在红蜘蛛发生期施药，用 29%石硫合剂水剂 20～40 倍液喷雾。
4. 防治茶树红蜘蛛　在红蜘蛛发生期施药，用 29%石硫合剂水剂 0.5～1 波美度液喷雾。
5. 防治苹果白粉病　在发病初期开始施药，用 29%石硫合剂水剂 50～70 倍药液喷雾。
6. 防治葡萄白粉病　发病初期开始施药，用 29%石硫合剂水 6～9 倍药液喷雾。
7. 防治观赏植物介壳虫、白粉病　介壳虫及白粉病发生时用 29%石硫合剂水剂 0.5 波美度液喷雾。
8. 防治核桃白粉病　发病初期开始施药，用 29%石硫合剂水剂 1 波美度液喷雾。

注意事项：

1. 石硫合剂应在低温、阴凉和密封条件下储存，一旦开封最好用完；若继续储存，应尽可能封口。
2. 石硫合剂具有碱性，应避免与有机磷药剂和铜制剂混用。
3. 对喷洒过松脂合剂的作物要相隔 20d 再使用该药剂；对喷洒过油乳剂、波尔多液的作物要相隔 30d 后才能使用该药剂。

4. 气温达到 32℃以上时应慎用，并降低使用浓度，气温达到 38℃以上禁用。

5. 使用安全间隔期为 7d。如误食，应及时就医，可采用弱碱洗胃方法解救，并立即注射可拉明、山梗菜碱强心剂和静脉注射 50%葡萄糖 40～50mL 及维生素 C 500mL。

二　氰　蒽　醌

中文通用名称：二氰蒽醌

英文通用名称：dithianon

化学名称：2，3-二氰基-1，4-二硫代蒽醌

化学结构式：

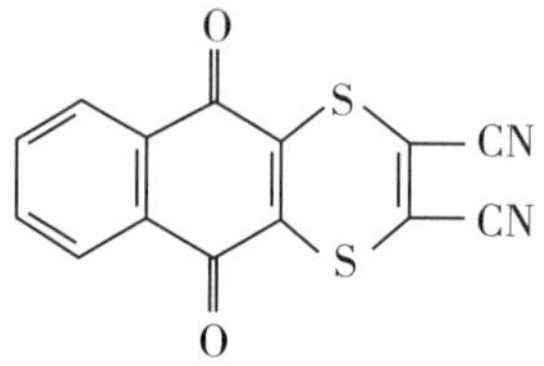

理化性质：原药有效成分含量 95%，外观为棕褐色或棕黑色结晶固体。蒸气压 0.066mPa，熔点 225℃，溶解度（20～25℃）分别为水中 0.5g/L、丙酮 10mg/L、苯 8mg/L、三氯甲烷 12mg/L。

毒性：按照我国农药毒性分级标准，二氰蒽醌属低毒。雌、雄大鼠急性经口 LD_{50} 分别为 681mg/kg 和 619mg/kg，急性经皮 LD_{50}>2 150mg/kg。对眼睛轻度刺激性，对皮肤无刺激性，弱致敏性。

作用特点：二氰蒽醌主要是通过与含硫基团反应和干扰细胞呼吸而抑制一系列真菌酶，最后导致病害死亡。药剂通过植株茎叶全面吸收，不刺激幼叶及果面，能阻止病菌侵入，杀灭病菌孢子，提高作物抵抗力，兼具保护和治疗活性。

制剂：22.7%二氰蒽醌悬浮剂，70%二氰蒽醌水分散粒剂。

22.7%二氰蒽醌悬浮剂

理化性质及规格：制剂由有效成分二氰蒽醌及聚乙二醇等其他成分组成，外观为易测体积的悬浮液体，水分 60%，悬浮率 90%，pH5.0～7.0。

毒性：按照我国农药毒性分级标准，22.7%二氰蒽醌悬浮剂属低毒。雌、雄大鼠急性经口 LD_{50} 分别为 2 000mg/kg 和 3 160mg/kg，急性经皮 LD_{50}>2 000mg/kg。对眼睛轻度刺激性，对皮肤无刺激性，弱致敏性。

使用方法：

防治辣椒炭疽病　发病前或发病初期开始施药，每次每 667m² 用 22.7%二氰蒽醌悬浮剂 63～84mL（有效成分 14.2～19g）对水喷雾，间隔 7～10d 喷一次，安全间隔期为 7d，每季最多使用 3 次。

70%二氰蒽醌水分散粒剂

理化性质：制剂由有效成分、分散剂润湿剂及填料组成，外观为赭黄色淡芳烃气味颗粒状固体，密度 0.661 7g/m³（21℃），pH4.0～7.0，悬浮率≥75%。

毒性：按照我国农药毒性分级标准，70%二氰蒽醌水分散粒剂属低毒。雄、雌大鼠急性经口 LD_{50} 分别为 1 080mg/kg 和 926mg/kg，急性经皮 LD_{50}＞5 000mg/kg。无致敏性。

使用方法：

防治苹果轮纹病　于苹果树谢花后 7d 左右或发病初期开始施药，用 70%二氰蒽醌水分散粒剂 700～1 000 倍液（有效成分浓度 700～1 000mg/kg）整株喷雾，每隔 7～14d 喷一次，安全间隔期为 30d，每季最多使用 3 次。

注意事项：

该药剂在碱性条件下易溶解失效，不可与碱性农药混用。

克　菌　丹

中文通用名称：克菌丹

英文通用名称：captan

其他名称：开普顿

化学名称：N-三氯甲硫基-1，2，3，6-四氢苯邻二甲酰亚胺

化学结构式：

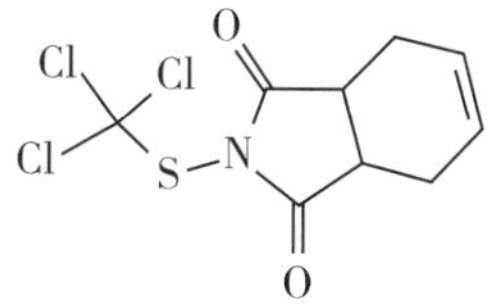

理化性质及规格：纯品为无色晶体，熔点 178℃，蒸气压＜1.3mPa（25℃）；溶解度（25℃）分别为水 3.3mg/L、丙酮 21g/L、氯仿 70g/L、环己酮 23g/L、异丙醇 1.7g/L、二甲苯 20g/L，不溶于石油醚。原药为无色到米色无定形固体，具有刺激性气味，熔点 160～170℃，遇碱不稳定。接近熔点时分解，无腐蚀性，但其分解产物有腐蚀性。

毒性：按照我国农药毒性分级标准，克菌丹属低毒。原药雌、雄大鼠急性经口 LD_{50}＞5 000mg/kg，家兔急性经皮 LD_{50}＞2 000mg/kg，雌、雄大鼠急性吸入 LC_{50}＞1 160mg/m^3（4h）。对皮肤有轻度刺激性。66 周喂养狗无慢性中毒症状 300mg/（kg·d），大鼠两年饲养无作用剂量为 2 000mg/kg。未见有致突变、致畸、致癌现象。蓝鳃鱼 LC_{50}（96h）0.072mg/L。

作用特点：克菌丹属保护性杀菌剂，作用机制是抑制病菌的线粒体呼吸作用，阻碍呼吸链中的乙酰辅酶 A 的形成，影响病菌的能量代谢。克菌丹是多作用位点杀菌剂，杀菌谱广，对大麦、小麦、燕麦、水稻、玉米、棉花、蔬菜、果树、瓜类、烟草等作物的许多病害均有良好的防治效果，如水稻纹枯病、稻瘟病、小麦秆锈病，烟叶赤星病，棉花苗期病，苹果腐烂病等。克菌丹对作物安全，无药害，而且还具有刺激植物生长的作用。

制剂：50%克菌丹可湿性粉剂，80%克菌丹水分散粒剂。

50%克菌丹可湿性粉剂

理化性质及规格：外观为灰白色非晶粉末，pH5～8.5，细度为 90%通过 200 目筛，悬浮率≥60%，润湿时间≤60s，水分≤0.4%，常温储存 2 年稳定。

毒性： 按照我国农药毒性分级标准，50%克菌丹可湿性粉剂属低毒。雌、雄大鼠急性经口 LD_{50}>5 000mg/kg，家兔急性经皮 LD_{50}>5 000mg/kg，大鼠急性吸入 LD_{50} 2.6mg/L。对家兔皮肤无刺激性，眼睛有轻度刺激性。对豚鼠皮肤无致敏作用。

使用方法：

1. 防治草莓灰霉病、苹果轮纹病　发病初期开始施药，每次用50%克菌丹可湿性粉剂400～800倍液（有效成分浓度625～1 250mg/L）整株喷雾，每隔6～8d喷一次，连续施药2～3次。

2. 防治番茄叶霉病和早疫病，黄瓜、辣椒炭疽病　发病前发病初期开始施药，每次每667m² 用50%克菌丹可湿性粉剂125～188g（有效成分62.5～93.75g）对水喷雾，每隔7～10d喷一次，连续喷施3～4次。安全间隔期3d，每季最多使用3次。

3. 防治柑橘树脂病　发病前或发病初期开始施药，防治关键期为谢花后、幼果期、果实膨大期，每次用50%克菌丹可湿性粉剂600～1 000倍液（有效成分浓度500～800mg/L）整株喷雾，每隔7～10d喷一次，连续喷施3次，安全间隔期为21d，一季最多用药3次。

4. 防治梨黑星病　发病前或发病初期开始施药，用50%克菌丹可湿性粉剂500～700倍液（有效成分浓度714.3～1 000mg/L）整株喷雾，每隔7～10d喷一次，连续使用2～3次。安全间隔期14d，每季最多使用4次。

5. 防治葡萄霜霉病　发病前或发病初期开始施药，每次用50%克菌丹可湿性粉剂400～600倍液（有效成分浓度833～1 250mg/L）整株喷雾，每隔6～8d喷一次，连续施药2～3次。安全间隔期14d，每季最多使用4次。

6. 防治玉米苗期茎基腐病　采用种子处理方法用药，先加2～3倍水将药剂稀释后拌种，使用时需将药液摇匀，每100kg种子用50%克菌丹可湿性粉剂135～158g（有效成分67.5～78.75g），拌好的种子晾干即可播种。

80%克菌丹水分散粒剂

理化性质及规格： 外观为浅米色空心。pH7～10，常温下储存稳定。

毒性： 按照我国农药毒性分级标准，80%克菌丹水分散粒剂属低毒。雌、雄大鼠急性经口 LD_{50}>2 000mg/kg，急性经皮 LD_{50}>5 000mg/kg。对家兔皮肤有轻度刺激。对眼睛有中度刺激。对豚鼠皮肤属弱致敏物。

使用方法：

防治柑橘脂病（流胶病）　一般在谢花后、幼果期、果实膨大期，花谢2/3时及幼果期各施药一次，共施药3～4次，每次用80%克菌丹水分散粒剂600～1 000倍液（有效成分浓度800～1 333mg/L）整株喷雾，间隔7～10d喷一次，连续使用2～3次。安全间隔期为21d，每季作物最多使用3次。

注意事项：

1. 该药剂不能与碱性药剂混用。

2. 拌药的种子勿作饲料或食用。

3. 由于作物品种之间存在差异，种子处理使用时建议先做拌种后室内发芽试验，以保证种子在田间播种的正常出苗。

二、无机铜和有机铜类

王 铜

中文通用名称：王铜

英文通用名称：copperoxychloride

其他名称：碱式氯化铜，氧氯化铜

化学名称：氧氯化铜

化学分子式：$3Cu(OH)_2 \cdot CuCl_2$

理化性质：原药为绿色至蓝绿色粉末状晶体，相对密度 3.37，难溶于水。

毒性：按照我国农药毒性分级标准，王铜属低毒。原药雌、雄大鼠急性经口 LD_{50} 分别为 1 462.3mg/kg 和 1 044.7mg/kg。鲤鱼 LC_{50}（48h）2.2mg/L。

作用特点：王铜喷到作物上后能黏附在作物表面，形成一层保护膜，不易被雨水冲刷。在一定湿度条件下，释放出铜离子，起杀菌防病作用。主要用于防治柑橘溃疡病，也可用于防治其他真菌病害和细菌病害。

制剂：30％、84％王铜悬浮剂。47％、50％、60％、70％、84.1％王铜可湿性粉剂。

30％王铜悬浮剂

理化性质及规格：外观为淡绿色黏稠糊状物，相对密度 1.40，pH6.3，细度 0.5～3μm，悬浮率 80％。水分 65％，冷、热稳定性良好。常温储存 14 个月无结块现象，水稀释后粒子无絮结。

毒性：按照我国农药毒性分级标准，30％氧氯化铜悬浮剂属低毒。雌、雄大鼠急性经口 LD_{50} 分别为 4317.1mg/kg 和 2756.5mg/kg，对眼睛中度至重度刺激性。

使用方法：

1. 防治柑橘溃疡病　发病前或发病初期开始施药，用 30％王铜悬浮剂 600～800 倍液（有效成分浓度 375～500mg/L）整株喷雾，每隔 7～15d 喷一次，连喷 3～4 次。安全间隔期 30d。

2. 防治番茄早疫病　发病前或发病初期开始施药，每次每 $667m^2$ 用 30％王铜悬浮剂 50～70mL（有效成分 15～21g）对水喷雾，每隔 7d 左右喷一次，连续喷施 3～4 次。

3. 防治花生叶斑病　发病前或发病初期开始施药，每次每 $667m^2$ 用 30％氧氯化铜悬浮剂 90～120mL（有效成分 27～36g）对水喷雾，每隔 7d 左右喷一次，连喷 2～3 次。

70％王铜可湿性粉剂

理化性质及规格：外观为淡蓝色疏松粉末状物质，pH6～7。

毒性：按照我国农药毒性分级标准，70％王铜可湿性粉剂属低毒。雄、雌大鼠急性经口 LD_{50} 分别为 1 470mg/kg 和 1 000mg/kg，急性经皮 LD_{50}＞5 000mg/kg。弱致敏物。

使用方法：

1. 防治柑橘溃疡病　发病前或发病初期开始施药，用 70％王铜可湿性粉剂 1 000～1 200

倍液（有效成分浓度583～700mg/L）整株喷雾，每隔7～15d喷一次，连续喷施3～4次。

2. 防治黄瓜细菌性角斑病　发病前或发病初期开始施药，每次每667m^{2}用70%王铜可湿性粉剂170～286g（有效成分120～200g），每隔7d左右喷一次，连喷3～4次。

注意事项：

1. 王铜因呈中性，可与一般常用的杀虫剂混用，但不能与石硫合剂、松脂合剂、矿物油乳剂、甲基硫菌灵、多菌灵等药剂混用，不能与磷酸二氢钾、复合氨基酸等含有金属离子的叶面肥混用。

2. 苹果、葡萄、十字花科蔬菜、某些豆类及藕等作物幼苗（果）期对该药剂敏感，施药时应避免飘移产生药害。

3. 避免在阴湿天气或露水未干前施药，以免发生药害，喷药后24h内遇大雨需补喷。

4. 放置时间较长稍有分层，但不会失效，用时搅匀即可。

氢 氧 化 铜

中文通用名称：氢氧化铜

英文通用名称：copper hydroxide

其他名称：可杀得（Kocide），冠菌铜

化学名称：氢氧化铜

化学分子式：$Cu(OH)_2$

理化性质：蓝绿色固体，结晶物成天蓝色片状或针状，密度3.37g/m^3。水中溶解度2.9mg/L（pH7，25℃），溶于氨水，不溶于有机溶剂。140℃分解，溶于酸。

毒性：按照我国农药毒性分级标准，氢氧化铜属低毒。原药对大鼠急性经口LD_{50}>1 000mg/L，急性吸入LC_{50}为2 000mg/m^3。对兔眼睛有较强刺激作用，对皮肤无刺激作用。对虹鳟鱼LC_{50} 0.08mg/L（96h），翻车鱼LC_{50} 180mg/L（96h）；对蜜蜂LD_{50} 68.29 μg/只。

作用特点：氢氧化铜为多孔针形晶体，单位重量上颗粒最多，表面积最大。其作用机理是通过利用植物表面和病原菌表面上的水膜酸化，缓慢释放出的铜离子与真菌或细菌体内蛋白质中的—SH、—N_2H、—COOH、—OH等基团作用，有效地抑制病菌的孢子萌发和菌丝生长，导致病菌死亡，从而减少病原菌对植物的侵染和在植物体内的蔓延，保护植物免受病原菌的危害。

制剂：77%氢氧化铜可湿性粉剂，38.5%、46%、53.8%、57.6%氢氧化铜水分散粒剂。

77%氢氧化铜可湿性粉剂

理化性质及规格：外观为组成均匀的蓝色疏松粉末，由有效成分、助剂和载体组成。pH8～9，常温条件下较稳定。

毒性：按照我国农药毒性分级标准，77%氢氧化铜可湿性粉剂属低毒。雌、雄大鼠急性经口LD_{50}为2 000mg/kg，急性经皮LD_{50}>2 000mg/kg。

使用方法：

1. 防治黄瓜细菌性角斑病　发病前或发病初期开始喷药，每次每667m^{2}用77%氢氧化

铜可湿性粉剂 150～200g（有效成分 115.5～154g）对水喷雾，每隔 7～10d 喷一次，可连续使用 2～3 次。

2. 防治番茄早疫病　发病前或发病初期开始喷药，每 667m^2 用 77%氢氧化铜可湿性粉剂 120～200g（有效成分 92.4～154g）对水喷雾，每隔 7～10d 喷一次，可连续使用 2～3 次。

3. 防治柑橘溃疡病　春梢和秋梢发病前或初发病时，用 77%氢氧化铜可湿性粉剂400～600 倍液（有效成分浓度 1 283.3～1 925mg/kg）整株喷雾，每隔 10d 左右喷一次，可连续喷施 3 次。

4. 防治葡萄霜霉病　发病前或发病初期开始施药，用 77%氢氧化铜可湿性粉剂 400～600 倍液（有效成分浓度 1 283～1 925mg/kg）整株喷雾，每隔 7d 左右喷一次，可连续喷施 2 次。

53.8%氢氧化铜水分散粒剂

理化性质及规格：外观为分散的蓝绿色颗粒，无可见外来杂质或结块。pH7.0～10.0。

毒性：按照我国农药毒性分级标准，53.8%氢氧化铜水分散粒剂属低毒。雌、雄大鼠急性经口 LD_{50} 为 3 160mg/kg，急性经皮 LD_{50}＞2 150mg/kg。

使用方法：

1. 防治黄瓜角斑病　发病前或发病初期开始喷药，每次每 667m^2 用 53.8%氢氧化铜水分散粒剂 68～83g（有效成分 36.7～44.8g）对水喷雾，间隔 7～10d 再喷施一次。

2. 防治柑橘溃疡病　春梢和秋梢发病前或初发病时开始施药，用 53.8%氢氧化铜水分散粒剂 900～1 100 倍液（有效成分浓度 489～598mg/kg）整株喷雾，间隔 10d 左右喷一次，连续喷施 3 次。

注意事项：

1. 高温高湿气候条件下慎用，对铜敏感作物慎用。
2. 禁止与乙膦铝类农药等物质混用。
3. 建议与其他作用机制不同的杀菌剂轮换使用。

氧　化　亚　铜

中文通用名称：氧化亚铜

英文通用名称：cuprous oxide

其他名称：Copper Sandoz，靠山

化学名称：氧化亚铜

化学分子式：Cu_2O

理化性质：外观为黄色至红色粉末。沸点 1 800℃，熔点 1 235℃。不溶于水和有机溶剂，溶于稀无机酸（盐酸、硫酸、硝酸）和氨水中。在常温条件下稳定，潮湿的空气中可能氧化为氧化铜。

毒性：按照我国农药毒性分级标准，氧化亚铜属低毒。大鼠急性经口 LD_{50} 为1 400mg/kg，急性经皮 LD_{50}＞4 000mg/kg，亚慢性经口 LD_{50} 为 500mg/kg；对兔皮肤和眼睛有轻微刺激；对鱼类低毒，水蚤 LC_{50}（48h）0.06mg/L；对鸟无毒。

作用特点：氧化亚铜的杀菌作用主要靠铜离子，铜离子与真菌或细菌体内蛋白质中的$-SH$、$-N_2H$、$-COOH$、$-OH$等基团起作用，导致病菌死亡。

制剂：86.2%氧化亚铜可湿性粉剂，86.2%氧化亚铜水分散粒剂。

86.2%氧化亚铜可湿性粉剂

理化性质：外观为红棕色粉末。不溶于水及一般有机溶剂，可溶于稀无机酸形成对应铜盐，能溶于浓氨水形成络合物。常温储存稳定。

毒性：按照我国农药毒性分级标准，86.2%氧化亚铜可湿性粉剂属低毒。雄、雌大鼠急性经口LD_{50}分别为2 544mg/kg和3 937mg/kg，急性经皮LD_{50}>2 000mg/kg，弱致敏物。

使用方法：

1. 防治葡萄霜霉病　发病初期用开始施药，用86.2%氧化亚铜可湿性粉剂800～1 200倍液（有效成分浓度718～1 078mg/L）安全间隔期15d，每季最多使用4次。整株喷雾，每隔10d左右喷一次，连续喷施3～4次。安全间隔期21d，每季最多使用4次。

2. 防治柑橘溃疡病　春梢和秋梢初抽生时或发病初期开始喷药，用86.2%氧化亚铜可湿性粉剂800～1 000倍液（有效成分浓度862～1 078mg/L）整株喷雾，每隔7～10d喷一次，连续喷施3～4次。

3. 防治苹果轮纹病　发病初期开始施药，用86.2%氧化亚铜可湿性粉剂2 000～2 500倍液（有效成分浓度345～431mg/L）整株喷雾，每隔10d左右喷一次，连续喷施3～4次。安全间隔期15d，每季最多使用4次。

4. 防治黄瓜霜霉病、辣（甜）椒疫病　发病初期开始施药，每次每667m^2用86.2%氧化亚铜可湿性粉剂139～186g（有效成分120～160g）对水喷雾，每隔7～10d左右喷一次，连续喷2～3次。安全间隔期3d，每季最多使用4次。

5. 防治番茄早疫病　发病初期开始施药，每次每667m^2用86.2%氧化亚铜可湿性粉剂70～97g（有效成分60～84g）对水喷雾，每隔7～10d左右喷一次，连续喷2～3次。安全间隔期3d，每季最多使用4次。

6. 防治水稻纹枯病　发病初期开始施药，每次每667m^2用86.2%氧化亚铜可湿性粉剂27～37g（有效成分23.7～31.6g）对水喷雾，间隔7d左右喷一次，连续施药2次。安全间隔期10d，每季最多使用4次。

86.2%氧化亚铜水分散粒剂

理化性质：外观为红棕色粉末。不溶于水及一般有机溶剂，可溶于稀无机酸形成对应铜盐，能溶于浓氨水形成络合物。

毒性：按照我国农药毒性分级标准，86.2%氧化亚铜水分散粒剂属低毒。雄、雌大鼠急性经口LD_{50}1 160mg/kg，急性吸入LC_{50}0.8mg/m^3。

使用方法：

1. 防治荔枝霜疫霉病　病害发生初期开始施药，用86.2%氧化亚铜水分散粒剂1 000～1 500倍液（有效成分浓度574.7～862mg/kg）整株喷雾，每隔7～10d左右喷一次，连续喷施3次。安全间隔期15d，每季最多使用4次。

2. 防治苹果斑点落叶病　春梢和秋梢初抽生时开始施药，用86.2%氧化亚铜水分散粒剂2 000～2 500倍液（有效成分浓度344.8～431mg/kg）整株喷雾，每隔10～15d喷一次，春、秋梢各喷施2～3次。安全间隔期15d，每季最多使用4次。

注意事项：

1. 如药剂污染皮肤或溅入眼中，应用大量清水清洗；如有误服，可服用解毒剂1%亚铁氰化钾溶液，症状严重时可用BAL（二巯基丙醇）。

2. 高温或低温潮湿气候条件下慎用。

3. 对铜制剂敏感作物慎用。

碱 式 硫 酸 铜

中文通用名称：碱式硫酸铜

英文通用名称：copper sulphate hasic

其他名称：三碱基硫酸铜，高铜，绿得保，保果灵，Basic，Copper，sulfate

化学名称：碱式硫酸铜

化学分子式：$Cu_4(OH)_6SO_4$

理化性质：外观为淡蓝色粉末。不溶于水，在药液会形成极小蓝色悬浮颗粒，可溶于烯酸类。

毒性：按照我国农药毒性分级标准，碱式硫酸铜属低毒。大鼠急性经口LD_{50} 300 mg/kg，对蚕有毒。

作用特点：碱式硫酸铜是保护性杀菌剂，其颗粒细小，分散性好，耐雨水冲刷。其悬浮剂还加有黏着剂，因此能牢固地黏附在植物表面形成一层保护膜，碱式硫酸铜有效成分依靠在植物表面上水的酸化，逐步释放铜离子，抑制真菌孢子萌发和菌丝发育，可用于防治梨黑星病，用药后果面光洁。

制剂：27.12%、30%、35%碱式硫酸铜悬浮剂，70%碱式硫酸铜水分散粒剂。

30%碱式硫酸铜悬浮剂

理化性质及规格：外观为浅绿色或蓝绿色可流动悬浮性液体，pH6～8，悬浮率≥85%，水分≤65%。储存稳定性2年。

毒性：按照我国农药毒性分级标准，30%碱式硫酸铜悬浮剂属低毒。小鼠急性经口LD_{50} 511～926mg/kg，大鼠急性经皮LD_{50}>10 000mg/kg。

使用方法：

1. 防治梨黑星病　发病前或发病初期开始施药，用30%碱式硫酸铜悬浮剂300～400倍液（有效成分浓度750～1 000mg/kg）整株喷雾，间隔7～10d喷一次，可连续喷施2～3次。

2. 防治柑橘溃疡病　发病前或发病初期开始施药，用30%碱式硫酸铜悬浮剂300～400倍液（有效成分浓度750～1 000mg/kg）整株喷雾，间隔7～10d喷一次，连续喷施2～3次。

3. 防治番茄早疫病　发病前开始施药，每次每667m^2用30%碱式硫酸铜悬浮剂144～180g（有效成分43.4～54.24g）对水喷雾，视发病情况施药2～3次。

70%碱式硫酸铜水分散粒剂

理化性质及规格： 外观为绿色无味固体。在水中和有机溶剂中不可溶解，不可燃，无爆炸性。

毒性： 按照我国农药毒性分级标准，70%碱式硫酸铜水分散粒剂属低毒。雌、雄大鼠急性经口 LD_{50} 300～2 000mg/kg，急性经皮 LD_{50} >2 000mg/kg。对兔眼睛、皮肤无刺激性，无致敏性。

使用方法：

防治黄瓜霜霉病 发病前或发病初期开始施药，每次每 667m² 用 70%碱式硫酸铜悬浮剂 52～60g（有效成分 36.5～42g）对水喷雾，视病情发展情况，可连续喷 2～3 次，间隔 7～10d 一次。

注意事项：

1. 不宜在早晨有露水或刚下过雨后施药，在高温条件下使用要适当降低浓度，以防产生药害。
2. 如有沉淀属正常现象，用药前需摇匀。长期储存会出现分层现象，但不影响药效。
3. 不能与石硫合剂或遇铜即分解的农药混合使用。
4. 蚕、桑树对该药剂敏感，蚕室和桑园附近禁用。

硫 酸 铜 钙

中文通用名称： 硫酸铜钙

英文通用名称： copper calcium sulphate

其他名称： Bordeaux Mixture Velles

化学名称： 硫酸铜-钙

化学分子式： $CuSO_4 \cdot 3Cu(OH)_2 \cdot 3CaSO_4$

理化性质： 原药外观为绿色细粉末，密度 0.75～0.95 g/cm³，熔点 200℃，不溶于水及有机溶剂。

毒性： 按照我国农药毒性分级标准，硫酸铜钙属低毒。大鼠急性经口 LD_{50} 为 2 302mg/kg，急性经皮 LD_{50} >2 000mg/kg。

作用特点： 硫酸铜钙是杀菌谱较广的保护性杀菌剂。主要通过释放 Cu^{2+} 抑制病菌的生长。硫酸铜钙中性偏酸，可与大多数不含金属离子的杀虫杀螨剂混用。可防治苹果、梨、桃、葡萄、杏、李等多种果树的真菌性、卵菌性和细菌性病害，并且病菌的抗药性形成缓慢。

制剂： 77%硫酸铜钙可湿性粉剂。

77%硫酸铜钙可湿性粉剂

理化性质及规格： 外观为均匀疏松粉末。pH4.5～8，悬浮率≥70%。

毒性： 按照我国农药毒性分级标准，77%硫酸铜钙可湿性粉剂属低毒。雌、雄大鼠急性经口 LD_{50} 为 2 710mg/kg，急性经皮 LD_{50} >5 000mg/kg；对家兔皮肤及眼睛均有刺激。

使用方法：

1. 防治柑橘溃疡病　病害发生前柑橘嫩梢展叶期和发病初期开始防治，用77%硫酸铜钙可湿性粉剂400～600倍液（有效成分浓度1 283～1 925 mg/L）整株喷雾，隔7～10d施药一次，安全间隔期为32d，每季最多使用4次。

2. 防治柑橘疮痂病　病害发生初期开始防治，每次用77%硫酸铜钙可湿性粉剂400～800倍液（有效成分浓度962.5～1 925mg/L）整株喷雾，安全间隔期为32d，每季最多使用4次。

3. 防治黄瓜霜霉病　发病前或发病初期开始施药，每次每667m^2用77%硫酸铜钙可湿性粉剂117～175 g（有效成分90～135g）对水喷雾，间隔7～10d喷药一次，连续施药3次。安全间隔期为10d，每季最多使用3次。

4. 防治姜腐烂病　病害发生初期开始施药，每次用77%硫酸铜钙可湿性粉剂600～800倍液（有效成分浓度962.5～1 283mg/L）灌根，每株灌药液250～500mL，安全间隔期为30d，每季最多使用4次。

5. 防治苹果褐斑病　病害发生初期开始施药，每次用77%硫酸铜钙可湿性粉剂600～800倍液（有效成分浓度962.5～1 283mg/L）整株喷雾，安全间隔期为28d，每季最多使用4次。

6. 防治葡萄霜霉病　病害发生初期开始施药，每次用77%硫酸铜钙可湿性粉剂500～700倍液（有效成分浓度1 100～1 540mg/L）整株喷雾，安全间隔期为10d，每季最多使用3次。

7. 防治烟草野火病　病害发生初期开始施药，每次用77%硫酸铜钙可湿性粉剂400～600倍液（有效成分浓度962.5～1 925mg/L）对水喷雾，安全间隔期为15d，每季最多使用3次。

注意事项：

1. 硫酸铜钙是保护性杀菌剂，必须在病害发生前或始发期喷药。

2. 桃、李、梅、杏、柿、大白菜、菜豆、莴苣、荸荠等对该药剂敏感，不宜使用。苹果和梨的花期、幼果期对铜离子敏感，硫酸铜钙含铜离子，慎用。

络　氨　铜

中文通用名称： 络氨铜

英文通用名称： cuaminosulfate

其他名称： 消病灵，克病增产素，胶氨铜，抗枯宁

化学名称： 硫酸四氨络合铜

化学分子式： $Cu(NH_3)_4SO_4$

理化性质： 外观为深蓝色液体，呈碱性。pH9～10，有氨味，溶于水。冷、热储稳定性较好。

毒性： 按照我国农药毒性分级标准，络氨铜属低毒。大鼠急性经口LD_{50}>2 610mg/kg，急性经皮LD_{50}>3 160mg/kg。对人、畜安全，无残毒，不污染环境。

作用特点： 络氨铜是一种保护性杀菌剂，主要通过铜离子与病原菌细胞膜表面上的K^+，H^+等阳离子交换，使病原菌细胞膜上的蛋白质凝固，同时部分铜离子渗入病原菌细胞

内与某些酶结合，影响其活性。络氨铜能防治真菌、细菌和卵菌引起的多种病害，促进植物根深叶茂，增加叶绿素含量，增强光合作用及抗旱能力，具有一定的增产作用。

制剂： 15%、25%络氨铜水剂，15%络氨铜可溶粉剂。

15%络氨铜水剂

理化性质及规格： 外观为深蓝色均相液体。由硫酸铜、碳酸氢铵及增效剂和表面活性剂复配而成。可溶于乙醇及低级醇类，不溶于乙醚、丙酮、乙酸乙酯等有机溶剂。热稳定性好。

毒性： 按照我国农药毒性分级标准，15%络氨铜水剂属低毒。雌、雄大鼠急性经口 LD_{50}>4 640mg/kg，急性经皮 LD_{50}>2 150mg/kg，属弱致敏物。

使用方法：

1. 防治水稻稻曲病　水稻始穗期和破口期各喷药一次，每次每 667m^2 用 15%络氨铜水剂 233～333mL（有效成分 35～50g）对水喷雾。

2. 防治苹果腐烂病　用 15%络氨铜水剂原液 100mL/m^2，涂抹病疤，于苹果春季开花前和秋季收获后各涂抹施药一次。

3. 防治柑橘溃疡病、疮痂病　发病前期或初期使用，每次用 15%络氨铜水剂 200～300 倍液（有效成分浓度 500～750mg/kg）整株喷雾，每隔 10d 左右喷一次，可连续施药 3 次。

4. 防治西瓜枯萎病　枯萎病发病初期开始施药，用 15%络氨铜水剂 200～300 倍液（有效成分浓度 500～750mg/kg）灌根施药，每株灌药液 200～250mL，间隔 10d 再灌一次。

5. 防治番茄蕨叶病　发病初期开始开始施药，每次每 667m^2 用 15%络氨铜水剂 445～667mL（有效成分 66.7～100g）对水喷雾，间隔 7d 左右喷一次，连续喷施 2～3 次。

15%络氨铜可溶粉剂

理化性质及规格： 外观为黑褐色均匀粉末，pH8.0～9.0。

毒性： 按照我国农药毒性分级标准，15%络氨铜可溶粉剂属低毒。雌、雄大鼠急性经口 LD_{50}≥5 000mg/kg，急性经皮 LD_{50}≥5 000mg/kg。无刺激性，弱致敏性。

使用方法：

防治西瓜枯萎病　枯萎病发病初期开始施药，用 15%络氨铜可溶粉剂 350～500 倍液（有效成分浓度 300～430mg/kg）灌根施药，每株灌药液 200～250mL，安全间隔期 15d。

注意事项：

1. 该药剂呈碱性，不得与酸性农药或激素药物混用。
2. 下午四时后喷药为宜，喷后 6h 内遇雨应重喷。
3. 如瓶中出现沉淀，不会影响药效，但需摇匀后使用。
4. 在气候炎热期或炎热地带喷洒时，应使用最高剂量。

喹　啉　铜

中文通用名称： 喹啉铜

英文通用名称： oxine-copper

化学名称： 8-羟基喹啉酮

化学结构式：

理化性质： 外观为绿色粉末。熔点＞270℃，蒸气压 4.6×10^{-5} mPa（25℃）。溶解度（25℃）分别为水 0.07mg/L（pH7）、甲醇 116mg/L、正己烷＜0.01mg/L。

毒性： 按照我国农药毒性分级标准，喹啉酮属低毒。大鼠急性经口 LD_{50} 为4 700mg/kg，急性经皮 LD_{50}＞2 000mg/kg，急性吸入 LC_{50} 为 150mg/m^3；小鼠急性经口 LD_{50} 为 9 000mg/kg。对蜜蜂无毒。在试验条件下，无致突变、致畸和致癌作用。

作用特点： 喹啉酮是一种保护性杀菌剂，通过在作物表面形成一层严密的保护膜，抑制病菌萌发和侵入，从而达到防病治病的目的。一般直接使用对植物安全，但对铜敏感的作物慎用。

制剂： 33.5％喹啉铜悬浮剂，50％喹啉铜可湿性粉剂。

33.5％喹啉铜悬浮剂

理化性质及规格： 外观为草绿色液体，无机械杂质，微有刺激性气味。非爆炸物，不具腐蚀性。酸性介质中稳定，碱性物质中水解。

毒性： 按照我国农药毒性分级标准，33.5％喹啉铜悬浮剂属低毒。雌、雄大鼠急性经口 LD_{50} 分别为 3 830mg/kg 和 4 640mg/kg，急性经皮均 LD_{50}＞2 150mg/kg，急性吸入均 LC_{50}＞2 000mg/m^3，弱致敏物。

使用方法：

1. 防治小麦腥黑穗病　播前拌种使用，每 100kg 小麦种子用 33.5％喹啉铜悬浮剂239～299mL（有效成分 80～100g），先用适量清水稀释药剂，然后均匀拌种，晾干后播种。

2. 防治黄瓜霜霉病　发病前或发病初期开始施药，每次每 667m^2 用 33.5％喹啉铜悬浮剂 60～80mL（有效成分 20～27g）对水喷雾，间隔 5～7d 施药一次，可连续施药 3 次。

3. 防治番茄晚疫病　发病前或发病初期开始施药，每次每 667m^2 用 33.5％喹啉铜悬浮剂 30～37mL（有效成分 10～12.5g）对水喷雾，每隔 7d 左右施药一次，视病情发展情况可连续施药 3 次，

4. 防治荔枝霜疫霉病　发病前或发病初期开始施药，用 33.5％喹啉铜悬浮剂 1 000～1 500倍液（有效成分浓度 223～335mg/kg）整株喷雾，间隔 7～10d 喷一次，视病情发展情况，可连续喷施 3 次。

50％喹啉铜可湿性粉剂

理化性质及规格： 外观为黄绿色均匀疏松粉末，不应有团块。pH7.0～10.0，悬浮率≥75％。

毒性： 按照我国农药毒性分级标准，50％喹啉铜可湿性粉剂属低毒。雌、雄大鼠急性经口 LD_{50} 分别＞3 160mg/kg 和 4 640mg/kg，急性经皮均 LD_{50}＞2 000mg/kg，弱致敏物。

使用方法：

防治苹果轮纹病　发病前或发病初期，一般在落花后 10d 左右开始施药，用 50%喹啉铜可湿性粉剂 3 000～4 000 倍液（有效成分浓度 166～125mg/kg）整株喷雾，间隔 10d 左右喷一次，连续喷施 3 次。安全间隔期为 21d，每季作物最多使用 3 次。

注意事项：

1. 该药剂对水生生物毒性较高，禁止在水田使用。
2. 建议与其他作用机制不同的杀菌剂轮换使用，以延缓抗性产生。

三、取代苯类

百　菌　清

中文通用名称：百菌清

英文通用名称：chlorothalonil

其他名称：Daconil-2787，达科宁

化学名称：2，4，5，6-四氯-1，3-苯二甲腈

化学结构式：

理化性质：纯品为无色无臭结晶。熔点 250～251℃，沸点 350℃，蒸气压为 7.61×10^{-5}Pa（25℃）。微溶解度（25℃）分别为丙酮中 20g/L、二甲苯中 80g/L、溶于水。在正常情况下储存稳定，在碱性及酸性水溶液中以及对紫外线辐射稳定的，对容器无腐蚀。

毒性：按照我国农药毒性分级标准，百菌清属低毒。原药大鼠急性经口和兔急性经皮 LD_{50}均>10 000mg/kg，大鼠急性吸入 LC_{50}>4 700mg/m^3（1h）或 0.54 mg/L（4h）。对兔眼有强烈刺激作用，可产生不可逆的角膜混浊，但未见对人眼睛有相同的作用，对人的皮肤有明显刺激作用。百菌清对鱼类毒性大，急性 LC_{50}（96h）为大鳍鳞太阳鱼 62μg/L，虹鳟鱼 49μg/L，斑点叉尾鲇 44μg/L。蜜蜂 LD_{50}为 181.29mg/只；野鸭 LD_{50}为 4 640mg/kg；野鸭和鹌鹑饲养 8d LD_{50}>10 000mg/kg。

作用特点：百菌清属芳香族杀菌剂，对多种作物真菌病害具有预防作用。其作用机制是与病菌菌体中的 3-磷酸甘油醛脱氢酶发生作用，与该酶中含有半胱氨酸的蛋白质相结合，破坏酶活性，使真菌细胞的新陈代谢受到破坏而失去生命力。百菌清的主要作用是防止植物受到真菌的侵染，在植物已受到侵害，病菌进入植物体内后，其防治作用很小。百菌清没有内吸传导作用，不会从喷药部位及植物的根系被吸收，但在植物表面有良好的黏着性，不易受雨水冲刷，持效期较长，一般持效期为 7～10d。

制剂：50%、60%、75%百菌清可湿性粉剂，10%、20%、28%、30%、45%百菌清烟

剂，40%、72%百菌清悬浮剂，75%、83%百菌清水分散粒剂。

75%百菌清可湿性粉剂

理化性质及规格： 75%百菌清可湿性粉剂由有效成分、湿润剂、分散剂和填料等组成。外观为白色至灰色疏松粉末，悬浮率>50%。湿润时间>2min，pH5.5～8.5，细度为98%以上通过320目筛，常温储存稳定至少两年。

毒性： 按照我国农药毒性分级标准，75%百菌清可湿性粉剂属低毒。大鼠急性经口 LD_{50}>10 000mg/kg，兔急性经皮 LD_{50}>20 000mg/kg。

使用方法：

1. 防治大白菜霜霉病 发病前或初见病症时开始用药，每次每667m² 用75%百菌清可湿性粉剂130～154g（有效成分97.5～115.5g）对水喷雾，每隔7～10d喷一次，安全间隔期为7d，每季最多使用2次。

2. 防治茶树炭疽病 发病前或发病初期开始用药，用75%百菌清可湿性粉剂600～800倍液（有效成分浓度937.5～1 250mL/kg）叶面喷雾，每隔7～10d喷一次，连续喷施2～3次。

3. 防治豆类炭疽病和锈病 发病初期开始用药，每次每667m² 用75%百菌清可湿性粉剂113～207g（有效成分85～155g）对水喷雾，每隔7～10d喷一次，连续喷施2～3次。

4. 防治番茄早疫病和灰霉病 发病初期开始用药，每次每667m² 用75%百菌清可湿性粉剂147～267g（有效成分110～200g）对水喷雾，每隔7～10d喷一次，连续喷施2～3次，安全间隔期为7d，每季最多使用3次。

5. 防治柑橘疮痂病 发病初期开始用药，用75%百菌清可湿性粉剂833～1 000倍液（有效成分浓度750～900mg/kg）整株喷雾，每隔7～10d喷一次，连续喷施4～6次，安全间隔期为25d，每季最多使用6次。

6. 防治花生叶斑病和锈病 发病初期开始用药，每次每667m² 用75%百菌清可湿性粉剂100～133g（有效成分75～100g）对水喷雾，每隔7～10d喷一次，连续喷药3次，安全间隔期为14d，每季作物最多使用3次。

7. 防治黄瓜霜霉病 发病初期开始用药，每次每667m² 用75%百菌清可湿性粉剂100～267g（有效成分75～200g）对水喷雾，每隔7～10d喷一次，连续喷施3～4次，安全间隔期为21d，每季作物最多使用6次。

8. 防治梨斑点落叶病 病害发生前或发病初期开始施药，用75%百菌清可湿性粉剂800～1 000倍液（有效成分浓度750～937.5mg/kg）整株喷雾，每隔7～10d喷一次，连续喷施3～4次，安全间隔期为25d，每季最多使用6次。

9. 防治苹果斑点落叶病 谢花开始7～10d后开始施药，用75%百菌清可湿性粉剂400～600倍液（有效成分浓度1 250～1 875mg/kg）整株喷雾，每隔7～10d喷一次，连续喷施3～4次，安全间隔期不少于20d，每季最多使用4次。

10. 防治葡萄白粉病、黑痘病 病害发生前或发病初期施药，用75%百菌清可湿性粉剂600～700倍液（有效成分浓度1 071～1 250mg/kg）整株喷雾，每隔7～10d喷一次，连续喷施3～4次，安全间隔期为21d，每季最多使用4次。

11. 防治葡萄霜霉病 病害发生前或发病初期施药，用75%百菌清可湿性粉剂500～

625 倍液（有效成分浓度 1 200～1 500mg/kg）整株喷雾，每隔 7～10d 喷一次，连续喷施 3～4 次，安全间隔期为 21d，每季最多使用 4 次。

12. 防治水稻稻瘟病和纹枯病 病害发生前或发病初期施药，每次每 667m^2 用 75％百菌清可湿性粉剂 100～130g（有效成分 75～97.5g）对水喷雾，间隔 7～10d 使用一次。全间隔期为 10d，早稻每季最多使用 3 次，晚稻每季最多使用 5 次。

13. 防治橡胶树炭疽病 发病前或发病初期施药，用 75％百菌清可湿性粉剂 500～800 倍液（有效成分浓度 937.5～1 500mg/kg）整株喷雾。

14. 防治小麦锈病 发病前或发病初期开始施药，每次每 667m^2 用 75％百菌清可湿性粉剂 100～127g（有效成分 75～95g）对水喷雾，视发病情况喷施 1～2 次。

10％百菌清烟剂

理化性质及规格： 由有效成分、助燃剂和发烟剂组成，外观为乳白色粉状物。燃烧温度（300 ± 30）℃。发烟时间为 7 ～ 15min，燃烧后残渣疏松，30min 后无余火，水分含量≤5.5％。

毒性： 按照我国农药毒性分级标准，10％百菌清烟剂属低毒。

使用方法：

黄瓜霜霉病的防治 发病前或发病初期开始施药，每次每 667m^2 用 10％百菌清烟剂 500～800g（有效成分 50～80g）放烟施药，自棚室深处逐一向外，将药剂分散放置在 4～5 点，按从里到外的顺序依次用暗火点燃，放烟时间最好在日落前后进行出烟后闭棚离开，棚室内燃放烟剂至少要密闭闷棚 4h 以上，次日清晨打开通风，安全间隔期为 4d，每季作物最多使用 4 次。每隔 7d 左右使用 1 次，连续使用 3～4 次。

40％百菌清悬浮剂

理化性质及规格： 外观为白色黏稠悬浮液体，无刺激性气味。pH5～8，密度 1.348g/cm^3（20℃），闪点 33.5℃。

毒性： 按照我国农药毒性分级标准，40％百菌清悬浮剂属低毒。雌、雄大鼠急性经口 LD_{50} 为 5 000mg/kg，急性经皮 LD_{50}＞2 000mg/kg，急性吸入 LC_{50}＞10 000mg/m^3。对家兔皮肤无刺激，眼睛有无刺激性；对豚鼠皮肤属弱致敏物。

使用方法：

1. 防治番茄早疫病 发病前或发病初期开始施药，每次每 667m^2 用 40％百菌清悬浮剂 150～200mL（有效成分 60～80g）对水喷雾，每隔 7d 喷一次，连续喷施 3 次，安全间隔期为 7d，每季作物最多使用 3 次。

2. 防治花生叶斑病 发病前或发病初期用药，每次每 667m^2 用 40％百菌清悬浮剂 100～150mL（有效成分 40～60g）对水喷雾，每隔 7～14d 喷一次，安全间隔期为 30d，每季作物最多使用 2 次。

3. 防治黄瓜霜霉病 每次每 667m^2 用 40％百菌清悬浮剂 100～150mL（有效成分 40～60g）对水喷雾，每隔 7～14d 喷药一次。安全间隔期为 3d，每季最多使用 4 次。

75％百菌清水分散粒剂

理化性质及规格： 外观为白色条状固体，无刺激性气味。蒸气压 1.3×10^{-3}Pa（25℃）。

pH5～8，松密度 0.62g/mL（20℃），堆密度 0.718g/mL（20℃）。

毒性：按照我国农药毒性分级标准，75%百菌清水分散粒剂属微毒。雌、雄大鼠急性经口 LD_{50} 为 5 840mg/kg，急性经皮 LD_{50}>5 840mg/kg，急性吸入 LC_{50}>5 000mg/m^3。对家兔皮肤轻度刺激，眼睛有中度刺激。对豚鼠皮肤属弱致敏物。

使用方法：

1. *防治黄瓜霜霉病*　发病初期开始施药，每次每 667m^2 用 75%百菌清水分散粒剂 140～260g（有效成分 105～195g）对水喷雾，间隔 7～10d 喷一次，连续施药 3～4 次，安全间隔期为 3d，每季最多使用 4 次。

2. *防治番茄晚疫病*　发病初期开始施药，每次每 667m^2 用 75%百菌清水分散粒剂 100～130g（75～97.5g）对水喷雾，间隔 7d 左右喷一次，连续喷施 3～4 次，安全间隔期为 3d，每季最多使用 4 次。

注意事项：

1. 百菌清对人的皮肤和眼睛有刺激作用，少数人有过敏反应。一般可引起轻度接触性皮炎，如同被太阳轻度灼烧反应，无需治疗，大约 2 周之内，皮肤经脱皮而恢复。百菌清接触眼睛会立刻感到疼痛并发红。过敏反应表现为支气管刺激，皮疹，眼结膜和眼睑水肿、发炎，停止接触百菌清则症状就会消失。对发生过敏的患者，可给予抗组织胺或类固醇药物治疗，无特效解毒剂，可采用对症治疗。

2. 百菌清对鱼类有毒，施药时须远离池塘、湖泊和溪流。清洗药具的药液不要污染水源。

3. 棚室内燃放烟剂至少要密闭闷棚 4h 以上，放烟时间最好在日落前后进行，第二天即可全面打开气窗以及通风口进行通风换气。

4. 使用百菌清烟雾剂只能在大棚或温室里进行，而且一定要关闭严实。中棚、小棚因空间较矮小，应选择有效成分含量低的药剂，低于 1.2m 的小棚，不宜使用烟剂，否则易造成农作物药害。点火不能用明火，先将烟剂制剂摆放均匀，按从里到外的顺序依次点燃，并立即出棚，随之密闭棚室过夜，次日早晨需经充分通风后，人方可进入棚内。

5. 烟剂对家蚕、柞蚕、蜜蜂有毒害，应避开蜜源植物及蚕桑养殖种植区使用。

四 氯 苯 酞

中文通用名称：四氯苯酞

英文通用名称：phthalide

其他名称：稻瘟酞，氯百杀，热必斯，Rabcide，KF－32，fthalide

化学名称：4，5，6，7－四氯苯酞

化学结构式：

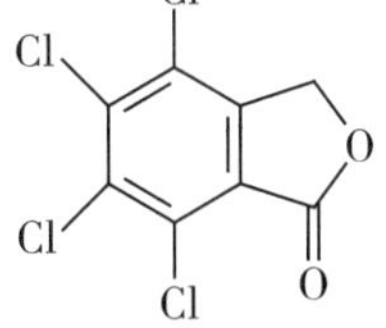

理化性质：原粉为白色粉末，熔点 209～210℃，溶解度（25℃）分别为水中 2.49mg/L、丙酮 8.3g/L、苯 16.8g/L、乙醇 1.1g/L。原药稳定，但遇强碱则分解，对光和热稳定。

毒性：按照我国农药毒性分级标准，四氯苯酞属低毒。原药对大鼠、小鼠急性经口 LD_{50}>10 000mg/kg，急性经皮 LD_{50}>10 000mg/kg。对兔眼睛和皮肤无刺激作用；在试验剂量内对动物无致突变、致畸、致癌作用；对大鼠、小鼠饲喂含 10 000mg/L 浓度的饲料未见慢性中毒反应；对鲤鱼 LC_{50}（48h）>320mg/L；对蜜蜂和家蚕安全（推荐用药量下）；对鸟类的毒性极低，如日本鹌鹑急性经口 LD_{50}>15 000mg/kg。

作用特点：四氯苯酞为保护性杀菌剂，主要防治稻瘟病。在培养皿内即使其浓度高达 1 000mg/L 也不能抑制稻瘟病菌孢子发芽或菌丝的生长。但在稻株表面能有效地抑制附着孢的形防，防止菌丝入侵，减少菌丝的产孢量，抑制病菌的再侵染，延缓病害流行，有良好的预防作用。

制剂：50%四氯苯酞可湿性粉剂。

50%四氯苯酞可湿性粉剂

理化性质及规格：50%四氯苯酞可湿性粉剂由有效成分、表面活性剂和矿物质微粉等组成。外观为白色粉末，细度在 250 目筛以上，水中（15min）悬浮率>90%，常温储存条件下稳定性 2 年以上。

毒性：按照我国农药分级标准，50%四氯苯酞可湿性粉剂属低毒。对大鼠急性经口、经皮 LD_{50} 均>10 000mg/kg，急性吸入 LD_{50}>50 000mg/（kg·h）。对幼鲤鱼 LC_{50}（48h）135mg/kg。

使用方法：

防治水稻稻瘟病 病害发生初期开始施药，一般在水稻破口前 3～5d 和齐穗期各施药一次，每次每 667m^2 用 50%四氯苯酞可湿性粉剂 64～100g（有效成分 32～50g）对水喷雾，安全间隔期为 21d。

注意事项：

1. 用四氯苯酞连续喂养桑蚕时会使茧的重量减轻，所以在桑园附近的稻田喷药时要防止雾滴飘移污染桑叶。

2. 不能与碱性农药混合使用。

五 氯 硝 基 苯

中文通用名称：五氯硝基苯

英文通用名称：quintozene

其他名称：土粒散，掘地生，把可塞的

化学名称：五氯硝基苯

化学结构式：

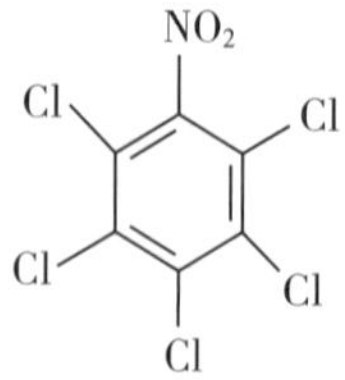

NO_2 Cl Cl Cl Cl Cl

理化性质：纯品为无色针状结晶。熔点 146℃，蒸气压 12.7mPa（25℃），沸点 328℃，相对密度为 1.718。不溶于水（常温下溶解度约 0.4mg/L）。25℃乙醇中溶解度为 20g/kg，易溶于二硫化碳、氯仿、苯等有机溶剂。化学性质稳定，在土壤中也很稳定，残效期长。工业品为黄色或灰白色粉末，熔点 142～143℃。

毒性：按照我国农药毒性分级标准，五氯硝基苯属低毒。原药大鼠急性经口 LD_{50} 为 1 700mg/kg，家兔急性经皮 LD_{50}＞4 000mg/kg。以含 2 500mg/L 的饲料饲喂大鼠两年未见明显中毒反应。

作用特点：五氯硝基苯是保护性杀菌剂，无内吸性，用于土壤处理和种子消毒。五氯硝基苯对丝核菌引起的病害有较好的防效，对甘蓝根肿病、多种作物白绢病等也有效，其杀菌机制被认为是影响菌丝细胞的有丝分裂。

制剂：20％、40％五氯硝基苯粉剂。

40％五氯硝基苯粉剂

理化性质及规格：40％五氯硝基苯粉剂由有效成分和载体等组成。外观为土黄色粉末，不溶于水。五氯硝基苯含量（％）≥40.0，六氯苯含量（％）≤6.0，水分（％）≤1.5，细度（通过 200 目筛）≥98.0％，pH5～6。常温下储存稳定。

使用方法：

1. 防治小麦黑穗病　播前拌种，每 100kg 小麦种子用 40％五氯硝基苯粉剂 375～500g（有效成分 150g～200g）均匀拌种。

2. 防治棉花立枯病、炭疽病　播前拌种，每 100kg 棉花种子用 40％五氯硝基苯粉剂 1 000～1 500g（有效成分 400～600g）均匀拌种。

3. 防治茄子猝倒病　土壤处理方法施药，每 $667m^2$ 用 40％五氯硝基苯粉剂 5 670～6 670g（有效成分 2 270～2 670g），按药剂与细沙 1∶25～1∶50 的比例混合均匀后撒入土中，翻土耙细平整后再播种。

注意事项：

1. 40％五氯硝基苯粉剂不能与碱性药物混用。

2. 拌过药的种子不能用作饲料或食用。

敌　磺　钠

中文通用名称：敌磺钠

英文通用名称：fenaminosulf

其他名称：敌克松（Dexon），地克松

化学名称：4－二甲氨基苯重氮磺酸钠

化学结构式：

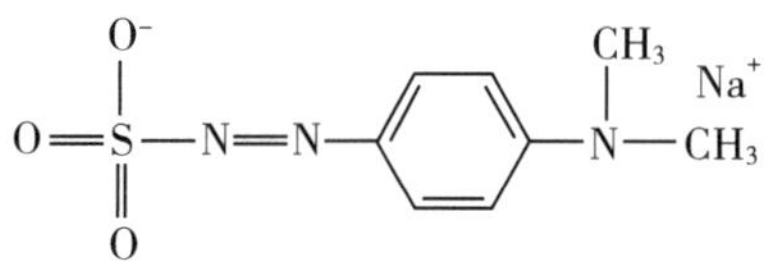

理化性质：纯品为淡黄色结晶，工业品为黄棕色无味粉末，200℃以上分解。可溶于水

(20℃是溶解度为40g/L)，溶于高极性有机溶剂，如二甲基甲酰胺、乙醇等，不溶于苯、乙醚、石油。水溶液易见光分解，但在碱性介质中稳定。

毒性：按照我国农药毒性分级标准，敌磺钠属中等毒。纯品大鼠急性经口 LD_{50} 为75mg/kg，急性经皮 LD_{50} >100mg/kg；豚鼠经口 LD_{50} 为150mg/kg。鲤鱼 LC_{50} 1.2mg/L，鲫鱼 LC_{50} 2mg/L，对人皮肤有刺激作用。

作用特点：敌磺钠属胺基磺酸盐类杀菌剂，是一种较好的种子和土壤处理剂，具有一定的内吸渗透作用。其作用机制是通过作用于病菌复合体Ⅰ，阻断了辅酶Ⅰ（NAD）和黄酶Ⅰ（FMN）之间的电子传递。敌磺钠对腐霉菌和丝核菌引起的病害有特效，对多种土传病害亦有防效，对作物兼有生长刺激作用。

制剂：50%、70%敌磺钠可溶粉剂，1%敌磺钠可湿性粉剂。

70%敌磺钠可溶粉剂

理化性质及规格：70%敌磺钠可溶粉剂外观为黄色或黄棕色有光泽结晶，敌磺钠含量≥70%，水分含量≤30%。避光、密闭储藏。

毒性：按照我国农药毒性分级标准，70%敌磺钠可溶粉剂属中等毒。雄大鼠急性经口 LD_{50} 75.86～77.86mg/kg，雌大鼠急性经口 LD_{50} 为73.89mg/kg。

使用方法：

1. 防治黄瓜、西瓜立枯病和枯萎病　发病前或发病初期开始施药，每次每667m² 用70%敌磺钠可溶粉剂250～500g（有效成分175～350g）对水喷雾，每隔7～10d喷一次，连续喷施2～3次。除喷施外还可以用药液泼浇，将药液搅拌均匀后泼浇，进行土壤消毒或泼浇在植株根茎周围，一般每株用药液50mL，幼苗期慎用，须先进行小范围试用，成功后再扩大使用。

2. 防治马铃薯环腐病　种植拌种薯，每100kg种子用70%敌磺钠可溶粉剂300g（有效成分210g）均匀拌种。

3. 防治棉花立枯病　播种前拌种，每100kg种子用70%敌磺钠可溶粉剂300g（有效成分210g）均匀拌种。

4. 防治水稻秧田立枯病　发病前或发病初期开始施药，每次每667m² 用70%敌磺钠可溶粉剂1 250g（有效成分875g）对水喷雾，除喷施外还可以用药液泼浇，将药液搅均匀后泼浇在植株根茎周围的土壤中，幼苗期慎用，须先小试成功后再扩大使用。

5. 防治松杉苗木根腐病和立枯病　种植前拌种，每100kg种子用70%敌磺钠可溶粉剂200～500g（有效成分140～350g）均匀拌种。

6. 防治甜菜立枯病、根腐病　播前拌种，每100kg甜菜种子用70%敌磺钠可溶粉剂678～1 085g（有效成分475～760g）均匀拌种。

7. 防治烟草黑胫病　发病前或发病初期开始施药，每次每667m² 用70%敌磺钠可溶粉剂286g（有效成分200g）对水泼浇或喷雾。

1%敌磺钠可湿性粉剂

理化性质及规格：外观为黄褐色疏松粉末，无结块。pH4～6。

毒性：按照我国农药毒性分级标准，1%敌磺钠可湿性粉剂属中等毒。

使用方法：

防治水稻苗期立枯病　药土撒施，每平方米用1%敌磺钠可湿性粉剂150～180g（有效成分1.5～1.8g）加过筛细土充分混拌后，均匀撒施在平整好的苗床表面。

注意事项：

1. 敌磺钠可通过口腔、皮肤、呼吸道中毒，出现昏迷、抽搐、萎靡症状，中毒后立即用碱性药液洗胃或清洗皮肤，并对症治疗。

2. 该药剂不能与碱性及抗生素类农药混用。

3. 长期单一使用易产生抗性，与苯并咪唑类杀菌剂有交互抗性，应注意与其他药剂轮用。

4. 该药剂易光解，宜在阴天或晴天傍晚施用。一般不宜在温室使用，土壤中含有机质多或黏重的应适当提高药量，另外，土壤施药后覆土。

5. 禁止用敌磺钠可湿性粉剂不经拌土直接覆盖种子。

四、苯并咪唑类

多　菌　灵

中文通用名称：多菌灵

英文通用名称：carbendazim

其他名称：苯并咪唑44号，棉萎灵

化学名称：N-苯并咪唑-2-基氨基甲酸甲酯

化学结构式：

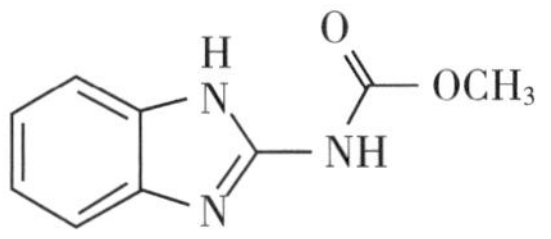

理化性质：纯品为白色晶体，熔点310℃（分解）。溶解度（20℃）为丙酮300g/L、氯仿100g/L、二氯甲烷68g/L、水8g/L（pH 7）；可溶于稀无机酸和有机酸，形成相应的盐。原粉为浅棕色粉末，熔点大于290℃，常温下储存2年稳定。多菌灵对酸、碱不稳定，对热较稳定。

毒性：按照我国农药毒性分级标准，多菌灵属低毒。原粉大鼠急性经口LD_{50}＞1 500 mg/kg，急性经皮LD_{50}＞2 000mg/kg。对兔眼睛和豚鼠皮肤无刺激性；动物试验未见致癌作用；两年喂养大鼠和狗无作用剂量为300mg/（kg·d）；对鱼类和蜜蜂低毒。鹌鹑急性经口LD_{50}＞10 000mg/L。

作用特点：多菌灵属苯并咪唑类，是一种高效低毒内吸性杀菌剂，作用机制是通过影响菌体内微管的形成而影响细胞分裂，抑制病菌生长。多菌灵对多种子囊菌和半知菌造成的病害均有效，而对卵菌和细菌引起的病害无效。多菌灵具有保护和治疗作用。氨基甲酸酯类杀菌剂乙霉威与多菌灵有负交互抗药性。

制剂：25%、40%、50%、80%多菌灵可湿性粉剂，40%、50%多菌灵悬浮剂。

25%多菌灵可湿性粉剂

理化性质及规格：多菌灵可湿性粉剂由有效成分、湿润剂和载体等组成。外观为褐色疏松粉末，pH5～9，水分含量≤3.5%，悬浮率≥40%，常温下储存2年稳定。

毒性：按照我国农药毒性分级标准，25%多菌灵可湿性粉剂制剂属低毒。

使用方法：

1. 防治小麦类赤霉病　于小麦始花期喷第一次药，5～7d后第二次喷药，每次每667m^2用25%多菌灵可湿性粉剂200～240g（有效成分50～60g）对水喷雾，安全间隔期为28d，每季作物最多使用1次。

2. 防治水稻稻瘟病　每次每667m^2用25%多菌灵可湿性粉剂制剂200～240g（有效成分50～60g）对水喷雾。防治叶瘟，在田间发现发病中心或出现急性病斑时喷第一次药，隔7d后再施药一次。防治穗瘟，在水稻破口期和齐穗期各喷药一次，安全间隔期30d，每季作物使用2次。

3. 防治水稻纹枯病　水稻分蘖末期和孕穗期前各施药一次，每次每667m^2用25%多菌灵可湿性粉剂200～400g（有效成分50～100g）对水喷雾，喷药时重点喷水稻茎部。安全间隔期30d，每季最多使用2次。

4. 防治棉花苗期病害　主要为防治棉花苗期立枯病、炭疽病，采用拌种方法施药，每100kg棉花种子用25%多菌灵可湿性粉剂2 000g（有效成分500g）均匀拌种。

5. 防治油菜菌核病　油菜盛花期后、发病初期开始施药，间隔10d后再施一次。每次每667m^2用25%多菌灵可湿性粉剂240～320g（有效成分60～80g）对水喷雾，安全间隔期40d，每季作物最多使用2次。

6. 防治苹果轮纹病　于谢花后7～10d开始施药，每次用25%多菌灵可湿性粉剂500～750倍液（有效成分333～500mg/L）整株喷雾，间隔10～14d左右施药一次，根据病情发展情况施药2～3次，安全间隔期为28d，每季作物使用3次。

7. 防治柑橘炭疽病　发病初期开始施药，每次用25%多菌灵可湿性粉剂333～250倍液（有效成分浓度750～1 000mg/L）整株喷雾，间隔10～14d左右施药一次，根据病情发展情况施药2～3次，安全间隔期为28d，每季作物使用3次。

40%多菌灵悬浮剂

理化性质及规格：40%多菌灵悬浮剂由有效成分、助剂和水等组成。外观为淡褐色黏稠可流动的悬浮液，相对密度1.1～1.3，pH5～8，平均粒径3～5μm，在标准硬水（342mg/L）中测定的悬浮率≥90%，常温下储存2年稳定。

毒性：按照我国农药毒性分级标准，40%多菌灵悬浮剂属低毒。

使用方法：

1. 防治小麦类赤霉病　于小麦始花期第一次施药，5～7d后第二次施药，每次每667m^2用40%多菌灵悬浮剂80～100g（有效成分32～40g）对水喷雾，安全间隔期为28d，每季作物最多使用2次。

2. 防治水稻纹枯病　水稻分蘖末期和孕穗期前各施药一次，每次每667m^2用40%多菌灵悬浮剂160～180g（有效成分64～72g）对水喷雾，喷药时重点喷水稻茎部，安全间隔期为 30d，每季作物最多使用 2 次。

3. 防治甜菜褐斑病　发病初期开始施药，每次用 40%多菌灵悬浮剂 500～250 倍药液（有效成分浓度 800～1 600mg/L）均匀喷雾，间隔 15d 左右喷一次，根据病情发展情况，施药 2～3 次，安全间隔期为 28d，每季作物最多使用 3 次。

4. 防治苹果轮纹病　谢花后 7～10d 开始施药，每次用 40%多菌灵悬浮剂 500～400 倍药液（有效成分浓度 800～1 000mg/L）整株喷雾，间隔 10～14d 左右施药一次，根据病情发展情况施药 3～4 次，安全间隔期 30d，每季作物使用 2 次。

5. 防治苹果炭疽病　谢花后 7～10d 开始施药，每次用 40%多菌灵悬浮剂 533～400 倍药液（有效成分浓度 750～1 000mg/L）整株喷雾，间隔 10～14d 左右施药一次，根据病情发展情况施药 3～4 次，安全间隔期 30d，每季作物使用 2 次。

6. 防治梨黑星病　用 40%多菌灵悬浮剂 400～600 倍液（有效成分浓度 667～1 000mg/L）整株喷雾。北方梨树于 5 月中下旬发病初期开始施药，间隔 15～20d 左右施药一次；南方梨树于开花前和落花 70%左右各喷药一次。安全间隔期 30d，每季最多使用 2 次。

注意事项：

1. 多菌灵可与一般杀菌剂混用，但与杀虫剂、杀螨剂混用时要现混现用，不能与铜制剂混用。长期单一使用多菌灵易使病菌产生抗药性，应与其他杀菌剂轮换使用或混合使用。

2. 多菌灵可通过食道等途径引起中毒，治疗时可服用或注射阿托品。

3. 应储存在避光的容器中，并置于遮光阴凉的地方。

甲基硫菌灵

中文通用名称：甲基硫菌灵

英文通用名称：thiophanate-methyl

其他名称：甲基托布津

化学名称：4，4′-（1，2-亚苯基）双（3-硫代脲基甲酸甲酯）

化学结构式：

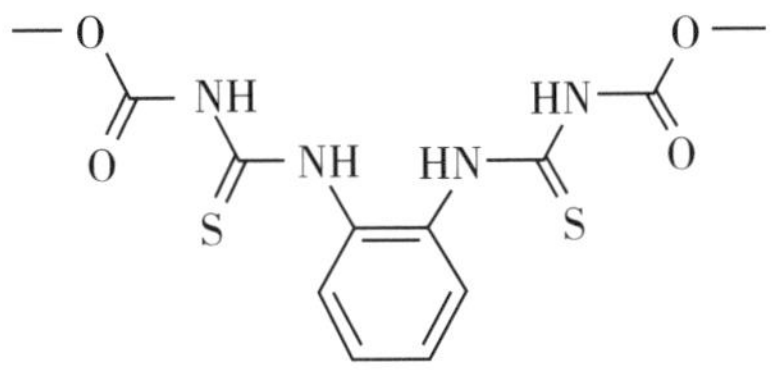

O　NH　NH　HN　HN　O　O　S　S

理化性质：纯品为无色结晶，原粉（有效成分含量约 93%）为微黄色结晶。相对密度为 1.5（20℃），熔点 172℃（分解），蒸气压 9.47×10^{-6} Pa（25℃）。溶解度（20℃）为丙酮 58g/L，甲醇 29 g/L，氯仿 26 g/L，水（25℃）26.6mg/L。对酸、碱稳定。

毒性：按照我国农药毒性分级标准，甲基硫菌灵属低毒。原药雄、雌大鼠急性经口 LD_{50}分别为 7 500mg/kg 和 6 640mg/kg，雄、雌小鼠急性经口 LD_{50}分别为 1 510mg/kg 和 3 400mg/kg，大鼠急性经皮 LD_{50} >10 000mg/kg；对兔皮肤和眼睛无刺激作用；在动物体内代谢排出较快，无明显蓄积现象，代谢物毒性低；在试验条件下未见致突变、致畸和致癌现象；大鼠三代繁殖试验未见异常；两年慢性饲养试验无作用剂量大鼠为 8mg/（kg・d），狗为 50mg/（kg・d）；对鲤鱼 LC_{50}（48h）为 11mg/L，虹鳟鱼 LC_{50}（48h）为 8.8 mg/L；

对鸟类、蜜蜂低毒。

作用特点：甲基硫菌灵为具有内吸、治疗和预防作用的杀菌剂，药剂进入植物体内后能转化成多菌灵。作用机制是通过影响菌体内微管的形成而影响了细胞分裂，抑制病菌生长。甲基硫菌灵防治谱广，广泛用于防治粮食、棉花、油料、蔬菜、果树等作物的多种病害。

制剂：50%、70%和80%甲基硫菌灵可湿性粉剂，10%、36%、48.5%和50%甲基硫菌灵悬浮剂，70%、80%甲基硫菌灵糊剂，70%、80%甲基硫菌灵水分散粒剂。

70%甲基硫菌灵可湿性粉剂

理化性质及规格：70%甲基硫菌灵可湿性粉剂由有效成分、表面活性剂和载体等组成。外观为无定形灰棕色或灰紫色粉剂，可通过 300 目筛以上，密度为 1.3～0.23g/m^3，悬浮率>70%，正常储存条件下稳定性 2 年以上。

毒性：按照我国农药毒性分级标准，70%甲基硫菌灵可湿性粉剂属低毒。雄大鼠急性经口 LD_{50}>5 000mg/kg，雌大鼠急性经口 LD_{50}为 4 350mg/kg，大鼠、小鼠急性经皮 LD_{50}>5 000mg/kg。

使用方法：

1. *防治番茄叶霉病*　发病初期开始施药，每 667m^2 用 70%甲基硫菌灵可湿性粉剂 35～53g（有效成分 24.5～37.1g），病害发生严重地区可适当增加剂量，最多可增加到每 667m^2 用制剂量 80g（有效成分 56g）对水喷雾，每隔 7～10d 喷一次，连续使用 2～3 次。安全间隔期为 3d，每季作物最多使用次数 3 次。

2. *防治甘薯黑斑病*　用 70%甲基硫菌灵可湿性粉剂 700～2 800 倍液（有效成分浓度 250～1 000mg/kg）浸种薯，播种前浸种 10min。

3. *防治黄瓜白粉病*　发病初期用药，每 667m^2 用 70%甲基硫菌灵可湿性粉剂 32～48g（有效成分 22.5～33.75g）对水喷雾，间隔 7～10d 喷一次，安全间隔期为 4d，每季最多施药次数为 2 次。

4. *防治花生褐斑病*　发病初期或发病前开始用药，每 667m^2 用 70%甲基硫菌灵可湿性粉剂 25～33.3g（有效成分 17.5～23.3g）对水喷雾，间隔 7～10d 使用一次，连续使用 3～4 次。间隔 7～10d 喷一次。安全间隔期为 7d，每季最多使用 4 次。

5. *防治梨黑星病*　梨树花芽形成后及幼果形成时各喷药一次，用 70%甲基硫菌灵可湿性粉剂 1 555～2 000 倍液（有效成分浓度 360～450mg/L）整株喷雾，病害严重地区可使用 800～1 250 倍液（有效成分浓度 560～875mg/L），每隔 7～10d 喷一次，安全间隔期为 21d，一季最多用药 2 次。

6. *防治芦笋茎枯病*　发病初期或发病前开始用药，每 667m^2 用 70%甲基硫菌灵可湿性粉剂 60～75g（有效成分 42～52.5g）对水喷雾，间隔 7～10d 使用一次，连续使用 3～4 次。安全间隔期为 14d，每季最多使用 5 次。

7. *防治苹果轮纹病*　发病初期开始用药，用 70%甲基硫菌灵可湿性粉剂 600～1 000 倍液（有效成分浓度 700～1 167mg/L）整株喷雾，每隔 10～15d 喷一次，连续使用 3～4 次。安全间隔期为 21d，每季最多使用 4 次。

8. *防治水稻稻瘟病和纹枯病*　发病初期或幼穗形成期至孕穗期施药，每次每 667m^2 用 70%甲基硫菌灵可湿性粉剂 100～142.8g（有效成分 70～100g）对水喷雾，间隔 7d 左右喷一次，连续使用 2～3 次。安全间隔期为 30d，每季最多使用 3 次。

9. 防治西瓜炭疽病　发病初期用药，每次每 667m² 用 70%甲基硫菌灵可湿性粉剂 40～80g（有效成分 28～56g）对水喷雾，间隔 7～10d 喷一次，连续使用 2～3 次。安全间隔期为 14d，每季最多施药 3 次。

10. 防治麦类赤霉病　小麦扬花初期、盛期各喷药一次。每次每 667m² 用 70%甲基硫菌灵可湿性粉剂 70～100g（有效成分 50～70g）对水喷雾，安全间隔期为 30d，每季最多使用 2 次。

36%甲基硫菌灵悬浮剂

理化性质及规格：36%甲基硫菌灵悬浮剂由有效成分、表面活性剂和水等组成。外观为淡褐色黏稠悬浊液，密度为 1.10～1.3g/m³，悬浮率≥90%，平均粒度 3～5μm，pH6～8，常温储存稳定 2 年。

毒性：按照我国农药毒性分级标准，36%甲基硫菌灵悬浮剂属低毒。雄小鼠急性经口 LD_{50} 为 5 735mg/kg。

使用方法：

1. 防治甘薯黑斑病　播种前用 36%甲基硫菌灵悬浮剂 800～1 000 倍液（有效成分浓度 360～450mg/L）浸种薯，浸泡持续 10min。

2. 防治柑橘绿霉病、青霉病　发病初期开始施药，每次用 36%甲基硫菌灵悬浮剂800～1 000 倍液（有效成分浓度 360～450mg/L）整株喷雾，视病害发生情况，每隔 10d 左右施药一次，可连续均匀喷雾 2～3 次。

3. 防治花生叶斑病　发病初期开始施药，每次用 36%甲基硫菌灵悬浮剂 1 500～1 800 倍液（有效成分浓度 200～240mg/L）均匀喷雾，视病害发生情况，每隔 10d 左右施药一次，可连续用药 2～3 次。

4. 防治梨黑星病和白粉病　发病初期开始施药，每次用 36%甲基硫菌灵可湿性粉剂 800～1 200 倍液（有效成分浓度 300～450mg/L）整株喷雾，视病害发生情况，每隔 10d 左右施药一次，可连续用药 2～3 次。

5. 防治马铃薯环腐病　发病初期开始施药，每次用 36%甲基硫菌灵可湿性粉剂 800 倍液（有效成分浓度 450mg/L）叶面喷雾，视病害发生情况，每隔 10d 左右施药一次，可连续用药 2～3 次。

6. 防治毛竹枯梢病　发病初期开始施药，用 36%甲基硫菌灵可湿性粉剂 1 500 倍液（有效成分浓度 240mg/L）均匀喷雾，视病害发生情况，每隔 10d 左右施药一次，可连续用药 2～3 次。

7. 防治棉花枯萎病　发病初期开始施药，用 36%甲基硫菌灵可湿性粉剂 170 倍液（有效成分浓度 2 118mg/L）均匀喷雾，视病害发生情况，每隔 10d 左右施药一次，可连续用药 2～3 次。

8. 防治苹果白粉病、黑星病　发病初期开始施药，用 36%甲基硫菌灵可湿性粉剂800～1 200 倍液（有效成分浓度 300～450mg/L）整株喷雾，视病害发生情况，每隔 10d 左右施药一次，可连续用药 2～3 次。

9. 防治葡萄、桑树、烟草白粉病　发病初期开始施药，用 36%甲基硫菌灵可湿性粉剂

800～1 000 倍液（有效成分浓度 360～450mg/L）整株喷雾，视病害发生情况，每隔 10d 左右施药一次，可连续用药 2～3 次。

10. 防治水稻纹枯病和稻瘟病　发病初期开始施药，用 36%甲基硫菌灵可湿性粉剂 800～1 500 倍液（有效成分浓度 240～450mg/L）叶面喷雾，视病害发生情况每隔 10d 左右施药一次，可连续用药 2～3 次。安全间隔期为 30d，每季最多使用 3 次。

11. 防治甜菜褐斑病　发病初期开始施药，用 36%甲基硫菌灵可湿性粉剂 1 300 倍液（有效成分浓度 277mg/L）叶面喷雾，视病害发生情况，每隔 10d 左右施药一次，可连续用药2～3 次。

12. 防治小麦白粉病、赤霉病　发病初期开始施药，用 36%甲基硫菌灵可湿性粉剂 1 500倍液（有效成分浓度 240mg/L）叶面喷雾，视病害发生情况，每隔 10d 左右施药一次，可连续用药 2～3 次。

13. 防治烟草菌核病　发病初期开始施药，每次用 36%甲基硫菌灵可湿性粉剂 1 500 倍液（有效成分浓度 240mg/L）整株喷雾，视病害发生情况，每隔 10d 左右施药一次，可连续用药 2～3 次。

3%甲基硫菌灵糊剂

理化性质及规格： 3%甲基硫菌糊剂，由有效成分、表面活性剂和载体等组成。常温条件下储存 2 年以上稳定。

毒性： 按照我国农药毒性分级标准，3%甲基硫菌灵糊剂属低毒。

使用方法：

防治苹果腐烂病　春季腐烂病发病盛期施药，用刷子将该药剂涂抹于刮除病疤后的伤口及剪枝后的切口处及其病疤周围，视病害发生情况，可用 3%甲基硫菌灵糊剂 3.75～4.5g/m^2 或 6～9g/m^2。

70%甲基硫菌灵水分散粒剂

理化性质及规格： 外观呈灰白色固体颗粒，无刺激性气味。密度 0.655g/mL（20℃），非易燃、非腐蚀性物质，与非极性物质不混溶。

毒性： 按照我国农药毒性分级标准，70%甲基硫菌灵可湿性粉剂属低毒。雌、雄大鼠急性经口 LD_{50}＞2 150mg/kg，急性经皮 LD_{50}＞2 150mg/kg，急性吸入 LC_{50}＞2 147mg/m^3；对家兔皮肤和眼睛轻度刺激；弱致敏物。

使用方法：

1. 防治梨黑星病　在梨树花序分离期和谢花后（谢花 80%），黑星病发生初期开始防治，用 70%甲基硫菌灵水分散粒剂 1 000～1 500 倍液（有效成分浓度 466.7～700mg/L）整株喷雾，间隔 10～15d 喷一次，多雨季节可适当缩短喷药间隔期，安全间隔期为 14d，每季作物最多使用 2 次。

2. 防治黄瓜白粉病　发病初期开始施药，每次每 667m^2 用 70%甲基硫菌灵水分散粒剂 40～60g（有效成分 28～42g）对水喷雾，视发病情况，间隔 7～10d 喷一次，连续喷施 1～2 次。

3. 防治苹果轮纹病　谢花后 10d 左右或发病初期开始施药，每次用 70%甲基硫菌灵水分散粒剂 800～1 000 倍液（有效成分浓度 700～875mg/L）整株喷雾，间隔 10～15d 喷一次，多雨季节可适当缩短喷药间隔期。

注意事项：

1. 甲基硫菌灵不宜与碱性及无机铜农药混用。

2. 长期单一使用甲基硫菌灵易产生抗性，应与其他杀菌剂轮换使用或混合使用。与苯并咪唑类杀菌剂有交互抗药性。

3. 甲基硫菌灵属中毒杀菌剂，配药和施药人员应注意安全防护。

苯　菌　灵

中文通用名称： 苯菌灵

英文通用名称： benomyl

其他名称： 苯来特

化学名称： N－（1－正丁氨基甲酰－2－苯并咪唑基）氨基甲酸甲酯

化学结构式：

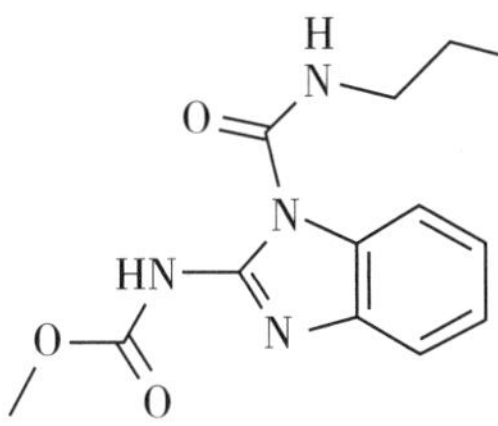

理化性质： 原药有效成分含量95%，外观为灰白色粉末。熔点140℃，蒸气压1.0×10^{-3}Pa。溶解度（25℃）为水中0.004g/L、氯仿94g/L、丙酮18g/L、二甲基甲酰胺53g/L、二甲苯10g/L、乙醇4g/L。遇水易分解，光照不分解。

毒性： 按照我国农药毒性分级标准，苯菌灵属低毒。雌、雄大鼠急性经口$LD_{50}>4\ 640$mg/kg，急性经皮$LD_{50}>2\ 150$mg/kg；对家兔眼睛轻度刺激性，对皮肤无刺激性，弱致敏性。

作用特点： 苯菌灵为内吸性杀菌剂，在植物体内代谢为多菌灵及另一种挥发性异氰酸丁酯，是其主要杀菌物质，具有保护、铲除和治疗作用。对谷类作物、葡萄、仁果及核果类作物、水稻和蔬菜作物的子囊菌纲、半知菌纲及某些担子菌纲真菌引起的病害有防治作用。

制剂： 50%苯菌灵可湿性粉剂。

50%苯菌灵可湿性粉剂

理化性质及规格： 制剂由有效成分苯菌灵、水分等组成，外观为灰白色疏松细粉，pH6.0～8.0，水分3%，悬浮率65%。

毒性： 按照我国农药毒性分级标准，50%苯菌灵可湿性粉剂属低毒。雌、雄大鼠急性经口$LD_{50}>5\ 000$mg/kg，对眼睛轻度刺激性，对皮肤无刺激性，弱致敏性。

使用方法：

1. *防治柑橘疮痂病*　发病前或发病初期用50%苯菌灵可湿性粉剂500～600倍液（有效成分浓度833～1 000mg/kg）整株喷雾，间隔7～10d施一次，安全间隔期21d，每季最多使用2次。

2. 防治梨黑星病　在梨萌芽期第一次施药，用50%苯菌灵可湿性粉剂750～1 000倍液（有效成分浓度500～667mg/kg）整株喷雾，落花后喷第二次，以后根据病情发展情况决定喷药次数。一般喷药2～3次，每次间隔7～10d，安全间隔期14d，每季最多使用3次。

3. 防治香蕉叶斑病　发病前或发病初期开始施药，用50%苯菌灵可湿性粉剂800～600倍液（有效成分浓度625～833mg/kg）整株喷雾，间隔7～10d喷一次，连续使用2～3次，安全间隔期为20d，每季最多使用3次。

注意事项：

1. 苯菌灵可与多种农药混用，但不能与波尔多液、石灰硫磺合剂等碱性农药及含铜制剂混用。

2. 为避免产生抗性，应与其他杀菌剂交替使用。但不宜与多菌灵、甲基硫菌灵等与苯菌灵存在交互抗性的杀菌剂交替使用。

噻　菌　灵

中文通用名称：噻菌灵

英文通用名称：thiabendazole

其他名称：特克多，涕必灵，噻苯灵

化学名称：2-（噻唑-4-基）苯并咪唑

化学结构式：

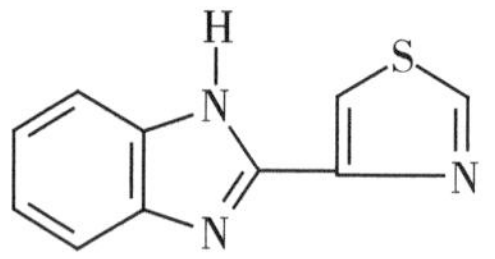

理化性质：噻菌灵纯品为白色粉末，熔点304～305℃，室温下不挥发，加热到310℃即升华。25℃条件下，在水中溶解度随pH而改变，pH2时溶解度约为1mg/L，pH5～12时溶解度<50mg/L；有机溶剂中溶解度分别为丙酮4.2g/L、乙醇7.9g/L、甲醇9.3g/L、苯230 mg/L。原药为灰白色无味粉末，有效成分含量98.5%，熔点296～304℃。在高温、低温水中及酸碱液中均稳定。

毒性：按照我国农药毒性分级标准，噻菌灵属低毒。原药雄、雌大鼠急性经口LD_{50}分别为6 100mg/kg和6 400mg/kg。对兔眼睛有轻度刺激，对皮肤无刺激作用。在试验条件下，未见动物有致畸、致突变、致癌作用。蓝鳃鱼LC_{50}（48h）18.5mg/L、LC_{50}（96h）14.0mg/L，虹鳟鱼LC_{50}（48h）5.5mg/L、LC_{50}（96h）3.5mg/L；鹌鹑LC_{50}为14 500mg/L（饲料）。

作用特点：噻菌灵作用机制是抑制真菌线粒体的呼吸作用和细胞增殖，与苯菌灵等苯并咪唑药剂有交互抗性。噻菌灵具有内吸传导作用，根施时能向顶传导，但不能向基传导。杀菌活性限于子囊菌、担子菌、半知菌，而对卵菌和结合菌无活性。

制剂：15%、42%、450g/L、500g/L噻菌灵悬浮剂，40%噻菌灵可湿性粉剂，60%噻菌灵水分散粒剂。

450g/L噻菌灵悬浮剂

理化性质及规格：450g/L噻菌灵悬浮剂由有效成分、助剂和水组成。外观为奶油色黏

稠液体，相对密度1.08，悬浮率>85%，能与大部分农药混用，在高温和低温水中及酸、碱性溶液中均稳定。

毒性：按照我国农药毒性分级标准，450g/L噻菌灵悬浮剂属低毒。小鼠急性经口 LD_{50} 为5 260mg/kg。

使用方法：

1. 防治柑橘青霉病、绿霉病　柑橘采收后4d内，用450g/L噻菌灵悬浮剂300～450倍药液（有效成分浓度1 000～1 500mg/kg）浸果1min，晾干后装筐，低温保存，安全间隔期为14d。

2. 防治香蕉冠腐病　香蕉采收后24h内，进行开梳、止乳、清洗后，用450g/L噻菌灵悬浮剂600～900倍液（有效成分浓度500～750mg/kg）浸果1min，晾干后装筐，低温保存。

40%噻菌灵可湿性粉剂

理化性质及规格：外观为白色粉末，20℃条件下，pH5.8，悬浮率87.1%。

毒性：按照我国农药毒性分级标准，40%噻菌灵可湿性粉剂属低毒。雌、雄大鼠急性经口 LD_{50} 分别为5 620mg/kg和4 640mg/kg，急性经皮 LD_{50} >2 150mg/kg，急性吸入 LC_{50} >20mg/m³，无致敏性。

使用方法：

1. 防治香蕉储藏病害　香蕉采收后24h内，进行开梳、止乳、清洗后，用40%噻菌灵可湿性粉剂500～800倍药液（有效成分浓度500～800mg/kg）浸渍果把1min，晾干后再包装储存，只需使用1次，安全间隔期14d。

2. 防治葡萄黑痘病　发病前或发病初期开始施药，用40%噻菌灵可湿性粉剂1 000～1 500倍液（有效成分浓度267～400mg/kg）整株喷雾，每隔10d左右施药一次，连续使用2～3次，安全间隔期为10d，每季最多使用3次。

3. 防治苹果轮纹病　苹果谢花后或幼果形成期开始喷药，用40%噻菌灵可湿性粉剂1 000～1 500倍液（有效成分浓度267～400mg/kg）整株喷雾，每隔14d左右喷一次，连续使用3次，安全间隔期7d，每季最多施用3次，可与其他类型防治药剂交替使用。

4. 防治蘑菇褐腐病　出菇前菇床喷雾施药，每平方米用40%噻菌灵可湿性粉剂0.75～1g（有效成分0.3～0.4g），安全间隔期8d。

60%噻菌灵水分散粒剂

理化性质及规格：干燥、可自由流动。基本无粉尘，无可见外来杂质和硬团块。

毒性：按照我国农药毒性分级标准，60%噻菌灵水分散粒剂属低毒。雌、雄大鼠急性经口 LD_{50} >5 000mg/kg，急性经皮 LD_{50} >5 000mg/kg。

使用方法：

防治柑橘青霉病、绿霉病　柑橘采收后4d内，用60%噻菌灵水分散粒剂300～450倍药液（有效成分浓度1 000～1 500mg/kg）浸果1min，晾干后装筐，低温保存，安全间隔期为10d。

注意事项：

1. 联合国粮食及农业组织推荐的噻菌灵人体每日每千克体重允许摄入量（ADI）为0.3mg。苹果中的最高残留限量为10mg/L，柑橘类为10mg/L，香蕉为3mg/L，香蕉肉0.4mg/L。

2. 避免与其他药剂混用。

3. 60%噻菌灵水分散粒剂对鱼有毒，注意不要污染池塘和水源。

五、苯胺嘧啶和吡啶类

嘧 霉 胺

中文通用名称：嘧霉胺

英文通用名称：pyrimethanil

其他名称：施佳乐，Scala

化学名称：N-（4，6-二甲基嘧啶-2-基）苯胺

化学结构式：

理化性质：外观为无色晶体，熔点96.3℃，蒸气压2.2mPa（25℃），密度1.15g/cm^3（20℃）。水中溶解度（25℃）为0.121g/L（pH 6.1）；有机溶剂中溶解度（20℃）分别为丙酮389g/L、醋酸乙酸617g/L、甲醇176g/L、二氯甲烷1 000g/L、正己烷23.7g/L、甲苯412g/L。54℃储存14d稳定。

毒性：按照我国农药毒性分级标准，嘧霉胺属低毒。原药对小鼠急性经口LD_{50}为4 665～5 359mg/kg，大鼠急性经口LD_{50}为4 159～5 971mg/kg，急性经皮LD_{50}>5 000mg/kg。对家兔眼睛和皮肤无刺激性，在试验剂量内对动物无致畸、致癌、致突变作用。

作用特点：嘧霉胺是一种具有保护和治疗、兼具内吸传导和熏蒸作用的杀菌剂，施药后可迅速传到植物体内各部位，抑制病原菌蛋白质分泌，降低水解酶的水平，抑制病原菌侵染酶的产生，从而阻止病菌侵染，彻底杀死病菌。嘧霉胺可用于葡萄、黄瓜、番茄、草莓、豌豆、韭菜种植地及园林上防治灰霉病，还可防治果树黑星病、斑点落叶病、梨叶斑病等。与其他杀菌剂无交互抗性，可在低温下使用。

制剂：20%、30%、37%、40%、400g/L嘧霉胺悬浮剂，20%、25%、40%嘧霉胺可湿性粉剂，25%嘧霉胺乳油，40%、70%、80%嘧霉胺水分散粒剂。

400g/L嘧霉胺悬浮剂

理化性质及规格：外观为灰白色悬浮液体，稍有气味，非易燃液体。

毒性：按照我国农药毒性分级标准，400g/L悬浮剂属微毒。雌、雄大鼠急性经口LD_{50}>5 000mg/kg，急性经皮LD_{50}>5 000mg/kg。弱致敏物。

使用方法：

1. 防治黄瓜、番茄灰霉病　发病前或发病初期开始施药，每次每667m^2用400g/L嘧霉胺悬浮剂62.5～93.75mL（有效成分25～37.5g）对水喷雾，间隔7～10d喷一次，安全间

隔期 3d，每季最多使用 2 次。

2. 防治葡萄灰霉病 发病前或发病初期开始施药，用 400g/L 嘧霉胺悬浮剂 1 000～1 500倍液（有效成分浓度 266.7～400mg/kg）整株喷雾，视病情发生情况，每 7d 左右施药一次，可连续喷施 2 次，安全间隔期 7d，每季最多使用 2 次。

20%嘧霉胺可湿性粉剂

理化性质及规格：外观为微黄色粉末状固体，无刺激性异味，稳定性较好。

毒性：按照我国农药毒性分级标准，20%嘧霉胺可湿性粉剂属低毒。雌、雄大鼠急性经口 LD_{50}>5 000mg/kg，急性经皮 LD_{50}>2 000mg/kg。弱致敏物。

使用方法：

防治黄瓜灰霉病 发病前或发病初期开始施药，每次每 667m^2 用 20%嘧霉胺可湿性粉剂 120～180g（有效成分 24～36g）对水喷雾。视病情发生情况，每 7 天左右施药一次，可连续施药 2 次。安全间隔期 3d，每季最多使用 2 次。

25%嘧霉胺乳油

理化性质及规格：外观为稳定的黄色均相液体，无可见悬浮物或沉淀。

毒性：按照我国农药毒性分级标准，25%嘧霉胺乳油属低毒。雌、雄大鼠急性经口 LD_{50}分别为 2 000mg/kg 和 2 710mg/kg，急性经皮 LD_{50}>2 150mg/kg。弱致敏物。

使用方法：

防治番茄灰霉病 发病前或发病初期开始施药，每 667m^2 用 25%嘧霉胺乳油 68～84g（有效成分 17～21g）对水喷雾，根据病情发展程度，间隔 7～10d 施一次，共施药 2～3 次，安全间隔期为 5d。每季最多使用 3 次。

70%嘧霉胺水分散粒剂

理化性质及规格：外观干燥、无粉尘或可见杂质或硬团块。

毒性：按照我国农药毒性分级标准，70%嘧霉胺水分散粒剂属低毒。雌、雄大鼠急性经口 LD_{50}>4 640mg/kg，急性经皮 LD_{50}>2 150mg/kg。弱致敏物。

使用方法：

防治黄瓜、番茄灰霉病 发病前或发病初期开始施药，每次每 667m^2 用 70%嘧霉胺水分散粒剂 45～55g（有效成分 31.5～38.5g）对水均匀喷雾。每隔 7d 左右喷一次，可连续施药 2～3 次，安全间隔期为 5d，每季最多使用 3 次。

注意事项：

1. 70%嘧霉胺水分散粒剂不可与呈强碱性或强酸性的农药物质、铜制剂、汞制剂混用和先后紧接使用。

2. 建议与其他作用机制的杀菌剂交替使用，以延缓抗性产生。

嘧 菌 环 胺

中文通用名称：嘧菌环胺

英文通用名称：cyprodinil

化学名称：N-(4-甲基-6-环丙基嘧啶-2-基）苯胺

化学结构式：

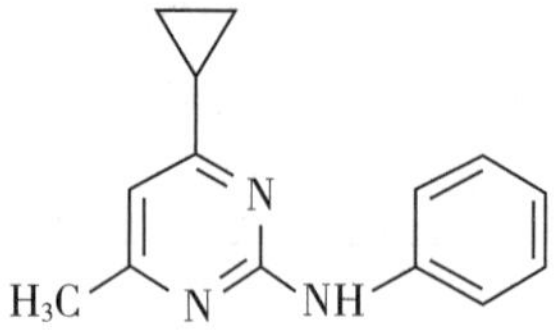

$$H_3C$$ N NH N

理化性质：原药有效成分含量98%，外观为浅褐色细粉末，稍有气味，熔点75.9℃，密度1.21g/cm^3，蒸气压（25℃）5.1×10^{-4}Pa，pH9.5，易溶于丙酮、二氯甲烷、乙酸乙酯、甲苯等有机溶剂，室温至熔点间温度下储存稳定。

毒性：按照我国农药毒性分级标准，嘧菌环胺属低毒。原药雌、雄大鼠急性经口LD_{50}>2 000mg/kg，急性经皮LD_{50}>2 000mg/kg。对兔眼睛、皮肤无刺激性，对豚鼠皮肤具有中度致敏性。无致畸致癌作用。

作用特点：嘧菌环胺为内吸性杀菌剂，具有保护、治疗、叶片穿透及根部内吸活性，对多种作物的灰霉病、黑星病等真菌病害具有预防和治疗作用。该药剂主要作用于病原菌的侵入期和菌丝生长期，通过抑制蛋氨酸的生物合成和水解酶等的生物活性，导致病菌死亡。嘧菌环胺有很好的向顶和跨层传导能力及耐雨水冲刷能力。其与三唑类、二甲酰亚胺类、甲氧基丙烯酸酯类等多种类型的杀菌剂无交互抗药性。

制剂：50%嘧菌环胺水分散粒剂。

50%嘧菌环胺水分散粒剂

理化性质及规格：50%嘧菌环胺水分散粒剂由有效成分、湿润剂、分散剂、载体等组成。外观为浅褐色颗粒，稍有气味，密度0.479g/cm^3，悬浮率>70%，pH 7～11，常温下储存稳定。

毒性：按照我国农药毒性分级标准，50%嘧菌环胺水分散粒剂属低毒。雌、雄大鼠急性经口LD_{50}>2 000mg/kg，急性经皮LD_{50}>2 000mg/kg，急性吸入LC_{50}>2 300mg/m^3。对兔眼睛、皮肤无刺激性，对豚鼠皮肤具有中度致敏性，无致畸致癌作用。

使用方法：

1. *防治草莓、辣椒灰霉病*　发病前或发病初期开始施药，每次每667m^2用50%嘧菌环胺水分散粒剂60～96g（有效成分30～48g）对水喷雾，间隔7～10d施药一次，安全间隔期7d，每季最多使用3次。

2. *防治韭菜灰霉病*　发病前或发病初期开始施药，每次每667m^2用50%嘧菌环胺水分散粒剂60～90g（有效成分30～45g）对水喷雾，间隔7～10d施药一次，安全间隔期14d，每季最多使用3次。

3. *防治葡萄灰霉病*　发病前或发病初期开始施药，用50%嘧菌环胺水分散粒剂625～1 000倍液（有效成分浓度500～800mg/kg）整株喷雾，间隔7～10d施药一次，安全间隔期7d，一季作物最多使用3次。

注意事项：

1. 嘧菌环胺虽属低毒杀菌剂，但仍须按照农药安全使用规定使用，避免药液接触皮肤、眼睛和污染衣物，避免吸入雾滴。

2. 该药剂无典型中毒症状，无专用解毒剂，使用中如不慎接触皮肤、吸入等感觉不适，应立即携带标签送医院诊治。

氟　啶　胺

中文通用名称： 氟啶胺

英文通用名称： fluazinam

其他名称： 福帅得

化学名称： N-（3-氯-5-三氟甲基-2-吡啶基）-3-氯-4-三氟甲基-2，6-二硝基苯胺

化学结构式：

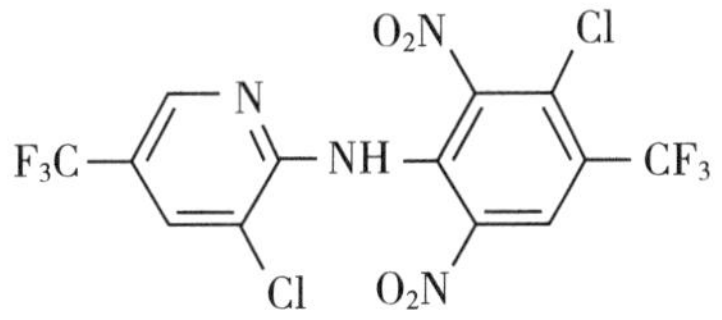

理化性质： 纯品外观为黄色结晶，熔点 117℃，密度（20℃）1.81g/cm^3，蒸气压（25℃）1.47×10^{-3}Pa。溶解度（25℃）为乙酸乙酯 680g/L、丙酮 470g/L、甲苯 410g/L、乙醇 120g/L、环己烷 14g/L、正己烷 12g/L、1，2-丙二醇 8.6g/L，水 0.1mg/L（pH5.0）、1.7mg/L（pH6.8）、>1 000mg/L（pH11）。对酸、碱、热稳定，对光不稳定。

毒性： 按照我国农药毒性分级标准，氟啶胺属低毒。雄、雌大鼠急性经口 LD_{50} 分别为 4 500mg/kg 和 4 100mg/kg，急性经皮均 LD_{50} >5 000mg/kg，急性吸入 LC_{50} 分别为 463mg/m^3 和 476mg/m^3；对兔皮肤无刺激，眼睛有刺激作用，皮肤致敏性反应为中度；对野鸭急性经口 LD_{50}>4 190mg/kg，虹鳟鱼 LC_{50} 0.036mg/L，对大型水蚤 EC_{50}（48h）0.22 mg/L。对蜜蜂低毒。

作用特点： 氟啶胺属吡啶胺衍生物，是广谱高效的保护性杀菌剂。作用机制是线粒体氧化磷酸化解偶联剂，通过抑制孢子萌发、菌丝生长和孢子形成而抑制所有阶段的感染过程，对交链孢属、疫霉属、单轴霉属、核盘菌属和黑星菌属病原引起的病害有特效。对于抗苯并咪唑和二羧酰亚胺类杀菌剂的灰葡萄孢也有良好的效果。氟啶胺极耐雨水冲刷，残效期长。此外兼有控制捕食性螨类的作用。

制剂： 500g/L 氟啶胺悬浮剂。

500g/L 氟啶胺悬浮剂

理化性质及规格： 外观为淡黄色黏状液体。pH4～6.5，黏度 150～400 mPa·s（20℃），非易燃液体。

毒性： 按照我国农药毒性分级标准，500g/L 氟啶胺悬浮剂属低毒。雌、雄大鼠急性经口 LD_{50}>5 000mg/kg，急性经皮 LD_{50}>2 000mg/kg，急性吸入 LC_{50}>2 170mg/m^3；对家兔皮肤无刺激，对眼睛无刺激；对豚鼠皮肤属弱致敏物。

使用方法：

1. 防治大白菜根肿病　定植前使用，为确保药效，应在施药后当天进行移栽，每

667m² 用500g/L 氟啶胺悬浮剂 267～333mL（有效成分 133.3～166.5g）对水土壤喷雾，根据土壤墒情，将药剂对水 60～100L 后均匀喷施于土壤表面，再用旋耕机或手工工具将药剂和土壤充分混合，药剂和土壤混合深度需 10～15cm。一季只需施药一次。

2. *防治马铃薯晚疫病* 发病前或发病初期开始施药，每次每 667m² 用500g/L 氟啶胺悬浮剂 25～33mL（有效成分 12.5～16.5g）对水喷雾，间隔 7～10d 喷药一次，连续施药 3～4 次，安全间隔期为 7d，每季作物最多使用 4 次。

3. *防治辣椒疫病* 发病前或发病初期开始施药，每次每 667m² 用500g/L 氟啶胺悬浮剂 25～33mL（有效成分 12.5～16.5g）对水喷雾，间隔 7～10d 喷药一次，安全间隔期为 7d，每季辣椒最多使用 3 次。

注意事项：

1. 该药剂对瓜类作物有药害，瓜田禁止使用，施药时注意不要将药液飘移到瓜田。

2. 该药剂使用需严格按照农药安全规定进行，若误服立刻喝下大量牛奶、蛋白或清水，催吐，并将病人送医院诊治，该药剂无解毒剂，医生可对症治疗。

六、嘧啶和吗啉类

氯 苯 嘧 啶 醇

中文通用名称：氯苯嘧啶醇

英文通用名称：fenarimol

其他名称：乐必耕

化学名称：2-氯苯基-4-氯苯基-α-嘧啶-5-基甲醇

化学结构式：

Cl OH C Cl N N

理化性质：纯品外观为米色结晶，熔点 117～119℃，25℃时蒸气压为 0.065mPa。溶解度（25℃）为水 13.7mg/L（pH7）、丙酮>250g/L、甲醇 125g/L、二甲苯 50g/L，微溶于己烷。光照下迅速分解，52℃时稳定 28d（pH3，6，9）。

毒性：按照我国农药毒性分级标准，氯苯嘧啶醇属低毒。原药对大鼠急性经口 LD_{50} 为 2 500mg/kg；对大、小鼠 18 个月喂养试验的无作用剂量均为 50mg/kg。对蜜蜂和鸟低毒。对兔皮肤和眼睛无刺激作用；在试验剂量内对动物无畸形，致突变、致癌作用；三代繁殖试验和神经毒性试验中未见异常。

作用特点：氯苯嘧啶醇是一种用于叶面喷洒，具有预防、治疗作用的广谱性杀菌剂。该药剂通过干扰病原菌甾醇及麦角甾醇的形成，从而影响正常发育；虽不能抑制病原菌孢子的萌发，但是能抑制菌丝的生长、发育，致使不能侵染植物组织。氯苯嘧啶醇可用于防治苹果白粉病、梨黑星病等多种病害，并可以与一些杀菌剂、杀虫剂、生长调节剂混合使用。

制剂：6%氯苯嘧啶醇可湿性粉剂。

6%氯苯嘧啶醇可湿性粉剂

理化性质及规格：由有效成分、助剂和载体等组成。外观为白色粉末，常温下储存稳定2年以上。

使用方法：

1. *防治苹果黑星病、炭疽病* 发病初期开始施药，每次用6%氯苯嘧啶醇可湿性粉剂1 500～2 000倍液（有效成分浓度30～40mg/kg）整株喷雾，间隔10～14d喷一次，连续喷施3～4次，安全间隔为21d。

2. *防治花生黑斑病、褐斑病、锈病* 发病初期开始施药，每次每667m^2用6%可湿性粉剂30～50g（有效成分1.8～3g）对水喷雾，间隔10～15d喷一次，共喷药3～4次。

注意事项：美国规定氯苯嘧啶醇在苹果中的最高残留限量为0.1mg/kg。

十 三 吗 啉

中文通用名称：十三吗啉

英文通用名称：tridemorph

其他名称：克啉菌，克力星，Calixin，tridecyldimethyl morpholine

化学名称：4-十三烷基-2，6-二甲基吗啉

化学结构式：

$H_{27}C_{13}$—N(吗啉环)O，2,6-位各连 CH_3

理化性质：原油外观为黄色液体，20℃时密度0.86g/ m^3，沸点134℃，闪点142℃，蒸气压12mPa（20℃）。水中溶解度（20℃）为1.7mg/L，能溶于大多数有机溶剂。50℃以下稳定。

毒性：按照我国农药毒性分级标准，十三吗啉为低毒。原油大鼠急性经口LD_{50}为558mg/kg，急性经皮LD_{50}＞4 000mg/kg，急性吸入LC_{50}为4 500mg/m^3。对大鼠亚急性经口无作用剂量为50mg/L，狗为800mg/L，慢性经口无作用剂量为80mg/L（大鼠）和90mg/L（小鼠）。

作用特点：十三吗啉是一种具有保护和治疗作用的广谱性内吸杀菌剂，能被植物的根、茎、叶吸收，对担子菌、子囊菌和半知菌引起的多种植物病害有效，主要是抑制病菌的麦角甾醇的生物合成。可用于防治橡胶树红根病、香蕉叶斑病。

制剂：750g/L十三吗啉乳油；86%、95%十三吗啉油剂。

750g/L 十三吗啉乳油

理化性质及规格：750g/L 十三吗啉乳油由有效成分十三吗啉和乳化剂、溶剂组成。外观为无色液体，20℃时密度 0.89g/m^3，闪点 152℃，溶于水和有机溶剂，可与其他杀菌、杀虫剂相混，50℃以下储存 2 年以上稳定。

毒性：按照我国农药毒性分级标准，750g/L 十三吗啉乳油属低毒。对大鼠急性经口 LD_{50}为 979mg/kg，急性经皮 LD_{50}为 1 424mg/kg，急性吸入 LC_{50}为 160mg/m^3。

使用方法：

防治橡胶树红根病　在病树基部四周挖一 15～20cm 深的环形沟，用 750g/L 十三吗啉乳油 20～30mL（有效成分 15～22.5g）对水 2 000mL 混匀后淋灌，先将1 000 mL 药液均匀地淋灌在环形沟内，覆土后再将剩下的 1 000mL 药液均匀地淋灌在环形沟上，按以上方法，每 6 个月施药一次，如果作保护性施药，药量可减半，施药方法相同。

95%十三吗啉油剂

理化性质：外观为黄色透明液体，有轻微的氨味，pH 范围为 5.7～7.0，无可见悬浮物和沉淀。

毒性：按照我国农药毒性分级标准，95%十三吗啉油剂属低毒。雄、雌大鼠急性经口 LD_{50}分别为 2 170mg/kg 和 1 470mg/kg，急性经皮 LD_{50}＞2 000mg/kg。

使用方法：

防治香蕉叶斑病　发病初期开始超低容量喷雾使用，每 667m^2 每次使用 95%十三吗啉油剂 30～36mL（有效成分 28.5～34.2g），再加入 70～64mL 200# 溶剂油，配制成 100mL 药液混合均匀后超低容量喷雾，间隔 14d 用药一次，连续用药 2～3 次，安全间隔期 14d，一季最多使用 3 次。

注意事项：

1. 该药剂对蜂、鸟、鱼、蚕等有毒，蜜源作物花期禁止使用，施药时，应避免药液飘移到桑园，污染桑叶。使用后的施药器械不得在池塘、河流内洗涤，避免污染水源。

2. 该药剂不能和碱性农药等物质混用，建议与作用机制不同的杀菌剂轮换使用，以延缓抗性的产生。

七、咪 唑 类

氟　菌　唑

中文通用名称：氟菌唑

英文通用名称：triflumizole

其他名称：特富灵，三氟咪唑，Trifmine

化学名称：（E）-4N-（1-咪唑-1-基-α-丙氧亚乙基）-氯-2-三氟甲基苯胺

化学结构式：

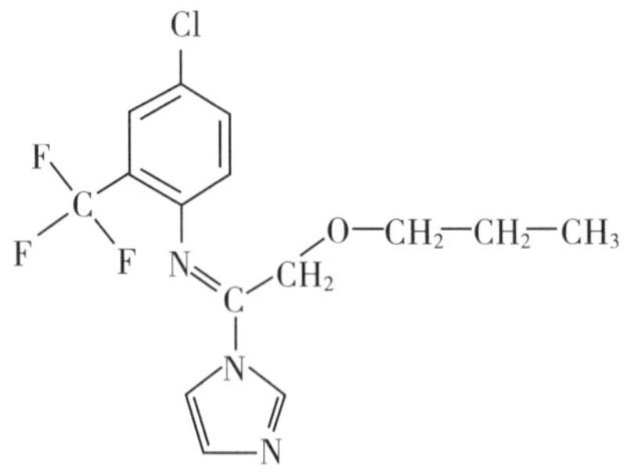

$$\text{(4-Cl-2-CF}_3\text{-苯基)}-N=C(CH_2-O-CH_2-CH_2-CH_3)-N\text{(咪唑基)}$$

理化性质：纯品为无色晶体。熔点 63.5℃，蒸气压 0.186 mPa（25℃）。溶解度（20℃）为二甲苯 639g/L、氯仿 2.22kg/L、丙酮 1.44kg/L、甲醇 496g/L、乙腈 1.03kg/L、己烷 17.6g/L、水 12.5g/L。强酸强碱下不稳定，水溶液见光分解。

毒性：按照我国农药毒性分级标准，氟菌唑属低毒。原药雄、雌大鼠急性经口 LD_{50}分别为 715mg/kg 和 695mg/kg，急性经皮 LD_{50}＞5 000mg/kg，急性吸入 LC_{50}＞3.2mg/m^3；对兔皮肤无刺激作用，对眼睛黏膜有轻度刺激，对豚鼠有轻度致敏作用。试验剂量内对大鼠未见致癌、致畸、致突变作用，但对小鼠可能导致肿瘤。对鲤鱼 LC_{50} 为 1.26mg/L（48h）。对蜜蜂安全。

作用特点：氟菌唑为甾醇脱甲基化抑制剂，具有内吸、保护、治疗、铲除作用。可用于防治麦类、蔬菜、果树及其他作物的白粉病和锈病，茶树炭疽病和茶饼病，桃褐腐病等多种作物病害。

制剂：30％氟菌唑可湿性粉剂。

30％氟菌唑可湿性粉剂

理化性质及规格：30％氟菌唑可湿性粉剂由有效成分、表面活性剂和载体组成。外观为无味灰白色粉末，细度为 98％通过 300 目筛。在阴暗、干燥条件下，于原包装中储存 2 年以上稳定。

毒性：按照我国农药毒性分级标准，30％氟菌唑可湿性粉剂属低毒。雄、雌大鼠急性经口 LD_{50}分别为 3 465mg/kg 和 1 975mg/kg，急性经皮 LD_{50}＞5 000mg/kg，急性吸入 LC_{50}＞3.7mg/m^3，对兔眼黏膜和皮肤均有一定的刺激作用。

使用方法：

1. 防治黄瓜白粉病　发病初期开始施药，每次每 667m^2 用 30％氟菌唑可湿性粉剂 13～20g（有效成分 4～6g）对水喷雾，间隔 7～10d 再喷一次，安全间隔期为 2d。

2. 防治梨黑星病　发病初期开始施药，发芽 10d 后到果实膨大期均可使用，其中开花前到落花 20d 期间是重点防治期，每次用 30％氟菌唑可湿性粉剂 3 000～4 000 倍液（有效成分浓度 75～100mg/L）整株喷雾，视发病情况喷施 2～3 次，安全间隔期为 7d。

注意事项：

1. 氟菌唑人体每日每千克体重允许摄入量（ADI）是 0.018 5mg。使用氟菌唑应遵守我国控制农产品中农药残留的合理使用准则（国家标准 GB8321.1－7）。

2. 该药剂对鱼类有一定毒性，防治污染池塘。

咪鲜胺

中文通用名称： 咪鲜胺

英文通用名称： prochloraz

其他名称： 施保克，扑霉灵，丙灭菌，咪鲜安，Mirage、Sportak

化学名称： N-丙基-N-［2-（2，4，6-三氯苯氧基）乙基］-1H-咪唑-1-甲酰胺

化学结构式：

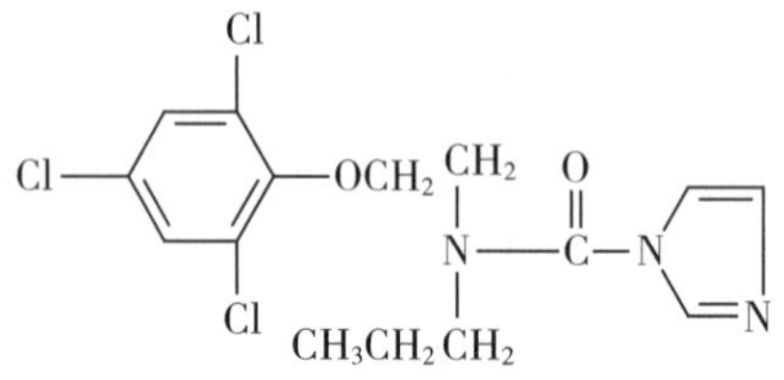

理化性质： 纯品为无色结晶体，沸点 208～210℃，蒸气压 0.48mPa（20℃）。溶解度（25℃）为水 34mg/L、丙酮＞600g/L、乙醇＞600g/L、二甲苯＞600g/L、己烷 7.5g/L。原药为浅棕色固体，有芳香味，纯度＞95％。

毒性： 按照我国农药毒性分级标准，咪鲜胺属低毒。大鼠急性经口 LD_{50} 1 600mg/kg，急性经皮 LD_{50}＞5 000mg/kg，急性吸入（6h）LC_{50}＞420mg/m^3。对大鼠皮肤及眼睛均无刺激，对兔皮肤和眼睛有中毒刺激。亚慢性 90d 喂养试验，在试验剂量内，未发现致畸、致突变及致癌作用。对鸟低毒，鹌鹑急性经口 LD_{50} 590mg/kg，野鸭急性经口 LD_{50} 3 132mg/kg。对鱼和水生生物中等毒，虹鳟鱼和蓝鳃翻车鱼（96h）LC_{50} 分别为 1.0mg/L 和 2.2mg/L，水蚤（48h）LC_{50} 为 2.6mg/L。对蚯蚓和瓢虫等有益生物及昆虫无害，蜜蜂接触毒性 LD_{50} 5μg/只，经口 LD_{50} 61μg/只。在不同类型土壤中的半衰期为 3～5 个月不等。

作用特点： 咪鲜胺是咪唑类广谱性杀菌剂，是通过抑制甾醇的生物合成而起作用。没有内吸作用，但具有一定的传导性能，对水稻恶苗病，芒果炭疽病，柑橘青霉病、绿霉病、炭疽病、蒂腐病、香蕉炭疽病、冠腐病等有较好的防治效果，还可用于水果采后处理，防治储藏期病害。另外通过种子处理，对禾谷类种传和土传真菌病害也有较好的抑制活性。在土壤中主要降解为易挥发的代谢产物，易被土壤颗粒吸附，不易被雨水冲刷。

制剂： 25％、450g/L 咪鲜胺乳油，10％、12％、15％、20％、25％、45％咪鲜胺微乳剂，10％、25％、45％咪鲜胺水乳剂。

25％咪鲜胺乳油

理化性质及规格： 25％咪鲜胺乳油由有效成分、溶剂及乳化剂组成。外观为清澈的褐色液体。密度约 0.98g/m^3，闪点 24℃左右，冷、热储存稳定性良好，在 0～30℃条件下储存稳定 2 年。

毒性： 按照我国农药毒性分级标准，25％咪鲜胺乳油属低毒。小鼠急性经口 LD_{50}＞1 608mg/kg，大鼠急性经皮 LD_{50}＞4 000mg/kg。对兔眼睛有重度刺激，对皮肤有中度刺激。

使用方法：

1. 防治水稻恶苗病 采用种子处理方法，用25%咪鲜胺乳油2 000～4 000倍液（有效成分浓度62.5～125mg/L）浸种，然后取出稻种催芽播种。注意长江流域及以南地区使用2 000～3 000倍液，浸种1～2d；黄河流域及以北地区使用3 000～4 000倍液，浸种3～5d。

2. 防治柑橘储藏期蒂腐病、青霉病、绿霉病、炭疽病 挑选当天采收无病无伤口的好果，清水洗去果面上的灰尘和药迹，用25%咪鲜胺乳油500～1 000倍液（有效成分浓度250～500mg/L）浸果1～2min，捞起晾干，室温储藏，单果包装效果更佳。安全间隔期7d，最多使用1次。

3. 防治芒果炭疽病 ①采前喷雾处理：在芒果花蕾期和始花期，用25%咪鲜胺乳油500～1 000倍液（有效成分浓度250～500mL/L）各喷雾施药一次，以后每隔7～10d喷一次，根据发病情况，连续施用3～4次。②采后浸果处理：挑选当天采收无病无伤口的好果，清水洗去果面上的灰尘和药迹，用25%咪鲜胺乳油500～1 000倍（有效成分浓度250～500mg/L）药液浸果1～2min，捞起晾干，室温储藏，单果包装效果更佳。对薄皮品种（如象牙芒、马切苏）等慎用，以免出现药斑。

4. 防治香蕉炭疽病 香蕉长至八成熟采收后，选取无伤的果实，用25%咪鲜胺乳油500～1 000倍液（有效成分浓度250～500mg/L）药液浸果1～2min，捞起晾干、储藏。安全间隔期为7d，最多使用1次。

5. 防治荔枝、龙眼炭疽病 分别于荔枝的小果期、中果期、果实转色初期和龙眼的小果期、中果期、膨大期施药，用25%咪鲜胺乳油1 000～1 200倍液（有效成分浓度208.3～250mL/L）整株喷雾，视病害发生情况，每隔10～20d施药一次，连续施用药3次，安全间隔期21d，每季最多使用3次。

6. 防治苹果炭疽病 发病前或发病初期开始施药，用25%咪鲜胺乳油750～1 000倍液（有效成分浓度250～333.3mg/kg）整株喷雾，每隔7～14d用一次，连续使用3～4次，安全间隔期14d，每季最多使用5次。

7. 防治葡萄黑痘病 发病前或发病初期开始施药，用25%咪鲜胺乳油500～1 000倍液（有效成分浓度225～500mg/kg）均匀喷雾，间隔7d施药一次，可连续施用2次。

8. 防治辣椒炭疽病 发病前或发病初期开始施药，每次每667m^{2}用25%咪鲜胺乳油60～100mL（有效成分15～25g）对水喷雾，间隔7d左右喷一次，连续使用2～3次。

9. 防治黄瓜炭疽病 发病前或发病初期开始施药，每次每667m^{2}用25%咪鲜胺乳油75～150mL（有效成分18.75～37.5g）对水喷雾，间隔7d左右喷一次，连续使用2～3次。

10. 防治大蒜叶枯病 发病初期开始用药，每次每667m^{2}用25%咪鲜胺乳油100～120mL（有效成分25～30g）对水喷雾，间隔7d左右喷一次，连续使用2～3次，大蒜安全间隔期45d，蒜薹安全间隔期25d，每季最多使用3次。

11. 防治西瓜枯萎病 在瓜苗定植期、缓苗后和坐果初期或发病初期开始用药，用25%咪鲜胺乳油750～1 000倍液（有效成分浓度250～333.3mg/kg）对水喷雾，每隔7～14d喷一次，连续使用2～3次。

12. 防治油菜菌核病 发病初期开始用药，每次每667m^{2}用25%咪鲜胺乳油40～60mL（有效成分10～15g）对水喷雾，间隔7d左右喷一次，连续使用2～3次。

13. 防治小麦白粉病、赤霉病 发病前或发病初期开始施药，每次每 667m² 用 25%咪鲜胺乳油 13～15mL（有效成分 3.25～3.75g）对水喷雾，间隔 7d 左右再喷一次。

14. 防治烟草赤星病 发病初期开始用药，每次每 667m² 用 25%咪鲜胺乳油 40～50mL（有效成分 10～12.5g）对水喷雾，间隔 7d 左右喷一次，连续使用 2～3 次。

45%咪鲜胺微乳剂

理化性质及规格：外观为浅黄色透明液体，无可见悬浮物和沉淀，pH 范围为 8.0～10.0。

毒性：按照我国农药毒性分级标准，45%咪鲜胺微乳剂属低毒。雄、雌大鼠急性经口 LD_{50}分别为 2 000mg/kg 和 3 160mg/kg，急性经皮 LD_{50}>2 150mg/kg，有弱致敏性。

使用方法：

1. 防治柑橘储藏期蒂腐病、青霉病、绿霉病 挑选当天采收无病无伤口的好果，清水洗去果面上的灰尘和药迹，用 45%咪鲜胺微乳剂 1 500～2 000 倍液（有效成分浓度 225～300mg/L）药液浸果 1～2min，捞起晾干，室温储藏，单果包装效果更佳。安全间隔期 15d。

2. 防治芒果炭疽病 芒果花蕾期和始花期施药，用 45%咪鲜胺微乳剂 750～1 000 倍液（有效成分浓度 450～600mL/L）整株喷雾，以后每隔 7～10d 喷一次，根据发病情况连续施用 3～4 次。象牙芒品种芒果对此药剂敏感，应慎用。

45%咪鲜胺水乳剂

理化性质及规格：外观为白色乳液状液体，稍有芳香化合物气味，易燃，无爆炸性。不能与强酸、强碱物质混合。

毒性：按照我国农药毒性分级标准，45%咪鲜胺水乳剂属低毒。雄、雌大鼠急性经口 LD_{50}分别为 3 160mg/kg 和 1 780mg/kg，急性经皮均 LD_{50}>2 150mg/kg，弱致敏性。

使用方法：

1. 防治柑橘储藏期蒂腐病、青霉病、绿霉病、炭疽病 挑选当天采收无病无伤口的好果，清水洗去果面上的灰尘和药迹，用 45%咪鲜胺水乳剂 1 000～2 000 倍液（有效成分浓度225～450mg/L）药液浸果 1～2min，捞起晾干，室温储藏，单果包装效果更佳。安全间隔期 14d，最多使用 1 次。

2. 防治芒果炭疽病

（1）采前喷雾处理：芒果花蕾期和始花期开始施药，用 45%咪鲜胺水乳剂 900～1 500 倍液（有效成分浓度 300～500ml/L）整株喷雾，以后每隔 7～10d 喷一次，根据发病情况连续施用 3～4 次。

（2）采后浸果处理：挑选当天采收无病无伤口的好果，清水洗去果面上的灰尘和药迹，用 45%咪鲜胺水乳剂 450～900 倍液（有效成分浓度 500～1 000mg/L）浸果 1～2min，捞起晾干，室温储藏，单果包装效果更佳。对薄皮品种（如象牙芒、马切苏）等慎用，以免出现药斑。

3. 防治香蕉炭疽病、冠腐病 香蕉长至八成熟采收后，选取无伤的果实，用 45%咪鲜胺水乳剂 900～1 800 倍液（有效成分浓度 250～500mg/L）浸果 1～2min，捞起晾干、储藏，安全间隔期 7d，最多使用 1 次。

4. 防治水稻恶苗病　采用种子处理方法，用 45%咪鲜胺水乳剂 4 000～8 000 倍液（有效成分浓度 56.25～112.5mg/L）药液浸种，然后取出稻种催芽播种。注意长江流域及以南地区使用 4 000～6 000 倍液，浸种 1～2d；黄河流域及以北地区使用 6 000～8 000 倍液，浸种 3～5d。

5. 防治西瓜炭疽病　病害发生前或发生初期开始施药，每次每 $667m^2$ 用 45%咪鲜胺水乳剂 60～70mL（有效成分 27～31.5g）对水喷雾，间隔 7d 左右喷一次，施用 3 次为宜。

注意事项：

1. 该药剂不能与碱性农药等物质混用。

2. 该药剂对蜜蜂、鱼类等水生生物及家蚕有毒。施药期间应避免对周围蜂群的影响，蜜源作物花期、蚕室和桑园附近禁用。远离水产养殖区施药，禁止在河塘等水体中清洗施药器具。

3. 建议与其他作用机制不同的杀菌剂轮换使用，以延缓抗性产生。

咪鲜胺锰盐

中文通用名称：咪鲜胺锰盐

英文通用名称：prochloraz manganese chloride complex

其他名称：施保功

化学名称：N-丙基-N-[2-(2，4，6-三氯苯氧基）乙基]-咪唑-1-甲酰胺-氯化锰复合物

化学结构式：

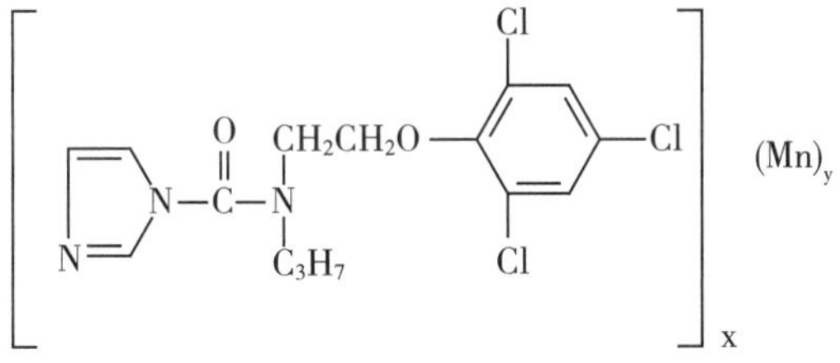

理化性质：纯品为白至灰白色粉末，略有芳香味，纯度>99%，熔点 147～148℃，蒸气压（25℃）1.5×10^{-4}Pa，密度 $0.52g/m^3$，溶解度（20℃）为水中 40mg/L，丙酮 7g/L。原药为白至褐色粉末，有效成分含量为 95%，略有芳香味，溶解度和密度基本与纯品相同，水分不超过 0.5%。

毒性：按照我国农药毒性分级标准，咪鲜胺锰盐属低毒。大鼠急性经口 LD_{50} 1 600～3 200mg/kg，急性经皮 LD_{50}>5 000mg/kg，急性吸入 LC_{50}>1 960mg/m^3。对兔眼睛有短暂的轻度刺激，对皮肤无刺激；试验剂量内对动物无致畸、致癌、致突变作用；对鱼和水生生物中等毒，虹鳟鱼（96h）LC_{50}>1.0mg/L，蓝鳃翻车鱼（96h）LC_{50} 2.2mg/L，水蚤 LC_{50} 2.6mg/L；对蜜蜂低毒，接触 LD_{50} 5μg /只，经口 LD_{50} 61μg /只；对鸟类低毒，鹌鹑（5d）LD_{50} 6 845mg/kg；野鸭（5d）LD_{50}>6 000mg/kg，经口 LD_{50}>2 100mg/kg。

作用特点：咪鲜胺锰盐是咪鲜胺和氯化锰络合物，是咪唑类广谱性杀菌剂，对子囊菌引起的多种作物病害具有特效。它通过抑制甾醇的生物合成而起作用。尽管其不具有内吸作用，但它具有一定的传导性能，对蘑菇褐腐病和褐斑病，芒果炭疽病，柑橘青霉病、绿霉

病、炭疽病、蒂腐病，香蕉炭疽病、冠腐病等有较好地防治效果，还可用于水果采后处理防治储藏期病害。

在土壤中主要降解为易挥发的代谢产物，易被土壤颗粒吸附，不易被雨水冲刷。对土壤中的生物低毒，但对土壤中有些真菌有抑制作用。

制剂： 25%、50%、60%咪鲜胺锰盐可湿性粉剂。

50%咪鲜胺锰盐可湿性粉剂

理化性质及规格： 50%咪鲜胺锰盐可湿性粉剂由有效成分、载体、润湿剂等组成。外观为灰白色粉末，密度0.27g/m^3，pH7.5，悬浮率>75%，润湿时间<60s，稳定性良好，常温储存稳定性2年以上。

毒性： 按照我国农药毒性分级标准，50%咪鲜胺锰盐可湿性粉剂属低毒。大鼠急性经口LD_{50}为2 700mg/kg，急性经皮LD_{50}>2 000mg/kg，急性吸入LC_{50}>2 660mg/m^3。对兔眼睛有短暂刺激，对皮肤无刺激。

使用方法：

1. 防治蘑菇褐腐病、白腐病和湿泡病

(1) 第一次施药时采用拌药土方法，在菇床覆土前，每平方米覆盖土用50%咪鲜胺锰盐可湿性粉剂0.8～1.2g（有效成分0.4～0.6g）与水1L稀释后均匀拌混，然后覆盖于已接菇种的菇床上；第二次施药采用喷雾施药方法，在第二潮菇转批后，每平方米菇床用50%咪鲜胺锰盐可湿性粉剂0.8～1.2g（有效成分0.4～0.6g）加水1L稀释后，均匀喷于菇床上。安全间隔期为10d。

(2) 采用喷雾施药方法，在菇床覆土后5～9d第一次施药，每平方米菇床用50%咪鲜胺锰盐可湿性粉剂制0.8～1.2g（有效成分0.4～0.6g），加水1L稀释后均匀喷于菇床上；第二潮菇转批后以第一次施药的剂量和方法进行第二次施药，安全间隔期为10d。

2. 防治柑橘储藏期蒂腐病、青霉病、绿霉病、炭疽病　挑选当天采收无病无伤口的好果，清水洗去果面上的灰尘和药迹，用50%咪鲜胺锰盐可湿性粉剂1 000～2 000倍液（有效成分浓度250～500mg/L）浸果1～2min，捞起晾干，室温储藏，单果包装效果更佳。安全间隔期为14d。

3. 防治芒果炭疽病

(1) 采前喷雾施药，在芒果花蕾期和始花期，用50%咪鲜胺锰盐可湿性粉剂1 000～2 000倍液（有效成分浓度250～500mg/L）各喷雾施药一次，以后每隔7～10d喷一次，根据发病情况连续施用3～4次。

(2) 采后浸果处理，挑选当天采收无病无伤口的好果，清水洗去果面上的灰尘和药迹，用25%咪鲜胺乳油500～1 000倍液（有效成分浓度500～1 000mg/L）浸果1～2min，捞起晾干，室温储藏，单果包装效果更佳。对薄皮品种（如象牙芒、马切苏）等慎用，以免出现药斑。

4. 防治辣椒炭疽病　发病前或发病初期开始施药，每次每667m^2用50%咪鲜胺锰盐可湿性粉剂38～74g（有效成分19～37g）对水喷雾，间隔7d左右喷一次，连续使用2～3次，安全间隔期为7d，一季最多使用3次。

5. 防治黄瓜炭疽病　发病前或发病初期开始施药，每次每667m^2用50%咪鲜胺锰盐可湿性粉剂 40～70g（有效成分 20～35g）对水喷雾，间隔 7d 左右喷一次，连续使用 3～4 次，安全间隔期为 7d，一季最多使用 3 次。

6. 防治葡萄黑痘病　发病前或发病初期开始施药，用 50%咪鲜胺锰盐可湿性粉剂 1 500～2 000 倍液（有效成分浓度 250～333.3mg/kg）整株喷雾，间隔 7d 施药一次，可连续施用 2 次，安全间隔期为 10d，一季最多使用 2 次。

7. 防治西瓜枯萎病　在瓜苗定植期、缓苗后和坐果初期或发病初期开始用药，用 50%咪鲜胺锰盐可湿性粉剂 750～1 000 倍液（有效成分浓度 333～625mg/kg）喷雾，每隔 7～14d 喷一次，连续使用 2～3 次。

8. 防治烟草赤星病　发病初期开始用药，每次每 667m^2 用 50%咪鲜胺锰盐可湿性粉剂 36～46g（有效成分 18～23g）对水喷雾，间隔 7d 左右喷一次，连续使用 2～3 次，安全间隔期为 14d，一季最多使用 3 次。

注意事项：

1. 咪鲜胺锰盐人体每日每千克体重允许摄入量（ADI）为 0.01mg。联合国粮农组织（FAO）和世界卫生组织（WHO）规定的最大残留限量，蘑菇为 2mg/kg，柑橘全果为 5mg/kg。

2. 咪鲜胺锰盐无特殊解毒药，如误服，应立即送医院，不可引吐。应出示标签，以便对症治疗。如误吸入，立即将患者移至空气清新处。

3. 建议与其他作用机制不同的杀菌剂轮换使用，以延缓抗性产生。

抑　霉　唑

中文通用名称：抑霉唑

英文通用名称：imazalil

其他名称：戴挫霉，万利得，仙亮，戴寇唑，Magnate，Deccozil，Fungaflor，Fungazin，Fecundal

化学名称：1－［2－（2，4－二氯苯基）－2－（2－烯丙氧基）乙基］－1H－咪唑

化学结构式：

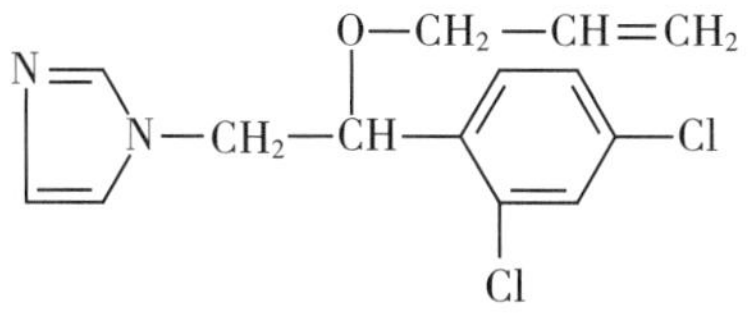

O—CH_2—CH═CH_2
N—CH_2—CH—（2,4-二氯苯基）—Cl
Cl

理化性质：纯品外观为浅黄色至棕色结晶体，密度为 1.348g/m^3，熔点 52℃，沸点＞340℃，蒸气压 0.158mPa（20℃）。在水中溶解度 0.18g/L（pH7.6），在乙醇、甲醇、二甲苯、苯、正庚烷、己烷和石油醚中的溶解度＞500g/L。在室温下避光储存稳定，对热（约 285℃）稳定。原药有效成分＞98.5%。

毒性：按照我国农药毒性分级标准，抑霉唑属中等毒。原药雄、雌大鼠急性经口 LD_{50} 分别为 343mg/kg 和 227mg/kg，兔急性经皮 LD_{50} 4 200mg/kg。对兔皮肤有轻微刺激。对兔眼睛有中等刺激。对豚鼠无致敏作用，致突变为阴性，对致畸、繁殖无不良影响，无致癌作用和迟发性神经毒性。每人每日每千克体重允许摄入量 0.01mg，抑霉唑室内浸果通常吸

收、分布在表皮几毫米内，处理柑橘14周后，50%可溶状态残存在柑橘皮内，30%以下不溶状态残留在柑橘皮中。在土壤中的半衰期为4～5个月。水中的半衰期>35d。

作用特点： 抑霉唑是一种内吸性广谱杀菌剂，作用机制是影响细胞膜的渗透性、生理功能和脂类合成代谢，从而破坏霉菌的细胞膜，同时抑制霉菌孢子的形成。抑霉唑对柑橘、香蕉和其他水果喷施或浸渍，能防治收获后水果的腐烂，对抗苯并咪唑类的青霉菌、绿霉菌有较高的防效。

制剂： 22.2%、50%、85%抑霉唑乳油，15%抑霉唑烟剂，0.1%抑霉唑涂抹剂。

22.2%抑霉唑乳油

理化性质及规格： 22.2%抑霉唑乳油由有效成分、乳化剂及溶剂组成。外观为黄色液体，相对密度1.05，乳液稳定性良好，水分含量<1%，闪点>100℃，0～75℃稳定性良好，室温下储存3～5年稳定。

毒性： 按照我国农药毒性分级标准，22.2%抑霉唑乳油属低毒。大鼠急性经口 LD_{50} 为1 441mg/kg，兔急性经皮 LD_{50} 为4 880mg/kg。

使用方法：

防治柑橘青霉病、绿霉病 挑选当天采收无病无伤口的好果，清水洗去果面上的灰尘和药迹，用22.2%抑霉唑乳油450～900倍液（有效成分浓度246～493mg/L）浸果1～2min，捞起晾干，室温储藏，单果包装效果更佳。

15%抑霉唑烟剂

理化性质及规格： 均匀疏松粉末，不应有结块。

毒性： 按照我国农药毒性分级标准，15%抑霉唑烟剂属低毒。雌、雄大鼠急性经口 LD_{50}>794mg/kg，急性经皮 LD_{50} 均>2 000mg/kg。

使用方法：

防治番茄叶霉病 病害发生初期开始施药，日落后密闭温室由里到外依次点燃药剂放烟，棚室密封烟熏处理12h，每667m² 使用15%抑霉唑烟剂222～333g（有效成分33.3～50g），间隔7～10d施药一次，连续施药2～3次。

注意事项：

1. 操作时要穿戴防护用品，防止接触皮肤、眼睛，施药后要用水和肥皂洗手、脸。
2. 如果发生中毒，要立即送医院治疗，如中毒超过15min，应进行催吐，最好用Syrup APF作催吐剂，服阿脱品解毒。

八、三唑类

苯醚甲环唑

中文通用名称： 苯醚甲环唑

英文通用名称： difenoconazole

其他名称： 敌萎丹、世高

化学名称： 3-氯-4-[4-甲基-2-(1H-1，2，4-三唑-1-基甲基)-1，3-二噁戊烷-2-基]苯基4-氯苯基醚

化学结构式：

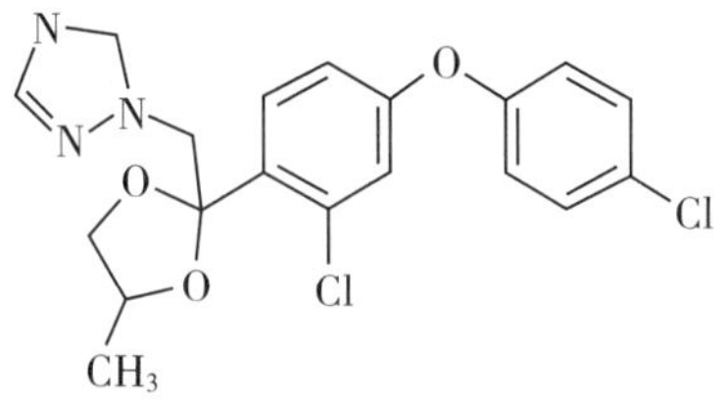

理化性质： 苯醚甲环唑为无色固体，熔点78.6℃，沸点220℃，蒸气压（25℃）3.3×10^{-8} Pa。水中溶解度（25℃）为15mg/L，易溶于有机溶剂。在土壤中移动性小，缓慢降解。

毒性： 按照我国农药毒性分级标准，苯醚甲环唑属低毒。大鼠急性经口 LD_{50} 为1 453 mg/kg，急性吸入 LC_{50}（4h）>45mg/m^3，兔急性经皮 LD_{50}>2 010mg/kg。对兔皮肤和眼睛有刺激作用，对豚鼠皮肤无致敏性。野鸭急性经口 LD_{50}>2 150mg/kg。虹鳟鱼 LC_{50}（96h）0.8mg/L。对蜜蜂无毒。

作用特点： 苯醚甲环唑是甾醇脱甲基化抑制剂，可破坏和阻止病菌的细胞膜重要组成成分麦角甾醇的生物合成，破坏细胞膜的结构与功能，导致菌体生长停滞甚至死亡。苯醚甲环唑杀菌谱广，具有保护、治疗和内吸活性，可用作叶面处理或种子处理，对子囊菌纲，担子菌纲和包括链格孢属、壳二孢属、尾孢霉属、刺盘孢属、球痤菌属、茎点霉属、柱隔孢属、壳针孢属、黑星菌属在内的半知菌类，白粉菌，锈菌及某些种传病原菌有持久的保护和治疗作用。

制剂： 3%苯醚甲环唑悬浮种衣剂，10%、15%、20%、25%、30%、37%苯醚甲环唑水分散粒剂，250g/L、20%、25%、30%苯醚甲环唑乳油，10%、12%、30%苯醚甲环唑可湿性粉剂，5%、10%、20%、25%苯醚甲环唑水乳剂。

3%苯醚甲环唑悬浮种衣剂

理化性质及规格： 外观为胶悬液，pH5～7，密度1.047g/mL（20℃），黏度300～400mPa·s（20℃）。

毒性： 按照我国农药毒性分级标准，3%苯醚甲环唑悬浮种衣剂属低毒。大鼠急性经口 LD_{50}>5 000mg/kg，急性吸入 LC_{50}（4h）>60mg/m^3，兔急性经皮 LD_{50}>2 000mg/kg。

使用方法：

1. 防治小麦散黑穗病　每100kg小麦种子用3%苯醚甲环唑悬浮种衣剂200～333mL（有效成分6～10g）均匀拌种，先用水将药剂稀释至1～2L，将药浆与种子充分搅拌，直到药液均匀分布到种子表面，晾干后即可播种。

2. 防治小麦纹枯病　每100kg小麦种子用3%苯醚甲环唑悬浮种衣剂制剂200～300mL（有效成分6～9g）均匀拌种，拌种方法同上。

3. 防治小麦全蚀病　每100kg小麦种子用3%苯醚甲环唑悬浮种衣剂制剂557～667mL（有效成分16.7～20g）均匀拌种，拌种方法同上。

10%苯醚甲环唑水分散粒剂

理化性质及规格：10%苯醚甲环唑水分散粒剂外观为米色至棕色颗粒，储存稳定性3年以上。

毒性：按照我国农药毒性分级标准，10%苯醚甲环唑水分散粒剂属低毒。雌、雄大鼠急性经口LD_{50}为5 000mg/kg，急性经皮LD_{50}>2 000mg/kg，急性吸入LC_{50}>2 000mg/m^3。对家兔皮肤无刺激，眼睛有轻度刺激。对豚鼠皮肤属弱致敏物。

使用方法：

1. *防治梨黑星病* 梨树萌芽期开始施药，用10%苯醚甲环唑水分散粒剂6 000～7 000倍液（有效成分浓度14.3～16.7mg/L）整株喷雾，落花后喷第二次，每次间隔7～10d，安全间隔期14d，一季最多使用3次。

2. *防治苹果斑点落叶病* 于春梢秋梢发病前或发病初期，用10%苯醚甲环唑水分散粒剂1 500～3 000倍液（有效成分浓度40～67mg/L）整株喷雾，每隔7d喷一次，安全间隔期21d，一季最多使用4次。

3. *防治葡萄炭疽病* 发病前或发病初期开始施药，用10%苯醚甲环唑水分散粒剂600～1 000倍液（有效成分浓度100～166.7mg/L）整株喷雾，每隔7～10d喷一次，安全间隔期21d，一季最多使用3次。

4. *防治葡萄黑痘病* 发病初期开始施药，每次用10%苯醚甲环唑水分散粒剂1 000倍液（有效成分浓度100mg/L）整株喷雾，每隔7～10d喷一次，安全间隔期21d，一季最多使用3次。

5. *防治柑橘疮痂病* 发病前或发病初期开始施药，每次用10%苯醚甲环唑水分散粒剂667～2 000倍液（有效成分浓度50～150mg/L）整株喷雾，每隔10d左右喷一次，安全间隔期28d，一季最多使用3次。

6. *防治西瓜炭疽病* 发病初期开始施药，每次每667m^2用10%苯醚甲环唑水分散粒剂50～83g（有效成分5～8.3g）对水喷雾，每隔7～10d喷一次，安全间隔期14d，一季最多使用3次。

7. *防治番茄早疫病* 发病前或初期开始施药，每次每667m^2用10%苯醚甲环唑水分散粒剂67～100g（有效成分6.7～10g）对水喷雾，每隔7～10d喷一次，安全间隔期7d，一季最多使用2次。

8. *防治辣椒炭疽病* 发病初期开始施药，每次每667m^2用10%苯醚甲环唑水分散粒剂50～83g（有效成分5～8.3g）对水喷雾，每隔7～10d喷一次，安全间隔期3d，一季最多使用3次。

9. *防治菜豆锈病* 发病前或初期施药，每次每667m^2用10%苯醚甲环唑水分散粒剂50～83g（有效成分5～8.3g）对水喷雾，每隔7～10d喷一次，安全间隔期7d，一季最多使用3次。

10. *防治茶树炭疽病* 发病前或初期施药，用10%苯醚甲环唑水分散粒剂1 000～1 500倍液（有效成分浓度66.7～100mg/L）叶面喷雾，每隔10d左右喷一次，安全间隔期14d，一季作物最多施用3次。

11. *防治大白菜黑斑病* 发病前或初期施药，每次每667m^2用10%苯醚甲环唑水分散粒剂 35～50g（有效成分 3.5～5g）对水喷雾，每隔 7d 左右使用一次，安全间隔期 28d，一季最多使用 3 次。

12. 防治大蒜叶枯病和枯萎病　发病前或初期施药，每次每 667m² 用 10%苯醚甲环唑水分散粒剂 30～60g（有效成分 3～6g）对水喷雾。每隔 7d 左右使用一次，安全间隔期 10d，一季最多使用 3 次。

13. 防治黄瓜白粉病　发病前或初期施药，每次每 667m² 用 10%苯醚甲环唑水分散粒剂 50～90g（有效成分 5～8.3g）对水喷雾，每隔 7d 左右使用一次，安全间隔期 3d，一季最多使用 3 次。

14. 防治荔枝炭疽病　发病前或初期施药，每次用 10%苯醚甲环唑水分散粒剂 667～1 000倍液（有效成分浓度 100～150mg/L）整株喷雾，每隔 7～10d 使用一次，安全间隔期 3d，一季最多使用 3 次。

15. 防治芦笋茎枯病　发病前或初期开始施药，用 10%苯醚甲环唑水分散粒剂 1 000～1 500倍液（有效成分浓度 66.7～100mg/L）对水喷雾，每隔 10d 左右使用一次，安全间隔期 10d，一季最多使用 2 次。

16. 防治芹菜叶斑病　发病前或初期开始施药，每次每 667m² 用 10%苯醚甲环唑水分散粒剂 67～83.3g（有效成分 6.7～8.3g）对水喷雾，每隔 10d 左右喷一次，安全间隔期 14d，一季最多使用 3 次。

17. 防治三七黑斑病　发病前或初期开始施药，每次每 667m² 用 10%苯醚甲环唑水分散粒剂 30～45g（有效成分 3～4.5g）对水喷雾，每隔 10 左右喷一次，安全间隔期 60d，一季最多使用 3 次。

18. 防治石榴麻皮病　发病前或初期开始施药，用 10%苯醚甲环唑水分散粒剂 1 000～2 000倍液（有效成分浓度 50～100mg/L）整株喷雾，每隔 10d 左右喷一次，安全间隔期 14d，一季最多使用 3 次。

19. 防治洋葱紫斑病　发病前或初期开始施药，每次每 667m² 用 10%苯醚甲环唑水分散粒剂 30～75g（有效成分 3～7.5g）对水喷雾，每隔 7～10d 左右喷一次，安全间隔期 10d，一季最多使用 3 次。

250g/L 苯醚甲环唑乳油

理化性质及规格：250mg/L 苯醚甲环唑乳油由有效成分、增效剂、高渗剂、安全剂、助剂、填料组成，pH5～8。

毒性：按照我国农药毒性分级标准，250g/L 苯醚甲环唑乳油属低毒。雌、雄大鼠急性经口 LD_{50} 分别为 2 160mg/kg 和 3 160mg/kg，急性经皮 LD_{50} >2 150mg/kg，急性吸入 LC_{50} >6 727（2h）mg/m³；对家兔皮肤轻度刺激，对眼睛也有轻度刺激；属弱致敏物。

使用方法：

1. 防治香蕉叶斑病和黑星病　病害发生初期用 250g/L 苯醚甲环唑乳油 2 000～3 000 倍液（有效成分浓度 83.3～125mg/L）叶面喷雾，每隔 10d 喷一次，安全间隔期 42d，一季最多使用 3 次。

2. 防治水稻纹枯病　病害发病初期开始施药，每次每 667m² 用 250g/L 苯醚甲环唑乳油15～30mL（有效成分 3.75～7.5g）对水喷雾，每隔 10d 左右喷一次，视发病情况连续使用 2～3 次。

10%苯醚甲环唑可湿性粉剂

理化性质及规格： 10%苯醚甲环唑可湿性粉剂外观为灰白色粉末，pH6～9，密度0.45g/cm^3（20℃），无可燃性。

毒性： 按照我国农药毒性分级标准，10%苯醚甲环唑可湿性粉剂属低毒。雌、雄大鼠急性经口 LD_{50}>5 000mg/kg，急性经皮 LD_{50}>2 000mg/kg，急性吸入 LC_{50}>2 000mg/m^3；对家兔皮肤轻度刺激，眼睛无刺激；对豚鼠皮肤属弱致敏物。

使用方法：

防治苹果黑星病　发病前或发病初期开始施药，每次用10%苯醚甲环唑可湿性粉剂1 500～2 500倍液（有效成分浓度40～66.7mg/L）整株喷雾，每隔10d左右喷一次，安全间隔期为7d，一季最多使用3次。

注意事项：

1. 苯醚甲环唑不宜与铜制剂混用。铜制剂能降低它的杀菌能力，如果确实需要与铜制剂混用，则要加大苯醚甲环唑10%以上的用药量。

2. 苯醚甲环唑虽有保护和治疗双重效果，但为了尽量减轻病害造成的损失，仍应在发病初期进行施药。

3. 大风或预计1h内降雨，请勿施药。

丙　环　唑

中文通用名称： 丙环唑

英文通用名称： propiconazol

其他名称： 敌力脱，必扑尔

化学名称： 1-[2-（2，4-二氯苯基）-4-丙基-1，3-二氧戊环-2-基甲基]-1-H-1，2，4-三唑

化学结构式：

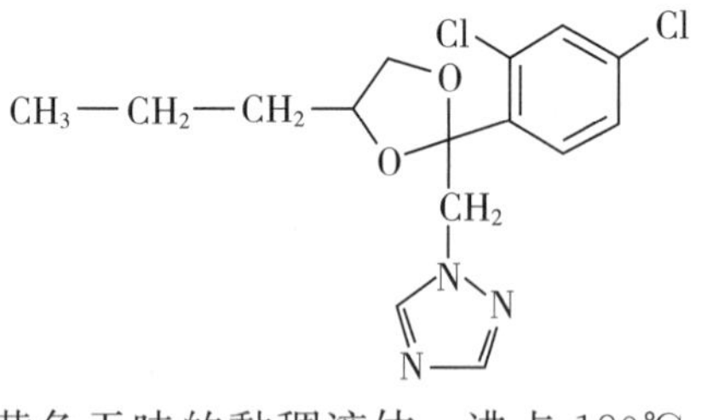

$CH_3-CH_2-CH_2-$ (1,3-二氧戊环-2-基，2位连2,4-二氯苯基及 CH_2-1,2,4-三唑-1-基)

理化性质： 原药外观为黄色无味的黏稠液体，沸点180℃，蒸气压（25℃）2.7×10^{-2} mPa，密度（20℃）1.29 g/m^3。在水中溶解度为100mg/L（20℃），易溶于有机溶剂。320℃以下稳定，对光较稳定，水解不明显。在酸性、碱性介质中较稳定，不腐蚀金属。储存稳定性3年。

毒性： 按照我国农药毒性分级标准，丙环唑属低毒。原油对大鼠急性经口 LD_{50} 为1 517 mg/kg，急性经皮 LD_{50}>4 000mg/kg；对家兔眼睛和皮肤有轻微刺激作用；对大鼠亚急性无作用剂量为16mg/（kg·d），对狗为36mg/（kg·d），对家兔亚急性吸入无作用剂量为200mg/（kg·d），对小鼠慢性吸入无作用剂量为10.4mg/（kg·d）；实验室条件下，未见

致畸、致突变和致癌作用。

作用特点：丙环唑是一种具有治疗和保护双重作用的杀菌剂，属甾醇脱甲基化抑制剂，主要是通过破坏和阻止病菌的细胞膜重要组成成分麦角甾醇的生物合成，破坏细胞膜的结构与功能，导致菌体生长停滞甚至死亡。丙环唑具内吸性，可被根、茎、叶部吸收，并能很快地在植株体内向上传导，对子囊菌、担子菌和半知菌引起的病害，特别是对小麦全蚀病、白粉病、锈病、根腐病，水稻恶苗病、纹枯病，香蕉叶斑病等病害具有较好的防效，但对卵菌类病害无效。丙环唑残效期在30d左右。

制剂：25%、50%、62%、70%和250g/L丙环唑乳油，20%、40%、50%和55%丙环唑微乳剂。

25% 丙环唑乳油

理化性质及规格：25%丙环唑乳油由有效成分、乳化剂和溶剂组成。外观为浅黄色液体，密度0.98～1.00g/m^3，闪点55～63℃，能与多数常用农药相混，储存稳定性3年。

毒性：按照我国农药毒性分级标准，25%丙环唑乳油属低毒。大鼠急性经口LD_{50}为2 105mg/kg，急性经皮LD_{50}>2 500mg/kg，急性吸入LD_{50}>1 000mg/m^3，对皮肤、眼睛有轻度刺激作用。

使用方法：

1. *防治小麦白粉病* 发病初期开始施药，每667m^{2}每次用25%丙环唑乳油25～40mL（有效成分6.2～10g）对水喷雾，每隔7～10d喷一次，视病情发展情况施药1～2次，安全间隔期28d，最多使用2次

2. *防治小麦根腐病、纹枯病* 发病初期开始施药，每667m^{2}每次用25%丙环唑乳油33～66mL（有效成分8.25～16.5g）对水喷雾，每隔7～10d喷一次，视病情发展情况，施药1～2次，安全间隔期28d，最多使用2次。

3. *防治小麦锈病* 发病初期开始施药，每667m^{2}每次用25%丙环唑乳油35～45mL（有效成分8.75～11.25g），每隔7～10d喷一次，视病情发展情况，施药1～2次，安全间隔期28d，最多使用2次。

4. *防治香蕉叶斑病* 病斑初现时开始施药，每次用25%丙环唑乳油500～1 000倍液（有效成分浓度250～500mg/L）整株喷雾，开花结果时再喷施1～2次，每次间隔15～20d，台风雨来临前或寒潮来临前喷药尤为重要，安全间隔期42d，一季最多使用2次。

注意事项：

1. 大风或预计1h内降雨，请勿施药。

2. 丙环唑易在农作物的花期、苗期、幼果期、嫩梢期产生药害，使用时应注意不能擅自超量使用，并在植保技术人员的指导下使用。丙环唑可以和大多数酸性农药混配使用。

3. 丙环唑无解毒剂，如不慎吸入或误服应立刻携标签送医院就医对症治疗。

粉 唑 醇

中文通用名称：粉唑醇

英文通用名称：flutriafol

化学名称：α-（2-氟苯基）-α-（4-氟苯基）-1H-1，2，4-三唑-1-乙醇

化学结构式：

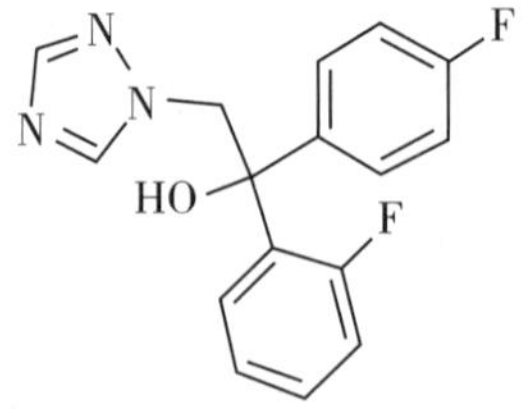

理化性质：纯品为无色晶体，熔点130℃，密度1.41g/cm^3，蒸气压7.1×10^{-7}mPa。溶解度（20℃）为水中130mg/L（pH7），丙酮中190mg/L，二氯甲烷中150mg/L，己烷中300mg/L，甲醇中69mg/L，二甲苯中12mg/L。纯品在酸、碱、热和潮湿的环境中稳定。原粉外观为灰白色无味粉末，熔点125～127℃，在常规条件下储存稳定。

毒性：按照我国农药毒性分级标准，粉唑醇属低毒。原药雄、雌大鼠急性经口LD_{50}分别为1 140mg/kg和1 480mg/kg，雄、雌小鼠急性经口LD_{50}分别为365mg/kg和179mg/kg，兔急性经皮LD_{50}＞2 000mg/kg；对大鼠、兔皮肤均无刺激，但对兔眼睛具有中等刺激作用；试验剂量内对动物无致突变、致畸、致癌作用；鲤鱼LC_{50}（96h）77mg/L；野鸭急性经口LD_{50}＞5 000mg/kg，石鸡LD_{50}为616mg/kg，对蜜蜂无不良影响，急性经口LD_{50}为2mg/只。

作用特点：粉唑醇属甾醇脱甲基化抑制剂，主要是通过破坏和阻止病菌的细胞膜重要组成成分麦角甾醇的生物合成，破坏细胞膜的结构与功能，导致菌体生长停滞甚至死亡。对担子菌和子囊菌引起的许多病害具有良好的保护和治疗作用，但对卵菌和细菌无活性。粉唑醇可防治禾谷类作物（主要包括小麦、大麦、黑麦、玉米等）茎叶、穗部病害，如白粉病、锈病、云纹病、叶斑病、网斑病、黑穗病等，同时也可防治土壤和种子传播的病害，对谷物白粉病有特效。

制剂：12.5％、25％粉唑醇悬浮剂。

12.5％粉唑醇悬浮剂

理化性质及规格：外观为乳白色黏稠状液体。密度1.110 6g/mL（20℃），黏度728.142 1mPa·s（20℃）。pH5～8，闪点69.3℃。非易燃液体。

毒性：按照我国农药毒性分级标准，12.5％粉唑醇悬浮剂属低毒。雌、雄大鼠急性经口LD_{50}为2 710mg/kg，急性经皮LD_{50}＞5 000mg/kg，急性吸入LC_{50}＞5 000mg/m^3（2h）；对家兔皮肤无刺激，对眼睛有中度刺激；对豚鼠皮肤属弱致敏物。

使用方法：

1. 防治小麦白粉病　剑叶初见病斑或盛发前开始用药，每次每667m^2用12.5％粉唑醇悬浮剂50～65mL（有效成分6.25～8.13g）对水喷雾，视发病情况，喷药1～2次。

2. 防治草莓白粉病　发病前或发病初期开始施药，每次每667m^2用12.5％粉唑醇悬浮剂30～60mL（有效成分3.75～7.5g）对水喷雾，每隔7～10d喷一次，需喷2～3次，安全间隔期为50d，一季最多使用4次。

注意事项：

1. 大风天或预计1h内有雨，请勿施药。不要在气候条件恶劣或正午高温时施药。

2. 建议与其他作用机制不同的杀菌剂轮换使用，以延缓抗性产生。

氟　硅　唑

中文通用名称：氟硅唑

英文通用名称：flusilazole

其他名称：克菌星，新星，福星

化学名称：双（4-氟苯基）-（1H-1，2，4-三唑-1-基甲基）甲硅烷

化学结构式：

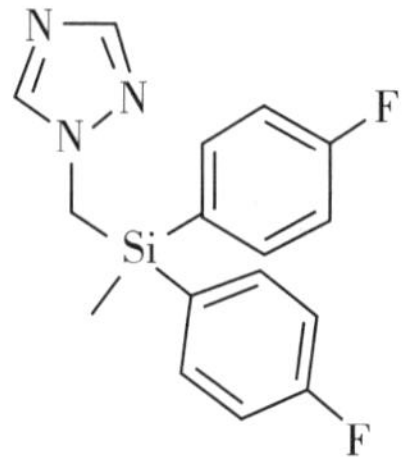

理化性质：纯品为无色结晶体。熔点53℃，密度1.3g/cm^3，蒸气压3.86×10^{-2}mPa（25℃）。在水中溶解度45mg/L（pH7.8，20℃），在多种有机溶剂中溶解度>2 000mg/L。对光、热稳定。

毒性：按照我国农药毒性分级标准，氟硅唑属低毒。雄、雌大鼠急性经口LD_{50}分别为1 110mg/kg和674mg/kg；兔急性经皮LD_{50}>2 000mg/kg；大鼠急性吸入LC_{50}>5 000mg/m^3。对兔皮肤和眼睛有轻微刺激作用；大鼠致畸无作用剂量为每天2mg/kg（管饲法）和每天4.6mg/kg（喂饲法），兔致畸无作用剂量为每天12mg/kg（管饲法）和每天2.8mg/kg（喂饲法），无致癌、致突变作用；虹鳟鱼LC_{50} 1.2mg/L（96h），太阳鱼LC_{50} 1.7mg/L（96h）。野鸭LD_{50}>1 590mg/kg，蜜蜂LD_{50} 150μg/只。

作用特点：氟硅唑为甾醇脱甲基化抑制剂，主要是破坏和阻止病菌的细胞膜重要组成成分麦角甾醇的生物合成，破坏细胞膜的结构与功能，导致菌体生长停滞甚至死亡。对子囊菌、担子菌和半知菌所致病害有效，对卵菌无效。氟硅唑对梨黑星病有特效。

制剂：40%氟硅唑乳油。

40%氟硅唑乳油

理化性质及规格：40%氟硅唑乳油由有效成分、乳化剂和溶剂组成。外观为棕色液体，蒸气压1.46×10^{-2}Pa（25℃），水分含量<0.1%，pH6，冷、热储存稳定性良好，常温储存稳定性4年以上。

毒性：按照我国农药毒性分级标准，40%氟硅唑乳油属低毒。雄、雌大鼠急性经口LD_{50}分别为1 865mg/kg和1 272mg/kg；兔急性经皮LD_{50}>5 000mg/kg；雄大鼠急性吸入LC_{50}>2 700mg/m^3，雌大鼠急性吸入LC_{50}为3 700mg/m^3。

使用方法：

1. 防治梨黑星病、赤星病　发病初期开始施药，每次用40%氟硅唑乳油8 000～10 000倍液（有效成分浓度40～50mg/L）整株喷雾，每隔10～15d施药一次，视发病情况，施药

2～3 次。安全间隔期 21d，最多使用 2 次。

2. 防治葡萄黑痘病、白腐病、炭疽病　发病初期开始施药，每次用 40%氟硅唑乳油 8 000～10 000 倍液（有效成分浓度 40～50mg/L）整株喷雾，每隔 7～10d 施药一次，连续施药 2～3 次，安全间隔期为 28d，每季最多使用 3 次。

3. 防治黄瓜黑星病　发病初期开始施药，每次每 667m^2 用 40%氟硅唑乳油 8～12mL（有效成分 3～5g）对水喷雾，每隔 7d 喷一次，连续喷施 2～3 次，安全间隔期为 3d，每季作物最多使用 2 次。

4. 防治菜豆白粉病　发病初期开始施药，每次每 667m^2 用 40%氟硅唑乳油 8～10mL（有效成分 3～4g）对水喷雾。每隔 7d 喷一次，连续喷施 2～3 次，安全间隔期为 5d，每季最多使用 3 次。

10%氟硅唑水乳剂

理化性质及规格：外观为白色液体，无刺激性气味。蒸气压 0.039mPa（25℃），pH5～8，密度 1.013 5g/mL（20℃），黏度 2.31mPa·s（20℃），闪点 33.5℃。水中溶解度 45mg/L（pH7.8），溶于大多数有机溶剂，易燃液体。

毒性：按照我国农药毒性分级标准，10%氟硅唑水乳剂属低毒。雌、雄大鼠急性经口 LD_{50} 为 3 830mg/kg，急性经皮 LD_{50}＞5 000mg/kg。对家兔皮肤、眼睛有轻度刺激性；对豚鼠皮肤属弱致敏物。

使用方法：

1. 防治番茄叶霉病　发病前或发病初期施药，每次每 667m^2 用 10%氟硅唑水乳剂 40～50mL（有效成分 4～5g）对水喷雾，每隔 7～10d 喷一次，连续喷施 2～3 次，安全间隔期为 3d，每季作物最多使用 3 次。

2. 防治黄瓜白粉病　发病初期开始施药，每次每 667m^2 用 10%氟硅唑水乳剂 40～50mL（有效成分 4～5g）对水喷雾，每隔 7～10d 喷一次，喷施 1～2 次，安全间隔期为 3d，每季最多使用 2 次。

3. 防治梨黑星病　发病初期开始施药，每次用 10%氟硅唑水乳剂 2 000～2 500 倍液（有效成分浓度 40～50mg/L）整株喷雾，7～10d 后再喷一次，安全间隔期为 21d，一季最多使用 2 次。

4. 防治葡萄白腐病　发病初期开始施药，每次用 10%氟硅唑水乳剂 2 000～2 500 倍液（有效成分浓度 40～50mg/L）整株喷雾，视发病情况喷施 2～3 次，每次间隔 7～10d，安全间隔期为 28d，一季最多使用 3 次。

注意事项：

1. 酥梨类品种在幼果期对该药剂敏感，应谨慎用药。

2. 不能与强酸和强碱性药剂混用，应与其他作用机制不同的药物轮换使用，以免过快产生抗性。

氟　环　唑

中文通用名称：氟环唑

英文通用名称：epoxiconazole

其他名称：欧博

化学名称：（2RS，3SR）-1-[-3-（2-氯苯基）-2，3-氧桥-2-（4-氟苯基）丙基] -1H-1，2，4-三唑

化学结构式：

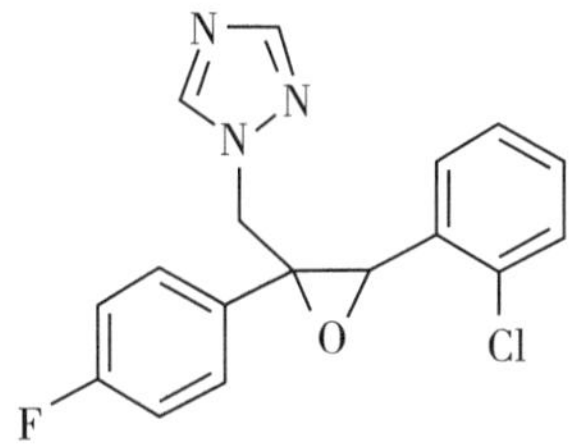

理化性质：纯品外观为白色或微黄色晶体，熔点134℃，密度1.374g/cm^3（25℃），蒸气压<1×10^{-5}Pa（25℃），溶解度（20℃）分别为丙酮14mg/L，二氯甲烷29.1mg/L，甲醇2.8mg/L，水7mg/L。

毒性：按照我国农药毒性分级标准，氟环唑属低毒。雄、雌大鼠急性经口LD_{50}分别为1 110mg/kg和674mg/kg，急性吸入LC_{50}>5 000mg/m^3，兔急性经皮LD_{50}>2 000mg/kg；对兔皮肤和眼睛有轻微刺激作用；无致突变作用，无致癌作用；虹鳟鱼LC_{50}1.2mg/L（96h），太阳鱼LC_{50}1.7mg/L（96h），野鸭LD_{50}>1 590mg/kg，蜜蜂LD_{50}150μg/只。

作用特点：氟环唑主要是通过对C-14脱甲基化酶的抑制作用，抑制病菌麦角甾醇的合成，破坏细胞膜的结构与功能，导致菌体生长停滞甚至死亡。氟环唑还可以提高作物的几丁质酶活性，导致真菌吸器的收缩，抑制病菌侵入，这是氟环唑与其他三唑类产品相比较为独特的性质。

氟环唑对禾谷类作物立枯病、白粉病、眼纹病等十多种病害具有良好的防治作用，并能防治甜菜、花生、油菜、咖啡及果树等病害。不仅具有很好的保护、治疗和铲除活性，而且具有内吸和较佳的残留活性。

制剂：12.5%、30%氟环唑悬浮剂，7.5%氟环唑乳油。

12.5%氟环唑悬浮剂

理化性质及规格：12.5%氟环唑悬浮剂外观为白色可流动悬浮液体。

毒性：按照我国农药毒性分级标准，12.5%氟环唑悬浮剂属低毒。

使用方法：

1. 防治香蕉叶斑病　发病初期开始施药，每次每667m^2用12.5%氟环唑悬浮剂50～100mL（有效成分6.25～12.5g）整株喷雾，每隔20d左右喷一次，安全间隔期为35d，每季最多使用3次。

2. 防治小麦锈病　发病初期用低剂量、始盛期用高剂量防治，每次每667m^2用12.5%氟环唑悬浮剂48～60mL（有效成分6～7.5g）对水喷雾，每隔10～15d喷药一次，连续喷施1～3次，安全间隔期为30d。

7.5%氟环唑乳油

理化性质及规格：外观为浅褐色黏稠液体，密度0.96g/cm^3（20℃），黏度5.2mPa

（20℃）。

毒性：按照我国农药毒性分级标准，7.5%氟环唑乳油属低毒。雌、雄大鼠急性经口 LD_{50}>2 000mg/kg，急性经皮 LD_{50}>4 000mg/kg，急性吸入（4h）LC_{50} 为 3 250mg/m^3；对家兔皮肤无刺激，对眼睛有中度刺激；对豚鼠皮肤属弱致敏物。

使用方法：

1. 防治香蕉黑星病　发病初期开始施药，每次用 7.5%氟环唑乳油 500～750 倍液（有效成分浓度 100～150mg/L）整株喷雾，视发病情况施药 2～3 次，每次间隔 7～10d，安全间隔期为 35d，每季最多使用 3 次。

2. 防治香蕉叶斑病　发病初期开始用药，每次用 7.5%氟环唑乳油 400～750 倍液（有效成分浓度 100～187.5mg/L）整株喷雾，视发病情况施药 2～3 次，每次间隔 7～10d，安全间隔期为 35d，每季最多使用 3 次。

注意事项：

1. 香蕉叶斑病喷药请勿直接喷洒在指蕉上，喷药前应将幼蕉套袋。
2. 氟环唑持效期长，如在谷物上的抑菌作用可达 40d 以上。
3. 用药前如有分层属正常现象，使用时摇匀即可。

己　唑　醇

中文通用名称：己唑醇

英文通用名称：hexaconazole

其他名称：安福

化学名称：2-（2，4-二氯苯基）-1-（1H-1，2，4-三唑-1-基）己-2-醇

化学结构式：

理化性质：纯品为白色晶体，密度 1.04g/cm^3（0℃），熔点 110～112℃，蒸气压 0.018 mPa（20℃）。溶解度（20℃）为水 0.018mg/L、甲醇 246g/L、甲苯 59g/L、己烷 0.8g/L。

毒性：按照我国农药毒性分级标准，己唑醇属低毒。原药对雄、雌大鼠急性经口 LD_{50} 分别为 2 189mg/kg 和 6 071mg/kg，急性经皮 LD_{50}>2 000mg/kg；对兔皮肤无刺激作用，但对眼睛有轻微刺激作用；对鱼类 LC_{50}（96h，mg/L）分别为鲤鱼 5.94、虹鳟鱼>76.7；蜜蜂急性接触 LD_{50}>100μg/只，急性经口 LD_{50}>100μg/只；无致突变作用。在土壤中降解快、移动性差。

作用特点：己唑醇主要是通过抑制甾醇脱甲基化，破坏和阻止病菌的细胞膜重要组成成分麦角甾醇的生物合成，破坏细胞膜的结构与功能，导致菌体生长停滞甚至死亡。己唑醇具有内吸、保护和治疗活性，对真菌尤其是担子菌门和子囊菌门引起的病害如白粉病、锈病、黑星病、褐斑病、炭疽病等有很好的防效。

制剂： 5%、10%、25%、30%、40%己唑醇悬浮剂，5%、10%己唑醇微乳剂。

5%己唑醇悬浮剂

理化性质及规格： 制剂外观为白色液体，有微弱气味。pH5～8，密度 1.00g/mL（20℃），黏度 314.3mPa·s（20℃）。

毒性： 按照我国农药毒性分级标准，5%己唑醇悬浮剂属低毒。雌、雄大鼠急性经口 LD_{50} 为 5 000mg/kg，急性经皮 LD_{50} >5 000mg/kg，急性吸入 LC_{50} >2 000mg/kg；对家兔皮肤、眼睛无刺激作用；对豚鼠皮肤属弱致敏物。

使用方法：

1. 防治梨黑星病　发病前期或初期用药，每次用 5%己唑醇悬浮剂 1 000～1 500 倍液（有效成分浓度 33.3～50 mg/L）整株喷雾，每隔 7～10d 喷施一次，连续喷施 2～3 次，安全间隔期为 14d，一季最多使用 3 次。

2. 防治苹果斑点落叶病　落花后 7d 左右及苹果套袋前用药，每次用 5%己唑醇悬浮剂 800～1 500 倍液（有效成分浓度 33.3～62.5mg/L）整株喷雾，每隔 15～20d 喷一次，安全间隔期为 14d，一季最多施药 3 次。

3. 防治葡萄白粉病　发病初期开始施药，用 5%己唑醇悬浮剂 2 500～5 000 倍液（有效成分浓度 10～20mg/L）整株喷雾，病情发生严重的年份和地方可用 800～1 000 倍液（有效成分浓度 50～62.5mg/L），每隔 14d 左右喷一次，安全间隔期为 28d，每季最多使用 3 次。

4. 防治水稻纹枯病　发病初期开始用药，每次每 667m^2 用 5%己唑醇悬浮剂 60～120mL（有效成分 3～6g）对水喷雾，重点喷水稻中下部茎秆，施药时田间保持 5～7cm 的水层，施药后保水 5d，安全间隔期为 58d，每季最多施药 2 次。

5. 防治小麦白粉病、锈病　发病初期开始施药，每次每 667m^2 用 5%己唑醇悬浮剂 20～30mL（有效成分 1～1.5g）对水喷雾，安全间隔期为 21d，每季最多使用 3 次。

5%己唑醇微乳剂

理化性质及规格： 外观为淡黄色液体，具有刺激性气味。蒸气压 0.039mPa（25℃），pH5～7，密度 1.000 4g/mL（20℃），闪点 34.7℃。无爆炸性。

毒性： 按照我国农药毒性分级标准，5%己唑醇微乳剂属中等毒。雌、雄大鼠急性经口 LD_{50} 为5 620mg/kg，急性经皮 LD_{50} >2 000mg/kg，急性吸入 LC_{50} >2 000mg/m^3；对家兔皮肤无刺激，眼睛有中度刺激。对豚鼠皮肤属弱致敏物。

使用方法：

1. 防治黄瓜白粉病　发病初期开始用药，每次每 667m^2 用 5%己唑醇微乳剂 30～45mL（有效成分 1.5～2.25g）对水喷雾，视发病情况喷药 1～2 次。

2. 防治梨黑星病　发病初期开始施药，用 5%己唑醇微乳剂 1 000～1 250 倍液（有效成分浓度 40～50mg/L）整株喷雾，视病害发生情况，间隔 10～14d 再施用一次，可连续使用 2～3 次，安全间隔期为 14d，每季最多使用 3 次。

3. 防治苹果白粉病　发病前或发病初期开始用药，每次用 5%己唑醇微乳剂 1 000～2 500倍液（有效成分浓度 20～50mg/L）整株喷雾，每隔 7～10d 喷一次，连续使用 2～3 次，安全间隔期为 14d，每季最多施药 3 次。

4. 防治葡萄白粉病　发病前或发病初期开始用药，每次用5%己唑醇微乳剂1 500～2 500倍液（有效成分浓度20～33.3mg/L）整株喷雾，间隔7～10d天喷一次，安全间隔期为21d，每季最多使用3次。

5. 防治水稻纹枯病　发病初期开始用药，每次每667m^{2}用5%己唑醇微乳剂80～160mL（有效成分4～8g）对水喷雾，间隔8～10d左右或在水稻分蘖末期、孕穗后期再各施药一次，全株要均匀喷雾，且田中保持浅水层，安全间隔期为45d，每季作物最多使用2次。

注意事项：

1. 5%己唑醇微乳剂虽属低毒杀菌剂，但仍须按照农药安全规定使用，作业后要用水洗脸、手等裸露部位。

2. 应储存于阴凉、干燥、通风和儿童接触不到的地方，不能与食物和饲料混放。

腈　苯　唑

中文通用名称： 腈苯唑

英文通用名称： fenbuconazole

其他名称： 应得，唑菌腈

化学名称： 4-（4-氯苯基）-2-苯基-2-（1H-1，2，4-三唑-1-基甲基）丁腈

化学结构式：

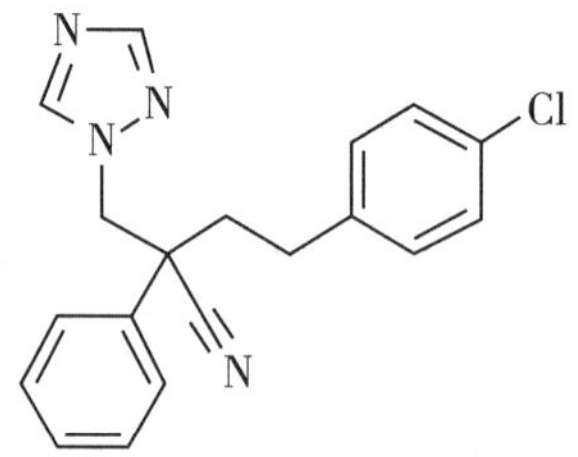

理化性质： 无色结晶，熔点124～126℃，蒸气压5×10^{-6}Pa，溶解度（20℃）：分别为丙酮250mg/L、乙酸乙酯132mg/L、二甲苯26mg/L、庚烷0.68mg/L、水2.47mg/L。

毒性： 按照我国农药毒性分级标准，腈苯唑属低毒。原药大鼠急性经口LD_{50}>2 000mg/kg，急性经皮LD_{50}>5 000mg/kg，急性吸入LC_{50}（4h）>2 100mg/m^3。鹌鹑急性经口LD_{50}>2 150mg/kg；虹鳟鱼LC_{50}（96h）1.5mg/L。

作用特点： 腈苯唑为具有内吸传导性的杀菌剂。作用机制为通过抑制甾醇脱甲基化，能抑制病原菌菌丝伸长，抑制病菌孢子侵染作物组织。在病菌潜伏期使用，能阻止病菌发育，在发病后使用，能使下一代孢子发育畸形，失去侵染能力，对病害既有预防作用又有治疗作用。腈苯唑对禾谷类作物的壳针孢属、柄锈菌属和黑麦喙孢，甜菜上的甜菜生尾孢，葡萄上的葡萄孢属、葡萄球座菌和葡萄钩丝壳，核果上的丛梗孢属，果树上如苹果黑星菌等造成的病害以及对大田作物、水稻、香蕉、蔬菜和园艺作物的许多病害均有效。

制剂： 24%腈苯唑悬浮剂。

24%腈苯唑悬浮剂

理化性质及规格： 24%腈苯唑悬浮剂外观为白色液体，密度1.05g/mL，pH8～9，细

度 3～5μm，悬浮率 90%以上，黏度 500～1 200mPa·s，闪点>93℃，稳定性好。

毒性：按照我国农药毒性分级标准，24%腈苯唑悬浮剂属低毒。24%腈苯唑悬浮剂对大鼠急性经口 LD_{50}>5 000mg/kg；兔急性经皮 LD_{50}>5 000mg/kg，急性吸入 LC_{50} 为 2.1mg/m^3。

使用方法：

1. *防治香蕉叶斑病* 发病初期开始使用，用 24%腈苯唑悬浮剂 960～1 200 倍液（有效成分浓度 200～250mg/L）叶面喷雾，每隔 15～22d 喷一次，连续喷施 1～3 次，安全间隔期为 42d，一季最多使用 3 次。

2. *防治桃褐腐病* 桃树谢花后和采收前（30～45d）是桃褐腐病侵染的两个高峰期，应各施药 1～2 次，每次用 24%腈苯唑悬浮剂 2 500～3 200 倍液（有效成分浓度 75～96mg/L）整株喷雾，安全间隔期为 14d，一季最多使用 3 次。

3. *防治水稻稻曲病* 水稻孕穗后期即破口前的 2～6d、抽穗后 7d 均匀喷雾施药，发病严重情况下齐穗期再施药一次，每次每 667m^2 用 24%腈苯唑悬浮剂 15～20mL（有效成分 3.6～4.8g）对水喷雾，安全间隔期为 21d，一季最多使用 3 次。

注意事项：

1. 应摇匀后使用。为预防可能产生抗性，应与其他药剂轮换使用。
2. 废旧容器及剩余药液应妥善处理。
3. 储存应密封于原包装中，不得与食品、饲料一起存放，避免儿童接触。

灭　菌　唑

中文通用名称：灭菌唑

英文通用名称：triticonazole

其他名称：扑力猛

化学名称：（RS）-（E）-5-（4-氯亚苄基）-2，2-二甲基-1-（1H-1，2，4-三唑-1-基甲基）环戊醇

化学结构式：

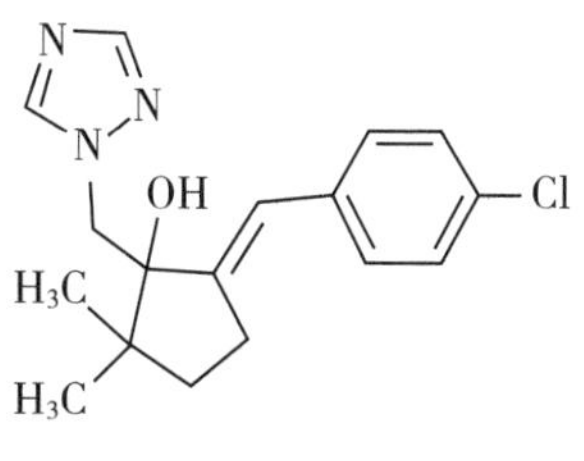

N N N OH Cl H_3C H_3C

理化性质：纯品为无味、白色粉状固体。熔点 139～140.5℃，180℃分解，水中溶解度 9.3mg/L（20℃），密度 1.326～1.369g/cm^3；蒸气压<1×10^{-5}mPa（50℃）。

毒性：按照我国农药毒性分级标准，灭菌唑属低毒。大鼠急性经口 LD_{50}>2 000mg/kg，急性经皮 LD_{50}>2 000mg/kg，急性吸入 LC_{50}（4h）>1 400mg/m^3。对兔眼睛和皮肤无刺激作用；山齿鹑急性经口 LD_{50}>2 000mg/kg，虹鳟鱼 LC_{50}（96h）>10mg/L，水蚤 LC_{50}（48h）>9.3mg/L，对蚯蚓无毒。

作用特点：灭菌唑为甾醇生物合成 C-14 脱甲基化抑制剂。杀菌谱广，对由镰孢（霉）属、柄锈菌属、麦类核腔菌属、黑粉菌属、腥黑粉菌属、白粉菌属、圆核腔菌、壳针孢属、

柱隔孢属等引起的病害如白粉病、锈病、黑腥病、网斑病有效，主要用于种子处理，也可茎叶均匀喷雾，持效期长达4～6周。在推荐剂量下使用对作物安全、无药害。

制剂：25g/L、28%灭菌唑悬浮种衣剂。

25g/L 灭菌唑悬浮种衣剂

理化性质及规格：外观为红色不透明液体，无刺激性气味。pH7.5～9.5，密度1.013 5 g/mL（20℃），黏度2.31mPa·s（20℃），闪点33.5℃。易燃液体。

毒性：按照我国农药毒性分级标准，25g/L灭菌唑悬浮种衣剂制剂属低毒。

使用方法：

防治小麦腥黑穗病和散黑穗病　采用播前种子包衣方法施药，每100kg种子用25g/L灭菌唑悬浮种衣剂100～200g（有效成分2.5～5g），先将药剂加适量水稀释成药液，按种子与药液500～1 000∶1的比例配制好拌种药液后，将药液缓缓倒在种子上，边倒边拌直至药剂均匀包裹在种子上，晾干至种子不黏手时即可播种。

注意事项：

1. 处理后的种子切勿食用或作为饲料使用。
2. 拌种及播种时应戴口罩、手套，严禁吸烟和饮食。
3. 建议与其他作用机制不同的种衣剂轮换使用，以延缓抗性产生。

三　唑　醇

中文通用名称：三唑醇

英文通用名称：triadimenol

其他名称：百坦（Baytan）

化学名称：1-（4-氯苯氧基）-1-（1H-1，2，4三唑-1基）-3，3-二甲基丁-2-醇

化学结构式：

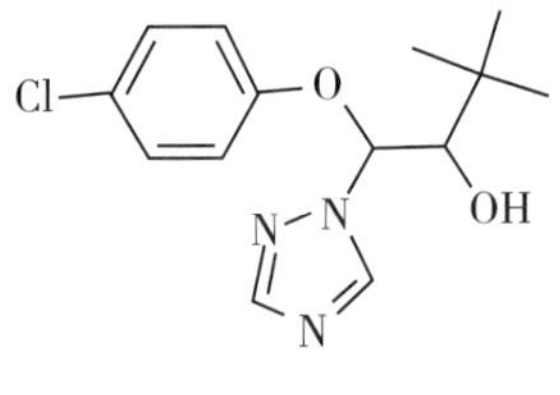

Cl O OH N N N

理化性质：纯品为无色、无味的微细结晶粉末。熔点118～130℃，蒸气压<1×10^{-3} Pa；溶解度（20℃）为异丙醇150g/L、二氯甲烷100g/L、甲苯20～50g/L。在中性或弱酸性介质中稳定；在强酸性介质中煮沸时易分解。

毒性：按照我国农药毒性分级标准，三唑醇属低毒。雄、雌大鼠急性经口LD_{50}分别为1 161mg/kg和1 105mg/kg，小鼠急性经口LD_{50}为1 300mg/kg，大鼠急性经皮LD_{50}>5 000 mg/kg。金鱼和虹鳟鱼的LC_{50}（96h）分别为10～15mg/L和23.5mg/L；鹌鹑LD_{50}>1 000 mg/kg；对蜜蜂无影响。

作用特点：三唑醇为甾醇脱甲基化抑制剂，通过抑制病菌的细胞膜重要组成成分麦角甾醇的生物合成，破坏细胞膜的结构与功能，从而导致菌体生长停滞甚至死亡。具有内吸性和双向传导活性，用作种子包衣时，既可防治黏附于种子表面的病菌，也可以进入植物组织内

部，在植物体内向顶传导，从而杀死作物内部的病菌，对苗期叶部病害也具有较好防效。三唑醇主要用于种子处理或叶面喷洒，可有效地防治禾谷类作物的锈病、白粉病、纹枯病，根腐病、黑穗病等。

制剂： 25％三唑醇干拌剂，10％、15％三唑醇可湿性粉剂，25％三唑醇乳油。

25％三唑醇干拌剂

理化性质及规格： 外观为红色粉末，由有效成分和载体等组成，具微臭味，不溶于水，在原包装及正常条件下储存2年以上稳定。

毒性： 按照我国农药毒性分级标准，25％三唑醇干拌剂属低毒。

使用方法：

防治小麦锈病 播种前药剂拌种处理，每100kg种子用25％三唑醇干拌剂136～150g（有效成分34～37.5g）均匀拌种，播种时要求将土地耙平，播种深度一般在3～5cm左右为宜，出苗可能稍迟，但不影响生长并很快即能恢复正常。

15％三唑醇可湿性粉剂

理化性质及规格： 外观为均匀疏松固体。

毒性： 按照我国农药毒性分级标准，15％三唑醇可湿性粉剂属低毒。雌、雄大鼠急性经口LD_{50}分别为2 330mg/kg和3 160mg/kg，急性经皮LD_{50}＞5 000mg/kg。对家兔皮肤、眼睛无刺激作用，对豚鼠皮肤属弱致敏物。

使用方法：

1. *防治小麦纹枯病* 播种前药剂拌种处理，每100kg种子用15％三唑醇可湿性粉剂200～300g（有效成分30～45g）均匀拌种。

2. *防治小麦白粉病* 发病前或发病初期开始施药，每次每667m^2用15％三唑醇可湿性粉剂50～60g（有效成分7.5～9g）对水喷雾。视发病情况喷施1～2次，间隔7～10d喷一次，安全间隔期为21d，一季最多使用2次。

3. *防治水稻稻曲病* 水稻孕穗末期破口前5～7d施药，齐穗期再施一次，每次每667m^2用15％三唑醇可湿性粉剂60～70g（有效成分9～10.5g）对水喷雾，每隔7～10d喷一次，安全间隔期为35d，一季最多使用3次。

25％三唑醇乳油

理化性质及规格： 外观为透明均匀浅黄色液体。pH6～9，密度1.02g/mL（20℃），黏度25mPa·s（20℃），闪点大于20℃，非易燃液体。

毒性： 按照我国农药毒性分级标准，15％三唑醇乳油属低毒。雌、雄大鼠急性经口LD_{50}为2 710/2 330mg/kg，急性经皮LD_{50}＞5 000mg/kg，急性吸入LD_{50}＞5 000mg/m^3。对家兔皮肤无刺激，对眼睛有轻度刺激；对豚鼠皮肤属弱致敏物。

使用方法：

防治小麦白粉病 发病前或发病初期开始施药，每次每667m^2用25％三唑醇乳油20～40mL（有效成分5～10g）对水喷雾，视发病情况喷药1～2次，间隔7～10d，安全间隔期为21d，一季作物最多使用2次。

注意事项：

1. 该药剂不宜与酸性农药混合使用。
2. 该药剂对鱼、家蚕有毒，施药时应避免药剂飘移到附近桑园。
3. 为延缓该药剂抗性产生，建议与其他类型的杀菌剂轮换使用。

联苯三唑醇

中文通用名称：联苯三唑醇

英文通用名称：bitertanol

其他名称：双苯三唑醇，双苯唑菌醇，百科

化学名称：1-（联苯-4-基氧）-1-（1H-1，2，4-三唑-1-基）-3，3-二甲基丁-2-醇

化学结构式：

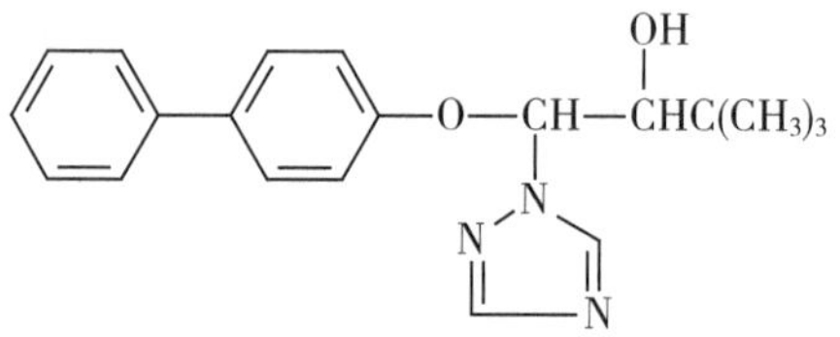

OH
—O—CH—CHC(CH₃)₃ (N-1,2,4-triazol-1-yl on CH)

理化性质：原药为无色晶体，有效成分含量92.5%，熔点125～129℃。溶解度（20℃）分别为水中5mg/L、正己烷1～10g/L、二氯甲烷100～200g/L、异丙醇30～100g/L，甲苯10～30g/L。在酸性和碱性介质中均较稳定。

毒性：按照我国农药毒性分级标准，联苯三环醇属低毒。原药对大鼠急性经口LD_{50}>5 000mg/kg，急性经皮LD_{50}>5 000mg/kg；小鼠急性经口LD_{50}为4 200～4 500mg/kg；对狗急性经口LD_{50}>5 000mg/kg。对眼黏膜有轻度刺激，对皮肤无刺激作用。

作用特点：联苯三唑醇是麦角甾醇生物合成抑制剂。麦角甾醇是构成真菌膜所必须的成分。处理后受害真菌体内出现甾醇中间体的积累，而麦角甾醇则逐渐下降，最后耗尽，干扰细胞膜的合成，导致细胞变形、菌丝膨大、分枝畸形，抑制生长，但对孢子的萌发和细胞初始生长无抑制作用。联苯三唑醇能渗透叶面的角质层进入植株组织，具有保护、治疗和铲除作用。对锈病、白粉病、黑星病、叶斑病等有较好的防治效果。

制剂：25%联苯三唑醇可湿性粉剂。

25%联苯三唑醇可湿性粉剂

理化性质及规格：外观为组成均匀的疏松细粉，pH8.0～11.0，悬浮率≥65%。

毒性：按照我国农药毒性分级标准，25%联苯三唑醇可湿性粉剂属低毒。雌、雄大鼠急性经口LD_{50}>5 000mg/kg，急性经皮LD_{50}>5 000mg/kg。属弱致敏物。

使用方法：

防治花生叶斑病　发病初期开始施药，每次每667m^2用25%联苯三唑醇可湿性粉剂50～83g（有效成分12.5～20.8g）对水喷雾，间隔12～15d施药一次，可连续施药2～3次，每季最多使用3次，安全间隔期为20d。

注意事项：

1. 该药剂对鱼类属于中毒，在使用时应远离水产养殖区施药，不得在河塘等水体中洗

涤喷药机械，以免造成对鱼类的危害。

2. 该药剂不宜与强酸性农药混合使用。

3. 清洗喷药器械或弃置废料时，切忌污染水源。

三　唑　酮

中文通用名称：三唑酮

英文通用名称：triadimefon

其他名称：百理通，粉锈宁，Bayleton

化学名称：1-（4-氯苯氧基）-1-（1H-1，2，4-三唑-1-基）-3，3-二甲基丁-2-酮

化学结构式：

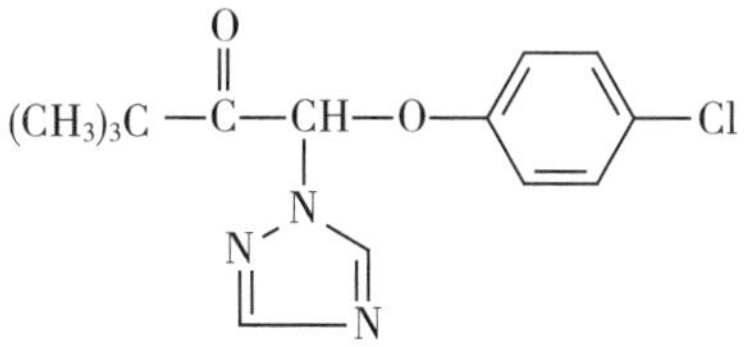

O
$(CH_3)_3C$ —C—CH—O—　—Cl
N
N
N

理化性质：纯品为无色固体，有特殊芳香味，熔点 82.3℃，蒸气压 0.02mPa（20℃）或 0.06mPa（25℃），密度 1.22g/cm^3（20℃）。溶解度（20℃）为水 64mg/L；有机溶剂中，除脂肪烃类以外，二氯甲烷、甲苯＞200g/L，异丙醇 50～100g/L，己烷 5～10g/L。

毒性：按照我国农药毒性分级标准，三唑酮属低毒。原粉对大鼠急性经口 LD_{50} 1 000～1 500mg/kg，急性经皮 LD_{50}＞1 000mg/kg，急性吸入 LC_{50}＞439mg/m^3（1h）和＞473 mg/m^3（4h），小鼠急性经口 LD_{50} 990～1 070mg/kg；对蜜蜂和家蚕无害；试验剂量内对动物未见致畸、致突变和致癌作用；在动物体内代谢很快，无明显蓄积作用。

作用特点：三唑酮是一种高效、低毒、持效期长、内吸性强的杀菌剂。被植物的各部分吸收后，三唑酮能在植物体内传导，主要是抑制菌体麦角甾醇的生物合成，从而抑制或干扰菌体附着胞及吸器的发育，菌丝的生长和孢子的形成。三唑酮对在植物活体中的某些病菌活性很强，但离体效果很差，对菌丝的活性比对孢子强。三唑酮可用于防治玉米圆斑病、麦类云纹病、小麦叶枯病、凤梨黑腐病、玉米丝黑穗病等多种作物病害，此外对锈病也和白粉病具有预防、铲除、治疗、熏蒸等作用。该药剂可以与许多杀菌剂、杀虫剂、除草剂等现混现用。

制剂：8%、10%、15%、25%三唑酮可湿性粉剂，10%、20%三唑酮乳油，15%三唑酮烟雾剂。

25%三唑酮可湿性粉剂

理化性质及规格：由有效成分、润湿性、分散剂、胶体、高分散性硅胶及惰性填料组成。外观为白色至浅黄色疏松粉末。正常条件下储存 2 年稳定。

毒性：按照我国农药毒性分级标准，25%三唑酮可湿性粉剂属低毒。雌、雄大鼠急性经口 LD_{50} 为 1 470mg/kg，急性经皮 LD_{50} 均＞2 150mg/kg。

使用方法：

1. 防治小麦白粉病　拔节前期和中期用药，每次每 667m^2 用 25%三唑酮可湿性粉剂

28～33g（有效成分 7～8.33g）对水喷雾，根据发病情况，可喷施 1～2 次，每次间隔 14d 左右。

2. 小麦锈病的防治　发病初期开始施药，每次每 667m² 用 25%三唑酮可湿性粉剂 50～80g（有效成分 12.5～20g）对水喷雾，根据发病情况，可喷施 1～2 次，每次间隔 14d 左右。

20%三唑酮乳油

理化性质及规格：外观为黄棕色油状液体，无可见悬浮物或沉淀。相对密度 0.955（20℃），沸点 100～110℃。稳定性符合标准，水分含量<1%，pH5～7。在 50℃储存 28d 稳定；常温储存稳定性 2 年以上。

毒性：按照我国农药毒性分级标准，20%三唑酮乳油属低毒。雌、雄大鼠急性经口 LD_{50}分别为 1 470mg/kg 和 1 260mg/kg，急性经皮均 LD_{50}>2 000mg/kg。属弱致敏物。

使用方法：

防治小麦白粉病　小麦拔节前期、中期或发病初期，每 667m² 用 20%三唑酮乳油 40～50g（有效成分 8～10g）对水喷雾，根据发病情况，可喷施 1～2 次，每次间隔 14d 左右。

15%三唑酮烟雾剂

理化性质及规格：外观为棕红色透明油状液体，相对密度 1.000～1.005，闪点>80℃，燃点 89℃。(50±1)℃储存 30d，分解率<5%；常温储存 2 年稳定。

毒性：按照我国农药毒性分级标准，15%三唑酮烟雾剂属低毒。雌、雄大鼠急性经口 LD_{50}分别为 2 710mg/kg 和 2 330mg/kg，急性经皮均 LD_{50}>5 000mg/kg。

使用方法：

防治橡胶白粉病　橡胶树抽叶 30%以后，叶片盛期或淡绿盛期发病率为 20%～30%时开始喷药防治，喷施时要顺风、退行施药，每 667m² 用 15%三唑酮烟雾剂 40～53g（有效成分 6～8g），用 3YD-8 型或改装的 3MT-3 型烟雾机喷施，根据病情喷施 2～3 次，安全间隔期为 20d。

注意事项：

1. 该药剂需严格按标签规定剂量使用，超量或使用方法不当易产生药害。

2. 药械连续使用时应注意降温，喷口出现明火应停止供药，再停机。停止使用后应清洗药械。

戊　唑　醇

中文通用名称：戊唑醇

英文通用名称：Tebuconazole

其他名称：立克秀，好力克

化学名称：1-(4-氯苯基)-3-3(1H-1，2，4-三唑-1-基甲基)-4，4-二甲基戊-3-醇

化学结构式：

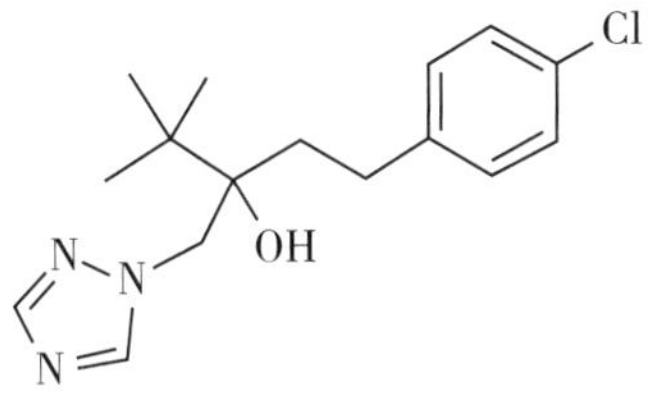

理化性质：戊唑醇为无色晶体，熔点为102.4℃，蒸气压1.33×10^{-2}mPa（20℃）。溶解度（20℃）分别为水32mg/L，异戊醇、甲苯50～100mg/L，二氯甲烷＞200mg/L，己烷＜0.1mg/L。在pH 4、7、9时，水解半衰期＞1年（22℃）。在土壤中的衰期为1～4个月。

毒性：按照我国农药毒性分级标准，戊唑醇属低毒。大鼠急性经口LD_{50}＞4 000mg/kg，急性经皮LD_{50}＞5 000mg/kg，急性吸入LC_{50}（4h）＞800mg/m^3。试验剂量下，无致畸、致突变和致癌作用；对鱼中等毒性，金鱼LC_{50}（96h）8.7 mg/L，虹鳟鱼LC_{50} 6.4mg/L（96h），蓝鳃翻车鱼LC_{50} 5.7mg/L，水蚤LC_{50} 10～12mg/L（48h）；对鸟低毒，日本鹌鹑急性经口LD_{50} 2 912～4 438mg/kg，北美鹌鹑LD_{50} 1 988mg/kg，母鸡LD_{50} 4 488 mg/kg。

作用特点：戊唑醇为甾醇脱甲基化抑制剂，药剂通过抑制病菌的细胞膜重要组成成分麦角甾醇的生物合成，破坏细胞膜的结构与功能，从而导致菌体生长停滞甚至死亡。戊唑醇具有内吸性和双向传导活性，用作种子包衣时，既可防治黏附于种子表面的病菌，也可以进入植物组织内部，在植物体内向顶传导，从而杀死作物内部的病菌，对苗期叶部病害也具有较好防效。戊唑醇主要用于重要经济作物的种子处理或叶面喷洒，可有效地防治禾谷类作物的多种锈病、白粉病、网斑病、根腐病、赤霉病，黑穗病等。

制剂：0.2%、6%戊唑醇种子处理悬浮剂，2%戊唑醇湿拌种剂，25%、30%和43%戊唑醇悬浮剂，12.5%、25%戊唑醇水乳剂，12.5%、25%、40%和80%戊唑醇可湿性粉剂，25%戊唑醇乳油，80%戊唑醇水分散粒剂。

6%戊唑醇种子处理悬浮剂

理化性质及规格：外观为红色悬浮剂，密度1.12g/mL（20℃），pH5.5，0.04mm筛孔通过率＞95%，在水中沉淀非常缓慢。在温带和亚热带半衰期2年，热带气候条件下为1.5年。

毒性：按照我国农药毒性分级标准，6%戊唑醇种子处理悬浮剂属低毒。雌、雄大鼠急性经口LD_{50}为4 000mg/kg，急性经皮LD_{50}＞5 000mg/kg。

使用方法：

1. 防治小麦散黑穗病　每100kg小麦种子用6%戊唑醇种子处理悬浮剂30～45mL（有效成分1.8～2.7g）均匀拌种，待种子晾干后即可播种，播种时要求将土地耙平，播种深度一般在2～5cm左右为宜，出苗可能稍迟，但不影响生长，并能很快恢复正常。

2. 防治小麦纹枯病　每100kg小麦种子用6%戊唑醇种子处理悬浮剂50～67mL（有效成分3～4g）均匀拌种，待种子晾干后即可播种，播种时要求将土地耙平，播种深度一般在

2～5cm 左右为宜，出苗可能稍迟，但不影响生长，并能很快恢复正常。

3. 防治玉米丝黑穗病　每 100kg 玉米种子用 6%戊唑醇种子处理悬浮剂 100～200mL（有效成分 6～12g）均匀拌种，待种子晾干后即可播种。

4. 防治高粱丝黑穗病　每 100kg 高粱种子用 6%戊唑醇种子处理悬浮剂 100～150mL（有效成分 6～9g）均匀拌种，待种子晾干后即可播种。

2%戊唑醇湿拌种剂

理化性质及规格：外观为红色粉末，相对密度 0.33～0.38，pH6～8，粉粒细度为 95%以上小于 0.004mm，含水量<2%，水中分散性好，常温储存稳定性 2 年以上。

毒性：按照我国农药毒性分级标准，2%戊唑醇湿拌种剂属低毒。雌、雄大鼠急性经口 LD_{50} 为 4 000mg/kg，急性经皮 LD_{50}>5 000mg/kg。

使用方法：

1. 防治小麦散黑穗病　每 100kg 小麦种子用 2%戊唑醇湿拌种剂 100～150mL（有效成分 2～3g）均匀拌种，待种子晾干后即可播种，播种时要求将土地耙平，播种深度一般在 2～5cm 左右为宜，出苗可能稍迟，但不影响生长并能很快恢复正常。

2. 防治小麦纹枯病　每 100kg 小麦种子用 2%戊唑醇湿拌种剂 180～200mL（有效成分 3.6～4g）均匀拌种，待种子晾干后即可播种。

3. 防治玉米丝黑穗病　每 100kg 玉米种子用 2%戊唑醇湿拌种剂 400～600mL（有效成分 8～12g）均匀拌种，待种子晾干后即可播种。

43%戊唑醇悬浮剂

理化性质及规格：外观为无色晶体。蒸气压 1.3μPa（20℃），溶解度（20℃，pH 7）分别为水 32mg/L，二氯甲烷>200g/L，异丙醇、甲苯 50～100g/L，正己烷<0.1g/L（20℃）。pH5～8，密度 1.013 5g/mL（20℃），黏度 2.31mPa·s（20℃），闪点 33.5℃。该药剂属易燃液体。

毒性：按照我国农药毒性分级标准，43%戊唑醇悬浮剂属低毒。雌、雄大鼠急性经口 LD_{50} 均为 3 160mg/kg，急性经皮 LD_{50}>2 000mg/kg；对家兔皮肤、眼睛无刺激；对豚鼠皮肤属弱致敏物。

使用方法：

1. 防治大白菜黑斑病　发病初期开始施药，每次每 667m^2 用 43%戊唑醇悬浮剂 15～23mL（有效成分 6.45～10g）对水喷雾，每隔 7～10d 施用一次，连续施用 2 次，安全间隔期 14d。

2. 防治大豆锈病　发病初期或发病前开始用药，每次每 667m^2 用 43%戊唑醇悬浮剂 16～20mL（有效成分 6.88～8.6g）对水喷雾，每隔 7～10d 喷一次，连续喷施 2～3 次，安全间隔期为 21d，每季最多使用 4 次。

3. 防治黄瓜白粉病　发病初期开始施药，每次每 667m^2 用 43%戊唑醇悬浮剂 15～18mL（有效成分 6.45～7.74g）对水喷雾，每隔 7～10d 喷一次，连续喷施 2～3 次，安全间隔期为 3d，每季最多使用 3 次。

4. 防治梨黑星病　发病初期开始施药，用 43%戊唑醇悬浮剂悬浮剂 3 000～4 000 倍液

（有效成分浓度 107.5～143.3mg/L）整株喷雾，每隔 7～10d 喷一次，连续喷施 2～3 次，安全间隔期为 21d，每季最多使用 4 次。

5. 防治苹果轮纹病　发病初期开始施药，每次用 43%戊唑醇悬浮剂 3 000～4 000 倍液（有效成分浓度 107.5～143.3mg/L）整株喷雾，每隔 7～10d 喷一次，连续施用 3～4 次，安全间隔期为 21d，每季最多使用 4 次。

6. 防治苹果斑点落叶病　发病初期开始施药，每次用 43%戊唑醇悬浮剂 4 000～6 000 倍液（有效成分浓度 71.7～107.5mg/L）整株喷雾，每隔 7～10d 喷一次，连续施用 3～4 次，安全间隔期为 21d，每季最多使用 4 次。

7. 防治水稻纹枯病　发病初期开始施药，每次每 667m^2 用 43%戊唑醇悬浮剂 10～20mL（有效成分 6.45～8.6g）对水喷雾，每隔 7d 一次，连喷 3 次。安全间隔期为 35d，每季最多使用 3 次。

8. 防治水稻稻曲病　水稻破口前 5～7d 进行第一次用药，间隔 7～10d 后再次施药。每次每 667m^2 用 43%戊唑醇悬浮剂 10～15mL（有效成分 4.3～6.45g）对水喷雾，安全间隔期为水稻 35d，每季最多使用 3 次。

25% 戊唑醇水乳剂

理化性质及规格：外观为黄色稳定乳状液体，久置后有少量分层，轻微摇动和搅拌后应是均匀的。不可燃，对外包装无腐蚀性，无爆炸性，不可与强酸或强碱物质混用。

毒性：按照我国农药毒性分级标准，25%戊唑醇水乳剂属低毒。雌、雄大鼠急性经口 LD_{50}＞4 300mg/kg，急性经皮 LD_{50}＞2 000mg/kg。对家兔皮肤、眼睛无刺激；对豚鼠皮肤属弱致敏物。

使用方法：

1. 防治花生叶斑病　发病初期施药，用 25%戊唑醇水乳剂 2 000～2 500 倍液（有效成分浓度 100～125mg/L）喷雾，间隔 10～15d 喷一次，安全间隔期为 30d，一季最多使用 3 次。

2. 防治梨黑星病　初见病斑时开始施药，用 25%戊唑醇水乳剂 2 000～3 000 倍液（有效成分浓度 85～125mg/L）整株喷雾，连续施药 2 次，间隔 10～15d 喷一次。安全间隔期 30d，每季最多使用 2 次。

3. 防治苹果斑点落叶病　苹果树春梢生长期施药 2 次，秋梢生长期施药 1 次，每次用 25%戊唑醇水乳剂 2 000～2 500 倍液（有效成分浓度 100～125mg/L）整株喷雾，安全间隔期为 30d，每季最多使用 2 次。

4. 防治葡萄白腐病　落花后或发病初期开始施药，每次用 25%戊唑醇水乳剂 2 000～2 500倍液（有效成分浓度 100～125mg/L）整株喷雾，间隔 10～15d 喷一次，连续用药 2～3 次。安全间隔期为 7d，每季最多使用 3 次。

5. 防治香蕉叶斑病　蕉园初见病斑时喷药，每次用 25%戊唑醇水乳剂 1 000～1 500 倍液（有效成分浓度 167～250mg/L）整株喷雾，间隔 10～15d 喷一次，安全间隔期为 42d，每季最多使用 3 次。

6. 防治小麦锈病　田间初见病株时开始喷药，每次每 667m^2 用 25%戊唑醇水乳剂 20～33mL（有效成分 5～8.3g）对水喷雾，间隔 7～10d 喷一次，连续施药 2 次，安全间隔期为 28d，每季最多使用 2 次。

25%戊唑醇可湿性粉剂

理化性质及规格：外观为白色均匀疏松粉末，无刺激性气味。堆密度 0.440g/mL（20℃）。pH6～10。非易燃液体，无爆炸性，无腐蚀性。

毒性：按照我国农药毒性分级标准，25%戊唑醇可湿性粉剂属低毒。雌、雄大鼠急性经口 LD_{50}>3 160mg/kg，急性经皮 LD_{50}>2 000mg/kg。对家兔皮肤、眼睛无刺激；对豚鼠皮肤属弱致敏物。

使用方法：

1. 防治花生叶斑病　发病初期开始施药，每次每 667m² 用 25%戊唑醇可湿性粉剂 25～33g（有效成分 6.25～8.25g）对水喷雾，根据病情每隔 10～14d 喷一次，可连喷 2 次，安全间隔期为 25d，每季最多用药 2 次。

2. 防治苹果斑点落叶病　发病初期开始施药，每次用 25%戊唑醇可湿性粉剂 2 000～3 000倍液（有效成分浓度 83.3～125mg/L）整株喷雾。间隔 10～15d 再喷一次，安全间隔期 30d，最多使用 2 次。

3. 防治香蕉叶斑病　发病初期开始施药，每次用 25%戊唑醇可湿性粉剂 1 000～1 500倍液（有效成分浓度 167～250mg/L）叶面喷雾，视病害情况，每 10d 左右施药一次，安全间隔期为 35d，最多使用 3 次。

25%戊唑醇乳油

理化性质及规格：外观为浅黄色液体，无可见沉淀和悬浮物。pH 范围为 6.0～8.0。

毒性：按照我国农药毒性分级标准，25%戊唑醇乳油属低毒。雌、雄大鼠急性经口 LD_{50}为3 480mg/kg，急性经皮 LD_{50}>4 220mg/kg，急性吸入 LC_{50}>2 150mg/m³；对家兔皮肤、眼睛无刺激；对豚鼠皮肤属弱致敏物。

使用方法：

1. 防治苹果轮纹病　发病初期开始施药，每次用 25%戊唑醇乳油 3 000～4 000 倍液（有效成分浓度 62.5～83.3mg/L）叶面喷雾，安全间隔期为 25d，每季最多用药 4 次。

2. 苹果斑点落叶病的防治　落花后 7～10d 开始施药，每次用 25%戊唑醇乳油 3 000～4 000倍液（有效成分浓度 62.5～83.3mg/L）叶面喷雾，安全间隔期为 28d，每季最多用药 4 次。

80%戊唑醇水分散粒剂

理化性质及规格：外观为淡灰色细颗粒状无味固体，不可燃，爆炸性较低，高闪点物质，不可与碱性农药等混合使用。

毒性：按照我国农药毒性分级标准，80%戊唑醇水分散粒剂属低毒。大鼠急性经口 LD_{50}均为 3 690mg/kg，急性经皮 LD_{50}>2 000mg/kg，弱致敏性。

使用方法：

1. 防治苹果斑点落叶病　春梢和秋梢初抽生时开始施药，用 80%戊唑醇水分散粒剂 6 000～8 000 倍液（有效成分浓度 100～133mg/kg）整株喷雾，每隔 10～15d 喷一次，春、秋梢各喷施 2～3 次。安全间隔期 30d，一季最多使用 3 次。

2. 防治水稻稻曲病　发病初期开始施药，一般在水稻破口前 5～7d 进行第一次用药，7～10d 后再次施药，每次每 667m^2 用 80%戊唑醇水分散粒剂 5.4～8g（有效成分 4.3～6.4g）对水喷雾。安全间隔期 21d，一季最多使用 3 次。

注意事项：

1. 该药剂处理过的种子严禁再用于人食或动物饲料，而且不能与饲料混合。处理过的种子必须与粮食分开存放，以免污染或误食。

2. 该药剂对鱼类等水生生物有毒，应远离水产养殖区施药，禁止在河塘等水体中清洗施药器具。

3. 建议与其他作用机制不同的杀菌剂轮换使用。

烯　唑　醇

中文通用名称：烯唑醇

英文通用名称：diniconazole

其他名称：S-3308L，速保利

化学名称：（E）-（RS）-1-（2，4-二氯苯基）-2-（1H-1，2，4-三唑-1-基）-4，4-二甲基戊-1-烯-3-醇

化学结构式：

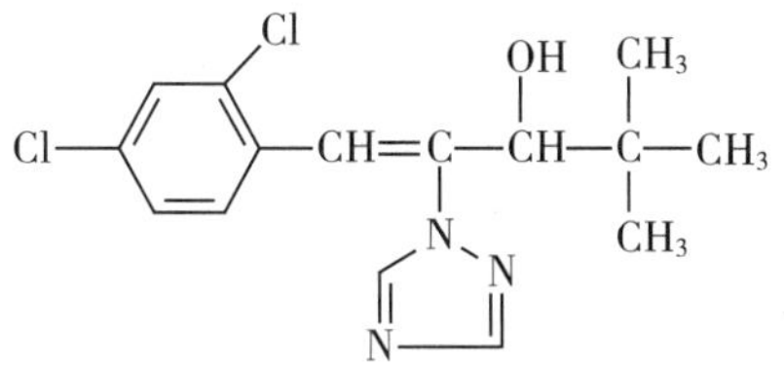

理化性质：纯品为无色晶体，熔点 134～156℃，蒸气压 2.93mPa（20℃）或 4.9mPa（25℃），相对密度 1.32（20℃）。25℃条件下，水中溶解度 4mg/L，丙酮、甲醇中则 95g/kg，二甲苯 14g/kg，已烷 0.7g/L，光、热和潮湿条件下稳定。除碱性物质外，能与大多数农药混用，正常状态下储存 2 年稳定。

毒性：按照我国农药毒性分级标准，烯唑醇属中等毒。雄、雌大鼠急性经口 LD_{50} 分别为 639mg/kg 和 474mg/kg，急性经皮 LD_{50}＞5 000mg/kg，急性吸入 LC_{50}＞2 770mg/m^3；对家兔眼睛有轻度刺激作用；大鼠亚急性经口无作用剂量为 10mg/kg；鲤鱼急性经口 LC_{50} 4mg/L（96h），翻车鱼 LC_{50} 6.84mg/L；蜜蜂 LD_{50}＞20μg/只；鹌鹑/野鸭 LD_{50} 1 490.2～2 000mg/kg。

作用特点：烯唑醇具有保护、治疗、铲除和内吸向顶传导作用，作用机制是抑制麦角甾醇生物合成，具体是在甾醇的生物合成过程中特别强烈抑制 24 亚甲基二氢羊毛甾醇的碳 14 位的脱甲基作用。烯唑醇抗菌谱广，特别对子囊菌和担子菌高效，如白粉病、锈菌、黑粉病菌和黑星病菌等；另外对尾孢霉、球腔菌、核盘菌、禾生喙孢菌、青霉菌、菌核菌、丝核菌、串孢盘菌、黑腐菌、驼孢锈菌、柱锈菌属等病原菌引起的病害也有较好的防治作用。

制剂：5%、12.5%烯唑醇可湿性粉剂，10%、12.5%、25%烯唑醇乳油，5%烯唑醇微乳剂。

12.5%烯唑醇可湿性粉剂

理化性质及规格：12.5%烯唑醇可湿性粉剂由有效成分、表面活性剂和载体组成。外观为浅黄色细粉，堆密度0.231g/mL，不易燃、不易爆。悬浮率为89%～92%。正常条件下储存2年稳定。

毒性：按照我国农药毒性分级标准，12.5%烯唑醇可湿性粉剂属低毒。大鼠急性经口LD_{50}＞5 000mg/kg，急性经皮LD_{50}＞2 000mg/kg，急性吸入LC_{50}＞5.821mg/m^3，对家兔眼睛有轻度刺激，对皮肤无刺激。

使用方法：

1. 防治水稻纹枯病　病害发生初期开始施药，一般在水稻破口前5～7d进行第一次用药，间隔7～10d后再次施药，每次每667m^2用12.5%烯唑醇可湿性粉剂40～50g（有效成分5～6.25g）对水喷雾。安全间隔期14d，一季最多使用2次。

2. 防治小麦白粉病　发病前或发病初期开始施药，每次每667m^2用12.5%烯唑醇可湿性粉剂32～64g（有效成分4～8g）对水喷雾，间隔7d左右施药一次，一般喷施1～2次，安全间隔期28d，每季最多使用2次。

3. 防治小麦锈病（条锈病、叶锈病、秆锈病）　发病前或发病初期开始施药，每次每667m^2用12.5%烯唑醇可湿性粉剂30～50g（有效成分3.75～6.25g）对水喷雾，间隔7d左右施药一次，一般喷施1～2次，安全间隔期28d，每季最多使用2次。

4. 防治小麦纹枯病　发病前或发病初期开始施药，每次每667m^2用12.5%烯唑醇可湿性粉剂45～60g（有效成分5.6～7.5g）对水喷雾，间隔7d左右施药一次，一般喷施2～3次，安全间隔期28d，每季最多使用2次。

5. 防治芦笋茎枯病　发病初期开始施药，每次每667m^2用12.5%烯唑醇可湿性粉剂30～37g（有效成分3.75～4.7g）对水喷雾，间隔7d左右施药一次，一般喷施2～3次，安全间隔期7d，每季最多使用3次。

6. 防治花生叶斑病　发病初期开始施药，每667m^2每次用12.5%烯唑醇可湿性粉剂25～33g（有效成分3.1～4.1g）对水喷雾，每隔7～14d施药一次，连续施药2～3次。

7. 防治苹果斑点落叶病　苹果树春梢生长期初发病时开始施药，用12.5%烯唑醇可湿性粉剂1 000～2 500倍液（有效成分浓度50～125mg/L）整株喷雾，10～15d后及秋梢生长期再各喷一次，安全间隔期30d，每季作物最多使用3次。

8. 防治梨黑星病、甜瓜白粉病　发病前或发病初期开始施药，用12.5%烯唑醇可湿性粉剂3 000～4 000倍液（有效成分浓度31.25～41.67mg/L）整株喷雾，间隔7～10d施药一次，连续喷施3～4次。

9. 防治葡萄黑痘病、炭疽病及柑橘疮痂病　发病前或发病初期开始施药，用12.5%烯唑醇可湿性粉剂2 000～3 000倍液（有效成分浓度41.67～62.5mg/L）整株喷雾，间隔7～10d施药一次，连续喷施2～3次，安全间隔期28d，每季最多使用3次。

10. 防治黑穗醋栗白粉病　发病前或发病初期开始施药，用12.5%烯唑醇可湿性粉剂1 500～2 000倍液（有效成分浓度62.5～83.3mg/L）叶面喷雾，间隔7～10d后再施药一次。

12.5%烯唑醇乳油

理化性质及规格： 稳定的均相液体，无可见悬浮物和沉淀。

毒性： 按照我国农药毒性分级标准，12.5%烯唑醇乳油属低毒。雌、雄大鼠急性经口 LD_{50}＞2 150mg/kg，急性经皮 LD_{50}＞2 000mg/kg。

使用方法：

1. 防治梨黑星病　发病前或发病初期开始施药，用12.5%烯唑醇乳油2 500～3 500倍液（有效成分浓度35.7～50mg/L）叶面喷雾，间隔15d施药一次，连续喷施2～3次。安全间隔期21d，一季最多使用2次。

2. 防治香蕉叶斑病　病害发生初期开始施药，用12.5%烯唑醇乳油750～1 000倍液（有效成分浓度125～167mg/L）整株喷雾，每隔7d左右施用一次，连续施用3次，安全间隔期35d，每季最多使用3次。

3. 防治花生叶斑病　发病初期开始用药，每次每667m^2用12.5%烯唑醇乳油25～33mL（有效成分3.1～4.2g）对水喷雾，每隔10～14d施药一次，连续施用2～3次。

4. 防治小麦白粉病　发病初期开始施药，每次每667m^2用12.5%烯唑醇乳油40～60mL（有效成分5～7.5g）对水喷雾，间隔10d左右再施药一次，安全间隔期28d，每季最多使用2次。

5%烯唑醇微乳剂

理化性质及规格： 外观为稳定的均相液体，无可见悬浮物或沉淀。常温稳定性2年以上。

毒性： 按照我国农药毒性分级标准，5%烯唑醇微乳剂属低毒。雌、雄大鼠急性经口 LD_{50}分别为3 160mg/kg和2 760mg/kg，急性经皮 LD_{50}＞2 000mg/kg，对眼睛、皮肤无刺激性。

使用方法：

1. 防治梨黑星病　发病前或发病初期开始施药，用5%烯唑醇微乳剂1 000～1 400倍液（有效成分浓度35～50mg/L）整株喷雾，间隔7～10d施药一次，连续喷施3～4次。安全间隔期21d，一季最多使用3次。

2. 防治香蕉叶斑病　病害发生初期开始施药，用5%烯唑醇微乳剂500～600倍液（有效成分浓度83.3～100mg/L）整株喷雾，每隔7d左右施用一次，连续施用3次。安全间隔期35d，一季最多使用3次。

注意事项： 该药剂不可与碱性农药混用。

腈　菌　唑

中文通用名称： 腈菌唑

英文通用名称： myclobutanil

其他名称： 仙星，特菌灵，信生

化学名称： 2-（4-氯苯基）-2-（1H-1，2，4-三唑-1-基甲基）己腈

化学结构式：

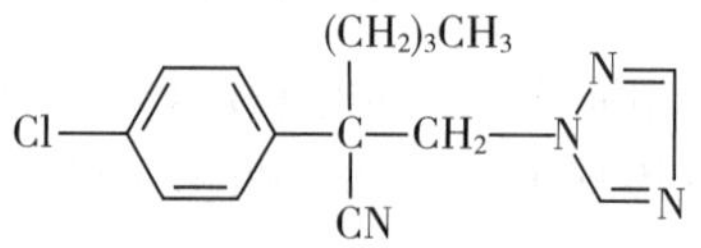

$$Cl-C_6H_4-C(CN)((CH_2)_3CH_3)-CH_2-N(1,2,4\text{-triazol-1-yl})$$

理化性质：纯品外观为浅黄色固体，原药为棕色或棕褐色黏稠液体，熔点63～68℃，沸点202～208℃，蒸气压0.213mPa（25℃）。在水中溶解度142mg/L（25℃）；溶于一般有机溶剂，在酮类、酯类、醇类和芳香烃类溶剂中溶解度为50～100g/L，不溶于脂肪烃类。一般储存条件下稳定，水溶液暴露于光下分解。

毒性：按照我国农药毒性分级标准，腈菌唑属低毒。雄、雌大鼠急性经口 LD_{50} 分别为1 470mg/kg和1 080mg/kg，雄、雌小鼠急性经口 LD_{50} 分别为1 080mg/kg和681mg/kg，大鼠急性经皮 LD_{50} ＞10 000mg/kg；对眼睛有轻微刺激作用，对皮肤无刺激性；该药剂对雌、雄鼠的蓄积系数均＞5，无致突变作用。

作用特点：腈菌唑为内吸性杀菌剂，主要对病原菌的麦角甾醇的生物合成起抑制作用。腈菌唑对子囊菌、担子菌均具有较好地防治效果，持效期长，对作物安全，有一定刺激生长作用，多用于防治作物的白粉病。

制剂：5％、6％、10％、12％、12.5％、25％腈菌唑乳油，40％腈菌唑可湿性粉剂。

25％腈菌唑乳油

理化性质及规格：25％腈菌唑乳油外观为棕褐色液体，相对密度0.96，酸碱度中性。乳液稳定性为稀释倍数200倍，常温条件下储存2年稳定。

毒性：按照我国农药毒性分级标准，25％腈菌唑乳油属低毒。雄、雌大鼠急性经口 LD_{50} 分别为4 300mg/kg和5 010mg/kg，雄、雌小鼠急性经口 LD_{50} 分别为1 700mg/kg和2 000mg/kg；对眼有轻微刺激，对皮肤无刺激。

使用方法：

1. 防治小麦白粉病　在小麦扬花期，白粉病发生前或发生初期开始喷雾施药，15d后再喷一次，共喷2次。每 $667m^2$ 用25％腈菌唑乳油8～16mL（有效成分2～4g），安全间隔期为21d，每季最多使用2次。

2. 防治黄瓜白粉病　发病前或发病初期，每 $667m^2$ 用25％腈菌唑乳油12～16mL（有效成分3～4g），加水稀释均匀喷雾，间隔7～10d施药一次，连续施药2～3次。

3. 防治葡萄白粉病　病害发生初、中期施药，用25％腈菌唑乳油1 500～2 500倍液（有效成分浓度100～167mg/kg）整株喷雾，间隔7～10d施药一次，连续施药2～3次，安全间隔期为21d，每季最多使用3次。

4. 防治香蕉黑星病　病害发生初期使用，用25％腈菌唑乳油2 500～3 500倍液（有效成分浓度70～100mg/kg）整株喷雾，间隔7d左右施药一次，连续施药2～3次。安全间隔期为20d，每季最多使用3次。

5. 防治香蕉叶斑病　病害发生初期使用，用25％腈菌唑乳油800～1 000倍液（有效成分浓度250～312.5mg/kg）整株喷雾，间隔7～10d施药一次，连续施药2～3次，安全间隔期为20d，每季最多使用3次。

6. 防治梨黑星病　发病前或发病初期，用25%腈菌唑乳油4 200～6 250倍液（有效成分浓度40～60mg/kg）整株喷雾，间隔7～10d施药一次，连续施药2～3次，安全间隔期为20d，每季最多使用3次。

40%腈菌唑可湿性粉剂

理化性质及规格： 外观为棕褐色粉末，pH5.5～8.0，悬浮率80%～100%，常温储存2年以上稳定。

毒性： 按照我国农药毒性分级标准，40%腈菌唑可湿性粉剂属低毒。雌、雄大鼠急性经口LD_{50}分别为2 090mg/kg和1 870mg/kg，雌、雄兔急性经皮LD_{50}>5 000mg/kg，雌、雄大鼠急性吸入LC_{50}>5 000mg/m^3，无致敏性。

使用方法：

防治黄瓜白粉病　发病前或发病初期开始喷雾施药，每667m^2用40%腈菌唑可湿性粉剂4～10g（有效成分1.6～4g），每隔7～10d使用一次，根据病情连续施用2～3次，安全间隔期为3d，每季最多使用3次。

注意事项：

1. 该药剂虽属于低毒农药，但使用时需严格遵守农药安全使用规定，特别注意使用时的防护。
2. 该药剂不可与碱性农药物品混用。
3. 该药剂对家蚕、鱼类有毒，施药期间避免对桑源及水源的影响。蚕室及桑园附近禁用，开花植物花期禁用，应远离水产养殖区施药，禁止在河塘等水域清洗施药器具。
4. 建议与其他作用机制不同的杀菌剂轮换使用，以延缓抗性。

啶 菌 噁 唑

中文通用名称： 啶菌噁唑

英文通用名称： dingjunezuo

化学名称： 5-（4-氯苯基）-2，3-二甲基-3-（吡啶-3-基）-异噁唑啉

化学结构式：

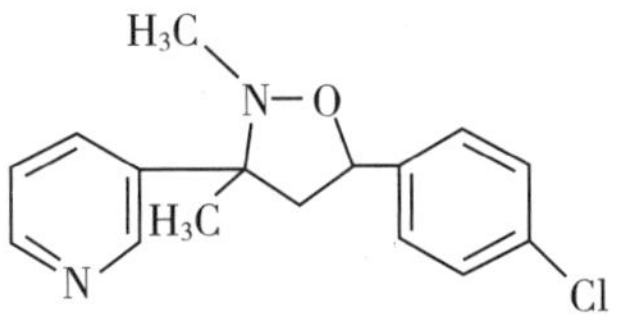

H_3C　N–O　H_3C　N　Cl

理化性质： 原药含量90%，外观为棕褐色黏稠油状物，有部分固体析出。蒸气压（25℃）0.48mPa，易溶于丙酮、氯仿、乙酸乙酯、乙醚，微溶于石油醚，不溶于水。对水、日光稳定。

毒性： 按照我国农药毒性分级标准，啶菌噁唑属低毒。雄、雌大鼠急性经口LD_{50}分别大于2 000mg/kg和1 710mg/kg，急性经皮LD_{50}>2 000mg/kg，急性吸入LC_{50}>2 000mg/m^3；对皮肤眼睛无刺激性，轻度致敏性。

作用特点：啶菌噁唑属甾醇合成抑制剂，具有保护和治疗作用以及良好的内吸作用。通过根部和叶茎吸收能有效控制叶部病害的发生和为害。具有广谱的杀菌活性，对番茄、黄瓜、葡萄灰霉病，小麦、黄瓜白粉病，黄瓜黑星病，水稻稻瘟病等均有良好的防治效果。

制剂：25%啶菌噁唑乳油。

25%啶菌噁唑乳油

理化性质及规格：外观为稳定均相液体，闪点47℃，pH 6.0～8.0，水分≤0.5。

毒性：按照我国农药毒性分级标准，25%啶菌噁唑乳油属低毒。雌、雄大鼠急性经口LD_{50}为4 640mg/kg，急性经皮LD_{50}为2 150mg/kg，急性吸入LC_{50}为2 180mg/m^3，对皮肤无刺激性，对眼睛有中度刺激性，轻度致敏性。

使用方法：

防治番茄灰霉病 番茄灰霉病发病初期开始施药，每次每667m^2用25%啶菌噁唑乳油53～106mL（有效成分13.3～26.5g）对水喷雾，根据发病情况，每隔7d施药一次，连续使用2～3次，安全间隔期7d，每季最多使用3次。

注意事项：

1. 为延缓抗性的产生，注意与其他类型的药剂轮换使用。
2. 按标签推荐方法使用，如误服，应及时就医对症治疗。
3. 该药剂应储存在避光、干燥、通风处。

四 氟 醚 唑

中文通用名称：四氟醚唑

英文通用名称：tetraconazole

其他名称：无

化学名称：2-（2，4-二氯苯基）-3-（1H-1，2，4-三唑-1-基）丙基1，1，2，2-四氟乙基醚

化学结构式：

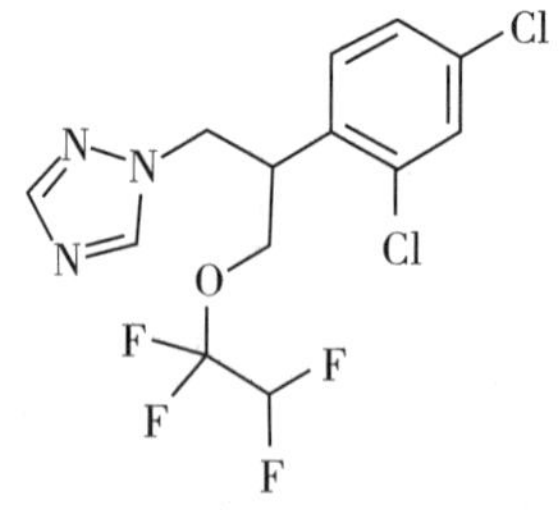

Cl N N N Cl O F F F F

理化性质：外观为黏稠油状物，具轻微的芳香气味。密度1.432 8g/mL。20℃条件下蒸气压1.6mPa，20℃时水中溶解度为150mg/L，可与丙酮、二氯甲烷、甲醇互溶。在pH 5～9下水解，对铜轻微腐蚀性，其水溶液对日光稳定。240℃分解。在水中30d内稳定不分解，在土壤中稳定，半衰期长。

毒性：按照我国农药毒性分级标准，四氟醚唑属低毒。雄大鼠急性经口LD_{50}为1 030 mg/kg。对皮肤无刺激作用，对眼睛有轻微刺激；对大鼠生殖和发育有影响；对野鸭急性经

口 LD_{50} 为 131mg/kg。

作用特点：四氟醚唑为麦角甾醇合成抑制剂，可破坏细胞膜的结构与功能，导致菌体生长停滞甚至死亡。具有内吸传导作用，根施时能向顶传导，但不能向基传导，有很好的保护和治疗活性。持效期长（6 周左右）。既可茎叶处理，也可作种子处理使用。对白粉菌属、柄锈菌属、喙孢属、核腔菌属和壳针孢属菌引起的病害，如小麦白粉病、小麦散黑穗病、小麦锈病、小麦腥黑穗病、小麦颖枯病、苹果斑点落叶病、梨黑星病等有防效。与苯菌灵等苯并咪唑药剂有正交互抗药性。

制剂：4%四氟醚唑水乳剂。

4%四氟醚唑水乳剂

理化性质及规格：外观为淡黄色液体。蒸气压 1.8×10^{-4} Pa（25℃），水中溶解度为 189.8mg/L（20℃），可溶于丙酮、甲醇，pH 5～8。

毒性：按照我国农药毒性分级标准，4%四氟醚唑水乳剂属低毒。雌、雄大鼠急性经口 LD_{50} 均 2 000mg/kg，急性经皮 LD_{50} >2 000mg/kg，急性吸入 LC_{50} >3 170mg/m^3（4h）；对家兔皮肤无刺激，对眼睛有刺激；对豚鼠皮肤属非致敏物。

使用方法：

防治草莓白粉病　发病初期开始施药，每次每 667m^2 用 4%四氟醚唑水乳剂 50～83mL（有效成分 2～3.32g）对水喷雾，间隔 10d 喷一次，安全间隔期为 7d，每季最多使用 3 次。

注意事项：

1. 与苯菌灵、多菌灵等苯并咪唑类药剂有正交互抗药性，不能与该类药剂轮用。

2. 若误服，应立即饮用大量盐水进行引吐，并及时就医。无特定中毒症状，无特殊解毒剂，需对症治疗。

种　菌　唑

中文通用名称：种菌唑

英文通用名称：ipconazole

化学名称：（1RS，25R，5RS；1RS，2SR，5SR）-2-（4-氯苄基）-5-异丙基-1-（1H-1，2，4-三唑-1-基甲基）环戊醇

化学结构式：

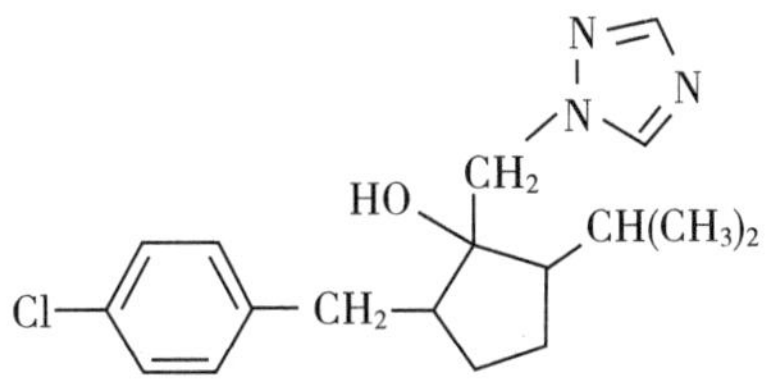

N N N HO CH_2 $CH(CH_3)_2$ Cl CH_2

理化性质：纯品外观为白色粉末，一般为两种异构体的混合物（1RS，2SR，5RS、1RS，2SR，5SR）。熔点 88～90℃，蒸气压 3.58×10^{-3} mPa（25℃）（1RS，2SR，5RS）和 6.99×10^{-3} mPa（25℃）（1RS，2SR，5SR），水中溶解度为 6.93mg/L（20℃），具有良好的热稳定性和水解稳定性。

毒性：按照我国农药毒性分级标准，种菌唑属低毒。大鼠急性经口 LD_{50} 为1 338mg/kg，

急性经皮 LD_{50}＞2 000mg/kg。对皮肤无刺激性，对兔眼睛有轻度刺激性。鲤鱼 LC_{50}（48h）2.5mg/L。对鸟类、蜜蜂，蚯蚓等均安全。

作用特点：种菌唑属甾醇脱甲基化抑制剂，通过抑制病菌的细胞膜重要组成成分麦角甾醇的生物合成，破坏细胞膜的结构与功能，导致菌体生长停滞甚至死亡。种菌唑对水稻和其他作物的种传病害具有防效，特别对水稻恶苗病、由蠕孢引起的叶斑病和稻瘟病有特效。

制剂：4.23%甲霜·种菌唑微乳剂。

4.23%甲霜·种菌唑微乳剂

理化性质及规格：外观为暗红色液体、微甜味。pH 6.0～8.0，无腐蚀性、无爆炸性。

毒性：按照我国农药毒性分级标准，4.23%甲霜·种菌唑微乳剂属低毒。雄，雌大鼠急性经口 LD_{50}＞5 000mg/kg，雄，雌大鼠急性经皮 LD_{50}＞2 000mg/kg，雄，雌大鼠急性吸入 LC_{50}＞5.03mg/m^3，对兔眼睛轻微刺激性，对皮肤无刺激性。

使用方法：

1. 防治棉花立枯病　采用拌种方法处理，每 100kg 棉花种子用 4.23%甲霜·种菌唑微乳剂 320～425g（有效成分 13.5～18g）均匀拌种。

2. 防治玉米茎基腐病　种子包衣处理，每 100kg 棉花种子用 4.23%甲霜·种菌唑微乳剂 80～128g（有效成分 3.375～5.4g），种子包衣时先将药剂加 1～3 倍水稀释后再均匀包衣玉米种子。

3. 防治玉米丝黑穗病　种子包衣处理，每 100kg 棉花种子用 4.23%甲霜·种菌唑微乳剂 213～425g（有效成分 9～18g），种子包衣时先将药剂加 1～3 倍水稀释后再均匀包衣玉米种子。

注意事项：

1. 对于品质差、生活力低、破损率高及含水量高于国家标准的种子不宜进行包衣。
2. 避免将该药剂使用在甜玉米、糯玉米和亲本玉米种子上。
3. 经该药剂包衣过的种子不能用作食物或饲料，也不能与未处理的种子混放。

亚　胺　唑

中文通用名称：亚胺唑

英文通用名称：imibenconazole

其他名称：霉能灵，Manage，酰胺唑，HF－6305，HF－8505

化学名称：S－（4－氯苄基）－N－2，4－二氯苯基－2－（1H－1，2，4－三唑－1－基）硫代乙酰亚胺酯

化学结构式：

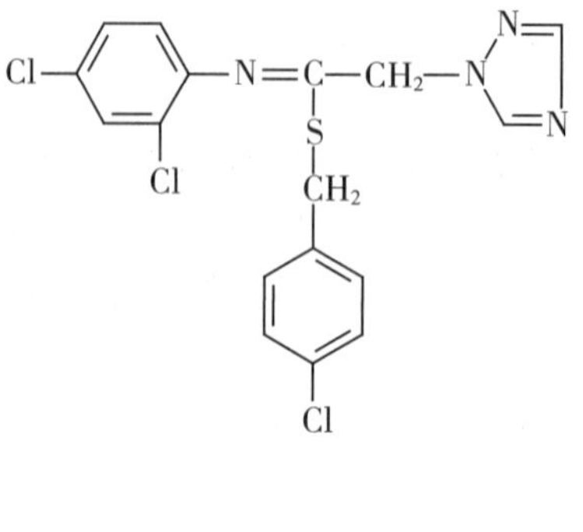

理化性质： 纯品为浅黄色晶体，熔点为89.5～90℃，25℃时蒸气压0.085mPa。20℃水中溶解度1.7mg/L；25℃时有机溶剂中溶解度分别为丙酮1 030g/L，甲醇120g/L，二甲苯50g/L。在弱碱的条件下稳定，在酸性和强碱条件下不稳定，对光稳定。

毒性： 按照我国农药毒性分级标准，亚胺唑属低毒。原药对雄、雌大鼠急性经口 LD_{50} 分别为2 800mg/kg和3 000mg/kg，急性经皮 LD_{50} ＞2 000mg/kg，急性吸入 LC_{50} ＞1 020mg/m^3。对皮肤无刺激作用，对眼睛有轻微刺激作用。在试验剂量下对动物无致畸、致突变和致癌作用。对寄生蜗 LC_{50} 6 150mg/L，鲤鱼 LC_{50} 1.02mg/L（48h），水蚤 LC_{50} 102mg/L（6h）。蜜蜂 LD_{50} ＞200μg/只，家蚕 LD_{50} 1 802mg/kg，鹌鹑 LD_{50} ＞2 250mg/kg。野鸭 LD_{50} ＞2 250mg/kg。

作用特点： 亚胺唑的作用机理主要是通过破坏和阻止病菌的细胞膜重要组成成分麦角甾醇的生物合成，从而破坏细胞膜的形成，导致病菌死亡。是广谱性杀菌剂，能有效地防治子囊菌、担子菌和半知菌所致病害。对藻状菌真菌无效。土壤施药不能被根吸收。

制剂： 5%、15%亚胺唑可湿性粉剂。

15%亚胺唑可湿性粉剂

理化性质及规格： 15%亚胺唑可湿性粉剂由有效成分亚胺唑和载体、表面活性剂组成。外观为白色细粉末。相对密度0.2～0.4，pH 8.5～10，细度98%以上通过45μm筛孔，悬浮率＞90%，常温下储存稳定性3年。在水中的半衰期pH 7条件下为88d，pH 9条件下为92d。

毒性： 按照我国农药毒性分级标准，15%亚胺唑可湿性粉剂属低毒。大鼠急性经口 LD_{50} ＞5 000mg/kg，急性经皮 LD_{50} ＞2 000mg/kg，急性吸入 LC_{50} ＞3 980mg/m^3；对眼睛有轻微刺激；鲤鱼 LC_{50} 6.7mg/kg（48h），家蚕 LD_{50} 2 694mg/kg。

使用方法：

防治梨黑星病 发病初期开始喷药，用15%亚胺唑可湿性粉剂3 000～3 500倍药液（有效成分浓度43～50mg/L）整株喷雾，每隔7～10d喷一次，连续喷3～4次。安全间隔期30d，一季最多使用3次。该药对梨赤星病有一定兼治作用。

5%亚胺唑可湿性粉剂

理化性质及规格： 参见15%亚胺唑可湿性粉剂。

毒性： 参见15%亚胺唑可湿性粉剂。

使用方法：

1. *防治柑橘疮痂病* 在发病初期开始喷药，用5%亚胺唑可湿性粉剂1 700～2 700倍液（有效成分浓度18.5～29.4mg/L）整株喷雾，每隔7～10d喷一次，连续喷施3～4次。安全间隔期28d，一季最多使用3次。

2. *防治苹果斑点落叶病* 在春梢和秋梢抽生期用5%亚胺唑可湿性粉剂600～700倍液（有效成分浓度71.4～83.3mg/L）整株喷雾，间隔10～15d喷施一次，一般春、秋梢生长期各喷施1～2次。安全间隔期30d，一季最多使用3次。

3. *防治葡萄黑痘病、青梅黑星病* 在发病初期开始喷药，用5%亚胺唑可湿性粉剂

600～800倍液（有效成分浓度 62.5～83.3mg/L）整株喷雾，每隔 7d 左右喷一次，连续喷施 3～4 次。葡萄安全间隔期 28d，一季最多使用 3 次；青梅安全间隔期 21d，一季最多使用 4 次。

注意事项：

1. 该药剂不宜在鸭梨上使用，以免引起轻微药害（在叶片上出现褐点）。
2. 该药剂对眼有刺激作用，如果溅入眼中，可用清水清洗。

戊　菌　唑

中文通用名称： 戊菌唑

英文通用名称： Penconazole

其他名称： 66246－88－6（CAS 号）

化学名称： 2－（2，4－二氯苯基戊基）－1H－1，2，4－三唑

化学结构式：

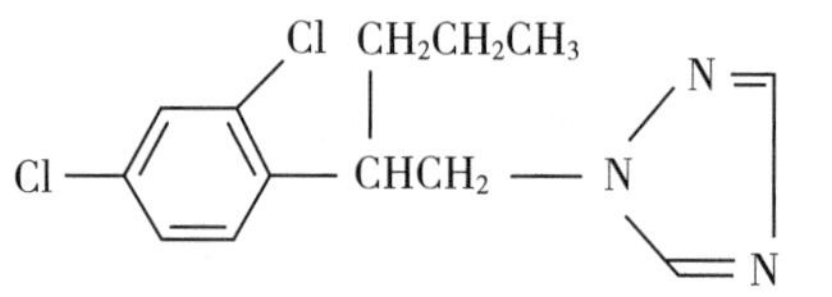

Cl　$CH_2CH_2CH_3$

Cl　$CHCH_2$ — N　N　N

理化性质： 外观为无色结晶粉末。熔点 57.6～60.3℃，蒸气压为 0.017mPa（20℃）和 0.37mPa（25℃）。水中溶解度（25℃）为 73mg/L；有机溶剂则乙醇中 730g/L，丙酮中 770g/L，甲苯中 610g/L，正己烷中 24g/L，正辛醇中 400g/L；戊菌唑于水中稳定，温度至 350℃仍稳定不分解。

毒性： 按照我国农药毒性分级标准，戊菌唑属低毒。大鼠急性经口 LD_{50} 2 125mg/kg，急性经皮 LD_{50}＞3 000mg/kg，急性吸入 LC_{50}（4h）＞4 000mg/m^3；对家兔眼睛和皮肤无刺激性；对豚鼠皮肤无致敏性；对动物无致畸、致突变和致癌作用。

作用特点： 戊菌唑是一种兼具保护、治疗和铲除作用的内吸性杀菌剂，是甾醇脱甲基化抑制剂，可由作物根、茎、叶等组织吸收，并向上传导，可用于防治由子囊菌和半知菌引起的作物病害。

制剂： 20％戊菌唑水乳剂，10％戊菌唑乳油。

20％戊菌唑水乳剂

理化性质及规格： 外观为浅黄色透明液体；闪点约为 55℃；冷、热储存和常温储存稳定。

毒性： 按照我国农药毒性分级标准，20％戊菌唑水乳剂属低毒。大鼠急性经口、急性经皮 LD_{50} 均＞2 000mg/kg，急性吸入 LC_{50}（4h）＞4 000mg/m^3；对家兔眼睛和皮肤无刺激性；豚鼠皮肤无致敏性。

使用方法：

防治观赏菊花白粉病　发病初期开始施药，每次用 20％戊菌唑水乳剂 4 000～5 000 倍液（有效成分浓度 40～50mg/kg）叶面喷雾，间隔 10d 左右再喷施一次。

10%戊菌唑乳油

理化性质及规格：外观为浅棕色液体，无刺激性异味，密度 1.002g/mL（20℃），水分≤0.5%，pH 5.0～7.0。

毒性：按照我国农药毒性分级标准，10%戊菌唑乳油属低毒。雌、雄大鼠急性经口 LD_{50} 为 3 160mg/kg、急性经皮 LD_{50} 均＞2 000mg/kg，急性吸入 LC_{50}＞2 000mg/m^3；对家兔眼睛和皮肤中度刺激性；弱致敏物。

使用方法：

防治葡萄白粉病　发病初期开始施药，每次用10%戊菌唑乳油 2 000～4 000 倍液（有效成分浓度 25～50mg/kg）整株喷雾，间隔 10d 左右喷一次，连续使用 2～3 次，安全间隔期 14d，每季最多使用 3 次。

注意事项：

1. 该药剂不可与铜制剂、碱性制剂、碱性物质（如波尔多液、石硫合剂）等物质混用。
2. 该药剂对鱼类等水生生物及蜜蜂、家蚕有毒，施药期间应避免对周围蜂群的影响，蚕室和桑园附近禁用，赤眼蜂等天敌放飞区域禁用。
3. 建议与其他类型的杀菌剂轮换使用。

九、苯基酰胺及脲类

甲　霜　灵

中文通用名称：甲霜灵

英文通用名称：metalaxyl

其他名称：阿普隆，雷多米尔

化学名称：N-（2-甲氧基乙酰基）-N-（2，6-二甲基苯基）-DL-α-氨基丙酸甲酯

化学结构式：

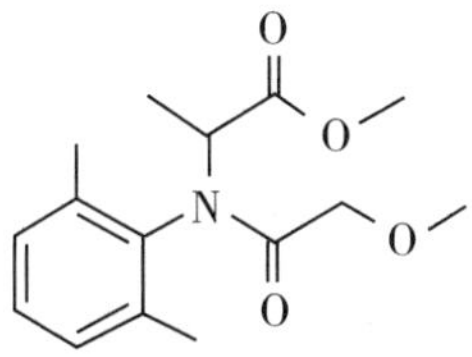

理化性质：外观为白色粉末。熔点 63.5～72.30℃，沸点 295.9℃，蒸气压为 0.75mPa（25℃），密度为 1.20g/cm^3（20℃）。溶解度分别为：水中 8.4g/L（22℃），丙酮中 450g/L（25℃），乙醇中 400g/L（25℃），甲苯 340g/L（25℃），正己烷 11g/L（25℃），辛醇 68g/L（25℃）。在 300℃以下稳定，室温下在中性和酸性介质中稳定。水解（20℃）DT_{50}（计算值）＞200d（pH 1）、115d（pH 9）、12d（pH 10）。不易燃，不爆炸，无腐蚀性，常温储存稳定期 2 年以上。

毒性：按照我国农药毒性分级标准，甲霜灵属低毒。原药对雄性大鼠急性经口 LD_{50} 为

633mg/kg，对大鼠急性经皮 LD_{50}＞3 100mg/kg；对兔皮肤和眼睛有轻度刺激作用；在动物体内代谢排出较快，无明显蓄积现象；试验条件下无致突变、致畸和致癌现象；鲤鱼、虹鳟鱼 LC_{50}（96h）为 100mg/L；蜜蜂 LD_{50} 为 20μg/只；鹌鹑 LD_{50} 为 798～1 067mg/kg，野鸭 LD_{50} 为 1 450mg/kg。

作用特点：甲霜灵主要抑制病原菌中核酸的生物合成，主要是 RNA 的合成。甲霜灵是一种具有保护和治疗作用的内吸性杀菌剂，可被植物的根茎叶吸收，并随植物体内水分运输，而转移到植物的各器官。甲霜灵有双向传导性能，持效期 10～14d，土壤处理持效期可超过 60d。对霜霉病菌、疫霉病菌和腐霉病菌引起的多种作物霜霉病、瓜果蔬菜类的疫霉病、谷子白发病有效。

甲霜灵持效期长，选择性也强，仅对卵菌病害有效，易引起病害抗药性，因此，甲霜灵单剂只用于种子处理和土壤处理，不宜做叶面喷洒用，用于叶面喷雾时常与保护性药剂如代森锰锌、福美双等混配使用。

制剂：35％甲霜灵拌种剂，58％甲霜灵·锰锌可湿性粉剂。

35％甲霜灵拌种剂

理化性质及规格：35％甲霜灵拌种剂外观为紫色粉末，堆密度为 0.25～0.35g/cm^3（20℃），pH 6～9，润湿时间 60s，常温下储存稳定两年以上。

毒性：按照我国农药毒性分级标准，35％甲霜灵拌种剂属低毒。大鼠急性经口 LD_{50} 为 1 656mg/kg，急性经皮 LD_{50}＞3 000mg/kg，急性吸入 LC_{50}＞2 000mg/m^3。

使用方法：

防治谷子白发病　采用拌种法处理，每 100kg 种子用 35％甲霜灵拌种剂 200～300 g（有效成分 70～105g）均匀拌种，干拌或湿拌均可，拌完即可播种。

58％甲霜灵·锰锌可湿性粉剂

理化性质及规格：外观为黄绿色疏松粉末，无刺激性气味。无腐蚀性，无爆炸性。

毒性：按照我国农药毒性分级标准，58％甲霜灵·代森锰锌可湿性粉剂属低毒。雌、雄大鼠急性经口 LD_{50} ＞ 5 000mg/kg，急性经皮 LD_{50} ＞ 2 000mg/kg，急性吸入 LC_{50}＞2 000mg/m^3。

使用方法：

防治黄瓜霜霉病　发病初期开始施药，每次每 667m^2 用 58％甲霜灵·锰锌可湿性粉剂 150～188g（有效成分 87～109g）对水喷雾，间隔 7～10d 喷一次，连续喷施 3～4 次，安全间隔期为 3d，每季最多使用 3 次。

注意事项：

1. 甲霜灵对人体每日每千克体重允许摄入量（ADI）为 0.03mg。使用甲霜灵应遵守我国控制农产品中农药残留的合理使用准则（GB 8321.1—87）。

2. 长期单一使用甲霜灵易使病菌产生抗药性，应与其他杀菌剂轮换使用或混合使用，生产上常与代森锰锌、福美双等保护性药剂混配使用。

3. 不能与石硫合剂或波尔多液等强碱性物质混用。

精 甲 霜 灵

中文通用名称：精甲霜灵

英文通用名称：metalaxyl－M

化学名称：N－（2，6－二甲苯基）－N－（甲氧基乙酰基）－D－丙胺酸甲酯

化学结构式：

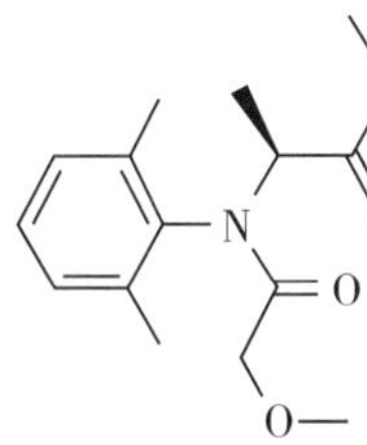

理化性质：纯品为黄色至淡棕色均相油状物。熔点－38.7℃，沸点270℃，密度1.125g/cm^3（20℃）。水中溶解度为26mg/L（25℃），与丙酮、乙酸乙酯、甲醇、二氯甲烷、甲苯和正辛醇互溶。在酸性和中性条件下稳定。

毒性：按照我国农药毒性分级标准，精甲霜灵属低毒。大鼠急性经口LD_{50}>2 000mg/kg，急性经皮LD_{50}为667mg/kg；对兔皮肤无刺激，对眼睛有强烈的刺激；无致畸、致癌、致突变现象；虹鳟鱼LC_{50}（96h）>100mg/L；水蚤LC_{50}（48h）>100mg/L。

作用特点：精甲霜灵为具有立体旋光活性的杀菌剂，是甲霜灵杀菌剂两个异构体中的一个。该药剂具内吸性和双向传导性，可用于种子处理、土壤处理及茎叶处理。精甲霜灵对于霜霉、疫霉和腐霉等卵菌所致的蔬菜、果树、烟草、油料、棉花、粮食等作物病害具有很好的防效。杀菌谱与甲霜灵一致，但在获得同等防效的情况下只需甲霜灵用量的一半，具有更快的土壤降解速度，这有助于减少药量和施药次数，增长施药周期，并增加了对使用者的安全性和与环境的相容性。

制剂：35%精甲霜灵种子处理乳剂，68%精甲霜灵·锰锌水分散粒剂。

35%精甲霜灵种子处理乳剂

理化性质及规格：产品粒度范围（297～1 680μm），pH范围6～9。热稳定性合格。持久气泡（1min）≤25mL。

毒性：按照我国农药毒性分级标准，35%精甲霜灵种子处理乳剂属低毒。雌、雄大鼠急性经口LD_{50}为681mg/kg，急性经皮LD_{50}>2 150mg/kg；对家兔皮肤无刺激，眼睛无刺激；弱致敏物。

使用方法：

1. 防治大豆根腐病、棉花猝倒病、花生根腐病　种子包衣（种子公司使用）或拌种（农户使用）。拌种的方法是，每100kg大豆种子用35%精甲霜灵种子处理乳剂40～80g（有效成分14～28g）拌种，将药浆与种子充分搅拌，直到药液均匀分布到种子表面，晾干后即可播种。

2. 防治水稻烂秧病　拌种或浸种。拌种是每100kg水稻种子用35%精甲霜灵种子处理乳剂15～25g（有效成分5.25～8.75g）拌种，先用水将推荐用药量稀释至1～2L，将药浆与种子充分搅拌，直到药液均匀分布到种子表面，晾干后即可。浸种则用35%精甲霜灵种

子处理乳剂 400～600 倍液（有效成分浓度 58.3～87.5mg/L）浸种，晾干后播种。

3. 防治向日葵苗期霜霉病　每 100kg 种子用 35%精甲霜灵种子处理乳剂 100～300g（有效成分 35～105g）均匀拌种，待晾干后再播种。

68%精甲霜灵·锰锌水分散粒剂

理化性质及规格：外观为干燥、可自由流动的黄色疏松柱状颗粒。对包材无腐蚀性，无爆炸性。

毒性：按照我国农药毒性分级标准，68%精甲霜灵·代森锰锌可分散粒剂属低毒。雌、雄大鼠急性经口 LD_{50} 分别为 5 620mg/kg 和 6 810mg/kg，急性经皮 LD_{50} >5 000mg/kg。

使用方法：

1. 防治黄瓜、花椰菜和葡萄霜霉病，辣椒和西瓜疫病，番茄和马铃薯晚疫病及烟草黑胫病　发病初期开始施药，每次每 667m^2 用 68%精甲霜灵·锰锌水分散粒剂 100～120g（有效成分 68～82g）对水喷雾，间隔 7～10d 喷一次，连续喷施 3～4 次。

番茄、辣椒安全间隔期为 5 d，一季最多使用 4 次。黄瓜安全间隔期为 4 d，一季最多使用 3 次。西瓜、马铃薯、烟草，安全间隔期为 7d，一季最多使用 3 次。花椰菜安全间隔期为 3 d，一季最多使用 3 次。葡萄安全间隔期为 7d，一季最多使用 4 次。

2. 防治荔枝霜疫霉病　发病初期开始施药，用 68%精甲霜灵·锰锌水分散粒剂 800～1 000倍液（有效成分浓度 680～850mg/L）整株喷雾，间隔 7～10d 喷一次，连续喷施 3～4 次，安全间隔期为 7 d，一季最多使用 4 次。

注意事项：

1. 长期单一使用精甲霜灵易使病菌产生抗药性，应与其他杀菌剂轮换使用或混合使用，生产上常与代森锰锌、福美双等保护性药剂混配使用。

2. 精甲霜灵虽属低毒，但仍应按农药安全使用操作规定使用，需注意防止污染手、脸和皮肤，如误食药剂，在病人神志清醒情况下给予活性炭催吐。目前尚无特效解毒剂，只能对症治疗。

霜　脲　氰

中文通用名称：霜脲氰

英文通用名称：cymoxanil

其他名称：清菌脲，菌疫清

化学名称：1-(2-氰基-2-甲氧基亚氨基乙酰基)-3-乙基脲

化学结构式：

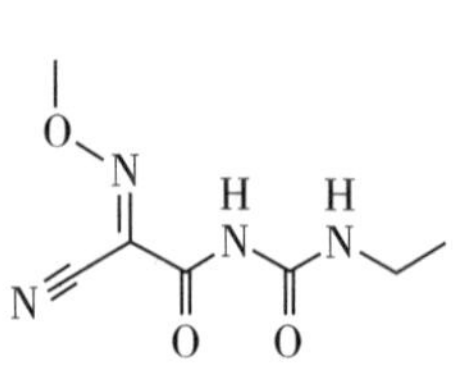

理化性质：纯品为白色针状结晶固体；熔点 160～161℃；蒸气压（25℃）8.0×10^{-5} Pa；水中溶解度（25℃）为 890mg/L（pH 5），有机溶剂溶解度（20℃）则分别为己烷 1.85g/L、

甲苯 5.29g/L、乙腈 57g/L、乙酸乙酯 28g/L、正辛醇 1.43g/L、甲醇 22.9g/L、丙酮 62.4 g/L、氯甲烷 133g/L。一般储存条件下 pH 2～7 稳定；在土壤中半衰期为 7d。对光敏感。

毒性： 按照我国农药毒性分级标准，霜脲氰属低毒。原药对大鼠急性经口 LD_{50} 为1 196 mg/kg，豚鼠 LD_{50} 为 1 096mg/kg，兔急性经皮 LD_{50} >3 000mg/kg；对眼睛有轻度刺激，对皮肤无刺激作用。

作用特点： 霜脲氰是一种高效、低毒的脂肪族杀菌剂，具有局部内吸作用，对霜霉菌和疫霉菌有特效。霜脲氰单剂的药效不突出，持效期也短，但与保护性杀菌剂混用，增效明显，与代森锰锌、铜制剂、灭菌丹或其他保护性杀菌剂混用在低剂量下可以有效防治霜霉病和疫霉病。霜脲氰在作物中能迅速分解，在土壤中的半衰期不到两周。与甲霜灵、恶霜灵等之间无交互抗性。

制剂： 72%霜脲氰·锰锌可湿性粉剂。

72%霜脲氰·锰锌可湿性粉剂

理化性质及规格： 72%霜脲氰·锰锌可湿性粉剂由有效成分霜脲氰和代森锰锌、及载体、表面活性剂等组成。外观为淡黄色粉末，pH 6～8，悬浮率 60%，水分含量 2%，常温下至少可储存 2 年。

毒性： 按照我国农药毒性分级标准，72%霜脲氰·锰锌可湿性粉剂属低毒。大鼠急性经口 LD_{50} 为 9 023mg/kg，兔急性经皮 LD_{50} >2 000mg/kg。

使用方法：

1. *防治番茄晚疫病*　发病初期开始施药，每次每 667m^2 用 72%霜脲氰·锰锌可湿性粉剂 130～180g（有效成分 93.6～129.6g）对水喷雾，每隔 7～10d 喷一次，连续施药 3～4 次，安全间隔期为 2d，每季最多使用 4 次。

2. *防治黄瓜霜霉病*　发病初期开始施药，每次每 667m^2 用 72%霜脲氰·锰锌可湿性粉剂 133～167g（有效成分 96～120g）对水喷雾，每隔 7～10d 喷一次，连续施药 3～4 次，安全间隔期为 2d，每季最多使用 4 次。

3. *防治荔枝霜疫霉病*　发病初期开始施药，用 72%霜脲氰·锰锌可湿性粉 500～700 倍液（有效成分浓度 1 030～1 440mg/kg）叶面喷雾，间隔 7～10d 喷一次，安全间隔期为 3d，一季最多使用 5 次。

注意事项：

1. 因遇碱性农药等物质易分解，勿与之混合使用。

2. 该药剂对鱼类等水生生物有毒，应远离水产养殖区施药，禁止在河塘等水体中清洗施药器具。建议与其他作用机制不同的杀菌剂轮换使用。

十、酰 胺 类

稻 瘟 酰 胺

中文通用名称： 稻瘟酰胺

英文通用名称： fenoxanil

其他名称：氰菌胺

化学名称：N－（1－氰基－1，2－二甲基丙基）－2－（2，4－二氯苯氧基）丙酰胺

化学结构式：

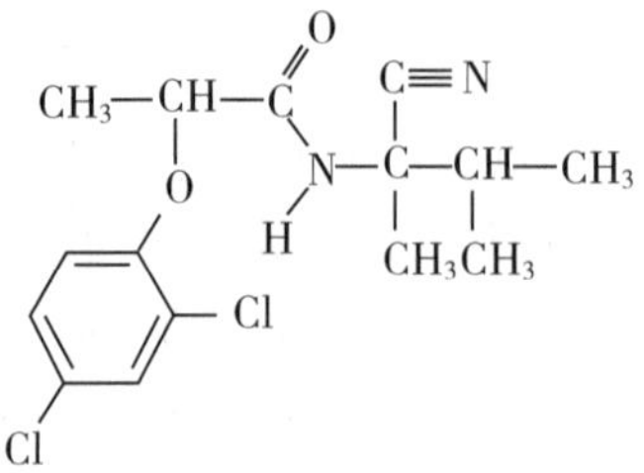

理化性质：外观为白色或灰白色结晶粉状固体。熔点 69.5～71.5℃；蒸气压（25℃）0.21×10^{-4}Pa；水中溶解度（20℃）30.7mg/L。

毒性：按照我国农药毒性分级标准，稻瘟酰胺属低毒。雄、雌大鼠急性经口 LD_{50} 分别为＞5 000mg/kg 和＞4 211mg/kg；小鼠急性经口＞5 000mg/kg，急性经皮＞2 000mg/kg，吸入 LC_{50}（4h）＞5.18mg/m^3；对兔皮肤和眼睛无刺激性；慢性喂养毒性试验最大无作用剂量大鼠为 0.698mg/（kg·d）（雄）和 0.857mg/（kg·d）（雌），狗为 1mg/（kg·d）。试验剂量下无致突变、致畸和致癌作用。

作用特点：稻瘟酰胺属酰胺类杀菌剂，作用机制为通过抑制病菌黑色素生物合成（MBI），降低病菌的侵染能力。具有内吸传导性，持效期长，在推荐剂量下对作物安全。对稻瘟病特效。

制剂：40％稻瘟酰胺悬浮剂，20％稻瘟酰胺可湿性粉剂。

40％稻瘟酰胺悬浮剂

理化性质及规格：外观呈土灰色、无味液体，密度 1.09g/mL（20℃），黏度 0.43Pa·s，非易燃、非腐蚀性物质，爆炸性低。闪点＞72.4℃。

毒性：按照我国农药毒性分级标准，40％稻瘟酰胺悬浮剂属低毒。雌、雄大鼠急性经口 LD_{50}＞5 000mg/kg，急性经皮 LD_{50}＞2 000mg/kg；对家兔皮肤无刺激，对眼睛轻度刺激。弱致敏物。

使用方法：

防治水稻稻瘟病　发病初期开始施药，每次每 667m^2 用 40％稻瘟酰胺悬浮剂 30～50mL（有效成分 16～20g）对水喷雾，间隔 7～10d 喷一次，连续施药 3 次，安全间隔期为 21d，一季最多使用 3 次。

20％稻瘟酰胺可湿性粉剂

理化性质及规格：外观呈土灰色、粉末状、无味固体，密度 0.38g/mL，非易燃、非腐蚀性物质，闪点高。

毒性：按照我国农药毒性分级标准，20％稻瘟酰胺可湿性粉剂属低毒。雌、雄大鼠急性经口 LD_{50}＞5 000mg/kg，急性经皮 LD_{50}＞2 000mg/kg，急性吸入 LC_{50}＞2 100mg/m^3；对家兔皮肤无刺激，对眼睛轻度刺激；弱致敏物。

使用方法：

防治水稻稻瘟病　发病初期开始施药，每次每667m² 用20%稻瘟酰胺可湿性粉剂 60～100g（有效成分 12～20g）对水喷雾，间隔 7～14d 喷一次，连续施药 3 次，安全间隔期为 21d，一季最多使用 3 次。

注意事项：

1. 该药剂虽属低毒杀菌剂，但仍须按照农药安全规定使用，作业时禁止吸烟和进食，作业后要用水洗脸、手等裸露部位。

2. 该药剂无解毒剂，若误服立刻喝下大量牛奶、蛋白或清水，催吐，并将病人送医院对症治疗。

十一、羧酸酰胺类

烯 酰 吗 啉

中文通用名称：烯酰吗啉

英文通用名称：dimethomorph

其他名称：安克

化学名称：4－［3－（4－氯苯基）－3－（3，4－二甲氧基苯基）丙烯酰基］吗啉（Z 与 E 的比一般为 4：1）

化学结构式：

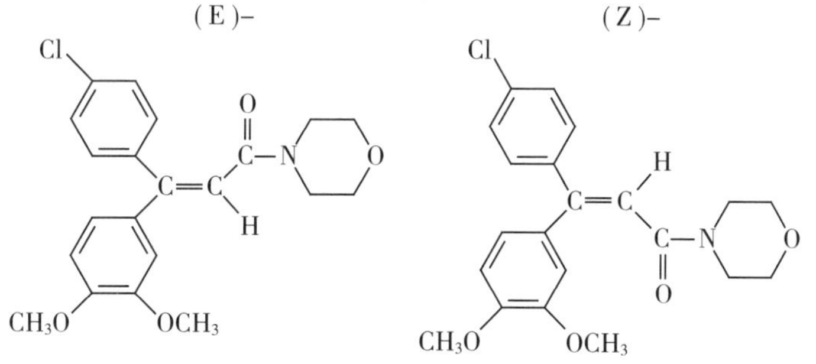

(E)-　　(Z)-

理化性质：外观为无色至白色结晶粉末。熔点 127～148℃，其中 Z 异构体为169.2～170.2℃，E 异构体为 135.7℃。Z 异构体蒸气压 1.0×10^{-3}mPa（25℃），E 异构体蒸气压 9.7×10^{-4}mPa（25℃）。密度为 1 318kg/m³（20℃）。在 20～23℃时，水（pH 7）中溶解度＜50mg/L，可溶于多种有机溶剂。正常条件下对热和水稳定，在黑暗中可稳定保存 5 年。

毒性：按照我国农药毒性分级标准，烯酰吗啉属低毒。对大鼠急性经口 LD_{50} 为3 900 mg/kg，急性经皮 LD_{50}＞2 000mg/kg，急性吸入 LC_{50}＞4 240mg/m³。对家蚕无毒害作用，对天敌无影响。在试验条件下，无致突变、致畸和致癌作用。

作用特点：烯酰吗啉是杀卵菌纲真菌的杀菌剂，内吸作用强，叶面喷雾可渗入叶片内部，具有保护、治疗和抗孢子产生的活性。其作用特点是影响病原细胞壁分子结构的重排，干扰细胞壁聚合体的组装，从而干扰细胞壁的形成，致使菌体死亡。除游动孢子形成及孢子游动期外，烯酰吗啉对卵菌生活史的各个阶段都有作用，其中在孢子囊梗和卵孢子的形成阶段尤为敏感，在极低浓度下（<0.25mg/mL）即受到抑制，因此在孢子形成之前施药可抑制孢子产生。烯酰吗啉对植物无药害，与苯基酰胺类药剂无交互抗性。

制剂：40%、50%、80%烯酰吗啉水分散粒剂，25%、30%、50%烯酰吗啉可湿性粉剂，10%、20%烯酰吗啉悬浮剂，10%烯酰吗啉水乳剂，25%烯酰吗啉微乳剂。

50%烯酰吗啉水分散粒剂

理化性质及规格：外观为均匀的疏松粉末，在常温储存条件下稳定。

毒性：按照我国农药毒性分级标准，50%烯酰吗啉水分散粒剂制剂属低毒。雌雄大鼠急性经口 LD_{50} 均为 4 640mg/kg，急性经皮 LD_{50} 为 2 150mg/kg。致敏性弱。

使用方法：

1. 防治黄瓜霜霉病　发病前或发病初期开始施药，每次每 667m² 用 50%烯酰吗啉水分散粒剂 30～40g（有效成分 15～20g）对水喷雾，间隔 7～10d 施药一次，连续施用 3 次，安全间隔期为 3d，每季最多使用 4 次。

2. 防治葡萄霜霉病　发病前或发病初期开始施药，每次每 667m² 用 50%烯酰吗啉水分散粒剂 30～50g（有效成分 15～25g）整株喷雾，间隔 7～10d 喷一次，连续使用 2～3 次。安全间隔期为 20d，每季最多使用 3 次。

50%烯酰吗啉可湿性粉剂

理化性质及规格：外观为灰白色疏松粉末，稍有气味。非易燃物，对包材无腐蚀性。

毒性：按照我国农药毒性分级标准，50%烯酰吗啉可湿性粉剂属低毒。雌、雄大鼠急性经口 $LD_{50}>4\ 640$mg/kg，急性经皮 $LD_{50}>2\ 150$mg/kg。弱致敏性物。

使用方法：

1. 防治黄瓜霜霉病　发病前或发病初期开始施药，每次每 667m² 用 50%烯酰吗啉可湿性粉剂 30～40g（有效成分 15～20g）对水喷雾，视病情发展情况，间隔 7～10d 喷一次，可连续施药 3 次。安全间隔期 3d，每季最多使用 3 次。

2. 防治辣椒疫病　发病前或发病初期开始施药，每次每 667m² 用 50%烯酰吗啉可湿性粉剂 30～40g（有效成分 15～20g）对水喷雾，视病情发展情况，间隔 5～7d 施药一次，连续用药 3～4 次。安全间隔期 7d，每季最多使用 3 次。

3. 防治荔枝霜疫霉病　发病前或发病初期开始施药，用 50%烯酰吗啉可湿性粉剂 500～2 000倍液（有效成分浓度 250～333.3mg/kg）整株喷雾，每隔 7～10d 喷一次，连续使用 3～4 次。

4. 防治葡萄霜霉病　发病前或发病初期开始施药，用 50%烯酰吗啉可湿性粉剂 2 000～3 000 倍液（有效成分浓度 166.7～250mg/kg）整株喷雾，每隔 7～10d 施药一次，连续使用 2～3 次，安全间隔期为 20d，每季最多使用 3 次。

5. 防治烟草黑胫病　发病初期开始施药，每次每 667m² 用 50%烯酰吗啉可湿性粉剂 27～40g（有效成分 13.5～20g）对水喷雾，间隔 7d 左右施一次，安全间隔期为 21d，每季作物最多使用 3 次。

20%烯酰吗啉悬浮剂

理化性质及规格：外观为乳白色黏稠液体，无沉淀和悬浮物，稍有刺激性气味，无可燃性。

毒性：按照我国农药毒性分级标准，20%烯酰吗啉悬浮剂属低毒。雌、雄大鼠急性经口LD_{50}均>5 000mg/kg，急性经皮LD_{50}均>5 000mg/kg，无刺激性。

使用方法：

1. 防治黄瓜霜霉病　发病前或发病初期开始施药，每次每667m^2用20%烯酰吗啉悬浮剂90～100mL（有效成分18～20g）对水喷雾，间隔7～10d施一次，连续施药3～4次，安全间隔期为3d，每季最多使用4次。

2. 防治葡萄霜霉病　发病前或发病初期开始施药，用20%烯酰吗啉悬浮剂2 000～3 000倍液（有效成分浓度167～250mg/kg）整株喷雾，间隔7～10d喷一次，每季最多使用3次。

10%烯酰吗啉水乳剂

理化性质及规格：外观为暗白色液体，无刺激性异味。无腐蚀性，无爆炸性。

毒性：按照我国农药毒性分级标准，10%烯酰吗啉水乳剂属低毒。雌、雄大鼠急性经口LD_{50}>5 000mg/kg，急性经皮LD_{50}>5 000mg/kg。

使用方法：

防治黄瓜霜霉病　发病前或发病初期开始施药，每次每667m^2用10%烯酰吗啉水乳剂150～200mL（有效成分15～20g）对水喷雾，视病情发展情况，间隔7～10d施药一次，可连续施用3次。

25%烯酰吗啉微乳剂

理化性质及规格：外观为棕色均相透明液体，无可见悬浮物，无腐蚀性。

毒性：按照我国农药毒性分级标准，25%烯酰吗啉微乳剂属低毒。雌、雄大鼠急性经口LD_{50}>5 000mg/kg，急性经皮LD_{50}>5 000mg/kg。无刺激性，弱致敏性。

使用方法：

防治黄瓜霜霉病　发病前或发病初期开始施药，每次每667m^2用25%烯酰吗啉微乳剂72～80mL（有效成分18～20g）对水喷雾，间隔7～10d施药一次，连续施药3～4次，安全间隔期为3d，每季最多使用4次。

注意事项：

1. 该药剂不可与呈碱性的农药等物质混合使用，应与其他保护性杀菌剂轮换使用。

2. 在施药期间应避免对周围蜂群的影响，蜜源作物花期、蚕室和桑园附近禁用。远离水产养殖区施药，禁止在河塘等水体中清洗施药器具。

氟　吗　啉

中文通用名称：氟吗啉

英文通用名称：flumorph

化学名称：（E，Z）4－［3－（4－氟苯基）－3－（3′，4′－二甲氧基苯基）丙烯酰］吗啉（IUPAC）

化学结构式：

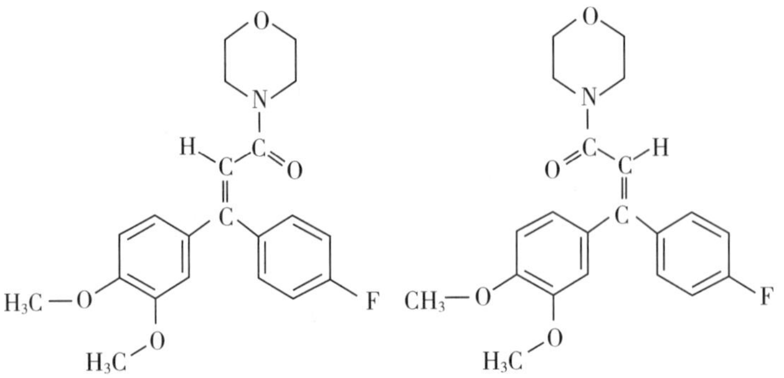

（E）–异构体　　（Z）–异构体

理化性质：原药外观为浅黄色固体，熔点110～135℃，易溶于丙酮、乙酸乙酯等。在常态（20～40℃）下对光、热稳定；水解很缓慢。氟吗啉由Z/E两个异构体组成，比例Z∶E＝55∶45，两种成分均具有抑菌活性。

毒性：按照我国农药毒性分级标准，氟吗啉属低毒。原药对雄、雌大鼠急性经口LD_{50}分别为＞2 710mg/kg和3 160mg/kg，急性经皮LD_{50}＞2 150mg/kg；对兔皮肤和眼睛无刺激作用；Ames试验、微核诱发试验等表明氟吗啉无致突变、致畸、致癌作用。

作用特点：氟吗啉具有高效、低毒、低残留、残效期长、保护及治疗作用兼备、对作物安全等特点。作用机制是抑制病菌细胞壁的生物合成，不仅对孢子囊萌发的抑制作用显著，而且治疗活性突出，具有内吸活性。氟吗啉主要防治由卵菌引起的病害如霜霉病、晚疫病、霜疫病等。氟吗啉与甲霜灵无交互抗药性，可在对甲霜灵产生抗性的区域使用，以替代甲霜灵。

制剂：20％氟吗啉可湿性粉剂。

20％氟吗啉可湿性粉剂

理化性质及规格：氟吗啉有效成分含量≥20％，pH 6～8，悬浮率≥70％，水分≤3.0％。

毒性：按照我国农药毒性分级标准，20％氟吗啉可湿性粉剂属低毒。雌、雄大鼠急性经口LD_{50}＞10 000mg/kg，急性经皮LD_{50}＞2 150mg/kg；对家兔皮肤无刺激，对眼睛有轻度至中度刺激；对豚鼠皮肤属弱致敏性。

使用方法：

防治黄瓜霜霉病　发病初期开始施药，每次每667m^2用20％氟吗啉可湿性粉剂25～50g（有效成分5～10g）对水喷雾，间隔10～13d喷一次，连续施药3次，安全间隔期3d，每季最多使用3次。

注意事项：

1. 为延缓抗性发生，每季作物在氟吗啉及其制剂使用次数上不应超过4次，使用时最好和其他类型的杀菌剂轮换使用，氟吗啉与甲霜灵没有交互抗药性，可以在甲霜灵发生抗性地区使用。

2. 该药剂虽属低毒杀菌剂，但仍须按照农药安全规定使用，该药剂无解毒剂，若误服立刻将病人送医院诊治。

双炔酰菌胺

中文通用名称：双炔酰菌胺

英文通用名称：Mandipropamid

其他名称：瑞凡

化学名称：2－（4－氯-苯基）－N－［2－（3－甲氧基-4－（2－丙炔氧基）-苯基）-乙烷基］－2－（2－丙炔氧基）-乙酰胺

化学结构式：

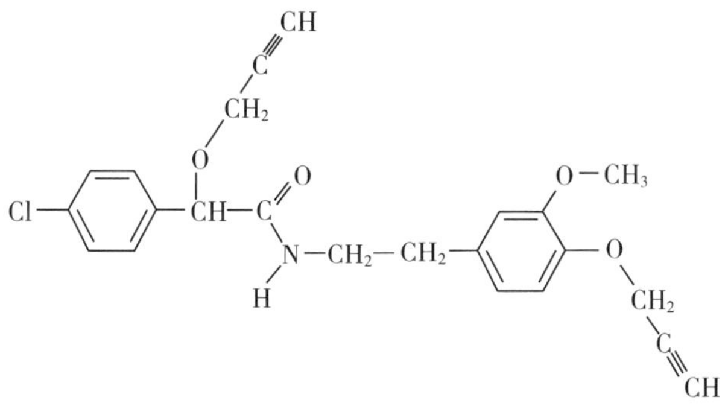

理化性质及规格：纯品外观为浅褐色无味粉末，熔点96.4～97.3℃，蒸气压（25℃）＜9.4×10^{-7}Pa，在水中的溶解度（25℃）为4.2mg/L。原药质量分数≥93%，外观为浅褐色无味细粉末，pH 6～8；有机溶剂中溶解度（25℃，mg/L）分别为丙酮300、二氯甲烷400、乙酸乙酯120、甲醇66、辛醇4.8、甲苯29、正己烷0.042；常温下稳定。

毒性：按照我国农药毒性分级标准，双炔酰菌胺属低毒。原药对雄、雌大鼠急性经口、经皮LD_{50}＞5 000mg/kg，急性吸入LC_{50}分别为5 190mg/m^3和4 890mg/m^3；对白兔眼睛和皮肤有轻度刺激性；豚鼠皮肤变态反应（致敏性）试验结果为无致敏性；对绿头鸭急性经口LD_{50}＞1 000mg/kg；对鱼、鸟、蜜蜂、家蚕均为低毒。

作用特点：双炔酰菌胺作用机制为抑制磷脂的生物合成，对处于萌发阶段的孢子具有较高的活性，并可抑制菌丝成长和孢子形成。对绝大多数由卵菌纲病原菌引起的叶部病害有很好防效。对处于潜伏期的植物病害有较强治疗作用。可以通过叶片被迅速吸收，并停留在叶表蜡质层中，对叶片起保护作用。双炔酰菌胺对绝大数由卵菌引起的叶部和果实病害均有很好的防效。

制剂：23.4%双炔酰菌胺悬浮剂。

23.4%双炔酰菌胺悬浮剂

理化性质及规格：外观为灰白至棕色液体。pH 6.9，悬浮率98%，密度1.072g/cm^3，无腐蚀性，无爆炸性，常温储存稳定性2年以上。

毒性：按照我国农药毒性分级标准，23.4%双炔酰菌胺悬浮剂属微毒。雌、雄大鼠急性

经口 LD_{50}＞5 000mg/kg，急性经皮 LD_{50}＞5 000mg/kg，急性吸入 LC_{50}＞4 890mg/m^3；对家兔皮肤无刺激，对眼睛有轻度刺激；对豚鼠皮肤属弱致敏物。对鲤鱼和蚕急性（96h）LC_{50}＞100mg/L；蜜蜂急性经口和接触（48h）LD_{50}＞858μg/只；家蚕（食下毒叶法，96h）LC_{50}＞5 000mg/kg（桑叶）。

使用方法：

1. 防治番茄晚疫病　发病初期或在作物谢花后或雨天来前开始施药，每次每 667m^2 用 23.4%双炔酰菌胺悬浮剂 32～43mL（有效成分 7.5～10g）对水喷雾，根据病害发展和天气情况连续使用 2～3 次，间隔 7～10d 喷一次，安全间隔期为 7d，一季最多使用 4 次。

2. 防治辣椒和西瓜疫病　作物谢花后或雨天来临前开始施药，每次每 667m^2 用 23.4%双炔酰菌胺悬浮剂 32～43mL（有效成分 7.5～10g）对水喷雾，间隔 7～10d 喷一次，根据病害发展和天气情况连续使用 2～4 次，在辣椒上安全间隔期为 3d，在西瓜上安全间隔期为 5d，一季最多使用 3 次。

3. 防治荔枝霜疫霉病　荔枝树开花前、幼果期、中果期和转色期各使用一次，用 23.4%双炔酰菌胺悬浮剂 900～1 800 倍液（有效成分浓度 130～260mg/L）整株喷雾，安全间隔期为 3d，一季最多使用 3 次。

4. 防治马铃薯晚疫病　发病初期开始施药，每次每 667m^2 用 23.4%双炔酰菌胺悬浮剂 21～43mL（有效成分 5～10g）对水喷雾，间隔 7～14d 喷一次，根据病害发展和天气情况连续使用 2～4 次，安全间隔期为 3d，一季最多使用 3 次。

5. 防治葡萄霜霉病　发病初期开始施药，用 23.4%双炔酰菌胺悬浮剂 1 400～1 872 倍液（有效成分浓度 130～167mg/L）整株喷雾，间隔 7～14d 喷一次，根据病害发展和天气情况，连续使用 2～3 次，安全间隔期为 3d，一季最多使用 3 次。

注意事项：

1. 双炔酰菌胺悬浮剂单独使用具有很好的效果，但为了减缓抗药性的发生，尽可能与代森锰锌、百菌清等药剂混用。

2. 该药剂耐雨水冲刷，药后 2h 内遇雨药效不受影响。

3. 该药剂无解毒剂，若误服请勿引吐，立刻将病人送医院诊治，医生可对症治疗。

十二、氨基甲酸酯类

霜　霉　威

中文通用名称：霜霉威

英文通用名称：propamocarb

其他名称：普力克，丙酰胺，疫霜净

化学名称：N-［3-（二甲基氨基）丙基］氨基甲酸丙酯

化学结构式：

$$(CH_3)_2NCH_2CH_2CH_2NH\overset{\overset{\large O}{\|}}{C}OCH_2CH_2CH_3$$

理化性质：纯品为无色、无味并极易吸湿的结晶固体。熔点 45～55℃，蒸气压 25℃时

0.80mPa，溶解度（25℃）为水中 867g/L、甲醇＞500g/L、二氯甲烷＞430 g/L、异丙醇＞300g/L、乙酸乙酯＞23g/L、在甲苯和乙烷中＜0.1 g/L。在水溶液中 2 年以上不分解（55℃），但在微生物活跃的水中迅速分解并转化为无机化合物。原药为无色、无味水溶液，有效成分含量 70%～74%。

毒性：按照我国农药毒性分级标准，霜霉威属低毒。大鼠急性经口 LD_{50} 为 2 000～2 900mg/kg，小鼠急性经口 LD_{50} 为 1 960～2 800mg/kg；大、小鼠急性经皮 LD_{50} ＞3 000mg/kg，兔急性经皮 LD_{50} ＞3 920mg/kg；大鼠急性吸入（4h）LC_{50} ＞3 960mg/m^3。对兔皮肤及眼睛无刺激，豚鼠致敏试验未见异常；在试验剂量内未见致畸、致突变及致癌作用。

作用特点：霜霉威具有内吸传导作用，其作用机制是通过抑制病菌细胞膜成分的磷脂和脂肪酸的生物合成，抑制菌丝生长、孢子囊的形成和孢子萌发。适用于土壤处理、种子处理和叶面喷雾。霜霉威对藻类菌的真菌有效，例如：丝囊菌、盘梗霉、霜霉、疫霉、假霜霉、腐霉等菌所致的病害；且对植物有刺激生长作用。

制剂：30%、35%、66.5%（722g/L）霜霉威水剂。

66.5%（722g/L）霜霉威水剂

理化性质及规格：外观为无色、无味水溶液。相对密度在 20℃时 1.08～1.09，可以与大多数常用农药混配。

毒性：按照我国农药毒性分级标准，66.5%霜霉威水剂属低毒。66.5%霜霉威水剂大鼠急性经口 LD_{50} 为 2 930～11 827mg/kg，小鼠急性经口 LD_{50} 为 2 170～4 123mg/kg；大鼠急性经皮 LD_{50} ＞5 425mg/kg，小鼠急性经皮 LD_{50} ＞4 449mg/kg；大鼠急性吸入 LC_{50} ＞6 185mg/m^3。

使用方法：

1. 防治黄瓜疫病　播种前或播种后以及移栽前可采用苗床浇灌方法，每平方米苗床用 66.5%霜霉威水剂 5～8mL（有效成分 3.6～5.4g），对水配成 400～600 倍药液浇灌于苗床，安全间隔期为 3d 仅苗床使用 1 次。

2. 防治黄瓜霜霉病　发病初期开始施药，每次每 667m^2 用 66.5%霜霉威水剂 60～100mL（有效成分 43.3～72.2g）对水喷雾，每隔 7～10d 喷一次，连续喷施 2～3 次，安全间隔期为 3d，每季最多使用 3 次。

3. 防治烟草黑胫病　移栽后发病初期施药，每次每 667m^2 用 66.5%霜霉威水剂 70～140mL（有效成分 50.5～101g）对水喷雾，每隔 7～10d 喷一次，连续喷施 3 次安全间隔期 14d，每季最多使用 3 次。

注意事项：

1. 该药剂不可与液体化肥或植物生长调节剂一起混用。

2. 人体每日每千克体重允许摄入（ADI）为 0.1mg。联合国粮食及农业组织和世界卫生组织（FAO/WHO）建议的最高残留限量，黄瓜为 2mg/kg，番茄 1mg/kg，甜椒1mg/kg。

3. 切勿让儿童接触此药。

4. 如有误服，对神志清醒的患者，应立即引吐，并携带标签送医院治疗。如患者出现明显的胆碱酯酶受阻症状，可以使用硫酸阿托品解毒剂，并对症治疗。

霜霉威盐酸盐

中文通用名称： 霜霉威盐酸盐

英文通用名称： propamocarb hydrochloride

其他名称： 普力克，霜霉威，丙酰胺

化学名称： N-3-二乙胺基丙基氨基甲酸丙基酯盐酸盐

化学结构式：

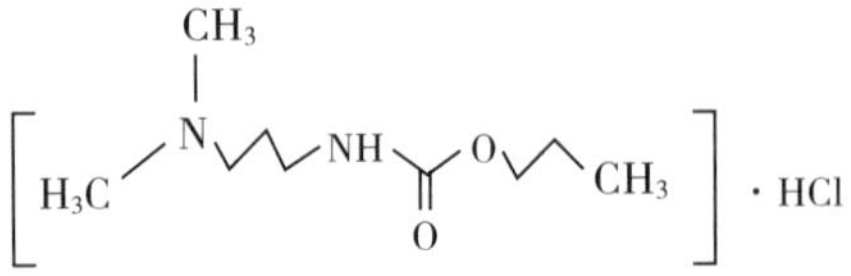

CH_3 N NH O H_3C O CH_3 ·HCl

理化性质： 纯品为无色结晶固体，熔点45～55℃，溶解度（25℃）为水867g/L，二氯甲烷430g/L，乙酸乙酯23g/L，己烷、甲苯<0.1g/L，甲醇>500g/L，异丙醇>300g/L，K_{ow}为0.0018。稳定性<400℃；易光解，易水解，对金属有腐蚀作用。

毒性： 按照我国农药毒性分级标准，霜霉威盐酸盐属低毒。原药对大鼠急性经口LD_{50}为2 000～8 550mg/kg，小鼠急性经口LD_{50}为1 960～2 800mg/kg，大鼠和兔急性经皮LD_{50}>3 920mg/kg，大鼠急性吸入LC_{50}（4h）>3 960mg/m^3。在试验剂量内未见致畸、致突及致癌作用；两年饲养无作用剂量为大鼠1 000mg/kg，狗3 000mg/kg；野鸭急性经口LD_{50} 6 290mg/kg；鱼类LC_{50}（96h）：鲤鱼235mg/L，虹鳟鱼410～416mg/L；蜜蜂LD_{50}>0.1mg/只；对蚯蚓低毒，对天敌及有益生物无害。

作用特点： 霜霉威盐酸盐是一种内吸性杀菌剂，主要通过干扰细胞膜成分的磷脂和脂肪酸的合成，影响病菌的菌丝生长、孢子产生和萌发。霜霉威盐酸盐既适合用于土壤处理，也可以用来浸种作为种子保护剂，杀菌谱广，对由卵菌引起的霜霉病、疫霉病、腐霉病防效优异。霜霉威盐酸盐与其他防卵菌病害药剂间暂无交互抗性的报道。

制剂： 30%、35%、36%、40%、66.5%、66.6%、722g/L霜霉威盐酸盐水剂。

722g/L霜霉威盐酸盐水剂

理化性质及规格： 外观为无色透明均相液体，无刺激性气味。密度1.075 1g/mL（20℃），黏度48mPa·s（20℃），闪点45.5℃，易燃液体。

毒性： 按照我国农药毒性分级标准，722g/L霜霉威盐酸盐水剂属低毒。雌、雄大鼠急性经口LD_{50}为5 000mg/kg，急性经皮LD_{50}>2 000mg/kg。对家兔皮肤无刺激，眼睛有轻度刺激，对豚鼠皮肤属弱致敏物。

使用方法：

1. 防治黄瓜猝倒病、疫病　播种前对苗床和本田进行土壤消毒，在播种时及幼苗移栽前进行苗床浇灌，每平方米用722g/L霜霉威盐酸盐水剂5～8mL（有效成分3.6～5.7g）稀释成2～3L的药液浇灌，注意使药液充分到达根区，浇灌后保持土壤湿润，安全间隔期为3d，每季最多使用3次每隔7d浇灌一次。

2. 防治黄瓜霜霉病　发病初期开始施药，每次每667m^2用722g/L霜霉威盐酸盐水剂

60～100mL（有效成分43.3～72.2g）对水喷雾，间隔7～10d喷一次，连续施药3次，安全间隔期为3d，每季最多使用3次。

3. 防治甜椒疫病　发病初期开始施药，每次每667m^{2}用722g/L霜霉威盐酸盐水剂72～108mL（有效成分51.7～77.6g）对水喷雾，间隔7～10d喷一次，连续施药3次，安全间隔期为4d，每季最多使用3次。

4. 防治烟草黑胫病　发病前或发病初期施药，每次每667m^{2}用722g/L霜霉威盐酸盐水剂72～108mL（有效成分51.7～77.6g）对水喷雾，间隔7～10d喷一次，连续喷施2～3次，安全间隔期为14d，每季烟草最多使用3次。

注意事项：

1. 不宜与碱性农药混合使用。
2. 不推荐霜霉威盐酸盐用于葡萄霜霉病的防治。
3. 防治病害应尽早用药，最好在发病前，最晚也要在发病初期使用。

十三、噁唑类

噁唑菌酮

中文通用名称：噁唑菌酮

英文通用名称：famoxadone

其他名称：易保

化学名称：3-苯胺基-5-甲基-5-（4-苯氧基苯基）-1，3-唑啉-2，4-二酮

化学结构式：

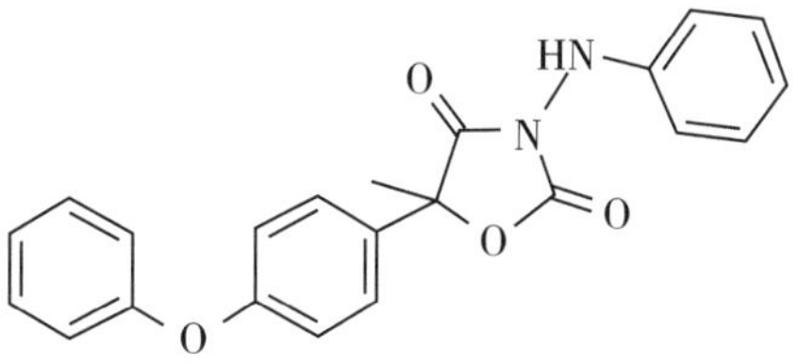

理化性质：纯品为白色结晶体。熔点140.3～141.8℃；密度1.310g/cm^{3}蒸气压（20℃）6.4×10^{-4}mPa；溶解度（20℃）分别为水52μg/L、丙酮274g/L、乙腈125g/L、二氯甲烷239g/L、乙酸乙酯125g/L、正己烷0.0476g/L、甲醇10.01g/L、甲苯13.3g/L。

毒性：按照我国农药毒性分级标准，噁唑菌酮属低毒。原药大鼠急性经口LD_{50}>5 000mg/kg，急性吸入LC_{50}>5 300mg/m^3，兔急性经皮LD_{50}>2 000mg/kg。对兔眼睛和皮肤中度刺激，对豚鼠皮肤无刺激。试验剂量下无致畸、致突变、致癌作用。亚慢性经口（90d）无作用剂量为大鼠3.3mg/（kg·d）（雄）和4.2（雌）mg/（kg·d），狗（雄）1.3mg/（kg·d）。

作用特点：噁唑菌酮是一种能量抑制剂，即抑制线粒体电子传递。有内吸活性，具有保护、治疗作用。噁唑菌酮可防治由子囊菌、担子菌、卵菌引起的重要病害，如白粉病、霜霉病、网斑病、锈病、颖枯病、晚疫病等。噁唑菌酮与苯基酰胺类杀菌剂无交互抗性，与甲氧

基丙烯酸酯类杀菌剂有交互抗性。

制剂：206.7g/L 唑酮·氟硅唑乳油。

206.7g/L 唑酮·氟硅唑乳油

理化性质及规格：外观为棕黄色液体，pH 5.6，密度 1.097g/mL（20℃），54℃热储稳定，0℃冷储试验沉积物＜0.05ml，2 年常温储存稳定。

毒性：按照我国农药毒性分级标准，206.7g/L 唑酮·氟硅唑乳油属低毒。大鼠急性经口 LD_{50}＞1 885mg/kg，急性经皮 LD_{50}＞5 000mg/kg。对眼睛和皮肤无刺激作用，对皮肤无致敏性。

使用方法：

1. 防治苹果轮纹病　谢花后 7～10d 或发病初期开始施药，每次用 206.7g/L 唑酮·氟硅唑乳油 2 000～3 000 倍液（有效成分浓度 68.9～103.35mg/L）整株喷雾，每隔 15d 喷施一次，连续使用 3 次，安全间隔期 21d，每季最多使用 3 次。

2. 防治香蕉叶斑病　发病初期开始施药，每次用 206.7g/L 唑酮·氟硅唑乳油 1 000～1 500倍液（有效成分浓度 138～207mg/L）整株喷雾，每隔 10～15d 施用一次，连续使用 2～3次，安全间隔期为 42d，每季最多使用 3 次。

3. 防治枣锈病　发病初期开始施药，每次用 206.7g/L 唑酮·氟硅唑乳油 2 000～2 500 倍液（有效成分浓度 82.68～103.35 mg/L）整株喷雾，每隔 10～15d 施用一次，连续使用 2～3 次，安全间隔期为 28d，每季最多使用 3 次。

注意事项：

1. 该药剂不可与强碱性农药等物质混合使用。
2. 如施药后遇雨，应在雨后 3d 补充施药一次。
3. 该药剂人体每日每千克体重允许摄入量为 0.012mg。

噁　霉　灵

中文通用名称：噁霉灵

英文通用名称：hymexazol

其他名称：土菌消、土菌克、绿亨一号、绿佳宝

化学名称：3-羟基-5-甲基异噁唑

化学结构式：

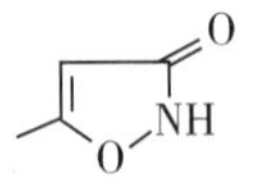

理化性质：外观为无色结晶；熔点 86～87℃；闪点 205±2℃；蒸气压（25℃）133.3×10^{-3}Pa；溶解度（25℃）分别为水 85mg/L，丙酮、乙醇、甲醇＞75 g/L，乙酸乙酯 425 g/L；在酸、碱溶液中均稳定，无腐蚀性；土壤中 DT_{50} 2～25d。

毒性：按照我国农药毒性分级标准，噁霉灵属低毒。原粉对雌、雄大鼠急性经口 LD_{50} 分别为 3 909mg/kg 和 4 678mg/kg，急性经皮 LD_{50}＞10 000mg/kg；小鼠急性经皮 LD_{50}＞2 000mg/kg。对兔眼睛和皮肤有轻微刺激作用；对动物试验未见致畸、致癌、致突变作用；

鲤鱼 LC_{50}（48h）＞40mg/kg，虹鳟鱼 LC_{50}（96h）＞460mg/kg；对鸟低毒，鹌鹑 LD_{50} 为 1 698～1 737mg/kg。

作用特点：噁霉灵是一种内吸性杀菌剂和土壤消毒剂，对腐霉病、镰刀菌等引起的猝倒病有较好的预防效果。作用机制是噁霉灵与土壤中的铁、铝等无机金属盐离子结合后，有效抑制孢子的萌发和病原真菌菌丝体的正常生长或直接杀灭病菌。噁霉灵能被植物的根吸收并在根系内移动，在植株内代谢产生两种糖苷，对作物有提高生理活性的效果，从而能促进植株生长、根的分蘖、根毛的增加和根的活性提高。因对土壤中病原菌以外的细菌、放线菌的影响很小，所以对土壤中微生物的生态不产生影响，在土壤中能分解成毒性很低的化合物，对环境安全。噁霉灵常与福美双混配，用于种子消毒和土壤处理。

制剂：8％、15％、30％噁霉灵水剂，15％、70％噁霉灵可湿性粉剂。

30％噁霉灵水剂

理化性质及规格：30％噁霉灵水剂由有效成分、氢氧化钾和水等组成。外观为浅黄棕色透明液体，密度 1.2g/cm^3，可与大多数农药混用，在酸、碱条件下稳定。

毒性：按照我国农药毒性分级标准，30％噁霉灵水剂属低毒。雄、雌大鼠急性经口 LD_{50} 分别为 5 095.67mg/kg 和 4 342.94mg/kg，家兔急性经皮 LD_{50} 为 6 500mg/kg，急性吸入 LC_{50}＞4 530mg/m^3。对兔眼睛和皮肤有轻微刺激作用。

使用方法：

1. 防治水稻苗期立枯病　苗床每次每平方米用 30％噁霉灵水剂 3～6mL（有效成分 0.9～1.8g）对水喷雾，育秧箱每次每平方米先用 30％噁霉灵水剂 3mL（有效成分 0.9g）对水喷雾，然后再播种。移栽前以相同的药量再喷一次，每季最多使用 3 次。

2. 防治西瓜枯萎病　发病前或发病初期灌根使用，每 667m^2 用 30％噁霉灵水剂 600～800 倍液（有效成分浓度 375～500mg/L）灌根，一般灌根 2 次，间隔 7d 左右安全间隔期为 2d，每个作物周期最多使用 2 次。

70％噁霉灵可湿性粉剂

理化性质及规格：70％噁霉灵可湿性粉剂由有效成分、湿润剂和载体等组成。外观为白色细粉，带有轻微特殊刺激气味，堆密度 0.24g/cm^3，可与大多数农药混用，在酸、碱条件下稳定。

毒性：按照我国农药毒性分级标准，70％噁霉灵可湿性粉剂属低毒。雄、雌大鼠急性经口 LD_{50} 分别为 4 150mg/kg 和 3 900mg/kg，急性经皮 LD_{50}＞5 000mg/kg，大鼠急性吸入 LD_{50}＞4.53mg/L。对兔眼睛和皮肤有轻微刺激作用。

使用方法：

1. 防治甜菜立枯病　采用种子处理方法，每 100kg 甜菜种子用 70％噁霉灵可湿性粉剂 400～700g（有效成分 280～490g）均匀干拌，湿拌和闷种易出现药害。

2. 防治黄瓜苗床立枯病　苗床或育秧箱处理，每次每平方米用 70％噁霉灵可湿性粉剂 1.3～1.8g（有效成分 0.875～1.225g）对水喷于苗床或育秧箱上，然后再播种，移栽前以相同的药量再喷一次，视病害发生情况，最多可用药 3 次。

注意事项：

1. 噁霉灵呈酸性，在碱性土壤中使用，配合调酸效果更好。
2. 不宜与碱性农药混用，苗后喷药后需用清水洗苗。
3. 湿拌或闷种易出现药害。

十四、羧酰替苯胺类

萎　锈　灵

中文通用名称： 萎锈灵

英文通用名称： carboxin

其他名称： 卫福、Vitavax

化学名称： 2-甲基5，6-二氢-1，4-氧硫杂环已二烯-3-甲酰苯胺

化学结构式：

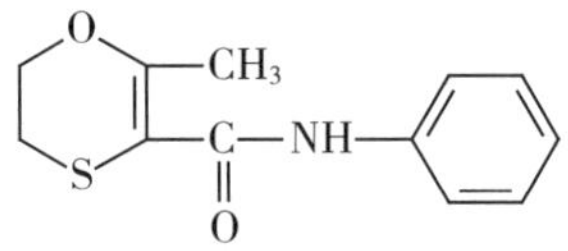

理化性质： 纯品为白色结晶。熔点为91.5～92.5℃或98～100℃（视晶体结构而定），蒸气压0.025mPa（25℃），密度1.36g/cm^3。溶解度（25℃）分别为水中199mg/L、丙酮177mg/L、二氯甲烷353mg/L、醋酸乙酯93mg/L、甲醇88mg/L。25℃条件下pH从5上升至9时逐渐水解。

毒性： 按照我国农药毒性分级标准，萎锈灵属低毒。原药大鼠急性经口LD_{50}为3 820mg/kg，兔急性经皮LD_{50}>8 000mg/kg，对兔眼睛和皮肤有轻微刺激作用。在试验剂量内对试验动物未发现致突变、致畸、致癌作用，三代繁殖试验未见异常。大鼠和狗两年喂养试验无作用剂量均为600mg/L。水蚤LC_{50}（48h）84.4 mg/L，蓝鳃太阳鱼LC_{50}（96h）1.2mg/L，虹鳟鱼LC_{50}（96h）2.0mg/L；对鸟类低毒，野鸭LD_{50} 6 094mg/kg，鹌鹑LC_{50}>10 000mg/L。

作用特点： 萎锈灵为选择性内吸杀菌剂，主要用于防治由锈菌和黑粉菌在多种作物上引起的锈病和黑粉（穗）病，对棉花立枯病、黄萎病也有效。它能渗入萌芽的种子而杀死种子内的病菌。萎锈灵对植物生长有刺激作用，并能使小麦增产。

制剂： 20%萎锈灵乳油。

20%萎锈灵乳油

理化性质及规格： 20%萎锈灵由有效成分、乳化剂和溶剂组成，外观为微黄色或淡棕色液体，相对密度0.95～0.96，水分含量≤0.5，乳化稳定性合格。在常温条件下储存较稳定。

毒性： 按照我国农药毒性分级标准，20%萎锈灵乳油属低毒。大鼠急性经口LD_{50}为7 056mg/kg，兔急性经皮LD_{50}为1 960mg/kg，对兔眼睛有刺激作用。

使用方法：

1. 防治高粱散黑穗病、丝黑穗病，玉米丝黑穗病　采用拌种方法，每 100kg 种子用 20%萎锈灵乳油 500～1 000mL（有效成分 100～200g）均匀拌种，晾干后播种。

2. 防治麦类黑穗病　采用拌种的方法，每 100kg 种子用 20%萎锈灵乳油 500mL（有效成分 100g）均匀拌种，晾干后播种。

3. 防治麦类锈病　发病初期喷雾施药，每次每 $667m^2$ 用 20%萎锈灵乳油 187.5～375mL（有效成分 37.5～75g）对水喷雾，间隔 10～15d 后再喷一次。

4. 防治谷子黑穗病　每 100kg 种子用 20%萎锈灵乳油 800～1 250mL（有效成分 160～250g）均匀拌种或闷种，晾干后播种。

5. 防治棉花苗期病害　每 100kg 种子用 20%萎锈灵乳油 875mL（有效成分 175g）拌种。防治棉花黄萎病可用萎锈灵 250mg/L 灌根，每株灌药液约 500mL。

注意事项：

1. 该药剂不能与强酸性药剂混用。
2. 该药剂 100 倍液对麦类可能有轻微危害，使用时要注意。
3. 药剂处理过的种子不可食用或作饲料。

氟吡菌胺

中文通用名称：氟吡菌胺

英文通用名称：fluopicolide

化学名称：N－[（3－氯－5－三氟甲基－2－吡啶基）甲基]－2，6－二氯苯甲酰胺

化学结构式：

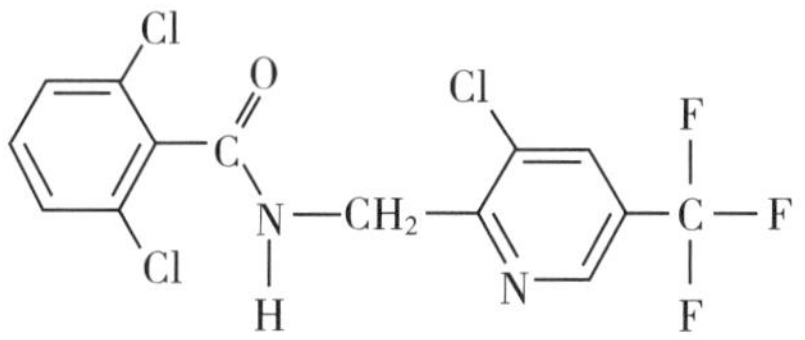

理化性质：纯品为白色无味结晶状固体。熔点 117.5℃，沸点 318～321℃，密度 $1.53g/cm^3$，蒸气压（20℃）1.2×10^{-6} Pa。溶解度（20℃）分别为正己烷 0.2g/L、乙醇 19.2g/L、甲苯 20.5g/L、乙酸乙酯 37.7g/L、丙酮 74.7g/L、二氯甲烷 126g/L、二甲基亚砜 183g/L、水 2.8mg/L（pH7）。

毒性：按照我国农药毒性分级标准，氟吡菌胺属低毒。原药雌、雄大鼠急性经口 LD_{50} ＞5 000mg/kg，急性经皮 LD_{50}＞2 000mg/kg，急性吸入 LC_{50}＞5 112.5mg/m^3。对兔皮肤、眼睛无刺激性，无致敏性；大鼠 90d 亚慢性饲喂试验最大无作用剂量为 100mg/kg（饲料浓度）；三项致突变试验：Ames 试验、小鼠骨髓细胞微核试验、染色体畸变试验结果均为阴性，未见致突变性；在试验剂量内大鼠未见致畸、致癌作用。

作用特点：氟吡菌胺是一种新型杀菌剂，其作用机制与目前所有已知的防治卵菌病害的杀菌剂完全不同，主要作用于细胞膜和细胞间的特异性蛋白而表现杀菌活性。氟吡菌胺内吸传导活性强，具有独特的薄层穿透性，对病原菌的各主要形态均有很好的抑制活性，治疗潜能突出。氟吡菌胺对白粉病、霜霉病、疫霉病和腐霉病防效优异，能从植物叶基向叶尖方向传导。

制剂：68.75％氟菌·霜霉威悬浮剂。

68.75％氟菌·霜霉威悬浮剂

理化性质及规格：制剂由氟吡菌酰胺和霜霉威两种有效成分和助剂及水组成，外观为深米黄色、无味、不透明液体。

毒性：按照我国农药毒性分级标准，68.75％氟吡菌胺·霜霉威悬浮剂属于低毒杀菌剂。雌、雄大鼠急性经口 LD_{50} 为 4 640mg/kg，急性经皮 LD_{50} ＞2 000mg/kg，急性吸入 LC_{50} ＞2 000mg/m^3；对眼睛轻度刺激性，对皮肤无刺激性，弱致敏性。

使用方法：

防治番茄和黄瓜霜霉病　发病初期开始施药，每次每 667m^2 用 68.75％氟菌·霜霉威悬浮剂 60～75mL（有效成分 41.25～51.56g）对水喷雾，间隔 7～10d 喷一次，连续喷施 3 次，安全间隔期黄瓜为 2d，番茄为 3d，每季最多施用 3 次。

注意事项：为避免产生抗性，应与不同作用机制杀菌剂轮换使用。

氟吡菌酰胺

中文通用名称：氟吡菌酰胺

英文通用名称：fluopyram

化学名称：N－｛2－［3－氯－5－（三氟甲基）－2－吡啶基］乙基｝－α，α，α－三氟－o－甲苯酰胺

化学结构式：

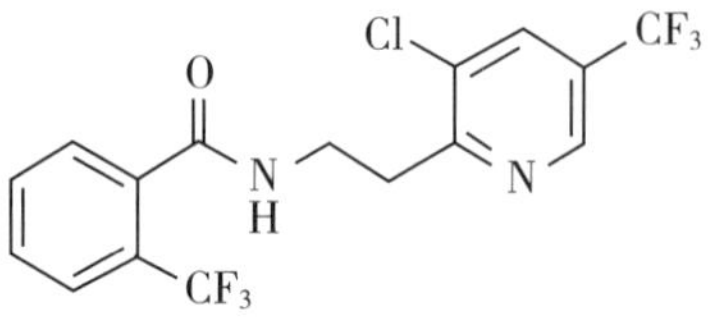

理化性质及规格：纯品为白色无味粉末。熔点 117.5℃，沸点 318～321℃，密度（20℃）1.53g/cm^3，蒸气压 3.1×10^{-6} Pa（25℃）。溶解度（20℃）分别为庚烷 0.66mg/L，甲苯 62.2 mg/L，二氯甲烷、甲醇、丙酮、乙酸乙酯和二甲基亚砜＞250 mg/L，微溶于水。

毒性：按照我国农药毒性分级标准，氟吡菌酰胺属低毒。原药对雄性大鼠急性经口 LD_{50}＞2 000mg/kg；急性经皮 LD_{50}＞2 000mg/kg。

作用特点：氟吡菌酰胺是一种具有内吸传导活性的新型杀菌剂，通过抑制病菌线粒体内琥珀酸脱氢酶的活性，从而阻断电子传递，影响病菌的呼吸作用，对病菌孢子萌发、芽管伸长、菌丝生长均有活性。氟吡菌酰胺杀菌谱广，对果树、蔬菜、大田作物上的多种病害，如灰霉病、白粉病、菌核病、褐腐病等有防效。

制剂：41.7％氟吡菌酰胺悬浮剂。

41.7％氟吡菌酰胺悬浮剂

理化性质及规格：外观为灰白色悬浮液体，无刺激性气味。闪点大于 100℃。

毒性：按照我国农药毒性分级标准，41.7％氟吡菌酰胺悬浮剂属低毒。雌、雄大鼠急性

经口 LD_{50} ＞5 000mg/kg，急性经皮 LD_{50} ＞2 000mg/kg，急性吸入 LC_{50} ＞1 911mg/m^3；对家兔皮肤、眼睛无刺激；对豚鼠皮肤属弱致敏物。

使用方法：

防治黄瓜白粉病　发病初期开始施药，每次每 667m^2 用 41.7％氟吡菌酰胺悬浮剂 6～12g（有效成分 2.5～5g）对水喷雾，间隔 10d 喷一次，连续喷施 3 次，安全间隔期为 3d，每季最多使用 3 次。

注意事项：

1. 该药剂虽属低毒杀菌剂，但仍须按照农药安全规定使用，工作时禁止吸烟和进食，作业后要用水洗脸、手等裸露部位。

2. 该药剂无解毒剂，若误服立刻喝下大量牛奶、蛋白或清水，催吐，并携带产品标签送医院诊治。

啶 酰 菌 胺

中文通用名称：啶酰菌胺

英文通用名称：boscalid

其他名称：凯泽，cantus

化学名称：2-氯-N-（4'-氯联苯-2-基）烟酰胺

化学结构式：

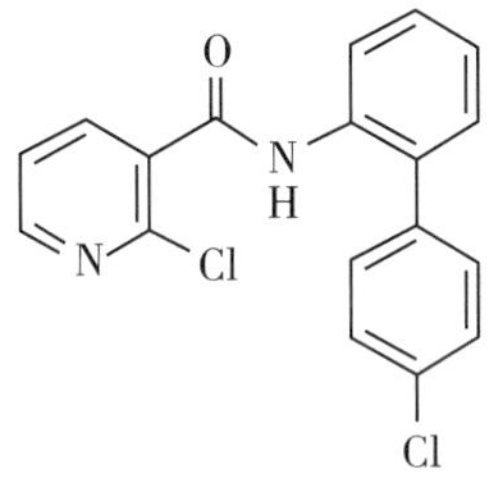

O N H N Cl Cl

理化性质：纯品为白色无味结晶状固体。熔点 142.8～143.8℃，密度 1.394g/cm^3，蒸气压（20℃）7×10^{-4} Pa；溶解度（20℃）分别为甲醇 40～50g/L、乙酸乙酯 67～80g/L、二氯甲烷 200～250g/L、甲苯 20～25g/L、水 4.64 mg/L。

毒性：按照我国农药毒性分级标准，啶酰菌胺属低毒。大鼠急性经口 LD_{50} ＞5 000mg/kg，急性经皮 LD_{50} ＞2 000mg/kg，急性吸入 LC_{50} （4h）＞6 700mg/m^3；对兔皮肤和眼睛无刺激性；慢性喂养毒性试验最大无作用剂量分别为大鼠 0.73mg/（kg·d），狗为 0.986mg/（kg·d），对鲤鱼 LC_{50} （96h）为 0.28mg/L，对大型水蚤 EC_{50} （48h）为 0.46mg/L，蜜蜂无作用剂量 1.66μg/只。

作用特点：啶酰菌胺属烟酰胺类和吡啶类杀菌剂，为线粒体呼吸抑制剂，通过抑制呼吸链中琥珀酸辅酶 Q 还原酶的活性，干扰细胞的分裂和生长。该药剂具有内吸性，对病菌孢子萌发具有很强的抑制作用。啶酰菌胺对主要经济作物的多种灰霉病、菌核病、白粉病、链格孢属、单囊壳病等具有较好的防治效果，药剂在喷施后持效期长，从而使该药剂具有较长的喷施间隔期。未发现与其他杀菌剂有交互抗药性。

制剂：50％啶酰菌胺水分散粒剂。

50%啶酰菌胺水分散粒剂

理化性质及规格： 深黄色液体，有萘味；pH 5.8～6.5，闪点 348℃；密度 1.400g/cm^3。

毒性： 按照我国农药毒性分级标准，50%啶酰菌胺水分散粒剂属低毒。大鼠急性经口 LD_{50}＞2 000mg/kg，急性经皮 LD_{50}＞2 000mg/kg，急性吸入 LC_{50}（4h）＞5 200mg/m^3；对兔皮肤和眼睛无刺激性；对豚鼠皮肤无致敏性。

使用方法：

1. 防治草莓灰霉病　发病前或发病初期开始施药，每次每 667m^2 用 50%啶酰菌胺水分散粒剂 30～45g（有效成分 15～22.5g）对水喷雾，间隔 7～10d 施药一次，连续喷施 2～3 次，安全间隔期为 3d，每季作物最多使用 3 次。

2. 防治葡萄灰霉病　发病前或发病初期开始施药，每次用 50%啶酰菌胺水分散粒剂 500～1 500 倍液（有效成分浓度 333～1 000mg/kg）整株喷雾，每隔 7～10d 喷一次，连续喷施 2～3 次，安全间隔期为 7d，每季最多使用 3 次。

3. 防治黄瓜灰霉病　发病前或发病初期开始施药，每次每 667m^2 用 50%啶酰菌胺水分散粒剂 33～47g（有效成分 16.7～23.3g）对水喷雾，间隔 7～10d 喷一次，连续施药 3 次，安全间隔期为 2d，每季最多使用 3 次。

4. 防治油菜菌核病　油菜主茎开花 90%～95%时或发病初期开始施药，每次每 667m^2 用 50%啶酰菌胺水分散粒剂 30～50g（有效成分 15～25g）对水喷雾，间隔 7～10d 再喷一次，安全间隔期 14d，每季最多使用 2 次。

注意事项：

1. 该药剂不能与石硫合剂、波尔多液等碱性药剂和有机磷药剂混用。

2. 该药剂虽属低毒杀菌剂，但仍须按照农药安全规定使用，若误服应立刻喝下大量牛奶、蛋白或清水，催吐，并将病人送医院诊治。该药剂无解毒剂，对症治疗。

氟　酰　胺

中文通用名称： 氟酰胺

英文通用名称： flutolanil

其他名称： 氟纹胺，望佳多

化学名称： N-（3-异丙氧基苯基）-2-（三氟甲基）苯甲酰胺

化学结构式：

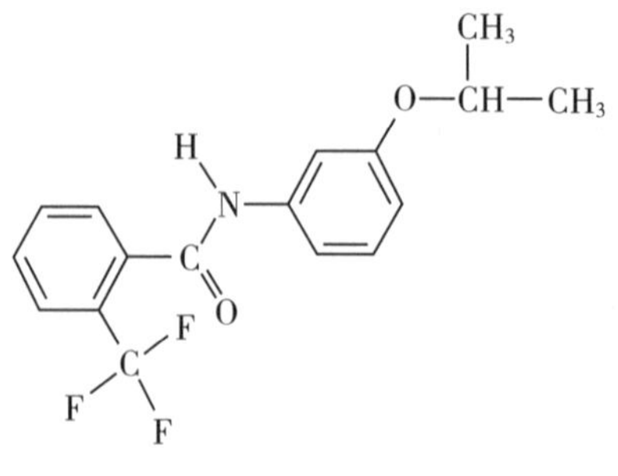

CH_3
O—CH—CH_3
H
N
C
O
F
C
F F

理化性质：外观为无色无味晶体。熔点 102～103℃，蒸气压 1.77mPa（20℃），密度 1.32g/cm³（20℃）。溶解度（20℃）分别为水中 9.6mg/L、己烷 3g/L、甲苯 65g/L、甲醇 606g/L、氯仿 238g/L、丙酮 656 g/L。酸碱中稳定（pH 3～11），对光、热稳定。

毒性：按照我国农药毒性分级标准，氟酰胺属低毒。原药大鼠急性经口 LD_{50} 为1 190 mg/kg，急性经皮 LD_{50}＞10 000mg/kg，急性吸入 LC_{50}＞5.98mg/m³；对兔皮肤无刺激作用，对眼睛黏膜有轻度刺激。在试验剂量内未见致癌、致畸、致突变作用。三代繁殖试验中未现异常。两年饲喂试验无作用剂量大鼠为 10.0mg/（kg・d）（雌）和 8.7mg/（kg・d）（雄），狗为 50 mg/（kg・d）。

作用特点：氟酰胺具有保护和治疗作用，作用位点为线粒体呼吸电子传递链中的琥珀酸脱氢酶，抑制天门冬氨酸盐和谷氨酸盐的合成，阻碍病菌的生长和穿透。主要用于防治各种立枯病、纹枯病、雪腐病等，对水稻纹枯病有特效。

制剂：20％氟酰胺可湿性粉剂。

20％氟酰胺可湿性粉剂

理化性质及规格：20％氟酰胺可湿性粉剂由有效成分、表面活性剂和载体组成。外观为灰白色粉末，密度 0.34g/cm³，悬浮性极好。常温条件下储存稳定性 3 年以上。

毒性：按照我国农药毒性分级标准，20％氟酰胺可湿性粉剂属低毒。大鼠急性经口 LD_{50}＞5 000mg/kg，急性经皮 LD_{50}＞2 000mg/kg。

使用方法：

防治水稻纹枯病　水稻分蘖盛期和破口期各喷药一次，每次每 667m² 用 20％氟酰胺可湿性粉剂 100～125g（有效成分 20～25g）对水喷雾，重点将药液喷在水稻茎基部。

注意事项：

1. 该药剂可以与其他农药混合使用。
2. 该药剂对鱼类有一定毒性，防止污染池塘。

噻 呋 酰 胺

中文通用名称：噻呋酰胺

英文通用名称：thifluzamide

其他名称：噻氟酰胺，噻氟菌胺，满穗

化学名称：2′，6′-二溴-2-甲基-4′-三氟甲氧基-4-三氟甲基-1，3-噻唑-5-甲酰苯胺

化学结构式：

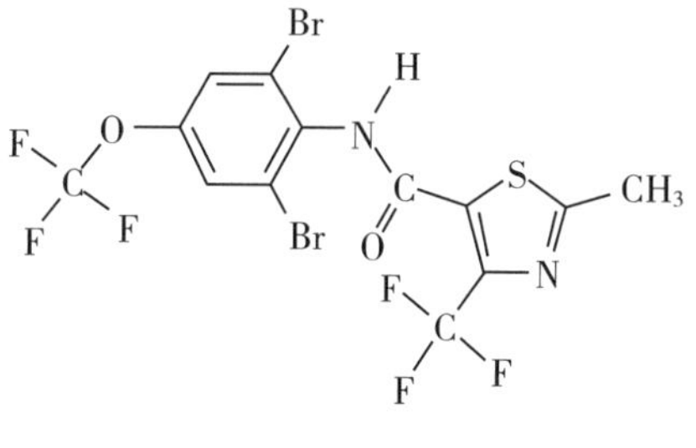

Br H N C O S CH₃ N F C F F O F C F F Br

理化性质：原药中有效成分含量 96.4％，外观为白色到浅褐色粉末。熔点 117.9～

178.6℃，蒸气压 1.008×10^{-6} mPa，溶解度（20～25℃）：水中 1.6mg/L、乙酸乙酯 20 mg/L，pH 5.0～9.0 时稳定。

毒性： 按照我国农药毒性分级标准，噻呋酰胺属低毒。雌、雄大鼠急性经口 LD_{50}＞5 000mg/kg，吸入 LC_{50}＞5 000mg/m^3 雌雄新西兰兔急性经皮 LD_{50}＞5 000mg/kg。对眼睛中等刺激性，对皮肤有轻微刺激性，无致敏性。

作用特点： 噻呋酰胺通过抑制病原真菌三羧酸循环中的琥珀酸去氢酶，导致菌体死亡。由于含氟，其在生化过程中竞争力很强，一旦与底物或酶结合就不易恢复，具有强内吸传导性和长持效性。噻呋酰胺对丝核菌属、柄锈菌属、黑粉菌属、腥黑粉菌属、伏革菌属、核腔菌属等的致病真菌均有活性，尤其对担子菌纲真菌引起的病害如纹枯病、立枯病等有特效。

制剂： 240g/L 噻呋酰胺悬浮剂。

240g/L 噻呋酰胺悬浮剂

理化性质及规格： 制剂外观为褐色悬浮剂，密度 1.15g/m^3，pH 6.7，水分 66.96%，悬浮率 99%。

毒性： 按照我国农药毒性分级标准，240g/L 噻呋酰胺悬浮剂属低毒。雌、雄大鼠急性经口 LD_{50}＞5 000mg/kg，吸入 LC_{50}＞1 300mg/m^3 雌、雄新西兰兔急性经皮 LD_{50}＞5 000mg/kg。对眼睛轻度刺激性，对皮肤无刺激性，无致敏性。

使用方法：

1. 防治水稻纹枯病　施药适期为分蘖末期至孕穗初期或发病初期，每次每 667m^2 用 240g/L 噻呋酰胺悬浮剂 13～23mL（有效成分 3.02～5.4 g）对水喷雾，施药 1～2 次，安全间隔期为 7d，每季最多使用 1 次。

2. 防治马铃薯黑痣病　于马铃薯种植后覆土前施药，每 667m^2 用 240g/L 噻呋酰胺悬浮剂 70～120mL（有效成分 16.8～28.8g）对水喷雾，药液喷施于垄沟内的种薯及周围土壤上，施药一次。

注意事项：

1. 对眼睛有轻度眼刺激作用。少数个体可能发生皮肤过敏反应。

2. 该药剂无特效解毒剂，如误食或误吸，需转移至空气清新处，如症状持续，及时送医院对症治疗。

十五、甲氧基丙烯酸酯类

吡 唑 醚 菌 酯

中文通用名称： 吡唑醚菌酯

英文通用名称： pyraclostrobin

其他名称： 凯润

化学名称： 甲基 N－（2｛［1－（4－氯苯）－1H－吡唑－3－基］－氧甲基｝苯）N－甲氧氨基甲酸酯

化学结构式：

NH_2 N OH O H_2N N C=O O HO O H_3C — $(CH_2)_3$ — HC—C—HN OH OH

理化性质： 外观为白色至浅褐色固体结晶。熔点 63.7～65.2℃，密度 1.055g/cm^3，蒸气压（20～25℃）2.6×10^{-8}Pa，溶解度（20℃）分别为水 19g/L、丙酮 160g/L、甲醇 11g/L、乙酸乙酯 160g/L、甲苯 100g/L，水中稳定，直接光照光解快。

毒性： 按照我国农药毒性分级标准，吡唑醚菌酯属低毒。原药雌、雄大鼠急性经口 LD_{50}＞5 000mg/kg，急性经皮 LD_{50}＞2 000mg/kg。对眼睛无刺激性、对皮肤有中度刺激性，无致敏性。

作用特点： 吡唑醚菌酯属线粒体呼吸抑制剂，主要通过阻止细胞色素 b 和 C1 间电子传递而抑制线粒体呼吸作用，使线粒体不能产生和提供细胞正常代谢所需要的能量（ATP），最终导致细胞死亡。吡唑醚菌酯具有较强的抑制病菌孢子萌发能力，对叶片内菌丝生长有很好的抑制作用，对子囊菌、担子菌、半知菌及卵菌等植物病原菌有显著的抗菌活性，且具有潜在的治疗活性。吡唑醚菌酯在叶片内向叶尖或叶基传导及熏蒸作用较弱，但在植物体内的传导活性较强，可改善作物生理机能，增强作物抗逆性，促进作物营养生长，具有保护、治疗和内吸传导作用，耐雨水冲刷，可用于防治多种作物真菌性病害。

制剂： 25％吡唑醚菌酯乳油。

25％吡唑醚菌酯乳油

理化性质及规格： 25％吡唑醚菌酯乳油由有效成分、湿润剂和分散剂、载体等组成。外观为暗黄色液体，有萘味，密度 1.06g/cm^3（20℃），悬浮率＞70％，pH 6.9，常温下储存稳定。

毒性： 按照我国农药毒性分级标准，25％吡唑醚菌酯乳油属中等毒。雄大鼠急性经口 LD_{50}＞500mg/kg，雌大鼠急性经口 LD_{50}＞260mg/kg，雌、雄大鼠急性经皮 LD_{50}＞4 000mg/kg。对兔眼睛、皮肤无刺激性，对豚鼠皮肤具有中度致敏性，无致畸致癌作用。

使用方法：

1. 防治白菜炭疽病　发病前或发病初期开始施药，每次每 667m^2 用 25％吡唑醚菌酯乳油 30～50mL（有效成分 7.5～12.5g）对水喷雾，每隔 7～10d 施药一次，安全间隔期为 14d，每季最多使用 3 次。

2. 防治草坪褐斑病　发病前或发病初期开始施药，用 25％吡唑醚菌酯乳油 1 000～

2 000倍液（有效成分浓度125～250mg/kg）均匀喷雾，每隔7d左右施药一次，共施2～3次。

3. 防治黄瓜白粉病和霜霉病　发病前或发病初期开始施药，每次每667m²用25%吡唑醚菌酯乳油20～40mL（有效成分5～10g）对水喷雾，每隔7～14d施药一次，安全间隔期为3d，每季最多使用4次。

4. 防治西瓜炭疽病　发病前或发病初期开始施药，每次每667m²用25%吡唑醚菌酯乳油15～30mL（有效成分3.75～7.5g）对水喷雾，每隔7～10d施药一次，安全间隔期为5d，一季最多使用2～3次。

5. 调节西瓜生长　分别在西瓜伸蔓期、初花期和坐果期各施药一次，每次每667m²用25%吡唑醚菌酯乳油10～25mL（有效成分2.5～6.25g）对水喷雾，安全间隔期5d，最多使用3次。

6. 防治茶树炭疽病　茶树新叶发病初期用药，用25%吡唑醚菌酯乳油1 000～2 000倍液（有效成分浓度125～250mg/kg）整株喷雾，间隔7～10d施药一次，共使用2次，安全间隔期为21d，每季最多使用2次。

7. 防治芒果炭疽病　嫩梢抽生3～5cm时开始施药，用25%吡唑醚菌酯乳油1 000～2 000倍液（有效成分浓度125～250mg/kg）整株喷雾，每隔7～10d施一次，连续使用2～3次，安全间隔期7d，每季最多使用3次。

8. 防治香蕉黑星病和叶斑病　发病初期开始用药，用25%吡唑醚菌酯乳油1 000～3 000倍液（有效成分浓度83.3～250mg/kg）整株喷雾，每隔10～15d施药一次，安全间隔期为42d，每季作物使用3次。

9. 调节香蕉生长　香蕉营养生长期施药，用25%吡唑醚菌酯乳油1 000～2 000倍液（有效成分浓度125～250mg/kg）整株喷雾，每隔10d左右施药一次，共使用2～3次。安全间隔期42d，每季最多使用3次。

10. 防治香蕉炭疽病和轴腐病　香蕉分梳后在2 000～1 000倍药液中（有效成分浓度125～250mg/kg）浸果2min，捞出晾干，装入聚乙烯袋密封储存。

11. 防治草坪褐斑病　发病初期用25%吡唑醚菌酯乳油1 000～2 000倍液（有效成分浓度125～250mg/kg）均匀喷雾，使茎基部充分湿润，每隔7～10d施药一次，连续使用2～3次。

注意事项：

1. 发病轻或作为预防处理时使用低剂量；发病重或作为治疗处理时使用高剂量。建议与其他不同作用机制的杀菌剂轮换使用

2. 该药剂对鱼毒性高，药械不得在池塘等水源和水体中洗涤，残液不得倒入水源和水体中。

醚　菌　酯

中文通用名称：醚菌酯

英文通用名称：kresoxim - methyl

其他名称：翠贝

化学名称：甲氧基亚氨基-α-（2-甲基苯氧基）-2-甲基苯基乙酸甲酯

化学结构式：

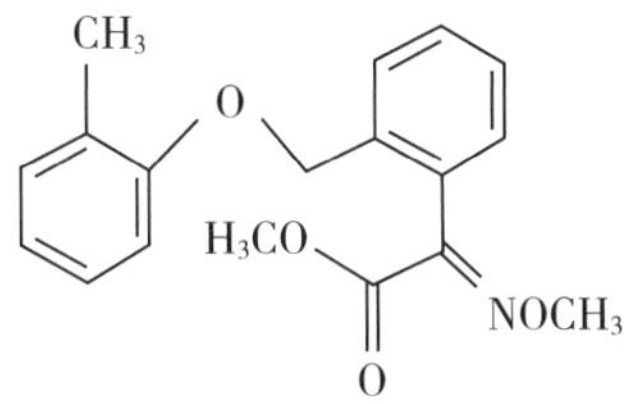

$$\text{(2-methylphenoxymethyl)phenyl-C(=NOCH}_3\text{)-COOCH}_3$$

理化性质：原药有效成分含量94%、95%，外观为浅棕色粉末，带芳香味。熔点101℃，密度1.258g/mL（20℃），蒸气压1×10^{-5}Pa（20℃），溶解度（20℃时）分别为水2g/L、丙酮217g/L、甲苯111g/L、甲醇14.9g/L、n-庚烷1.72g/L。

毒性：按照我国毒性分级标准，醚菌酯属低毒。雌、雄大鼠急性经口LD_{50}均>5 000mg/kg，急性经皮LD_{50}均>2 000mg/kg。对眼睛、皮肤无刺激性；无致畸、致癌、致突变作用。

作用特点：醚菌酯属内吸性杀菌剂，作用机理是通过阻止线粒体呼吸链中的电子转移，阻止细胞能量合成，进而抑制细胞色素的合成、抑制孢子萌发和菌丝生长。兼具有良好的保护和治疗作用，与其他常用的杀菌剂无交互抗性。杀菌谱广，持效期长，对半知菌、子囊菌、担子菌、卵菌纲等真菌引起的多种病害具有很好的活性，对作物、人畜及有益生物安全，对环境基本无污染。

制剂：50%、60%醚菌酯水分散粒剂，30%、40%醚菌酯悬浮剂，30%醚菌酯可湿性粉剂。

50%醚菌酯水分散粒剂

理化性质及规格：外观为深棕色颗粒，带适中亚硫味。密度为1.3g/mL（20℃），pH 5.6，悬浮率99%，湿润时间5s，水分2.69%，常温下储存2年稳定。

毒性：按照我国毒性分级标准，50%醚菌酯水分散粒剂属低毒。雌、雄大鼠急性经口LD_{50}均>5 000mg/kg，急性经皮LD_{50}均>2 000mg/kg，急性吸入LC_{50}>5 700mg/m^3。对眼睛、皮肤无刺激性；无致畸、致癌、致突变作用。

使用方法：

1. 防治草莓白粉病　发病前或发病初期开始施药，用50%醚菌酯水分散粒剂3 000～5 000倍液（有效成分浓度100～166.7mg/kg）喷雾，每隔7～14d喷一次，安全间隔期为5d，每季最多使用3次。

2. 防治黄瓜白粉病　发病初期开始用药，每次每667m^2用50%醚菌酯水分散粒剂13～20g（有效成分6.5～10g）对水喷雾，每隔7～14d施用一次，安全间隔期5d，每季最多使用3次。

3. 防治梨黑星病　发病前或发病初期开始施药，用50%醚菌酯水分散粒剂3 000～5 000倍液（有效成分浓度100～166.7mg/kg）整株喷雾，每隔7～14d用一次，安全间隔期为45d，每季最多使用3次。

4. 防治苹果斑点落叶病　分别于苹果树春稍和秋稍新稍抽生期施药，用50%醚菌酯水分散粒剂4 000～5 000倍液（有效成分浓度125～166.7mg/kg）整株喷雾，每隔10～15d用一次，共用2～3次，安全间隔期为45d，每季最多使用3次。

5. 防治苹果黑星病　发病前或发病初期开始施药，用50%醚菌酯水分散粒剂5 000～7 000倍液（有效成分浓度71.4～100mg/kg）整株喷雾，每隔7～14d用一次，安全间隔期45d，每季作物最多使用3次。

30%醚菌酯悬浮剂

理化性质及规格：30%醚菌酯悬浮剂由有效成分、湿润剂、分散剂和水组成。外观为可流动悬浮液体，悬浮率≥90%，pH 7.0～9.0。

毒性：按照我国毒性分级标准，30%醚菌酯悬浮剂属低毒。雌、雄大鼠急性经口均LD_{50}>4 640mg/kg，急性经皮均LD_{50}>2 150mg/kg。对眼睛、皮肤无刺激性；弱致敏性。

使用方法：

1. 防治小麦锈病　发病前或发病初期开始施药，每次每667m^2用30%醚菌酯悬浮剂50～70mL（有效成分15～21g）对水喷雾，根据发病情况，施药1～2次，每次间隔7～10d。安全间隔期21d，每季最多使用2次。

2. 防治番茄早疫病　发病前或发病初期开始施药，每次每667m^2用30%醚菌酯悬浮剂40～60mL（有效成分12～18g）对水喷雾，每隔7～10d施药一次，连续使用3次。安全间隔期3d，每季最多使用3次。

30%醚菌酯可湿性粉剂

理化性质及规格：30%醚菌酯可湿性粉剂外观为灰色均匀的疏松粉末。悬浮率≥70%，细度≥95%，pH 5.0～7.0，水分≤3%。

毒性：按照我国毒性分级标准，30%醚菌酯可湿性粉剂属低毒。雌、雄大鼠急性经口均LD_{50}>4 640mg/kg，急性经皮均LD_{50}>2 150mg/kg。对眼睛、皮肤轻度刺激性；弱致敏性。

使用方法：

1. 防治黄瓜白粉病　发病初期开始施药，每次每667m^2用30%醚菌酯可湿性粉剂28～35g（有效成分8.4～10.5g）对水喷雾，每隔7～14d施用一次，安全间隔期5d，每季最多使用2次。

2. 防治草莓白粉病　发病前或发病初期开始施药，用30%醚菌酯可湿性粉剂30～40g（有效成分9～12g）对水喷雾，每隔7～14d用一次，安全间隔期5d，每季最多施药4次。

注意事项：

1. 药剂应现混现对，配好的药液要立即使用。并按照当地的有关规定处理所有的废弃物。

2. 该药剂无特效解毒剂，使用中有任何不良反应或误服，请立即就医诊治。

嘧　菌　酯

中文通用名称：嘧菌酯

英文通用名称：azoxystrobin

其他名称：阿米西达

化学名称：(E)-{2-[6-(2-氰基苯氧基)嘧啶-4-基氧]苯基}-3-甲氧基丙烯酸甲酯

化学结构式：

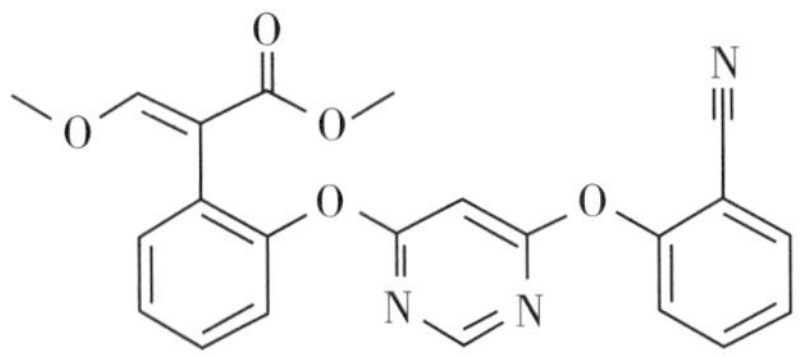

理化性质：原药中有效成分含量分别有93%、95%、97.5%。原药外观为浅棕色固体，无特殊气味，密度为1.34g/cm^3（20℃）。纯品密度（25℃）1.25g/cm^3，熔点114～116℃，蒸气压1.1×10^{-13}kpa（20℃），360℃左右时热分解。溶解度（20℃）分别为水中6.7g/L、正己烷0.057g/L、丙酮86g/L、乙酸乙酯130g/L、甲醇20g/L、二氯甲烷400g/L、甲苯55g/L.

毒性：按照我国农药毒性分级标准，嘧菌酯属低毒。原药雌、雄大鼠急性经口LD_{50}>5 000mg/kg，急性经皮LD_{50}>2 000mg/kg，急性吸入LC_{50}>4 700mg/m^3对兔眼睛、皮肤有轻度刺激性。

作用特点：嘧菌酯属线粒体呼吸抑制剂，主要通过同线粒体的细胞色素b结合，阻碍细胞色素b和色素c之间的电子传递来抑制真菌细胞的呼吸作用。药剂兼具保护和治疗作用，同时具有较好的传导渗透和耐雨水冲刷能力。嘧菌酯具有杀菌谱广的特点，对子囊菌纲、担子菌纲、半知菌类和卵菌纲中的大部分病原菌有效，可用于防治多种作物病害。

制剂：250g/L、25%嘧菌酯悬浮剂，50%嘧菌酯水分散粒剂。

250g/L嘧菌酯悬浮剂

理化性质及规格：250g/L嘧菌酯悬浮剂外观为白色均匀的黏稠液体。密度1.34g/cm^3（20℃），不易燃不易爆，常温条件下储存稳定，能和大多数杀虫剂、杀菌剂相混。

毒性：按照我国农药毒性分级标准，250g/L嘧菌酯悬浮剂属低毒。雌、雄大鼠急性经口LD_{50}>2 000mg/kg，急性经皮LD_{50}>2 000mg/kg。对兔眼睛、皮肤有轻度刺激性，无致敏性。

使用方法：

1. *防治番茄晚疫病、叶霉病，黄瓜白粉病、黑星病、蔓枯病*　发病初期开始施药，每次每667m^2用250g/L嘧菌酯悬浮剂60～90g（有效成分15～22.5g）对水喷雾，每隔7～10d施用一次，安全间隔期5d，每季最多使用3次。

2. *防治冬瓜霜霉病、炭疽病和丝瓜霜霉病*　发病初期开始施药，每次每667m^2用250g/L嘧菌酯悬浮剂48～90mL（有效成分12～22.5g）对水喷雾，每隔7～10d施用一次，安全间隔期7d，每季最多使用1～2次。

3. *防治花椰菜霜霉病和辣椒疫病*　发病前或出现零星病斑的发病初期开始施药，每次每667m^2用250g/L嘧菌酯悬浮剂40～72mL（有效成分10～18g）对水喷雾，每隔7～14d施用一次，安全间隔期14d，每季最多使用2次。

4. 防治黄瓜霜霉病和辣椒炭疽病　发病初期开始施药，每次每667m^2用250g/L嘧菌酯悬浮剂32～48mL（有效成分8～12g）对水喷雾，每隔7～10d施用一次，安全间隔期黄瓜为1d，辣椒为5d，每季最多使用3次。

5. 防治番茄早疫病　发病初期开始施药，每次每667m^2用250g/L嘧菌酯悬浮剂24～32mL（有效成分6～8g）对水喷雾，每隔7～10d施用一次，安全间隔期5d，每季最多使用3次。

6. 防治马铃薯黑痣病　播种时喷雾沟施，下种后向种薯两侧沟面喷药，最好覆土一半后再喷施一次然后再覆土，每667m^2用250g/L嘧菌酯悬浮剂36～60mL（有效成分9～15g），每季作物使用一次。

7. 防治马铃薯晚疫病　发病初期开始施药，每次每667m^2用250g/L嘧菌酯悬浮剂15～20mL（有效成分3.75～5g）对水喷雾，每隔7～10d施用一次，连续使用2～3次。

8. 防治马铃薯早疫病　发病初期开始施药，每次每667m^2用250g/L嘧菌酯悬浮剂30～50mL（有效成分7.5～12.5g）对水喷雾，每隔7～10d使用一次，连续施药2～3次。

9. 防治西瓜炭疽病　发病初期开始施药，每次每667m^2用250g/L嘧菌酯悬浮剂40～80mL（有效成分10～20g）对水喷雾，每隔7～10d施用一次，安全间隔期14d，每季最多使用3次。

10. 防治大豆锈病和人参黑斑病　发病初期开始施药，每667m^2用250g/L嘧菌酯悬浮剂40～60mL（有效成分10～15g），根据发病情况，使用1～2次，安全间隔期14d。

11. 防治柑橘疮痂病、炭疽病　发病前或发病初期用250g/L嘧菌酯悬浮剂800～1 200倍液（有效成分浓度208.3～312.5mg/kg）整株喷雾，每隔7～10d喷一次，安全间隔期14d，每季最多使用3次。

12. 防治荔枝霜疫霉病和芒果炭疽病　发病初期开始施药，用250g/L嘧菌酯悬浮剂1 600～2 500倍液（有效成分浓度156.25～200mg/kg）整株喷雾，每隔7～10d施一次，安全间隔期14d，每季最多使用2～3次。

13. 防治葡萄霜霉病　发病前或发病初期用250g/L嘧菌酯悬浮剂1 000～2 000倍液（有效成分浓度125～250mg/kg）整株喷雾，每隔7～10d施一次，安全间隔期14d，每季最多使用3～4次。

14. 防治葡萄白腐病、黑痘病　发病前或发病初期用250g/L嘧菌酯悬浮剂800～1 250倍液（有效成分浓度200～312.5mg/kg）整株喷雾，每隔7～10d喷一次，安全间隔期14d，每季最多使用3次。

15. 防治香蕉叶斑病　发病前或发病初期用250g/L嘧菌酯悬浮剂1 000～1 500倍液（有效成分浓度166.7～250mg/kg）整株喷雾，每隔7～10d喷一次，安全间隔期42d，每季最多使用3次。

16. 防治菊科和蔷薇科观赏花卉白粉病　病害发生前或初见零星病斑时用250g/L嘧菌酯悬浮剂2 000～2 500倍液（有效成分浓度100～250mg/kg）对水喷雾，每隔7～10d喷一次，视天气变化和病情发展情况，施药1～2次。一季作物最多使用3次。

50%嘧菌酯水分散粒剂

理化性质及规格：50%嘧菌酯水分散粒剂外观为浅褐色均匀颗粒。密度0.54g/cm^3，

pH 5～8，不易燃不易爆。常温条件下储存稳定，能和大多数杀虫剂杀菌剂相混。

毒性：按照我国农药毒性分级标准，50％嘧菌酯水分散粒剂属低毒。雌、雄大鼠急性经口 LD_{50}＞5 000mg/kg，急性经皮 LD_{50}＞2 000mg/kg，急性吸入 LC_{50}＞4 670mg/m^3；对兔眼睛有轻度刺激性，对皮肤无刺激性，无致敏性。

使用方法：

防治草坪褐斑病、枯萎病　发病初期开始施药，每次每 667m^2 用 50％嘧菌酯水分散粒剂 27～53g（有效成分 13.3～26.7g）对水喷雾，使茎基部充分湿润，每隔 7～10d 使用一次，连续用药 2～3 次。

注意事项：

1. 该药剂最佳用药时间为开花前，谢花后和幼果期。
2. 为了延缓抗性的产生，注意与其他作用机理的药剂轮换使用。
3. 避免与乳油类农药和有机硅类助剂混用。
4. 苹果和樱桃对该药剂敏感，切勿使用；喷施防治作物病害时注意邻近苹果和樱桃等作物，避免药剂雾滴飘移。
5. 按标签推荐方法使用，无专用解毒药，一旦发生中毒，及时就医对症治疗。

肟　菌　酯

中文通用名称：肟菌酯

英文通用名称：trifloxystrobin

其他名称：肟草酯，三氟敏

化学名称：甲基（E）-甲氧基亚胺基-｛（E）-α-［1-（α，α，α-三氟-m-甲苯基）-亚乙基氨基氧基］-邻甲苯基｝乙酸乙酯

化学结构式：

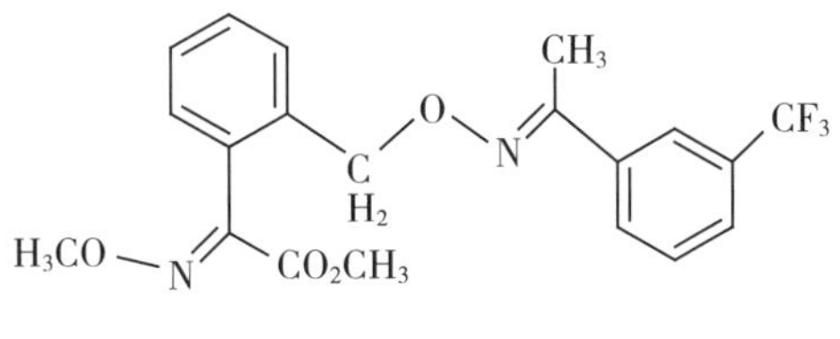

理化性质：外观为白色至灰色结晶粉末，无味。熔点 217℃，密度 1.36g/cm^3（20℃）。在水中溶解度 0.29g/L（25℃），在乙醇中则为 2.25g/L（20℃）。常温储存 2 年以上稳定。

毒性：按照我国农药毒性分级标准，肟菌酯属低毒。原药对雌、雄大鼠急性经口 LD_{50}＞5 000mg/kg，急性经皮 LD_{50}＞2 000mg/kg。对鱼类和水生生物高毒。

作用特点：肟菌酯是由天然抗生素 strobilurin A 合成的类似物，具有保护和治疗作用。它能被植物蜡质层吸附，是一种呼吸链抑制剂，通过锁住细胞色素 b 与 c1 之间的电子传递而阻止细胞三磷酸腺苷（ATP）酶合成，从而抑制其线粒体呼吸而发挥抑菌作用。对子囊菌、担子菌、卵菌和半知菌引起的病害，如白粉病、锈病、颖枯病、网斑病、霜霉病、稻瘟病、叶斑病、立枯病、苹果黑腥病等均有活性。由于该类杀菌剂对靶标病原菌作用位点单

一，易产生抗药性，不易单独使用，因而与化学结构、作用机理完全不同的三唑类杀菌剂戊唑醇配成混合制剂使用。

制剂：75%肟菌酯·戊唑醇水分散粒剂。

75%肟菌酯·戊唑醇水分散粒剂

理化性质及规格：外观为白色颗粒，水分含量≤2%，pH 7.0～9.0，悬浮率97%，湿筛试验在75μm筛上，≤1%的残留，湿润时间≤60s，粒度500μm。

毒性：按照我国农药毒性分级标准，75%肟菌酯·戊唑醇水分散粒剂属低毒。对眼睛、皮肤均有轻度刺激性，有弱致敏性。

使用方法：

1. 防治水稻稻瘟病　病害发生初期或水稻孕穗末期和齐穗期各施药一次，每次每667m² 用75%肟菌酯·戊唑醇水分散粒剂15～20g（有效成分11.25～15g）对水喷雾。安全间隔期21d，一季最多使用3次。

2. 防治水稻纹枯病　病害发生初期进行叶面喷雾处理，每667m² 用75%肟菌酯·戊唑醇水分散粒剂10～15g（有效成分1.11～11.25g）对水喷雾，安全间隔期为21d，一季最多使用3次。

3. 防治水稻稻曲病　孕穗末期和齐穗期分别施用一次病，每667m² 用75%肟菌酯·戊唑醇水分散粒剂10～15g（有效成分7.5～11.25g）对水喷雾，安全间隔期为21d，一季最多使用3次。

4. 防治大白菜炭疽病　病害发生初期进行叶面喷雾处理，每667m² 用75%肟菌酯·戊唑醇水分散粒剂10～15g（有效成分7.5～11.25g）对水喷雾，安全间隔期为14d，一季最多使用3次。

5. 防治黄瓜白粉病、炭疽病　病害发生前或发生初期进行叶面喷雾处理，每667m² 用75%肟菌酯·戊唑醇水分散粒剂10～15g（有效成分7.5～11.25g）对水喷雾，每隔7～10d喷一次，安全间隔期为3d，一季最多使用3次。

6. 防治番茄早疫病　病害发生前或发生初期开始施药，每667m² 用75%肟菌酯·戊唑醇水分散粒剂10～15g（有效成分7.5～11.25g）对水喷雾，每隔7～10d喷一次。安全间隔期为5d，一季最多使用3次。

注意事项：该药剂对鱼类等水生生物有毒，严禁在养鱼等养殖水产品的稻田使用，稻田施药后，不得将田水排入江河、湖泊、水渠以及养鱼等水产养殖塘。

烯肟菌酯

中文通用名称：烯肟菌酯

英文通用名称：Enestro burin

化学名称：3-甲氧基-2-[2-((((1-甲基-3-(4′-氯苯基)-2-丙烯基叉)氨基)氧)-甲基)苯基]丙烯酸甲酯

化学结构式：

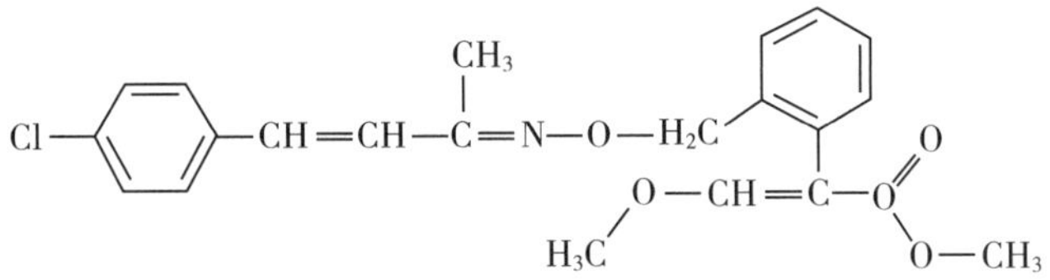

理化性质：原药含量≥90%，外观为棕褐色黏稠状物。易溶于丙酮、三氯甲烷、乙酸乙酯、乙醚，微溶于石油醚，不溶于水。对光、热比较稳定。

毒性：按照我国农药毒性分级标准，烯肟菌酯属低毒。原药雄、雌大鼠急性经口 LD_{50} 分别为 1 470mg/kg 和 1 080mg/kg，急性经皮 LD_{50}>2 000mg/kg。对兔眼睛轻度刺激，对皮肤无刺激性，皮肤致敏性为轻度。致突变试验 Ames 试验、小鼠骨髓细胞染色体试验、小鼠睾丸细胞染色体畸变试验均为阴性。

作用特点：烯肟菌酯具有预防及治疗作用，为线粒体的呼吸抑制剂，通过与细胞色素 bc1 复合体的 Q0 部位结合，抑制线粒体的电子传递，从而破坏病菌能量合成，起到杀菌作用。对由卵菌、鞭毛菌、接合菌、子囊菌、担子菌及半知菌引起的多种植物病害有良好的防治效果。

制剂：25%烯肟菌酯乳油。

25%烯肟菌酯乳油

理化性质及规格：外观为稳定均相液体，无可见的悬浮物和沉淀物。pH 5～7。

毒性：按照我国农药毒性分级标准，25%烯肟菌酯乳油属低毒。雌、雄大鼠急性经口 LD_{50} 分别为 750mg/kg 和 936mg/kg，急性经皮 LD_{50}>2 150mg/kg，急性吸入 LC_{50}>2 104.2mg/m^3。对家兔皮肤无刺激，对眼睛有中度刺激；对豚鼠皮肤属弱致敏物。该制剂对鱼高毒，使用时应远离鱼塘、河流、湖泊等地方。对鸟、蜜蜂、蚕均为低毒。

使用方法：

防治黄瓜霜霉病　发病初期开始施药，每次每 667m^2 用 25%烯肟菌酯乳油 28～56mL（有效成分 7～14g）对水喷雾，视病害发生情况，连续用药 2～3 次，每次间隔 7～10d，安全间隔期为 2d，一个生长季最多使用 3 次。

注意事项：

1. 该制剂对鱼高毒，使用时应远离鱼塘、河流、湖泊等地方。

2. 该制剂虽属低毒杀菌剂，但仍须按照农药安全规定使用，工作时禁止吸烟和进食，作业后要用水洗脸、手等裸露部位。

唑　菌　酯

中文通用名称：唑菌酯

英文通用名称：pyraoxystrobin

化学名称：（E）-2-（2-（（3-（4-氯苯基）-1-甲基-1H-吡啶-5-基-氧基）甲基）苯基）-3-甲氧基丙烯酸甲酯

化学结构式：

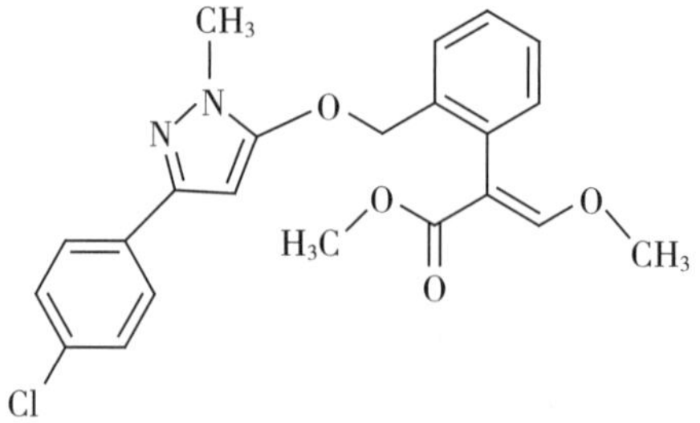

理化性质：原药外观为白色结晶固体。极易溶于二甲基甲酰胺、丙酮、乙酸乙酯、甲醇，微溶于石油醚，不溶于水。在常温下储存稳定。

毒性：按照我国农药毒性分级标准，唑菌酯属低毒。对大鼠急性经口 LD_{50} 为1 022mg/kg。

作用特点：唑菌酯是由我国沈阳化工研究院自主创制的，具有广谱的杀菌活性，是线粒体呼吸抑制剂。唑菌酯主要抑制复合物Ⅲ中的电子传递，既能抑制菌丝生长又能抑制孢子萌发。该药可用于防治黄瓜霜霉病、小麦白粉病，对油菜菌核病菌、葡萄白腐病菌、苹果轮纹病菌、苹果斑点落叶病菌等均具有抑菌活性，是高效低毒杀菌剂。

制剂：25%氟吗啉·唑菌酯悬浮剂。

25%氟吗啉·唑菌酯悬浮剂

理化性质及规格：米黄色悬浮液体，无刺激性异味，pH 5.0～8.0，对包装材料无腐蚀性。

毒性：按照我国农药毒性分级标准，25%氟吗啉·唑菌酯悬浮剂属低毒。雌、雄大鼠急性经口 LD_{50} 分别为1 620mg/kg和1 470mg/kg，急性经皮 LD_{50}>2 000mg/kg，对皮肤致敏性较强。

使用方法：

防治黄瓜霜霉病　在发病初期开始施药，每 667m² 用25%氟吗啉·唑菌酯悬浮剂 27～54g（有效成分 6.75～13.5g）对水喷雾，间隔 7d 喷一次，可连续喷施 3 次，安全间隔期 3d，每季最多使用 3 次。

注意事项：需按照规定剂量使用，以免超量使用出现药害。

苯醚菌酯

中文通用名称：苯醚菌酯

化学名称：(E) 2-［2-(2,5-二甲基苯氧基甲苯)-苯基］-3-甲氧基丙烯酸甲酯

化学结构式：

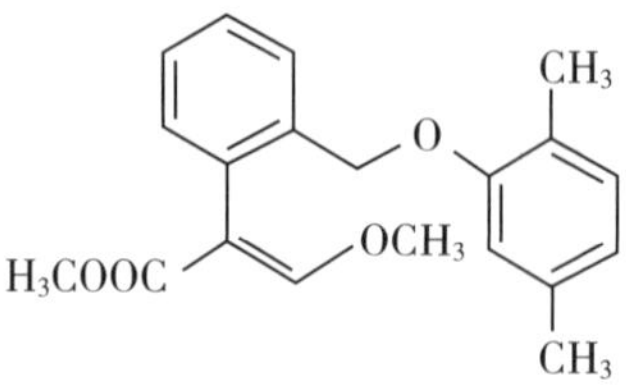

理化性质： 纯品外观为白色粉末。熔点 108～110℃，蒸气压（25℃）1.5×10^{-6} Pa，溶解度（20℃，g/L）分别为 3.60×10^{-3}、甲醇 15.56、乙醇 11.04、二甲苯 24.57、丙酮 143.61。在酸性介质中易分解。对光稳定。

毒性： 按照我国农药毒性分级标准，苯醚菌酯属低毒。原药大鼠急性经口 LD_{50}＞5 000 mg/kg，急性经皮 LD_{50}＞2 000mg/kg。家兔皮肤无刺激性、眼睛有轻度刺激性。豚鼠皮肤致敏性试验结果属弱致敏物。原药大鼠 90d 亚慢性喂养毒性试验最大无作用剂量为 10mg/(kg・d)；Ames 试验、小鼠骨髓细胞微核试验、小鼠睾丸细胞染色体畸变试验这 3 项致突变试验均为阴性，未见致突变作用。斑马鱼 LC_{50}（96h）为 0.026mg/L，鹌鹑急性经口 LD_{50}＞2 000mg/kg；蜜蜂接触染毒（24h）LD_{50}＞100μg/只，家蚕 LC_{50}（食下毒叶法，48h）573.90mg/L。对鱼高毒，蜜蜂、鸟、家蚕均为低毒。

作用特点： 苯醚菌酯为线粒体呼吸抑制剂，通过抑制菌体内线粒体的呼吸作用，影响病菌的能量代谢，最终导致病菌死亡。苯醚菌酯有内吸活性，杀菌谱广，兼具保护和治疗作用，可用于防治白粉病、霜霉病、炭疽病等病害。

制剂： 10%苯醚菌酯悬浮剂。

10%苯醚菌酯悬浮剂

理化性质及规格： 10%苯醚菌酯悬浮剂外观为可流动、稳定的悬浮状液体，存放过程中可能出现沉淀，但经手摇动，应恢复原状，不应有结块。pH 6～8；悬浮率≥85%；倾倒后残余物≤6%，洗涤后残余物≤0.5%；湿筛试验（通过 75μm 试验筛）≥98%；持久起泡性（1min 后）≤25mL。常温储存 2 年稳定。

毒性： 按照我国农药毒性分级标准，10%苯醚菌酯悬浮剂属低毒。

使用方法：

防治黄瓜白粉病　发病初期开始施药，每次用 10%苯醚菌酯悬浮剂 5 000～10 000 倍液（有效成分浓度 10～20mg/L）喷雾，间隔 7d 左右喷一次，一般喷施 2～3 次。安全间隔期 3d，一季最多使用 3 次。

注意事项：

1. 该药剂虽属低毒杀菌剂，但仍须按照农药安全规定使用，工作时禁止吸烟和进食，作业后要用水洗脸、手等裸露部位。

2. 该药剂对鱼等水生生物有毒，施药应远离水产养殖区，禁止在河塘等水体中清洗施药器具。

啶 氧 菌 酯

中文通用名称： 啶氧菌酯

英文通用名称： picoxystrobin

化学名称： 甲基（E）-3-甲氧基-2-{2-[6-(三氟甲基)-2-吡啶氧甲基] 苯基}丙烯酸甲酯（IUPAC）

化学结构式：

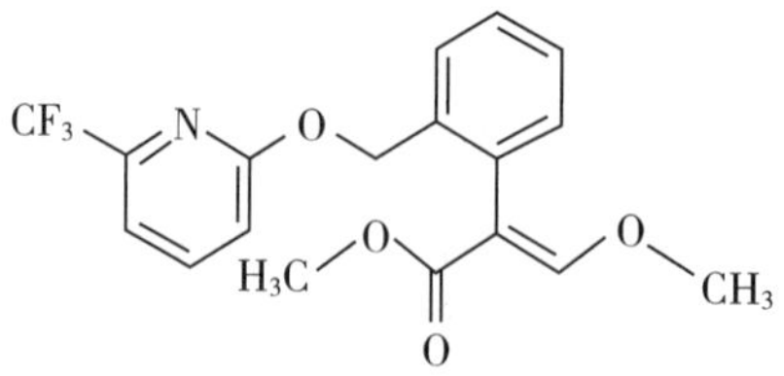

$$CF_3\text{-pyridyl-O-}CH_2\text{-}C_6H_4\text{-}C(=CH\text{-}O\text{-}CH_3)\text{-}C(=O)\text{-}O\text{-}CH_3$$

理化性质：原药含量≧97%，外观为乳白色固体，无特殊气味，熔点为71.9～74.3℃，无爆炸性，不会自燃，无氧化性，无腐蚀性和旋光性。

毒性：按照我国农药分级标准，啶氧菌酯属低毒。雌、雄大鼠急性经口 LD_{50} ≥5 000mg/kg，急性经皮 LD_{50} ＞5 000mg/kg，急性吸入 LC_{50} 分别为 3.19mg/L 和 ＞2.12mg/L。无皮肤刺激性，对兔眼睛有刺激性，7d 后恢复，无皮肤致敏性；无致畸、致突变、致癌作用。

作用特点：啶氧菌酯为线粒体呼吸抑制剂，其作用机理是同线粒体的细胞色素 b 结合，阻碍细胞色素 b 和 c 之间的电子传递来抑制真菌细胞的呼吸作用；作用方式是通过药剂在叶面蜡质层扩散后的渗透作用及传导作用迅速被植物吸收，阻断植物病原菌细胞的呼吸作用抑制病菌孢子萌发和菌丝生长。啶氧菌酯对由卵菌、子囊菌和担子菌引起的作物病害均有较好的防治作用。

制剂：22.5%啶氧菌酯悬浮剂。

22.5%啶氧菌酯悬浮剂

理化性质及规格：22.5%啶氧菌酯悬浮剂由有效成分、湿润剂、分散剂等成分组成，外观为灰白色液体，密度 1.107 0g/cm^3，黏度 103mPa·s（20℃），不可燃，无腐蚀性、无爆炸性，闪点高于 120℃，pH 5～9，悬浮率≥80%。

毒性：按照我国农药毒性分级标准，22.5%啶氧菌酯悬浮剂属低毒。雌、雄大鼠急性经口 LD_{50}＞2 000mg/kg，急性经皮 LD_{50}＞2 000mg/kg；对皮肤、对眼睛轻度刺激，弱致敏物。

使用方法：

1. 防治西瓜炭疽病和蔓枯病　发病前或发病初期开始施药，每次每 667m^2 用 22.5%啶氧菌酯悬浮剂 40～50mL（有效成分 9～11.25g）对水喷雾，间隔 7～10d 喷一次，连续喷施 2～3 次。安全间隔期 7d，每季最多使用 3 次。

2. 防治香蕉黑星病和叶斑病　香蕉叶斑病在发病前或发病初期开始施药，香蕉黑星病在香蕉现蕾 4～6 梳时开始施药，根据天气情况施药 2～3 次，每次用 22.5%啶氧菌酯悬浮剂 1 800～1 500 倍液（有效成分浓度 125～150mg/L）整株喷雾，间隔 10～15d 喷一次。安全间隔期 28d，每季最多使用 3 次。

注意事项：

1. 避免与强酸、强碱性农药混用。
2. 注意与不同类型的药剂轮换使用。
3. 该制剂对水生生物有毒，喷施的药液应避免飘移至水生生物栖息地。

丁 香 菌 酯

中文通用名称：丁香菌酯

英文通用名称：coumoxystrobin

化学名称：（E）-2-（2-（（3-丁基-4-甲基-香豆素-7基-氧基）甲基）苯基）-3-甲氧基丙烯酸甲酯

化学结构式：

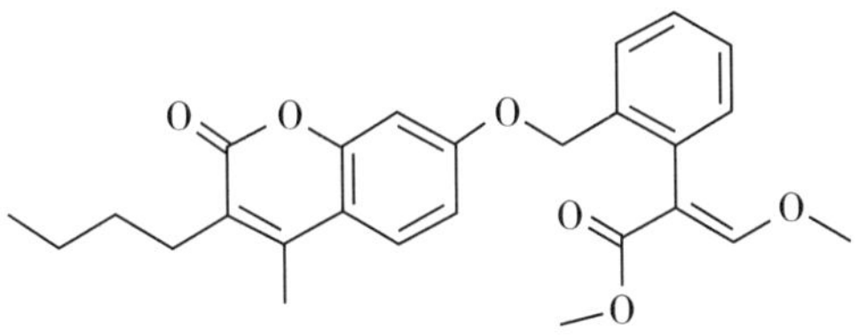

理化性质：外观为乳白色或淡黄色固体。易溶于二甲基甲酰胺、丙酮、乙酸乙酯、甲醇，微溶于石油醚，几乎不溶于水，在常温下储存稳定。

毒性：按照我国农药毒性分级标准，丁香菌酯属低毒。雄、雌大鼠急性经口 LD_{50} 分别>1 260mg/kg 和>926mg/kg，急性经皮 LD_{50}>2 150mg/kg。对兔眼睛和皮肤为中度刺激性。豚鼠皮肤致敏性试验结果属弱致敏物。Ames 试验、小鼠骨髓细胞微核试验、小鼠睾丸细胞染色体畸变试验均为阴性，未见致突变作用。

作用特点：丁香菌酯为线粒体呼吸抑制剂，通过抑制菌体内线粒体的呼吸作用，影响病菌的能量代谢，最终导致病菌死亡。丁香菌酯有内吸活性，杀菌谱广，兼具保护和治疗作用，对苹果腐烂病、油菜菌核病、黄瓜枯萎病、水稻恶苗病、苹果轮纹病、苹果斑点病、黄瓜黑星病、玉米小斑病、小麦赤霉病、番茄叶霉病、番茄炭疽病、小麦纹枯病、稻瘟病等多种病害有较好的防治作用。

制剂：20%丁香菌酯悬浮剂。

20%丁香菌酯悬浮剂

理化性质及规格：有效成分含量≥20%，倾倒后残余≤5%，洗涤后残余≤0.5%，通过75μm 试验筛≥98%，持久起泡性（1min 后）≤25mL。

毒性：按照我国农药毒性分级标准，20%丁香菌酯悬浮剂属低毒。雌、雄大鼠急性经口 LD_{50} 为 2 330mg/kg，急性经皮 LD_{50}>2 150mg/kg，对家兔皮肤无刺激，对眼睛轻度刺激，弱致敏物。

使用方法：

防治苹果腐烂病　苹果树发芽前和落叶后，将腐烂病疤刮干净，用 20%丁香菌酯悬浮剂 130～200 倍液（有效分成浓度 1 000～1 538mg/L）进行涂抹，在苹果树上每季最多使用 2 次，安全间隔期为 30d。

注意事项：

1. 该药剂虽属低毒杀菌剂，但仍须按照农药安全规定使用，工作时禁止吸烟和进食，作业后要用水洗脸、手等裸露部位。

2. 该药剂无解毒剂，如误服中毒应就医对症治疗。

烯 肟 菌 胺

中文通用名称： 烯肟菌胺

英文通用名称： Xiwojunan

化学名称： N-甲基-2-[2-((((1-甲-3-(2′，6′-二氯苯基)-2-丙烯基)亚胺基)氧基)甲基)苯基]-2-甲氧基亚氨基乙酰胺

化学结构式：

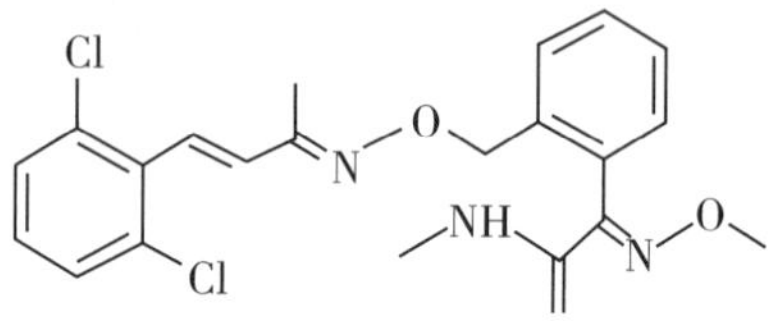

理化性质： 原药有效成分含量≥98%，外观为白色或微带淡棕色固体。熔点 131～132℃。溶于二甲基甲酰胺、丙酮，稍溶于乙酸乙酯、甲醇，微溶于石油醚。常温条件下稳定。

毒性： 按照我国农药毒性分级标准，烯肟菌胺属低毒。原药大鼠急性经口 LD_{50}>4 640mg/kg，急性经皮 LD_{50}>2 000mg/kg。对兔皮肤无刺激性、眼睛中度刺激性。豚鼠皮肤致敏试验结果为弱致敏物。大鼠（90d）亚慢性喂养试验最大无作用剂量雄性为 106mg/（kg·d），雌性为 112mg/（kg·d）。Ames 试验、小鼠骨髓细胞微核试验、小鼠睾丸细胞染色体畸变试验这三项致突变试验均为阴性。

作用特点： 烯肟菌胺为线粒体呼吸抑制剂，主要通过与细胞色素 bcl 复合体的结合抑制线粒体的电子传递，从而破坏病菌能量合成而起到杀菌作用。烯肟菌胺杀菌谱广，对大多数植物真菌病害均有一定的防治效果，杀菌活性高，具有保护及治疗作用．无内吸传导作用。

制剂： 5%烯肟菌胺乳油。

5%烯肟菌胺乳油

理化性质及规格： 产品由有效成分、高渗剂、安全剂、助剂、杂质等组成。外观为均相液体，无悬浮物和沉淀物，pH 5～7。

毒性： 按照我国农药毒性分级标准，烯肟菌胺属低毒。雌、雄大鼠急性经口 LD_{50} 为 4 640mg/kg，急性经皮 LD_{50}>2 150mg/kg，急性吸入 LC_{50}>2 000mg/m^3。对家兔皮肤无刺激，对眼睛有轻度至中度刺激。对豚鼠皮肤属弱致敏物。

使用方法：

防治黄瓜、小麦白粉病　病害发生初期开始施药，每次每 667m^2 用 5%烯肟菌胺乳油 54～108mL（有效成分 2.7～5.4g）对水喷雾，每隔 7d 左右喷一次，连续施药 2～3 次。在黄瓜上安全间隔期为 7d，每季最多使用 3 次。在小麦上安全间隔期为 30d，每季最多使用 2 次。

注意事项：

1. 该制剂在发病初期施用，可以兼防多种真菌病害，效果最佳。

2. 建议与其他杀菌剂交替使用以避免产生抗性。

十六、二甲酰亚胺类

腐 霉 利

中文通用名称： 腐霉利

英文通用名称： procymidone

其他名称： 速克灵（Sumilex），菌核酮

化学名称： N-（3，5-二氯苯基）-1，2-二甲基环丙烷-1，2-二甲酰基亚胺

化学结构式：

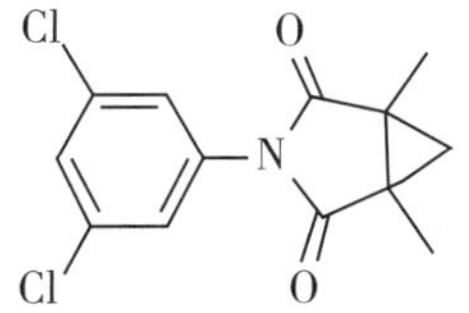

理化性质： 纯品外观为无色结晶体，工业品为白色或浅棕色结晶。密度 1.452g/cm^3（25℃），熔点 166～166.5℃，蒸气压（25℃）18mPa，（20℃）10.5mPa。溶解度（25℃）分别为水 4.5mg/L、丙酮 180g/L、氯仿 210g/L、二甲苯 43g/L、二甲基甲酰胺 230g/L、甲醇 16g/L。酸性条件下稳定，遇碱易分解；对光、热、潮湿稳定，正常条件下储存 2 年稳定。

毒性： 按照我国农药毒性分级标准，腐霉利属低毒。原药对雄、雌大鼠急性经口 LD_{50} 分别为 6 800mg/kg 和 7 700mg/kg，雄、雌小鼠急性经口 LD_{50} 分别为 7 800mg/kg 和9 100 mg/kg；大鼠急性经皮 LD_{50} ＞2 500mg/kg。雄、雌小鼠亚急性经口无作用剂量分别为 22.0mg/kg 和 83.5mg/kg；雄、雌大鼠慢性经口无作用剂量分别为 1 000mg/kg 和 300mg/kg。试验条件下对动物未见致畸、致突变、致癌作用；鲤鱼 LC_{50}（48h）＞10mg/L，虹鳟鱼 LC_{50}（96h）为 7.22mg/L，蓝鳃鱼 LC_{50}（96h）为 10.25mg/L，对鸟和蜜蜂安全。

作用特点： 腐霉利兼具保护和治疗作用，作用机理主要是抑制菌体内甘油三酯的合成，与常用的苯并咪唑类、三唑类和甲氧基丙烯酸酯类杀菌剂无交互抗药性，但与芳烃类和有机磷类（甲基立枯磷）存在交互抗药性。在苯并咪唑类药剂（如多菌灵）防治效果差的情况下，使用腐霉利仍然可以获得满意的防治效果。腐霉利可用于油菜、萝卜、茄子、黄瓜、白菜、番茄、向日葵、西瓜、草莓、洋葱、桃、樱桃、葡萄及花卉等作物的灰霉病、菌核病、花腐病、褐腐病、蔓枯病的防治，其中对葡萄孢属和核盘菌属有特效。

制剂： 50％、80％腐霉利可湿性粉剂，10％、15％腐霉利烟剂。

50％腐霉利可湿性粉剂

理化性质及规格： 50％腐霉利可湿性粉剂由有效成分、湿润剂、分散剂和填料等组成。外观为浅棕色粉末，悬浮率＞50％，除碱性物质外，能与其他大多数农药混用。常温储存稳定性为 2 年以上。

毒性：按照我国农药毒性分级标准，50%腐霉利可湿性粉剂属低毒。对大鼠、小鼠急性经口 LD_{50}>10 000mg/kg，小鼠急性经皮 LD_{50}>10 000mg/kg，大鼠急性吸入 LC_{50}（4h）>109mg/m^3。对皮肤、眼睛有刺激作用。

使用方法：

1. *防治番茄和黄瓜灰霉病*　发病初期开始施药，每次每 667m^2 用 50%腐霉利可湿性粉剂 50～100g（有效成分 25～50g）对水喷雾，间隔 7～14d 喷一次，连续施药 1～2 次，番茄安全间隔期为 5d，黄瓜安全间隔期为 3d，一季最多使用 3 次。

2. *防治葡萄灰霉病*　发病初期开始施药，用 50%腐霉利可湿性粉剂 1 000～2 000 倍液（有效成分浓度 250～500mg/kg）整株喷雾，间隔 7～10d 喷一次，遇高温天气或视病情发展情况可连续施药 2 次，安全间隔期为 14d，每季最多使用 2 次。

3. *防治油菜菌核病*　发病初期开始施药，每次每 667m^2 用 50%腐霉利可湿性粉剂 40～80g（有效成分 20～40g）对水喷雾，轻病田在始花期喷药一次，重病田于初花期和盛花期各喷药一次，安全间隔期为 25d，每季最多使用 2 次。

10%腐霉利烟剂

理化性质及规格：外观为淡灰色粉末状固体。水分≤4%。pH 6～8，成烟率≥85%，燃烧温度 350±60℃，自燃温度 160℃。

毒性：按照我国农药毒性分级标准，10%腐霉利烟剂属低毒。雌、雄大鼠急性经口 LD_{50}分别为 9 260mg/kg 和 79 400mg/kg，急性经皮 LD_{50}>10 000mg/kg，急性吸入 LC_{50}>2 110mg/m^3。对家兔皮肤无刺激，对眼睛有轻度刺激。对豚鼠皮肤属弱致敏物。

使用方法：

防治番茄（保护地）灰霉病　发病前或发病初期开始施药，每次每 667m^2 用 10%腐霉利烟剂 200～300g（有效成分 20～30g）点燃防烟，每隔 7～10d 放烟一次，连续使用 2～3 次。放烟后关闭保护地的门窗 4～8h，安全间隔期为 5d，每季作物最多使用 2 次。

注意事项：

1. 腐霉利烟剂易吸潮，开袋后不宜久置。

2. 棚室内燃放烟剂至少要密闭闷棚 4h 以上，放烟时间最好在日落前后进行，第二天即可全面打开气窗以及通风口进行通风换气。

3. 使用 10%腐霉利烟雾剂只能在大棚或温室里进行，而且一定要关闭严实。

4. 中棚、小棚因空间较矮小，应选择有效成分含量低的药剂；低于 1.2m 的小棚，不宜使用烟剂，否则易造成农作物药害。

5. 点火不能用明火，先将烟雾摆放均匀，按从里到外的顺序依次点燃，并立即出棚，随之密闭棚室过夜，次日早晨需经充分通风后，人方可进入棚内。

6. 烟剂为易燃品，宜置于阴凉干燥处储藏，并远离火源，防潮、防高温、防日晒。严禁与食物、种子、饲料混放，以防误服、误用。使用后的废弃容器要妥善安全处理。

7. 该药剂易产生抗药性，不可连续使用，可湿性粉剂、悬浮剂、水分散粒剂应与其他农药交替使用，药剂要现配现用，不要长时间放置。

8. 不能与强碱性药物如波尔多液、石硫合剂以及有机磷农药混用。

乙 烯 菌 核 利

中文通用名称： 乙烯菌核利

英文通用名称： vinclozolin

其他名称： 农利灵，Ronilan，烯菌酮，Ornalin，BAF352F

化学名称： 3-（3，5-二氯苯基）-5-甲基-5-乙烯基-1，3-噁唑烷-2，4-二酮

化学结构式：

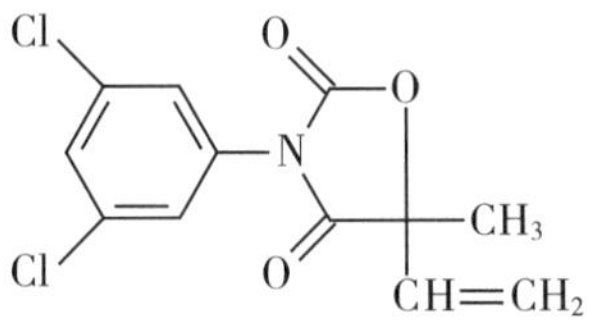

理化性质： 纯品是白色结晶固体，熔点108℃，蒸气压<0.01Pa（20℃）。在水中溶解度为1g/L，丙酮中为435g/kg，醋酸乙酯中为253g/kg。原药中有效成分含量96%以上，熔点为106～108℃。

毒性： 按照我国农药毒性分级标准，乙烯菌核利属低毒。原药大鼠急性经口LD_{50}>10 000mg/kg，急性经皮LD_{50}>2 500mg/kg，急性吸入LC_{50}>29 100mg/m^3；小鼠急性经口LD_{50}>1 500mg/kg。对兔眼睛无刺激作用，对兔皮肤有中等刺激作用。在试验剂量内对动物无致畸、致突变、致癌作用，在三代繁殖试验中未见异常。大鼠两年喂养试验无作用剂量为486mg/L。虹鳟鱼（96h）LC_{50} 18mg/L，鹌鹑急性经口LD_{50}>2 510mg/kg。

作用特点： 乙烯菌核利为触杀性杀菌剂，主要干扰细胞核功能，并对细胞膜和细胞壁有影响，改变膜的渗透性，使细胞破裂。对果树蔬菜类作物的灰霉病、褐斑病、菌核病有良好的防治效果。

制剂： 50%乙烯菌核利水分散粒剂。

50%乙烯菌核利水分散粒剂

理化性质及规格： 外观为暗棕色固体，有微弱辛辣味，pH 5.0～8.0。

毒性： 按照我国农药毒性分级标准，50%乙烯菌核利水分散粒剂属低毒。雌、雄大鼠急性经口LD_{50}>5 000mg/kg，急性经皮LD_{50}>2 000mg/kg。无刺激性、无致敏性。

使用方法：

防治番茄灰霉病 初花期开始喷药，每次每667m^2用50%乙烯菌核利水分散粒剂75～100g（有效成分37.5～50g）对水喷雾，每隔7d喷一次，安全间隔期7d，每季最多喷药3次。

注意事项：

1. 乙烯菌核利人体每日每千克体重允许摄入量（ADI）是0.243mg，在黄瓜和番茄上的最高残留限量（MRL）日本和德国规定为0.05 mg/L，在水果上规定为5mg/L。

2. 如不慎将该药剂溅到皮肤上或眼睛内，应立即用大量清水冲洗。如误服中毒，应立即催吐，不要食用促进吸收该药剂的食物，如脂肪（牛奶，蓖麻油）或酒类等，并且应迅速服用医用活性碳。若患者昏迷不醒，应将患者置于空气新鲜处，并侧卧。

菌　核　净

中文通用名称： 菌核净

英文通用名称： dimetachlone

其他名称： 纹枯利，环丙胺

化学名称： N-（3，5-二氯苯基）丁二酰亚胺

化学结构式：

理化性质： 纯品外观为白色鳞片状结晶，熔点 137.5～139℃。易溶于丙酮、四氢呋喃、二甲基亚砜等有机溶剂，可溶于甲醇、乙醇，难溶于正己烷、石油醚，几乎不溶于水。原粉为淡棕色固体，常温下储存有效成分变化不大，遇酸较稳定，遇碱和日光易分解，应存于遮光阴凉的地方。

毒性： 按照我国农药毒性分级标准，菌核净属低毒。纯品对雄大鼠急性经口 LD_{50} 1 688～2 522mg/kg，对雄小鼠急性经口 LD_{50} 1 061～1 551mg/kg，雌小鼠急性经口 LD_{50} 800～1 321mg/kg，大鼠急性经皮 LD_{50} ＞5 000mg/kg，大鼠经口无作用剂量为 40mg/kg。

作用特点： 菌核净具有直接杀菌、内吸治疗、残效期长的特性。对油菜菌核病、烟草赤腥病、水稻纹枯病、麦类赤霉病和白粉病以及工业防腐都具有良好防效。

制剂： 40％菌核净可湿性粉剂。

40％菌核净可湿性粉剂

理化性质及规格： 外观为淡棕色粉末，热储存稳定性［（50±1）℃，四周］≤10％。

毒性： 按照我国农药毒性分级标准，40％菌核净可湿性粉剂属低毒。

使用方法：

1. 防治油菜菌核病　油菜盛花期开始用药，每次每 $667m^2$ 用 40％菌核净可湿性粉剂 100～150g（有效成分 40～60g）对水喷雾，每隔 7～10d 喷一次，连续使用 2～3 次，喷于植株中下部。

2. 防治烟草赤星病　发病初期开始施药，每次每 $667m^2$ 用 40％菌核净可湿性粉剂 187.5～337.5g（有效成分 75～135g）对水喷雾，每隔 7～10d 喷一次，连续使用 2～3 次。

3. 防治水稻纹枯病　发病初期开始施药，每次每 $667m^2$ 用 40％菌核净可湿性粉剂 200～250g（有效成分 80～100g）对水喷雾，每隔 7～14d 喷一次，连续使用 2～3 次。

注意事项：

1. 根据动物试验，建议人体每日每千克体重允许摄入量为 2.4mg。

2. 避免与强碱性农药混用。

异　菌　脲

中文通用名称：异菌脲

英文通用名称：iprodione

其他名称：扑海因，咪唑霉，Rovral

化学名称：3－（3，5－二氯苯基）－1－异丙基氨基甲酰基乙内酰脲

化学结构式：

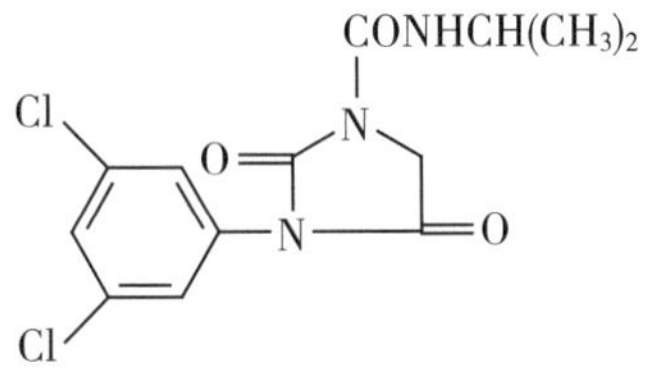

$CONHCH(CH_3)_2$

Cl　O　N　N　O

Cl

理化性质：纯品外观为无色晶体，熔点136℃，蒸气压（20℃）为2.67×10^{-5}Pa。不易燃，在水中溶解度为13mg/L，乙醇中为25g/L，苯中为200g/L，在碱性条件下不稳定。原药有效成分含量＞95％。

毒性：按照我国农药毒性分级标准，异菌脲属低毒。原药大鼠急性经口LD_{50}为3 500mg/kg，兔急性经皮LD_{50}＞1 000mg/kg，大、小鼠急性吸入LC_{50}＞13 000mg/m^3。对眼睛、皮肤无刺激作用。狗3个月喂养试验无作用剂量为2 400mg/kg，小鼠18个月喂养试验无作用剂量为160mg/kg（饲料中1 250mg/L），大鼠24个月喂养试验无作用剂量为25mg/kg（饲料中500mg/kg）；大鼠三代繁殖试验无作用剂量为500mg/kg（饲料中）。虹鳟鱼LC_{50} 6.7mg/L（96h），蓝鳃鱼LC_{50} 2.25～6.30mg/。蜜蜂LD_{50}＞400μg/只。野鸭LD_{50}＞10 400mg/kg，鹌鹑LD_{50} 930mg/kg。

作用特点：异菌脲是一种广谱、接触性杀菌剂，对葡萄孢属、链孢霉属、核盘菌属、小菌核属等的菌有较好的杀菌效果。可以在多种作物上防治多种病害，如葡萄灰霉病、核果类果树上的菌核病、苹果斑点落叶病、梨黑星病、马铃薯立枯病、草莓和蔬菜的灰霉病等均可防治。

制剂：23.5％、25％、255g/L、45％、500g/L异菌脲悬浮剂，50％异菌脲可湿性粉剂，10％异菌脲乳油。

50％异菌脲可湿性粉剂

理化性质及规格：异菌脲50％可湿性粉剂由有效成分、助剂和载体等组成。外观为浅黄色粉末，堆密度0.2～0.5g/cm^3，润湿时间＜2min，悬浮率＞70％，能与许多农药相混。遇碱性物质不稳定。

毒性：按照我国农药毒性分级标准，50％异菌脲可湿性粉剂属低毒。大鼠急性经口LD_{50}为8 000mg/kg，兔急性经皮LD_{50}＞2 000mg/kg。

使用方法：

1. *防治番茄早疫病和灰霉病*　番茄移植后约10d或发病初期开始喷药，每次每667m^2用50％异菌脲可湿性粉剂100～200g（有效成分50～100g）对水喷雾，每隔14d喷药一次，共喷3～4次，安全间隔期为7d，每季最多使用3次。

2. 防治花生冠腐病　用50%异菌脲可湿性粉剂拌种，拌种量为种子重量的0.1～0.3%，即100kg种子用50%可湿性粉剂100～300g（有效成分50～150g），拌匀后播种。

3. 防治油菜菌核病　油菜初花期和盛花期或发病初期各喷一次药，每次每667m² 用50%异菌脲可湿性粉剂66.7～100g（有效成分33.3～50g）对水喷雾，间隔14d左右再喷一次。

4. 防治玉米小斑病　发病初期开始喷药，每次每667m² 用50%异菌脲可湿性粉剂200～400g（有效成分100～200g）对水喷雾，间隔14d左右再喷一次。

5. 防治苹果斑点落叶病　苹果树春梢生长期初发病时开始施药，用50%异菌脲可湿性粉剂1 000～1 500倍液（有效成分浓度333～500mg/L）整株喷雾，10～15d后及秋梢生长期再各喷一次，每季最多使用3次。

6. 防治葡萄灰霉病　葡萄灰霉病初发时开始施药，用50%异菌脲可湿性粉剂750～1 000倍液（有效成分浓度500～666.7 mg/L）整株喷雾，每隔7～10d喷一次，连续施用2～3次，安全间隔期为14d，每季最多使用3次。

7. 防治草莓灰霉病　草莓灰霉病初发时开始喷药，每次每667m² 用50%异菌脲可湿性粉剂100～135g（有效成分50～67.5g）对水喷雾，每隔7～10d喷药一次，连续喷药3次。

25%异菌脲悬浮剂

理化性质及规格： 25%异菌脲悬浮剂由有效成分、矿物油、载体和水等组成。外观为奶油色黏稠液体，密度1.010～1.030g/cm³，闪点＞100℃，悬浮率＞70%，能与除碱性物质以外的大多数农药混用。常温储存稳定两年以上。

毒性： 按照我国农药毒性分级标准，25%异菌脲悬浮剂属低毒。大鼠急性经口 LD_{50}＞5 000mg/kg，急性经皮 LD_{50}＞5 000mg/kg，急性吸入 LC_{50}＞2 880mg/m³。对眼睛、皮肤无刺激作用。

使用方法：

1. 防治油菜菌核病　油菜初花期和盛花期或发病初期各喷一次药，每次每667m² 用25%异菌脲悬浮剂120～200g（有效成分30～50g）对水喷雾，间隔14d左右再喷一次。

2. 防治香蕉储藏期冠腐病、轴腐病　香蕉长至八成熟采收后，选取无伤的果实，用25%异菌脲悬浮剂125～167倍液（有效成分浓度1 500～2 000mg/L）浸果1～2min，捞起晾干后储藏。

注意事项： 推荐的每人每日每千克体重允许摄入量（ADI）为0.3mg。联合国粮食及农业组织和世界卫生组织推荐的苹果上最高残留限量（MRL）为10mg/kg。

十七、吡咯及氰基丙烯酸酯类

咯　菌　腈

中文通用名称： 咯菌腈

英文通用名称： fludioxonil

其他名称： 适乐时

化学名称： 4-（2，2-二氟-1，3-苯并间二氧-4-基）吡咯-3-腈

化学结构式：

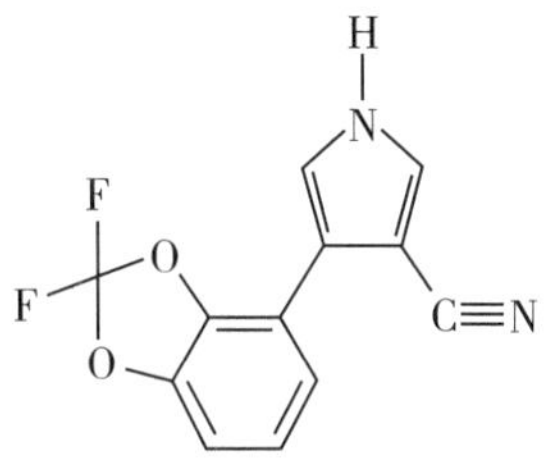

理化性质： 原药外观为橄榄绿色粉末，熔点 199.8℃，密度（20℃）1.54g/cm^3。溶解度（25℃）分别为丙酮 190g/L、正辛醇 20g/L、甲苯 2.7g/L、已烷 7.8g/L、水 1.8mg/L。pH 5～9 条件下不发生水解。

毒性： 按照我国农药毒性分级标准，咯菌腈属低毒。大鼠急性经口 LD_{50}＞2 000mg/kg，急性经皮 LD_{50}＞5 000mg/kg，急性吸入 LC_{50}（4h）＞2 600g/m^3；对兔皮肤和眼睛无刺激作用，对豚鼠皮肤无致敏。对大鼠、家兔无致畸、致突变作用。对鸟类、蚯蚓、蜜蜂无毒，对藻类、水蚤及鱼类有毒。

作用特点： 咯菌腈无内吸活性，主要通过抑制葡萄糖磷酰化有关的转运来抑制菌丝的生长，最终导致病菌死亡。此外处于孢子萌发和芽管生长阶段的孢子对咯菌腈最为敏感，在此阶段咯菌腈阻断蛋白激酶对甘油合成中调节酶的磷酸化的催化作用，从而在病原菌侵入植物组织前抑制孢子萌发和芽管、菌丝的生长。因其作用机制独特，故与现有杀菌剂无交互抗性。

制剂： 25g/L 咯菌腈悬浮种衣剂，50%咯菌腈可湿性粉剂。

25g/L 咯菌腈悬浮种衣剂

理化性质及规格： 外观为浅红色到深红色液体。密度 1.02～1.06g/cm^3，自燃温度 490℃，在 54℃，168h 条件下，对镀锌薄钢板有轻微腐蚀性，但重量没有减轻；对 DIN1.4541 不锈钢和马口铁无腐蚀性。无爆炸性，常温条件下储存 2 年稳定，避免在低于－10℃或高于 35℃的条件下储存。

毒性： 按照我国农药毒性分级标准，25g/L 咯菌腈悬浮种衣剂属低毒。雌、雄大鼠急性经口 LD_{50}＞3 000mg/kg，急性经皮 LD_{50}＞4 000mg/kg；对家兔皮肤和眼睛无刺激，对豚鼠皮肤无致敏性。

使用方法：

1. 防治大豆和花生根腐病、西瓜枯萎病、向日葵菌核病　施药方法为种子包衣，每 100kg 种子用 25g/L 咯菌腈悬浮种衣剂 600～800mL（有效成分 15～20g）充分搅拌，直到药液均匀分布到种子表面，晾干后即可播种。

2. 防治水稻恶苗病　施药方法为种子包衣或浸种，种子包衣，每 100kg 种子用 25g/L 咯菌腈悬浮种衣剂 400～600mL（有效成分 10～15g），先将药剂用水稀释至 1～2L，将药浆与种子以 1∶50～100 的比例充分搅拌，直到药液均匀分布到种子表面，晾干后即可播种。浸种：用 25g/L 咯菌腈悬浮种衣剂 200～300mL（有效成分 5～7.5g），先将药剂用水稀释至

200L，浸水稻种子 100kg，24h 后催芽。

3. 防治棉花立枯病、小麦腥黑穗病、小麦根腐病　施药方法为种子包衣，用 25g/L 咯菌腈悬浮种衣剂 100～200mL（有效成分 2.5～5g），用水稀释至 1～2L，将药浆与种子以 1∶50～100的比例充分搅拌，直到药液均匀分布到种子表面，晾干后即可播种。

50%咯菌腈可湿性粉剂

理化性质及规格：外观为白色粉末，有甜味、肥皂味。密度 0.37g/cm^3（20℃），熔点 392℃，pH 8～9。

毒性：按照我国农药毒性分级标准，50%咯菌腈可湿性粉剂属低毒。雌、雄大鼠急性经口 LD_{50}>5 050mg/kg，急性经皮 LD_{50}>2 150mg/kg，急性吸入 LC_{50}>6 490mg/m^3。对家兔皮肤有轻度刺激，对眼睛无刺激，对豚鼠皮肤属弱致敏物。

使用方法：

防治观赏菊花灰霉病　发病初期开始施药，用 50%咯菌腈可湿性粉剂 4 000～6 000 倍液（有效成分浓度 83.3～125mg/L）均匀喷雾，间隔 7～14d 施药一次，一季最多使用 3 次。

注意事项：

1. 处理过的种子必须放置在有明显标签的容器内。勿与食物、饲料放在一起，不得饲喂禽畜，更不得用来加工饲料或食品。

2. 播后必须覆土，严禁畜禽进入。

3. 无专用解毒剂，如误服请勿引吐，应立即携带标签送医院就诊。

氰烯菌酯

中文通用名称：氰烯菌酯

英文通用名称：phenamacril

化学名称：2-氰基-3-氨基-3-苯基丙烯酸乙酯

化学结构式：

O
C—OC_2H_5
H_2N　C=C
CN

理化性质：原药外观为白色固体粉末。密度 1.235g/cm^3，熔点 123～124℃，蒸气压（25℃）4.5×10^{-5}Pa。20℃时难溶于水、石油醚、甲苯，易溶于氯仿、丙酮、二甲基亚砜、N，N-二甲基甲酰胺。在酸性、碱性介质中稳定，对光稳定。

毒性：按照我国农药毒性分级标准，氰烯菌酯属低毒。原药大鼠急性经口 LD_{50}>5 000 mg/kg，急性经皮 LD_{50}>5 000mg/kg；对兔皮肤、眼睛无刺激性，弱致敏物；原药雄、雌大鼠 13 周亚慢性喂养试验最大无作用剂量分别为 44mg/（kg·d）和 47mg/(kg·d)；Ames试验、小鼠骨髓细胞微核试验、小鼠骨髓细胞染色体畸变试验这 3 项致突变试验结果均为阴性，未见致突变作用。

作用特点：氰烯菌酯属氰基丙烯酸酯类，是一种结构新颖、作用方式独特的新型杀菌剂。高效、微毒、低残留、对环境友好，具有内吸活性，对由镰刀菌引起的各类植物病害具有保护和治疗作用，可应用于防治镰刀菌引起的小麦赤霉病、棉花枯萎病、水稻恶苗病、西瓜枯萎病等。氰烯菌酯与苯并咪唑类、三唑类、甲氧基丙烯酸酯类、二硫代氨基甲酸盐类和取代芳烃类5种不同作用机制的杀菌剂无交互抗性。

制剂： 25%氰烯菌酯悬浮剂。

25%氰烯菌酯悬浮剂

理化性质及规格： 25%氰烯菌酯悬浮剂外观为可流动的灰白色悬浮液体，存放过程中可能出现沉淀，但经手摇动，应恢复原状，不应有结块，悬浮率≥90%；倾倒试验：倾倒后残余物≤5.0%；湿筛试验（通过75μm试验筛）≥98%，常温储存稳定性2年。

毒性： 按照我国农药毒性分级标准，25%氰烯菌酯悬浮剂属低毒。大鼠急性经口 LD_{50} >5 000mg/kg，大鼠急性经皮 LD_{50} >5 000mg/kg。急性吸入 LC_{50} >5 000mg/m^3。对眼睛、皮肤无刺激，弱致敏物。

使用方法：

1. 防治小麦赤霉病　小麦扬花期至盛期施药，每次每667m^2 用25%氰烯菌酯悬浮剂100～200mL（有效成分25～50g）对水喷雾，间隔7～10d喷一次，安全间隔期为21d，每季最多使用3次。

2. 防治水稻恶苗病　播种前用25%氰烯菌酯悬浮剂2 000～3 000倍液（有效成分浓度83.3～125mg/L）浸种处理种子，种子与药液比例为1∶1.2，浸种温度为15～20℃，浸种时间为南方48h，北方72h，取出后直接催芽。

注意事项：

1. 该药剂与多菌灵和咪鲜胺等无交互抗性，在对已产生不同程度抗性的小麦赤霉病和水稻恶苗病病区可以使用。

2. 该药剂虽属微毒杀菌剂，但仍须按照农药安全规定使用，工作时禁止吸烟和进食，作业后要用水洗脸、手等裸露部位。

十八、噻 唑 类

三　环　唑

中文通用名称： 三环唑

英文通用名称： tricyclazole

其他名称： 比艳，克瘟唑，三唑苯噻，Beam，Bim，Blascide

化学名称： 5-甲基-1，2，4-三唑并［3，4-b］［1，3］苯并噻唑

化学结构式：

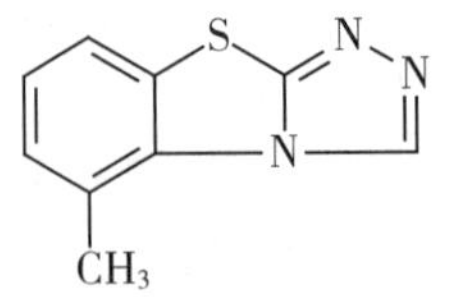

$$\text{(结构式：5-甲基-1,2,4-三唑并[3,4-b]苯并噻唑, 含 S、N、N、N 及 } CH_3\text{)}$$

理化性质：外观为晶状固体。熔点 187～188℃，蒸气压 0.027mPa（25℃），密度 1.4g/cm^3（20℃）。溶解度（20℃）为水中 1.6g/L、丙酮 10.4g/L、甲醇 25g/L、二甲苯 2.1g/L。52℃稳定（高温储存试验），对紫外光相对稳定。

毒性：按照我国农药毒性分级标准，三环唑属中等毒。原粉对大鼠急性经口 LD_{50} 为 237mg/kg，大鼠急性经皮 LD_{50}＞2 000mg/kg，大鼠急性吸入 LC_{50}＞250mg/m^3；小鼠急性经口 LD_{50} 为 245mg/kg。对兔眼睛和皮肤有轻度刺激作用。在繁殖试验中，对大鼠、小鼠（275mg/kg）未见异常。在试验条件下未见致突变、致畸和致癌作用。推荐用药量下对蜜蜂和蜘蛛无毒害作用。

作用特点：三环唑是一种具有内吸性作用的保护性杀菌剂，能迅速被水稻根、茎、叶吸收，并输送到稻株各部位。其作用机理主要是通过抑制附着胞黑色素的形成，从而抑制孢子萌发和附着胞的形成，有效阻止病菌侵入并减少稻瘟病菌分生孢子产生。三环唑抗冲刷力强，喷药 1h 后遇雨不需补喷，一般在喷洒 2h 后水稻植株内的三环唑含量达到最高值。

制剂：20%、75%三环唑可湿性粉剂，35%、40%三环唑悬浮剂，75%三环唑水分散粒剂。

75%三环唑可湿性粉剂

理化性质及规格：由有效成分、润湿剂、助悬剂、惰性填料等组成。外观为浅橘黄色粉末，pH 5.5～6，悬浮率符合标准，常温储存稳定 2 年以上。

毒性：按照我国农药毒性分级标准，75%三环唑可湿性粉剂属低毒。雌、雄大鼠急性经口 LD_{50} 分别为 584mg/kg 和 1 710mg/kg，急性经皮 LD_{50}＞2 000mg/kg，急性吸入 LD_{50}＞2 000mg/m^3，属弱致敏物。

使用方法：

防治水稻稻瘟病　发病前或发病初期开始施药，每 667m^2 用 75%三环唑可湿性粉剂 22～33g（有效成分 16.67～25g）对水喷雾，孕穗末期和齐穗期分别再施用 1 次。安全间隔期 21d，每季最多使用 2 次。

35%三环唑悬浮剂

理化性质及规格：外观为可流动、易测量体积的浅黄褐色悬浮液体，经存放发生变化后，用手摇动后应恢复原状，不应有结块。

毒性：按照我国农药毒性分级标准，35%三环唑悬浮剂剂属低毒。大鼠急性经口 LD_{50} 为 4 630mg/kg，急性经皮 LD_{50}＞2 150mg/kg。

使用方法：

防治水稻稻瘟病　发病前或发病初期开始施药，每 667m^2 用 20%三环唑悬浮剂 70～

100mL（有效成分 14～20g）对水喷雾，孕穗末期和齐穗期分别再施用一次。安全间隔期 21d，每季最多使用 2 次。

75%三环唑水分散粒剂

理化性质及规格：外观为橘黄色颗粒状固体，微有刺激性气味，非易燃物，无腐蚀性，无爆炸性。

毒性：按照我国农药毒性分级标准，75%三环唑水分散粒剂属中等毒。雌、雄大鼠急性经口 LD_{50}分别为 383mg/kg 和 316mg/kg，急性经皮 LD_{50}＞2 000mg/kg。

使用方法：

防治水稻稻瘟病　发病前或发病初期开始施药，每 667m^2 用 75%三环唑水分散粒剂 20～30g（有效成分 15～22.5g）对水喷雾，孕穗末期和齐穗期分别再施用 1 次。安全间隔期 21d，每季最多使用 2 次。

注意事项：

1. 该药剂属保护性杀菌剂，防治水稻穗颈瘟第一次喷药最迟不宜超过破口后 3d。

2. 对人体每日每千克体重允许摄入量（ADI）日本是 0.04mg，美国是 0.08mg。使用该药剂应遵守我国控制农产品农药残留的合理使用准则。

3. 药液浸秧有时会引起发黄，但不久即能恢复，不影响稻秧以后的生长。

噻　唑　锌

中文通用名称：噻唑锌

英文通用名称：zinc thiozole

化学名称：2-氨基-5-巯基-1，3，4-噻二唑锌

化学结构式：

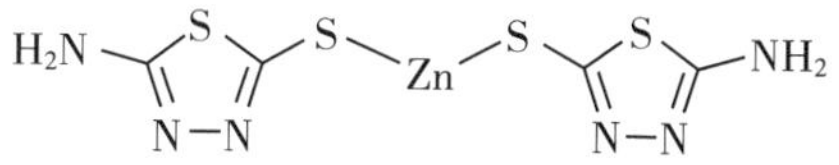

理化性质：外观为灰白色粉末。密度 1.94g/cm^3，熔点＞300℃，pH 6.0～9.0，水分≤0.03%。不溶于水和有机溶剂，微溶于丙酮。遇碱分解，在中性、弱碱性条件下稳定，在高温下能燃烧。

毒性：按照我国农药毒性分级标准，噻唑锌属低毒。大鼠急性经口 LD_{50}＞5 000mg/kg，急性经皮 LD_{50}＞2 000mg/kg。雌、雄大鼠亚慢性 90d 喂养毒性试验，无作用剂量分别为 19.8mg/kg 和 19.1mg/kg。

作用特点：噻唑锌由两个活性基团组成，可防治真菌和细菌性病害。一是噻唑基团，在植物体外对病菌无抑制力，但在植物体内的孔纹导管中，可使菌体细胞壁变薄继而瓦解，导致病原菌死亡。二是锌离子，可与病原菌细胞膜表面上的阳离子（H^+，K^+等）交换，导致病菌细胞膜上蛋白质凝固，部分锌离子渗透进入病原菌细胞内，与某些酶结合，影响其活性，导致机能失调，从而病菌衰竭死亡。此外，锌还是合成吲哚乙酸的重要因子，又可促进植物光合作用和愈伤组织形成，提高抗逆能力。

制剂：20%噻唑锌悬浮剂。

20%噻唑锌悬浮剂

理化性质及规格：外观为可流动悬浮液体。存放过程中，可能出现沉淀，但经手摇动，应恢复原状，不应有结块。在中性、弱碱性条件下较稳定。

毒性：按照我国农药毒性分级标准，20%噻唑锌悬浮剂属低毒。雌、雄大鼠急性经口 LD_{50} >5 000mg/kg，急性经皮 LD_{50} >2 000mg/kg，有弱致敏性。

使用方法：

1. 防治水稻细菌性条斑病　病害发生初期开始施药，每次每 667m^2 用 20%噻唑锌悬浮剂 100～125mL（有效成分 20～25g）对水喷雾，间隔 10～14d 喷一次，安全间隔期为 21d，每季最多使用 3 次。

2. 防治柑橘溃疡病　病害发生初期开始施药，每次用 20%噻唑锌悬浮剂 300～500 倍液（有效成分浓度 400～667mg/kg）整株喷雾，间隔 10～14d 喷一次，安全间隔期为 21d，每季最多使用 3 次。

注意事项：

1. 该药剂对鱼类有毒，避免药液污染水源和养殖场所。

2. 清洗器具的废水，不能排入河流，池塘等水源。

叶　枯　唑

中文通用名称：叶枯唑

英文通用名称：Bismerthiazol

其他名称：噻枯唑，敌枯宁，叶枯宁

化学名称：N，N'-亚甲基-双（2-氨基-5-巯基-1，3，4-噻二唑）

化学结构式：

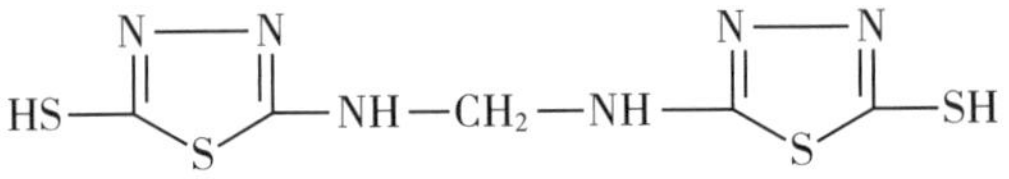

N——N　　　　　　　　　N——N

HS—(S)—NH—CH_2—NH—(S)—SH

理化性质：纯品为白色长方柱状结晶或浅黄色疏松细粉。熔点（190±1)℃。溶于二甲基甲酰胺、二甲基亚砜、吡啶、乙醇、甲醇等有机溶剂，难溶于水。

毒性：按照我国农药毒性分级标准，叶枯唑属低毒。原粉大鼠急性经口 LD_{50} 为 3 160～8 250mg/kg，小鼠急性经口 LD_{50} 为 3 480～6 200mg/kg。用噻枯唑拌入饲料喂养大鼠一年无作用剂量为 0.25mg/kg。蓄积毒性、亚慢性毒性、慢性毒性、致畸试验、致突变试验、致癌试验均属于安全范围。鲤鱼 LC_{50}（96h）为 500mg/L。对人、畜未发现过敏、皮炎等现象。

作用特点：叶枯唑是一种内吸性杀菌剂，主要是用于防治植物细菌性病害，是防治水稻白叶枯病、水稻细菌性条斑病、柑橘溃疡病的良好药剂。该药内吸性强，具有预防和治疗作用，持续期长，药效稳定。对作物无药害。

制剂：15%、20%、25%叶枯唑可湿性粉剂。

20%叶枯唑可湿性粉剂

理化性质及规格：叶枯唑可湿性粉剂由有效成分、填料和表面活性剂等组成。外观为微

黄色疏松粉末，悬浮率≥40%，pH5～6，水分含量≤3%，细度为200目筛≥95%，润湿时间≤1min。

毒性： 按照我国农药毒性分级标准，20%叶枯唑可湿性粉剂属低毒。大鼠急性经口 LD_{50} >5 000mg/kg，急性经皮 LD_{50} >2 000mg/kg，弱致敏物。

使用方法：

1. 防治水稻白叶枯病、细菌性条斑病　该药剂适用于旱稻及早、晚稻的白叶枯病秧田和本田。秧田在水稻4～5叶期施药一次，本田在发病初期及齐穗期各施药一次，每次每667m^2 用20%叶枯唑可湿性粉剂100～125g（有效成分20～25g）对水喷雾，病情严重时，可适当增加用药次数。

2. 防治大白菜软腐病　发病前或发病初期开始施药，每次每667m^2 用20%叶枯唑可湿性粉剂100～150g（有效成分20～30g）对水喷雾，间隔7～10d施药一次，连续施药2～3次。

3. 防治番茄青枯病　发病前或发病初期，用20%叶枯唑可湿性粉剂300～500倍液（有效成分浓度400～667mg/L）灌根。

注意事项：

1. 该药剂不适宜作毒土使用。

2. 不可与碱性农药混用。

硅噻菌胺

中文通用名称： 硅噻菌胺

英文通用名称： silthiopham

其他名称： 全蚀净、Latittude

化学名称： N-烯丙基4，5-二甲基-2-三甲基硅烷-噻吩-3-羧酸酰胺

化学结构式：

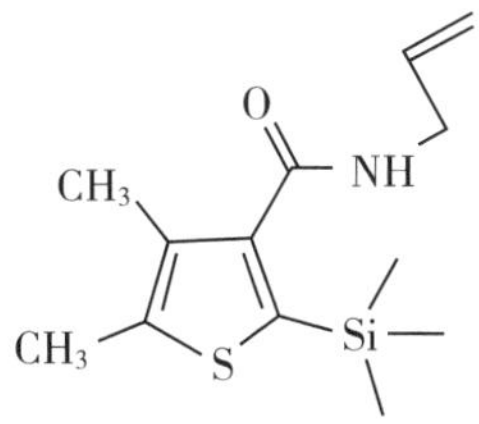

O　NH　CH_3　CH_3　S　Si

理化性质： 纯品为白色粒状固体。熔点86.1～88.3℃，沸点>280℃，密度1.07g/cm^3（20℃），蒸气压（20℃）8.1×10^{-2} Pa，溶解度（20℃）分别为水35.3mg/L，正庚烷15.5g/L，二甲苯、二氯甲烷、甲醇、丙酮、乙酸乙酯>250g/L。

毒性： 按照我国农药毒性分级标准，硅噻菌胺属低毒。大鼠急性经口 LD_{50} >5 000mg/kg，急性经皮 LD_{50} >5 000mg/kg，急性吸入 LC_{50} >2 800mg/m^3。对兔眼睛、皮肤均无刺激，无致敏性反应。无致突变、致畸作用。

作用特点： 硅噻菌胺为能量抑制剂，具有良好的保护活性，常用作种子处理，可单独使用，也可与其他种子处理剂混用，主要用于防治小麦全蚀病。

制剂： 12.5%硅噻菌胺悬浮剂。

12.5%硅噻菌胺悬浮剂

理化性质及规格：外观为红色均相可流动液体。pH 8.34（20℃）。

毒性：按照我国农药毒性分级标准，12.5%硅噻菌胺悬浮剂属低毒。雌、雄大鼠急性经口 LD_{50}>5 000mg/kg，急性经皮 LD_{50}>5 000mg/kg。对家兔皮肤、眼睛无刺激作用，对豚鼠皮肤属弱致敏物。

使用方法：

防治小麦全蚀病　每100kg小麦种子用12.5%硅噻菌胺悬浮剂160～320mL（有效成分20～40g）拌种，先加入适量水将药剂稀释后拌种处理，拌匀后可闷种6～12h，晾干后再播种，要使药剂充分浸沾在种子上，以利于药效的发挥并杀死种子所带病菌。

注意事项：

1. 拌药后的种子不能当作食品和饲料使用。
2. 药剂应密封储存于阴冷干燥处，不能与食物和日用品一起储存。

烯丙苯噻唑

中文通用名称：烯丙苯噻唑

英文通用名称：probenazole

其他名称：好米得

化学名称：3-烯丙氧基-1，2-苯并异噻唑-1，1-二氧化物

化学结构式：

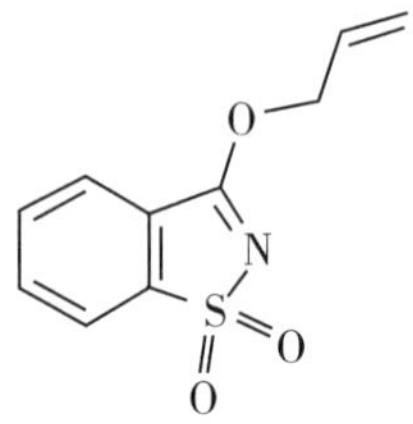

理化性质：原药外观为白色或黄褐色粉末。熔点138～139℃，水中溶解度约150mg/L，易溶于丙酮、氯仿、二甲基甲酰胺，溶于苯、乙醇、甲醇，稍溶于己烷。在正常储存条件下及中性、微酸性介质中稳定，在碱性介质中缓慢分解。

毒性：按照我国农药毒性分级标准，烯丙苯噻唑属低毒。大鼠急性经口 LD_{50}>2 000mg/kg，小鼠急性经口 LD_{50} 2 750～3 000mg/kg，雌、雄大鼠急性经皮 LD_{50}分别为4 640mg/kg和3 830mg/kg；在600mg/kg饲料剂量下对大鼠无致畸作用，在标准试验中对鼠和兔无诱变作用；鲤鱼 LC_{50}（48h）6.3mg/L。

作用特点：烯丙苯噻唑为水杨酸免疫系统促进剂。在离体试验中，稍有抗微生物活性。处理水稻后，可促进根系的吸收，保护作物不受稻瘟病病菌和稻白叶枯病菌的侵染。

制剂：8%烯丙苯噻唑颗粒剂。

8%烯丙苯噻唑颗粒剂

理化性质及规格：8%烯丙苯噻唑颗粒剂由有效成分和助剂组成。闪点177℃，折射率

1.604，密度 1.33g/cm³，储存温度 0～6℃。

毒性： 按照我国农药毒性分级标准，8%烯丙苯噻唑颗粒剂属低毒。雌、雄大鼠急性经口 LD_{50} 为 2 030mg/kg。

使用方法：

防治水稻稻瘟病 防治叶瘟的最佳用药时期是发病初期，7～10d 后再施一次。防治穗瘟在孕穗期和齐穗期各施一次。每次每 667m² 用 8%烯丙苯噻唑颗粒剂 1 667～3 333g（有效成分 133.3～266.7g）均匀撒施于本田内。用于育秧盘时，需先施药后灌水，处理苗移栽本田后，保水（3～5cm 水深）秧苗返青；在本田使用时，要在浅水条件（3～5cm 水深）下均匀撒施，并保水 45d。安全间隔期 40d，每季最多施用 3 次。

注意事项：

1. 不能与强碱性农药混用。
2. 该药剂须按照农药安全规定使用，无解毒剂，如误服应立刻送医院对症治疗。

噻 菌 铜

中文通用名称： 噻菌铜

英文通用名称： thiediazole copper

其他名称： 龙克菌

化学名称： 2-氨基-5-巯基-1，3，4-噻二唑铜络合物

化学结构式：

$$H_2N-C_2N_2S-S-Cu-S-C_2N_2S-NH_2$$

理化性质： 原药外观为黄绿色粉末，密度 1.29g/cm³，熔点 300℃。不溶于水，微溶于吡啶、二甲基甲酰胺。遇强碱易分解，能燃烧。

毒性： 按照我国农药毒性分级标准，噻菌铜属低毒。原药对雄大鼠急性经口 $LD_{50}>$ 2 150mg/kg，对雌、雄大鼠急性经皮 $LD_{50}>$ 2 000mg/kg；对小鼠急性经口 LD_{50} 为 1 210mg/kg，急性经皮 $LD_{50}>$1 210mg/kg。对皮肤无刺激性，眼睛有轻度刺激。在各试验剂量下，无致生殖细胞突变作用。对人、畜、天敌和农作物安全，对环境无污染。

作用特点： 噻菌铜是由两个基团组成的杀菌剂，一是噻唑基团，在植物体外对细菌无抑制力，但药剂在植物体的孔纹导管中，可使细菌的细胞壁变薄继而瓦解，导致细菌的死亡。在螺纹导管和环导管中的部分细菌受到药剂的影响，细胞并不分裂，病情暂被抑制住，但细菌实未死亡，待药剂残效期过去后，细菌又能重新繁殖。二是铜离子，药剂中的铜离子与病原菌细胞膜表面上的阳离子（H^+，K^+等）交换，导致病菌细胞膜上的蛋白质凝固而杀死病菌，此外部分铜离子渗透进入病原菌细胞内，与某些酶结合，影响其活性，导致机能失调，病菌衰竭死亡。

制剂： 20%噻菌铜悬浮剂。

20%噻菌铜悬浮剂

理化性质及规格： 外观为黄绿色黏稠液体，密度为 1.12～1.14g/cm³，细度为 4～8μm，

pH 5.0～8.0，悬浮率 90%以上。遇强碱分解，在酸性条件下稳定。

毒性：按照我国农药毒性分级标准，20%噻菌铜悬浮剂制剂属低毒。雌、雄大鼠急性经口 LD_{50}＞5 050mg/kg，急性经皮 LD_{50}＞2 150mg/kg，弱致敏物。

使用方法：

1. 防治水稻白叶枯病　发病前或发病初期施药，每次每 667m^2 用 20%噻菌铜悬浮剂 100～130mL（有效成分 20～26g ）对水喷雾，遇有台风暴雨后应及时再次用药。

2. 防治水稻细菌性条斑病　发病前或发病初期施药，每次每 667m^2 用 20%噻菌铜悬浮剂 125～160mL（有效成分 25～32g）对水喷雾。

3. 防治黄瓜细菌性角斑病　发病前或发病初期开始施药，每次每 667m^2 用 20%噻菌铜悬浮剂 83～167mL（有效成分 16.67～33.33g）对水喷雾，每隔 7～10d 喷一次，视病情发展情况，可连续喷施 2～3 次。

4. 防治大白菜软腐病　发病前或发病初期开始施药，每次每 667m^2 用 20%噻菌铜悬浮剂 75～100mL（有效成分 15～20g）对水喷雾，每隔 7～10d 喷一次，安全间隔期 14d，每季最多使用 2 次。

5. 防治西瓜枯萎病　发病前或发病初期施药，每 667m^2 用 20%噻菌铜悬浮剂 75～100mL（有效成分 15～20g）对水喷雾。

6. 防治柑橘溃疡病　发病前或发病初期开始施药，用 20%噻菌铜悬浮剂 300～700 倍液（有效成分浓度 285.7～666.7mg/kg）整株喷雾。

7. 防治柑橘疮痂病　发病前或发病初期施药，用 20%噻菌铜悬浮剂 300～500 倍液（有效成分浓度 400～666.7mg/kg）整株喷雾。

8. 防治烟草野火病　发病前或发病初期施药，每 667m^2 用 20%噻菌铜悬浮剂 100～130mL（有效成分 20～26g）对水喷雾，安全间隔期 21d，每季最多使用 3 次。

注意事项：

1. 该药剂应掌握在发病初期使用，可采用喷雾或弥雾法。
2. 使用时，先用少量水将悬浮剂搅拌成浓液，然后加水稀释。
3. 该药剂不能与碱性药物混用。
4. 经口中毒时，立即催吐、洗胃。解毒剂为依地酸二钠钙。

噻　霉　酮

中文通用名称：噻霉酮

英文通用名称：benziothiazolinone

其他名称：菌立灭

化学名称：1，2-苯并异噻唑啉-3-酮

化学结构式：

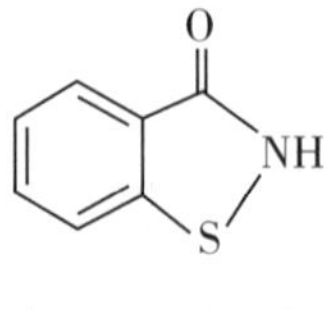

O
NH
S

理化性质：外观为微黄色粉末。密度 0.8g/cm^3，熔点 158＋1℃。在水中（20℃）溶解

度为 4g/L。

毒性： 按照我国农药毒性分级标准，噻霉酮属低毒。雌、雄大鼠急性经口 LD_{50} 分别为 784mg/kg 和 670mg/kg，急性经皮 LD_{50}＞2 000mg/kg，对眼睛、皮肤无刺激，非致敏物。

作用特点： 噻霉酮是内吸性杀菌剂，有预防和治疗作用。其作用机制是破坏病菌细胞核结构，干扰病菌细胞的新陈代谢，使其生理紊乱，最终导致病菌死亡。该药剂既可以抑制病原孢子的萌发及产生，也可以控制菌丝体的生长，对病原真菌生活史的各发育阶段均有影响。

制剂： 3％噻霉酮可湿性粉剂，1.5％噻霉酮水乳剂，1.6％噻霉酮涂抹剂。

3％噻霉酮可湿性粉剂

理化性质及规格： 外观为微褐色或黄色疏松粉末，不应有团块。

毒性： 按照我国农药毒性分级标准，3％噻霉酮可湿性粉剂属低毒。雌、雄大鼠急性经口 LD_{50}＞1 470mg/kg，急性经皮 LD_{50}＞2 000mg/kg，弱致敏物。

使用方法：

防治黄瓜细菌性角斑病　发病前或发病初期开始施药，每次每 667m^2 用 3％噻霉酮可湿性粉剂 73～88g（有效成分 2.19～2.64g）对水喷雾，间隔 7d 左右喷一次，连续喷施 3 次。安全间期 3d，每季最多使用 3 次。

1.5％噻霉酮水乳剂

理化性质及规格： 外观为微黄色均相液体，无刺激性异味。pH 6.0～8.0，常温储存条件下稳定。

毒性： 按照我国农药毒性分级标准，1.5％噻菌铜水乳剂属低毒杀菌剂。雌、雄大鼠急性经口 LD_{50}＞30 000mg/kg，急性经皮 LD_{50}＞10 000mg/kg，中等致敏物。

使用方法：

防治黄瓜霜霉病　在发病前或发病初期开始施药，每次每 667m^2 用 1.5％噻霉酮水乳剂 116～175mL（有效成分 1.74～2.63g）对水喷雾，间隔 7d 左右喷一次，连续喷施 2～3 次，安全间隔期为 3d，每季作物最多使用 3 次。

1.6％噻霉酮涂抹剂

理化性质及规格： 外观为白色悬浮液体，非易燃性液体，无腐蚀性。

毒性： 按照我国农药毒性分级标准，1.6％噻菌铜涂抹剂属低毒。雌、雄大鼠急性经口 LD_{50} 为 4 300mg/kg，急性经皮 LD_{50}＞2 000mg/kg，急性吸入 LC_{50}＞5 000mg/m^3。

使用方法：

防治苹果腐烂病　应于早春或者果实采收后秋冬季节施药，施药方法为涂抹树干病疤，用宽度为 3～4cm 左右的毛刷将药液均匀涂刷于病疤处，每平方米涂抹 1.6％噻霉酮涂抹剂 80～120g（有效成分 1.28～1.92g）。

注意事项：

1. 建议与其他作用机制不同的杀菌剂轮换使用，以延缓病菌抗药性产生。
2. 该药剂对蜂蚕低毒、对鸟中等毒，鸟类放飞区禁用，蚕室及桑园附近禁用。

十九、有机砷及有机锡类

田 安

中文通用名称：田安

英文通用名称：MAFA (Ferric Ammonium Methyl Arsonate)

其他名称：胂铁铵，Arsonate，Fama

化学名称：甲基胂酸铁胺

化学结构式：

$$(CH_3\overset{\overset{\displaystyle O}{\|}}{A}SO_2)_3Fe_2 \cdot nNH_4$$

理化性质：纯品为棕色粉末，工业品是棕红色水溶液，具有氨臭味，密度 1.15～1.25g/cm^3。在酸性或碱性溶液中均会分解。

毒性：按照我国农药毒性分解标准，田安属低毒。纯品大鼠急性经口 LD_{50} 为 1 000mg/kg，小鼠急性经口 LD_{50} 为 707mg/kg。对皮肤及黏膜有刺激作用。

作用特点：田安是一种有机胂杀菌剂，主要用于防治水稻纹枯病。砷酸盐类的砷原子对菌产生毒性试验证明，在经砷剂作用后的菌体内有丙酮酸的积累，使菌体发生变异，从而达到防治效果。

制剂：5%田安水剂。

5% 田 安 水 剂

理化性质及规格：5%田安水剂由有效成分和水等组成。外观为深棕色、酱油状、无沉淀、不结胶的液体。密度 1.1～1.2g/cm^3，pH 8～9，常温下储存稳定。

使用方法：

防治水稻纹枯病　水稻拔节到孕穗前施药一次，孕穗期间施药一次，每次每 667m^2 用 5%田安水剂 200～333.3mL（有效成分 150～250g）对水喷雾。

注意事项：

1. 施药期不能迟于孕穗后期，并严格掌握药液浓度，喷雾要均匀，以免发生药害。
2. 该药剂易挥发，因此容器要封紧。稀释液不能久放，应现配现用。
3. 该药剂不能与石硫合剂、波尔多液等碱性农药和硫酸铜等农药混用。

三苯基乙酸锡

中文通用名称：三苯基乙酸锡

英文通用名称：Fentin acetate

化学名称：三苯基乙酸锡

化学结构式：

理化性质： 原药中有效成分含量为95%，外观为白色无味结晶粉末。熔点121～124℃，蒸气压（230℃）180mPa。微溶于大多数有机溶剂，遇水分解，水中溶解度（20℃）28mg/kg；暴露于空气和阳光下较易分解，在干燥处储存稳定。

毒性： 按照我国农药毒性分级标准，三苯基乙酸锡属中等毒。雌、雄大鼠急性经口 LD_{50} >237mg/kg，急性经皮 LD_{50} >2 000mg/kg。对眼睛有轻度刺激性，对皮肤无刺激性，无致敏性。

作用特点： 三苯基乙酸锡是一种可被根、茎、叶吸收，上行传导的非内吸性杀菌剂，它对鞭毛菌亚门真菌引起的病害具有抑制作用。对细菌病害具有较好的保护和治疗效果，并且能有效防治对铜类杀菌剂敏感的一些菌类，对甜菜褐斑病有较好的防效。

制剂： 45%三苯基乙酸锡可湿性粉剂。

45%三苯基乙酸锡可湿性粉剂

理化性质及规格： 外观为灰白色疏松细粉，细度（通过45μm孔筛）≥95%，湿润性≤120s，pH5.0～8.0。

毒性： 按照我国农药毒性分级标准，45%三苯基乙酸锡可湿性粉剂属中等毒。雌、雄大鼠急性经口 LD_{50} >271mg/kg，急性经皮 LD_{50} >316mg/kg。对眼睛有重度刺激性，对皮肤有轻度刺激性，属Ⅰ级弱致敏物。

使用方法：

防治甜菜褐斑病　发病初期开始施药，每次每667m^2用45%三苯基乙酸锡可湿性粉剂60～67g（有效成分27～30.15g）对水喷雾，间隔7～10d再使用一次，安全间隔期为50d，每季最多使用2次。

注意事项：

1. 该药剂对鱼、虾、蟹等水生生物有毒，不适合在水田中使用。蚕室、桑园附近及鸟类保护区禁用，赤眼蜂等天敌放飞区域禁用。

2. 该药剂不能和碱性物质混合使用，建议与其他作用机制不同的杀菌剂轮换使用。

3. 该药剂属强烈神经毒物，中毒症状为头痛、头晕、多汗、恶心、呕吐、抽搐、昏迷、呼吸困难。该药无特殊解药，如误服，不要引吐，立即就医。根据不同有机锡化合物中毒，早期应用肾上腺糖皮质激素和利尿剂。

4. 该药剂严禁与碱性、氧化剂、食品及食品添加剂同储同运。运输途中应防曝晒、雨淋，防高温。

二十、卤 化 物

二氯异氰尿酸钠

中文通用名称： 二氯异氰尿酸钠

英文通用名称： sodium dichloroisocyanurate

其他名称： 优氯特，优氯克霉灵

化学名称： 二氯异氰尿酸钠

化学结构式：

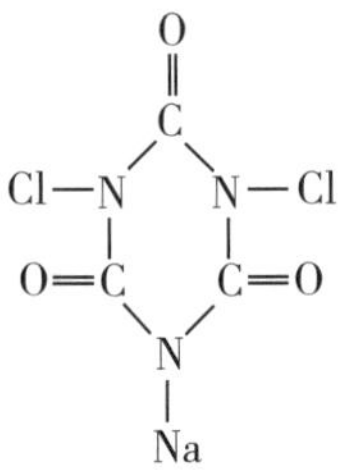

```
             O
             ‖
             C
           ╱   ╲
   Cl—N         N—Cl
      |         |
   O═C          C═O
       ╲       ╱
          N
          |
          Na
```

理化性质： 纯品为白色粉末或颗粒，有氯味。熔点 225℃，密度 0.74g/mL。易溶于水，水中溶解度（25℃）为水 300mg/L，长期储存稳定，有效氯含量下降甚微，是一种性能稳定的强氧化剂和氯化剂。

毒性： 按照我国农药毒性分级标准，二氯异氰尿酸钠属低毒。小鼠急性经皮 LD_{50} 为 2 270mg/kg。

作用特点： 二氯异氰尿酸钠具有内吸性，喷施在作物表面能慢慢地释放次氯酸，使菌体蛋白质变性，从而改变膜通透性，干扰酶系统生理生化反应，影响 DNA 合成，使病原菌迅速死亡。二氯异氰尿酸钠杀菌谱广，对多种细菌、藻类、真菌和病菌有极强的杀菌活性。

制剂： 20%、40%、50%二氯异氰尿酸钠可溶粉剂。

20%二氯异氰尿酸钠可溶粉剂

理化性质及规格： 有效成分质量分数≥20%，水分≤1.5。熔点 240～250℃，pH 6～7。溶于水，微溶于丙酮。常温稳定，热稳定。

毒性： 按照我国农药毒性分级标准，20%二氯异氰尿酸钠可溶粉剂属低毒。雌、雄大鼠急性经口 LD_{50} 为 2 270mg/kg。

使用方法：

1. 防治番茄早疫病、黄瓜霜霉病、茄子灰霉病　发病初期开始施药，每次每 667m^2 用 20%二氯异氰尿酸钠可溶粉剂 188～250g（有效成分 37.5～50g）对水喷雾，间隔 7～10d 喷一次，安全间隔期为 3d，每季最多使用 3 次。

2. 防治辣椒根腐病　发病初期开始施药，用 20%二氯异氰尿酸钠可溶粉剂 300～400 倍液（有效成分浓度 500～667mg/L）灌根方法使用，每株灌药液 200mL，安全间隔期为 3d，每季最多使用 3 次。

注意事项：

1. 二氯异氰尿酸钠是强氧化剂，与易燃物接触可能引发火灾。

2. 勿与有机物、还原剂、铵盐、杀菌剂混放或混运。

3. 二氯异氰尿酸钠为腐蚀品，有刺激性气味，对眼睛、黏膜、皮肤等有灼伤危险，严禁与人体接触。如有不慎接触，则应及时用大量清水冲洗，严重时送医院治疗。

4. 储存在阴凉干燥处，避免光照。

三氯异氰尿酸

中文通用名称： 三氯异氰尿酸

英文通用名称： trichloroiso cyanuric acid

其他名称： 强氯精

化学名称： 三氯异氰尿酸

化学结构式：

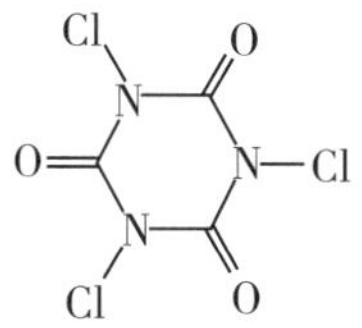

理化性质： 纯品为白色结晶性粉末或棱状晶体，具有强烈的氯气刺激味。熔点 240～250℃，密度 0.95～1.2g/mL，含有效氯≥90%，水分含量≤5%，水中溶解度（25℃）12g/L，丙酮（30℃）则 360g/L，遇酸或碱易分解。是一种性能稳定的强氧化剂和氯化剂。

毒性： 按照我国农药毒性分级标准，三氯异氰尿酸属低毒。大鼠急性经口 LD_{50} 为 750mg/kg，急性经皮 LD_{50} 为 750mg/kg。

作用特点： 三氯异氰尿酸喷施在作物表面能慢慢地释放次氯酸，通过使菌体蛋白质变性，改变膜通透性，干扰酶系统生理生化反应及影响 DNA 合成等过程，使病原菌迅速死亡。常用于环境、饮水、畜禽饲料等的消毒。

制剂： 36%、40%、42%三氯异氰尿酸可湿性粉剂。

36%三氯异氰尿酸可湿性粉剂

理化性质及规格： 水分<3.0，悬浮率>70%，润湿时间<120s，pH 2.5～6。

毒性： 按照我国农药毒性分级标准，36%三氯异氰尿酸可湿性粉剂属低毒。雌、雄大鼠急性经口 LD_{50} 为 2 330mg/kg，急性经皮 LD_{50}>5 000mg/kg；对家兔皮肤中度刺激，眼睛有轻度到中度刺激，对豚鼠皮肤属弱致敏物。

使用方法：

1. 防治水稻白叶枯病、纹枯病、细菌性条斑病　在水稻苗期、分蘖期、穗期、结实期病害发生时施药，每次每 $667m^2$ 用 36%三氯异氰尿酸可湿性粉剂 60～90g（有效成分 21.6～32.4g）对水喷雾，安全间隔期为 7d，每季最多使用 3 次。

2. 防治水稻稻瘟病　分别在水稻苗期、孕穗期及齐穗期初发病时开始施药，每次每

667m² 用36%三氯异氰尿酸可湿性粉剂50～60g（有效成分18～21.6g）对水喷雾，安全间隔期为7d，每季最多使用3次。

3. 防治棉花炭疽病和立枯病　在棉花苗期、花期、结铃期初发病时开始施药，每次每667m² 用36%三氯异氰尿酸可湿性粉剂100～167g（有效成分36～60g）对水喷雾，安全间隔期为7d，每季最多使用3次。

4. 防治棉花枯萎病、黄萎病　在棉花苗期至花期初发病时施药，每次每667m² 用36%三氯异氰尿酸可湿性粉剂100～167g（有效成分36～60g）对水喷雾，安全间隔期为7d，每季最多使用3次。

注意事项：

1. 三氯异氰尿酸是强氧化剂，与易燃物接触可能引发火灾。

2. 三氯异氰尿酸为腐蚀品，有刺激性气味，对眼睛、黏膜、皮肤等有灼伤危险，严禁与人体接触。如有不慎接触，则应及时用大量清水冲洗，严重时送医院治疗。

氯溴异氰尿酸

中文通用名称： 氯溴异氰尿酸

英文通用名称： chloroisobromine cyanuric acid

其他名称： 消菌灵

化学名称： 氯溴异氰尿酸

化学结构式：

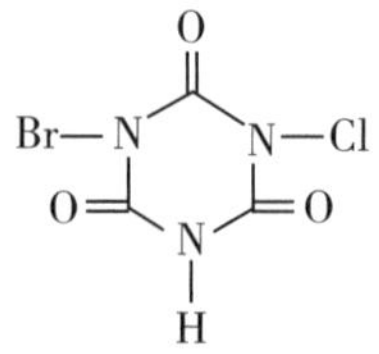

理化性质： 原药外观为白色粉末，易溶于水。

毒性： 按照我国农药毒性分级标准，氯溴异氰尿酸属低毒。原药大鼠急性经口 LD_{50} ＞3 160mg/kg，急性经皮 LD_{50}＞2 000mg/kg。对眼睛有中度刺激，对皮肤无刺激性，属轻度蓄积，不改变体细胞染色体完整性，无致基因突变的作用。鲤鱼 LC_{50}（48h）为8.5mg/mL。

作用特点： 氯溴异氰尿酸喷施在作物表面能慢慢地释放释放Cl和Br，形成次氯酸（HClO）和溴酸（HBrO），通过使菌体蛋白质变性，改变膜通透性，干扰酶系统生理生化及影响DNA合成等过程，使病原菌迅速死亡。氯溴异氰尿酸杀菌谱广，对多种细菌、藻类、真菌和病菌有极强的杀菌活性。

制剂： 50%氯溴异氰尿酸可溶粉剂。

50%氯溴异氰尿酸可溶粉剂

理化性质及规格： 外观为白色至微红色粉末。易溶于水，水中不溶物占0.1%～0.5%，pH 6.0～8.5，含水量0.5%。

毒性： 按照我国农药毒性分级标准，50%氯溴异氰尿酸可溶粉剂属低毒。雌、雄小鼠急

性经口 LD_{50} 均＞5 000mg/kg。

使用方法：

1. 防治黄瓜霜霉病　发病初期开始施药，每次每 667m^2 用 50％氯溴异氰尿酸可溶粉剂 60～70g（有效成分 30～35g）对水喷雾，视病情发生情况，每隔 10d 左右喷一次，连续喷施 2～3 次，安全间隔期为 3d，每季最多使用 3 次。

2. 防治水稻稻瘟病、纹枯病、细菌性条斑病　发病初期开始施药，每次每 667m^2 用 50％氯溴异氰尿酸可溶粉剂 50～60g（有效成分 25～30g）对水喷雾，安全间隔期为 7d，每季最多使用 3 次。

3. 防治水稻条纹叶枯病　发病初期开始施药，每次每 667m^2 用 50％氯溴异氰尿酸可溶粉剂 55～80g（有效成分 27.5～40g）对水喷雾，安全间隔期为 7d，每季最多使用 3 次。

4. 防治水稻白叶枯病　发病初期开始施药，每次每 667m^2 用 50％氯溴异氰尿酸可溶粉剂 22～60g（有效成分 11.2～30g）对水喷雾，安全间隔期为 7d，每季最多使用 3 次。

5. 防治烟草野火病　发病初期开始施药，每次每 667m^2 用 50％氯溴异氰尿酸可溶粉剂 60～80g（有效成分 30～40g）对水喷雾。

6. 防治大白菜软腐病　发病初期开始施药，每次每 667m^2 用 50％氯溴异氰尿酸可溶粉剂 50～60g（有效成分 25～30g）对水喷雾，视病情发生情况，每 10d 左右施药一次，连施 2～3 次。安全间隔期为 3d，每季最多使用 3 次。

7. 防治辣椒病毒病　发病初期开始施药，每次每 667m^2 用 50％氯溴异氰尿酸可溶粉剂 60～70g（有效成分 30～35g）对水喷雾，每隔 7～10d 喷施一次，连续施药 2～3 次。

注意事项：

1. 氯溴异氰尿酸是强氧化剂，与易燃物接触可能引发火灾。

2. 该药剂不能与有机磷农药或碱性农药混用。

3. 氯溴异氰尿酸为腐蚀品，有刺激性气味，对眼睛、黏膜、皮肤等有灼伤危险，严禁与人体接触。如有不慎接触，则应及时用大量清水冲洗，严重时送医院治疗。

4. 储存在阴凉干燥处，避免光照，轻微结块不影响药效。

溴　菌　腈

中文通用名称：溴菌腈

英文通用名称：bromothalonil

其他名称：炭特灵、休菌腈

化学名称：2-溴-2-溴甲基戊二腈

化学结构式：

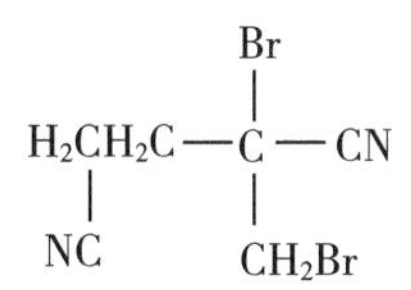

理化性质：纯品为白色结晶固体，熔点 52.5～54.5℃。原药含量 95％，外观为白色或浅黄色结晶固体，熔点 48～50℃，难溶于水，易溶于醇、苯等一般有机溶剂。游离溴含量

≤0.20%，水分含量≤1.5%。酸度≤0.20%。对光、热、水等介质稳定。

毒性： 按照我国农药毒性分级标准，溴菌腈属低毒。原药对雄、雌大鼠急性经口 LD_{50} 分别为 681mg/kg 和 794mg/kg，急性经皮 LD_{50}>10 000mg/kg。对兔眼睛有轻微的刺激性，对皮肤无刺激性。

作用特点： 溴菌腈是一种广谱、低毒的防腐、防霉、灭藻杀菌剂。它能抑制或杀灭细菌、真菌和藻类的生长，适用于纺织、皮革等防腐、防霉，工业用水灭藻，对农作物病害特别是炭疽病有较好的防治效果。

制剂： 25%溴菌腈可湿性粉剂，25%溴菌腈乳油，25%溴菌腈微乳剂。

25%溴菌腈可湿性粉剂

理化性质及规格： 25%溴菌腈可湿性粉剂由有效成分、湿润剂和惰性填料等组成。外观为淡灰色疏松粉末，有效成分含量≥25%，细度通过 44μm 孔筛 95%，悬浮率≥70%，润湿时间≤80s，pH6～9，水分含量≤2.5%，常温储存质量保证期为 2 年。

毒性： 按照我国农药毒性分级标准，25%溴菌腈可湿性粉剂属低毒。大鼠急性经口 LD_{50} 为 3 140mg/kg，急性经皮 LD_{50}>5 000mg/kg；对兔眼睛有轻度刺激性，对皮肤中等刺激性。

使用方法：

防治苹果炭疽病　发病初期开始施药，用 25%溴菌腈可湿性粉剂 500～600 倍液（有效成分浓度 416.7～500mg/kg）整株喷雾，间隔 7～10d 喷一次。安全间隔期为 14d，每季最多使用 3 次。

25%溴菌腈乳油

理化性质及规格： 25%溴菌腈乳油是由有效成分、乳化剂、溶剂等组成。外观为棕黄色透明液体，水分含量≤0.5%，酸度（以 H_2SO_4 计）≤0.15%，常温储存质量保证期为 2 年。

毒性： 按照我国农药毒性分级标准，25%溴菌腈乳油属低毒。雄、雌大鼠急性经口 LD_{50} 分别为 1 080mg/kg，和 1 260mg/kg，急性经皮 LD_{50}>5 000mg/kg。对兔眼睛及皮肤均有中等刺激性。

使用方法：

防治苹果炭疽病　发病初期开始施药，每次用 25%溴菌腈乳油 300～500 倍液（有效成分浓度 500～833mg/kg）整株喷雾，间隔 7～10d 喷一次。安全间隔期为 14d，每季最多使用 3 次。

25%溴菌腈微乳剂

理化性质及规格： 淡棕色透明液体，pH 6.0～9.0，悬浮率≥90%。

毒性： 按照我国农药毒性分级标准，25%溴菌腈微乳剂属低毒。雌、雄大鼠急性经口 LD_{50}>680mg/kg，急性经皮 LD_{50}>5 000mg/kg。

使用方法：

1. 防治柑橘疮痂病　发病初期开始施药，用 25%溴菌腈微乳剂 1 500～2 500 倍液（有效成分浓度 100～167mg/kg）整株喷雾，间隔 7～10d 喷一次。安全间隔期为 14d，每季最多使用 2 次。

2. 防治葡萄炭疽病　发病初期开始施药，用 25%溴菌腈微乳剂 1 500～2 500 倍液（有效成分浓度 100～167mg/kg）整株喷雾，间隔 7～10d 喷一次，连续施药 2～3 次。安全间隔期为 14d，每季最多使用 2 次。

注意事项：

1. 使用该药剂时应穿戴防护服和手套，避免吸入药液。施药期间不可进食和饮水。施药后应及时洗手和洗脸。

2. 该药剂宜在晴天午后用药，避免在高温下使用。

二十一、有机磷类

甲 基 立 枯 磷

中文通用名称： 甲基立枯磷

英文通用名称： tolclofos - methyl

其他名称： 利克菌、立枯灭、Rizolex

化学名称： O，O-二甲基-O-2，6-二氯-4-甲基苯基硫代磷酸酯

化学结构式：

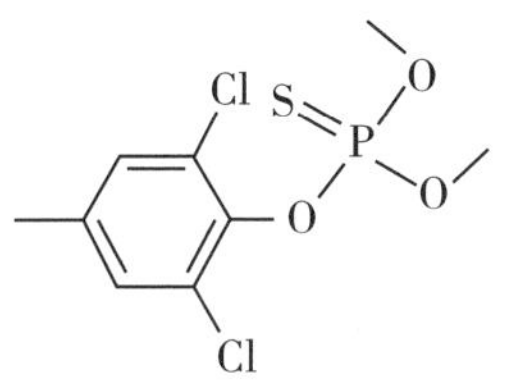

理化性质： 纯品为无色结晶，原药为无色至浅棕色固体。熔点 78～80℃，密度 1.515g/cm^3，闪点 210℃。在有机溶剂中溶解度分别为丙酮 502mg/L、环己酮 537mg/L、环己烷 498mg/L；在水中溶解度（23℃）为 0.3～0.4mg/L，$\log P_{ow}$36 300（25℃）。对光、热、潮湿均较稳定。

毒性： 按照我国农药毒性分级标准，甲基立枯磷属低毒。大鼠急性经口 LD_{50} 为5 000 mg/kg，急性经皮 LD_{50} ＞5 000mg/kg，急性吸入 LC_{50} ＞1.9mg/L；对眼睛和皮肤无刺激。动物试验未见致畸、致癌、致突变作用。鲤鱼 LC_{50} 为 2.13mg/L，鹌鹑急性经口 LD_{50} ＞5 000mg/kg，蜜蜂 LC_{50} ＞100μg/只。

作用特点： 甲基立枯磷是一种广谱性杀菌剂，主要通过抑制病菌卵磷脂的合成而破坏细胞膜的结构，致使病菌死亡。甲基立枯磷具内吸性，是常用的种子处理剂，主要用于防治土传病害，如蔬菜立枯病、枯萎病、菌核病、根腐病，十字花科黑根病、褐腐病等，对立枯病有特效。甲基立枯磷可以用于土壤消毒，而且对环境影响甚微。

制剂： 20%甲基立枯磷乳油。

20%甲基立枯磷乳油

理化性质及规格： 外观为红棕色或深褐色均相油状液体。

毒性：按照我国农药毒性分级标准，20%甲基立枯磷乳油属低毒。雌、雄大鼠急性经口 LD_{50}>5 000mg/kg，急性经皮 LD_{50}>2 000mg/kg，急性吸入 LC_{50}>2 080mg/m^3。对家兔眼睛轻度至中度刺激，皮肤无刺激，弱致敏物。

使用方法：

1. 防治棉花立枯病　每100kg棉花种子用20%甲基立枯磷乳油1 000～1 500mL（有效成分200～300g）拌种，先加入适量的水将药剂进行稀释，然后再均匀拌入棉花种子。

2. 防治水稻苗期立枯病　病害发生前或发生初期施药，每667m^2用20%甲基立枯磷乳油150～220mL（有效成分30～44g）对水喷雾于水稻苗床。

注意事项：

1. 甲基立枯磷不能与碱性药剂混用。

2. 该药应在病害发生初期使用，不可超剂量使用，防止药害发生。

3. 中毒症状与急救措施：该药剂急性中毒多在12h内发病，口服立即发病。轻度中毒会出现头痛、头昏、恶心、呕吐、多汗、无力、胸闷、视力模糊、胃口不佳等症状，全血胆碱酯酶活力一般降至正常值的70%～50%。中度中毒则除上述症状外，还出现轻度呼吸困难、肌肉震颤、瞳孔缩小、精神恍惚、行走不稳、大汗、流涎、腹疼、腹泻。重度中毒患者会出现昏迷、抽搐、呼吸困难、口吐白沫、大小便失禁、惊厥、呼吸麻痹。如发现有中毒症状，立刻携带产品标签送医院就医诊治。

敌　瘟　磷

中文通用名称：敌瘟磷

英文通用名称：edifenphos

其他名称：稻瘟光，克瘟散

化学名称：O-乙基-S，S-二苯基二硫代磷酸酯

化学结构式：

$$C_2H_5OP(=O)(S-C_6H_5)_2$$

理化性质：原油为浅黄色至浅棕色油状液体，带有硫醇的臭味。密度1.25g/mL，熔点－25℃，沸点154℃。水中溶解度56mg/L（20℃）；易溶于丙酮、二甲苯、甲醇、乙醚、氯仿等有机溶剂。在碱性条件下分解较快，在紫外光下易分解。

毒性：按照我国农药毒性分级标准，敌瘟磷属中等毒。原油对雄、雌大鼠急性经口 LD_{50}分别为340mg/kg和150mg/kg；急性经皮（4h）LD_{50}>1 230mg/kg；急性吸入1h LC_{50}>1 310mg/m^3，4h LC_{50}为650mg/m^3。对皮肤和眼睛无刺激作用，在试验剂量内对动物无致畸、致突变、致癌作用。对鱼类和水生生物高毒，LC_{50}（96h）0.43～2.5mg/L，鸟类 LD_{50}281～4 640mg/kg，蜜蜂经口 LD_{50}>20μg/只。合理使用该药剂对蜜蜂和天敌无害。

作用特点：敌瘟磷主要通过抑制病菌卵磷脂的合成而破坏细胞质膜的结构，致使病菌死亡。对水稻稻瘟病有良好的预防和治疗作用，同时对水稻纹枯病、胡麻叶斑病、小球菌核

病、穗枯病，谷子瘟病，玉米大斑病、小斑病及麦类赤霉病等有良好的防治效果。对飞虱、叶蝉及鳞翅目害虫兼有一定的防效。

制剂：30%敌瘟磷乳油。

30%敌瘟磷乳油

理化性质及规格：30%敌瘟磷乳油由有效成分、表面活性剂和溶剂等组成。外观为透明浅棕色液体，具有硫酚气味，不溶于水，易在水中扩散，在原包装和正常储存条件下稳定 2 年以上。

毒性：按照我国农药毒性分级标准，30%敌瘟磷乳油属中等毒。

使用方法：

防治水稻稻瘟病　发病初期开始施药，每次每 667m^2 用 30%敌瘟磷乳油 111～133mL（有效成分 33.3～40g）对水喷雾，每隔 10～14d 喷一次，连续施药 2～3 次。安全间隔期为 21d，每季最多使用 3 次。

注意事项：

1. 使用除草剂敌稗前后 10d 内禁用敌瘟磷，不能与碱性农药混用。

2. 敌瘟磷人体每日每千克体重允许摄入量（ADI）是 0.003mg。使用敌瘟磷应遵守我国控制农产品中农药残留的合理使用准则（GB 8321.2—87）。

3. 发生敌瘟磷中毒时，应立即将中毒者躺卧于空气流通的地方，保持身体温暖，同时服用大量医用活性炭，送医救治。

异 稻 瘟 净

中文通用名称：异稻瘟净

英文通用名称：Iprobenfos

其他名称：IBP，KitazinP

化学名称：O，O-二异丙基-S-苄基硫代磷酸酯

化学结构式：

$$[(CH_3)_2CHO]_2P(=O)-SCH_2-C_6H_5$$

理化性质：纯品为无色透明油状液体。工业品为淡黄色油状液体，有臭味。密度 1.107g/cm^3，沸点 126℃。难溶于水，在 18℃时水中溶解度为 1g/L；易溶于多种有机溶剂。对光稳定，遇碱性物质易分解，长时间处于高温状态下易分解。

毒性：按照我国农药毒性分级标准，异稻瘟净属中等毒。原药对大鼠急性经口 LD_{50} 为 490mg/kg，雌、雄小鼠急性经口 LD_{50} 分别为 1 760mg/kg 和 1 830mg/kg；雌小鼠急性经皮为 5 000mg/kg。对鲤鱼 LC_{50}（48h）为 10～40mg/L。

作用特点：异稻瘟净即异丙稻瘟净，具有内吸传导作用。其主要通过干扰细胞膜透性，阻止某些亲脂几丁质前体通过细胞质膜，使几丁质的合成受阻碍，细胞壁不能生长，抑制菌体的正常发育。该药剂除了防治稻瘟病外，对水稻纹枯病、小球菌核病，玉米小斑病、大斑

病等也有一定的防治作用，还可兼治稻叶蝉、稻飞虱等害虫。

制剂： 40%、50%异稻瘟净乳油。

40%异稻瘟净乳油

理化性质及规格： 异稻瘟净乳油由有效成分、溶剂和乳化剂等组成。外观为黄褐色，透明油状液体。水分含量≤0.5%，酸度（以 H_2SO_4 计）≤0.5%，乳液稳定性合格。

毒性： 按照我国农药毒性分级标准，40%异稻瘟净乳油属低毒。雄、雌大鼠急性经口 LD_{50} 分别为 1 260mg/kg 和 1 710mg/kg，急性经皮 LD_{50}>2 000mg/kg。

使用方法：

防治水稻稻瘟病 发病初期开始施药，每次每 667m^2 用 40%异稻瘟净乳油 150～200mL（有效成分 60～80g）对水喷雾。对苗瘟和叶瘟，在发病初期喷一次，5～7d 后再喷一次，节稻瘟、穗颈瘟在水稻破口期、齐穗期各喷一次。抽穗不整齐的田块，在灌浆期应再喷一次，以减轻枝梗瘟的发生，安全间隔期不少于 20d。

注意事项：

1. 异稻瘟净还是棉花脱叶剂，在棉田附近使用时需注意，防止雾滴飘移。
2. 在稻田使用时，如喷雾不匀，浓度过高，药量过多，稻苗也会产生褐色病斑，对籼稻有时会产生褐色点药害斑。
3. 禁止与碱性农药、高毒有机磷杀虫剂及五氯酚钠、敌稗等混用。
4. 安全间隔期不少于 20d，距收获期过近施药或施药量过大会使稻米有臭味。
5. 该药剂易燃，不能接近火源，以免引起火灾。应储存在阴凉处，防止高温日晒。不得长时间（半年以上）储存在铁桶内，以防变质。

三乙膦酸铝

中文通用名称： 三乙膦酸铝

英文通用名称： fosetyl - aluminium

其他名称： 疫霉灵，疫霜灵，乙膦铝，藻菌磷

化学名称： 三（乙基膦酸）铝

化学结构式：

$$\left[\begin{matrix} C_2H_5O \searrow & & \\ & P-O- & \\ H \nearrow & \| & \\ & O & \end{matrix}\right]_3 Al$$

理化性质： 外观为无色粉末。蒸气压<0.013mPa（25℃），熔点>300℃。溶解度（20℃）分别为水 120g/L、甲醇 920mg/L、丙酮 13mg/L、丙二醇 80mg/L、乙酸乙酯 5mg/L、乙腈 5mg/L、己烷 5mg/L。一般储存条件下稳定，遇强酸水解，能被氧化剂氧化，>200℃分解。

毒性： 按照我国农药毒性分级标准，三乙膦酸铝属低毒。原粉对大鼠急性经口 LD_{50} 为 5 800mg/kg，小鼠急性经口 LD_{50} 为 3 700～4 000mg/kg；大鼠急性经皮 LD_{50}>3 200mg/kg，小鼠急性经皮 LD_{50} 为 4 000mg/kg。对蜜蜂及野生生物较安全。对皮肤、眼睛无刺激作用。

在试验剂量内，未见致畸、致突变作用。

作用特点：三乙膦酸铝是一种内吸性杀菌剂，具有保护和治疗作用。其防病机理是抑制病原真菌孢子的萌发或阻止孢子的菌丝体生长和孢子的形成。该药剂能够迅速地被植物根、叶吸收，在植物体双向传导。可用于防治霜霉属、疫霉属等的病菌引起的病害，对黄瓜、白菜、葡萄等的霜霉病，烟草黑胫病，橡胶割面条溃疡病等有效。

制剂：40％、80％三乙膦酸铝可湿性粉剂，90％三乙膦酸铝可溶粉剂。

80％三乙膦酸铝可湿性粉剂

理化性质及规格：80％三乙膦酸铝可湿性粉剂由有效成分、助剂和填料等组成。外观为白色或淡黄色疏松粉末。无腐蚀性，无爆炸性，pH 为 6～8，常温下储存比较稳定。

毒性：按照我国农药毒性分级标准，80％三乙膦酸铝可湿性粉剂属低毒。雌、雄大鼠急性经口 LD_{50}＞4 640mg/kg，急性经皮 LD_{50}＞2 150mg/kg，急性吸入 LC_{50}＞5 967mg/m^3。

使用方法：

1. 防治水稻纹枯病和稻瘟病　发病前或发病初期开始施药，每次每 667m^2 用 80％三乙膦酸铝可湿性粉剂 118～135g（有效成分 94～108g）对水喷雾，根据发病情况施药 2～3 次，每次间隔 7～10d。安全间隔期 21d，每季最多使用 3 次。

2. 防治黄瓜霜霉病　发病初期开始施药，每次每 667m^2 用 80％三乙膦酸铝可湿性粉剂 180～235g（有效成分 144～188g）对水喷雾，间隔 7d 喷一次，连续喷施 2～3 次，安全间隔期为 4d，每季最多使用 3 次。

3. 防治胡椒瘟病　发病前或发病初期采用灌根方法施药，每株用 80％三乙膦酸铝可湿性粉剂 1.25g（有效成分 1g）对水稀释进行灌根处理。

4. 防治棉花疫病　发病前或发病初期开始施药，每次每 667m^2 用 80％三乙膦酸铝可湿性粉剂 118～235g（有效成分 94～188g）对水喷雾，每隔 7～10d 喷一次，连续施药 2～3 次。

5. 防治烟草黑胫病　发病初期开始施药，每次每 667m^2 用 80％三乙膦酸铝可湿性粉剂 350～400g（有效成分 280～320g）对水喷雾，重点喷施根颈部，间隔 10d 左右喷一次，可连续施药 2～3 次。安全间隔期 20d，每季最多使用 3 次。

6. 防治橡胶瘟病　发病初期开始施药，用 80％三乙膦酸铝可湿性粉剂 100 倍液（有效成分浓度 8 000mg/kg）整株喷雾。

7. 防治橡胶树割面条溃疡病　用 80％三乙膦酸铝可湿性粉剂 100 倍液（有效成分浓度 8 000mg/kg）直接在切口处涂抹。

90％三乙膦酸铝可溶粉剂

理化性质及规格：外观为白色或灰白色粉末。有效成分含量≥90％，易溶于水，水分含量≤2.0％，酸度（以 HCl 计）≤1.0％，细度（通过 40 目筛）≥95.0％。常温下储存比较稳定。

毒性：按照我国农药毒性分级标准，90％三乙膦酸铝可溶粉剂属微毒。雌、雄大鼠急性经口 LD_{50}＞5 000mg/kg，急性经皮 LD_{50}＞5 000mg/kg，急性吸入 LC_{50}＞5 000mg/m^3，弱致敏性。

使用方法：

1. 防治水稻纹枯病　发病前或发病初期开始施药，每667m^2用90%三乙膦酸铝可溶粉剂111～122g（有效成分100～110g）对水喷雾。分蘖末期和孕穗期各施一次药。安全间隔期21d，每季最多使用3次。

2. 防治黄瓜霜霉病　发病初期开始施药，每次每667m^2用90%三乙膦酸铝可溶粉剂150～200g（有效成分135～180g）对水喷雾，间隔7～10d施药一次，连续施药3～4次。安全间隔期3d，每季最多使用3次。

3. 防治番茄晚疫病　发病初期开始施药，每次每667m^2用90%三乙膦酸铝可溶粉剂176～200g（有效成分158.4～180g）对水喷雾，间隔7～10d施药一次，连续施药3～4次。安全间隔期5d，每季最多使用3次。

4. 防治莴笋霜霉病　发病初期开始施药，每次每667m^2用90%三乙膦酸铝可溶粉剂40～80g（有效成分36～72g）对水喷雾，间隔7～10d施药一次，连续施药2～3次。

注意事项：

1. 勿与酸性、碱性农药等物质混用，以免分解失效。
2. 该药剂易吸潮结块，储运中应注意密封干燥保存。如遇结块，不影响使用效果。
3. 建议与其他作用机制不同的杀菌剂轮换使用，以延缓抗性产生。

二十二、生防微生物及抗生素类

春雷霉素

中文通用名称：春雷霉素

英文通用名称：kasugamycin

其他名称：春日霉素，加收米

化学名称：[5-氨基-2-甲基-6-（2，3，4，5，6-五羟基环己基氧代）四氢吡喃-3-基]氨基-α-亚胺乙酸

化学结构式：

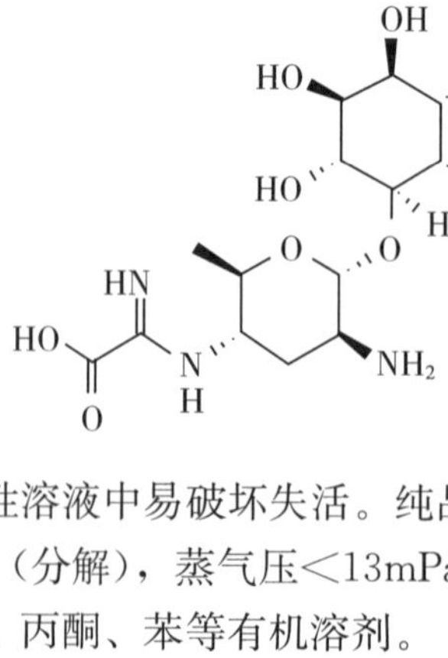

理化性质：在强酸和强碱性溶液中易破坏失活。纯品为白色结晶，其盐酸盐为白色片状或针状结晶。熔点202～204℃（分解），蒸气压<13mPa（25℃），密度0.43g/cm^3（25℃）。易溶于水，微溶于甲醇、乙醇、丙酮、苯等有机溶剂。

毒性：按照我国农药毒性分级标准，春雷霉素属低毒。原粉对小鼠急性经口

LD_{50}＞8 000mg/kg，大鼠急性经皮 LD_{50}＞4 000mg/kg，大鼠急性吸入 LC_{50}＞2 400mg/m^3。对家兔眼睛和皮肤无刺激作用。试验条件下对动物未见致突变、致畸和致癌作用。

作用特点：春雷霉素是一种农用抗生素，具有较强的内吸性，其作用机制是干扰氨基酸代谢的酯酶系统，从而影响蛋白质的合成，抑制菌丝伸长并造成细胞颗粒化，但对孢子萌发无影响。

制剂：2%春雷霉素水剂，2%、4%和6%春雷霉素可湿性粉剂，2%春雷霉素液剂。

2%春雷霉素水剂

理化性质及规格：2%春雷霉素水剂由有效成分、表面活性剂和水组成。外观为深绿色液体，密度1.04～1.06g/cm^3（20℃），酸度（以HCl计）为0.2%，沸点100℃。不可燃，无爆炸性。常温储存稳定2年以上。

毒性：按照我国农药毒性分级标准，2%春雷霉素水剂属低毒。大鼠急性经口 LD_{50}＞5 000mg/kg，大鼠急性经皮 LD_{50}＞2 000mg/kg。急性吸入 LC_{50}＞2 000mg/m^3。眼刺激试验为轻刺激性；皮肤刺激试验为无刺激性，弱致敏性。

使用方法：

1. 防治水稻稻瘟病　发病初期开始喷药，每次每667m^2 用2%春雷霉素水剂80～120mL（有效成分1.6～2.4g）对水喷雾，间隔7～10d喷一次，视病情发展情况，连续喷施2～3次。安全间隔期为21d，每季最多使用3次。

2. 防治番茄叶霉病　发病初期开始施药，每次每667m^2 用2%春雷霉素水剂135～215mL（有效成分2.7～4.3g）对水喷雾，视病情发展和天气情况，每隔7d喷一次，连续喷施2～3次。安全间隔期为4d，每季最多使用3次。

3. 防治黄瓜角斑病　发病初期开始喷药，每次每667m^2 用2%春雷霉素水剂140～210mL（有效成分2.8～4.2g）对水喷雾，视病情发展和天气情况，每隔7d喷一次，连续喷施2～3次。安全间隔期为4d，每季最多使用3次。

2%春雷霉素可湿性粉剂

理化性质及规格：外观为浅黄色粉末，含水量＜5%。粉粒细度为90%通过200目筛。常温储存稳定3年以上。

毒性：按照我国农药毒性分级标准，2%春雷霉素可湿性粉剂属低毒。雌、雄大鼠急性经口 LD_{50} 为3 160mg/kg，急性经皮 LD_{50}＞2 150mg/kg，急性吸入 LC_{50} 为2 000mg/m^3。对家兔皮肤无刺激，眼睛无刺激。弱致敏物。

使用方法：

1. 防治黄瓜枯萎病　发病前或发病初期开始施药，每次用2%春雷霉素可湿性粉剂50～100倍液（有效成分浓度200～400mg/kg）灌根，安全间隔期为4d，每季最多使用3次。安全间隔期4d，每季最多使用3次。

2. 防治水稻稻瘟病　发病初期或幼穗形成期至孕穗期开始施药，每次每667m^2 用2%春雷霉素可湿性粉剂100～150g（有效成分2～3g）对水喷雾。安全间隔期为21d，每季最多施用3次。

3. 防治烟草野火病　发病前或发病初期开始施药，每次每667m^2 用2%春雷霉素可湿性粉剂 125～167g（有效成分 2.5～3.3g）对水喷雾，每隔 7d 左右喷一次，连续喷施 2～3 次。

2%春雷霉素液剂

理化性质及规格： 制剂由有效成分、助剂和水组成。外观深绿色液体，相对密度 1.04～1.06（20℃），酸度（以 HCl 计）为 0.2%，沸点 100℃。不可燃、无爆炸性。常温储存稳定两年以上。

毒性： 按照我国农药毒性分级标准，2%春雷霉素液剂属低毒。大鼠急性经口 LD_{50} > 5 000mg/kg，急性经皮 LD_{50} > 2 000mg/kg，急性吸入 > 2 030mg/m^3。

使用方法：

1. *防治番茄叶霉病、黄瓜角斑病* 发病前或发病初期开始施药，每次每 667m^2 用 2%春雷霉素液剂 140～175mL（有效成分 2.8～3.5g）对水喷雾，每隔 7d 喷一次，安全间隔期为 4d，每季最多使用 3 次。

2. *防治水稻稻瘟病* 防治叶瘟，发病初期开始施药，间隔 7d 后视病情发展情况酌情再施一次，每次每 667m^2 用 2%春雷霉素液剂 80～100mL（有效成分 1.6～2g）对水喷雾；防治穗颈瘟，在水稻破口期和齐穗期各施一次。安全间隔期为 21d，每季最多使用 4 次。

注意事项：

1. 春雷霉素施药 5～6h 后遇雨对药效无影响，不能与碱性农药混用。

2. 该药剂对大豆、葡萄、柑橘、苹果等有轻微的药害，在临近此类作物使用时应注意无风施药，以免飘移药害。

3. 使用时应注意随用随配，以防霉菌污染变质失效。

多 抗 霉 素

中文通用名称： 多抗霉素

英文通用名称： polyoxin

其他名称： 多氧霉素，多效霉素，宝丽安，保利霉素

化学名称： 肽嘧啶核苷类抗生素，主要成分是 polyoxin B 和 polyoxin D，前者为 5-[[2-氨基-5-O-（氨基甲酰基）-2-脱氧-L-木糖基]氨基]-1，5-二脱氧-1-[1，2，3，4-四氢-5-（羟基甲基）-2，4-二氧代（2H）-嘧啶-1-基]-β-D-别呋喃糖醛酸

化学结构式：

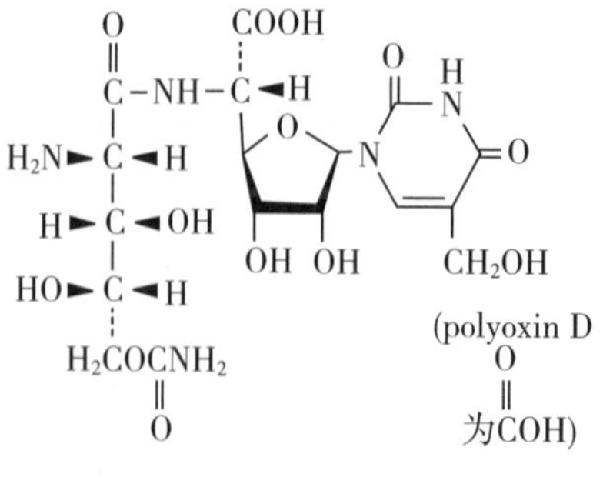

O COOH
C—NH—C—H
H_2N—C—H
H—C—OH
HO—C—H
H_2COCNH_2
OH OH CH_2OH
(polyoxin D 为COH)

理化性质： 多抗霉素是肽嘧啶核苷类抗生素，含有 A－N 共 14 种不同同系物的混合物。我国多抗霉素是金色产色链霉菌（*Streptomyces aureo chromogenes*）所产生的代谢物，主要成分是多抗霉素 A 和多抗霉素 B，含量为 84%（相当于 84 万 IU/g），为无色针状结晶，熔点 180℃。日本称为多氧霉素，是可可链霉菌阿苏变种（*S. cacaoi* var. *asoensis*）所产生的代谢物，主要成分为多抗霉素 B，纯品为无定形结晶，熔点 160℃以上（分解）。原药含多抗霉素 B 22%～25%（相当于 220 000～250 000r/g），外观为浅褐色粉末，密度0.10～0.20g/cm^3，分解温度 149～153℃，pH 2.5～4.5，水分含量＜3%，细度＞149μm。多抗霉素能溶于水（5%），不溶于丙酮、氯仿、苯、乙醇、己烷、甲醇等有机溶剂。对紫外线稳定。在酸性和中性溶液中稳定，但在碱性溶液中不稳定。

毒性： 按照我国农药毒性分级标准，多抗霉素属低毒。原粉对小鼠和大鼠急性经口 LD_{50}＞20 000mg/kg；大鼠急性经皮 LD_{50}＞1 200mg/kg。对家兔眼睛和皮肤无刺激作用，对豚鼠皮肤未引起过敏反应。多抗霉在试验动物体内无明显蓄积作用，可较快排出体外，在试验剂量下对动物未见致突变、致畸和致癌作用。对鱼和水生生物毒性较低，鲤鱼 LC_{50}＞40mg/L（48h），水蚤 LC_{50}＞40 mg/L（3h）；对蜜蜂毒性较低，LC_{50}＞1 000mg/L。

作用特点： 多抗霉素是一种广谱性抗生素类杀菌剂。具有较好的内吸传导作用，其作用机制是干扰真菌细胞壁几丁质的生物合成，在芽管和菌丝体接触药剂后，使其局部膨大、破裂、溢出细胞内含物，从而不能正常发育，最终导致死亡；此外多抗霉素对病菌产孢也有不同程度的抑制作用，对植物没有药害。多抗霉素主要用于防治苹果斑点落叶病、小麦白粉病、烟草赤星病、黄瓜霜霉病、瓜类蔓枯病、人参黑斑病、水稻纹枯病、草莓及葡萄灰霉病、林木枯梢及梨黑斑病等多种真菌病害。

制剂： 1.5%、3%和 10%多抗霉素可湿性粉剂，0.3%、1%和 3%多抗霉素水剂。

10%多抗霉素可湿性粉剂

理化性质及规格： 10%多抗霉素可湿性粉剂由多抗霉素、表面活性剂和填料组成，外观为浅棕黄色粉末，堆密度 0.25～0.40g/mL，pH 2.5～4.5，干燥失重＜1.5%，细度（粒径小于 45μm 的粉粒）＞97%。常温储存稳定 3 年以上。

毒性： 按照我国农药毒性分级标准，10%多抗霉素可湿性粉剂属低毒。大鼠急性经口 LD_{50}＞40 000mg/kg，急性经皮 LD_{50}＞1 500mg/kg，急性吸入 LC_{50}＞10mg/L。

使用方法：

1. 防治苹果斑点落叶病　开花后 10d 内或发病初期开始施药，用 10%多抗霉素可湿性粉剂 1 000～1 500 倍液（有效成分浓度 67～100mg/kg）整株喷雾，间隔 7d 喷一次。安全间隔期为 7d，每季最多使用 3 次。

2. 防治黄瓜灰霉病　发病初期开始施药，每次每 667m^2 用 10%多抗霉素可湿性粉剂 100～140g（有效成分 10～14g）对水喷雾，间隔 7d 喷一次。安全间隔期为 3d，每季最多使用 3 次。

3. 防治番茄叶霉病　发病初期开始施药，每次每 667m^2 用 10%多抗霉素可湿性粉剂 100～150g（有效成分 10～15g）对水喷雾，间隔 7d 喷一次。安全间隔期为 5d，每季最多使用 4 次。

4. 防治烟草赤星病　发病初期开始施药，每次每 667m^2 用 10%多抗霉素可湿性粉剂

100～150g（有效成分10～15g）对水喷雾，间隔7d喷一次。安全间隔期为7d，每季最多使用3次。

1%多抗霉素水剂

理化性质及规格： 外观为黄棕色至深棕色液体，无可见悬浮颗粒和沉淀物。对紫外线稳定，在酸性和中性介质中稳定，pH 3～6。

毒性： 按照我国农药毒性分级标准，1%多抗霉素水剂属低毒。雌、雄大鼠急性经口 LD_{50} 为4 640mg/kg，急性经皮 LD_{50} >2 150mg/kg，急性吸入 LC_{50} >2 000mg/m^3。对家兔皮肤无刺激，眼睛有轻度刺激，对豚鼠皮肤属弱致敏物。

使用方法：

防治黄瓜白粉病 发病初期开始施药，每次每667m^2 用1%多抗霉素水剂500～1 000mL（有效成分5～10g）对水喷雾，间隔7～10d喷一次。安全间隔期为2d，每季最多使用3次。

注意事项：

1. 多抗霉素虽属低毒药剂，使用时仍应按安全规则操作。
2. 该药剂应密封储存与干燥阴凉处。
3. 避免过度连用，建议与其他作用机制的药剂轮换使用，不可混用波尔多液等碱性物质。

井 冈 霉 素

中文通用名称： 井冈霉素

英文通用名称： Jingangmycin A

其他名称： 有效霉素

化学名称： N-[(1S)-(1，4，6/5)-3-羟甲基-4，5，6-三羟基-2-环己烯][O-β-D-吡喃葡萄糖基-(1→3)]-1S-(1，2，4/3，5)-2，3，4-三羟基-5-羟甲基-环己基胺（A组分）

化学结构式：

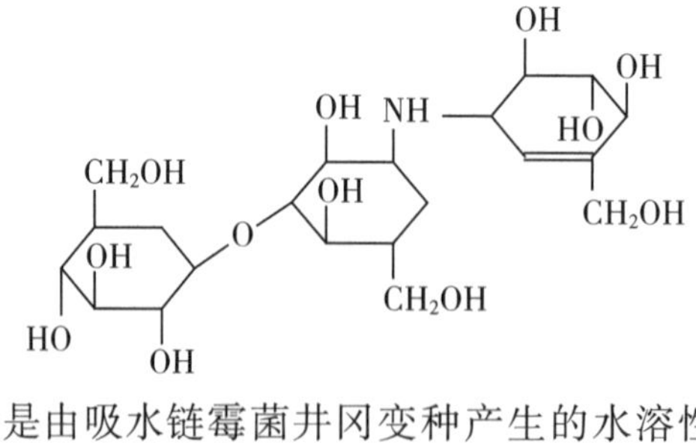

理化性质： 井冈霉素是由吸水链霉菌井冈变种产生的水溶性抗生素-葡萄糖苷类化合物，共有6个组分。其主要活性物质为井冈霉素A，其次是井冈霉素B。纯品为白色粉末，无一定熔点，95～100℃软化，约在135℃分解。易溶于水，可溶于甲醇、二氧六环、二甲基甲酰胺，微溶于乙醇，不溶于丙酮、氯仿、苯、石油醚等有机溶剂。吸湿性强。在pH 4～5的水中较稳定。在0.1mol/L硫酸中（105℃，10h）分解，能被多种微生物分解失去活性。

毒性：按照我国农药毒性分级标准，井冈霉素属低毒。纯品对大小鼠急性经口 LD_{50} 均＞20 000mg/kg，急性经皮 LD_{50} 均＞15 000mg/kg；用 5 000mg/kg 井冈霉素涂抹大鼠皮肤无中毒反应。

作用特点：井冈霉素是具有内吸性的农用抗菌素，具有保护、治疗作用。当水稻纹枯病菌的菌丝接触到井冈霉素后，后者很快被菌体细胞吸收并在菌体内传导，干扰和抑制菌体细胞正常生长发育，使菌丝体顶端产生异常分枝，进而使其停止生长，并导致其死亡。

制剂：3%、4%、5%、10%井冈霉素水剂，3%、5%、10%、20%井冈霉素可溶粉剂。

5%井冈霉素水剂

理化性质及规格：外观为棕色透明液体，无臭味。相对密度＞1，无微生物生长，无气体产生，有效期为 2 年。

毒性：按照我国农药毒性分级标准，5%井冈霉素水剂属低毒。雌、雄大鼠急性经口 LD_{50} 为 4 640mg/kg，急性经皮 LD_{50}＞2 150mg/kg，对眼睛、皮肤无刺激性，弱致敏物。

使用方法：

防治水稻纹枯病　田间发病率达到 20%左右开始施药，视气候与病情变化情况，一般间隔 10d 左右施一次，通常施药 2 次，每次每 667m^2 用 5%井冈霉素水剂 200～250mL（有效成分 10～12.5g）对水喷雾，注意药剂应喷于水稻植株中下部。

20%井冈霉素可溶粉剂

理化性质及规格：外观为棕黄色或棕褐色疏松粉末，pH 5.5～6.5。

毒性：按照我国农药毒性分级标准，20%井冈霉素可溶粉剂属低毒。雌、雄大鼠急性经口 LD_{50}＞5 000mg/kg，急性经皮 LD_{50}＞2 000mg/kg。

使用方法：

防治水稻纹枯病　发病初期开始施药，每次每 667m^2 用 20%井冈霉素可溶粉剂 50～63g（有效成分 10～12.5g）对水喷雾，施药时应保持稻田水深 3～6cm。一般间隔 10d 左右喷一次。安全间隔期为 14d，每季最多使用 2 次。

注意事项：

1. 该药剂不可与呈碱性的农药等物质混合使用。

2. 该药剂属抗菌性农药，虽加有防腐剂，还需存放在阴凉、干燥的仓库中并注意防腐、防霉、防冻。

宁 南 霉 素

中文通用名称：宁南霉素

英文通用名称：Ningnanmycin

化学名称：1－（4－肌氨酰胺－L－丝氨酰胺－4－脱氧－β－D－吡喃葡萄糖酰胺）胞嘧啶

化学结构式：

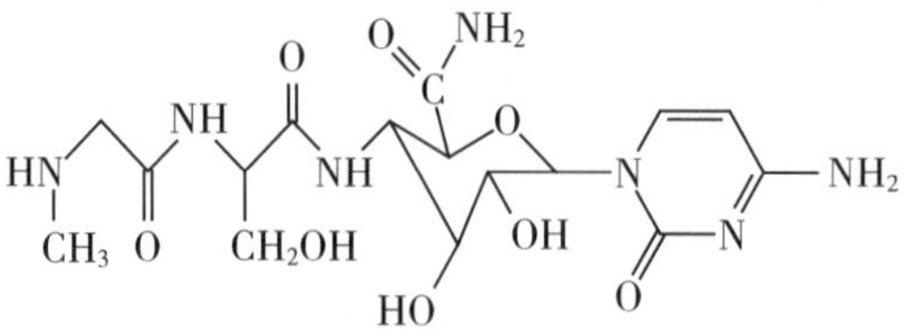

理化性质：原药含量为40%，外观为浅棕色粉末，熔点195℃。易溶于水，可溶于甲醇，微溶于乙醇，难溶于丙酮、乙酯、苯等有机溶剂，pH 3.0～5.0。

毒性：按照我国农药毒性分级标准，宁南霉素属低毒。雌、雄大鼠急性经口LD_{50}>5 000mg/kg，急性经皮LD_{50}>5 000mg/kg，急性吸入LC_{50}>2 297mg/m^3。对眼睛中度刺激性，对皮肤中度刺激性，弱致敏性。

作用特点：宁南霉素属胞嘧啶核苷肽型抗生素杀菌剂，可通过破坏病毒粒体结构，降低病毒粒体浓度，提高植物抵抗病毒的能力而达到防治病毒的作用；宁南霉素还可同时抑制真菌菌丝生长，并能诱导植物体产生抗性蛋白，提高植物体的免疫力。该药剂可用于防治番茄、辣椒、烟草等多种作物的病毒病以及部分作物的真菌病害。

制剂：8%、2%宁南霉素水剂。

8%宁南霉素水剂

理化性质及规格：制剂由有效成分宁南霉素和水及其他成分组成，外观为褐色或深棕色液体，带酯香。无臭味，pH 3.0～5.0。

毒性：按照我国农药毒性分级标准，8%宁南霉素水剂属低毒。雌、雄大鼠急性经口LD_{50}>5 000mg/kg，急性经皮LD_{50}>2 000mg/kg，急性吸入LC_{50}>2 563mg/m^3；对眼睛轻度刺激性，对皮肤无刺激性，弱致敏性。

使用方法：

防治烟草病毒病　于烟苗移栽前苗床施药一次，移栽后再施两次，每次每667m^2用8%宁南霉素水剂42～63mL（有效成分3.36～5.04g）对水喷雾，间隔7～10d喷一次。安全间隔期10d，每季最多使用3次。

2%宁南霉素水剂

理化性质及规格：同8%宁南霉素水剂。

毒性：同8%宁南霉素水剂。

使用方法：

1. 防治水稻条纹叶枯病　发病前或发病初期开始施药，每次每667m^2用2%宁南霉素水剂200～300mL（有效成分4～6g）对水喷雾，于水稻移栽前秧苗期喷施一次，移栽后分蘖期喷施2次，每次间隔7～10d。安全间隔期10d，每季作物最多使用3次。

2. 防治大豆根腐病　于播前拌种施药，药种比为1∶60～1∶80，即100kg大豆种子拌2%宁南霉素水剂1 250～1 667mL，均匀拌药，使药剂充分附着在种子表面，待晾干后播种。

注意事项：该药剂不可与呈碱性的农药等物质混合使用。

申嗪霉素

中文通用名称：申嗪霉素

英文通用名称：Phenazino－1－carboxylic acid

其他名称：无

化学名称：吩嗪-1-羧酸

化学结构式：

理化性质：外观为黄绿色或金黄色针状结晶，溶点241～242℃，微溶于水，对热、潮湿稳定性较好。

毒性：按照我国农药毒性分级标准，申嗪霉素属于中等毒。雌、雄大鼠急性经口LD_{50}分别为271mg/kg和369mg/kg，急性经皮LD_{50}＞2 000mg/kg。对眼睛、皮肤无刺激，弱致敏物。

作用特点：申嗪霉素属于荧光假单胞M18类新型生物抗菌剂。主要是利用其氧化还原能力，在真菌细胞内积累活性氧，抑制线粒体中呼吸转递链的氧化磷酸化用，从而抑制菌丝的正常生长，引起菌丝体的断裂、肿涨、变形和裂解。

制剂：1％申嗪霉素悬浮剂。

1％申嗪霉素悬浮剂

理化性质及规格：外观为可流动、易测量体积的悬浮液体。pH 5.0～8.0，悬浮率≥85％，低温、热储稳定性合格。

毒性：按照我国农药毒性分级标准，1％申嗪霉素悬浮剂属低毒。雌、雄大鼠急性经口LD_{50}＞5 000mg/kg，急性经皮LD_{50}＞2 000mg/kg；对眼睛、皮肤无刺激，弱致敏物。

使用方法：

1. 防治水稻纹枯病　发病前或发病初期开始施药，每次每667m^2用1％申嗪霉素悬浮剂330～467mL（有效成分3～5g）对水喷雾，视病害发生情况，可连续施药2次，间隔7～10d喷一次。安全间隔期为14d，每季最多使用2次。

2. 防治辣椒疫病　发病前或发病初期开始施药，每次每667m^2用1％申嗪霉素悬浮剂330～800mL（有效成分3～8g）对水喷雾，视病害发生情况，可连续施药2～3次，间隔7～10d喷一次。安全间隔期为7d，每季最多使用3次。

3. 防治西瓜枯萎病　应于西瓜移栽时第一次施药，然后在病害发生初期再次施药，用1％申嗪霉素悬浮剂500～1 000倍液（有效成分浓度10～20mg/kg）灌根，每株灌药液250mL。视病害发生情况，可连续灌2～3次，间隔7～10d灌一次。安全间隔期为7d，每季最多使用3次。

注意事项：

1. 该药剂不能与碱性农药混用。

2. 该药剂为抗生素杀菌剂，建议与其他类型的杀菌剂轮换使用。

3. 禁止在开花植物、蚕室或桑园附近使用。

嘧啶核苷类抗菌素

中文通用名称： 嘧啶核苷类抗菌素

其他名称： 农抗120，抗霉菌素120，120农用抗菌素

化学名称： 嘧啶核苷

理化性质： 农用抗菌素产生菌TF-120经鉴定为一链霉菌新变种，定名为刺孢吸水链霉菌北京变种，其主要组分为120-B，类似下里霉素（Harimycin），次要组分120-A和120-C，分别类似潮霉素B（Hygromycin B）和星霉素（Asteromycin）。外观为白色粉末，熔点165～167℃（分解）。易溶于水，不溶于有机溶剂，在酸性和中性介质中稳定，在碱性介质中不稳定。

毒性： 按照我国农药毒性分级标准，抗霉菌素120属低毒。纯品120-A及B小鼠急性静脉注射LD_{50}分别为124.4mg/kg和112.7mg/kg。对小鼠腹腔注射LD_{50}为1 080mg/kg。兔经口亚急性毒性试验无作用剂量为500mg/（kg·d）。

作用特点： 嘧啶核苷类抗菌素是一种广谱性农用抗菌素，对许多植物病原菌有强烈的抑制作用，可用于防治瓜类白粉病、小麦白粉病、花卉白粉病和小麦锈病。

制剂： 2%、4%、6%嘧啶核苷类抗菌素水剂。

2%嘧啶核苷类抗菌素水剂

理化性质及规格： 嘧啶核苷类抗菌素水剂是由有效成分和水等组成。外观为褐色液体，无霉变结块，无臭味，沉淀物≤2%，pH 3～4。该药剂遇碱易分解，在两年储存期内比较稳定。

毒性： 按照我国农药毒性分级标准，2%嘧啶核苷类抗菌素水剂属低毒。

使用方法：

1. *防治烟草及瓜类白粉病*　发病初期开始施药，用2%嘧啶核苷类抗菌素水剂200倍液（有效成分浓度100mg/kg）对水喷雾，每隔10～15d喷一次，连续喷施2～3次。如病情严重，可7～8d喷一次。

2. *防治苹果、葡萄白粉病*　发病初期开始施药，用2%嘧啶核苷类抗菌素水剂200倍液（有效成分浓度100mg/kg）整株喷雾，10～15d后再喷药一次。

3. *防治大白菜黑斑病*　发病初期开始施药，用2%嘧啶核苷类抗菌素水剂200倍液（有效成分浓度100mg/kg）喷雾，15d后再喷药一次。

4. *防治小麦锈病*　小麦拔节后或田间初发病时施药，用2%嘧啶核苷类抗菌素水剂200mL（有效成分4g）对水喷雾，间隔15～20d后再喷药一次。

5. *防治月季等花卉白粉病*　发病初期开始施药，用2%嘧啶核苷类抗菌素水剂200倍液（有效成分浓度100mg/kg）喷雾，间隔15～20d喷一次，连续喷药2～3次。

6. *防治西瓜枯萎病*　发病初期开始施药，将植株周围根部土壤扒成一穴，用2%嘧啶核苷类抗菌素水剂200倍液（有效成分浓度100mg/kg）灌根，每株灌药液500mL，每隔5d灌一次，对重病株连续灌根3～4次。

7. 防治番茄早疫病　发病初期开始喷药，用2%嘧啶核苷类抗菌素水剂200倍液（有效成分浓度100mg/kg）喷雾，间隔15～20d喷一次，连续喷药3～4次。

注意事项：该药剂可与多种农药混用，但勿与碱性农药混用。

中 生 菌 素

中文通用名称：中生菌素

英文通用名称：zhongshenggmycin

其他名称：克菌康

化学名称：1-N 甙基链里定基-2-氨基L-赖氨酸-2脱氧古罗糖胺

化学结构式：

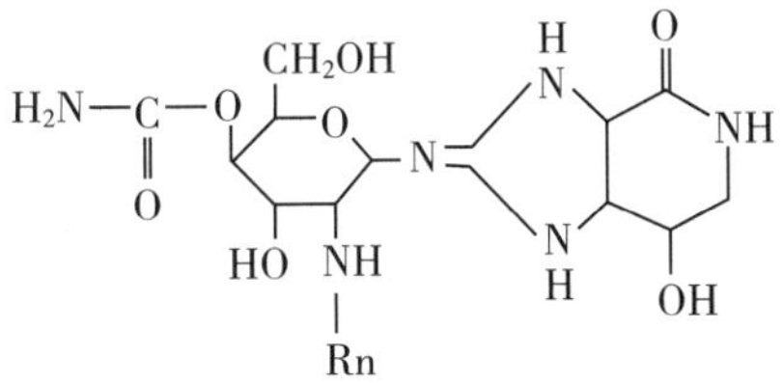

理化性质：纯品外观为褐色粉末，熔点173～190℃，易水解，难光解。母药含量12%，外观为浅黄色粉末，易水解，难光解。制剂为褐色液体，pH为4。

毒性：按照我国农药毒性分级标准，中生菌素属低毒。雌、雄大鼠急性经口 LD_{50}＞4 300mg/kg，急性经皮 LD_{50}＞2 000mg/kg，急性吸入 LC_{50}＞2 530mg/m^3。对皮肤无刺激性，对眼睛有轻度刺激性，弱致敏性。

作用特点：中生菌素是由淡紫灰链霉菌海南变种产生的抗生素，属N-糖苷类碱性水溶性物质。该药剂具有触杀、渗透作用。其作用机理据病菌类型不同而不同，对细菌是抑制菌体蛋白质的合成，导致菌体死亡；对真菌是使丝状菌丝变形，抑制孢子萌发并能直接杀死孢子。

制剂：3%中生菌素可湿性粉剂。

3%中生菌素可湿性粉剂

理化性质及规格：该制剂由有效成分、填料等其他成分组成，外观为深褐色粉状，水分≤4%，悬浮率≥80%，湿润性≤120s，pH 5.0～6.5。

毒性：按照我国农药毒性分级标准，3%中生菌素可湿性粉剂属低毒。雌、雄大鼠急性经口 LD_{50}＞5 000mg/kg，急性经皮 LD_{50}＞2 000mg/kg，急性吸入 LC_{50}＞2 000mg/m^3。对家兔眼睛轻度刺激性，对皮肤无刺激性，弱致敏性。

使用方法：

1. 防治黄瓜细菌性角斑病　发病前或发病初期开始施用，每次每667m^2用3%中生菌素可湿性粉剂80～110g（有效成分2.4～3.3g）对水喷雾，每隔7～10d喷一次，视病情发展情况，共喷2～3次。安全间隔期为3d，每季最多使用3次。

2. 防治苹果轮纹病　苹果树落花后7～10d开始施药，每次用3%中生菌素可湿性粉剂800～1 000倍液（有效成分浓度30～37.5mg/kg）整株喷雾，每隔7d喷一次连喷3次。安全间隔期 7d，每季最多使用 3 次。

注意事项：

1. 该药剂不可与碱性农药混用。

2. 无特殊解毒剂，如误入眼睛立即用清水冲洗 15min，如接触皮肤或误服，应立即送医院就医，对症治疗。

3. 该药剂应储存在阴凉、避光处。

淡紫拟青霉

中文通用名称：淡紫拟青霉（*Paecilomyces lilacinus*）

理化性质：淡紫拟青霉母药为 200 亿活孢子/g，外观为淡紫色疏松粉末。

毒性：按照我国农药毒性分级标准，淡紫拟青霉属低毒。雌、雄大鼠急性经口 LD_{50}＞5 000mg/kg，急性经皮 LD_{50}＞2 150mg/kg，急性吸入 LC_{50}＞2 200mg/kg。对眼睛有轻度刺激性，对皮肤无刺激性，弱致敏性，无致病性。

作用特点：淡紫拟青霉是一种微生物农药，属于内寄生性真菌，是很多植物寄生线虫的重要天敌。淡紫拟青霉孢子萌发后，所产生的菌丝可穿透线虫的卵壳、幼虫及雌性成虫体壁，菌丝在其体内吸取营养，进行繁殖，破坏卵、幼虫及雌性成虫的正常生理代谢，从而导致植物寄生线虫死亡。

制剂：淡紫拟青霉 2 亿活孢子/g 粉剂。

淡紫拟青霉 2 亿活孢子/g 粉剂

理化性质及规格：淡紫拟青霉 2 亿活孢子/g，外观为疏松粉末，pH 5.5～8.5，水分≤6%，细度 70%.

毒性：按照我国农药毒性分级标准，淡紫拟青霉 2 亿活孢子/g 粉剂属低毒。雌、雄大鼠急性经口 LD_{50}＞5 000mg/kg，急性经皮 LD_{50}＞2 000mg/kg，急性吸入 LC_{50}＞4 001mg/m^3。对眼睛有轻度刺激性，对皮肤无刺激性，弱致敏性。

使用方法：

防治番茄线虫病　番茄移栽前或移栽时进行穴施一次，每 667m^2 施用淡紫拟青霉 2 亿活孢子/g 1.5～2kg，施药后立刻覆土。

注意事项：

1. 不能与其他杀菌剂混用或同时使用。

2. 低温、干燥储存。

枯草芽孢杆菌

中文通用名称：枯草芽孢杆菌（*Bacillus subtilis*）

理化性质：枯草芽孢杆菌母药为 10 000 亿活芽孢/g，外观为乳白色或微黄色粉体，无霉变，无结块，pH 8.0～9.0，水分含量 2%。

毒性：按照我国农药毒性分级标准，枯草芽孢杆菌属低毒。雌、雄大鼠急性经口 LD_{50}＞5 000mg/kg，急性经皮 LD_{50}＞5 000mg/kg，急性吸入 LC_{50}＞2 831mg/m^3。对皮肤眼睛无刺激性，无致病性。

作用特点：枯草芽孢杆菌是一种微生物农药，喷洒在作物叶片上后，其活芽孢利用叶面上的营养和水分在叶片上繁殖，迅速占领整个叶片表面，同时分泌具有杀菌作用的活性物质，达到有效排斥、抑制和杀灭病菌的作用。枯草芽孢杆菌可以用于防治多种作物的多种真菌病害。

制剂：1 000亿活芽孢/g、10亿活芽孢/g枯草芽孢杆菌可湿性粉剂

10亿活芽孢/g枯草芽孢杆菌可湿性粉剂

理化性质及规格：制剂由有效成分、润湿剂及填料组成，外观为浅褐色或灰褐色粉末。pH 5.0～7.5，细度≥95%，悬浮率≥80%，润湿时间≤150s，水分（W/W）3%～7%。

毒性：按照我国农药毒性分级标准，10亿活芽孢/g枯草芽孢杆菌可湿性粉剂属低毒。雌、雄大鼠急性经口及急性经皮 LD_{50}>5 000mg/kg。对眼睛轻度刺激性，对皮肤无刺激性，弱致敏性。

使用方法：

1. 防治辣椒枯萎病　发病前或发病初期灌根施用，每次每667m² 用10亿活芽孢/g枯草芽孢杆菌可湿性粉剂200～300g，对水混合均匀后灌根。

2. 防治三七根腐病　发病初期施药，每次每667m² 用10亿活芽孢/g枯草芽孢杆菌可湿性粉剂150～200g，对水喷雾，视发病情况施药1～2次。

3. 防治水稻纹枯病　水稻分蘖末期至孕穗初期或发病初期施药，每次每667m² 用10亿活芽孢/g枯草芽孢杆菌可湿性粉剂75～100g，对水喷雾，施药1～2次。

4. 防治烟草黑胫病　发病前或发病初期施药，每次每667m² 用枯草芽孢杆菌10亿活芽孢/g可湿性粉剂25～100g，对水喷雾，每隔7 d喷一次，连续使用2～3次。

1 000亿活芽孢/g枯草芽孢杆菌可湿性粉剂

理化性质：参见10亿活芽孢/g枯草芽孢杆菌可湿性粉剂。

毒性：同10亿活芽孢/g枯草芽孢杆菌可湿性粉剂。

使用方法：

1. 防治草莓灰霉病　发病前或发病初期施药，每次每667m² 用1 000亿活芽孢/g枯草芽孢杆菌可湿性粉剂40～60g，对水喷雾，连续施药2～3次，每次间隔7d。

2. 防治黄瓜白粉病　发病前或发病初期施药，每次每667m² 用1 000亿活芽孢/g枯草芽孢杆菌可湿性粉剂56～84g，对水喷雾，连续施药1～2次，每次间隔7d。

3. 防治黄瓜灰霉病　发病前或发病初期施药，每次每667m² 用1 000亿活芽孢/g枯草芽孢杆菌可湿性粉剂35～55g，连续施药2～3次，每次间隔7d。

注意事项：

1. 该药剂在使用前要充分摇匀。请勿在强阳光下喷雾，晴天傍晚或阴天全天用药效果最佳。

2. 不能与含铜物质或链霉素等杀菌剂混用。

多黏类芽孢杆菌

中文通用名称：多黏类芽孢杆菌（*Paenibacillus polymyza*）

化学名称：多黏类芽孢杆菌

理化性质：原药含量为50亿菌落形成单位/g，外观为浅棕色疏松细粒，pH 5.5～9.0，细度≥95%，水分≤16%。

毒性：按照我国农药毒性分级标准，多黏类芽孢杆菌属低毒。雌、雄大鼠急性经口、经皮 LD_{50}>5 000mg/kg。对眼睛和皮肤轻度刺激性，对皮肤无致敏性。

作用特点：多黏类芽孢杆菌在根、茎、叶等植物组织体内具有很强的定殖能力，可通过位点竞争阻止病原菌侵染植物；同时在植物根际周围和植物体内的多黏类芽孢杆菌不断分泌出的广谱抗菌物质可抑制或杀灭病原菌；此外，多黏类芽孢杆菌还能诱导植物产生抗病性，同时还可产生促生长物质，且具有固氮作用，从而提高植株抗病能力，抑制病菌生长，达到防治病害的目的。

制剂：10亿菌落形成单位/g多黏类芽孢杆菌可湿性粉剂，0.1亿菌落形成单位/g多黏类芽孢杆菌细粒剂。

0.1亿菌落形成单位/g多黏类芽孢杆菌细粒剂

理化性质及规格：外观为浅棕色疏松细粒，pH 5.5～9.0，细度≥95%，水分≤16%。

毒性：按照我国农药毒性分级标准，0.1亿菌落形成单位/g多黏类芽孢杆菌细粒剂属低毒。雌、雄大鼠急性经口、经皮 LD_{50}>5 000mg/kg。对眼睛和皮肤轻度刺激性，对皮肤无致敏性。

使用方法：

防治番茄、辣椒、茄子和烟草青枯病 在番茄、辣椒、茄子和烟草播种前用0.1亿菌落成形单位/g多黏类芽孢杆菌细粒剂300倍药液浸种30min，晾干后播种；出苗后进行一次苗床泼浇，每平方米用0.1亿菌落形成单位/g多黏类芽孢杆菌细粒剂0.3g，对水混匀后泼浇；移栽后再进行一次灌根，每667m^2 用0.1亿菌落形成单位/g多黏类芽孢杆菌细粒剂1 050～1 400g稀释均匀后灌根。

10亿菌落形成单位/g多黏类芽孢杆菌可湿性粉剂

理化性质及规格：外观为黄白色至灰白色粉末，含水量不高于8%，pH范围为5.0～9.0。

毒性：按照我国农药毒性分级标准，10亿菌落形成单位/g多黏类芽孢杆菌属微毒。雌、雄大鼠急性经口 LD_{50}>5 000mg/kg，急性经皮 LD_{50}>5 000mg/kg，急性吸入>5 000mg/m^3。对眼睛、皮肤无刺激性，弱致敏性。

使用方法：

1. *防治番茄青枯病、西瓜枯萎病* 播种前用10亿菌落形成单位/g多黏类芽孢杆菌可湿性粉剂100倍液浸种30min，出苗后用10亿菌落形成单位/g多黏类芽孢杆菌3 000倍液进行苗床泼浇一次，移栽后再进行一次灌根施用，每667m^2 用药量为440～680g。

2. *防治黄瓜角斑病和西瓜炭疽病* 发病前或发病初期开始施用，每次每667m^2 用10亿菌落形成单位/g多黏类芽孢杆菌可湿性粉剂100～200g，对水喷雾，每隔7～10d喷一次，视病情发展情况，喷药2～3次。

注意事项：

1. 使用前须先用10倍左右清水浸泡2～6h，再稀释至指定倍数，同时在稀释时和使用前须充分搅拌，以使菌体从吸附介质上充分分离（脱附）并均匀分布于水中。施药应选在早晨或傍晚进行，若施药后24h内遇大雨天气，天晴后应补灌一次。

2. 土壤潮湿时施药。可适当提高药液的浓度，以确保药液能全部被植物根部土壤吸收

3. 本药剂不宜与杀细菌的化学农药直接混用或同时使用。

木　霉　菌

中文通用名称： 木霉菌（*Trichoderma*）

理化性质： 原粉为25亿活孢子/g，外观为绿色粉末。

毒性： 按照我国农药毒性分级标准，木霉菌属低毒。原粉对雌、雄大鼠急性经口 LD_{50} ＞4 640mg/kg，急性经皮 LD_{50}＞2 150mg/kg；对兔眼睛无刺激性，对豚鼠皮肤为弱致敏性，无急性致病性。

作用特点： 木霉菌主要通过快速生长和繁殖而夺取水分和养分、与病原菌竞争营养占有空间，通过寄生于病原菌菌丝后形成大量的分枝和有性结构从而抑制病原菌生长，通过产生细胞壁分解酶类抑制病原菌的生长、繁殖和侵染，木霉菌可诱导寄主植物产生防御反应，不仅能直接抑制病原菌的生长和繁殖，还能诱导作物产生自我防御系统获得抗病性。

制剂： 2亿活孢子/g木霉菌可湿性粉剂，1亿活孢子/g木霉菌水分散粒剂

2亿活孢子/g木霉菌可湿性粉剂

理化性质及规格： 外观为淡黄色或灰白色粉末，水分≤5%，细度（通过45μm标准筛）≥95%，活孢子悬浮率65%，pH 6.0～7.0.

毒性： 按照我国农药毒性分级标准，木霉菌2亿活孢子/g可湿性粉剂属低毒。雌、雄大鼠急性经口 LD_{50}＞4 640mg/kg，急性经皮 LD_{50}＞2 150mg/kg。对兔眼睛无刺激性，对豚鼠皮肤为弱致敏性，无急性致病性。

使用方法：

防治黄瓜灰霉病　发病前或发病初期施药，每次每667m² 用2亿活孢子/g木霉菌湿性粉剂125～250g，对水喷雾，视发病情况施药2～3次，每次间隔7d左右，施药时间要安排在下午或日落后进行。

1亿活孢子/g木霉菌水分散粒剂

理化性质及规格： 外观为淡黄色或灰白色粉末，水分≤5%，细度（通过75μm标准筛）≥95%，粒度范围（100～2 000μm）≥90%，活孢子悬浮率70%，分散性≥80%，pH 6.0～7.0。

毒性： 按照我国农药毒性分级标准，1亿活孢子/g水分散粒剂属低毒。雌、雄大鼠急性经口和急性经皮均 LD_{50}＞5 000mg/kg，对兔眼睛无刺激性，无致敏性。

使用方法：

防治小麦纹枯病　采用拌种方法施药，100kg小麦种子用1亿活孢子/g木霉菌水分散粒剂2 500～5 000g拌种，拌种前先将药剂溶于适量水中，然后均匀拌种，待小麦长至苗期

再顺垄灌根 2 次，每次间隔 7～10d，每次每 667m^2 用 1 亿活孢子/g 木霉菌水分散粒剂50～100g。

注意事项：

1. 该药剂不可与呈碱性的农药等物质混合使用。

2. 该药剂应储存在干燥、阴凉、通风、防雨处，切忌阳光直射。

厚孢轮枝菌

中文通用名称： 厚孢轮枝菌（*Verticillium chlamydosporium* ZK7）

其他名称： 线虫必克

理化性质： 原粉为淡黄色或淡紫色粉末。难溶于水，对光稳定，对水分、高温较敏感，活孢子在 50℃情况下将失去活性。

毒性： 按照我国农药毒性分级标准，厚孢轮枝菌属低毒。雌、雄大鼠急性经口 LD_{50}＞5 000mg/kg。对皮肤和眼睛无刺激性，弱致敏性，无致病性。

作用特点： 厚孢轮枝菌以活体微生物孢子为主要有效成分，经发酵而生成分生孢子和菌丝体。主要作用机理是通过孢子在作物根系周围土壤中萌发、产生菌丝，寄生于根结线虫的雌虫及卵上，使雌虫死亡，虫卵不能孵化、繁殖。

制剂： 2.5 亿活孢子/g 厚孢轮枝菌微粒剂。

2.5 亿活孢子/g 厚孢轮枝菌微粒剂

理化性质及规格： 外观为干燥、自由流动的无定型颗粒，无可见外来物和硬块。

毒性： 按照我国农药毒性分级标准，2.5 亿活孢子/g 厚孢轮枝菌微粒剂属低毒。

使用方法：

防治烟草根结线虫　烟草移栽时与适量农家肥或营养土混匀穴施，或在烟草生长旺盛期再穴施一次，每 667m^2 用 2.5 亿活孢子/g 厚孢轮枝菌微粒剂 1 500～2 000g，使用时须使药剂与根部接触，每季作物最多使用 2 次。

注意事项：

1. 不可与化学杀菌剂混用。

2. 该药剂需现拌现用，必须施于作物根部，不可对水浇灌或喷施。

寡雄腐霉菌

中文通用名称： 寡雄腐霉菌（*Pythium oligadrum*）

其他名称： 多利维生，polyversm

化学结构式：

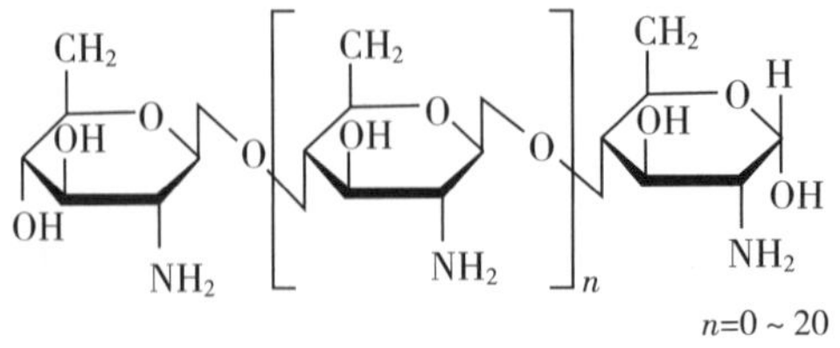

n=0～20

理化性质：寡雄腐霉菌原药孢子数为≥5×10^6（500 万孢子/g），外观为白色粉末，气味为真菌味。pH 5.5～6.5；水分≤6.5%。

毒性：按照我国农药毒性分级标准，寡雄腐霉菌属微毒。寡雄腐霉菌 500 万孢子/g 原药对大鼠急性经口、经皮 LD_{50}＞5 000mg/kg，急性吸入 LC_{50}＞5 000mg/m^3；有轻微致敏性，对鱼、蜜蜂低毒。

作用特点：寡雄腐霉菌属于微生物源杀菌剂，是卵菌纲霜霉目腐霉科腐霉属中的一种重寄生有益真菌，在自然界中广泛分布，以寄生为主，兼性腐生，杀菌谱广。防病作用主要表现在以下 4 点：①在农作物根围定殖，占领生态位，保护作物的根系免受病原菌侵染；②通过寄生作用杀死病原菌，寡雄腐霉菌对 20 多种植物病原真菌或其他卵菌具有寄生作用；③通过分泌抑菌物质（如纤维素酶，胞外溶解酶，蛋白酶、脂肪酶、β-1，3-葡聚糖酶等）抑制病原；④寡雄腐霉菌能增加植株中吲哚乙酸（IAA）的含量，促进植株的生长。

制剂：100 万孢子/g 寡雄腐霉菌可湿性粉剂。

100 万孢子/g 寡雄腐霉菌可湿性粉剂

理化性质及规格：100 万孢子/g 寡雄腐霉菌可湿性粉剂是由原药加入惰性载体填料加工而成的。外观为白色粉末。pH 6.5～7.4，细度（通过 45μm 标准筛）≥98%，悬浮率≥70%，润湿时间＜2min，水分≤6.5%。40℃温度下存放 8 周稳定，常温储存 2 年稳定。储存过程中注意防潮湿和阳光曝晒。

毒性：按照我国农药毒性分级标准，100 万孢子/g 寡雄腐霉菌菌可湿性粉剂属低毒。大鼠急性经口、经皮 LD_{50}＞5 000mg/kg。对兔眼睛有轻度刺激性，皮肤无刺激性。

使用方法：

防治番茄晚疫病 发病初期开始施药，每次每 667m^2 用 100 万孢子/g 寡雄腐霉菌可湿性粉剂 6.7～20g，对水喷雾，每隔 7d 施药一次，连续施用 3 次。

注意事项：

1. 使用前应先配制母液，取原药倒入容器中，加适量水充分搅拌后静置 15～30min。
2. 该药剂为活性真菌孢子，不能和化学杀菌剂类产品混合使用。
3. 喷施化学杀菌剂后，在药效期内禁止使用该药剂；使用过化学杀菌剂的容器要充分清洗干净后方可使用该药剂。
4. 喷施该药剂要选择在晴天无露水、无风条件下，上午 9 点前，下午 5 点后进行；喷施时应使液体淋湿整棵植株，包括叶片的正、反两面及茎、花、果实，并下渗到根。

氨基寡糖素

中文通用名称：氨基寡糖素

英文通用名称：oligosaccharins

化学名称：低聚-D 氨基葡萄糖

化学结构式：

理化性质： 原药外观为黄色或淡黄色粉末，密度 1.002g/cm^3（20℃），熔点 190～194℃/1mPa。

毒性： 按照我国农药毒性分级标准，氨基寡糖素属低毒。雌、雄大鼠急性经口 LD_{50}>5 000mg/kg，急性经皮 LD_{50}>5 000mg/kg。对皮肤、眼睛无刺激性，对豚鼠弱致敏性。

作用特点： 氨基寡糖素是指 D-氨基葡萄糖以 β-1，4 糖苷键连接的低聚糖，由几丁质降解为壳聚糖后再降解制得，或由微生物发酵提取的一种具有抗病作用的杀菌剂。氨基寡糖素可抑制真菌孢子萌发，诱发菌丝形态发生变异、使菌丝的孢内生化反应发生变化等；还能激发植物体内基因表达，产生具有抗病作用的几丁质酶、葡聚糖酶、植保素及 PR 蛋白等；同时具有细胞活化作用，有助于受害植株的恢复，促根壮苗，增强作物的抗逆性，促进植物生长发育。

制剂： 0.5%、2%、3%、5%氨基寡糖素水剂。

0.5%氨基寡糖素水剂

理化性质及规格： 制剂为浅黄色液体，pH 4～6，密度 1.003g/cm^3。

毒性： 按照我国农药毒性分级标准，0.5%氨基寡糖素水剂属低毒。雌、雄大鼠急性经口 LD_{50}>5 050mg/kg，急性经皮 LD_{50}>2 150mg/kg。眼睛轻度刺激性，皮肤无刺激性，对豚鼠弱致敏性。

使用方法：

1. *防治烟草花叶病毒病*　移栽前苗期或发病初期开始施药，每次每 667m^2 用 0.5%氨基寡糖素水剂 100～150mL（有效成分 0.5～0.75g）对水喷雾，移栽后再喷施 2～3 次，每次间隔 10d 左右。

2. *防治番茄晚疫病*　发病初期开始施药，每次每 667m^2 用 0.5%氨基寡糖素水剂 188～250mL（有效成分 0.94～1.25g）对水喷雾，每隔 7～10d 左右喷一次，连续使用 2～3 次。

3. *防治西瓜枯萎病*　发病前或发病初期开始施药，每次用 0.5%氨基寡糖素水剂 300～400 倍液（有效成分浓度 12.5～16.7mg/kg）喷雾，每隔 7～10d 左右喷一次，连续使用 2～3 次。

2%氨基寡糖素水剂

理化性质及规格： 制剂为浅黄色液体，pH 4.0～6.0.

毒性：按照我国农药毒性分级标准，2%氨基寡糖素水剂属低毒。雌、雄大鼠急性经口 LD_{50} >5 000mg/kg，眼睛皮肤无刺激性。

使用方法：

1. 防治白菜软腐病　发病初期开始施药，每次每 667m² 用 2%氨基寡糖素水剂 187.5～250mL（有效成分 3.75～5g）对水喷雾，每隔 5～7d 喷一次，连续使用 3～4 次。

2. 防治番茄病毒病　发病前或发病初期开始施药，每次每 667m² 用 2%氨基寡糖素水剂 60～265mL（有效成分 3.2～5.3g）对水喷雾，每隔 5～7d 喷一次，连续使用 3～4 次。

3. 防治番茄晚疫病　发病初期开始施药，每次每 667m² 用 2%氨基寡糖素水剂 50～60mL（有效成分 1～1.2g）对水喷雾，每隔 5～7d 喷一次，连续使用 3～4 次。

4. 防治烟草病毒病　移栽前苗期或发病初期开始施药，每次每 667m² 用 2%氨基寡糖素水剂 112～165mL（有效成分 2.25～3.3g）对水喷雾，每隔 5～7d 喷一次，连续使用 3～4 次。

注意事项：

1. 不得与碱性药剂混用。

2. 为防止和延缓抗药性，应与其他相关杀菌剂交替使用。

香 菇 多 糖

中文通用名称：香菇多糖

英文通用名称：fungous proteoglycan

其他名称：菇类蛋白多糖

化学名称：β-（1→3）（1→6）-D-葡萄糖

化学结构式：

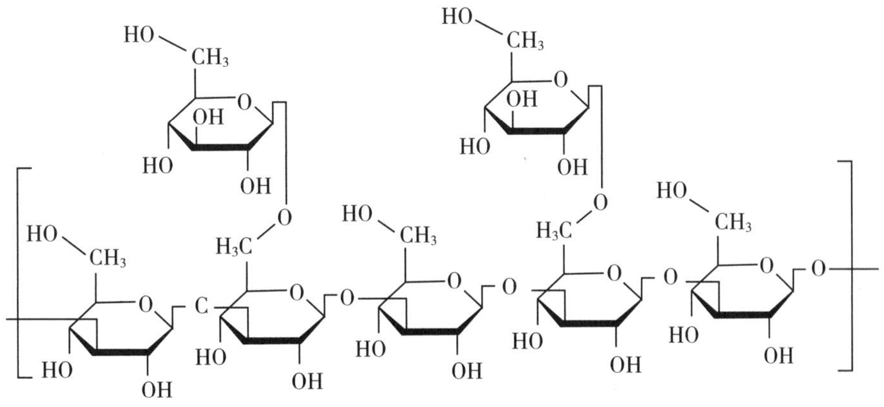

理化性质：香菇多糖属植物诱抗剂，抑制病毒的主要组分系食用菌菌体代谢所产生的蛋白多糖。纯品为类白色结晶粉末，无臭、无味。溶于水，不溶于甲醇、乙醇、丙酮、乙醚等。

毒性：按照我国农药毒性分级标准，香菇多糖属低毒。2%香菇多糖母药对雄、雌大鼠急性经口 LD_{50} >5 000mg/kg，急性经皮 LD_{50} >2 000mg/kg。对大耳白兔眼睛、皮肤无刺激性，豚鼠皮肤变态反应属弱致敏物。

作用特点：香菇多糖对植物病毒的作用机制尚在研究阶段，可能是其封闭病毒的侵染位点，使病毒失去和细胞微伤口感受点结合的能力，因而病毒的侵入被降低或阻止，还能抑制病毒在植物体内的复制。

制剂：0.5%、1%香菇多糖水剂。

0.5%香菇多糖水剂

理化性质及规格：外观为棕色均匀液体，无可见悬浮物和沉淀。pH 4.5～5.5，水中不溶物≤0.5%，冷、热储存和常温储存2年稳定。

毒性：按照我国农药毒性分级标准，0.5%香菇多糖水剂属低毒。雌、雄大鼠急性经口 LD_{50}>4 640mg/kg，急性经皮 LD_{50}>2 150mg/kg。弱致敏性物。

使用方法：

1. 防治番茄病毒病　番茄移栽后或病毒病发病初期施药，每次每667m² 用0.5%香菇多糖水剂150～250mL（有效成分0.75～1.25 g）对水喷雾，每隔7～10d用药一次，连续施用4次。

2. 防治水稻条纹叶枯病　水稻移栽后返青期或条纹叶枯病发病初期施药，每次每667m² 用0.5%香菇多糖水剂50～75mL（有效成分0.25～0.38 g）对水喷雾，每隔7～10d用药一次，连续施用2～3次。

3. 防治烟草病毒病　发病前或发病初期开始施药，每次每667m² 用0.5%香菇多糖水剂150～200mL（有效成分0.75～1.00g）对水喷雾，每隔7～10d用药一次，连续施用4次。

注意事项：

1. 避免与酸性物质、碱性物质混用。
2. 配药时必须用洁净清水，现配现用，配好的药剂不可储存。

二十三、其他类

盐酸吗啉胍

中文通用名称：盐酸吗啉胍

英文通用名称：moroxydine hydrochloride

其他名称：病毒灵、吗啉胍、吗啉咪胍、盐酸吗啉双胍

化学名称：N-N-（2-胍基-乙亚氨基）吗啉盐酸盐

化学结构式：

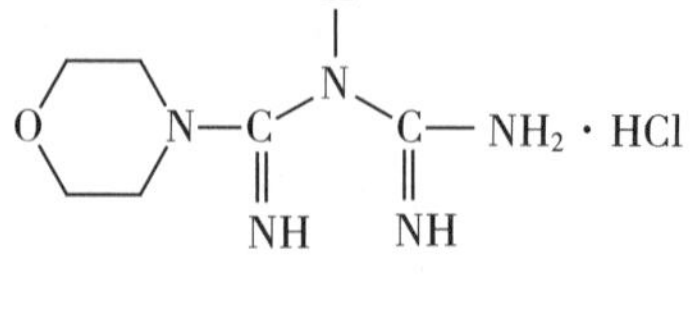

H
|
O(吗啉环)N—C(=NH)—N—C(=NH)—NH_2 · HCl

理化性质：外观为白色结晶状粉末，无臭。熔点206～212℃。在水中易溶，在乙醚中微溶，在氯仿中几乎不溶。

毒性：按照我国农药毒性分级标准，盐酸吗啉胍属低毒。原药对大鼠急性经口 LD_{50}＞5 000mg/kg，急性经皮 LD_{50}＞10 000mg/kg。对兔眼睛和皮肤均无刺激性。在试验条件下，对试验动物无致突变作用，无胚胎毒性，在动物体内代谢、排出较快，无蓄积作用。

作用特点：盐酸吗啉胍是一种病毒防治剂，具有保护和治疗作用。其作用机制是抑制病毒的DNA和RNA聚合酶，从而抑制病毒繁殖，对病毒增殖周期各个阶段均有抑制作用，对游离病毒颗粒无直接作用。稀释后的药液喷施到植物叶面后，药剂可通过水孔、气孔进入植物体内，抑制或破坏核酸和脂蛋白的形成，阻止病毒的复制过程，起到防治病毒的作用。盐酸吗啉胍可防治由病毒引起的黄叶、花叶、小叶、条叶、蕨叶、卷叶、皱叶、缩叶、嫩枝扭曲、植株矮缩、畸形果和硬实果等。

制剂：20%盐酸吗啉胍可湿性粉剂，5%、10%、23%、30%盐酸吗啉胍可溶粉剂，20%盐酸吗啉胍悬浮剂。

20%盐酸吗啉胍可湿性粉剂

理化性质及规格：外观为组成均匀的疏松粉末，易溶于水，在常温储存条件下稳定。

毒性：按照我国农药毒性分级标准，20%盐酸吗啉胍可湿性粉剂属低毒。雌、雄大鼠急性经口 LD_{50}＞5 000mg/kg，急性经皮 LD_{50}＞5 000mg/kg。属弱致敏物。

使用方法：

1. *防治番茄病毒病* 发病初期开始施药，每次每667m^2 用20%盐酸吗啉胍可湿性粉剂167～250g（有效成分33～50g）对水喷雾，间隔7～10d喷一次。视病害发生情况，可连续喷施1～2次。安全间隔期5d，每季最多使用3次。

2. *防治烟草病毒病* 发病初期开始施药，每次每667m^2 用20%盐酸吗啉胍可湿性粉剂200～250g（有效成分40～50g）对水喷雾，间隔7～10d喷一次，视病害发生情况，可连续喷施2～3次。安全间隔期30d，每季最多使用3次。

5%盐酸吗啉胍可溶粉剂

理化性质及规格：外观为白色细微疏松粉末，pH 5.0～7.0。

毒性：按照我国农药毒性分级标准，5%盐酸吗啉胍可溶粉剂属低毒。雌、雄大鼠急性经口 LD_{50}＞4 640mg/kg，急性经皮 LD_{50}＞2 150mg/kg。

使用方法：

1. *防治水稻条纹叶枯病* 发病初期开始施药，每次每667m^2 用5%盐酸吗啉胍可溶粉剂400～500g（有效成分20～25g）对水喷雾。安全间隔期为7d，每季最多使用3次。

2. *防治番茄病毒病* 发病前或发病初期开始施药，每次每667m^2 用5%盐酸吗啉胍可溶粉剂400～500g（有效成分20～25g）对水喷雾，间隔7～10d喷一次。视病害发生情况，可连续喷施2～3次。安全间隔期为5d，每季最多使用3次。

20%盐酸吗啉胍悬浮剂

理化性质及规格：外观为白色可流动粉末，不应有团块。

毒性：按照我国农药毒性分级标准，20%盐酸吗啉胍悬浮剂属低毒。雌、雄大鼠急性经口 LD_{50}分别为＞2 000mg/kg 和 5 000mg/kg，急性经皮 LD_{50}＞2 150mg/kg。有弱致敏性。

使用方法：

防治番茄病毒病　发病前或发病初期开始施药，每次每 667m^2 用 20%盐酸吗啉胍可溶粉剂 165～250mL（有效成分 33～50g）对水喷雾，间隔 7～10d，喷一次，视发病情况施药 2～3 次。安全间隔期为 5d，每季最多使用 3 次。

注意事项：

1. 该药剂不可与碱性农药混合使用。
2. 注意与其他作用机制不同的杀菌剂轮换使用，以延缓抗性产生。

辛菌胺醋酸盐

中文通用名称：辛菌胺醋酸盐

英文通用名称：待定

其他名称：菌毒清、环中菌毒清

化学名称：二（辛基胺乙基）甘氨酸盐酸盐

化学结构式：

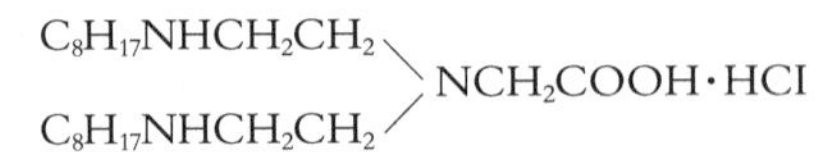

理化性质：纯品为淡黄色针状结晶。易溶于水，在水中不水解，稳定；在酸性和中性介质中较稳定；在碱性介质中易分解。

毒性：按照我国农药毒性分级标准，辛菌胺醋酸盐属低毒。大鼠急性经口 LD_{50} 为 851mg/kg，对鱼安全。

作用特点：辛菌胺醋酸盐是一种氨基酸类内吸性杀菌剂，有效成分为甘氨酸取代衍生物。其杀菌机理是凝固病菌蛋白质，破坏病菌细胞膜，抑制病菌呼吸，使病菌酶系统变性，从而杀死病菌。辛菌胺醋酸对病菌的菌丝生长及孢子萌发均有抑制作用，可用于防治苹果腐烂病及病毒病，该药具有渗透作用，对侵入树皮内的潜伏病菌也有一定的铲除作用。

制剂：1.8%辛菌胺醋酸盐水剂。

1.8%辛菌胺醋酸盐水剂

理化性质及规格：该药剂外观为稳定的均相液体，无可见悬浮物或沉淀，pH 5.0～8.0，常温储存条件下稳定。

毒性：按照我国农药毒性分级标准，1.8%辛菌胺醋酸盐水剂属低毒。

使用方法：

1. 防治苹果腐烂病　早春或果实采收后秋冬季节各施药一次，施药方法为涂抹树干病疤，用1.8%辛菌胺醋酸盐水剂18～36倍液（有效成分浓度500～1 000mg/kg）整株喷雾或直接涂抹。

2. 防治棉花枯萎病　病害发生前或发病初期开始施药，用1.8%辛菌胺醋酸盐水剂200～300倍液（有效成分浓度60～90mg/kg）均匀喷雾，间隔7～10d再喷一次。

3. 防治番茄病毒病　发病前或发病初期开始施药，每次每667m^2用1.8%辛菌胺醋酸盐水剂156～233mL（有效成分2.8～4.2g）对水喷雾，每隔7～10d喷一次，连续使用2～3次。

4. 防治水稻白叶枯病、细菌性条斑病　发病前或发病初期开始施药，每次每667m^2用1.8%辛菌胺醋酸盐水剂460～694mL（有效成分8.3～12.5g）对水喷雾，每隔7～10d喷一次，连续使用2～3次。

注意事项：

1. 不宜与其他药剂混用。
2. 对蚕有毒，养蚕区与施药区要保持一定距离。
3. 气温低，药液出现结晶沉淀时，应用温水将药液温至30℃左右，将其中结晶全部溶化后再进行稀释使用。

稻　瘟　灵

中文通用名称：稻瘟灵

英文通用名称：isoprothiolane

其他名称：富士一号，IPT

化学名称：1，3-二硫戊环-2-亚基丙二酸二异丙酯

化学结构式：

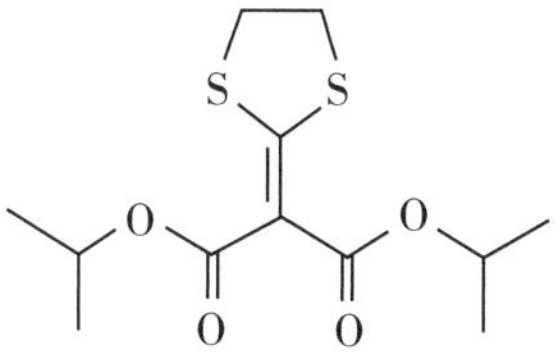

理化性质：纯品外观为无色晶体，略有臭味；熔点54～54.5℃；原粉为淡黄色结晶，具有有机硫臭味，密度为1.044g/cm^3，熔点50～51℃，沸点167～169℃（66.5Pa），蒸气压为18.8mPa（25℃）。水中溶解度48mg/L（20℃），有机溶剂中溶解度（25℃）分别为丙酮400mg/L、苯300mg/L、甲苯230mg/L、氯仿230mg/L、二甲基甲酰胺230mg/L、二甲基亚砜190mg/L、甲醇150mg/L、乙醇150mg/L、正己烷4mg/L。对光、温度、pH 3～10均稳定，在水中、紫外线下不稳定。

毒性：按照我国农药毒性分级标准，稻瘟灵属低毒。原粉对大鼠急性经口LD_{50}为1 340 mg/kg，急性经皮LD_{50}＞10 250mg/kg。对家兔眼睛和皮肤无刺激作用。在试验条件下，未见致突变作用，大鼠未见致畸、致癌作用。对鲤鱼和鲫鱼LC_{50}（48h）6.7 mg/L，虹鳟鱼6.8 mg/L，水蚤LC_{50}（48h）＞100mg/L。对日本鹌鹑和鸡的LD_{50}分别为4 180mg/kg和

3 860mg/kg，正常用量下对鸟类、家禽不会有危害。用0.5%和40%稻瘟灵乳油喷施时，24h内对蜜蜂无影响。

作用特点：稻瘟灵是一种内吸杀菌剂，对水稻稻瘟病有特效。水稻植株吸收药剂后积累于叶组织，特别集中于穗轴与枝梗，从而抑制病菌侵入，阻碍其脂质代谢，抑制病菌生长，起到预防与治疗作用。稻瘟灵持效期长，耐雨水冲涮，大面积使用还可以兼治稻飞虱，对人、畜安全，对作物无害。

制剂：30%、40%稻瘟灵乳油，40%稻瘟灵可湿性粉剂。

40%稻瘟灵乳油

理化性质及规格：40%稻瘟灵乳油外观为淡褐色透明液体，具有机硫臭味。密度（1.04±0.02）g/cm^3，闪点50℃，常温储存稳定3年以上。

毒性：按照我国农药毒性分级标准，40%稻瘟灵乳油属低毒。雄、雌大鼠急性经口LD_{50}分别为2 429mg/kg和2 698mg/kg，急性经皮LD_{50}>2 000mg/kg。

使用方法：

防治水稻稻瘟病　防治叶瘟，在叶瘟刚发生时或发生前施药；防治穗瘟，在水稻始穗期或齐穗期施药。每次每667m^2用40%稻瘟灵乳油67～125mL（有效成分26.7～50g）对水喷雾。安全间隔期为28d，每季最多使用2次。

40%稻瘟灵可湿性粉剂

理化性质及规格：外观为乳白色粉末，具有硫臭味。堆密度为0.2g/cm^3，悬浮率>60%，常温储存稳定3年。

毒性：按照我国农药毒性分级标准，40%稻瘟灵可湿性粉剂属低毒。

使用方法：防治水稻稻瘟病的使用方法见40%稻瘟灵乳油。

注意事项：

1. 稻瘟灵对人每日每千克体重允许摄入量（ADI）是0.016mg。
2. 不能与强碱性农药混用。
3. 该药剂对鱼中毒，在鱼塘附近使用要慎重。

氰　霜　唑

中文通用名称：氰霜唑

英文通用名称：cyazofamid

其他名称：科佳，赛座灭

化学名称：4-氯-2-氰基-5-对甲苯基咪唑-1-N，N-二甲基磺酰胺

化学结构式：

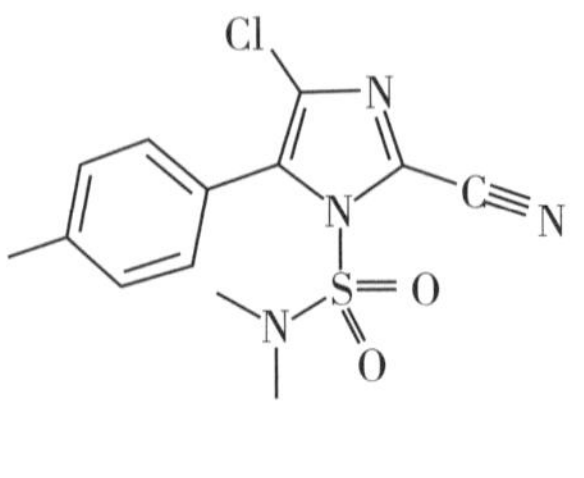

Cl N N C≡N S O O N

理化性质： 纯品外观为浅黄色无味粉状固体。熔点 152.7℃，密度 1.446g/cm^3（20℃），蒸气压（25℃）<1.33×10^{-5} Pa。溶解度（20℃）分别为正己烷 0.03g/L、甲醇 1.74g/L、乙腈 30.95g/L、二氯乙烷 102.12 g/L、甲苯 6g/L、乙酸乙酯 16.49g/L、丙酮 45.64g/L、辛醇 0.04g/L、水 0.17mg/L，log P_{ow}3.2。

毒性： 按照我国农药毒性分级标准，氰霜唑属低毒。原药对大鼠急性经口 LD_{50}>5 000 mg/kg，急性经皮 LD_{50}>5 000mg/kg，急性吸入 LC_{50}>5 500mg/m^3。对兔皮肤有轻微刺激，对眼睛有刺激作用，对豚鼠无致敏作用。无致癌、致畸、致突变作用。鱼毒（48h）分别为鲤鱼 LC_{50}>69.6mg/L，虹鳟鱼 LC_{50}>100mg/L，水蚤 EC_{50}（3h）>0.48mg/L。鹌鹑急性经口 LD_{50} > 2 000mg/kg，野鸭急性经口 LD_{50} > 2 000mg/kg，蜜蜂经口 LD_{50} >151.7μg/只，蚯蚓急性 NDEC>1 000mg/kg。

作用特点： 氰霜唑属磺胺咪唑类杀菌剂。该药剂是线粒体呼吸抑制剂，通过阻断病菌体内线粒体细胞色素 bc1 复合体的电子传递来干扰能量的供应，是细胞色素 bc1 中 Q_i 抑制剂，不同于甲氧基丙烯酸酯（是细胞色素 bc1 中 Q_o 抑制剂）。氰霜唑具有一定的内吸和治疗活性，对疫霉菌、霜霉菌、假霜霉菌、腐霉菌等卵菌以及根肿菌纲的芸薹根肿菌具有很高的生物活性。氰霜唑暂未发现与其他杀菌剂有交互抗性。对甲霜灵产生抗性的病菌有活性。

制剂： 100g/L 氰霜唑悬浮剂。

100g/L 氰霜唑悬浮剂

理化性质及规格： 外观为象牙色、无刺激性气味固体粉末。密度 1.446g/cm^3（20℃），熔点 152.7℃，pH 4.6。

毒性： 按照我国农药毒性分级标准，100g/L 氰霜唑悬浮剂属低毒。雌、雄大鼠急性经口 LD_{50}>5 000mg/kg，急性经皮 LD_{50}>2 000mg/kg，急性吸入 LC_{50}>5.5mg/L。对家兔皮肤、眼睛无刺激作用，对豚鼠皮肤属弱致敏作用。

使用方法：

1. 防治番茄晚疫病和黄瓜霜霉病　发病前或发病初期开始施药，每次每 667m^2 用 100g/L 氰霜唑悬浮剂 53～67mL（有效成分 5.3～6.7g）对水喷雾，间隔 7～10d 喷一次，连续喷施 3～4 次，安全间隔期为 1d，每季最多使用 4 次。

2. 防治荔枝和葡萄霜霉病　发病前或发病初期开始施药，每次用 100g/L 氰霜唑悬浮剂 2 000～2 500 倍液（有效成分浓度 40～50mg/kg）整株喷雾，间隔 7～10d 喷一次，连续喷施 3～4 次，安全间隔期为 7d，每季最多使用 4 次。

3. 防治马铃薯晚疫病　发病初期进行施药，每次每 667m^2 用 100g/L 氰霜唑悬浮剂 27～40mL（有效成分 2.7～4g）对水喷雾，间隔 7～10d 喷一次，连续施药 3～4 次，安全间隔期为 7d，每季最多使用 4 次。

4. 防治西瓜疫病　发病前或发病初期使用，每次每 667m^2 用 100g/L 氰霜唑悬浮剂 53～67mL（有效成分 5.3～6.7g）对水喷雾，间隔 7～10d 喷一次，连续施药 3～4 次，安全间隔期为 7d，每季最多使用 4 次。

注意事项：

1. 该药剂对卵菌以外的病害没有防效，如其他病害同时发生，要与其他药剂配合使用。由于作用机制独特，与其他杀菌剂无交互抗性。

2. 为了确保药效，使用时请将药液充分均匀喷雾到植株全部叶片的正反面。为防止抗性产生，请与其他不同作用机制的杀菌剂轮用。

二十四、杀线虫剂

棉　　隆

中文通用名称： 棉隆

英文通用名称： dazomet

其他名称： 必速灭，Basamid

化学名称： 3，5-二甲基-1，3，5-噻二嗪-2-硫酮

化学结构式：

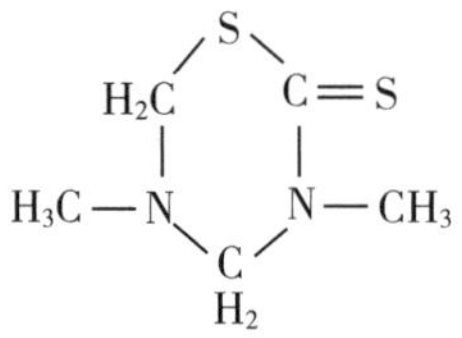

S

H_2C　　C＝S

H_3C—N　　N—CH_3

C

H_2

理化性质： 原粉为灰白色针状结晶，纯度为98%～100%，熔点104～105℃。溶解度（20℃）分别为水中0.3%、丙酮17.3%、氯仿39.1%、乙醇1.5%、二乙醚0.6%、环己烷40%、苯5.1%；溶解度（25℃）分别为二氯乙烷中26%、二氯乙烯21%。常规条件下储存稳定，但遇湿易分解。

毒性： 按照我国农药毒性分级标准，棉隆属低毒。原药对雌、雄大鼠急性经口 LD_{50} 分别为710 mg/kg和550mg/kg，对雌、雄兔急性经皮 LD_{50} 分别为2 600mg/kg和2 360mg/kg。对兔皮肤无刺激作用，对眼睛黏膜有轻微的刺激作用。在试验剂量内，对动物无致畸、致癌作用。两年喂养试验无作用剂量大鼠为10mg/（L·d），狗一年喂养试验无作用剂量为45mg/（L·d）；对鲤鱼 LC_{50}（48h）10mg/L，对蜜蜂无毒害。

作用特点： 棉隆是一种广谱的熏蒸性杀线虫剂，并兼治土壤真菌、地下害虫及杂草。该药剂易于在土壤及其他基质中扩散，杀线虫作用全面而持久，并能与肥料混用。该药剂使用范围广，能防治多种线虫，不会在植物体内残留。

制剂： 98%棉隆微粒剂。

98%棉隆微粒剂

理化性质及规格： 外观为白色或近于灰色，具有轻微的特殊气味，不易燃，常温条件下，在未开启的原包装中储存稳定性至少两年。

毒性： 按照我国农药毒性分级标准，98%棉隆微粒剂属低毒。大鼠急性经口 LD_{50} 为562mg/kg，急性经皮 LD_{50} 均＞2 000mg/kg。对眼睛、皮肤均为无刺激性，弱致敏性。

使用方法：

1. 防治草莓线虫病　于种植草莓前进行土壤处理，每平方米用98%棉隆微粒剂31～

41g（有效成分 30～40g）。

施药按以下步骤进行：①整地。施药前先松土，然后浇水湿润土壤，并且保湿 3～4d（湿度以手捏成团，掉地后能散开为标准）。②施药。施药方法根据不同需要，撒施、沟施、条施等。③混土。施药后马上混匀土壤，深度为 20cm，用药到位（沟、边、角）。④密闭消毒。混土后再次浇水，湿润土壤，浇水后立即覆以不透气塑料膜用新土封严实，避免药剂产生的气体泄漏。密闭消毒时间、松土通气时间与土壤温度相关。⑤发芽试验。在施药处理的土壤内，随机取土样，装半玻璃瓶，在瓶内撒需种植的草莓种子，用湿润棉花团保湿，然后立即密封瓶口，放在温暖的室内 48h；同时取未施药的土壤作对照，如果施药处理的土壤有抑制发芽的情况，需松土通气，当通过发芽安全测试，才可栽种作物。

2. 防治番茄（保护地）线虫病　种植番茄前进行土壤处理，每平方米用 98%棉隆微粒剂 31～46g（有效成分 30～45g），使用方法同草莓。

3. 防治花卉线虫病　种植花卉前进行土壤处理，每平方米用 98%棉隆微粒剂 31～46g（有效成分 30～45g），使用方法同草莓。

4. 防治烟草（苗床）根结线虫病　种植烟草前进行土壤处理，每平方米用 98%棉隆微粒剂 29～39g（有效成分 28.4～38.22g）。使用方法同草莓。

土温与间隔期的关系

10cm 深处土温（℃）	蒸气活动期（d）	透气期（d）	间隔期总长（d）
30	3	1～2	6～7
25	4	2	8
20	6	3	11
15	8	5	15
10	12	10	24
6	25	20	47

注：间隔期总长包括 2d 萌发试验。

注意事项：

1. 棉隆为土壤消毒剂，对植物有杀伤作用，绝不可施于作物表面或拌种。

2. 棉隆施入土壤后，受土壤温度、湿度及土壤结构影响甚大，为了保证获得良好的防效并避免产生药害，土壤温度应保持在 6℃以上，以 12～18℃最适宜，土壤的含水量应保持在 40%～70%。

3. 为避免处理后土壤第二次感染线虫病菌，基肥一定要在施药前加入，撤膜时不要将未消毒的土壤带入，并避免通过鞋、衣服或劳动工具将棚外未消毒的土块或杂物带入而引起再次感染。

4. 该药剂对鱼有毒性，且易污染地下水，南方地区应慎用。

溴 甲 烷

中文通用名称：溴甲烷

英文通用名称：methyl bromide

其他名称： 溴灭泰，甲基溴、溴代甲烷 Metabrom

化学名称： 溴甲烷

化学结构式： CH_3Br

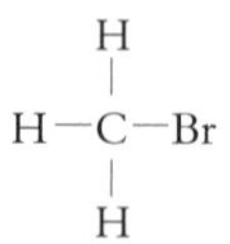

理化性质： 纯品在常温下为无色气体。工业品（有效成分含量 99%）经液化装入钢瓶中，为无色或带有淡黄色的液体，密度 1.732g/cm³，沸点 3.6℃，熔点 −93℃。易溶于乙醇、乙醚、氯仿等有机溶剂，25℃时在水中溶解度为 13.4g/L。常温储存 2 年以上稳定。

毒性： 按照我国农药毒性分级标准，溴甲烷属高毒。大鼠急性经口 LD_{50} 为 100mg/kg，急性吸入 LC_{50} 为 3 120mg/kg。在试验条件下，未见致癌作用。甲基溴对人体有害，直接暴露下能刺激人眼睛和皮肤，破坏神经系统，甚至导致死亡。由于其高毒，且本身无味，为安全起见，甲基溴中均加有 2%氯化苦作为警戒剂。

作用特点： 溴甲烷又称溴代甲烷或甲基溴，为一种卤代烃类熏蒸剂。它具有强烈的熏蒸作用，能高效、广谱地杀灭各种有害生物。溴甲烷对土壤具有很强的穿透能力，能穿透到未腐烂分解的有机体中，从而达到灭虫、防病、除草的目的。土壤熏蒸后，残留的气体能迅速挥发，短时间内可播种或定植。溴甲烷常用于植物保护，用作杀虫剂、杀菌剂、土壤熏蒸剂和谷物熏蒸剂，可有效杀灭土壤中的真菌、细菌、土传病毒、昆虫、螨类、线虫、杂草、啮齿动物等；还广泛应用于土壤消毒、仓库消毒、建筑物熏蒸、植物检疫、运输工具消毒等措施；也用作木材防腐剂、低沸点溶剂、有机合成原料和致冷剂等。

溴甲烷是一种消耗臭氧层的物质，根据《蒙特利尔议定书哥本哈根修正案》，发达国家于 2005 年淘汰，发展中国家将于 2015 年淘汰，我国农业部、工业和信息化部、环保部、国家工商行政管理总局和国家质量监督检验检疫总局第 1586 号公告规定，自 2013 年 10 月 31 日起，停止销售和使用。

制剂： 99%溴甲烷原药，98%溴甲烷气体制剂。

98%溴甲烷气体制剂

理化性质及规格： 外观在常温常压下为无色气体，冷冻条件下为透明或淡黄色液体。

毒性： 按照我国农药毒性分级标准，98%溴甲烷气体制剂属中等毒。雌、雄大鼠急性吸入 LC_{50} 均为每 8h 1 150mg/m³，对眼睛和皮肤有强烈的刺激性。

使用方法：

1. *防治生姜根结线虫* 在生姜种植前进行土壤处理，密闭熏蒸，处理步骤为：①土壤准备。土壤条件需相当于苗床条件，无作物秸秆，深翻土壤，田间无大土块，土壤含水量适中。②种植前土壤熏蒸 48h，然后通风 7～10d。每个作物周期使用一次；每平方米使用 98%溴甲烷气体 50～75g（有效成分 49～74g），沙性土用较小剂量，中性土壤或黏性土壤用较大剂量。③对沙性土壤或高温条件下，只需较短的通风时间，中性土壤、黏性土壤以及低温条件下所有土壤类型或直播田需要较长的通风时间。如果在通风期间预期有雨，则勿将塑料薄膜完全揭掉，只需将边上的塑料布揭开以便通风，同时防止雨水渗入土壤。

2. 防治烟草（苗床）土壤线虫 在种植烟草前进行土壤处理，密闭熏蒸，处理步骤同生姜根结线虫的防治，每平方米使用98%溴甲烷气体51～75g（有效成分50～74g）。

3. 防治仓储原粮、种子害虫及害鼠 密闭熏蒸，使用99%溴甲烷原药27～38g/m^3，熏蒸时间24h。

注意事项：

1. 该药剂用于土壤处理仅限于开放条件下使用。冬春期间，大棚塑料膜未揭开时，严禁在大棚内使用。

2. 钢瓶溴甲烷所使用的包装物为压力容器，开启钢瓶阀门时应逆时针缓慢旋开阀杆，使用完毕则顺时针旋转阀杆，用力关闭。使用后包装物钢瓶送厂方回收。

3. 钢瓶装溴甲烷的操作必须由专业人员实施。人员操作时应当于上风向进行，或佩戴防毒面罩（可过滤溴甲烷），穿长衣长裤。作业场所保持通风，必要时采取强制通风措施。钢瓶操作必须有严格的安全操作规程，使用人员须经过培训合格后使用。

4. 遇到火灾时，瓶装溴甲烷有内压增大开裂爆炸的危险；溴甲烷着火时，人员在做好个体防护的前提下，可用硅酸盐、泡沫等灭火剂进行灭火。

5. 溴甲烷能通过呼吸道和皮肤引起中毒，如误服有恶心并有呕吐，要注射单一成分的等渗盐。最好静脉注射复方氯化钠，如呕吐持续不止，而又不能进食，应静脉滴注葡萄糖。如以上方法仍不能止吐，则应在生理盐水或葡萄糖液中加硫酸阿托品。皮下注射柯拉明或安息香酸钠咖啡因以维持心脏功能。

氯 化 苦

中文通用名称：氯化苦

英文通用名称：chloropicrin

其他名称：氯化苦味酸，硝基氯仿，chloropicrine

化学名称：三氯硝基甲烷

化学结构式：Cl_3CNO_2

理化性质：纯品为无色液体，密度1.656g/cm^3，沸点112.4℃，熔点−64℃。蒸气压2.26kPa（20℃）。氯化苦能在空气中逐渐挥发，其气体比空气重4.67倍。无爆炸和燃烧性。难溶于水，可溶于丙酮、苯、乙醚、四氯化碳、乙醇和石油。化学性质稳定。吸附力很强，特别在潮湿物体上，可保持很久。工业品纯度为98%～99%，为浅黄色液体。

毒性：按照我国农药毒性分级标准，氯化苦属高毒，具催泪作用。在含2mg/L氯化苦的空气中暴露10min或含0.8mg/L氯化苦的空气中暴露30min能使人致死，但因强烈刺激黏膜，引起流泪，可及时发现而减少严重致死。雌大鼠急性经口LD_{50}为126mg/kg，雄小鼠急性经口LD_{50}为271mg/kg，室内空气中最高允许浓度1mg/m^3。

作用特点：氯化苦易挥发，扩散性强，挥发性随温度上升而增大。所产生的氯化苦气体比空气重五倍。其蒸气经昆虫气门进入虫体，水解成强酸性物质，引起细胞肿胀和腐烂，并可使细胞脱水和蛋白质沉淀，造成生理机能破坏而死亡。氯化苦对常见的储粮害虫如米象、米蛾，拟谷盗、谷蠹以及豆象等都有良好的杀伤力，但对螨卵和休眠期的螨效果较差，对储粮微生物也有一定的抑制作用。

用氯化苦灭鼠的作用机制主要是刺激呼吸道黏膜，损伤毛细血管和上皮细胞，使毛细血管渗透性增加、血浆渗出，形成肺水肿。最终由于肺脏换气不良造成缺氧，心脏负担加重，而死于呼吸衰竭。

氯化苦对皮肤和黏膜的刺激性很强，易诱致流泪、流鼻涕，在光的作用下可发生化学变化，毒性随之降低，在水中能迅速水解为强酸物质，对金属和动植物细胞均有腐蚀作用。

制剂： 99.5%氯化苦液剂。

99.5%氯化苦液剂

理化性质及规格： 外观为无色或淡黄色液体，有刺激性气味。

毒性： 氯化苦是一种剧烈的刺激性毒物，可强烈刺激呼吸器官和消化系统，对皮肤有腐蚀作用。当空气中含有 0.002 5～0.002 5mg/L 时，人不能睁开眼睛；达到 0.019 mg/L 时，流泪；达到 0.2 mg/L 时，呼吸 10min 致死。

使用方法：

1. 防治非成品粮多种害虫及病原菌　①堆粮用药熏蒸，用 99.5%氯化苦液剂 35～70 g/m^3；②空间体积用药，用 99.5%氯化苦液剂 20～30g/m^3。氯化苦除不可熏蒸成品粮、花生仁、芝麻、棉籽等。

2. 防治草莓枯萎病、黄萎病　每 667m^2 用 99.5%氯化苦液剂 16～24 kg，施药方法为土壤熏蒸，熏蒸前先除去前期作物残骸，将土地翻耕 20cm 深度，保持土壤湿润，用手动土壤消毒设备每隔 30cm 注射约 3mL 药剂，注射深度 15cm，然后用土壤将注入孔封堵，立即覆膜 7～25d，揭膜敞气 7～15d 后定植。

3. 防治茄子黄萎病　每 667m^2 用 99.5%氯化苦液剂 20～30kg，进行注射法土壤熏蒸，施药后覆土盖地膜。

4. 防治甜瓜枯萎病、黄萎病　每 667m^2 用 99.5%氯化苦液剂 18～26kg，施药方法同草莓枯、黄萎病的防治。

5. 防治烟草黑胫病　每 667m^2 用 99.5%氯化苦液剂 25～35kg，施药方法同草莓枯、黄萎病的防治。

6. 防治东方百合根腐病　每 667m^2 用 99.5%氯化苦液剂 25～35kg，作物定植前进行土壤消毒，熏蒸消毒后，确认土壤中没有该药剂气体时，再进行定植播种，必要时重新翻土排气。

7. 防治生姜姜瘟病　每平方米用 99.5%氯化苦液剂 37～52g，施药方法同东方百合根腐病的防治。

8. 防治棉花枯萎病、黄萎病　每平方米用 99.5%氯化苦液剂 125g，施药方法同东方百合根腐病的防治。

9. 防治花生根瘤线虫　每 667m^2 用 99.5%氯化苦液剂 33kg，施药方法为开沟施药。

10. 防治农田害鼠　每鼠穴用 99.5%氯化苦液剂 5～10g，将细沙与药剂混匀后投入鼠穴。

注意事项：

1. 该药剂的附着力较强，必须有足够的散气时间，才能使毒气散尽。

2. 加工粮不能用该药剂熏蒸。

3. 种子的胚部对氯化苦的吸收力最强，用氯化苦熏蒸后影响发芽率。种子含水量越高，发芽率降低也越多，所以谷类种子等不能用该药剂熏蒸，其他种子熏蒸后要作发芽试验。

4. 在作物定植前进行土壤消毒，每个作物周期最多一次。在作物生长期，严禁使用该药剂。

5. 如使用碱性肥料，必须该药剂气体全部排出后再施用。熏蒸消毒覆膜时间、效果与药害的关系取决于土壤种类、土壤温度、土壤湿度、作物种类等，

6. 熏蒸温度最好在20℃以上。

7. 氯化苦对铜有很强的腐蚀性，使用时对仓库内的电源开关、灯头等裸露器材设备，应涂以凡士林等防护。有怕腐蚀的物品要远离该药剂的存放及使用场所，使用后的注射器、动力机应立即用煤油等进行清洗。

8. 该药剂有极强的催泪性，在使用时必须佩戴防毒面具手套，注意风向，在上风头作业。

9. 吸入毒气浓度较大时，会引起呕吐、腹痛、腹泻、肺水肿；皮肤接触可造成灼伤。发现有中毒症状应采取急救措施，给中毒者吸氧，严禁人工呼吸。眼睛受刺激后用硼酸或硫酸钠溶液洗眼。

硫 线 磷

中文通用名称：硫线磷

英文通用名称：cadusafos

其他名称：克线丹，Rugby，sebufos

化学名称：O-乙基-S，S-二仲丁基二硫化磷酸酯

化学结构式：

$$C_2H_5OP(\overset{\overset{O}{\|}}{}S\overset{\overset{CH_3}{|}}{C}HCH_2CH_3)_2$$

理化性质：原药为淡黄色透明液体。沸点112～114℃（107Pa），密度1.054g/cm^3（20℃），蒸气压0.12Pa（25℃），闪点129.4℃。微溶于水（溶解度为248mg/L），可溶于甲苯、二甲苯、氯甲烷、甲醇等。对光、热稳定。

毒性：按照我国农药分级标准，硫线磷属高毒。原油大鼠急性经口LD_{50}为37.1mg/kg，急性吸入LC_{50}为32.9mg/m^3，雄、雌兔急性经皮LD_{50}分别为24.4mg/kg和41.8mg/kg。对眼睛有轻微刺激作用，对皮肤无刺激作用。在试验剂量下无致癌、致畸、致突变作用。对鸟类和鱼类有毒。

作用特点：硫线磷是一种无熏蒸作用的触杀性杀线虫和杀虫剂，水溶性和在土壤中的移动性较低，降解速度缓慢，在酸性水溶液中稳定，在碱性水溶液中很快降解。在沙壤土和黏壤土中半衰期为40～60d。硫线磷是一种胆碱酯酶抑制剂，被植物吸收后很快被水解而消失，因此，在作物内残留量极少。

制剂：10%硫线磷颗粒剂。

10%硫线磷颗粒剂

理化性质及规格：外观为颗粒状物。

毒性：按照我国农药分级标准，10%硫线磷颗粒剂属中等毒。雌、雄大鼠急性经口

LD_{50}分别为 679mg/kg 和 391mg/kg，雌、雄兔急性经皮 LD_{50} 分别为 155mg/kg 和 143mg/kg。

使用方法：

防治甘蔗田线虫 每 667m^2 用 10%颗粒剂 2 000～4 000g（有效成分 200～400g），种植时在蔗畦两侧开沟施药。安全间隔期 120d，每季最多使用 1 次。

注意事项：

1. 硫线磷对人体每日每千克体重允许摄入量（ADI）是 0.05μg。42d 后残留量<0.005mg/kg，土壤半衰期为 45d。

2. 如误服应立即就医诊治，可静脉注射 2～4mg 硫酸阿托品，如身上发紫肌肉注射阿托品，同时用解毒剂 2-PAM。

3. 农业部第 1586 号公告规定，自 2013 年 10 月 31 日起，硫线磷停止销售和使用。

灭线磷

中文通用名称： 灭线磷

英文通用名称： ethoprophos

其他名称： 丙线磷，益收宝，灭克磷，益舒宝，虫线磷，Mocap，ethoprop，prophos

化学名称： O-乙基-S，S-二丙基二硫代磷酸酯

化学结构式：

$$C_2H_5-O-\overset{\overset{\displaystyle O}{\|}}{P}\begin{matrix}\diagup S-C_3H_7\\ \diagdown S-C_3H_7\end{matrix}$$

理化性质： 原药为淡黄色透明液体，有效成分含量在 94%以上。密度 1.094g/cm^3（20℃），沸点 86～91℃，闪点 140℃，蒸气压 46.5mPa（26℃）。25℃时在水中溶解度为 750mg/L，溶于大多数有机溶剂。在 50℃条件下储存 12 周无分解，150℃条件下储存 8h 无分解。在酸性溶液中，分解温度可达 100℃；但在 25℃的碱性介质中，则迅速分解，对光稳定。

毒性： 按照我国农药毒性分级标准，灭线磷属高毒。原药大鼠急性经口 LD_{50} 为 62 mg/kg，急性经皮 LD_{50} 为 226mg/kg，急性吸入 LC_{50} 为 249mg/m^3。试验剂量内对动物无致畸、致突变、致癌作用，三代繁殖试验和神经毒性试验中未见异常。两年喂养试验无作用剂量大鼠为 49mg/L，小鼠为 15mg/L。灭线磷对鱼类毒性高，蓝鳃翻车鱼 96h LC_{50} 0.2mg/L，虹鳟鱼 LC_{50} 2.1mg/L，金鱼 LC_{50} 13.6mg/L。蜜蜂 LD_{50} 为 2.6μg/只，鹌鹑 LD_{50} 7.5mg/kg，鸽子 LD_{50} 为 13.3mg/kg。

作用特点： 灭线磷为有机磷酸酯类杀线虫剂和杀虫剂，无熏蒸和内吸作用，具有触杀作用。可防治多种线虫，对大部分地下害虫也具有良好的防效。

灭线磷的半衰期在不同土质、不同有机质含量的土壤中，及不同温度和湿度条件下有很大变化，一般为 14～28d 左右。

制剂： 5%、10%灭线磷颗粒剂，40%灭线磷乳油。

注意事项： 农业部第 199 号公告规定（自 2002 年 6 月 5 日），灭线磷不得向于蔬菜、果树、茶树、中草药材上。

10%灭线磷颗粒剂

理化性质及规格：外观为灰色至灰褐色均匀的无定型颗粒，pH 5.0～7.0。

毒性：按照我国农药毒性分级标准，10%灭线磷颗粒剂属中等毒。雄、雌大鼠急性经口 LD_{50} 为 233mg/kg 和 417mg/kg，急性经皮分别为 4 300mg/kg 和 3 160mg/kg。

使用方法：

1. 防治甘薯茎线虫　施药方法为播种前穴施，施药后应先覆盖一层薄土，避免种薯直接接触药品。每 667m² 用 10%灭线磷颗粒剂 1 000～1 500g（有效成分 100～150 g），安全间隔期为 30d，每季最多使用一次。

2. 防治花生根结线虫病　施药方法为播种前沟施，施药后应先覆盖一层薄土，避免种子直接接触药品。每 667m² 用 10%灭线磷颗粒剂 3 000～3 500g（有效成分 300～350 g），安全间隔期为 120d，每季最多使用 1 次。

3. 防治水稻稻瘿蚊　水稻稻瘿蚊成虫盛发期进行施药，处于返青分蘖的迟中稻和晚稻本田或晚稻秧田，在卵孵化高峰期（即成虫盛期后 4～5d）至一、二龄幼虫盛发期用药，将药剂与足量的细沙土拌匀后撒施，施药后保水 7～10d，每 667m² 用 10%灭线磷颗粒剂 1 000～1 200g（有效成分 100～120 g），每季最多使用一次。

40%灭线磷乳油

理化性质及规格：外观为淡黄色透明液体，无可见悬浮物或沉淀。

毒性：按照我国农药毒性分级标准，40%灭线磷乳油属中等毒。雌、雄大鼠急性经口 LD_{50} 为 147mg/kg，急性经皮 LD_{50} 为 926mg/kg，弱致敏性。

使用方法：

防治花生根结线虫　花生播种前施药，施药时先平整好地面，开好播种沟，把药施在种子沟内，然后覆土再播种。施药时注意药剂不要与种子直接接触，以免发生药害。每 667m² 使用 40%灭线磷乳油 650～800mL（有效成分 260～320g）。安全间隔期为 120d，每季最多使用 1 次。

注意事项：

1. 该药剂易经皮肤进入人体，在配制和施用该药剂时，应穿防护服，戴手套、口罩，严禁吸烟和饮食，药后立即洗手洗脸。

2. 有些作物对灭线磷敏感，播种时药剂不能与种子直接接触，否则易发生药害。在穴内或沟内施后要覆盖一薄层有机肥料或土，然后再播种覆土。

3. 注意与不同作用机制杀虫剂轮换使用。

4. 该药剂对蜜蜂、家蚕高毒，花期蜜源作物周围禁用，施药期间应密切注意对附近蜂群的影响，蚕室及桑园附近禁用。

苯　线　磷

中文通用名称：苯线磷

英文通用名称：fenamiphos

其他名称：力满库，克线磷，Nemacur，Bay68138，phenamiphos

化学名称：O-乙基-O-（3-甲基-4-甲硫基）苯基-N-异丙基磷酰酸

化学结构式：

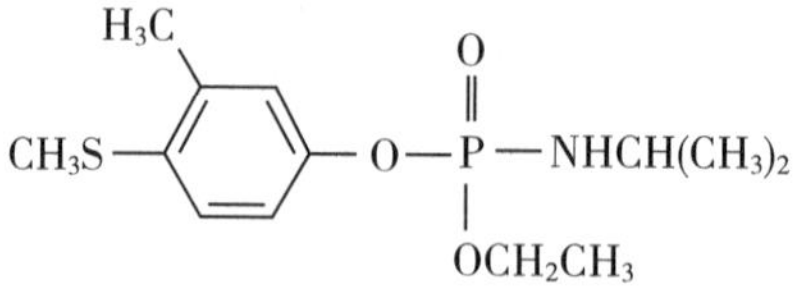

理化性质：纯品为无色结晶，熔点 49.2℃，蒸气压 012mPa（20℃），在中性介质中储存 50d 无分解，在酸性或碱性介质中有缓慢分解现象。原药为无色结晶，熔点 46℃，溶解度（20℃）分别为水中 0.4g/L、正己烷 40g/L、异丙醇＞1 200g/L、石油 200～400g/L（80～100℃）、氯甲烷和甲苯中＞1 200g/L。在 pH 2 时，14d 后降解 40%；在 pH 7 时，50d 后无降解现象；1∶1 异丙醇溶液中 pH 11.3、40℃时半衰期为 31.5h。

毒性：按照我国农药毒性分级标准，苯线磷属高毒。原药对雌、雄大鼠急性经口 LD_{50} 10～20mg/kg，雄豚鼠急性经口 LD_{50} 75～100mg/kg，雄大鼠急性经皮 LD_{50} 为 500mg/kg，雄大鼠急性吸入 LC_{50} 110～175mg/m^3（1h）、150mg/m^3（4h）。对兔眼睛和皮肤无刺激作用。在试验剂量内对动物无致突变、致畸、致癌作用。金鱼 LC_{50}（96h）为 3.2mg/L，鲶鱼 LC_{50}（96h）为 3.8mg/L，虹鳟鱼 LC_{50}（96h）为 0.11mg/L。

作用特点：苯线磷是具有触杀及内吸活性的杀线虫剂。药剂从根部进入植物体内，向顶部和基部传导，同时也能良好分布于泥土中。苯线磷水溶性好，可借助雨水或灌溉水进入作物的根层，对线虫的防治提供了双重的保护作用。该药剂可有效防治多种线虫。

苯线磷进入自然环境中，易受阳光、水分、动植物以及土壤微生物等的影响，进行分解和转移。苯线磷在田间施用后的半衰期为 30d。

制剂：10%苯线磷颗粒剂。

10%苯线磷颗粒剂

理化性质及规格：10%苯线磷颗粒剂外观为灰色、蓝色颗粒，常规条件下储存稳定性 2 年以上。

毒性：按照我国农药毒性分级标准，10%苯线磷颗粒剂属中等毒。雌、雄大鼠急性经口 LD_{50} 为 26～77mg/kg，雄大鼠急性经皮 LD_{50}＞5 000mg/kg。按推荐的方式使用，对蜜蜂和家蚕无害。对鸟类有毒，野鸭 LD_{50} 0.7～1.7mg/kg，鹌鹑 LD_{50} 0.7～0.9mg/kg，母鸡 LD_{50} 约为 5mg/kg。

使用方法：

1. 防治花生根结线虫　播种前沟施，施药后应先覆盖一层薄土，避免种子直接接触药品，每 667m^2 用 10%苯线磷颗粒剂 2 000～4 000g（有效成分 200～400g）。

2. 防治水稻稻瘿蚊　水稻稻瘿蚊成虫盛发期进行施药，于处于返青分蘖的迟中稻和晚稻本田或晚稻秧田内，在卵孵化高峰期（即成虫盛期后 4～5d）至一、二龄幼虫盛发期用药，将药剂与足量的细沙土拌匀后撒施，施药后保水 7～10d，每 667m^2 用 10%苯线磷颗粒剂 2 000～4 000g（有效成分 200～400g）。每季最多使用一次。

注意事项：

1. 苯线磷对人体每日每千克体重允许摄入量（ADI）是0.003mg。花生（仁）的最高残留量（MRL）为（FAO）0.05mg/L，美国0.02mg/L。

2. 10%苯线磷颗粒剂为高毒农药，如不慎易引起中毒，发现头晕、头痛、恶心、呕吐、腹部绞痛、腹泻、瞳孔收缩、呼吸困难及出汗时，应立即就医诊治。在医生未到达前，患者可先吞服两片（每片含0.5mg）硫酸阿托品，医生诊治可采用静脉注射2mg硫酸阿托品，病情严重者可增至4mg。

3. 施药4～6周内，勿让家禽和家畜进入施药区域。

4. 农业部第1586号公告规定自2013年10月31日起，苯线磷停止销售和使用。

威 百 亩

中文通用名称：威百亩

英文通用名称：metham-sodium

化学名称：N-甲基二硫代氨基甲酸钠

化学结构式：

$$CH_3—NH—\overset{\overset{\displaystyle S}{\|}}{C}—S—Na$$

理化性质：外观为白色具刺激气味的结晶样粉末状物。沸点218℃，蒸气压（20℃）0.038 5Pa，密度1.169g/cm^3。溶解度（20℃）分别为水772g/L、乙醇＜5g/L，不溶于大多数有机溶剂。在碱性中稳定，遇酸则分解。

毒性：按照我国农药毒性分级标准，威百亩属低毒。原药雄性大鼠急性经口LD_{50}为820mg/kg，家兔急性经皮LD_{50}为800mg/kg。对眼睛及黏膜有刺激作用，对鱼有毒，对蜜蜂无毒。

作用特点：威百亩属二硫代氨基甲酸酯类，具有内吸作用，抑制细胞分裂和DNA、RNA、蛋白质的合成并造成呼吸受阻，从而杀灭杂草，常用于烟苗床杂草防除。

制剂：35%、42%威百亩水剂。

35%威百亩水剂

理化性质及规格：制剂外观为浅黄色稳定均相液体，无可见的悬浮物，pH 8.0～9.0。

毒性：按毒性分级标准，32%威百亩水剂属低毒。雄、雌大鼠急性经口LD_{50} 3 160mg/kg，急性经皮LD_{50}＞2 150mg/kg，急性吸入LC_{50}＞2 150mg/m^3。对兔眼睛和皮肤无刺激性，豚鼠皮肤为弱致敏性。

使用方法：

1. 防治黄瓜、番茄根结线虫　于播种前至少20d，在地面开沟施药，沟深20cm，沟距20cm。每667m^{2}用35%威百亩水剂4 000～6 000mL（有效成分1 400～2 100g）对水喷施于沟内，盖土压实后（不要太实），覆盖地膜进行熏蒸处理（土壤干燥可多加水稀释药液），15d后去掉地膜，翻耕透气，再播种或移栽。

2. 防治烟草（苗床）猝倒病　烟草播前苗床使用，每平方米苗床用35%威百亩水剂50～75mL（有效成分17.5～26.3g），对水土壤浇洒一次。药后立即用聚乙烯地膜覆盖，

10d 后除去地膜，将土壤表层耙松，使残留气体充分挥发 5～7d，待剩余药气散尽后整平，即可播种或种植。

3. 防治烟草（苗床）杂草　烟草播前苗床使用，每平方米使用 35%威百亩水剂 50～75mL（有效成分 17.5～26.3g），对水土壤喷雾或浇洒一次。药后立即用聚乙烯地膜覆盖，10d 后除去地膜，将土壤表层耙松，使残留气体充分挥发 5～7d，待剩余药气散尽后整平，即可播种或种植。

注意事项：

1. 使用该药剂时地温 15℃以上效果较好，地温低时熏蒸时间需加长。
2. 地面平整，施药均匀，保持潮湿有助于药效发挥。
3. 该药剂不可与酸性铜制剂，碱性金属、重金属类农药等物质混合使用。

第八章　除 草 剂

一、芳氧苯氧丙酸类

精噁唑禾草灵

中文通用名称：精噁唑禾草灵

英文通用名称：fenoxaprop－P－ethyl

其他名称：威霸，骠马（含安全剂）

化学名称：（R）－2－［4－（6－氯－1，3－苯并噁唑氧基）苯氧基］丙酸乙酯

化学结构式：

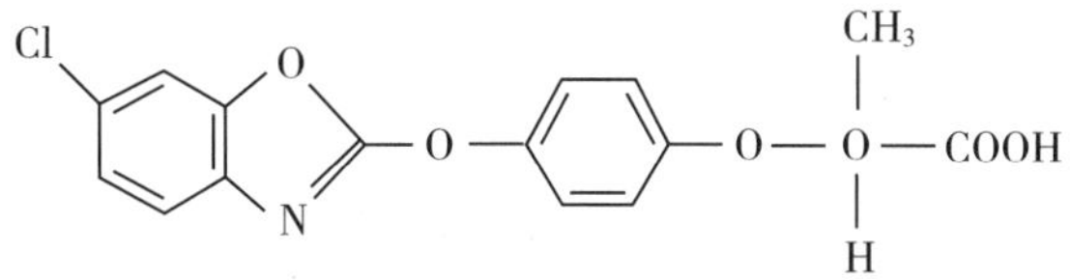

理化性质：原药中有效成分含量88%，外观为米色至棕色无定形的固体，略带芳香气味。20℃时密度1.3g/cm^3，熔点80～84℃。在水中的溶解度0.7mg/L，丙酮中＞500 g/L，环己烷、乙醇、正辛醇中＞10 g/L，乙酸乙酯＞200 g/L，甲苯＞300 g/L。

毒性：按照我国农药毒性分级标准，精噁唑禾草灵属低毒。原药雄、雌大鼠急性经口LD_{50}分别为3 040mg/kg和2 090mg/kg，小鼠急性经口LD_{50}＞5 000mg/kg，大鼠急性经皮LD_{50}＞2 000mg/kg，大鼠急性吸入LC_{50}＞0.604g/m^3（4h）。原药对兔眼睛及皮肤无刺激作用。该药剂在动物体内吸收、排泄迅速，代谢物基本无毒。推荐的每日每千克体重允许摄入0.01mg。对鱼类有毒害，虹鳟鱼LC_{50} 1.3 mg/L（96h）；翻车鱼LC_{50} 4.2mg/L（96h），无作用剂量为0.32～1.8mg/L。对鸟类低毒，鹌鹑LD_{50}＞2 000 mg/kg。对水生生物中等毒性，水蚤LC_{50} 7.8 mg/L（48h），无作用剂量（NOEC）为0.32mg/L。

作用特点：精噁唑禾草灵为选择性、内吸传导型芽后茎叶处理剂。被叶、茎吸收后传导到叶基、节间分生组织和根的生长点，迅速转变成苯氧基游离酸，抑制脂肪酸生物合成，损坏杂草生长点和分生组织。施药后2～3d内杂草停止生长，5～7d心叶失绿变紫，分生组织变褐，随后分蘖基部坏死，叶片变紫逐渐死亡。在耐药性作物中精噁唑禾草灵则会分解成无活性的代谢物而解毒。未加安全剂的产品适用于大豆、花生、油菜、棉花等阔叶作物田防除稗草、马唐、狗尾草等禾本科杂草；有效成分中加入安全剂的产品，可用于小麦田防除看麦娘、日本看麦娘、野燕麦等禾本科杂草。

制剂：10.8%、7.5%、6.9%、6.5%、69g/L精噁唑禾草灵水乳剂，10%、80.5g/L、100g/L精噁唑禾草灵乳油。

69g/L 精噁唑禾草灵水乳剂

理化性质及规格：外观为稳定状液体。密度为 1.015g/cm^3，黏度为 35mPa・s（20℃），非腐蚀性物质，在一定条件下可燃，闪点 30℃，pH 5.0～9.0，常温储存稳定性 2 年。

毒性：按照我国农药毒性分级标准，69g/L 精噁唑禾草灵水乳剂属低毒。蜜蜂经口 LD_{50}（48h）956.6mg/L，急性接触 LD_{50}（48h）82.51μg/只，鸟的毒性 LD_{50}（7d）480.3mg/kg，鱼 LC_{50}（96h）0.428mg/L，家蚕 LC_{50}（96h）>1 000mg/L。

使用方法：

1. 防除油菜田禾本科杂草　在油菜 3～5 叶期，一年生禾本科杂草 3～5 叶期，冬油菜田每 667m^2 用 69g/L 精噁唑禾草灵水乳剂 40～50mL（有效成分 2.76～3.45g）；春油菜田每 667m^2 用 50～60mL（有效成分 3.45～4.14g），对水茎叶喷雾分施药 1 次。

2. 防除大豆田禾本科杂草　在大豆 2～3 片复叶，一年生禾本科杂草 2 叶期至分蘖前，夏大豆田每 667m^2 用 69g/L 精噁唑禾草灵水乳剂 50～60mL（有效成分 3.45～4.14g）；春大豆田每 667m^2 用 60～80mL（有效成分 4.14～5.52g），对水茎叶喷雾施药 1 次。

3. 防除花生田禾本科杂草　在花生 2～3 叶期，一年生禾本科杂草 3～5 叶期，每 667m^2 用 69g/L 精噁唑禾草灵水乳剂 45～60mL（有效成分 3.10～4.14 g），对水茎叶喷雾施药 1 次。

4. 防除棉花田禾本科杂草　在直播棉田或移栽棉田，一年生禾本科杂草 2 叶期至分蘖期，每 667m^2 用 69g/L 精噁唑禾草灵水乳剂 50～60mL（有效成分 3.45～4.14 g），对水茎叶喷雾施药 1 次。

5. 防除小麦田禾本科杂草　在冬小麦田看麦娘等一年生禾本科杂草 2 叶至分蘖期，每 667m^2 用 69g/L 精噁唑禾草灵水乳剂 40～50mL（有效成分 2.76～3.45g），对水茎叶喷雾施药 1 次。早播麦田冬前施药比冬后返青期施药的除草效果理想，对小麦的安全性好；晚播麦田在第二年麦苗返青至拔节前施药。在春小麦 3 叶期至分蘖期，每 667m^2 用 69g/L 精噁唑禾草灵水乳剂 50～60mL（有效成分 3.45～4.14 g），对水茎叶喷雾施药 1 次，防除野燕麦为主的禾本科杂草。

注意事项：

1. 不含安全剂的制剂不能用于小麦田。冬后施药可能造成个别小麦品种叶片暂时性失绿现象。

2. 有效成分在土壤中的半衰期小于 1d；在一般水体中半衰期为 13～20d，在含厌氧微生物的水体中半衰期为 4～9d。

3. 小麦田一季最多使用该药剂一次。

4. 该药剂在平均气温低于 5℃时使用效果不佳。

5. 如误服该药剂，应携带使用标签及时送医院救治，先内服 20mL 石蜡，再用约 4kg 清水洗胃，最后服用活性炭及硫酸钠，不可引吐。如吸入该药剂，应用硫酸钠水溶液吸雾，不可引吐，禁止用肾上腺素衍生物。

精吡氟禾草灵

中文通用名称：精吡氟禾草灵

英文通用名称： fluazifop－P－butyl

其他名称： 精稳杀得

化学名称：（R）－2－［4－（5－三氟甲基－2－吡啶氧基）苯氧基］丙酸丁酯

化学结构式：

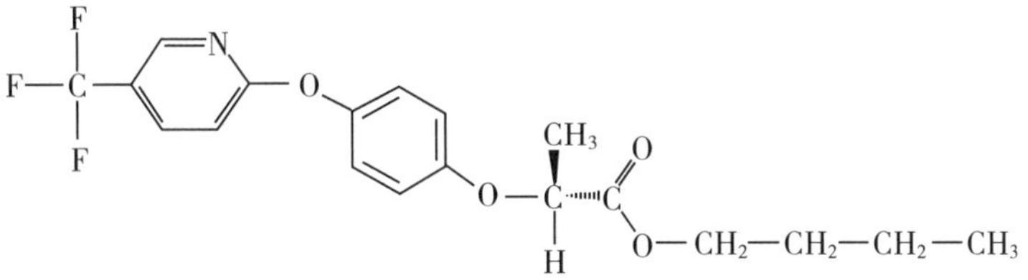

理化性质： 原药纯度为 85.7%，外观为褐色液体。相对密度 1.21（20℃），熔点－5℃，沸点 164℃（2.66Pa），20℃时蒸气压 0.54mPa。常温下在水中的溶解度为 1mg/L，溶于丙酮、己烷、甲醇、二氯甲烷、乙酸乙酯、甲苯和二甲苯。紫外光下稳定，25℃保存 1 年以上，50℃保存 12 周，210℃分解。

毒性： 按照我国农药毒性分级标准，精吡氟禾草灵属低毒。原药雄、雌大鼠急性经口 LD_{50} 分别为 4 096 和 2 712mg/kg，兔急性经皮 LD_{50} 为 2 000 mg/kg，大鼠急性吸入 LC_{50} 为 5.24mg/m^3。对兔的眼睛和皮肤轻微刺激。大鼠、小鼠喂养试验无作用剂量为 1mg/kg，在试验剂量内对动物无致突变、致畸、致癌作用。虹鳟鱼 LC_{50} 为 1.5mg/kg。对蚯蚓、土壤微生物未见任何影响，蜜蜂经口 LD_{50}＞100μg/只。野鸭急性经口 LD_{50} 为 17 280mg/kg。

作用特点： 精吡氟禾草灵是内吸传导型茎叶处理除草剂，具有优良的选择性。对禾本科杂草有很强的杀伤作用，对阔叶作物安全。杂草吸收药剂的部位主要是茎和叶，但施入土壤中的药剂也能通过根被吸收。进入植物体的药剂水解成酸的形态，经筛管和导管传导到生长点及节间分生组织，干扰植物的 ATP 的产生和传递（三羧酸循环），破坏光合作用并抑制禾本科植物的茎节、根、茎和芽的细胞分裂，阻止其生长。精吡氟禾草灵适用于油菜、花生、大豆、西瓜、棉花等作物，防除看麦娘、日本看麦娘、野燕麦、狗尾草、马唐、千金子、稗草、牛筋草等一年生禾本科杂草。

制剂： 15%精吡氟禾草灵乳油、150g/L 精吡氟禾草灵乳油。

15%精吡氟禾草灵乳油

理化性质及规格： 15%精吡氟禾草灵乳油由有效成分、表面活性剂及大豆油组成。外观为褐色液体，相对密度 0.973（20℃），常温储存有效期 2 年以上。

毒性： 按照我国农药毒性分级标准，15%精吡氟禾草灵乳油属低毒。大鼠急性经口 LD_{50} 为 5 000mg/kg。

使用方法：

1. 防除油菜田禾本科杂草　在油菜田禾本科杂草 1～1.5 个分蘖时，每 667m^2 用 15%精吡氟禾草灵乳油 50～67mL（有效成分 7.5～10g），对水茎叶喷雾施药 1 次，每季最多使用 1 次。

2. 防除大豆田禾本科杂草　在大豆 2～3 叶期，禾本科杂草 3～5 叶期，每 667m^2 用 15%精吡氟禾草灵乳油 50～67mL（有效成分 7.5～10g），对水茎叶喷雾施药 1 次。防除芦荸时，在草高 20～50cm 时，每 667m^2 用 15%精吡氟禾草灵乳油 83～130mL（有效成分 12.5～19.5 g）对水茎叶喷雾，每季最多使用 1 次。

3. 防除花生田禾本科杂草　在花生 2～3 片复叶，禾本科杂草 3～5 叶期，每 667m^2 用 15%精吡氟禾草灵乳油 50～67mL（有效成分 7.5～10 g），对水茎叶喷雾施药 1 次。

4. 防除西瓜田禾本科杂草　在西瓜田一年生禾本科杂草 3～5 叶期，每 667m^2 用 15%精吡氟禾草灵乳油 50～67mL（有效成分 7.5～10g），对水茎叶喷雾施药 1 次。

5. 防除棉花田禾本科杂草　在棉花田一年生禾本科杂草 3～5 叶期，每 667m^2 用 15%精吡氟禾草灵乳油 40～67mL（有效成分 6～10g），对水茎叶喷雾施药 1 次。

注意事项：

1. 在高温干旱条件下施药，杂草茎叶不能充分吸收药剂，可使用剂量的高限。
2. 单、双子叶杂草混生地块，可使用适宜的阔叶杂草除草剂。
3. 该药剂每季使用一次。

高效氟吡甲禾灵

中文通用名称：高效氟吡甲禾灵

英文通用名称：haloxyfop - R - methyl

其他名称：高效盖草能

化学名称：R-（+）-甲基-2-［4-（5-三氟甲基-3-氯-吡啶-2-氧基）苯氧基］丙酸甲酯

化学结构式：

理化性质：纯品为亮棕色液体，厌恶性气味。密度 1.372g/cm^3（20℃），沸点>280℃，蒸气压 0.328mPa（25℃），溶解度分别为水中 8.74mg/L（25℃），丙酮、环己酮、二氯甲烷、乙醇、甲醇、甲苯、二甲苯中>1 kg（20℃）。

毒性：按照我国农药毒性分级标准，高效氟吡甲禾灵属低毒。雄、雌大鼠急性经口 LD_{50}分别为 300 mg/kg 和 623mg/kg，大鼠急性经皮 LD_{50}>2 000mg/kg。对兔眼睛有轻微刺激性，对皮肤无刺激性。大鼠 2 年饲喂无作用剂量为 0.065mg/（kg·d）。对繁殖无不良影响。对鸟和蜜蜂低毒，野鸭和山齿鹑急性经口 LD_{50}>1 159mg/kg，蜜蜂 LD_{50}>100μg/只（48h）。对鱼高毒，虹鳟鱼 LC_{50}0.7mg/L（96h）。

作用特点：高效氟吡甲禾灵是内吸传导型除草剂，由叶片、茎秆和根系吸收，在植物体内抑制脂肪酸合成，使细胞生长分裂停止，破坏细胞膜含脂结构，导致杂草死亡。受药杂草一般在 48h 后可见受害症状。可用于大豆、棉花、花生、油菜等阔叶作物田防除看麦娘、稗草、马唐、狗尾草、牛筋草等禾本科杂草，对阔叶作物安全。低温条件下效果稳定。

制剂：108g/L、158g/L、10.8%、22%高效氟吡甲禾灵乳油，17%高效氟吡甲禾灵微乳剂。

108g/L 高效氟吡甲禾灵乳油

理化性质及规格： 外观为浅褐色液体，密度 1.03g/cm^3（20℃），闪点 70℃（闭杯法），不可燃，无爆炸性，对包装材料稳定。

毒性： 按照我国农药毒性分级标准，108g/L 高效氟吡甲禾灵乳油属低毒。雌大鼠急性经口 LD_{50} > 5 000mg/kg，雄大鼠急性经口 LD_{50} > 2 000mg/kg。大鼠急性经皮 LD_{50}>2 000mg/kg。

使用方法：

1. 防除大豆田禾本科杂草　在大豆苗后 2～4 片复叶，一年生禾本科杂草 3～5 叶期，每 667m^2 用 108g/L 高效氟吡甲禾灵乳油 25～45mL（有效成分 2.7～4.86g），对水茎叶喷雾施药 1 次；防除芦苇时，每 667m^2 用 108g/L 高效氟吡甲禾灵乳油 60～90mL（有效成分 6.48～9.72g）对水茎叶喷雾。

2. 防除棉花田禾本科杂草　直播棉、移栽棉田一年生禾本科杂草 3～5 叶期，每 667m^2 用 108g/L 高效氟吡甲禾灵乳油 25～30mL（有效成分 2.7～3.24g），对水茎叶喷雾施药 1 次；防除芦苇时，每 667m^2 用 60～90mL（有效成分 6.48～9.72g）对水茎叶喷雾。

3. 防除马铃薯田禾本科杂草　在田间一年生禾本科杂草 3～5 叶期，每 667m^2 用108g/L 高效氟吡甲禾灵乳油 35～50mL（有效成分 3.78～5.4g），对水茎叶喷雾施药 1 次。

4. 防除油菜田禾本科杂草　直播、移栽油菜田一年生禾本科杂草 3～5 叶期，每 667m^2 用 108g/L 高效氟吡甲禾灵乳油 25～30mL（有效成分 2.7～3.24g），对水茎叶喷雾施药 1 次。

5. 防除花生田禾本科杂草　在花生苗后 2～4 片复叶，一年生禾本科杂草 3～5 叶期，每 667m^2 用 108g/L 高效氟吡甲禾灵乳油 20～30mL（有效成分 2.16～3.24g），对水茎叶喷雾施药 1 次。

6. 防除甘蓝田禾本科杂草　在甘蓝田一年生禾本科杂草 3～5 叶期，每 667m^2 用 108g/L 高效氟吡甲禾灵乳油 30～40mL（有效成分 3.24～4.32 g），对水茎叶喷雾施药 1 次。

7. 防除西瓜田禾本科杂草　在田间一年生禾本科杂草 3～5 叶期，每 667m^2 用 108g/L 高效氟吡甲禾灵乳油 35～50mL（有效成分 3.8～5.4g），对水茎叶喷雾施药 1 次。

17%高效氟吡甲禾灵微乳剂

理化性质及规格： 外观为黄色澄清透明均相液体。密度 1.092 5g/cm^3（20℃），pH 4.0～8.0，燃点 715.0℃，对金属、塑料无腐蚀作用，闪点 34.7℃，不具有爆炸性。

毒性： 按照我国农药毒性分级标准，17%高效氟吡甲禾灵微乳剂属低毒。大鼠急性经口 LD_{50}>5 000mg/kg，急性经皮 LD_{50}>2 000mg/kg。对大耳白兔眼睛呈现轻度至中度刺激性，对豚鼠皮肤无刺激性。

使用方法：

防除花生田禾本科杂草　在花生苗后 2～4 片复叶期，一年生禾本科杂草 3～5 叶期，每 667m^2 用 17%高效氟吡甲禾灵微乳剂 16～22mL（有效成分 2.72～3.74g），对水茎叶喷雾施药一次。

注意事项：

1. 该药剂每季最多使用一次。

2. 玉米、水稻和小麦等禾本科作物对该药剂敏感，施药时应避免药雾飘移到上述作物上。与禾本科作物间、混、套种的田块不能使用。

3. 该药剂对鱼类等水生生物有毒。应远离水产养殖区施药，禁止在河塘等水体中清洗施药工具。

喹 禾 灵

中文通用名称：喹禾灵

英文通用名：quizalofop

其他名称：禾草克

化学名称：(RS)-2-[4-(6-氯喹噁啉-2-氧基)-苯氧基]丙酸乙酯

化学结构式：

Cl N N O O O CH₃ O CH₃

理化性质：原药外观为白色或淡褐色粉末，有效成分含量97%。纯品密度1.35g/cm^3(20℃)，熔点91.7～92.1℃，沸点220℃(26.6Pa)，蒸气压(20℃)0.866mPa。溶解度(20℃)分别为水0.3mg/L、丙酮110 g/L、二甲苯120 g/L、正己烷2.6 g/L。常温条件下储存稳定。

毒性：按照我国农药毒性分级标准，喹禾灵属低毒。原药雄、雌大鼠急性经口LD_{50}分别为1 670mg/kg和1 480mg/kg，雄、雌小鼠急性经口LD_{50}分别为2 350mg/kg和2 360mg/kg；大鼠和小鼠急性经皮LD_{50}>10 000mg/kg；大鼠急性吸入LC_{50}(4h)5.8mg/L。对皮肤无刺激作用，对眼睛有轻度刺激作用。对鱼类毒性中等偏低，虹鳟鱼LC_{50}(96h)10.7mg/L，蓝鳃翻车鱼LC_{50}(96h)2.8mg/L。蜜蜂LD_{50}>50μg/只。野鸭和鹧鸪LD_{50}均>2 000mg/kg。

作用特点：该药剂为选择性内吸传导型茎叶处理剂。在禾本科杂草与双子叶作物间有高度选择性，茎叶可在几个小时内完成对药剂的吸收作用，在植物体内向上部和下部移动。一年生杂草在24h内药剂可传遍全株，主要积累在顶端及居间分生组织中，使其坏死。一年生杂草受药后，2～3d新叶变黄，生长停止，4～7d茎叶呈坏死状况，10d内植株枯死；多年生杂草受药后能迅速向地下根茎传导，使其节间和生长点受到破坏，失去再生能力。喹禾灵适用于大豆、棉花、油菜等作物田防治稗草、牛筋草、马唐、狗尾草、看麦娘、画眉草等禾本科杂草。

制剂：10%喹禾灵乳油。

10%喹禾灵乳油

理化性质及规格：外观为黄褐色液体。密度为1.065g/cm^3(20℃)，闪点>50℃，pH 6.8，储存稳定期两年以上。

毒性：按照我国农药毒性分级标准，10%喹禾灵乳油制剂属低毒。大鼠急性经口LD_{50}>5 000mg/kg，急性经皮LD_{50}>5mg/kg，急性吸入LC_{50}为5.820mg/L。

使用方法：

1. 防除夏大豆田禾本科杂草　大豆苗后，一年生禾本科杂草3～5叶期，每$667m^2$用10%喹禾灵乳油60～100mL（有效成分6～10g），对水茎叶喷雾施药1次。

2. 防除棉花田禾本科杂草　棉田一年生禾本科杂草3～5叶期，每$667m^2$用10%喹禾灵乳油50～80mL（有效成分5～8g），对水茎叶喷雾施药1次。

3. 防除油菜田禾本科杂草　油菜苗后，禾本科杂草1.5蘖期前，每$667m^2$用10%喹禾灵乳油60～100mL（有效成分6～10g），对水茎叶喷雾施药1次。

4. 防除甜菜田禾本科杂草　甜菜田杂草3～5叶期，每$667m^2$用10%喹禾灵乳油80～100mL（有效成分8～10g），对水茎叶喷雾施药1次。

注意事项：

1. 在干旱条件下使用，某些作物如大豆有时会出现轻微药害，但能很快恢复生长，对产量无不良影响。干旱及杂草生长缓慢情况下，可以推荐使用剂量上限。

2. 禾本科作物对该药敏感，喷药时切勿喷到邻近水稻、玉米、大麦、小麦等禾本科作物以免产生药害。间、套有禾本科作物的夏大豆田不能使用。

3. 对莎草科杂草和阔叶杂草无效。

4. 该药剂不可与呈碱性的农药等物质混合使用。

精喹禾灵

中文通用名称：精喹禾灵

英文通用名称：quizalofop - P - ethyl

其他名称：精禾草克

化学名称：（R）-2-［4-（6-氯喹喔啉-2-基氧）苯氧基］丙酸乙酯

化学结构式：

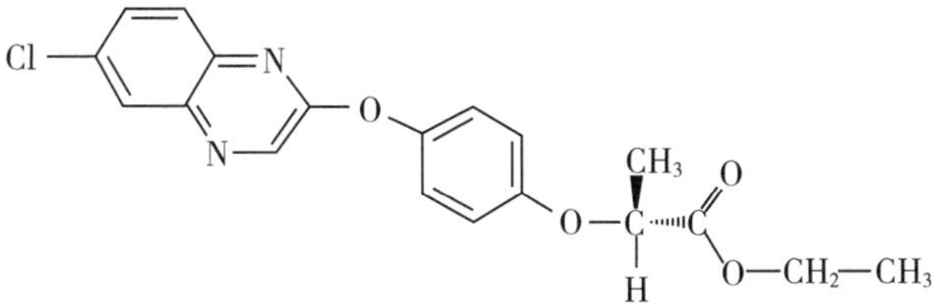

理化性质：纯品为浅灰色晶体，熔点76～77℃，沸点（220℃）26.66Pa，蒸气压0.011mPa（20℃）。溶解度（20℃）分别为水0.4mg/L、丙酮650g/L、乙醇22g/L、乙烷5g/L、二甲苯360g/L。pH 9时半衰期20h，酸性中性介质中稳定，碱性介质中不稳定。

毒性：按照我国农药毒性分级标准，精喹禾灵属低毒。原药雄、雌大鼠急性经口LD_{50}分别为1 210mg/kg和1 182mg/kg，大鼠90d饲喂无作用剂量8 mg/kg（饲料）。对眼睛和皮肤无刺激性，在试验剂量内，对试验动物无致突变、致畸和致癌作用。虹鳟鱼LC_{50}（96h）（10.772±1.601）mg/L，蓝鳃翻车鱼LC_{50}（96h）（2.882±0.129）mg/L。蜜蜂急性经口LD_{50}>50μg/只；在0.1～10μg剂量下观察，精喹禾灵对家蚕无影响。野鸭急性经口LD_{50}>2 000mg/kg，鹌鹑急性经口LD_{50}>2 000mg/kg。

作用特点： 精喹禾灵是在合成喹禾灵的过程中去除了非活性的光学异构体（L-体）后的改良药剂。其作用机制和杀草谱与喹禾灵相似，通过杂草茎叶吸收，在植物体内向上和向下双向传导，积累在顶端及居间分生组织，抑制细胞脂肪酸合成，使杂草坏死。精喹禾灵是一种具有高度选择性的新型旱田茎叶处理剂，在禾本科杂草和双子叶作物间有高度的选择性，对禾本科杂草有很好的防效。精喹禾灵在土壤中降解半衰期在 1d 之内，降解速度快，主要以微生物降解为主。精喹禾灵适用于大豆、棉花、油菜、花生等作物地，防治禾本科杂草，如稗草、牛筋草、马唐、狗尾草、看麦娘、画眉草、早熟禾等，对狗牙根、白茅、芦苇等多年生禾本科杂草也有效。

制剂： 15%、10%、10.8%、17.5%、8.8%、5%、50g/L、20%、15.8%、5.3%精喹禾灵乳油，8%精喹禾灵微乳剂，20.8%精喹禾灵悬浮剂，10.8%精喹禾灵水乳剂。

5%精喹禾灵乳油

理化性质及规格： 外观为棕色油状液体。密度（0.96±0.1）g/cm^3（20℃），pH（5.5±1.5），标准硬水（342mg/L）中测定乳液稳定性合格，水分含量＜5%。40℃条件下储存 3 个月有效成分分解率＜5%；在－5℃条件下储存 7d 无结晶析出，常温储存 3 年，有效成分无变化。

毒性： 按照我国农药毒性分级标准，5%精喹禾灵乳油属低毒。雄、雌大鼠急性经口 LD_{50}分别为 2 551mg/kg 和 27 281mg/kg，急性经皮 LD_{50}＞2 000mg/kg，急性吸入 LC_{50} 2.911mg/L。对皮肤有轻微刺激性。精喹禾灵每人每日每千克体重允许摄入量（ADI）为 0.01mg。

使用方法：

1. 防除大豆田禾本科杂草　大豆苗后，一年生禾本科杂草 3～5 叶期，春大豆田每 667m^2 用 5%精喹禾灵乳油 60～100mL（有效成分 3～5g），夏大豆田每 667m^2 用 5%精喹禾灵乳油 50～80mL（有效成分 2.5～4g），对水茎叶喷雾施药 1 次。

2. 防除油菜田禾本科杂草　油菜出苗后，看麦娘等禾本科杂草出齐至 1.5 个分蘖期，每 667m^2 用 5%精喹禾灵乳油 50～70mL（有效成分 2.5～3.5g），对水茎叶喷雾施药 1 次。

3. 防除花生田禾本科杂草　禾本科杂草 3～5 叶期，每 667m^2 用 5%精喹禾灵乳油 50～80mL（有效成分 2.5～4g），对水茎叶喷雾施药 1 次。

4. 防除棉花田禾本科杂草　禾本科杂草 3～5 叶期，每 667m^2 用 5%精喹禾灵乳油 50～80mL（有效成分 2.5～4g），对水茎叶喷雾施药 1 次。

5. 防除西瓜田禾本科杂草　禾本科杂草 3～5 叶期，每 667m^2 用 5%精喹禾灵乳油 40～60mL（有效成分 2～3g），对水茎叶喷雾施药 1 次。

6. 防除芝麻田禾本科杂草　禾本科杂草 3～5 叶期，每 667m^2 用 5%精喹禾灵乳油 50～60mL（有效成分 2.5～3g），对水茎叶喷雾施药 1 次。

7. 防除甜菜田禾本科杂草　禾本科杂草 3～5 叶期，每 667m^2 用 5%精喹禾灵乳油 80～100mL（有效成分 4～5g），对水茎叶喷雾施药 1 次。

注意事项：

1. 禾本科作物对该药剂敏感，喷药时切勿喷到邻近水稻、玉米、小麦等禾本科作物上，以免产生药害。间套有禾本科作物的大豆田，不能使用该药剂。

2. 精喹禾灵与灭草松、三氟羧草醚、氯嘧磺隆等防除阔叶杂草的药剂混用时，要注意药剂间的拮抗作用会降低精喹禾灵对禾本科杂草的防效，并可能加重对作物的药害。

3. 每季使用 1 次对下茬作物无影响，安全间隔期为 60d，每季最多使用 1 次。在果类作物中，最大残留限量为 0.05mg/kg；在蔬菜作物中，最大残留限量为 0.3mg/kg。

4. 若喷药 6h 后降雨，药效影响不大。若土壤干燥，杂草生长缓慢，可用推荐剂量上限。

5. 在天气干燥的情况下，大豆的叶片可能出现药害，但对新叶不会有药害，对产量无影响。

6. 不能与呈碱性的农药等物质混用。

喹 禾 糠 酯

中文通用名称：喹禾糠酯

英文通用名称：quizalofop - P - tefuryl

化学名称：（RS）- 2 - ［4 -（6 -氯喹喔啉- 2 -氧基）苯氧基］丙酸- 2 -四氢呋喃甲基酯

化学结构式：

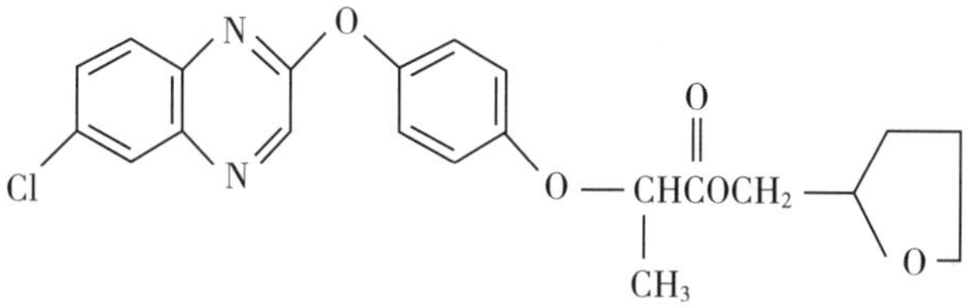

理化性质：原药中有效成分含量 95%，外观为深黄色液体，在室温下有结晶存在。熔点 59～68℃，蒸气压（25℃）7.9×10^{-3} mPa。溶解度分别为水 4mg/L；25℃时，甲苯 652g/L，己烷 12g/L，甲醇 64g/L。

毒性：按照我国农药毒性分级标准，喹禾糠酯属低毒。原药大鼠急性经皮 LD_{50} 为1 012 mg/kg。对眼睛有刺激作用。鲑鱼 LC_{50} 0.5 mg/L（96h），翻车鱼 LC_{50} 0.23mg/L（96h）。每日每千克体重允许摄入量为 0.01 mg。

作用特点：该药剂是内吸传导型苗后除草剂，在禾本科杂草和阔叶作物之间有高度的选择性。药剂从叶面吸收传输到植物体内，在木质部和韧皮部中传导，在分裂组织中积累。喹禾糠酯用于防除油菜、大豆田的禾本科杂草。

制剂：40g/L 喹禾糠酯乳油。

40g/L 喹禾糠酯乳油

理化性质及规格：制剂外观为浅黄色液体，pH 5.0～7.0。

毒性：按照我国农药毒性分级标准，40g/L 喹禾糠酯乳油属低毒。雌、雄大鼠急性经口 LD_{50} ＞2 000mg/kg，急性经皮 LD_{50} ＞4 000mg/kg，急性吸入 LC_{50} ＞5.3 mg/L。对大鼠眼睛无刺激性。对兔子皮肤有刺激。皮肤接触可能引起过敏反应。

使用方法：

1. 防除大豆田禾本科杂草　大豆田杂草2～5叶期，每667m^2用40g/L喹禾糠酯乳油60～80mL（有效成分2.4～3.2g），对水茎叶喷雾施药1次。

2. 防除油菜田禾本科杂草　油菜田杂草2～5叶期，每667m^2用40g/L喹禾糠酯乳油60～80mL（有效成分2.4～3.2g），对水茎叶喷雾施药1次。

注意事项：

1. 每季最多使用1次。

2. 该药剂对鱼类等水生生物有毒，远离水产养殖区施药。药后及时彻底清洗药械，废弃物切勿污染水源或水体。

3. 该药剂对赤眼蜂高风险，施药时需注意保护天敌生物。

4. 间、套用阔叶作物的田块，不能使用该药剂。避免药液飘移到水稻、小麦、谷子等禾本科作物田。

5. 该药剂耐雨水冲刷，施药后1h降雨不会影响药效，不要重喷。

禾　草　灵

中文通用名称：禾草灵

英文通用名称：diclofop - methyl

其他名称：伊洛克桑

化学名称：2［4（2，4-二氯苯氧基）苯氧基］丙酸甲酯

化学结构式：

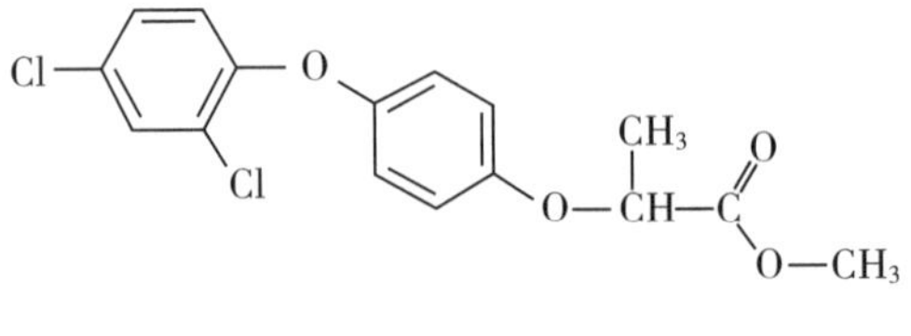

Cl—(2-Cl-苯环)—O—(苯环)—O—CH(CH_3)—C(=O)—O—CH_3

理化性质：原药中有效成分含量为97%，纯化合物为无色无臭固体。密度1.2g/cm^3（40℃），熔点39～41℃，蒸气压0.034mPa（20℃）。22℃时在水中溶解度为3mg/L；20℃时在下列有机溶剂中的溶解度（g/L）分别为丙酮2 490、乙醇110、乙醚2 280、二甲苯2 530。

毒性：按照我国农药毒性分级标准，禾草灵属低毒。原药大鼠急性经口LD_{50}为563mg/kg，急性经皮LD_{50}>5 000mg/kg。对眼睛无刺激作用，对皮肤有轻微刺激作用。狗亚急性经口无作用剂量80mg/kg，大鼠亚急性经口无作用剂量12.5～32mg/kg（90d）。在试验条件下，未见致畸、致突变、致癌作用。

作用特点：禾草灵为选择性茎叶处理剂，可被植物的根、茎、叶吸收，有局部内吸作用，但传导性差。禾草灵主要作用部位是分生组织，生长点受药较多时，可提高防除效果。禾草灵在植物体内以酯和酸两种形式存在，均为活性型，其中酯是一种强烈的植物刺激拮抗剂，酸是弱拮抗剂，茎生长受到抑制主要是酯引起的，而细胞膜的破坏则是酸的作用。受药后野燕麦等杂草细胞膜及叶绿体均受到破坏，光合作用及同化物向根部的运输作用均受到抑制，经5～10d即可见到褪绿等中毒症状。禾草灵在禾本

科和双子叶植物之间有良好的选择性。其生理基础是在抗性植物内，禾草灵易发生芳基羟基反应，然后轭合为芳基葡萄糖苷而脱毒，在敏感植物体内则轭合为仍具毒性的中性葡萄糖酯。此外禾草灵在小麦体内能发生不可逆的芳基羟基化反应，在野燕麦体内则无这种反应，因而在小麦与野燕麦之间具选择作用。该药剂适用于小麦田防除野燕麦、看麦娘等禾本科杂草。

制剂：28%、36%禾草灵乳油。

36%禾草灵乳油

理化性质及规格：外观为浅黄色至棕色液体，无可见悬浮物和沉淀。水分≤0.5%，酸度≤0.3%（以 H_2SO_4），常温储存两年。

毒性：按照我国农药毒性分级标准，36%禾草灵乳油属低毒。雌、雄大鼠急性经口 LD_{50}分别为 1 780mg/kg 和 3 830mg/kg，急性经皮 LD_{50}>2 000mg/kg。对家兔皮肤和眼睛有轻度刺激性，属弱致敏物。

使用方法：

防除小麦田禾本科杂草　野燕麦 2～4 叶期、马唐 1～3 叶期或看麦娘 1～1.5 个分蘖期，春小麦田每 667m^2 用 36%禾草灵乳油 180～200mL（有效成分 64.8～72g），冬小麦田每 667m^2 用 150～180mL（有效成分 54～64.8g），对水茎叶喷雾施药 1 次。

注意事项：

1. 不能在禾谷类玉米、高粱、谷子等作物田使用。

2. 可与氨基甲酸酯类、甜菜宁、取代脲类、腈类、嗪草酮类等除草剂混用，但不宜与苯氧乙酸类以及灭草松等除草剂混用，也不宜与氮肥混用，否则会降低药效。喷过禾草灵后，间隔 7～10d 方可使用 2，4-D 等除草剂。

3. 禾草灵在气温高时会降低药效，用于麦田防除野燕麦时，应适当提早施药。

4. 土壤湿度高时，禾草灵活性增高。因此，宜在土壤湿度大时施药，或在施药后 1～2d 内灌水。

5. 双子叶作物对禾草灵的耐药力较禾谷作物要高，麦田每 667m^2 有效成分用量超过 72g 时，对小麦可能有抑制作用。

6. 美国和德国的作物最高残留限量为 0.1mg/kg。

7. 如误服该药剂，严重时对肝、肾损伤，尚无特效解毒剂。因该药剂含有溶剂，如果从口腔进入体内，可服 200mL 石蜡油，随后再服 30g 活性炭。若摄入量大，病人十分清醒，可用吐根糖浆诱吐，还可在服用的活性炭泥中加入山梨醇。禁止用肾上腺素一类的药治疗。

噁 唑 酰 草 胺

中文通用名称：噁唑酰草胺

英文通用名称：metamifop

化学名称：(R)-2-[4-[(6-氯-2-苯并)氧]苯氧基]-N-(2-氟苯基-N-甲基丙酰胺)

化学结构式：

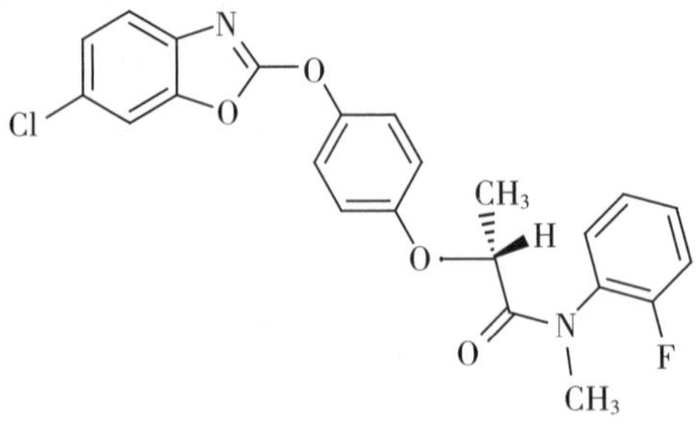

理化性质： 原药中有效成分含量96%，外观为淡橘色粉末，无味。相对密度1.39，熔点77.0～78.5℃，蒸气压 1.51×10^{-4} Pa（25℃）。溶于大多数有机溶剂，水中溶解度为 6.87×10^{-4}g/L（20℃）。

毒性： 按照我国农药毒性分级标准，噁唑酰草胺属低毒。原药雄、雌大鼠急性经口 LD_{50}>2 000mg/kg，急性经皮 LD_{50}>2 000mg/kg，急性吸入 LC_{50}>2 610mg/m^3。对皮肤无刺激，对眼睛轻微刺激，可能导致皮肤致敏。对鱼高毒，对蜜蜂低毒。

作用特点： 该药剂属乙酰辅酶A羧化酶（ACCase）抑制剂，被禾本科杂草的叶子吸收后能迅速传导至整个植株，积累于植物分生组织，抑制植物体内乙酰辅酶A羧化酶的活性，导致脂肪酸合成受阻引起叶片黄化，最终杀死杂草。与同类除草剂不同的是它对水稻非常安全，噁唑酰草胺可有效地防除稗草、千金子等稻田中主要禾本科杂草，用药后几天内敏感杂草出现叶面褪绿、生长受抑等症状，有些在施药后2周出现干枯，最后死亡。

制剂： 10%噁唑酰草胺乳油。

10%噁唑酰草胺乳油

理化性质及规格： 外观为棕色澄清液体。密度0.95～1.05g/cm^3（20℃），pH 5～7，常温下稳定2年。

毒性： 按照我国农药毒性分级标准，10%噁唑酰草胺乳油属低毒。雄、雌大鼠急性经口 LD_{50}分别为4 299.55mg/kg和3 687.62mg/kg，急性经皮 LD_{50}>2 000mg/kg，急性吸入 LC_{50}>2 000mg/m^3。

使用方法：

防除直播水稻田禾本科杂草　稻田稗草、千金子等禾本科杂草2～3叶期，每667m^2用10%噁唑酰草胺乳油60～80mL（有效成分6～8g），对水茎叶喷雾施药1次。随着草龄、密度增大，适当增加用水量。施药前排干田水，均匀喷雾，药后1d复水，保持水层3～5d。

注意事项：

1. 每季作物最多使用1次，安全间隔期90d。
2. 避免药液飘移到邻近的禾本科作物田。
3. 该药剂对鱼类等水生生物有毒，远离水产养殖区施药。药后及时彻底清洗药械，废弃物切勿污染水源或水体。
4. 该药剂对赤眼蜂高风险，施药时需注意保护天敌生物。

氰 氟 草 酯

中文通用名称：氰氟草酯

英文通用名称：cyhalofop－butyl

其他名称：千金

化学名称：（R）－2－［4（4－氰基－2－氟苯氧基）苯氧基］－丙酸丁酯

化学结构式：

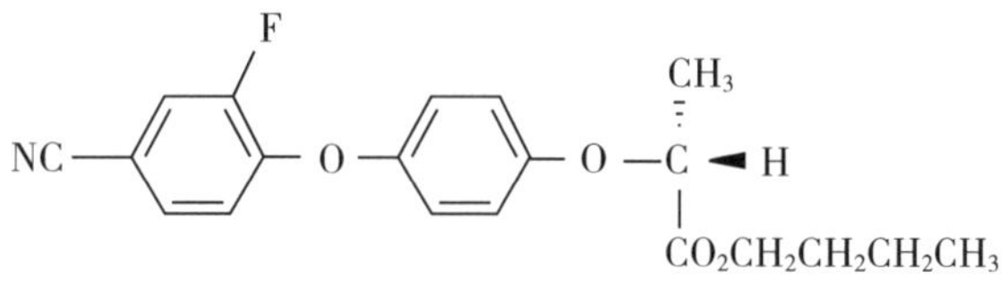

$$\text{NC}-\text{C}_6\text{H}_3(\text{F})-\text{O}-\text{C}_6\text{H}_4-\text{O}-\text{C}(\text{CH}_3)(\text{H})-\text{CO}_2\text{CH}_2\text{CH}_2\text{CH}_2\text{CH}_3$$

理化性质：原药外观为琥珀色透明液体。密度 1.2375g/cm^3（20℃），沸点 363℃，熔点 48～49℃，蒸气压 1.17×10^{-6} Pa（20℃）。水中溶解度 0.7mg/L，有机溶剂中溶解度（W/W%）分别为乙腈 57.3、甲醇 37.3、丙酮 60.7、氯仿 59.4。

毒性：按照我国农药毒性分级标准，氰氟草酯属低毒。原药大、小鼠急性经口 LD_{50}＞5 000mg/kg，大、小鼠急性经皮 LD_{50}＞2 000mg/kg，大鼠急性吸入 LC_{50}（4h）5.63mg/L。对兔眼有刺激性，轻微可恢复，无皮肤刺激性和致敏性。由于在水中和土壤中降解速度迅速，且用量低，在实际应用时一般不会对鱼类产生毒害。无致癌、致畸、致突变作用，无繁殖毒性。

作用特点：该药剂属于芳氧苯氧丙酸类除草剂，具有内吸传导性。由植物体的叶片和叶鞘吸收，韧皮部传导，积累于植物体的分生组织区，抑制乙酰辅酶 A 羧化酶（ACCase）的活性，使脂肪酸合成停止，导致细胞的生长分裂不能正常进行，破坏膜系统等含脂结构，最后导致植物死亡。从氰氟草酯被吸收到杂草死亡比较缓慢，一般需要 1～3 周。用于水稻田防除千金子、稗草等禾本科杂草，对莎草科杂草和阔叶杂草无效。

制剂：10%、15%、20%、100g/L 氰氟草酯乳油，10%氰氟草酯水乳剂，10%氰氟草酯微乳剂，100g/L 氰氟草酯水乳剂。

100g/L 氰氟草酯乳油

理化性质及规格：外观为橙色透明液体，相对密度 0.989，闪点 61℃，pH 8.2（22℃），常温储存稳定 2 年。

毒性：按照我国农药毒性分级标准，100g/L 氰氟草酯乳油制剂属低毒。大鼠急性经口 LD_{50} 5 110mg/kg，急性经皮 LD_{50}＞2 000mg/kg。对家兔眼睛有轻微刺激性，对家兔皮肤无刺激性。弱致敏物。

使用方法：

1. 防除水稻秧田禾本科杂草　水稻秧田稗草 1.5～2.5 叶期，每 667m^2 用 100g/L 氰氟草酯乳油 50～70mL（有效成分 5～7g），对水茎叶喷雾施药 1 次。

2. 防除水稻直播田禾本科杂草　田间稗草 2～4 叶期，每 667m^2 用 100g/L 氰氟草酯乳油 50～70mL（有效成分 5～7g），对水茎叶喷雾施药 1 次。施药前排干田水，使杂草茎叶 2/3以上露出水面，施药后 1～2d 灌水，保持 3～5cm 水层 5～7d。

注意事项：

1. 每季最多使用1次。不可与阔叶草除草剂混用。如需防除阔叶草及莎草科杂草，最好施用氰氟草酯7d后再施用防阔叶除草剂。

2. 氰氟草酯为茎叶处理剂，不可用作土壤处理。

3. 该药剂对鱼类等水生生物有毒，应远离水产养殖区施药，禁止在河塘等水体中清洗施药器具。

炔 草 酯

中文通用名称： 炔草酯

英文通用名称： clodinafop-propargyl

其他名称： 麦极

化学名称： R-2-[4-(5-氯-3-氟-2-吡啶氧基)苯氧基]丙酸炔丙基酯

化学结构式：

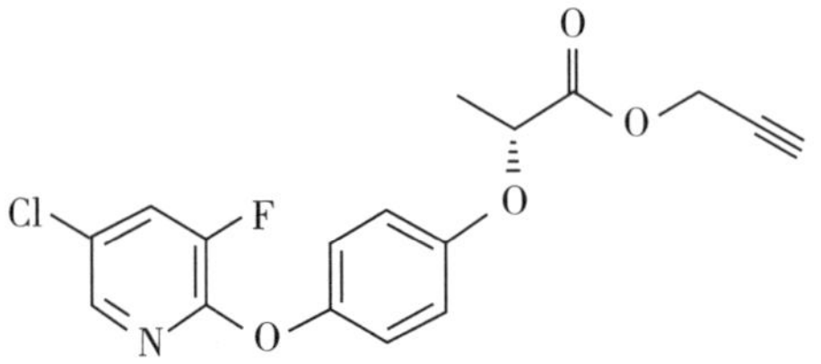

理化性质： 外观为浅褐色粉末。密度（20℃）$1.37g/cm^3$；熔点48.2～57.1℃，蒸气压（25℃）$3.19\times10^{-6}Pa$。溶解度（25℃）分别为水中4.0mg/L；丙酮>500g/L、甲醇180g/L、甲苯>500g/L、正己烷7.5g/L，辛醇21 g/L。

毒性： 按照我国农药毒性分级标准，炔草酯属低毒。大鼠、小鼠急性经口LD_{50}>2 000mg/kg，急性经皮LD_{50}>2 000mg/kg，大鼠急性吸入LC_{50}（4h）3.325mg/L（空气）。对兔眼睛和皮肤无刺激性。无致突变性、无致畸性、无致癌性、无繁殖毒性。对鱼类低毒，LC_{50}（96h，mg/L）分别为鲤鱼0.46、虹鳟0.39。对野生动物、无脊椎动物及昆虫低毒，LD_{50}（8d，mg/kg）分别为山齿鹑>1 455，野鸭>2 000，蚯蚓LD_{50}每千克土壤>210mg。蜜蜂（48h）LD_{50}>100μg/只。

作用特点： 该药剂是内吸传导性除草剂，属于乙酰辅酶A羧化酶（ACCase）抑制剂，由植物体的叶片和叶鞘吸收，韧皮部传导，积累于植物体的分生组织内，抑制乙酰辅酶A羧化酶（ACCase）的活性，使脂肪酸合成停止，导致细胞的生长分裂不能正常进行，破坏膜系统等含脂结构，最后导致植物死亡。从炔草酯被吸收到杂草死亡比较缓慢，一般需要1～3周。主要用于小麦田防除野燕麦、看麦娘、硬草、菵草等禾本科杂草。小粒谷物耐药性差，需使用专用安全剂。

制剂： 8%炔草酯乳油，15%、20%炔草酯可湿性粉剂，15%炔草酯微乳剂。

15%炔草酯可湿性粉剂

理化性质及规格： 外观为稳定的均相粉状固体，不黏连、结块。在水中溶解度2.5mg/L（20℃），溶于多数有机溶剂。常温储存稳定性2年以上。

毒性： 按照我国农药毒性分级标准，15%炔草酯可湿性粉剂制剂属低毒。雌、雄大鼠急性经口、经皮、吸入均属低毒。对家兔眼睛中度刺激性，对其皮肤无刺激性，对豚鼠皮肤有弱致敏性。

使用方法：

防除小麦田禾本科杂草　小麦苗期，杂草2～5叶期，春小麦田每667m^{2}用15%炔草酯可湿性粉剂13.3～20g（有效成分2～3g）；冬小麦田每667m^{2}用15%炔草酯可湿性粉剂20～30g（有效成分3～4.5g），对水茎叶喷雾施药1次。

注意事项：

1. 该药剂对鱼类和藻类有毒，应远离水产养殖区施药。药后及时彻底清洗药械，废弃物切勿污染水源或水体。对水蚤基本无毒。对鸟类、蜂和蚯蚓无毒。

2. 该药剂无专用解毒剂，误服立即携带标签，送医就诊。使用医用活性炭洗胃，洗胃时注意防止胃容物进入呼吸道。对昏迷病人，切勿经口喂入任何东西或引吐。

二、环己烯酮类

烯　草　酮

中文通用名称： 烯草酮

英文通用名称： clethodim

其他名称： 收乐通

化学名称：（RS）-2-［（E）-1-［（E）-3-氯烯丙氧基亚氨基］丙基］-5-［2-（乙硫基）丙基］-3-羟基环己-2-烯酮

化学结构式：

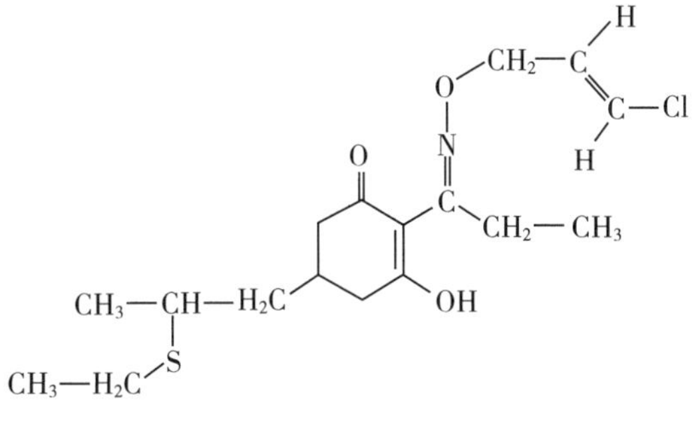

H
O—CH$_2$—C
C—Cl
N
H
O
C—CH$_2$—CH$_3$
CH$_3$—CH—H$_2$C　OH
S
CH$_3$—H$_2$C

理化性质： 原药外观为淡黄色黏稠液体，密度1.139 5g/cm^3（20℃），蒸气压<0.013mPa（20℃），溶于大多数有机溶剂。对紫外光稳定，在高pH下不稳定。

毒性： 按照我国农药毒性分级标准，烯草酮属低毒。雌、雄大鼠急性经口LD_{50}分别为1 360mg/kg和1 630mg/kg，兔急性经皮LD_{50}>5 000mg/kg。对眼睛和皮肤有轻微刺激性，对皮肤无致敏性。在试验剂量内，对试验动物无致畸、致癌和致突变作用。

作用特点： 烯草酮是内吸传导型茎叶处理除草剂，有优良的选择性。对禾本科杂草具有很强的杀伤作用，对双子叶作物安全。茎叶处理后经叶迅速吸收，传导到分生组织，在敏感植物中抑制支链脂肪酸和黄酮类化合物的生物合成，使其细胞分裂遭到破坏，抑制分生组织的活性，使植物生长延缓，在施药后1～3周内植株褪绿坏死，随后叶片灼伤干枯而死亡。对双子叶杂草、莎草科杂草活性低。土壤中半衰期3～26d。加入表面活性剂、植物油等助剂能显著提高烯草酮的除草活性。烯草酮适用于大豆、油菜田防治稗草、野燕麦、狗尾草、马唐、牛筋草、看麦娘等一年生禾本科杂草。

制剂： 12%、24%、30%、120g/L、240g/L烯草酮乳油。

24%烯草酮乳油

理化性质及规格： 外观为淡黄色均相液体，无刺激性气味。不溶于水，溶于大多数有机溶剂，在紫外线下、强酸、强碱下不稳定，热稳定性差，常温储存稳定性两年。

毒性： 按照我国农药毒性分级标准，24%烯草酮乳油属低毒。雄、雌大鼠急性经口LD_{50}分别为3 610mg/kg和2 920mg/kg，家兔急性经皮LD_{50}>5 000mg/kg，大鼠急性吸入LC_{50}>0.033mg/L，对家鼠眼呈轻度刺激性至中度刺激性，为弱致敏物。

使用方法：

1. 防除大豆田禾本科杂草　大豆2～3片复叶，一年生禾本科杂草3～5叶期，每667m^{2}用24%烯草酮乳油20～30mL（有效成分4.8～7.2g），对水茎叶喷雾施药1次。

2. 防除油菜田禾本科杂草　油菜田禾本科杂草3～5叶期，每667m^{2}用24%烯草酮乳油15～20mL（有效成分3.6～4.8g），对水茎叶喷雾施药1次。

注意事项：

1. 不得用在小麦、大麦、水稻 、谷子、玉米、高粱等禾本科作物田。

2. 对一年生禾本科杂草施药适期为3～5叶期，对多年杂草于分蘖后施药最为有效。

烯　禾　啶

中文通用名称： 烯禾啶

英文通用名称： Sethoxydim

其他名称： 拿捕净

化学名称： 2-［1-（乙氧基亚氨基）丁基］-5-［2-（乙硫基）丙基］-3-羟基环己-2-烯酮

化学结构式：

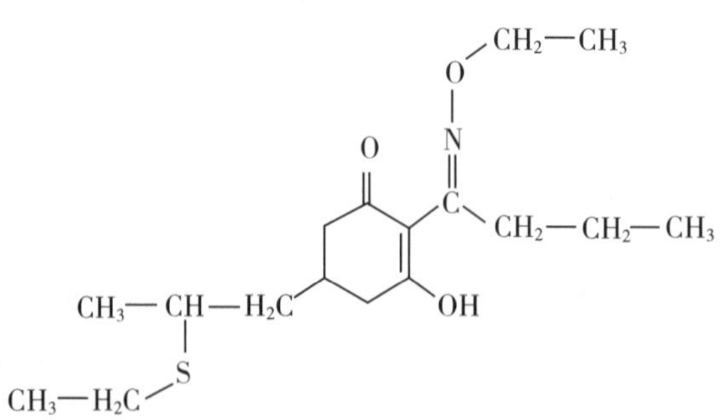

理化性质： 烯禾啶为淡黄色无味油状液体。密度1.05g/cm^3（20℃），沸点大于90℃，蒸气压<0.013mPa（25℃）。20℃时可溶于甲醇、正己烷、乙酸乙酯、甲苯、辛醇、二甲苯、橄榄油，在水中溶解度，pH4时为25mg/kg，pH7时为4 700mg/kg。

毒性：按照我国农药毒性分级标准，烯禾啶属低毒。原药大鼠急性经口 LD_{50} 为 3 200～3 500mg/kg，急性经皮 LD_{50} >5 000mg/kg，急性吸入 LC_{50} >6.03～6.28mg/L。对兔皮肤和眼睛无刺激作用。对鱼类低毒，鲤鱼 TLm（96h）为 148mg/L，鹌鹑 LD_{50} >5 000mg/kg。在常用剂量下，对蜜蜂低毒。在试验条件下，未见致畸、致突变和致癌作用。

作用特点：烯禾啶为选择性强的内吸传导型茎叶处理剂，能被禾本科杂草茎叶迅速吸收，并传导到顶端和节间分生组织，使其细胞分裂遭到破坏，使植株由生长点和节间分生组织开始坏死。受药植株 3d 后停止生长，7d 后新叶褪色或出现花青素色，2～3 周内全株枯死。该药剂对阔叶作物安全。烯禾啶传导性较强，在禾本科杂草 2 叶至 2 个分蘖期间均可施药，可用于大豆、棉花、花生田，防治稗草、狗尾草、马唐、牛筋草等禾本科杂草。

制剂：12.5%、20%、25%烯禾啶乳油。

12.5%烯禾啶乳油

理化性质及规格：12.5%烯禾啶乳油由有效成分和乳化剂、溶剂组成。外观为浅棕色或红棕色液体，沸点 183℃，闪点 63℃，几乎可与所有农药混用，常温储存 2 年稳定。

毒性：按照我国农药毒性分级标准，12.5%烯禾啶乳油属低毒。大鼠急性经口 LD_{50} 为 4 000mg/kg，急性经皮 LD_{50} >5 000mg/kg，急性吸入 LC_{50} 为 4mg/L。对家兔皮肤、眼睛无刺激。

使用方法：

1. 防除大豆田禾本科杂草　大豆 2～4 叶期，禾本科杂草 3～5 叶期，夏大豆田每 $667m^2$ 用 12.5%烯禾啶乳油 80～100mL（有效成分 10～12.5g），春大豆田每 $667m^2$ 用 12.5%烯禾啶乳油 100～120mL（有效成分 12.5～15g），对水茎叶喷雾施药 1 次。

2. 防除花生田禾本科杂草　花生 2～4 叶期，禾本科杂草 3～5 叶期，每 $667m^2$ 用 12.5%烯禾啶乳油 67～100mL（有效成分 8.4～12.5g），对水茎叶喷雾施药 1 次。

3. 防除棉花田禾本科杂草　一年生禾本科杂草 2～4 叶期，每 $667m^2$ 用 12.5%烯禾啶乳油 80～100mL（有效成分 10～12.5g），对水茎叶喷雾施药 1 次。

注意事项：

1. 药液稀释后应及早使用。

2. 该药剂对鱼类高毒，应远离水产养殖区施药。药后及时彻底清洗药械，废弃物切勿污染水源或水体。

3. 该药剂暂无特效解毒剂。如误服，应立即携带使用标签去医院治疗。

三、苯基吡唑啉类

唑 啉 草 酯

中文通用名称：唑啉草酯

英文通用名称：pinoxaden

化学名称：8-（2，6-二乙基-4-甲苯基）-1，2，4，5-四氢-7-氧-7H-吡唑[1，2-d][1，4，5]氧二唑频-9-基-2，2-二甲基丙酸酯

化学结构式：

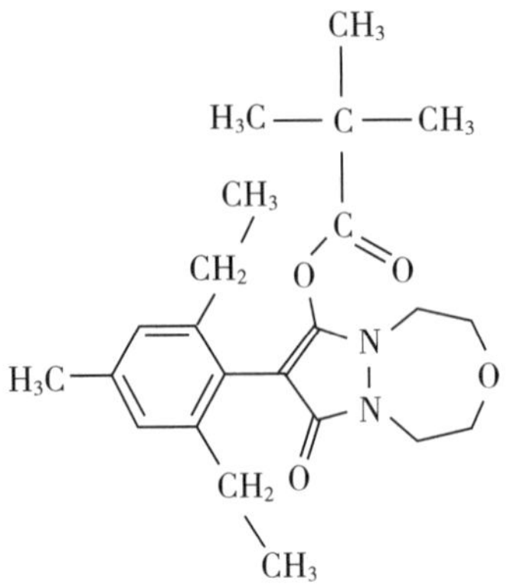

理化性质：原药有效成分含量95%，外观为淡棕色粉末。有机溶剂中溶解度（25℃）分别为丙酮250mg/L、二氯甲烷>500mg/L、乙酸乙酯130mg/L、正己烷1.0mg/L、甲醇260mg/L、辛醇140mg/L、甲苯130mg/L。

毒性：按照我国农药毒性分级标准，唑啉草酯属低毒。原药大鼠急性经口LD_{50}>5 000mg/kg，急性经皮LD_{50}>2 000mg/kg，急性吸入LC_{50}>5 220mg/m^3。对兔眼睛有刺激性，对皮肤无刺激性，对豚鼠皮肤无致敏型。对鱼、水蚤、鸟类、蜜蜂、蚯蚓均低毒，对水藻中等毒性。

作用特点：唑啉草酯为ACCase酶抑制剂类除草剂。唑啉草酯可抑制禾本科杂草叶绿体和细胞质中ACCase酶的活性，阔叶杂草ACCase酶活性不受唑啉草酯的影响。唑啉草酯被叶片吸收后转移至分生组织，抑制正在分裂的细胞中酯类的合成，从而导致植株死亡。该药剂对看麦娘、野燕麦、黑麦草、虉草、狗尾草有非常好的活性，对稗草也有一定的防效。唑啉草酯在土壤中降解很快，很少被根部吸收，因此，具有较低的土壤活性。可用于小麦、大麦田防除野燕麦、黑麦草、狗尾草、看麦娘、硬草、茵草和棒头草等一年生禾本科杂草。

制剂：50g/L唑啉草酯乳油。

50g/L 唑啉草酯乳油

理化性质及规格：唑啉草酯50g/L乳油外观为浅黄色液体。pH 4.9，闪点79℃。乳液稳定性合格，冷、热储存和常温储存2年稳定。为了提高唑啉草酯在作物与杂草之间的选择性，制剂中加入了安全剂，用于诱导作物体内代谢活性，保护作物不受损害。

毒性：按照我国农药毒性分级标准，50g/L唑啉草酯乳油制剂属微毒。大鼠急性经口LD_{50}>5 000mg/kg，急性经皮LD_{50}>5 000mg/kg。对兔皮肤有中度刺激性，眼睛有轻度刺激性，豚鼠皮肤变态反应（致敏）试验致敏率为0，属弱致敏物。

使用方法：

1. 防除小麦田禾本科杂草　小麦返青后3～5叶期，禾本科杂草3～5叶期，每667m^2用50g/L唑啉草酯乳油60～80mL（有效成分3～4g），对水茎叶喷雾施药1次。

2. 防除大麦田禾本科杂草　大麦返青后3～5叶期，禾本科杂草3～5叶期，每667m^2用50g/L唑啉草酯乳油60～100mL（有效成分3～5g），对水茎叶喷雾施药1次。

注意事项：

1. 该药剂每季最多使用1次。

2. 严格按推荐剂量施药，视杂草叶龄和密度在推荐剂量范围内调节用药量，如叶龄大、密度大时，使用推荐剂量上限；反之则用推荐剂量下限。

3. 避免药液飘移到邻近作物田；施药后仔细清洗喷雾器，避免药物残留造成玉米、高粱及其他敏感作物药害。

4. 避免在大幅升降温前后、异常干旱及作物生长不良等条件下施药，否则可能影响药效或导致作物药害。

5. 该药剂含有可燃的有机成分，燃烧时会产生浓厚的黑烟，暴露于分解产物中可能会危害到健康。

6. 遇燃时使用水、抗醇泡沫、干粉或者二氧化碳等小火的灭火材料。大火，用抗醇泡沫、水灭火。不要让灭火产生的废水流入下水管或水道。对于泄露和溢出的液体，用不可燃的吸附材料（如沙、土、硅藻土、蛭石）装起和收集泄漏物并放入容器内，以便根据国家法规对容器进行处理。

四、磺酰脲类

苄 嘧 磺 隆

中文通用名称：苄嘧磺隆

英文通用名称：bensulfuron - methyl

其他名称：农得时

化学名称：3 -（4，6 -二甲氧基嘧啶- 2 -基）- 1 -（2 -甲氧基甲酰基苄基）磺酰脲

化学结构式：

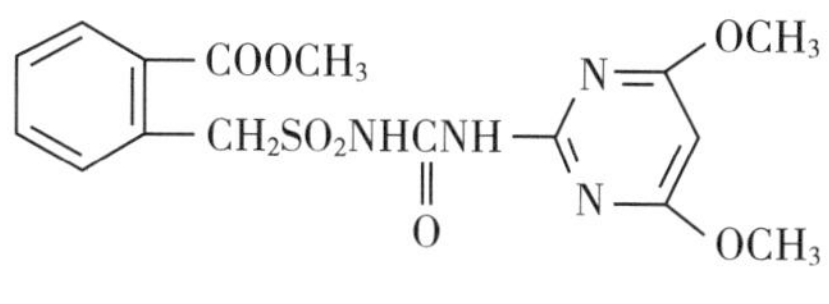

$COOCH_3$　OCH_3

CH_2SO_2NHCNH（C=O）N N

OCH_3

理化性质：原药有效成分含量>96%，外观为白色略带浅黄色无味固体。熔点185～188℃，蒸气压为 1.73×10^{-3} Pa（20℃）。20℃时在各种溶剂中溶解度分别为二氯甲烷11.7g/L、乙腈5.38g/L、乙酸乙酯1.66g/L、丙酮1.38g/L、已烷>0.01g/L；在微碱性溶液中（pH=8）最稳定，pH从5升至8时在水中溶解度增加（从2.9～1 200g/L，25℃）；在酸性水溶液中缓慢降解；在乙酸乙酯、二氯甲烷、乙腈和丙酮中稳定，在甲醇中可能分解。

毒性：按照我国农药毒性分级标准，苄嘧磺隆属低毒。原药大鼠急性经口 LD_{50}>5 000 mg/kg，小鼠急性经口 LD_{50}>10 985mg/kg，兔急性经皮 LD_{50}>2 000mg/kg。大鼠急性吸入 LC_{50}>7.5mg/L。大鼠90d喂养试验无作用剂量为1 500mg/L，雌、雄小鼠90d喂养试验无作用剂量为300mg/L和3 000mg/L，狗为1 000mg/L。在试验条件下，对动物未发现致畸、致突变、致癌作用。鲤鱼（48h）LC_{50}>1 000mg/L，水蚤（48h）LC_{50}>100mg/L，蓝

鳃太阳鱼 LC_{50}（96h）＞150mg/L，虹鳟鱼 LC_{50}（96h）＞150mg/L。绿头鸭经口 LD_{50}＞2 510mg/kg，绿头鸭饲料 LC_{50}＞5 620mg/L，白喉鹑饲料 LC_{50}＞5 620mg/L，导致蜜蜂5%死亡率的剂量＞12.5μg/只。

作用特点：苄嘧磺隆是选择性内吸传导型除草剂。有效成分可在水中迅速扩散，经杂草根部和叶片吸收转移到各部，阻碍赖氨酸、异亮氨酸等的生物合成、抑制细胞的分裂和生长，导致敏感杂草死亡。有效成分进入水稻体内则迅速代谢为无害的惰性化学物，对水稻安全。在土壤中移动性小，温度、土质对其除草效果影响小。适用于水稻田防除阔叶杂草和莎草科杂草，如鸭舌草、眼子菜、节节菜、陌上菜、野慈姑、牛毛草、异型莎草、水莎草、碎米莎草、萤蔺等，对稗草有一定抑制作用。持效期40～50d，与后茬作物安全间隔期南方80d，北方90d。

制剂：10%、30%、32%苄嘧磺隆可湿性粉剂，30%、60%苄嘧磺隆水分散粒剂。

10%苄嘧磺隆可湿性粉剂

理化性质及规格：外观为浅棕色固体，相对密度1.41，悬浮剂储存稳定性良好。

毒性：按照我国农药毒性分级标准，10%苄嘧磺隆可湿性粉剂制剂属低毒。大鼠急性经口 LD_{50}＞5 000mg/kg，兔急性经皮 LD_{50}＞2 000mg/kg，大鼠急性吸入（4h）LC_{50}＞5.0 mg/L。对眼睛、皮肤无刺激作用。

使用方法：

1. 防除水稻移栽田杂草　水稻移栽后5～7d，每667m² 用10%苄嘧磺隆可湿性粉剂20～30g（有效成分2～3g），混药土均匀撒施或对水茎叶喷雾施药1次，施药后保持3～5cm浅水层7～10d，不排水、不串水。

2. 防除水稻抛秧田杂草　水稻抛秧后5～7d，每667m² 用10%苄嘧磺隆可湿性粉剂15～20g（有效成分1.5～2g），混药土均匀撒施一次。施药时保持浅水层，使杂草露出水面，施药后保持3～5cm浅水层7～10d，不排水、不串水。

3. 防除水稻直播田、秧田杂草　播种后至田间杂草2叶期以前，每667m² 用10%苄嘧磺隆可湿性粉剂15～20g（有效成分1.5～2g），混药土均匀撒施或对水茎叶喷雾施药1次。水稻秧苗出苗前晒田复水后施药。

注意事项：

1. 施药时稻田内必须有水层3～5cm，使药剂均匀分布，施药后7d内不排水、不串水，以免降低药效。

2. 不能与碱性物质混用，以免分解失效。

3. 适用于阔叶杂草及莎草为优势，稗草少的地块。

4. 推荐的每人每日每千克体重允许摄入量（ADI）为0.21mg。在土壤中半衰期依土壤类型不同而不同，为4～21周。在水中半衰期依pH不同而异，为15～40d。

吡 嘧 磺 隆

中文通用名称：吡嘧磺隆

英文通用名称：pyrazosulfuron - ethyl

其他名称：草克星

化学名称： 3－（4，6－二甲氧基嘧啶－2－基）－1－（1－甲基－4－乙氧基甲酰基吡唑－5－基磺酰脲）

化学结构式：

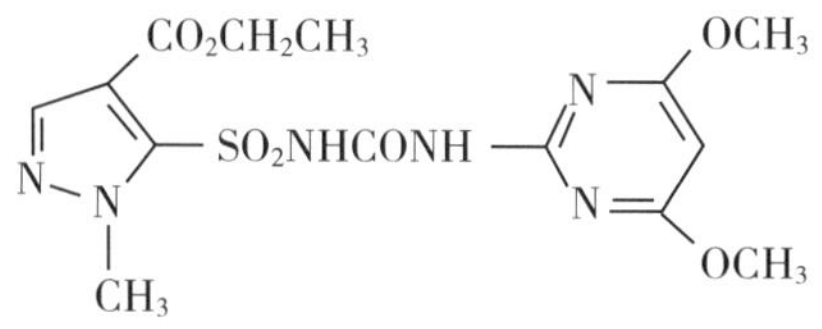

$CO_2CH_2CH_3$　OCH_3

N　$SO_2NHCONH$　N

N—N　N

CH_3　OCH_3

理化性质： 原药为无色晶体。熔点 181～182℃，密度 1.44g/cm³（20℃），蒸气压 14.7μPa（20℃）。溶解度（20℃）分别为水 14.5mg/L、丙酮 31.7mg/L、氯仿 234.4g/L、己烷 0.2g/L，甲醇 0.7g/L。50℃下可保存 6 个月，pH7 条件下相对稳定，酸碱介质中不稳定。

毒性： 按照我国农药毒性分级标准，吡嘧磺隆属低毒。大、小鼠急性经口 LD_{50}＞5 000 mg/kg；大鼠急性经皮 LD_{50}＞2 000mg/kg，雌、雄小鼠急性经皮 LD_{50} 分别为 1 279mg/kg 和 1 052mg/kg；急性吸入 LD_{50}＞3.9mg/L。对兔皮肤和眼睛无刺激作用。试验剂量内，对动物无致畸、致突变、致癌作用。虹鳟鱼和蓝鳃太阳鱼 LC_{50}（96h）＞180mg/L，鲤鱼 LC_{50}（48h）＞30mg/L，北美鹑急性经口 LD_{50}＞2 000mg/kg，蜜蜂接触 LD_{50} 100μg/只。对鱼、鸟、蜜蜂无毒害。

作用特点： 该药剂属内吸选择性水田除草剂。有效成分可在水中迅速扩散，被杂草的根部吸收后传导到植物体内，阻碍氨基酸的合成，迅速抑制杂草茎叶部的生长和根部的伸展，然后完全枯死。吡嘧磺隆对水稻安全，对水稻田异型莎草、水莎草、萤蔺、鸭舌草、水芹、节节菜、野慈姑、眼子菜、青萍、鳢肠等阔叶杂草和莎草科杂草防除效果较好，对稗草有一定防效，对千金子无效。

制剂： 7.5％、10％、20％吡嘧磺隆可湿性粉剂。

10％吡嘧磺隆可湿性粉剂

理化性质及规格： 外观为疏松的灰白色粉末，无团块，无味。pH 5.0～8.0，堆密度 0.523g/mL。

毒性： 按照我国农药毒性分级标准，10％吡嘧磺隆可湿性粉剂制剂属低毒。雌、雄大鼠急性经口 LD_{50}＞5 000mg/kg，急性经皮 LD_{50}＞2 000mg/kg，急性吸入 LC_{50}＞180mg/m³。对家兔皮肤、眼睛无刺激性。属于弱致敏物。

使用方法：

1. 防除水稻移栽田、抛秧田杂草　水稻移栽、抛秧后 3～7d，每 667m² 用 10％吡嘧磺隆可湿性粉剂 15～20g（有效成分 1.5～2g），混药土均匀撒施一次。施药时田间有水层 3～5 cm，药后保水 5～7d，但水层不可淹没稻苗心叶。

2. 防除直播水稻（南方）杂草　水稻播种后 5～20d，每 667m² 用 10％吡嘧磺隆可湿性粉剂 10～20g（有效成分 1～2g），混药土均匀撒施一次或对水茎叶喷雾施药一次。药土法施药时田间须有浅水层，保水 3～5d。

注意事项：

1. 移栽水稻田和南方直播水稻田安全间隔期为 80d，每季作物最多施药一次。东北地区莎草科杂草严重地块或防除多年生杂草宜施药 2 次。

2. 该药剂不可与呈碱性的农药等物质混合使用。

3. 可与除稗剂混用扩大杀草谱，但不得与氰氟草酯混用，两者施用间隔期至少 10d。

4. 不同品种水稻的耐药性有差异，早籼品种安全性好，晚稻品种相对敏感。应尽量避免在晚稻芽期施用，否则易产生药害。

5. 养鱼稻田禁用，应远离水产养殖区施药，施药后的田水不得直接排入水体。

乙 氧 磺 隆

中文通用名称：乙氧磺隆

英文通用名称：ethoxysulfuron

其他名称：太阳星

化学名称：3-（4，6-二甲氧基嘧啶-2-基）-1-（2-乙氧基苯氧磺酰基）脲

化学结构式：

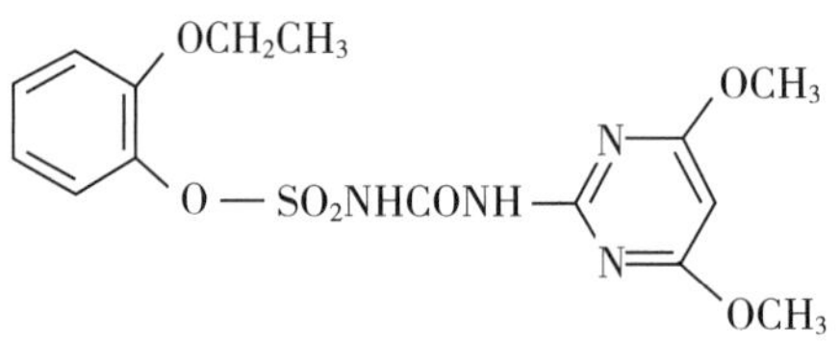

OCH_2CH_3　OCH_3　N　O — $SO_2NHCONH$ —　N　OCH_3

理化性质：外观为淡灰色细粉末。密度 $1.48g/cm^3$，熔点 141～147℃。溶解度分别为正己烷 0.0068g/L、甲苯 2.5g/L、丙酮 36g/L、二氯甲烷 107g/L、甲醇 7.7g/L、异丙醇 1.0g/L、乙酸乙酯 14.1g/L、二甲亚砜＞500g/L、水 26.4mg/L。

毒性：按照我国农药毒性分级标准，乙氧磺隆属低毒。大鼠急性经口 LD_{50}＞3 270mg/kg，急性经皮 LD_{50}＜4 000mg/kg。对兔的眼睛和皮肤均无刺激作用。野鸭 LD_{50}＞2 000mg/kg，北美鹑 LD_{50}＞2 000mg/kg。蚕（经口）LD_{50}＞5 000mg/kg，对蜂无毒。稻田水中半衰期 1.5～9d，表层水 30～31d。

作用特点：乙氧磺隆为分支链氨基酸合成（ALS 或 AHAS）抑制剂。其作用机制为通过阻断缬氨酸和异亮氨酸这两种基本氨基酸的生物合成，从而阻止细胞分裂和植物生长。乙氧磺隆具有很好的选择性，该药剂为防除稻田阔叶杂草和莎草的内吸选择性土壤兼茎叶除草剂，可防除鸭舌草、野荸荠、眼子菜、泽泻、鳢肠、矮慈姑、慈姑、长瓣慈姑、节节菜、耳叶水苋、水苋菜、四叶萍、小茨藻、水绵、日照飘拂草、异型莎草、碎米莎草、牛毛毡、水莎草、萤蔺等稻田杂草。

制剂：15%乙氧磺隆水分散粒剂。

15%乙氧磺隆水分散粒剂

理化性质及规格：外观为浅褐色细小的平滑颗粒，气味微酸。pH 9.2±1（1%蒸馏水悬浮液），水分 2%，湿润时间≤1min，无爆炸性危险，常温储存稳定性两年。

毒性：按照我国农药毒性分级标准，15%乙氧磺隆水分散粒剂属低毒。大鼠急性经口 LD_{50}＞5 000mg/kg，急性经皮 LD_{50}＜5 000mg/kg，急性吸入 LC_{50}＞3.26mg/L，对眼睛和皮肤均无刺激作用，无致敏作用。

使用方法：

1. 防除水稻移栽、抛秧田阔叶及莎草科杂草　水稻插秧或抛秧后，南方 4～6d、北方 5～10d后，杂草 2 叶期前，每 667m^2 用 15%乙氧磺隆水分散粒剂华南地区 3～5g（有效成分 0.45～0.75g）、长江流域 5～7g（有效成分 0.75～1.05g）、东北和华北地区 7～14g（有效成分 1.05～2.1g），对水茎叶喷雾施药或混药土均匀撒施 1 次。施药时有 3～5cm 水层，施药后保持 3～5cm 水层 7～10d，勿使水层淹没稻苗心叶。

2. 防除水稻直播田阔叶和莎草科杂草　直播水稻苗 2～4 叶期，每 667m^2 用 15%乙氧磺隆水分散粒剂华南地区 4～6g（有效成分 0.6～0.9g）、长江流域 6～9g（有效成分 0.9～1.35g）、东北华北地区 10～15g（有效成分 1.5～2.25g），对水茎叶喷雾施药或混药土均匀撒施 1 次。

注意事项：

1. 水稻整个生育期最多使用 1 次。

2. 乙氧磺隆活性高、用药量少，配药需用二次稀释法，做到拌药土均匀，施药均匀。

3. 严格按推荐的使用技术均匀施用，不得超范围使用，不宜栽前使用。盐碱地中采用推荐的下限用药量，施药 3d 后可换水排盐。

4. 防除大龄杂草和扁秆藨草等多年生杂草应采用推荐用药量的上限，并于杂草 1～3cm 高且尚未露出水面时施药；碱性土壤稻田要采用推荐用药量的下限。

5. 施药后 10d 内勿使田内药水外流、水层不能淹没稻苗心叶。

6. 该药剂对水生藻类有毒，远离水产养殖区施药。应避免其污染地表水、鱼塘和沟渠等。

氟 吡 磺 隆

中文通用名称：氟吡磺隆

英文通用名称：flucetosulfuron

其他名称：韩乐盛

化学名称：3-（4，6-二甲氧基嘧啶-2-基）-1-[2-氟-1-（甲氧基乙酰氧基）丙基-3-吡啶基] 磺酰脲

化学结构式：

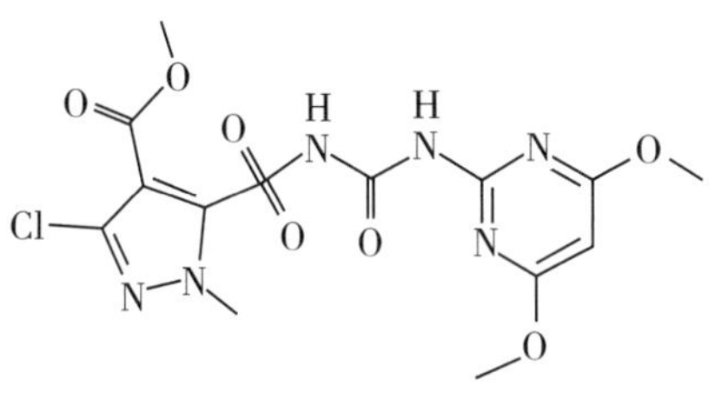

理化性质：原药有效成分含量 97%，外观为无嗅白色固体粉末。熔点 178～182℃，蒸气压 0.7mPa（25℃）。水中溶解度（25℃）114mg/L；有机溶液中溶解度分别为丙酮 22.9g/L、二氯甲烷 113g/L、乙醚 1.1g/L、乙酸乙酯 11.7g/L、二甲基甲酰胺 265g/L、二甲亚砜 211.7g/L、甲醇 3.8g/L、正己烷 0.006g/L。

毒性：按照我国农药毒性分级标准，氟吡磺隆属低毒。原药大鼠急性经口LD_{50}>1 000 mg/kg，急性经皮 LD_{50}>1 000mg/kg，急性吸入 LC_{50}>5.11mg/L。对眼睛有刺激作用。对

鱼、鸟无毒。

作用特点：该药剂属选择性内吸除草剂，可被根、茎、叶吸收并迅速传导到分生组织，阻碍支链氨基酸的生物合成，影响细胞分裂和生长，使杂草生长受阻。主要用于防除阔叶杂草和莎草科杂草。

制剂：10％氟吡磺隆可湿性粉剂。

10％氟吡磺隆可湿性粉剂

理化性质及规格：外观为白色固体粉末，pH 5.0～7.0，水分含量 0.8％，常温储存稳定性为两年。

毒性：按照我国农药毒性分级标准，10％氟吡磺隆可湿性粉剂属低毒。大鼠急性经口 LD_{50}＞5 000mg/kg，急性经皮 LD_{50}＞2 000mg/kg。对眼睛、皮肤无刺激作用

使用方法：

1. 防除水稻移栽田阔叶杂草及莎草科杂草　水稻移栽田杂草出苗前，每 667m^2 用 10％氟吡磺隆可湿性粉剂 13.3～20g（有效成分 1.33～2g），混药土均匀撒施，防除多种一年生杂草；或在杂草 2～4 叶期，每 667m^2 用该制剂 20～26.7g（有效成分 2～2.67g），混药土均匀撒施。

2. 防除水稻直播田阔叶和莎草科杂草　在水稻直播田苗后，每 667m^2 用 10％氟吡磺隆可湿性粉剂 13.3～20g（有效成分 1.33～2g），对水茎叶喷雾施药一次。

注意事项：

1. 每季作物最多使用 1 次。

2. 后茬仅可种植水稻、油菜、小麦、大蒜、胡萝卜、萝卜、菠菜、移栽黄瓜、甜瓜、辣椒、番茄、草莓、莴苣。

3. 施药时保持浅水层，并保水 3～5d。

醚　磺　隆

中文通用名称：醚磺隆

英文通用名称：cinosulfuron

其他名称：莎多伏

化学名称：3－（4，6－二甲氧基－1，3，5－三嗪－2－基）－1－［2－（2－甲氧基乙氧基）苯基］磺酰脲

化学结构式：

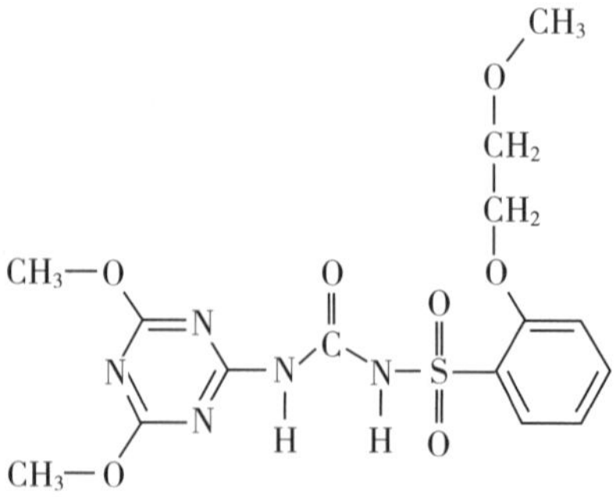

理化性质： 纯品为无色结晶粉，密度 1.47g/cm³（20℃），熔点 144.6℃，蒸气压 0.01mPa（25℃），水中溶解度（25℃）分别为 18mg/L（pH2.5）、82 mg/L（pH5）、3 700mg/L（pH7）。原药为米色结晶粉，含量 92%，pH 4（25℃），有机溶剂中的溶解度分别为乙醇 19g/L、丙酮 36g/L、二氯甲烷 9.5g/L、二甲基亚砜 320g/L。pH 3～5 时水解，pH7～10 时无明显分解现象，在稻田水中半衰期 19～48d，光解半衰期 80min，在土壤中半衰期 20d。

毒性： 按照我国农药毒性分级标准，醚磺隆属低毒。大鼠急性经口 LD_{50}＞5 000mg/kg，急性经皮 LD_{50}＞2 000mg/kg，急性吸入 LC_{50}＞5 000mg/m³。对兔皮肤和眼睛无刺激作用，对豚鼠无致敏作用。在试验条件下，无致畸、致癌和致突变作用。对鱼类和水生生物毒性很低，虹鳟鱼、鲤鱼、蓝鳃鱼、鲇鱼的（96h）LC_{50}＞100mg/L，水蚤（48h）EC_{50} 2 500 mg/L，绿藻 EC_{50}（72h）4.8mg/L。蜜蜂急性口服（48h）LD_{50}和急性接触（48h）LD_{50}均＞100μg/只。蚯蚓 LD_{50}为 1 000mg/kg。对鸟类低毒，日本鹌鹑和北京鸭 LD_{50}均＞2 000 mg/kg。

作用特点： 醚磺隆主要通过植物根系及茎部吸收，传导至叶部，植物叶面吸收很少。有效成分进入杂草体内后，通过输导组织传递至分生组织，阻碍缬氨酸及异亮氨酸的合成，从而抑制细胞分裂及生长。用药后，中毒的杂草不会立即死亡，但生长停止，5～10d 后植株开始黄化、枯萎，最后死亡。在水稻体内，醚磺隆可通过脲桥断裂、甲氧基水解、脱氨基及苯环水解后与蔗糖轭合等途径，最后代谢成无毒物，对水稻安全。醚磺隆在水稻叶片中半衰期为 3d，在水稻根中半衰期小于 1d，但由于醚磺隆水溶性大（水中溶解度 3.7g/L），在漏水田中，可能会随水集中到水稻根区，从而对水稻造成药害。醚磺隆能有效防除一年生阔叶杂草和莎草科杂草，如水苋菜、异型莎草、沟酸浆、鸭舌草、慈姑、萤蔺、尖瓣花、鲤肠、牛毛毡、水虱草、丁香蓼、眼子菜、陌上菜、小茨藻，对空心莲子草、碎米莎草、泽泻、节节菜等也有较好防效。醚磺隆对后茬作物安全性较好。

制剂： 10%醚磺隆可湿性粉剂。

10%醚磺隆可湿性粉剂

理化性质及规格： 外观为均匀的疏松细粉，无团块，pH6.0～9.0，细度≥98%，悬浮率≥80%，湿润性≤90s，水分≤2.0，常温储存稳定性为 2 年。

毒性： 按照我国农药毒性分级标准，10%醚磺隆可湿性粉剂属低毒。大鼠急性经口 LD_{50} 10 000mg/kg，急性经皮 LD_{50} 2 000mg/kg。对兔眼睛有轻微刺激对皮肤无刺激作用，属弱致敏物。

使用方法：

防除水稻移栽田阔叶及莎草科杂草　在插秧后 5～10d，秧苗已转青、其他杂草未发生前，每 667m² 用 10%可湿性粉剂 12～20g（有效成分 1.2～2g），拌细土 10～15kg，均匀撒施，田面保持水层 3～5cm、保水 3～5d。

注意事项：

1. 每季作物最多使用 1 次。

2. 由于醚磺隆的有效成分水溶性相当高，因此施药时要封闭进出水口，保持田水以保证防效。醚磺隆不宜用于渗漏性大的田块，否则会使有效成分向下移动，集中于稻根区，从而导致药害。

3. 中毒症状表现为对眼、皮肤、黏膜有刺激作用。如不慎吸入，应将病人移至空气流通处；若溅入眼睛，立即用大量清水冲洗至少 15min，仍有不适时，应立即就医。误服则应立即携带标签将病人送医院诊治。若摄入量大，病人十分清醒，可用吐根糖浆诱吐，还可在服用的活性炭泥中加入山梨醇。无特效解毒剂。

苯 磺 隆

中文通用名称： 苯磺隆

英文通用名称： tribenuron - methyl

其他名称： 巨星

化学名称： 2 - [4 -甲氧基- 6 -甲基- 1，3，5 -三嗪- 2 -基（甲基）氨基甲酰基氨基磺酰基] 苯甲酸或甲酯

化学结构式：

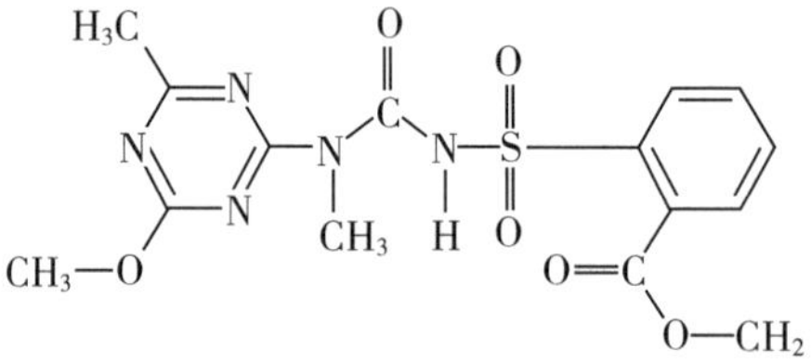

理化性质： 原药为白色固体粉末，有效成分含量 95%。密度 1.54g/cm^3，熔点 141℃，蒸气压 259.9×10^{-7} Pa。在水中溶解度 28mg/L（pH4）、50 mg/L（pH5）、280mg/L（pH6），在有机溶剂中的溶解度分别为丙酮 43.8mg/L、乙腈 54.2mg/L、四氯化碳 3.12mg/L、乙酸乙酯 17.5mg/L、己烷 0.028mg/L、甲醇 3.39mg/L。在 45℃ 时水解，pH8～10 稳定，但在 pH<7 或 pH>12 时迅速水解。原药常温储存稳定性 2 年以上。

毒性： 按照我国农药毒性分级标准，苯磺隆属低毒。原药大鼠急性经口 LD_{50}>5 000mg/kg，兔急性经皮 LD_{50}>2 000mg/kg，大鼠急性吸入 LC_{50}>5 000mg/m^3。对兔皮肤无刺激作用，对眼睛有轻度刺激，1d 后可恢复。鹌鹑和野鸭 LD_{50} 每千克饲料>5 620mg，蓝鳃鱼 LC_{50}（96h）> 1 000mg/kg。蜜蜂 LD_{50} > 100μg/只，蚯蚓 LD_{50}>1 299mg/kg（14d）。土壤中半衰期为 1～12d，取决于不同类型的土壤，在 pH5、pH7、pH9 的水中半衰期分别为 1d、3～16d 和 30d。

作用特点： 苯磺隆是内吸传导型芽后选择性除草剂。可被杂草茎叶、根吸收，并在体内传导，通过阻碍乙酰乳酸合成酶，抑制缬氨酸和异亮氨酸的生物合成，阻止细胞分裂，导致杂草死亡。阔叶杂草繁缕、荠菜、播娘蒿、麦瓶草、离子草、猪殃殃、碎米荠、雀舌菜、卷茎蓼等对苯磺隆敏感，泽漆、婆婆纳等中度敏感，对田旋花、鸭跖草、铁苋菜、萹蓄、刺儿菜等防效差。施药后 10～14d 杂草受到严重抑制作用，心叶逐渐褪绿坏死，叶片褪绿，一般在冬小麦用药后 30d 杂草逐渐整株枯死，未死植株生长受抑制，作用比较缓慢。苯磺隆在禾谷类作物如小麦体内迅速代谢为无活性物质，因此这类作物有很好的耐药性。在土壤中持效期 30～45d。

制剂：10%、75%苯磺隆可湿性粉剂，75%苯磺隆干悬浮剂，75%苯磺隆可分散粒剂，20%苯磺隆可溶粉剂，20%、25%苯磺隆可溶粉剂。

10%苯磺隆可湿性粉剂

理化性质及规格：外观为灰白色粉末，pH6～8，95%以上通过325目筛。悬浮率>60%，润湿时间≤2min，水分含量≤5.0%，54±2℃储存14d，分解率<10%。

毒性：按照我国农药毒性分级标准，10%苯磺隆可湿性粉剂属低毒。大鼠急性经口 LD_{50}>5 000mg/kg，兔急性经皮 LD_{50}>2 000mg/kg。

使用方法：

防除小麦田阔叶杂草 小麦2叶期至拔节期，阔叶杂草2～4叶期，冬小麦田每667m^2用10%苯磺隆可湿性粉剂9～15g（有效成分0.9～1.5g），春小麦田每667m^2用10%苯磺隆可湿性粉剂15～20g（有效成分1.5～2g），对水茎叶喷雾施药1次。

75%苯磺隆干悬浮剂

理化性质及规格：75%苯磺隆干悬浮剂为近白色粉末。密度0.645g/mL，pH 5，不易燃，不易爆，储存比较稳定。

毒性：按照我国农药毒性分级标准，75%苯磺隆干悬浮剂属低毒。大鼠急性经口 LD_{50}>5 000mg/kg，兔急性经皮 LD_{50}>2 000mg/kg。对皮肤无刺激作用，对兔眼睛刺激后7d恢复正常。

使用方法：

防除小麦田阔叶杂草 小麦2叶期至拔节期，一年生阔叶杂草2～4叶期，每667m^2用75%苯磺隆干悬浮剂0.9～1.7g（有效成分0.7～1.3g），对水茎叶喷雾施药1次。

注意事项：

1. 该药剂活性高，药量少，称量要准确。气温20℃以上时对水量不能少于25kg，随配随用。气温高于28℃应停止施药。沙质土有机质含量低，pH高，轮作花生、大豆的冬小麦田宜冬前施药。春季施药不宜过晚，对阔叶作物安全间隔期为90d。避免在干燥低温（10℃以下）施药，以免影响药效。

2. 施药时要注意防止药液飘移到敏感的阔叶作物上，以免发生药害。

3. 勿在间种或邻近敏感作物的麦田使用。

4. 勿用超低容量喷雾。

5. 如误服可在饮1～2杯水后，以手指抠喉咙引吐，并请医生治疗。误吸后将人移至空气流通处，并请医生治疗。

甲 基 二 磺 隆

中文通用名称：甲基二磺隆

英文通用名称：mesosulfuron - methyl

其他名称：世玛

化学名称：2-[3-(4，6-二甲氧基嘧啶-2-基）脲磺酰]-4-甲磺酰胺甲基苯甲酸甲酯

化学结构式：

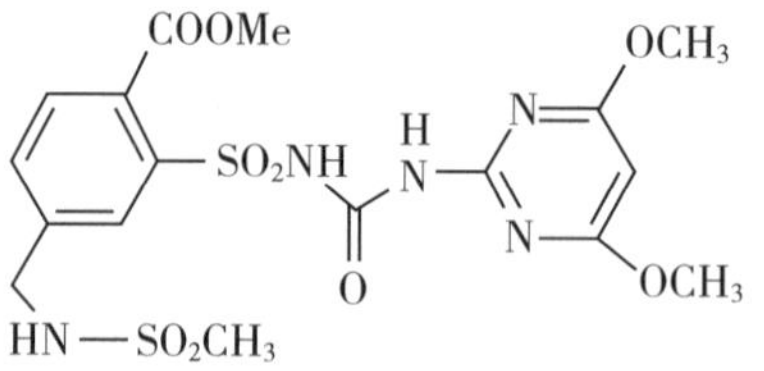

COOMe
OCH_3
SO_2NH　H N
N
N
O
OCH_3
$HN—SO_2CH_3$

理化性质：原药有效成分含量 93%，外观为乳白色细粉，具有轻微辛辣气味。密度 $1.48g/cm^3$，熔点 195.4℃。溶解度（20～25℃）分别为水 $2.14\times10^{-2}\pm0.17\times10^{-2}$g/L、异丙醇 9.6×10^{-2}g/L、丙酮 13.66g/L、乙腈 8.37g/L、正己烷 $<2.29\times10^{-4}$g/L、乙酸乙酯 2.03g/L、甲苯 1.26×10^{-2}g/L。

毒性：按照我国农药毒性分级标准，甲基二磺隆属低毒。原药大鼠急性经口 $LD_{50}>$5 000mg/kg，急性经皮 $LD_{50}>$5 000mg/kg，急性吸入 $LC_{50}>$1 330mg/m^3；对兔皮肤无刺激性，对兔眼睛有轻微刺激性。对豚鼠皮肤无致敏性。

作用特点：该药剂是乙酰乳酸合成酶的抑制剂。杂草叶片吸收药剂后立即停止生长，逐渐枯死。可防除硬草、早熟禾、碱茅、棒头草、看麦娘、茵草、毒麦、多花黑麦草、野燕麦、牛繁缕、荠菜等麦田多数一年生禾本科杂草和部分阔叶杂草，对雀麦、节节麦、偃麦草等禾本科杂草也有较好控制效果。在土壤中残效期短。

制剂：30g/L 甲基二磺隆油悬浮剂。

30g/L 甲基二磺隆油悬浮剂

理化性质及规格：外观为具有芳香气味的褐色液体。pH 5.9，水分 0.11%，密度 $1.036g/cm^3$，黏度 $146mm^2/s$，无爆炸性，常温储存稳定性至少 2 年。

毒性：按照我国农药毒性分级标准，30g/L 甲基二磺隆油悬浮剂属低毒。大鼠急性经口 $LD_{50}>$2 000mg/kg，急性经皮 $LD_{50}>$5 000mg/kg。对兔皮肤和眼睛有刺激性，对豚鼠皮肤无致敏性。

使用方法：

防除小麦田杂草　在小麦 3～5 叶期，杂草 2～5 叶期，每 $667m^2$ 用 30g/L 甲基二磺隆油悬浮剂 20～35mL（有效成分 0.6～1g），对水茎叶喷雾施药 1 次。

注意事项：

1. 冬小麦整个生育期最多使用 1 次。

2. 严格按推荐的使用技术施用，不得超范围使用。有些春小麦和角质（强筋或硬质）型小麦品种（如扬麦 158、豫麦 18、济麦 20 等）对该药剂敏感，使用前须先进行小范围安全性试验验证。该药剂施用后有蹲苗作用，某些小麦品种可能出现黄化或矮化现象，小麦返青起身后黄化自然消失，麦田套种下茬作物时，应于小麦拔节 55d 以后进行。

3. 严禁提高剂量，不要重喷。一般以冬前使用为宜，靶标杂草基本出齐苗后用药越早越好。冬季低温霜冻期、小麦拔节期、大雨前，低洼积水或遭受涝害、冻害、盐碱害、病害等胁迫的小麦田不宜施用。施用前后 2d 内不可大水漫灌麦田，以确保药效，避免药害。

4. 不宜与 2，4-滴混用，以免发生药害。该剂储藏后，可能出现分层现象，使用前用力摇匀后配制药液，不影响药效。施药后 2～4 周杂草死亡。施用 8h 后降雨一般不影响药效。

氟 唑 磺 隆

中文通用名称：氟唑磺隆

英文通用名称：flucarbazone - sodium

其他名称：彪虎

化学名称：1H－1，2，4－三唑－1－氨甲酰，4，5－2H－3－甲氧基－4－甲基－5－O－N－[[2－（三氟甲氧）苯]磺酰]－钠盐

化学结构式：

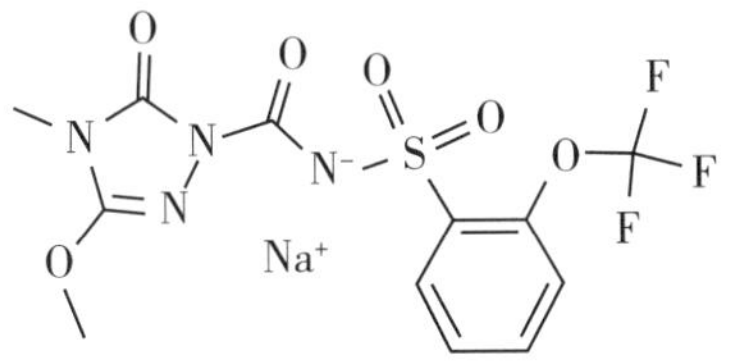

理化性质：原药有效成分含量 95%，外观为无嗅、无色的结晶粉末，密度 1.59g/cm^3（20℃）。200℃时开始分解。有机溶剂中溶解度（20℃、g/L）分别为正庚烷、二甲苯＜0.1，二氯甲烷 0.72，异丙醇 0.27，二甲亚砜＞250，丙酮 1.3，乙腈 6.4，聚乙烯乙二醇 48。

毒性：按照我国农药毒性分级标准，氟唑磺隆属低毒。原药大鼠急性经口LD_{50}＞5 000 mg/kg；急性经皮 LD_{50}＞5 000mg/kg。人体每日每千克体重允许摄入量 0.04mg，对皮肤、眼睛无刺激作用。对鱼、鸟低毒。

作用特点：该药剂属乙酰乳酸合成酶抑制剂。施药后通过杂草的叶、茎、根吸收，使杂草褪绿、枯萎、最后死亡。落入土壤中的药剂仍有活性，通过根吸收对施药后长出的杂草也有效。可用于小麦田防除野燕麦、雀麦、看麦娘等禾本科杂草和部分阔叶杂草。

制剂：70%氟唑磺隆水分散粒剂。

70%氟唑磺隆水分散粒剂

理化性质及规格：70%氟唑磺隆水分散粒剂为固体，褐色颗粒状，有淡淡霉味。密度为 2.06～2.18g/cm^3。

毒性：按照我国农药毒性分级标准，70%氟唑磺隆水分散粒剂属低毒。雄、雌大鼠急性经口 LD_{50} ＞ 5 000mg/kg，急性经皮 LD_{50} ＞ 2 000mg/kg，急性吸入（4h）LC_{50} ＞5 113mg/m^3。对兔的角膜和虹膜有中等刺激，24h 后消退；对皮肤无刺激。对豚鼠不致敏。

使用方法：

防除小麦田杂草　小麦 2～4 叶期、杂草 1～3 叶期，春小麦田每 667m^2 用 70%氟唑磺隆水分散粒剂 1.9～2.9g（有效成分 1.33～2g）；冬小麦田每 667m^2 用 70%氟唑磺隆水分散粒剂 3～4g（有效成分 2.1～2.8g），对水茎叶喷雾施药 1 次。

注意事项：

1. 该药剂每季最多使用1次。

2. 勿在套种或间作大麦、燕麦、十字花科作物及豆科作物的小麦田使用。要慎重选择后茬作物，小扁豆的安全间隔期为24个月，豌豆的安全间隔期为11个月，红花、大豆、甜菜、向日葵、大麦、油菜、菜豆、亚麻、马铃薯的安全间隔期为9个月，硬质小麦的安全间隔期为4个月，玉米、水稻、棉花和花生的安全间隔期为2个月。

3. 在干旱、低温、冰冻、洪涝、肥力不足及病虫害侵扰等不良条件下，不宜使用。在持续低温、霜冻、洪灾极端条件下施用该药剂，小麦可能表现出失绿、变黄、节间变短等不良症状，但不影响小麦的最终产量。

4. 冬小麦区在晚秋或初冬施药时，应注意选择冷尾暖头天气用药，最好在气温高于8℃时施药；1h内预测有雨，应暂缓用药。勿在8℃以下低温及干旱等不良气候条件下施药。

5. 可根据当地小麦田杂草种类与发生分布规律，选择性地与苯磺隆、2，4-D、2甲4氯、氯氟吡氧乙酸等除草剂混用以扩大杀草谱。

单 嘧 磺 隆

中文通用名称：单嘧磺隆

其他名称：麦谷宁

化学名称：2-（4-甲基嘧啶基）苯磺酰脲

化学结构式：

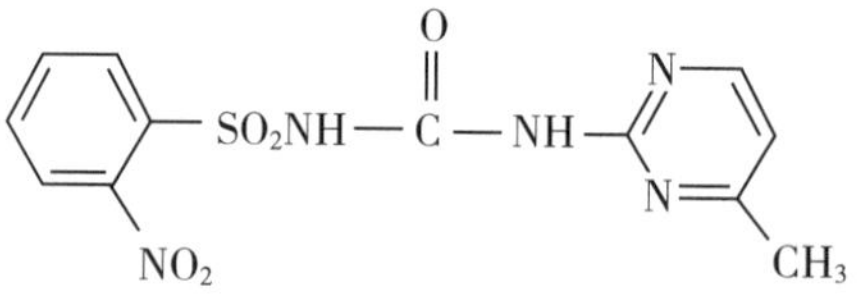

O
$SO_2NH—C—NH$
N N
NO_2 CH_3

理化性质：原药有效成分含量90%，外观淡黄色或白色粉末。熔点191～191.3℃。不溶于大多数有机溶剂，易溶于N，N-二甲基甲酰胺，微溶于丙酮，碱性条件下可溶于水。

毒性：按照我国农药毒性分级标准，单嘧磺隆属低毒。原药大鼠急性经口毒性 LD_{50}>2 000mg/kg，急性经皮 LD_{50}>4 640mg/kg。对兔眼睛、皮肤无刺激性，无致畸、致突变作用。

作用特点：单嘧磺隆由植物初生根及幼嫩茎叶吸收，通过抑制乙酰乳酸合成酶以阻止支链氨基酸的合成，导致杂草死亡。该药剂具有用量低、毒性低等优点，可用于小麦田防除反枝苋、马齿苋、铁苋菜、藜等阔叶杂草。

制剂：10%单嘧磺隆可湿性粉剂。

10%单嘧磺隆可湿性粉剂

理化性质及规格：外观为疏松的白色粉末，无团块。pH 6.0～8.0。不可与碱性农药混用。

毒性：按照我国农药毒性分级标准，10%单嘧磺隆可湿性粉剂属低毒。大鼠急性经皮 LD_{50}>5 000mg/kg。

使用方法：

防除冬小麦田阔叶杂草　在冬小麦田杂草 2～5 叶期，每 667m^2 用 10%单嘧磺隆可湿性粉剂 30～40g（有效成分 3～4g），对水均匀定向茎叶喷雾施药一次。

注意事项：

1. 冬小麦一个生长季内最多施用 1 次，请勿随意增加使用量或使用次数。

2. 禁止在阔叶作物田使用。

3. 该药剂不可与碱性农药等物质混用。

4. 使用该药剂后，后茬可以种植玉米、谷子等作物，严禁种植油菜等十字花科作物，也不宜种植旱稻、苋菜、高粱、棉花等作物。

5. 单嘧磺隆对鱼、蚕、水生动物有毒，应避免在养蚕区或靠近水源的地方使用。

甲　磺　隆

中文通用名称：甲磺隆

英文通用名称：metsulfuron－methyl

其他名称：合力

化学名称：3－（4－甲氧基－6－甲基－1，3，5－三嗪－2－基）－1－（2－甲氧基甲酰基苯基）磺酰脲

化学结构式：

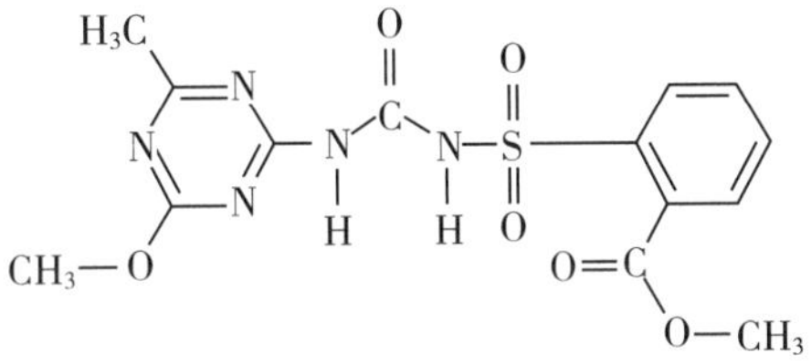

理化性质：甲磺隆纯品为无色晶体。密度 1.47g/cm^3，熔点 158℃，蒸气压 3.3×10^{-7} mPa（25℃）。水中溶解度随 pH 而变化，pH 5 时 1.1g/L，pH 7 时 9.5 g/L；在有机溶剂中的溶解度（20℃）分别为己烷 0.79mg/L、二甲苯 580mg/L、二氯甲烷 121g/L、丙酮 36g/L、甲醇 7.3 g/L、乙醇 2～3g/L。在酸性溶液中水解。

毒性：按照我国农药毒性分级标准，甲磺隆属低毒。大鼠急性经口 LD_{50}＞2 000mg/kg，急性吸入（4h）LC_{50}＞5 300mg/m^3。对兔皮肤和眼睛有中等刺激。繁殖试验未见异常。在试验剂量内，未见对动物有致畸、致突变及致癌作用。对鱼及水生生物低毒，虹鳟鱼、蓝鳃鱼及水蚤 LC_{50}＞150mg/L。对鸟低毒，野鸭及美洲鹌鹑 LC_{50}＞5 620mg/kg。

作用特点：甲磺隆是内吸传导型除草剂，可被植物的根、茎、叶吸收，在体内向上和向下传导。茎叶处理时，掉落到土壤中的药液雾滴仍能不断被植物吸收而发挥除草作用。甲磺隆通过抑制乙酰乳酸合成酶（ALS）的活性，导致缬氨酸、亮氨酸和异亮氨酸缺乏，影响植株细胞有丝分裂，造成杂草生长停止，最后死亡。耐药的作物如小麦吸收甲磺隆后，在体内进行苯环羟基化作用，羟基化合物与葡萄糖形成轭合物，从而丧失活性而表现选择性。甲磺隆在土壤中通过水解与微生物降解而消失，半衰期 4 周左右，在酸性土壤中分解较快。土壤对甲磺隆的吸附作用小，淋溶性较强，其持效期根据不同土壤类别、pH 和温湿度而不同。

甲磺隆能防除小麦田的一年生双子叶杂草，如荠菜、地肤、鼬瓣花、麦家公、野芝麻、麦瓶草、藜、荞麦蔓、钝叶酸模、猪毛菜、繁缕、苣荬菜、堇菜、播娘蒿等；黑麦菜、菵草等禾草以及刺儿菜等多年生杂草对该药剂也较敏感。部分草原草和道边杂草和灌木，如白蜡树、槭树、矢车菊、车轴草、蒲公英等对甲磺隆敏感。

制剂：60%甲磺隆水分散粒剂，10%、60%甲磺隆可湿性粉剂。

10%甲磺隆可湿性粉剂

理化性质及规格：10%甲磺隆可湿性粉剂由有效成分加填料和湿润剂等组成。外观为灰白色松散粉末，pH 6～8，细度为95%以上通过325目（44μm）筛，悬浮率≥60%，润湿时间<2min，水分≤0.5%～5%，热储存质量保证期为2年。

毒性：按照我国农药毒性分级标准，10%甲磺隆可湿性粉剂属低毒。大鼠急性经口LD_{50}>10 000mg/kg。

使用方法：

防除小麦田阔叶杂草　在小麦播后苗前或苗后早期，每667m^2用10%甲磺隆可湿性粉剂4～8g（有效成分0.4～0.8g），对水土壤喷雾施药一次。

注意事项：

1. 该药剂仅限于长江流域及其以南、土壤酸性（pH<7）、稻麦轮作区的冬小麦田冬前使用。严格掌握使用剂量。禁止在低温、少雨、pH>7的冬小麦田使用。使用过甲磺隆的田块后茬不宜作为水稻秧田与直播田，也不能种植其他作物，只能种植移栽水稻或抛秧水稻。药后150d种植移栽稻较安全。
2. 低温寒流前夕或麦苗冻害后勿用。
3. 间套有其他作物的冬小麦田禁用本品。
4. 该药剂在土壤中的持效期长，每季最多使用1次。
5. 甲磺隆人体每日每千克体重允许摄入量（ADI）为0.25mg。美国规定在谷粒中的最高残留限量为0.05mg/kg。
6. 如误服该药剂而发生中毒，不要用药物引吐，应饮大量水催吐，并立即送医院对症治疗。

氯　磺　隆

中文通用名称：氯磺隆

英文通用名称：chlorsulfuron

其他名称：绿磺隆

化学名称：3-（4-甲氧基-6-甲基-1，3，5-三嗪-2-基）-1-（2-氯苯基）磺酰脲

化学结构式：

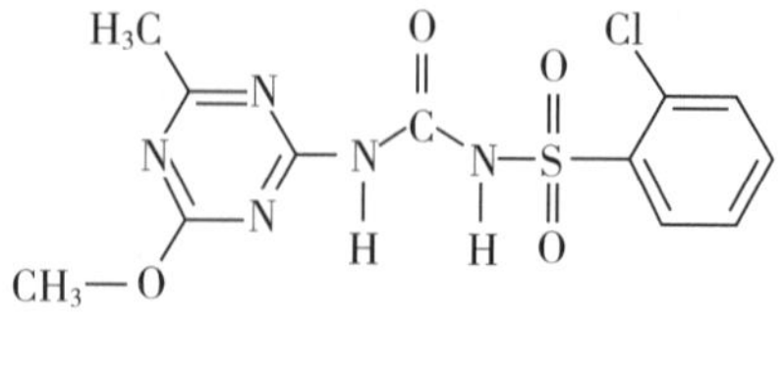

H_3C, N, N, N, O, C, N, N, H, H, S, O, O, Cl, CH_3—O

理化性质：纯品为无色晶体，熔点 174～178℃，蒸气压 3×10^{-6}mPa（25℃）。水中溶解度（25℃）分别为 100～125mg/L（pH 4.1）、300mg/L（pH 5）、7.9g/L（pH 7）；有机溶剂（22℃）则丙酮 57g/L、二氯甲烷 102g/L、己烷 10mg/L、甲醇 14g/L、甲苯 3g/L。干燥情况下对光稳定，在极性有机溶剂中加速分解。原药（有效成分含量>90%）外观为白色至淡灰色粉末。

毒性：按照我国农药毒性分级标准，氯磺隆属低毒。原药大鼠急性经口 LD_{50} 为 5 545～6 293mg/kg，急性经皮 LD_{50} 为 10 000mg/kg。对兔眼睛有轻微刺激性，对皮肤无刺激性。在动物试验中无致突变、致畸和致癌作用。野鸭和鹌鹑 LC_{50}>5 000mg/kg（饲料）（8d），蓝鳃鱼和虹鳟鱼 LC_{50}>250mg/L（96h）。

作用特点：氯磺隆属内吸选择性除草剂，植物根、茎、叶均可吸收，以茎、叶吸收速度较快，掉落土壤中的药液也能被根部吸收而发挥除草作用。存在于叶绿体基质中的乙酰乳酸合成酶是氯磺隆在植物体内的主要作用靶标酶。氯磺隆在极低浓度下，即可中止该酶活性，继而发生磺酰脲类除草剂的专化反应。而抗性植物如小麦等则将 95%以上的氯磺隆代谢形成 5－OH 基代谢物，并迅速与葡萄糖轭合成不具活性的 5－糖苷轭合物。氯磺隆在小麦叶片内的半衰期仅 2～3h，这种快速代谢作用是小麦等植物具有高度抗性的原因；而敏感植物处理 24h 后，叶片内氯磺隆 97%仍以原药存在，仅形成微量代谢物。上述两方面是氯磺隆选择性作用的生理基础。

氯磺隆在土壤中残留及持效期差异较大，尤其是水溶性（pH7 时的水溶性为 5 时的 5 倍）影响很大。此外，氯磺隆分子中的脲桥极易水解，不同地区土壤类型、降雨量不同，尤其是 pH 的不同，会导致降解速度不同，pH 6 时的水解速度是 pH 8 时的 15 倍。pH 上升吸附作用下降，故导致在土壤中淋溶性较强，在黑土中最大淋溶深度可达 24～26cm。氯磺隆活性高，但作用部位单一，因而连续使用后，形成抗性杂草的速度也比较快。国外已有抗氯磺隆的看麦娘、千金子和繁缕出现，而且对咪唑啉酮、磺酰胺类、取代脲类等除草剂也有抗性。我国仅限于长江流域及其以南、土壤酸性（pH<7）、稻麦轮作区的小麦田使用。在麦田应用可有效防除猪殃殃、大巢菜、婆婆纳、牛繁缕、碎米荠、藜、蓼、野老鹳草、苍耳、萹蓄等多种阔叶杂草，也能防除看麦娘、日本看麦娘等禾本科杂草，但对硬草、菵草、野燕麦、刺儿菜、王不留行等防效差。

制剂：10%、20%、25%氯磺隆可湿性粉剂，25%、75%氯磺隆水分散粒剂。

25%氯磺隆可湿性粉剂

理化性质及规格：25%氯磺隆可湿性粉剂由 25%的氯磺隆加载体、表面活性剂组成。外观为灰白色松散粉末，pH 6～8，细度为 95%以上通过 325 目（44μm）筛，悬浮率≥65%，润湿时间≤120s。在常温条件下储存稳定在 2 年以上。

毒性：按照我国农药毒性分级标准，25%氯磺隆可湿性粉剂属低毒。大鼠急性经口 LD_{50} 9 200～10 800mg/kg，急性经皮 LD_{50} 10 000mg/kg。

使用方法：

防除小麦田杂草　小麦播种后出苗前，或小麦 2～3 叶期（长江流域为 11 月中下旬），每 667m^2 用 25%氯磺隆可湿性粉剂 2～2.4g（有效成分 0.5～0.6g），对水喷雾，施药一次。

注意事项：

1. 氯磺隆仅限于长江流域及其以南、土壤酸性（pH＜7）、稻麦轮作区的小麦田使用。禁止在低温、少雨、土壤碱性（pH＞7）的麦田使用。使用时必须严格按照批准的剂量使用。仅限于小麦田冬前使用。后茬只能种植移栽水稻，不能种植其他作物。

2. 土壤中氯磺隆含量为 $0.1\times10^{-9}\sim0.2\times10^{-9}$ 时，将使水稻株高和根长受到抑制，植株根呈鸡爪状。氯磺隆处理过的麦田，不宜作秧田、直播田和小苗秧田。

3. 作物苗期（1～5 叶）施药遇低温、干旱或涝洼地、病虫为害会造成药害。地面结冻或覆盖冰雪，以及风蚀时，不可使用氯磺隆。

4. 用有机磷类杀虫剂（乙拌磷）处理的地块，不宜使用氯磺隆。

5. 氯磺隆可与 2 甲 4 氯、2，4－D、敌草隆、百草敌、野燕枯等除草剂混用。与液体肥料混用时，表面活性剂会使氯磺隆对作物的安全性下降。小麦苗后 2～4 叶期，与马拉硫磷、对硫磷混用处理，遇低温可能会造成药害。

烟嘧磺隆

中文通用名称： 烟嘧磺隆

英文通用名称： nicosulfuron

其他名称： 玉农乐

化学名称： 3－（4，6－二甲氧基嘧啶－2－基）－1－（3－二甲基氨基甲酰吡啶－2－基）磺酰脲

化学结构式：

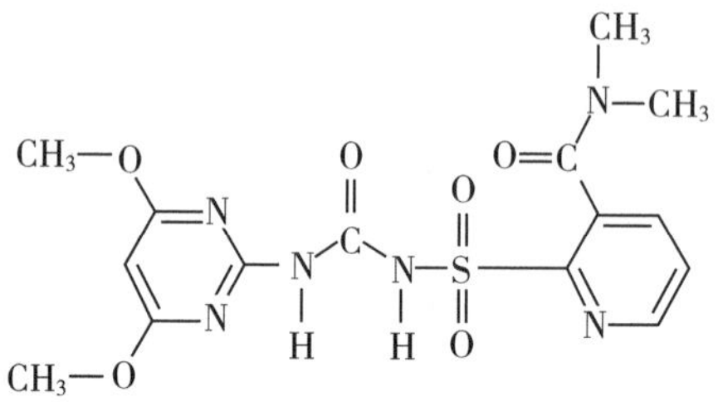

理化性质： 原药为白色固体，密度 $1.4113g/cm^3$（20℃），熔点 169～172℃，蒸气压小于 992.2×10^{-5} Pa（20℃）。水中（20℃）溶解度分别为 0.4g/L（pH 5）、120g/L（pH 6.8）、39.2g/L（pH 8.8）；有机溶剂（20℃）则丙酮 18.0g/L，乙腈 23.0g/L，氯仿、二甲基甲酰胺 64.0g/L，二氯甲烷 160g/L，乙醇 4.5g/L，己烷＜20mg/L，甲苯 70g/L。

毒性： 按照我国农药毒性分级标准，烟嘧磺隆属低毒。原药大鼠急性经口 LD_{50}＞5 000 mg/kg，急性经皮 LD_{50}＞ 2 000mg/kg，急性吸入 LC_{50}＞5 470mg/m^3。对眼睛和皮肤无刺激性，对皮肤无致敏作用。在试验剂量内，对试验动物无致突变、致畸和致癌作用。鲤鱼 LC_{50}（96h）＞105mg/L，虹鳟鱼 LC_{50}（96h）＞105mg/L。蜜蜂急性经口 LD_{50} 76μg /只，鹌鹑急性经口 LD_{50}＞2 000mg/kg，野鸭急性经口 LD_{50}＞2 000mg/kg。

作用特点： 药剂由植物茎叶及根部吸收，通过木质部和韧皮部迅速进行传导，抑制乙酰乳酸合成酶活性，从而阻碍支链氨基酸的合成。杂草吸收药剂后会很快停止生长，生长点褪绿白化，并逐渐扩展到其他茎叶部分。一般在施药后 3～4d 可以看到杂草受害症状，而整株植株枯死需 20d 左右，杂草枯死后呈赤褐色。烟嘧磺隆可用于春玉米、夏玉米田防除马唐、

牛筋草、狗尾草、野高粱、野黍、反枝苋、藜等杂草，对本氏蓼、马齿苋、龙葵、田旋花、苣荬菜等有较好的抑制作用，但对铁苋菜、萹蓄防效差。持效期30～35d。

制剂：40g/L、8%、10%烟嘧磺隆可分散油悬浮剂，40g/L烟嘧磺隆悬浮剂，75%烟嘧磺隆水分散粒剂，80%烟嘧磺隆可湿性粉剂。

40g/L烟嘧磺隆可分散油悬浮剂

理化性质及规格：外观为淡黄色黏稠悬浊液体。相对密度0.958（20℃），pH4.43，粒度<75μm，在1%（v/v）水悬液内悬浮率100%，闪点>200℃。冷、热稳定，常温储存2年稳定。

毒性：按照我国农药毒性分级标准，40g/L烟嘧磺隆悬浮剂属低毒。大鼠急性经口LD_{50}>5 000mg/kg，急性经皮LD_{50}>2 000mg/kg，急性吸入LC_{50}>1.18mg/L。对兔的皮肤和眼睛无刺激性，无致敏作用。鲤鱼LC_{50}（96h）47.3mg/L，虹鳟鱼LC_{50}49mg/L。

使用方法：

防除玉米田杂草　玉米3～5叶期，杂草2～5叶期每667m^2用40g/L烟嘧磺隆悬浮剂67～100mL（有效成分2.7～4g），对水茎叶喷雾施药一次。

75%烟嘧磺隆水分散粒剂

理化性质及规格：外观为能自由流动，基本无粉尘，无可见的外来杂质和硬团块的略带黄色柱状颗粒。pH 4.0～7.0，原包装常温储存2年以上，有效成分无变化。

毒性：按照我国农药毒性分级标准，75%烟嘧磺隆水分散粒剂属低毒。雄、雌大鼠急性经口LD_{50}>5 000mg/kg，急性经皮LD_{50}>2 150 mg/kg。对兔眼、皮肤无刺激性，弱致敏性。

使用方法：

防除玉米田杂草　玉米苗3～5叶期，杂草2～4叶期，每667m^2用75%水分散粒剂3.5～5.3g（有效成分2.6～4g），对水茎叶喷雾施药1次。

注意事项：

1. 不同玉米品种对烟嘧磺隆的敏感性有差异，其安全性顺序为马齿型>硬质玉米>爆裂玉米>甜玉米。除了玉米自交系、甜玉米、糯玉米和爆裂玉米对烟嘧磺隆敏感之外，个别普通马齿型玉米也对烟嘧磺隆较敏感，一般玉米2叶期前及10叶期以后对该药剂敏感。

2. 后茬不宜种植小白菜、甜菜、菠菜等敏感作物，避免药害，在粮菜间作或轮作地区慎用。

3. 用有机磷药剂处理过的玉米对该药剂敏感。两药剂的使用间隔期为7d左右。烟嘧磺隆可与菊酯类药剂混用。

4. 施药6h后下雨，对药效无明显影响，不必重喷。

5. 在玉米中最高残留限量（MRL）为0.02mg/kg，最高使用剂量为每667m^2用有效成分4g，最多应用一次，安全间隔期30d。

6. 避开高温用药，上午10点以前下午4点以后用为宜。

噻吩磺隆

中文通用名称：噻吩磺隆

英文通用名称： thifensulfuron-methyl

其他名称： 阔叶散

化学名称： 3－（4－甲氧基－6－甲基－1，3，5－三嗪－2－甲氧基甲酰基噻吩－3－基）磺酰脲

化学结构式：

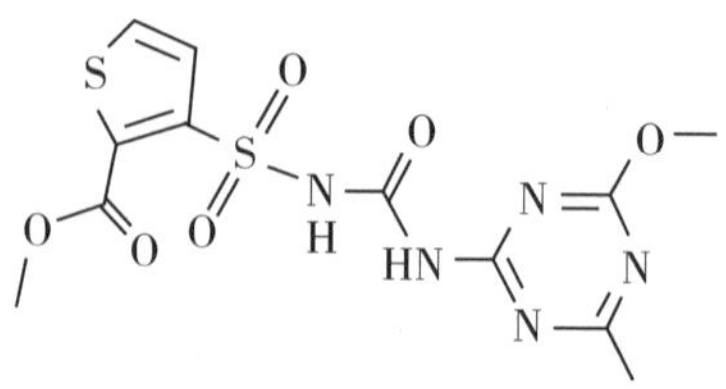

理化性质： 外观为无色无味晶体。熔点176℃，蒸气压为 1.7×10^{-5} mPa（25℃），密度为1.49 g/cm^3。水中溶解度（25℃）分别为230mg/L（pH5）、6 270mg/L（pH7）；有机溶剂（25℃）则分别为己烷<0.1g/L，二甲苯0.2g/L，乙醇0.9g/L，甲醇、乙酸乙酯2.6g/L，乙腈7.3g/L，丙酮11.9g/L，二氯甲烷27.5g/L。55℃下稳定，中性介质中稳定。

毒性： 按照我国农药毒性分级标准，噻吩磺隆属低毒。大、小鼠急性经口 LD_{50}>5 000mg/kg，兔急性经皮 LD_{50}>2 000mg/kg，大鼠急性吸入 LC_{50}（4h）>7 900mg/m^3。对兔眼睛中度刺激（接触后1d内恢复正常），对豚鼠皮肤无刺激，无过敏性。蓝腮翻车鱼和虹鳟鱼 LC_{50}>100mg/L（96h），水蚤 LC_{50} 1g/L（48h），蜜蜂 LD_{50}>12.5μg/只。

作用特点： 该药剂属选择性内吸传导型除草剂，是侧链氨基酸合成抑制剂。噻吩磺隆阔叶杂草茎、叶与根系迅速吸收并转移到体内分生组织，通过抑制缬氨酸、亮氨酸、异亮氨酸的生物合成，从而阻止细胞分裂，达到防除杂草的目的。若芽后处理，则敏感植物停止生长并在7～21d内死亡。表面活性剂可提高噻吩磺隆对阔叶杂草的活性。该药剂在土壤中有氧条件下能迅速被微生物分解。大豆、小麦、玉米等作物均对噻吩磺隆有耐药性，在正常施用量下安全。该药剂主要用于小麦田、玉米田、大豆田、花生田防除阔叶杂草，如反枝苋、马齿苋、播娘蒿、荠菜、猪毛菜、猪殃殃、婆婆纳、牛繁缕等，但对刺儿菜、田旋花等防效不显著。

制剂： 10％、15％、20％、25％噻吩磺隆可湿性粉剂，75％噻吩磺隆水分散粒剂，75％噻吩磺隆干悬浮剂。

15％噻吩磺隆可湿性粉剂

理化性质及规格： 外观为灰白色疏松粉末，无团块。pH为5.0～8.0，悬浮率≥70％，水分≤3.0％，常温储存稳定性2年。

毒性： 按照我国农药毒性分级标准，15％噻吩磺隆可湿性粉剂属低毒。大鼠急性经口 LD_{50}>5 000mg/kg，兔急性经皮 LD_{50}>2 000mg/kg。对眼睛、皮肤有刺激作用，一般不会引起全身中毒。

使用方法：

1. 防除冬小麦田阔叶杂草　冬小麦3叶期至拔节期或春季起身至拔节期，一年生阔叶杂草2～4叶期，每667m^2 用15％噻吩磺隆可湿性粉剂10～15g（有效成分1.5～2.25g），对水茎叶喷雾施药1次。

2. 防除夏玉米田阔叶杂草 玉米播后苗前或玉米 3～4 叶期，每 667m^2 用 15%噻吩磺隆可湿性粉剂 10～12g（有效成分 1.5～1.8g），对水土壤喷雾施药 1 次。

3. 防除大豆田阔叶杂草 大豆播后苗前，春大豆每 667m^2 用 15%噻吩磺隆可湿性粉剂 10～15g（有效成分 1.5～2.25g），夏大豆每 667m^2 用 15%噻吩磺隆可湿性粉剂 8～12g（有效成分 1.2～1.8g），对水土壤喷雾施药 1 次。在垅带及地膜覆盖区施药时，用药量应酌减。

4. 防除花生田阔叶杂草 在花生播后苗前，每 667m^2 用 15%噻吩磺隆可湿性粉剂 8～12g（有效成分 1.2～1.8g），对水土壤喷雾施药 1 次。

75%噻吩磺隆水分散粒剂

理化性质及规格： 外观为浅褐色均匀颗粒体。pH4～7，不易爆炸，非易燃固体，悬浮率≥70%，润湿时间≤60s，水分含量≤3.0%，分散稳定性≥75%，持久起泡性≤25mL（1min），54±2℃储存 14d。

毒性： 按照我国农药毒性分级标准，75%噻吩磺隆水分散粒剂属低毒。大鼠急性经口 LD_{50}＞5g/kg。兔急性经皮 LD_{50}＞2g/kg。对兔皮肤无刺激，对兔眼睛轻度刺激（接触后 3d 内恢复正常）。

使用方法：

1. 防除冬小麦田阔叶杂草 冬前阔叶杂草基本出齐后，或春季小麦返青后拔节前，阔叶杂草 3～5 叶期，每 667m^2 用 75%噻吩磺隆水分散粒剂 2～3g（有效成分 1.5～2.25 g），对水茎叶喷雾施药 1 次。

2. 防除大豆田阔叶杂草 夏大豆苗后，阔叶杂草 2～4 叶期，每 667m^2 用 75%噻吩磺隆水分散粒剂 1.8～2.2g（有效成分 1.35～1.65g），对水茎叶喷雾施药 1 次；春大豆播后苗前，每 667m^2 用 75%噻吩磺隆水分散粒剂 2～3g（有效成分 1.5～2.25g），对水土壤喷雾施药 1 次。

3. 防除玉米田阔叶杂草 夏玉米播后苗前或玉米 3～4 叶期，每 667m^2 用 75%噻吩磺隆水分散粒剂 1.3～2.1g（有效成分 1～1.6g），对水土壤喷雾施药 1 次；春玉米播后苗前，每 667m^2 用 75%噻吩磺隆水分散粒剂 1.8～2.2g（有效成分 1.35～1.65g），对水土壤喷雾施药 1 次。

注意事项：

1. 当作物处于不良环境时（如干旱、严寒、土壤水份过饱合等），不宜施药。

2. 该药剂对棉花、油菜、豌豆等多种作物敏感，应避免间作或后茬轮作。

3. 该药剂不能与碱性物质混合，以免分解失效。禁用于土壤 pH＞7、土壤黏重或积水的田块。

4. 该药剂不能与马拉硫磷等有机磷杀虫剂同时使用，在沙土、风沙土田不推荐用于土壤处理。

砜 嘧 磺 隆

中文通用名称： 砜嘧磺隆

英文通用名称： rimsulfuron

其他名称： 宝成，玉嘧磺隆

化学名称：3-（4，6-二甲氧基嘧啶-2-基）-3-（3-乙基磺酰基吡啶-2-基）磺酰脲

化学结构式：

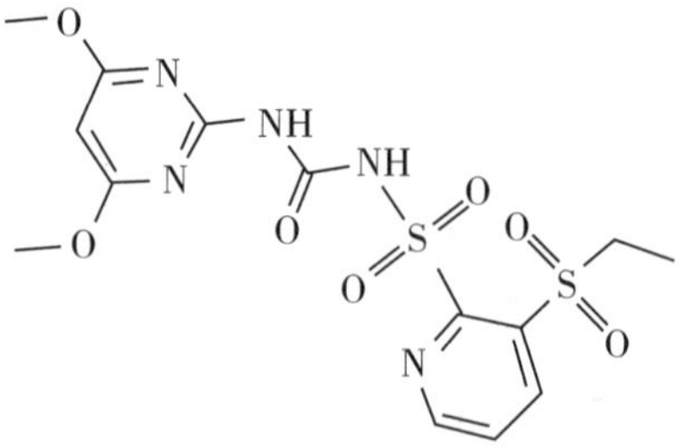

理化性质：外观为无色晶体。熔点 176～178℃，密度 0.784g/cm^3，蒸气压为 1.5×10^{-3}mPa（25℃）。水中溶解度（25℃）：<10mg/L，7.3g/L（缓冲溶液，pH7）。

毒性：按照我国农药毒性分级标准，砜嘧磺隆属低毒。大、小鼠急性经口 LD_{50}>5 000 mg/kg，兔急性经皮 LD_{50}>2 000mg/kg，大鼠急性吸入 LC_{50}（4h）>5 400mg/m^3。对兔的眼睛稍有刺激性，但对皮肤无刺激作用，对豚鼠皮肤无过敏性。无致畸作用和致癌作用。鹌鹑急性经口 LD_{50}>2250mg/kg，野鸭急性经口 LD_{50}>2 000mg/kg，蚯蚓 LC_{50}（14d）>1 000mg/kg。鱼毒 LC_{50}（96h）分别为蓝腮翻车鱼和虹鳟鱼>390mg/L、鲤鱼>900 mg/L，水蚤 LC_{50}（48h）>360mg/L。蜜蜂 LD_{50}（接触）>100μg/只。蚯蚓 LC_{50}（14d）>1g/kg。

作用特点：砜嘧磺隆通过抑制植物必需的缬氨酸和异亮氨酸的生物合成从而使细胞分化和植物生长停止。该药剂可由根、叶吸收，并很快传导至分生组织。砜嘧磺隆可用于防除玉米田中一年生或多年生禾本科及阔叶杂草，如马唐、稗、阿拉伯高粱、皱叶酸模、反枝苋、苘麻、藜等。

制剂：25%砜嘧磺隆水分散粒剂。

25%砜嘧磺隆水分散粒剂

理化性质及规格：外观为均匀颗粒，无团块。常规储存稳定性在 2 年以上。

毒性：按照我国农药毒性分级标准，25%砜嘧磺隆水分散粒剂属低毒。雌雄大鼠急性经口 LD_{50}>5 000 mg/kg，急性经皮 LD_{50}>5 000 mg/kg。对兔眼睛为轻度刺激性，对皮肤无刺激性。

使用方法：

防除玉米田杂草　玉米 3～4 叶期，杂草 2～4 叶期，每 667m^2 用 25%砜嘧磺隆水分散粒剂 5～6g（有效成分 1.25～1.5g）；对水茎叶喷雾施药 1 次。

注意事项：

1. 严禁将药液直接喷到烟叶上及玉米的喇叭口内。
2. 使用该药剂前后 7d 内，禁止使用有机磷杀虫剂，避免产生药害。
3. 甜玉米、爆玉米、糯玉米及制种玉米田不宜使用。

胺 苯 磺 隆

中文通用名称：胺苯磺隆

英文通用名称： ethametsulfuron

其他名称： 金星，油磺隆

化学名称： 3-(4-乙氧基-6-甲胺基-1，3，5-三嗪-2-基)-1-(2-甲氧基甲酰基苯基)磺酰脲

化学结构式：

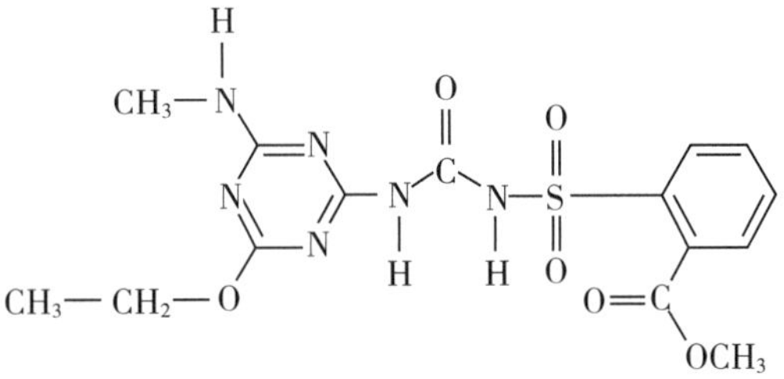

理化性质： 原药中有效成分纯度在90%以上。纯品为无色至浅棕色无味结晶，熔点194℃，蒸气压 7.7×10^{-10} mPa（25℃），相对密度1.6。溶解度分别为水50mg/L（pH5.7）、丙酮1.6g/L（pH 7）。pH 7～9稳定，pH 5时水解迅速。

毒性： 按照我国农药毒性分级标准，胺苯磺隆属低毒。原药大鼠急性经口 LD_{50} >11 000 mg/kg，小鼠急性经口 LD_{50} >5 000 mg/kg。对眼睛有中度、暂时的刺激作用，对皮肤无刺激性。鹌鹑和野鸭急性经口 LD_{50} >2 250 mg/kg，LC_{50}（12h）>5 620 mg/kg（饲料）。太阳鱼、虹鳟鱼、蓝鳃鱼 LC_{50}（96h）>600mg/L。对蜜蜂 LD_{50} >0.012mg/只，对蚯蚓接触 LD_{50} >1 000 mg/kg（土）。Ames试验、小鼠微核试验、DNA合成研究、中国原仓鼠卵巢细胞和大鼠骨髓细胞生成的突变试验均为阴性，对大鼠和兔不致畸。

作用特点： 胺苯磺隆为内吸传导型选择性除草剂。药剂可由植物的茎、叶和根吸收，并在植物体内进行传导，通过抑制缬氨酸、亮氨酸和异亮氨酸生物合成导致杂草死亡。施药后杂草停止生长、失绿，最后枯死，整个过程需要15～25d。胺苯磺隆可用于苗前土壤处理或苗后早期施药，主要用于油菜田防除一年生阔叶杂草，如繁缕、猪殃殃、雀舌草、碎米荠、荠菜、野芥菜、野芝麻、鼬瓣花、蓼，以及禾本科的看麦娘、日本看麦娘，但对稻槎菜效果差。主要用于甘蓝型油菜田除草，白菜型油菜田慎用，禁止用于芥菜型油菜田。

制剂： 5%、25%胺苯磺隆可湿性粉剂，20%胺苯磺隆水分散粒剂，20%胺苯磺隆可溶粉剂。

25%胺苯磺隆可湿性粉剂

理化性质及规格： 25%胺苯磺隆可湿性粉剂由胺苯磺隆加载体、表面活性剂组成。外观为灰白色松散粉末，细度为95%通过325目（44μm）筛，水分含量≤3%，pH8～9，悬浮率≥70%，润湿时间≤2min。在常温条件下储存稳定在2年以上。

毒性： 按照我国农药毒性分级标准，25%胺苯磺隆可湿性粉剂属低毒。大鼠急性经口 LD_{50} >10 000mg/kg，急性经皮 LD_{50} >10 000mg/kg。

使用方法：

1. 防除冬油菜田杂草　冬油菜移栽7～10d活棵后，直播油菜3～4片叶期，杂草苗前或苗后早期。每667m² 用25%胺苯磺隆可湿性粉剂5～6g（有效成分1.25～1.5g），对水茎叶喷雾施药1次。

2. 防除春油菜田杂草　油菜3～4叶期，杂草苗前或苗后早期，每667m^2用25%胺苯磺隆可湿性粉剂6～8 g（有效成分1.5～2 g），对水茎叶喷雾施药1次。

注意事项：

1. 施药后与后茬作物的安全间隔期为180 d。注意油菜品种对该药剂的耐性差异，一般甘蓝型油菜抗性较强，禁止用于芥菜型油菜，白菜型油菜慎用。禁用于土壤pH＞7.0、土壤黏重、积水严重的田块。

2. 油菜育苗田1～2叶期茎叶处理有药害，为高风险期。

3. 用药量过高时，对后茬早稻生长及产量有严重影响，造成水稻秧苗前期严重枯黄甚至死苗，返青期、成熟期推迟，分蘖数、有效分蘖数明显减少，植株矮化，每穗粒数减少，空秕率增加，产量降低。胺苯磺隆用于冬油菜田，应于杂草苗前或苗后早期施药，不得超量使用，否则对双季稻区的早稻有明显药害。

4. 该药剂在土壤中残效长，不得超剂量使用，用药量过高时，对后茬作物有明显药害。后茬作物为稻秧、棉花、玉米、瓜豆等的油菜田，冬油菜田使用该药剂180 d以上，后茬可种植移栽中稻或晚稻，不能种植其他作物。春油菜田后茬不能种植其他作物。

啶嘧磺隆

中文通用名称：啶嘧磺隆

英文通用名称：flazasulfuron

其他名称：秀百宫

化学名称：3-（4,6-二甲氧基嘧啶-2-基）-1-（3-三氟甲基吡啶-2-基）磺酰脲

化学结构式：

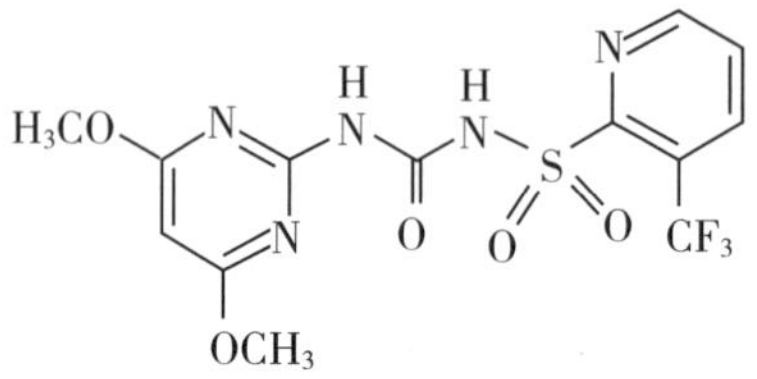

H₃CO ... N H ... N H ... S(O)(O) ... N ... CF_3 ... OCH_3

理化性质：原药纯度不低于92%，外观为白色结晶粉末，无味。熔点166～170℃，蒸气压0.01mPa。溶解度：水16.1mg/L（24℃、pH7），乙酸6.7g/L，丙酮12 g/L（25℃），甲苯0.56 g/L（25℃）；在田间土壤中的DT_{50}＜7d。

毒性：按照我国农药毒性分级标准，啶嘧磺隆属低毒。大鼠急性经口LD_{50}为5 000mg/kg，小鼠急性经口LD_{50}＞5 000mg/kg；大鼠急性经皮LD_{50}为2 000g/kg；急性吸入LC_{50}（4h）为5 990mg/m^3。对兔皮肤无刺激作用，对兔眼睛有中等刺激，对豚鼠皮肤无过敏性。大鼠饲养试验无作用剂量1.313mg/（kg·d）。对蜜蜂、鸟、鱼低毒，日本鹌鹑急性经口毒性LD_{50}＞2 000mg/kg，蜜蜂急性经口毒性LD_{50}＞100μg/只。鲤鱼TLm（48h）＞20mg/L。蚯蚓LD_{50}（14d）＞16mg/L。水蚤LC_{50}（48h）＞20mg/L。

作用特点：该药剂通过抑制乙酰乳酸合成酶（ALS）活性，阻碍支链氨基酸亮氨酸、异亮氨酸和缬氨酸的合成。药剂通过叶面吸收并转移至植物各组织。一般情况下，处理后杂草立即停止生长，吸收4～5d后新发出的叶片褪绿，然后逐渐坏死并蔓延至整个植株，20～30d杂草彻底枯死。该药剂土壤处理或茎叶喷雾均可，但以芽后早期应用除草效果较好，尤

以杂草 3～4 片叶时应用效果最好。啶嘧磺隆主要适用于暖季型草坪防除多种禾本科、阔叶及莎草科杂草，对稗草、狗尾草、绿苋、早熟禾、荠菜、繁缕、大巢菜有较好防效，对香附子、水蜈蚣等多年生莎草科杂草也有较好效果。

制剂： 25％啶嘧磺隆水分散粒剂。

25％啶嘧磺隆水分散粒剂

理化性质及规格： 外观为棕褐色颗粒状固体，无刺激性气味，与矿物油不混溶，水分≤2.0％，pH 4.0～7.0，常温储存稳定性 2 年。

毒性： 按照我国农药毒性分级标准，25％啶嘧磺隆水分散粒剂属微毒。雌雄大鼠急性经口 LD_{50}＞5 000mg/kg，急性经皮 LD_{50}＞5 000mg/kg，急性吸入 LC_{50}＞5 000mg/m^3。对兔皮肤和眼睛有轻度刺激性，对豚鼠皮肤无过敏性。

使用方法：

防除草坪杂草　在草坪杂草 3～4 叶期，每 667m^2 用 25％啶嘧磺隆水分散粒剂 10～20g（有效成分 2.5～5g），对水茎叶喷雾施药 1 次。

注意事项：

1. 该药剂施药后 4～7d 杂草逐渐失绿，然后枯死，部分杂草在施药后 20～40d 完全枯死，勿重新施药。

2. 该药剂除草活性高，需严格掌握用药量。喷水量要足，注意喷药均匀，使杂草能充分接触到药液，勿重复施药。

3. 该药剂对暖季型草坪结缕草（马尼拉等）、狗牙根（百慕大等）安全性高；高羊茅、黑麦草、早熟禾等冷季型草坪对该药剂高度敏感，严禁使用。

三氟啶磺隆钠盐

中文通用名称： 三氟啶磺隆钠盐

英文通用名称： trifloxysulfuron sodium

其他名称： 英飞特

化学名称： N－［（4，6－二甲氧基－2－嘧啶基）氨基甲酰］－3－（2，2，2－三氟乙氧基）－2－吡啶磺酰胺钠

化学结构式：

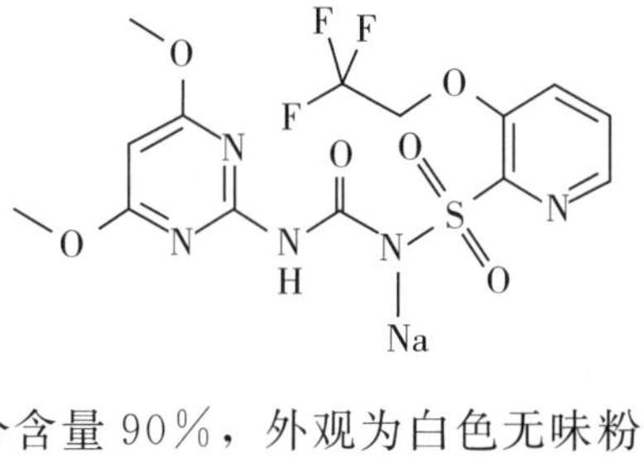

F F O F O O S O N N N O N N H Na O

理化性质： 原药有效成分含量 90％，外观为白色无味粉末。密度 1.63g/cm^3，纯品在熔化后立即开始热分解，熔点 170.2～177.7℃，蒸气压＜1.3×10^{-6}Pa。水溶解度 25.7g/L，有机溶剂中溶解度（25℃分别为丙酮 17g/L、甲醇 50g/L、甲苯＞500g/L、辛醇 4.4g/L。

毒性： 按照我国农药毒性分级标准，三氟啶磺隆钠盐属低毒。大鼠急性经口 LD_{50}>2 000mg/kg，急性经皮 LD_{50}>5 000mg/kg。人体每日每千克体得允许重入量为15mg。暂无对人体有害的记录，对鱼安全。

作用特点： 该药剂为乙酰乳酸合成酶抑制剂，能被植物芽、根吸收，通过木质部和韧皮部向根部和芽上部的分生组织传导，敏感杂草在几天内出现失绿症状。

制剂： 11%三氟啶磺隆钠盐可分散油悬浮剂。

11%三氟啶磺隆钠盐可分散油悬浮剂

理化性质及规格： 外观为浅褐色略有味液体。pH 8.4，密度为0.924g/cm^3（30℃），无爆炸性和氧化性，常温储存稳定性至少两年。

毒性： 按照我国农药毒性分级标准，11%三氟啶磺隆钠盐可分散油悬浮剂属低毒。大鼠急性经口 LD_{50}>2 000mg/kg，急性经皮 LD_{50}>5 000mg/kg，急性吸入>5 030mg/m^3。对兔皮肤有轻微刺激性，对兔眼睛呈中度刺激性，对豚鼠皮肤无致敏性。

使用方法：

防除暖季型草坪杂草　在草坪杂草旺盛生长期，每667m^2 用11%三氟啶磺隆钠盐可分散油悬浮剂20～29mL（有效成分2.2～3.2g），对水茎叶喷雾施药1次。

注意事项：

1. 按照农药安全使用准则使用该药剂，勿超量使用。

2. 误服勿引吐，应立即携带使用标签，送医就诊。紧急医疗应使用医用活性炭洗胃，洗胃时注意防止胃容物进入呼吸道。对昏迷病人，切勿经口喂入任何东西或引吐。无专用解毒剂，对症治疗。

甲　嘧　磺　隆

中文通用名称： 甲嘧磺隆

英文通用名称： sulfometuron-methyl

其他名称： 森草净，嘧磺隆

化学名称： 3-（4，6-二甲基嘧啶-2-基）-1-（2-甲氧基甲酰基苯基）磺酰脲

化学结构式：

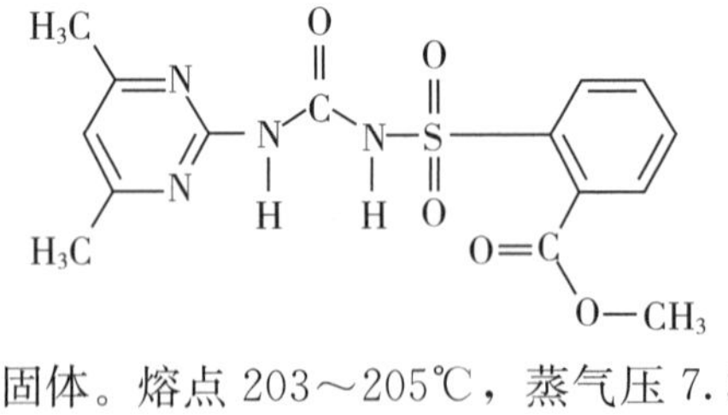

理化性质： 原药为无色固体。熔点203～205℃，蒸气压 7.3×10^{-13} mPa（25℃），相对密度1.48 g/cm^3。水中溶解度（25℃）分别为8mg/L（pH5）、20mg/L（pH 7）；有机溶剂（25℃）则丙酮2.4g/kg、乙醇137mg/kg、二甲苯37mg/kg。其水悬浮液（pH 7～9）稳定。

毒性： 按照我国农药毒性分级标准，甲嘧磺隆属低毒。原药大鼠急性经口 LD_{50}>5 000 mg/kg，兔急性经皮 LD_{50}>2 000 mg/kg。对鼠、兔皮肤有轻微刺激作用，对兔眼睛有暂时

轻微刺激作用。野鸭急性经口 LD_{50} >5 000mg/kg，虹鳟鱼和翻车鱼（96h）LC_{50} > 12.5mg/kg。

作用特点： 甲嘧磺隆为内吸传导型芽前、芽后灭生性除草剂，通过抑制乙酰乳酸合成酶（ALS）的活性，使植物体内支链氨基酸合成受阻碍，抑制植物和根部生长端的细胞分裂，从而阻止植物生长，植株受药后呈现显著的紫红色并失绿坏死。甲嘧磺隆除草谱广，活性高，可使杂草根、茎、叶彻底坏死。该药剂渗入土壤后发挥芽前活性，抑制杂草种子萌发，叶面处理后立即发挥芽后活性。施药量视土壤类型、杂草、灌木种类而异，残效长达数月甚至一年以上。某些针叶树可将甲嘧磺隆代谢为无活性的糖苷，具有选择性。该药剂在pH7～9 水中稳定，在 pH5 水中容易水解，半衰期两周。在低 pH、高有机质含量土壤中吸附量大，在碱性土壤中的移动性比酸性土壤大。在土壤中主要通过水解或微生物作用而降解，在冻土条件下几乎不发生降解。甲嘧磺隆主要用于林地，开辟森林防火隔离带，伐木后林地清理，荒地开垦之前，休闲非耕地和荒地除草灭灌。用于针叶苗圃和幼林抚育时，对短叶松、长叶松、多脂松、沙生地、湿地松、油松等和几种云杉安全；对花旗杉、大冷杉、美国黄松有药害；对针叶树以外的各种植物，包括农作物、观赏植物、绿化落叶树木等，均可造成药害。

制剂： 75％甲嘧磺隆水分散粒剂，10％甲嘧磺隆悬浮剂，10％甲嘧磺隆可湿性粉剂。

10％甲嘧磺隆悬浮剂

理化性质及规格： 外观为浅褐色悬浊液，易流动，pH 7～10，细度（粒径）5μm。在常温条件下稳定在 2 年以上。

毒性： 按照我国农药毒性分级标准，10％甲嘧磺隆悬浮剂属低毒。大鼠急性经口 LD_{50} >5 000mg/kg，急性经皮 LD_{50} >2 000mg/kg。对眼睛轻度刺激，对皮肤无刺激，属弱致敏物。

使用方法：

1. 防除林地、非耕地杂草　杂草萌发至 10cm 草高时，每 667m^2 用 10％甲嘧磺隆悬浮剂 250～500mL（有效成分 25～50 g），对水茎叶喷雾施药 1 次。气温高、湿度大有利于药效发挥。杂草覆盖度高，杂灌多，要求持效期长，土壤有机质含量高、偏酸性条件下应使用推荐剂量上限。

2. 防除针叶苗圃杂草　杂草芽前处理，每 667m^2 用 10％甲嘧磺隆悬浮剂 70～140 g（有效成分 7～14 g），对水茎叶喷雾施药 1 次。

注意事项：

1. 该药剂禁止同酸性药剂混用。

2. 该药剂在农田禁用，严禁药液污染灌溉水渠、池塘。

3. 农作物、观赏植物、绿化落叶树木如构树、泡桐等对该药敏感，施药时要防止喷洒液或喷雾滴飘移到这些植物上，中间应有隔离保护带，勿在刮风天喷药。

4. 该药剂对蜜蜂、鱼类等水生生物、家蚕、鸟类有毒，施药时应避免对周围蜂群的影响，蜜源作物花期、蚕室和桑园附近慎用。应远离水产养殖区施药，应避免药液流入河塘等水体中，清洗喷药器械时切忌污染水源。

五、咪唑啉酮类

咪 唑 乙 烟 酸

中文通用名称：咪唑乙烟酸

英文通用名称：imazethapyr

其他名称：普施特

化学名称：（RS）-5-乙基-2-（4-异丙基-4-甲基-5-氧代-2-咪唑啉-2-基）-3-吡啶-3-羧酸

化学结构式：

$(CH_3)_2CH$　CH_3　N　O　N　N　H　CH_3CH_2　CO_2H

理化性质：原药有效成分含量为92%，外观为无色、无臭味结晶体。熔点169～174℃，常温条件下储存稳定。溶解度（25℃）分别为水中1.3g/L、丙酮48.2g/L、二氯甲烷185g/L、二甲亚砜422g/L、庚烷0.9g/L、甲醇105g/L、异丙醇17g/L、甲苯5g/L。日光下迅速降解。

毒性：按照我国农药毒性分级标准，咪唑乙烟酸属低毒。原药大、小鼠急性经口LD_{50}均为5 000mg/kg，兔急性经皮LD_{50}＞2 000mg/kg，大鼠急性吸入LC_{50}＞4.21mg/L（4h）。对兔眼睛有一定刺激作用，但3～7d内即可消失，对皮肤有轻度刺激作用。在试验条件下未见致突变、致畸、致癌作用。对鱼类毒性低，蓝鳃翻车鱼LC_{50} 420mg/L，虹鳟鱼LC_{50} 340mg/L，鲇鱼LC_{50} 240mg/L。对蜜蜂低毒（接触），LD_{50}为0.1mg/只，对北美鹑和野鸭＞2 150 mg/kg。在土壤中的半衰期为1～3个月。

作用特点：咪唑乙烟酸是选择性芽前及早期苗后除草剂。通过根、叶吸收，并在木质部和韧皮部内传导，积累于植物分生组织内，阻止乙酰羟酸合成酶的作用，影响缬氨酸、亮氨酸、异亮氨酸的生物合成，从而使蛋白质合成受阻，使植物生长受抑制而死亡。豆科植物吸收咪唑乙烟酸后，使其在体内很快分解，对大豆安全。咪唑乙烟酸在大豆体内的半衰期约1～6d。杀草谱广，能防除多种一年生、多年生禾本科杂草和阔叶杂草，如稗草、马唐、狗尾草、野高粱、马齿苋、反枝苋、荠菜、藜、酸模叶蓼、苍耳、香薷、曼陀罗、龙葵、苘麻、狼把草、刺儿菜、苣荬菜、3叶期以前的鸭跖草等。对牛筋草、千金子防效差。对决明、田菁等杂草无效。

制剂：5%、10%、15%、16%、20%、50g/L、100g/L、160g/L的咪唑乙烟酸水剂，5%咪唑乙烟酸微乳剂，70%咪唑乙烟酸可湿性粉剂、70%咪唑乙烟酸可溶粉剂、16%咪唑乙烟酸颗粒剂。

5%咪唑乙烟酸水剂

理化性质及规格：外观为棕色透明液体，相对密度1.01，沸点与水接近，不易燃、不易爆炸，储存稳定期两年以上。

毒性：按照我国农药毒性分级标准，5%咪唑乙烟酸水剂属低毒。大鼠急性经口 LD_{50} >5 000mg/kg，兔急性经皮 LD_{50} >2 000mg/kg，大鼠急性吸入 LC_{50} >2 670mg/m^3。

使用方法：

防除春大豆田杂草　在春大豆播种后出苗前，或在大豆苗后早期大部分杂草在 3 叶期前，东北地区每 667m^2 用 5%咪唑乙烟酸水剂 100～140mL（有效成分 5～7g），对水土壤喷雾，施药一次。

注意事项：

1. 用药时喷雾应均匀，避免重复喷药或超推荐剂量用药，勿与其他除草剂混配使用。

2. 在土壤湿度 70%、空气湿度 65%以上时使用效果较好，请勿在当地气温 10℃以下时使用。

3. 土壤处理时，一般土壤黏重、有机质含量高、干旱时应使用推荐剂量上限，反之用推荐剂量下限；苗后茎叶处理应选早晨 10 点以前，下午 15 点以后，避开高温时段施药。

4. 施药时应注意风向，不要将药液飘移到敏感作物上，以免造成药害。切勿采用飞机高空喷药或超低容量喷雾器施药。

5. 该药剂在土壤中残留时间长，使用后第二年不得种植西瓜、谷子、马铃薯、亚麻、甜菜、油菜、茄子、草莓、水稻、高粱等敏感作物，种植小麦、玉米也要间隔 12 个月以上。间套种或混种有其他作物的春大豆田不能使用。

6. 在多雨、低温、低洼地长期积水、大豆生长缓慢条件下施药，大豆易产生药害，勿用。

咪唑喹啉酸

中文通用名称：咪唑喹啉酸

英文通用名称：imazaquin

其他名称：灭草喹

化学名称：(RS) -2-(4-异丙基-4-甲基-5-氧代-2-咪唑啉-2-基) 喹啉-3-羧酸

化学结构式：

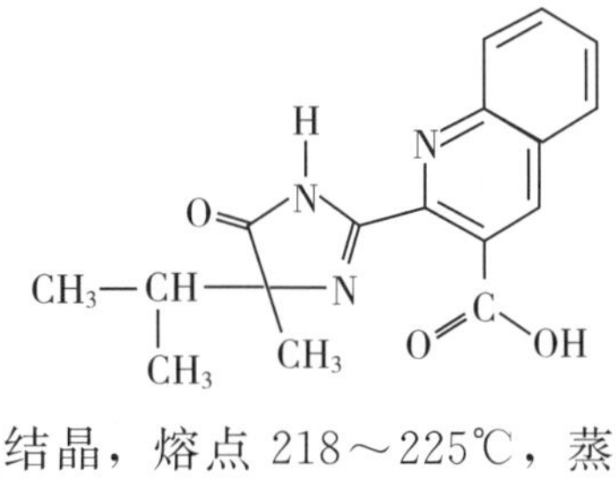

理化性质：外观为浅黄色结晶，熔点 218～225℃，蒸气压（60℃）0.013mPa，水中（25℃，W/V）溶解度为 60mg/L，在酸性介质中稳定，遇碱成盐溶于水。

毒性：按照我国农药毒性分级标准，咪唑喹啉酸属低毒。原药大、小鼠急性经口 LD_{50} >4 640mg/kg，急性经皮 LD_{50} >2 150mg/kg。水生生物 LC_{50}（96h）分别为鲇鱼 320mg/L、蓝鳃鱼 410mg/L、虹鳟鱼 280mg/L。蜜蜂 LD_{50} >0.1mg/只，鹌鹑和野鸭 LD_{50} >2g/kg。

作用特点： 该药剂为选择性除草剂，是侧链氨基酸合成抑制剂。主要用于春大豆田除草，可有效防除反枝苋、蓼、藜、龙葵、苘麻、苍耳等一年生阔叶杂草，对刺儿菜、苣荬菜、鸭跖草也有一定抑制作用。

制剂： 5%咪唑喹啉酸水剂。

5%咪唑喹啉酸水剂

理化性质及规格： 制剂外观为浅棕色液体，pH 9～10。熔点 219～222℃，常温储存稳定两年。

毒性： 按照我国农药毒性分级标准，5%咪唑喹啉酸水剂属低毒。大鼠急性经口 LD_{50}＞4 640mg/kg，急性经皮 LD_{50}＞2 150mg/kg。对眼睛有轻微刺激性，对皮肤无刺激性，对豚鼠为弱致敏物。

使用方法：

防除春大豆田阔叶杂草　在东北地区春大豆播后苗前，每 667m^2 用 5%咪唑喹啉酸水剂 150～200mL（有效成分 7.5～10g），对水土壤喷雾施药一次。

注意事项：

1. 该药剂在土壤中的残效期较长，对其敏感的作物如白菜、油菜、黄瓜、马铃薯、茄子、辣椒、番茄、甜菜、西瓜、高粱、水稻等，均不能在施用该药剂三年内种植。
2. 低洼田块、酸性土壤慎用。
3. 远离水产养殖区施药。

甲咪唑烟酸

中文通用名称： 甲咪唑烟酸

英文通用名称： imazapic

其他名称： 百垄通

化学名称：（RS）-2-（4-异丙基-4-甲基-5-氧代-2-咪唑啉-2-基）-5-甲基吡啶-3-羧酸

化学结构式：

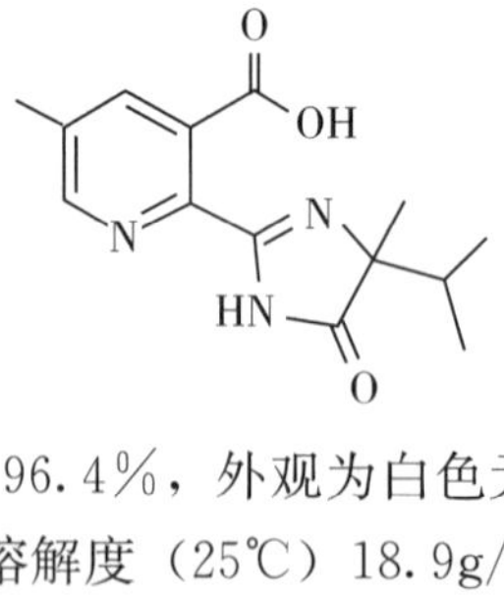

理化性质： 原药有效成分含量 96.4%，外观为白色无味固体，熔点 207～208℃，蒸气压＜1×10^{-2}mPa（25℃）。丙酮中溶解度（25℃）18.9g/L。

毒性： 按照我国农药毒性分级标准，甲咪唑烟酸属低毒。原药大鼠急性经口 LD_{50}＞2 000mg/kg；急性经皮 LD_{50}＞5 000mg/kg；对眼睛有刺激作用；对鱼、蜜蜂、鸟低毒。

作用特点： 甲咪唑烟酸为土壤处理和苗后早期茎叶处理除草剂。可被植物的根、茎、叶吸收，传导并积累于分生组织，通过抑制植物体内的乙酰乳酸合成酶（AHAS）来杀死杂草。主要用于防除花生田和甘蔗田草，如稗草、马唐、牛筋草、狗尾草、千金子、碎米莎草、藜、苋、蓼、马齿苋、苘麻、龙葵、荠菜、牛繁缕、苍耳、空心莲子草、打碗花及香附子等的防治。

制剂：240g/L 甲咪唑烟酸水剂。

240g/L 甲咪唑烟酸水剂

理化性质及规格：外观为淡黄色至绿色，甜腌制味，密度 1.07～1.09 g/cm^3，无爆炸性，常温储存稳定期两年。

毒性：按照我国农药毒性分级标准，240g/L 甲咪唑烟酸水剂属低毒。大鼠急性经口 LD_{50}＞5 000mg/kg，兔急性经皮 LD_5＞5 000mg/kg，大鼠急性吸入 LC_{50}＞2.38mg/m^3，对兔皮肤和眼睛没有刺激，无致敏作用。

使用方法：

1. 防除甘蔗田杂草　在甘蔗露芽出土前，杂草芽前，每667m^2 用240g/L 甲咪唑烟酸水剂 30～40mL（有效成分 7.2～9.6g），对水土壤喷雾施药 1 次；也可在杂草苗后，每 667m^2 用 240g/L 甲咪唑烟酸水剂 20～30mL（有效成分 4.8～7.2g），对水定向行间茎叶喷雾施药 1 次，避免药液接触甘蔗植株。

2. 防除花生田杂草　在花生苗后早期，每 667m^2 用 240g/L 甲咪唑烟酸水剂 20～30mL（有效成分 4.8～7.2g），对水定向茎叶喷雾施药 1 次。

注意事项：

1. 按照标签推荐剂量使用，合理安排后茬作物，仅限于与花生和小麦轮作，甘蔗、花生轮作区也可使用。

2. 在土壤中残留时间长，推荐剂量使用后，间隔 4 个月以上播种小麦，9 个月以上播种玉米、大豆、烟草，18 个月以上播种甜玉米、棉花、大麦，24 个月播种黄瓜、油菜、菠菜，36 个月以上种植香蕉、甘薯等。

3. 每季作物最多使用 1 次。

甲 氧 咪 草 烟

中文通用名称：甲氧咪草烟

英文通用名称：imazamox

其他名称：金豆

化学名称：（RS）2 -（4 -异丙基- 4 -甲基- 5 -氧代- 2 -咪唑啉- 2 -基）- 5 -甲氧甲基烟酸

化学结构式：

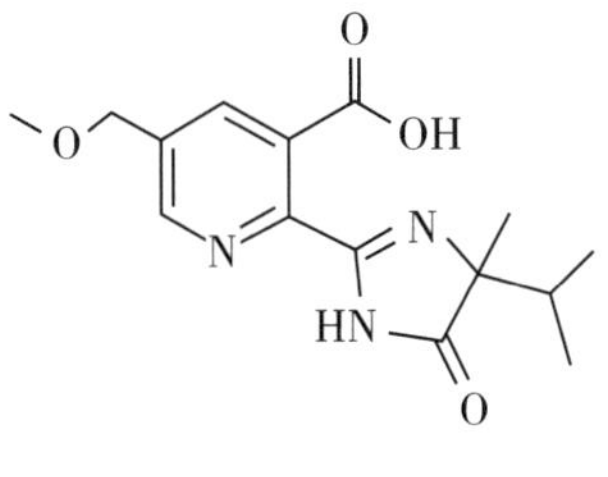

理化性质：原药含量97%，外观为白色至浅黄色粉末，略带气味。熔点164～165℃，密度1.39g/cm^3，蒸气压1.3×10^{-2}mPa（25℃）。水溶解度4.5mg/mL（25℃）。

毒性：按照我国农药毒性分级标准，甲氧咪草烟属低毒。原药大鼠急性经口LD_{50}>4 000mg/kg；急性经皮LD_{50}>5 000mg/kg；对眼睛有刺激作用；虹鳟鱼LC_{50}（96h）122mg/L。

作用特点：甲氧咪草烟通过叶片吸收、传导并积累于分生组织，抑制AHAS活性，使支链氨基酸合成停止，干扰RNA合成及有丝分裂，导致植物死亡。用于防除豆科作物田大多数一年生杂草及阔叶杂草。茎叶喷雾处理后，敏感性杂草迅速变黄，停止生长，从而导致杂草死亡。

制剂：4%甲氧咪草烟水剂。

4%甲氧咪草烟水剂

理化性质及规格：外观为透明黄色黏稠液体，密度1.07g/mL，pH6.3，黏度为87 mPa·s，无爆炸性，常温储存稳定。

毒性：按照我国农药毒性分级标准，4%甲氧咪草烟水剂属低毒。大鼠急性经口LD_{50}>5 000mg/kg，兔急性经皮LD_{50}>4 000mg/kg，大鼠急性吸入LC_{50}>6.6mg/L，对兔皮肤和眼睛均无刺激性。

使用方法：

防除大豆田杂草　在大豆田播后苗前，每667m^{2}用4%甲氧咪草烟水剂75～83mL（有效成分3～3.3g），对水土壤喷雾施药1次。

注意事项：

1. 每季作物最多使用1次。
2. 避免重复喷药或超推荐剂量用药，勿与其他除草剂混配使用。

六、三唑嘧啶类

双氟磺草胺

中文通用名称：双氟磺草胺

英文通用名称：florasulam

其他名称：麦施达

化学名称：2′，6′-二氟-5-甲氧基-8-氟［1，2，4］三唑并［1，5-c］嘧啶-2-磺酰苯胺

化学结构式：

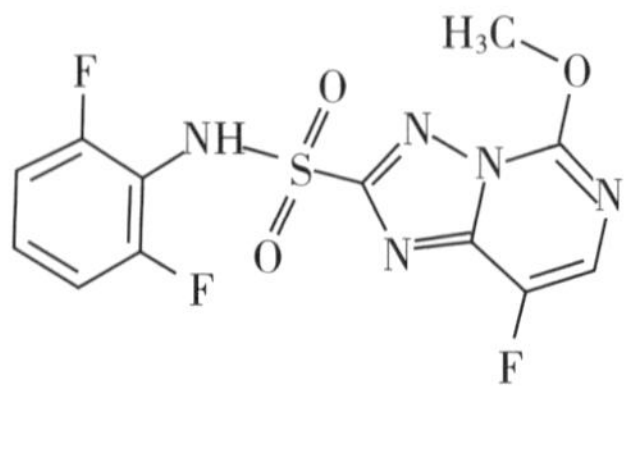

理化性质： 原药含量 97%，产品外观为灰白色粉末或块状物，无味。pH3.9～4.2，熔点 193.5～230.5 ℃，蒸气压 1×10^{-2} mPa（25 ℃），水溶解度（20℃）121 mg/L，相对密度 1.53。

毒性： 按照我国农药毒性分级标准，双氟磺草胺属低毒。大鼠急性经口 $LD_{50}>$ 5 000 mg/kg，兔子急性经皮 $LD_{50}>$ 2 000 mg/kg，大鼠急性吸入（4h）$LC_{50}>$ 5.0 mg/L。长时间接触对皮肤基本无刺激，反复接触皮肤可能引起轻微皮肤刺激，伴局部发红。可能引起轻微短暂性眼睛刺激，由于机械作用，固体颗粒或粉尘可能引起眼睛刺激或角膜损伤。

作用特点： 双氟磺草胺是乙酰乳酸合成酶抑制剂。通过阻止支链氨基酸如缬氨酸、亮氨酸、异亮氨酸的生物合成，从而抑制细胞分裂、导致敏感杂草死亡。双氟磺草胺主要由植物的根、茎、叶吸收，经木质部和韧皮部传导至植物的分生组织。主要中毒症状为植株矮化，叶色变黄、变褐，最终导致死亡。用药适期宽，冬前和早春均可用药。在低温下用药仍有较好防效，药剂在土壤中降解快，推荐剂量下对当茬和后茬作物安全。可防除麦田猪殃殃、播娘蒿、荠菜、繁缕等多种阔叶杂草。

制剂： 50g/L 双氟磺草胺悬乳剂。

50g/L 双氟磺草胺悬乳剂

理化性质及规格： 灰白色不透明液体，无味。pH 6.06，密度 1.07 g/cm^3。

毒性： 按照我国农药毒性分级标准，50g/L 双氟磺草胺悬乳剂属低毒。大鼠急性经口 $D_{50}>$5 000 mg/kg，急性经皮 $LD_{50}>$ 2 000 mg/kg。对皮肤无刺激，对眼睛轻度刺激。

使用方法：

防除小麦田阔叶杂草　冬小麦苗后，阔叶杂草 3～5 叶期，每 667m^2 用 50g/L 双氟磺草胺悬乳剂 5～6mL（有效成分 0.25～0.3g），对水茎叶喷雾施药 1 次。

注意事项：

1. 使用前，请先摇匀。悬浮剂易黏附在袋子上，请用水将其冲洗再进行 2 次稀释，并力求喷雾均匀。

2. 每季作物最多使用 1 次。

唑 嘧 磺 草 胺

中文通用名称： 唑嘧磺草胺

英文通用名称： flumetsulam

其他名称： 阔草清

化学名称： 2'，6'二氟-5-甲基［1，2，4］三唑并［1，5c］嘧啶-2-磺酰苯胺

化学结构式：

理化性质： 原药含量97%，外观为灰白色无味固体，熔点251～253℃，蒸气压0.37mPa（25℃），密度1.77 g/cm^3。水溶解度49mg/L，在丙酮、甲醇中轻微溶解，不溶于二甲苯、已烷。水中光解时间6～12个月，土中光解时间3个月。

毒性： 按照我国农药毒性分级标准，唑嘧磺草胺属低毒。原药大鼠急性经皮LD_{50}>5 000mg/kg；兔急性经口LD_{50}>2 000mg/kg，鱼LC_{50}（96h）：银边鲦鱼>379mg/L，虾>349mg/L，对大头鲦鱼和蓝鳃鱼无毒，对蜜蜂、鸟低毒。

作用特点： 唑嘧磺草胺是乙酰乳酸合成酶抑制剂。通过抑制支链氨基酸的合成使蛋白质合成受阻，植物停止生长。残效期长、杀草谱广，土壤、茎叶处理均可。适于玉米、大豆、小麦等防治一年生及多年生阔叶杂草如蓼、婆婆纳、苍耳、龙葵、反枝苋、藜、苘麻、猪殃殃、曼陀罗等。

制剂： 80%唑嘧磺草胺水分散粒剂。

80%唑嘧磺草胺水分散粒剂

理化性质： 灰色或褐色颗粒，无特殊气味，密度为0.7g/cm^3。

毒性： 按照我国农药毒性分级标准，80%唑嘧磺草胺水分散粒剂属低毒。大鼠急性经口LD_{50}>5 000mg/kg。兔皮肤LD_{50}>2 000mg/kg。对豚鼠皮肤无致敏性。对眼睛轻度刺激性。对哺乳类、鱼类（虹鳟）、野生动物（鹌鹑）低毒。

使用方法：

1. 防除玉米田阔叶杂草　在玉米播后苗前，春玉米田每667m^2用80%唑嘧磺草胺水分散粒剂3.75～5g（有效成分3～4g），夏玉米田每667m^2用80%唑嘧磺草胺水分散粒剂2～4g（有效成分1.6～3.2g），对水土壤喷雾施药1次。

2. 防除大豆田阔叶杂草　在大豆播后苗前，每667m^2用80%唑嘧磺草胺水分散粒剂3.75～5g（有效成分3～4g），对水土壤喷雾施药1次。

3. 防除冬小麦田阔叶杂草　在小麦3叶期至分蘖期，杂草生长旺盛期，每667m^2用80%唑嘧磺草胺水分散粒剂1.67～2.5g（有效成分1.3～2g），对水茎叶喷雾施药1次。

注意事项：

1. 每季最多使用1次。

2. 正常推荐剂量下后茬可以种植玉米、小麦、水稻、高粱，后茬如种植油菜、棉花、甜菜、向日葵、马铃薯、亚麻及十字花科蔬菜等敏感作物，需隔年。

五氟磺草胺

中文通用名称： 五氟磺草胺

英文通用名称： penoxsulam

其他名称： 稻杰

化学名称： 2-（2，2-二氟乙氧）-N-（5，8-二甲氧（1，2，4）三唑-（1，5-c）嘧啶-2-基）-6-三氟甲基-苯磺胺

化学结构式：

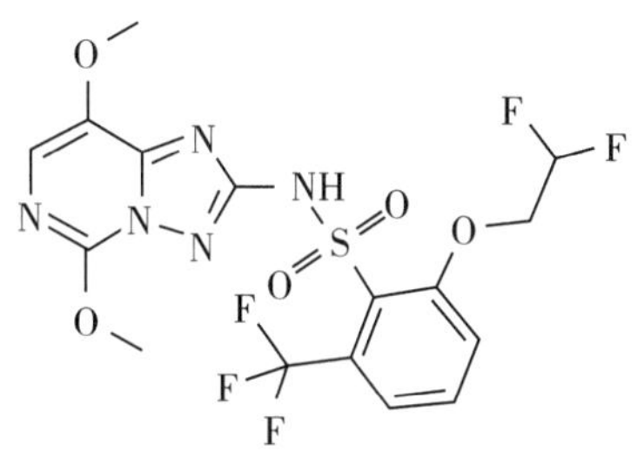

理化性质：外观为白色固体，熔点 223～224℃，20℃时相对密度为 1.61。蒸气压（20℃）2.493×10^{-11} mPa。溶解度（19℃，g/L）：水 0.408（pH7），丙酮 20.3，乙腈 15.3，甲醇 1.48，辛醇 0.035，二甲基甲酰胺 39.8，二甲苯 0.017。在常温下稳定。

毒性：按照我国农药毒性分级标准，五氟磺草胺属微毒。原药大、小鼠急性经口 LD_{50} ＞5 000mg/kg，急性经皮 LD_{50}＞5 000mg/kg。对鱼、蜜蜂、鸟均为低毒。对家蚕中等毒。

作用特点：该产品为高效、选择性除草剂，药液经由杂草叶片、叶鞘部或根部吸收，传导至分生组织，造成杂草生长停止，黄化，然后死亡。对禾本科杂草、莎草科杂草和阔叶草有较好防效。

制剂：25g/L 五氟磺草胺可分散油悬浮剂，25g/L 油悬浮剂。

25g/L 五氟磺草胺可分散油悬浮剂

理化性质：外观为淡黄色液体，pH3.7，悬浮率 99.3%，持久起泡性（1min 后）8.5%，常温储存稳定性两年。

毒性：按照我国农药毒性分级标准，25g/L 五氟磺草胺可分散油悬浮剂属低毒。大鼠急性经口 LD_{50}＞5 000mg/kg，白兔急性经皮 LD_{50}＞5 000mg/kg，大鼠急性吸入 LC_{50}＞2.1mg/L，对白兔皮肤和眼睛有轻度刺激性，对豚鼠皮肤无致敏性。

使用方法：

1. 防除水稻移栽田杂草　在稗草 2～3 叶期施药，每 667m^2 用 25g/L 五氟磺草胺可分散油悬浮剂 40～80mL（有效成分 1～2 g），对水茎叶喷雾施药 1 次，或用 25g/L 五氟磺草胺可分散油悬浮剂 60～100mL（有效成分 1.5～2.5 g）药土法均匀撒施 1 次。茎叶处理时，施药前排田水，使杂草茎叶 2/3 以上露出水面，施药后 1～2d 灌水，保持 3～5cm 水层 5～7d；土壤处理施药时应保有 3～5cm 浅水层。

2. 防除水稻秧田杂草　在稗草 1.5～2.5 叶期，每 667m^2 用 25g/L 五氟磺草胺可分散油悬浮剂制剂量 33～47mL（有效成分 0.83～1.17 g），对水茎叶喷雾施药 1 次。

注意事项：

1. 东北、西北地区水稻秧田使用药土法，制种田使用前须进行试验。

2. 对水生生物有毒，应远离水产养殖区施药，禁止在河塘等水体中清洗施药器具；清洗喷药器械或废弃药液时，切忌污染水源。

啶 磺 草 胺

中文通用名称：啶磺草胺

英文通用名称： pyroxsulam

其他名称： 优先

化学名称： N-（5，7-二甲氧基［1，2，4］三唑［1，5-a］嘧啶-2-基）-2-甲氧基-4-（三氟甲基）-3-吡啶磺酰胺

化学结构式：

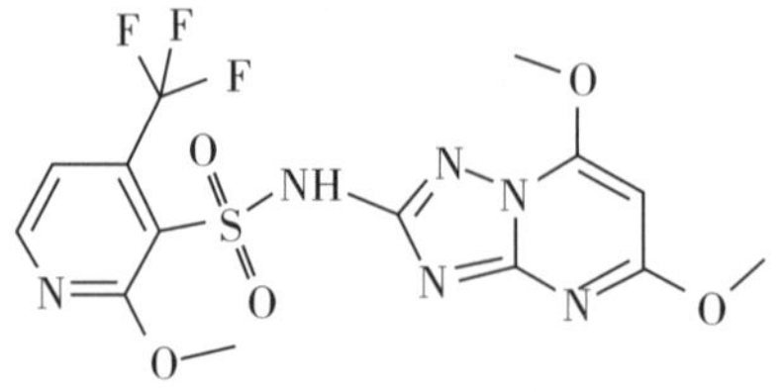

理化性质： 原药质量分数≥96.5%，外观为棕褐色粉末。密度 1.618g/cm^3，沸点 213℃，熔点 208.3℃，分解温度 213℃，蒸气压（20℃）＜1×10^{-7} Pa。水溶解度 0.062g/L，有机溶液中溶解度（g/L）：pH7 缓冲液中 3.20，甲醇 1.01，丙酮 2.79，正辛醇 0.073，乙酸乙酯 2.17，二氯乙烷 3.94，二甲苯 0.035 2，庚烷＜0.001。

毒性： 按照我国农药毒性分级标准，啶磺草胺属低毒。原药大鼠急性经口 LD_{50}＞2 000mg/kg，急性经皮 LD_{50}＞2 000mg/kg。对大白兔眼睛和皮肤无刺激性；豚鼠皮肤中度致敏性；未见致突变性。

作用特点： 啶磺草胺属于磺酰胺类乙酰乳酸合成酶抑制剂。主要由植物的根、茎、叶吸收，经木质部和韧皮部传导至植物的分生组织。通过抑制支链氨基酸如缬氨酸、亮氨酸、异亮氨酸的生物合成，从而抑制细胞分裂、导致敏感杂草死亡。主要中毒症状为植株矮化，叶色变黄、变褐，最终导致死亡。可防除麦田看麦娘、日本看麦娘、硬草、雀麦、野燕麦、婆婆纳、播娘蒿、荠菜、繁缕、米瓦罐、稻槎菜，对早熟禾、猪殃殃、泽漆等杂草有抑制作用。

制剂： 7.5%啶磺草胺水分散粒剂。

7.5%啶磺草胺水分散粒剂

理化性质及规格： 外观为棕褐色固体；悬浮率＞70%；润湿时间＜1s；常温储存稳定。

毒性： 按照我国农药毒性分级标准，7.5%啶磺草胺水分散粒剂属微毒。大鼠急性经口、经皮 LD_{50}＞5 000mg/kg；对大白兔眼睛有瞬时刺激性，7d 恢复，对皮肤无刺激性；对豚鼠皮肤无致敏性。

使用方法：

防除冬小麦田杂草　在冬前冬小麦 3～6 叶期，一年生禾本科杂草 2.5～5 叶期，每 667m^2 用 7.5%啶磺草胺水分散粒剂 9.4～12.5g（有效成分 0.7～0.9g），对水茎叶喷雾施药 1 次。

注意事项：

1. 每季最多使用 1 次。

2. 在冬麦区，啶磺草胺冬前茎叶处理推荐剂量使用 3 个月后可种植小麦、大麦、燕麦、玉米、大豆、水稻、棉花、花生、西瓜等作物；12 个月后可种植番茄、小白菜、油菜、甜菜、马铃薯、苜宿、三叶草等作物；种植其他后茬作物前应进行安全性试验。

3. 间作或套种其他作物的冬小麦田，不能使用。

4. 该药剂的活性高，要严格按推荐的用药剂量、施药时期和方法施用，否则容易出现药害。原则上禾本科杂草出齐后用药越早越好，小麦拔节后不得施用。

5. 药剂施用后，麦苗有时会出现临时性黄化或蹲苗现象，正常使用条件下小麦起身后黄化消失，不影响产量。

6. 不宜在霜冻、低温（最低气温低于 2℃）等恶劣天气前后施药，不宜在遭受涝害、冻害、盐害、病害及营养不良的麦田施用，施用前后 2d 内也不可大水漫灌麦田。

7. 施药后杂草即停止生长，一般 2～4 周后死亡；干旱、低温时杂草枯死速度稍慢；施药 1h 后降雨对药效影响不显著。

七、嘧啶水杨酸类

双　草　醚

中文通用名称：双草醚

英文通用名称：bispyribac-sodium

其他名称：农美利

化学名称：2，6-双［（4，6-二甲氧基嘧啶-2-基）氧］苯甲酸钠

化学结构式：

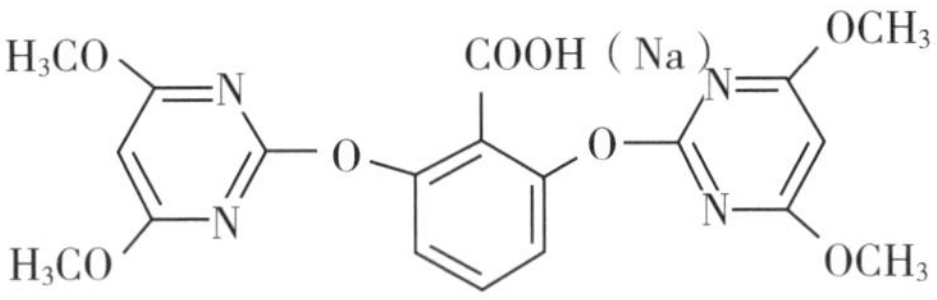

理化性质：原药纯度＞93%。外观为白色粉状，熔点 223～224℃，蒸气压 5.05×10^{-9} Pa（25℃），容重 0.073 7（20℃），溶解度：水（25℃）73.3g/L，甲醇 26.3g/L，丙酮 0.043g/L。

毒性：按照我国农药毒性分级标准，双草醚属低毒。雄性大鼠、小鼠急性经口 LD_{50} 为 4 111mg/kg，雌性大鼠、小鼠急性经皮 LD_{50} 为 2 635mg/kg，大鼠急性吸入 LC_{50}（4h）4.48mg/L；对兔皮肤无刺激性，对兔眼睛有轻微刺激性。蜜蜂经口 LD_{50}＞200μg/只，接触 LC_{50}＞70 000mg/L。鹌鹑急性经口 LD_{50}＞2 250mg/kg，进食 LC_{50}（5d）鹌鹑、野鸭每千克食物＞5 620mg，虹鳟鱼和蓝鳃鱼 LC_{50}＞100mg/L，水蚤 LC_{50}（48h）＞100mg/L。

作用特点：双草醚是高活性的乙酰乳酸合成酶（ALS）抑制剂。施药后能很快被杂草的茎叶吸收，并传导至整个植株，抑制植物分生组织生长，从而杀死杂草。可防除稻田稗草及其他禾本科杂草，兼治多数阔叶杂草和某些莎草科杂草，如稗草、双穗雀稗、稻李氏禾、马唐、匍茎剪股颖、看麦娘、狼把草、异型莎草、日照飘拂草、碎米莎草、萤蔺、花蔺、扁秆藨草、鸭舌草、雨久花、野慈姑、泽泻、眼子菜、谷精草、牛毛毡、节节菜、陌上菜、水竹叶、空心莲子草等水稻田常见杂草。

制剂：100g/L 的双草醚悬浮剂，20%的双草醚可湿性粉剂。

100g/L双草醚悬浮剂

理化性质及规格： 外观为浅褐色悬浮液体，无刺激性异味，密度（20℃）1.062 g/cm^3；pH5.0～8.0；熔点223～224℃；蒸气压（25℃）5.05×10^{-9} Pa；溶解性：水73.3g/L，甲醇26.3g/L，丙酮0.043g/L；黏度（20℃）17mPa・s；闪点（闭杯）99℃；悬浮率为98%；持久起泡性（1min后）<5mL；常规储存稳定性在2年以上。

毒性： 按照我国农药毒性分级标准，100g/L双草醚悬浮剂属低毒。雌、雄大鼠急性经口LD_{50}分别为5 840mg/kg和4 300mg/kg，急性经皮LD_{50}>2 000mg/kg。对皮肤无刺激，对眼睛有轻微刺激。

使用方法：

防除水稻直播田杂草　在水稻5叶期后，稗草3～4叶期，南方地区每667m^2用100g/L双草醚悬浮剂15～20mL（1.5～2g），北方地区每667m^2用100g/L双草醚悬浮剂20～25mL（2～2.5g），对水茎叶喷雾施药1次。施药前排干田水，药后1～2d复水，保持3～5cm浅水层。

注意事项：

1. 只适用于水稻田，严禁在其他作物上使用。
2. 施药前排干田水，药后1～2d复水，保持3～5cm浅水层。

嘧啶肟草醚

中文通用名称： 嘧啶肟草醚

英文通用名称： pyribenzoxim

其他名称： 韩乐天

化学名称： O-［2，6-双［（4，6-二甲氧-2-嘧啶基）氧基］苯甲酰基］二苯酮肟

化学结构式：

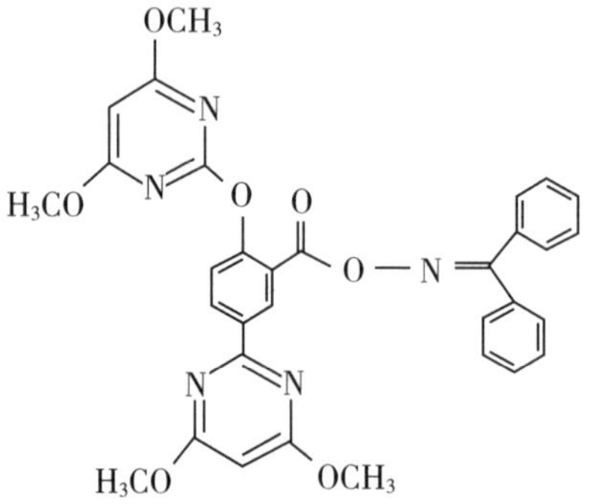

理化性质： 原药含量95%，外观为无味白色固体。熔点128～130℃，蒸气压<7.4×10^{-6}Pa。水中溶解度为3.5mg/L，有机溶剂中溶解度（25℃）：丙酮1.63g/L，己烷0.4 g/L，甲苯110.8g/L。

毒性： 按照我国农药毒性分级标准，嘧啶肟草醚属低毒。原药大鼠急性经口LD_{50}>2 000mg/kg，急性经皮LD_{50}>2 000mg/kg；对兔皮肤和眼睛有刺激作用；对鱼、鸟、蜜蜂为低毒。

作用特点：作用机制与磺酰脲类除草剂相似，属乙酰乳酸合成酶（ALS）抑制剂。对水稻具有选择性，具芽后除草活性，无芽前除草活性，对稗草、双穗雀稗和稻李氏禾等杂草有较好的防除效果。药剂除草速度较慢，施药后能抑制杂草生长，但须2周后方能枯死。药剂用药适期较宽，对稗草1.5～6.5叶期均有效。

制剂：5%嘧啶肟草醚乳油。

5%嘧啶肟草醚乳油

理化性质及规格：外观是透明的液相，pH为5.15，常温下稳定两年。

毒性：按照我国农药毒性分级标准，5%嘧啶肟草醚乳油属低毒。雄、雌大鼠急性经口LD_{50}>2 000mg/kg，急性经皮LD_{50}>2 000mg/kg，急性吸入LC_{50}为5.48mg/L。对兔皮肤和眼睛有刺激作用。无致敏性。

使用方法：

防除水稻直播田、水稻移栽田稗草和阔叶杂草 在水稻田杂草2～5叶期，南方地区每667m^2用5%嘧啶肟草醚乳油40～50mL（有效成分2～2.5g），北方地区每667m^2用5%嘧啶肟草醚乳油50～60mL（有效成分2.5～3g），对水茎叶喷雾施药1次。

注意事项：

1. 施药前排干田水，露出杂草，施药后1～2d灌浅水层，保水5～7d。
2. 对粳稻处理后有时会出现轻微的叶片发黄现象，但1周后迅速恢复，不影响水稻分蘖和产量。
3. 处理4～7d后见效果，避免重复喷药。

环 酯 草 醚

中文通用名称：环酯草醚

英文通用名称：pyriftalid

化学名称：（RS）-7-（4，6-二甲氧嘧啶-2-基硫）-3-甲基-2-苯并呋喃-1（3H）-酮

化学结构式：

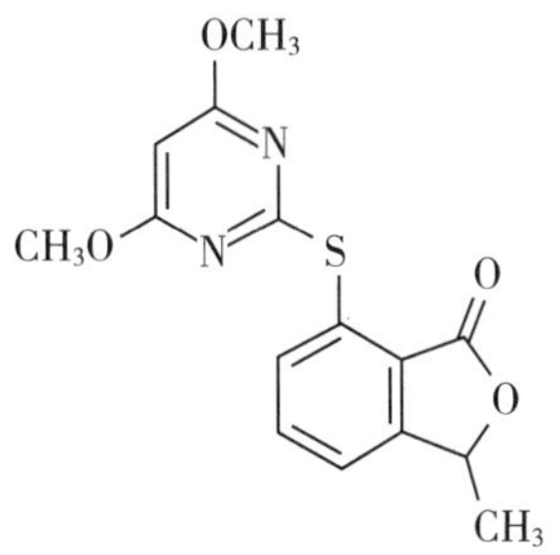

OCH3, N, CH3O, N, S, O, O, CH3

理化性质：原药含量96%，外观为浅褐色细粉末，有机溶剂溶解性（25℃）：丙酮14 g/L，二氯甲烷99 g/L，乙酸乙酯6.1 g/L，己烷30mg/L，甲醇1.4 g/L，辛醇400 mg/L,甲苯4 .0 g/L。

毒性：按照我国农药毒性分级标准，环酯草醚属低毒。大鼠急性经口LD_{50}>5 000mg/kg,急性经皮LD_{50}>2 000mg/kg，急性吸入LC_{50}>5 540mg/m^3；对兔眼睛和皮

肤无刺激性，对豚鼠皮肤无致敏性。对鱼、水蚤、水藻、鸟类、蜜蜂、家蚕、蚯蚓均低毒。

作用特点： 环酯草醚为乙酰乳酸合成酶（ALS）类抑制剂。可被植物茎叶或根尖所吸收，并快速向其他部位传导，通过抑制植物的 ALS 合成而导致支链氨基酸合成受阻，从而实现对杂草的防治。在杂草萌芽期至 3 叶期施药，环酯草醚对稗草和千金子有较好的防效，对雨久花、水莎草、异型莎草等也有一定抑制作用。一般施药 3～5d 后，即可用肉眼观测到一定防效，但靶标杂草一般要在 21d 左右才完全死亡。该药剂在水稻植株内的代谢速度较快，对水稻安全。

制剂： 24.3%环酯草醚悬浮剂。

24.3%环酯草醚悬浮剂

理化性质及规格： 米色液体，密度 1.028 g/cm^3（20℃），pH6.1，常温下稳定 2 年。

毒性： 按照我国农药毒性分级标准，24.3%环酯草醚悬浮剂属低毒。大鼠急性经口 LD_{50} 为 3 000mg/kg；急性经皮 LD_{50} >4 000mg/kg。

使用方法：

防除水稻移栽田杂草　在水稻移栽后 5～7d，杂草 2～3 叶期（稗草 2 叶期前），每 667m^2 用 24.3%环酯草醚悬浮剂 50～80mL（有效成分 12.5～20 g），对水茎叶喷雾施药 1 次。施药前一天排干田水，施药 1～2d 后复水 3～5cm，保持 5～7d。

注意事项：

1. 仅限用于南方移栽水稻田的杂草防除。
2. 宜较早用药，施药时避免雾滴飘移至邻近作物。
3. 每季作物最多使用 1 次。
4. 储藏温度应避免低于－10℃或高于 40℃。

嘧　草　醚

中文通用名称： 嘧草醚

英文通用名称： pyrimin obac-methyl

其他名称： 必利必能

化学名称： 2－［（4，6－二甲氧基嘧啶－2－基）氧］－6－［1－（甲氧基亚氨基）乙基］苯甲酸甲酯

化学结构式：

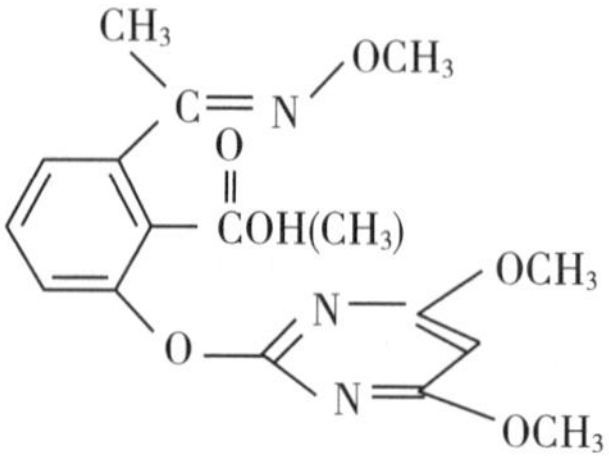

CH_3
C=N
OCH_3
O
‖
COH(CH_3)
OCH_3
N
O
N
OCH_3

理化性质： 原药含（E）- 异构体 75%～78%，（Z）- 异构体 20%～11%。外观为淡黄色晶粒，密度 1.3428 g/cm^3（20℃），熔点 96～106℃，蒸气压 2.138×10^{-4}Pa（25℃），水中溶

解度为 0.009 25g/L，甲醇中为 14.6 g/L。在水中稳定。

毒性： 按照我国农药毒性分级标准，嘧草醚属低毒。大鼠急性经口 LD_{50}＞5 000 mg/kg，急性经皮 LD_{50}＞2 000 mg/kg。对兔皮肤和眼睛有轻微刺激。北美鹌鹑经口 LD_{50}＞2 000 mg/kg，野鸭 LC_{50}（5 d）＞5200 mg/kg，鲤鱼 LC_{50}（96 h）30.9mg/L，鲑鱼 LC_{50}（96 h）21.2 mg/L，蜜蜂（24 h）LD_{50}＞200 μg/只。

作用特点： 为内吸传导性选择性除草剂，它可以通过杂草的茎、叶和根吸收，并迅速传导至全株，抑制乙酰乳酸合成酶（ALS）活性从而抑制氨基酸的生物合成，抑制和阻碍杂草体内的细胞分裂，使杂草停止生长，最终使杂草白化而枯死，用于水稻田防除稗草。

制剂： 10％嘧草醚可湿性粉剂。

10％嘧草醚可湿性粉剂

理化性质及规格： 制剂外观为米黄色可湿性粉剂，pH9.95，常温储存稳定期 3 年。

毒性： 按照我国农药毒性分级标准，10％嘧草醚可湿性粉剂属低毒。雄、雌大鼠急性经口 LD_{50}＞2 000 mg/kg，急性经皮 LD_{50}＞2 000 mg/kg，急性吸入 LC_{50}＞5.5mg/kg，对兔眼睛有轻度刺激，对兔皮肤无刺激，对豚鼠有弱致敏性。

使用方法：

防除水稻直播田和移栽田稗草　在稗草 3 叶期前，每 667m^2 用 10％嘧草醚可湿性粉剂 20～30g（有效成分 2～3g），混药土撒施 1 次。施药时田间有浅水层，药后保水 5～7d。

注意事项：

1. 禁止与其他农药混用。
2. 只适用于水稻，禁止使用在其他作物上。

八、三　嗪　类

莠　去　津

中文通用名称： 莠去津

英文通用名称： atrazine

其他名称： 阿特拉津

化学名称： 2-氯-4-乙胺基-6-异丙胺基-1，3，5-三嗪

化学结构式：

理化性质： 纯品为无色粉末，熔点 175.8℃，20℃时的蒸气压为 0.039mPa。20℃时在水中溶解度为 33mg/L，正戊烷中为 360mg/L，二乙醚中为 12 000mg/L，甲醇中为 18 000mg/L，醋酸乙酯中为 28 000mg/L，氯仿中为 52 000mg/L，二甲基亚砜中为

183 000mg/L。原粉为白色粉末，常温下储存两年稳定，有效成分含量基本不变。莠去津在微酸性或微碱性介质中较稳定，在较高温度下能被较强的酸和较强的碱水解。

毒性：按照我国农药毒性分级标准，莠去津属低毒。原粉大鼠急性经口 LD_{50} 为 1 780mg/kg，急性经皮 LD_{50}>3 170mg/kg，兔急性经皮 LD_{50} 为 7 500mg/kg。大鼠急性吸入(4h) LC_{50}>1 750mg/m^3。对兔眼睛无刺激作用，对兔皮肤有轻微刺激作用。试验条件下，未见对动物有致畸、致突变、致癌作用。对水生生物 LC_{50}（96h，mg/L）：虹鳟鱼 4.5～11.0，蓝鳃太阳鱼 16，鲤鱼 76～100，河鲈鱼 16，鲇鱼 7.6。蜜蜂 LC_{50}>97μg/只（经口），LC_{50}>100μg/只（接触）。田间半衰期为 35～50d，地下水中半衰期 105～200d，K_d0.2～2.46，K_{oc}39～155。

作用特点：莠去津是选择性内吸传导型苗前、苗后除草剂。根吸收为主，茎叶吸收较少，迅速传导到植物分生组织及叶部，干扰光合作用，使杂草致死。主要用于玉米田除草，在玉米等抗性作物体内，被玉米酮酶分解生成无毒物质，因而对作物安全。易被雨水淋洗至较深层，致使对某些深根杂草有抑制作用。在土壤中可被微生物分解，残效期受用药剂量、土壤质地等因素影响。主要用于玉米田防除稗草、马唐、狗牙根、牛筋草、苘麻、苣荬菜、蓼等一年生杂草。

制剂：20%、38%、45%、50%、55%、60%、500g/L 莠去津悬浮剂，48%、80%莠去津可湿性粉剂，90%水分散粒剂。

38%莠去津悬浮剂

理化性质及规格：外观为白色黏稠可流动的悬浮液体，悬浮率≥90%，分散性合格，常温储存两年，有效成分含量基本不变。

毒性：按照我国农药毒性分级标准，38%莠去津悬浮剂属低毒。雄、雌大鼠急性经口 LD_{50}分别为 2 710mg/kg 和 2 330mg/kg，急性经皮 LD_{50}>2 150mg/kg。

使用方法：

1. 防除玉米田杂草　在玉米播后苗前，春玉米每 667m^2 用 38%莠去津悬浮剂 300～400mL（有效成分 114～152g），夏玉米每 667m^2 用 38%莠去津悬浮剂 200～300mL（有效成分 76～114g），对水土壤喷雾施药 1 次。

2. 防除高粱田杂草　杂草将出土时，东北地区每 667m^2 用 38%莠去津悬浮剂 300～375mL（有效成分 114～142.5g），对水土壤喷雾施药 1 次。

注意事项：

1. 蔬菜、瓜类、桃树、小麦、棉花等对莠去津敏感。莠去津残效期较长，对浅根系树木易发生药害，避免使用。

2. 不能用于大豆、棉花、水稻等敏感作物田。套种大豆、花生、西瓜等作物的玉米田不能使用。麦套玉米田需麦收后才能使用。

3. 施药量应根据土质、有机质含量、杂草种类密度而定。酸性、有机质含量高、杂草密度大的地块可使用推荐剂量上限；反之，盐碱地及有机质含量低的地块使用推荐剂量下限。

4. 莠去津作播后苗前土壤处理时，要求施药前整地要平，土块要整细。

5. 在禾本科杂草发生严重的地块，单独使用效果不佳。

6. 玉米田后茬为小麦、水稻时应降低用药剂量，与其他安全的除草剂混用。有机质含量超过6%的土壤，不宜做土壤处理。

7. 选择晴朗无风天气施药，注意喷施均匀，并避免药剂的飘移。

8. 对蜜蜂、鱼类等水生生物、家蚕有毒，施药期间应避免对周围蜂群的影响，蜜源作物花期、蚕室和桑园附近禁用。地下饮用水水源地附近禁用。

莠 灭 净

中文通用名称： 莠灭净

英文通用名称： ametryn

其他名称： 阿灭净

化学名称： 2-乙氨基-4-异丙氨基-6-甲硫基-1，3，5-三嗪

化学结构式：

$$\text{CH}_3\text{S}-\text{C}_3\text{N}_3(\text{NH}-\text{CH}(\text{CH}_3)_2)(\text{NH}-\text{CH}_2\text{CH}_3)$$

理化性质： 原药为无色粉末，熔点84～85℃，蒸气压（25℃）0.365mPa，在水中的溶解度为200mg/L（25℃），易溶于有机溶剂。在中性、微酸或微碱性介质中稳定，而在强酸或强碱性介质中则水解为无除草活性的6-羟基衍生物。

毒性： 按照我国农药毒性分级标准，莠灭净属低毒。原药大、小鼠急性经口LD_{50}为1 110mg/kg。兔经皮急性LD_{50}>8 160mg/kg。对兔眼睛和皮肤有轻微的刺激作用。水生生物（96h）LC_{50}：虹鳟鱼5mg/L，蓝鳃太阳鱼19mg/L，水渠鲇鱼25mg/L。对蜜蜂低毒，经口LD_{50}>100μg/只。天敌LC_{50}（8d膳食，mg/kg）北美鹑30 000，野鸭23 000。

作用特点： 莠灭净为选择性内吸传导型除草剂，是典型的光合作用抑制剂。通过对光合作用电子传递的抑制，导致叶片内亚硝酸盐积累，致植物受害死亡；其选择性与植物生态和生化反应的差异有关，对刚萌发的杂草防治效果好。可被0～5cm深的土壤吸附，形成药层，使杂草萌发出土时接触药剂，莠灭净在低浓度下，能促进植物生长，即刺激幼芽与根的生长，促进叶面积增大、茎加粗等；在高浓度下，则对植物产生强烈的抑制作用。莠灭净适用于甘蔗、玉米等作物田防除稗草、马唐、狗牙根、牛筋草、雀稗、苘麻、蓼、鬼针草、田旋花、臂形草等一年生杂草。

制剂： 40%、75%、80%莠灭净可湿性粉剂，45%、50%莠灭净悬浮剂，80%、90%莠灭净水分散粒剂。

80%莠灭净可湿性粉剂

理化性质及规格： 外观为亮棕色粉末，密度0.28～0.35g/m^3，pH6～9，水分含量≤0.1%，湿润时间不超过1min，常规储存稳定性在2年以上。

毒性： 按照我国农药毒性分级标准，80%莠灭净可湿性粉剂属低毒。大鼠急性经口LD_{50} 1 313mg/kg，兔急性经皮LD_{50}>2 000mg/kg，兔急性吸入LC_{50} 4.85mg/L。对眼睛和皮肤有轻度刺激性。

使用方法：

1. 防除甘蔗田杂草 在甘蔗种植后出苗前或甘蔗种植后3～4叶期，杂草2～3叶期，每667m^2用80%莠灭净可湿性粉剂130～200g（有效成分104～160g），对水土壤喷雾或行间定向茎叶喷雾施药1次。在稗草、田旋花、空心莲子草、胜红蓟、狗牙根较重的甘蔗田，采用苗前施药效果好。

2. 防除夏玉米田杂草 玉米播种后出苗前，每667m^2用80%莠灭净可湿性粉剂120～180g（有效成分96～144g），对水土壤喷雾施药1次。

3. 防除菠萝田杂草 菠萝种植后萌芽2～3叶期，每667m^2用80%莠灭净可湿性粉剂120～150g（有效成分96～120g），对水定向茎叶喷雾施药1次。

注意事项：

1. 不可与碱性农药混用。

2. 对香蕉苗、水稻、花生、红薯及谷类、豆类、茄类、瓜类、菜类均有药害，均不宜使用，间作大豆、花生等的甘蔗田不能使用。

3. 对果蔗有一定的抑制作用，请勿使用。

4. 土壤墒情影响药效，最好在雨后或浇1次水后施用，以保证药效。施药时保持地面平整。低洼积水田易发生药害。杂草高大茂密地块要确保药液喷到杂草根部，避免直接喷到作物上。

5. 稗草、千金子、胜红蓟、田旋花、空心莲子草及狗芽根较重田块建议杂草萌芽前施药。

6. 沙性土壤、积水地或用药量大时，叶片会发黄，但一般经10d左右即可恢复正常，不影响甘蔗的产量。

扑 草 净

中文通用名称：扑草净

英文通用名称：prometryn

其他名称：扑灭通

化学名称：2-甲硫基-4，6-双（异丙氨基）-1，3，5-三嗪

化学结构式：

$$\begin{array}{c} CH_3S\text{—(1,3,5-三嗪环)—}NH-CH(CH_3)_2 \\ | \\ NH-CH(CH_3)_2 \end{array}$$

理化性质：纯品为白色结晶，熔点118～120℃。原药为灰白色或米黄色粉末，熔点113～115℃，有臭鸡蛋味。蒸气压0.169mPa（25℃）。在20℃水中溶解度为33mg/L，易溶于有机溶剂。不可燃，不易爆，无腐蚀性。土壤吸附性强。

毒性：按照我国农药毒性分级标准，扑草净属低毒。纯品大鼠急性经口LD_{50}为2 100mg/kg，原药大鼠急性经口LD_{50}为3 150～3 750mg/kg；鲤鱼LC_{50}（96h）8～9mg/L，银鱼LC_{50}7mg/L，鲦鱼LC_{50}4.5mg/L。

作用特点：扑草净是选择性内吸传导型除草剂。可从根部吸收，也可从茎叶渗入体内，

运输至绿色叶片内抑制光合作用，中毒杂草失绿，逐渐干枯死亡，发挥除草作用。其选择性与植物生态和生化反应的差异有关，对刚萌发的杂草防效最好。扑草净水溶性较低，施药后可被土壤黏粒吸附在0～5cm深水田表土中，形成药层，使杂草萌发出土时接触药剂。药剂持效期20～70d，旱地较水田长，黏土中更长。扑草净可用于水稻、棉花、花生等作物田防除马唐、狗尾草、稗、看麦娘、牛筋草、藜、苋、眼子菜、鸭舌草、四叶萍、牛毛毡等杂草，对猪殃殃、伞形花科及部分豆科杂草防效较差。

制剂： 25%、40%、50%扑草净可湿性粉剂，50%扑草净悬浮剂，25%扑草净泡腾颗粒剂。

50%扑草净可湿性粉剂

理化性质及规格： 外观为浅黄色或浅棕红色疏松粉末，细度（通过200目筛）≥90%，悬浮剂≥40%，水分含量≤2.5%，pH6～8。常温储存1年，含量降低<1%。

毒性： 按照我国农药毒性分级标准，50%扑草净可湿性粉剂属低毒。大鼠急性经口LD_{50}为9 000mg/kg，兔急性经皮LD_{50}>10 200 mg/kg。

使用方法：

1. 防除水稻移栽田杂草　在水稻移栽后20～25d，眼子菜叶片由红转绿时，每667m^2用50%扑草净可湿性粉剂80～120g（有效成分40～60g）拌湿润细土均匀撒施1次，药后保水7～10d。

2. 防除棉花田杂草　在棉花播种后出苗前，每667m^2用50%扑草净可湿性粉剂100～150g（有效成分50～75g），对水土壤喷雾施药1次。施药后1个月内不要锄土，棉苗出土后禁止施药，地膜育苗不宜使用。

3. 防除花生田杂草　在花生播前或播后苗前，每667m^2用50%扑草净可湿性粉剂100～150g（有效成分50～75g），对水土壤喷雾施药1次。

注意事项：

1. 每季最多使用1次。药效与土质、有机质含量、杂草种类、杂草密度、气温相关。
2. 因扑草净水溶性大，在土壤中移动性较大，在沙质土壤田不宜使用。
3. 气温35℃以上不宜施药。
4. 水稻生育期严禁茎叶喷雾施药。

西 草 净

中文通用名称： 西草净

英文通用名称： simetryn

化学名称： 2-甲硫基-4，6-双（乙氨基）-1，3，5-三嗪

化学结构式：

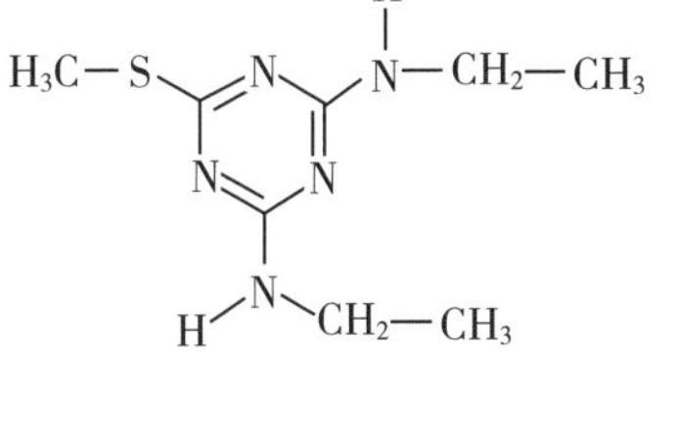

$H_3C—S$–[1,3,5-三嗪环]，4位：N(H)—CH_2—CH_3；6位：N(H)—CH_2—CH_3

理化性质： 纯品为白色结晶，熔点 81～82.5℃，难溶于水（450mg/L，室温），溶于甲醇、乙醇和氯仿等有机溶剂。常温下储存 2 年，有效成分含量基本不变。西草净在强酸、强碱或高温下易分解。

毒性： 按照我国农药毒性分级标准，西草净属低毒。原药大鼠急性经口 LD_{50} 为 1 830mg/kg，雄性豚鼠急性经皮 LD_{50}＞5 000mg/kg。

作用特点： 西草净是选择性内吸传导性除草剂。可从根部吸收，也可从茎叶透入植株体内，运输至绿色叶片，抑制光合作用希尔反应，影响糖类的合成和淀粉的积累，从而发挥除草作用。西草净对水稻田眼子菜有特殊防效，对牛毛草也有较好防除效果，施药过晚防效差。西草净在土壤中移动性中等。

制剂： 25％西草净可湿性粉剂，13％西草净乳油。

25％西草净可湿性粉剂

理化性质及规格： 由有效成分、填料和表面活性剂等组成，外观为灰白色粉末，悬浮率≥34％，水分含量≤3％，pH5～9，常温储存 2 年，有效成分含量基本不变。

毒性： 按照我国农药毒性分级标准，25％西草净可湿性粉剂属低毒。雌、雄大鼠急性经口 LD_{50} 为 1 710mg/kg，大鼠急性经皮 LD_{50}＞2 000mg/kg，对家兔皮肤、眼睛均无刺激性，为弱致敏物。

使用方法：

防除水稻移栽田眼子菜及其他阔叶杂草　在插秧后 15～20d（分蘖期），田间眼子菜由红转绿时，南方水稻田每 667m^2 用 25％西草净可湿性粉剂 100～150g（有效成分 25～37.5g），北方稻田每 667m^2 用 25％西草净可湿性粉剂 150～200g（有效成分 37.5～50g），拌细土均匀撒施 1 次，施药时田间保持水层 3～5cm，药后保水 5～7d。

注意事项：

1. 每季最多使用 1 次。根据杂草基数，选择合适的施药时间和用药剂量。田间以阔叶杂草为主，施药应适当提早，于秧苗返青后施药；但小苗、弱苗秧易产生药害。
2. 用药量要准确，拌土及撒施要均匀，以免局部施药量过多而产生药害。
3. 有机质含量少的沙质土、低洼排水不良地及重碱或强酸性土壤使用，易发生药害，不宜使用。
4. 用药时气温应在 30℃以下，气温超过 30℃时，施药易造成药害。
5. 不同水稻品种对西草净受药性不同，在新品种使用时，应先进行试验。

西　玛　津

中文通用名称： 西玛津

英文通用名称： simazine

其他名称： 田保净

化学名称： 2-氯-4，6-双（乙氨基）-1，3，5-三嗪

化学结构式：

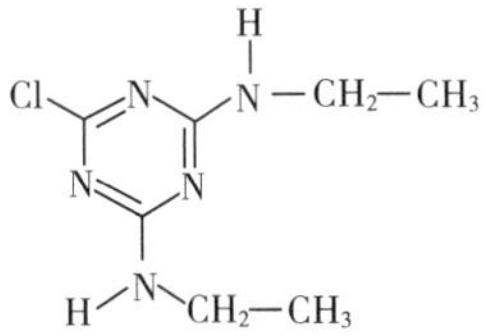

理化性质： 纯品为白色结晶，熔点 225～227℃（分解），20℃溶解度：水 5mg/L，石油醚 2mg/L，甲醇 400mg/L，氯仿 900mg/L。原药为白色粉末，熔点约 224℃，常温下储存两年，有效成分含量基本不变。西玛津在微酸性或微碱性介质中较稳定，在较高温度下能被较强的碱水解。

毒性： 按照我国农药毒性分级标准，西玛津属低毒。原药大鼠急性经口 LD_{50}＞5 000mg/kg，兔急性经皮 LD_{50}＞3 100mg/kg，对兔眼和皮肤无刺激作用。致突变、致畸和致癌试验为阴性。

作用特点： 西玛津是选择性内吸传导型除草剂。被杂草的根系吸收后沿木质部随蒸腾迅速向上传导到绿色叶片，抑制杂草光合作用，使杂草“饥饿”死亡。温度高时植物吸收传导快。西玛津的选择性是由不同植物生态及生理生化等方面的差异而致。西玛津水溶性极小，在土壤中不易向下移动，被土壤吸附在表层形成药层，一年生杂草大多发生于浅层，杂草幼苗根吸收到药剂而死，而深根性作物主根明显，并迅速下扎而不受害。西玛津在抗性植物体内含有谷胱甘肽-S-转移酶，通过谷胱甘肽轭合作用，使西玛津在其体内丧失毒性而对作物安全。西玛津在土壤中残效期长，特别在干旱、低温、低肥条件下微生物分解缓慢，持效期可长达 1 年，因而影响下茬敏感作物出苗生长。可用于玉米田防除稗草、马唐、狗尾草、牛筋草、鳢肠、苍耳、苋、藜、马齿苋、龙葵、铁苋菜、苘麻等一年杂草，对芦苇、狗牙根、白茅、刺儿菜、田旋花、苣荬菜、荠菜等防效较差。

制剂： 50％西玛津悬浮剂，50％西玛津可湿性粉剂，90％西玛津水分散粒剂。

50％西玛津可湿性粉剂

理化性质及规格： 由有效成分、填料和表面活性剂等组成，外观为白色或灰白色粉末，悬浮率≥34％，分散性含量≤3％，pH6～9，常温储存两年，有效成分含量基本不变。

毒性： 按照我国农药毒性分级标准，50％西玛津可湿性粉剂属低毒。大鼠急性经口 LD_{50}＞15 000mg/kg，兔急性经皮 LD_{50}＞10 000mg/kg。

使用方法：

防除玉米田杂草　在玉米播后苗前，每 667m^2 用 50％西玛津可湿性粉剂 300～400g（有效成分 150～200g），对水土壤喷雾施药 1 次。

注意事项：

1. 在土壤中残留时间比莠去津长，特别是在干旱、低温、低肥条件下，可长达 1 年以上。因而易引起后茬作物药害，有时隔年对敏感作物还有毒害。敏感作物有麦类、大豆、花生、油菜、向日葵、棉花、水稻，十字花科作物高度敏感。

2. 每季作物最多使用 1 次。盐碱地及有机质含量低的地块药量酌减。

3. 播后苗前土壤处理时，施药前整地要平。并按使用面积准确称取药量。均匀施药，补充喷、不漏喷。

九、三嗪酮类

嗪　草　酮

中文通用名称： 嗪草酮

其他名称： 赛克

英文通用名称： metribuzin

化学名称： 3-甲硫基-4-氨基-6-特丁基-4，5二氢-1，2，4-三嗪-5-酮

化学结构式：

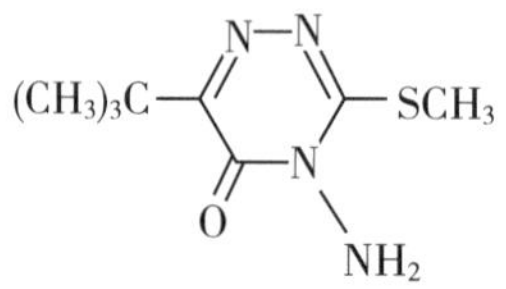

N—N
$(CH_3)_3C$—　—SCH_3
N
O
NH_2

理化性质： 纯化合物为无色晶体，略带特殊气味，熔点126.2℃，沸点132℃，相对密度1.31（20℃），蒸气压0.058mPa（20℃）。20℃时的溶解度：水1.05g/L，二甲基甲酰胺1 780g/L，环己酮1 000g/L，氯仿850g/L，丙酮829g/L，甲醇450g/L，二氯甲烷333g/L，苯220g/L，正丁醇150g/L，乙醇190g/L，甲苯50～100g/L，二甲苯90g/L，异丙醇50～100g/L，己烷0.1～1g/L。对紫外光稳定，20℃稀释酸碱中稳定，水中光解迅速。原药有效成分含量90%，外观为白色粉末。

毒性： 按照我国农药毒性分级标准，嗪草酮属低毒。原药大鼠急性经口LD_{50}为1 100～2 300mg/kg，小鼠急性经口LD_{50}为500～700mg/kg；大鼠、家兔急性经皮LD_{50}＞20 000 mg/kg。对眼睛和皮肤有中等刺激作用，未见致敏作用。在试验剂量内对动物无致畸、致突变、致癌作用。对鱼类及其他水生生物低毒，虹鳟鱼LC_{50}（96h）76mg/L，大翻车鱼LC_{50}（96h）80mg/L。对鸟类毒性较低，金丝雀急性经口LD_{50} 500～1 000mg/kg。对天敌急性经口LD_{50}（mg/kg）：北美鹌鹑168，野鸭469～680。合理使用该药，对蜜蜂和天敌无害。在水中半衰期约为1～2个月，塘水中约7d。

作用特点： 嗪草酮为选择性除草剂。有效成分被杂草根系吸收随蒸腾流向上部传导，也可被叶片吸收在体内作有限的传导。主要通过抑制敏感植物的光合作用发挥杀草活性，施药后各敏感杂草萌发出苗不受影响，出苗后叶片褪绿，最后营养枯褐而致死。嗪草酮可作芽前或芽后处理除草，在作物播种前或播种后杂草出苗前作土壤处理。土壤具有适当的湿度有利于根的吸收。土壤有机质及结构对嗪草酮的除草效能及作物对药液的吸收有影响。若土壤含有大量黏质土及腐殖质，使用推荐剂量的上限，反之使用推荐剂量的下限。温度对嗪草酮的除草效果及作物安全性亦有一定影响，温度高的较温度低的地区用药量低。嗪草酮在土壤中的持效性视气候条件及土壤类型而异，一般条件下半衰期为28d左右。嗪草酮用于大豆田防除藜、蓼、苋、马齿苋、山苦荬、繁缕等阔叶杂草及稗、狗尾草、马唐等禾本科杂草，对多年生杂草防效差。

制剂： 50%、70%嗪草酮可湿性粉剂，70%嗪草酮水分散粒剂。

70%嗪草酮可湿性粉剂

理化性质及规格： 外观为浅黄色粉末，不溶于水，但在水中扩散，其悬浮性符合世界卫

生组织（WHO）标准。在正常储存条件下稳定3年以上。

毒性：按照我国农药毒性分级标准，70％嗪草酮可湿性粉剂制剂属低毒。大鼠急性经口LD_{50}为2 500mg/kg，小鼠急性经口LD_{50}为749mg/kg；大鼠急性吸入LC_{50}（4h）＞450mg/m^3，小鼠急性吸入LC_{50}＞240mg/m^3。

使用方法：

防除春大豆田阔叶杂草　在春大豆播种后出苗前，每667m^2用70％嗪草酮可湿性粉剂50～69g（有效成分35～49g），对水土壤喷雾施药1次。

注意事项：

1. 部分大豆品种（如黑龙江“北丰”系列品种）对嗪草酮敏感，禁止使用，甜玉米、爆裂型玉米及制种田禁用。

2. 应用4个月以上才能种玉米、马铃薯；8个月以上可种水稻；12个月以上可种除块根以外的其他作物；18个月以上可种洋葱、甜菜和其他块根作物。

3. 大豆田只能苗前使用，苗期使用易产生药害，每季最多使用1次。

4. 大豆播种深度至少3.5～4cm，播种过浅也易发生药害。

5. 不宜与乙草胺混用，否则可能引起药害。

6. 在土壤有机质含量＜2％的沙土、壤质沙土、沙质壤土及大豆苗后禁止使用，以免产生药害。土壤pH 7.5以上的碱性土壤和降雨多、气温高的地区要适当减少用药量。

7. 嗪草酮的药效受土壤水分影响较大，春季土壤墒情好或施药后有一定量降雨时，药效易发挥；当施药前后持续干旱，药效差，可采取两次施药法浅混土。

8. 避免局部药量过多。具体使用剂量还依土壤质地和酸碱度而异，沙质轻壤土田块使用推荐剂量的下限，重质黏土使用推荐剂量的上限。

9. 风力大时不可施用，以免因雾滴飘移伤害临近作物。

10. 对鸟中等毒，施药注意对鸟类的影响。

11. 每日每千克体重允许摄入量（ADI）为0.025mg。在大豆中的最高残留限量（MRL）为0.1mg/kg（美国标准），安全间隔期为75～120d。

环　嗪　酮

中文通用名称：环嗪酮

英文通用名称：hexazinone

其他名称：威尔柏

化学名称：3-环己烷-6-二甲基氨基-1-甲基-1，3，5-三嗪-2，4-二酮

化学结构式：

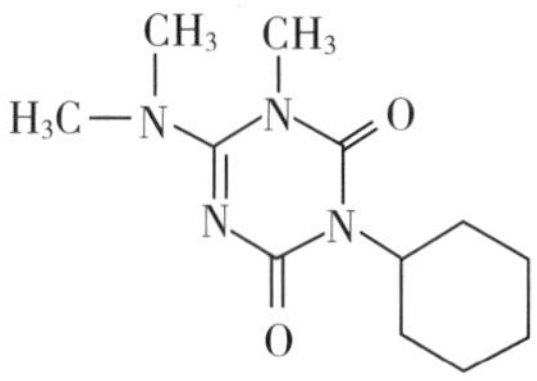

理化性质：原药为白色结晶体，有效成分含量为98％，相对密度1.25，熔点115～117℃，86℃时蒸气压为8.5×10^{-3}Pa，25℃时蒸气压0.03mPa。溶解度：水

33g/kg，氯仿 3 880g/kg，甲醇 2 650g/kg，苯 940g/kg，丙酮 792g/kg，甲苯 386g/kg，二甲基酰胺 836g/kg，己烷 30g/kg。在 pH 5.7～9 的水溶液中，温度在 37℃以下时都稳定，在土壤中会被微生物分解。

毒性： 按照我国农药毒性分级标准，环嗪酮属低毒。大鼠急性经口 LD_{50}＞1 690mg/kg，豚鼠急性经口 LD_{50}为 860 mg/kg，大鼠急性吸入 LC_{50}＞7.48 mg/L；对眼睛有严重的刺激作用，对皮肤无致敏作用；在试验剂量内对动物无致畸、致突变、致癌作用；环嗪酮对鱼类及水生生物低毒，虹鳟鱼 LC_{50}（48h）388mg/L，蓝鳃翻车鱼 LC_{50} 370～420 mg/L，牡蛎 EC_{50}（48h）320～560 mg/L，草虾 LC_{50}（48h）94 mg/L，螃蟹 LC_{50}（96h）＞1 000mg/L，水蚤 LC_{50}（48h）为 151.6 mg/L；蜜蜂经口 LC_{50}＞60μg/只。对鸟类低毒，鹌鹑急性经口 LD_{50}＞5 000 mg/L。野鸭 LC_{50}＞10 000 mg/L。

作用特点： 为内吸选择性除草剂。植物根系和叶面吸收环嗪酮后，主要通过木质部运输抑制植物的光合作用，使代谢紊乱，导致死亡，进入土壤后能被土壤微生物分解，对松树根部没有伤害。环嗪酮是优良的林用除草剂。用于常绿针叶林，如红松、樟子松、云杉、马尾松等幼林抚育、造林前除草灭灌、维护森林防火线及林分改造等。可防除狗尾草、蚊子草、走马芹、羊胡苔草、香薷、小叶樟、窄叶山蒿、蕨、铁线莲、轮叶婆婆纳、刺儿菜、野燕麦、蓼、稗、藜等。能防治的木本植物有黄花忍冬、珍珠梅、榛材、柳叶绣线菊、刺五加、翅春榆、山杨、桦、蒙古柞、椴、水曲柳、黄菠萝、核桃楸等。

制剂： 75％环嗪酮水分散粒剂，25％环嗪酮可溶液剂，5％环嗪酮颗粒剂。

25％环嗪酮可溶液剂

理化性质及规格： 外观为浅黄色或橙色澄清液体，无可见的悬浮物和沉淀物，pH5.0～9.0，常温储存两年，有效成分含量基本不变。

毒性： 按照我国农药毒性分级标准，25％环嗪酮可溶液剂属低毒。雄、雌大鼠急性经口 LD_{50}为 4 640mg/kg 和 3 160mg/kg，急性经皮 LD_{50}为 2 000 mg/kg，对眼睛和皮肤无刺激性。

使用方法：

1. *防除森林防火道杂草、杂灌*　使用 25％环嗪酮可溶液剂 300～500mL（有效成分 75～125g），对水茎叶喷雾施药 1 次。

2. *森林除草灭灌*　按造林规格定点，用喷枪点射各点，一年生杂草为主时，每点使用 25％环嗪酮可溶液剂 1mL（有效成分 0.25g），多年生杂草为主伴生少量灌木时每点使用 2mL（有效成分 0.5g）；灌木密集林地，每点使用 3mL（有效成分 0.75g）。

注意事项：

1. 使用环嗪酮应与降雨配合，最好在雨季前用药。

2. 对水稀释时水温不可过低，否则易有结晶析出，影响药效。

3. 点射施药时，药液应落在土壤上，不要射到枯枝落叶层上，以防药液被风吹走。可在药液中加入红、蓝燃料，以标记施药地点。

4. 对蜜蜂、鸟类、家蚕毒性低，一般不易发生中毒事故。施用时应严格防止药液流入江河湖泊，禁止在河塘等水体中洗施药器具。

十、嘧啶二酮类

苯 嘧 磺 草 胺

中文通用名称：苯嘧磺草胺

英文通用名称：saflufenacil

其他名称：巴佰金

化学名称：N′-［2-氯-4-氟-5-（3-甲基-2，6-二氧-4-（三氟甲基）-3，6-二氢-1（2H）-嘧啶）苯甲酰］-N-异丙基-N-甲基硫酰胺

化学结构式：

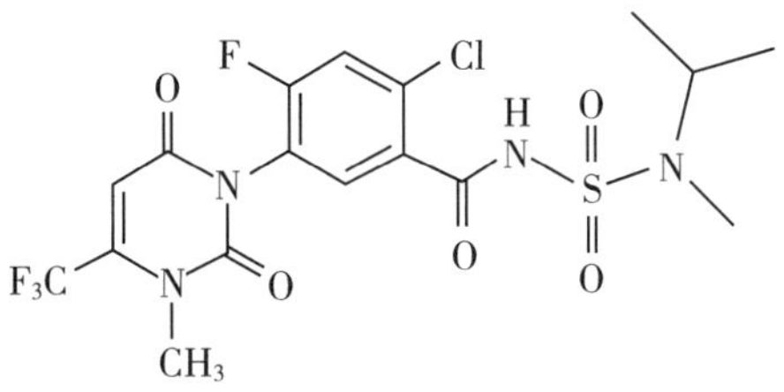

理化性质：原药含量97%，外观为白色，无味粉末；熔点189.9℃；水中溶解度（20℃）：pH5时为0.025g/L；pH4时为0.014g/L；pH7时为2.1g/L；有机溶剂中溶解度（20℃）：乙腈194g/L，二氯甲烷244g/L，N，N-二甲基甲酰胺554g/L，丙酮275g/L，乙酸乙酯65.5g/L，四氢呋喃362g/L，丁酯350g/L，甲醇29.8g/L，异丙醇2.5g/L，甲苯2.3g/L，橄榄油0.1g/L，1-辛醇＜0.1g/L,庚烷＜0.05g/L。

毒性：按照我国农药毒性分级标准，苯嘧磺草胺属低毒。原药雌、雄大鼠急性经口LD_{50}＞2 000mg/kg，急性经皮LD_{50}＞2 000mg/kg，急性吸入LC_{50}＞5.3 mg/L。对大鼠眼睛无刺激。对兔皮肤无刺激。对豚鼠皮肤无致敏性。对蜂、鸟、鱼、蚕等毒性较低。

作用特点：是原卟啉原氧化酶（PPO）抑制剂，由于PPO被抑制，原卟啉原在胞液中增加并转化成原卟啉。暴露在日光下时，胞液的原卟啉分子与氧结合形成纯态氧，引起了脂质的过氧化反应。PPO的抑制导致了细胞膜的完整性迅速遭到破坏（脂质的过氧化反应引起），引起细胞的泄漏，组织坏死，最终导致植物死亡。该药作为灭生性除草剂，可有效防除多种阔叶杂草，包括对草甘膦、ALS和三嗪类产生抗性的杂草。具有很快的灭生作用且降解迅速。苯嘧磺草胺对马齿苋、反枝苋、藜、蓼、苍耳、龙葵、苘麻、黄花蒿、苣荬菜、泥胡菜、铁苋菜、鳢肠、小飞蓬、一年蓬、蒲公英、皱叶酸模、大籽蒿、酢浆草、乌蔹莓、加拿大一支黄花、薇甘菊、鸭跖草、牛膝菊、耳草、粗叶耳草、胜红蓟、肖梵天花、天名精、葎草等杂草有较好的防除或抑制作用。

制剂：70%苯嘧磺草胺水分散粒剂。

70%苯嘧磺草胺水分散粒剂

理化性质及规格：外观为浅褐色挤条颗粒状，pH5.02，分散性94%，水分含量10g/kg。分散剂木素硫化盐6%，分散剂烷化萘磺化盐4%，润湿剂烷基萘磺化盐1%，水1%，

硫酸铵盐 16.13%。54℃储存 21d 稳定。

毒性：按照我国农药毒性分级标准，70%苯嘧磺草胺水分散粒剂属低毒。大鼠急性经口 LD_{50}>2 000mg/kg，急性经皮 LD_{50}>2 000mg/kg，急性吸入 LC_{50}>5.3 mg/L。对兔子眼睛和皮肤无刺激性。对豚鼠皮肤无致敏性。

使用方法：

1. 防除非耕地阔叶杂草　苗后茎叶处理，在阔叶杂草的株高或茎长达 10～15cm 时，每 667m^2 用 70%苯嘧磺草胺水分散粒剂 5～7.5g（有效成分 3.5～5.25g），对水茎叶喷雾施药 1 次。

2. 防除柑橘园阔叶杂草　苗后茎叶处理，在阔叶杂草的株高或茎长达 10～15cm 时，每 667m^2 用 70%苯嘧磺草胺水分散粒剂 5～7.5 g（有效成分 3.5～5.25g），对水定向均匀茎叶喷雾施药 1 次。

注意事项：

1. 加入增效剂可有效提高药剂对杂草的防效，降低使用剂量。
2. 施药应均匀周到，避免重喷、漏喷或超过推荐剂量用药。
3. 在大风时或大雨前不要施药，避免飘移。

十一、尿嘧啶类

除　草　定

中文通用名称：除草定

英文通用名称：bromacil

化学名称：3-仲丁基-5-溴-6-甲基脲嘧啶-2，4-二酮

化学结构式：

Br　O　N　N　O　H

理化性质：原药含量 95%，外观为无色结晶固体，熔点 158～159℃，蒸气压 0.033mPa（25℃）。水溶解度 815mg/L，有机溶剂溶解度（g/kg）：丙酮 201，乙醇 155，甲苯 33，可被强酸慢慢分解。

毒性：按照我国农药毒性分级标准，除草定属低毒。原药大鼠急性经口 LD_{50} 为 1 300mg/kg，兔子急性经皮 LD_{50}>5 000mg/kg，虹鳟鱼 TC_{50}（48h）70～75mg/L。

作用特点：除草定为非选择性灭生型除草剂，在杂草萌芽前或萌芽早期施药，通过抑制杂草的光合作用而杀死杂草，适用于菠萝田防除一年生及多年生杂草。其施药量较大，土壤持效期在 40d 以上。

制剂：80%除草定可湿性粉剂。

80%除草定可湿性粉剂

理化性质及规格：外观为类白色粉末固体，无刺激性异味，pH 为 5.0～8.0，悬浮率≥80%，湿润时间≤120s，在（54±2）℃时，可储存 14d，常温储存稳定期为 2 年。

毒性： 按照我国农药毒性分级标准，80%除草定可湿性粉剂属低毒。大鼠急性经口 LD_{50}为 1 470mg/kg。急性经皮 LD_{50}＞2 000mg/kg，急性吸入 LC_{50}＞2 000mg/m^3，对白兔眼睛有轻度至中度刺激性，对白兔皮肤无刺激性，属弱致敏物。

使用方法：

防除菠萝田杂草　在菠萝田杂草 1～2 叶期，每 667m^2 用 80%除草定可湿性粉剂 300～400g（有效成分 240～320 g），对水均匀定向茎叶喷雾施药，每季最多使用 1 次。

注意事项：

施药时，防止药液飘移到作物上，避免药害。

十二、氨基甲酸酯类

甜　菜　安

中文通用名称： 甜菜安

英文通用名称： desmedipham

其他名称： 甜菜灵

化学名称： N-苯基氨基甲酸［3-（乙氧基甲酰基氨基）苯基］酯

化学结构式：

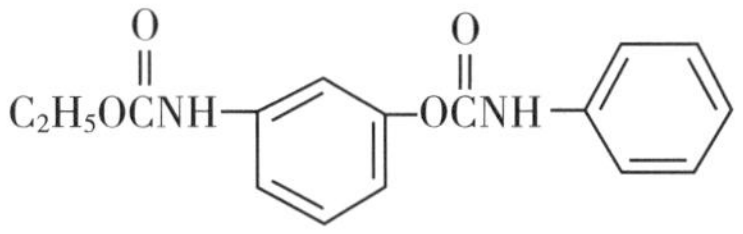

O　　　　　O

C_2H_5OCNH—(苯环)—OCNH—(苯环)

理化性质： 无色结晶，熔点 120℃，蒸气压 4×10^{-5}mPa（25℃）。溶解度水中 7mg/L（20℃，pH7），极易溶于有机溶剂中，溶解度（g/L，20℃）：丙酮 400，甲醇 180，氯仿 80，乙酸乙酯 149，二氯甲烷 17.8，苯 1.6，甲苯 1.2，己烷 0.5。酸性水溶液中稳定，中性和碱性介质中水解，70℃储存 2 年稳定。

毒性： 按照我国农药毒性分级标准，甜菜安属低毒。大、小鼠急性经口 LD_{50}＞9 600mg/kg,急性经皮 LD_{50}＞4 000mg/kg。对眼睛、皮肤和呼吸道有刺激作用，一般无全身中毒症状，每日每千克体重允许摄入量 0.001 25mg。北美鹌鹑和野鸭的 LC_{50}（5d，mg/kg，膳食）＞10 000。虹鳟鱼 LC_{50}（96h，mg/L）1.7，蓝鳃太阳鱼为 6.0。对蜜蜂无毒，LD_{50}＞50μg/只。土壤中半衰期约 34d，在土壤中不富集，对地下水无污染风险，K_{ow}1 500。

作用特点： 甜菜安是选择性内吸型除草剂，通过叶面吸收，抑制光合作用。用于甜菜田苗后防除阔叶杂草，如反枝苋、藜、龙葵、马齿苋、豚草、野荞麦、野芥菜等。对甜菜安全，可与甜菜宁混用。

制剂： 16%甜菜安乳油。

16%甜菜安乳油

理化性质及规格： 外观为黄棕色透明液体，pH 4.0～6.0，熔点 120℃，密度 1.005g/cm^3,水分≤0.4%，闭杯闪点为 91℃，与矿物油混溶，非易燃液体，非爆炸物，非腐蚀性物质，常温下储存稳定期两年。

毒性： 按照我国农药毒性分级标准，16%甜菜安乳油属低毒。对雌、雄大鼠急性经口 LD_{50} 分别为 2 330mg/kg 和 3 690mg/kg，急性经皮 LD_{50} >2 150 mg/kg，对家兔皮肤无刺激性，对家兔眼睛有轻度至中度刺激性，属弱致敏物，无致畸性。

使用方法：

防除甜菜田阔叶杂草　在阔叶杂草 2～4 叶期，每 667m² 用 16%甜菜安乳油 400～500g（有效成分 64～80g），对水茎叶喷雾施药 1 次。

注意事项：

1. 应使用清水配制，避免与碱性介质混配，以免在碱性介质中水解失效。
2. 避免在蜜源作物附近与水源附近施用本药剂，以免对蜜蜂与水生生物产生影响。
3. 每季作物最多使用 1 次。

甜　菜　宁

中文通用名称： 甜菜宁

英文通用名称： phenmedipham

其他名称： 凯米丰

化学名称： N-（3-甲基苯基）氨基甲酸［3-（甲氧甲酰基氨基）苯基］酯

化学结构式：

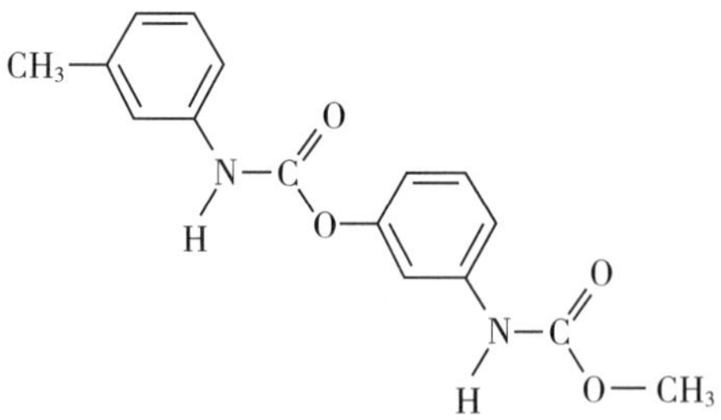

CH_3　N—C(=O)—O　N—C(=O)—O—CH_3　H　H

理化性质： 纯品为无色晶体，相对密度 0.25～0.3，熔点 143～144℃，147℃时分解，蒸气压（25℃）1.32mPa，溶解度（室温）：水中 4.7mg/L，丙酮 200g/kg，甲醇 50g/kg，苯 2.5g/kg，异氟尔酮 231g/kg。原药有效成分>97%，熔点 140～144℃。

毒性： 按照我国农药毒性分级标准，甜菜宁属低毒。原药大鼠和小鼠急性经口 LD_{50} 8 000～12 800mg/kg，大鼠急性经皮 LD_{50} >4 000mg/kg，大鼠急性吸入无影响浓度为 1mg/L；对皮肤和眼睛有轻度刺激性，在试验剂量内对动物无致畸、致突变、致癌作用；对虹鳟鱼无作用浓度 1.6mg/L，鲤鱼 2.4mg/L，对海藻高毒，EC_{50} 241mg/L；对蜜蜂、鸟类低毒，鹌鹑 LD_{50} 2 900mg/kg，野鸭 LD_{50} 700～3 500mg/kg，鸡 LD_{50} >3 000mg/kg，蚯蚓 LC_{50} 447.6mg/kg。

作用特点： 甜菜宁为选择性苗后茎叶处理剂，杂草通过茎叶吸收，传导到各部分。其主要作用是阻止合成三磷酸腺苷和还原型烟酰胺腺嘌呤磷酸二苷之前的希尔反应中的电子传递作用，从而使杂草的光合同化作用遭到破坏；甜菜对进入体内的甜菜宁可进行水解代谢，使之转化为无害化合物，从而获得选择性，该药在甜菜田做茎叶处理，对藜、繁缕、荞麦蔓、蓼、鼬瓣花等有较好的防除效果，对甜菜安全性高。

制剂： 16%甜菜宁乳油。

16%甜菜宁乳油

理化性质及规格： 16%甜菜宁乳油由有效成分和乳化剂、溶剂（异佛尔酮）组成。外观为黄棕色透明液体，相对密度 1.00（25℃），闪点 64℃，异佛尔酮沸点 215℃，20℃时蒸气压为 30Pa。易燃，空气中的爆炸浓度为 0.8%～3.8%。在水中乳化性好。常温储存稳定期可达数年。

毒性： 按照我国农药毒性分级标准，16%甜菜宁乳油属低毒。雄、雌大鼠急性经口 LD_{50}分别为 2 330 mg/kg 和 1 710mg/kg，急性经皮 LD_{50}均>2 000mg/kg，对皮肤和眼睛无刺激性，属弱致敏物。

使用方法：

防除甜菜田阔叶杂草　在甜菜田阔叶杂草 2～4 叶期，每 667m^2 用 16%甜菜宁乳油 400～667mL（有效成分 64～106.7g），对水茎叶喷雾施药 1 次。

注意事项：

1. 药剂应使用清水配制，避免与碱性介质混配，以免在碱性介质中水解失效。
2. 应避免在蜜源作物附近与水源附近施用，以免对蜜蜂与水生生物产生影响。
3. 每季最多使用 1 次。

十三、脲　　类

异　丙　隆

中文通用名称： 异丙隆

英文通用名称： isoproturon

化学名称： 1，1-二甲基-3-（4-异丙基苯基）脲

化学结构式：

$$CH_3-N(CH_3)-C(=O)-N(H)-C_6H_4-CH(CH_3)-CH_3$$

理化性质： 原药为浅灰色或黄色粉末，有效成分含量 95%、90%，相对密度 1.16，熔点 151～153℃，20℃时蒸气压 3.3×10^{-3} mPa，20℃时在水中的溶解度为 7.2×10^{-2} g/L，二甲苯中 38g/L，甲醇中 75g/L。

毒性： 按照我国农药毒性分级标准，异丙隆属低毒。原药大鼠急性经口 LD_{50} > 3 900mg/kg，急性经皮 LD_{50} 2 000mg/kg，小鼠急性经口 LD_{50} 5 000mg/kg。对兔皮肤无刺激性。三项致突变试验为阴性。对蜜蜂和家蚕低毒；鹌鹑急性经口 LD_{50}>5 000mg/kg。

作用特点： 异丙隆为选择性芽前、芽后除草剂。主要由杂草根吸收，茎叶吸收少，在导管内随水分向上传导到叶，多分布在叶尖和叶缘，在绿色细胞内发挥作用。是光合作用电子传递的抑制剂，干扰植物光合作用的进行，使之在光照下不能放出氧和二氧化碳，有机物生成停止，敏感杂草死亡。阳光充足、温度高、土壤湿度大时有利于药效发挥，干旱时药效

差。施药后敏感杂草叶尖、叶缘褪绿，叶黄，最后枯死；该药在耐药作物和敏感杂草体内的吸收、传导和代谢速度不同而具有选择性。异丙隆在土壤中被微生物降解，在水中溶解度高，易淋溶，在土壤中持效性比绿麦隆等其他取代脲类更短，半衰期 20d 左右。长江中下游冬麦田使用时，对后茬水稻的安全间隔期不短于 109d。异丙隆适用于小麦田防除一年生禾本科杂草及一些双子叶杂草，如看麦娘、日本看麦娘、早熟禾、野燕麦、牛繁缕、藜、野芥菜等，而猪殃殃、婆婆纳、委陵菜等耐药性较强。

制剂： 25%、50%、70%、75%异丙隆可湿性粉剂，50%异丙隆悬浮剂。

50%异丙隆可湿性粉剂

理化性质及规格： 外观为浅灰色或浅黄色疏松粉末，密度 1.15g/cm^3，pH7～10，细度 95%以上通过 44μm（325 目）筛，悬浮率≥70%，润湿时间≤5min，加热失重率≤3.5%。

毒性： 按照我国农药毒性分级标准，50%异丙隆可湿性粉剂属低毒。大鼠急性经口 LD_{50}＞4 640mg/kg，急性经皮 LD_{50}＞2 150mg/kg，对家兔皮肤无刺激性，对家兔眼睛呈轻度刺激性，属弱致敏物。

使用方法：

防除小麦田杂草　异丙隆施药适期较宽，冬小麦冬前或春季麦苗返青期均可使用。每 667m^2 用 50%异丙隆可湿性粉剂 120～180g（有效成分 60～90g），对水茎叶喷雾施药 1 次。

注意事项：

1. 土壤湿度高有利于根吸收传导药剂，喷药前后降雨有利于药效发挥，土壤干旱时药效差。

2. 湿度高利于药效发挥，低温（日平均气温 4～5℃）时冬小麦可能出现褪绿及生长抑制。施药后若遇寒流，会加重冻害，而且随用药量的升高而加重。因此施药应在冬前早期进行；寒流来前不能施药。

3. 与露籽麦或麦根接触，易出现死苗现象，成苗减少，施药时必须做到整平地、精细盖籽，不露籽、不露根。药剂不宜施于播种层中。

敌　草　隆

中文通用名称： 敌草隆

英文通用名称： diuron

化学名称： 1，1-二甲基-3-（3，4-二氯苯基）脲

化学结构式：

Cl—(C₆H₃)(Cl)—NH—CO—N(CH$_3$)—CH$_3$

理化性质： 外观为无色晶体，熔点 158～159℃，蒸气压 1.1×10^{-6} Pa（25℃），密度 1.48 g/cm^3，溶解度：水 42mg/L（25℃），丙酮 53g/kg，丁基硬脂酸盐 1.4g/kg，苯 1.2g/kg（27℃），略溶于烃类，常温下中性液中稳定，温度升高发生水解，酸碱介质中水解，180～190℃分解。

毒性：按照我国农药毒性分级标准，敌草隆属低毒。原药大鼠、小鼠急性经口 LD_{50} 3 400mg/kg，兔急性经皮 LD_{50} >2 000mg/kg；水生生物 LC_{50}（96h，mg/L）虹鳟鱼 5.6，蓝鳃鱼 5.9；对蜜蜂无毒；对天敌 LC_{50}（8d，膳食）：北美鹌鹑 1 730mg/kg，日本鹌鹑>5 000mg/kg，野鸭>5 000mg/kg，野鸡>5 000mg/kg；在土壤中活性期约 4～8 月，半衰期 90～180d。

作用特点：敌草隆可被植物的根叶吸收，以根系吸收为主。杂草根系吸收药剂后，传到地上叶片中，并沿着叶脉向周围传播。抑制光合作用中的希尔反应，该药剂杀死植物需要光。使受害杂草从叶尖和边缘开始褪色，终至全叶枯萎，不能制造养分，饥饿而死。敌草隆对大多数一年生和多年生杂草有效，药效可持续 60d 以上。主要用于甘蔗田防除马唐、狗尾草、牛筋草、画眉草、旱稗、小藜、反枝苋、婆婆纳、独行菜、小飞蓬、黄花蒿、繁缕、香附子、狗牙根、双穗雀稗、刺儿菜等。

制剂：25%、50%、80%敌草隆可湿性粉剂，80%敌草隆水分散粒剂，20%敌草隆悬浮剂。

80%敌草隆可湿性粉剂

理化性质及规格：水分≤3.0%，pH 6.0～9.0，悬浮率≥75%，润湿时间≤90s，常温储存稳定期两年。

毒性：按照我国农药毒性分级标准，80%敌草隆可湿性粉剂属低毒。雌、雄大鼠急性经口 LD_{50} 均为 2 000mg/kg，急性经皮 LD_{50} >2 150mg/kg，对皮肤、眼睛无刺激性。

使用方法：

防除甘蔗田杂草　在甘蔗田播后苗前均匀土壤喷雾，或苗后均匀定向茎叶喷雾处理 1 次，每 $667m^2$ 用 80%敌草隆可湿性粉剂 100～200g（有效成分 80～160g）。

注意事项：

1. 套种其他作物时严禁使用，使用敌草隆的甘蔗地后茬作物可种植甘蔗、芦笋、花生、大豆、棉花；轮作花生、大豆、西瓜的安全间隔期不少于 240d；毁种时只能种植甘蔗。

2. 对辣椒、西瓜、油菜、小麦、桃树等作物敏感，施药时应避免飘移药害。

3. 由于敌草隆残效期长，不建议在后茬轮作作物种类较多的果蔗上推广。

4. 沙性土壤用药量应比黏土适当减少。

5. 对鱼有毒，对藻类有危害，应远离水产养殖区施药和清洗施药器具，避免污染水系；对家蚕有毒，应避免在蚕室和桑园附近施药。

绿　麦　隆

中文通用名称：绿麦隆

英文通用名称：chlortoluron

化学名称：1，1-二甲基-3-（3-氯-4-甲基苯基）脲

化学结构式：

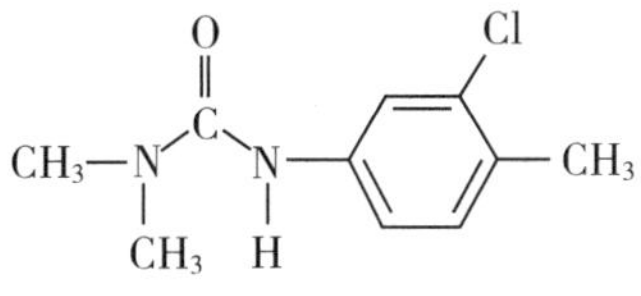

O
Cl
CH_3—N—C—N—
CH_3
CH_3　H

理化性质： 纯品为无色无臭结晶，熔点147～148℃，25℃时蒸气压为0.017mPa。密度1.40 g/cm^3（20℃），25℃时溶解度：水74mg/L，丙酮54g/L，二氯甲烷51 g/L，乙醇48 g/L，甲苯3 g/L，己烷0.06 g/L，正辛醇24 g/L，乙酸乙酯21 g/L，对热和紫外光稳定，强酸、强碱条件下缓慢水解。

毒性： 按照我国农药毒性分级标准，绿麦隆属低毒。纯品大鼠急性经口LD_{50}＞10 000 mg/kg，急性经皮LD_{50}＞2 000 mg/kg，急性吸入LC_{50}为13 000mg/m^3。狗经口无作用剂量为23mg/（kg・d）。虹鳟鱼（48h）TLm30 mg/kg。

作用特点： 绿麦隆为选择性内吸传导型除草剂。药剂杀草原理与敌草隆相似，主要通过植物的根系吸收，并有叶面触杀作用，是植物光合作用电子传递抑制剂。施药后3d，野燕麦和其他杂草开始表现受害症状，叶片褪绿，叶尖和叶心相继失绿，10d左右整株干枯而死亡。在土壤中的持效期70d以上。主要用于小麦田、玉米田防除看麦娘、早熟禾、野燕麦、繁缕、猪殃殃、藜、婆婆纳等多种禾本科及阔叶杂草，但对田旋花、问荆、锦葵等杂草无效。对小麦安全性较好。施药不均易造成轻微药害，作物表现轻度变黄，20d左右可恢复正常生长。绿麦隆的安全性及除草效果受气温、土壤湿度、光照等因素影响较大。

制剂： 25%绿麦隆可湿性粉剂。

25%绿麦隆可湿性粉剂

理化性质及规格： 25%绿麦隆可湿性粉剂由有效成分、助剂和填料等组成，外观为灰白色至黄棕色疏松粉末，无团块，悬浮率≥50%，细度（通过300目筛）≥95%，湿润时间≤30s，pH6～8，常温下储存较稳定。

毒性： 按照我国农药毒性分级标准，25%绿麦隆可湿性粉剂属低毒。大鼠急性经口LD_{50}＞4 640mg/kg，急性经皮LD_{50}＞2 150 mg/kg。

使用方法：

1. 防除小麦田杂草　在冬小麦播后苗前，或在小麦3叶期、杂草1～2叶期，每667m^{2}用25%绿麦隆可湿性粉剂160～400g（有效成分40～100 g），对水茎叶喷雾处理1次；春小麦田每667m^{2}用25%绿麦隆可湿性粉剂400～800 g（有效成分100～200 g），对水茎叶喷雾施药1次。苗期茎叶喷雾处理较土壤处理的除草效果高，但安全性稍差。采用苗后处理时，用药量应选用推荐剂量的下限。

2. 防除玉米田杂草　玉米4～5叶期或播后苗前，夏玉米田每667m^{2}用25%绿麦隆可湿性粉剂160～400g（有效成分40～100 g）；春玉米田每667m^{2}用25%绿麦隆可湿性粉剂400～800 g（有效成分100～200 g），对水喷雾施药1次。

注意事项：

1. 绿麦隆的用量应根据土质掌握。每667m^{2}用量超过300g易造成后茬敏感作物药害。

2. 绿麦隆的药效与气温及土壤湿度关系密切，在土壤湿度大时施药效果理想。干旱及气温在10℃以下不利于药效的发挥。

3. 稻麦连作区使用时要严格掌握用药量及喷雾质量，若用药量大或重喷时，易造成麦苗及翌年水稻的药害。严禁在水稻田使用绿麦隆。油菜、蚕豆、豌豆、红花、苜蓿等作物敏感，严禁使用。

4. 每季作物最多使用1次。

十四、苯腈类

溴 苯 腈

中文通用名称：溴苯腈

其他名称：伴地农

英文通用名称：bromoxynil

化学名称：3，5-二溴-4-羟基苄腈

化学结构式：

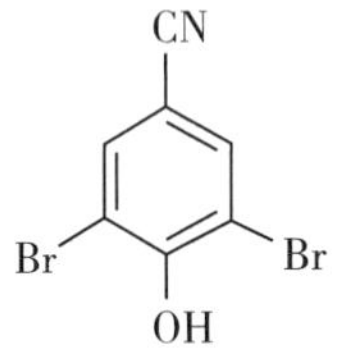

理化性质：原药为褐色固体，有效成分含量为95%，熔点为188～192℃，25℃时的蒸气压为6.7mPa。纯化合物为白色固体，熔点104～195℃，溶解度（25℃）：水130mg/L，丙酮170g/L。

毒性：按照我国农药毒性分级标准，溴苯腈属中等毒。原药大鼠急性经口LD_{50}为190mg/kg，急性经皮LD_{50}＞2 000mg/kg，急性吸入LC_{50}为0.38mg/L，小鼠急性经口LD_{50}为110mg/kg，对皮肤和眼睛无刺激作用；在试验剂量范围内对动物无致畸、致突变、致癌作用。溴苯腈对鱼类及水生昆虫毒性较低，虹鳟鱼LC_{50} 23mg/L，水蚤LC_{50} 12.5mg/L。对蜜蜂和天敌无毒；对鸟类中等毒，野鸭急性经口LD_{50} 50mg/kg，鸡急性经口LD_{50} 100～240mg/kg；土壤中半衰期为10d，该药通过水解和去溴作用降解为毒性小的物质，如水杨酸。

作用特点：溴苯腈是选择性苗后茎叶处理触杀型除草剂。主要经由叶片吸收，在植物组织内进行有限的传导，通过抑制光合作用的各个过程迅速使植物组织坏死。施药24h内叶片褪绿，出现坏死斑。在气温较高、光照较强的条件下，加速叶片枯死。适用于小麦、玉米等作物田防除蓼、苋、麦瓶草、龙葵、苍耳、猪毛菜、麦家公、田旋花等阔叶杂草。

制剂：80%溴苯腈可溶粉剂。

80%溴苯腈可溶粉剂

理化性质及规格：白色晶体粉末，熔点188.7℃，密度1.632g/mL。水中溶解度90mg/L（蒸馏水，25℃），无氧化性，常温稳定期2年。

毒性：按照我国农药毒性分级标准，80%溴苯腈可溶粉剂属中等毒。雄、雌大鼠急性经口LD_{50}分别为79.4mg/kg和120 mg/kg，急性经皮LD_{50}＞5 000 mg/kg，急性吸入LC_{50}（2h）＞5 000mg/m^3；对眼睛为中度刺激；对皮肤无刺激性；属弱致敏物。

使用方法：

1. 防除小麦田阔叶杂草　在小麦3～5叶期，杂草3～4叶期，每667m^2用80%溴苯腈

可溶粉剂 30～40g（有效成分 24～32g），对水茎叶喷雾施药 1 次。

2. 防除玉米田阔叶杂草　在玉米 3～5 叶期，杂草 3～4 叶期，每 667m^2 用 80%溴苯腈可溶粉剂 40～50g（有效成分 32～40g），对水茎叶喷雾施药 1 次。

注意事项：

1. 施用溴苯腈遇到低温或高湿的天气，除草效果可能降低，作物安全性降低，尤其是当气温超过 35℃、湿度过大时不能施药，否则会发生药害。施药后需 6h 内无雨。

2. 不宜与肥料混用，也不可添加助剂，否则易产生药害。

3. 对鱼类等水生生物有毒，应远离水产养殖区施药，禁止在河塘等水域清洗施药器具。

4. 溴苯腈人体每日每千克体重允许摄入量（ADI）0.05mg，美国推荐的在谷物中的最高残留限量（MRL）为 0.1mg/kg。

辛酰溴苯腈

中文通用名称：辛酰溴苯腈

英文通用名称：bromoxynil octanoate

其他名称：阔草克

化学名称：3，5-二溴-4-辛酰氧基苄腈

化学结构式：

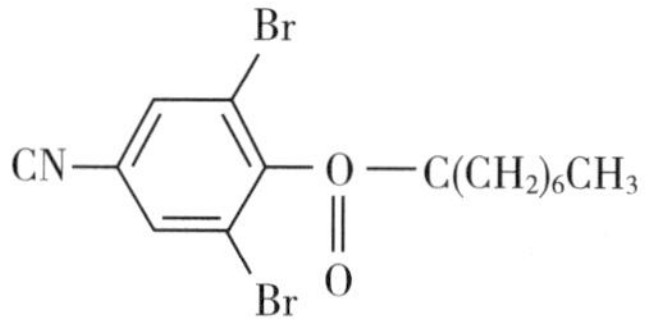

Br
CN—(苯环)—O—C(=O)$(CH_2)_6CH_3$
Br

理化性质：外观为浅黄色固体，熔点 45～46℃，溶解度（g/L，20℃）：丙酮 100，甲醇 100，二甲苯 700，不溶于水。

毒性：按照我国农药毒性分级标准，辛酰溴苯腈属中等毒。原药大、小鼠急性经口 LD_{50} 为 147mg/kg，急性经皮 LD_{50} 为 2 000mg/kg。对水生生物 LC_{50}（96h，mg/L）：虹鳟鱼 0.05。野鸡 LC_{50}（8d）为 4 400mg/L。

作用特点：辛酰溴苯腈为选择性苗后茎叶处理触杀型除草剂，主要由叶片吸收，在植物体内进行有限的传导，通过抑制光合作用的各个过程，包括抑制光合磷酸化反应和电子传递，特别是光合作用的希尔反应，使植物组织迅速坏死，从而达到杀草的目的，气温较高时加速叶片枯死。可用于小麦田和玉米田防除播娘蒿、麦瓶草、猪殃殃、婆婆纳、藜、蓼、荠菜、鸭跖草、马齿苋等一年生阔叶杂草。

制剂：25%、30%辛酰溴苯腈乳油。

25%辛酰溴苯腈乳油

理化性质及规格：外观为棕红色均相液体，相对密度 1.04，pH（以 H_2SO_4 计）≤0.7，闪点 66℃，在中性及酸性介质中稳定，碱性条件下易分解。

毒性：按照我国农药毒性分级标准，25%辛酰溴苯腈乳油属低毒。大鼠急性经口 LD_{50} 雌性＞681mg/kg、雄性＞925mg/kg，雌、雄大鼠急性经皮 LD_{50}＞2 150 mg/kg，对家兔皮肤无刺激性，对眼睛轻度刺激性。

使用方法：

1. 防除玉米田阔叶杂草　在玉米3～4叶期，一年生阔叶杂草2～4叶期，每667m^2用25％辛酰溴苯腈乳油100～150g（有效成分25～37.5 g），对水茎叶喷雾施药1次。

2. 防除小麦田阔叶杂草　在小麦3～5叶期、阔叶杂草4叶期，冬小麦每667m^2用25％辛酰溴苯腈100～150mL（有效成分25～37.5g），春小麦每667m^2用120～150mL（有效成分30～37.5g），对水茎叶喷雾施药1次。

注意事项：

1. 间套有阔叶作物的玉米田，不能使用。

2. 严禁与其他碱性农药、肥料混用；不能任意添加助剂，否则易出现药害。

3. 勿在高温天气或气温低于8℃或在近期内有严重霜冻的情况下用药，施药后需要6h内无雨。

4. 使用剂量范围内，施药后，玉米叶缘可能会出现灼伤斑，但后期可恢复，不影响产量。

5. 对家蚕、蜜蜂低毒，对鸟中毒，对鱼类高毒，施药应远离水产养殖区，禁止在河塘等水体中清洗药械。并注意对鸟类的影响。

十五、联吡啶类

百　草　枯

中文通用名称： 百草枯

英文通用名称： paraquat

其他名称： 克芜踪

化学名称： 1，1'-二甲基-4，4'联吡啶阳离子

化学结构式：

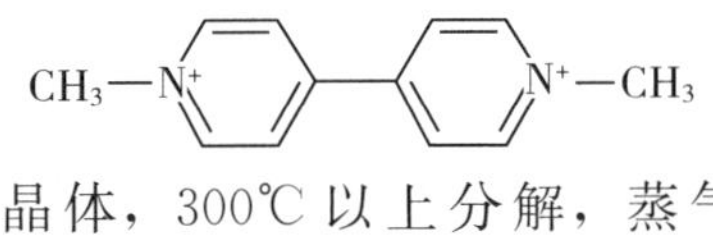

$CH_3—N^+$　　　　$N^+—CH_3$

理化性质： 原药为白色晶体，300℃以上分解，蒸气压＜0.1mPa，密度1.24～1.26g/cm^3（20℃），相对密度1.10，极易溶于水，微溶于低分子量的醇类，不溶于烃类溶剂。其二氯化物、二硫酸甲酯盐具有相同性质，在酸性及中性溶液中稳定，在碱性溶液中水解。原药对金属有腐蚀性。

毒性： 按照我国农药毒性分级标准，百草枯属中等毒。原药大鼠急性经口LD_{50}为112～150mg/kg，家兔急性经皮LD_{50}为230～500mg/kg，对家兔眼睛和皮肤中等刺激作用；在实验室条件下，未见致畸、致突变、致癌作用；原药对虹鳟鱼LD_{50}（48h）62 mg/kg，鲤鱼LD_{50}（48h）40 mg/kg；鸡LD_{50}300～380mg/kg，对蜜蜂的致死量为11μg/只，鸟的LD_{50}950～100 000mg/kg。

作用特点： 百草枯为速效触杀型灭生性除草剂，联吡啶阳离子迅速被植物叶子吸收后，在绿色组织中通过光合和呼吸作用被还原成联吡啶游离基，又经自氧化作用使叶组织中的水合氧形成过氧化氢和过氧游离基。这类物质对叶绿体层膜破坏力极强，使光合作用和叶绿素

合成很快中止，叶片着药后2～3h即开始受害变色。百草枯对单子叶和双子叶植物的绿色组织均有很强的破坏作用，但无传导作用，只能使着药部位受害，不能穿透栓质化厚的树皮。一旦与土壤接触，即被吸附钝化，不能损坏植物根部和土壤内潜藏的种子，因而施药后杂草有再生现象。可有效防除藜、马唐、稗草、苋等大部分单双子叶杂草。对车前、蓼、毛地黄、通泉草防效差。

制剂： 250g/L、200g/L、20% 百草枯水剂。

20%百草枯水剂

理化性质及规格： 20%百草枯水剂由有效成分百草枯和湿润剂、燃料、催吐剂组成。外观为黑灰色水溶性液体，在碱性溶液中水解，不易燃，不易爆，pH（7.0±0.5），不腐蚀金属药械。25℃时，储存稳定期两年以上。

毒性： 按照我国农药毒性分级标准，20% 百草枯水剂属中等毒。雄、雌大鼠急性经口 LD_{50}分别为178mg/kg和215mg/kg，急性经皮 LD_{50}＞3 400mg/kg，对家兔眼睛、皮肤无刺激作用。弱致敏物。

使用方法：

1. 防除果、桑、茶园杂草　在果、桑、茶园杂草生长旺盛时期，每667m^2 用20%百草枯水剂200～300mL（有效成分40～60g），对水定向茎叶喷雾施药1次，可防除田间多种杂草。但对白茅、鸭跖草、香附子等杂草效果较差。在气温高、雨量充沛时，施药后3周可能有杂草开始再生。

2. 防除非耕地杂草　在非耕地杂草旺盛生长期，每667m^2 用20%百草枯水剂200～300mL（有效成分40～60g），对水定向茎叶喷雾施药1次。

3. 防除玉米田杂草　在玉米行间，每667m^2 用20%百草枯水剂150～200mL（有效成分30～40g），对水定向茎叶喷雾施药1次，施药时需戴保护罩，避免药剂接触玉米植株和叶片。

4. 免耕田除草　用于水稻田、小麦田、油菜田轮作倒茬时免耕除草，小麦、油菜收割后，不经翻耕，对田间杂草进行防除，每667m^2 用20%百草枯水剂200～300mL（有效成分50～60g），对水茎叶喷雾施药1次，3d后残株呈褐色，变软。此时放水入田，可加速腐烂速度。经浅耕平整后即可插秧和播种。水稻收割后可按上述剂量处理，不经翻耕，直接移栽油菜。

注意事项：

1. 百草枯为灭生性除草剂，在幼树和作物行间作定向喷雾时，切勿将药液溅到叶片和绿色部分，否则会产生药害。

2. 光照可加速百草枯药效发挥，蔽阴或阴天虽然延缓药剂显效速度，但最终不降低除草效果，施药30min后遇雨基本保证药效。

3. 最大允许残留量：水果、蔬菜、玉米、高粱、大豆均为0.05mg/kg（美国，FAO/WHO）。按推荐计量施药，在作物内未检出残留物。

4. 喷药后24h内勿让家畜进入喷药区。无特效解毒剂，误服可导致不可逆病变，危及生命。若误服药液，立即催吐并送医院，服15%漂白土悬浮液或7%皂土或活性炭悬浮液，同时给予适合的泻药，如有必要则进行血液透析和血液灌注治疗。

敌　草　快

中文通用名称： 敌草快

英文通用名称： diquat

其他名称： 杀草快

化学名称： 1，1'-亚乙基-2，2'-联吡啶阳离子或二溴盐

化学结构式：

N^+ N^+ ($2Br^-$)

理化性质： 原药含量95%，为红褐色液体，相对密度1.77。敌草快二溴盐以单水化合物形式存在，是白色到黄色结晶，蒸气压 1.3×10^{-5} Pa，在300℃以上时分解。20℃时密度1.22～1.27 g/cm^3，在水中溶解度为700g/L。微溶于乙醇和羟基溶剂，不溶于非极性有机溶剂。在酸性和中性溶液中稳定，但在碱性溶液中容易水解。

毒性： 按照我国农药毒性分级标准，敌草快属中等毒。原药大鼠急性经口 LD_{50} 为231mg/kg，小鼠急性经口 LD_{50} 为125 mg/kg，大鼠急性经皮 LD_{50} 50～100 mg/kg；兔急性经皮 LD_{50} ＞400 mg/kg，对皮肤和眼睛有中等刺激作用；在试验剂量内对动物无致畸、致癌作用；对鱼类低毒，鲤鱼TLm（48h）40mg/kg，虹鳟鱼 LC_{50}（24h）45mg/kg，对蜜蜂低毒，急性经口 LD_{50} 约为950 mg/kg。对鸟类毒性较低，如鹧鸪急性经口 LD_{50} 为270 mg/kg。

作用特点： 敌草快为非选择性触杀型除草剂。稍具传导性，可被植物绿色组织迅速吸收。在植物绿色组织中，联吡啶化合物是光合作用电子传递抑制剂，还原状态的联吡啶化合物在光诱导下，有氧存在时很快被氧化，形成活泼过氧化氢，这种物质的积累使植物细胞膜破坏，使受药部位枯黄。但本品不能穿透成熟的树皮，对地下根茎基本无破坏作用。适用于阔叶杂草占优势的地块除草，还可作为种子植物的干燥剂，也可用作马铃薯、棉花等作物催枯剂。当处理成熟作物时，残余的绿色部分和杂草迅速干枯，可以提早收割，种子损失较少。而且收获的种子更清洁、更干，减少了收割后的清理和干燥费用。敌草快在土壤中迅速丧失活力，很适用于在作物种子萌发前杀死杂草。敌草快一般不会从土壤渗透而污染地下水。

制剂： 20%敌草快水剂。

20%敌草快水剂

理化性质及规格： 具有特殊气味的棕色均相液体，密度1.102g/mL，黏度5.4mPa·s，pH为4.0～7.0，水不溶物含量≤0.1%，不易燃、不易爆炸，储存稳定期两年以上。

毒性： 按照我国农药毒性分级标准，20%敌草快水剂属低毒。大鼠急性经口 LD_{50} 为681mg/kg，急性经皮 LD_{50} ＞2 000mg/kg，对兔眼睛无刺激性，对白兔皮肤无刺激性，属于弱致敏物。

使用方法：

1. 防除苹果园杂草　在苹果园杂草生长旺盛期，每667m^2 用20%敌草快水剂200～

300 mL（有效成分 40～60g），对水茎叶喷雾施药 1 次。对菊科、十字花科、茄科、唇形花科杂草有较好防除效果，但对蓼科、鸭跖草科和田旋花科杂草防效差。

2. 防除非耕地杂草　于非耕地杂草旺盛期，每 667m^2 用 20%敌草快水剂 300～350g（有效成分 60～70g），对水茎叶喷雾施药 1 次。

3. 防除免耕小麦田杂草　免耕小麦田杂草生长旺盛时期，每 667m^2 用 20%敌草快水剂 150～200mL（有效成分 30～40g），对水茎叶喷雾施药 1 次。

注意事项：

1. 敌草快属非选择性除草剂，切勿对作物幼树进行直接喷雾，否则作物绿色部分接触到药液会产生严重药害。

2. 勿与碱性磺酸盐湿润剂、激素型除草剂的碱金属盐类等化合物混合使用。

3. 敌草快人体每日每千克体重允许摄入量（ADI）为 0.002mg（FAO/WHO），在鱼中的最高残留限量是 0.1mg/kg。

4. 对鱼、蜜蜂、蚕有毒，施药时应远离水产养殖区，应避免敌草快或使用过的容器污染水塘、河道或沟渠，蜜源作物区、鸟类保护区、蚕室及桑园禁用。

5. 避免在大风和高温天气施药；施药时应避免雾滴飘移。勿将本品及其废液弃于水中；施药地块 24h 之内禁止放牧和畜禽进入。

6. 切勿使用手动超低量喷雾器或弥雾式喷雾器（或弥雾机）。推荐使用背负式手动喷雾器。喷雾前需检查喷雾器，确保喷雾系统无渗漏。

7. 无面部和皮肤防护使用时可引起手指甲变形及鼻出血，经口吞服有致死性。入口后口、咽部立即有烧灼感，恶心、呕吐、胃疼、胸闷，呼吸时伴有泡沫。如药液溅到皮肤上，应立即用滑石粉吸干，再用肥皂清洗；如药液溅入眼中，立即用清水冲洗至少 15min；如误服中毒，立即送医院对症治疗，无特殊解毒剂，可催吐，活性炭调水让病人喝下。

十六、二苯醚类

氟磺胺草醚

中文通用名称：氟磺胺草醚

英文通用名称：fomesafen

其他名称：虎威

化学名称：2-氯-4-三氟甲基苯基-3'-甲磺酰基氨基甲酰基-4'-硝基苯基醚

化学结构式：

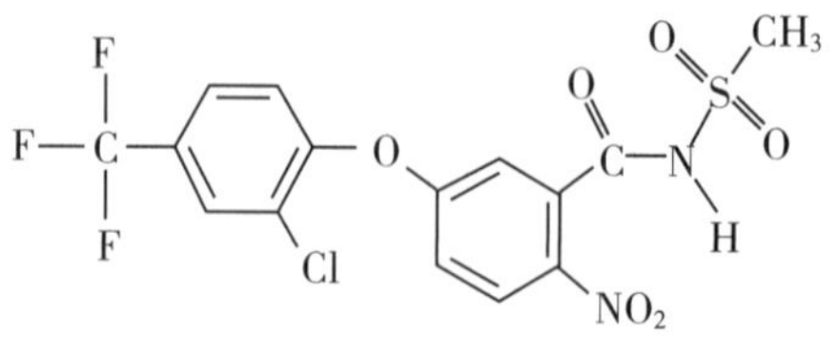

理化性质：原药有效成分含量为 90%。纯品为白色结晶体，熔点 220～221℃，50℃时

蒸气压<1×10^{-4}Pa，密度 1.28g/mL（20℃）。能溶于多种有机溶剂，水溶性视 pH 而定，pH 1～2 时，在水中的溶解度大于 10mg/L；pH7 时，在水中溶解度大于 600g/L。

毒性：按照我国农药毒性分级标准，氟磺胺草醚属低毒。原药大鼠急性经口 LD_{50} 1 430～1 770mg/kg，家兔急性经皮 LD_{50}>1 000mg/kg；对皮肤和眼睛有轻度刺激作用，在试验剂量内对动物无致畸、致突变和致癌作用；对鱼类及水生生物低毒，鲤鱼 LC_{50} 24h 1 700 mg/kg，48h 830 mg/kg，96h 680 mg/kg；对鸟和蜜蜂低毒，蜜蜂经口 LD_{50} 为 50μg/只，接触 LD_{50} 为 100μg /只，野鸭急性经口 LD_{50} 为 5 000mg/kg。

作用特点：氟磺胺草醚是选择性除草剂，苗前、苗后使用很快被杂草吸收，破坏杂草的光合作用，叶片黄化，迅速枯萎死亡。喷药后 4～6h 内遇雨亦不会显著降低其除草效果。药液在土壤里被根部吸收也能发挥杀草作用，而大豆吸收药剂后能迅速降解。适用于大豆田防除马齿苋、苍耳、铁苋菜、地肤、苘麻、野西瓜苗、鬼针草、曼陀罗、龙葵、反枝苋等阔叶杂草，对鸭跖草、苦菜、刺儿菜、问荆的防效较差。

制剂：25%、16.8%、18%、48%、250g/L、280g/L 氟磺胺草醚水剂，10%、12.8%、20%氟磺胺草醚乳油，12.8%、20%氟磺胺草醚微乳剂。

250g/L 氟磺胺草醚水剂

理化性质及规格：由有效成分氟磺胺草醚、氢氧化钠及水组成。外观为透明状琥珀色液体，20℃时相对密度 1.07，在水中完全乳化。储存稳定期与温度有关，25℃时可达两年以上，37℃可达 1 年，50℃可达半年。

毒性：按照我国农药毒性分级标准，250g/L 氟磺胺草醚水剂属低毒。雄，雌大鼠急性经口 LD_{50}>5 000mg/kg，急性经皮 LD_{50}>5 000mg/kg，对家兔眼睛中等刺激性，对家兔皮肤中等刺激性。

使用方法：

防除大豆田阔叶杂草　大豆苗后 1～3 片复叶，阔叶杂草 2～5 叶期，春大豆田每 667m^2 用 250g/L 氟磺胺草醚水剂 80～120mL（有效成分 20～30g），夏大豆田每 667m^2 用 250g/L 氟磺胺草醚水剂 50～80mL（有效成分 12.5～20g），对水茎叶喷雾施药 1 次。

注意事项：

1. 氟磺胺草醚在土壤中的残效期较长。用药量不宜过大，否则会对后茬敏感作物如白菜、谷子、高粱、甜菜、玉米、小麦、亚麻等产生不同程度药害。

2. 大豆田套种敏感作物不能使用。

3. 大豆田干旱等不良环境条件下喷药，叶面会受到一些伤害，严重时会有暂时萎蔫，一般在 1 周后可恢复正常，不影响后期生长。

乙羧氟草醚

中文通用名称：乙羧氟草醚

英文通用名称：fluoroglycofen

其他名称：克草特

化学名称：2-氯-4-三氟甲基苯基-3'-甲羧基甲氧基甲酰基-4'-硝基苯基醚（乙酯）

化学结构式：

$$F_3C-\text{(C}_6\text{H}_3\text{Cl)}-O-\text{(C}_6\text{H}_3\text{NO}_2\text{)}-C(=O)-OCH_2C(=O)-OC_2H_5$$

理化性质：原药质量≥90%，深琥珀色固体，相对密度1.01，熔点64～65℃。蒸气压（25℃）133Pa，水中溶解度（g/L，25℃）0.000 1，一般条件下稳定。

毒性：按照我国农药毒性分级标准，乙羧氟草醚属低毒。大鼠急性经口LD_{50}为926mg/kg，急性经皮LD_{50}为2 150mg/kg；对皮肤和眼睛有轻度刺激作用；对鸟类低毒；对鱼类低毒。

作用特点：乙羧氟草醚被植物吸收后，抑制原卟啉原氧化酶活性，生成对植物细胞具有毒性的四吡咯，积聚而发生作用。它具有作用速度快、活性高、不影响下茬作物等特点。适用于大豆、花生田防除反枝苋、荠菜、野芝麻、苍耳、龙葵、马齿苋、鸭跖草、大刺儿菜等阔叶杂草。

制剂：10%、15%、20%乙羧氟草醚乳油，10%乙羧氟草醚微乳剂。

10%乙羧氟草醚乳油

理化性质及规格：外观为琥珀色透明液体，pH 5～7，易溶于水，常温稳定期2年。

毒性：按照我国农药毒性分级标准，10%乙羧氟草醚乳油属低毒。雄、雌大鼠急性经口LD_{50}分别为681mg/kg和774mg/kg，急性经皮LD_{50}为2 610 mg/kg。对兔眼睛呈中度刺激性，对皮肤无刺激性。

使用方法：

1. 防除大豆田阔叶杂草　在大豆1～2片复叶，杂草2～4叶期时，春大豆田每667m^2用10%乙羧氟草醚乳油40～60mL（有效成分4～6 g）；夏大豆田每667m^2用10%乙羧氟草醚乳油40～50mL（有效成分4～5 g），对水茎叶喷雾施药1次。

2. 防除花生田阔叶杂草　在花生田阔叶杂草2～4叶期，每667m^2用10%乙羧氟草醚乳油30～50mL（有效成分3～5g），对水茎叶喷雾施药1次。

注意事项：

1. 施药后，大豆叶片会发生触杀性灼伤锈斑，随剂量加大偏重，两周后可恢复正常，不影响作物产量。苗后杂草出齐后尽早施药，不要在花期用药。

2. 勿超量使用，否则会加重大豆药害。

3. 施用乙羧氟草醚应在晴天进行，气温高、湿度大、阳光充足时，有利于该产品药效的充分发挥。

4. 间套种有阔叶作物的田块不能使用。

乳氟禾草灵

中文通用名称：乳氟禾草灵

英文通用名称：lactofen

其他名称：克阔乐

化学名称：O-［5-（2-氯-4-三氟甲基苯氧基）-2-硝基苯甲酰基］-*DL*-乳酸乙酯

化学结构式:

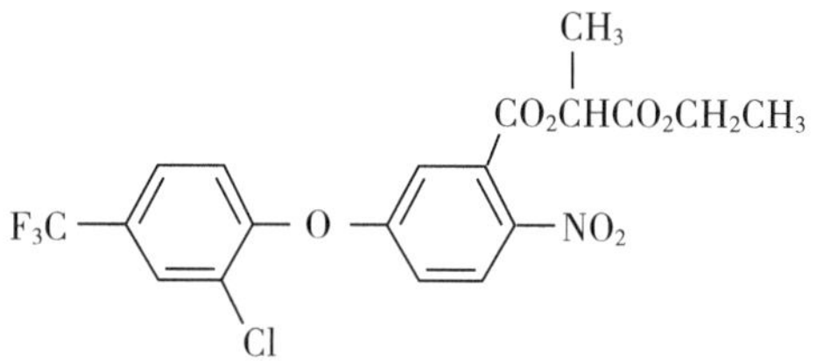

CH_3
$CO_2CHCO_2CH_2CH_3$
F_3C O NO_2
Cl

理化性质: 原药为深红色液体,相对密度 1.222(20℃),沸点 135～145℃,熔点在0℃以下,闪点 33℃(闭式),20℃时蒸气压为 666.6～800.0Pa。几乎不溶于水,在煤油中溶解度为 12.7%,在异丙醇中溶解度为 19.2%,溶于二甲苯,易燃。在土壤中易被微生物分解。

毒性: 按照我国农药毒性分级标准,乳氟禾草灵属低毒。纯品和原药大鼠急性经口 LD_{50} 均>5 000mg/kg,兔急性经皮 LD_{50}>2 000mg/kg,大鼠急性吸入 LC_{50}> 6.3mg/L;对眼睛有中度刺激作用,但对皮肤刺激性很小;在试验剂量内对动物无致畸、致突变作用,但动物致癌试验高剂量组(500mg/kg)大鼠的肝腺瘤和肝癌的发病率有增高趋势;对鱼类高毒,蓝鳃翻车鱼 LC_{50} 0.1mg/L,虹鳟鱼(96h)LC_{50}>0.1mg/L;对蜜蜂低毒,对鸟类毒性也较低,鹌鹑急性经口 LD_{50}>2 510mg/kg。

作用特点: 乳氟禾草灵是选择性苗后茎叶除草剂,施药后通过植物茎叶吸收,在体内进行有限的传导,破坏细胞膜的完整性而导致细胞内含物的流失,最后使叶片干枯而致死。在充足光照条件下,施药后 2～3d,敏感的阔叶杂草叶片出现灼伤斑,并逐渐扩大,整个叶片变枯,最后全株死亡。施入土壤易被微生物分解。

制剂: 24%、240g/L 乳氟禾草灵乳油。

240g/L 乳氟禾草灵乳油

理化性质及规格: 由有效成分、乳化剂及溶剂组成。外观为琥珀色液体,相对密度 0.991(25℃),沸点 135～145℃,闪点 50℃(闭式)。易溶于异丙醇、氯仿、煤油、二甲苯、正己烷,为易燃性液体,常温储存稳定期为 1 年以上。

毒性: 按照我国农药毒性分级标准,240g/L 乳氟禾草灵乳油属低毒。雌、雄大鼠急性经口 LD_{50} 为 3 160mg/kg,急性经皮 LD_{50}>2 150mg/kg,对白兔皮肤呈轻度刺激性,对白兔眼睛中度刺激性,弱致敏物。

使用方法:

1. 防除大豆田阔叶杂草 在大豆 1～2 片复叶期、阔叶杂草 2～3 叶期。夏大豆田每 667m^2 用 240g/L 乳氟禾草灵乳油 25～30mL(有效成分 6～7.2g),春大豆田每 667m^2 用 240g/L 乳氟禾草灵乳油 30～40mL(有效成分 7.2～9.6g),对水茎叶喷雾施药 1 次。

2. 防除花生田阔叶杂草 在花生苗后 1～2 片复叶,阔叶杂草 2～3 叶期,每 667m^2 用 240g/L 乳氟禾草灵乳油 22.5～30mL(有效成分 5.4～7.2g),对水茎叶喷雾施药 1 次。

注意事项:

1. 使用前,先将瓶内药液充分摇匀,然后按比例将药液稀释,充分搅拌后使用。避免药液飘移到邻近的阔叶作物田。

2. 施药时应尽可能保证药液均匀,做到不重喷,不漏喷,且严格限制用药量。

3. 施药后，大豆叶片可能出现枯斑或黄化等暂时触杀性药害，尤其在不利于大豆生长发育的环境条件下，如高温（>27℃）、低洼地排水不良、低温高湿、病虫为害等，大豆苗更易受害，但不影响新叶生长，经1～2周可恢复正常生长，不影响后期产量。

4. 杂草生长状况和气候都可影响乳氟禾草灵的活性。乳氟禾草灵对4叶期前生长旺盛的杂草杀草活性高；当气温、土壤、水分有利于杂草生长时施药，药效得以充分发挥，反之低温、持续干旱影响药效。施药后连续阴天，没有足够的光照，也影响药效的迅速发挥。

三氟羧草醚

中文通用名称： 三氟羧草醚

英文通用名称： acifluorfen

其他名称： 杂草焚

化学名称： 2-氯-4-三氟甲基苯基-3'-羧基-4'-硝基苯基醚（钠盐）

化学结构式：

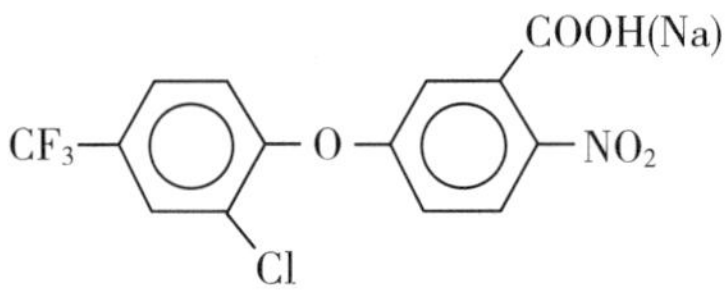

CF_3　O　COOH(Na)　NO_2　Cl

理化性质： 外观为浅褐色固体，相对密度1.546，熔点142～146℃，235℃分解，蒸气压<0.01mPa（20℃），溶解度（25℃）：水0.12g/L，丙酮600g/L，乙醇500g/L，二氯甲烷50g/L，煤油和二甲苯<10g/L，50℃储存两个月稳定。土壤中半衰期<60d。

毒性： 按照我国农药毒性分级标准，三氟羧草醚属低毒。原药大鼠急性经口 LD_{50} 为1 540mg/kg，急性吸入 LC_{50}>17.7mg/L，兔急性经皮 LD_{50} 为3 680mg/kg；对眼睛、皮肤有中度刺激作用，在试验剂量内对试验动物未见致畸、致突变、致癌作用；对虹鳟鱼 LC_{50} 17mg/L（96h），蓝鳃鱼 LC_{50} 62mg/L；对鸟类和蜜蜂低毒，鹌鹑经口 LD_{50} 325mg/kg，野鸭经口 LD_{50} 2 821mg/kg。

作用特点： 三氟羧草醚是触杀性除草剂。苗后早期处理，被杂草吸收后，能促进气孔关闭，借助于光发挥除草活性，增高植物体温度引起坏死，并抑制细胞线粒体电子的传导，以引起呼吸系统和能量生产系统的停滞，抑制细胞分裂使杂草致死。三氟羧草醚进入大豆体内后，被迅速代谢，因此能选择性防除阔叶杂草。在土壤中，会渗透进入深土层，能被土壤中的微生物和日光降解为二氧化碳。土壤中半衰期为30～60d。主要用于大豆田防除多种阔叶杂草，如马齿苋、铁苋菜、鸭跖草、龙葵、藜、苍耳、水棘针、辣子草、鬼针草、苋等。对1～3叶期的狗尾草、野高粱等禾本科杂草也有效。对多年生的苣荬菜、刺儿菜、大蓟、问荆等有一定抑制作用。

制剂： 14.8%、21%、21.4%三氟羧草醚水剂，28%三氟羧草醚微乳剂。

21.4%三氟羧草醚水剂

理化性质及规格： 外观为琥珀色液体，在己烷、甲苯、乙醚中溶解度小于1%。25℃条件下储存稳定期至少1年；55℃条件下储存稳定期至少半年。

毒性： 按照我国农药毒性分级标准，21.4%三氟羧草醚水剂属低毒。大鼠急性经口

LD_{50}为 5 260mg/kg；兔急性经皮 LD_{50}＞7 080mg/kg，大鼠急性吸入 LC_{50}＞14mg/L；对皮肤有中度刺激作用。

使用方法：

防除大豆田阔叶杂草　在大豆 2～3 片复叶，阔叶杂草 2～3 叶期，每 667m^2 用 21.4% 三氟羧草醚水剂 100～150mL（有效成分 21～32g），对水茎叶喷雾施药 1 次。

注意事项：

1. 每季作物最多使用次数为 1 次。

2. 大豆生长在不良环境中，如干旱、水淹、肥料过多，或土壤含盐、碱过多，风伤、霜伤、寒流、最高日温低于 21℃或土温低于 15℃及大豆苗已受其他除草剂伤害，病害、虫害严重等均不宜使用三氟羧草醚，以免产生药害。

3. 施药后大豆叶片出现褐色锈斑，10d 后恢复。大豆 3 片复叶后用药，因叶片遮盖杂草，会使药效受影响，大豆受药量增加而产生药害。

4. 不能与喹禾灵混用，以免造成大豆药害。

5. 施用三氟羧草醚可能会引起大豆幼苗灼伤、变黄，高温下药害加重，但轻度药害几天后即可恢复正常，对大豆产量无影响。施药前注意天气情况，施药前 6h 内不可有雨，否则影响药效发挥。

6. 在土壤中易被微生物降解，不能做土壤处理使用。

7. 施药时注意风向，不要使雾剂飘入棉花、甜菜、向日葵、观赏植物等敏感作物中。

乙氧氟草醚

中文通用名称：乙氧氟草醚

英文通用名称：oxyfluorfen

其他名称：果尔

化学名称：2-氯-4-三氟甲基苯基-4'-硝基-3'-乙氧基苯基醚

化学结构式：

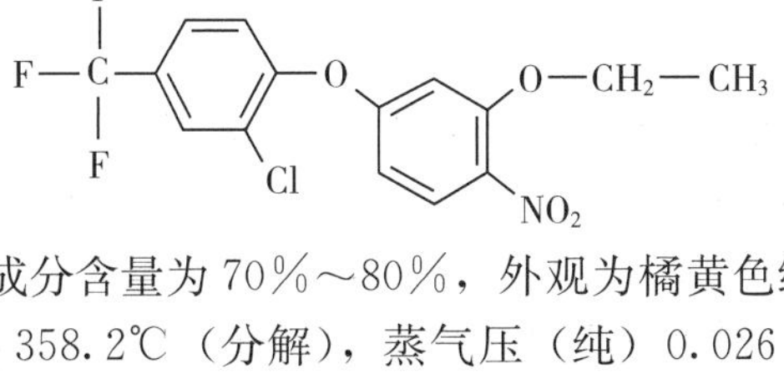

理化性质：原药有效成分含量为 70%～80%，外观为橘黄色结晶固体，熔点 85～90℃（工业品 65～84℃），沸点 358.2℃（分解），蒸气压（纯）0.026 7mPa（25℃），相对密度 1.49（25℃），70%的原药熔点为 59～78℃，80%的原药熔点为 68～83℃，闪点大于 93.33℃（闭式），25℃时蒸气压为 2.7×10^{-4}Pa，在常温下几乎不溶于水（25℃在水中的溶解度小于 1mg/kg），在丙酮、乙醇、二甲苯中的溶解度溶解度大于 50%，在乙醇、丙酮、二氯乙烯中溶解度大于 40%，易光解。

毒性：按照我国农药毒性分级标准，乙氧氟草醚属低毒。原药大鼠急性经口 LD_{50}＞5 000mg/kg，兔急性经皮 LD_{50}＞5 000mg/kg。大鼠急性吸入高浓度 2h，未见中毒症状，对皮肤轻度刺激，对眼睛中度刺激，但在短期内即可消失；试验剂量内对动物未见致畸、致突变、致癌作用；对鱼类及某些水生生物高毒，虹鳟鱼 LC_{50} 0.3mg/L，鲇鱼 LC_{50} 0.4mg/

L，河蚶 LC_{50} 3.2mg/L，草虾 LC_{50} 为 0.018mg/L，螃蟹 LC_{50} 320mg/L；对蜜蜂急性经口 LD_{50} 25.381μg/只。对鹌鹑 LD_{50} ＞5 000mg/kg，野鸭用 100mg/L 的浓度喂养，未见有毒害作用。

作用特点：乙氧氟草醚是触杀型除草剂，在有光的情况下发挥杀草作用。主要通过胚芽鞘、中胚轴进入植物体内，经根部吸收较少，有极微量通过根部向上运输进入叶部。芽前和芽后早期施用效果最好。在水田里，施入水层中后在 24h 内沉降在土表，水溶性极低，移动性较小，施药后很快吸附于 0～3cm 深的表土层中，不易垂直向下移动，3 周内被土壤中的微生物分解成二氧化碳，在土壤中半衰期为 30d 左右。适用于移栽稻田、大蒜等作物田，防除稗草、鸭跖草、牛毛毡、异型莎草、千金子、鸭舌草、节节菜、雀麦、狗尾草、曼陀罗、藜、蓼、反枝苋等杂草。

制剂：20%、23.5%、24%、240g/L 乙氧氟草醚乳油，25%乙氧氟草醚悬浮剂。

240g/L 乙氧氟草醚乳油

理化性质及规格：外观为黑色不透明液体，相对密度 1.04～1.06，沸点 139～156℃，闪点为 30℃，25℃时蒸气压为 666.6Pa，易燃。在 50℃的温度下储存 1 年，有效成分不发生分解。

毒性：按照我国农药毒性分级标准，240g/L 乙氧氟草醚乳油属低毒。大鼠急性经口 LD_{50} 为 3 510mg/kg，兔急性经皮 LD_{50} 5 000mg/kg，大鼠急性吸入 LC_{50} ＞22.64mg/L。

使用方法：

1. 防除大蒜田杂草　在大蒜播后苗前，每 667m^2 用 240g/L 乙氧氟草醚乳油 40～50mL（有效成分 9.6～12 g），对水土壤喷雾施药 1 次。

2. 防除甘蔗田杂草　在甘蔗和杂草未萌芽前，每 667m^2 用 240g/L 乙氧氟草醚乳油30～50mL（有效成分 7.2～12 g），对水土壤喷雾施药 1 次。

3. 防除水稻移栽田杂草　适用于秧龄 30d 以上，苗高 20cm 以上的一季中稻和双季晚稻移植田。水稻移栽后 4～7d、稗草芽期至 1.5 叶期，每 667m^2 用 240g/L 乙氧氟草醚乳油 10～20mL（有效成分 2.4～4.8g），混药土均匀撒施 1 次，施药后保水层 5～7d。

注意事项：

1. 乙氧氟草醚为触杀型除草剂，喷药时要求均匀周到，施药剂量要准确，避免药害。

2. 乙氧氟草醚人体每日每千克体重允许摄入量（ADI）为 0.003mg。美国规定在水果、大豆、玉米、坚果中的最大残留限量为 0.005mg/kg，在家禽和蛋、肉、奶中的最大残留限量也为 0.005mg/kg，在棉籽油、薄荷油中的最大残留限量为 0.25mg/kg，安全间隔期为 50d。

十七、吡唑类

吡　草　醚

中文通用名称：吡草醚

英文通用名称：pyraflufen-ethyl

其他名称：速草灵

化学名称： 2-氯-5-（4-氯-5-二氟甲氧基-1-甲基吡唑-3-基）-4-氟苯氧基乙酸乙酯

化学结构式：

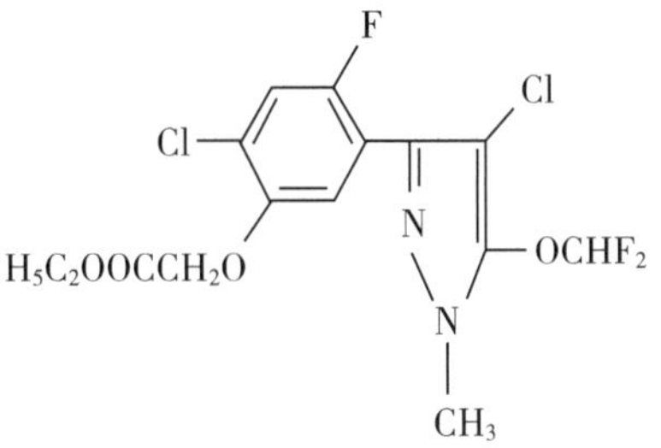

$$\text{Structure: 2-chloro-4-fluorophenyl with } H_5C_2OOCCH_2O\text{ at C5, linked to 4-Cl-5-}OCHF_2\text{-1-}CH_3\text{-pyrazol-3-yl}$$

理化性质： 原药含量 95%，外观为白色固体，24℃下相对密度 1.565，熔点 126.4～127.2℃，蒸气压 1.6×10^{-8} Pa，20℃水溶解度为 0.082mg/L。

毒性： 按照我国农药毒性分级标准，吡草醚属低毒。原药大鼠急性经口 LD_{50} 为 5 000mg/kg，急性经皮 LD_{50} 为 2 000mg/kg；鱼 LC_{50}（96h）＞100mg/L，水蚤 LC_{50}（48h）＞100mg/L；蜜蜂经口 LD_{50}＞231.5mg/只，接触 LD_{50}＞200mg/只。

作用特点： 该药剂为触杀性苗后除草剂，通过抑制杂草体内的原卟啉原氧化酶而实现对杂草的防治。其对阔叶杂草具有较好的防治效果，因在禾本科作物体内可被迅速代谢降解，而对禾本科作物较安全。

制剂： 2%吡草醚悬浮剂。

2%吡草醚悬浮剂

理化性质及规格： 外观为浅灰色悬浮液体，有淡芳香气味，悬浮率≥90%。相对密度 1.023，pH6.84，黏度（353.7±2.1）mPa·s，闪点（241.1±1.2）℃，熔点 126.4～127.2℃，蒸气压 1.6×10^{-8} Pa（25℃）。溶解度：水 0.082mg/L（20℃）；其他溶剂中溶解度（20℃）：二甲苯 41.7～43.5g/L，丙酮 167～183g/L，甲醇 7.39g/L，乙酸乙酯 105～111g/L。无爆炸危险性，对包装物无腐蚀性。

毒性： 按照我国农药毒性分级标准，2%吡草醚悬浮剂属低毒。大鼠急性经口 LD_{50}≥5 000mg/kg，急性经皮 LD_{50}≥2 000mg/kg；对斑马鱼（96h）LC_{50} 为 0.894mg/L，对蜜蜂经口（48h）LC_{50}＞800 mg/L。

使用方法：

防除冬小麦田阔叶杂草　在冬小麦田冬前或春后杂草 2～4 叶期，每 667m^2 用 2%吡草醚悬浮剂 30～40mL（有效成分 0.6～0.8g），对水茎叶喷雾施药 1 次。

注意事项：

1. 使用后小麦会出现轻微的白色小斑点，但一般对小麦的生长发育及产量无影响。对后茬作物棉花、大豆、瓜类、玉米等安全性较好。

2. 安全间隔期：收获前 45d，每季最多使用 2 次。

3. 施药时，避免药液飘移到邻近的敏感作物田。

4. 勿与尚未确认效果及药害问题的药剂（特别是乳油剂型、展着剂以及叶面肥）混用。勿与有机磷系列药剂以及 2，4-D 或 2 甲 4 氯混用。

5. 施药后降雨会降低防效。

十八、酰亚胺类

丙炔氟草胺

中文通用名称：丙炔氟草胺

英文通用名称：flumioxazin

其他名称：速收

化学名称：N-（7-氟-3，4-二氢-3-氧代-4-丙炔-2-基-2H-1，4-苯并嗯嗪-6-基）环己烯-1-基-1，2-二甲酰胺

化学结构式：

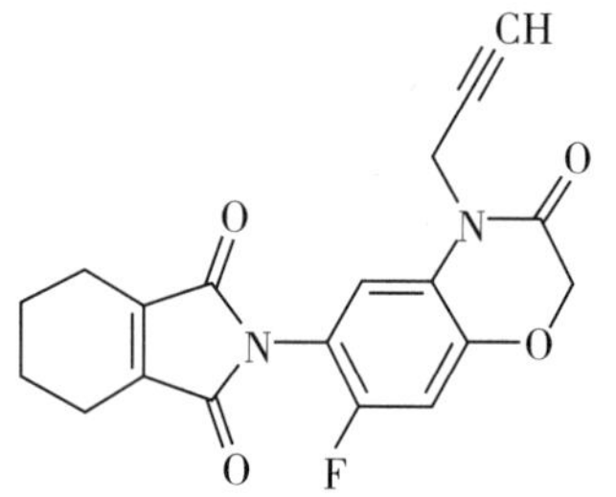

理化性质：原药含量99.2%，外观为棕黄色粉末固体，密度1.513 6 g/cm^3（20℃），熔点201～204℃，蒸气压0.32mPa（22℃）。溶于一般有机溶剂，水中溶解度为1.78mg/L。在一般储存条件下稳定。

毒性：按照我国农药毒性分级标准，丙炔氟草胺属低毒。原药大鼠急性经口LD_{50}>5 000mg/kg；急性经皮LD_{50}>2 000mg/kg；急性吸入LC_{50}>3 930mg/m^3。对皮肤、眼睛和上呼吸道有刺激作用。鱼LC_{50}（96h，mg/L）：虹鳟鱼2.3，蓝鳃太阳鱼>21，对鱼、蜜蜂、鸟均为低毒。

作用特点：丙炔氟草胺是触杀型的选择性除草剂，可被植物的幼芽和叶片吸收，在植物体内进行传导，抑制叶绿素的合成，造成敏感杂草迅速凋萎、白化、坏死及枯死。在土壤里的残留期短，正确使用对后茬作物安全。在大豆幼苗期遇暴雨会造成触杀性药害，短时间内可恢复正常生长，有时药害表现明显，但对产量影响甚小。可用于大豆田、花生田、柑橘园防治一年生阔叶杂草及禾本科杂草，如柳叶刺蓼、酸模叶蓼、节蓼、萹蓄、鼬瓣花、龙葵、反枝苋、苘麻、藜、小藜、香薷、水棘针、苍耳、酸模属、荠菜、遏蓝菜、鸭跖草、稗草、狗尾草、金狗尾草、苣荬菜等杂草。

制剂：50%丙炔氟草胺可湿性粉剂。

50%丙炔氟草胺可湿性粉剂

理化性质及规格：外观为白色或微黄色粉末，pH5～7（1%水悬浮液），水分含量<2%，悬浮率>75%，润湿时间<2min，细度（74μm湿筛）>98%，常温下储存2年稳定。

毒性：按照我国农药毒性分级标准，50%丙炔氟草胺可湿性粉剂属低毒。大鼠急性经口

LD_{50}＞2 000mg/kg，急性经皮 LD_{50}＞2 000mg/kg，对白兔皮肤有微弱刺激性，对家兔眼睛有轻微刺激性，对豚鼠皮肤无致敏性。

使用方法：

1. 防除大豆田杂草　在大豆播后苗前每 667m^2 用 50％丙炔氟草胺可湿性粉剂 8～12g（有效成分 4～6 g）对水土壤喷雾施药 1 次；在大豆苗后早期，春大豆田每 667m^2 用 50％丙炔氟草胺可湿性粉剂 3～4g（有效成分 1.5～2g），夏大豆田每 667m^2 用 50％丙炔氟草胺可湿性粉剂 3～3.5g（有效成分 1.5～1.77 g），喷雾处理。

2. 防除花生田杂草　在花生播后苗前每 667m^2 用 50％丙炔氟草胺可湿性粉剂 5.3～8g（有效成分 2.67～4g）对水土壤喷雾施药 1 次。

3. 防除柑橘园杂草　每 667m^2 用 50％丙炔氟草胺可湿性粉剂 50.6～80g（有效成分 26.5～40 g），对水均匀定向茎叶喷雾施药 1 次。

注意事项：

1. 现配现用效果好，不宜长时间搁置。
2. 不要过量使用，大豆拱土或出苗期不能施药，柑橘园施药应定向喷雾于杂草上，避免喷施到柑橘树的叶片及嫩枝上。避免药液飘移到敏感作物田。
3. 大豆播种后尽早用药，一般不超过播后 3d。
4. 禾本科杂草较多的田块，在技术人员指导下与防治禾本科杂草的除草剂混用。
5. 为保证杀草效果，药剂喷洒后注意不要破坏药剂层。

十九、噁二唑类

噁　草　酮

中文通用名称： 噁草酮

英文通用名称： oxadiazon

其他名称： 农思它

化学名称： 5-特丁基-3-（2，4-二氯-5-异丙氧苯基）-1，3，4-噁二唑-2-酮

化学式结构：

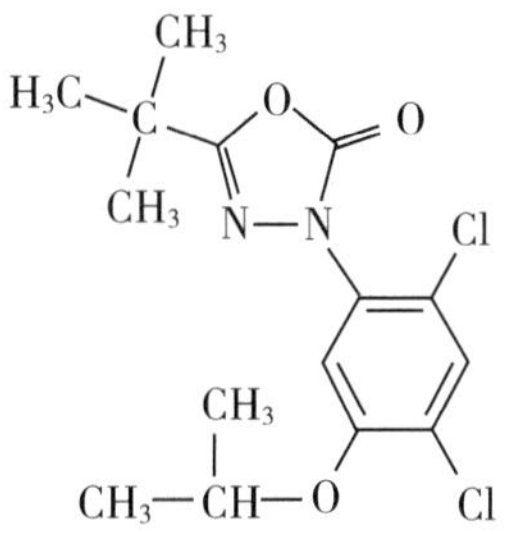

理化性质： 原药含量＞94％，外观为白色无气味、不吸水结晶，熔点约 87℃，蒸气压 0.133 3mPa（20℃）。溶解度（20℃）：水 0.7mg/L，甲醇、乙醇 100g/L，环己烷 200 g/L，丙酮 600 g/L，苯、氯仿、二甲苯 1 000 g/L。一般储存条件下稳定性良好，中性或酸性条件下稳定，碱性条件下相对不稳定。

毒性： 按照我国农药毒性分级标准，噁草酮属低毒。原药大鼠急性经口 LD_{50} 为 8 000mg/kg，急性经皮 LD_{50} 为 8 000 mg/kg，急性吸入 LC_{50}＞200 mg/m³；试验条件下未见致突变、致癌作用；对鱼类 LC_{50}（96h）虹鳟鱼 1～9mg/L，鲤鱼 1.76 mg/L；对鸟类低毒，野鸭 LD_{50}＞1 000 mg/kg，对蜜蜂低毒。

作用特点： 噁草酮是选择性芽前、芽后除草剂。芽前处理，杂草通过幼芽或幼苗与药剂接触、吸收而起作用。苗后施药，杂草通过地上部分吸收，药剂进入植物体后累积在生长旺盛的部位，抑制生长，使杂草组织腐烂死亡。该药在光照条件下才能发挥杀草作用，但并不影响光合作用的希尔反应。杂草自萌芽至 2～3 叶期均对噁草酮敏感，以杂草萌芽期施药效果最好，随杂草长大效果下降。水田应用后药液很快在水面扩散，迅速被土壤吸附，因此向下移动是有限的，也不会被根部吸收。该药在土壤中代谢较慢，半衰期为 2～6 个月。可防除稗草、千金子、狗尾草、马唐、牛筋草、鸭舌草、水苋菜、节节菜、陌上菜、鳢肠、藜、鸭跖草、铁苋菜、龙葵、通泉草、婆婆纳、异型莎草、牛毛毡等一年生禾本科、莎草科和阔叶杂草及种子萌发的多年生杂草。对野慈姑、狗牙根等多年生杂草无效，对石竹科的繁缕、苍耳、王不留行等杂草防效较差。

制剂： 12.5%、12%、13%、250g/L、120g/L、25%噁草酮乳油。

25%噁草酮乳油

理化性质及规格： 制剂为褐色澄清液体，有较强的溶剂气味，相对密度 0.98（20℃），闪点 32℃，常温储存稳定期为 2 年。

毒性： 按照我国农药毒性分级标准，25%噁草酮乳油属低毒。大鼠急性经口 LD_{50} 为 5 000mg/kg。

使用方法：

1. 防除水稻田杂草　适用于移栽水稻田，也可用于秧田和直播田。在水稻田整地后趁水浑浊时，北方每 667m² 用 25%噁草酮乳油 100～133mL（有效成分 25～33g）；南方每 667m² 用 25%噁草酮乳油 65～100mL（有效成分 16～25g），直接瓶甩或对水土壤喷雾施药 1 次，或混药土撒施 1 次。

2. 防除花生田杂草　花生播种后出苗前，南方每 667m² 用 25%噁草酮乳油 100～150mL（有效成分 25～37.5g）；北方每 667m² 用 25%噁草酮乳油 133～167mL（有效成分 33～42g），对水土壤喷雾施药 1 次。地膜覆盖花生，覆膜前每 667m² 用 25%噁草酮乳油 100～133mL（有效成分 25～33g），对水在花生床面上土壤喷雾施药 1 次。

3. 防除春大豆田杂草　春大豆播种后出苗前，每 667m² 用 25%噁草酮乳油 200～300mL（有效成分 50～75g），对水土壤喷雾施药 1 次。

注意事项：

1. 噁草酮用于水稻插秧田，弱苗、小苗或超过常规用药量、水层淹没心叶，易发生药害；秧田及水直播田使用催芽谷易发生药害。

2. 旱田使用噁草酮时，土壤湿润是药效发挥的关键。

3. 每季作物最多使用 1 次。

4. 对蜜蜂、鸟类及水生生物有毒。施药时应避免对周围蜂群的影响，蜜蜂花期禁用。远离水产养殖区施药，禁止在河塘等水体中清洗施药器具。

丙炔噁草酮

中文通用名称：丙炔噁草酮

英文通用名称：oxadiargyl

其他名称：炔噁草酮

化学名称：5-特丁基-3-（2，4-二氯-5-（炔丙氧基）苯基）-1，3，4-噁二唑-2-（3H）-酮

化学结构式：

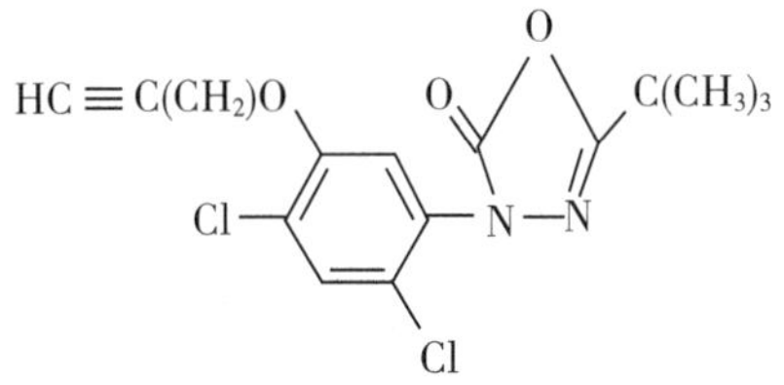

理化性质：原药含量为96%，外观为米色无味粉末，相对密度1.413（20℃），熔点130℃，蒸气压2.5×10^{-6} Pa（25℃）。有机溶液中的溶解度：丙酮250g/L，乙腈94.6g/L，二氯甲烷>500g/L，醋酸乙酯121.6g/L，甲醇14.7g/L，正庚烷0.9g/L，正辛烷3.5g/L，甲苯77.6g/L。

毒性：按照我国农药毒性分级标准，丙炔噁草酮属低毒。原药大鼠急性经口LD_{50}>2 000mg/kg；急性经皮LD_{50}>5 000mg/kg；急性吸入LC_{50}>5.16mg/m^3，对皮肤和眼睛有轻度刺激性。对鱼、蜜蜂、鸟低毒。

作用特点：主要经幼芽吸收，幼苗和根也能吸收，积累在生长旺盛的部位而抑制原卟啉原氧化酶的活性起到杀草作用。是一种高效、广谱的稻田除草剂，对一年生禾本科、莎草科、阔叶杂草及某些多年生杂草有较好效果，对恶性杂草四叶萍有良好效果。

制剂：80%丙炔噁草酮可湿性粉剂。

80%丙炔噁草酮可湿性粉剂

理化性质及规格：外观为略带芳香味的米色均匀粉末，pH6.0～7.5，水分≤2.0%，无爆炸性，常温储存稳定期2年。

毒性：按照我国农药毒性分级标准，80%丙炔噁草酮可湿性粉剂属低毒。大鼠急性经口LD_{50}>7 500mg/kg；急性经皮LD_{50}>2 000mg/kg；急性吸入LC_{50}>5.08mg/L，对家兔皮肤和眼睛均无刺激性。对豚鼠皮肤无致敏性。

使用方法：

1. 防除水稻移栽田杂草　在水稻移栽前3～7d，杂草萌发初期，南方地区每667m^2用80%丙炔噁草酮可湿性粉剂6g（有效成分4.8g）；北方地区每667m^2用6～8 g（有效成分4.8～6.4g），将配好的药液以瓶甩法均匀施药1次。

2. 防除马铃薯田杂草　在马铃薯播后苗前，每667m^2用80%丙炔噁草酮可湿性粉剂15～18g（有效成分12～14.4g）对水土壤喷雾施药1次。

注意事项：

1. 水稻整个生育期最多使用1次。

2. 严格按推荐的使用技术均匀施用，不得超范围使用。不推荐用于抛秧和直播水稻及

盐碱地水稻田中。

3. 采用瓶甩施用时，每667m² 对水量5L以上，药滴间距应少于0.5m。秸秆还田（旋耕整地、打浆）的稻田，也必须于水稻移栽前3～7d趁清水或浑水施药，且秸秆要打碎并彻底与耕层土壤混匀，以免因秸秆集中腐烂造成水稻根际缺氧引起稻苗受害。丙炔噁草酮为触杀型土壤处理剂，插秧时勿将稻苗淹没在施用本剂的稻田水中，水稻移栽后使用可采用“药土法”撒施，以保药效，避免药害。

4. 对水生藻类高毒，其包装倒空洗净后应妥善处理，其废弃物和污染物应依法作集中焚烧处理，避免其污染水源、沟渠和鱼塘。

二十、三唑啉酮类

唑　草　酮

中文通用名称：唑草酮

英文通用名称：carfentrazone-ethyl

其他名称：快灭灵、唑草酯

化学名称：（RS）-2-氯-3-[2-氯-5-（4-二氟甲基-4，5-二氢-3-甲基-5-氧-1H-1,2，4-三唑-1-基）-3-氟苯基]丙酸乙酯

化学结构式：

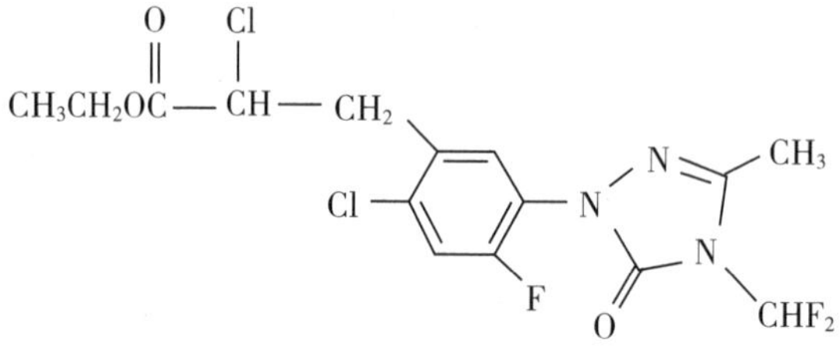

理化性质：外观为黏性黄色液体，密度1.457g/cm³（20℃），沸点350～355℃，熔点-22.1℃，蒸气压1.6×10^{-5}Pa（25℃）。溶解度（20℃）：水12μg/L，甲苯0.9mg/L，己烷0.03mg/L。

毒性：按照我国农药毒性分级标准，唑草酮属低毒。原药大、小鼠急性经口LD_{50}>5 000mg/kg，急性经皮LD_{50}>4 000mg/kg；鱼LC_{50}（96h）1.6～43mg/L，海藻EC_{50} 12～18mg/L；蜜蜂经口LD_{50}>200mg/只；鹌鹑急性经口LD_{50}>1 000 mg/kg，野鸭LD_{50}>500mg/L；在土壤中的半衰期为几个小时。

作用特点：唑草酮为原卟啉原氧化酶抑制剂，即通过抑制叶绿素生物合成过程中原卟啉原氧化酶活性而引起细胞膜破坏，使叶片迅速干枯、死亡。该药剂对杂草致死速度较快，一般施药后2～4d杂草即死亡。目前主要应用在小麦田防治播娘蒿、猪殃殃、荠菜、糖芥等阔叶杂草。具有活性高、用药量少、对环境友好的特点。

制剂：40%唑草酮水分散粒剂。

40%唑草酮水分散粒剂

理化性质及规格：外观为棕色颗粒状固体，略带霉味，水分含量0.4%，pH7.0，常温

储存稳定期两年。

毒性： 按照我国农药毒性分级标准，40%唑草酮水分散粒剂属低毒。大鼠急性经口 LD_{50}>5 000mg/kg，大鼠急性经皮 LD_{50}>5 000mg/kg，急性吸入 LC_{50}>5.72mg/m^3，对大白兔眼睛有轻微刺激性，对大白兔皮肤有中等程度刺激性，对豚鼠皮肤无致敏性。

使用方法：

防除小麦田阔叶杂草　在春小麦 3～4 叶期，每 667m^2 用 40%唑草酮水分散粒剂 5～6g（有效成分 2～2.4g），或冬小麦 3 叶期至拔节前，每 667m^2 用 40%唑草酮水分散粒剂 4～5g（有效成分 1.6～2g），对水茎叶喷雾施药 1 次。

注意事项：

1. 最佳用药时期在杂草 2～3 叶期，小麦倒 2 叶抽出后勿用药。
2. 喷液量过少时小麦叶片可能出现灼伤斑点，但不影响正常生长。
3. 药剂配制采用两次稀释，充分混合，严禁加洗衣粉等助剂。

二十一、三 酮 类

磺　草　酮

中文通用名称： 磺草酮

英文通用名称： sulcotrione

化学名称： 2-（2-氯-4-甲磺酰基苯甲酰基）环己烷-1，3-二酮

化学结构式：

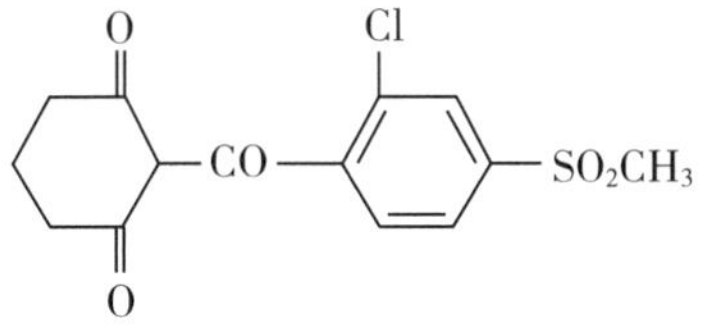

理化性质： 纯品为淡褐色固体。熔点 139℃，蒸气压 5×10^{-3} mPa。25℃水中溶解度 165mg/L，溶于丙酮和氯苯，在水中或日光下稳定。

毒性： 按照我国农药毒性分级标准，磺草酮属低毒。大鼠急性经口 LD_{50}>5 000 mg/kg，兔急性经皮 LD_{50}>4 000mg/kg，急性吸入 LC_{50}（4h）>1.6mg/L。对兔皮肤无刺激性，对兔眼睛有中度刺激性。无致畸、致突变、致癌作用。对鱼、蜜蜂、鸟低毒。

作用特点： 该产品为对羟基苯基丙酮酸双氧化酶（HPPD）抑制剂。通过植物根系和叶片吸收并在体内传导，抑制对羟基苯基丙酮酸双氧化酶的合成，导致酪氨酸的积累，使质体醌和生育酚的前体物质尿黑酸生物合成停止，进而造成八氢番茄红素及类胡萝卜素生物合成下降，最终使植物分生组织失绿白化死亡。苗后茎叶喷雾，可用于玉米、甘蔗、冬小麦田防除反枝苋、藜、龙葵、酸模叶蓼、苘麻、马唐等一年生阔叶杂草及某些禾本科杂草，但对稗草、狗尾草、苍耳、马齿苋及多年生杂草防效差。

制剂： 15%磺草酮水剂，26%磺草酮悬浮剂。

15%磺草酮水剂

理化性质及规格：外观为稳定的均相液体，无可见的悬浮物和沉淀，pH 6.0～10.0，水不溶物≤1.0%，常温储存稳定期2年。

毒性：按照我国农药毒性分级标准，15%磺草酮水剂属低毒。雌、雄大鼠急性经口 LD_{50}＞4 640mg/kg，急性经皮 LD_{50}＞2 150mg/kg，对眼睛和皮肤无刺激性，对豚鼠皮肤为轻度致敏性。

使用方法：

防除玉米田杂草　在玉米2～5叶期、杂草2～4叶期，春玉米每667m^{2}用15%磺草酮水剂436～545g（有效成分65.4～81.75g），夏玉米每667m^{2}用15%磺草酮水剂327～436g（有效成分49.05～65.4g），对水茎叶喷雾施药1次。

注意事项：

1. 施药遇干旱或在低洼地施药时，玉米叶会有短暂的脱色症状。
2. 施药后有时玉米叶片会暂时性白化，大约1周后可恢复，不影响玉米生长发育及产量。
3. 糯玉米和制种玉米田不宜使用。

硝　磺　草　酮

中文通用名称：硝磺草酮

英文通用名称：mesotrione

其他名称：米斯通，甲基磺草酮

化学名称：2-（2-硝基-4-甲磺酰基苯甲酰）环已烷-1，3-二酮

化学结构式：

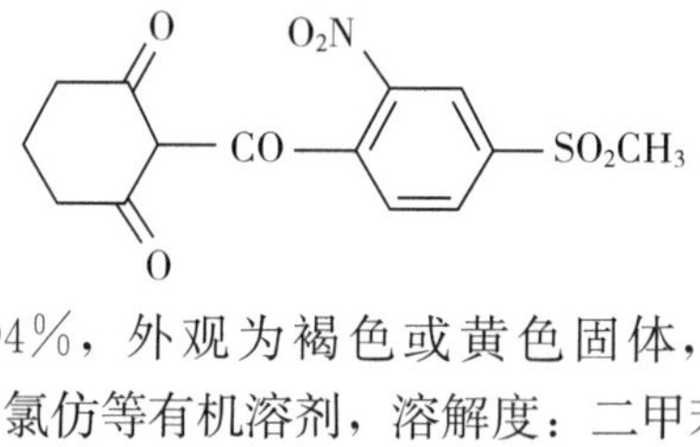

理化性质：原药含量≥94%，外观为褐色或黄色固体，熔点165℃，蒸气压（20℃）＜5.7×10^{-6}Pa。易溶于丙酮、氯仿等有机溶剂，溶解度：二甲苯1.4g/L，甲苯2.7g/L，甲醇3.6g/L，丙酮76.4g/L，二氯甲烷82.7g/L，乙腈96.1g/L。54℃时储存14d性质稳定。

毒性：按照我国农药毒性分级标准，硝磺草酮属低毒。大、小鼠急性经口 LD_{50}＞5 000 mg/kg，急性经皮 LD_{50}＞2 000mg/kg，急性吸入 LC_{50}（4h）＞5mg/L；野鸭急性经口 LD_{50}＞5 200mg/kg，山齿鹑急性经口 LD_{50}＞2 000mg/kg；虹鳟鱼 LC_{50}（96h）＞120mg/L；无致畸、致突变、致癌作用。

作用特点：硝磺草酮抑制对羟基丙酮酸双加氧酶（HPPD）的活性。HPPD可将酪氨酸转化为质体醌，是八氢番茄红素去饱和酶的辅助因子，是类胡萝卜素生物合成的关键酶。使用硝磺草酮3～5d内植物分生组织出现黄化症状，随之引起枯斑，两周后遍及整株植物。硝磺草酮具弱酸性，在大多数酸性土壤中，能紧紧吸附在有机质上；在中性或碱性土壤中，以不易被吸收的阴离子形式存在。硝磺草酮能快速降解，并且最终代谢产物为二氧化碳，土壤

中的半衰期平均值为 9d，该药有内吸性，能有效防除玉米田一年生阔叶杂草和一些禾本科杂草，不仅对玉米安全，而且对环境、后茬作物安全。为扩大杀草谱芽前除草可与乙草胺混用，芽后除草可与烟嘧磺隆混用。硝磺草酮为广谱除草剂，可防除苘麻、苍耳、刺苋、藜、地肤、蓼、野芥菜、稗草、繁缕、马唐等杂草。

制剂： 9%、40%、15%硝磺草酮悬浮剂，10%硝磺草酮可分散油悬浮剂。

9%硝磺草酮悬浮剂

理化性质及规格： 外观为淡褐色至黄褐色不透明液体，密度为 1.08～1.12g/mL（20℃），pH2.0～6.0，悬浮率≥70%，持泡性≤25mL，燃点>100℃，无爆炸性，无氧化性，非易燃物。常温储存稳定期两年。

毒性： 按照我国农药毒性分级标准，9%硝磺草酮悬浮剂属低毒。大鼠急性经口 LD_{50}>2 000mg/kg，急性经皮 LD_{50}>2 000mg/kg，对眼睛具中度刺激性，对皮肤有轻微刺激性，不具致敏性。

使用方法：

防除玉米田杂草　在玉米 3～5 叶期，禾本科杂草 1～3 叶期，每 667m^2 用 9%硝磺草酮悬浮剂 78～111mL（有效成分 7～10g），对水茎叶喷雾施药 1 次。

注意事项：

1. 豆科、十字花科作物对本品敏感，施药时需防止飘移，以免发生药害。

2. 不能与任何有机磷类、氨基甲酸酯类杀虫剂混用。两者需间隔 7d 使用，请勿通过任何灌溉系统使用，不能与悬浮肥料、乳油剂型的苗后茎叶处理剂混用。

3. 正常气候条件下对后茬作物安全，但后茬种植苜蓿、烟草、蔬菜、豆类需先做试验。如遇毁种，只可补种玉米，补种后请勿再施用。

4. 不得用于玉米与其他作物间作、混种田，不得用于爆裂玉米和观赏玉米。

二十二、异噁唑酮类

异 噁 草 松

中文通用名称： 异噁草松

英文通用名称： clomazone

其他名称： 广灭灵

化学名称： 2-（2-氯苄基）-4，4-二甲基异噁唑-3-酮

化学结构式：

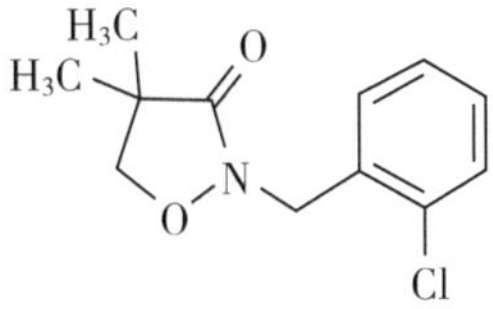

H_3C, H_3C, O, N, O, Cl

理化性质： 原药有效成分含量 92%～96%，外观为无色透明至浅棕色黏性液体，相对密度 1.192（20℃），沸点 275℃，熔点 25℃，蒸气压 19.2mPa（20℃）；水中溶解度

1.1g/L,易溶于氯仿、甲醇、二氯甲烷、庚烷、乙腈、甲苯、丙酮、二噁烷、二甲苯、己烷等有机溶剂。常温储存稳定期为1年以上，热储存（50℃）稳定期3个月以上。

毒性：按照我国农药毒性分级标准，异噁草松属低毒。原药雄、雌大鼠急性经口 LD_{50} 分别为2 077mg/kg 和1 369mg/kg，兔急性经皮 LD_{50} >2 000mg/kg，急性吸入 LC_{50} 为4.85mg/L。对眼睛有刺激，对皮肤有轻微刺激。在试验条件下，对试验动物未见致畸、致突变和致癌作用。异噁草松对鱼类毒性较低，虹鳟鱼 LC_{50}（96h）为19mg/L，蓝鳃翻车鱼 LC_{50}（96h）为34mg/L，对以上两种鱼的无作用浓度均为8.9mg/L。对鸟类比较安全，北美鹌鹑和野鸭急性经口 LD_{50} >2 510mg/kg，8d 喂养北美鹌鹑和野鸭经口 LD_{50} >5 620mg/kg。

作用特点：异噁草酮是选择性芽前除草剂，可通过根、幼芽吸收，随蒸腾作用向上传导到植物的各部位，从而抑制敏感植物叶绿素的生物合成，植物虽能萌芽出土，但无色素，并在短期内死亡。大豆可将该药代谢为无杀草作用的物质。异噁草酮在水中的溶解度较大，但在土壤有中等积蓄的黏合性，不会流到土壤表层30cm以下，在土壤中主要由微生物降解。适用于大豆田防除一年生禾本科杂草和阔叶杂草，如稗草、狗尾草、马唐、牛筋草、二色高粱、阿拉伯高粱、臂形草、龙葵、香薷、水棘针、马齿苋、苘麻、藜、蓼、鸭跖草、狼把草、鬼针草、曼陀罗、苍耳等。对多年生的刺儿菜、大刺儿菜、苣荬菜、问荆等有一定的抑制作用。

制剂：48%、360g/L、480g/L 异噁草酮乳油，360g/L 异噁草酮微囊悬浮剂。

480g/L 异噁草酮乳油

理化性质及规格：外观为浅黄色液体，相对密度1.02～1.03，闪点41～43℃，乳化性良好，常温储存稳定期在1年以上，50℃储存3个月质量无明显变化。

毒性：按照我国农药毒性分级标准，480g/L 异噁草酮乳油属低毒。雄、雌大鼠急性经口 LD_{50} 分别为2 343mg/kg 和1 406mg/kg，兔急性经皮 LD_{50} >2 000mg/kg，大鼠急性吸入 LC_{50} 为4.59mg/L。对眼睛有中度刺激性，对皮肤有轻微刺激性。

使用方法：

防除春大豆田杂草　春大豆播种后出苗前，每667m^2 用480g/L 异噁草酮乳油130～160mL（有效成分62.4～76.8g），对水土壤喷雾施药1次。

注意事项：

1. 异噁草酮在土壤中的生物活性可持续6个月以上，施用异噁草酮当年的秋天（即施用后4～5个月）或次年春天（即施用后6～10个月），都不宜种植小麦、大麦、燕麦、黑麦、谷子、苜蓿。与其他敏感作物间作或套种的春大豆田，不宜使用该药。
2. 在土壤沙性过强、有机质含量过低或土壤偏碱性时，本品不宜与嗪嗪酮等混用，否则大豆会产生药害。
3. 不能与碱性物质混用。

二十三、有机磷类

草　甘　膦

中文通用名称：草甘膦

英文通用名称：glyphosate

其他名称：农达

化学名称：N-（膦酸甲基）甘氨酸

化学结构式：

$$HO-P(=O)(OH)-CH_2-NH-CH_2-C(=O)-OH$$

理化性质：原药含量95%～97%，外观为无色晶体，熔点200℃，蒸气压1.31×10^{-2} mPa（25℃）。水溶解度（25℃）12g/L，不溶于丙酮、乙醇、二甲苯等多种有机溶剂，低于60℃稳定，光稳定。

毒性：按照我国毒性分级标准，草甘膦属低毒。原药大鼠急性经皮LD_{50}为4 320mg/kg。兔急性经口LD_{50}>5 000mg/kg；对皮肤、眼睛和上呼吸道有刺激作用；大鼠三代繁殖试验未见异常，试验中无致畸、致突变、致癌作用；每日每千克体重允许摄入量<0.3mg；对鱼、蜜蜂、鸟低毒。LC_{50}（96h）：虹鳟鱼86mg/L、蓝鳃鱼120mg/L、翻车鱼120mg/L，水蚤（48h）LC_{50} 780 mg/L；蜜蜂经口和接触LD_{50}>100μg/只，山齿鹑和野鸭急性经口LC_{50}>3 581 mg/kg。

作用特点：草甘膦属有机磷类内吸传导型除草剂，具有广谱灭生性，对天敌及有益生物安全。主要通过抑制植物体内5-烯醇丙酮酰莽草酸-3-磷酸合成酶，从而抑制莽草素向苯丙氨酸、酪氨酸及色氨酸的转化，使蛋白质的合成受到干扰，导致植物死亡。草甘膦内吸传导性强，它不仅能通过茎叶传导到地下部分，而且在同一株的不同分蘖间也能进行传导，对多年生深根杂草的地下组织破坏力很强，能达到一般农业机械无法达到的深度。草甘膦杀草谱广，对40多科100多种杂草有较好的防除作用，包括单子叶和双子叶、一年生和多年生、草本和灌木等植物。豆科和百合科植物对草甘膦的抗性较强。草甘膦入土后很快与铁、铝等金属离子结合而失去活性。

制剂：30%、41%、46%、62%草甘膦水剂，50%、60%、70%、75.7%、80%草甘膦可溶粒剂，30%、50%、58%、65%草甘膦可溶粉剂、58%草甘膦钠盐可溶粒剂。

30%草甘膦水剂

理化性质及规格：稳定的均相液体，无可见的悬浮物和沉淀，pH为4.0～8.5，熔点为200℃。在常温条件下储存稳定期在2年以上。

毒性：按照我国农药毒性分级标准，30%草甘膦水剂属低毒。雄、雌大鼠急性经口LD_{50}>5 000mg/kg，急性经皮试验LD_{50}均>2 000mg/kg；对家兔皮肤、眼睛无刺激性。

使用方法：

1. 防除果园杂草　在柑橘园、苹果园、梨园、香蕉园杂草生长旺盛时期，每667m^2用30%草甘膦水剂250～500mL（有效成分75～150g），对水定向茎叶喷雾施药1次。

2. 防除经济作物田杂草　在茶园、桑园、橡胶园、甘蔗田杂草生长旺盛时期，每667m^2用30%草甘膦水剂250～500mL（有效成分75～150g），对水定向茎叶喷雾施药1次。

3. 防除免耕水稻抛秧田杂草　在前茬作物收割后，水稻抛秧之前1～3d，每667m^2用

30%草甘膦水剂450～550mL（有效成分135～165g），对水茎叶喷雾施药1次。

4. 防除免耕油菜田杂草　在前茬作物收割后，油菜播种前，春油菜种植区每667m^{2}用30%草甘膦水剂330～500mL（有效成分99～150g）；冬油菜种植区每667m^{2}用30%草甘膦水剂160～260mL（有效成分48～78g），对水茎叶喷雾施药1次。

80%草甘膦可溶粒剂

理化性质及规格：易流动的粉末或颗粒，pH3.0～8.0，熔点189～190℃，不溶于丙酮、己醇和二甲苯等普通的有机试剂，易成水溶性盐。稳定性好，无光化学降解，在空气中稳定。常温储存稳定期为2年。

毒性：按照我国农药毒性分级标准，80%草甘膦可溶粒剂属低毒。雄、雌大鼠急性经口LD_{50}>5 000mg/kg，急性经皮LD_{50}>2 000mg/kg，急性吸入LC_{50}>2 000mg/m^3；对家兔皮肤、眼睛无刺激性；对豚鼠无刺激性；对豚鼠皮肤弱致敏性。

使用方法：

1. 防除柑橘园杂草　柑橘园杂草生长旺盛时期，每667m^{2}用80%草甘膦可溶粒剂100～200g（有效成分80～160g），对水定向茎叶喷雾施药1次。

2. 防除非耕地杂草　在非耕地杂草生长旺盛时期，每667m^{2}用80%草甘膦可溶粒剂100～200g（有效成分80～160g），对水茎叶喷雾施药1次。

50%草甘膦可溶粉剂

理化性质及规格：易流动的粉末，pH 3.0～8.0，密度0.612 1g/m^3，在水中溶解度为11.6g/L（25℃），不溶于丙酮、乙醇和二甲苯之类的有机溶剂，易与碱溶液反应产生水溶性盐。在常温条件下储存稳定期2年以上。

毒性：按照我国农药毒性分级标准，50%草甘膦可溶粉剂属低毒。雄、雌大鼠急性经口LD_{50}为7 500mg/kg，急性经皮LD_{50}>2 000mg/kg，急性吸入LC_{50}>2 000mg/m^3；对大白兔眼睛轻度刺激性；对豚鼠皮肤无刺激性，有弱致敏性。

使用方法：

1. 防除苹果园杂草　在苹果园杂草生长旺盛时期，每667m^{2}用80%草甘膦可溶粒剂150～300g（有效成分75～150g），对水定向茎叶喷雾施药1次。

2. 防除柑橘园杂草　在柑橘园杂草生长旺盛时期，每667m_2用80%草甘膦可溶粒剂150～300g（有效成分75～150g），对水定向茎叶喷雾施药1次。

3. 防除橡胶园杂草　橡胶园杂草生长旺盛时期，每667m^{2}用80%草甘膦可溶粒剂200～350g（有效成分100～175g），对水定向茎叶喷雾施药1次。

4. 防除非耕地杂草　非耕地杂草生长旺盛时期，每667m^{2}用80%草甘膦可溶粒剂150～300g（有效成分75～150g），对水茎叶喷雾施药1次。

注意事项：

1. 为非选择性除草剂，施药时应防止药液飘移到作物茎叶及周围敏感作物上，避免造成药害。

2. 草甘膦与土壤接触立即失去活性，只可作茎叶处理。

3. 使用时加入适量的洗衣粉、柴油等表面活性剂，可提高除草效果。

4. 温暖晴天用药效果优于低温天气。
5. 草甘膦对金属制成的镀锌容器有腐化作用，易引起火灾。
6. 低温储存时会有结晶析出，用时应充分摇动容器，使结晶溶解，以保证药效。

草　铵　膦

中文通用名称： 草铵膦

英文通用名称： glufosinate-ammonium

其他名称： 草丁膦

化学名称：（RS）－2－氨基－4－（羟基甲基氧膦基）丁酸铵（酸）

化学结构式：

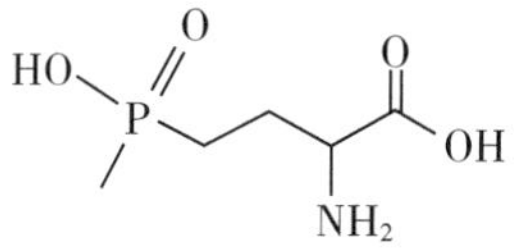

理化性质： 外观为白色结晶，有轻微气味，相对密度（20℃）1.157，熔点215℃，蒸气压<0.1mPa（20℃），水中溶解度为1 370g/L（22℃），在一般有机溶剂中溶解度较低。

毒性： 按照我国农药毒性分级标准，草铵膦属低毒。原药雄、雌大鼠急性经口 LD_{50} 分别为2 000mg/kg和1 620mg/kg，雄、雌小鼠急性经口 LD_{50} 分别为431 mg/kg和416 mg/kg；雄、雌大鼠急性经皮 LD_{50}>2 000mg/kg，急性吸入 LC_{50}（4h）1.26mg/m^3；对兔眼睛和皮肤无刺激性；水生生物（96h）LC_{50} 虹鳟鱼710mg/L，鲤鱼>1 000mg/L；蜜蜂经口 LD_{50}>100μg/只；日本鹌鹑（8d，膳食）LC_{50}>5 000mg/kg；蚯蚓（土壤）LD_{50}>1 000mg/kg。

作用特点： 草铵膦为非选择性触杀型除草剂，具有部分内吸作用，是谷氨酰胺合成酶抑制剂，施药后短时间内，植物体内铵代谢陷于紊乱，细胞毒剂铵离子在植物体内积累，与此同时，光合作用被严重抑制，从而达到杀草目的。主要用于柑橘园、葡萄园及非耕地防除一年生和多年生双子叶及单子叶杂草，如马唐、稗、狗尾草、鸭茅、羊茅、黑麦草、早熟禾、野燕麦、辣子草、猪殃殃、野芝麻、龙葵、繁缕、拂子茅、苔草、狗牙根、反枝苋等。

制剂： 18%、50%、200g/L草铵膦水剂。

200g/L草铵膦水剂

理化性质及规格： 外观为黄色透明均相液体，无可见悬浮物和杂质，稍有异味，相对密度1.0864，pH为6.0～6.9，密度（20℃）为1.070～1.076g/mL，黏度（20℃）576.58～588.88 mPa·s，闪点>95℃，常温储存稳定期2年以上。

毒性： 按照我国农药毒性分级标准，200g/L草铵膦水剂属低毒。雄、雌大鼠急性经口 LD_{50}>5 000 mg/kg，急性经皮 LD_{50}>200 mg/kg。对大耳白兔眼睛有轻度刺激性，对豚鼠皮肤无刺激性、无致敏性，无致畸、致癌性。

使用方法：

1. 防除非耕地杂草　在杂草生长旺盛时期，每667m^2 用200g/L草铵膦水剂450～

580mL（有效成分 90～116g），对水定向茎叶喷雾施药 1 次。

2. 防除柑橘园杂草　在杂草生长旺盛时期，每 $667m^2$ 用 200g/L 草铵膦水剂 350～580mL（有效成分 70～116g），对水茎叶喷雾施药 1 次。

50%草铵膦水剂

理化性质及规格： 外观为浅棕色液体，无刺激性异味，pH4.5～7.5，密度（20℃）1.216g/mL，黏度（20℃）75 mPa·s，闪点>105℃，不可燃。与非极性溶剂（矿物油）不混溶，常温储存稳定期 2 年以上。

毒性： 按照我国农药毒性分级标准，50%草铵膦水剂属低毒。雄、雌大鼠急性经口毒性 LD_{50} 为 2 610mg/kg，急性经皮 LD_{50}>2 000mg/kg，急性吸入 LC_{50}>5 000mg/m^3，对家兔皮肤、眼睛无刺激性，对豚鼠皮肤属弱致敏物。

使用方法：

1. 防除非耕地杂草　在杂草生长旺盛时期，每 $667m^2$ 用 50%草铵膦水剂 280～400mL（有效成分 140～200g），对水茎叶喷雾施药 1 次。

2. 防除柑橘园杂草　在柑橘园杂草生长旺盛时期，每 $667m^2$ 用 50%草铵膦水剂 280～400mL（有效成分 140～200g），对水茎叶喷雾施药 1 次。

注意事项： 为非选择性除草剂，喷雾时应注意防止药液飘移到邻近作物田，避免造成药害。

莎　稗　磷

中文通用名称： 莎稗磷

英文通用名称： anilofos

其他名称： 阿罗津

化学名称： O，O-二甲基-S-（N-4-氯苯基-N-异丙胺基甲酰甲基）-二硫代磷酸酯

化学结构式：

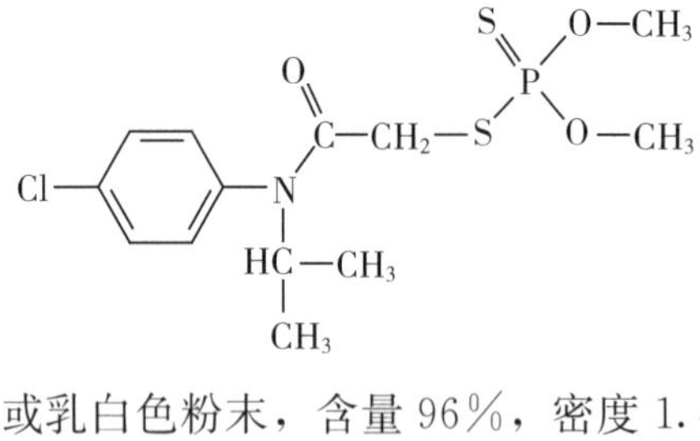

理化性质： 原药为白色或乳白色粉末，含量 96%，密度 1.4 g/cm^3（20℃），熔点 47～50℃，蒸气压 2.2mPa（60℃）。20℃时，在水中溶解度 13.6mg/L；在各种溶剂中溶解度分别为：丙酮、氯仿、甲苯>1 000g/L，苯、乙醇、乙酸乙酯、二氯甲烷>200 g/L，己烷 12 g/L。150℃分解，对光不敏感，在 pH5～9、22℃时稳定，在土壤中的半衰期 30～45d（23℃）。

毒性： 按照我国农药毒性分级标准，莎稗磷属低毒。大鼠急性经口 LD_{50} 为 472～830 mg/kg，兔急性经皮 LD_{50}>2 000 mg/kg，急性吸入 LC_{50}>26 mg/L（4h）。在试验剂量下，无致突变作用。对兔皮肤有轻微刺激作用，对眼睛有一定刺激作用。对鱼中等毒性，金鱼

LC_{50}（96h）4.6 mg/L，虹鳟鱼 LC_{50} 2.8 mg/L。对鸟类低毒，日本鹌鹑急性经口 LD_{50} 2 339～3 360mg/kg。

作用特点：莎稗磷为内吸传导型选择性除草剂。药剂主要通过植物的幼芽和地中茎吸收，抑制细胞分裂和伸长。对正在萌发的杂草效果最好；对已经长大的杂草效果较差。杂草受药后生长停止，叶片深绿，有时脱色，叶片变短而厚，极易折断，心叶不易抽出，最后整株枯死。莎稗磷可在水稻移栽田使用，防除3叶期以前的稗草、千金子、碎米莎草、异型莎草、牛毛草、鸭舌草等，但对扁秆藨草无效，对水稻安全。药剂持效期30d左右。

制剂：30%、300g/L莎稗磷乳油。

30%莎稗磷乳油

理化性质及规格：外观为褐色液体，具有磷酸酯气味，相对密度1±0.05（20℃），pH2～4，水分含量<0.3%，黏度（3.6±0.5）mPa·s，闪点（28±2）℃（闭式），常温下可储存2年。

毒性：按照我国农药毒性分级标准，30%莎稗磷乳油属低毒。大鼠急性经口 LD_{50} 1 512 mg/kg，兔急性经皮 LD_{50} 3 622 mg/kg，急性吸入 LC_{50} >20mg/L。对皮肤和眼睛无刺激作用。

使用方法：

防除水稻田杂草　水稻栽后5～7d，稗草1.5～2.5叶期，每667 m^2 用30%莎稗磷乳油60～70mL（有效成分18～21g），对水茎叶喷雾或混药土施药1次。喷雾施药前应排干田水，施药24h后复水，以后正常管理；若用药土法施药，施药时应保持浅水层。

注意事项：

1. 直播水稻4叶期以前对该药敏感。可用于大苗移栽田使用，不可用于小苗秧田，抛秧田用药也要慎重。
2. 施药4h后降雨或灌溉对药效影响不大。
3. 若误服，用5%碳酸氢钠水灌胃，然后胃服200mL液体石蜡。严重时，立即注射2mg硫酸阿托品，如有必要，每隔15min注射1次，直至口和皮肤变干。在注射阿托品后，才可用0.5～1g的2-PAM输液，禁止使用肾上腺素。

二十四、二硝基苯胺类

二甲戊灵

中文通用名称：二甲戊灵

英文通用名称：pendimethalin

其他名称：除草通，施田补

化学名称：N-（乙基丙基）-3，4-二甲基-2，6-二硝基苯胺

化学结构式：

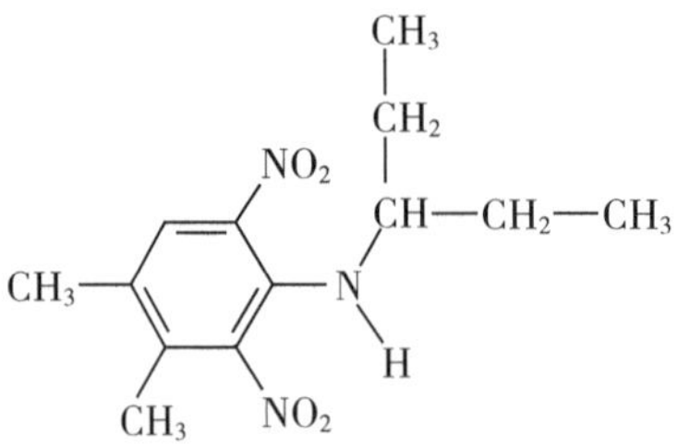

理化性质： 原药含量>90%，纯品为橙黄色结晶体，熔点 54～58℃，25℃时蒸气压为 4×10^{-3}Pa，密度 1.19 g/cm^3（25℃）。20℃时在水中溶解度 0.3g/L；有机溶剂中溶解度（26℃）：丙酮 700 g/L，二甲苯 628 g/L，玉米油 148 g/L，庚烷 138 g/L，异丙醇 77 g/L，易溶于苯、甲苯、氯仿、二氯甲烷，微溶于石油醚和汽油，5～130℃储存稳定，对酸碱稳定，光下缓慢分解，水中 DT_{50}<21d。

毒性： 按照我国农药毒性分级标准，二甲戊灵属低毒。原药大鼠急性经口 LD_{50} 为1 250 mg/kg，小鼠急性经口 LD_{50} 为 1 620 mg/kg，家兔急性经皮 LD_{50}>5 000mg/kg，大鼠急性吸入 LC_{50}>320mg/L，对皮肤和眼睛无刺激作用。在试验剂量内对动物无致畸、致突变、致癌作用。对鱼类及水生生物高毒，蓝鳃鱼无影响量为 0.1 mg/L，虹鳟鱼为0.075 mg/L，鲇鱼为 0.32 mg/L。对蜜蜂和鸟的毒性较低，蜜蜂经口 LD_{50} 为 49.8μg/只。野鸭急性经口 LC_{50} 为 10 338 mg/kg，鹌鹑 LC_{50} 为 4 187 mg/kg。

作用特点： 二甲戊灵主要是抑制分生组织细胞分裂，不影响杂草种子的萌发，而是在杂草种子萌发过程中幼芽、茎和根吸收药剂后而起作用。双子叶植物吸收部位为下胚轴，单子叶植物为幼芽，其受害症状是幼芽和次生根被抑制。该药适用于玉米田、大豆田、棉花田、烟草田、蔬菜地及果园中防除稗草、马唐、狗尾草、早熟禾、藜、苋等杂草，持效期长达 45d 左右。

制剂： 30%、33%二甲戊灵乳油，45%二甲戊灵微囊悬浮剂，45%二甲戊灵微胶囊剂，20%二甲戊灵悬浮剂。

33%二甲戊灵乳油

理化性质及规格： 由有效成分、乳化剂及溶剂组成。外观为橙黄色透明液体，相对密度 1.038（25℃），闪点 27℃。在碱性和酸性条件下均稳定，在 3℃时储存 1 年不分解，常温储存稳定期 2 年以上。

毒性： 按照我国农药毒性分级标准，33%二甲戊灵乳油属低毒。雄、雌大鼠急性经口 LD_{50} 分别为 2 930mg/kg 和 2 700mg/kg，兔急性经皮 LD_{50} 为 6 870mg/kg，大鼠急性吸入 LC_{50}>475mg/m^3。

使用方法：

1. 防除大豆田杂草　大豆播种前，每 667m^2 用 33%二甲戊灵乳油 200～300mL（有效成分 66～99g），对水土壤喷雾施药 1 次。施药时若土壤含水量低，可浅混土。

2. 防除玉米田杂草　玉米播种后出苗前 5d 内。春玉米每 667m^2 用 33%二甲戊灵乳油 200～300mL（有效成分 66～99g）；夏玉米每 667m^2 用 33%二甲戊灵乳油 150～225mL（有效成分 49.5～74g），对水土壤喷雾施药 1 次。施药时若土壤含水量低，可浅混土。

3. 防除棉花田杂草　在棉花播种前或播种后出苗前，每 667m^2 用 33%二甲戊灵乳油

150～167mL（有效成分 49.5～55g），对水土壤喷雾施药 1 次。

4. 防除花生田杂草　在花生播种前或播种后出苗前，每 667m^2 用 33％二甲戊灵乳油 150～167mL（有效成分 49.5～55g），对水土壤喷雾施药 1 次。

5. 防除马铃薯田杂草　在马铃薯播种后 3d 内，杂草与马铃薯出土前，每 667m^2 用 33％二甲戊灵乳油 167～300mL（有效成分 55～99g），对水土壤喷雾施药 1 次。马铃薯种植前或露芽出土后不能用，否则会出现药害。

6. 防除蔬菜田杂草　在韭菜、甘蓝、白菜、姜、大蒜等播种前或播种后出苗前，每 667m^2 用 33％二甲戊灵乳油 100～150mL（有效成分 33～49.5g），对水土壤喷雾施药 1 次。

注意事项：

1. 在低温情况下或施药后浇水及降大雨可能会影响药效或使植物产生轻微药害；施药后 7d 左右表土干旱也会影响药效。

2. 移栽前施药需保证作物的移栽深度在 3cm 以上，并避免移栽时露根或根系接触到药土层；播后苗前施药，播种应尽量采用条播，以确保播种深度。采用苗后早期施药的方法，若在作物顶尖萌芽期后施药，可能会出现暂时的轻微伤害，作物在 1～2 周内可恢复正常生长，不影响产量。

3. 水萝卜田禁用，直播十字花科作物禁用。

4. 对鱼有毒，应远离水产养殖区施药，禁止在河塘等水体中清洗施药器具，避免污染水源。

氟　乐　灵

中文通用名称：氟乐灵

英文通用名称：trifluralin

其他名称：特福力

化学名称：N，N-二丙基-4-三氟甲基-2，6-二硝基-苯胺

化学结构式：

$$F_3C-C_6H_2(NO_2)_2-N(CH_2-CH_2-CH_3)_2$$

理化性质：原药含量 98％，为橙黄色结晶体，具芳香族化合物气味，20℃时相对密度 1.23，沸点 96～97℃（24Pa），熔点 48.5～49℃，25℃时蒸气压 1.37×10^{-2} Pa，27℃时溶于大多数有机溶剂，溶解度丙酮 400g/L，二甲苯 580 g/L，在水中的溶解度＜1.0mg/kg。储存稳定期为 3 年，易光解。

毒性：按照我国农药毒性分级标准，氟乐灵属低毒。大鼠急性经口 LD_{50}＞5 000mg/kg，家兔急性经皮 LD_{50}＞5 000 mg/kg，大鼠急性吸入 LC_{50}＞4.8mg/L（4h），对家兔的眼睛、皮肤有刺激作用；在试验条件下未见致癌、致畸和致突变作用；对鱼类高毒，LC_{50}（96 h，mg/L）：虹鳟鱼 0.088，大翻车鱼 0.089，水蚤 0.2～0.6；蜜蜂 LD_{50} 24mg/只；各种鸟类经口 LD_{50} 均＞2 000mg/kg。

作用特点：氟乐灵是通过杂草种子发芽生长穿过土层的过程中被吸收的。主要被禾本科

植物的幼芽和阔叶植物的下胚轴吸收，子叶和幼根也能吸收，但出苗后的茎和叶不能吸收。造成植物药害的典型症状是抑制生长，根尖与胚轴组织细胞体积显著膨大。受害后的植物细胞停止分裂，根尖分生组织细胞变小，厚而扁，皮层薄壁组织中的细胞增大，细胞壁变厚。由于细胞中的液泡增大，使细胞丧失极性，产生畸形，呈现“鹅头”状的根茎。适用于棉田、大豆田、玉米田、蔬菜田、花生田等，可防除稗草、马唐、狗尾草、牛筋草、千金子、早熟禾、看麦娘、野燕麦、雀麦、苋、藜、繁缕、马齿苋等杂草。氟乐灵施入土壤后，由于挥发、光解、微生物和化学作用而逐渐分解消失，其中挥发和光解是分解的主要因素。施到土表的氟乐灵最初几小时内的损失最快，潮湿和高温会加快它的分解速度。

制剂：48％氟乐灵乳油、480g/L 氟乐灵乳油。

48％氟乐灵乳油

理化性质及规格：由有效成分和乳化剂、溶剂组成。亚硝胺含量不超过 0.5mg/kg。外观为橙红色液体，相对密度 1.067（20℃），沸点 138℃，闪点 45.6～48.3℃，23℃时蒸气压 933Pa。储存稳定期不低于 3 年。

毒性：按照我国农药毒性分级标准，48％氟乐灵乳油属低毒。大鼠急性经口 LD_{50}＞2 000mg/kg，家兔急性经皮 LD_{50}＞2 000 mg/kg，大鼠急性吸入 LC_{50}＞41 mg/L（1h）。对家兔的眼睛、皮肤有刺激作用。

使用方法：

1. 防除大豆田杂草　大豆播种前，用药量根据土壤有机质含量不同而异。土壤有机质含量 3％以下，每 667m^2 用 48％氟乐灵乳油 80～110mL（有效成分 38.4～52.8g）；有机质含量 5％～10％时，每 667m^2 用 48％乳油 140～175mL（有效成分 67.2～84g），对水土壤喷雾施药 1 次。土壤有机质含量 10％以上时不宜使用。超量使用危害作物根部，减少根瘤，使根部肿大，还容易对后茬作物产生药害。

2. 防除棉花田杂草　在棉花播种后出苗前，每 667m^2 用 48％氟乐灵乳油 100～150mL（有效成分 48～72g），对水土壤喷雾施药 1 次，施药后立即混土。

3. 防除花生田杂草　在花生播后苗前，每 667m^2 用 48％氟乐灵乳油 100～150mL（有效成分 48～72g），对水土壤喷雾施药 1 次。

注意事项：

1. 春季天气干旱时，应在施药前立即混土镇压保墒。

2. 大豆田播前施用氟乐灵时，应在播前 5～7d 施药，以防发生药害。

3. 低温干旱地区，氟乐灵施入土壤后残效期较长，因此下茬不宜种植高粱、谷子等敏感作物。

4. 在大豆播种前土壤喷施，收获时籽粒最高残留限量（MRL）为 0.01mg/kg，美国规定大豆、蔬菜 MRL 值为 0.05 mg/kg。

5. 对鱼类等水生生物、蜜蜂、家蚕有毒，施药时应避免对周围蜂群的影响，蜜源作物花期、蚕室和桑园附近禁用。远离水产养殖区施药，应避免药液流入河塘等水体中，清洗喷药器械时切忌污染水源。

6. 低温干旱地区，本品施入土壤后，持效期较长，下茬作物不宜种高粱、谷子等敏感作物。

仲　丁　灵

中文通用名称： 仲丁灵

英文通用名称： butralin

其他名称： 地乐胺

化学名称： N-仲丁基-4-特丁基-2，6-二硝基苯胺

化学结构式：

NO_2

$(CH_3)_3C$—[苯环]—$NHCHCH_2CH_3$

CH_3

NO_2

理化性质： 原药含量 95%，外观为略带芳香味橘黄色晶体，密度 1.25mg/m^3，熔点 60～61℃，沸点 134～136℃，蒸气压（25℃）1.7mPa，25℃水中溶解度 0.3mg/L，有机溶剂中溶解度为（25℃，mg/L）：苯 2 700，丙酮 4 480，二氯甲烷 1 460，己烷 300，乙醇 73，甲醇 98。265℃分解，光稳定性好，储存稳定期 2 年以上，不宜在低于－5℃下存放。

毒性： 按照我国农药毒性分级标准，仲丁灵属低毒。原药大鼠急性经口 LD_{50} 为 2 500mg/kg；急性经皮 LD_{50} 为 4 600mg/kg，对皮肤、眼睛及黏膜有轻度刺激作用；对水生生物 LC_{50}（48h）：蓝鳃鱼 4.2mg/L，虹鳟鱼 3.4mg/L；在土中产生微生物降解。

作用特点： 仲丁灵是内吸型选择性萌芽前除草剂。作用特点与氟乐灵相似，药剂进入植物体内后，主要抑制分生组织的细胞分裂，从而抑制杂草幼芽及幼根的生长，导致杂草死亡。

制剂： 36%、360g/L、48%仲丁灵乳油。

48%仲丁灵乳油

理化性质及规格： 外观为橙色液体，无刺激性异味。密度 1.018g/mL（20℃），黏度 7mPa·s（20℃），闪点 36℃（闭杯），易燃液体，非腐蚀性物质，不易爆炸，与矿物油混溶。

毒性： 按照我国农药毒性分级标准，48%仲丁灵乳油属低毒。急性经皮雄大鼠 LD_{50}＞5 840mg/kg、雌大鼠 LD_{50}＞2 710mg/kg；大鼠急性经口 LD_{50}＞2 000mg/kg，急性吸入 LC_{50}＞2 000mg/m^3。对大白兔眼睛和皮肤无刺激性；对豚鼠皮肤为弱致敏性。

使用方法：

1. 防除花生田杂草　在播后苗前，每 667m^2 用 48%仲丁灵乳油 225～300mL（有效成分 108～144g），对水土壤喷雾施药 1 次。

2. 防除棉花田杂草　每 667m^2 用 48%仲丁灵乳油 200～250mL（有效成分 96～120g），对水土壤喷雾施药 1 次。

3. 防除水稻移栽田杂草　在水稻移栽返青后，每 667m^2 用 48%仲丁灵乳油 200～250mL（有效成分 96～120g），混药土均匀撒施 1 次。

4. 防除西瓜田杂草　在西瓜播种或移栽前，每 667m^2 用 48%仲丁灵乳油 150～200mL（有效成分 72～96g），对水土壤喷雾施药 1 次。

5. 防除大豆田杂草　在大豆播种前2～3d，夏大豆田每667m² 用48%仲丁灵乳油200～250mL（有效成分96～120g），春大豆田每667m² 用48%仲丁灵乳油250～300mL（有效成分120～144g），对水土壤喷雾施药1次。用于防治大豆菟丝子时，应于大豆始花期或菟丝子转株危害时施药。

注意事项：

1. 每个作物周期最多使用1次。
2. 遇天气干旱时，应适当增加土壤湿度再施药，以充分发挥药效。
3. 使用时一般要混土，混土深度3～5cm可以提高药效。

二十五、吡 啶 类

氟 硫 草 定

中文通用名称：氟硫草定

英文通用名称：dithiopyr

化学名称：2-二氟甲基-4-异丁基-6-三氟甲基-3，5-［二（甲硫基甲酰基）］吡啶

化学结构式：

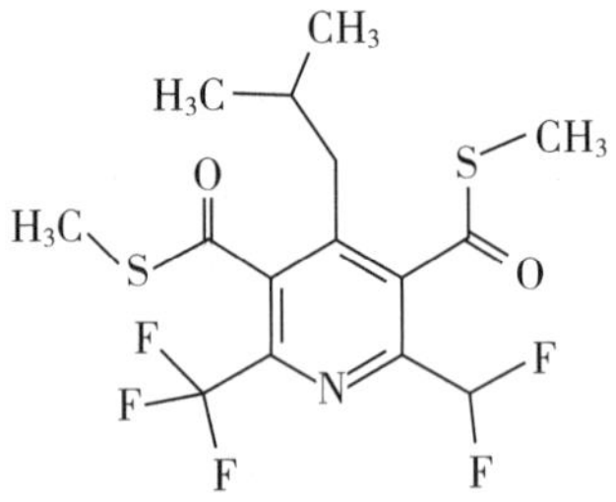

CH_3 H_3C O S CH_3 H_3C S O F F N F F F

理化性质：原药含量91.5%，熔点65～69℃，蒸气压0.533mPa（25℃），水溶解度1.38mg/L（25℃）。

毒性：按照我国农药毒性分级标准，氟硫草定属低毒。原药大鼠急性经口LD_{50}>5 000 mg/kg，急性经皮LD_{50}>5 000 mg/kg；鹌鹑急性经口LD_{50}>2 250 mg/kg；鱼LC_{50}（96h，mg/L）：虹鳟鱼0.1，蓝鳃鱼0.7，水虱LC_{50}（48h）>1.4mg/L。蜜蜂LC_{50}为0.03mg/只。

作用特点：氟硫草定为吡啶羧酸类除草剂，通过干扰杂草的维管合成而防除杂草。在杂草萌芽期至3叶期施药，可有效防除一年生禾本科杂草和一些阔叶杂草，且持效期较长。科学使用对草坪安全。在建植的早熟禾草坪使用，可有效防除马唐、稗草、牛筋草、一年生早熟禾、狗尾草、一年生黑麦草、宝盖草、酢浆草、鸭舌草、节节菜、陌上菜、鬼针草、繁缕等。

制剂：32%氟硫草定乳油。

32%氟硫草定乳油

理化性质及规格：外观为黄褐色油状液体，熔点为－47℃（环己酮），沸点为156℃

（环己酮），在水中呈乳浊状，黏度 8.4mPa·s，pH4.5～6.0，常温储存稳定期 3 年。

毒性： 按照我国农药毒性分级标准，32%氟硫草定乳油属低毒。雄、雌大鼠急性经口 LD_{50}分别为 3 397mg/kg 和 4 129mg/kg，兔急性经皮 LD_{50} 5 000mg/kg，雌、雄大鼠急性吸入 LC_{50} 4.3mg/L，对兔眼睛有刺激性，对兔皮肤有轻微刺激性，对豚鼠无致敏性。

使用方法：

防除高羊茅和早熟禾草坪杂草　在草坪杂草芽前，每 667m^2 用 32%氟硫草定乳油 75～100mL（有效成分 24～32g），对水喷雾施药 1 次。

注意事项：

1. 为保证药效，施药后不能搅动土壤表层。应在草坪生长健壮的情况下使用，在修葺后草坪未完全恢复时严禁用药。

2. 避免将施药后修剪下来的草坪污染作物田造成药害。

3. 对鱼等水生生物有毒，应远离河塘等水域施药，禁止在河塘等水体中清洗施药器具。

二十六、苯甲酰胺类

炔 苯 酰 草 胺

中文通用名称： 炔苯酰草胺

英文通用名称： propyzamide

其他名称： 拿草特

化学名称： N-（1，1-二甲基炔丙基）-3，5-二氯-苯甲酰胺

化学结构式：

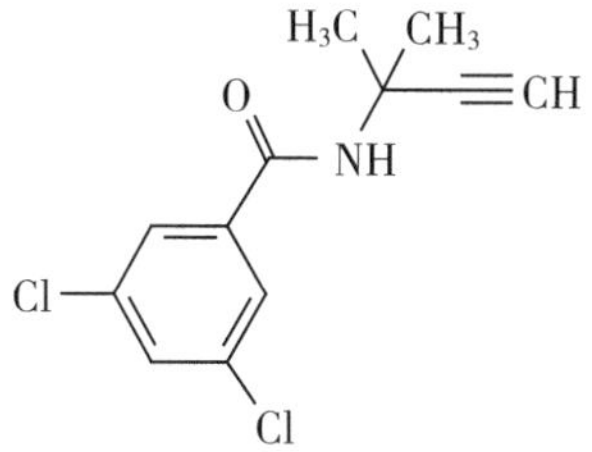

H_3C　CH_3　O　CH　NH　Cl　Cl

理化性质： 原药含量 98%、96%、95%，外观为无色结晶粉末，熔点 155～156℃，蒸气压（25℃）0.058mPa。水溶解度 15mg/L，有机溶剂中溶解度（25℃）：甲醇 150g/L，环己烷 200g/L，丁酮 300g/L，二甲基亚砜 330g/L。

毒性： 按照我国农药毒性分级标准，炔苯酰草胺属低毒。原药大鼠急性经口 LD_{50}>5 000mg/kg，雄、雌大鼠急性经皮 LD_{50}分别为 2 710mg/kg 和 3 480mg/kg；每日每千克体重允许摄入量为 0.08mg；对眼睛、皮肤无刺激性。

作用特点： 该产品通过根系吸收传导，干扰杂草细胞的有丝分裂。主要防除禾本科杂草，对阔叶作物安全。可有效控制杂草的出苗，即使出苗后，仍可通过芽鞘吸收药剂死亡。一般播后芽前比苗后早期用药效果好。

制剂： 50%炔苯酰草胺可湿性粉剂。

50%炔苯酰草胺可湿性粉剂

理化性质及规格：外观为白色粉末，无结块。悬浮率大于70%，润湿时间小于60s，常温下储存2年稳定。

毒性：按照我国农药毒性毒性分级标准，50%炔苯酰草胺可湿性粉剂属低毒。雌、雄大鼠急性经口 LD_{50} >5 000mg/kg，急性经皮 LD_{50} >2 000mg/kg，急性吸入 LC_{50} >2 100mg/m^3，对家兔眼睛有轻微刺激性，对豚鼠皮肤无刺激性，属弱致敏物。

使用方法：

防除莴苣田杂草　在莴苣种植前，每667m^2 用50%炔苯酰草胺可湿性粉剂200～267g（有效成分100～133g），对水土壤喷雾施药1次。

注意事项：

1. 每季最多使用1次。
2. 不可与其他药剂混用，勿与碱性物质混用。
3. 请选择在雨后或土壤潮湿时施药，药后尽量不要破坏地表土层。湿冷的气候条件下，对药剂发挥有利。
4. 应用时应注意有机质含量，如含量过低，则适当减少使用剂量，并避免因雨水或灌水而造成淋溶药害。

二十七、酰 胺 类

乙　草　胺

中文通用名称：乙草胺

英文通用名称：acetochlor

其他名称：禾耐斯

化学名称：N-（2-乙基-6-甲基苯基）-N-乙氧基甲基-氯乙酰胺

化学结构式：

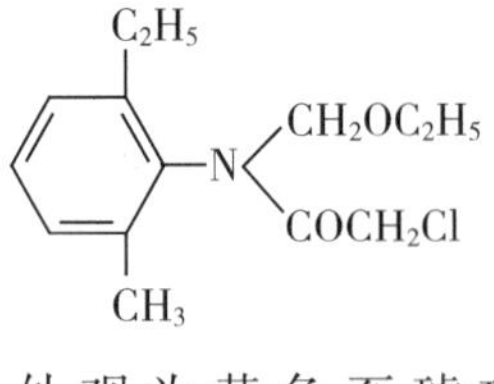

C_2H_5 / N($CH_2OC_2H_5$)($COCH_2Cl$) / CH_3

理化性质：原药含量93%，外观为黄色至琥珀色油状液体，熔点0℃，密度1.123mg/m^3（20℃），沸点172℃，熔点10.6℃，蒸气压6.0mPa（25℃），25℃水中的溶解度223mg/L，易溶于丙酮、乙醇、乙酸乙酯、苯等大多数有机溶剂。20℃时，2年内不分解。

毒性：按照我国农药毒性分级标准，乙草胺属低毒。原药大鼠、小鼠急性经口 LD_{50} 为2 148mg/kg，兔急性经皮 LD_{50} 4 166mg/kg，大鼠急性吸入 LC_{50} >3 000mg/m^3。原药对兔眼睛有可逆的刺激性，对兔皮肤无刺激性。水生生物 LC_{50}（96h，mg/L）：虹鳟鱼0.36，蓝鳃太阳鱼 1.3。对蜜蜂低毒，LD_{50} 1.715mg/只。北美鹌鹑急性经口 LD_{50} 1 590mg/kg，鹌鹑和野鸭 LC_{50}（5d）>5 620mg/L。

作用特点：该药剂可被植物幼芽吸收。单子叶植物通过芽鞘吸收。双子叶植物通过下胚轴吸收传导。有效成分在植物体内干扰核酸代谢及蛋白质合成，使幼芽、幼根停止生长。如果田间湿度适宜，幼芽未出土即被杀死；如果土壤水分少，杂草出土后随土壤湿度增大，杂草吸收药剂后而起作用。禾本科杂草表现心叶卷曲萎缩，其他叶皱缩，整株枯死。该药对马唐等禾本科杂草及反枝苋高活性，对藜、马齿苋、龙葵等阔叶杂草有一定防效并抑制生长，活性比禾本科杂草低。对大豆菟丝子有较好防效。大豆等耐药性作物吸收乙草胺在体内迅速代谢为无活性物质，正常使用对作物安全。适用于大豆、花生、玉米、油菜、棉花、马铃薯等作物田，芽前防除一年生禾本科杂草及部分阔叶杂草，对大豆田菟丝子有一定防效。持效期 6～8 周。在土壤中通过微生物降解，对后茬作物无影响。在有机质较高的土壤中使用亦有较好防效。

制剂：50%、81.5%、88%、89%、90%、90.5%、880g/L、900g/L、990g/L、999g/L 乙草胺乳油，40%、48%、50%乙草胺水乳剂，20%乙草胺可湿性粉剂，50%乙草胺微乳剂，25%乙草胺微囊悬浮剂。

50%乙草胺乳油

理化性质及规格：外观为棕色或紫色均相透明液体，相对密度 1.006～1.05，pH5～9，水分含量≤5%，闪点约 34℃，常温下稳定期 2 年。

毒性：按照我国农药毒性分级标准，50%乙草胺乳油属低毒。雄大鼠、雌大鼠急性经口 LD_{50}分别为 1 745～2 370mg/kg 和 1 330～1 994mg/kg，家兔急性经皮 LD_{50}>2 240mg/kg，无致突变作用。

使用方法：

1. 防除大豆田杂草　在大豆播后苗前，春大豆田每 667m^2 用 50%乙草胺乳油 160～250mL（有效成分 80～125g）；夏大豆田每 667m^2 用 50%乙草胺乳油 100～140mL（有效成分 50～70g），对水土壤喷雾施药 1 次。

2. 防除玉米田杂草　在玉米播后苗前，春玉米田每 667m^2 用 50%乙草胺乳油 200～250mL（有效成分 100～125 g），夏玉米田每 667m^2 用 50%乙草胺乳油 100～140mL（有效成分 50～70g），对水土壤喷雾施药 1 次。土壤湿度适宜对防除禾本科杂草效果好。

3. 防除花生田杂草　在花生播后苗前，每 667m^2 用 50%乙草胺乳油 100～160mL（有效成分 50～80g），对水土壤喷雾施药 1 次。覆膜时药量酌减。

4. 防除油菜田杂草　在油菜移栽前或移栽后 3d，每 667m^2 用 50%乙草胺乳油 70～100mL（有效成分 35～50g）对水土壤喷雾施药 1 次。

5. 防除棉花田杂草　在棉花播后苗前，每 667m^2 用 50%乙草胺乳油 150～200mL（有效成分 75～100g），对水土壤喷雾施药 1 次。

6. 防除马铃薯田杂草　在马铃薯播后苗前，每 667m^2 用 50%乙草胺乳油 180～250mL（有效成分 90～125g），对水土壤喷雾施药 1 次。

20%乙草胺可湿性粉剂

理化性质及规格：外观为灰白色疏松粉剂，pH6～9，细度为 98%颗粒通过 325 目筛

(44μm 孔径筛)，悬浮率≥70%，润湿时间≤60s。常温储存有效期 2 年。

毒性： 按照我国农药毒性分级标准，20%乙草胺可湿性粉剂属微毒。大鼠急性经口、经皮 LD_{50}>5 000mg/kg。

使用方法：

1. 防除水稻移栽田杂草　在水稻移栽后 5～7d，水稻完全缓苗后、杂草萌芽期，北方地区每 667m^2 用 20%乙草胺可湿性粉剂 35～50g（有效成分 7～10g），长江以南地区每 667m^2 用 20%乙草胺可湿性粉剂 30～37.5g（有效成分 6～7.5g），混药土均匀施药 1 次。施药时田间水层 3～5cm，施药后保水 5～7d，水不足时缓慢补水，但不能排水、串水，水深不能淹没水稻心叶。

2. 防除冬油菜田杂草　在冬油菜播后苗前，每 667m^2 用 20%乙草胺可湿性粉剂200～250g（40～50g），对水土壤喷雾施药 1 次。

注意事项：

1. 土壤墒情影响药效，干旱影响杂草吸收药剂，应在土壤湿润时施药。

2. 大豆苗期遇低温、多湿，田间长期渍水，乙草胺对大豆有抑制作用，症状为大豆叶皱缩，待大豆 3 片复叶后，可恢复正常生长，一般对产量无影响。

3. 水稻秧田、直播田，移栽田小苗、弱苗勿用乙草胺及其混剂。

4. 乙草胺对大鼠和小鼠均发现致肿瘤作用，推荐每日每千克体重允许摄入量为 0.01mg/kg。

5. 制剂不可与碱性物质混用。

6. 黄瓜、菠菜、小麦、谷子和高粱等作物对乙草胺较为敏感，施用时注意避开上述敏感作物。

丁　草　胺

中文通用名称： 丁草胺

英文通用名称： butachlor

其他名称： 马歇特

化学名称： N-（2，6-二乙基苯基）-N-丁氧基甲基-氯乙酰胺

化学结构式：

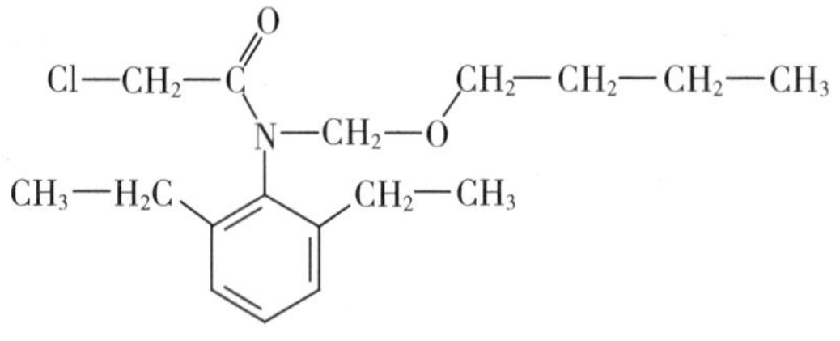

O
Cl—CH_2—C　　CH_2—CH_2—CH_2—CH_3
N—CH_2—O
CH_3—H_2C　　CH_2—CH_3

理化性质： 纯品为浅黄色油状液体，密度 1.076 mg/m^3（25℃），沸点 156℃，熔点 0.5～1.5℃，分解温度 165℃，蒸气压 0.24mPa（25℃），20℃水中溶解度 20mg/L。能溶于乙醚、丙酮、乙醇、乙酸乙酯和己烷等多种有机溶剂。抗光解性能好。丁草胺原药含量>90%，外观为琥珀色或深紫色液体。

毒性： 按照我国农药毒性分级标准，丁草胺属低毒。原药大鼠急性经口 LD_{50}>2 000mg/kg，急性经皮 LD_{50}>3 000mg/kg，急性吸入 LC_{50}>3.34mg/L。对兔皮肤有中等刺

激作用，对兔眼睛有轻度刺激作用。蓄积性弱，在试验剂量内，对动物未见致突变和致畸作用。对鲤鱼和蓝鳃鱼 96h 的 TLm 分别为 0.32mg/kg 和 0.44mg/kg，对野鸭急性经口 LD_{50} >10 000mg/kg，鹌鹑急性经口 LD_{50} >10 000 mg/kg（药饲 7d）。蜜蜂经口 LD_{50} >100μg/只。

作用特点：丁草胺是选择性芽前除草剂。主要通过杂草幼芽和幼根吸收，抑制体内蛋白质合成，使杂草幼株肿大、畸形，色深绿，最终导致死亡。可用于水田和旱地防除以种子萌发的禾本科杂草、一年生莎草及部分阔叶杂草，如稗草、千金子、异型莎草、碎米莎草、牛毛毡等，对鸭舌草、节节草、尖瓣花和萤蔺等有较好的抑制作用。对扁秆藨草、野慈姑等多年生杂草则无明显防效。只有少量丁草胺能被稻苗吸收，而且能在稻苗体内迅速分解代谢，因此稻苗有较大的耐药力。丁草胺在土壤中稳定性小，对光稳定，能被土壤微生物分解。持效期为 30～40d。

制剂：85％、50％、60％丁草胺乳油，40％丁草胺水乳剂，5％丁草胺颗粒剂、10％丁草胺微粒剂。

60％丁草胺乳油

理化性质及规格：外观为棕黄色或紫色透明液体，相对密度 1.0～1.04（25℃），pH 6～7，闪点 28～29℃（闭口式），常温储存稳定期两年以上。

毒性：按照我国农药毒性分级标准，60％丁草胺乳油属低毒。大鼠急性经口 LD_{50} >3 000mg/kg，急性经皮 LD_{50} >3 000mg/kg，兔急性经皮 LD_{50} >3 000mg/kg。

使用方法：

防除水稻移栽田杂草　水稻移栽后 5～7d（南方为 3～5d），稗草等种子处于萌动期时，每 667m^2 用 60％丁草胺乳油 100～150mL（有效成分 60～90g），混药土均匀撒施或对水茎叶喷雾施药 1 次。施药时田间保持水层 3～5cm，保水 3～5d，以后恢复正常田间水层管理。北方移栽水稻气温低，秧苗生长缓慢，应用秧龄 25～30d 的壮秧。稗草 2 叶后除草效果下降。

5％丁草胺颗粒剂

理化性质及规格：外观为灰色颗粒，96％通过 16 目筛。

毒性：按照我国农药毒性分级标准，5％丁草胺颗粒剂属低毒。大鼠急性经口 LD_{50} >5 010mg/kg，兔急性经皮 LD_{50} >2 000 mg/kg。

使用方法：

防除水稻移栽田杂草　水稻移栽后 3～5d，最迟不超过 7d，杂草萌芽至 1.5 叶期，每 667m^2 用 5％丁草胺颗粒剂 1 000～1 700g（有效成分 50～85g），混药土均匀撒施或对水茎叶喷雾施药 1 次。施药时田间保持水层 3～5cm，保水 3～5d，以后恢复正常田间水层管理。稗草 2 叶后除草效果下降。

注意事项：

1. 在插秧田，秧苗素质不好、施药后骤然大幅度降温、灌水过深或田块漏水时，都可能产生药害。

2. 切忌田面淹水。早稻秧田气温低于 15℃时施药会有不同程度药害。

3. 在旱田，丁草胺对露籽麦（或陆稻等）出苗有严重影响。露籽多的地块不宜施用。

目前麦田除草一般不用丁草胺。在菜地使用，土壤水分过低会影响药效的发挥。

4. 丁草胺对3叶期以上的稗草效果差。

5. 丁草胺对鱼类毒性高，不宜在养鱼的稻田使用。残药或清洗液不能倒入池塘河流中。

丙 草 胺

中文通用名称：丙草胺

英文通用名称：pretilachlor

其他名称：扫茀特

化学名称：N－（2，6－二乙基苯基）－N－（丙氧基乙基）－氯乙酰胺

化学结构式：

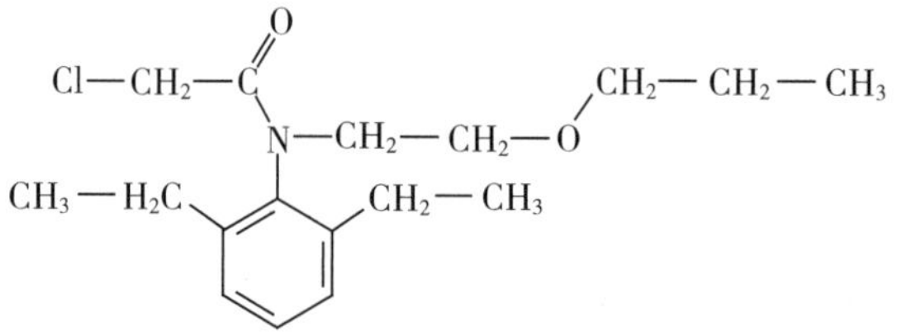

O
Cl—CH_2—C
N—CH_2—CH_2—O
CH_2—CH_2—CH_3
CH_3—H_2C
CH_2—CH_3

理化性质：原药有效成分含量＞94％。纯品外观为无色液体，相对密度1.076，沸点135℃（0.133Pa）。蒸气压0.133mP（20℃），密度1.076 g/m^3（20℃）；溶解度（20℃）：水50mg/L，极易溶于苯、二氯甲烷、己烷、甲醇，20℃时水溶液中稳定。

毒性：按照我国农药毒性分级标准，丙草胺属低毒。原药大鼠急性经口LD$_{50}$为6 099mg/kg，小鼠急性经口LD$_{50}$为8 537 mg/kg，大鼠急性经皮LD$_{50}$＞3 100 mg/kg，大鼠急性吸入LC$_{50}$＞2 800 mg/m^3。对眼睛和皮肤有中度刺激性。丙草胺对鱼类有毒，鲤鱼LC$_{50}$为1.88mg/kg。在试验条件下，对动物未见致畸、致突变、致癌作用。

作用特点：丙草胺为选择性芽前处理剂。可通过植物下胚轴、中胚轴和胚芽鞘吸收，根部略有吸收，干扰杂草体内蛋白质合成，并对光合及呼吸作用有间接影响。受害杂草幼苗扭曲，初生叶难伸出，叶色变深绿，生长停止，直至死亡；水稻对丙草胺有较强的分解能力，从而具有一定的选择性。但是，稻芽对丙草胺的耐药力并不强，在丙草胺中加入安全剂CGA123407，可改善制剂对水稻芽及幼苗的安全性。这种安全剂通过水稻根部吸收而发挥作用。丙草胺芽前或苗后早期使用能防除稗草、马唐、千金子、硬草等一年生禾本科杂草，对鸭舌草、鳢肠、陌上菜、丁香蓼、节节菜等小粒种子阔叶杂草也有一定防效，对水莎草、水芹、眼子菜、矮慈姑等防效差。丙草胺在田间持效期为30～40d。

制剂：50％丙草胺水乳剂，30％、50％、52％丙草胺乳油。

30％丙草胺乳油

理化性质及规格：制剂有效成分含量为300g/L，外观为黄棕色液体，相对密度为1.03～1.04，闪点为39～50℃（闭式），常温储存稳定期为两年。

毒性：按照我国农药毒性分级标准，30％丙草胺乳油属低毒。制剂大鼠急性经口LD$_{50}$为3 196mg/kg，急性经皮LD$_{50}$＞2 000mg/kg，急性吸入LC$_{50}$为6 962mg/kg。对兔眼睛有中度刺激性，对皮肤有轻度刺激性。

使用方法：

1. 防除水稻直播田杂草　南方热带或亚热带稻区及籼稻区水稻直播田在播种（催芽）后当天或播后 4d，每 667m² 用 30%丙草胺乳油 100～120g（有效成分 30～36g），对水茎叶喷雾或混药土均匀撒施。施药时，土壤应呈水分饱和状态，土表应有水膜。药后 24h，可灌注浅水层，勿使表土干燥，3 日后恢复正常水分及田间管理。若塑料薄膜育秧，可揭膜喷洒药液，然后盖膜保温，再隔数日揭膜。北方寒温带水直播稻田一般应在播种后 10～15d，稗草 1.5 叶期以下，稻苗 2 叶期且已扎根时，每 667m² 用 30%丙草胺乳油 100～120g（有效成分 30～36g），对水茎叶喷雾或混药土均匀撒施。若播后太早用药，稻苗没有扎根，对安全剂无吸收能力，易出现药害。

2. 防除水稻抛秧田杂草　在南方水稻抛秧后 4～5d，每 667m² 用 30%丙草胺乳油 110～150g（有效成分 33～45g），药土法撒施，施药时田面保持 3～4cm 水层，药后保水 5～7d。

注意事项：

1. 每季最多使用 1 次。在北方水稻直播田使用时，应先试验再推广。

2. 直播水稻需先催芽，在大多数稻谷达到芽长 1/2 谷粒至 1 谷粒长后再进行播种，播种的稻谷要根芽正常，切忌播种有芽无根的稻谷。地整好后要及时播种，否则杂草出土，影响药效。

3. 丙草胺对大多数的水稻品种有良好的安全性。但是，少数米质优良、抗逆性差的品种比较敏感。

4. 推荐的每人每日每千克体重允许摄入量（ADI）为 0.15mg，稻米上最高残留限量（MRL）为 0.05mg/kg。在水稻田土壤中半衰期为 10～15d，在实验条件下，安全剂在土壤中的半衰期约 17d。

5. 对鱼中至高毒，对藻类高毒，施药时应远离鱼塘或沟渠，尽量避免接触水生生物，施药后的田水及残药或洗涤用水不得直接排入水体，不能在养鱼、虾、蟹的水稻田使用本剂。

6. 使用剂量过高时，对早期水稻株高有抑制。

异 丙 草 胺

中文通用名称：异丙草胺

英文通用名称：propisochlor

其他名称：普乐宝

化学名称：N-（2-乙基-6-甲基苯基）-N-（异丙氧基甲基）-氯乙酰胺

化学结构式：

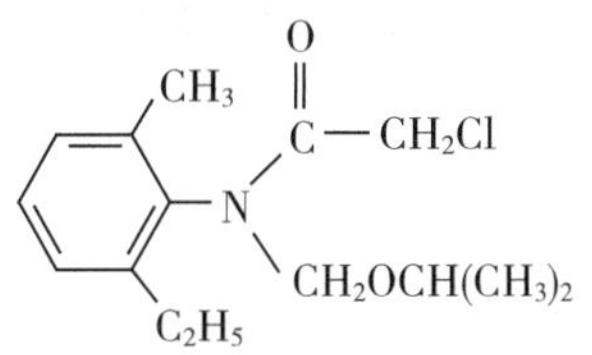

O
‖
CH_3　C—CH_2Cl
N
$CH_2OCH(CH_3)_2$
C_2H_5

理化性质：原药含量 90%，外观为淡棕色至紫色液体，相对密度 1.097，熔点 21.6℃，蒸气压 4mPa（20℃），溶于大多数有机溶剂，水中溶解度为 184mg/L。

毒性：按照我国农药毒性分级标准，异丙草胺属低毒。原药雄、雌大鼠急性经口 LD_{50} 分别为 3 433mg/kg 和 2 088mg/kg；急性经皮 LD_{50} >2 000mg/kg，急性吸入 LC_{50} > 5 000mg/m^3，对眼睛和皮肤有刺激性。对鱼中等毒，LC_{50}（96h）：虹鳟鱼 0.25mg/L，鲤鱼 7.52mg/L，水蚤 0.25mg/L。对蜜蜂、鸟低毒，蜜蜂经口和接触 LD_{50} 100μg/只，日本鹌鹑急性经口 LD_{50} 为 688 mg/kg，野鸭急性经口 LD_{50} 2 000 mg/kg。

作用特点：异丙草胺由幼芽吸收，进入植物体内抑制蛋白酶合成，使植物芽和根停止生长，不定根无法形成。单子叶植物通过胚芽鞘，双子叶植物通过下胚轴吸收，然后向上传导，种子和根也可吸收传导，但吸收量较少且传导速度慢，出苗后靠根吸收向上传导。如果土壤水分适宜，杂草幼芽期不出土即被杀死。症状为芽鞘紧包生长点，稍变粗，胚根细而弯曲，无须根，生长点逐渐变褐至黑色腐烂，如土壤水分少，杂草出土后随着降雨土壤湿度增加，杂草吸收药剂后表现扭曲、萎缩，其他叶片皱缩，整株枯死；阔叶杂草叶片皱缩变黄，整株枯死。可用于移栽水稻、玉米、大豆等作物防治多种一年生单双子叶杂草，如稗草、狗尾草、牛筋草、马唐、早熟禾、藜、反枝苋、龙葵、鬼针草、猪毛菜、香薷、千金子、碎米莎草、异型莎草、矮慈姑、节节菜、鸭舌草、泽泻、陌上菜、眼子菜等。

制剂：50%、70%、72%、868g/L 异丙草胺乳油，30%异丙草胺可湿性粉剂。

72%异丙草胺乳油

理化性质及规格：淡棕色至紫色液体，相对密度 1.06～1.07（20℃），pH5～7，常温下稳定期 2 年。

毒性：按照我国农药毒性分级标准，72%异丙草胺乳油属低毒。雄、雌大鼠急性经口 LD_{50} 分别为 3 078mg/kg 和 2 953mg/kg；急性经皮 LD_{50} >5 000mg/kg，急性吸入 LC_{50} >5 000mg/m^3。

使用方法：

1. 防除玉米田杂草　在春玉米、夏玉米播种后出苗前，春玉米田每 667m^2 用 72%异丙草胺乳油 150～200mL（有效成分 108～144 g），夏玉米田每 667m^2 用 72%异丙草胺乳油 100～150mL（有效成分 72～108g），对水土壤喷雾施药 1 次。

2. 防除大豆田杂草　在春大豆、夏大豆播种后出苗前，春大豆田每 667m^2 用 72%异丙草胺乳油 150～200mL（有效成分 108～144g），夏大豆田每 667m^2 用 72%异丙草胺乳油 100～150mL（有效成分 72～108g），对水土壤喷雾施药 1 次。

3. 防除花生田杂草　在花生播种后出苗前，每 667m^2 用 72%异丙草胺乳油 120～150mL（有效成分 86～108g），对水土壤喷雾施药 1 次。

50%异丙草胺乳油

理化性质及规格：外观为棕色或深棕色稳定的均相液体，闪点 23℃，溶于大部分有机溶剂，pH≤0.5，水分≤0.4%，常温储存稳定期为 2 年。

毒性：按照我国农药毒性分级标准，50%异丙草胺乳油属低毒。雌、雄大鼠急性经口 LD_{50} 分别为 4 300mg/kg 和 3 690mg/kg，急性经皮 LD_{50} >2 150mg/kg，对家兔皮肤无刺激性，属弱致敏物。

使用方法：

1. 防除水稻移栽田杂草　南方地区在水稻移栽 5～7d 缓苗后，每 667m^2 用 50％异丙草胺乳油 15～20mL（有效成分 7.5～10g），混药土均匀撒施 1 次。施药时田间保持 3～5cm 浅水层，药后保水 5～7d，以后恢复正常水层管理，注意水层不能淹没水稻心叶。

2. 防除玉米田杂草　在玉米播种后出苗前，夏玉米田每 667m^2 用 50％异丙草胺乳油 150～200mL（有效成分 75～100g），春玉米田每 667m^2 用 50％异丙草胺乳油 200～250mL（有效成分 100～125g），对水土壤喷雾施药 1 次。

3. 防除大豆田杂草　在大豆播种后出苗前，夏大豆田每 667m^2 用 50％异丙草胺乳油 150～200mL（有效成分 75～100g），春大豆田每 667m^2 用 50％异丙草胺乳油 200～250mL（有效成分 100～125g），对水土壤喷雾施药 1 次。

4. 防除甘薯田杂草　在甘薯移栽前，每 667m^2 用 50％异丙草胺乳油 200～250mL（有效成分 100～125g），对水土壤喷雾施药 1 次。

注意事项：

1. 严格掌握用药剂量和使用时期，水稻小苗、弱苗和病苗不宜使用，药后保水时水层不能淹没水稻心叶，以免发生药害。

2. 异丙草胺对鱼类有毒，施药时远离鱼塘、沟渠等水源，残药、药液避免流入河道、池塘。

甲　草　胺

中文通用名称：甲草胺

英文通用名称：alachlor

其他名称：拉索

化学名称：N－（2，6－二乙基苯基）－N－甲氧基甲基-氯乙酰胺

化学结构式：

O
Cl—CH_2—C　　CH_3
N—CH_2—O
CH_3—H_2C　　CH_2—CH_3

理化性质：原药为乳白色无味非挥发性结晶体，相对密度 1.133（25℃），熔点39.5～41.5℃，沸点 100℃（2.67Pa）。在 105℃时分解，25℃时蒸气压 2.9mPa，水中溶解度 242mg/L，能溶于乙醚、丙酮、苯、氯仿、乙醇等有机溶剂。在强酸强碱条件下易分解，抗紫外线分解。

毒性：按照我国农药毒性分级标准，甲草胺属低毒。原药大鼠急性经口 LD_{50} 为 930mg/kg，家兔急性经皮 LD_{50} 为 13 300mg/kg，大鼠急性吸入 LC_{50}＞1.04mg/L，对家兔皮肤、眼睛均有中等刺激作用；在试验条件下，未见致畸、致突变作用；对鱼毒性高，LC_{50}（96h，mg/L）：虹鳟鱼 1.8，蓝鳃鱼 2.8，对鸟低毒，鹌鹑急性经口 LD_{50} 1 536 mg/kg。

作用特点：甲草胺可被植物幼芽吸收（单子叶植物为胚芽鞘、双子叶植物为下胚轴），吸收后向上传导；种子和根也吸收传导，但吸收量较少，传导速度慢。出苗后主要靠根吸收向上传导。甲草胺进入植物体内抑制蛋白酶活动，使蛋白质无法合成，造成芽和根停止生长，使不定根无法形成。如果土壤水分适宜，杂草幼芽期不出土即被杀死。症状为芽鞘紧包生长点，变粗，胚根细而弯曲，无须根，生长点逐渐变褐色至黑色烂掉。如土壤水分少，随着降雨、土壤湿度增加，杂草吸收药剂后受害死亡。禾本科杂草心叶卷曲至整株枯死；阔叶杂草叶皱缩变黄，整株逐渐枯死。大豆、玉米、花生、棉花、甘蔗、油菜、烟草、洋葱和萝卜等作物对甲草胺有较强的抗药性。甲草胺能有效防治马唐、稗草、牛筋草、狗尾草、硬草等一年生禾本科以及苋、藜、蓼、马齿苋等部分阔叶杂草，对菟丝子也有一定的防除效果，对狗牙根等多年生杂草无效。

制剂：480g/L甲草胺微囊悬浮剂，43%、480g/L甲草胺乳油。

43%甲草胺乳油

理化性质及规格：外观为紫红色液体，相对密度1.06（25℃），闪点为39.4℃。

毒性：按照我国农药毒性分级标准，43%甲草胺乳油属低毒。大鼠急性经口LD_{50}为2 000mg/kg，急性经皮LD_{50}为7 800mg/kg，急性吸入LC_{50}＞6.51mg/L，对家兔皮肤、眼睛有中等刺激作用。

使用方法：

1. 防除大豆田杂草　大豆播种后出苗前，每667m^2用43%甲草胺乳油200～300mL（有效成分86～129g），对水土壤喷雾施药1次。

2. 防除花生田杂草　花生播种前，每667m^2用43%甲草胺乳油150～275mL（有效成分72～120g），对水土壤喷雾施药1次，随即混土3cm后播种。若在施药混土后覆盖塑料薄膜，覆膜后播种花生，剂量应减少。

3. 防除棉花田杂草　棉花播种后出苗前，每667m^2用43%甲草胺乳油200～300mL（有效成分86～129g），对水土壤喷雾施药1次。

注意事项：

1. 使用半个月后若无降雨，可浇水或浅混土以保证药效，但土壤积水会发生药害。

2. 高粱、谷子、水稻、黄瓜、瓜类、胡萝卜、韭菜、菠菜等对甲草胺敏感，不得使用。

3. 每季作物最多使用1次。

4. 土壤干旱时，适当加大对水量，每667m^2不少于45kg，务求做到喷匀、喷透。

5. 对皮肤、眼睛和呼吸道有刺激作用。若大量摄入，应使患者呕吐并用等渗浓度的盐溶液或5%碳酸氢钠溶液洗胃。无解毒剂，应对症治疗。

异丙甲草胺

中文通用名称：异丙甲草胺

英文通用名称：metolachlor

其他名称：都尔

化学名称：N-（2-乙基-6-甲基苯基）-N-（1-甲基-2-甲氧基乙基）-氯乙酰胺

化学结构式：

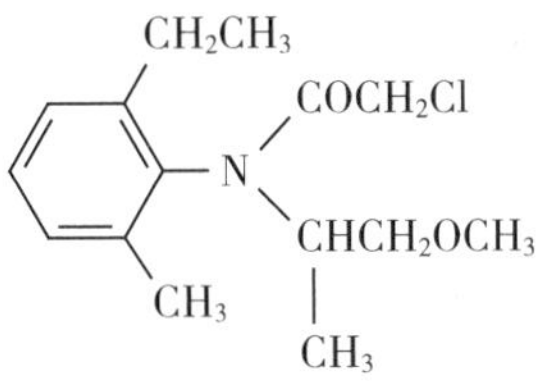

CH_2CH_3
$COCH_2Cl$
N
$CHCH_2OCH_3$
CH_3
CH_3

理化性质：原药为无色到浅褐色液体，有效成分含量>95%，相对密度 1.12（20℃），沸点 100℃（0.133Pa），闪点 110～180℃，蒸气压 4.2mPa（25℃）。在水中溶解度（20℃）530mg/L。与苯、二甲苯、甲苯、辛醇、二氯甲烷、己烷、二甲基甲酰胺、甲醇、二氯乙烷混溶，不溶于乙二醇、丙醇和石油醚，300℃下稳定，在强酸、强碱和强无机酸中水解。常温储存稳定期 2 年以上。

毒性：按照我国农药毒性分级标准，异丙甲草胺属低毒。原药大鼠急性经口LD_{50}2 780 mg/kg，兔急性经口>4 000mg/kg。大鼠急性经皮 LD_{50}>3 170mg/kg，急性吸入（4h）LC_{50}>1 750mg/m^3；对兔眼睛无刺激作用，对兔皮肤有轻微刺激作用；在试验条件下，未见对动物有致畸、致突变、致癌作用；每日每千克体重允许摄入量 0.1mg；对鱼中等毒，LC_{50}（96h，mg/L）：虹鳟鱼 3.9，鲤鱼 4.9，翻车鱼 10；对鸟低毒，野鸭和北美鹌鹑急性经口 LD_{50}>2 510mg/kg，LC_{50}（14d）蚯蚓 140mg/L。对蜜蜂 LD_{50}（经口，接触）>110μg/只。土中半衰期约 30d。

作用特点：该药主要通过幼芽吸收，其中单子叶植物主要由芽鞘吸收，双子叶植物通过幼芽及幼根吸收，向上传导，抑制幼芽与根的生长，敏感杂草在发芽后出土时前或刚刚出土时即中毒死亡。作用机制主要是抑制发芽种子的蛋白质合成，其次抑制胆碱渗入磷脂，干扰卵磷脂形成。如果土壤墒情好，杂草被杀死在幼芽期；如果土壤水分少，杂草出土后随着降雨，土壤湿度增加，杂草吸收药剂。禾本科杂草心叶扭曲、萎蔫，其他叶片皱缩后整株枯死。阔叶杂草叶片皱缩变黄整株枯死。由于禾本科杂草幼芽吸收异丙甲草胺能力比阔叶杂草强，因而该药防除禾本科杂草的效果远远好于阔叶杂草。异丙甲草胺适用于玉米、大豆、花生、棉花田使用。可防除牛筋草、马唐、狗尾草、稗草、苋菜、马齿苋、碎米莎草等，但对铁苋菜等防除效果差。

制剂：72%、88%、720g/L、960g/L 异丙甲草胺乳油。

720g/L 异丙甲草胺乳油

理化性质及规格：外观为棕黄色液体，相对密度 1.04～1.07，闪点 23℃，乳化性良好，常温储存稳定期 2 年以上。

毒性：按照我国农药毒性分级标准，720g/L 异丙甲草胺乳油属低毒。大鼠经口 LD_{50}为 2 734mg/kg，对兔眼睛、皮肤有轻微刺激性。

使用方法：

1. 防除大豆田杂草　大豆播种后出苗前，春大豆田每 667m^2 用 720g/L 异丙甲草胺乳油 150～200mL（有效成分 108～144g），夏大豆田每 667m^2 用 720g/L 异丙甲草胺乳油 100～150mL（有效成分 72～108g），对水土壤喷雾施药 1 次。

2. 防除玉米田杂草　玉米播种后出苗前，春玉米田每 667m^2 用 720g/L 异丙甲草胺乳油

150～200mL（有效成分 108～144 g），夏玉米田每 667m^2 用 720g/L 异丙甲草胺乳油 100～150mL（有效成分 72～108 g），对水土壤喷雾施药 1 次。

3. 防除花生田杂草　花生播种前或播种后出苗前，每 667m^2 用 720g/L 异丙甲草胺乳油 125～150mL（有效成分 90～108 g），对水土壤喷雾施药 1 次。

4. 防除西瓜田杂草　西瓜播种后出苗前，每 667m^2 用 720g/L 异丙甲草胺乳油 75～150mL（有效成分 54～108 g），对水土壤喷雾施药 1 次。如覆盖地膜，应在覆膜前施药。小弓棚西瓜地，在西瓜定植或膜内温度过高时，应及时揭开弓棚两端地膜通风，防止药害。

5. 防除移栽水稻田杂草　水稻移栽后 7d，每 667m^2 用 720g/L 异丙甲草胺乳油 10～20mL（有效成分 7.2～14.4g），对水茎叶喷雾施药 1 次。

注意事项：

1. 对萌发未出土的杂草有效，对已出土的杂草基本无效，只可作土壤处理使用。

2. 土壤湿润时除草效果好。露地栽培作物在干旱条件下施药，可迅速进行浅混土。覆膜作物田施药后必须立即覆膜。

3. 小拱棚内施药应注意回流水中所含药液对作物的危害。

4. 施药前应注意将土地整平，以免内涝造成药物积聚产生药害。

5. 对高粱、麦类敏感，应注意避免药液飘移到邻近作物。

6. 对蜜蜂、鱼类等水生生物、家蚕、鸟类有毒，施药时应避免对周围蜂群的影响，蜜源作物花期、蚕室和桑园附近、鸟类保护区附近禁用，远离水产养殖区施药。

精异丙甲草胺

中文通用名称：精异丙甲草胺

英文通用名称：s-metolachlor

其他名称：金都尔

化学名称：2-氯-6-乙基-N-(2-甲氧基-1-甲基乙基)乙酰-邻-替苯胺

化学结构式：

理化性质：纯品外观为淡黄色至棕色液体，密度 1.117 g/cm^3（20℃），沸点 290℃，蒸气压 3.7×10^{-3} Pa，溶解度（25℃）水中为 480mg/L，完全溶解于甲醇、丙酮、甲苯、n-正己烷、n-辛醇、乙酸乙酯及二氯甲烷中。

毒性：按照我国农药毒性分级标准，精异丙甲草胺属低毒。原药大鼠急性经口 LD_{50} 为 2 672mg/kg，兔急性经皮 LD_{50}>2 000mg/kg。对眼睛、皮肤无刺激作用，对鱼中等毒。

作用特点：该产品是异丙甲草胺的活性异构体，能抑制杂草细胞分裂，使芽和根停止生长，不定根无法形成。适用于大豆、花生、向日葵、玉米、棉花、甘蔗、某些蔬菜及果园、苗圃等旱田防除一年生禾本科杂草如稗草、马唐、狗尾草、画眉草、早熟禾、牛筋草、臂形草、黑麦草等，对繁缕、藜、小藜、反枝苋、猪毛菜、马齿苋、荠菜、柳叶刺蓼、酸模叶蓼等阔叶杂草有较好防除效果，但对看麦娘、野燕麦防效差。持效期 30～35d。

制剂：960g/L 精异丙甲草胺乳油。

960g/L 精异丙甲草胺乳油

理化性质及规格：外观为淡黄色至褐色液体，pH 4.0～8.0。

毒性：按照我国农药毒性分级标准，960g/L 精异丙甲草胺乳油属低毒。大鼠急性经口 LD_{50} 为 2 267mg/kg，兔急性经皮 LD_{50} >2 020mg/kg。对家兔眼睛无刺激性，对家兔皮肤无刺激性。

使用方法：

1. 防除大豆田杂草　大豆播种后出苗前，夏大豆每 667m^2 用 960g/L 精异丙甲草胺乳油 50～85mL（有效成分 48～81.6g），春大豆每 667m^2 用 960g/L 精异丙甲草胺乳油 60～85mL（有效成分 57.6～81.6g），对水土壤喷雾施药 1 次。

2. 防除夏玉米田杂草　夏玉米播种前，每 667m^2 用 960g/L 精异丙甲草胺乳油 50～85mL（有效成分 48～81.6g），对水土壤喷雾施药 1 次。

3. 防除花生田杂草　花生播种后出苗前，每 667m^2 用 960g/L 精异丙甲草胺乳油 45～60mL（有效成分 43.2～57.6g），对水土壤喷雾施药 1 次。

4. 防除马铃薯田杂草　马铃薯播种后出苗前，土壤有机质含量小于 3%，每 667m^2 用 960g/L 精异丙甲草胺乳油 52.5～65mL（有效成分 50.4～62.4g）；土壤有机质含量 3%～4%，每 667m^2 用 960g/L 精异丙甲草胺乳油 100～130mL（有效成分 96～124.8g），对水土壤喷雾施药 1 次。

5. 防除棉花田杂草　棉花播种前，每 667m^2 用 960g/L 精异丙甲草胺乳油 50～85mL（有效成分 48～81.6g），对水土壤喷雾施药 1 次。

6. 防除西瓜田杂草　西瓜播种前，每 667m^2 用 960g/L 精异丙甲草胺乳油 40～65mL（有效成分 38.4～62.4g），对水土壤喷雾施药 1 次。

7. 防除番茄田杂草　番茄播种后出苗前，南方地区每 667m^2 用 960g/L 精异丙甲草胺乳油 50～65mL（有效成分 48～62.4g）；东北地区每 667m^2 用 960g/L 精异丙甲草胺乳油 65～85mL（有效成分 62.4～81.6g），对水土壤喷雾施药 1 次。

8. 防除大蒜田杂草　大蒜播种后出苗前，每 667m^2 用 960g/L 精异丙甲草胺乳油52.5～65mL（有效成分 50.4～62.4g），对水土壤喷雾施药 1 次。

9. 防除甘蓝田杂草　甘蓝移栽前，每 667m^2 用 960g/L 精异丙甲草胺乳油 47～56mL（有效成分 45～54g），对水土壤喷雾施药 1 次。

10. 防除洋葱田杂草　洋葱播种后出苗前，每 667m^2 用 960g/L 精异丙甲草胺乳油 52.5～65mL（有效成分 50.4～62.4g），对水土壤喷雾施药 1 次。

11. 防除甜菜田杂草　甜菜播种后出苗前，每 667m^2 用 960g/L 精异丙甲草胺乳油 58.75～90mL（有效成分 56.4～86.4g），对水土壤喷雾施药 1 次。

12. 防除向日葵田杂草　向日葵播种后出苗前，每 667m^2 用 960g/L 精异丙甲草胺乳油 100～130mL（有效成分 96～124.8g），对水土壤喷雾施药 1 次。

13. 防除烟草田杂草　烟草移栽前，每 667m^2 用 960g/L 精异丙甲草胺乳油 40～75mL（有效成分 38.4～72g），对水土壤喷雾施药 1 次。

注意事项：

1. 稀释时，先在容器中加入所需水量的一半，然后按所需剂量加入，再加足剩余的水，搅拌均匀即可使用。

2. 对鱼、藻类和水蚤有毒，应避免污染水源。施药地块严禁放牧和畜禽进入。

苯噻酰草胺

中文通用名称： 苯噻酰草胺

英文通用名称： mefenacet

其他名称： 环草胺

化学名称： N-甲基-N-苯基-2-（1，3-苯并噻唑-2-基氧）乙酰胺

化学结构式：

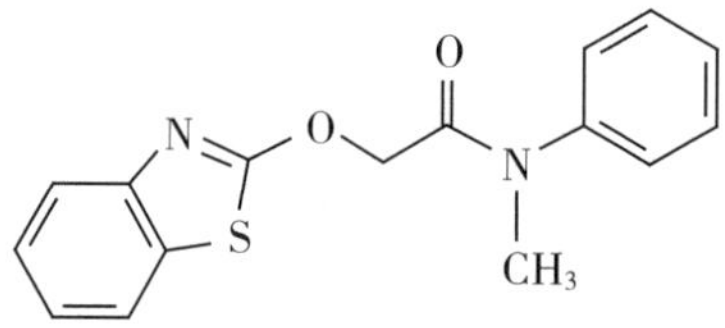

理化性质： 原药外观为白色晶体，熔点134.8～135℃，蒸气压11mPa，（100℃），溶解度（20℃）：水4mg/L，丙酮60g/L，二氯甲烷200g/L，二甲基亚砜110～220g/L。对酸、碱、光、热稳定。

毒性： 按照我国农药毒性分级标准，苯噻酰草胺属低毒。小鼠急性经口 LD_{50} ＞4 646 mg/kg，急性经皮 LD_{50} ＞5 000 mg/kg。对鱼有毒，LC_{50}（96h）：鲤鱼8.0mg/L，虹鳟鱼6.8mg/L。

作用特点： 该产品是一种选择性内吸传导型除草剂。主要通过芽鞘和根吸收，经木质部和韧皮部传导至杂草的幼芽和嫩叶，阻止杂草生长点细胞分裂伸长，最终造成杂草死亡。对移栽水稻对该药有较好的耐受性，由于该药在水中溶解度低，所以在保水条件下施药除草活性最高。土壤对本品吸附力很强，施药后药量大部分被吸附于土壤表层，并在土壤表层1cm以内形成处理层，这样能避免水稻生长点与该药剂的接触，而对生长点处在土壤层的稗草等杂草有较强的杀除效果，对表层的种子某些多年生杂草也有抑制作用，对深层杂草效果低。苯噻酰草胺可用于水稻田防除稗草、节节菜、鸭舌草、异型莎草等一年生杂草。

制剂： 50%、88%苯噻酰草胺可湿性粉剂。

50%苯噻酰草胺可湿性粉剂

理化性质及规格： 外观为白色均匀疏松末，密度为0.51g/cm^3，pH6.0～8.0，无闪点，无爆炸性，无腐蚀性，悬浮率≥60%，湿润时间≤120s，细度（通过44μm标准筛）≥95%，常温储存稳定期为两年。

毒性： 按照我国农药毒性分级标准，50%苯噻酰草胺可湿性粉剂属低毒。雌、雄大鼠急性经口 LD_{50} ＞5 000 mg/kg，急性经皮 LD_{50} ＞5 000 mg/kg。急性吸入 LC_{50} ＞2 789mg/m^3，对眼睛和皮肤均呈轻度刺激性，对豚鼠皮肤为弱致敏物。

使用方法：

防除水稻移栽田、抛秧田杂草　北方地区在水稻插秧或抛秧后5～7d，每667m^2用50％苯噻酰草胺可湿性粉剂60～80g（有效成分30～40g），南方地区在水稻插秧或抛秧后4～6d，每667m^2用50％苯噻酰草胺可湿性粉剂50～60g（有效成分25～30g），与少量潮湿细土或细沙混匀后均匀撒施1次，可防除异型莎草、稗草等一年生杂草。施药时田间应有3～5cm浅水层，保水5～7d后正常管理。如缺水可缓慢补水，不能排水，但水层不应淹过水稻心叶。

注意事项：

1. 使用前耙平田面，整平后应立即插秧。漏水地段、沙质土、漏水田应用效果差；每季最多使用1次。

2. 适用于移栽稻田和抛秧田，对直播田和其他栽培方式稻田未经试验，不宜使用；

3. 不可与碱性物质混用或紧接使用。

4. 对鸟、鱼、水蚤、蚯蚓有毒，对藻类高毒，使用时应避免污染水体。远离水产养殖区施药，禁止在河塘等水体中清洗施药器具。清洗过施药器械的水不可倒入鱼塘、桑园及养蜂场所，废弃物要妥善处理，不能随意丢弃，也不能做他用。

敌　草　胺

中文通用名称：敌草胺

英文通用名称：napropamide

其他名称：大惠利

化学名称：N，N－二乙基－2－（1－萘基氧）丙酰胺

化学结构式：

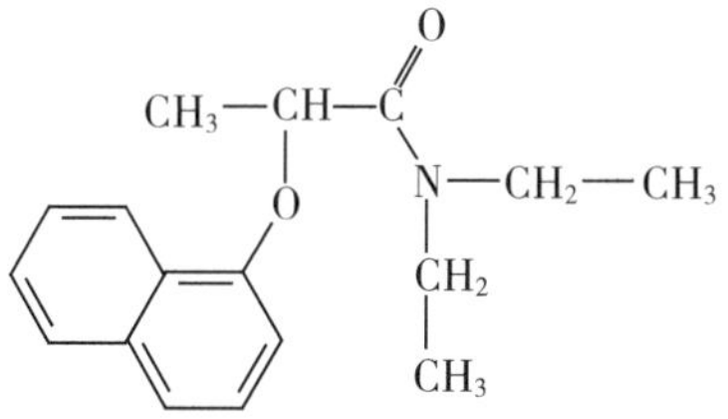

理化性质：纯品为无色晶体，原药为棕色固体，熔点74.5～75.5℃，蒸气压0.53mPa（25℃），密度0.584 g/m^3，溶解度：水中73mg/L（25℃），有机溶剂中（20℃，g/L）：丙酮、乙醇＞1 000，二甲苯505，煤油62，己烷15，与丙酮、乙醇、甲基异丁基酮混溶，100℃16h未见分解，见光分解。pH 6.2，pH4～10条件下，储存9周未出现分解现象。

毒性：按照我国农药毒性分级标准，敌草胺属低毒。原药雌性大鼠急性经口LD_{50}＞5 000mg/kg，急性经皮LD_{50}为4 680 mg/kg，兔急性经皮LD_{50}＞5 000 mg/kg，大鼠吸入LC_{50}＞6.22 mg/L。对眼睛和皮肤有轻微刺激作用。试验剂量内对动物无致畸、致突变、致癌作用。对鱼类和水生动物毒性较低，蓝鳃翻车鱼96h LC_{50}为12.2 mg/L、48hLC_{50}为32 mg/kg，虹鳟鱼48h LC_{50}为14.1 mg/L，水蚤48h LC_{50}为14.3 mg/L。对鸟类低毒，鹌鹑经口LC_{50}＞5 620 mg/kg，野鸭LD_{50}＞4 640 mg/kg。

作用特点：敌草胺为选择性芽前土壤处理剂。其作用机理为经杂草幼根或幼芽吸收后，

抑制细胞分裂和蛋白质合成，降低杂草的呼吸作用，使根、芽不能正常生长，心叶皱缩，最后死亡。敌草胺杀草谱广，能杀死由种子发芽的多种单子叶杂草，如稗草、马唐、狗尾、野燕麦、千金子、看麦娘、早熟禾、雀稗、黍草等，也能防除藜、猪殃殃、萹蓄、繁缕、马齿苋、反枝苋、锦葵、苣荬菜等阔叶杂草。敌草胺混入土层之后，其半衰期长达70d左右，持效期长。

制剂： 50%敌草胺可湿性粉剂，20%敌草胺乳油，50%敌草胺水分散粒剂，50%敌草胺干悬浮剂。

50%敌草胺可湿性粉剂

理化性质及规格： 外观为棕褐色粉末，pH7～9，在常温储存条件下稳定。

毒性： 按照我国农药毒性分级标准，50%敌草胺可湿性粉剂属低毒。大鼠急性经口和经皮 LD_{50} 均为 4 640 mg/kg，对眼睛和皮肤有轻度刺激性。对鱼类毒性较低，蓝鳃翻车鱼 LC_{50} 为 15 mg/kg（48h）。

使用方法：

1. 防除烟草田杂草　烟草苗床用于播种前，每 667m^2 用 50%敌草胺可湿性粉剂 100～120g（有效成分 50～60g），对水土壤喷雾施药 1 次；本田于烟草移植后，每 667m^2 用 50%敌草胺可湿性粉剂 100～260g（有效成分 50～130g），对水喷雾施药 1 次。土壤干旱时，可浅混土 3～5cm。为节约施药量，可采用苗带施药，行间结合人工除草。

2. 防除西瓜田杂草　在春、秋季杂草萌发前，每 667m^2 用 50%敌草胺可湿性粉剂 150～250g（有效成分 75～125g），对水压低喷头定向土壤喷雾施药 1 次。春季天气干旱，用药量应高于秋季。

3. 防除大蒜田杂草　在大蒜移植后，每 667m^2 用 50%敌草胺可湿性粉剂 100～200g（有效成分 50～100g），对水喷雾施药 1 次。

4. 防除油菜田杂草　在播后苗前或移植后，每 667m^2 用 50%敌草胺可湿性粉剂 100～120g（有效成分 50～60g），对水喷雾施药 1 次。

注意事项：

1. 对芹菜、莴苣、茴香、胡萝卜等作物易产生药害，不得使用。

2. 在西北地区的油菜田，敌草胺在推荐剂量下，对后茬小麦出苗及幼苗生长无不良影响，但对青稞出苗和幼根生长有一定的抑制作用。用量过高时，其残留物会对下茬水稻、大麦、小麦、高粱、玉米等禾本科作物产生药害。

3. 在土壤湿润条件下，除草效果好。

4. 夏季日照长，敌草胺光解较快，用量应在推荐范围内高于秋、冬季。土壤干旱地区使用本剂后，可进行混土以提高药效。

5. 每季最多使用 1 次。

敌　稗

中文通用名称： 敌稗

英文通用名称： propanil

化学名称： N，N-二乙基-2-（1-萘氧基）丙酰胺

化学结构式:

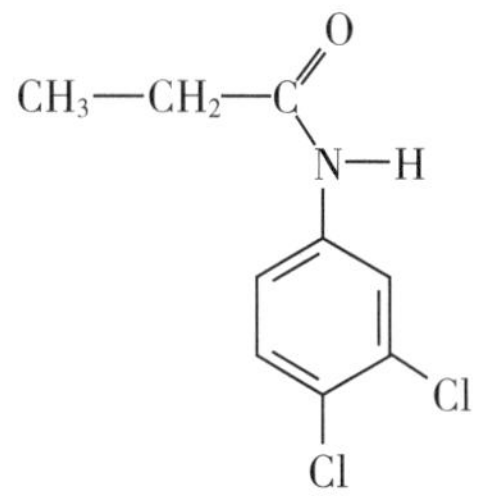

$$CH_3-CH_2-\overset{O}{\overset{\|}{C}}-N-H$$

（N 连接苯环，苯环 3、4 位为 Cl）

理化性质: 纯品为白色结晶固体，熔点 92～93℃。蒸气压 11.9mPa（60℃），室温下水中的溶解度为 225mg/L，25℃时在乙醇中溶解度为 54%。原药为棕色晶体，含量 90%以上，熔点 85～89℃，相对密度 1.25（25℃），难溶于水，易溶于甲醇、乙醇、丙酮等有机溶剂，强酸、强碱介质中水解成 3，4-二氯苯胺和丙酸，一般条件下稳定，日光下在水中迅速光解，光解时间 12～13h。

毒性: 按照我国农药毒性分级标准，敌稗属低毒。原药大鼠急性经口 $LD_{50}>$ 2 500mg/kg,小鼠急性经口 LD_{50} 为 1 800mg/kg，大鼠急性经皮 $LD_{50}>$5 000mg/kg，家兔急性经皮 LD_{50} 7 080 mg/kg，对大鼠急性吸入 $LC_{50}>$1.25mg/m^3（4h）。对兔眼睛皮肤无刺激性，对豚鼠皮肤无致敏性。鲤鱼 LC_{50}（48h）8～11 mg/L，野鸭急性经口 LD_{50} 375 mg/L。

作用特点: 敌稗是具高度选择性的触杀型除草剂。在水稻体内被芳基酰胺酶水解成 3，4-二氯苯胺和丙酸而解毒，稗草由于缺乏此种解毒机能，细胞膜最先遭到破坏，导致水分代谢失调，很快失水枯死。以 2 叶期稗草最为敏感，敌稗遇到土壤后分解失效，仅宜作茎叶处理剂。敌稗主要用于水稻田防除稗草，也可防治鸭舌草、水马齿苋和旱稻田防除马唐、狗尾草、野苋等杂草幼苗。

制剂: 34%、16%敌稗乳油。

34%敌稗乳油

理化性质及规格: pH 4.5～7.0，润湿性≤0.5s，常温储存稳定期两年。

毒性: 按照我国农药毒性分级标准，34%敌稗乳油属低毒。雄、雌大鼠急性经口 LD_{50} 分别为 2 710mg/kg 和 3 160mg/kg，急性经皮口 $LD_{50}>$2 150 mg/kg，对皮肤无刺激性，对眼睛中度刺激性，对豚鼠皮肤为轻度致敏物。

使用方法:

防除水稻移栽田稗草 在水稻插秧缓苗后，稗草 2 叶期前，每 667m^2 用 34%敌稗乳油 556～833mL（有效成分 189～283g），对水茎叶喷雾施药 1 次。施药前一天排干田水，施药 1～2d 后灌水并保水 2～4d，水层不可淹没水稻心叶。

注意事项:

1. 由于氨基甲酸酯类、有机磷类杀虫剂能抑制水稻体内敌稗解毒酶的活力，因此水稻在喷敌稗前后 10d 之内不能使用这类农药，如马拉硫磷、敌百虫等。更不能与这类农药混合施用，也不可与 2，4-滴丁酯和液体肥料同时施用，避免药害。

2. 每季作物最多使用 1 次，安全间隔期 60d。

3. 应选晴天、无风天气喷药，气温高除草效果好。杂草叶面潮湿会降低除草效果，要待露水干后再施用，避免雨前喷药。

4. 盐碱较重的秧田，由于晒田引起泛盐，也会伤害水稻，可在保浅水或秧根湿润的情况下施药。

5. 误服者立即引吐，及时送医院急救。

二十八、硫代氨基甲酸酯类

禾　草　丹

中文通用名称： 禾草丹

英文通用名称： thiobencarb

其他名称： 杀草丹，灭草丹

化学名称： N，N-二乙基硫代氨基甲酸-S-4-氯苄酯

化学结构式：

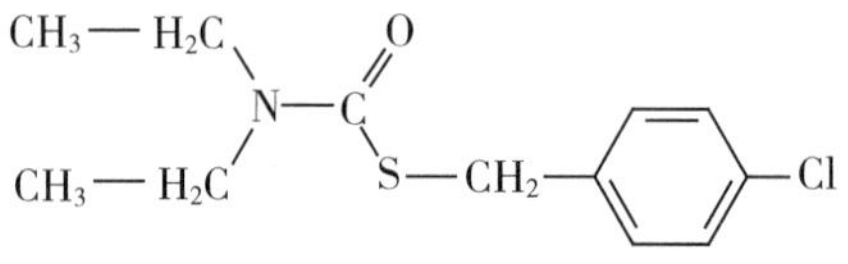

$$(CH_3-H_2C)_2N-C(=O)-S-CH_2-C_6H_4-Cl$$

理化性质： 原药有效成分含量93%，纯品外观为淡黄液体，相对密度1.1（20℃），沸点126～129℃，熔点3.3℃，闪点172℃，蒸气压2.2Pa（23℃）。20℃时，在水中的溶解度为27.5mg/kg（pH6.7），易溶于丙酮、乙醚、二甲苯、甲醇、苯、正己烷、乙腈，21℃时在pH5～9水溶液中稳定30d，对光稳定。

毒性： 按照我国农药毒性分级标准，禾草丹属低毒。原药雄性大鼠急性经口LD_{50}为920mg/kg，小鼠急性经口LD_{50}>1 000 mg/kg，大鼠急性经皮LD_{50}>1 000 mg/kg，家兔急性经皮LD_{50}>2 000 mg/kg，大鼠急性吸入LC_{50}为7.7mg/L（1h）。对兔皮肤和眼睛有一定刺激作用，但在短时间内即可消失。禾草丹在动物体内能很快排出，无蓄积作用。在试验条件下对动物未见致突变、致畸、致癌作用。鲤鱼（48h）LC_{50}为3.6 mg/L，蓝鳃鱼LC_{50}为2.4 mg/L，白虾（96h）LC_{50}为0.264 mg/L，鹌鹑LD_{50}为7 800 mg/kg，野鸭LD_{50}>10 000 mg/kg。

作用特点： 禾草丹为选择性内吸传导型土壤处理除草剂，可被杂草的根部和幼芽吸收，特别是幼芽吸收后转移到植物体内，对生长点有很强的抑制作用。禾草丹阻碍α-淀粉酶和蛋白质合成，对植物细胞的有丝分裂也有强烈的抑制作用，因而导致萌发的杂草种子和萌发初期的杂草枯死。稗草吸收传导禾草丹的速度比水稻要快，而在体内降解禾草丹的速度比水稻慢，这是形成选择性的生理基础。此类除草剂能迅速被土壤吸附，因而随水分的淋溶性小，一般分布在土层2cm处。土壤的吸附作用减少了由蒸发和光解造成的损失。在土壤中的半衰期，通风良好条件下为2～3周，厌氧条件下则为6～8个月。该药能被土壤微生物降解，厌氧条件下被土壤微生物分解成脱氯禾草丹，能强烈抑制水稻生长。本品常用于直播稻、秧田及移栽稻田，防除稗草、鸭舌草、萤蔺、牛毛毡等杂草。

制剂： 90%、900g/L乳油，50%禾草丹乳油。

50%禾草丹乳油

理化性质及规格：由有效成分、乳化剂和溶剂组成。外观为浅黄色至黄褐色透明液体，相对密度1.21～1.14（20℃），沸点158℃，闪点36.5℃（沸点和闪点取决于所用的溶剂），pH4.0～7.5，水分<0.5%。乳液稳定性符合标准，常温储存稳定期两年。

毒性：按照我国农药毒性分级标准，50%禾草丹乳油属低毒。雄、雌大鼠急性经口LD_{50}为2 330mg/kg；急性经皮LD_{50}>2 000 mg/kg，急性吸入LC_{50}>2 000 mg/m^3，对兔眼睛呈中度刺激性，对兔皮肤轻度刺激性，属弱致敏物。

使用方法：

1. 防除水稻育秧田杂草　在播种前或水稻立针期后，每667m^2用50%禾草丹乳油150～250mL（有效成分75～125g），采用药土法均匀撒施，施药时水层深2～3cm，药后保水5～7d。温度高或覆膜稻田的剂量酌减。

2. 防除水稻直播田杂草　水稻播前或播后2～3叶期，每667m^2用50%禾草丹乳油200～300 mL（有效成分100～150 g），对水茎叶喷雾施药1次。施药时应保持水层3～5 cm，药后保水5～7d。

3. 防除水稻插秧田杂草　水稻移栽后5～7d，每667m^2用50%禾草丹乳油150～250 mL（有效成分75～125 g），对水茎叶喷雾施药或药土法施药1次。施药时田间保持水层3～5 cm，施药后保水5～7d。

注意事项：

1. 禾草丹对3叶期稗草效果差，应掌握在稗草2叶1心前使用。稻草还田的移栽稻田，不宜使用杀草丹。该药不能与2，4-滴混用，否则会降低除草效果。

2. 插秧田、水直播田及秧田施药后应注意保持水层，但勿淹没水稻心叶；水稻出苗至立针期不宜使用，否则会产生药害。

3. 冷湿田块或使用大量有机肥未腐熟的田块，禾草丹用量过高时易形成脱氯杀草丹，使水稻产生矮化药害。发生这种现象时，应注意及时排水、晒田。沙质田及漏田不宜使用。

4. 每季作物最多使用1次。

5. 浓度大时对人体胆碱酯酶有轻度的抑制作用，误服时可采取吐根糖浆催吐，避免饮酒。

禾　草　敌

中文通用名称：禾草敌

英文通用名称：molinate

其他名称：禾大壮，禾草特

化学名称：N，N-六亚甲基硫代氨基甲酸-S-乙酯

化学结构式：

O
N—C
S—CH_2—CH_3

理化性质：禾草特有效成分含量99%时为透明有芳香气味的液体，相对密度1.063（20℃），沸点202℃，蒸气压0.747Pa（25℃），20℃时水中溶解度为800mg/kg，21℃时为

900 mg/kg，40℃时为1 000 mg/kg，可溶于丙酮、苯、二甲苯等多种有机溶剂。常温下储存稳定，至少保存2年。在酸、碱中稳定（pH5～9，40℃），见光分解，闪点>100℃。

毒性：按照我国农药毒性分级标准，禾草敌属低毒。原药大鼠急性经口 LD_{50} 为 468～705mg/kg，大鼠急性经皮 LD_{50} >1 200 mg/kg，家兔急性经皮 LD_{50} 为 1 600mg/kg，大鼠急性吸入 LC_{50} 为 2.4mg/L，对皮肤和眼睛有刺激作用；在试验剂量内对动物无致畸、致突变、致癌作用；禾草敌对鲤鱼 LC_{50} 12 mg/L（48h），虹鳟鱼 LC_{50} 1.8 mg/L（48h），金鱼 LC_{50} 32 mg/L（48h）；在正常用药量下，对蜜蜂、鸟类及天敌无害。

作用特点：本品为防治稻田稗草的选择性除草剂，可做土壤处理兼茎叶处理，施于田中后，由于其密度大于水，而沉降在水与泥的界面，形成高浓度的药层。杂草通过药层时，能迅速被初生根和芽鞘吸收，并积累在生长点的分生组织，阻止蛋白质合成，使增殖的细胞缺乏蛋白质及原生质。禾草敌还能抑制 α-淀粉酶活性，停止或减弱淀粉的水解，使蛋白质合成及细胞分裂失去能量供给，造成细胞膨大，生长点扭曲而死亡。经过催芽的稻种播于药层之上，稻根向下穿过药层吸收的药量少；芽鞘向上生长不通过药层，因而不会受害。禾草敌对防治1～4叶期的稗草有效，用药早时对牛毛毡及碎米莎草也有一定防效，对阔叶草无效。适用于以稗草为主的水稻秧田、直播田及插秧田。由于禾草敌杀草谱窄，连续使用会使稻田杂草发生明显改变。

制剂：90.9%禾草敌乳油。

90.9%禾草敌乳油

理化性质及规格：外观为黄褐色油状液体，有臭味，相对密度 1.05（20℃），在 pH8～10之间十分稳定，对光稳定，34℃以内乳油不会变质或结晶，120℃高温下半衰期为6年。

毒性：按照我国农药毒性分级标准，90.9%禾草敌乳油属低毒。大鼠急性经口 LD_{50} 为 794mg/kg，兔急性经皮 LD_{50} >4 600mg/kg，大鼠急性吸入 LC_{50} 为 61.6mg/kg。

使用方法：

防除水稻田稗草　水稻移栽后3～5d或直播水稻灌水后播种前，稗草萌发至2叶1心期时，华南、华中、华东地区每 667m^2 用 90.9%禾草敌乳油 100～150mL（有效成分 91～137g），华北及东北地区每 667m^2 用 90.9%禾草敌乳油 150～220mL（有效成分 133～200g），对水茎叶喷雾施药或混药土均匀撒施1次。药后保水7～10d。

注意事项：

1. 禾草敌挥发性很强，需与细土、细沙混拌均匀使用，并应随拌随施，施药后应用塑料布严密覆盖。要按要求保持水层，漏水田或整地不平的田块，均会降低效果。

2. 在施药后田间保水期间，切勿排水、过水或干水。

3. 具有强烈的挥发性，未用完的制剂应放在原包装内密封保存，切勿置于饮、食容器内。

4. 误服后切勿引吐，立即携带标签，将误服者送往最近的医院就诊。禾草敌含有氨基甲酸乙酯，勿接触有机磷、氨基甲酸酯或氨基甲酸乙酯等相关化学品。解毒剂为肟化物，如1-甲-2-吡啶甲醛肟盐（Pralidoxime）或双复磷（Toxogonin）。

野　麦　畏

中文通用名称：野麦畏

英文通用名称：triallate

其他名称：燕麦畏，阿畏达

化学名称：N，N-二异丙基硫代氨基甲酸-S-2，3，3-三氯烯丙基-酯

化学结构式：

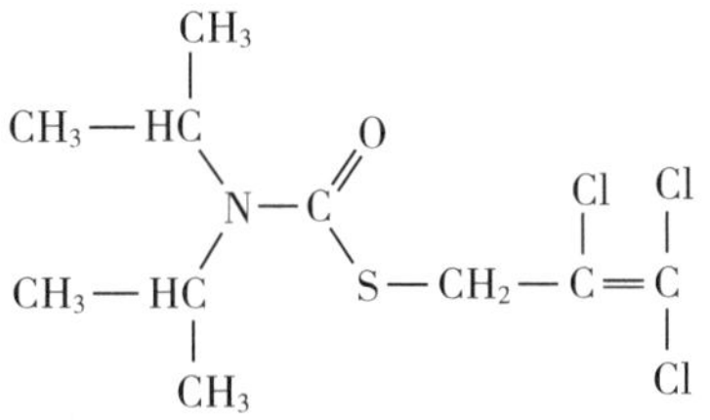

$$\begin{array}{c} CH_3 \\ | \\ CH_3-HC \\ \quad\backslash \\ \quad\quad N-C(=O)-S-CH_2-C(Cl)=C(Cl)Cl \\ \quad / \\ CH_3-HC \\ | \\ CH_3 \end{array}$$

理化性质：琥珀色油状液体，熔点29～30℃，沸点117℃，蒸气压（25℃）为16mPa，密度（25℃）1.273 g/m^3。能溶于丙酮、乙醇、苯、甲苯等多种有机溶剂，水中溶解度4mg/L。对光稳定，无腐蚀性，超过200℃分解。

毒性：按照我国农药毒性分级标准，野麦畏属低毒。对大鼠急性经口 LD_{50} 为1 800mg/kg,家兔急性经皮 LD_{50} 为2 225～4 050mg/kg；试验条件下对大鼠和家兔无致畸作用，无致癌作用；虹鳟鱼（96h）LC_{50} 1.2mg/L，鹌鹑急性经口 LD_{50} 2 251mg/kg。

作用特点：主要用于土壤处理防除野燕麦，野燕麦在萌发出土的过程中通过芽鞘和第一片子叶吸收，根系吸收很少，影响细胞的蛋白质合成和有丝分裂，抑制细胞伸长，使杂草未出土就死亡。野麦畏挥发性强，对野燕麦也有熏蒸毒杀作用。可用于大麦和小麦田防除野燕麦等杂草，也可用于油菜、豌豆、亚麻、甜菜、青稞和大豆等作物。该药是防除野燕麦的高效选择性除草剂。

制剂：37%、400g/L野麦畏乳油。

400g/L野麦畏乳油

理化性质及规格：外观为棕色透明液体，相对密度1.045，闪点45℃，水分<0.5%，pH 4～5，常温储存稳定期2年以上。

毒性：按照我国农药毒性分级标准，400g/L野麦畏乳油属低毒。对雄、雌大鼠急性经口 LD_{50} 分别为1 470mg/kg和2 150mg/kg，急性经皮 LD_{50} >2 000mg/kg。

使用方法：

防除小麦田野燕麦　小麦播种前，每667m^2 用400g/L野麦畏乳油150～200mL（有效成分60～80g），对水土壤喷雾施药1次。

注意事项：

1. 野麦畏易挥发，光分解快，施药后2h内应及时浅混土。播种深度与药效、药害关系极大，如果麦种在药土层中直接接触药剂，会造成药害。
2. 每季最多使用1次。

二十九、苯氧羧酸类

2，4-滴丁酯

中文通用名称：2，4-滴丁酯

英文通用名称：2，4－D butylate

化学名称：2，4-二氯苯氧乙酸丁酯

化学结构式：

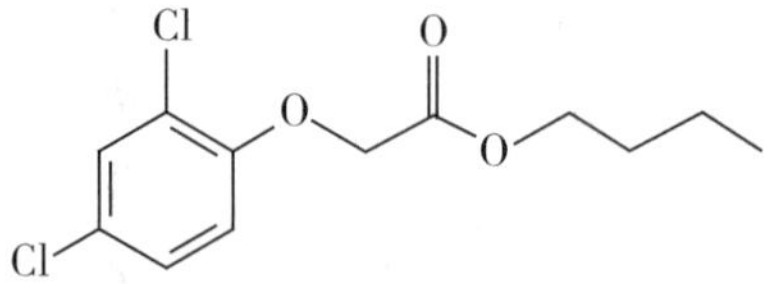

理化性质：原药含量92％或96％，纯品为无色油状液体，密度1.21g/cm^3，沸点146～147℃，难溶于水，易溶于多种有机溶剂，挥发性强，遇碱分解。

毒性：按照我国农药毒性分级标准，2，4-滴丁酯属低毒。大鼠急性经皮LD_{50}为500～1 500mg/kg，对鱼毒性低。

作用特点：该产品为激素类选择性除草剂，具有较强的内吸传导性。主要用于苗后茎叶处理，穿过角质层和细胞膜，最后传导到各部位。在不同部位对核酸和蛋白质的合成产生不同影响，在植物顶端抑制核酸代谢和蛋白质合成，使生长点停止生长，嫩幼叶片不能伸展，抑制光合作用的正常进行，传导到植株下部时使植物茎部组织的核酸和蛋白质的合成增加，促进细胞异常分裂，根尖膨大，丧失吸收能力，造成茎秆扭曲、畸形。还会使筛管堵塞、韧皮部破坏、有机物运输受阻，从而破坏植物正常的生活能力，最终导致植物死亡。对反枝苋、苘麻、藜、蓼、马齿苋、鸭跖草、铁苋菜、荠菜、播娘蒿、猪殃殃等阔叶杂草具有较好的防除效果。

制剂：57％、76％、80％ 2，4-滴丁酯乳油。

57％ 2，4-滴丁酯乳油

理化性质及规格：褐色油状液体，相对密度1.19，水分≤0.3％，pH5～7，常温下稳定期2年。

毒性：按照我国农药毒性分级标准，57％ 2，4-滴丁酯乳油属低毒。大鼠急性经口LD_{50}为1 260mg/kg，急性经皮LD_{50}＞2 150mg/kg，对家兔皮肤、眼睛无刺激性。

使用方法：

1. 防除春玉米田阔叶杂草　在春玉米播后苗前，每667m^2用57％ 2，4-滴丁酯乳油75～100mL（有效成分42.8～57g），对水土壤喷雾施药1次。

2. 防除春大豆田阔叶杂草　在春大豆播后苗前，每667m^2用57％2，4-滴丁酯乳油75～100mL（有效成分42.8～57g），对水土壤喷雾施药1次。

3. 防除小麦田阔叶杂草　在小麦4～5叶期至拔节期前、阔叶杂草3～5叶期时，冬小麦田每667m^2用57％ 2，4-滴丁酯乳油40～50mL（有效成分22.8～28.5g），春小麦田每667m^2用57％ 2，4-滴丁酯乳油50～75mL（有效成分28.5～42.8g），对水茎叶喷雾施药1次。

注意事项：

1. 具有强挥发性，易对邻近敏感作物造成飘移药害。应在无风或微风（风力不大于二级）、温度15～28℃的晴天施药，避免药液飘移到邻近棉花、豆类、蔬菜、瓜类、薯类、果树、阔叶林木等敏感作物上。

2. 使用时应注意风向，在100m以内已种植了阔叶作物，或下风向有敏感作物的玉米田

严禁使用。

3. 应严格按照推荐剂量，采用标准的喷雾器压低喷头减压使用，禁止使用弥雾机和超低容量喷雾器。

4. 每季作物只能使用1次。

5. 喷雾器须专用。

2，4-滴异辛酯

中文通用名称： 2，4-滴异辛酯

英文通用名称： 2，4-D-ethylhexyl

化学名称： 2，4-二氯苯氧乙酸异辛酯

化学结构式：

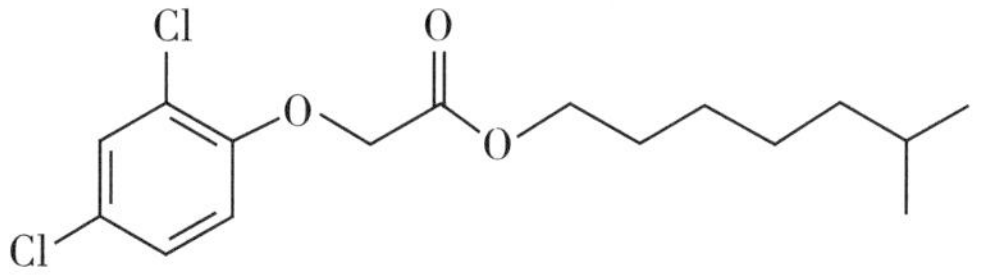

理化性质： 原药含量为96%，外观为褐色液体，沸点317℃。难溶于水，易溶于甲苯、二甲苯、三氯甲烷等有机溶剂，水中溶解度为10mg/L。

毒性： 按照我国农药毒性分级标准，2，4-滴异辛酯属低毒。原药大鼠急性经口 LD_{50} 为650mg/kg，急性经皮 LD_{50} >3 000mg/kg，对鱼、鸟安全。

作用特点： 该产品是激素型选择性除草剂，具有较强的内吸传导性，作用机理与2，4-滴丁酯相同，杀草谱相近，但活性低于2，4-滴丁酯，对作物安全性相对较好。

制剂： 50%、77%、87.5% 2，4-滴异辛酯乳油。

87.5% 2，4-滴异辛酯乳油

理化性质及规格： 外观均相稳定的液体，无可见的悬浮物和沉淀，pH 4.0～7.0，常温储存稳定期两年。

毒性： 按照我国农药毒性分级标准，87.5% 2，4-滴异辛酯乳油属低毒。雌、雄大鼠急性经口 LD_{50} 为681mg/kg，急性经皮 LD_{50} >2 000mg/kg。对家兔眼睛和皮肤无刺激性，属弱致敏物。

使用方法：

1. 防除春玉米田阔叶杂草　在春玉米播后苗前，每667m^2 用87.5% 2，4-滴异辛酯乳油40～50mL（有效成分35～43.8g），对水土壤喷雾施药1次。

2. 防除春大豆田阔叶杂草　在春大豆播后苗前，每667m^2 用87.5% 2，4-滴异辛酯乳油40～50mL（有效成分35～43.8g），对水土壤喷雾施药1次。

3. 防除冬小麦田阔叶杂草　于小麦4～5叶期至拔节期前、阔叶杂草3～5叶期时，每667m^2 用87.5% 2，4-滴异辛酯乳油40～50mL（有效成分35～43.8g），对水土壤喷雾施药1次。

注意事项：

1. 不可与呈碱性的农药等物质混用。

2. 禾本科作物幼苗、幼芽、幼穗分化期对2，4-滴异辛酯较敏感。用药过早、过晚或者用药量过大都可能造成药害，需严格掌握用药时期和用药量，春大豆拱土期严禁使用。

3. 间套作或近距离内种有敏感阔叶作物的冬小麦、春玉米、春大豆不能使用。

4. 需使用标准喷雾器喷雾，不能用弥雾机或超低量器械施药。施药时应压低喷头均匀喷雾，应在无风或微风的晴天上午10时或下午4时后施药。

5. 对水蚤、藻类有毒，应远离水产养殖区施药，禁止在河塘等水体中清洗施药器具，避免药液进入地表水体。

2，4-滴二甲胺盐

中文通用名称：2，4-滴二甲胺盐

英文通用名称：2，4-D dimethyl amine salt

化学名称：2，4-二氯苯氧乙酸二甲胺盐

化学结构式：

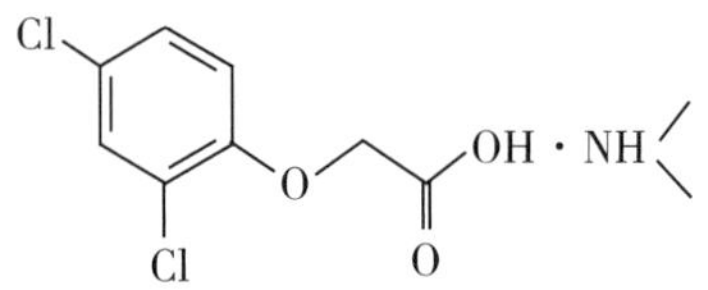

Cl, Cl, O, OH · NH, O

理化性质：外观为浅黄色固体颗粒。熔点140.5℃，蒸气压53Pa（160℃），25℃以下水中溶解度为620mg/L，可溶于乙醇、乙醚、丙酮等有机溶剂，不溶于石油。

毒性：按照我国农药毒性分级标准，2，4-滴二甲胺盐属低毒。原药大鼠急性经口LD_{50}＞2 150mg/kg，急性经皮LD_{50}为1 260mg/kg；对鱼和蜜蜂毒性低。

作用特点：2，4-滴二甲胺盐是激素型选择性除草剂，具有较强的内吸传导性，对人、畜低毒。在低浓度下对植物生长有刺激作用，在高浓度下抑制植物生长发育。常用于小麦田防除播娘蒿、芥菜、藜、反枝苋等一年生阔叶杂草。

制剂：50%、55%、60%、600g/L、720g/L、860g/L 2，4-滴二甲胺盐水剂。

720g/L 2，4-滴二甲胺盐水剂

理化性质及规格：外观为浅棕色透明液体，pH7.0～10.0，水不溶物质量分数≤0.5%，密度为1.2056g/cm^3，不易爆炸，闪点＞93℃，常温储存稳定期为两年。

毒性：按照我国农药毒性分级标准，720g/L 2，4-滴二甲胺盐水剂属低毒。大鼠急性经口LD_{50}＞1 000 mg/kg，急性经皮LD_{50}＞2 000 mg/kg，急性吸入LC_{50}＞2 000 mg/m^3，对家兔眼睛中度刺激，对家兔皮肤轻度刺激，属弱致敏物。

使用方法：

防除小麦田阔叶杂草 在小麦分蘖末期至拔节期，冬小麦田每667m^2用720g/L 2，4-滴二甲胺盐水剂50～70mL（有效成分36～50.67g）；春小麦田每667m^2用720g/L 2，4-滴二甲胺盐水剂70～90mL（50.4～64.8g），对水茎叶喷雾施药1次。

注意事项：

1. 严格按照操作规程施药，用药不能过早或过晚；施药时最适温度为15～28℃，温度不宜过高或过低。

2. 禁止在小麦4叶期前和拔节后施药；在冬前用药可适当降低用药量；间套有阔叶作物田不能使用本品。

3. 每季作物最多使用1次，对下茬作物无影响。

2 甲 4 氯

中文通用名称： 2甲4氯

英文通用名称： MCPA

化学名称： 2-甲基-4-氯苯氧乙酸

化学结构式：

HO O O Cl

理化性质： 原药含量94%～96%，外观为无色结晶体，熔点119～120℃，蒸气压(25℃) 2.3×10^{-5}Pa。水溶解度734mg/kg，有机溶剂中溶解度（25℃）：乙醇1 530g/L，乙醚770g/L，甲醇26.5g/L，二甲苯49g/L，庚烷5g/L。

毒性： 按照我国农药毒性分级标准，2甲4氯属低毒。原药大鼠急性经口 LD_{50} > 900mg/kg，急性经皮 LD_{50} 900～1 160mg/kg；对消化道有刺激作用，严重时对肝、肾有损伤；鱼 LC_{50} 232mg/L（96h），对鱼、蜜蜂、鸟低毒；在土中持留活性3～4个月。

作用特点： 2甲4氯是选择性激素型除草剂。其作用方式与2，4-滴相同，但其挥发性、作用速度较2，4-滴丁酯乳油低且慢。禾本科植物幼苗期对该药很敏感，3～4叶期后抗性逐渐增强，分蘖末期最强，到幼穗分化期敏感性又上升，因此宜在水稻分蘖末期施药。可防除冬小麦田猪殃殃、大巢菜、荠菜及水田野慈姑、鸭舌草、莎草等阔叶杂草。

制剂： 750g/L、13%2甲4氯钠水剂，56% 2甲4氯钠可溶粉剂

13% 2 甲 4 氯钠水剂

理化性质及规格： 外观为均相液体，无明显的悬浮物和沉淀，pH8.0～11.0，游离酚质量分数（以4-氯邻甲酚计）≤0.5，常温储存稳定期两年。

毒性： 按照我国农药毒性分级标准，2甲4氯属低毒。雌、雄大鼠急性经口 LD_{50} 均为1 710mg/kg，急性经皮 LD_{50} 为2 150mg/kg；对家兔眼睛和皮肤无刺激性，属弱致敏物。

使用方法：

1. 防除小麦田阔叶杂草　在小麦4叶期至拔节期前，每667m^2用13% 2甲4氯钠水剂310～460mL（有效成分40～60g），对水茎叶喷雾施药1次。

2. 防除水稻移栽田阔叶杂草及莎草科杂草　在水稻分蘖末期，每667m^2用13%2甲4氯钠水剂250～450mL（有效成分32.5～58.5g），对水茎叶喷雾施药1次。

56% 2 甲 4 氯钠可溶粉剂

理化性质及规格： 外观为灰色粉末状固体，无刺激性气味，pH7.0～10.0，常温常压储存条件下稳定。

毒性： 按照我国农药毒性分级标准，56% 2 甲 4 氯钠可溶粉剂属低毒。雌、雄大鼠急性经口 LD_{50} 为 1 470 mg/kg，急性经皮 LD_{50}＞2 000 mg/kg，急性吸入 LC_{50}＞2 000 mg/m^3；对家兔眼睛轻度至中度刺激，对家兔皮肤轻度刺激。

使用方法：

1. 防除冬小麦田阔叶杂草　在小麦 4 叶期至拔节期前，每 667m^2 用 56% 2 甲 4 氯钠可溶粉剂 85～100g（有效成分 47.6～56g），对水茎叶喷雾施药 1 次。

2. 防除水稻移栽田阔叶杂草及莎草科杂草　在水稻分蘖末期，每 667m^2 用 56% 2 甲 4 氯钠可溶粉剂 60～100g（有效成分 33.6～56g），对水茎叶喷雾施药 1 次。

注意事项：

1. 避免在强阳光、大风及下雨天气条件下喷施。每季作物最多使用 1 次。

2. 使用时避开蜜蜂、家蚕等生物敏感区域。

三十、芳基羧酸类

二氯喹啉酸

中文通用名称： 二氯喹啉酸

英文通用名称： quinclorac

其他名称： 快杀稗

化学名称： 3，7-二氯喹啉-8-羧酸

化学结构式：

理化性质： 原药为淡黄色固体，含二氯喹啉酸≥90%，熔点 269℃，20℃时饱和蒸气压＜1×10^{-5} Pa，相对密度 1.75，log P_{ow}＝0.07（pH7）。20℃水中溶解度 0.062g/L，丙酮 2g/ L，在环己酮及二甲苯中的溶解度约 10g/L，在其他有机溶剂中几乎不溶。光、热条件下稳定（pH3～9）。

毒性： 按照我国农药毒性分级标准，二氯喹啉酸属低毒。原药雄、雌大鼠急性经口 LD_{50} 分别为 3 060mg/kg 和 2 190 mg/kg，急性经皮 LD_{50} 为 2 000 mg/kg，急性吸入 LC_{50}＞5.17g/m^3（4h）。对兔眼睛及皮肤无刺激性，对豚鼠皮肤有致敏作用；水蚤 TLm500g/m^3（3h）；日本鲤鱼 TLm＞100 g/m^3（48h）；鹌鹑急性经口 LD_{50}＞2 000mg/kg。通常用量下，该药对蜂蜜、家蚕及鸟类无影响。

作用特性： 二氯喹啉酸是稻田杀稗剂，主要通过稗草根吸收，也能被发芽的种子吸收，少量通过叶部吸收，在稗草体内传导。稗草中毒症状与生长素物质的作用症状相似，具有激素型除草剂的特点。可用于水稻秧田、直播田和移栽田，能杀死 1～7 叶期的稗草，对 4～7 叶期的高龄稗草药效优良；对田菁、决明、雨久花、鸭舌草、水芹、茨藻等也有一定防效。具有用药适期长、对 2 叶期以后水稻安全性高的特点。对二氯喹啉酸敏感的作物包括茄科

（番茄、烟草、马铃薯、茄子、辣椒等）、伞形花科（胡萝卜、荷兰芹、芹菜、欧芹、香菜等）、藜科（菠菜、甜菜等）、锦葵科（棉花、秋葵）、葫芦科（黄瓜、甜瓜、西瓜、南瓜等）、豆科（青豆、紫花苜蓿等）、菊科（莴苣、向日葵等）、旋花科（甘薯等）。用过此药剂的田水流到作物田中或用田水灌溉，或喷雾时雾滴飘移到以上作物上，也会造成药害。二氯喹啉酸在土壤中有积累作用，可能对后茬敏感作物产生残留积累药害。因此，后茬不能种植甜菜、茄子、烟草等作物，番茄、胡萝卜等则需用药两年后才可以种植。

制剂：60%、50%、25%二氯喹啉酸可湿性粉剂，50%、45%二氯喹啉酸可溶粉剂，90%、75%、50%二氯喹啉酸水分散粒剂，30%、25%二氯喹啉酸悬浮剂，25%二氯喹啉酸泡腾粒剂。

50%二氯喹啉酸可湿性粉剂

理化性质及规格：该制剂外观为米黄色粉末，pH4～7，悬浮率≥50%，润湿时间≤2min，水分含量≤5%，密度 1.75 g/cm^3，常温储存有效期为 2 年。

毒性：按照我国农药毒性分级标准，50%二氯喹啉酸可湿性粉剂属低毒。大鼠急性经口 LD_{50} 为 6 810mg/kg，急性经皮 LD_{50}＞4 000mg/kg。

使用方法：

防除水稻田稗草　水稻移栽田、抛秧田、直播田、秧田均可使用，在水稻插秧或抛秧后 5～10d，或水稻直播秧苗 3 叶期后，稗草 1～7 叶期（以 2～3 叶期为佳），每 667m^2 用 50%二氯喹啉酸可湿性粉剂 30～50g（有效成分 15～25g），对水茎叶喷雾施药 1 次。用药前排干田水，药后 1d 灌水，保持 5～7d，水层勿超过水稻心叶。

注意事项：

1. 浸种和露芽种子对该药敏感，不能在此时期施药。水稻 2 叶期前勿用。薄膜育秧田需炼苗 1～2d 后施药。

2. 在移栽田按推荐剂量用药，不受水稻品种及秧龄大小的影响，机插有浮苗现象且施药又早时，水稻会发生暂时性伤害。遇高温天气会加重对水稻的伤害。

3. 因多种蔬菜对二氯喹啉酸敏感，不可用稻田水浇菜。

二 氯 吡 啶 酸

中文通用名称：二氯吡啶酸

英文通用名称：clopyralid

其他名称：毕克草

化学名称：3，6-二氯吡啶-2-羧酸

化学结构式：

Cl　N　O　OH　Cl

理化性质：外观为白色或浅褐色粉末，熔点 151～152℃，蒸气压 1.6mPa（25℃）。溶解度（20℃）：水 1.0g/L，丙酮 153g/ L，环己酮 387g/ L，二甲苯 6.5g/ L。

毒性： 按照我国农药毒性分级标准，二氯吡啶酸属低毒。原药大、小鼠急性经口 LD_{50} ＞4 640mg/kg，急性经皮 LD_{50}＞2 000mg/kg，大鼠急性吸入 LC_{50}（4h）＞0.38mg/L；对鱼、蜜蜂、鸟低毒。鱼 LC_{50}（96h，mg/L）：虹鳟鱼 103.5，大翻车鱼 125.4；蜜蜂经口和接触 LD_{50}＞100μg/只（48h）；野鸭急性经口 LD_{50} 1 465 mg/kg，鹌鹑急性经口 LD_{50}＞2 000 mg/kg，对野鸭和鹌鹑饲喂饲料 8d LC_{50}＞4 640mg/kg；蚯蚓 LC_{50} 每千克土壤＞1 000 mg（14h）。

作用特点： 二氯吡啶酸由叶片或根部吸收，在植物体内上下移动，迅速传到整个植株，其杀草的作用机理为促进植物核酸的形成，产生过量的核糖核酸，致使根部生长过量，茎及叶生长畸形，维管束疏导功能受阻，导致杂草死亡。该药能有效防除菊科、豆科、茄科和伞形科等阔叶杂草。

制剂： 75％二氯吡啶酸可溶粉剂，30％二氯吡啶酸水剂。

75％二氯吡啶酸可溶粉剂

理化性质及规格： 外观为白色或灰色粉末，pH5.0～8.0，堆密度 0.535～0.780g/cm^3，不可燃，水分含量≤5.0％，持久起泡性（1min 后）≤35mL。常温储存稳定期两年以上。

毒性： 按照我国农药毒性分级标准，75％二氯吡啶酸可溶粉剂属低毒。大鼠急性经口 LD_{50}＞5 000mg/kg，急性经皮 LD_{50}＞2 000mg/kg，急性吸入 LC_{50}＞2 000mg/m^3，对家兔眼睛为轻度刺激性，对家兔皮肤无刺激性，对豚鼠属弱致敏物。

使用方法：

1. 防除油菜田阔叶杂草　在油菜田阔叶杂草 2～5 叶期，春油菜田每 667m^2 用 75％二氯吡啶酸可溶粉剂 8.9～16g（有效成分 6.67～12g）；冬油菜田每 667m^2 用 75％二氯吡啶酸可溶粉剂 6～10g（有效成分 4.5～7.5g），对水茎叶喷雾施药 1 次。

2. 防除玉米田阔叶杂草　在玉米田阔叶杂草 2～5 叶期，每 667m^2 用 75％二氯吡啶酸可溶粉剂 18～21g（有效成分 13.5～15.75g），对水茎叶喷雾施药 1 次。

注意事项：

1. 不能在芥菜型油菜上使用。

2. 主要由微生物分解，降解速度受环境影响较大。正常推荐剂量下药后 60d 后茬可种植小麦、大麦、油菜、十字花科蔬菜，后茬如果种植大豆、花生等作物需间隔 1 年，如果种植棉花、向日葵、西瓜、番茄、红豆、绿豆、甘薯需间隔 18 个月，如果种植其他后茬作物，需咨询当地植保部门或经过试验安全后方可种植。

3. 禾本科杂草与阔叶杂草混生地块，可与防除禾本科杂草的药剂搭配使用。

4. 间、混或套种有阔叶作物的玉米田，不能使用。

氯氟吡氧乙酸

中文通用名称： 氯氟吡氧乙酸

英文通用名称： fluroxypyr

其他名称： 使它隆

化学名称： 4-氨基-3，5-二氯-6-氟-2-吡啶氧乙酸

化学结构式：

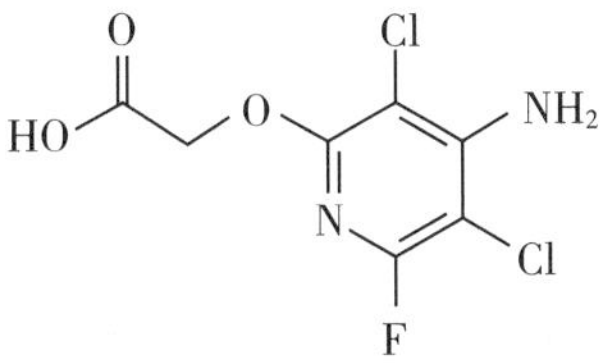

理化性质：原药含量 96%，外观为浅褐色固体。熔点 56～57℃，蒸气压 3.78×10^{-9}Pa（20℃），密度 1.09 g/cm^3（20℃）。水溶解度 91mg/L，有机溶剂中溶解度（20℃，g/L）：丙酮 51，甲醇 34.6，乙酸乙酯 10.6，异丙醇 9.2，二氯甲烷 0.1，甲苯 0.8，二甲苯 0.3，酸性介质中稳定。原药为酸性，与碱性物质反应形成盐，低于熔点前稳定，可见光下稳定。

毒性：按照我国农药毒性分级标准，氯氟吡氧乙酸属低毒。原药大鼠急性经口 LD_{50}＞5 000mg/kg，急性经皮 LD_{50}＞2 405mg/kg；每日每千克体重允许摄入量为 0.8mg；对皮肤、眼睛和上呼吸道有刺激作用，无全身中毒现象；虹鳟鱼 LC_{50}（96h）＞100 mg/L，对蜜蜂无毒。

作用特点：该产品是内吸传导型除草剂。药后很快被植物吸收，使敏感植物出现典型激素类除草剂的反应，造成植株畸形、扭曲。在耐药性植物如小麦体内，氯氟吡氧乙酸结合成轭合物失去毒性，从而具有选择性。温度对其除草的最终效果无影响，但影响其药效发挥的速度。温度低时药效发挥较慢，植物中毒后停止生长，但不立即死亡；气温升高后植物很快死亡。该药在土壤中淋溶不显著，大部分分布在 0～10cm 深的表土层，有氧条件下，经土壤微生物作用很快降解成 2-吡啶醇等无毒物质，在土壤中半衰期较短。适用于小麦、玉米等作物田防除播娘蒿、猪殃殃、卷茎蓼、繁缕、大巢菜、雀舌草、鼬瓣花、酸模叶蓼、柳叶辣蓼、反枝苋、马齿苋、田旋花、鸭跖草、香薷、野豌豆等阔叶杂草，对禾本科杂草和大部分莎草科杂草无效。

制剂：200g/L 氯氟吡氧乙酸乳油，20%氯氟吡氧乙酸乳油。

200g/L 氯氟吡氧乙酸乳油

理化性质及规格：外观为均相褐色液体，无可见的悬浮物和沉淀，pH6.0～9.0，熔点 85～87℃，水溶解度 50g/L，有机溶剂中溶解度（20℃，g/L）：丙酮 300，环己酮 150，己烷 500，二氯甲烷 10，二甲苯 1.9。常温条件下储存稳定期 2 年以上。

毒性：按照我国农药毒性分级标准，200g/L 氯氟吡氧乙酸乳油属低毒。雄、雌大鼠急性经口 LD_{50}＞5 000 mg/kg，急性经皮 LD_{50}＞2 000 mg/kg，急性吸入 LC_{50}＞2 000mg/m^3；对家兔皮肤无刺激性，对家兔眼睛有中度刺激性，对豚鼠皮肤有弱致敏性。

使用方法：

1. 防除小麦田阔叶杂草　在小麦 2～4 叶期杂草出齐后，冬小麦田每 667m^2 用 200g/L 氯氟吡氧乙酸乳油 50～62.5mL（有效成分 10～12.5g）；春小麦田每 667m^2 用 200g/L 氯氟吡氧乙酸乳油 62.5～75mL（有效成分 12.5～15g），对水茎叶喷雾施药 1 次。

2. 防除玉米田阔叶杂草　在玉米田杂草 2～5 叶期，每 667m^2 用 200g/L 氯氟吡氧乙酸乳油 50～70mL（有效成分 10～14g），对水茎叶喷雾施药 1 次。

3. 防除水田畦畔阔叶杂草　空心莲子草等阔叶杂草出土高峰期后，每 667m^2 用 200g/L 氯氟吡氧乙酸乳油 50mL（有效成分 10g），对水茎叶喷雾施药 1 次。

注意事项：

1. 对鱼类有害，在田间使用时应避免污染水体。远离水产养殖区施药，禁止在河塘等水体中清洗施药器具。

2. 为易燃品，应置于远离火源的地方。

氯氟吡氧乙酸异辛酯

中文通用名称：氯氟吡氧乙酸异辛酯

英文通用名称：fluroxypyr-mepthyl

其他名称：氟草烟

化学名称：4-氨基-3，5-二氯-6-氟-2-吡啶氧乙酸异辛酯

理化性质：原药含量95%，外观为浅褐色固体。熔点56～57℃，蒸气压3.78×10^{-9}Pa（20℃）。水溶解度0.091g/L，有机溶剂中溶解度（20℃）：丙酮51g/L，甲醇34.6g/L，乙酸乙酯10.6g/L，异丙酮9.2g/L，二氯甲烷0.1g/L，二甲苯0.3g/L。在酸性介质中稳定，高于熔点分解。

毒性：按照我国农药毒性分级标准，氯氟吡氧乙酸异辛酯属低毒。原药大鼠急性经口LD_{50}>5 000mg/kg，急性经皮LD_{50}为3 690mg/kg。

作用特点：与氯氟吡氧乙酸相同。

制剂：288g/L、200g/L氯氟吡氧乙酸异辛酯乳油。

288g/L氯氟吡氧乙酸异辛酯乳油

理化性质及规格：外观为淡黄色液体，有特殊异味，密度1.021g/mL（20℃），不具有爆炸性。

毒性：按照我国农药毒性分级标准，288g/L氯氟吡氧乙酸异辛酯乳油属低毒。雄、雌大鼠急性经口LD_{50}>5 000mg/kg，急性经皮LD_{50}>2 000mg/kg，急性吸入LC_{50}>2 220mg/m^3；对大耳白兔眼睛轻度刺激性，对豚鼠无刺激性，属弱致敏物。

使用方法：

1. 防除小麦田阔叶杂草　在小麦2～4叶期，杂草出齐后，每667m^2用288g/L氯氟吡氧乙酸异辛酯乳油35～50mL（有效成分10～14g），对水茎叶喷雾施药1次。

2. 防除玉米田阔叶杂草　在玉米田杂草2～5叶期，每667m^2用288g/L氯氟吡氧乙酸异辛酯乳油35～50mL（有效成分10～14g），对水茎叶喷雾施药1次。

注意事项：

1. 每季最多使用1次。

2. 选择晴朗无风的天气进行茎叶喷雾，防止药液飘移到邻近的阔叶作物上，如大豆、花生、甘薯、甘蔗等。

3. 对鱼类有害，应远离水产养殖区施药，禁止在河塘等水体中清洗施药工具。

氨氯吡啶酸

中文通用名称：氨氯吡啶酸

英文通用名称：picloram

其他名称： 毒莠定

化学名称： 4-氨基-3，5，6-三氯吡啶-2-羧酸

化学结构式：

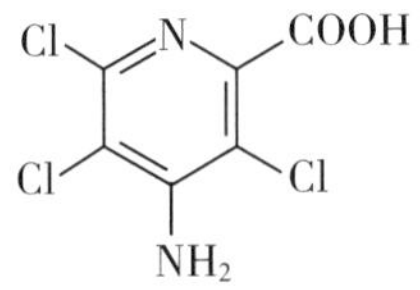

（4-氨基-3，5，6-三氯吡啶-2-羧酸结构式：吡啶环，N 旁连 COOH 与 Cl，环上另有两个 Cl 及 NH_2）

理化性质： 原药含量 95%，外观为无色粉末，带氯气味，熔点 215℃，蒸气压 0.082mPa（35℃），水溶解度 430mg/L（25℃）。在酸、碱条件下稳定，热碱中分解，可形成水溶性碱金属盐和铵盐。

毒性： 按照我国农药毒性分级标准，氨氯吡啶酸属低毒。原药大鼠急性经口 LD_{50}>4 000 mg/kg，急性经皮 LD_{50} 为 8 200mg/kg；接触后对皮肤、眼睛无严重危害。对鱼、蜜蜂、鸟低毒。

作用特点： 氨氯吡啶酸是内吸、传导型除草剂。主要作用于核酸代谢，并且使叶绿体结构及其他细胞器发育畸形，干扰蛋白质合成，作用于分生组织活动等，最后导致植物死亡。主要用于防除森林等非耕地阔叶杂草、灌木等。

制剂： 24%、21%氨氯吡啶酸水剂。

24%氨氯吡啶酸水剂

理化性质及规格： 外观为棕红色均相液体，水不溶物≤0.1%，pH7.5～9.0，常温储存稳定期 2 年。

毒性： 按照我国农药毒性分级标准，24%氨氯吡啶酸水剂属低毒。雌、雄大鼠急性经口 LD_{50}>5 000mg/kg；急性经皮 LD_{50}>2 150 mg/kg，对家兔皮肤无刺激性，对家兔眼睛有轻度刺激性，属弱致敏物。

使用方法：

防除非耕地紫茎泽兰　在非耕地杂草生长期，每 667m^2 用 24%氨氯吡啶酸水剂 300～600mL（有效成分 72～144 g），对水茎叶喷雾施药 1 次。

注意事项：

1. 施药后 4h 降雨需重喷。

2. 使用氨氯吡啶酸 12 个月后，才能种植其他阔叶植物。

3. 豆类、葡萄、蔬菜、棉花、果树、烟草、向日葵、甜菜、花卉、桑树、桉树等对本品敏感，不宜在上述作物邻近地块做弥雾处理。也不宜在径流严重的地块施药。

4. 对蜜蜂、鱼类等水生生物及家蚕有毒，周围蜜源作物花期禁用，施药期间应密切注意对附近蜂群的影响，蚕室及桑园附近禁用。远离水产养殖区施药，禁止在河塘等水体中清洗施药器具。

5. 不可与呈碱性的农药等物质混合使用。

三氯吡氧乙酸

中文通用名称： 三氯吡氧乙酸

英文通用名称： triclopyr

其他名称： 盖灌能

化学名称： [（3，5，6-三氯-2-吡啶）氧基] 乙酸

化学结构式：

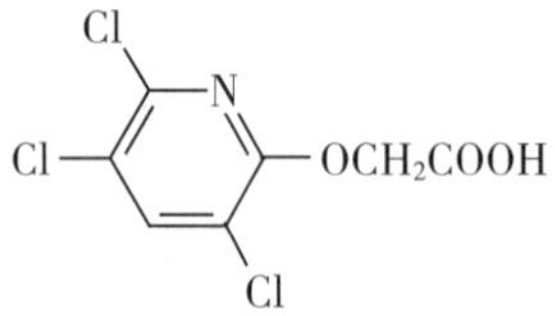

Cl
N
Cl — — OCH_2COOH
Cl

理化性质： 白色固体，熔点150.5℃，208℃分解，25℃时蒸气压为0.2mPa，在水中溶解度为0.408g/L，溶于乙醇等有机溶剂。一般储存条件下稳定，光解半衰期＜12h。

毒性： 按照我国农药毒性分级标准，三氯吡氧乙酸属低毒。原药雄、雌大鼠急性经口LD_{50}分别为729 mg/kg和630mg/kg，家兔急性经皮LD_{50}为350mg/kg，对家兔皮肤无刺激，对眼睛有轻度刺激性。实验室条件下，未见致畸、致突变、致癌作用。对鱼、蜜蜂、鸟低毒。

作用特点： 内吸性传导型除草剂，能迅速被植物叶和根吸收，并在体内传导。作用于核酸代谢，使植物产生过量的核酸，使一些组织转变成分生组织，造成叶片、茎和根生长畸形，出现典型激素类除草剂的受害症状，最终储藏物质耗尽，维管束组织被栓塞或破裂，植物逐渐死亡。用来防治针叶树幼林地中的阔叶杂草和灌木及防火道或造林前的灭灌。在土壤中能迅速被微生物分解，半衰期为46d。

制剂： 480g/L三氯吡氧乙酸乳油。

480g/L三氯吡氧乙酸乳油

理化性质及规格： 外观为微黄色均相液体，无可见的悬浮物和沉淀，水分≤0.5%，25℃时，在水中溶解度为157mg/L，易溶于甲醇、丙酮、氯仿、已烷和正已烷。常温条件下储存稳定期为2年。

毒性： 按照我国农药毒性分级标准，480g/L三氯吡氧乙酸乳油属低毒。对雌、雄大鼠急性经口LD_{50}分别为2 330mg/kg和2 710mg/kg，急性经皮LD_{50}＞2 150mg/kg。

使用方法：

森林除草灭灌　用于造林前化学整地或森林防火道杂草、杂灌的防除，在杂草和灌木旺盛生长时期，每667m^2用480g/L三氯吡氧乙酸乳油280～420mL（有效成分134～200g），对水喷雾施药1次。

注意事项：

1. 每667m^2用量超过140mL时，对松林和云杉会有不同程度药害；还需防止药液飘移对非靶标林木造成药害。

2. 对鱼高毒，应远离河塘等水域施药，避免药液流入湖泊、河流或鱼塘中污染水源。

麦　草　畏

中文通用名称： 麦草畏

英文通用名称： dicamba

其他名称： 百草敌

化学名称： 2-甲氧基-3，6-二氯苯甲酸

化学结构式：

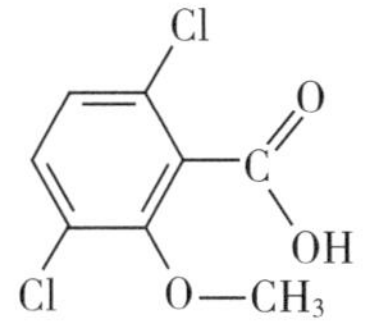

理化性质： 纯品为白色晶体，相对密度 1.57（25℃），熔点 114～116℃，沸点＞200℃，闪点 150℃。25℃时蒸气压为 4.5mPa，在溶剂中的溶解度分别为：水 6.5g/L、乙醇 922 g/L、环己酮 916 g/L、丙酮 810 g/L、二甲苯 78 g/L、甲苯 130 g/L、二氯甲烷 260 g/L，在室温条件下抗氧化、抗分解，在碱、酸中稳定，大约 200℃时分解。

毒性： 按照我国农药毒性分级标准，麦草畏属低毒。原药大鼠急性经口 LD_{50} 为1 879～2 740mg/kg，家兔急性经皮 LD_{50}＞2 000 mg/kg，大鼠急性吸入 LC_{50}＞200mg/L。对家兔眼睛有刺激和腐蚀作用，对家兔皮肤有中等刺激作用。在实验室条件下，未见致畸、致突变和致癌作用。

作用特点： 麦草畏属安息香酸系的除草剂，具有内吸传导性。用于苗后茎叶喷雾，药剂能很快被杂草的叶、茎、根吸收，通过韧皮部及木质部向上下传导，药剂多集中在分生组织及代谢活动旺盛的部位，阻碍植物激素的正常活动，从而使其死亡。对一年生和多年生阔叶杂草有显著防除效果。禾本科植物吸收药剂后能较快代谢分解使之失效。对小麦、玉米等禾本科作物较安全，主要用于防除猪殃殃、荞麦蔓、藜、牛繁缕、大巢菜、播娘蒿、苍耳、田旋花、刺儿菜、问荆、鳢肠等。麦草畏在土壤中经微生物分解较快。用后约 24h 阔叶杂草即会出现畸形卷曲症状，15～20d 死亡。

制剂： 48%、480g/L 麦草畏水剂，70%水分散粒剂。

48%麦草畏水剂

理化性质及规格： 48%麦草畏水剂由有效成分麦草畏钠盐和有关的酸、水等惰性成分组成。外观为琥珀色溶液，相对密度 1.182（21℃），常温储存稳定。

毒性： 按照我国农药毒性分级标准，48%麦草畏水剂属低毒。大鼠急性经口 LD_{50} 为 2 155～3 083mg/kg，家兔急性经皮 LD_{50}＞2 000 mg/kg，对家兔眼睛、皮肤有刺激作用，对豚鼠皮肤无致敏性。

使用方法：

1. 防除小麦田阔叶杂草　在冬小麦 4 叶期至分蘖末期，每 667m^2 用 48%麦草畏水剂 20～30mL（有效成分 9.6～14.4g），对水茎叶喷雾施药 1 次。在春小麦 3～5 叶期，每 667m^2 用 48%麦草畏水剂 25～30mL（有效成分 12～14.4g），对水均匀喷雾施药 1 次。

2. 防除玉米田阔叶杂草　在玉米 3～4 叶期，每 667m^2 用 48%麦草畏水剂 25～40mL（有效成分 12～19.2g），对水茎叶喷雾施药 1 次。

注意事项：

1. 小麦 3 叶期前、冬小麦越冬期和拔节后严禁使用；玉米生长后期（即雄花抽出前 15d）严禁使用。小麦受到不良天气影响或病虫害引起生长发育不正常时，不宜使用麦草畏。

2. 药剂正常使用后，对小麦、玉米苗在初期有匍匐、倾斜或弯曲现象，1 周后可恢复。

3. 不同小麦品种对此药有不同的敏感反应，应用前要进行敏感性测定。

4. 大风时不得施药，避免因飘移问题伤害邻近敏感的双子叶作物。

草　除　灵

中文通用名称： 草除灵

英文通用名称： benazolin-ethyl

其他名称： 高特克

化学名称： 4-氯-2-氧代苯并噻唑-3基乙酸（乙酯）

化学结构式：

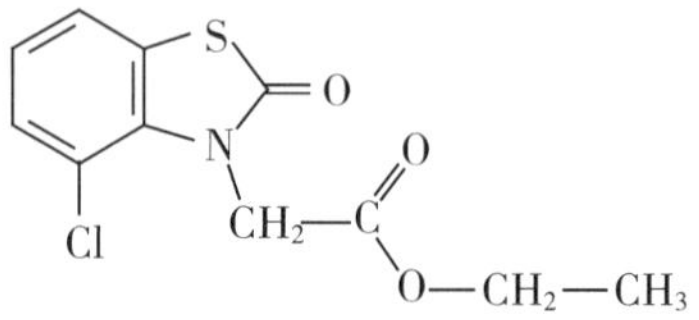

理化性质： 纯品为浅黄色结晶粉，带有典型的硫黄味。纯度为95%，熔点79.2℃，蒸气压（25℃）为3.7×10^{-4}Pa。溶解度：水中47mg/L；甲醇28.5 mg/L，丙酮229 mg/L，甲苯198 mg/L。密度（20℃）1.45g/m^3。在酸性介质中极稳定，不易水解；pH为9时，半衰期9d。自然光下在水溶液中对光稳定。原药为浅色结晶粉末，有硫黄气味，熔点77.4℃，密度1.45g/m^3，pH基本上中性，水分<0.5%。

毒性： 按照我国农药毒性分级标准，草除灵属低毒。大鼠急性经口LD_{50}>6 000mg/kg，急性经皮LD_{50}>2 100 mg/kg，急性吸入LC_{50}>5.5mg/L。对兔皮肤无刺激性，对眼睛有轻度刺激性。对蚯蚓低毒；对鱼和水生生物中毒，虹鳟鱼（96h）LC_{50}为5.4mg/L，蓝鳃鱼（96h）LC_{50}为2.8mg/L，水蚤（48h）LC_{50}为6.2 mg/L；对鸟低毒，日本鹌鹑LD_{50}>9 000 mg/kg，野鸭LD_{50}>3 000 mg/kg。

作用特点： 草除灵是选择性芽后茎叶处理剂。施药后植物通过叶片吸收传导到整个植物体，敏感植物受药后生长停滞，叶片僵绿、增厚反卷，新生叶扭曲，节间缩短，最后死亡，与激素类除草剂症状相似。在耐药性植物体内降解成无活性物质，对油菜、麦类等作物较安全。气温高作用快，气温低作用慢。草除灵在土壤中转化为游离酸并很快降解成无活性物，对后茬作物无影响。适用于油菜、麦类、苜蓿等防除一年生阔叶杂草，如繁缕、牛繁缕、雀舌菜、苋、猪殃殃等。防除阔叶杂草药效随剂量增加而提高，油菜施用草除灵后有时会出现药害症状，叶片皱卷，剂量增加和施药时间晚，药害症状明显，一般情况下20d后可恢复。

制剂： 30%、50%、500g/L草除灵悬浮剂，15%草除灵乳油。

50%草除灵悬浮剂

理化性质及规格： 50%草除灵悬浮剂由有效成分、助剂和水组成。制剂为浅色悬浮液，相对密度（20℃）约1.21，pH4.8～5.2；悬浮率>80%，冷、热储存稳定性良好，常温储存稳定期2年。

毒性： 按照我国农药毒性分级标准，50%草除灵悬浮剂属低毒。大鼠急性经口LD_{50}>2 800mg/kg，急性经皮LD_{50}>2 800mg/kg，急性吸入LC_{50}>1.1mg/L。

使用方法：

防除冬油菜田阔叶杂草　直播油菜6～8叶期或油菜移栽返青后，阔叶杂草2～3叶期，每667m^2用50%草除灵悬浮剂25～40mL（有效成分12.5～20g），对水茎叶喷雾施药1次。视田间杂草种群，以雀舌草、牛繁缕、繁缕为主时，宜选用推荐剂量下限；以猪殃殃为主时，宜选择推荐剂量上限。冬前用药比返青期施药的药效好；返青期猪殃殃等阔叶杂草叶龄较大，药效下降。

注意事项：

1. 白菜型冬油菜耐药性弱，应在油菜越冬后期或返青期使用，以避免药害，严禁用于芥菜型油菜。油菜的耐药性还受叶龄、气温、雨水等因素影响，应避开低温天气施药。不得加大用药剂量，也不宜在直播油菜3叶期左右时过早使用。

2. 对鱼有毒，应远离水产养殖区施药，禁止在河塘等水体中清洗施药器具。

三十一、其他杂环类

灭　草　松

中文通用名称：灭草松

英文通用名称：bentazone

其他名称：苯达松

化学名称：3-异丙基-（1H）-苯并-2，1，3-噻二嗪-4-酮-2，2-二氧化物

化学结构式：

理化性质：纯品外观为白色无臭结晶，熔点约133℃，200℃时分解，蒸气压为0.46mPa（20℃）。20℃时水中溶解度0.57g/L，有机溶剂中溶解度：丙酮1 507g/L、乙醇861g/L、乙醚616g/L、苯33g/L，环乙烷为0.2%。酸、碱介质中不易水解，紫外光下分解。

毒性：按照我国农药毒性分级标准，灭草松属低毒。原药大鼠急性经口LD_{50}约1 100mg/kg，急性经皮LD_{50}>2 500mg/kg，大鼠急性吸入作用浓度为1.2mg/L时，8h未见异常；对兔皮肤无刺激作用，对眼睛黏膜有轻度刺激；在动物体内无积累作用，在试验条件下未见致突变、致畸和致癌作用；对鲤鱼LC_{50}为15mg/L（48h）和100mg/L（72h）；鹌鹑LD_{50}720mg/kg；在田间使用时对蜜蜂无害。

作用特点：灭草松是有机杂环类触杀型选择性苗后除草剂，用于苗期茎叶处理，通过叶片接触而起作用。旱田使用，通过叶面渗透传导到叶绿体内抑制光合作用。水田使用，既能通过叶面渗透又能通过根吸收，传导到茎叶，强烈阻碍杂草光合作用和水分代谢，造成杂草营养饥饿，生理机能失调而致死。有效成分在耐性作物体内向活性弱的糖轭合物代谢而解毒，对作物安全。可用于水稻、花生、大豆等作物田茎叶处理防除一年生阔叶杂草及莎草科

杂草。施药后 8～16 周灭草松在土壤中可被微生物分解。

制剂：480g/L、560g/L、48%、40%、25%灭草松水剂，480g/L 灭草松可溶液剂。

480g/L 灭草松水剂

理化性质及规格：外观为黄褐色液体，相对密度 1.19，常温下储存稳定期最少两年。

毒性：按照我国农药毒性分级标准，480g/L 灭草松水剂属低毒。大鼠急性经口 LD_{50} 为 1 750mg/kg，急性经皮 LD_{50} >5 000mg/kg，急性吸入作用浓度为 $8g/m^3$（4h），未见异常。

使用方法：

1. 防除大豆田阔叶杂草　在大豆 1～3 片复叶，杂草 3～4 叶期，春大豆田每 $667m^2$ 用 480g/L 灭草松水剂 200～250mL（有效成分 96～120g），夏大豆田每 $667m^2$ 用 480g/L 灭草松水剂 150～200mL（有效成分 72～96g），对水茎叶喷雾施药 1 次。

2. 防除花生田阔叶杂草　在杂草 2～5 叶期，花生下针期前后，每 $667m^2$ 用 480g/L 灭草松水剂 133～200g（有效成分 63.84～96g），对水茎叶喷雾施药 1 次。

3. 防除水稻田阔叶及莎草科杂草　移栽田在插秧后 20～30d，直播田在播后 30～40d，杂草 3～5 叶期，每 $667m^2$ 用 480g/L 灭草松水剂 150～200mL（有效成分 72～96g），对水茎叶喷雾施药 1 次。施药前应将田水排干，使杂草全部露出水面，然后喷药于杂草茎叶上，用药后 1～2d 再灌水入田，恢复正常管理。

注意事项：

1. 用药的最佳温度为 15～27℃，最佳湿度应大于 65%。施药后 8h 内应无雨。在极度干旱和水涝的田间不宜使用本品，以防发生药害。在作物每个生长周期最多用药 1 次。

2. 灭草松对棉花、蔬菜等阔叶作物较为敏感，施药时注意避开。

3. 灭草松用药后，大豆会出现接触性药害，随着大豆生长症状缓解。

噁嗪草酮

中文通用名称：噁嗪草酮

英文通用名称：oxaziclomefone

其他名称：去稗安

化学名称：3－［1－（3，5－二氯苯基）－1－甲基乙基］－2，3－二氢－6－甲基－5－苯基－4H－1，3－噁嗪－4－酮

化学结构式：

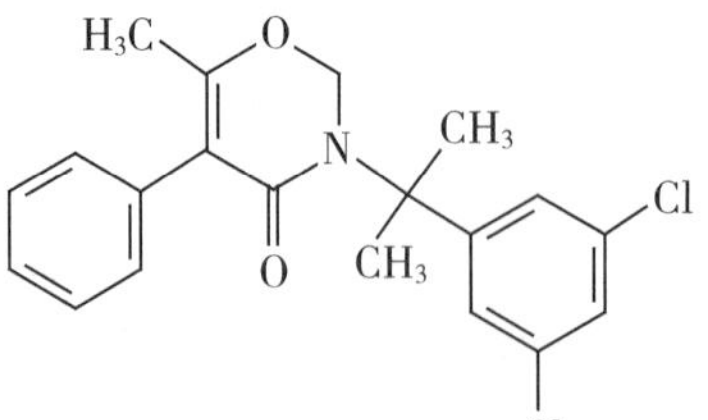

H_3C　O　N　CH_3　Cl　O　CH_3　Cl

理化性质：原药含量 96.5%，外观为白色至浅黄色结晶。相对密度 1.322 7，熔点 149.5～150℃，蒸气压 1.33×10^{-2}mPa（50℃），25℃水中溶解度 0.18mg/L。50℃水中半

衰期为30～60d。

毒性： 按照我国农药毒性分级标准，噁嗪草酮属低毒。原药急性经口 LD_{50} >2 000mg/kg，大鼠急性经皮 LD_{50} >5 000mg/kg；对兔皮肤无刺激性，对兔眼睛有轻微刺激性。无致畸、致突变作用。

作用特点： 噁嗪草酮是有机杂环类内吸传导型除草剂，主要由杂草的根部和茎叶基部吸收。杂草接触药剂后茎叶部分失绿、停止生长，直至枯死。对水稻田稗草、千金子等杂草有较好的防效。

制剂： 1%、30%噁嗪草酮悬浮剂。

30%噁嗪草酮悬浮剂

理化性质及规格： 外观为乳白色液体，相对密度1.14，pH7.2，悬浮率>98%，黏度（1 235±100）mPa·s，持久起泡性≤25mL，常温储存稳定期为2年。

毒性： 按照我国农药毒性分级标准，30%噁嗪草酮悬浮剂属低毒。大鼠急性经口 LD_{50} >5 000mg/kg；急性经皮 LD_{50} >2 000mg/kg，对兔皮肤和眼睛无刺激性，无致敏性。

使用方法：

防除水稻直播田禾本科及莎草科杂草 在水稻2～3.5叶期，杂草2叶期前，每667m^2用30%噁嗪草酮悬浮剂5～10mL（有效成分1.5～3g），对水茎叶喷雾施药1次，施药后保持浅水层3～5cm至少48h，以后正常管理。

注意事项：

每季最多施药1次，安全间隔期为82d。

野　燕　枯

中文通用名称： 野燕枯

英文通用名称： difenzoquat

其他名称： 燕麦枯

化学名称： 1，2-二甲基-3，5-二苯基吡唑阳离子或硫酸甲酯

化学结构式：

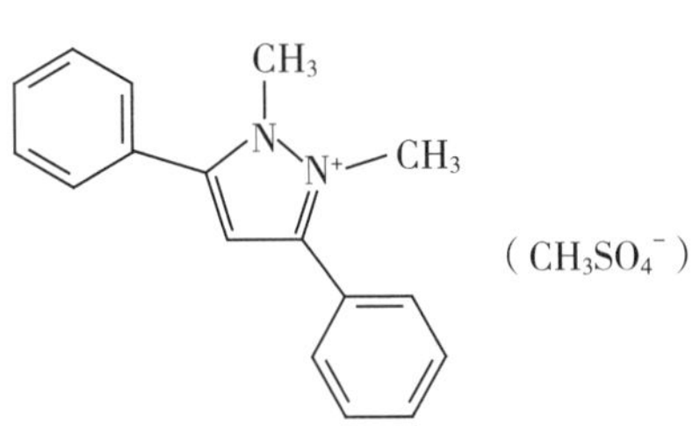

CH_3, N^+, CH_3, $(CH_3SO_4^-)$

理化性质： 原药有效成分含量96%，为白色粉末，熔点150～160℃，溶解度（25℃）：水817g/L，二氯甲烷360g/L，氯仿500g/L，甲醇558g/L，异丙醇23，1，2-二氯乙烷71g/L，丙酮9.8g/L，二甲苯<0.01g/L。微溶于石油醚、苯、二氧六环。水溶液对光稳定，热稳定，弱酸介质中稳定，遇强酸和氧化剂分解。

毒性： 按照我国农药毒性分级标准，野燕枯属中等毒。原药大鼠急性经口 LD_{50} 为239mg/kg，小鼠急性经口 LD_{50} 为31mg/kg，家兔急性经皮 LD_{50} >3 540mg/kg，对皮肤有

轻度刺激作用，对眼睛黏膜有一定刺激作用；在试验剂量内对动物无致癌、致突变、致畸作用；对虹鳟鱼（96h）LC_{50} 694mg/L，蓝鳃翻车鱼 696mg/L；对蜜蜂和鸟类低毒，蜜蜂经口 LD_{50} 36.2μg / 只，野鸭急性经口 LD_{50} 10 388mg/kg。

作用特点：野燕枯属吡唑类选择性苗后茎叶处理剂，主要用于防除野燕麦。野燕枯经叶片吸收后，传导至心叶，作用于生长点，破坏野燕麦的细胞分裂和顶端及居间分生组织中细胞的分裂和生长，造成全株枯死。

制剂：40%野燕枯水剂。

40%野燕枯水剂

理化性质及规格：外观为淡黄色或棕红色透明液体，常温下无沉淀。pH 2～6，稀释稳定性（稀释倍数 200 倍）合格，常温储存稳定期为两年。

毒性：按照我国农药毒性分级标准，40%野燕枯水剂属中等毒。雄、雌小鼠急性经口 LD_{50} 分别为 67.1mg/kg 和 73.0mg/kg，急性经皮 LD_{50} >4 000 mg/kg，对大鼠无刺激作用，对小鼠和家兔有轻度刺激作用。

使用方法：

防除小麦田野燕麦　在野燕麦 3～5 叶期，每 667m^2 用 40%野燕枯水剂 200～250mL（有效成分 80～100g），对水茎叶喷雾 1 次。

注意事项：

1. 不可与其他农药的钠盐或钾盐、铵盐混用，否则会降低药效。
2. 选择晴天、无风时喷药，避免药液飘移到附近其他作物上。
3. 日平均温度 10℃、相对湿度 70%以上、土壤墒情较好时药效更高。
4. 不同品种小麦耐药性有差异，用药后可能会出现暂时褪绿现象，20d 后可恢复正常，不影响产量。

嗪草酸甲酯

中文通用名称：嗪草酸甲酯

英文通用名称：fluthiacet-methyl

其他名称：阔草特

化学名称：[[2-氯-4-氟-5-[(四氢-3-氧代-1H-3H-（1，3，4）噻二唑[3，4a]亚哒嗪-1-基）氨基] 苯基] 硫] 乙酸甲酯

化学结构式：

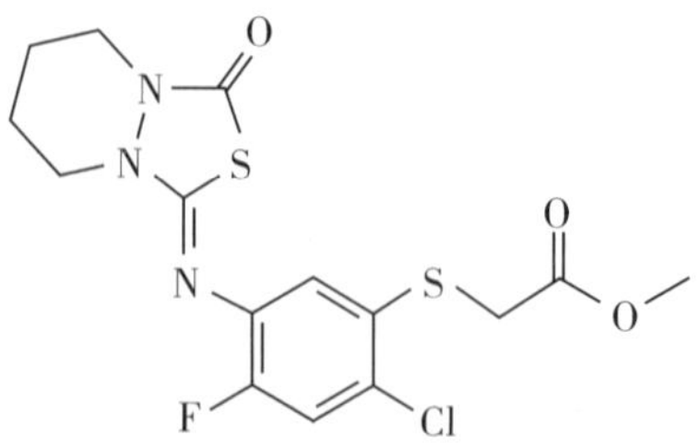

理化性质：外观为白色粉末，原药含量 95%。密度 0.43 g/m^3（2,0℃），熔点 105～106.5℃，蒸气压 4.41×10^{-4} mPa（25℃）。水溶解度 0.85mg/L，有机溶剂中溶解度

(25℃，mg/L)：甲醇 4.41，丙酮 101，甲苯 84，乙酸乙酯 73.5，二氯甲烷 9，正辛醇 1.86，正己烷 0.232（20℃），在酸性、碱性介质中稳定，对光、热稳定。

毒性：按照我国农药毒性分级标准，嗪草酸甲酯属低毒。大鼠急性经口 LD_{50}＞5 000 mg/kg，急性经皮 LD_{50}＞2 000 mg/kg，急性吸入 LC_{50} 为 5.05 mg/L；蓝鳃翻车鱼 LC_{50} 0.14 mg/ L；虹鳟鱼 LC_{50} 0.043 mg/ L；野鸭 LD_{50}＞2 250 mg/kg。

作用特点：嗪草酸甲酯为选择性触杀型苗后除草剂，通过抑制敏感植物叶绿体合成中的原卟啉原氧化酶，造成原卟啉的积累，导致细胞膜坏死，植株枯死。主要用于大豆、玉米田防除一年生阔叶杂草，如反枝苋、藜、苘麻。其作用需要光和氧的存在。

制剂：5%嗪草酸甲酯乳油。

5%嗪草酸甲酯乳油

理化性质及规格：外观为均相透明液体，无可见的悬浮物和沉淀。pH4.0～6.0，水分≤0.5%，常温稳定储存期两年。

毒性：按照我国农药毒性分级标准，5%嗪草酸甲酯乳油属低毒。大鼠急性经口 LD_{50}＞3 160 mg/kg，急性经皮 LD_{50}＞2 000 mg/kg；对眼睛有重度刺激性，对皮肤无刺激性，属中度致敏物。

使用方法：

1. 防除大豆田阔叶杂草　在大豆 1～2 片复叶，一年生阔叶杂草出齐 2～4 叶期，春大豆田每 667m² 用 5%嗪草酸甲酯乳油 10～15mL（有效成分 0.5～0.75g），夏大豆田每 667m² 用 5%嗪草酸甲酯乳油 8～12mL（有效成分 0.4～0.6g），对水茎叶喷雾施药。

2. 防除玉米田阔叶杂草　在玉米 2～4 叶期，一年生阔叶杂草 2～4 叶期，春玉米田每 667m² 用 5%嗪草酸甲酯乳油 10～15mL（有效成分 0.5～0.75g），夏玉米田每 667m² 用 5%嗪草酸甲酯乳油 8～12mL（有效成分 0.4～0.6g），对水茎叶喷雾施药 1 次。

注意事项：

1. 施药后大豆和玉米会产生轻微灼伤斑，1 周后可恢复正常生长，对产量无不良影响。

2. 宜在早晨或傍晚施药，高温下（大于 28℃）用药量酌减。

3. 为茎叶处理除草剂，不可用作土壤处理。

4. 如需同时防除田间禾本科杂草，可与防除禾本科杂草除草剂配合使用，但不可与呈碱性的农药等物质混用。

5. 嗪草酸甲酯降解速度较快，无后茬残留影响。间套作或混种有敏感阔叶作物的田块不能使用。

第九章　植物生长调节剂

萘　乙　酸

中文通用名称： 萘乙酸

英文通用名称： α－naphthylacetic acid

化学名称： 2－（1－萘基）乙酸

化学结构式：

$$\text{(1-naphthyl)}-CH_2COOH$$

理化性质： 纯品为白色无味结晶，熔点130℃，易溶于乙醇、丙酮、乙醚和氯仿等有机溶剂，几乎不溶于冷水，易溶于热水。80%萘乙酸原粉为浅土黄色粉末，熔点为106～120℃，水分含量≤5%，常温下储存稳定。萘乙酸遇碱能成盐，其盐类能溶于水，因此配制药液时，常将原粉溶于氨水后再稀释使用。

毒性： 按照我国农药毒性分级标准，萘乙酸属低毒。原粉对大鼠急性经口 LD_{50} 为1 000 mg/kg；对皮肤和黏膜有刺激作用，对蜜蜂无毒害，对鱼低毒，对鸟类低毒。

作用特点： 萘乙酸是类生长素物质，是广谱性植物生长调节剂。它有着内源生长素吲哚乙酸的作用特点和生理功能，如促进细胞分裂和扩大，诱导形成不定根，增加坐果，防止落果，改变雌、雄花比例等。萘乙酸可经由叶片、树枝的嫩表皮、种子进入到植物体内，随营养流运输到起作用的部位。

制剂： 20%萘乙酸粉剂，40%、1%萘乙酸可溶粉剂，5%、4.2%、1%、0.03%、0.6%、0.1%萘乙酸水剂，10%萘乙酸泡腾片剂。

5%萘乙酸水剂

理化性质及规格： 5%萘乙酸水剂溶点130℃，20℃水中溶解度240mg/L，26℃二甲苯中溶解度5.5g/L，四氯化碳中溶解度10.6 g/L。遇碱能成盐，盐类能溶于水。常温下水中稳定。

毒性： 按照我国农药毒性分级标准，5%萘乙酸水剂属低毒。大鼠急性经口 LD_{50}＞4 640mg/kg，急性经皮 LD_{50}＞2 150mg/kg。对家兔眼睛和皮肤无刺激性，对豚鼠属弱致敏物。对虹鳟鱼的 LC_{50} 为 57mg/L（96h），低毒。对野鸭、北美鹌鹑 LD_{50}＞10 000mg/kg（8d），低毒。对蜜蜂 LC_{50} 为2 140mg/L（96h），低风险。对家蚕 LC_{50}＞5 000mg/kg，低毒。

使用方法：

用于增加番茄雌花数，提高坐果率　在番茄开花期，使用5%萘乙酸水剂4 000～5 000

倍液（有效成分浓度10～12.5mg/kg）均匀喷花处理。

注意事项：

1. 使用时不得随意提高浓度。
2. 施药时只喷花，每花只喷1次，不得喷在叶片和未开的花蕾上。
3. 在番茄上使用的安全间隔期为14d。
4. 对家蚕、蜜蜂、鱼低毒，使用时应远离蜂源、蚕室等地区。

复　硝　酚　钠

中文通用名称： 复硝酚钠

英文通用名称： sodium nitrophenolate

其他名称： 爱多收

化学名称： 邻硝基苯酚钠（Ⅰ），对硝基苯酚钠（Ⅱ），5-硝基邻甲氧基苯酚钠（Ⅲ）

化学结构式：

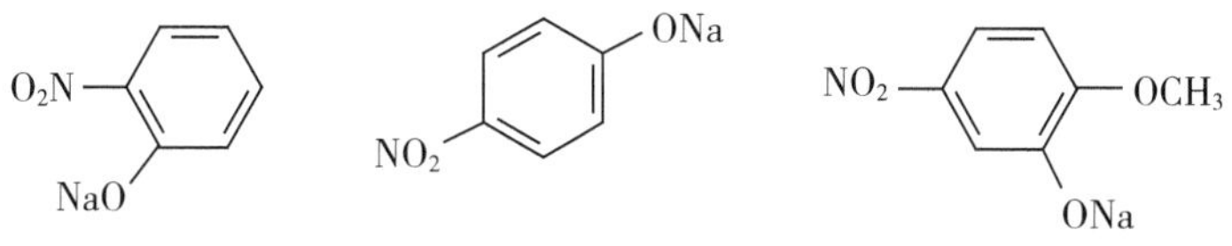

Ⅰ　　Ⅱ　　Ⅲ

理化性质： 对硝基苯酚钠：黄色晶体，无味，熔点113～114℃，易溶于水，可溶于甲醇、乙醇、丙酮等有机溶剂，常规条件下储存稳定。邻硝基苯酚钠：红色晶体，具有特殊的芳香烃气味，熔点44.9℃（游离酸），易溶于水，可溶于甲醇、乙醇、丙酮等有机溶剂，常规条件下储存稳定。5-硝基邻甲氧基苯酚钠：橘红色片状晶体，无味，熔点105～106℃（游离酸），易溶于水，可溶于甲醇、乙醇、丙酮等有机溶剂，常规条件下储存稳定。

毒性： 按照我国农药毒性分级标准，复硝酚钠属低毒。对硝基苯酚钠对雌、雄大鼠急性经口LD_{50}分别为482 mg/kg和1 250mg/kg，对眼睛和皮肤无刺激作用，在试验剂量内对动物无致突变作用。邻硝基苯酚钠对雌、雄大鼠急性经口LD_{50}分别为1 460 mg/kg和2 050mg/kg，对眼睛和皮肤无刺激作用，在试验剂量内对动物无致突变作用。5-硝基邻甲氧基苯酚钠对雌、雄大鼠急性经口LD_{50}分别为3 100 mg/kg和1 270mg/kg，对眼睛和皮肤无刺激作用。

作用特点： 复硝酚钠为单硝化愈创木酚钠盐类活性物质。能迅速渗透到植物体内，以促进细胞的原生质流动，对植物发根、生长、生殖及结果等发育阶段均有程度不同的促进作用。尤其对花粉管伸长的促进，帮助受精结实的作用尤为明显。可用于加快植物发根速度，促进植物生长发育，提早开花；打破休眠，促进发芽；防止落花、落果，改良植物产品的品质、提高产量、提高作物的抗逆能力等。

制剂： 0.7%、1.4%、1.8%复硝酚钠水剂。

1.8%复硝酚钠水剂

理化性质及规格： 1.8%复硝酚钠水剂外观为淡褐色液体，含邻硝基苯酚钠0.6%，对硝基苯酚钠0.9%，5-硝基邻甲氧基苯酚钠0.3%。沸点约100℃，冰冻点为-10℃，易溶于水，不易燃、不易爆，常规条件下储存稳定期超过两年。

毒性： 按照我国农药毒性分级标准，1.8%复硝酚钠水剂属低毒。对小鼠急性经口 LD_{50} 为 4 800mg/kg，对兔急性经皮 LD_{50}＞2 000mg/kg，对大鼠急性吸入 LC_{50}＞6.7mg/L（4h），对豚鼠有一定的致敏性。

使用方法：

用于促进番茄生长、增产 在番茄苗期（苗期缓苗后）、花蕾期、幼果期，用 1.8%复硝酚钠水剂 2 000～3 000 倍液（有效成分浓度 6～9mg/kg），各对水喷雾施药 1 次。

注意事项：

1. 复硝酚钠的浓度过高时，将会对作物幼芽及生长有抑制作用。
2. 复硝酚钠可与一般农药混用，包括波尔多液等碱性药液。

赤 霉 酸

中文通用名称： 赤霉酸

英文通用名称： gibberellic acid

化学名称： 2β，4α，7-三羟基-1-甲基-8-亚甲基-4αa，β-赤霉-3-烯-1α，10β-二羧酸-1，4a-内酯

化学结构式：

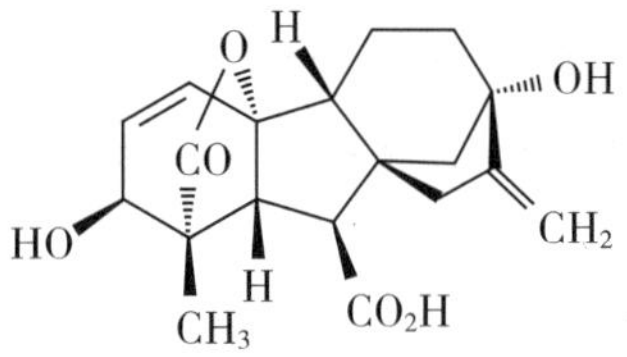

理化性质： 纯品为白色结晶粉末，含量在 85%以上，熔点 233～235℃。易溶于醇类（比如甲醇、乙醇）、丙酮、醋酸乙酯、乙酸乙酯等有机溶剂，还可溶于碳酸氢钠和 pH6.2 的磷酸缓冲液。微溶于水、乙醚，不溶于石油醚、苯、氯仿等溶剂。干燥状态及在温度低的酸性条件下，比较稳定。遇碱中和失去生理效用。其溶液在 pH3～4 下最稳定。在中性或微碱性条件下，稳定性下降。高温能明显加速其分解。

毒性： 按照我国农药毒性分级标准，赤霉酸属低毒。原药对雌、雄大鼠急性经口 LD_{50}＞5 000mg/kg；急性经皮 LD_{50}＞2 000mg/kg；对大白兔眼睛无刺激性，对皮肤无刺激性，属弱致敏性。饲喂大鼠的无作用剂量＞10 000mg/kg；未见致畸、致突变和致癌作用，对鱼、鸟低毒。

作用特点： 赤霉酸属植物内源激素，其原药主要采用微生物发酵生产，作用广谱，是多效唑、矮壮素等生长抑制剂的拮抗剂。可促进细胞生长，使茎伸长，叶片扩大，促使单性结实和果实生长，打破种子休眠，改变雌 、雄花比例，影响开花时间，减少花、果的脱落。赤霉酸主要经叶片、嫩枝、花、种子或果实进入到植株体内，然后传导到生长活跃的部位起作用。

制剂： 20%赤霉酸可溶粉剂，75% 赤霉酸结晶粉，4%赤霉酸乳油。

20%赤霉酸可溶粉剂

理化性质及规格： 外观为白色粉末，密度为 1.0g/cm^3，pH 4.0～8.0，水含量≤3.0%，

润湿时间≤120s，非易燃物，对金属有一定的腐蚀性，无爆炸性，热储稳定性合格。

毒性：按照我国农药毒性分级标准，20%赤霉酸可溶粉剂属低毒。大鼠急性经口 LD_{50} >5 000mg/kg，急性经皮 LD_{50} >2 000mg/kg。

使用方法：

用于调节葡萄生长　在葡萄谢花后果粒 10～12mm 时，用 20%赤霉酸可溶粉剂 10 000～13 333 倍液（有效成分浓度 15～20mg/kg）蘸果穗 1 次。

75%赤霉酸结晶粉

理化性质及规格：熔点 223～225℃；水中溶解度 5g/L，溶于甲醇、乙醇、丙酮，不溶于氯仿，遇碱易分解。

毒性：按照我国农药毒性分级标准，75%赤霉酸结晶粉属低毒。大鼠急性经口 LD_{50} > 5 000mg/kg，急性经皮 LD_{50} >5 000mg/kg，急性吸入 LC_{50} >5.9mg/L；对家兔皮肤、眼睛轻度刺激，对皮肤无致敏性；对冷水鱼 LC_{50} >150mg/kg；对北美鹌鹑 LD_{50} >2 000mg/kg，对蜜蜂 LC_{50} >4 640mg/kg。

使用方法：

用于促进菠萝果实生长、增加产量　在菠萝谢花后，用 75%赤霉酸结晶粉 9 500～19 000倍液（有效成分浓度 40～80mg/kg），对水喷花 2 次，每次施药间隔期为 20d。

4%赤霉酸乳油

理化性质及规格：外观为深蓝色至绿色的均相液体，具有特殊气味。pH 2.0～4.0，水分≤5%。

毒性：按照我国农药毒性分级标准，4%赤霉酸乳油属低毒。大鼠急性经口 LD_{50} > 2 000mg/kg，急性经皮 LD_{50} >5 000mg/kg。

使用方法：

用于调节棉花生长、增产　在棉花盛花期，用 4%赤霉酸乳油 2 000～4 000 倍液（有效成分浓度 10～20mg/kg），对水全株喷雾施药。

注意事项：

1. 每个生长期只能使用 1 次。
2. 用药前后加强田间管理，保持水足肥饱、植株健壮。
3. 施用时气温在 18℃以上为好。
4. 应在使用前现配现用，稀释用水宜用冷水，不可用热水，水温超过 50℃会失去活性。勿与碱性农药或肥料混用，用药后 6h 内遇雨会影响药效。
5. 最佳使用时间及对水量受品种特性、气温、栽培管理水平的影响，可根据实际情况调整。

10%赤霉酸 A3 可溶片剂

理化性质及规格：制剂外观为白色片剂，表面光洁，无斑点。pH6.0～7.0，水分≤3%，溶解时间≤15min，强度（用立面承受的压力表示）≥70N。

毒性：按照我国农药毒性分级标准，10%赤霉素 A3 可溶片剂属低毒。大鼠急性经口 LD_{50} >

5 000mg/kg，急性经皮 LD_{50}＞2 000mg/kg，对家兔眼睛和皮肤无刺激性，属Ⅰ级弱致敏物。

使用方法：

水稻制种　在水稻抽穗始期和盛期，使用10%赤霉素A3可溶片剂410～625倍液（有效成分浓度160～240mg/kg），对水喷雾施药1次。

注意事项：

1. 水稻制种应掌握制种技术，使父、母本花期相遇，适期喷药后才有显著效果，否则效果不佳，影响产量。

2. 赤霉酸遇碱分解，在偏酸和中性溶液中较稳定。不宜与碱性农药混合使用，否则易失效。

赤霉酸A4＋A7

中文通用名称：赤霉酸A4＋A7

英文通用名称：Gibberellin acid（A4），Gibberellin A7

化学名称：

A4：（3S，3aR，4S，4aR，7R，9aR，12S）-12-羧基-3-甲基-6-亚甲基-2-氧全氢化-4a，7-亚甲基-3，9b-次丙烯［1，2-b］呋喃-4-羧酸

A7：（3S，3aR，4S，4aR，7R，9aR，12S）-12-羧基-3-甲基-6-亚甲基-2-氧全氢化-4a，7-亚甲基-3，9b-次丙烯［1，2-b］呋喃-4-羧酸

化学结构式：

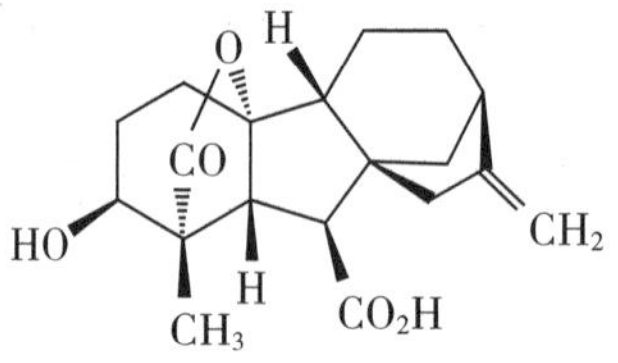

A4 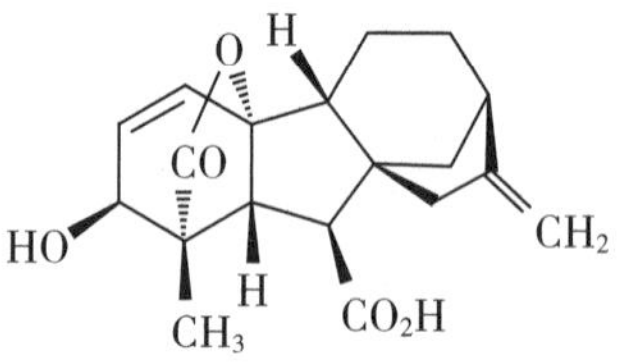　　A7

理化性质：晶状固体，熔点223～225℃（分解），水中溶解度5g/L，溶于甲醇、乙醇、丙酮，微溶于乙醚和乙酸乙酯，不溶于氯仿，迅速溶于水（钾盐为50g/L）。干燥赤霉酸在室温下稳定，在水溶液中或醇溶液中分解，在碱液中失去活性，遇热分解。

毒性：按照我国农药毒性分级标准，赤霉酸A4和A7的复合体属低毒。大鼠急性经口 LD_{50}＞5 000mg/kg，急性经皮 LD_{50}＞2 000mg/kg，对眼睛有轻微刺激性，对皮肤无刺激性和致敏性。对兔无作用剂量为300mg/（kg·d）。

作用特点：赤霉素A4、A7具有赤霉素A3促进坐果、打破休眠、性别控制等功效，且作用更显著。

制剂：2%赤霉酸A4＋A7膏剂。

2%赤霉酸A4＋A7膏剂

理化性质及规格：外观为淡黄色膏状，无特殊刺激性气味，密度为1.296g/mL（20℃），pH 3.0～6.0，水分≤5.0%。沸点前无闪点，两年内常温储存稳定。

毒性：按照我国农药毒性分级标准，2%赤霉酸A4＋A7膏剂属低毒。雌、雄大鼠急性

经口 LD_{50}＞5 000mg/kg，急性经皮 LD_{50}＞5 000mg/kg，急性吸入 LC_{50}＞5 000mg/m^3，对大耳白兔眼睛呈轻度刺激性，对豚鼠皮肤无刺激性、弱致敏性。

使用方法：

用于调节梨树生长、促进膨大、增产　在花瓣脱落后 20～40d 使用，用 2%赤霉酸 A4＋A7膏制剂量 20～25mg/果，均匀涂抹于果梗部，药剂不可触及果面。适用于皇冠、黄金、绿宝石、丰水、黄花、酥梨等鲜食梨品种。

注意事项：

1. 应严格按照规定用药期用药，过早使用会引起烧果。
2. 在使用时严格按照推荐剂量使用，不得超量使用。
3. 注意天气预报，若未来连续 10d 气温在 30℃以上，为预防烧果，需减量使用并避免套袋。
4. 注意施肥管理及高钙等微量元素使用，使果树健壮，提升果实品质。
5. 遇低温天气膏剂变硬难以挤出时，可于温水中软化后使用。

乙　烯　利

中文通用名称：乙烯利

英文通用名称：ethephon

化学名称：2-氯乙基膦酸

化学结构式：

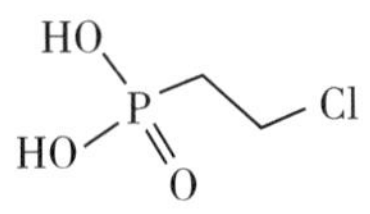

理化性质：纯品为白色针状结晶，熔点 74～75℃，沸点约 265℃（分解），密度（1.409±0.02）g/m^3（20℃），蒸气压＜0.01mPa（20℃）。易溶于水和酒精，难溶于苯和二氯乙烷。在酸性介质（pH＜3.5）中稳定，在碱性介质中很快分解放出乙烯。

毒性：按照我国农药毒性分级标准，乙烯利属低毒。原药大鼠急性经口 LD_{50} 为 4 229mg/kg，兔急性经皮 LD_{50} 为 5 730mg/kg，家鼠急性吸入 LC_{50} 为 90mg/m^3（4h）。对皮肤、黏膜、眼睛有刺激性。无致突变、致癌和致畸作用。乙烯利与酯类有亲和性，故可抑制胆碱酯酶的活力。乙烯利对鱼类低毒，鲤鱼 TLm 为 290mg/L（72h）。对蜜蜂低毒，1 000mg/L无明显毒性作用。

作用特点：乙烯利是一种乙烯释放剂。在酸性介质中十分稳定，而在 pH4 以上，则分解放出乙烯。一般植物细胞液的 pH 皆在 4 以上，乙烯利经由植物的叶片、树皮、果实或种子进入植物体内，然后传导到起作用的部位，便释放出乙烯，能起内源激素乙烯所起的生理功能，如促进果实成熟及叶片、果实的脱落等。

制剂：40%、54%乙烯利水剂，10%乙烯利可溶粉剂，5%乙烯利膏剂。

40%乙烯利水剂

理化性质及规格：外观为淡黄色至褐色透明液体，相对密度 1.258，pH≤3。

毒性：按照我国农药毒性分级标准，40%乙烯利水剂属低毒。小鼠急性经口 LD_{50} 为

4 000mg/kg，急性经皮 LD_{50} 为 6 800mg/kg。

使用方法：

1. *用于促进棉花提早成熟* 在棉花吐絮率达 70%～80%时，用 40%乙烯利水剂 300～500 倍液（有效成分浓度 800～1 333mg/kg），对水喷雾施药。

2. *用于促进番茄果实成熟* 在番茄转色期，用 40%乙烯利水剂 800～1 000 倍液（有效成分浓度 400～500mg/kg）喷、涂果实；或在番茄采收后，用 40%乙烯利水剂 800～1 000 倍液（有效成分浓度 400～500mg/kg）喷施果实，可促进成熟、提早着色。避免番茄植株、叶片或尚未进入白熟期的番茄果实着药，否则易造成药害。

3. *用于促进香蕉果实成熟* 在香蕉采收后，用 40%乙烯利水剂 400～500 倍液（有效成分浓度 800～1 000mg/kg）浸果或喷果。

4. *用于增加橡胶树胶乳产量* 在橡胶树割胶期，用 40%乙烯利水剂 5～10 倍液（有效成分浓度 40～80mg/kg），均匀涂抹于橡胶树割胶面。

注意事项：

1. 药液应随配随用，勿与碱性物质混用，以免分解失效。

2. 具有刺激性，其蒸气与空气可形成爆炸性混合物，当达到一定浓度时，遇火星会发生爆炸。受高热分解放出有毒的气体。

3. 含有少量沉淀，不影响药效，储存过程中勿与碱金属的盐类接触。

1-甲基环丙烯

中文通用名称： 1-甲基环丙烯

英文通用名称： 1-methylcyclopropene

其他名称： 聪明鲜

化学名称： 1-甲基环丙烯

化学结构式：

理化性质： 常温下为无色气体，沸点 4.68℃，蒸气压 2×10^5 Pa（20～25℃），水中溶解度 137 mg/L（20℃）。无法单独存在，也不能储存。生产过程中，一经形成，即被 α-环糊精分子吸附，形成稳定的微胶囊，并经葡萄糖稀释，直接生产制剂。

毒性： 按照我国农药毒性分级标准，1-甲基环丙烯属低毒。每日每千克体重允许摄入量（ADI）为 0.000 9 mg，呼吸 AOEL 值每日每千克体重为 0.09 mg，系统的 AOEL 值每日每千克体重为 0.009 mg。

作用特点： 1-甲基环丙烯是一种非常有效的乙烯产生和乙烯作用的抑制剂。作为促进成熟衰老的植物激素——乙烯即可由部分植物自身产生，又可在储藏环境甚至空气中存在一定的量，乙烯与细胞内部的相关受体相结合，才能激活一系列与成熟有关的生理生化反应，加快衰老和死亡。1-甲基环丙烯亦可以很好地与乙烯受体结合，但这种结合不会引起成熟的生化反应，因此，在植物内源乙烯产生或外源乙烯作用之前施用 1-甲基环丙烯，它就会抢先与乙烯受体结合，从而阻止乙烯与其受体的结合，很好地延长了果蔬成熟衰老的过程，延长了保鲜期。

制剂： 3.3%、0.14%、0.014%1-甲基环丙烯微囊粒剂，0.63% 1-甲基环丙烯微囊片剂，1% 1-甲基环丙烯微囊可溶液剂。

3.3% 1-甲基环丙烯微囊粒剂

理化性质及规格： 3.3% 1-甲基环丙烯微囊粒剂是一种白色粉状制剂，包装于聚乙烯醇塑料袋内，使用时将药包加入盛有水的发生器中，药剂便释放到使用的环境中。pH（24℃，1%水溶液）5.7，细度 7.7μm，水分≤4%，(54±2)℃条件下，14d 后仍然稳定。

毒性： 按照我国农药毒性分级标准，3.3% 1-甲基环丙烯微囊粒剂属低毒。大鼠急性经口 LD_{50}>5 000mg/kg，急性经皮 LD_{50}>5 000mg/kg，急性吸入 LC_{50}>2.5mg/L。对新西兰白兔皮肤及眼睛无刺激性，对豚鼠皮肤无致敏性。

使用方法：

水果保鲜　用于苹果、梨、李子、柿子、香甜瓜、番茄、猕猴桃等延缓成熟和保鲜。在果实采收后，尽早放置于密闭性良好的场所，每米^3 使用 3.3% 1-甲基环丙烯微囊粒剂35～70mg（猕猴桃每立方米使用 17.5～35mg），放入特制发生器，加入适量纯净水，置于储藏室地面靠近门口处，密闭熏蒸处理 12～24h，处理结束后应通风，降低气体残留。低温（0～2℃）储藏，有利于保鲜效果。

0.14% 1-甲基环丙烯微囊粒剂

理化性质及规格： 白色粉状制剂，包装于聚乙烯醇塑料袋内，使用时将药包加入盛有水的发生器中，药剂便释放到使用的环境中。

毒性： 按照我国农药毒性分级标准，0.14% 1-甲基环丙烯微囊粒剂属低毒。大鼠急性经口 LD_{50}>5 000mg/kg，急性经皮 LD_{50}>2 000mg/kg，急性吸入 LC_{50}>165mg/m^3。对家兔皮肤无刺激；对家兔眼睛有刺激作用，72h 可恢复；对豚鼠皮肤无致敏性。

使用方法：

花卉保鲜　用于非洲菊、唐菖蒲、百合、康乃馨等保鲜。在鲜花采收前，非洲菊、唐菖蒲用 0.14% 1-甲基环丙烯微囊粒剂有效成分浓度 1 000～1500μg/kg，百合、康乃馨使用有效成分浓度 500～1 000μg/kg，密闭熏蒸处理 12～24h。

注意事项：

1. 必须在密闭的空间内，配合专用的发生器使用。投药后，操作者必须立即离开，并在气体释放之前密闭储藏室。

2. 使用之前，要确认储藏室能够及时和充分地密闭，检查储藏场所有无明显的裂纹和空洞。

3. 将药品放置完毕，便可将发生器置于储藏室地面靠近门口处。放置位置要确保有良好的空气流通。在冷库，应有风机系统气流通过。

4. 要求保持密闭达 12～24h，保证室内良好的空气流通。如果装备有乙烯、CO_2 脱除机和臭氧发生器，应及时关闭。

5. 熏蒸处理结束后须进行彻底通风，消除气体残留。

6. 花卉保鲜处理时，适宜温度为 13～24℃。

7. 须由经过培训的专业工作人员使用。

芸苔素内酯

中文通用名称： 芸苔素内酯

英文通用名称： brassinolide

其他名称： 油菜素内酯

化学名称：（22R，23R，24R）-2α，3α，22R，23R-四羟基-24-S-甲基-β-7-氧杂-5α-胆甾烷-6-酮

化学结构式：

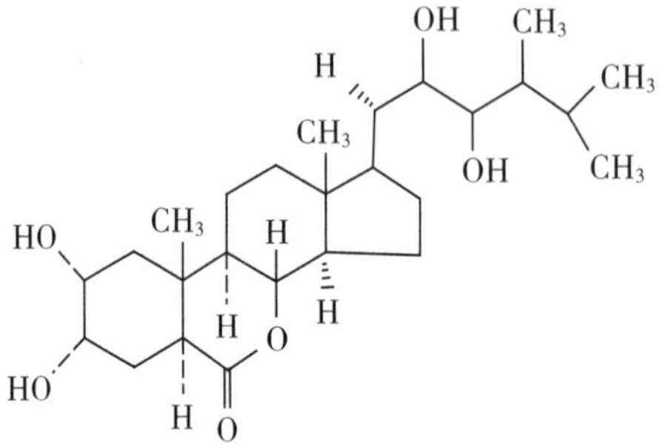

理化性质： 原药有效成分含量不低于95%，外观为白色结晶粉，熔点为256～258℃，水中溶解度为5mg/L，溶于甲醇、乙醇、四氢呋喃、丙酮等多种有机溶剂。

毒性： 按照我国农药毒性分级标准，芸苔素内酯属低毒。原药大鼠急性经口 LD_{50}＞2 000mg/kg，小鼠急性经口 LD_{50}＞1 000 mg/kg，大鼠急性经皮 LD_{50}＞2 000mg/kg。Ames试验表明没有致突变作用。对鲤鱼96h LC_{50}＞10mg/L；对水蚤3h LC_{50}＞100mg/L。

作用特点： 芸苔素内酯具有使植物细胞分裂和延长的双重作用，可促进根系发达，增强光合作用，提高作物叶绿素含量，促进作物对肥料的有效吸收，促进作物劣势部位良好生长。

制剂： 0.01%、0.15%芸苔素内酯乳油，0.1%芸苔素内酯可溶粉剂，0.01%芸苔素内酯可溶液剂，0.01%、0.04%、0.004%、0.0016%、0.0075%芸苔素内酯水剂。

0.004%芸苔素内酯水剂

理化性质及规格： 外观透明均相液体，无可见的悬浮物和沉淀。密度或堆积度0.997 8g/mL，pH范围为5.0～7.0，闪点95℃，不可燃，无腐蚀性。

毒性： 按照我国农药毒性分级标准，0.004%芸苔素内酯水剂属低毒。大鼠急性经口 LD_{50}为3 690mg/kg，急性经皮 LD_{50}＞2 150mg/kg，急性吸入 LC_{50}为2 710mg/m^3；对皮肤轻度刺激性，对兔眼睛轻度至中度刺激性，弱致敏性。

使用方法：

1. 用于促根水稻增蘖、培育壮苗　用0.004%的芸苔素内酯水剂2 000～4 000倍液（有效成分浓度0.01～0.02mg/kg）浸种24h。

2. 用于提高小麦分蘖能力　在小麦孕穗至扬花期，用0.004%芸苔素内酯水剂1 000～2 000倍液（有效成分浓度0.02～0.04mg/kg）对水喷雾施药。

3. 用于促进玉米种子萌发，调节生长　用0.004%芸苔素内酯水剂1 000～4 000倍液（有效成分浓度0.01～0.04mg/kg）浸种24h，捞出晾干后播种；或在玉米抽雄前，使用此

剂量对水均匀喷雾施药，可增加穗粒数。

4. 用于促进白菜生长，提高产量　在幼苗期和生长期，用 0.004%芸苔素内酯水剂 2 000～4 000 倍液（有效成分浓度 0.01～0.02mg/kg）对水喷雾施药。

注意事项：

1. 严禁与碱性农药等物质混用。
2. 大风天或下雨时不能喷药，喷药后 6h 内下雨影响效果。
3. 施药时间宜在上午 10：00 以前，下午 3：00 以后。

丙酰芸苔素内酯

中文通用名称：丙酰芸苔素内酯

化学名称：（24S）-2α、3α-二丙酰氧基-22R、23R-环氧-7-氧-5α-豆甾-6-酮

化学结构式：

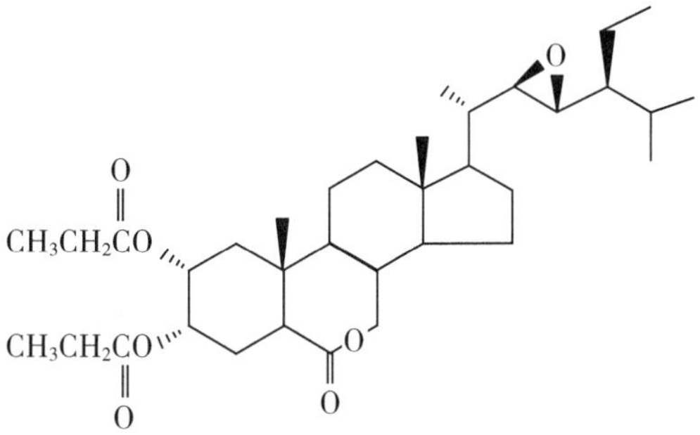

理化性质：原药纯度≥95%，白色结晶粉末，熔点 130～148℃。溶于甲醇、乙醇、氯仿、乙酸乙酯。难溶于水，在弱酸、中性介质中稳定，在强碱介质中分解。溶解度（20～25℃）：水 2.10mg/L，已烷 2.7g/L，乙醇 15 g/L，二甲苯 336 g/L，二氯甲苯 596 g/L，丙酮 224 g/L，乙酸乙酯 163 g/L。

毒性：按照我国农药毒性分级标准，丙酰芸苔素内酯属低毒。大鼠急性经口 LC_{50}＞5 000mg，急性经皮 LD_{50}＞2 000 mg/kg，急性吸入 LC_{50}＞5 000 mg/L；对眼睛有轻微刺激性，无致敏性，无致突变性。对斑马鱼 LC_{50}（48h）＞273.4μg/L，蜜蜂 LC_{50}（48h）＞1 065mg/L，对家蚕经口 LC_{50} 每千克桑叶＞16mg，日本鹌鹑经口 LD_{50}（7d）0.077mg/kg。

作用特点：丙酰芸苔素内酯可促进植物三羧酸循环，提高蛋白质合成能力，促进细胞分裂和伸长、生长，促进花芽分化；提高叶绿素含量，提高光合效率，增加光合作用；增加作物产量，改善作物品质；提高作物对低温、干旱、药害、病害及盐碱的抵抗力。适用作物和使用方法与芸苔素内酯基本相同，但使用浓度有所不同，持效期略长。

制剂：0.003%丙酰芸苔素内酯水剂。

0.003%丙酰芸苔素内酯水剂

理化性质及规格：外观为稳定均相液体。pH 4.0～7.0，密度为 0.92g/cm³（25℃），黏度 3.3mPa·s（25℃），无腐蚀性（26℃，7d），不易燃，无爆炸性。

毒性：按照我国农药毒性分级标准，0.003%丙酰芸苔素内酯水剂属低毒。大鼠急性经口 LD_{50}＞5 000mg/kg，急性经皮 LD_{50}＞2 000mg/kg；对家兔眼睛、皮肤无刺激性，对豚鼠

皮肤属弱致敏性。

使用方法：

用于调节葡萄生长，保花保果 在葡萄开花前1周，使用0.003%丙酰芸苔素内酯水剂3 000～5 000倍液（有效成分浓度0.006～0.01mg/kg）对水喷雾施药。

注意事项：

1. 安全间隔期为30d。
2. 按照规定用量施药，严禁随意加大用量。
3. 不可与碱性物质混用。
4. 现配现用，喷药6h内遇雨效果降低。

甲 哌 鎓

中文通用名称：甲哌鎓

英文通用名称：mepiquat chloride

其他名称：缩节安

化学名称：1，1-二甲基哌啶氯化铵

化学结构式：

$$N^{+}(CH_3)_2 \cdot Cl^{-}$$

理化性质：原药（含量≥95%）为白色或浅黄色结晶，熔点344℃，易溶于水，可溶于乙醇（20℃时溶解度为162g/L），难溶于丙酮及芳香烃。有强烈的吸湿性。水溶液呈中性，遇热不易分解。

毒性：按照我国农药毒性分级标准，甲哌鎓属低毒。原药雄、雌大鼠急性经口LD_{50}分别为740mg/kg和840mg/kg，小鼠急性经口LD_{50}为170～330mg/kg，小鼠急性经皮LD_{50}>2 000mg/kg。无致突变作用（Ames试验、小鼠骨髓细胞微核试验、小鼠精子畸变试验均为阴性）。大鼠饲喂28d蓄积毒性试验结果，蓄积系数>5，属弱蓄积性。

作用特点：甲哌鎓是一种赤霉素合成抑制剂，可协调作物营养生长和生殖生长的关系。主要用于调控棉花株形，防止徒长。使用后棉花叶片变小，果枝变短，延缓主茎和侧枝的生长，使棉花株形紧凑，呈宝塔形，改善群体通风透光条件，增加叶片叶绿素含量，使气孔增多且开度提高，从而提高光合作用效率。另外，用药后棉花输导组织发达，维管束、导管和筛管细胞发达，有利于光合产物向蕾、花、铃等生殖器官转化，增加生殖器官生长势，从而提高产量，并提高棉花纤维强度、整齐度、单纤强度、断裂强度等品质指标。

制剂：25%、250g/L、50g/L甲哌鎓水剂，8%、10%、96%、98%甲哌鎓可溶粉剂。

250g/L甲哌鎓水剂

理化性质及规格：外观为稳定的浅黄色或黄色均相液体，无可见的悬浮物和沉淀。pH 5.0～7.0，熔点285℃，蒸气压（20℃）<1×10^{-5}Pa，100g溶剂中溶解度（20℃，g）：水>100g/L，乙醚<0.1g/L，乙醇16.2g/L，氯仿1.1g/L，乙酸乙酯<0.1g/L，环己烷<0.1g/L，橄榄油<0.1g/L；常温下储存2年稳定。

毒性：按照我国农药毒性分级标准，250g/L甲哌鎓水剂属低毒。雌、雄大鼠急性经口

LD_{50}分别为2 000mg/kg和1 710mg/kg，急性经皮LD_{50}均>2 000mg/kg。对大耳白兔眼睛无刺激性，对豚鼠皮肤无刺激性，对豚鼠致敏强度分级为Ⅰ级，属弱致敏物。

使用方法：

用于增加棉花结铃率，减少脱落率，增加伏前铃数　在棉花盛蕾期至盛花期，即棉株高50～60cm、10个果枝以上、30%～50%棉株开始开花时，每667m^{2}用250g/L水剂12～16mL（有效成分3～4g），对水喷雾施药1次。易早衰品种施药期应适当偏晚。

注意事项：

1. 按最佳浓度施用，浓度过大、过小或施药期过早影响营养生长，都不利于增产。

2. 严格控制用药剂量，剂量高对棉株抑制过度，使植株过分矮小，蕾花脱落较多，应及时灌水、追肥，并喷施30～50mg/L浓度的赤霉素药液进行补救，以减轻损失。

矮　壮　素

中文通用名称：矮壮素

英文通用名称：chlormequat

化学名称：2-氯乙基三甲基氯化铵

化学结构式：

$$ClCH_2CH_2N^+ (CH_3)_3Cl^-$$

理化性质：原粉为白色至浅黄色粉末，带有鱼腥味。纯品为无色吸湿晶体，相对密度1.141（20℃），熔点245℃（分解）。蒸气压<0.01mPa（25℃）。溶解度（20℃）：水1 000g/kg，甲醇>25g/kg，乙醇320g/kg，二氯乙烷、乙酸乙酯、丙酮、庚烷<1g/kg，氯仿0.3g/kg。原粉在238～242℃分解，易吸潮，遇碱分解。

毒性：按照我国农药毒性分级标准，矮壮素属低毒。原药大鼠急性经口LD_{50}为996mg/kg，急性经皮LD_{50}为4 000mg/kg。对眼睛和皮肤无刺激性，对皮肤无致敏性。对鱼、蜜蜂、鸟低毒。

作用特点：矮壮素是一种赤霉素生物合成抑制剂。可经由叶片、幼枝、芽、根系和种子进入到植株体内，生理功能是控制植株的徒长，促进生殖生长，使植株节间缩短，矮、壮，抗倒伏，同时叶色加深，叶片增厚，叶绿素含量增多，光合作用增强，从而提高某些作物的坐果率，也能改善品质，提高产量。

制剂：50%矮壮素水剂，80%矮壮素可溶粉剂。

50%矮壮素水剂

理化性质及规格：制剂水溶液在50℃的稳定性大于2年，在土壤中能很快被酶降解，对未做保护的金属有腐蚀性。

毒性：按照我国农药毒性分级标准，50%矮壮素水剂属低毒。雌、雄大鼠急性经口LD_{50}分别为794mg/kg和681mg/kg，急性经皮LD_{50}>2 150mg/kg；对水生生物LC_{50}：鳟鱼>1 000mg/L（96h），鲤鱼>1 000mg/L（72h）；对蜜蜂无毒，对天敌LD_{50}：日本鹌鹑555mg/kg，鸭261mg/kg，鸡920mg/kg；土中迅速分解，半衰期（在4种土中平均值）为32d（10℃）。

使用方法：

1. 用于防止棉花植株徒长，使株形紧凑　在棉花初花期，用50%矮壮素水剂8 000～

10 000倍液（有效成分浓度50～62.5mg/kg），对水喷雾施药，旺长田在封行期可再喷1次。

2. 用于防止小麦倒伏，提高小麦产量　在小麦返青后拔节前，使用50%矮壮素水剂200～400倍液（有效成分浓度1 250～2 500mg/kg），对水喷雾施药。

注意事项：

1. 水肥条件好，群体有徒长趋势时使用效果好。而地理条件差，长势不旺地块不能使用，不能封垄的棉田不宜使用。

2. 喷施矮壮素的田块要加强田间管理，做好肥水调节，一般作物施药后叶色深绿，但仍应适当追肥以免植株早衰。

3. 不能与碱性农药等物质混用，施药后6h内降水，影响效果。

4. 棉花上易引起铃壳加厚和畸形，使叶柄变脆。

抗　倒　酯

中文通用名称：抗倒酯

英文通用名称：trinexapac-ethyl

化学名称：4-环丙基（羟基）亚甲基-3，5-二氧代环己烷甲酸甲酯

化学结构式：

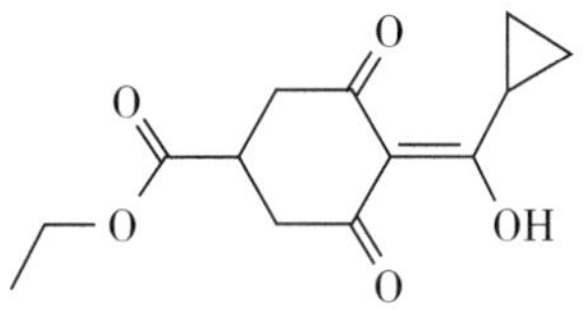

理化性质：原药外观为红棕色固体熔合物，相对密度1.215（20℃），沸点/熔点>270℃，熔程31.1～36.6℃，蒸气压2.16×10^{-3}Pa，溶解度（g/L）：正己烷45，甲醇500，正辛醇420，甲苯500，丙酮500。

毒性：按照我国农药毒性分级标准，抗倒酯原药属低毒。大鼠急性经口LD_{50}>5 000 mg/kg，兔急性经皮LD_{50}>5 000 mg/kg，每日每千克体重允许摄入量0.316mg。

作用特点：本品属环己烷羧酸类植物生长延缓剂，也是赤霉素生物合成的抑制剂。本品通过对高羊茅草坪草茎、叶生长的调控作用，延缓草坪草的直立生长，降低草坪的修剪频率，能显著提高草坪的抗逆性。

制剂：11.3%抗倒酯可溶液剂，250g/L抗倒酯乳油。

11.3%抗倒酯可溶液剂

理化性质及规格：外观为橘红色液体，带麝香草酚气味。pH 3.6，密度或堆积度1.07g/cm^3，水分≤0.3%。(0±2)℃低温下储存7d，稳定性较好；54℃下储存14 d稳定。

毒性：按照我国农药毒性分级标准，11.3%抗倒酯可溶液剂属低毒。大鼠急性经口LD_{50}>5 050mg/kg，家兔急性经皮LD_{50}>2 020mg/kg，大鼠急性吸入LC_{50}>2.57mg/L，对家兔眼睛、皮肤无刺激性，对豚鼠皮肤无致敏性。

使用方法：

用于调节高羊茅草坪生长　在草坪修剪后1～3d内，每667m^2用11.3%抗倒酯可溶液剂133～200mL（有效成分15～22.6g），对水喷雾施药，可延缓草坪草直立生长。

注意事项：

1. 必须在健壮、有活力的高羊茅草坪上使用。
2. 对草坪草安全性有差异，试验后再大面积推广应用。
3. 对低修剪高度的草坪有较大的抑制作用，施用后 4h 内请勿进行修剪作业。
4. 草坪因逆境胁迫（高温、低温或干旱等）而进入休眠状态时，请降低本品的使用剂量。
5. 请勿在灌溉系统中使用。
6. 施药后 12h 内，请勿进入施药区域。切勿在施用地区放牧；也不要将喷施本品后的割草饲喂家畜。

250g/L 抗倒酯乳油

理化性质及规格：外观为黄色至褐色液体，pH 2～6（1%，去离子水），密度 0.96～1.00g/cm^3（20）℃，自燃温度 250℃，对锡铜片、铜 ST37、不锈钢 DIN1.4541 均无腐蚀性。根据热敏试验和机械敏感试验结果，无爆炸性。非氧化物，冷热储稳定。

毒性：按照我国农药毒性分级标准，250g/L 抗倒酯乳油属低毒。大鼠急性经口 LD_{50}＞5 000mg/kg，急性经皮 LD_{50}＞4 000mg/kg；对家兔眼睛及皮肤无刺激性，对豚鼠皮肤具有中度致敏性。

使用方法：

用于防止小麦倒伏　在小麦分蘖末期拔节初期，每 667m^2 用 250g/L 抗倒酯乳油 20～33mL（有效成分 5～8.3g），对水喷雾施药 1 次。

注意事项：

1. 在大风或极端高温或高湿的环境条件下，或植物长势较弱的条件下，请勿使用。
2. 喷雾时宜使用扇形喷嘴，防止喷雾不均匀而导致局部药量过高。

多　效　唑

中文通用名称：多效唑

英文通用名称：paclobutrazol

化学名称：（2RS，3RS）-1-（4-氯苯基）-4，4-二甲基-2-（1H-1，2，4，-三唑-1-基）戊-3-醇

化学结构式：

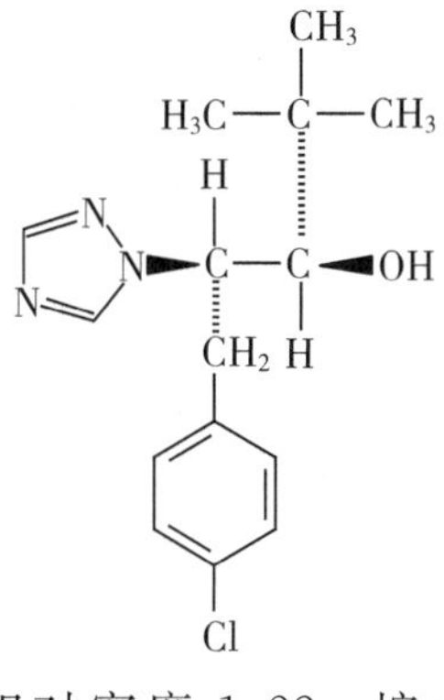

理化性质：白色结晶固体，相对密度 1.22，熔点 165～166℃，蒸气压 0.001mPa

(20℃)。溶解度(20℃):水0.026g/L,环己酮180g/L,甲醇150g/L,丙酮110g/L,二氯甲烷100g/L,二甲苯60g/L,丙二醇50g/L,己烷10g/L。50℃能稳定6个月以上,常温(20℃)储存稳定期2年以上。稀溶液在pH4~9均稳定,对光也稳定。

毒性: 按照我国农药毒性分级标准,多效唑属低毒。雄、雌大鼠急性经口LD_{50}分别为2 000mg/kg和1 300mg/kg,雄、雌小鼠急性经口LD_{50}分别为490 mg/kg和1 200 mg/kg,豚鼠经皮LD_{50} 400~600mg/kg,雄、雌兔急性经口LD_{50}分别为840mg/kg和940mg/kg,兔和大鼠急性经皮LD_{50}>1 000mg/kg。雄、雌大鼠急性吸入LC_{50}分别为4.79 mg/kg和3.13mg/kg(4h,mg/L);对兔皮肤有中等刺激性,对兔眼睛有严重刺激性。大鼠亚急性经口无作用剂量为250mg/(kg·d),大鼠每日慢性经口无作用剂量为75mg/kg,实验室条件下未见致畸、致癌、致突变作用。对鱼低毒,虹鳟鱼LC_{50}(96h)为27.8mg/L,对鸟低毒,对野鸭急性LC_{50}>7 900mg/kg,对蜜蜂低毒,LD_{50}>0.002mg/只。

作用特点: 多效唑是一种三唑类植物生长调节剂,是内源赤霉素合成的抑制剂。多效唑可使稻苗根、叶鞘、叶的细胞变小,各器官的细胞层数增加,秧苗外观表现为矮壮多蘖,叶色浓绿,根系发达。示踪分析表明,水稻种子、叶、根都能吸收多效唑。叶片吸收的多效唑大部分滞留在吸收部分,很少向外运输。多效唑低浓度时增进稻苗的光合效率,高浓度时抑制光合效率。多效唑还可提高根系呼吸强度;降低地上部分呼吸强度,提高叶片气孔抗阻,降低叶面蒸腾作用。多效唑可控制作物生长。例如对连作晚稻有“控长促蘖”作用,移栽后不易发生倒苗败苗,可增加早期分蘖,增穗增产。多效唑还可控制水稻节间伸长,使株形紧凑,因而防止水稻倒伏的效果较好。

制剂: 15%、10%多效唑可湿性粉剂,0.4%、25%、240g/L多效唑悬浮剂,5%多效唑乳油。

15%多效唑可湿性粉剂

理化性质及规格: 15%多效唑可湿性粉剂由有效成分多效唑和乳化剂、溶剂组成。

毒性: 按照我国农药毒性分级标准,15%多效唑可湿性粉剂属低毒。雌、雄大鼠急性经口LD_{50}分别为1 300mg/kg和2 000mg/kg,大鼠及兔急性经皮LD_{50}均>1 000mg/kg。对皮肤和眼睛有轻度刺激。对水生生物LC_{50}:斑马鱼17.57mg/L(96h);对鹌鹑急性经口LD_{50}>2 000mg/kg,对蜜蜂LC_{50}(96h)>100μg/只,对天敌野鸭LD_{50}>7 900mg/kg,家蚕LC_{50}为445.8mg/kg。

使用方法:

1.用于培育水稻矮壮秧 在水稻秧苗1叶1心期放干秧田水,用15%多效唑可湿性粉剂500~750倍药液(有效成分浓度200 ~300mg/kg),均匀喷雾施药,可控苗促蘖、带蘖壮秧移栽,并有矮化防倒、增产的作用。药后不可大水漫灌和过量施用氮肥,播种量过高时(每667m^2大于30~40kg),效果降低。

2.用于培育油菜壮秧 在油菜3叶期,每667m^2用15%多效唑可湿性粉剂750~1 500倍液(有效成分浓度100~200mg/kg),对水喷雾施药。可使油菜秧苗矮壮,茎粗根壮,能显著提高移栽成苗率。在用药3d后,就能明显看出叶色转深,新生叶柄伸长受到抑制。

3.用于抑制花生旺长 在花生初花期至盛花期,使用15%多效唑可湿性粉剂1 000~1 500倍液(有效成分浓度100~150mg/kg),对水喷雾施药,可抑制植株旺长,促进扎针结荚，增加荚果产量。

注意事项：

1. 多效唑在稻田应用最易出现残留药害，危害后茬作物。同一地块不能一年多次或连年使用；用过药的秧田，应翻耕暴晒后，方可插秧或种其他作物，可与生长延缓剂或生根剂混用，以减少多效唑的用量。

2. 油菜施药过早时苗尚小，易控制过头，不利培育壮秧。

3. 只起到调控作用，不起肥水作用，使用本品后应注意肥水管理。如用量过多，过度抑制作物生长时，可喷施氮肥解救。

4. 不宜与波尔多液等铜制剂及酸性农药合用。

5. 花生上使用，易引起叶片大量脱落和植株早衰。

6. 土壤中残留时间长，易造成对后茬作物的残效，应严格控制用药时期和用量。

烯 效 唑

中文通用名称：烯效唑

英文通用名称：uniconazole

其他名称：特效唑

化学名称：(E)-(RS)-1-(4-氯苯基)-4，4-二甲基-2-(1H-1，2，4-三唑-1-基)戊-1-烯-3-醇

化学结构式：

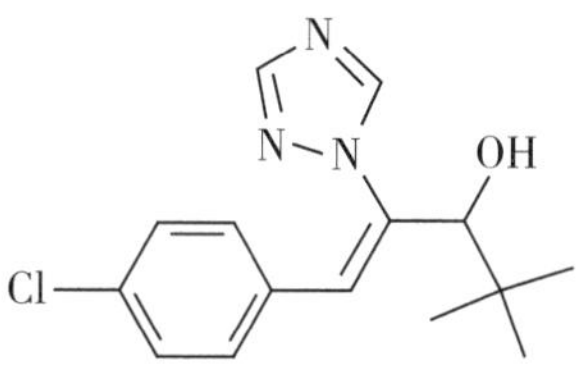

理化性质：纯品为白色结晶，熔点162～163℃，水中溶解度14.3mg/L（24℃），能溶于丙酮、甲醇、醋酸乙酯、氯仿及二甲基甲酰胺等溶剂。原药（含量≥85%）外观为白色或淡黄色结晶状粉末，熔点159～160℃，蒸气压8.9mPa（20℃），水分≤1%。稳定性：在40℃下稳定，在多种溶剂中及酸性、中性、碱性水溶液中不分解，但在短波下（260～270nm）易分解。

毒性：按照我国农药毒性分级标准，烯效唑属低毒。原药大鼠急性经口 LD_{50} >4 642mg/kg，急性经皮 LD_{50} >4 642mg/kg，小鼠急性经皮 LD_{50} >600 mg/kg；对豚鼠皮肤无刺激作用。未见致突变作用，对大鼠蓄积性毒性试验28d，蓄积系数>5，为轻度蓄积毒性。金鱼 LC_{50} >1.0mg/L（48h），蓝鳃鱼 LC_{50} 6.4 mg/L（48h）。

作用特点：烯效唑为三唑类植物生长调节剂，是赤霉酸生物合成的拮抗剂，对草本或木本的单、双子叶植物均有较强的生长抑制作用，主要抑制节间细胞的伸长，使植物生长延缓。药剂被植物的根吸收，在植物体内进行传导；茎叶喷雾时，可向上内吸传导，但没有向下传导的作用。同时，烯效唑又是麦角甾醇生物合成抑制剂，它有4种立体异构体。烯效唑异型结构的活性是多效唑的10倍以上。若烯效唑的4种异构体混合在一起，则活性大大降低。烯效唑主要具有矮化植株、谷类作物抗倒伏、促进花芽形成、提高作物产量等作用。

制剂：5%烯效唑可湿性粉剂，5%烯效唑乳油。

5%烯效唑可湿性粉剂

理化性质及规格：5%烯效唑可湿性粉剂由烯效唑 5%、助剂和填料加工而成。外观为灰白色疏松粉末，悬浮剂≥70%，润湿时间≤60s，pH8～11，细度 95%以上通过 44μm（345 目）筛，热储稳定性合格。常温储存质量保证期为 2 年。

毒性：按照我国农药毒性分级标准，5%烯效唑可湿性粉剂属低毒。大鼠急性经口 LD_{50}>2 000mg/kg，急性经皮 LD_{50}>2 000mg/kg；对家兔眼黏膜有轻度刺激性，洗眼有效果。对家兔皮肤无刺激性，对豚鼠皮肤无致敏作用。

使用方法：

用于水稻控长、促蘖、增穗和增产　早稻用 5%烯效唑可湿性粉剂 333～500 倍液（有效成分浓度 100～150mg/kg）浸种；晚稻的常规粳稻、糯稻等杂交稻用 5%烯效唑可湿性粉剂 833～1 000 倍液（有效成分浓度 50～60mg/kg）浸种，种子量和药液量比为 1∶（1～1.2）。浸种时间为 36～48h，杂交稻为 24h，整个浸种过程中要搅拌 2 次，以便使种子均匀着药。

注意事项：

1. 用药量过高，作物受抑制过度，可增施氮肥或用赤霉素补救。

2. 严格掌握使用量和使用时期。作种子处理时，要平整好土地，浅播浅覆土，墒情要好。

3. 不同品种的水稻因其内源赤霉素、吲哚乙酸水平不同，生长势也不同。生长势较强的品种用高量，生长势弱的品种用药量要少。烯效唑浸种会降低发芽势，随剂量增加更明显，浸种种子发芽推迟 8～12h。温度高时，用药量稍高，温度低时反之。

氯　吡　脲

中文通用名称：氯吡脲

英文通用名称：forchlorfenuron

其他名称：吡效隆

化学名称：1-（2-氯-4-吡啶）-3-苯基脲

化学结构式：

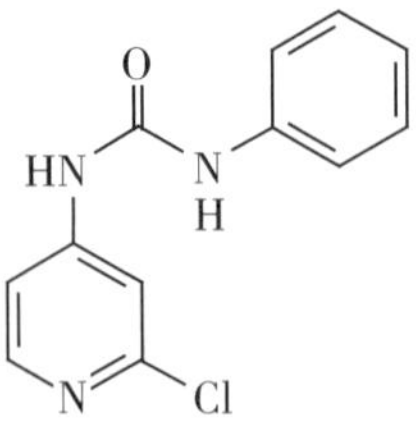

O
HN　N
H
N　Cl

理化性质：原药（含量 85%以上）为白色固体粉末，熔点 168～174℃，在水中的溶解度 65mg/L（20℃）。易溶于丙酮、乙醇、二甲亚砜。

毒性：按照我国农药毒性分级标准，氯吡脲属低毒。原药小鼠急性经口 LD_{50} 为1 510 mg/kg，大鼠急性经皮 LD_{50}>10 000 mg/kg；对家兔皮肤有轻度刺激性，两项致突变实验（Ames 试验和微核试验）均为阴性，无致突变作用。

作用特点：氯吡脲是苯基脲类衍生物，烟草髓愈伤组织生长测定表明其具细胞分裂素活性，其作用机理与嘌呤型细胞分裂素（6BA、KT）相同，但活性要比 6BA、KT 高 10～100 倍。氯吡脲能促进细胞分裂、分化和扩大，促进器官形成、蛋白质合成。对水稻离体叶片衰老具有明显的延缓效应，使叶色加深，保绿效应比嘌呤型细胞分裂素好，且时间长，还可提高光合作用，增强抗逆性和延缓衰老。尤其对瓜果类植物促进花芽分化，防止生理落果有显著效果，能提高坐果率，使果实膨大的直观效果明显。

制剂：0.1%、0.5%氯吡脲可溶液剂。

0.1%氯吡脲可溶液剂

理化性质及规格：0.1%氯吡脲可溶液剂由氯吡脲 0.1%加乙醇、助剂、表面活性剂组成。外观为无色透明液体，相对密度 0.813，易燃，pH5.5～7。在常温条件下储存 2 年以上稳定。

毒性：按照我国农药毒性分级标准，0.1%氯吡脲可溶液剂属微毒。小鼠急性经口 LD_{50} 6 810mg/kg，大鼠急性经皮 LD_{50}>10 000mg/kg。对兔眼睛有中度刺激性，对兔皮肤有轻度刺激性。鲤鱼 LC_{50} 8.6mg/L（48h）。

使用方法：

1. *用于增加猕猴桃单果重，增加产量* 在谢花后 10～25d，用 0.1%氯吡脲可溶液剂 50～100 倍液（有效成分浓度 10～20mg/kg）浸渍幼果。

2. *用于提高葡萄坐果率，果实膨大，增加产量* 在谢花后 10～15d，用 0.1%氯吡脲可溶液剂 50～100 倍液（有效成分浓度 10～20mg/kg）浸渍幼果穗。

3. *用于提高西瓜、甜瓜坐瓜率，促果实膨大，增加产量* 雌花开花当天或提前 1 天，用 0.1%氯吡脲可溶液剂 50～100 倍液（有效成分浓度 10～20mg/kg）喷瓜胎。

4. *用于提高黄瓜坐瓜率* 在开花前 1 天，用 0.1%氯吡脲可溶液剂 50～100 倍液（有效成分浓度 10～20mg/kg）喷瓜胎。

注意事项：

1. 应严格遵循规定时期、用药量和使用方法，浓度过高可引起果实空心、畸形果并影响果内维生素 C 的含量，施药过晚易造成果实畸形、开裂。

2. 加水稀释后，应当天使用，久置药效降低。

3. 施药后 6h 遇雨效果降低。

4. 易挥发，用后应盖紧瓶盖。

苄 氨 基 嘌 呤

中文通用名称：苄氨基嘌呤

英文通用名称：6 - benzylaminopurine

化学名称：6 -（N -苄基）氨基嘌呤

化学结构式：

NH
N N
N N
H

理化性质：原药为白色针状结晶或淡黄色粉末，密度1.4g/cm^3，蒸气压2.373×10^{-6}Pa（20℃），熔点234～235℃，沸点237～246℃，20℃水中溶解度60mg/L。溶于二甲基甲酰胺和二甲基亚砜。可溶于甲醇、丙酮、异丙酮，难溶于水、乙烷等。在酸、碱介质中稳定。对光、热（8h，120℃）稳定。

毒性：按照我国农药毒性分级标准，苄氨基嘌呤属低毒。雄、雌大鼠急性经口LD_{50}分别为2 125mg/kg和2 130mg/kg，小鼠急性经口LD_{50}为1 300mg/kg。大鼠急性经皮LD_{50}＞5 000mg/kg。对兔眼睛和皮肤无刺激性，对皮肤无致敏性。每日每千克体重允许摄入量0.05mg。对鼠和兔无致突变和致畸作用。对鱼、蜜蜂、鸟低毒。鲤鱼LC_{50}（48h）＞40mg/L。水蚤LC_{50}＞40mg/L（24h）。藻类EC_{50}（96h）363.1mg/L。蜜蜂急性经口LD_{50} 400μg/只。野鸭饲喂饲料LC_{50}＞8 000mg/kg（5d）。

作用特点：为带嘌呤环的合成细胞分裂素类植物生长调节剂，具有较高的细胞分裂素活性，主要可促进细胞分裂、增大和伸长；抑制叶绿素降解，提高氨基酸含量，延缓叶片变黄变老；诱导组织（形成层）的分化和器官（芽和根）的分化，促进侧芽萌发，促进分枝；提高坐果率，形成无核果实；调节叶片气孔开放，延长叶片寿命，有利于保鲜。

制剂：1%苄氨基嘌呤可溶粉剂，2%苄氨基嘌呤可溶液剂。

1%苄氨基嘌呤可溶粉剂

理化性质及规格：外观为乳白色或黄色粉末，pH3.5～6.0，熔点235℃，润湿度（时间）≤120s，水分≤3.0%，在（54±2)℃下储存14d，分解率≤5.0%，溶于烯酸、稀碱溶液，易溶于乙醇。

毒性：按照我国农药毒性分级标准，1%苄氨基嘌呤可溶粉剂属低毒。对雄、雌大鼠急性经口LD_{50}分别为5 840mg/kg和5 010mg/kg；急性经皮LD_{50}＞2 000mg/kg；对家兔皮肤和眼睛无刺激性；对豚鼠皮肤弱致敏性。对水生生物斑马鱼LC_{50}为1 962.57mg/L（96h）；对鹌鹑LD_{50}＞2 000mg/kg；对桑蚕LC_{50}＞10 000mg/L（48h）；对蜜蜂LC_{50}＞100μg/μL（24h），LD_{50}＞200μg/只。

使用方法：

用于促进白菜生长、增产　在白菜定苗后、团棵期、莲座期，用1%苄氨基嘌呤可溶粉剂500～1 000倍液（有效成分浓度20～40mg/kg）对水喷雾施药2～3次，每次间隔10～15d。

注意事项：

1. 宜在上午10时前或下午4时后喷施，施后6h内遇雨影响效果。
2. 即配即用，开袋后未用完的产品应及时密封以免吸潮。

2%苄氨基嘌呤可溶液剂

理化性质及规格：制剂为无色均相液体，无刺激性异味。

毒性：按照我国农药毒性分级标准，2%苄氨基嘌呤可溶液剂属微毒。大鼠急性经口LD_{50}＞5 000mg/kg，急性经皮LD_{50}＞5 000mg/kg，对家兔皮肤无刺激性，对家兔眼睛有轻度刺激性。对豚鼠皮肤属弱致敏物。

使用方法：

用于调节柑橘树生长，提高坐果率　在柑橘花谢后5～7d，用2%苄氨基嘌呤可溶液剂

400～600倍液（有效成分浓度33～50mg/kg）对水喷施幼果，15d左右再施药1次。

注意事项：

1. 施药次数每季不超过两次，安全间隔期为45d。

2. 宜选早、晚施药，药后6h内遇雨影响效果。

羟烯腺嘌呤·烯腺嘌呤

中文通用名称： 羟烯腺嘌呤，烯腺嘌呤

英文通用名称： oxyenadenine，enadenine

化学名称： 4-羟基异戊烯基腺嘌呤，异戊烯基腺嘌呤

化学结构式：

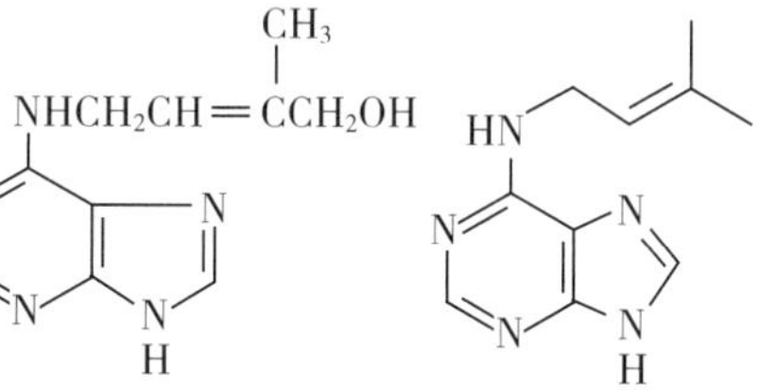

CH_3

$NHCH_2CH=CCH_2OH$　　HN

理化性质： 羟烯腺嘌呤原药熔点为209.5℃～213℃，溶于甲醇、乙醇，不溶于水和丙酮，在0～100℃时热稳定性良好。烯腺嘌呤原药为暗棕色到黑色液体，是从天然海藻中提取的浓缩液，含玉米素、氨基酸、蛋白质、糖类、无机物等，密度1.07 g/cm^3（20℃），能溶于水。

毒性： 按我国农药毒性分级标准，羟烯腺嘌呤、烯腺嘌呤均属低毒。雄、雌大鼠急性经口LD_{50}>4 640mg/kg，急性经皮LD_{50}>2 150mg/kg，对眼睛皮肤无刺激性，弱致敏物。

作用特点： 刺激植物细胞分裂，促进叶绿素形成，加速植物新陈代谢和蛋白质的合成，从而使有机体迅速增长，促进作物早熟丰产，提高植物抗病、抗衰、抗寒能力。可用于调节大豆、甘蓝的生长。

制剂： 0.000 1%羟烯腺嘌呤·烯腺嘌呤可湿性粉剂，0.000 2%羟烯腺嘌呤·烯腺嘌呤水剂，0.002 5%羟烯腺嘌呤·烯腺嘌呤可溶粉剂。

0.000 2%羟烯腺嘌呤·烯腺嘌呤水剂

理化性质及规格： 外观为棕色液体，无悬浮物和沉淀。

毒性： 按照我国农药毒性分级标准，0.0002%羟烯腺嘌呤·烯腺嘌呤水剂属低毒。大鼠急性经口LD_{50}>4 640mg/kg，急性经皮LD_{50}>5 000mg/kg；对兔眼睛有轻度刺激性，对皮肤无刺激性，属于弱致敏物。对鸟类LD_{50}每千克体重>4 640mg；对蜜蜂LD_{50}>1 000μg/只；对家蚕（桑叶）LD_{50}>0.1mg/kg（96h）。

使用方法：

1. 用于促进大豆生长，促进光合作用　在大豆初花至结荚期间，用0.0002%羟烯腺嘌呤·烯腺嘌呤水剂800～1 000倍液，对水喷雾施药2～3次，每次间隔7～10d。

2. 用于促进甘蓝生长，促进光合作用　在甘蓝定植缓苗后至结球期间，用0.0002%羟烯腺嘌呤·烯腺嘌呤水剂800～1 000倍液，对水喷雾施药2～3次，每次间隔7～10d。

0.002 5%羟烯腺嘌呤·烯腺嘌呤可溶粉剂

理化性质及规格：羟烯腺嘌呤≥0.001%，烯腺嘌呤 0.0015%；pH6.0～7.0；水分≤3.0%；水不溶物≤2.0%；细度（通过 75μm 试验筛）≥98%；常温储存、热储存合格。

毒性：按照我国农药毒性分级标准，0.0025%羟烯腺嘌呤·烯腺嘌呤可溶粉剂属低毒。大鼠急性经口 LD_{50}＞2 000mg/kg，急性经皮 LD_{50}＞2 000mg/kg；对兔眼睛有轻度刺激性，对皮肤无刺激性，属于弱致敏物。对鹌鹑（体重）LD_{50}＞0.01mg/kg；对蜜蜂 LD_{50}＞0.001μg/只；对家蚕（桑叶）LD_{50}＞0.1mg/kg。

使用方法：

用于促进番茄生长，促进光合作用　在番茄始花期或幼果期，用 0.0025%羟烯腺嘌呤·烯腺嘌呤可溶粉剂 600～800 倍液，对水喷雾施药 2～3 次，每次间隔 7～10d。

注意事项：

1. 施药应在晴天的早晨或傍晚进行，避免在烈日和雨天喷施，如喷后 1d 内遇雨影响效果。

2. 不可与呈碱性的农药等物质混合使用。

2-（乙酰氧基）苯甲酸

中文通用名称：2-（乙酰氧基）苯甲酸

英文通用名称：aspilin

化学名称：2-（乙酰氧基）苯甲酸

化学结构式：

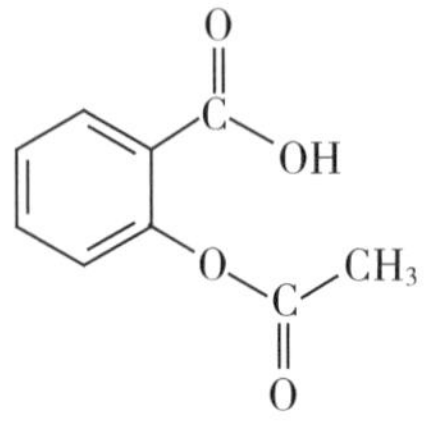

理化性质：原药外观为白色结晶性粉末。沸点 50℃，熔点 210～250℃，蒸气压 0.2mPa，20℃时水中的溶解度为 12g/L，常温下稳定，遇酸、碱易分解，遇湿气即缓慢水解。

毒性：按照我国农药毒性分级标准，2-（乙酰氧基）苯甲酸属低毒。雄、雌大鼠急性经口 LD_{50}分别为 3 160mg/kg 和 3 830mg/kg，急性经皮 LD_{50}＞5 000mg/kg；对眼睛和皮肤无刺激性，对皮肤有轻度致敏性。对鱼、蜜蜂、家蚕、鸟均为低毒。对斑马鱼 LC_{50} 150mg/L（48h）。蜜蜂 LC_{50}＞6 000mg/L（48h）。家蚕（二龄）LC_{50}＞5 000mg/kg。鹌鹑 LD_{50}＞350mg/kg（7d）。

作用特点：水杨酸类活性物质，主要作用是减轻活性氧对作物叶面细胞膜的伤害，具有细胞激活、抗旱、助长、抗病作用，能有效调节叶片毛孔开闭，减少水分蒸发，调节气孔扩张，增强光合作用，增加叶绿素含量，延缓叶片衰老，延长灌浆时间，增加穗粒数和千粒重。

制剂： 30% 2-（乙酰氧基）苯甲酸可溶粉剂。

30% 2-（乙酰氧基）苯甲酸可溶粉剂

理化性质及规格： 白色结晶粉末，无嗅或微带醋酸臭味，味微酸；遇湿气即缓慢水解。在乙醇中易溶，在氯仿或乙醚中溶解，在水中或无水乙醚中微溶，在氢氧化钠溶液或碳酸钠溶液中溶解，但同时分解。密度 3.98g/cm^3。

毒性： 按照我国农药毒性分级标准，30% 2-（乙酰氧基）苯甲酸可溶粉剂属低毒。雌、雄大鼠急性经口 LD_{50}分别为 3 830mg/kg 和 3 160mg/kg，急性经皮 LD_{50}>5 000mg/kg；对兔眼睛、皮肤无刺激性。斑马鱼 LC_{50}>150mg/L（48h）；蜜蜂 LC_{50}>6 000mg/L（48h）；鹌鹑 LC_{50}>350mg/kg（7d）；家蚕（二龄，桑叶）LC_{50}>5 000mg/kg。

使用方法：

用于调节水稻生长、增产　在水稻移栽后约 25d，每 667m^2 用 30% 2-（乙酰氧基）苯甲酸可溶粉剂 50～60g（有效成分 15～18g），对水喷雾施药 2～3 次，每次间隔 21d。

注意事项：

1. 在偏酸性和中性溶液中稳定，不可与碱性物质混用。
2. 应在使用前现配现用，最好使用二次稀释法。
3. 大风天或预计 1h 内有雨，请勿施药。
4. 喷药时间最好在上午 10：00 以前、下午 3：00 以后。

三 十 烷 醇

中文通用名称： 三十烷醇

英文通用名称： triacontanol

化学名称： 正三十烷醇

化学结构式：

$$CH_3(CH_2)_{28}CH_2OH$$

理化性质： 纯品为白色鳞片状晶体含量（95%～99%），熔点 86.5～87.5℃，几乎不溶于水（在室温条件下，水中溶解度约为 10mg/L），难溶于冷的乙醇、苯；可溶于乙醚、氯仿、二氯甲烷及热苯中。对光、空气、热及碱均稳定。

毒性： 按照我国农药毒性分级标准，三十烷醇属低毒。纯品小鼠急性经口 LD_{50}>10 000mg/kg。

作用特点： 三十烷醇是一种内源植物生长调节剂。高纯晶体配制的剂型，在极低浓度下（0.01～1μg/g）就能刺激作物生长，提高产量。其作用为提高光合色素含量，提高光合速率，使能量积累增多。首先表现在叶片中三磷酸腺苷（ATP）含量明显增多，增加物质积累，提高磷酸烯醇式丙酮酸（PEP）羧化酶的活性，促进碳素代谢，提高硝酸还原酶活性，促进氮素代谢，增加氮、磷、钾吸收，促进生长发育，增强生理调控。适用于海带、紫菜等海藻养殖促生长及花生、玉米、小麦、烟草等多种作物提高产量。

制剂： 0.1%三十烷醇微乳剂，0.1%三十烷醇可溶液剂。

0.1%三十烷醇微乳剂

理化性质及规格： 0.1%三十烷醇微乳剂由三十烷醇 0.1%、溶剂、表面活性剂及水组成。外观为微黄色透明液体，相对密度 0.98，pH6.5～8，无沉淀，不可与酸性物质相混。

毒性： 按照我国农药毒性分级标准，0.1%三十烷醇微乳剂属微毒。小鼠急性经口 LD_{50}>20 000mg/kg。

使用方法：

1. 用于提高花生成果率，促进生长，增加产量　在花生盛花期、下针末幼果膨大期，用 0.1%三十烷醇微乳剂 1 000～2 000 倍液（有效成分浓度 0.5～1mg/kg），对水喷雾施药。

2. 用于调节小麦生长，增加产量　在小麦孕穗、扬花期，用 0.1%三十烷醇微乳剂 1 670～2 500 倍液（有效成分浓度 0.4～0.6mg/kg），对水喷雾，施药各 1 次。

3. 用于调节棉花生长，增加产量　在棉花盛花期，用 0.1%三十烷醇微乳剂 1 250～2 000倍液（有效成分浓度 0.5～0.8mg/kg），对水喷雾施药，间隔 2 周再喷施 1 次。

4. 用于调节烟草生长，增加产量　在烟草团棵至旺盛生长期，用 0.1%微乳剂 1 670～2 500倍液（有效成分浓度 0.4～0.6mg/kg），对水喷雾，施药 2～3 次。

注意事项：

1. 严格控制用药剂量，浓度过高会抑制发芽。

2. 不得与酸性物质混合，以免分解失效。

胺　鲜　酯

中文通用名称： 胺鲜酯

英文通用名称： diethyl aminoethyl hexanoate

化学名称： 己酸-β-二乙氨基乙醇酯

化学结构式：

$$CH_3(CH_2)_4—COOCH_2CH_2N(CH_2CH_3)_2$$

理化性质： 纯品外观为无色液体，原药（含量≥90%）为淡黄色至棕色油状透明液体，沸点 138～139℃（0.01mPa），相对密度 0.88（20℃）。微溶于水，溶于醇类、苯类等有机溶剂中，在中性和弱酸性介质中稳定。

毒性： 按照我国农药毒性分级标准，胺鲜酯属低毒。对人畜的毒性很低，雄、雌大鼠急性经口 LD_{50}分别为 3 690mg/kg 和 3 160mg/kg，急性经皮 LD_{50}>2 150mg/kg；对眼睛有轻微刺激性，对皮肤有强刺激性，对皮肤有弱致敏性，无致突变性。大鼠 90d 饲喂试验无作用剂量 34.2mg/（kg·d）。对斑马鱼 LC_{50} 50mg/L（96h）；蜜蜂 LC_{50}>1 000mg/L（48h）；家蚕经口（桑叶）LC_{50}>500mg/kg（48h），鹌鹑 LD_{50}>550mg/kg（7d）。

作用特点： 胺鲜酯可提高叶绿素、蛋白质、核酸的含量；提高过氧化酶和硝酸还原酶的活力；提高光合速率，促进光合产物向籽粒积累；提高碳、氮代谢，促进根系发达，增强植株对肥、水的吸收。

制剂： 8%胺鲜酯可溶粉剂，1.6%、8%胺鲜酯水剂。

8%胺鲜酯可溶粉剂

理化性质及规格： 外观为白色或浅黄色疏松粉末，pH4.0～8.0，细度或粒度≥96%，蒸气压（158℃）7.0×10^3Pa，易溶于水及乙醇、苯、二甲苯等有机溶剂。对水、热不太稳定，在酸性介质中稳定，遇碱易分解。

毒性： 按照我国农药毒性分级标准，8%胺鲜酯可溶粉剂属低毒。大鼠急性经口 LD_{50}＞5 000mg/kg，急性经皮 LD_{50}＞5 000mg/kg；对家兔皮肤和眼黏膜均无刺激性，对豚鼠皮肤属弱致敏物；对斑马鱼 LC_{50} 157.3mg/L（96h）；蜜蜂 LC_{50}＞3 000μg/只；家蚕经口（二龄，桑叶）LC_{50}＞5 000mg/kg，鹌鹑 LD_{50}＞120mg/kg（7d）。

使用方法：

用于促进白菜生长，提高光合效率　在白菜3叶1心期或移栽定植成活后至结球期，用8%胺鲜酯可溶粉剂1 300～2 000倍液（有效成分浓度40～60mg/kg）对水喷雾施药2～3次，每次间隔7d。

注意事项：

1. 不能与强酸、强碱性农药及碱性化肥混用。不能在强日光下施药。
2. 要配制准确，不得随意加大浓度。
3. 安全间隔期为3d，每季最多使用3次。

核　苷　酸

中文通用名称： 核苷酸

英文通用名称： nucleotide

化学名称： 核苷酸

化学结构式：

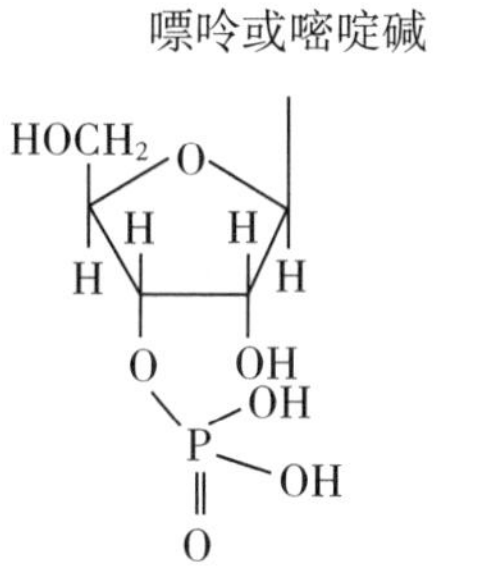

嘌呤或嘧啶碱　　嘌呤或嘧啶碱

嘌呤或嘧啶-3'-磷酸 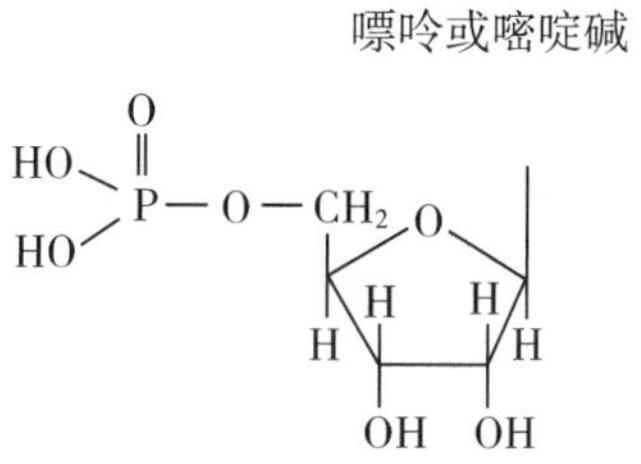　　嘌呤或嘧啶-5'-磷酸

理化性质： 核苷酸为核酸的水解混合物，其中一类是嘌呤或嘧啶-3'-磷酸，另一类是嘌呤或嘧啶-5'-磷酸。因采用不同水解方法，其产物的组分有所不同。原药为浅黄色，相对密度1.25，沸点104℃。易溶于水，不溶于乙醇。

毒性： 核苷酸为核酸水解产物，为生物制剂，对人、畜安全，不污染环境。

作用特点： 本品是从养殖的蚯蚓、蚯蚓卵及粪便等物质中经过发酵、碱解等形成的。它可由植物的根、茎、叶吸收，主要生理作用是促进细胞分裂、提高细胞活力、加快新陈代谢，从而表现为根系较多、叶色较绿、地上部生长加快，但表现不很明显，最终可不同程度提高产量。

制剂： 0.05%核苷酸水剂。

0.05%核苷酸水剂

理化性质及规格： 外观为稳定含少量微粒结晶的均相液体，无可见悬浮物和沉淀。相对密度1.25，沸点104℃，pH6.0～9.5，易溶于水。

毒性： 核苷酸为核酸水解产物，为生物制剂，大鼠急性经口 LD_{50}>5 000mg/kg，急性经皮 LD_{50}>3 000mg/kg；无皮肤刺激性，轻度眼睛刺激性，弱致敏物。

使用方法：

用于调节黄瓜（保护地）生长　在黄瓜开花前 1 周和幼果生长期，用 0.05%核苷酸水剂 400～600 倍液（有效成分浓度 0.83～1.25mg/kg）对水喷雾施药 1 次。

注意事项：

1. 不宜与碱性农药等物质混用。
2. 宜在晴天的上午 10 时以前或下午 4 时以后施药。

单　氰　胺

中文通用名称： 单氰胺

英文通用名称： cyanamide

化学名称： 单氰胺、氰基氨

化学结构式：

$$H_2N—C \equiv N$$

理化性质： 原药为白色晶体，相对密度 1.282（20℃），熔点 45～46℃，沸点 83℃（66.7Pa），蒸气压 500mPa（20℃）。20℃水中溶解度 4.59kg/L。溶于醇、苯酚类、醚，微溶于苯、卤化烃类，几乎不溶于环己烷；遇碱分解产生双氰胺和聚合物，遇酸分解产生尿素；加热至 180℃稳定，对光稳定。

毒性： 按照我国农药毒性分级标准，单氰胺属中等毒。大鼠急性经口 LD_{50} 223mg/kg，兔急性经皮 LD_{50} 为 848mg/kg，大鼠急性吸入 LC_{50}>1mg/L（4h）。对兔眼睛和皮肤有刺激性。大鼠 90d 饲喂试验无作用剂量 0.2mg/（kg·d）。每日每千克体重允许摄入量 0.01mg。未见致突变性。对鱼类低毒，LC_{50}（96h）：大翻车鱼 44mg/L，鲤鱼 87mg/L，虹鳟鱼 90mg/L；水蚤 LC_{50} 3.2 mg/L（48h）。藻类 EC_{50} 13.5 mg/L（96h）；山齿鹑 LD_{50} 350mg/kg。对山齿鹑和野鸭饲喂 5d 饲料 LC_{50}> 5 000mg/kg。对蜜蜂有毒。田间使用时雾滴飘移至桑叶上对家蚕影响较小。

作用特点： 可有效控制植物体内过氧化氢酶的活性，加快氧化磷酸戊糖循环，从而加速基础物质的生成，起调节生长的作用，终止植物休眠，可提高作物发芽的整齐度，促进发芽数量，提早发芽。

制剂： 50%单氰胺水剂。

50%单氰胺水剂

理化性质及规格： 本品为淡黄色液体，pH4.0～6.0，黏度 1.2mPa·s，密度或堆积度 1.0g/cm^3，非易燃物，对金属有一定有腐蚀性，无闪点，无爆炸点。

毒性： 按照我国农药毒性分级标准，50%单氰胺水剂属中等毒。雌、雄大鼠急性经口 LD_{50}分别为 501mg/kg 和 430mg/kg，急性经皮 LD_{50}>2 000mg/kg，急性吸入 LC_{50}>2 000mg/m^3；对兔眼睛和皮肤有轻度刺激性；对成年豚鼠弱致敏性；对鱼类 LD_{50} 为 103.4mg/L；鹌鹑 LD_{50} 为 981.8mg/kg；蜜蜂 LD_{50} 为 824.2mg/只；家蚕（二龄，桑叶）LD_{50}为1 190mg/kg，对桑蚕无危害。

使用方法：

用于促进葡萄生长　在葡萄发芽前 15～20d，使用 50%单氰胺水剂 20～50 倍液均匀涂抹芽眼，可促发芽。

注意事项：

1. 对蜜蜂有高风险性，在蜜源植物花期禁止使用。
2. 每季最多使用 1 次，不可与碱性农药混用。
3. 在有晚霜的地区，使用时应注意避免。
4. 飘移的雾滴可能对其他敏感作物造成伤害，避免飘移到邻近作物上。

硅　丰　环

中文通用名称：硅丰环

其他名称：妙福

化学名称：1-取代-2，8，9-三氧杂-5-氮杂-1-硅三环十一碳烷

化学结构式：

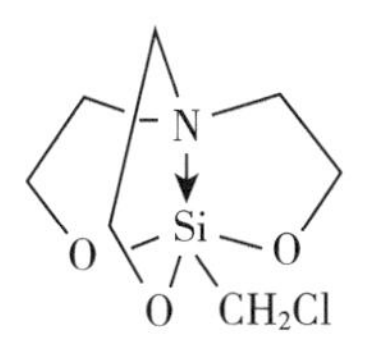

理化性质：硅丰环属杂氮硅三环化合物。原药（含量≥98%），外观为均匀白色粉末，熔点 211～213℃。溶解度为 1g（20℃，100g 水中）、2.4g（25℃，100g 丙酮中），微溶于乙醇，易溶于二甲基甲酰胺。易水解、光解，在 52～56℃条件下稳定。

毒性：按照我国农药毒性分级标准，硅丰环属低毒。雄、雌大鼠急性经口 LD_{50} 分别为 926mg/kg 和 1 260mg/kg，急性经皮 LD_{50}＞2 150mg/kg；对兔眼睛和皮肤无刺激性，豚鼠皮肤变态反应（致敏）致敏率为 0，无致敏性。大鼠 12 周内每日饲喂试验无作用剂量雄性为 28.4mg/kg，雌性为 6.1mg/kg。无致突变性。

作用特点：为拌种后种子吸收药剂，可刺激植物细胞的有丝分裂，增强植物体光合作用，从而提高作物产量，促进分蘖，增加穗粒数和千粒重，有明显的增产作用。常用于种子处理。

制剂：50%硅丰环湿拌种剂。

50%硅丰环湿拌种剂

理化性质及规格：50%硅丰环湿拌种剂外观为白色粉末，润湿时间为 120s；pH7.0～9.5，细度或粒度≥90%（通过 125μm 试验筛），水分≤2.0%。产品热储稳定性［（54±2)℃，14d］合格，常温储存 2 年稳定。

毒性：按照我国农药毒性分级标准，50%硅丰环拌种剂属低毒。大鼠急性经口 LD_{50}＞5 000mg/kg，急性经皮 LD_{50}＞21 500mg/kg；对大耳白兔无刺激性；对豚鼠皮肤无致敏作用。对斑马鱼 LC_{50} 为 115mg/L（96h）。蜜蜂接触（24h）LD_{50}＞200μg/只。柞蚕经口（桑叶）LC_{50}＞10 000mg/kg。鹌鹑急性经口 LD_{50} 雄为 2 350.7mg/kg，雌为 2 770.7mg/kg。

使用方法：

用于调节冬小麦生长，增加产量　用 50%硅丰环湿拌种剂 250～500 倍液（有效成分浓

度1 000～2 000mg/kg）拌种4h，或用50%硅丰环湿拌种剂2 500倍液（有效成分浓度200mg/kg）浸种3h，可以增加小麦的分蘖数、穗粒数及千粒重。

注意事项：

1. 药剂应使用洁净的容器现用现配，充分混匀。
2. 干旱、阴雨、水涝、土壤板结、播种太深或太浅、种子发芽势低等因素影响出苗率。

丁　酰　肼

中文通用名称：丁酰肼

英文通用名称：daminozide

其他名称：比久

化学名称：N-二甲氨基琥珀酰胺酸

化学结构式：

$$\begin{array}{l} CH_2—CO—NH—N\ (CH_3)_2 \\ | \\ CH_2—COOH \end{array}$$

理化性质：原药为白色结晶，熔点157～164℃，蒸气压为22.7mPa（23℃）。溶解度（25℃）：水100g/kg，甲醇50g/kg，丙酮25g/kg；不溶于低级脂肪烃。在pH5.7和9条件下稳定30d以上，在酸、碱中加热稳定。

毒性：按照我国农药毒性分级标准，丁酰肼属低毒。大鼠急性经口LD_{50}>8 400mg/kg，兔急性经皮LD_{50}>5 000mg/kg，大鼠急性吸入LC_{50}>2.1mg/m^3（4h）。饲喂试验无作用剂量（1年）：狗188mg/（kg·d），大鼠5mg/（kg·d）。每日每千克体重允许摄入量0.5mg。对鱼、蜜蜂、鸟类低毒。鱼类LC_{50}（96h）：虹鳟鱼149mg/L，大翻车鱼423mg/L。水蚤LC_{50}76mg/L（96h）。藻类EC_{50} 180mg/L。蜜蜂LD_{50}>100μg/只。对野鸭和山齿鹑饲喂8d饲料LC_{50}>10 000mg/kg。蚯蚓（土壤）LC_{50}>632mg/kg。

作用特点：生长抑制剂，可以抑制内源赤霉素的生物合成。主要作用为抑制新梢徒长，缩短节间长度，增加叶片厚度及叶绿素含量，防止落花，促进坐果，诱导不定根形成，刺激根系生长，提高抗寒能力。主要用于调节花卉生长，促进插条生根，化学整型，调节花期，切花保鲜等。

制剂：50%、92%丁酰肼可溶粉剂。

50%丁酰肼可溶粉剂

理化性质及规格：外观为浅黄色疏松粉末，pH 3.0～6.0，水分≤3%，湿润性≤120s，(54±2)℃条件下热储14d稳定，分解率≤5%。

毒性：按照我国农药毒性分级标准，50%丁酰肼可溶粉剂属低毒。雄、雌大鼠急性经口LD_{50}分别为5 840mg/kg和6 810mg/kg，急性经皮LD_{50}>2 150mg/kg，对兔皮肤无刺激性，对眼黏膜具有中度刺激性，对豚鼠皮肤属弱致敏物。

使用方法：

用于降低观赏菊花株高、改善花形、增大花茎、延长观赏期　在菊花移栽后1～2周，用50%可溶粉剂125～250倍液（有效成分浓度2 000～4 000mg/kg），对水全株喷雾施药，连续喷施2～3次，每次间隔10d。

注意事项：

1. 严格遵循照推荐剂量均匀喷雾，超量使用会有抑制过度的风险，每季最多施用3次。

2. 制剂使用时随配随用，不可久置，如变褐色就不能使用。不能与碱性物质、油类物质及铜制剂混用。开袋后未用完产品应及时密封，以免吸潮。

3. 不能与铜制容器接触，以防止产品变质，喷后6h遇雨降低效果。

4. 严禁在花生、食用及药用菊花等作物上使用。

5. 处理后的植物任何部分严禁食用、饲用。

氯苯胺灵

中文通用名称：氯苯胺灵

英文通用名称：chlorpropham

化学名称：N-（3-氯苯基）氨基甲酸异丙酯

化学结构式：

Cl

NH—CO—O—CH$(CH_3)_2$

理化性质：原药为无色晶体，相对密度1.18（30℃），沸点247℃，熔点41.4℃，蒸气压1.3×10^{-5}mPa（25℃），在水中溶解度89mg/L，易溶于大多数有机溶剂。在低于100℃时稳定，紫外线下稳定，在碱性条件下慢慢水解，超过150℃分解。

毒性：按照我国农药毒性分级标准，氯苯胺灵属低毒。原药大鼠急性经口LD_{50}为4 200mg/kg，兔急性经皮LD_{50}>2 000mg/kg，对皮肤无刺激性，对眼睛有轻微刺激性。在实验剂量范围内，对动物无致畸、致突变作用，大鼠慢性毒性和致癌作用试验的无作用剂量为30mg/（kg·d）。对鱼有中等毒性，对鸟类无毒，在推荐剂量下对蜜蜂没有危险。

作用特点：氯苯胺灵是一种植物生长调节剂，可以通过马铃薯表皮或芽眼吸收，在薯块内传导。氯苯胺灵强烈抑制β-淀粉酶活性，抑制植物RNA、蛋白质合成，干扰氧化磷酸化和光合作用，破坏细胞分裂。可以显著地抑制马铃薯储存时的发芽力，也可用于果树的疏花、疏果。氯苯胺灵在土壤中易被土壤吸附，在土壤中以微生物降解为主，半衰期15℃时为65d，29℃时为30d，与微生物活性和土壤湿度密切相关。

制剂：2.5%氯苯胺灵粉剂，49.65%氯苯胺灵热雾剂。

2.5%氯苯胺灵粉剂

理化性质及规格：外观为灰白色粉末，水分≤3%，pH 4.0～7.0，细度（通过74μm试样筛）≥98%。

毒性：按照我国农药毒性分级标准，2.5%氯苯胺灵粉剂属低毒。雌、雄大鼠急性经口LD_{50}>5 000mg/kg，急性经皮LD_{50}>5 000mg/kg；对家兔皮肤和眼黏膜无刺激性；对豚鼠属弱致敏性。对水生生物斑马鱼LC_{50}为155.06mg/L（96h）；对蜜蜂LC_{50}>3 000mg/L（48h）；对鹌鹑LD_{50}>37.5mg/kg（7d）；对蚕（二龄，桑叶）LC_{50}412.8mg/kg。

使用方法：

用于抑制储藏期马铃薯出芽　在马铃薯收获 14d 后，将无泥土清洁的马铃薯分成若干层，每吨马铃薯用 2.5%氯苯胺灵粉剂 400～600g（有效成分 10～15g），均匀撒施或均匀喷粉施药。剂量的选择根据储存期长短、马铃薯品种、储存目的、温度等因素而定。若储存时期长，再次施药需间隔 2 个月。

注意事项：

1. 不能用于马铃薯大田，也不能用于马铃薯种薯。
2. 受伤的马铃薯要有 2 周的愈合期，所以要在土豆收获 14d 后使用；马铃薯大堆使用时，分层使用保证药剂均匀、周到，使用喷粉器可使其分布更均匀。
3. 严禁对水喷雾施药。
4. 施药后将马铃薯遮光密闭 2～4d，然后将覆盖物除去。
5. 使用 7d 后 才可上市销售，每季最多使用 1 次。

S-诱抗素

中文通用名称： S-诱抗素

英文通用名称： abscisic acid

其他名称： 天然脱落酸

化学名称： 5-（1'-羟基 2'，6'，6'-三甲基-4'-氧代-2'-环己烯-1'-基）-3-甲基-2-顺-4-反-戊二烯酸

化学结构式：

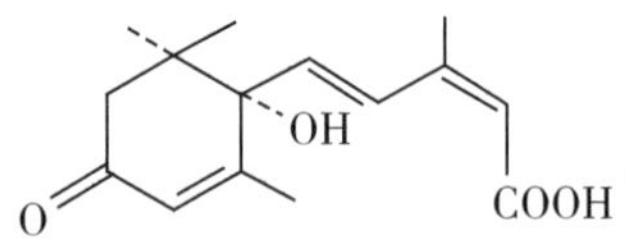

理化性质： 原药为白色晶体，相对分子量 264.3，熔点 161～163℃，120℃升华。微溶于水，水中溶解度 1～3g/L（20℃），微溶于苯，可溶于碳酸氢钠水溶液、甲醇、乙醇、丙酮、乙酸乙酯、乙醚、氯仿、三氯甲烷。紫外最大吸收光为 252nm，诱抗素有顺式和反式两种异构体，顺式异构体在紫外光下缓慢转化为反式异构体。诱抗素常温黑暗条件下放置两年稳定，但对光敏感，属强光分解化合物。

毒性： 诱抗素为植物体内存在的激素，大鼠急性经口 LD_{50}＞2 500mg/kg，对生物和环境无副作用。

作用特点： S-诱抗素是一种天然植物生长调节剂，能抑制生长素、赤霉素、细胞分裂素所调节的生理功能。在植物的生长发育过程中，其主要功能是诱导植物在逆境条件下产生抗逆性；能促进种子发芽，缩短发芽时间，提高发芽率；促进秧苗根系发达，使移栽秧苗早生根、提早返青；增加有效分蘖数，促进灌浆；防止果树生理落果，促进果实成熟；还有诱导某些短日照植物开花的功能。

制剂： 1% S-诱抗素可溶粉剂，0.25%、0.1%、0.006% S-诱抗素水剂。

0.006% S-诱抗素水剂

理化性质及规格： 外观为无色透明液体，稳定性较好，常温黑暗条件下放置 2 年，有效

成分含量基本不变。对光敏感，属强光分解化合物。

毒性： 按照我国农药毒性分级标准，0.006% S-诱抗素水剂属微毒。大鼠急性经口 LD_{50}>5 000mg/kg，急性经皮 LD_{50}>5 000mg/kg；对家兔眼睛和皮肤无刺激性，对豚鼠皮肤属弱无致敏物。

使用方法：

用于提高水稻发芽率，促根系生长，促分蘖　用0.006% S-诱抗素水剂150～200倍液（有效成分浓度0.3～0.4mg/kg）浸种24h，捞出沥干，催芽露白，常规播种。

1% S-诱抗素可溶粉剂

理化性质及规格： 外观为白色或微黄色粉末，pH4.0～7.0，稳定性较好，常温黑暗中放置2年，有效成分含量基本不变。对光敏感，属强光分解化合物。

毒性： 按照我国农药毒性分级标准，1% S-诱抗素水剂属微毒。大鼠急性经口 LD_{50}>5 000mg/kg，急性经皮 LD_{50}>5 000mg/kg；对家兔眼睛和皮肤无刺激性，对豚鼠皮肤属弱致敏物。

使用方法：

用于促进番茄生长　在番茄移栽后10～15d，用1% S-诱抗素可溶粉剂1 000～3 000倍液（有效成分浓度3.3～10mg/kg）对水喷雾施药，植株弱小时慎用。

注意事项：

1. S-诱抗素对光敏感，易失活，在紫外光下会缓慢转换为R-体而失去活性，因而产品应避光储存，田间使用宜在傍晚施药。

2. 每季作物施药1次。

3. 忌与碱性农药混用，忌用碱性水（pH>7.0）稀释本产品，稀释液中加入少量的食醋，效果会更好。

4. 宜在阴天或晴天傍晚喷施，喷药后6h内下雨影响效果。

抑　芽　丹

中文通用名称： 抑芽丹

英文通用名称： maleic hydrazide

其他名称： 青鲜素

化学名称： 1，2-二氢-3，6-哒嗪二酮

化学结构式：

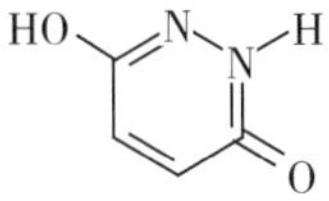

理化性质： 原药为白色结晶固体，相对密度1.61（25℃），熔点298～300℃，蒸气压<1×10^{-2}mPa（25℃）。溶解度（25℃）：水4.507g/L，水（pH4.3）4.417g/L，甲醇4.179g/L，乙醇1g/L，二甲基甲酰胺24g/L，丙酮、二甲苯<10g/L，己烷、甲苯<0.001g/L。光下25℃半衰期58d（pH5.7）、34d（pH9）。遇氧化剂和强酸会分解。对铁器有轻微腐蚀性。

毒性： 按照我国农药毒性分级标准，抑芽丹原药属低毒。大鼠急性经口 LD_{50}>5 000

mg/kg，兔急性经皮 LD_{50}>5 000mg/kg，大鼠急性吸入 LC_{50} 4.0mg/m^3（4h）。对眼睛和皮肤有轻度刺激性，对皮肤无致敏性。但在慢性毒性试验中，发现对猴子有潜在的致肿瘤危险，故仅限于在烟草等非直接食用作物上使用。对水生生物低毒。鱼 LC_{50}（96h，mg/L）：虹鳟鱼>1 435，大翻车鱼 1 608。水蚤 LC_{50} 108mg/L（48h）。藻类 LC_{50}>100mg/L（96h）。对鸟类低毒，野鸭急性经口 LD_{50} > 4 640mg/kg，野鸭和山齿鹑饲喂 8d 饲料 LC_{50}>10 000mg/kg。

作用特点：它是植物体内尿嘧啶代谢拮抗物，可渗入核糖核酸中，抑制尿嘧啶进入细胞与核糖核酸结合。从植物的根部或叶面吸入，由木质部和韧皮部传导至植物体内，通过阻止细胞分裂，从而抑制植物生长。使光合产物向下输送到腋芽、侧芽或块根的芽里，控制芽的萌发或延长芽的萌发期。

制剂：30.2%抑芽丹水剂。

30.2%抑芽丹水剂

理化性质及规格：外观为黄色均相液体，pH7.0～8.0。

毒性：按照我国农药毒性分级标准，30.2%抑芽丹水剂属低毒。大鼠急性经口 LD_{50}>5 000mg/kg，家兔急性经皮 LD_{50} 为 20 000mg/kg。

使用方法：

用于抑制烟草腋芽生长　在烟田多数烟株第 1 朵中心花开放，顶叶大于 20cm 时打顶，并将大于 2cm 的腋芽打掉，再用 30.2%抑芽丹水剂 50～60 倍液（有效成分浓度 5 033～6 040mg/kg），对水喷雾于烟株中部以上叶面上。

注意事项：

1. 在烟草整个生长期只能使用 1 次。

2. 属内吸剂，不可涂抹。喷药时间在晴天下午效果较佳，如果施药后 2h 内下雨，影响效果。

3. 对鱼类等水生生物有毒，远离水产养殖区施药，禁止在河塘等水体中清洗施药器具。洗涤水不可随意乱倒，以免污染环境。

氟节胺

中文通用名称：氟节胺

英文通用名称：flumetralin

其他名称：抑芽敏

化学名称：N-（2-氯-6-氟苄基）-N-乙基-4-三氟甲基-2，6-二硝基苯胺

化学结构式：

NO_2　Cl　N　F　F_3C　NO_2

理化性质：原药为黄色至橘黄色结晶体，密度 1.55g/cm^3（20℃），熔点 101～103℃，蒸气压 3.2×10^{-2} mPa（25℃）。25℃水中溶解度 0.07mg/L，有机溶剂中溶解度（25℃）：

丙酮 560g/L，甲苯 400g/L，乙醇 18g/L，已烷 14g/L，辛醇 6.8g/L。在 pH5～9 时稳定，250℃以上分解。

毒性：按照我国农药毒性分级标准，氟节胺属低毒。大鼠急性经口 LD_{50}＞5 000mg/kg，急性经皮 LD_{50}＞2 000mg/kg，急性吸入 LC_{50} 2.13mg/m^3。对大鼠和小鼠两年饲喂试验无作用剂量每千克饲料 300mg，每日每千克体重允许摄入量 0.17mg，在试验剂量下对供试动物无致畸、致突变作用。对鱼类高毒。LC_{50}（μg/L）：大翻车鱼 18，虹鳟鱼 25。水蚤 LC_{50}（48h）＞ 66μg/L。藻类 EC_{50}＞0.85mg/L。对蜜蜂无毒。对山齿鹑和野鸭急性经口 LD_{50}＞2 000mg/kg，LC_{50}（饲料）＞ 5 000mg/kg。蚯蚓 LC_{50}（土壤）＞ 1 000mg/kg。

作用特点：本品是一种硝基苯类植物生长调节剂，为接触兼局部内吸型高效烟草腋芽抑制剂，主要抑制烟草腋芽发生直至收获。吸收快、作用迅速、持效期长。

制剂：25%氟节胺乳油，125g/L 氟节胺乳油。

125g/L 氟节胺乳油

理化性质及规格：制剂外观为黄色均相液体，pH4.0～7.0，水分≤0.5%。

毒性：按照我国农药毒性分级标准，125g/L 氟节胺属低毒。大鼠急性经口 LD_{50} 为2 330 mg/kg，急性经皮 LD_{50}＞5 000mg/kg。水生生物 LC_{50} 鳟鱼＞3.2μg/L（96h）；北美鹑、野鸭急性经口 LD_{50}＞2 000mg/kg，野鸭急性吸入 LC_{50}＞5 000mg/L；对蜜蜂无毒。

使用方法：

用于烤烟、晒烟抑芽　在烟株上部花蕾伸长期至始花期，人工打顶并抹去大于 2.5cm 的腋芽，在 24h 内，每株用 125g/L 氟节胺乳油 250～300 倍液（有效成分浓度 417～500mg/kg）15～20mL/株，以杯淋法或涂抹法施药 1 次。

注意事项：

1. 烟草打顶或打去 2.5cm 以上的侧芽后随即施药。
2. 施药 2h 内降雨降低药效。
3. 在烟草上最多施用 1 次，安全间隔期为 10d。
4. 不能与其他农药混用。
5. 对鱼类等水生生物有毒，应远离水产养殖区施药，避免药液流入河塘等水体中。

二　甲　戊　灵

中文通用名称：二甲戊灵

英文通用名称：pendimethalin

化学名称：N-（乙基丙基）-3，4-二甲基-2，6-二硝基苯胺

化学结构式：

CH_3 CH_2 $CH-CH_2-CH_3$ NO_2 CH_3 N H CH_3 NO_2

理化性质： 原药含量＞90%，纯品为橙黄色结晶体，熔点 54～58℃，pH4.0～8.0，25℃时蒸气压为 40mPa，密度 1.19g/cm^3（25℃），20℃时在水中溶解度为 0.3g/L，26℃时溶解度：丙酮 700 g/L，二甲苯 628 g/L，玉米油 148 g/L，庚烷 138 g/L，异丙醇 77 g/L，易溶于苯、甲苯、氯仿、二氯甲烷，微溶于石油醚和汽油，5～130℃温度下储存稳定，对酸、碱稳定，光下缓慢分解，水中 DT_{50}＜21d。

毒性： 按照我国农药毒性分级标准，二甲戊灵属低毒。原药大鼠急性经口 LD_{50} 为1 250 mg/kg，小鼠急性经口 LD_{50} 为 1 620mg/kg，家兔急性经皮 LD_{50}＞5 000mg/m^3，大鼠急性吸入 LC_{50}＞320mg/m^3；对皮肤和眼睛无刺激作用。在试验剂量内对动物无致畸、致突变、致癌作用；在三代繁殖试验和迟发性神经毒性试验中未见异常。大鼠两年喂养试验无作用剂量为 100mg/（kg·d）。对鱼类及水生生物高毒，蓝鳃鱼无影响量为 0.1 mg/L，虹鳟鱼为 0.075 mg/L，鲇鱼为 0.32 mg/L。对蜜蜂和鸟的毒性较低，蜜蜂经口 LD_{50} 为 49.8μg/只。野鸭急性经口 LC_{50} 为 10 338mg/L，鹌鹑 LC_{50} 为 4 187mg/L。

作用特点： 二甲戊灵可抑制分生组织细胞分裂，能有效地抑制烟草腋芽的发生，降低养分的消耗，减少传染病害的发生，从而增加烟草的产量，改善烟叶品质。

制剂： 33%二甲戊灵乳油，330g/L 二甲戊灵乳油。

33%二甲戊灵乳油

理化性质及规格： 由有效成分乳化剂及溶剂组成。外观为均相透明液体，相对密度 1.038（25℃），闪点 27℃。在碱性和酸性条件下均稳定，在 3℃时储存 1 年不分解，常温储存稳定期两年以上。

毒性： 按照我国农药毒性分级标准，33%二甲戊灵乳油属低毒。雄、雌大鼠急性经口 LD_{50} 分别为 3 160mg/kg 和 4 300mg/kg，大鼠急性经皮 LD_{50} 均＞2 000mg/kg。对家兔的眼睛和皮肤有轻度刺激性。

使用方法：

抑制烟草腋芽生长　在全田烟株 50%以上中心花开放，顶叶长度在 20cm 时打顶，并摘除所有长于 2cm 的腋芽，打顶后 24h 内，采用杯淋法将 33%二甲戊灵乳油 0.18～0.24mL/株（有效成分 60～80mg/株）从烟株上部淋下，每株使用药液 15～20mL。

注意事项：

1. 每季节使用 1 次。
2. 由于露珠或下大雨后烟株太湿时，或气温太高时不宜使用本品，避免本剂和烟草新叶接触。
3. 对鱼有毒，应避免污染水源。
4. 废弃物应妥善处理，不可做他用，也不可随意丢弃。

仲　丁　灵

中文通用名称： 仲丁灵

英文通用名称： butralin

其他名称： 止芽素、地乐胺

化学名称： N-仲丁基-4-特丁基-2，6-二硝基苯胺

化学结构式：

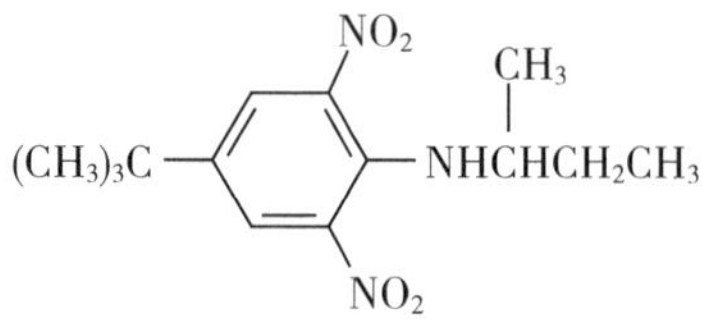

NO_2　　CH_3

$(CH_3)_3C$—[苯环]—$NHCHCH_2CH_3$

NO_2

理化性质：原药为略带芳香味橘黄色结晶体，密度 $1.25g/cm^3$（25℃），熔点 60～61℃，沸点 134～136℃（66.7Pa），蒸气压 1.7mPa（25℃），分解温度 265℃。25℃水中溶解度 0.3mg/L。有机溶剂中溶解度：苯 2 700mg/L，二氯甲烷 1 460mg/L，丙酮 4 480mg/L，己烷 300mg/L，乙醇 73mg/L，甲醇 98mg/L。

毒性：按我国农药毒性分级标准，仲丁灵原药属低毒。大鼠急性经口 LD_{50} 2 500mg/kg，急性经皮 LD_{50} 4 600mg/kg，急性吸入 LC_{50}＞$9.35mg/m^3$；对眼睛黏膜有轻度刺激性，对皮肤无刺激性。大鼠 2 年饲喂试验无作用剂量 20～30mg/（kg·d）。对鱼中等毒，鱼 LC_{50}（48h）：虹鳟鱼 3.4mg/L，翻车鱼 4.2mg/L。蜜蜂经口 LD_{50} 95μg/只，接触 LD_{50} 100μg/只。

作用特点：为接触性内吸型腋芽抑制剂。药剂进入植物体内后，主要抑制分生组织的细胞分裂，从而抑制植物幼芽及幼根的生长，使养分集中供应给叶片，叶片中干物质累计增加。

制剂：360g/L、37.3％、36％仲丁灵乳油。

360g/L 仲丁灵乳油

理化性质及规格：外观为红棕色的稳定均相液体，无明显可见的悬浮物和沉淀。pH4.0～7.0，水分≤5％，稳定性合格。

毒性：按照我国农药毒性分级标准，360g/L 仲丁灵乳油属低毒。对大鼠急性经口 LD_{50} 为 4 300mg/kg，急性经皮 LD_{50}＞2 150mg/kg；对家兔皮肤无刺激性，对家兔眼睛呈轻度至中度刺激性，属弱致敏物。

使用方法：

用于抑制烟草腋芽生长　当大部分植株处于花蕾延长期与始花期时进行打顶，同时抹去超过 2.5cm 的腋芽，24h 内用 360g/L 仲丁灵乳油 80～100 倍液（有效成分浓度 3 600～4 500mg/kg）采用杯淋法对准烟株从顶端将药液倒下，使药液沿茎秆而下流到各叶腋，每株使用药液 15～20mL。

注意事项：

1. 选晴天露水干后施药，雨后植株太湿、气温 30℃以下不宜施药，勿在风大的天气条件下使用。
2. 每季施药 1 次。不能采用喷雾法，避免药液与烟叶接触。
3. 对已控制呈卷曲的腋芽不要人工摘除，以免再生长新腋芽。
4. 会促进根系发达，使根系对氮素吸收力强，可酌减氮肥的用量，不影响产量与品质。

噻　苯　隆

中文通用名称：噻苯隆

英文通用名称：thidiazuron

其他名称： 脱落宝

化学名称： 1-苯基-3-（1，2，3-噻二唑-5-基）脲

化学结构式：

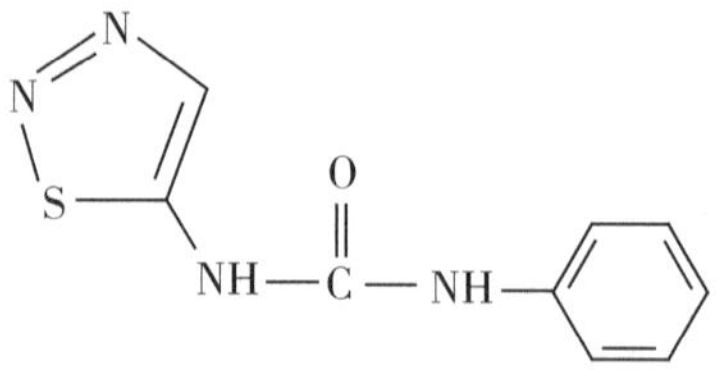

理化性质： 原药为白色结晶，熔点 210.5～212.5℃（分解），蒸气压 4×10^{-6} mPa（25℃）。水中溶解度 31mg/L（pH7，25℃），有机溶剂中溶解度（20℃）：丙酮 6.67g/L，甲醇 4.2g/L，乙酸乙酯 1.1g/L，甲苯 0.4g/L，二氯甲烷 0.003g/L，己烷 0.002g/L，二甲基甲酰胺＞500g/L，二甲基亚砜＞800g/L。光照下能迅速转化成光异构体 N-苯基-N′-（1，2，3-噻二唑-3-基）脲，室温条件下在 pH5～9 水溶液中稳定。在 54℃储存 14d 不分解。在 60℃、90℃和 120℃储存，稳定期超过 30d。

毒性： 按照我国农药毒性分级标准，噻苯隆属低毒。大鼠急性经口 LD_{50}＞4 000mg/kg，小鼠急性经口 LD_{50}＞5 000mg/kg，大鼠急性经皮 LD_{50}＞1 000mg/kg，兔急性经皮 LD_{50}＞4 000mg/kg，大鼠急性吸入 LC_{50}＞2.3mg/m^3（4h）；对兔眼睛有中度刺激性，对皮肤无刺激性，对猪皮肤无致敏性；饲喂试验无作用剂量，大鼠（饲料，90d）200mg/kg、狗（饲料，1 年）100mg/kg；未见致突变、致畸、致癌作用。

作用特点： 噻苯隆是一种取代脲类植物生长调节剂，在棉花上作落叶剂使用。被棉株叶片吸收后，可促进落叶，有利于机收并可使收获提前 10d 左右，低浓度具有细胞分裂素活性，能促进芽形成，提高植物光合作用，增产。

制剂： 50%、80%、0.1%噻苯隆可湿性粉剂，50%噻苯隆悬浮剂，0.1%噻苯隆可溶液剂。

50%噻苯隆可湿性粉剂

理化性质及规格： 由有效成分、湿润剂、分散剂和载体组成，外观为白色疏松粉末，无明显刺激性气味，pH6.0～9.0，在正常条件下储存稳定期至少两年。

毒性： 按照我国农药毒性分级标准，50%噻苯隆可湿性粉剂属低毒。雄、雌大鼠急性经口 LD_{50}＞4 000mg/kg，急性经皮 LD_{50}＞2 150mg/kg，急性吸入 LC_{50}＞8 791mg/m^3，对家兔眼睛和皮肤无刺激性，属弱致敏性。

使用方法：

用于促棉花脱叶　在棉铃 60%～90%开裂时，每 667m^2 用 50%噻苯隆可湿性粉剂 20～40g（有效成分 10～20g），对水喷施棉株叶面。

注意事项：

1. 施药时不宜早于棉铃开裂率 60%，以免影响产量和纤维品质。
2. 施药后 2d 内降雨会影响药效。
3. 施药效果与气温有关，气温应在 14～22℃较好。

重印增加的农药品种

吡　丙　醚

中文通用名称：吡丙醚

英文通用名称：pyriproxyfen

化学名称：4-苯氧基苯基（RS）-［2-（2-吡啶基氧）丙基］醚

化学结构式：

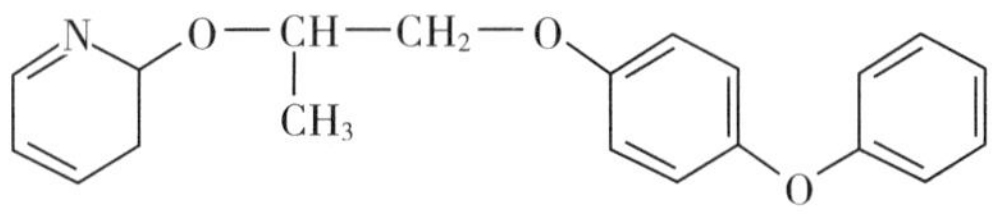

理化性质：无色晶体，熔点47℃，蒸气压<0.013mPa（23℃），油水分配系数5.37，闪点119℃，密度1.24mg/L（20℃），溶解度：二甲苯500g/L、己烷400g/L、甲醇200g/L。

毒性：按我国农药毒性分级标准，吡丙醚属低毒。原药大鼠急性经口LD_{50}>5 000mg/kg，大鼠急性经皮LD_{50}>2 000mg/kg，大鼠急性吸入LC_{50}>13 000mg/m^3（4h）。对眼有轻微刺激作用，无致敏作用。在试验剂量下未见致突变、致畸反应。大鼠6个月喂养试验无作用剂量400mg/kg。

作用特点：吡丙醚的作用机理类似于保幼激素，能有效地抑制昆虫胚胎的发育、变态以及成虫的形成。其作用机理是抑制昆虫咽侧体活性和干扰蜕皮激素的生物合成。主要用于蔬菜粉虱、果树木虱防治及卫生害虫蚊、蝇幼虫的杀灭。

制剂：5%吡丙醚颗粒剂，10%吡丙醚乳油，100g/L吡丙醚乳油，5%吡丙醚水乳剂，5%吡丙醚微乳剂，10%吡丙醚悬浮剂。

溴氰虫酰胺

中文通用名称：溴氰虫酰胺

英文通用名称：cyantraniliprole

化学名称：3-溴-1-(3-氯-2-吡啶基）-4'-氰基-2'-甲基-6'-(甲氨基甲酰基）吡唑-5-甲酰胺

化学结构式：

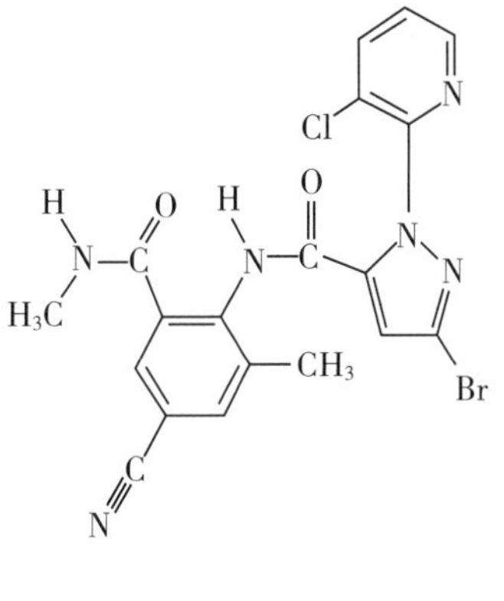

理化性质： 纯品为白色粉末，无气味。熔点 224℃。油水分配系数 1.94±0.11。亨利常数 1.7×10^{-13} Pa·m^3/mol。相对密度 1.383 5（20℃）。水中溶解度 14.24mg/L（20℃）。pH9 时水解 DT_{50}<1d；光解 DT_{50} 0.233～4.12d。酸度系数 8.87（20℃）。

毒性： 按照我国农药毒性分级标准，溴氰虫酰胺属微毒。大鼠急性经口 LD_{50}>5 000mg/kg，大鼠急性经皮 LD_{50}>5 000mg/kg。

作用特点： 本品为新型酰胺类内吸性杀虫剂，以胃毒作用为主，兼具触杀作用。其作用机理是通过激活靶标害虫的鱼尼丁受体而防治害虫。鱼尼丁受体的激活可释放横纵纹肌和平滑肌细胞内储存的钙离子，损害昆虫肌肉运动调节，使肌肉麻痹，最终害虫死亡。该药表现出对哺乳动物与害虫鱼尼丁受体极显著的选择性差异，大大提高了对哺乳动物、其他脊椎动物以及其他天敌的安全性。本品杀虫谱广，能防治鳞翅目、鞘翅目、同翅目多种害虫。

制剂： 10%溴氰虫酰胺可分散油悬浮剂，40%溴氰虫酰胺种子处理悬浮剂，0.5%溴氰虫酰胺饵剂。

呋　虫　胺

中文通用名称： 呋虫胺

英文通用名称： dinotefuran

化学名称：（RS）-1-甲基-2-硝基-3-(3-四氢呋喃甲基）胍

化学结构式：

NO_2
N
C
H_3C—N　　N—CH_2—
H　　H　　O

理化性质： 白色结晶固体，熔点 107.5℃。沸点 208℃。蒸气压<1.7×10^{-6} Pa（30℃）。油水分配系数−0.549（25℃）。亨利常数 8.7×10^{-9} Pa·m^3/mol。相对密度 1.40。水中溶解度 39.8g/L（20℃）。有机溶剂中溶解度（g/L，20℃）：环已烷 9.0×10^{-6}，庚烷 11×10^{-6}，二甲苯 72×10^{-3}，甲苯 150×10^{-3}，二氯甲烷 11，丙酮 58，甲醇 57，乙醇 19，乙酸乙酯 5.2。在 150℃下稳定，水解 DT_{50}>1 年（pH=4，7，9），光降解 DT_{50} 3.8h（蒸馏水/自然水）。酸度系数 12.6（20℃）。

毒性： 按照我国农药毒性分级标准，呋虫胺属低毒。呋虫胺对哺乳动物十分安全，其急性经口 LD_{50} 雄性大鼠为 2 450mg/kg，雌性大鼠为 2 275mg/kg；雄性小鼠为 2 840mg/kg，雌性小鼠为 2 000mg/kg。雌、雄大鼠急性经皮 LD_{50}>2 000mg/kg。无致畸、致癌和致突变性。呋虫胺对水生生物也十分安全。对鲤鱼 LC_{50}（48 h）>1 000mg/L，对水蚤>1 000mg/L。同样，呋虫胺对鸟类毒性也很低，对鹌鹑急性经口 LD_{50}>1 000mg/kg。经对蜜蜂试验得知，呋虫胺对蜜蜂安全，并且不影响蜜蜂采蜜。

作用特点： 本品为第三代烟碱类杀虫剂，作用于昆虫神经传递系统，具有触杀、胃毒作用，可以快速被植物吸收并广泛分布于作物体内。呋虫胺是烟碱乙酰胆碱受体的兴奋剂，可影响昆虫中枢神经系统的突触。能有效防治飞虱、蚜虫、叶蝉、蓟马及水稻二化螟。

制剂：40%呋虫胺水分散粒剂，30%呋虫胺悬浮剂，60%呋虫胺种子处理可分散粉剂，0.4%呋虫胺颗粒剂，8%呋虫胺悬浮种衣剂，25%呋虫胺可湿性粉剂，20%呋虫胺可溶粒剂。

氟啶虫胺腈

中文通用名称：氟啶虫胺腈

英文通用名称：sulfoxaflor

化学名称：[甲基{-1-[6-(三氟甲基)-3-吡啶基]乙基}-λ^6-亚砜]氰基亚胺

化学结构式：

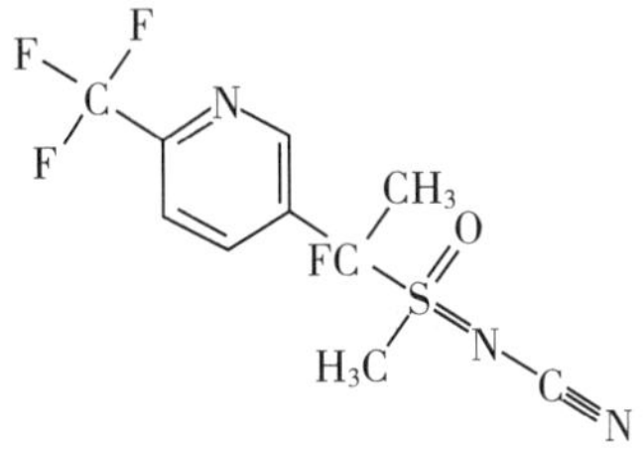

理化性质：密度为1.537 8g/cm^3（19.7℃），熔点112.9℃，沸点363.8℃（101kPa），闪点173.8℃。蒸气压：25℃时为2.5×10^{-6} Pa；20℃时为1.4×10^{-6} Pa。水中溶解度（20℃，99.7%纯度）：pH=5时，1 380mg/L；pH=7时，570mg/L；pH=9时，550mg/L。有机溶剂中溶解度（g/L，20℃）：甲醇93.1，丙酮217，对二甲苯0.743，1，2-二氯乙烷39，乙酸乙酯95.2，正庚烷242，正辛醇1.66。有机溶剂中的光降解速率大小顺序为乙腈>甲醇>正己烷>丙酮。

毒性：按照我国农药毒性分级标准，氟啶虫胺腈属中等毒。氟啶虫胺腈原药急性经口LD_{50}雌性大鼠为1 000mg/kg，雄性大鼠为1 405mg/kg；雌、雄大鼠原药急性经皮LD_{50}>5 000mg/kg，制剂急性经口LD_{50}>2 000mg/kg。

作用特点：本品是新型化学杀虫剂——砜亚胺（sulfoximines）中的一种，作用于昆虫神经系统，具有胃毒和触杀作用，用于防治多种作物上的刺吸式口器害虫，如蚜虫、粉虱、盲蝽。

制剂：50%氟啶虫胺腈水分散粒剂，22%氟啶虫胺腈悬浮剂，40%氟啶虫胺腈水分散粒剂。

毒 氟 磷

中文通用名称：毒氟磷

化学名称：N-[2-(4-甲基苯并噻唑基)]-2-氨基-2-氟代苯基-O，O-二乙基膦酸酯

化学结构式：

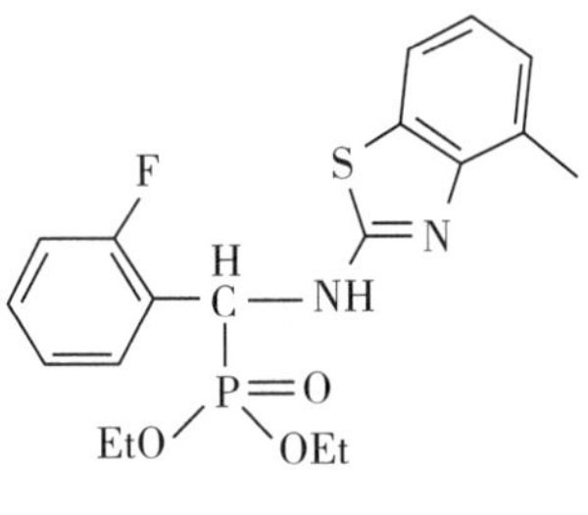

理化性质： 纯品为无色晶体，熔点为143～145℃。易溶于丙酮、四氢呋喃、二甲基亚砜等有机溶剂，22℃时在水、丙酮、环己烷、环己酮和二甲苯中的溶解度分别为0.04g/L、147.8g/L、17.28g/L、329.00g/L、73.30g/L。毒氟磷对光、热和潮湿均较稳定。遇酸和碱时逐渐分解。

毒性： 毒氟磷原药（≥98%）急性经口经皮毒性试验提示为微毒农药；家兔皮肤刺激、眼刺激试验表明无刺激性；豚鼠皮肤变态试验提示为弱致敏物；细菌回复突变试验、小鼠睾丸精母细胞染色体畸变试验和小鼠骨髓多染红细胞微核试验皆为阴性。亚慢性经口毒性试验未见雌、雄性大鼠的各脏器存在明显病理改变。30%毒氟磷可湿性粉剂急性经口、经皮毒性试验提示为低毒农药。

作用特点： 毒氟磷抗烟草病毒病的作用靶点尚不完全清楚，但毒氟磷可通过激活烟草水杨酸信号传导通路，提高信号分子水杨酸的含量，从而促进下游病程相关蛋白的表达；通过诱导烟草PAL、POD、SOD防御酶活性而获得抗病毒能力；通过聚集烟草花叶病毒粒体减少病毒对寄主的入侵。

制剂： 30%毒氟磷可湿性粉剂。

代　森　联

中文通用名称： 代森联

英文通用名称： metiram

化学名称： 三{氨[乙烯双（二硫氨基甲酸酯）锌（2+）]}[四氢-1,4,7-二噻二氮芳辛-3,8-连二硫酮]，聚合体

化学结构式：

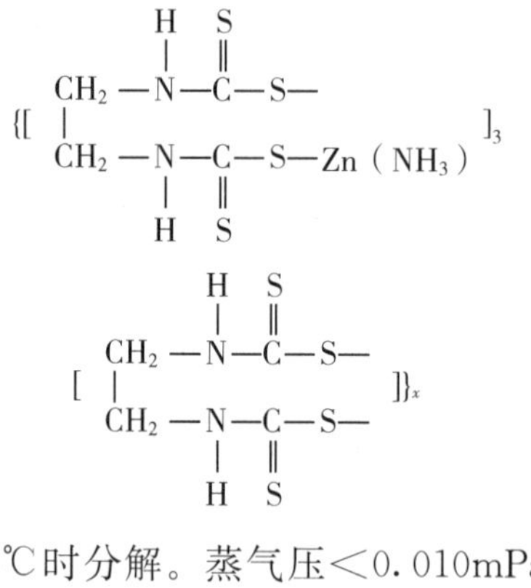

```
                H    S
                |    ‖
        CH2 —N—C—S—
{[      |                        ]3
        CH2 —N—C—S—Zn(NH3)
                |    ‖
                H    S

                    H    S
                    |    ‖
            CH2 —N—C—S—
        [   |                ]}x
            CH2 —N—C—S—
                    |    ‖
                    H    S
```

理化性质： 黄色粉末。156℃时分解。蒸气压<0.010mPa（20℃）。油水分配系数0.3（pH7）。亨利常数<5.4×10^{-3}Pa·m^3/mol。相对密度1.860（20℃）。不溶于水及有机溶剂（如乙醇、丙酮、苯），溶于吡啶（分解）。稳定性：30℃下稳定。光照条件下可缓慢分解。不吸湿。水解DT_{50} 17.4h（pH7）。不具有高度易燃性。与强碱性物质不相溶。

毒性： 按照我国农药毒性分级标准，代森联属低毒。大鼠急性经口LD_{50}>5 000mg/kg。大鼠急性经皮LD_{50}>2 000mg/kg。大鼠吸入LC_{50}（4h）>5.7mg/L（空气）。

作用特点： 原药为有强烈的排泄物气味的黄色固体。本品为一种复合酶抑制剂，可影响病菌细胞内多种酶的活性，阻止孢子萌发和干扰菌丝芽管的伸长，使病菌无法侵染寄主组织。作为保护性杀菌剂，其防治谱较广，可用于黄瓜、香瓜、蔬菜、粮食作物、苹果、梨、

葡萄等作物，防治霜霉病、疫霉病、霜疫霉病、黑星病、轮纹病、炭疽病及叶斑病等。不易产生抗性。化合物为络合态，锌离子缓慢释放，安全性好。

制剂：70%代森联可湿性粉剂，70%代森联水分散粒剂。

氟吡菌酰胺

中文通用名称：氟吡菌酰胺

英文通用名称：fluopyram

化学名称：N-｛2-［3-氯-5-(三氟甲基）-2-吡啶基］乙基｝-α，α，α-三氟-O-甲苯酰胺

化学结构式：

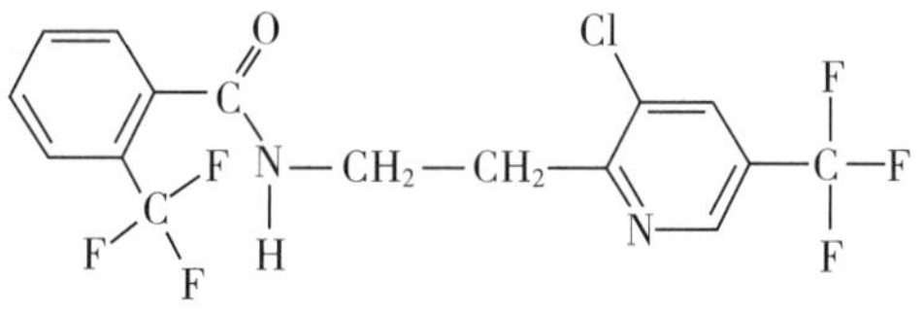

理化性质：原药含量大于96%。白色粉末。熔点118℃。沸点319℃。蒸气压1.2×10^{-3}mPa（20℃）。油水分配系数3.3（20℃，pH6.5）。亨利常数2.98×10^{-5} Pa·m^3/mol（20℃）。相对密度1.53（20℃）。水中溶解度16mg/L（20℃）。对热稳定；在酸性、中性和碱性条件下对水稳定。酸度系数0.5。

毒性：按照我国农药毒性分级标准，氟吡菌酰胺属低毒。大鼠急性经口LD_{50}＞5 000mg/kg，急性经皮LD_{50}＞2 000mg/kg。大鼠急性吸入LC_{50}＞5 112mg/m^3（空气）。ADI/RfD 0.012mg/kg。

作用特点：氟吡菌酰胺为吡啶乙基苯酰胺类杀菌剂、杀线虫剂，作用于线粒体呼吸链，抑制琥珀酸脱氢酶（复合物Ⅱ）的活性从而阻断电子传递，导致不能提供机体组织的能量需求，进而杀死防治对象或抑制其生长发育。主要用于番茄根结线虫病和黄瓜白粉病的防治。

制剂：41.7%氟吡菌酰胺悬浮剂。

乙 嘧 酚

中文通用名称：乙嘧酚

英文通用名称：ethirimol

化学名称：5-丁基-2-乙基氨基-4-羟基-6-甲基嘧啶

化学结构式：

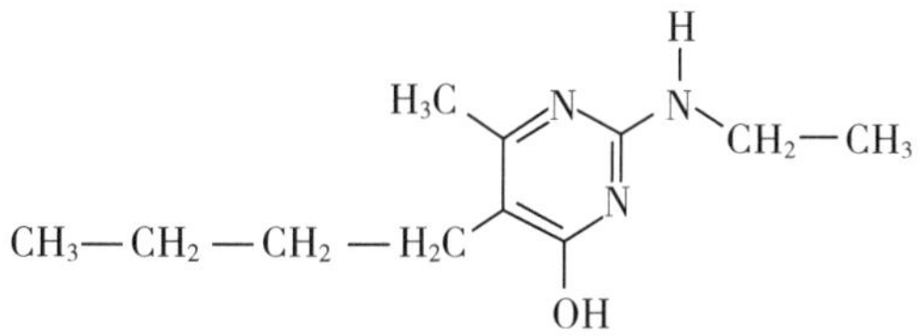

理化性质：纯品为无色结晶状固体，熔点150～160℃（大约140℃软化）。相对密度1.21。蒸气压0.267mPa（25℃）。油水分配系数2.3（pH7，25℃）。亨利常数≤2×10^{-4} Pa·m^3/mol（pH5.2，计算值）。水中溶解度（20℃，mg/L）：253（pH5.2），150（pH7.3），153

(pH9.3)。有机溶剂中溶解度(g/kg,20℃):氯仿150,乙醇24,丙酮5。土壤降解DT_{50} 14～140d。

毒性:按照我国农药毒性分级标准,乙嘧酚属低毒。雌性大鼠急性经口LD_{50} 6 340mg/kg,小鼠急性经口LD_{50} 4 000mg/kg,雄兔急性经口LD_{50} 1 000～2 000mg/kg。大鼠急性经皮LD_{50}>2 000mg/kg。对兔皮肤无刺激性,对兔眼睛轻度刺激性,对豚鼠皮肤无致敏性。大鼠急性吸入LC_{50}(4h)>4.92mg/L。NOEL数据(2a):大鼠200mg/(kg·d),狗30mg/(kg·d)。母鸡急性经口LD_{50} 4 000mg/kg。虹鳟鱼LC_{50}(96h)66mg/L。水蚤LC_{50}(48h)>7.3mg/L。蜜蜂经口LD_{50} 1.6mg/只。

作用特点:乙嘧酚为腺嘌呤核苷脱氨酶抑制剂。内吸性杀菌剂。具有保护和治疗作用。可被植物根、茎、叶迅速吸收,并在植物体内运转到各个部位。主要用于黄瓜白粉病的防治。

制剂:25%乙嘧酚微乳剂,25%乙嘧酚悬浮剂。

附　　录

一、我国关于高毒农药禁用、限用产品的相关规定

农药限制使用管理规定

农业部令 2002 第 17 号

第一章　总　　则

第一条　为了做好农药限制使用管理工作，根据《农药管理条例》制定本规定。

第二条　农药限制使用是在一定时期和区域内，为避免农药对人畜安全、农产品卫生质量、防治效果和环境安全造成一定程度的不良影响而采取的管理措施。

第三条　农药限制使用要综合考虑农药资源、农药产品结构调整、农产品卫生质量等因素，坚持从本地实际需要出发的原则。

第四条　农业部负责全国农药限制使用管理工作。

省、自治区、直辖市人民政府农业行政主管部门负责本行政区域内的农药限制使用管理工作。

第二章　农药限制使用的申请

第五条　申请限制使用的农药，应是已在需要限制使用的作物或防治对象上取得登记，其农药登记证或农药临时登记证在有效期限内，并具备下列情形之一：

（一）影响农产品卫生质量；

（二）因产生抗药性引起对某种防治对象防治效果严重下降的；

（三）因农药长残效，造成农作物药害和环境污染的；

（四）对其他产业有严重影响的。

第六条　各省、自治区、直辖市在本辖区内全部作物或某一（类）作物或某一防治对象上全面限制使用某种农药，或者在本辖区内部分地区限制使用某种农药的，应由省、自治区、直辖市人民政府农业行政主管部门向农业部提出申请。

第七条　申请农药限制使用应提供以下资料：

（一）填写《农药限制使用申请表》（附件［略］）；

（二）农药限制使用的申请报告应当包括本地区作物布局、替代农药品种、配套技术以

及农民接受程度和成本效益分析；

（三）由于使用某种农药影响农产品卫生质量的，需提供相关数据和有关部门的证明材料；

（四）由于长残效农药在土壤积累造成农作物药害的，需提供有关技术部门出具的研究报告；

（五）由于农药抗药性造成对某种防治对象防治效果严重下降的，需提供抗药性监测报告和必要的田间药效试验报告；

（六）农药限制使用的其他技术材料。

第三章　农药限制使用的审查、批准和发布

第八条　农业部收到农药限制使用申请后，应组织召开农药登记评审委员会主任委员扩大会议审议，审查、核实申报材料，提出综合评价意见。

农药登记评审委员会可视情况，组织专家对申请农药限制使用进行实地考察。

第九条　农药登记评审委员会提出综合评价意见前，应邀请相关农药生产企业召开听证会。

第十条　农业部根据综合评价意见审批农药限制使用申请，并及时公告限制使用的农药种类、区域和年限。

第十一条　对农药限制使用申请，农业部应在收到申请之日起三个月内给予答复。

第四章　附　　则

第十二条　经一段时间的限制使用后，有害生物对限制使用农药的抗药性已有下降，能恢复到理想的防治效果的，可以申请停止限制使用。申报和审查批准程序适用第二章、第三章的规定。

第十三条　地方各级人民政府农业行政主管部门不得制定和发布有关农药禁止、限制使用或市场准入的管理办法和制度，不得违反本规定发布农药限制使用的规定。

第十四条　本规定自二〇〇二年八月一日起生效。

中华人民共和国农业部公告

第 194 号

为了促进无公害农产品生产的发展，保证农产品质量安全，增强我国农产品的国际市场竞争力，经全国农药登记评审委员会审议，我部决定，在 2000 年对甲胺磷等 5 种高毒有机磷农药加强登记管理的基础上，再停止受理一批高毒、剧毒农药的登记申请，撤销一批高毒农药在一些作物上的登记，现将有关事项公告如下：

一、停止受理甲拌磷等 11 种高毒、剧毒农药新增登记

自公告之日起，停止受理甲拌磷（phorate)、氧乐果（omethoate)、水胺硫磷（isocarbophos)、特丁硫磷（terbufos)、甲基硫环磷（phosfolan-methyl)、治螟磷（sulfotep)、甲基异柳磷（isofenphos-methyl)、内吸磷（demeton)、涕灭威（aldicarb)、克百威（carbofuran)、灭多威（methomyl）等 11 种高毒、剧毒农药（包括混剂）产品的新增临时登记申请；已受理的产品，其申请者在 3 个月内，未补齐有关资料的，则停止批准登记。通过缓释技术等生产的低毒化剂型，或用于种衣剂、杀线虫剂的，经农业部农药临时登记评审委员会专题审查通过，可以受理其临时登记申请。对已经批准登记的农药（包括混剂）产品，我部将商有关部门，根据农业生产实际和可持续发展的要求，分批分阶段限制其使用作物。

二、停止批准高毒、剧毒农药分装登记

自公告之日起，停止批准含有高毒、剧毒农药产品的分装登记。对已批准分装登记的产品，其农药临时登记证到期不再办理续展登记。

三、撤销部分高毒农药在部分作物上的登记

自 2002 年 6 月 1 日起，撤销下列高毒农药（包括混剂）在部分作物上的登记：氧乐果在甘蓝上，甲基异柳磷在果树上，涕灭威在苹果树上，克百威在柑橘树上，甲拌磷在柑橘树上，特丁硫磷在甘蔗上。

所有涉及以上撤销登记产品的农药生产企业，须在本公告发布之日起 3 个月之内，将撤销登记产品的农药登记证（或农药临时登记证）交回农业部农药检定所；如果撤销登记产品还取得了在其它作物上的登记，应携带新设计的标签和农药登记证（或农药临时登记证)，向农业部农药检定所更换新的农药登记证（或农药临时登记证)。

各省、自治区、直辖市农业行政主管部门和所属的农药检定机构要将农药登记管理的有关事项尽快通知到辖区内农药生产企业，并将执行过程中的情况和问题，及时报送我部种植业管理司和农药检定所。

中华人民共和国农业部公告

第 199 号

为从源头上解决农产品尤其是蔬菜、水果、茶叶的农药残留超标问题，我部在对甲胺磷等 5 种高毒有机磷农药加强登记管理的基础上，又停止受理一批高毒、剧毒农药的登记申请，撤销一批高毒农药在一些作物上的登记。现公布国家明令禁止使用的农药和不得在蔬菜、果树、茶叶、中草药材上使用的高毒农药品种清单。

一、国家明令禁止使用的农药

六六六（HCH），滴滴涕（DDT），毒杀芬（camphechlor），二溴氯丙烷（dibromochloropane），杀虫脒（chlordimeform），二溴乙烷（EDB），除草醚（nitrofen），艾氏剂（aldrin），狄氏剂（dieldrin），汞制剂（Mercury compounds），砷（arsena）、铅（acetate）类，敌枯双，氟乙酰胺（fluoroacetamide），甘氟（gliftor），毒鼠强（tetramine），氟乙酸钠（sodium fluoroacetate），毒鼠硅（silatrane）。

二、在蔬菜、果树、茶叶、中草药材上不得使用和限制使用的农药

甲胺磷（methamidophos），甲基对硫磷（parathion-methyl），对硫磷（parathion），久效磷（monocrotophos），磷胺（phosphamidon），甲拌磷（phorate），甲基异柳磷（isofenphos-methyl），特丁硫磷（terbufos），甲基硫环磷（phosfolan-methyl），治螟磷（sulfotep），内吸磷（demeton），克百威（carbofuran），涕灭威（aldicarb），灭线磷（ethoprophos），硫环磷（phosfolan），蝇毒磷（coumaphos），地虫硫磷（fonofos），氯唑磷（isazofos），苯线磷（fenamiphos）19 种高毒农药不得用于蔬菜、果树、茶叶、中草药材上。三氯杀螨醇（dicofol），氰戊菊酯（fenvalerate）不得用于茶树上。任何农药产品都不得超出农药登记批准的使用范围使用。

各级农业部门要加大对高毒农药的监管力度，按照《农药管理条例》的有关规定，对违法生产、经营国家明令禁止使用的农药的行为，以及违法在果树、蔬菜、茶叶、中草药材上使用不得使用或限用农药的行为，予以严厉打击。各地要做好宣传教育工作，引导农药生产者、经营者和使用者生产、推广和使用安全、高效、经济的农药，促进农药品种结构调整步伐，促进无公害农产品生产发展。

二〇〇二年六月五日

中华人民共和国农业部公告

第 274 号

为加强农药管理，逐步削减高毒农药的使用，保护人民生命安全和健康，增强我国农产品的市场竞争力，经全国农药登记评审委员会审议，我部决定撤销甲胺磷等 5 种高毒农药混配制剂登记，撤销丁酰肼在花生上的登记，强化杀鼠剂管理。现将有关事项公告如下：

一、撤销甲胺磷等 5 种高毒有机磷农药混配制剂登记。自 2003 年 12 月 31 日起，撤销所有含甲胺磷、对硫磷、甲基对硫磷、久效磷和磷胺 5 种高毒有机磷农药的混配制剂的登记（具体名单由农业部农药检定所公布）。自公告之日起，不再批准含以上 5 种高毒有机磷农药的混配制剂和临时登记有效期满 4 年的单剂的续展登记。自 2004 年 6 月 30 日起，不得在市场上销售含以上 5 种高毒有机磷农药的混配制剂。

二、撤销丁酰肼在花生上的登记。自公告之日起，撤销丁酰肼（比久）在花生上的登记，不得在花生上使用含丁酰肼（比久）的农药产品。相关农药生产企业在 2003 年 6 月 1 日前到农业部农药检定所换取农药临时登记证。

三、自 2003 年 6 月 1 日起，停止批准杀鼠剂分装登记，已批准的杀鼠剂分装登记不再批准续展登记。

二〇〇三年四月三十日

中华人民共和国农业部公告

第 322 号

为提高我国农药应用水平，保护人民生命安全和健康，保护环境，增强农产品的市场竞争力，促进农药工业结构调整和产业升级，经全国农药登记评审委员会审议，我部决定分三个阶段削减甲胺磷、对硫磷、甲基对硫磷、久效磷和磷胺 5 种高毒有机磷农药（以下简称甲胺磷等 5 种高毒有机磷农药）的使用，自 2007 年 1 月 1 日起，全面禁止甲胺磷等 5 种高毒有机磷农药在农业上使用。现将有关事项公告如下：

一、自 2004 年 1 月 1 日起，撤销所有含甲胺磷等 5 种高毒有机磷农药的复配产品的登记证（具体名单另行公布）。自 2004 年 6 月 30 日起，禁止在国内销售和使用含有甲胺磷等 5 种高毒有机磷农药的复配产品。

二、自 2005 年 1 月 1 日起，除原药生产企业外，撤销其他企业含有甲胺磷等 5 种高毒有机磷农药的制剂产品的登记证（具体名单另行公布）。同时将原药生产企业保留的甲胺磷等 5 种高毒有机磷农药的制剂产品的使用范围缩减为：棉花、水稻、玉米和小麦 4 种作物。

三、自 2007 年 1 月 1 日起，撤销含有甲胺磷等 5 种高毒有机磷农药的制剂产品的登记证（具体名单另行公布），全面禁止甲胺磷等 5 种高毒有机磷农药在农业上使用，只保留部分生产能力用于出口。

二〇〇三年十二月三十日

中华人民共和国农业部 国家发展和改革委员会 国家工商行政管理总局 国家质量监督检验检疫总局 公告

第632号

为贯彻落实甲胺磷、对硫磷、甲基对硫磷、久效磷和磷胺5种高毒有机磷农药（以下简称甲胺磷等5种高毒有机磷农药）削减计划，确保自2007年1月1日起，全面禁止甲胺磷等5种高毒有机磷农药在农业上使用，现将有关事项公告如下：

一、自2007年1月1日起，全面禁止在国内销售和使用甲胺磷等5种高毒有机磷农药。撤销所有含甲胺磷等5种高毒有机磷农药产品的登记证和生产许可证（生产批准证书）。保留用于出口的甲胺磷等5种高毒有机磷农药生产能力，其农药产品登记证、生产许可证（生产批准证书）发放和管理的具体规定另行制定。

二、各农药生产单位要根据市场需求安排生产计划，以销定产，避免因甲胺磷等5种高毒有机磷农药生产过剩而造成积压和损失。对在2006年底尚未售出的产品，一律由本单位负责按照环境保护的有关规定进行处理。

三、各农药经营单位要按照农业生产的实际需要，严格控制甲胺磷等5种高毒有机磷农药进货数量。对在2006年底尚未销售的产品，一律由本单位负责按照环境保护的有关规定进行处理。

四、各农药使用者和广大农户要有计划地选购含甲胺磷等5种高毒有机磷农药的产品，确保在2006年底前全部使用完。

五、各级农业、发展改革（经贸）、工商、质量监督检验等行政管理部门，要按照《农药管理条例》和相关法律法规的规定，明确属地管理原则，加强组织领导，加大资金投入，搞好禁止生产销售使用政策、替代农药产品和科学使用技术的宣传、指导和培训。同时，加强农药市场监督管理，确保按期实现禁用计划。自2007年1月1日起，对非法生产、销售和使用甲胺磷等5种高毒有机磷农药的，要按照生产、销售和使用国家明令禁止农药的违法行为依法进行查处。

二〇〇六年四月四日

中华人民共和国农业部公告

第 671 号

为进一步解决甲磺隆等磺酰脲类长残效除草剂对后茬作物产生药害事故的问题，保障农业生产安全，保护广大农民利益，根据《农药管理条例》的有关规定，结合我国实际，我部决定对含甲磺隆、氯磺隆和胺苯磺隆等除草剂产品实行以下管理措施。

一、自 2006 年 6 月 1 日起，停止批准新增含甲磺隆、氯磺隆和胺苯磺隆等除草剂产品（包括原药、单剂和复配制剂）的登记。对已批准田间试验或已受理登记申请的产品，相关生产企业应在规定的期限前提交相应的资料。在规定期限内未获得批准的产品不再继续审查。

二、各甲磺隆、氯磺隆和胺苯磺隆原药生产企业，要提高产品质量，严格控制杂质含量。要重新提交原药产品标准和近两年的全分析报告，于 2006 年 12 月 31 日前，向我部申请复核。对甲磺隆含量低于 96%、氯磺隆含量低于 95%、胺苯磺隆含量低于 95%、杂质含量过高的，要限期改进生产工艺。在 2007 年 12 月 31 日前不能达标的，将依法撤销其登记。

三、已批准在小麦上登记的含有甲磺隆、氯磺隆的产品，其农药登记证和产品标签上应注明“仅限于长江流域及其以南、酸性土壤（pH<7）、稻麦轮作区的小麦田使用”。产品的用药量以甲磺隆有效成分计不得超过 7.5 克/公顷（0.5 克/亩），以氯磺隆有效成分计不得超过 15 克/公顷（1 克/亩）。混配产品中各有效成分的使用剂量单独计算。

已批准在小麦上登记的含甲磺隆、氯磺隆的产品，对于原批准的使用剂量低限超出本公告规定最高使用剂量的，不再批准续展登记。对于原批准的使用剂量高限超出本公告规定的最高剂量而低限未超出的，可批准续展登记。但要按本公告的规定调整批准使用剂量，控制产品最佳使用时期和施药方法。相关企业应按重新核定的使用剂量和施药时期设计标签。必要时，应要求生产企业按新批准使用剂量进行一年三地田间药效验证试验，根据试验结果决定是否再批准续展登记。

四、已批准在水稻上登记的含甲磺隆的产品，其农药登记证和产品标签上应注明“仅限于酸性土壤（pH<7）及高温高湿的南方稻区使用”，用药量以甲磺隆计不得超过 3 克/公顷（0.2 克/亩），水稻 4 叶期前禁止用药。

五、已取得含甲磺隆、氯磺隆、胺苯磺隆等产品登记的生产企业，申请续展登记时应提交原药来源证明和产品标签。2006 年 12 月 31 日以后生产的产品，其标签内容应符合《农药产品标签通则》和《磺酰脲类除草剂合理使用准则》等规定，要在明显位置以醒目的方式详细说明产品限定使用区域、严格限定后茬种植的作物及使用时期等安全注意事项。

含有甲磺隆、氯磺隆和胺苯磺隆产品的生产企业，如欲扩大后茬可种植作物的范围，需要提交对后茬作物室内和田间的安全性试验评估资料。经对资料进行评审后，表明其对试验的后茬作物安全，将允许在产品标签中增加标明可种植的后茬作物等项目。

本公告自发布之日起实施，我部于2005年4月28日发布的第494号公告同时废止。

二〇〇六年六月十三日

关于停止甲胺磷等五种高毒有机磷农药生产流通和使用的公告

国家发展改革委、农业部、国家工商总局、国家检验检疫总局、
国家环保总局、国家安全监督总局
2008 年第 1 号

为保障农产品质量安全，经国务院批准，决定停止甲胺磷等五种高毒农药的生产、流通、使用。现就有关事项公告如下：

一、五种高毒农药为：甲胺磷、对硫磷、甲基对硫磷、久效磷、磷胺，化学名称分别为：O，S-二甲基氨基硫代磷酸酯、O，O-二乙基-O-（4-硝基苯基）硫代磷酸酯、O，O-二甲基-O-（4-硝基苯基）硫代磷酸酯、O，O-二甲基-O-[1-甲基-2-（甲基氨基甲酰）]乙烯基磷酸酯、O，O-二甲基-O-[1-甲基-2-氯-2-（二乙基氨基甲酰）]乙烯基磷酸酯。

二、自本公告发布之日起，废止甲胺磷、对硫磷、甲基对硫磷、久效磷、磷胺的农药产品登记证、生产许可证和生产批准证书。

三、本公告发布之日起，禁止甲胺磷、对硫磷、甲基对硫磷、久效磷、磷胺在国内的生产、流通。

四、本公告发布之日前已签订有效出口合同的生产企业，限于履行合同，可继续生产至 2008 年 12 月 31 日，其生产、出口等按照《危险化学品安全管理条例》、《化学品首次进口及有毒化学品进出口管理规定》等法律法规执行。

五、本公告发布之日起，禁止甲胺磷、对硫磷、甲基对硫磷、久效磷、磷胺在国内以单独或与其他物质混合等形式的使用。

六、各级发展改革（经贸）、农业、工商、质量监督检验、环保、安全监管等行政管理部门，要按照《农药管理条例》等有关法律法规的规定，加强对农药生产、流通、使用的监督管理。对非法生产、销售、使用甲胺磷、对硫磷、甲基对硫磷、久效磷、磷胺的，要依法进行查处。

二〇〇八年一月九日

农业部
工业和信息化部　公告
环境保护部

第 1157 号

鉴于氟虫腈对甲壳类水生生物和蜜蜂具有高风险，在水和土壤中降解慢，按照《农药管理条例》的规定，根据我国农业生产实际，为保护农业生产安全、生态环境安全和农民利益，经全国农药登记评审委员会审议，现就加强氟虫腈管理的有关事项公告如下：

一、自本公告发布之日起，除卫生用、玉米等部分旱田种子包衣剂和专供出口产品外，停止受理和批准用于其他方面含氟虫腈成分农药制剂的田间试验、农药登记（包括正式登记、临时登记、分装登记）和生产批准证书。

二、自 2009 年 4 月 1 日起，除卫生用、玉米等部分旱田种子包衣剂和专供出口产品外，撤销已批准的用于其他方面含氟虫腈成分农药制剂的登记和（或）生产批准证书。同时农药生产企业应当停止生产已撤销登记和生产批准证书的农药制剂。

三、自 2009 年 10 月 1 日起，除卫生用、玉米等部分旱田种子包衣剂外，在我国境内停止销售和使用用于其他方面的含氟虫腈成分的农药制剂。农药生产企业和销售单位应当确保所销售的相关农药制剂使用安全，并妥善处置市场上剩余的相关农药制剂。

四、专供出口含氟虫腈成分的农药制剂只能由氟虫腈原药生产企业生产。生产企业应当办理生产批准证书和专供出口的农药登记证或农药临时登记证。

五、在我国境内生产氟虫腈原药的生产企业，其建设项目环境影响评价文件依法获得有审批权的环境保护行政主管部门同意后，方可申请办理农药登记和生产批准证书。已取得农药登记和生产批准证书的生产企业，要建立可追溯的氟虫腈生产、销售记录，不得将含有氟虫腈的产品销售给未在我国取得卫生用、玉米等部分旱田种子包衣剂农药登记和生产批准证书的生产企业。

各级农业、工业生产、环境保护行政主管部门，应当加大对含有氟虫腈农药产品的生产和市场监督检查力度，引导农民科学选购与使用农药，确保农业生产和环境安全。

二〇〇九年二月二十五日

农　业　部
工业和信息化部
环　境　保　护　部　公告
国家工商行政管理总局
国家质量监督检验检疫总局

第 1586 号

为保障农产品质量安全、人畜安全和环境安全，经国务院批准，决定对高毒农药采取进一步禁限用管理措施。现将有关事项公告如下：

一、自本公告发布之日起，停止受理苯线磷、地虫硫磷、甲基硫环磷、磷化钙、磷化镁、磷化锌、硫线磷、蝇毒磷、治螟磷、特丁硫磷、杀扑磷、甲拌磷、甲基异柳磷、克百威、灭多威、灭线磷、涕灭威、磷化铝、氧乐果、水胺硫磷、溴甲烷、硫丹等 22 种农药新增田间试验申请、登记申请及生产许可申请；停止批准含有上述农药的新增登记证和农药生产许可证（生产批准文件）。

二、自本公告发布之日起，撤销氧乐果、水胺硫磷在柑橘树，灭多威在柑橘树、苹果树、茶树、十字花科蔬菜，硫线磷在柑橘树、黄瓜，硫丹在苹果树、茶树，溴甲烷在草莓、黄瓜上的登记。本公告发布前已生产产品的标签可以不再更改，但不得继续在已撤销登记的作物上使用。

三、自 2011 年 10 月 31 日起，撤销（撤回）苯线磷、地虫硫磷、甲基硫环磷、磷化钙、磷化镁、磷化锌、硫线磷、蝇毒磷、治螟磷、特丁硫磷等 10 种农药的登记证、生产许可证（生产批准文件），停止生产；自 2013 年 10 月 31 日起，停止销售和使用。

二〇一一年六月十五日

农　业　部
工业和信息化部　公告
国家质量监督检验检疫总局

第1745号

为维护人民生命健康安全，确保百草枯安全生产和使用，经研究，决定对百草枯采取限制性管理措施。现将有关事项公告如下：

一、自本公告发布之日起，停止核准百草枯新增母药生产、制剂加工厂点，停止受理母药和水剂（包括百草枯复配水剂，下同）新增田间试验申请、登记申请及生产许可（包括生产许可证和生产批准文件，下同）申请，停止批准新增百草枯母药和水剂产品的登记和生产许可。

二、自2014年7月1日起，撤销百草枯水剂登记和生产许可、停止生产，保留母药生产企业水剂出口境外使用登记、允许专供出口生产，2016年7月1日停止水剂在国内销售和使用。

三、重新核准标签，变更农药登记证和农药生产批准文件。标签在原有内容基础上增加急救电话等内容，醒目标注警示语。农药登记证和农药生产批准文件在原有内容基础上增加母药生产企业名称等内容。百草枯生产企业应当及时向有关部门申请重新核准标签、变更农药登记证和农药生产批准文件。自2013年1月1日起，未变更的农药登记证和农药生产批准文件不再保留，未使用重新核准标签的产品不得上市，已在市场上流通的原标签产品可以销售至2013年12月31日。

四、各生产企业要严格按照标准生产百草枯产品，添加足量催吐剂、臭味剂、着色剂，确保产品质量。

五、生产企业应当加强百草枯的使用指导及中毒救治等售后服务，鼓励使用小口径包装瓶，鼓励随产品配送必要的医用活性炭等产品。

二〇一二年四月二十四日

中华人民共和国农业部公告

第 2032 号

为保障农业生产安全、农产品质量安全和生态环境安全，维护人民生命安全和健康，根据《农药管理条例》的有关规定，经全国农药登记评审委员会审议，决定对氯磺隆、胺苯磺隆、甲磺隆、福美胂、福美甲胂、毒死蜱和三唑磷等 7 种农药采取进一步禁限用管理措施。现将有关事项公告如下。

一、自 2013 年 12 月 31 日起，撤销氯磺隆（包括原药、单剂和复配制剂，下同）的农药登记证，自 2015 年 12 月 31 日起，禁止氯磺隆在国内销售和使用。

二、自 2013 年 12 月 31 日起，撤销胺苯磺隆单剂产品登记证，自 2015 年 12 月 31 日起，禁止胺苯磺隆单剂产品在国内销售和使用；自 2015 年 7 月 1 日起撤销胺苯磺隆原药和复配制剂产品登记证，自 2017 年 7 月 1 日起，禁止胺苯磺隆复配制剂产品在国内销售和使用。

三、自 2013 年 12 月 31 日起，撤销甲磺隆单剂产品登记证，自 2015 年 12 月 31 日起，禁止甲磺隆单剂产品在国内销售和使用；自 2015 年 7 月 1 日起撤销甲磺隆原药和复配制剂产品登记证，自 2017 年 7 月 1 日起，禁止甲磺隆复配制剂产品在国内销售和使用；保留甲磺隆的出口境外使用登记，企业可在 2015 年 7 月 1 日前，申请将现有登记变更为出口境外使用登记。

四、自本公告发布之日起，停止受理福美胂和福美甲胂的农药登记申请，停止批准福美胂和福美甲胂的新增农药登记证；自 2013 年 12 月 31 日起，撤销福美胂和福美甲胂的农药登记证，自 2015 年 12 月 31 日起，禁止福美胂和福美甲胂在国内销售和使用。

五、自本公告发布之日起，停止受理毒死蜱和三唑磷在蔬菜上的登记申请，停止批准毒死蜱和三唑磷在蔬菜上的新增登记；自 2014 年 12 月 31 日起，撤销毒死蜱和三唑磷在蔬菜上的登记，自 2016 年 12 月 31 日起，禁止毒死蜱和三唑磷在蔬菜上使用。

二〇一三年十二月九日

中华人民共和国农业部公告

第 2289 号

为保障农产品质量安全和生态环境安全，根据《中华人民共和国食品安全法》和《农药管理条例》相关规定，在公开征求意见的基础上，我部决定对杀扑磷等 3 种农药采取以下管理措施。现公告如下。

一、自 2015 年 10 月 1 日起，撤销杀扑磷在柑橘树上的登记，禁止杀扑磷在柑橘树上使用。

二、自 2015 年 10 月 1 日起，将溴甲烷、氯化苦的登记使用范围和施用方法变更为土壤熏蒸，撤销除土壤熏蒸外的其他登记。溴甲烷、氯化苦应在专业技术人员指导下使用。

二〇一五年八月二十二日

中华人民共和国农业部公告

第 2445 号

为保障农产品质量安全、生态环境安全和人民生命安全，根据《中华人民共和国食品安全法》《农药管理条例》有关规定，经全国农药登记评审委员会审议，在公开征求意见的基础上，我部决定对 2,4-滴丁酯、百草枯、三氯杀螨醇、氟苯虫酰胺、克百威、甲拌磷、甲基异柳磷、磷化铝等 8 种农药采取以下管理措施。现公告如下。

一、自本公告发布之日起，不再受理、批准 2,4-滴丁酯（包括原药、母药、单剂、复配制剂，下同）的田间试验和登记申请；不再受理、批准 2,4-滴丁酯境内使用的续展登记申请。保留原药生产企业 2,4-滴丁酯产品的境外使用登记，原药生产企业可在续展登记时申请将现有登记变更为仅供出口境外使用登记。

二、自本公告发布之日起，不再受理、批准百草枯的田间试验、登记申请，不再受理、批准百草枯境内使用的续展登记申请。保留母药生产企业产品的出口境外使用登记，母药生产企业可在续展登记时申请将现有登记变更为仅供出口境外使用登记。

三、自本公告发布之日起，撤销三氯杀螨醇的农药登记，自 2018 年 10 月 1 日起，全面禁止三氯杀螨醇销售、使用。

四、自本公告发布之日起，撤销氟苯虫酰胺在水稻作物上使用的农药登记；自 2018 年 10 月 1 日起，禁止氟苯虫酰胺在水稻作物上使用。

五、自本公告发布之日起，撤销克百威、甲拌磷、甲基异柳磷在甘蔗作物上使用的农药登记；自 2018 年 10 月 1 日起，禁止克百威、甲拌磷、甲基异柳磷在甘蔗作物上使用。

六、自本公告发布之日起，生产磷化铝农药产品应当采用内外双层包装。外包装应具有良好密闭性，防水防潮防气体外泄。内包装应具有通透性，便于直接熏蒸使用。内、外包装均应标注高毒标识及“人畜居住场所禁止使用”等注意事项。自 2018 年 10 月 1 日起，禁止销售、使用其他包装的磷化铝产品。

二〇一六年九月七日

中华人民共和国农业部公告

第 2552 号

根据《中华人民共和国食品安全法》《农药管理条例》有关规定和履行《关于持久性有机污染物的斯德哥尔摩公约》《关于消耗臭氧层物质的蒙特利尔议定书（哥本哈根修正案）》的相关要求，经广泛征求意见和全国农药登记评审委员会评审，我部决定对硫丹、溴甲烷、乙酰甲胺磷、丁硫克百威、乐果等 5 种农药采取以下管理措施。

一、自 2018 年 7 月 1 日起，撤销含硫丹产品的农药登记证；自 2019 年 3 月 26 日起，禁止含硫丹产品在农业上使用。

二、自 2019 年 1 月 1 日起，将含溴甲烷产品的农药登记使用范围变更为“检疫熏蒸处理”，禁止含溴甲烷产品在农业上使用。

三、自 2017 年 8 月 1 日起，撤销乙酰甲胺磷、丁硫克百威、乐果（包括含上述 3 种农药有效成分的单剂、复配制剂，下同）用于蔬菜、瓜果、茶叶、菌类和中草药材作物的农药登记，不再受理、批准乙酰甲胺磷、丁硫克百威、乐果用于蔬菜、瓜果、茶叶、菌类和中草药材作物的农药登记申请；自 2019 年 8 月 1 日起，禁止乙酰甲胺磷、丁硫克百威、乐果在蔬菜、瓜果、茶叶、菌类和中草药材作物上使用。

二〇一七年七月十四日

中华人民共和国农业部公告

第 2567 号

为了加强对限制使用农药的监督管理，保障农产品质量安全和人畜安全，保护农业生产和生态环境，根据《中华人民共和国食品安全法》和《农药管理条例》相关规定，我部制定了《限制使用农药名录（2017 版）》，现予公布，并就有关事项公告如下。

一、列入本名录的农药，标签应当标注“限制使用”字样，并注明使用的特别限制和特殊要求；用于食用农产品的，标签还应当标注安全间隔期。

二、本名录中前 22 种农药实行定点经营，其他农药实行定点经营的时间由农业部另行规定。

三、农业部已经发布的限制使用农药公告，继续执行。

四、本公告自 2017 年 10 月 1 日起施行。

二〇一七年八月三十一日

附：限制使用农药名录

序号	有效成分名称	备注
1	甲拌磷	实行定点经营
2	甲基异柳磷	
3	克百威	
4	磷化铝	
5	硫丹	
6	氯化苦	
7	灭多威	
8	灭线磷	
9	水胺硫磷	
10	涕灭威	
11	溴甲烷	
12	氧乐果	
13	百草枯	
14	2,4-滴丁酯	
15	C 型肉毒梭菌毒素	
16	D 型肉毒梭菌毒素	

（续）

序号	有效成分名称	备注
17	氟鼠灵	实行定点经营
18	敌鼠钠盐	
19	杀鼠灵	
20	杀鼠醚	
21	溴敌隆	
22	溴鼠灵	
23	丁硫克百威	
24	丁酰肼	
25	毒死蜱	
26	氟苯虫酰胺	
27	氟虫腈	
28	乐果	
29	氰戊菊酯	
30	三氯杀螨醇	
31	三唑磷	
32	乙酰甲胺磷	

二、我国禁止生产销售和使用的农药名单（42种）

1. 六六六、滴滴涕、毒杀芬、二溴氯丙烷、杀虫脒、二溴乙烷、除草醚、艾氏剂、狄氏剂、汞制剂、砷类、铅类、敌枯双、氟乙酰胺、甘氟、毒鼠强、氟乙酸钠、毒鼠硅、甲胺磷、甲基对硫磷、对硫磷、久效磷、磷胺、苯线磷、地虫硫磷、甲基硫环磷、磷化钙、磷化镁、磷化锌、硫线磷、蝇毒磷、治螟磷、特丁硫磷、氯磺隆、福美胂、福美甲胂、胺苯磺隆单剂、甲磺隆单剂；

2. 百草枯水剂自2016年7月1日起停止在国内销售和使用；

3. 胺苯磺隆复配制剂、甲磺隆复配制剂自2017年7月1日起禁止在国内销售和使用；

4. 三氯杀螨醇自2018年10月1日起全面禁止销售、使用。

三、杀虫剂作用机理分类及编码

作用方式分类	化学结构分类	中文通用名	英文通用名
第 1 组：乙酰胆碱酯酶（AChE）抑制剂	氨基甲酸酯类	丙硫克百威	benfuracarb
		残杀威	propoxur
		丁硫克百威	carbosulfan
		混灭威	dimethacarb
		甲萘威	carbaryl
		抗蚜威	pirimicarb
		克百威	carbofuran
		硫双威	thiodicarb
		灭多威	methomyl
		速灭威	metolcarb
		异丙威	isoprocarb
		仲丁威	fenobucarb
		涕灭威	aldicarb
	有机磷酸酯类	稻丰散	phenthoate
		敌百虫	trichlorfon
		敌敌畏	dichlorvos
		地虫硫磷	fonofos
		毒死蜱	chlorpyrifos
		甲基毒死蜱	chlorpyrifos-methyl
		马拉硫磷	malathion
		杀螟硫磷	fenitrothion
		杀扑磷	methidathion
		水胺硫磷	isocarbophos
		辛硫磷	phoxim
		乙酰甲胺磷	acephate
		蝇毒磷	coumaphos
		哒嗪硫磷	pyridaphenthione
		噻唑磷	fosthiazate
		丙溴磷	profenofos
		二嗪磷	diazinon
		乐果	dimethoate
		氧乐果	omethoate
		喹硫磷	quinalphos
		三唑磷	triazophos
		治螟磷	sulfotep

（续）

作用方式分类	化学结构分类	中文通用名	英文通用名
第2组：γ-氨基丁酸（GABA）门控氯离子通道拮抗剂	环戊二烯有机氯化合物	氯丹	chlordane
		硫丹	endosulfan
	苯基吡唑类	氟虫腈	fipronil
		乙虫腈	ethiprole
第3组：钠离子通道调控剂	拟除虫菊酯类及除虫菊素类	S-氰戊菊酯	esfenvalerate
		zeta-氯氰菊酯	zeta-cypermethrin
		氟氯氰菊酯	cyfluthrin
		高效反式氯氰菊酯	theta-cypermethrin
		高效氟氯氰菊酯	beta-cyfluthrin
		高效氯氰菊酯	beta-cypermethrin
		精高效氯氟氰菊酯	gamma cyhalothrin
		联苯菊酯	bifenthrin
		氯氟氰菊酯	cyhalothrin
		氯菊酯	permethrin
		氯氰菊酯	cypermethrin
		醚菊酯	etofenprox
		氰戊菊酯	fenvalerate
		顺式氯氰菊酯	alpha-cypermethrin
		溴氰菊酯	deltamethrin
		甲氰菊酯	fenpropathrin
		除虫菊素	pyrethrins
第4组：烟碱型乙酰胆碱受体（nAChR）激动剂	新烟碱类	噻虫啉	thiacloprid
		噻虫胺	clothianidin
		噻虫嗪	thiamethoxam
		氯噻啉	imidaclothiz
		吡虫啉	imidacloprid
		烯啶虫胺	nitenpyram
		啶虫脒	acetamiprid
		哌虫啶	
	烟碱	烟碱	nicotine
第5组：烟碱型乙酰胆碱受体（nAChR）别构调节剂	多杀菌素类	乙基多杀菌素	spinetoram
		多杀霉素	spinosad

（续）

作用方式分类	化学结构分类	中文通用名	英文通用名
第 6 组：氯离子通道激动剂	阿维菌素类	甲氨基阿维菌素苯甲酸盐	emamectin benzoate
		甲氨基阿维菌素	abamectin-aminomethyl
		依维菌素	ivermectin
		阿维菌素	abamectin
第 9 组：选择性同翅目昆虫摄食阻滞剂	吡啶类或三嗪酮	吡蚜酮	pymetrozine
第 10 组：螨虫生长抑制剂	四螨嗪及噻螨酮	噻螨酮	hexythiazox
		四螨嗪	clofentezine
	乙螨唑	乙螨唑	etoxazole
第 11 组：干扰昆虫中肠肠膜功能的微生物及其衍生毒素		苏云金芽孢杆菌	*Bacillus thuringiensis*
		苏云金杆菌以色列亚种	*Bacillus thuringiensis* subsp. *kurstaki*
第 12 组：线粒体三磷酸腺苷（ATP）合成酶抑制剂	丁醚脲	丁醚脲	diafenthiuron
	有机锡杀螨剂	苯丁锡	fenbutatin oxide
		三唑锡	azocyclotin
		三磷锡	phostin
	炔螨特	炔螨特	propargite
	三氯杀螨砜	三氯杀螨砜	tetradifon
第 13 组：通过干扰质子梯度影响氧化磷酸化的解偶联剂	吡咯及二硝酚类	虫螨腈	chlorfenapyr
第 14 组：烟碱型乙酰胆碱受体（nAChR）通道阻断剂	沙蚕毒素类似物	杀虫单	monosultap
		杀虫环	thiocyclam-hydrogenoxalate
		杀虫双	bisultap
		杀螟丹	cartap
第 15 组：几丁质生物合成抑制剂 O 型	苯甲酰脲类	杀铃脲	triflumuron
		虱螨脲	lufenuron
		除虫脲	diflubenzuron
		氟铃脲	hexaflumuron
		氟啶脲	chlorfluazuron
		灭幼脲	chlorbenzuron
		氟虫脲	flufenoxuron

（续）

作用方式分类	化学结构分类	中文通用名	英文通用名
第16组：几丁质生物合成抑制剂1型	噻嗪酮	噻嗪酮	buprofezin
第17组：双翅目昆虫蜕皮干扰物	灭蝇胺	灭蝇胺	cyromazine
第18组：蜕皮激素受体激动剂	双酰肼类	甲氧虫酰肼	methoxyfenozide
		虫酰肼	tebufenozide
		抑食肼	
第19组：章胺（Octopamine）受体激动剂	双甲脒和单甲脒	双甲脒	amitraz
		单甲脒	semiamitraz
第21组：线粒体电子传递链复合体（Ⅰ）抑制剂	线粒体电子传递抑制性杀螨剂和杀虫剂	唑螨酯	fenpyroximate
		喹螨醚	fenazaquin
		哒螨灵	pyridaben
		唑虫酰胺	tolfenpyrad
	鱼藤酮	鱼藤酮	rotenone
第22组：电压依赖性钠离子通道阻断剂	茚虫威	茚虫威	indoxacarb
	氰氟虫腙	氰氟虫腙	metaflumizone
第23组：乙酰辅酶A羧化酶抑制剂	特窗酸和特拉姆酸衍生物	螺虫乙酯	spirotetramat
		螺螨酯	spirodiclofen
第24组：线粒体电子传递链复合体（Ⅳ）抑制剂	磷化氢	磷化锌	zinc phosphide
第28组：鱼尼丁（Ryanodine受体调节剂	双酰胺类	氟虫双酰胺	flubendiamide
		氯虫苯甲酰胺	chlorantraniliprole
UN组：作用机制未知或未确定的化合物		联苯肼酯	bifenazate
		印楝素	azadirachtin
		三氯杀螨醇	dicofol
		溴螨酯	bromopropylate

四、杀菌剂作用机理分类及编码

杀菌剂抗性行动委员会（FRAC）基于各种杀菌剂已知的作用机制，于2010年编制了杀菌剂作用机理分类图，并用英语字母予以编码。为了方便广大用户在混合使用或交替使用杀菌剂时避免使用编码完全相同的杀菌剂，达到延缓病原菌产生抗药性或阻止抗药性的发生，或有效防治抗药性病害的目的，南京农业大学植物保护学院的周明国教授将该图编译成杀菌剂作用机理分类及编码表，并将我国创制的几种杀菌剂列入其中，以供参考。

杀菌剂作用机理分类及编码表

作用方式大类	作用方式亚类（靶标）	化学结构或作用机理类别	中文通用名	英文通用名
A 干扰核酸合成	A1：RNA合成抑制剂（RNA聚合酶Ⅰ）	第4组：苯酰胺类	苯霜灵	benalaxyl
			精苯霜灵	benalaxyl-M
			甲霜灵	metalaxyl
			精甲霜灵	metalaxyl-M
			呋霜灵	furalaxyl
			呋酰胺	ofurace
			噁霜灵	oxadixyl
	A2：嘌呤代谢抑制剂	第8组：羟基（2-氨基）嘧啶类	乙嘧酚磺酸酯	bupirimate
			二甲嘧酚	dimethirimol
			乙嘧酚	ethirimol
	A3：DNA/RNA合成抑制剂（暂定）	第32组：芳香杂环类	噁霉灵	hymexazol
			辛噻酮	octhilinone
	A4：DNA超螺旋抑制剂（DNA拓扑异构酶Ⅱ/旋转酶）	第31组：羧酸类	喹菌酮	oxolinic acid
B 干扰细胞分裂	B1：有丝分裂过程的β-微管蛋白装配抑制剂	第1组：苯并咪唑类	苯菌灵	benomyl
			多菌灵	carbendazim
			麦穗宁	fuberidazole
			噻菌灵	thiabendazole
			硫菌灵	thiophanate
			甲基硫菌灵	thiophanate-methyl

（续）

作用方式大类	作用方式亚类（靶标）	化学结构或作用机理类别	中文通用名	英文通用名
B 干扰细胞分裂	B2：有丝分裂过程的β-微管蛋白装配抑制剂	第 10 组：N-苯基氨基甲酸酯类	乙霉威	diethofencarb
	B3：有丝分裂过程的β-微管蛋白装配抑制剂	第 22 组：苯乙酰胺类	苯酰菌胺	zoxamide
	B4：细胞分裂抑制剂（暂定）	第 20 组：苯基脲类	戊菌隆	pencycuron
	B5：膜收缩类蛋白解位作用	第 43 组：酰基二乙酰中氮茚类	氟吡菌胺	fluopicolide
C 干扰呼吸作用	C1：复合体Ⅰ抑制剂（NADH 氧化还原酶）	第 39 组：嘧啶胺类	氟嘧菌胺	diflumetorim
		吩嗪类（暂定）	申嗪霉素	phenazino-1-carboxylic acid
	C2：复合体Ⅱ抑制剂（琥珀酸脱氢酶）	第 7 组：琥珀酸脱氢酶抑制剂类	呋吡菌胺	furametpyr
			吡唑萘菌胺	isopyrazam
			拌种灵	seediavax
			噻呋酰胺	thifluzamide
			啶酰菌胺	boscalid
			氧化萎锈灵	oxycarboxin
			萎锈灵	carboxin
			氟吡菌酰胺	fluopyram
			甲呋酰胺	fenfuram
			氟酰胺	flutolanil
			灭锈胺	mepronil
			麦锈灵	benodanil

（续）

作用方式大类	作用方式亚类（靶标）	化学结构或作用机理类别	中文通用名	英文通用名
C 干扰呼吸作用	C3：复合物Ⅲ抑制剂（泛醌Q氧化酶/Cyt bc1）	第11组：Qo抑制剂（Q外侧抑制剂）类	嘧菌酯	azoxystrobin
			啶氧菌酯	picoxystrobin
			烯肟菌酯	enestrobin
			唑菌酯	pyraoxystrobin
			醚菌酯	kresoxim-methyl
			肟菌酯	trifloxystrobin
			唑胺菌酯	pyrametostrobin
			肟醚菌胺	orysastrobin
			醚菌胺	dimoxystrobin
			苯氧菌胺	metomino-strobin
			吡唑醚菌酯	pyraclostrobin
			氟嘧菌酯	fluoxastrobin
			氯啶菌酯	
			噁唑菌酮	famoxadone
			咪唑菌酮	fenamidone
	C4：复合物Ⅲ抑制剂（泛醌Q还原酶/Cyt bc1）	第21组：Qi抑制剂（Q内侧抑制剂）类	氰霜唑	cyazofamid
	C5：氧化磷酸化解偶联作用	第29组：氧化磷酸化解偶联剂类	乐杀螨	binapacryl
			二硝巴豆酸酯	meptyl dinocap
			氟啶胺	fluazinam
			嘧菌腙	ferimzone
	C6：氧化磷酸化抑制剂（ATP合成酶）	第30组：有机锡化合物类	三苯基乙酸锡	fentin acetate
			三苯锡氯	fentin chloride
			三苯基氢氧化锡	fentin hydroxide
	C7：ATP生成抑制剂（暂定）	第38组：噻吩羧酰胺类	硅噻菌胺	silthiofam

（续）

作用方式大类	作用方式亚类（靶标）	化学结构或作用机理类别	中文通用名	英文通用名
D 干扰氨基酸和蛋白质生物合成	D1：蛋氨酸生物合成抑制剂（cgs 基因）	第 9 组：苯胺基嘧啶类	嘧菌环胺	cyprodinil
			嘧菌胺	mepanipyrim
			嘧霉胺	pyrimethanil
	D2：蛋白质合成抑制剂	第 23 组：烯醇吡喃糖醛酸抗生素类	灭瘟散	blasticidin-S
	D3：蛋白质合成抑制剂	第 24 组：己吡喃糖抗生素类	春雷霉素	kasugamycin
	D4：蛋白质合成抑制剂	第 25 组：吡喃葡萄糖苷抗生素类	链霉素	streptomycin
	D5：蛋白质合成抑制剂	第 41 组：四环素抗生素类	土霉素	oxytetracycline
E 干扰信号传递	E1：信号传递抑制剂（机制不明）	第 13 组：氮杂邻苯甲酰撑类	苯氧喹啉	quinoxyfen
			丙氧喹啉	proquinazid
	E2：渗透信号传递抑制剂（蛋白活化酶/组氨酸激酶 MAP，os-2、HOG1）	第 12 组：苯基吡咯类	拌种咯	fenpiclonil
			咯菌腈	fludioxonil
	E3：渗透信号传递（蛋白活化酶/组氨酸激酶，os-1、Daf1）	第 2 组：二甲酰亚胺类	异菌脲	iprodione
			乙菌利	chlozolinate
			腐霉利	procymidone
			乙烯菌核利	vinclozolin

（续）

作用方式大类	作用方式亚类（靶标）	化学结构或作用机理类别	中文通用名	英文通用名
F 干扰脂质及生物膜功能	F2：磷脂生物合成抑制剂（甲基转移酶）	第 6 组：硫代磷酸酯类和二硫杂环戊烷类	吡菌磷	pyrazophos
			异稻瘟净	iprobenfos
			稻瘟散（敌瘟磷）	edifenphos
			稻瘟灵	iso-prothiolane
	F3：类脂过氧化作用（暂定）	第 14 组：芳烃及芳杂环类	四氯硝基苯	tecnazene（TCNB）
			氯硝胺	dicloran
			五氯硝基苯	quintozene（PCNB）
			联苯	biphenyl
			地茂散	chloroneb
			甲基立枯磷	tolclofos-Methyl
			土菌灵	etridiazole
	F4：破坏细胞膜透性［脂肪酸抑制剂（暂定）］	第 28 组：氨基甲酸酯类	霜霉威	propamocarb
			硫菌威	prothiocarb
	F5：磷脂生物合成和细胞膜沉积（暂定）	第 40 组：羧酰胺类	烯酰吗啉	dimethomorph
			氟吗啉	flumorph
			双炔酰菌胺	mandipropamid
			缬霉威	iprovalicarb
			苯噻菌胺	benthiavalicarb
	F6：破坏膜透性的微生物	第 44 组：芽孢杆菌类	枯草芽孢杆菌	*Bacillus subtilis* Strain

（续）

作用方式大类	作用方式亚类（靶标）	化学结构或作用机理类别	中文通用名	英文通用名
G 干扰甾醇生物合成	G1：甾醇生物合成抑制剂Ⅰ（C_{14}脱甲基酶抑制剂，erg11/cyp51）	第3组：脱甲基抑制剂（DMI）类	三唑酮	triadimefon
			三唑醇	triadimenol
			戊唑醇	tebuconazole
			丙环唑	propiconazole
			乙环唑	etaconazole
			腈菌唑	myclobutanil
			氟环唑	epoxiconazole
			氧环唑	azaconazole
			种菌唑	ipconazole
			叶菌唑	metconazole
			腈苯唑	fenbuconazole
			联苯三唑醇	bitertanol
			氟喹唑	fluquinconazole
			四氟醚唑	tetraconazole
			糠菌唑	bromuconazole
			氟硅唑	flusilazole
			环丙菌唑	cyproconazole
			粉唑醇	flutriafol
			戊菌唑	penconazole
			苯醚甲环唑	difenoconazole
			己唑醇	hexaconazole
			灭菌唑	triticonazole
			烯唑醇	diniconazole
			丙硫菌唑	prothio-conazole
			亚胺唑	imibenconazole
			硅氟唑	simeconazole
			嗪氨灵	triforine
			啶斑肟	pyrifenox
			氟苯嘧啶醇	nuarimol
			氯苯嘧啶醇	fenarimol
			抑霉唑	imazalil
			氟菌唑	triflumizole
			稻瘟酯	pefurazoate
			噁咪唑	oxpoconazole
			咪鲜胺	prochloraz

（续）

<table>
<tr><th>作用方式大类</th><th>作用方式亚类（靶标）</th><th>化学结构或
作用机理类别</th><th>中文通用名</th><th>英文通用名</th></tr>
<tr><td rowspan="10">G 干扰甾醇
生物合成</td><td rowspan="5">G2：甾醇生物合成抑制剂Ⅱ（Δ14 还原酶和 Δ8→7 异构酶）</td><td rowspan="5">第 5 组：胺类</td><td>十三吗啉</td><td>tridemorph</td></tr>
<tr><td>十二吗啉</td><td>dodemorph</td></tr>
<tr><td>丁苯吗啉</td><td>fenpropimorph</td></tr>
<tr><td>苯锈啶</td><td>fenpropidin</td></tr>
<tr><td>螺环菌胺</td><td>spiroxamine</td></tr>
<tr><td>G3：甾醇生物合成抑制剂Ⅲ（3-氧化还原酶/C4 脱甲基酶）</td><td>第 17 组：羟基苯胺类</td><td>环酰菌胺</td><td>fenhexamid</td></tr>
<tr><td rowspan="2">G4：甾醇生物合成抑制剂Ⅳ（鲨烯环氧酶）</td><td rowspan="2">第 18 组：烯丙胺和硫代氨基甲酸酯类</td><td>抗菌胺</td><td>natftifine</td></tr>
<tr><td>稗草丹</td><td>pyributicarb</td></tr>
<tr><td rowspan="2">H 干扰葡聚糖
生物合成</td><td>H3：海藻糖和肌醇生物合成抑制剂</td><td>第 26 组：吡喃葡萄糖抗生素类</td><td>井冈霉素</td><td>validamycin</td></tr>
<tr><td>H4：几丁质生物合成抑制剂（几丁质合成酶）</td><td>第 19 组：多抗霉素类</td><td>多抗霉素</td><td>polyoxin B</td></tr>
<tr><td rowspan="6">I 干扰细胞壁
黑色素生物合成</td><td rowspan="3">I1：黑色素生物合成抑制剂</td><td rowspan="3">第 16.1 组：黑色素生物合成还原酶抑制剂类</td><td>四氯苯并呋喃酮</td><td>fthalide</td></tr>
<tr><td>咯喹酮</td><td>pyroquilon</td></tr>
<tr><td>三环唑</td><td>tricyclazole</td></tr>
<tr><td rowspan="3">I2：黑色素生物合成抑制剂</td><td rowspan="3">第 16.2 组：黑色素生物合成脱水酶抑制剂类</td><td>环丙酰菌胺</td><td>carpropamid</td></tr>
<tr><td>双氯氰菌胺</td><td>diclocymet</td></tr>
<tr><td>稻瘟酰胺</td><td>fenoxanil</td></tr>
<tr><td rowspan="5">P 寄主
植物防卫
反应诱导剂</td><td>P1：水杨酸途径诱导</td><td>第 P 组：防御诱导剂类</td><td>活化酯</td><td>acibenzolar-S-methyl</td></tr>
<tr><td>P2：</td><td>第 P 组：防御诱导剂类</td><td>烯丙苯噻唑</td><td>probenazole</td></tr>
<tr><td rowspan="2">P3：</td><td rowspan="2">第 P 组：防御诱导剂类</td><td></td><td>isotianil</td></tr>
<tr><td></td><td>tianil</td></tr>
<tr><td>P4：</td><td>第 P 组：防御诱导剂类</td><td></td><td>iaminarin</td></tr>
</table>

（续）

作用方式大类	作用方式亚类（靶标）	化学结构或作用机理类别	中文通用名	英文通用名
M 多作用位点		第 M1/2 组：无机化合物	铜制剂	copper preparations
			S 制剂	sulphur
		第 M3 组：二硫代氨基甲酸酯类	福美双	thiram
			福美铁	ferbam
			福美锌	ziram
			代森锌	zineb
			代森锰	maneb
			代森锰锌	mancozeb
			代森联	metiram
			丙森锌	propineb
		第 M4 组：邻苯二甲酰亚胺类	克菌丹	captan
			灭菌丹	folpet
			敌菌丹	captafol
		第 M5 组：氯化腈类	百菌清	chlorothalonil
		第 M6 组：磺酰胺类	苯氟磺胺	dichlofluanid
			甲苯氟磺胺	tolylfluanid
		第 M7 组：胍类	双胍辛胺	iminoctadine
		第 M8 组：三嗪类	敌菌灵	anilazine
		第 M9 组：蒽醌类	二氰蒽醌	dithianon
未知作用方式		第 27 组：氰基乙酰胺肟	霜脲氰	cymoxanil
		第 33 组：磷酸盐化合物	三乙膦酸铝	fosetyl-aluminium
			磷酸	phosphorous acid
		第 34 组：邻胺甲酰苯甲酸类	邻胺甲酰苯甲酸	phthalamic acid
		第 35 组：苯并三嗪类	咪唑嗪	triazoxide
		第 36 组：苯磺酰胺类	磺菌胺	flusulfamide
		第 37 组：哒嗪酮类	哒菌酮	diclomezine
		第 42 组：硫代氨基甲酸酯类	磺菌威	methasulfocarb
		第 U5 组：噻唑羧酰胺类	噻唑菌胺	ethaboxam
		第 U6 组：苯乙酰胺类		cyflufenamid
		第 U8 组：二苯酮类	苯菌酮	metrafenone
		第 U12 组：胍类	十二环吗啉	dodine
		氰基丙烯酸酯类	氰烯菌酯	phenamacril
		噻二唑类	噻枯唑	
			噻唑锌	
			噻森铜	

注：由南京农业大学周明国教授提供。

五、除草剂作用机理分类及编码

作用方式类别	化学结构类别	中文通用名称	英文通用名称
A组：乙酰辅酶A羧化酶抑制剂	芳氧苯氧丙酸类	精噁唑禾草灵	fenoxaprop-P-ethyl
		精吡氟禾草灵	fluazifop-P-butyl
		高效氟吡甲禾灵	haloxyfop-R-methyl
		喹禾灵	quizalofop-ethyl
		精喹禾灵	quizalofop-P-ethyl
		喹禾糠酯	quizalofop-P-tefuryl
		禾草灵	diclofop-methyl
		噁唑酰草胺	metamifop
		氰氟草酯	cyhalofop-butyl
		炔草酯	clodinafop-propargyl
	环己烯酮类	烯草酮	clethodim
		烯禾啶	sethoxydim
	苯基吡唑啉类	唑啉草酯	pinoxaden
B组：乙酰乳酸合成酶抑制剂	磺酰脲类	苄嘧磺隆	bensulfuron-methyl
		吡嘧磺隆	pyrazosulfuron-ethyl
		乙氧磺隆	ethoxysulfuron
		氟吡磺隆	flucetosulfuron
		醚磺隆	cinosulfuron
		苯磺隆	tribenuron-methyl
		甲基二磺隆	mesosulfuron-methyl
		氟唑磺隆	flucarbazone-Na
		单嘧磺隆	
		甲磺隆	metsulfuron-methyl
		氯磺隆	chlorsulfuron
		烟嘧磺隆	nicosulfuron
		噻吩磺隆	thifensulfuron-methyl
		砜嘧磺隆	rimsulfuron
		胺苯磺隆	ethametsulfuron
		啶嘧磺隆	flazasulfuron
		三氟啶磺隆钠盐	trifloxysulfuron sodium
		甲嘧磺隆	sulfometuron-methyl

（续）

作用方式类别	化学结构类别	中文通用名称	英文通用名称
B组：乙酰乳酸合成酶抑制剂	咪唑啉酮类	咪唑乙烟酸	imazethapyr
		咪唑喹啉酸	imazaquin
		甲咪唑烟酸	imazapic
		甲氧咪草烟	imazamox
	三唑嘧啶类	双氟磺草胺	florasulam
		唑嘧磺草胺	flumetsulam
		五氟磺草胺	penoxsulam
		啶磺草胺	pyroxsulam
	嘧啶水杨酸类	双草醚	bispyribac-sodium
		嘧啶肟草醚	pyribenzoxim
		环酯草醚	pyriftalid
		嘧草醚	pyrimin obac-methyl
C1组：光合作用光合系统Ⅱ抑制剂	三嗪类	莠去津	atrazine
		莠灭净	ametryn
		扑草净	prometryn
		西草净	simetryn
		西玛津	simazine
	三嗪酮类	嗪草酮	metribuzin
		环嗪酮	hexazinone
	尿嘧啶类	除草定	bromacil
	氨基甲酸酯类	甜菜安	desmedipham
		甜菜宁	phenmedipham
C2组：光合作用光合系统Ⅱ抑制剂	脲类	异丙隆	isoproturon
		敌草隆	diuron
		绿麦隆	chlortoluron
	酰胺类	敌稗	propanil
C3组：光合作用光合系统Ⅱ抑制剂	苯腈类	溴苯腈	bromoxynil
		辛酰溴苯腈	bromoxynil octanoate
	苯并噻唑类	灭草松	bentazone
D组：光合系统Ⅰ电子转移	联吡啶类	百草枯	paraquat
		敌草快	diquat
E组：原卟啉原氧化酶抑制剂	二苯醚类	氟磺胺草醚	fomesafen
		乙羧氟草醚	fluoroglycofen
		乳氟禾草灵	lactofen
		三氟羧草醚	acifluorfen
		乙氧氟草醚	oxyfluorfen

（续）

作用方式类别	化学结构类别	中文通用名称	英文通用名称
E组：原卟啉原氧化酶抑制剂	吡唑类	吡草醚	pyraflufen-ethl
	酰亚胺类	丙炔氟草胺	flumioxazin
	噁二唑类	噁草酮	oxadiazon
		丙炔噁草酮	oxadiargyl
	三唑啉酮类	唑草酮	carfentrazone-ethyl
	嘧啶二酮类	苯嘧磺草胺	saflufenacil
	噻二唑类	嗪草酸甲酯	fluthiacet-methyl
F2组：类胡萝卜素合成抑制剂	三酮类	磺草酮	sulcotrione
		硝磺草酮	mesotrione
F4组：1-脱氧-D-木酮糖-5-磷酸盐抑制剂	异噁唑酮类	异噁草松	clomazone
G组：5-烯醇丙酮酰莽草酸-3-磷抑制剂	有机磷类	草甘膦	glyphosate
H组：谷氨酰胺合成酶抑制剂		草铵膦	glufosinate-ammonium
K1组：微管组装抑制剂	二硝基苯胺类	二甲戊灵	pendimethalin
		氟乐灵	trifluralin
		仲丁灵	butralin
	吡啶类	氟硫草定	dithiopyr
	苯甲酰胺类	炔苯酰草胺	propyzamide
K3组：极长链脂肪酸抑制剂	酰胺类	乙草胺	acetochlor
		丁草胺	butachlor
		丙草胺	pretilachlor
		异丙草胺	propisochlor
		甲草胺	alachlor
		异丙甲草胺	metolachlor
		精异丙甲草胺	s-metolachlor
		苯噻酰草胺	mefenacet
		敌草胺	napropamide
	有机磷类	莎稗磷	anilofos
N组：脂类合成抑制剂	硫代氨基甲酸酯类	禾草丹	thiobencarb
		禾草敌	molinate
		野麦畏	triallate
O组：人工合成植物生长素	苯氧羧酸类	2，4-滴丁酯	2，4-D butylate
		2，4-滴异辛酯	2，4-D-ethylhexyl
		2，4-滴二甲胺盐	2，4-D dimethyl amine salt
		2甲4氯	MCPA

（续）

作用方式类别	化学结构类别	中文通用名称	英文通用名称
O组：人工合成植物生长素	芳基羧酸类	二氯喹啉酸	quinclorac
		二氯吡啶酸	clopyralid
		氯氟吡氧乙酸	fluroxypyr
		氯氟吡氧乙酸异辛酯	fluroxypyr-mepthyl
		氨氯吡啶酸	picloram
		三氯吡氧乙酸	triclopyr
		麦草畏	dicamba
		草除灵	benazolin-ethyl
Z组：其他	其他	噁嗪草酮	oxaziclomefone
		野燕枯	difenzoquat

农药名称索引

（按音序排列）

1-甲基环丙烯　542
2-（乙酰氧基）苯甲酸　556
2，4-滴丁酯　517
2，4-滴二甲胺盐　520
2，4-滴异辛酯　519
2甲4氯　521
C型肉毒梭菌毒素　189
D型肉毒梭菌毒素　190
S-氰戊菊酯　65
S-诱抗素　564
zeta-氯氰菊酯　67
α-氯代醇　199

A

阿维菌素　147
矮壮素　547
桉油精　140
氨基寡糖素　371
氨氯吡啶酸　526
胺苯磺隆　428
胺鲜酯　558

B

百草枯　467
百菌清　226
苯丁锡　185
苯磺隆　416
苯菌灵　239
苯醚甲环唑　256
苯醚菌酯　322
苯嘧磺草胺　457
苯噻酰草胺　510
苯线磷　387
吡草醚　476
吡虫啉　15
吡嘧磺隆　410
吡蚜酮　155
吡唑醚菌酯　312
苄氨基嘌呤　553
苄嘧磺隆　409
丙草胺　502
丙环唑　260
丙硫克百威　96
丙炔噁草酮　481
丙炔氟草胺　478
丙森锌　209
丙酰芸苔素内酯　545
丙溴磷　57

C

残杀威　97
草铵膦　489
草除灵　530
草甘膦　486
赤霉酸　538
赤霉酸A4+A7　540
虫螨腈　158
虫酰肼　114
除草定　458
除虫菊素　134
除虫脲　117
春雷霉素　356

D

哒螨灵　175
哒嗪硫磷　55
代森胺　202
代森锰锌　205
代森锌　203
单甲脒　167

单嘧磺隆　420
单氰胺　560
淡紫拟青霉　366
稻丰散　35
稻瘟灵　377
稻瘟酰胺　293
敌百虫　37
敌稗　512
敌草胺　511
敌草快　469
敌草隆　462
敌敌畏　38
敌磺钠　231
敌鼠钠　193
敌瘟磷　352
地虫硫磷　40
丁草胺　500
丁硫克百威　98
丁醚脲　162
丁酰肼　562
丁香菌酯　325
啶虫脒　24
啶磺草胺　441
啶菌噁唑　283
啶嘧磺隆　430
啶酰菌胺　309
啶氧菌酯　323
毒死蜱　40
多菌灵　233
多抗霉素　358
多黏类芽孢杆菌　367
多杀霉素　154
多效唑　549

E

莪术醇　198
噁草酮　479
噁霉灵　304
噁嗪草酮　532
噁唑菌酮　303
噁唑酰草胺　401
二甲戊灵　491
二甲戊灵　567
二氯吡啶酸　523
二氯喹啉酸　522
二氯异氰尿酸钠　346
二嗪磷　58
二氰蒽醌　214

F

粉唑醇　261
砜嘧磺隆　427
氟吡磺隆　413
氟吡菌胺　307
氟吡菌酰胺　308
氟虫腈　27
氟虫脲　126
氟虫双酰胺　34
氟啶胺　245
氟啶虫酰胺　128
氟啶脲　121
氟硅唑　263
氟环唑　264
氟磺胺草醚　470
氟节胺　566
氟菌唑　248
氟乐灵　493
氟铃脲　119
氟硫草定　496
氟氯氰菊酯　68
氟吗啉　297
氟鼠灵　196
氟酰胺　310
氟唑磺隆　419
福美双　207
腐霉利　327
复硝酚钠　537

G

高效反式氯氰菊酯　69
高效氟吡甲禾灵　394
高效氟氯氰菊酯　71
高效氯氟氰菊酯　76
高效氯氰菊酯　73
寡雄腐霉菌　370
硅丰环　561

硅噻菌胺　339

H

禾草丹　514
禾草敌　515
禾草灵　400
核苷酸　559
厚孢轮枝菌　370
环嗪酮　455
环酯草醚　445
磺草酮　483
混灭威　100

J

己唑醇　266
甲氨基阿维菌素苯甲酸盐　150
甲草胺　505
甲磺隆　421
甲基毒死蜱　44
甲基二磺隆　417
甲基立枯磷　351
甲基硫菌灵　235
甲咪唑烟酸　436
甲嘧磺隆　432
甲萘威　101
甲哌鎓　546
甲氰菊酯　95
甲霜灵　289
甲氧虫酰肼　122
甲氧咪草烟　437
碱式硫酸铜　221
金龟子绿僵菌　144
腈苯唑　268
腈菌唑　281
精吡氟禾草灵　392
精甲霜灵　290
精喹禾灵　397
精异丙甲草胺　508
精噁唑禾草灵　391
井冈霉素　360
菌核净　330

K

抗倒酯　548
抗蚜威　102
克百威　104
克菌丹　215
枯草芽孢杆菌　366
苦参碱　135
苦皮藤素　140
喹禾糠酯　399
喹禾灵　396
喹啉铜　224
喹硫磷　62
喹螨醚　172

L

乐果　59
藜芦碱　138
联苯肼酯　184
联苯菊酯　81
联苯三唑醇　272
磷化锌　197
硫磺　200
硫双威　105
硫酸铜钙　222
硫线磷　385
咯菌腈　332
绿麦隆　463
氯苯胺灵　563
氯苯嘧啶醇　246
氯吡脲　552
氯虫苯甲酰胺　32
氯氟吡氧乙酸　524
氯氟吡氧乙酸异辛酯　526
氯氟氰菊酯　83
氯化苦　383
氯磺隆　422
氯菊酯　84
氯氰菊酯　86
氯噻啉　21
氯溴异氰尿酸　348
螺虫乙酯　30
螺螨酯　31
螺威　166
络氨铜　223

M

马拉硫磷　45
麦草畏　528
咪鲜胺　250
咪鲜胺锰盐　253
咪唑喹啉酸　435
咪唑乙烟酸　434
醚磺隆　414
醚菊酯　88
醚菌酯　314
嘧草醚　446
嘧啶核苷类抗菌素　364
嘧啶肟草醚　444
嘧菌环胺　243
嘧菌酯　316
嘧霉胺　242
棉隆　380
灭草松　531
灭多威　106
灭菌唑　269
灭线磷　386
灭蝇胺　123
灭幼脲　124
木霉菌　369

N

萘乙酸　536
宁南霉素　361

P

哌虫啶　26
扑草净　450

Q

羟烯腺嘌呤·烯腺嘌呤　555
嗪草酸甲酯　534
嗪草酮　454
氢氧化铜　218
氰氟草酯　402
氰氟虫腙　156
氰霜唑　378
氰戊菊酯　89
氰烯菌酯　334
球孢白僵菌　142
炔苯酰草胺　497
炔草酯　404
炔螨特　183

R

乳氟禾草灵　472

S

噻苯隆　569
噻虫胺　19
噻虫啉　17
噻虫嗪　20
噻吩磺隆　425
噻呋酰胺　311
噻菌灵　240
噻菌铜　341
噻螨酮　171
噻霉酮　342
噻嗪酮　113
噻唑膦　56
噻唑锌　337
三苯基乙酸锡　344
三氟啶磺隆钠盐　431
三氟羧草醚　474
三环唑　335
三磷锡　182
三氯吡氧乙酸　527
三氯杀螨醇　181
三氯杀螨砜　180
三氯异氰尿酸　347
三十烷醇　557
三乙膦酸铝　354
三唑醇　270
三唑磷　63
三唑酮　273
三唑锡　179
杀虫单　129
杀虫环　130
杀虫双　131
杀铃脲　115
杀螺胺　163

杀螺胺乙醇胺盐　164
杀螟丹　133
杀螟硫磷　47
杀扑磷　49
杀鼠灵　187
杀鼠醚　194
莎稗磷　490
申嗪霉素　363
虱螨脲　116
十三吗啉　247
石硫合剂　212
双草醚　443
双氟磺草胺　438
双甲脒　168
双炔酰菌胺　299
霜霉威　300
霜霉威盐酸盐　302
霜脲氰　292
水胺硫磷　49
顺式氯氰菊酯　91
四氟醚唑　284
四聚乙醛　165
四氯苯酞　229
四螨嗪　178
苏云金杆菌　145
速灭威　107

T

涕灭威　111
田安　344
甜菜安　459
甜菜宁　460

W

王铜　217
威百亩　389
萎锈灵　306
肟菌酯　319
五氟磺草胺　440
五氯硝基苯　230
戊菌唑　288
戊唑醇　274

X

西草净　451
西玛津　452
烯丙苯噻唑　340
烯草酮　405
烯啶虫胺　22
烯禾啶　406
烯肟菌胺　326
烯肟菌酯　320
烯酰吗啉　295
烯效唑　551
烯唑醇　279
香菇多糖　373
硝磺草酮　484
辛菌胺醋酸盐　376
辛硫磷　50
辛酰溴苯腈　466
溴苯腈　465
溴敌隆　191
溴甲烷　381
溴菌腈　349
溴螨酯　170
溴氰菊酯　92
溴鼠灵　192

Y

亚胺唑　286
烟碱　136
烟嘧磺隆　424
盐酸吗啉胍　374
氧乐果　61
氧化亚铜　219
野麦畏　516
野燕枯　533
叶枯唑　338
伊维菌素　151
乙草胺　498
乙虫腈　28
乙基多杀菌素　152
乙螨唑　177
乙蒜素　211
乙羧氟草醚　471

乙烯菌核利　329
乙烯利　541
乙酰甲胺磷　52
乙氧氟草醚　475
乙氧磺隆　412
异丙草胺　503
异丙甲草胺　506
异丙隆　461
异丙威　108
异稻瘟净　353
异噁草松　485
异菌脲　331
抑霉唑　255
抑食肼　126
抑芽丹　565
印楝素　137
茚虫威　160
蝇毒磷　54
莠灭净　449
莠去津　447
鱼藤酮　141
芸苔素内酯　544

Z

治螟磷　65
中生菌素　365
种菌唑　285
仲丁灵　495，568
仲丁威　110
唑草酮　482
唑虫酰胺　159
唑菌酯　321
唑啉草酯　407
唑螨酯　174
唑嘧磺草胺　439

农药防治对象索引

（按音序排列）

B

白菜软腐病　373
白菜霜霉病　202
白菜炭疽病　313
白粉虱　16，25
菠萝田杂草　450，459

C

菜豆白粉病　264
菜豆锈病　258
菜青虫　39，42，45，51，52，53，64，66，67，69，72，74，75，77，78，80，81，85，87，88，90，91，93，95，96，115，118，119，121，125，132，136，139，146，147，149，150，151，161，163
草地螟　64
草莓白粉病　262，285，315，316
草莓黄萎病　384
草莓灰霉病　216，244，310，332，367
草莓枯萎病　384
草莓线虫病　380
草坪褐斑病　313，314，319
草坪枯萎病　319
草坪杂草　431，432，497
草原害鼠　189，190
茶尺蠖　38，53，74，76，77，79，80，82，85，87，93，96，119
茶毛虫　82，85，87，146
茶树炭疽病　204，227，258，314
茶小绿叶蝉　16，21，48，77，79，80，82，83，87，93，143
长白蚧　46
尺蠖　146
春大豆田杂草　435，436，455，480，486，518，519
春油菜田杂草　430
春玉米田杂草　518，519
椿象　38，46，78，94

D

大白菜根肿病　245
大白菜黑斑病　258，276，364
大白菜软腐病　339，342，349
大白菜霜霉病　210，227
大白菜炭疽病　320
大豆根腐病　291，333，362
大豆食心虫　42，46，78，90，94
大豆田杂草　392，393，395，398，400，406，407，427，438，440，471，472，473，475，479，492，494，496，499，504，505，506，507，509，532，535
大豆锈病　276，318
大豆紫斑病　212
大麦田杂草　408
大麦条纹病　211
大螟　33，132，133
大蒜枯萎病　259
大蒜田杂草　476，509，512
大蒜叶枯病　251，259
稻苞虫　146
稻曲病　224，269，271，277，279，320
稻水象甲　33，64，99
稻瘟病　203，208，212，228，230，234，236，238，294，295，320，336，337，341，347，349，353，354，355，357，358，378
稻瘿蚊　16，42，100，387，388
稻纵卷叶螟　33，36，42，43，44，51，58，62，63，126，130，131，132，133，

134，146，147，158
地下害虫　28，33，43，50，51，52，59，90，102
东方百合根腐病　384
冬瓜霜霉病　317
冬瓜炭疽病　317
冬小麦田杂草　421，426，427，440，442，477，519，522
冬油菜田杂草　429，500，531
豆荚螟　90，117
豆类炭疽病　227
豆类锈病　227

E

二化螟　33，36，38，42，43，53，55，59，63，64，65，123，130，131，132，133，134
二十八星瓢虫　75

F

番茄白粉虱　21，82，83
番茄病毒病　373，374，375，375，376，377
番茄根结线虫病　98，366，381，389
番茄灰霉病　227，243，284，328，329，331
番茄蕨叶病　224
番茄青枯病　339，368
番茄霜霉病　308
番茄田杂草　509
番茄晚疫病　210，225，229，292，293，300，317，356，371，372，373，379
番茄叶霉病　216，236，256，264，317，357，358，359
番茄早疫病　204，205，207，210，216，217，219，220，221，227，228，258，316，318，320，331，346，365
飞蝗　94，145
飞虱　16，17，22，24，27，29，42，43，48，53，62，89，99，101，102，107，108，109，110，111，113，114，156
非耕地杂草　433，458，468，470，488，488，489，490，527
粉虱　82
福寿螺　164，165，166

G

甘蓝田杂草　395，509
甘薯黑斑病　203，212，236，237
甘薯茎线虫病　98，387
甘薯田杂草　505
甘薯小象甲　48，60
甘蔗田线虫病　386
甘蔗田杂草　437，450，463，476
甘蔗条螟　132
柑橘白粉病　213
柑橘储藏期病害（蒂腐病、青霉病、绿霉病、炭疽病）　237，241，251，252，254，256
柑橘疮痂病　201，206，207，223，224，227，239，258，280，287，318，342，350
柑橘凤蝶　146
柑橘红蜘蛛　32，53，150，168，170，172，173，175，176，177，178，179，180，183，184，186
柑橘溃疡病　217，219，220，221，223，224，338，342
柑橘潜叶蛾　25，92
柑橘树脂病　216
柑橘炭疽病　206，207，210，234，318
柑橘锈壁虱　41，99，117，118，127，149，150，186，213
柑橘园杂草　458，468，479，487，488，490
高粱散黑穗病　307
高粱丝黑穗病　276，307
高粱田杂草　448
谷子白发病　203，290
谷子黑穗病　307
瓜类白粉病　364
观赏花卉白粉病　201，213，288，318，364
观赏菊花灰霉病　334
光肩星天牛　143

H

哈密瓜白粉病　201
核桃白粉病　213
褐飞虱　36
黑穗醋栗白粉病　280

红蜡蚧　74
红铃虫　48，64，72，75，78，82，85，90，92，94，96，102
红蜘蛛　41，56，60，61，62，75，78，82，83，96，112，127，136，150，162，169，170，172，173，174，176，178，181，182，183，184，185，189，213
胡椒瘟病　355
花卉线虫病　381
花生根腐病　291，333
花生根结线虫　112，387，388
花生根瘤线虫　384
花生冠腐病　332
花生褐斑病　236，247
花生田杂草　392，394，395，398，407，427，437，451，473，479，480，493，494，495，499，504，506，508，509，532
花生锈病　227，247
花生叶斑病　204，206，217，227，228，237，272，277，278，280，281
花椰菜霜霉病　292，317
黄瓜白粉病　201，208，209，236，238，249，259，264，267，276，282，283，309，314，315，316，317，320，323，326，360，367
黄瓜猝倒病　302
黄瓜根结线虫　98，389
黄瓜黑星病　264，317
黄瓜灰霉病　242，243，310，328，359，367，369
黄瓜角斑病　219，357，358，368
黄瓜枯萎病　357
黄瓜立枯病　232，305
黄瓜蔓枯病　317
黄瓜霜霉病　202，206，207，208，210，220，222，223，225，227，228，229，290，292，293，296，297，298，301，302，308，314，318，321，322，343，346，349，355，356，379
黄瓜炭疽病　216，251，254，320
黄瓜细菌性角斑病　218，342，343，365
黄瓜疫病　301，302
黄条跳甲　47
蝗虫　47，127，144

J

蓟马　16，20，21，99，100，153，155，160
姜腐烂病　223
介壳虫　31，36，41，42，53，63，169，213
金纹细蛾　33，72，116，118，119，125
韭菜灰霉病　244
卷叶蛾　92，115

K

蛞蝓　166

L

辣椒病毒病　349
辣椒根腐病　346
辣椒灰霉病　244
辣椒枯萎病　367
辣椒青枯病　368
辣椒炭疽病　206，207，214，216，251，254，258，318
辣椒疫病　206，207，220，246，292，296，300，317，363
梨白粉病　237
梨斑点落叶病　227
梨赤星病　263
梨黑星病　206，207，216，221，235，236，237，238，240，249，258，263，264，267，276，277，280，281，283，315
梨木虱　16，74，149，169
梨小食心虫　78，94
荔枝蒂蛀虫　41，74
荔枝霜霉病　379
荔枝霜疫霉病　206，220，225，292，293，296，300，318
荔枝炭疽病　251，259
柳毒蛾　146
龙眼炭疽病　251
芦笋茎枯病　201，236，259，280

M

马铃薯黑痣病　312，318

马铃薯环腐病 232，237
马铃薯块茎蛾 117
马铃薯田杂草 395，481，493，499，509
马铃薯晚疫病 204，206，207，246，292，300，318，379
马铃薯早疫病 204，210，318
麦类白粉病 213
麦类赤霉病 237
麦类黑穗病 307
麦类锈病 307
芒果白粉病 201
芒果炭疽病 251，252，254，314，318
盲蝽 46
毛竹枯梢病 237
美国白蛾 79，143
美洲斑潜蝇 74，124，149
棉花猝倒病 291
棉花红腐病 211
棉花黄萎病 211，348，384
棉花枯萎病 211，348，384
棉花立枯病 211，231，232，234，286，307，334，348，352
棉花炭疽病 211，231，234，307，348
棉花田杂草 392，394，395，397，398，407，451，492，494，495，499，506，509
棉花叶跳虫 47
棉花疫病 355
棉铃虫 41，44，45，48，51，53，56，57，60，63，64，66，69，70，72，75，78，79，80，82，85，90，92，94，96，106，117，120，122，139，146，149，161
棉蚜 41，53，139，149
免耕水稻抛秧田杂草 487
免耕小麦田杂草 470
免耕油菜田杂草 488
螟虫 48
蘑菇白腐病 254
蘑菇褐腐病 241，254
蘑菇湿泡病 254

N

黏虫 38，47，53，56，86，94，119，126
农田害鼠 199，384

P

苹果白粉病 200，201，213，237，267，364
苹果斑点落叶病 204，207，210，221，227，258，267，277，278，280，287，315，332，359
苹果巢蛾 146
苹果腐烂病 203，224，238，325，343，376
苹果褐斑病 212，223
苹果黑星病 237，247，260，316
苹果黄蚜 25，90
苹果轮纹病 207，215，216，220，226，234，235，236，238，241，277，278，304，365
苹果绵蚜 42，43
苹果炭疽病 204，207，209，235，247，251，350
苹果园杂草 468，469，487，488
苹小卷叶蛾 39，117，123
葡萄白粉病 213，227，237，267，268，282，289，364
葡萄白腐病 206，208，264，277，318
葡萄黑痘病 206，227，241，251，255，258，264，280，287，318
葡萄灰霉病 243，244，310，328，332
葡萄霜霉病 206，210，216，219，220，223，227，292，296，297，300，318，379
葡萄炭疽病 258，264，280，351

Q

潜叶蛾 16，74，78，79，80，82，87，90，94，96，99，116，117，118，127
茄子猝倒病 231
茄子黄萎病 384
茄子灰霉病 346
茄子青枯病 368
芹菜叶斑病 259
青梅黑星病 287

R

人参黑斑病 318

S

三化螟 33，42，51，53，59，64，99，130，132，133，134
三七根腐病 367
三七黑斑病 259
桑尺蠖 39，42
桑树白粉病 237
森林防火道杂草、杂灌 456
山楂红蜘蛛 169
生姜根结线虫 382
生姜瘟病 384
石榴麻皮病 259
食心虫 48
矢尖蚧 113
水稻白叶枯病 203，339，342，347，349，377
水稻恶苗病 251，252，333，335
水稻胡麻叶斑病 208
水稻烂秧病 211，291
水稻苗期立枯病 232，233，305，352
水稻抛秧田杂草 410，411，413，503，511
水稻条纹叶枯病 349，362，374，375
水稻纹枯病 203，220，228，234，236，238，259，267，268，277，280，311，312，320，330，344，347，349，355，356，361，363，367
水稻细菌性条斑病 338，339，342，347，349，377
水稻象甲 89
水稻秧田杂草 403，410，441，515
水稻叶蝉 47，48，53，55，101，102
水稻移栽田杂草 410，411，413，414，441，445，446，447，451，452，476，480，481，491，495，500，501，505，508，511，513，515，516，521，522，523，532
水稻直播田杂草 402，403，410，411，413，414，444，445，447，503，515，533
水田畦畔杂草 525
丝瓜霜霉病 317
松干蚧 62
松毛虫 38，56，62，89，118，119，125，143，146
松杉苗木根腐病和立枯病 232

T

滩涂钉螺 167
桃褐斑病 201
桃褐腐病 269
桃小食心虫 33，42，51，53，66，67，72，74，76，77，78，79，81，82，87，90，94，95，96
天蛾 146
天幕毛虫 146
天牛 18
甜菜根腐病 208，232
甜菜褐斑病 235，238，345
甜菜立枯病 232，305
甜菜田杂草 397，398，460，461，509
甜菜夜蛾 80，88，106，115，117，120，121，123，147，151，153，158，161
甜瓜白粉病 280
甜瓜黄萎病 384
甜瓜枯萎病 384
甜椒疫病 206，303

W

莴苣田杂草 498
莴笋霜霉病 356
蜗牛 166

X

西瓜白粉病 201
西瓜枯萎病 224，232，251，255，305，333，342，363，364，368，372
西瓜立枯病 232
西瓜蔓枯病 324
西瓜炭疽病 206，207，237，253，258，314，318，324，368
西瓜田杂草 394，395，398，495，508，509，512
西瓜疫病 210，292，300，379
夏大豆田杂草 397
夏玉米田杂草 427，450，509

香蕉储藏病害 241，252，314，332
香蕉黑星病 259，266，282，314，324
香蕉炭疽病 251
香蕉条溃疡病 203
香蕉叶斑病 240，248，259，261，265，266，269，277，278，281，282，304，314，318，324
向日葵菌核病 333
向日葵苗期霜霉病 292
向日葵田杂草 509
象甲 46，82
橡胶白粉病 201，274
橡胶树割面条溃疡病 355
橡胶树红根病 248
橡胶树炭疽病 228
橡胶瘟病 355
橡胶园杂草 488
小菜蛾 57，74，75，78，80，86，87，91，93，96，115，116，118，120，121，122，132，146，147，149，150，151，152，153，155，157，160，161，162，163
小麦白粉病 200，201，209，238，252，261，262，267，271，273，274，280，281，282，326
小麦赤霉病 234，238，252，335
小麦根腐病 261，334
小麦黑穗病 231
小麦全蚀病 257，340
小麦散黑穗病 257，270，275，276
小麦田杂草 392，401，405，408，417，419，422，423，439，462，464，465，467，483，517，518，520，521，525，526，529，534
小麦纹枯病 257，261，271，275，276，280，369
小麦腥黑穗病 225，270，334
小麦锈病 228，261，265，267，271，277，280，316，364
斜纹夜蛾 143

Y

蚜虫 16，17，22，23，24，25，26，39，40，42，43，46，47，48，51，53，55，56，59，60，61，62，66，67，68，69，70，74，75，77，78，79，80，85，86，87，90，92，93，94，98，99，103，104，109，112，129，135，136，149
烟草白粉病 237，364
烟草病毒病 362，372，373，374，375
烟草赤星病 206，252，255，330，359
烟草猝倒病 389
烟草根腐病 209
烟草根结线虫 370，381，383
烟草黑胫病 206，232，292，296，301，303，355，367，384
烟草菌核病 238
烟草立枯病 204
烟草青枯病 368
烟草炭疽病 204
烟草田杂草 390，509，512
烟草野火病 223，342，349，357
烟粉虱 19，30
烟青虫 51，54，60，67，78，79，84，86，90，94，102，137，146，147
杨小舟蛾 143
洋葱田杂草 509
洋葱紫斑病 259
叶蝉 48，60，107，108，109，110
油菜菌核病 234，251，310，328，330，332
油菜霜霉病 212
油菜田杂草 392，393，395，397，398，400，406，499，512，524
玉米大斑病 203
玉米茎基腐病 216，286
玉米螟 33，51，53，56，94，146，147
玉米丝黑穗病 276，286，307
玉米田杂草 425，427，428，440，448，453，464，466，467，468，484，485，492，499，504，505，507，524，525，526，529，535
玉米小斑病 203，332

Z

枣尺蠖 146，147
枣锈病 304
造桥虫 39，102，146

蔗龟　41，98
蔗螟　33，98
针叶苗圃杂草　433
芝麻田杂草　398
竹蝗　143
竹青虫　56

图书在版编目（CIP）数据

新编农药手册/农业部种植业管理司，农业部农药检定所主编．—2版．—北京：中国农业出版社，2013.10（2023.8重印）
ISBN 978-7-109-18036-9

Ⅰ.①新… Ⅱ.①农… ②农… Ⅲ.①农药—手册 Ⅳ.①S482-62

中国版本图书馆CIP数据核字（2013）第137615号

中国农业出版社出版
（北京市朝阳区农展馆北路2号）
（邮政编码 100125）
责任编辑 阎莎莎 张洪光 傅 辽

北京通州皇家印刷厂印刷 新华书店北京发行所发行
2015年5月第2版 2023年8月第2版北京第8次印刷

开本：787mm×1092mm 1/16 印张：40.25
字数：952千字
定价：98.00元